中国社会科学年鉴

中国社会科学院

年鉴

2013

YEARBOOK OF CHINESE ACADEMY OF SOCIAL SCIENCES

中国社会科学出版社

图书在版编目（CIP）数据

中国社会科学院年鉴.2013 / 王伟光主编.—北京：中国社会科学
出版社，2014.11

ISBN 978 - 7 - 5161 - 5091 - 7

Ⅰ.①中…　Ⅱ.①王…　Ⅲ.①中国社会科学院—2013—年鉴
Ⅳ.①G322.22 - 54

中国版本图书馆 CIP 数据核字（2014）第 262064 号

出　版　人	赵剑英
特邀编辑	周葆禾　刘玉杰
图片设计	胡　斌
责任编辑	易小放
责任校对	徐幼玲　王春霞
责任印制	张雪娇

出　　版	中国社会科学出版社
社　　址	北京鼓楼西大街甲 158 号
邮　　编	100720
网　　址	http://www.csspw.cn
发 行 部	010 - 84083685
门 市 部	010 - 84029450
经　　销	新华书店及其他书店

印刷装订	三河市东方印刷有限公司
版　　次	2014 年 11 月第 1 版
印　　次	2014 年 11 月第 1 次印刷

开　　本	787×1092　1/16
印　　张	57.75
插　　页	20
字　　数	1630 千字
定　　价	228.00 元

编 辑 说 明

一、《中国社会科学院年鉴》(以下简称《院年鉴》）2013 年卷收录了中国社会科学院 2012 年的机构设置、科研和对外学术交流活动、行政后勤工作、党务工作等方面的情况，较为全面系统地反映了全院以哲学社会科学创新工程工作为中心的各项工作的发展进程，是了解中国社会科学院 2012 年工作全貌、内容比较翔实的资料性参考书。

二、《院年鉴》2013 年卷共分为"综合""组织机构""工作概况和学术活动""科研成果""学术人物""规章制度""统计资料"和"大事记"等八编。其中，第一编"综合"收录了中国社会科学院领导的《积极推进哲学社会科学创新工程　加快建设中国特色、中国风格、中国气派的哲学社会科学——在中国社会科学院 2012 年度工作会议上的报告》《在中国社会科学院 2012 年创新工程工作交流会闭幕式上的讲话》《党的十六大以来思想政治工作创新研究》《一项与时俱进、强基固本的战略性工程》《在创新工程学术期刊试点动员会上的讲话》等文章和中国社会科学院 2012 年度工作会议文件；第二编"组织机构"收录了中国社会科学院机构设置及负责人名单、中国社会科学院院级专业技术资格评审委员会名单、各研究所学术委员会及专业技术资格评审委员会名单；第三编"工作概况和学术活动"收录了《中国社会科学院 2012 年度创新工程工作概况》《中国社会科学院 2012 年度科研工作报告》、院属各单位的年度工作概况和主要学术活动，其中，科研机构的排序按新调整的学部顺序，即文学哲学学部、历史学部、经济学部、社会政法学部、国际研究学部、马克思主义研究学部等六大学部的顺序排列；第四编"科研成果"收录了以科研机构为主的院属各单

位的主要科研成果 ； 第五编"学术人物"收录了"中国社会科学院博士学位研究生指导教师（2012～2013)"和"2012年度晋升正高级专业技术职务人员"情况 ； 第六编"规章制度"收录了《关于在实施中国社会科学院哲学社会科学创新工程中充分发挥学部作用的若干意见》《中国社会科学院创新工程研究项目招标投标实施办法》《中国社会科学院创新工程重大研究项目管理办法》等 ； 第七编"统计资料"收录了2012年度的主要统计资料 ； 第八编"大事记"收录了中国社会科学院2012年度的主要事件和活动。卷首图片生动、系统地反映了中国社会科学院2012年度的重大活动、重要学术会议等。

在封面装帧和版式设计上,《院年鉴》2013年卷继续将院属各单位的工作概况和学术活动与图片资料集中编排,以突出科研机构的工作动态。

三、《院年鉴》2013年卷的编辑工作是在中国社会科学院领导的关心下、在《院年鉴》编委会的指导下、在全院各单位的帮助下完成的,我们对各方面的大力支持和密切合作表示衷心的感谢。

《中国社会科学院年鉴》编辑部
二〇一三年十二月

《中国社会科学院年鉴》（2013年卷）审稿人

刘跃进　　汤晓青　　陈众议　　曹广顺　　吴尚民　　金　泽
王　巍　　卜宪群　　赵笑洁　　王建朗　　李国强　　张顺洪
周志怀　　裴长洪　　金　碚　　李　周　　揣振宇　　王国刚
李　平　　张车伟　　魏后凯　　冯　军　　陈泽宪　　杨海蛟
王延中　　汪小熙　　唐绪军　　王苏粤　　张宇燕　　李永全
江时学　　杨　光　　吴白乙　　李向阳　　孙海泉　　李　薇
程恩富　　姜　辉　　张树华　　施鹤安　　王卫东　　晋保平
张冠梓　　王　镭　　段小燕　　刘　红　　崔建民　　孙壮志
罗京辉　　李　峰　　杨沛超　　赵剑英　　高　翔　　谢寿光
张新鹰　　何　涛　　周溯源　　刘福庆　　吴　敏　　李传章
张世贤　　张星星　　田　嘉

《中国社会科学院年鉴》（2013年卷）供稿人

曹维平　　莎日娜　　李玲燕　　祖生利　　马新晶　　王　静
巩　文　　博明妹　　李　斌　　柴怡赟　　朱剑利　　陆晓芳
张永攀　　姜宏仰　　彭维学　　柳　英　　尹茂祥　　周　济
王　楠　　卢宪英　　朱小慧　　刘戈平　　薛　波　　韩胜军
戴丽萍　　连鹏灵　　薛苏鹏　　张锦贵　　廖　凡　　张　宁
孙　懿　　赵克斌　　张　逸　　张晨曲　　郗艳菊　　冯育民
崔　振　　蔡雅洁　　史晓曦　　刘东山　　朴光姬　　陈宪奎
彭　华　　池重阳　　卜岩枫　　潘　娜　　蒋岩桦　　刘　阳
张　鼐　　董文柱　　黄世荣　　陈振声　　于晓丹　　曾　军
冯秋颖　　陈　振　　孙　红　　周兴君　　刘振喜　　陈　彪
朱华彬　　李文珍　　蔡继辉　　柳　杨　　甄宁鹏　　江　霞
安　静　　陈宝堂　　徐璟毅　　丁海川　　李小龙　　于红峰
卜小丹　　何　蒂　　王　超　　熊　厚

《中国社会科学院年鉴》（2006～2013年卷）统稿人

刘玉杰

↑ 2012 年 6 月 1 日，纪念胡乔木同志诞辰 100 周年座谈会在人民大会堂举行。中共中央政治局常委李长春出席座谈会。中共中央政治局委员、中央书记处书记、中宣部部长刘云山在座谈会上讲话。中共中央政治局委员、国务委员刘延东出席座谈会。全国政协副主席、中国社会科学院党组书记、院长陈奎元主持座谈会。图为中央领导同志步入会场。

↑ 2012 年 11 月，原中共中央政治局常委李长春看望中国社会科学院干部职工并与部分院领导合影。

↑ 2012 年 1 月 18 日，中共中央政治局常委李长春，中共中央政治局委员、中央书记处书记、中宣部部长刘云山、中国社会科学院常务副院长王伟光、秘书长黄浩涛看望中国社会科学院老专家杨绛先生。

↑2012 年 2 月，中国社会科学院召开 2012 年度工作会议。

↑2012 年 6 月，中国社会科学院召开 2012 年反腐倡廉建设工作会议。

↑2012 年 6 月，中国社会科学院召开庆祝中国共产党成立 91 周年暨 2012 年党的工作会议。

↑2012 年 3 月，中国社会科学院召开 2012 年度离退休干部工作会议。

↑2012 年 3 月，中国社会科学院召开"走基层、转作风、改文风"活动报告会。

↑2012 年 7 月，中国社会科学院召开 2012 年创新工程工作交流会。

↑ 2012 年 11 月，中国社会科学院召开传达党的十八大精神会议。

↑ 2012 年 12 月，中国社会科学院召开 2012 年后勤服务工作会。

↑2012 年 7 月，"中国社会科学院《简明中国历史读本》和《中华史纲》出版座谈会"在北京举行。

↑2012 年 12 月，"纪念中国社会科学博士后制度实施二十周年会议暨《中国社会科学博士后文库》首发仪式"
在北京举行。

↑2012 年 3 月，中国社会科学院召开传达学习全国两会精神会议。

↑2012 年 11 月，中国社会科学院召开"2012 年创新工程综合评价考核和年度考核工作动员会"。

↑ 2012 年 12 月，全国政协副主席、中国社会科学院院长陈奎元率代表团出访西班牙期间，会见西班牙马德里自治大学校长何塞·玛丽亚·圣斯。

↑ 2012 年 4 月，全国政协副主席、中国社会科学院院长陈奎元会见越南社会科学院院长阮春胜。

↑2012 年 2 月，中国社会科学院常务副院长王伟光会见到访的德意志联邦共和国总理安格拉·默克尔。

↑2012 年 6 月，中国社会科学院常务副院长王伟光会见到访的伊斯兰合作组织秘书长艾克迈勒丁·伊赫桑奥卢。

↑ 2012 年 3 月，中国社会科学院副院长李慎明会见到访的伊朗前外长卡迈勒·哈拉齐。

↑ 2012 年 11 月，中国社会科学院副院长高全立出席"纪念郭沫若诞辰 120 周年全国书画展"开幕式。

↑2012 年 7 月，中国社会科学院副院长李捷会见俄罗斯科学院院士、远东研究所所长季塔连科。

↑2012 年 4 月，中国社会科学院副院长武寅会见意大利裕信银行集团执行副总裁斯科尼亚米里奥。

↑ 2012 年 9 月，中国社会科学院副院长李扬会见土耳其外交部战略研究中心主任布莱恩特并签署双边交流协议。

↑ 2012 年 9 月，院领导李秋芳会见香港廉政公署廉政专员白韫六。

↑2012 年 10 月，中国社会科学院秘书长黄浩涛出席主题为"人文科学与社会发展"的第六届中韩国际学术研讨会。

↑2012 年 1 月，中国社会科学院 2012 年春节团拜会在社科会堂举行。

↑2012 年 3 月，"雷锋精神与社会主义核心价值体系建设"理论研讨会在北京举行。

↑2012 年 3 月，《德国马克与经济增长》新书发布暨研讨会在北京举行。

↑2012年3月,"意大利环境、领土和海洋部部长克拉多·克里尼教授演讲会:新气候政策与中欧合作"在北京举行。

↑2012年3月,中国社会科学院财经战略研究院重大成果发布会暨中国商品流通战略问题研讨会在北京举行。

↑2012 年 3 月，"中国社会科学院马克思主义理论学科建设与理论研究 2012 年度工作会议"在北京举行。

↑2012 年 4 月，2012 年中国（无锡）吴文化国际研讨会在江苏省无锡市召开。

↑2012 年 4 月，"2012 年《农村绿皮书》发布会暨中国农村经济形势分析与预测研讨会"在北京举行。

↑2012 年 4 月，"美洲玻利瓦尔联盟—人民贸易协定：起源、发展与前景"报告会在北京举行。

↑2012年4月，"银行体系与经济发展——中意比较研究"学术研讨会在北京举行。

↑2012年5月，中国社会科学院与青海省委省政府战略合作框架协议签字仪式在北京举行。

↑2012 年 5 月，"继承传统、迎接挑战：纪念毛泽东《在延安文艺座谈会上的讲话》发表 70 周年学术研讨会"在北京举行。

↑2012 年 5 月，中国社会科学院与宁波市战略合作 2011 年度工作会议在北京举行。

↑2012 年 5 月，"中国社会科学论坛（2012·国际研究）——变化中的世界经济：中国和拉美及加勒比的选择"在北京举行。

↑2012 年 5 月，"中国社会科学论坛（2012·国际问题）：G20 与国际经济秩序"在北京召开。

↑2012 年 6 月，发展中国家农业发展与小额信贷官员研修班开学典礼在北京举行。

↑2012 年 6 月，"中国与伊斯兰文明"国际学术研讨会在北京举行。

↑ 2012 年 7 月，中国社会科学院与国家审计署关于中国社会科学院财经战略研究院共建项目合作协议签字仪式在北京举行。

↑ 2012 年 7 月，中国社会科学院古籍整理保护暨数字化工作会议在北京举行。

↑ 2012 年 8 月，"马克思主义经济学发展与创新国际学术研讨会——全国第六届马克思主义经济学发展与创新论坛"在北京召开。

↑ 2012 年 9 月，中国社会科学院与北京市人民政府共建首都经济贸易大学特大城市经济社会发展研究院协议签字仪式在北京举行。

↑2012 年 9 月，第四届中国法学博士后论坛在北京举行。

↑2012 年 9 月，"中国社会科学论坛：中国国家资产负债表分析"在北京举行。

↑2012 年 9 月，"中国经济论坛：城市转型与绿色发展"在北京举行。

↑2012 年 10 月，"第五届中韩国际学术研讨会：中韩经贸社会文化发展现状及展望"在北京举行。

← 2012 年 10 月，中国社会科学论坛（2012·世界史）"新史料·新发现：中国与苏联和东欧国家关系"国际学术研讨会在北京举行。

→ 2012 年 10 月，中国企业榜样丛书首发式暨"红豆道路"研讨会在北京举行。

← 2012 年 10 月，中国社会科学论坛（2012·国际研究）"大国的亚太战略"国际学术研讨会在北京举行。

→ 2012 年 10 月，中国社会科学院道德建设论坛第一期"公与私：青年学者如何做人"在北京举行。

← 2012 年 10 月，"回顾与展望：纪念中德建交 40 周年"学术研讨会暨中国欧洲学会德国研究分会第十四届年会在北京举行。

→ 2012 年 10 月，"2012 年中国经济形势分析与预测秋季座谈会"在北京举行。

←2012年10月，"中国社会科学论坛：欧洲转型及其影响"在北京举行。

→2012年10月，"中国社会科学论坛（2012·经济学）：社会转型背景下的农村公共服务"在北京举行。

←2012年10月，"海峡两岸欧洲研究学术研讨会"在北京举行。

→ 2012 年 11 月，"中国社会科学论坛（2012·文学）——史诗研究国际峰会：朝向多样性、创造性及可持续性"在北京举行。

← 2012 年 11 月，中国社会科学论坛"公平获取可持续发展"国际研讨会暨气候变化绿皮书发布会在北京举行。

→ 2012 年 11 月，"中国社会科学论坛暨第三届世界社会主义论坛：资本主义危机与社会主义未来"在北京举行。

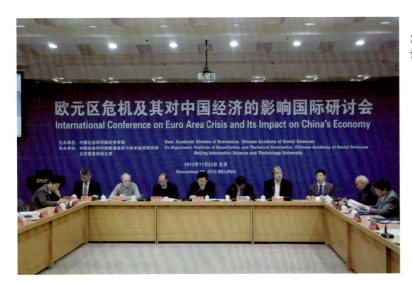

← 2012 年 11 月，"欧元区危机及其对中国经济的影响国际研讨会"在北京举行。

→ 2012 年 11 月，"中国社会科学院国学研究论坛：出土文献与汉语史研究国际学术研讨会"在北京举行。

← 2012 年 12 月，第三届亚洲研究论坛"亚太新秩序：政治与经济的区域治理"在北京举行。

→2012 年 12 月，"中国社会科学院反腐倡廉蓝皮书发布会暨第六届廉政研究论坛"在北京举行。

←2012 年 12 月，中国社会科学院与广州市委市政府、中山大学"新型城市·广州论坛"签约仪式在北京举行。

→2012 年 12 月，"中国循环经济与绿色发展论坛 2012"在北京举行。

← 2012 年 12 月，"《中国经济体制改革报告 2012：建设成熟的社会主义市场经济体制》新书出版发布会暨深化经济体制改革研讨会"在北京举行。

→ 2012 年 12 月，中国社会科学院研究生院与美国杜兰大学金融管理硕士项目启动仪式在北京举行。

← 2012 年 12 月，"2012 年《公共服务蓝皮书》发布暨城市基本公共服务力评价理论研讨会"在北京举行。

→ 2012 年 12 月，"中国社会科学论坛（2012·网络传播）：融合 创新 繁荣——社会科学网络传播国际论坛"在北京举行。

← 2012 年 12 月，郭沫若诞辰120 周年纪念会暨第四届郭沫若中国历史学奖颁奖仪式在北京举行。

→ 2012 年 12 月，"中国—新西兰建交 40 周年学术研讨会"在北京举行。

目 录

第一编 综合

第二编 组织机构

第三编 工作概况和学术活动

第四编　科研成果

第五编　学术人物

第六编　规章制度

第七编　统计资料

第八编　大事记

2013 YEARBOOK OF CHINESE ACADEMY OF SOCIAL SCIENCES

CONTENTS

CHAPTER ONE   A COMPREHENSIVE SURVEY

CHAPTER FOUR SCIENTIFIC RESEARCH ACHIEVEMENTS

CHAPTER FIVE ACADEMIC FIGURES

CHAPTER SIX RULES AND REGULATIONS

CHAPTER SEVEN STATISTICS DATA FOR 2012

CHAPTER EIGHT CHRONICLE

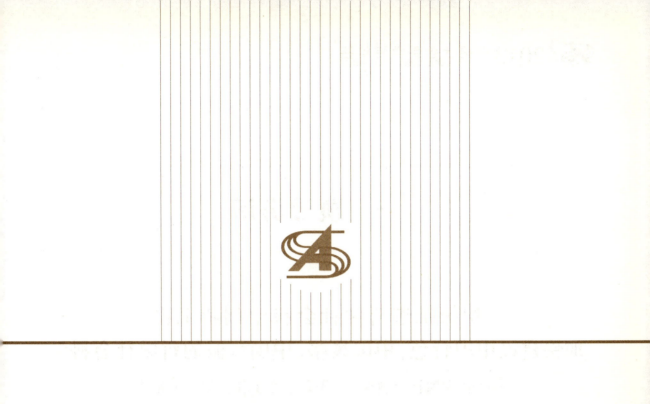

第 一 编

综　　合

ZONGHE

一　领导讲话

积极推进哲学社会科学创新工程
加快建设中国特色、中国风格、中国气派的哲学社会科学
——在中国社会科学院 2012 年度工作会议上的报告

王伟光
（2012 年 2 月 22 日）

同志们：

受陈奎元同志委托，我代表党组作工作报告。

（一）工作总结

2011 年，社科院各项工作都取得了新成绩。一是学习贯彻中央精神，重视理论学习和理论创新，马克思主义坚强阵地更加巩固。二是研究重大理论和现实问题，党和国家思想库、智囊团作用得到较好发挥。三是实施科研强院战略，科研水平和成果质量不断提高。四是推进人才强院战略，队伍建设有新成效。五是落实管理强院战略，管理体制机制改革任务基本完成。六是拓展对外学术交流与合作，学术影响力和国际话语权有所增强。七是加强报刊出版馆网库"名优"创建，理论学术传播能力有较大增强。八是启动创新工程试点，为建设哲学社会科学创新体系打开局面。九是改进机关作风，办文办会办事质量与效率继续提升。十是重视行政后勤保障体系建设，科研办公生活条件明显改善。十一是抓好党的建设和反腐倡廉建设，思想政治工作和离退休干部工作迈上新台阶。

关于 2011 年工作，《2011 年工作总结》已印发，不再展开。重点就基本完成管理体制机制改革任务和启动创新工程试点加以总结。

第一，基本完成管理体制机制改革任务，为实施创新工程奠定基础。

在 2008 年 7 月召开的改革工作座谈会上，院党组和陈奎元同志明确指出，社科院改革大

体包括两方面：一是哲学社会科学体系的改革创新，一是科研、人才、科研辅助、行政后勤等管理体制机制的改革创新。两方面的改革，相辅相成。改革分两步走，率先推进管理体制机制改革，适时展开哲学社会科学体系创新。提出了改革的指导思想、总体目标、基本要求和主要任务，正式展开了管理体制机制改革。2010年8月，党组召开管理强院专题会议，认为两年的改革已取得较大成效，但尚需深化，决定再用一年多时间，到2011年底基本完成管理体制机制改革的既定任务，再展开哲学社会科学体系创新改革。经过三年多的改革创新，有活力、有效率、有利于哲学社会科学创新发展的管理体制机制正在逐步形成。党组改革之初提出的"向改革要成果、向改革要人才、向改革要效益"已渐为现实，为启动创新工程，建设哲学社会科学创新体系创造了条件。

（1）推进科研管理体制机制改革，为建立符合哲学社会科学研究规律的竞争激励机制作了准备。制定并落实马克思主义理论学科建设和研究实施方案，形成促进和加强马克思主义理论学科建设和创新研究体制；形成扶持基础学科，加强重点学科、特殊学科，挽救濒危学科，支持新兴学科，促进社会科学与自然科学交叉融合发展的学科建设支撑体系；办好重大问题综合研究中心，形成对党和国家关注的重大理论和现实问题攻关研究的导向机制；改革完善课题制，调整课题结项时间和经费拨付方式，严格课题经费审核和结项要求；开展重大重点课题、国情调研项目等专项清理工作，建立课题定期完成制度；改革科研经费资助体系，建立成果后期资助、出版资助机制，实施"基础研究学者资助计划"和"青年学者资助计划"；建立研究室建设长效机制，加大经费支持力度，形成以科研为中心、以学科为依托、以研究项目为抓手、以学术活动为载体、以党支部建设为基础、以人才建设为根本的研究室建设格局；推动编撰《学科年度新进展综述》和《学科前沿研究报告》制度化；完善学部运行机制，完成学部委员增选和荣誉学部委员增补，发挥学部委员在重大学术活动和学术评价中的作用；推动国情调研管理机制改革，加强基地建设和项目管理；强化学术社团和非实体研究中心管理，展开清理整顿，建立淘汰机制。

（2）推进人才与人事管理体制机制改革，为形成能上能下、能进能出、竞争择优的选人用人育人机制创造条件。建立人才强院战略工作体制，制定并实施《人才强院战略实施方案》，编制中长期人才发展纲要，每年投入2500万元用于人才建设；推行聘用制和岗位设置改革，实行专业技术人员分级管理，完善专业技术职务评审和晋升制度，开展副高级专业技术职务评聘分开试点，推广五、六级管理岗位竞聘上岗制度；修订《党委工作条例》和《所长工作条例》，完善党委领导下的所长负责制，试行领导干部任职试用期制度；建立统一领导、统一规划、统一培训、统一管理、统一经费和分类教学的干部和人才培训体制，强化全员培训；规范津补贴，建立津补贴检查制度，提高全院人员收入；健全人才引进机制，制定高层次专业人才引进办法和海外留学人员招聘计划，提高引进人才质量；建立统一奖励制度，制定先进个人和先进集体奖励暂行办法；改革研究生院办学体制，加强教学管理，扩大招生规模，提高培养质量；完善博士后管理制度，推行"项目博士后"。

（3）推进对外学术交流体制机制改革，为优秀学术成果和优秀人才走向世界搭建平台。制定"走出去"战略实施方案，建立对外学术交流的院所两级管理体制和对外学术交流长效机制；创办"中国社会科学论坛"，增强学术影响力，扩大国际话语权；资助外文学术出版物和外文学术期刊，支持优秀成果翻译出版，增强中国学术国际传播力；重视对外学术交流人才培养，选派专家学者到国外重点学术机构、著名智库和国际组织开展学术交流，支持和推荐专家学者参加国际学术组织活动，建立国际型人才培养机制；实施海外高端学者来访项目资助计划，邀请国际著名专家学者来院参加学术活动；加强对外学术交流管理，健全国际合作研究项目申报、审批、资助和管理机制；创新国际合作经费管理机制，严格预算管理。

（4）推进报刊出版馆网库管理体制机制改革，理论学术传播能力有所提高。改革办报体制，成功创办《中国社会科学报》；实施"名刊"建设工程，加强制度建设，探索"名刊"评价体系；改革信息报送体制机制，成立信息研究报送机构，办好《要报》等内部信息刊物；完成院属5家出版社转企改制，积极探索集团化发展思路；改革图书馆管理体制，实行"总馆—分馆—资料室（所馆）"三级管理，建成法学分馆、民族学与人类学分馆、研究生院分馆和哲学专业书库、文学专业书库；实施图书采购代理制改革，实现图书采购公开化；制定"十二五"网络信息化建设规划，建立院所两级信息网络管理体制，形成信息化建设经费向研究所倾斜机制；建立网络中心、中国社会科学网、调查与数据信息中心"三位一体"创新体制，统一领导、统一规划、统一管理、统一经费、统一数据库的信息化运作机制正在形成；"中国社会科学网"及其英文网开通上线，学术影响力不断扩大；成立调查与数据信息中心，推进实验室和调查平台建设，制定数据标准化体系，启动"中国社科智讯"；信息化建设经费使用改革取得成效，资金使用效益明显提高。

（5）推进行政管理体制机制改革，规范有效的行政运行体系基本形成。建立并完善以常务副院长和秘书长为中心的日常工作运行机制，院长办公会议规范化、制度化；建立改革创新协调例会制度和督办例会制度；发挥办公厅枢纽职能，建立督办、检查、反馈制度，增强执行力；建立电子文档跟踪管理系统，规范公文流转；加强统计报表编报管理；制定和完善会议制度，精简会议数量，提高会议质量；规范内部请示事项答复方式，要求职能部门及时办理；建立电子邮件群发系统，定期发布信息，推进院务公开制度化；建立网络视频会议系统，利用现代技术手段提高工作效率；严格工作纪律，建立领导干部外出请销假制度和机关指纹考勤制度，有效改进机关作风；开展规章制度"废、改、立"工作，保留规章制度332项，废除167项，修订59项，制定61项，汇编《管理工作手册》和《财务管理工作手册》；完成办公厅内设机构改革。

（6）推进基本建设管理体制机制改革，基本建设和大型维修项目统一规范的管理机制有效运转。完善基建工作体系，成立基建工作办公室，建立基建工作制度，编制基建中长期规划；建立推进重大基建项目工作机制，贡院东街科研与学术交流大楼、东坝职工住宅项目相继获得重大进展，良乡研究生院新校园一期工程全面竣工并投入使用，单身职工公寓一期工程完工并交付使用；建立修缮改造工程运转机制，完成图书馆地下书库改造和立体车库、老干部和职工活动中心、院部门球场建设，研究生院气膜体育馆落成；治理院部环境，局部整修院部大楼，改造院部道路及东西两门，装修图书馆大厅，院内大规模园林绿化，整顿院部交通秩序，院部形象焕然一新；建立办公用房调整机制，极大改善20多个所局单位科研办公条件；多方争取房源，加大规划和建设力度，逐步形成单身公寓、廉租房、限价房、人才周转用房、经济适用房及低价商品房供应体系，建立解决职工住房的长效机制，初步解决长期影响人才建设的职工住房问题。

（7）推进财务管理体制机制改革，集中、严格、高效、透明的经费保障体系初步建立。成立财务结算中心，实现全院财务的公开透明和资金集中管理；实行会计委派和会计代理制，加强会计核算和财务监管；制定预决算管理规定，提高预算执行率和资金使用效益，形成预决算执行管理长效机制；规范日常经费和临时性专项工作经费审核审批管理；开展"小金库"专项治理和规范津补贴检查；加强资产管理，完善固定资产动态监管平台，制定经营性资产管理办法，确保国有资产保值增值；建立房地产统一管理制度，对院属单位有偿使用房地产进行清理，建立有偿使用房地产长效机制，将公租房、单身职工宿舍纳入统一的国有资产管理；成立节能减排办公室，开展节能减排承包试点，制定节能方案，推广使用节电节能设备，建立节能工作机制；建立收入上解制度，多渠道筹集资金；建立财政经费逐年提高长效机制，形成充足有效的经费保障体系；完成财计局内设机构改革。

（8）推进后勤服务体制机制改革，为科研和全院人员服务的后勤保障水平明显增强。按照后勤社会化、管理科学化、服务优质化的原则，改革服务中心所属经营单位，将服务中心原属企业整体划转人文公司经营，实现经营、管理、服务职能分离；改革图文印刷厂、会议中心、物业中心，加强成本核算，提高服务质量和经济效益；加强经营单位管理，有效解决亏损问题；推进职工食堂管理改革，提高食堂饭菜质量；推进班车和公务车改革，按月发放交通补贴，车队实行经费总承包改革，有效降低运营成本，提高车辆使用率；对社科博源宾馆、密云绿化基地和北戴河培训中心实行整体承包经营，提高国有资产经营效益；推进人文公司经营资产整合，拓展业务范围，服务科研能力和经济效益有较大提升；建立解决职工子女上学的长效机制，为近200位职工解决子女上学问题；调整服务中心内设机构，增强对全院后勤服务的指导职能。

基本完成管理体制机制改革任务，是全院各单位和全体同志积极参与、共同努力的结果，是实施管理强院战略的结果，是党组高度重视、精心组织、周密部署、狠抓落实的结果。自2008年下半年以来，共召开每周一次的改革创新协调例会200余次，完成改革任务800余项；召开每周一次的督办例会160余次，督促落实任务400余项。

第二，启动创新工程试点，哲学社会科学创新体系建设迈出关键性一步。

在推进管理体制机制改革的同时，党组已在谋划和推动第二步的改革创新。从2008年起，围绕创新体系建设问题开展调研，进行酝酿和设计，积极争取中央和有关部门支持，为实施创新工程作了大量前期准备。2011年院工作会议提出，要在巩固已有改革成果的基础上，做好两方面改革的过渡衔接工作，逐步将工作重心转移，启动创新工程。一是自觉抓住战略机遇，精心做好顶层设计。二是广泛深入动员，统一全院思想认识。三是深化体制机制改革，着力推进制度创新。四是坚持试点先行，力争重点突破。党组制定了创新工程五年计划和逐年实施意见，出台了一整套管理制度和实施办法，遴选了首批试点单位，于2011年下半年陆续开始试点。推进的重点是：以马克思主义理论研究与建设工程、马克思主义哲学学科和世界社会主义中心为重点，加强马克思主义坚强阵地建设；组建信息情报研究院、财经战略研究院、亚太和全球战略研究院、社会发展战略研究院等新型科研组织，努力加强服务党和国家大局的思想库建设；以调查与数据信息中心建设为抓手，加强哲学社会科学数据库和实验室建设，打造"数字社科院"；办好以《中国社会科学报》、中国社会科学网、《中国社会科学》杂志为龙头的报刊出版网站，加强社会主义主流意识形态传播平台建设；以考古研究所、民族文学研究所、语言研究所为试点，推进具有传统优势的人文基础学科创新，加强中国哲学社会科学学术殿堂建设；推出"学部委员推展计划""长城学者资助计划"等人才创新项目，建设中国哲学社会科学高端人才基地；举办"中国社会科学论坛"，资助外文学术期刊和外文出版物，打造"走出去"战略基地；启动学术出版资助计划，落实一批重大成果出版和翻译项目，创新工程取得初步成效。

（二）工作思路

2012年工作的指导思想是：以马克思列宁主义、毛泽东思想、邓小平理论和"三个代表"重要思想为指导，全面落实科学发展观，认真贯彻中央精神，按照"三个定位"要求，坚持"三大强院战略"，实施哲学社会科学创新工程，加快建设具有中国特色、中国风格、中国气派的哲学社会科学，以优异成绩迎接党的十八大召开。

1. 加强理论武装，提高运用马克思主义指导哲学社会科学研究的能力

坚持以马克思主义为指导，是我国哲学社会科学最鲜明的特色，是社科院最根本的办院方针。加强理论学习，提高运用马克思主义指导科研的能力，不是权宜之计，也不是一时之策，而是事关社科院和哲学社会科学事业方向和发展的长远大计、根本大计。之所以把问题提到这样的高度，是由哲学社会科学的性质和我院的定位、任务决定的。

毛泽东同志指出，"一定的文化（当作观念形态的文化）是一定社会的政治和经济的反映，又给予伟大影响和作用于一定社会的政治和经济"[①]。哲学社会科学作为文化的灵魂，是

---

① 《毛泽东选集》第2卷，人民出版社1991年版，第663—664页。

文化最概括的思想结晶，是一定社会的政治、经济最集中的理论反映，为一定社会的政治、经济服务。当代中国的哲学社会科学，首先是社会主义方向、性质的理论学术，为中国特色社会主义的政治、经济服务。社科院是党中央直接领导的国家哲学社会科学最高研究机构，是党在思想文化战线和意识形态领域的重要部门。科学研究等一切工作，必须始终坚持正确的政治方向和学术导向，始终与党中央保持一致，才能切实服务于中国特色社会主义事业。而做到这一点，必须坚持马克思主义，如果离开马克思主义，必然偏离方向，一切无从谈起。

中央赋予社科院"三个定位"要求的一项任务就是努力建设马克思主义坚强阵地，这是最高的党性要求。社科院担负研究、宣传、创新马克思主义的重任，如果领导干部和科研人员的马克思主义理论水平不高，又怎能完成这个光荣而艰巨的任务?! 一项任务是努力建设党和国家的思想库、智囊团。人民关心的重大问题，就是党和国家关注的重大问题，也是应作出理论诠释、对策研究的重大问题。为解决人民疾苦、提高百姓福祉而研究，为党和国家的长治久安、中国特色社会主义的发展进步出谋划策，才不愧于思想库、智囊团的地位。试问，离开了马克思主义的正确指导，缺了主心骨，怎能建好言献好策出好主意，又谈何发挥参谋咨询作用?! 一项任务是努力建设哲学社会科学的最高殿堂。我国哲学社会科学作为精神力量，就总体属性来说，首先是党领导的、人民大众需要的、社会主义性质的观念形态的文化，从属、服务于社会主义主流意识形态，必须从总体上接受马克思主义指导。社科院许多学科带有强烈的意识形态属性、政治属性和现实属性。有的学科虽然意识形态属性不强，或不具有意识形态属性，但其研究对象与内容也是某类社会历史现象，研究者本身也有一个为什么人服务的感情问题、立场问题，有一个用什么样的立场、观点、方法指导学术研究的问题。这就要求必须把马克思主义和科学社会主义作为核心理念和指导思想，站在党和人民的立场上，为中国特色社会主义和人民利益"鼓与呼"。

这是从哲学社会科学作为党领导的中国特色社会主义文化属性的总体意义上讲的道理，即为什么坚持马克思主义指导地位的道理。陈奎元同志在《信仰马克思主义，做坚定的马克思主义者》的重要讲话中，语重心长地全面阐述了信仰马克思主义、学习马克思主义、坚持和发展马克思主义的根本要求。具体到今天研究者个人来说，在中国特色社会主义伟大实践中，在繁荣发展哲学社会科学工作中，能否自觉接受马克思主义，运用马克思主义，更是直接关系到站在什么立场上、为什么人服务的问题，当然也关系到科研方向、成果质量和能否成为党和国家需要的人才的问题。

在我国当代学术领域，许许多多大家大师，正是坚定信仰马克思主义并将它实际应用到研究中，从而找到了指导研究工作的科学的世界观和方法论钥匙，取得了辉煌的学术成就。郭沫若先生被邓小平同志称之为"我国运用马克思主义研究中国历史的开拓者"。以他为代表的马克思主义史学，用唯物史观作为研究历史的武器，做出重大史学创新成果。不少历史学家不乏渊博知识和入微考辨，但总的方面还不能和郭沫若先生的史学研究成就相比，究其根本，则同没有真正掌握马克思主义，缺乏唯物主义历史观眼光有关。老一代院领导胡乔木、胡绳、马洪、张友渔等一贯努力学习、研究和宣传马列主义，在马克思主义理论、哲学、文学、历史、经济、法学、政治学等领域作出了杰出贡献。范文澜先生开拓了以马克思主义指导编撰中国通史的道路，侯外庐先生运用马克思主义研究中国古代思想文化遗产，夏鼐先生坚持认为考古学研究的最终目标是阐明历史发展的客观规律，吕叔湘先生总是理论联系实际，处处体现实事求是的作风，何其芳先生自觉把马克思主义应用到文学研究领域，任继愈先生以马克思主义视野研究中国哲学和世界宗教，许涤新先生从马克思主义与中国实践的结合上系统探讨了中国社会主义经济形成和发展的客观进程，孙冶方先生探索了社会主义政治经济学新体系，薛暮桥先生系统论述了中国社会主义建设必须遵循的经济规律，等等。这样的前辈不胜枚举，他们自觉运用马克思主义指导科学研究，从而在学术史上留下了不朽的篇章。

这些可敬前辈们所取得的辉煌成就，证明了当代中国哲学社会科学的指南，就是马克思主义。认为马克思主义已经僵化、凝滞，解释不了中国问题，不能指导学术，从而不加分析、不作选择地把西方的研究方法和学派，或者中国历史传统的研究方法和学派，原封不动地引入到当代中国研究领域，崇拜洋教条、土教条，食古不化，食洋不化，这样做无法创新、繁荣、发展中国特色理论学术。

当然，讲这些不是说在今天学术研究领域，马克思主义可以代替一切，包办一切，是包打天下的灵丹妙药，而是就马克思主义世界观方法论而言，就当代中国哲学社会科学总体而言，就社科院办院方向而言，就研究者个人以什么样的感情、站在什么立场上、为什么人服务、以什么为指导的根本问题而言。马克思主义世界观方法论，就是马克思主义者观察问题、分析问题、解决问题的基本立场、观点和方法。以马克思、恩格斯、列宁、毛泽东、邓小平等为代表的马克思主义者，站在人民的立场上，做出了大量科学判断和科学结论，有些结论虽然带有历史局限性，但贯穿他们著述、思想、理论始终的立场观点方法，即世界观方法论，则始终闪耀着真理的光芒，具有正确思想方法的巨大精神利器作用，依然指导着今天的实践。马克思主义首先强调的是基本立场问题，即是不是站在人民的立场上，与人民同呼吸共命运，与人民密切联系。马克思、恩格斯之所以成为马克思主义者，首先是因为他们能够坚定地站在工人阶级和人民大众的立场上，把自己的幸福和工人阶级、劳苦大众的命运紧紧联系在一起。基本立场对了，才能够自觉地运用马克思主义的基本观点，如唯物的观点，发展的观点，辩证的观点，对立统一的观点，历史的观点，群众的观点，阶级分析的观点等等。运用这些观点认识观察世界就是科学的世界观，以之分析解决问题就是科学的方法论，马克思主义世界观和方法论是一致的。

可以说，凡是做出成绩的科学家，就其主观认识来说，都是自觉或不自觉地做到了符合并遵循他所研究对象的客观规律，而辩证唯物主义和历史唯物主义的世界观方法论，恰恰最科学地揭示了事物发展的根本规律和法则，为人们认识问题、分析问题提供了最一般的思维方式和思想方法。"工欲善其事，必先利其器"，对于以科学研究为终生追求的哲学社会科学工作者来说，为何不去主动地、自觉地学习掌握马克思主义立场观点方法呢？学习马克思主义，要真学真懂真用，而不是死记硬背一些具体结论，不是照本宣科、生搬硬套一些词句来剪裁活生生的现实。马克思主义是思想武器，不是养家糊口的饭碗，不是追求名利的梯子。运用马克思主义指导研究，不是把马克思主义当作标签，当作标语口号，而是当作研究的指南，把马克思主义贯穿到学术研究、学理分析之中，以创新的学术成果体现出来。

加强马克思主义学习，是全院人员的共同任务。各级党组织要认真组织好理论学习，抓住提高理论水平这个关键。领导干部和党员要带头自觉学习马克思主义，不断提高自己的马克思主义理论素养，学会运用马克思主义指导科学研究。就担负的领导责任而言，所局领导干部尤为关键。从事马克思主义研究的，要多多益善地学，专门研究。从事其他学科研究的，可以坚持"少而精"的原则，重点掌握马克思主义精髓。既要坚定不移地坚持"二为"方向，又要坚定不移地贯彻"双百"方针。在具体学科研究方法上，可以百家争鸣，百花齐放，可以有研究者的发明独创，不能强求一致。

2. 学习、贯彻、落实好十七届六中全会精神，全力实施哲学社会科学创新工程

2012 年的中心工作就是学习领会、贯彻落实十七届六中全会精神，实施好创新工程，努力构建哲学社会科学创新体系。中央领导同志对社科院实施创新工程高度重视、十分关心，给予及时有力的指导。最近，李长春、刘云山、刘延东同志对社科院关于创新工程进展情况的报告作出批示，充分肯定社科院创新工程试点工作，并对做好下一步工作提出指导性意见。对于社科院创新工程进展，李长春同志评价"方向对头，设计严密，步骤稳妥，意义重大"；刘云山同志指出，"在规划设计、机制建立、资源配置方面做了大量工作，在马克思主义理论研究、综合性战略性问题研究、人文基础学科创新以及数据库实验室建设等方面取得新进展，产生了一批重要成果，实现了创新工程的良好开局"；刘延东同志认为，"坚持科学谋划，精心设计，使创新工程在起步之初就走上科学化、制度化的轨道，产生了若干创新成果，为今后顺利实施打下了坚实基础"。对于继续抓好创新工程，李长春同志要求我们"不断总结，循序渐进，务求实效，为建设和形成有中国特色、中国风格、中国气派的哲学社会科学，为完善中国特色社会主义理论体系，建立走出去的话语体系，增强国际影响力作出新的更大的贡献"；刘云山同志指出："以创新工程为引领，着力加强马克思主义理论研究和建设，着力深化重大理论和现实问题研究，着力推进学科体系、学术观点和科研方法创新，着力加强社科人才队伍建设"；刘延东同志希望"开拓创新，扎实推进，按照中央'三个定位'的要求，充分发挥智库作用"，并指示相关部门对社科院从工作和改革上予以积极支持。中央领导同志的重要批示，是对我们的鼓舞和鞭策，为全面推进创新工程指明了努力方向，提出了殷切希望和明确要求。全院同志必须认真学习，深刻领会，把思想统一到中央和党组实施创新工程的决策和部署上来，把认识提高到完成创新工程任务上来。

当前，摆在全院同志面前有两大问题，应当引起高度重视。一是机遇问题。目前，社科院哲学社会科学事业正面临着腾飞发展的重大机遇。党的十七大、十七届五中全会和"十二五"规划纲要，特别是六中全会提出实施哲学社会科学创新工程，建设具有中国特色、中国风格、中国气派的哲学社会科学的战略任务。实施创新工程，是繁荣发展哲学社会科学的重大战略举措，必将使社科院总体科研水平迈上更新层次、更高台阶。这一切都为我们提供了难得的机遇。机不可失，稍纵即逝，如果抓不住这次机遇，就会大大贻误哲学社会科学的发展。我们这一代人责任重大，一定要树立责任意识、机遇意识。

二是差距问题。在党中央领导下，社科院事业有了长足的发展。但是，应当清醒看到差距。社科院为党和国家服务的自觉意识还不够，能力还不强，距离中央的要求还差得相当远，还有很长的路要走。与国际国内同行相比，社科院许多传统优势正在逐渐减失，如果不奋起急追，将会进一步减弱甚至消失殆尽。近年来，社会上各种研究院所、智库和研究团体如雨后春笋般涌现出来，推出一批又一批成果，构成严峻挑战。社科院外临激烈的人才竞争，内则有人才青黄不接的危险。面对如此巨大的人才压力、成果压力、竞争压力和发展压力，必须充分正视差距，时刻树立危机意识、忧患意识。

面对机遇与挑战，有两种选择。一是安于现状，按原有的老办法和老套路办院。这样做没有太大风险，但距离党和国家的要求会越来越远。二是创新改革。这样做会有风险，在推进改革创新的过程中，会产生出一些新的矛盾和问题。从马克思主义认识论来看，十全十美的改革是没有的。因为人的实践有一个过程，认识也有一个过程。旧的矛盾解决了，新的矛盾又会产生，人类社会就是在不断地解决矛盾和问题中前进的。当然，实施时要反复调查研究，尽可能把事情想得周全一些，步子迈得稳妥一些。面对两种选择，权衡利弊，就要以创新的精神，选择具有创造性、最符合我院长远发展需要的改革创新之路。

党组明确提出了实施创新工程的指导思想、目标、任务、方法和步骤，目前各项工作正在有序推进。实施创新工程的根本目的就是构建中国特色哲学社会科学创新体系，关键是实现理论学术观点自主创新和体制机制制度创新。理论学术观点自主创新是创新工程的根本任务，也是检验创新工程成功与否的根本标准；体制机制制度创新是创新工程的重要任务，是能否构建创新体系的基本保障。两个创新相辅相成，总的要求是实现出成果、出人才。

哲学社会科学必须倡导自主创新，解放思想，独立自主地走中国特色的哲学社会科学创新道路。实践不断发展，思想理论随之不断创新。中国特色社会主义实践不断发展，中国特色理论学术也需要不断创新。要借鉴、吸收世界先进文明的精华，继承、发扬中华传统文化的积极成果，总结、提炼当代中国的新鲜实践和经验，不断概括出理论联系实际的新概念、新范畴、新表述，创造出不拘泥于书本、不拘泥于经验、不拘泥于已有认识的思想理论学术观点，努力形成有说服力、感染力、影响力的中国学术话语体系，用以解读现实，说明问题，指导实践。

制度创新要求认真分析和研究现行体制机制存在的弊端，有针对性地通过改革兴利除弊，实现体制机制制度创新，最大限度地调动科研人员的积极性和创造性，解放和激活科研生产力，以全面实现学术观点与思想理论创新、学科体系与科研组织创新、科研手段与方法创新。制度创新要抓住三个关键环节，第一个环节是人事制度的转变，形成人员"公开竞聘"和"公平退出"机制，建立竞争流动的创新岗位，构建与绩效挂钩的激励机制，建立能进能出、能上能下、竞争淘汰的选人用人机制。第二个环节是分类建立科研评价体系，努力构建有利于多出经得起实践和历史检验的精品成果的研究机制。第三个环节是科研经费配置机制的改革，构建具有激励和约束双重功能的经费分配机制，赋予研究单位对研究经费支配的主动权，调动科研人员利用经费开展研究的积极性。经费资源分配机制改革，要抓三件事，一是改革完善课题制，二是实行年度经费总额拨付制度，三是实行严格有效的经费使用管理制度。

抓好创新工程，要解决好四个方面的问题，一是统一思想，提高认识；二是解放思想，转变观念；三是着眼全局，试点先行；四是认真负责，加强领导。首先要统一思想，提高认识。一定要把抓好思想发动、骨干动员、学好文件、吃透精神和做过细的群众工作摆在重要位置。二是解放思想、转变观念。思想观念不转变，就不会有真正的理论学术观点的创新和体制机制制度的改革。不能穿新鞋走老路，按老套路、老办法办事，要大胆探索，勇于创新，用新办法、新架构、新组织、新制度来推进创新工程。三是着眼全局，试点先行。实施创新工程，没有现成的模式。创新工程方案和措施是不是符合哲学社会科学发展规律，是不是能够调动大家的积极性，存在哪些问题，还会出现哪些问题，制定哪些政策，进行哪些改革，都需要在实践中摸索。不经历一个认识、探索的过程，急躁冒进是不行的。试点先行，重点突破，逐步展开，稳步推进，是基本原则。党组充分肯定各单位和不同岗位的同志们都为创新工程贡献了力量，坚持统筹兼顾，让全院同志共享创新发展的成果。四是认真负责，加强领导。各级领导班子要真正担负起创新工程的组织管理职责，主要领导挂帅，坚持集体决策，不断研究解决推进过程中的问题。在实施创新工程的同时，要注意保证全院日常工作运转，把抓好创新工程与做好科学研究、研究室建设、学科建设、人才建设、党的建设等工作统一起来、结合起来。

全院同志一定要以时不我待、只争朝夕的紧迫感，以实施创新工程为契机，"为天地立心，为生民立命，为往圣继绝学，为万世开太平"，开拓进取，力争达到甚至超越前人的水平，再创社科院历史上作为"人才高地、学术重镇、哲学社会科学研究国家队"的辉煌。

3. 加强社会主义核心价值体系教育，提高全院人员道德水准

加强道德建设，开展社会主义核心价值体系教育，逐步建立具有社科院特色的道德规范和准则，造就良好的组织文化和道德风尚，树立优良的学风和工作作风，是社科院重要的思想道德上的基本建设。必须把核心价值体系建设融入到社科院建设和发展的全过程，贯穿于科研、管理等各领域，体现在科研成果产出和人才培养等各方面。

进入 21 世纪，党鲜明提出实行依法治国和以德治国相结合。党的十七大和十七届六中全会把社会主义核心价值体系建设提到了治国理政的高度。治理国家，德治与法治，从来都是相辅相成、相互促进的。我国有着悠久的德法共治的传统。孔子认为："道之以政，齐之以刑，民免而无耻。道之以德，齐之以礼，有耻且格。"严刑只能使百姓因害怕而不敢做坏事，但不能使人们自觉知耻而守法；相反，以道德治理国家，以礼乐教化人民，则可使百姓自觉知耻，自我规范，自我约束。还认为，"君子之德风，小人之德草，草上之风，必偃"，强调德治教化。当然，孔子讲的法是指刑法，今天讲的法治，范围要更广泛。重视思想道德建设，对于坚定理想信念，塑造正确的人生观、价值观、道德观，升华人生境界，提高觉悟，具有十分重要的意义。

社科院同志多数受过高等教育，知识水平和思想觉悟较高，总体道德风气是好的。但不可否认，有少数人的表现与自己多年接受的教育，与自己头上的一道道"光环"并不相称，在许多事情上显得过于利己主义、自由主义。譬如，不遵守政治纪律，抄袭剽窃，侵占公共财产，损人利己，追名逐利，公共道德缺失，组织观念淡薄，等等。这些有辱斯文，丧失品格，愧对最高殿堂。

成就真正的学问，离不开崇高的价值追求，离不开高尚的道德情操。中国古代许多杰出的知识分子，既有深厚的文化造诣，又有高洁的道德操守，先天下之忧而忧，后天下之乐而乐，道德文章，堪称典范，实现了做人、做事、做学问的统一。身处最高学术殿堂，更应该高标卓识，具有高尚的道德情怀和精神追求，更应该成为中国社会的道德模范，具有最起码的社会责任，更应该懂得怎样爱祖国、爱人民、爱劳动、爱文明、爱集体、爱家庭，包容他人，与他人和谐相处。全院每一位同志，都应当思考如何做一个德才兼备、又红又专的优秀人才，如何弘扬雷锋精神，成为社会主义核心价值体系的笃行者，如何始终以国家前途和民族命运为念，把社会主义核心价值体系作为基本遵循、衡量标准，化为自己的政治立场、思想感情、治学学风和工作作风。

要深入开展社会主义核心价值体系教育，加强学风、作风和道德建设，教育引导全院同志树立求真务实、科学严谨的治学精神，树立联系群众、认真负责、努力进取的工作态度，大力弘扬雷锋精神，树立崇高道德风尚。各级党组织和领导干部都要抓、都要管道德建设，列入重要工作日程，作为必须落实的重要任务。

4. 一以贯之抓管理，坚持以管理强院促科研强院、人才强院

实施管理强院战略，促进科研强院和人才强院，是社科院行之有效的基本工作方法，也是必须坚持的重要工作原则。管理体制机制改革之所以成功，各项工作之所以取得成绩，其中一条经验就是找到了抓管理这个法宝。陈奎元同志明确提出要抓管理强院。将管理强院和科研强院、人才强院结合在一起，确立"三大战略"的强院兴院之策，是对社科院办院规律认识的新概括，是对办院经验的高度总结。以科研强院为根本，人才强院为关键，管理强院为保障，共同构成我院的强院战略。要不断提高对管理重要性的认识，持之以恒、一以贯之地把管理抓紧、抓实、抓好、抓出成效。

刘云山同志强调："必须坚持一手抓繁荣、一手抓管理，坚持事业发展到哪里、管理就要跟进到哪里，履职尽职、敢管善管，不断提高管理科学化水平。"这对做好管理工作具有重要指导作用。虽然社科院管理工作有了长足进步，但目前仍然存在不少管理方面的软肋，实现管理强院任重道远。积极稳妥推进创新工程，必须始终如一地抓好管理。如果管理不到位，科研强院和人才强院势必落空，创新工程也不可能达到预期效果。目前，一些单位管理不到位，致使创新工程推进缓慢，人为地带来许多不应发生的新矛盾和新问题，影响了创新工程成效。比如，对创新工程各项管理制度和办法不研究、不执行，甚至擅自改变制度，不按规定办事；或者对长期积累的管理漏洞和历史包袱不清理、不解决，等等。

顺利推进创新工程，要在管理上下更大功夫。第一，要高度重视管理。认识到管理强院同样是强院战略，管理工作同样是重要工作，管理人才同样是人才。主要领导干部，特别是书记和所长，要在其位谋其政、谋其管，把搞好本单位的管理当作自己最重要的一个职责。职能部门要围绕全院中心工作，加强管理，提前谋划，综合考虑，为全院发展服务。第二，要敢管善管。尽可能地为科研人员提供充分自由的科研时间和空间，创造自由讨论、自主创新的环境，很有必要，但不等于放任自流，不等于放弃管理。抓管理，既要严格规章制度，敢于面对问题和矛盾，不回避，不推诿，不怕得罪人，又要讲究方式方法，营造宽松和谐的工作氛围。第三，要实现管理创新。事业在发展，形势在变化，有些情况过去没遇到，现在却出现了，有些办法过去有效，现在却不灵了，有些问题过去容易解决，现在却复杂了。包括创新工程在内的许多工作，牵涉到方方面面和每一位同志，关系到全局，这就要求在管理上及时跟进，改进和创新管理，着力提高管理的科学性、系统性和有效性。

（三）2012 年度工作部署

1. 确保正确的政治方向和学术导向

组织全院人员认真学习马克思主义基本原理、中国特色社会主义理论体系。举办所局主要领导干部、青年骨干马克思主义经典著作读书班，举办系列报告会、讲座、理论培训班，抓好面向全院青年的理论培训。颁布执行《关于进一步加强和改进研究所党委中心组学习的意见》，抓好各级中心组理论学习。组织十七届六中全会精神和十八大精神的学习贯彻和研究宣传。注重学习实效，抓好检查落实。

加强政治纪律教育，与党中央保持高度一致，牢记"守土"职责，不断增强政治敏锐性和政治鉴别力，坚决反对一切杂音、噪音，自觉抵制各种错误思潮的影响和冲击。

2. 加强马克思主义理论学科建设和理论研究

完成社科院承担的马克思主义理论研究和建设工程任务。落实《加强马克思主义理论学科建设与理论研究实施方案（2009—2014）》和 2012 年工作计划。巩固发展马克思主义理论学科，加强二、三级理论学科建设。支持开设相关学科马克思主义论坛，加强马克思主义理论类别研究室建设，组织撰写马克思主义理论学科前沿报告。完成中央交办的理论宣传文章撰写任务。出版马克思主义专题文丛和文集，出版15卷本的"马克思主义理论学科建设与理论研究系列丛书"。充分发挥报纸、期刊、出版社、图书馆、网络、数据库、论坛的马克思主义学术阵地和宣传平台作用。

开展马克思主义经典著作和基础理论研究。加强对中国特色社会主义理论体系、旗帜、发展道路、基本政治经济制度的研究和阐释；加强对当代资本主义发展趋向的跟踪研究；加强党的执政能力建设、先进性建设、纯洁性建设和反腐倡廉建设研究，推出一批高水平的研究成果。办好马克思主义研究院、中国特色社会主义理论体系研究中心和世界社会主义研究中心。

3. 展开创新工程试点工作

巩固2011年首批试点成果，顺利完成2012年第二批试点工作和下半年扩大试点工作。做好2012年试点单位考核工作。编制2013年第三批试点方案及经费预算方案，完成评审。

及时调研试点工作中出现的新情况、新问题，不断总结经验，修改完善已有制度和办法，制定新的措施和办法。如拟定学部支持参与创新工程实施意见，学部委员、荣誉学部委员参与创新工程管理办法，离退休人员支持和参与创新工程意见，创新工程数据库、实验室总体建设方案，数据库、实验室、大型社会调查项目审批程序和办法，数据信息后期资助标准与管理办法，创新单位首席管理审批程序和综合考核评价办法，创新单位（研究所）综合考核评价办法等。

试行创新经费年度总额拨付制度，推进创新工程研究经费总额拨付改革试点。深入调研，制定期刊编辑部和实验室创新工程实施方案。完善创新工程学术成果出版资助体系和资助办法，完成4500万出版资助计划。完成"长城学者"资助人选增补。完善创新岗位人均研究经费和特殊项目经费审批制度。严格国内大型学术会议、国际合作、信息化、大型社会调查及数据库建设、办公用房租用、大型设备购置等专项经费的评审和管理。健全具有激励与约束双重功能的资源配置与经费管理制度。

推进财经战略研究院、亚太与全球战略研究院、社会发展战略研究院、信息情报研究院的科研组织体制创新，努力建设成为具有专业优势的跨学科、综合性、创新型研究机构和国内一流、世界知名的高端智库。

完善科研成果评估体系与机制，研究制定创新项目、创新单位评价指标和立项评审、中期检查、结项评价管理办法，做好对申报单位的准入审核以及创新项目的立项、中期、结项考核管理。健全创新工程经费预决算制度和经费审计制度。加强对创新工程试点单位和创新项目监督检查，建立院领导带队深入一线抽查制度。建立职能部门协调会议制度，加强宏观协调。选调精干人员，充实力量，加强创新工程综合管理办公室建设，建立工作制度，办好《创新工程简报》。加大对创新工程的督办力度。

4. 推出更好更多科研成果

深入研究中国特色社会主义重大理论和现实问题，我国面临的经济安全、金融安全、文化安全、意识形态安全问题，社会普遍关心的、涉及群众切身利益的热点难点问题，维护国家主权和领土完整、民族团结、国际关系等方面的重大动态和突出问题，密切关注国际金融危机、欧债危机现状及其发展趋势、国际局势的走向，跟踪反馈重大决策、政策措施的落实情况，加强研究，提出有针对性的建议。

落实中央重要决定举措分工方案规定的各项任务。完成中央交办委托重大课题。完成中央领导交办的"高举中国特色社会主义伟大旗帜""当前中国经济体制改革面临的形势以及今后改革的目标和重点任务""中国道路""社会主义民主政治建设""社会主义初级阶段基本经济制度""收入分配问题""住房问题"等重大研究项目，取得重要研究成果。

出版一批重要的学术成果："中国社会科学院文库"90卷，"青年学者文库"5卷，"中国社会科学博士论文文库"10卷，"中国社会科学博士后文库"30卷，"中国社会科学院学者文选"15卷，"国情调研丛书"10卷，"中国哲学社会科学学科发展报告"16卷等。

贯彻开展"走转改"活动要求，继续做好国情调研的组织实施工作。坚持"当年立项，当年完成"原则，发挥国情调研项目更大效益。实施结项率与调研经费资助额度挂钩制度，形成良性互动机制。组织好首届国情调研优秀成果奖评奖工作。

组织开展重大学术研讨交流，管理好学术会议。加大科研成果宣传推介力度。组织好第八届院优秀科研成果奖评选活动。

5. 加强学科建设、研究室建设和学部建设

把创新工程项目研究与研究室、学科建设结合起来，摸索在创新工程建设中加强研究室和学科建设的做法和经验。检查研究室建设经费执行情况，提出研究室经费调整方案。

以研究室为依托推进学科建设。制定并实施《学科调整与建设方案》和《学科分类名录》，制定学科分类标准，合理调整学科布局，努力构建体现国际学术前沿、适合国家经济社会发展需要的哲学社会科学学科体系。组织编撰《学科年度新进展综述》和《学科前沿研究报告》。

推进学部工作的制度化、规范化，修订完善学部制度。强化学部和学部委员的学术咨询、学术指导和学术评价职能，完善创新工程评审委员会和相关制度，支持学部委员、荣誉学部委员积极参与创新工程。支持学部组织开展重大课题研究、重大国情调研活动和对外学术交流与合作。组织好学部委员参与"走转改"活动。加大学部委员和学部科研成果宣传力度，出版学部委员专题文集，不断扩大学部的学术和社会影响。形成学部工作局定期汇报机制，加强学部工作局自身建设。

6. 培养德才兼备、又红又专的高素质专门人才

认真落实《中长期人才发展规划纲要（2011—2020）》和《人才强院战略方案》，推进实施马克思主义理论人才造就计划、马克思主义理论后备人才培养计划、学部委员推展计划、高端人才延揽计划、领军人才扶持计划、长城学者资助计划、基础人才和青年人才资助计划、青年英才提升计划、管理人才培养计划和博士后培养计划。

加快与创新工程相配套的人事管理制度改革，推进进人用人制度创新，试行《人才引进办法》。研究制定人才引进实施方案，严格按照程序引进人才。组建引进人才专家评审库。完善研究员分级与聘用管理办法。实施文化名家工程。修订完善包括"长城学者"资助计划在内的基础研究、青年学者资助计划。做好机构编制清理工作。成立院人才研究中心，加强人才问题研究。

做好所局领导班子调整和干部选拔任用工作。落实五、六级管理岗位领导干部竞聘上岗。试行在全国范围内公开招聘研究所所长。推进局处级领导干部交流任职。制定实施干部教育培训统一计划。完成中央有关部门组织的干部调训和选学工作。

改革办学体制机制，完善教学评估体系，不断提高研究生培养质量，办好研究生院。

加强博士后工作制度建设，制定并实施博士后工作方案，设立"中国社会科学博士后文库"，举办全国性博士后学术论坛。

7. 拓展对外学术交流

积极参与国家重要对外交流活动，完成中央交办的重要任务。组织好各类来访出访项目。办好"中国社会科学论坛"，打造世界知名学术论坛品牌。拓宽我院与重要国际组织、世界高端智库和国外学术机构的交流渠道，加强合作交流，稳步推进国际合作研究项目。探索与国外高水平大学合作培养研究生新模式。提高国际合作经费预算的科学性、计划性和执行力。办好在俄罗斯和乌克兰举办的中国社会科学图书展览。

8. 创建报刊出版馆网库名优品牌

办好《中国社会科学报》周三刊，试办英文版，创新管理体制机制，提高办报质量，增加发行量，扩大影响力。将"中国社会科学报在线"建设成为国内外知名的权威专业门户网站。

加强以《中国社会科学》为龙头的名刊建设工程。制定期刊评价标准，强化名刊建设目标责任制，加强对期刊建设的检查指导和评比工作，展开名刊建设经费检查，提高期刊管理水平。推进首批9家非时政类报刊转企改制。推进期刊数字化建设。

加大对皮书系列等品牌出版物的支持力度，打造具有社科院特色的高端学术图书和特色图书品牌。继续探索出版社集团化发展思路。

落实图书馆管理章程，全面推进总馆—分馆—资料室（所馆）体制。发展已建研究生院分馆、法学分馆、民族学分馆、哲学专业书库、文学专业书库，筹建国际研究分馆、经济学分馆。更新图书馆自动化管理系统。推进古籍善本整理和数字化。完善图书采购总代理制。加强院图书馆自身制度建设，提升图书馆管理水平和服务能力。

建立信息化工作协调会议机制，加强信息化统筹规划、宏观指导和跨部门协调，形成信息化建设"五统一"的体制机制。加强网络基础设施配套建设，推进网络运行维护服务社会化。探索信息化建设经费改革。完成中国社会科学网新系统平台一期工程和多媒体演播平台建设。办好英文网，适时推出社科网手机报和电子期刊，切实把社科网办成名网。

办好调查与数据信息中心。制定数据库和实验室建设总体方案，建立统一、互联、共享的数据库，建设期刊统一数据库，打造"中国社科智讯"品牌，建设数据库成果统一发布平台。启动数据标准体系建设，完善中国社会科学调查系统。搭建集信息发布、信息应用、自动化办公于一体的电子院务平台。建设一批国家重点实验室。

督促各单位落实 2012 年度报刊出版馆网库名优建设措施。召开第四次报刊出版馆网库名优建设经验交流会。

9. 深化管理体制机制改革

改革和完善课题制，修订现行课题管理办法，适当压缩年度课题立项规模和经费资助力度，科学规划研究周期，抓好院重大课题的立项和管理，提高院重点课题经费预留比例，加大后期成果资助力度，形成院管重大课题和所管一般课题的两级课题管理模式。建立课题指南制度，制定 2013 年课题指南。修订交办课题管理办法。逐步完成创新工程年度经费拨付制度与课题制的并轨。严格经费使用检查，加大期刊、出版、学术社团、非实体研究中心管理力度，形成淘汰机制。举办期刊、出版、学术社团、非实体研究中心培训班和管理经验交流会。

深化聘用制和岗位设置管理改革，逐步建立能上能下、能进能出的岗位动态调整机制。健全考核奖励制度，建立日常考核与创新工程考核衔接机制，实行平时考核与定期考核相结合，改进考核办法，强化考核结果运用。加强津补贴综合检查，继续规范津补贴，完善激励机制和收入分配机制，探索建立不同类型单位绩效工资管理办法，研究制定符合我院特点的绩效工资分配实施细则。制定书记、所长考核标准和考核制度。建立研究室主任考核制度和任期制度。

制定国际会议相应管理办法和实施细则，建立国际合作研究项目申报、评价和审定程序，制定国际学术交流项目管理流程，完善外事经费预算动态管理体系。

完善、细化已形成的行政管理制度。强化办公厅枢纽功能，充分发挥职能部门作用。规范全院办文办会办事管理，提高文秘工作的质量和效率。充分运用计算机网络技术，实现工作信息有效传递和及时发布。严肃工作纪律，坚持和完善机关工作人员指纹考勤制度。严格门卫和院部停车秩序管理。建立图书馆展示管理制度。建立统一摄影录像编采体系。制定档案统一管理方案。

制定经营性资产管理办法，提高资产利用率。努力提高人文公司经营管理水平，逐步建立现代企业制度。健全办公用房管理制度。完善单身宿舍管理长效机制。

10. 提高财务后勤服务水平和保障能力

加强预决算管理，提高预算执行力。发挥结算中心作用，保障资金安全运行。扩大会计委派和会计代理范围，严格规范财务行为。积极扩大创收渠道，推动收入上解制度化。办好财会人员专题培训班，加强会计队伍建设，提高财会业务水平。坚持日常财务审计制度，强化财务监督。筹措资金，保障经费供给。

加强国有资产管理，充分发挥国有资产效益。出台文物类固定资产管理办法。加强企业监管力度，确保国有资产保值增值。狠抓节能，扩大节能承包范围。规范人防工程管理和合理使用。完成集体宿舍和公有房产的清理腾退。加强国有房产出租管理。完成研究生院一期单身宿舍入住。调整办公用房，保障引进人才用房，完成经济适用房分配。完成一批院所的办公室搬迁。

落实《关于加强后勤服务工作的意见》，巩固后勤社会化改革成果，推进后勤服务规范化、标准化和制度化。推行成本核算，办好机关食堂。推进国际片办公区物业服务试点。抓好会议、交通、医疗、文印、综管、物业等各项服务。召开全院后勤服务工作会议，举办后勤干部培训班，努力提高后勤服务质量。继续做好职工子女上学工作，想方设法逐步提高全院人员待遇，关心全院人员切身利益。

11. 完成基本建设任务

尽快完成贡院东街科研与学术交流大楼项目拆迁并适时开工。尽早完成东坝职工宿舍项目建设用地手续办理并获立项批准。推进研究生院新校园二期工程立项。单身宿舍二期工程开工。启动党校工程。完成研究生院 1000 万元绿化美化任务。中心档案馆及科研附属用房改建项目开工。完成国际片办公区文物保护性修缮、国家方志馆后期装修改造和西安文物标本楼翻扩建工程。制定并落实 2012 年度院房屋修缮计划，完成跨年度结转房修项目及各项房修任务。

12. 抓好党的建设、反腐倡廉建设、道德建设和学风作风建设

以保持党的先进性和纯洁性为重点，加强党的建设。推进党建工作科学化、规范化、制度化，颁布试行《研究所党委书记目标责任考核办法》《党支部工作考核办法》《党务公开办法》。重点抓好党委和党支部。加强党委领导班子建设，完善党委领导下的所长负责制。加强党支部建设，做好支部书记选拔和培训工作，充分发挥基层党组织在创新工程中的政治核心作用。重视离退休干部党支部建设。做好党员发展工作，注重在中青年科研骨干中发展党员。巩固和扩大创先争优活动成果。抓好"两先"评比。

深入推进反腐倡廉建设，加强反腐倡廉宣传教育，建立"预防腐败三大行动"长效机制，抓好源头治理，保证惩治和预防腐败体系建设各项任务如期完成。深化政务公开。严格执行《防治"小金库"长效机制管理办法》。加强对创新工程的监督检查。稳妥做好信访和案件查处工作。办好中国廉政研究中心。

制定并实施全院道德建设方案，以深入开展学雷锋活动为抓手，开展社会主义核心价值体系教育。开展学风作风教育。把学风建设纳入研究所建设的经常性工作，增强学术道德自律，完善学术行为规范，自觉抵制不良学风影响。严格考勤，改进机关作风和会风文风，提高工作

效率。修订"文明窗口"评选办法。继续开展机关作风评议，举办机关作风建设论坛。

做好离退休干部工作，完善适合我院离退休干部特点的工作思路和做法。动员老同志积极支持和参与创新工程。做好统战、工会、青年、妇女工作。

同志们，社科院正处在一个新的发展起点上。全院同志要以百倍的信心，昂扬的斗志，繁荣发展我院哲学社会科学事业。

在中国社会科学院 2012 年创新工程工作交流会闭幕式上的讲话

王伟光

（2012 年 7 月 27 日）

同志们：

我代表党组作会议总结和工作部署，讲 5 个问题。

（一）会议的成效

为期 3 天的创新工程工作交流会即将结束。3 天来，大家分别听取了李扬、李秋芳同志就有关问题所作的报告，18 个试点单位关于创新工程的经验介绍，科研局、人事局、财计局、社科文献出版社的负责同志分别就创新工程中的科研、人事、财务、期刊统一印制发行等方面的制度改革所作的说明。围绕创新工程的成绩、经验和做法，科研、人事、财务、期刊等方面的改革创新，以及创新工程下一步的任务和重点，大家进行了两次分组交流讨论。分组交流讨论主要有两部分内容，一是相关单位的代表对本单位创新工程的进展情况作了介绍；二是对创新工程实施一年来所取得的成绩作了全面估价，对存在的问题和需要改进的地方作了认真细致的分析，提出了许多很好的意见和建议。刚才，4 个小组的代表分别汇报了本小组讨论的情况。从党组成员参加分组讨论的感受、大会小组交流发言以及会议简报反映的情况来看，这次工作交流会开得圆满成功，达到了会议的预期目的。会议主要取得了 4 个方面的收获。

第一，进一步提高了对创新工程重要性、必要性、紧迫性的认识。这次会议主要是在肯定成绩的基础上，总结交流经验。实际上，这次会议也是一次动员会，一次鼓劲会，一次再统一思想、再提高认识的会。通过这次会议，特别是听了 18 个试点单位的经验介绍和小组会广泛的经验交流，大家深切地感受到，现在对创新工程的认识越发深刻了，创新工程的绩效越发明显，气氛越发浓厚，面貌越发焕新。

第二，进一步增强了搞好创新工程的决心和信心。今年会议和去年会议相比，同志们对实施创新工程的信心增强了，决心加大了，士气更加鼓起来了。在开幕式动员讲话中，我引用了毛泽东同志的诗句"牢骚太盛防肠断，风物长宜放眼量"。发点小牢骚难以避免，但不能"太盛"，最要紧的是应当做到"风物长宜放眼量"，就是要有博大的胸怀、宽阔的视野、全局的思维、战略的眼光和实干的精神。毛泽东同志是善于以战略眼光、全局胸怀观察和处理问题的光辉典范。他在和尼克松进行历史性会晤时，挥洒自如地驾驭着整个会谈。毛泽东讲宏观，讲《离骚》，讲小球推动大球。在尼克松谈到许多具体的国际问题时，毛泽东同志说："这些问题不是在我这里谈的问题。这些问题应该同周总理去谈。我谈哲学问题。"毛泽东同志指导中国革命战争，不计较一城一池得失，摆脱一切坛坛罐罐的束缚，始终围绕重大战略目标运筹帷幄。毛泽东同志指导刘邓大军千里挺进大别山，向敌人的心脏地区插进一刀，是具有重大战略意义的一步高棋。邓小平同志说："我们好似一根扁担，挑着陕北和山东两个战场。我们要责无旁贷地打出去，把陕北和山东的敌人拖出来。我们打出去挑的担子愈重，对全局愈有利。"根据毛泽东同志的战略部署，刘邓大军为了实现主要战略目的，扔掉许多重型武器装备，轻装前进，经过20多天的艰苦跋涉和激烈战斗，不与小股敌人纠缠，不争一时一事的小胜，以锐不可当之势，战胜数十万敌人的围追堵截，胜利到达大别山区。而后，与陈（毅）粟（裕）兵团、陈（赓）谢（富治）兵团构成品字形格局，协同作战，共同创建新的中原解放区，实现了毛泽东同志的战略意图。

作为老一辈无产阶级革命家，中国改革开放的总设计师邓小平同志始终具有强烈的大局意识、全局观念，他从来都是从大局着眼看问题，大局意识、全局观念贯穿于他的全部思想以至工作部署之中，想问题、办事情，无不以大局为重，以全局为先，真可谓高瞻远瞩，运筹帷幄，给我们以强烈的感染。比如，解决香港问题，他提出"一国两制""港人治港""高度自治""马照跑，舞照跳，股照炒"50年不变。他说："你光讲长期香港人还是不放心，什么叫长期，一年也是长期，两年也是长期，五年也是长期，20年也是长期，我们干脆定它半个世纪、50年吧，这样香港人就放心。"他讲党的基本路线100年不能变。在20世纪80年代提出中国现代化建设分"三步走"战略，第三步是21世纪中叶即2050年，人均国民生产总值达到中等发达国家水平，人民生活比较富裕，基本实现现代化。实践证明，"三步走"战略正按照邓小平同志的全局设想逐步得到实现。

之所以讲这些，就是希望同志们能从大局、从全局、从战略上、从根本的方向上看问题，看创新工程，少在细节上纠缠。细节问题、不如意的地方肯定存在，但这些都是创新工程发展过程中的"坛坛罐罐"。如果大家的兴趣和注意力都放在这里，就会忽略根本性、战略性的问题。同志们提出的细节问题、具体要求，能解决的尽快解决，一时不能解决的要放在宏观推进过程中来解决，等创新工程的大局问题解决了，有些问题自然会迎刃而解。当然，我们工作也要做细，不能粗。

第三，进一步明确了创新工程的总体思路和原则要求。十七大和十七届六中全会决定、"十二五"发展规划、中央领导重要批示，都明确了创新工程的指导思想和基本原则。创新工程的总体思路，体现在党组关于创新工程的实施意见和工作报告中。通过这次会议，大家对创新工程的指导思想、总体思路和原则要求有了更深刻、更明确的认识。通过经验交流，大家可以看出，不少研究所的创新工程搞得有声有色。但是在开始阶段，有的试点单位的书记、所长希望全所人员都进创新工程，认为一部分进创新岗位、一部分不进不好办，会闹矛盾。通过试点，大家的认识转变了。认为规定退出机制的额度比例，对于推进创新工程建立竞争和退出机制是完全必要的。只要院属单位坚决执行党组的决定，公开竞聘，严格条件，创新工程不会造成不平衡，不会带来不可解决的矛盾，反而会加大动力，有助于竞争，有助于调动积极性。

第四，进一步确立了创新工程的努力方向和奋斗目标。党组制定的《中国社会科学院哲学社会科学创新工程实施意见》，对创新工程的指导思想、基本目标、主要任务、重点举措、制度改革、原则要求、实施步骤等作了明确规定。说到底，创新工程的目的，就是要实现科研、人事、资源配置等方面管理体制机制的创新，多出精品成果，多出拔尖人才，以构建哲学社会科学创新体系，更好地实现中央"三个定位"要求。通过这次会议，同志们更加明确了党组的决策精神，方向更明确了，目标更清晰了，干劲更足了。

（二）创新工程的进展

2011 年以来，社科院按照"先行试点、突出重点，点面结合、稳妥推进"的原则，有计划、有步骤地实施创新工程。截至目前，我院已有 29 家创新工程试点单位，其中，2011 年首批进入 12 家（首批试点单位语音与言语科学重点实验室和马克思主义哲学学科方案已分别并入 2012 年语言研究所和哲学研究所 2 家创新工程扩大试点方案），2012 年第一批进入 10 家，第二批进入 7 家（含文学研究所扩大试点 1 家）。另外，已收到 42 家单位的 2013 年创新工程申报方案。2012 年，全院共设置 1046 个创新岗位，2013 年拟设置 1944 个创新岗位。正在实施的创新项目共计 220 项（不含专项申报），2013 年拟申报项目为 447 项（不含专项申报）。估计到 2014 年，绝大多数单位都能进入创新工程。整体而言，社科院创新工程稳步推进、运转顺利，总体感觉比较理想。一年来，党组主要抓了 8 件事。

第一，狠抓了思想发动工作。思想对头，思路才能对头；思路对头，方案才能对头；方案对头，措施才能对头；措施对头，行动才能对头；行动对头，才会有成效。进行思想发动，是创新工程必须要做、反复要做的第一位的工作。我们党有一个光荣传统，就是每次重大行动前都要进行思想发动。7 月 23 ~ 24 日举行的省部级主要领导干部专题研讨班，实质上就是为召开党的十八大对主要领导干部做的一次思想动员。社科院要切实贯彻落实胡锦涛总书记在这次专题研讨班开班式上的重要讲话，院属单位主要领导干部要带头学习、带头发表理论文章，发出社科院的声音，组织好学习宣传工作，迎接党的十八大召开。在革命战争年代，人民解放军每次战役前，从上级指挥机关到军、师、团、营、连，直到班，都要进行战前动员。社科院创新工程一共进行了三次比较大的思想发动工作。第一次是 2011 年 3 月的院工作会议，围绕创新工程实施思路和启动意见展开，主要明确了实施创新工程的重要性、必要性和紧迫性，创新工程的指导思想、目标原则、主要任务、保障制度、实施步骤和组织领导。第二次是 2011 年北戴河暑期专题会议，党组部署全面启动创新工程，全院各单位认真组织学习创新工程实施意见、管理办法和实施细则，在"为什么搞创新工程""什么是创新工程""怎样搞创新工程"三个基本问题上提高了认识，统一了思想。第三次是今年五六月在密云举办的所局级干部读书班，在学习理论的基础上，主要就创新工程实施以来产生的各种问题进行广泛讨论，听取各创新试点单位对改进创新工程各种配套制度措施的意见，鼓励大家用哲学思维积极思考和探索更好更快地推进创新工程的方式方法问题，全院上下取得了进一步的共识。我们一定要充分估计到创新工程的艰巨性、复杂性，始终把动员群众、发动群众、调动群众积极性放在重要位置，作为关键环节。

第二，完成了实施方案的顶层设计。根据中央精神，党组从整体、长远和战略高度出发，缜密考虑，确定制度，制定措施，搞好顶层设计，制定了创新工程实施意见，提出整体构想、总体目标和阶段性任务，以及具体的目标、原则、政策、步骤、办法。去年年底，李长春、刘云山、刘延东同志分别对社科院创新工程试点工作给予充分肯定，作出批示，认为方案设计科学、合理、周密，制度考虑细致、科学，推进稳妥、积极、有成效。

第三，出台了整体配套的制度办法。党组直接领导创新工程工作，研究决定创新工程的重大事项和重大问题。在深入调研基础上，用半年多时间，密集出台了一系列管理制度、办法及实施细则，并根据实际推进情况，不断修订和完善制度规则。目前，已经出台 47 项制度，两次汇编成册，印发给了大家。即将印发的还有 10 项，正在调研当中的有 10 项。为了制定这些规章制度，有时候，每周要开 3 次院长办公会，讨论修改文件，有些文件反复修改过 10 多次。事实证明，有了这套制度和办法，才有今天创新工程的稳步推进。当然，这些制度和办法有的还要根据情况加以修改完善。

第四，推进了三批试点工作。2011 年北戴河专题会议后，院里决定先让《中国社会科学报》、中国社科网、调查与数据信息中心进行创新试点，再加上一批研究所，共有 12 家单位进入创新工程试点。2011 年年底，第二批单位进入创新工程试点。目前，已有 29 家试点单位实施创新项目。各创新试点单位根据签约时确定的任务，按照创新工程实施意见和管理办法要求，结合实际，建立了一套完整的管理流程，制定了相应的监督办法，积极推进创新项目的实施，保证了试点工作有序扎实地进行。

第五，产出了一批科研成果。一是在发挥马克思主义阵地功能方面。世界社会主义研究中心组织的重大题材系列政论片《居安思危》在思想舆论界产生积极影响。2011 年，中心编发的内刊《世界社会主义研究动态》出刊 88 期，被中央领导和部委领导批复率和转载率超过 40%。

截至 6 月底，2012 年《动态》已出刊 65 期，目前的批复率和转载率超过 20%。作为哲学所马克思主义哲学中国化、时代化和大众化试点任务，《新大众哲学》编写工作已完成一大半，同时出版著作 2 部，发表论文、译文、报告、综述合计 20 多篇。

二是在建设中国哲学社会科学学术殿堂、积极推进具有传统优势的人文基础学科创新方面。考古研究所重点安排了新疆田野考古，在博尔塔拉州温泉县阿敦乔鲁遗址的考古发掘取得重大突破，首次确认距今 3000 年前的新疆青铜器时代早期居址和墓地。在西藏发现了古象雄国都城遗址。少数民族文学研究所参加少数民族口头传承音影图文档案库试点项目的人员，带着保护可能失传的少数民族民间文化的危机感，走进少数民族乡村，买个睡袋，住进老乡柴房，挨着蚊子叮咬，帮着老乡做饭，调动民间艺人的情绪，录制他们的说唱。在 2011 年度，少数民族文学研究所对内蒙古、新疆、西藏、云南等地进行田野调查，共计形成录音 160 多个小时，录像资料近 120 个小时，图片资料 800 余幅，文档资料约 100 余万字。在 2012 年，进一步加强了对藏族、蒙古族、维吾尔族、哈萨克族、柯尔克孜族、苗族、壮族、彝族、傣族、黎族、瑶族等少数民族的音影图文资料的采集与整理工作，积极进行资料著录标准的研发和电子管理平台的搭建。

三是在建设创新型科研组织，努力向具有可持续创新能力、国内一流、国际知名的研究所转变方面。金融研究所确定了所内各项资源向科研工作、人才培养和做好金融领域的思想库、智囊团角色等方面集中的配置原则，尤其以加快青年科研骨干培养为资源配置的基本方向，科研资源和财务资源重点向他们倾斜，已经涌现了在国内具有较高知名度、能够熟练运用外语进行学术交流的青年科研领军人物 10 人左右。欧洲研究所在创新工程项目设计过程中，积极推广国外高校、科研机构和国际组织中广泛使用的"头脑风暴法""德尔菲法"等先进方法，提出了整体规划、模块运行的创新工程项目方案，对本所的研究成果进行了有效的整合，形成了《简报》—《参考》—《欧洲研究》由内而外、由点到面，从对策建议到理论前沿，全方位、多层次的传播链。社会学研究所通过创新工程进一步提高了大型学术调查的执行和管理能力，国外著名的学术调查机构如美国芝加哥大学的 NORC（全美民意调查中心）和密执安大学的 SRC（调查研究中心）都对此给予积极评价，认为社会学研究所制作的问卷设计更贴近中国现实，调查管控细致而严格。2012 年，法学研究所中国国家法治指数研究项目组已有 5 篇研究报告得到国务院主要领导和国务院有关部委领导的批示，对国家政策的制定和完善产生了直接和重要的影响。美国所充分调动中青年研究人员的积极性，半年内各项目组共报送信息专报等要报稿件 20 多篇，完成论文 17 篇、专著 3 部，编写《战略研究简报》2 期，完成研究报告 15 篇。这其中，由 45 岁以下的科研人员完成的要报类稿件在 18 篇以上、论文 12 篇以上、研究报告 11 篇以上，均占各类成果的绝大多数。其他研究所也按照各自创新工程方案设计，稳步实施创新工程项目，取得了初步成果。

第六，加强了研究传播平台建设。在创新工程实施进程中，《中国社会科学报》在短短三年内办成具有相当影响的理论学术大报，办出了特色，办出了风格，创造了学术报刊史上的"社科速度"和"社科奇迹"。《中国社会科学报》已经成为许多学者、读者所欢迎的良师益友。其中所付出的努力和心血可想而知。中国社会科学网迅速发展起来，而且还将有更大发展。按照"统一规划、统一标准、统一管理、统一平台"的思路，正在建设全院统一的海量数据库。院加大投入，建设了科技考古、语音实验等一批实验室，少数民族文学信息数据库建设也取得了显著成绩。这些都是新的科研手段、科研方法的重要创新，也是理论学术传播平台的重要建设。

第七，组建了新型的科研机构。根据陈奎元同志的提议，党组作出决定，组建了财经战略研究院、亚太与全球战略研究院、社会发展战略研究院、信息情报研究院等四个新型研究院，凸显社科院作为党和国家智库的功能，为加强重大理论与现实问题战略研究、前瞻研究、建设学术型智库提供了体制和组织保证。

第八，提高了管理水平。管理强院，是社科院兴院强院的一大法宝。抓创新工程，不抓管理不行。在抓创新工程管理的工作中，书记所长、局长主任们的管理水平都有很大提高，都在想管理的事情，琢磨管理的环节，落实管理的要求。这充分说明科研强院、人才强院、管理强院三大强院战略日益深入人心。

总的来说，社科院创新工程带来了八个方面的积极变化。

一是压力与动力加大了。创新工程最重要的是为全院科研工作和各项工作注入了可持续的内在推动力。动力在一定意义上就是压力。书记和所长感到压力大了，科研人员、工作人员也都深感压力大了、动力足了。

二是认识提高了。会议期间，无论是分组讨论会上还是会下休息时间，不少同志谈到自己有这样一种切身感受：在院党组正式部署创新工程试点之前，对如何在哲学社会科学领域实施创新工程没有多少思考，即便是有点认识，也只能算作一知半解。在开始试点之后，虽然历经院里多次的思想动员和统一认识，文件也学习了不少，但还不能说掌握了创新工程的精髓。一些试点单位在论证和编制自己的方案时，有"临时抱佛脚"和"赶鸭子上架"的感觉。有人甚至认为，实施创新工程就是搭个架子、找个由头，多争取一些钱，多提高一些待遇。可等到真的进了试点的圈子才发现，创新工程原来不是自己想的那样，目标大而不当不行，任务不具体不行，措施不得力不行，经费使用不合规不行，成果不过关不行，管理不严不行，而且还要全程接受许多制度性规定的约束和相关部门的审核监督。一些单位在编制方案时，尽可能地把申请支持的经费数额往高里抬，可经过有关部门的审核，不实的部分被砍了下去，一些经费还被分类归口管理，到不了自己的手上，拨到自己手上的钱又不能随意乱花。因此，一些同志难免感到纠结。经过一年多的"磨合""磨炼"，大家深深地体会到，进入创新工程不易，搞好创新工程更难：创新目标要合乎实际，而且要有阶段性；创新任务要具体，要实实在在，能够按时完成；保障措施要有力，要切实可行；经费使用要合理合规，经得起相关部门的检查和审计；成果要称得上精品力作，能够经得起实践和历史的检验。创新工程成功不成功，关键是看我们是不是推出了比过去更多的精品成果，是不是推出了比过去更多的拔尖人才，是不是在发挥思想库和智囊团作用方面有比过去更大的作为。总而言之，大家对创新工程的认识更深刻了，思想更统一了。

三是紧迫感增强了。大家深刻认识到，创新工程不抓，科研工作就不能大发展，社科院就要落后。全院上下必须不断加倍努力，抓住机遇，不能松劲。大家都感到，推进创新工程以来，我院工作节奏明显加快，工作效率明显提高，科研工作明显推进。

四是积极性增加了。创新工程的根本目的是解放和发展科研生产力。解放和发展科研生产力，最重要的是调动科研人员和管理人员的主动性、积极性。大家普遍感到，科研人员和工作人员的积极性上来了。

五是条件改善了。通过创新工程，科研人员和工作人员的基本生活条件和办公条件大幅改善了，科研设备设施也有大幅改善。在创新工程资金支持下，语音与言语科学重点实验室、科技考古实验室、文物保护实验室的设备水平与技术实力得到大幅提升，总体达到与国际比肩、在国内领先的水平。对《中国社会科学报》、调查与数据信息中心、中国社科网不断加大投入。档案大楼明年底可望竣工。东坝拆迁工作即将结束。贡院东街项目已经进入艰苦卓绝的"最后一战"。院在研究生院投入1000万进行校园绿化，研究生院二期工程党校、职工宿舍、学生二食堂等基建项目，建设资金都已落实，正在努力推进。

六是体制机制转变了。社科院现有的变化都与体制机制转变创新有关系。体制机制虽然看不见摸不着，但对科研的推动作用很大，大家一致认为，创新工程实现了体制机制的新转换。

七是管理工作加强了。在实施创新工程的过程中，各试点单位认真贯彻落实院党组制定的一系列创新管理制度，继续深入推进科研、人事、财务等领域管理体制机制改革，狠抓各项改革举措落实，全院的管理水平有了显著提高，保障了创新工程的稳步运行和顺利推进。

八是科研成果增多了。这部分内容，我在前面已经谈到了。

成绩是主要的，但还存在一些不如意的地方。办公厅将对本次会议提出的问题进行梳理汇总，由职能部门给予解答，能解决的一并解决，不能解决的将意见反馈给相关单位，在今后工作中相应解决。问题与意见可以分为几类，第一类属于发展中的问题，要在发展和改革中来解决。第二类是马上可以解决的问题，应立即着手解决。第三类属于还不具备解决条件的问题，应积极创造条件逐步解决。当然，大家的意见和建议，由于所处环境、看问题的角度等不同，也不都是一致的，也有不合理的，也可能现在是合理的将来是不合理的，也有从本单位看是合理的但从全局看是不合理的。对这些不合理的意见，要靠逐步提高认识、统一思想来解决。

（三）对创新工程的新认识

经过一年多的实践，创新工程不断发展，人们对创新工程的认识也在不断提高。我本人对创新工程的认识，也力求随着创新工程的进展而不断深化。我谈几点看法，请同志们考虑。

第一，创新工程是一次稍纵即逝、非常难得的发展机遇。近十年来，社科院有两次发展机遇。第一次机遇是 2004 年，中央发布《关于进一步繁荣发展哲学社会科学的意见》，2005 年中央政治局常委会听取中国社科院汇报。这次机遇，对社科院工作是一次推动。第二次机遇就是这次。中央作出繁荣发展哲学社会科学的重大战略部署，写进"十二五"发展规划，作出重要决定，即六中全会决定，中央领导同志对社科院关于创新工程进展情况的报告作出批示，国家发改委、财政部、国家审计署、国家税务总局、中纪委、监察部等部委都对社科院给予支持。这次机遇稍纵即逝，机不再来，时不待我。对于个人来讲，这是出成果、出成绩的最好机会；对于全院、各所、各个学部来说，是千金难买的发展机遇。推进创新工程，要树立机遇意识。

第二，创新工程是一场攀登理论学术高峰的艰难爬坡。马克思说过，在科学上没有平坦的大道，只有不畏劳苦沿着陡峭山路攀登的人，才有希望达到光辉的顶点。这句话，对于我们每一位哲学社会科学工作者来说，是格言，是警句。对我们中国社科院来说，是鞭策，亦是指南。中国社科院要攀登的高峰，是中央"三个定位"的高峰，是马克思主义坚强阵地、哲学社会科学研究的最高殿堂、党和国家重要的思想库和智囊团。我们要为实现中央对我院"三个定位"要求而努力，必须勇攀创新工程的高峰。然而，在攀峰过程中，没有捷径可走，不进则退、不上则下，困难、问题、矛盾会很多，要逐一加以克服，要提倡一种百折不挠的爬坡精神。推进创新工程，要树立爬坡意识。

第三，创新工程是一项逐渐完善的新生事物。任何新生事物都有一个发展的过程，任何新生事物一开始都不是完善的，还存在着很多毛病。但任何新生事物都代表正确的发展方向，有着美好的发展前途。对待新生事物，不论存在什么样的问题，首先要肯定主流、肯定方向。毛泽东同志强调两点论，强调重点论。两点就是多方面看问题，然而两点并不是平铺直叙的，而是有主次之分。看创新工程，一定要看主流、主方向，看准了，就要大胆地向前闯。有些不能马上解决的枝节问题，就暂时放下，在推进过程中逐步解决。幻想一夜之间解决创新工程的所有问题，是办不到的，也是不可能的。既然是新生事物，就要允许试、允许改、允许逐步完善。推进创新工程，要树立辩证意识。

第四，创新工程是一轮解放思想的改革创新。创新工程是理论学术观点的创新，是科研组织、科研手段的创新，是学术人才的创新，是体制机制的创新，而要创新，就要大力解放思想。要有新的想法、新的思路、新的办法、新的措施，才能解决今天新的问题。不能照老套套、老框子办事，不能穿新鞋走老路。当然，对于过去好的做法要继承，不合适的办法要改。不创新，不改革，就不是创新工程。推进创新工程，要树立创新意识。

第五，创新工程是一个哲学社会科学的美好春天。经过春天的辛勤耕耘播种，到秋天一定能结下丰硕的果实。经过艰苦的努力，一年一前进，三年一小步，五年一大步，十年一跃进，我坚信经过十年坚持不懈的努力，我院的高素质人才、高质量成果会大大产出，我院的影响力、话语权会大大提高，哲学社会科学的繁荣发展会有大跃进。全院上下都要树立信心，下定决心，鼓足干劲，齐心协力，往前推进。要心往一处想，劲往一处使，群策群力，不出岔子，不闹别扭，不折腾，不懈怠，不动摇，坚定不移地干上十年，创新工程一定会创造哲学社会科学的美好明天。推进创新工程，要树立信心意识。

（四）推进创新工程的工作着力点

大家要认真研究创新工程，要采取推进的有力措施。主要在四个方面的工作上下功夫。

第一，在统一思想、提高认识上下功夫。不断推进创新工程，就存在不断统一思想、不断提高认识的需求。这次会议结束后，各单位要进行一次统一思想、提高认识的再动员。要召集骨干，召开一次轻松活泼而又严肃认真的思想动员会，总结经验，交流做法，在肯定成绩的基础上传达好会议精神。要不厌其烦地、有针对性地做好统一思想工作，把思想统一到中央关于实施哲学社会科学创新工程的决定和指示上来，把认识提高到党组关于实施哲学社会科学创新工程的一系列部署和决定上来。所长特别是党委书记要针对创新工程中出现的思想情况，做好思想工作。同志们开传达会、动员会，不能"大姑娘上轿现扎耳朵眼儿"，一定要提前把准备工作做好。书记讲什么，所长讲什么，研究什么问题，解决什么问题，都要提前想清楚，做好准备。要做过细的思想工作。什么叫过细，就是要做到如果某个人还有不明白的地方、还有什么问题要解决，要耐心细致地做思想工作。有个研究院曾经发生过一起干部和科研人员之间的摩擦，党委书记和院长做了大量耐心细致的思想工作，处理得比较妥当，化解了可能引起更大纠纷的矛盾。希望所有的书记和所长都要学会做思想工作，把思想发动工作放在重要位置，不要只见文稿，不见人；只见开会讲话，不见面对面的谈心解惑。

第二，要在体制机制改革上下功夫。体制机制改革创新是创新工程成功的基本保障。我们的创新要点，一是体制机制层面创新，一是理论学术观点和人才层面的创新，这两者是相辅相成的。干和不干一个样，干多干少一个样，干好干坏一个样，干的不如看的，看的不如捣乱的，在大锅饭的体制下，一个研究所如果有捣乱的人，这个所就不得安宁。如果不从体制机制上进行彻底改变和转变，创新工程是无法顺利推进的。

社科院体制机制创新有三个亮点。第一个亮点是报偿制度，这是创新工程的一个重要的体制机制创新点。科研活动本身是一种劳动付出，是智力劳动的付出，科研经费支出就应该有相当一部分是科研人员智力劳动的成本支出，我们设计成智力报偿、创新报偿。过去是靠报小票等方法来解决这个问题，这就造成虚假报销，有失科研人员尊严，说到底是不尊重、不承认科研人员的智力劳动。当然，另一方面，在传统的科研经费管理体制中还存在平均主义大锅饭的现实。新的报偿制度充分肯定了科研人员的智力劳动，强调了激励多干的、干好的，体现了以人为本的科学发展观的核心内涵。承认智力报偿成本支出，同时又严格了报销制度，开前门堵后门，对反腐倡廉、加强道德建设、严格经费管理也是有意义的。报偿制度的探索得到了中央和有关部门的肯定。报偿制度最重要的是和工作绩效相联系，起到激励作用，激发干劲，这种激发干劲作用又和公开竞聘、严格退出制度很好地结合在一起，是一种制度创新。

第二个亮点是退出制度，这是创新工程又一个重要的体制机制创新点。没有退出制度，报偿制度仍然是平均主义大锅饭，报偿制度起不到激励作用。党组下决心，在实施过程中，大部分人进入创新岗，少部分人不进创新岗，即使进入创新岗也是采取三分之一、三分之一循序渐进的办法，先少数人进入创新岗，目的是摸索经验，稳定队伍。为什么要少数人先进创新岗位？好处一是多数没进，整体人员心态好平衡；二是可以从容地制定配套制度和办法，万一失败了，还可以纠正。这就是逐步推进试点。少数人不进创新岗是退出制度的关键。少数人不进创新岗，就要有一个比例的杠杠，也是个标准。当然，在今后的实践中，不进岗的比例杠杆也不是死的，也还可以根据情况调整。但不论怎样调整，必须有退出机制。严格竞聘上岗，严格退出。今年进创新岗，明年如果完不成任务，就要退出；今年没有进创新岗，如果符合条件，通过竞聘，明年也可以进。这就把死水变成了活水。这项改革必须注意保持"两个稳定"，即未进岗人（包括现在全院尚未进岗人员和将来少数不进岗人员）的稳定和离退休老同志的稳定。目前，从院领导到所有院职能部门都没进创新工程，研究所也有很多没有进的。进创新岗、调整智力报偿，是采取"添灯油"的办法来解决的。什么是"添灯油"办法呢？就是一步一步地加大进岗人数，一步一步地调整智力报偿。为什么要这么逐步地进行呢？因为制度有个逐步完善配套的过程，党组和各级领导干部也有一个对创新工程的认识过程，以及管理水平不断提高的过程，没进创新岗人员还有一个心态逐步平衡的过程。通过逐步调整智力报偿，没有进岗的人们心态也会慢慢平衡了。为了保持未进岗人的稳定，院里做了大量工作，一是加大出版资助、研究成果后期资助的力度，调动非创新岗位在编人员科研工作的积极性，以激励多出高水平的研究成果，包括专著、学术论文、理论文章、研究报告等；二是吸纳他们参加创新项目，支付一定的劳务费；三是可以用横向课题来调动他们的积极性；四是未进岗不是永久的，有进有退，永远是流动的，对未进岗的人也保持一种吸引、激励的态势。再就是稳定离退休人员队伍。老同志是我院的宝贵财富，他们对社科院、对哲学社会科学事业是有深厚感情的，相信老同志们是支持、拥护和赞同创新工程的。我们要在政策允许范围内，尽最大努力给老同志提供一些方便的条件和照顾。已经采取的措施有：增加离退休人员科研基金，吸收一些老同志参加创新工程，增加班车补贴，加大"长征基金"资助力度，允许创新岗位聘任离退休人员。但创新工程不是解决全员待遇问题，尤其不可能动用工程经费给全院老同志发放补贴。同志们回去后一定要做深入细致的思想工作，保持稳定，不能影响创新工程的大局。党委书记是第一责任人，所长要积极配合，把思想工作做好。

第三个亮点是进人制度，这也是创新工程一个重要的体制机制创新点。进人制度的创新关键点是以引进成熟人才为主，适当引进应届毕业生。什么叫成熟人才？就是已经成长起来的，有一定知名度的，要大胆引进这样的人才，教授、副教授、博士后、国外著名大学博士、访问学者，凡成熟的、可用的人才都可以直接引进。中国社会科学院人才济济，相当一部分是引进人才的结果，在我院发展史上，有两次大规模引进人才，一次是中国科学院哲学社会科学部成立时，把全国许多最有名的哲学社会科学学者调进来，文史哲学科调入人才最多，郭沫若先生亲任历史所所长，范文澜任近代史所所长。哲学所更是群英荟萃，很多都是调进来的。胡乔木组建中国社会科学院时，第二次大量调入人才。大量引进成熟人才，这是成功的经验。当然，当时也引进一批助手和应届毕业生，因为有大家传帮带，助手和毕业生进来后成长也很快，这些人现在都是我院的骨干人才。一定要树立信心，加大引进力度，出台各种措施，把各领域的顶尖人才引进到社科院来。怎样引进创新人才，创新工程采取的第一办法就是提高引进人才的门槛。当然，为了形成队伍建设的梯队，对年轻人也要适当引进，充实新鲜血液。现在我院科研一线上的领军人物很多都是自己培养的"黄埔一期"毕业生，说明引进毕业生也是需要的。当然，直接引进应届毕业生、引进其他人员，由于把关不严，也带来一些问题，我院确实积累了一部分不干事的人。据有的所长告诉我，进了研究所什么也不干、闲了一辈子的大有人在。所以，引进应届毕业生要采取适当慎重的办法，具体措施是，严格进人条件和审批程序。这也是进人创新的一个办法。如果没什么审批程序，一个人说了算、搞"一言堂"，进人就会有大的漏洞。其实，严格程序、规则，对领导干部是一种保护。然而，严格进人制度，门槛再高，制度再严，总会进来少数不合适的，但问题也不大。严格条件和程序，总体上不会沉积那么多不干事的人。已经沉积下来的，通过创新工程来逐步消化解决。希望书记、所长在报偿制度、退出制度、进人制度实施上跟党组一条心，大胆改革，真正实现体制机制的创新。

体制机制创新，最重要的是调动人的积极性。社科院调动积极性最关键的是调动两个积极性，一是书记、所长的积极性；一是科研人员的积极性。研究所是科研组织的主体，书记、所长的积极性可以归结为解决好所级自主权问题，这一点院创新工程还要加大力度。当然，创新工程也采取了许多积极措施，扩大研究所的自主权、主动权。如，建立党委集体领导下的所长负责制；建立年度经费总额拨付制度，扩大所长经费支配权限；院只管少量院课题，大部分课题由所来管……总之，院里给出条件、规定、办法，具体决策、举措由所里根据各所具体情况来办。"文武之道，一张一弛"。院对所，一方面严格管理、严格规定，制定统一的管理制度、程序、办法，要求所不能破规矩，按制度办；另一方面又充分放手，让所里自主地、主动地决定事、去干事。总之，我们的目的是最大限度地调动所的积极性，调动科研人员的积极性。

第三，在理论学术观点和人才建设创新上下功夫。现在科研成果多了，但是水平和质量还有待检验。人进了一些，但是否是人才，还需要在实践中加以检验。必须在理论学术观点和人才建设创新上见成效。

第四，在管理强院上下功夫。科研强院、人才强院、管理强院是我院兴院强院的三大战略，管理强院是科研强院和人才强院的保证。人才的成长，科研成果的产出，全院的正常运转，都离不开管理。当前，科研强院和人才强院战略的实施应当以管理强院战略为突破口和着力点。与五年前相比，书记、所长对管理强院的认识和体会有很大提高。要把管理强院印在心里，落实在行动上。

（五）需要注意的几个问题

为了健康、顺利地推进创新工程，我再强调几个问题，请同志们关注。

第一，一定要注意把握准入条件，严格进入和退出。我院对单位和个人进创新工程，分别作了严格的规定，提出了严格的准入条件。创新单位的准入条件，一是院重大重点科研课题单项结项率当年内没有达到90%的，研究所课题结项率没有达到90%的，研究室课题结项率没有达到90%的，不能进创新工程，已经进入创新工程的，如果上述结项率没有达到要求，也要退出创新工程；二是要完成学科当年新进展综述及需要本年度完成的三年一次的学科前沿研究报告；三是未出现单位负领导责任的政治违纪及其他违纪问题；四是未被国家审计署认定为存在单位负有责任且被处理的"小金库"问题；五是未发生造成不良社会影响的严重学术不端问题；六是完成以中国特色社会主义理论体系研究中心名义在中央报刊发表理论文章任务等。同时，还规定了个人进入创新岗位的准入条件，一共是六个条件，不符合条件的个人不能进创新岗，待相关条件成熟后再申请进入。明年有很多单位申报进入创新工程，回去后要好好对照检查一下，看看还存在哪些问题，哪些任务还没有完成，哪些条件不具备，抓紧解决，创造条件。要向科研人员、工作人员讲明条件，把准入条件交给群众，坚持按标准进入。否则，到明年无法进入创新工程。院里不会放宽条件、网开一面的。什么时候达到条件了，什么时候进创新工程，严格按条件和规定执行，严格管理。要教育申报进创新岗位的人员，严格按照文件规定来要求自己。

第二，一定要吃透文件精神，坚决按制度办事。毛泽东同志说，政策和策略是党的生命。我们出台的一系列制度和办法是党组的决定，是集体讨论的结果，是党组经过全面考虑、统筹兼顾才出台的。就拿这次《关于2012年创新报偿的调整方案》来说，为出台这个方案，开了三次院长办公会议，还开了若干次讨论会。其他各项制度，也是深度调研、反复推敲制定的。比如，出台创新工程期刊管理办法，是因为期刊编辑人员要进入创新工程，要加大期刊资助力度，要把期刊建设成为名刊。就单拿加大对期刊的经费支持力度来说，必须把期刊的经费使用情况搞清楚，否则资助多少钱合适呢？胸中无数，决心大、力度大，不见得起正效应。这次初步审计了10家期刊，发现大有文章。待审计完所有期刊，然后进行综合评估，提出期刊经费管理办法，再推进期刊进创新工程的工作。期刊要按照"统一管理、统一经费、统一印制、统一发行、统一入库"来管理。在经费管理上，要实行严格的预决算制度、收支两条线制度、收益递解返还制度、统一支出标准制度、经费年度审计制度。在期刊管理中，各种费用支出五花八门，不同编辑部差距很大。期刊如何管理，这是创新工程管理的空白点。连期刊经费情况都搞不清楚，怎么搞期刊创新工程，加大多少投入为好？必须把问题搞清楚，否则，容易出现像笨婆娘和面蒸点心那样，面多了加水，水多了加面，最后蒸出硕大的废物点心一个，没有多大用处。所以，在情况没有摸清前，国家社科基金资助的40万到账后，原来院里资助的15万、20万暂时停止拨付。否则，可能会越搞越乱。要利用进入创新工程这个机会，把期刊管理规范起来。期刊要上档次，首先要把人财物问题搞清楚，在此基础上建立科学的管理激励制度。对期刊要分类对待，分别政策管理。管理很好的期刊，院里会加大支持力度。

第三，一定要克服畏难、埋怨情绪，坚定地按党组要求办事。怕困难、怕矛盾、怕得罪人、有畏难情绪，是无所作为的。还有的同志怨天尤人，牢骚太盛，也不利于工作。要采取积极态度，努力把工作往前推进。有些意见，院里、职能部门不是一下子就能满足要求的；有些意见即便是合理的，也要有一个统筹兼顾、反复斟酌、多方协调的过程。即使是院里和职能部门的问题，解决起来也要给院里、职能部门一些时间。要从大局、从全局、从长远着眼，坚决按照党组精神积极向前推进。

第四，一定要构建科学的科研评价体系，精心搞好年度考核。这是今年下半年的重要任务。科研局要尽快拿出综合性的科研评价体系，人事局要拿出年度岗位考核办法。尽快建立对创新单位、创新个人的科学综合评价体系。年底前，必须精心组织好创新工程的年度考评。

第五，一定要保持和谐稳定的改革创新环境，耐心细致地做好多方面工作。当前，压倒一切的工作是开好党的十八大。为了开好十八大，我院与党中央一定要保持高度一致，全院一定要保持高度稳定和谐。推进创新工程，要注意方方面面的思想动态，调整好各方关系，不要摁下葫芦浮起瓢，拆了东墙补西墙。这次创新报偿调整工作，一定要做好方方面面工作。要做思想工作，要统筹兼顾，把各方面的稳定工作和思想工作做好。

第六，一定要以极其认真负责的态度，精心抓好当前各项工作。毛泽东同志说过："世界上怕就怕'认真'二字，共产党就最讲认真。"① 推进创新工程，领导是关键，责任最重要。这两点加在一起决定了主要领导的责任心是第一位的。有没有责任心，是考验一个领导干部合格与否的重要标志。希望书记所长、局长主任们认真负起责任来，认认真真传达会议精神，认认真真阅读文件，认认真真做思想工作，认认真真推进创新工程。回去后，一是要组织传达好会议精神，首先传达到骨干，然后传达到干部群众。一定把会议精神传达好、贯彻好、落实好。二是科研局、人事局提交会议讨论的文件，根据会议意见修改后，要尽快印发各单位。三是领导干部要带头研读文件，不能以其昏昏使人昭昭。要逐字逐句看文件，有疑问和不明白的地方，可以咨询有关部门。四是按照本单位情况，根据院里指示精神，对创新工程工作加以研究，提出举措，努力推进。五是把期刊创新提上议事日程，尽快调研和考虑期刊进创新工程事宜，待期刊经费使用审计完成后，院再进一步出台相关细则，加以推进。六是办公厅尽快把意见建议梳理出来，提交有关部门研究解决。

---

① 《毛主席在苏联的言论》，人民日报出版社1957年版，第15页。

人为什么而活着？

——2012 年 9 月 7 日在中国社会科学院研究生院
2012 级新生开学典礼上的讲话 （摘录）

李慎明

（2012 年 9 月 7 日）

各位新同学：

在这隆重的开学典礼上，我想就"人为什么而活着"这一话题，与你们谈谈自己的感受和感悟。

人为什么而活着，本质上是人应该有什么信仰。

真正的共产党人信仰什么？1945 年党的七大的闭幕词中，毛主席就曾鼓励全党："一定要坚持下去，一定要不断地工作，我们也会感动上帝的。这个上帝不是别人，就是全中国的人民大众。"① 从根本上说，中国共产党人的信仰就是人民即全心全意相信人民、依靠人民、为了人民，也就是说人民是共产党人心中的"上帝"。在阶级或有阶级的社会里，普通劳动大众始终占社会的绝大多数，绝大多数人的利益、意愿、意志和力量是创造历史的真正动力，最终决定历史的发展方向。这是历史唯物主义的真谛。信仰人民，这一信仰高尚而光荣，并是社会的现实和历史的真实，而不是社会和历史的虚幻。无论是革命战争年代，还是社会主义建设、改革年代，无数中国共产党人用自己的汗水、热血甚至生命，为着民族的独立解放，国家和人民的繁荣富强，默默实现着这一信仰。

对于共产党人来说，信仰人民就是信仰马克思主义。马克思主义诞生于亿万人民群众的实践，揭示了人类历史发展的根本规律和最终归宿。真正的共产党人信仰马克思主义并使人民群众觉悟，去带领大家一起奋斗，我们就能最终实现马克思、恩格斯所说的每个人的自由而全面发展这一美好的社会即共产主义社会。

以私有经济为基础的社会的基本经济、政治及文化制度本质上是为极少数人服务的，它希望绝大多数的普通民众持有"拯救自己""虔诚信仰""修度自身"等这样的价值理念，以为极少数人压迫、剥削绝大多数人这样的社会制度的长治久安服务。因此，以私有经济为基础的

---

① 《毛泽东选集》第 3 卷，人民出版社 1991 年版，第 1102 页。

社会的基本经济、政治及文化制度与它所提倡的价值理念是不一致的。而社会主义国家的基本经济、政治及文化制度是为着全体人民的，它需要共产党员和政府工作人员践行全心全意为人民服务的宗旨。这也就是说，社会主义国家的基本经济、政治及文化制度与它所提倡的价值理念是一致的。当然，现在一些共产党员和政府工作人员说一套，做一套，有的甚至贪赃枉法，这并不能说明我国基本经济、政治及文化制度与它所倡导的价值理念不一致，相反，这是一些人脱离、背离乃至背叛了党和政府的宗旨所致。以胡锦涛同志为总书记的党中央提出加强党的纯洁性建设就是要努力解决党面临的这一严重问题。

按照马克思主义哲学的时空观，宇宙无边无际，时间无始无终。我们每一个人都是在无边无际和无始无终的一个特定的空时交叉点上来到人间。从一定意义上说，人类在我们这个地球上的诞生是必然的，而每个人在这个地球上的出生却是必然中的偶然。我们每个个体生命能够作为地球的万灵之长的一分子，在茫茫宇宙中我们这个地球上生活百年左右，这本身就很值得庆幸、骄傲和珍惜了。想通这一点，就是一位乐观主义者，就不会皱着眉头过日子。但仅弄清这一点还远远不够。从一定意义上讲，人活着是形式，人为什么而活着、怎样活着才是内容。弄清人为什么而活着、怎样活着才有意义和价值，这才更为重要。要弄清人为什么而活着，还应厘清什么是人，即弄清我们现实的人是从哪里来，处于何种状态，会往哪里去，在这世上的百年间应该怎样生活，做些什么，留下点什么。

首先，人是不同于纯粹自然界且不同于自然界中其他生物的"类"存在物。人是自然界演化到一定历史阶段的物质运动的特殊形态的产物，是唯一由于劳动而摆脱纯粹动物状态的"类"的存在。人是我们现在已知生命的万灵之长，与其他所有动物不同，决不仅仅是为了满足吃好、睡好等生理需要，它能逐步地认知并能能动地改造世界。正因为人是唯一由于劳动而摆脱纯粹动物状态的"类"的存在，所以，我们一定要以劳动为荣。当然，随着时代的发展进步，劳动的外延也在不断扩大。只有以劳动为荣，每个人乃至于整个人类，才能不断进步和发展。人活着，决不能以不违纪不违法为底线，而应有更高的精神追求，这就是要有正确的理想信念。什么是正确的理想信念？对于中国共产党人来说，就是现行党章中所说："中国共产党党员必须全心全意为人民服务，不惜牺牲个人的一切，为实现共产主义奋斗终身。"为着人民的利益而活着而奋斗，这就是共产党所特有的"一个高尚的人，一个纯粹的人，一个有道德的人，一个脱离了低级趣味的人，一个有益于人民的人"①。

第二，人是由全部社会成员组成的集合体中的"每一个"个体。人总是具体、现实的人，总是存在于一定的时空和每个时代个人的实际生活过程与活动中。每个人都会有自己特定合理的需求与利益，每个人通过自己力所能及的劳动和整个社会尽可能的帮助使这些必要的需求得以满足。但人类社会有着人类生存发展的共同利益，如需要一个良好的生态环境。而我们现在

---

① 《毛泽东选集》第2卷，人民出版社1991年版，第660页。

看到的却是有的国家和群体乃至个体，为了攫取巨额财富或奢靡生活，在拼命地掠夺资源、污染环境。这就是典型的损他国、损他人、损后人而利己。"每一个"个体所组成的社会和由特定社会组成的国家应该要求每一个个人和每个国家都应该有集体主义精神和国际民主思想。仅提倡正面的东西而不反对反面的东西，正面的东西就不可能持续和发展，最终则是无法实现的美好的乌托邦。

第三，人主要是指"现在式"存在的人，但也兼指"过去式"和"未来式"存在的人。一方面，我们当代人不能仅把自己当作具体、现实的人，而把"老祖宗"当作抽象、虚幻的人，这会陷入历史虚无主义。人类文明是历史的产物，是代代传承的结果。没有"过去式"的人的浴血奋斗、艰苦创业，就没有我们今天的幸福生活和继续创业的物质基础。我们今天建设中国特色社会主义事业，更要发扬革命传统，"不忘老祖宗"。从特定意义上说，以"过去式"的人为"本"，就是要尊重历史，珍惜前人给我们所创造、积累的物质和精神财富，决不能"崽卖爷田心不痛"。另一方面，我们当代人也决不能仅把自己当作具体、现实的人，而把子孙后代当作抽象、虚幻的人，这会淡化可持续发展的理念，断子孙路。我们既要在前人创造的物质和精神财富的基础上继续艰苦奋斗、改革创新，为后人创造和积累更多的物质、文化财富，同时又要保护环境、珍惜资源，重视承接历史。

第四，中国共产党人所倡导的为人民服务中的"人"是指最广大的人民群众，而不是指一切人更不是其中的少数人。在阶级或有阶级存在的社会里，个人总是隶属于一定的阶级或阶层，绝大多数的最广大人民群众的根本利益是完全一致的，而极少数人的根本利益则是与绝大多数人民群众的根本利益相对立的。如果以这极少数人的根本利益为本，就必然会牺牲绝大多数人民群众的根本利益。江泽民、胡锦涛同志多次强调，以人为本就是以最广大的人民群众的根本利益为本，这一点十分重要。在阶级或有阶级社会里，我们为最广大人民群众和他们的根本利益服务，是为了将来能为一切人和他们的根本利益服务而过渡。当然，这需要一代接一代长期、艰苦地奋斗，而决不能重犯20世纪"大跃进"时急于过渡的错误。

为进一步弄清人为什么而活着，让我们对比看看有的人与革命先烈们的不同活法吧。

有的人把活着本身当信仰，奉行的是好死不如赖活着的哲学，为了活着甚至不惜做叛徒、汉奸、卖国贼。而曾任中共第五、第六届中央政治局常委的蔡和森同志1931年6月间被原先负责中央保卫工作的叛徒顾顺章出卖，在狱中他受尽了酷刑，最后他的四肢被敌人的几个粗大的长钉钉在墙上，敌人还用刺刀把他的胸脯戳得稀烂，他仍坚贞不屈。牺牲时年仅36岁。

有的人把吃好喝好当信条。而东北抗日联军的主要领导人之一杨靖宇同志和他领导的抗联部队对日寇坚持了长达九个年头的艰苦卓绝的武装斗争，使得数十万日军不能入关，创造了惊天地、泣鬼神的斗争业绩，有力配合了全国人民的抗日战争。后来，他被叛徒丁守龙出卖、被日本侵略者杀害。侵略者丝毫无法理解杨靖宇在完全断绝食物的条件下能坚持抗战一年之久，最终解剖杨靖宇遗体，看到的却是"胃里连饭粒都没有"，只有野草、树皮和破棉絮。牺牲时年仅 35 岁。

有的人为金钱而活着。而以救国救民、变革社会为己任的中国共产党早期农民运动的主要领导人之一，海陆丰农民运动和革命根据地的创始人彭湃出生于有名的富有人家，他当众把自己家族分得的田契全部烧毁，并宣布"日后自耕自食，不必再交租谷"，后投身革命。1929 年 8 月 30 日因叛徒白鑫出卖后英勇就义。牺牲时年仅 33 岁。

人生自古谁无死，留取丹青照汗青。历史是公正的。凡是个人理想、信念、行动与历史进步方向相一致的，他的生命就融进了历史，获得了永生；凡是个人的理想、信念、行动与历史进步方向相悖的，这就是历史的歧路，直至被历史所淘汰。党和新中国永远铭记着蔡和森、杨靖宇和彭湃等同志。在新中国成立 60 周年之际，蔡和森、杨靖宇和彭湃同志入选 100 位为新中国成立作出突出贡献的英雄模范人物。出卖他们的叛徒则永远被历史钉上了耻辱柱。

有人贪赃弄权甚至不惜做叛徒、汉奸、卖国贼从而"享受人生"，并认为这些劣迹和罪过将会随着自己的逝去和时间的风尘而变成雪泥鸿爪甚至永远无从知晓。我们承认，随着时间的流逝和人事的沧桑，一些历史细节将可能会被永远湮没甚至是歪曲篡改，但殊不知，从历史唯物主义出发，观其大略常常无须繁多琐碎的历史细节，社会实践是检验真理的唯一标准，其所作所为在历史中所起的作用将无任何可能逃遁历史对其的审视，越是重要人物和重大事件的功过是非，人民和历史会最终将其辨析并记载得清清楚楚。

人为什么而活着？说到底，是个信仰和世界观问题。有了正确的世界观，才有正确的人生观、价值观、生死观、权力观、地位观、苦乐观等等。正确的理想是光辉灿烂的太阳。我们共产党人决不能在革命时期一个信仰，勇于牺牲，而在执政和建设时期是另外一种信仰，大捞金钱。

要树立正确的世界观，就必须破除"人不为己，天诛地灭"的信条。人之初，性本善还是性本恶，这曾争论了几千年，还会长期争论下去。持人性善者认为，人的自然本性是善的或向善的，只要唤醒所有人的良知，依靠人的善的本性，就可以建立一个理想的社会，无须建立一个健全的社会制度来管理。从古到今持人性恶论者则认为，人的自然本性是自利，国家设计出严格制度防范人为获取私利危害他人即可；但也有的人却认为，既然人的本质是自利，那么作为特定阶级和集团代言人的本质也是自利者，他们在行使权力时亦会制定出有利于自己特定利益的政策和法规，以强迫别人执行。因此，人剥削人、人压迫人的社会制度天然合理、万古长存。这实质是想把弱肉强食的丛林法则引入人类社会并固化。亚当·斯密的理论假设人就是理性的经济人，也就是说人的本质都是自私的、利己的。性的善恶，这是道德范畴的东西。毛主席早在 1943 年就指出："道德是人们经济生活与其他社会生活的要求的反映，不同阶级有不同的道德观，这就是我们的善恶论"[①]；"当作人的特点、特性、特征，只是一个人的社会

---

① 《毛泽东文集》第 3 卷，人民出版社 1996 年版，第 84 页。

性——人是社会的动物，自然性、动物性等等不是人的特性。人是动物，不是植物、矿物，这是无疑的、无问题的。人是什么一种动物，这就成为问题，几十万年直至资产阶级的费尔巴哈还解答得不正确，只待马克思才正确地答复了这个问题。即说人，它只有一种基本特性——社会性，不应说它有两种基本特性：一是动物性，一是社会性，这样说就不好了，就是二元论，实际就是唯心论"①；"自从人脱离猴子那一天起，一切都是社会的，体质、聪明、本能一概是社会的"②；"人的五官、百体、聪明、能力本于遗传，人们往往把这叫作先天，以便与出生后的社会熏陶相区别。但人的一切遗传都是社会的，是在几十万年社会生产的结果，不指明这点就要堕入唯心论"③。这就告诉我们，无论善还是恶，都是当时人们经济生活与其他社会生活的要求的反映。迄今为止的考古发现证明，人类的历史至少已有 200 万年，人的一些生理指征则是这几百万年其祖先基因遗传的结果，但这都是人们现实社会性或历史社会性的反映。在人类社会历史的长河中，从来就没有抽象的人性和社会性，而只有具体的人性和社会性；在阶级或有阶级的社会里，人性和人的社会性又往往具有阶级性。历史上，马克思之前的思想家们关于人性和人本质是什么的看法和观点，基本上是沿着人性的善恶性质和人性异于其他动物的方面特点来思考的。而马克思主义提出人的本质在其现实性上是一切社会关系的总和的观点，把人的本质放在一定的社会中来考察，从而指明了正确的思考路径。人有善恶之分，甚至在一个人的身上既有善又有恶的表现。但这都不是人的本质或天性，而是一定的社会关系的反映或体现。所以，我们既不主张性本恶，也不主张性本善。在原始共产主义社会里，人们之间本质上是一种相互协作的关系，这是由当时的生产关系的总和所决定的。人们的自私心理，是随着原始共产主义社会解体、奴隶社会这个人类历史上第一个私有制社会的诞生而诞生的。这一观念的诞生，在人类社会的相当长的时段内，具有它的进步性一面，但随着历史的发展和进步，它的局限性和腐朽性一面便逐渐充分显现出来。它不是人类历史上从来就有的，因而也不会是永恒的。随着人类社会的逐步全面的进步，随着公有制的最终全面的确立，人们的自私心理在人类历史的长河里，则必然会最终被消除，这就是在更高层次上的否定之否定。现代生物学并没有找到被公认的充分证据，证明人性是天生自私的，就如同人的皮肤色素是遗传而不可改变的一样。观察动物界不难发现，不是所有的动物在任何时候、任何情况下都表现为自私的，恰恰相反，许多动物有很强的群体性和利他性。比如，森林中蚂蚁群遇到火灾时会迅速集结成球，滚过火区，集结在球体表面的蚂蚁都会"壮烈"牺牲。小小的动物蚂蚁尚且如此，我们这一万物之灵长的人类更应能如此。我个人认为，人至少可以分为三种：第一种人很自私。"一事当先，先替自己打算"。第二种人可能常怀公心，经常考虑国家、人民、民族的命运，但在公

---

① 《毛泽东文集》第 3 卷，人民出版社 1996 年版，第 83 页。
② 同上。
③ 同上。

私发生冲突之时，有时可能把个人利益放在第一位。第三种人就是具有共产主义品格的人特别是合格的共产党人。这样的人并不是没有个人利益，但当公与私发生矛盾时，公永远是第一位的。从这种意义上讲，他们是大公无私的。我们那些先烈为了党和人民的事业献出了自己的生命，你能说这些人的本质都是自私的吗？人的本质是自私的观点，实质是私有制观念的产物，应该说同时也是维护私有制的理论基础。我们决不赞成人的本质都是自私的观点。如果这种观点成立，至少你无法解释伟大的母爱，也根本无法理解我们几千万的先烈为了自己的理想和我们今天的幸福生活而进行的英勇奋斗和作出的壮烈牺牲。决不要小看人的本质是自私的观点，正是这一观点，正在强烈地腐蚀部分干部群众；也就是这一观点，把我们的一些人甚至党的高级干部送进了监狱。我们知道，在传统经济体制下，在强调集体利益和国家利益的同时，确实有忽略个人利益的现象。但我们在建立社会主义市场经济的过程中，也决不能重蹈西方极端个人主义、享乐主义和拜金主义的覆辙。

正确的世界观又要求我们必须树立坚定正确的理想信念。我们承认，世界历史绝不会"一帆风顺地向前发展"，而且"有时向后作巨大的跳跃"①。但我们也更加坚信，历史的大道无论怎样曲折，最终必然通向共产主义。邓小平说过，"过去我们党无论怎样弱小，无论遇到什么困难，一直有强大的战斗力，因为我们有马克思主义和共产主义的信念"，这"是我们的真正优势"②。在世界社会主义运动处于低潮之时，我们更需要坚定对马克思主义的信仰。这时的信仰就更显得"金贵"。这时的信仰，就更能识别、考验、锻炼一个人。信仰正确和坚定，就是"真金"，真金不怕火炼。有没有这一信仰，大不一样。对各级领导干部来说，失去了这一信仰，极有可能害人害己。苏东剧变后，一些人完全丧失对马克思主义的信仰。在他们看来，"国将不国了"，马克思主义在中国垮台是迟早的事。不少人在捞，认为不捞白不捞。信仰的堤坝一旦溃决，牢房的铁门便会打开。

正确的世界观还要求我们必须言行一致。口头上背诵马克思主义词句，行动上谋一己私利，这也绝不是什么"僵化"、"教条"，在本质上，只能是对马克思主义的脱离、背离甚至是背叛。口头上说一套，行动上另外一套，这是人民群众最为反感的作风。

同学们，有了坚定正确的世界观，我们就会有正确的方向、远大的志向、广阔的胸襟，就能勇于解放思想，敢于担当历史的责任，激发改造社会和创造世界的激情，为着国家、民族的前途和命运勇于接受各种困难的磨砺和挑战，浑身从内到外散发出真正的阳刚之气，谱就大写的人生，而不会囿于小我而精心构建自己的小人生和小家庭；就会真正能够做到自尊、自爱、自信、自强、自立，苦学多思，深入实践，扎实苦干，坚忍不拔，顽强拼搏，勇于创造，而不是一曝十寒，知难而退，迷迷茫茫，得过且过；就会有应有的社会正义与良知，而不是社会不

---

① 《列宁选集》第 2 卷，人民出版社 1972 年版，第 851 页。
② 《邓小平文选》第 3 卷，人民出版社 1993 年版，第 144 页。

良现象的漠视者、旁观者或简单批评者；就会有更加乐观积极的人生态度，把理想主义、现实主义和英雄主义完满地结合起来，容易聆听和接受别人的意见，不断调整和改进自己的实践方向，而不是怨天尤人，自我怜悯，悲观消极，无所事事；就会增强互助合作精神和集体意识，与同学互帮互学、相互交流、共同探讨，不断激发起心中新的求知欲望，并走进普通工农群众，触摸时代的脉搏，倾听人民的呼唤，而不是封闭温室，沉默寡言，孤陋寡闻或孤芳自赏；就可能经受住各种风浪的考验，使自己成长为党、国家和民族的有用之材直至栋梁之材。

胡锦涛总书记在 2012 年 7 月 23 日作了一个十分重要的讲话。他在讲话中明确指出，我们面临前所未有的机遇，也面对前所未有的挑战，来自外部的风险前所未有。我们要掂出这一讲话的分量，认清自己肩上的责任，决不辜负党、国家和人民的殷切期望。

党的十六大以来思想政治工作创新研究

高全立

（2012 年 5 月）

思想政治工作是我们党的优良传统，在中国革命、建设和改革中始终发挥着"生命线"的重要作用。党的十六大以来，面对新世纪新阶段新情况，以胡锦涛同志为总书记的党中央，高举邓小平理论和"三个代表"重要思想伟大旗帜，深入贯彻落实科学发展观，在思想政治工作上提出了一系列新观点和新思想，进一步充实和丰富思想政治工作的内容，推进了具有中国特色的思想教育科学体系的形成，思想政治工作的吸引力进一步增强、实效性日益明显、科学化水平进一步提高，极大地调动了人民群众的积极性、主动性和创造性，为改革开放和全面建设小康社会提供了强大的精神动力和思想保证。

（一）党的十六大以来思想政治工作的基本经验

党的十六大以来，思想政治工作始终坚持马克思主义在意识形态领域的指导地位，坚持用中国特色社会主义理论武装干部群众的头脑，积极应对 21 世纪国际国内的复杂形势，紧紧围绕党和国家中心工作，密切联系国际国内形势发展的新变化，密切联系当前意识形态领域的新变化，密切联系人们思想观念的新变化，以服务党和国家的工作大局、以促进经济社会稳定和谐、以促进人的全面发展为目标，在学科建设、理论研究、队伍培养等方面都取得了可喜成绩，社会主义核心价值体系日渐深入人心，公民的思想道德素质有了显著提高，无论是庆祝新中国成立 60 周年、建党 90 周年，举办北京奥运会、上海世博会和广州亚运会等一系列重大活动中表现出的良好精神风貌，还是在抗击非典、汶川大地震、玉树强烈地震、舟曲特大山洪泥石流等重大灾难面前表现出的顽强不屈、万众一心、共克时艰、大爱无疆的美德，都是当代中国人良好的精神道德面貌的反映，也从一个侧面反映了思想政治工作的显著成就。在这一过程中，党的思想政治工作自身得到了创新发展，积累了许多带有根本性、指导性和规律性的经验。一是始终如一高度重视思想政治工作的作用和地位；二是始终坚持以马克思主义为指导，高度重视意识形态建设；三是强调思想政治工作要围绕中心、服务大局；四是思想政治工作必须坚持以人为本、"三贴近"原则；五是深化制度建设，加强队伍建设，为思想政治工作提供保证；六是注重学科建设，提供学理支撑，提高思想政治工作科学化水平。

（二）党的十六大以来思想政治工作创新的具体内容

党的十六大以来，围绕实践"三个代表"重要思想，落实科学发展观，构建社会主义和谐社会的时代主题，全面贯彻以人为本理念，以增强思想政治工作的时代感为基本要求，以提高其感召力和渗透力为重要保证，以增强其针对性和实效性为中心环节，在指导思想、思想理念、内容载体、方式方法、体制机制等方面进行"立体化"创新。

在思想政治工作指导思想的与时俱进方面。十六大以来，以胡锦涛同志为总书记的党中央结合新的国际国内形势，提出了一系列重大战略思想，对我国经济社会发展实践产生了根本性、全局性的影响，成为新形势下党的思想政治工作的重要指导思想。科学发展观已成为继马克思列宁主义、毛泽东思想、邓小平理论和"三个代表"重要思想之后思想政治工作新的指导思想。

在丰富思想政治工作的内容方面。思想政治工作的内容是随着时代和实践的发展而不断丰富和更新的。十六大以来，以胡锦涛同志为总书记的党中央坚持以邓小平理论和"三个代表"重要思想为指导，提出了科学发展观、社会主义核心价值体系等一系列新的重大战略思想，极大地丰富了思想政治工作的时代内容。

在充实思想政治工作的基本原则方面。思想政治工作的原则规范着思想政治工作的目标、内容、方法和手段，是实施思想政治工作必须时刻遵循的方向和指针，对思想政治工作达到预期效果具有重要指导作用。十六大以来，我们党提出了"以人为本"、"贴近实际、贴近生活、贴近群众"、注重先进性与广泛性相结合等新理念，丰富和充实了新世纪新阶段思想政治工作的原则。

在创新思想政治工作的途径与载体方面。新世纪新阶段，思想政治工作面临新情况、新问题、新变化。日新月异的社会变化，要求拓宽思想教育的渠道，不断探索适应改革开放和现代化建设发展的新途径，有利于提升思想政治工作的向心力、感召力和渗透力，增强针对性、实效性。如创建群众性的文化活动新载体，发挥文化的思想教育功能；发挥"模范""标兵"的引领和带动作用；高度重视思想政治工作的网络建设，创建思想政治工作网络体系，等等。

在创新思想政治工作的方式方法方面。正确的途径、方法是实现思想政治工作最终目标的关键。以胡锦涛同志为总书记的党中央对新的历史条件下加强和改进思想政治工作的途径和方法进行了积极探索。一是以"先进性教育"和建设"学习型政党"的形式开展党内教育；二是以颁布中央文件和召开中央工作会议的形式推动青少年思想政治工作的开展；三是以实施"马克思主义理论研究和建设工程"的形式推进理论建设与理论教育。

在创新思想政治工作的体制机制方面。党的十六大以来，党中央积极推进思想理论教育的制度化建设，高度重视领导干部理论素养的提高和青年马克思主义者的培养。先后制定了《干部教育培训工作条例（试行）》和《关于加强党员经常性教育的意见》《关于进一步加强和改进大学生思想政治工作的意见》等文件，开展对马克思主义理论课教师和思想政治工作干部的培训。同时注重学科建设，2005 年，我国又建立了马克思主义理论一级学科，把思想政治工作作为其中的一个二级学科。我国思想政治工作学科理论建设和专业建设出现了前所未有的繁荣和发展，不仅保证了有一个相对庞大的实际工作系统，有一个相对成熟的科学研究系统，而且"催生"了相当规模的思想政治工作理论研究成果，为思想政治工作提供学理支撑，促进了思想政治工作科学化进程。

（三）党的十六大以来思想政治工作创新发展的规律

深入研究探讨十六大以来党的思想政治工作创新发展的过程和成就，我们可以从中总结和提炼出一些带有规律性的认识。

（1）思想政治工作的创新发展与社会转型具有同步性，时代变革与社会变迁对思想政治工作创新起决定性的作用。人们的思想观念是时代变迁与社会变革在思想领域的反映和表现，是社会变革的晴雨表。历史上的历次社会变迁都必然带来人们思想上的大变动，从欧洲的文艺复兴到中国的五四运动概莫能外。20 世纪 70 年代末启动的改革开放是中国前所未有的社会变革，它至少在三个方面发生了转折：党和国家的工作重心由以阶级斗争为纲转向以经济建设为中心、经济体制由计划经济转向市场经济、社会由封闭或半封闭转向全面开放。这一系列的转变必然引起人们思想上的震荡与动荡，产生一系列思想上的问题。党的十六大以来，我国进入了新世纪新阶段，改革发展正处于关键阶段，社会经历着空前深刻的变革，在加快发展进步的过程中，也遇到不少前进中的问题。"四个多样化"给思想政治工作带来了新的挑战。思想政治工作的主体和客体都是人，是人的思想。社会存在对人的思想和演化起决定性作用，而以人的思想为对象的思想政治工作就必然受社会存在的影响，特别是思想政治工作的创新更受时代环境变化所左右，是时代的发展变化给思想政治工作创新提出了客观要求，指引着思想政治工作创新的方向，决定着创新的内容，检验着创新的成果。因此，思想政治工作要创新，必须结合时代变革与社会变迁，从理论到实践都必须与时俱进。

（2）思想政治工作的创新发展总是与社会矛盾和社会问题的解决紧密相连，正确解决社会矛盾和社会问题，是思想政治工作创新的一个重要体现。在我们党的历史上，思想政治工作从来都是与解决现实问题紧密结合在一起的。诚然，解决现实问题需要思想工作，思想工作做得好，实际问题的解决就会比较顺利，正因为如此，我们党在各个时期都非常重视思想政治工作；但是思想政治工作不是万能的，企图通过它来解决一切问题是一种幻想。思想问题的最终解决依赖于实际问题的解决，只有现实中的实际问题解决了，人们才能真正从心灵深处拥护我们党的理论和主张、方针路线和政策。革命战争年代，我们把解决农民最关心的土地问题与改造农民思想结合起来，使农民真正拥护和支持我们。当前，我国的改革开放和中国特色社会主义建设正处在关键时期，我们只有从根本上解决诸如住房、教育、医疗、贫富差距、腐败、就业、社会治安等问题，才能使人们从内心深处确立马克思主义信仰、社会主义信念和对党的信任，否则，即使我们在思想工作上投入再大，面对现实都是苍白无力的，都无法从根本上消除人们的思想困惑和质疑。因此，思想政治工作的创新发展，必须把思想政治工作的具体内容与解决时代变迁和社会发展所提出的根本性、全局性问题紧密联系起来。发现和解决问题的过程，就是认识事物规律，把握时代脉搏的过程，没有问题意识，就不可能有创新意识，也不可能有创新成果。

（3）思想政治工作的创新发展总是与马克思主义理论创新紧密相连，是马克思主义理论与实践结合程度的重要体现。中国共产党是以马克思主义理论为指导而建立起来的党，在中国革命和建设中，也始终以此为指导思想。这就决定了马克思主义理论是我们思想政治工作的基本内容，是我们解决其他一切思想政治工作问题的基本指导思想和基本方法论。只有以马克思主义科学世界观和方法论为指导，才能抓住人们思想领域存在的问题的症结和关键，进行透彻分析，并作出令人信服的回答，才能使思想政治工作收到实效。因此，思想政治工作的创新发展，有赖于马克思主义理论创新发展。十六大以来，我们党提出的先进文化、科学发展观、社会主义核心价值体系等一系列观点和理论，都是对马克思主义理论的发展，极大地丰富了思想政治工作的内容。思想政治工作的创新发展与马克思主义理论创新的紧密相连，必然要求弘扬马克思主义与时俱进的理论品格，展示其理论创新的巨大魅力。在当前，我们必须面对国际国内的新形势，面对世情、国情、党情和民情，深入研究探讨诸如"马克思主义的当代性""社会主义优越性""社会主义市场经济""资本主义灭亡"等一系列问题，在理论上解决马克思主义发展史上从未遇到过而今天实践中又必须解决的问题，从而增强思想政治工作的说服力。实践证明，能否推进马克思主义理论创新是思想政治工作取得实效性的重要保证。

（4）思想政治工作的创新发展总是与对党和国家的路线、方针、政策的解读紧密相连，正确解读党和国家的路线、方针、政策，是思想政治工作创新发展的重要体现。思想政治工作具有较强的理论性和现实性，与党和国家现行的路线、方针、政策有十分密切的关系，甚至就是对党和国家现行的路线、方针、政策的解读和宣传、贯彻和落实。政策作为一定国家或政党实现一定历史时期的路线和任务而制定的行动准则，是一定社会统治阶级进行统治的重要手段和途径，因此，思想政治工作不可能脱离该社会的政策。当前，我们能否正确理解、解读党和国家现行的路线、方针、政策，是思想政治工作有效性的重要体现。因此，党的思想政治工作的创新发展，必须把正确、及时解读当前党和国家的现行政策，把形势政策的宣传教育作为思想政治工作的重要内容，切实纳入到工作议程。近年来，中宣部组织编写的《理论热点面对面》等通俗理论读物，在宣传解读党和国家路线方针政策、帮助人们正确认识热点难点问题等方面发挥了重要作用，也是当前宣传思想工作创新发展的一个重要体现。

（5）思想政治工作的创新发展总是与社会舆论导向和社会示范紧密相连，坚持正确舆论导向和树立正确典范，是思想政治工作创新发展的重要体现。在现代社会，社会舆论的导向和社会典型的树立在很大程度上引导着人们的思想意识、左右着人们的兴趣、影响着人们的情绪。现代媒体在传播信息上的快捷、广泛是传统媒体无法比拟的，特别是随着互联网等新媒体的快速发展，信息传播和舆论宣传的作用与日俱增。一个事件、一则新闻报道、一部电视剧……在社会舆论的导向和整个社会的稳定方面都起着重要作用，对人们的思想产生巨大的影响。因此，当前思想政治工作的创新发展，离不开各类媒体的正确舆论导向。必须充分发挥主流媒体形成舆论、组织舆论、主导舆论的主力军作用；发挥都市类媒体贴近百姓、形式活泼、传播面广的优势；发挥网络媒体信息海量、开放互动、即时传播等优势，大力加强马克思主义理论教育，深入宣传中国特色社会主义道路的必然性和中国共产党领导的正确性，宣传我们党和政府在当前国家建设上采取的各项措施的必然性，坚持客观公正的报道和正确的舆论导向，共同为弘扬社会正气、引导社会热点、坚持正确舆论导向尽自己应尽的职责。

（四）切实加强和改进新形势下思想政治工作

（1）深刻把握新阶段思想政治工作面临的新形势、新情况、新特点。随着我国改革开放和社会主义市场经济的进一步深化发展，我国经济社会发展出现新的阶段性特征。思想政治工作面临新的机遇与挑战。从国内来看，经过新中国成立62年特别是改革开放33年的奋斗，我国进入了新的发展阶段。这是一个矛盾增多、爬坡过坎的关键阶段。思想文化领域日趋多样、多元、多变，积极的与消极的彼此交织，社会精神生活领域各种思想观念交替碰撞。从国际来看，西方敌对势力西化分化我国的战略从未改变，通过各种渠道加紧思想文化渗透，煽动群体事件，图谋"颜色革命"。因此，要做好新阶段思想政治工作，必须深刻把握新阶段思想政治工作面临的新形势、新情况，用唯物史观分析国内外形势，认清面临的新情况、新问题，把握中国特色社会主义事业提出的新任务、新要求，深刻认识新形势下加强改进思想政治工作的重要性和紧迫性，在复杂多变的环境中赢得主动权。

（2）坚定正确的政治方向，把握思想政治工作党性原则。思想政治工作的本质特性，首先在于它是党的工作，是为党的事业和党的最终目标服务的，具有鲜明的党性；其次是它的原则性，突出地表现为无产阶级的政治性，离开了政治性，就抹杀了无产阶级思想政治工作的特点，也就丧失了思想政治工作的原则性。坚持党性原则，要求思想政治工作要讲政治，充分发挥思想政治工作的导向作用。

（3）融入社会生活的各个领域，全方位、全过程地推进思想政治工作。思想政治工作说到底是做人的工作，而人的存在是立体的、过程性的。思想政治工作要收到好的效果，不可能局限于某一领域或一定时段，而必须渗透到社会生活的各个领域，包括职业生活、文化建设、社会管理各个方面，全方位、全过程地进行思想政治工作，而且各领域、各阶段要保持目标和方向上的一致，不能相互脱节，甚至"各说一套"，不能造成一个领域或一个时期对另一个领域或另一个时期思想政治工作的消解和颠覆。

（4）坚持利益原则，把解决思想问题与解决实际问题结合起来。思想政治工作要"以人为本"，首先要尊重人、理解人、关心人，其中包括关心和解决人的实际问题。解决思想问题与解决实际问题相结合，是马克思主义物质利益原则在思想政治工作中的具体运用。在协调改革开放中出现的物质利益矛盾的过程中，要把党的思想政治工作渗透到改善民生中去，不断增进人们的幸福感。特别需要指出的是，应大力宣传马克思主义的物质利益观，宣传社会主义新型义利观。强调物质利益是国家、集体和个人相统一的物质利益，这三者在根本上是一致的，国家利益高于一切，个人利益必须服从国家利益和集体利益。

（5）加强网络思想政治工作建设，推进思想政治工作现代化、时代化。进入21世纪以来，随着物质生活的改善，人们对精神生活提出了新的要求，他们的心理状况、接受能力、欣赏水平也发生了变化，加之科学技术的发展，使人们接受信息、休闲娱乐的方式、方法、手段发生了很大变化，一些新的传播媒体和文化娱乐场所吸引力大大增加。特别是网络技术的飞速发展，既给思想政治工作提供了崭新的平台，也对思想政治工作提出了新的挑战，如何面对形势，因势利导，趋利避害，加快思想政治工作网络化步伐，提高思想政治工作的科技含量，是当前思想政治工作的一个重要课题。思想政治工作的方式、方法、手段、机制必须适应新形势的要求，在继承优良传统的基础上，充分运用大众传媒和文化设施，采取容易为群众所接受、所欢迎的方式方法进行。

（6）构建思想政治工作科学发展的长效机制，形成"大政工"格局。思想政治工作的创新发展是一个复杂的系统工程，也是一个多要素相互作用的动态过程，只有充分发挥思想政治工作结构体系各要素的作用，进一步形成思想政治工作的工作合力，建立思想政治工作整合机制，把系统内各要素通过联系、渗透、互补、重组综合起来，形成合理的结构，形成整体优化、协调发展，才能发挥最大整体功能。

（7）进一步加强重点领域和群体的思想政治工作。加强重点领域、人群的思想政治工作是时代的要求。伴随着改革开放和中国社会主义现代化进程的推进，思想政治工作也要与时俱进，不断扩大社会覆盖面。当前，必须加强困难企业困难职工、下岗失业人员、进城务工人员、新生代农民工、"90 后"大学生、离退休人员以及新经济组织和新社会组织、社区等重点人群、重点领域的思想政治工作。思想政治工作作为引导人、教育人、塑造人、培养人的工作，面对错综复杂的新形势、新情况、新问题，如何应对挑战，如何加强和改进新形势下重点领域重点人群的思想政治工作，不断拓宽思想政治工作领域，是一项重大而紧迫的时代课题。

一项与时俱进、强基固本的战略性工程

李 捷

（2012 年 3 月 28 日）

实施马克思主义理论研究和建设工程，是以胡锦涛同志为总书记的党中央作出的一项重大决策。这一工程自 2004 年正式实施起，至今已有 8 年。8 年来，在党中央和有关部门的正确领导和精心指导下，在全国思想理论界的积极参与下，工程工作取得了丰硕成果。在此期间，我直接参加了《中国近现代史纲要》《史学概论》等部分工程重点教材编写，参加了工程咨询委员会的审议工作，亲身经历了我国思想理论界和高校教育界的变化过程，深切地感受到马克思主义理论研究和建设工程取得了显著的进展和成效。

（一）正本清源，在搞清弄懂马克思主义基本原理上下功夫，扎实推进马克思主义基础理论建设

我们党历来高度重视马克思主义基本原理的研究。毛泽东专门指示成立中央编译局和马列研究院，开展马克思主义经典著作编译工作和马克思主义基础理论研究工作。党的十一届三中全会以后，邓小平、江泽民等同志多次提出加强这方面的工作，以适应理论创新和实践创新的迫切要求。党的十六大以来，以胡锦涛同志为总书记的党中央决定实施马克思主义理论研究和建设工程。工程建设的重要任务之一，就是集中力量根据德文和俄文原版重新审核、修订马克思、恩格斯、列宁重点著作的译文和注释，于 2009 年出版 10 卷本《马克思恩格斯文集》和 5 卷本《列宁专题文集》，为马克思主义研究提供了一个权威的中文译本，为准确理解和运用马克思主义基本原理打下了坚实基础。

同时，工程集中力量对马克思主义经典著作的基本观点进行研究攻关，进行追根溯源的梳理，深刻总结经典著作基本观点传播、运用当中的经验教训，并立足于当今时代的新发展和中

国特色社会主义的新实践，作出符合马克思主义基本原理的科学判断。力求通过这项扎实的基础性工作，进一步分清哪些是必须长期坚持的马克思主义基本原理，哪些是需要结合新的实际加以丰富发展的理论判断，哪些是必须破除的对马克思主义的教条式理解，哪些是必须澄清的附加在马克思主义名下的错误观点。眼下，马克思主义基本原理和基本观点研究工作取得的各项成果，广泛体现在已经出版和正在编写的重点教材之中，体现在理论武装和教学科研工作的方方面面。

（二）与时俱进，在研究总结中国特色社会主义理论和实践经验上下功夫，扎实推进反映马克思主义中国化最新成果的哲学社会科学教材体系建设

中央实施马克思主义理论研究和建设工程的又一项重要任务，就是要组织编写一批高校思想政治理论课教材和哲学社会科学重点骨干课程的专业课教材，构建充分反映马克思主义中国化最新成果的哲学社会科学教材体系。质量是工程的生命。为了编写出高质量的教材，从教材提纲的征求意见和修改审定，到教材初稿的撰写和统稿修改，再到教材经中央审定并出版使用，都凝聚着中央领导同志的亲切关怀和悉心指导，凝聚着咨询委员会委员字斟句酌的反复推敲和把关，凝聚着教材编写组长期积累和潜心研究的心血，凝聚着广大一线教师和理论界专家学者的积极参与和大力支持，充分体现了工程实施的系统性和广泛性。

教材编写工作力求在弄懂弄通并着力体现马克思主义中国化最新成果、改革开放新鲜经验的基础上，再把基础理论研究和重大现实问题研究紧密结合起来，以基础理论研究带动重大现实问题研究的深化，以重大现实问题研究促进基础理论问题研究的发展，努力创新马克思主义的学术观点、学术方法，大力推进当代中国马克思主义的学理化。可以说，教材撰写、讨论、修改、定稿的过程，就是认真学习、掌握和体现马克思主义基本原理和马克思主义中国化最新成果的过程，就是紧密结合中国特色社会主义实践特别是改革开放实践，深入研究重大理论和现实问题的过程，就是构建具有中国特色哲学社会科学学科体系和话语体系的过程，也是充分发扬求真务实和学术民主精神、不断推进理论创新和学术创新的过程。

马克思主义理论研究和建设工程从一开始就把理论联系实际、面向实践摆在突出位置。为了搞好这些工作，工程专门组织课题组专家利用暑期进行面向基层、面向实际的调查研究。通过调查研究，不断加深对中国国情的了解，加深对改革开放伟大实践及其基本经验的了解，加深对中国特色社会主义经济、政治、文化、社会以及生态文明等方面的了解，激发工程专家从事教材编写和理论工作的灵感，推动结合实际的理论思考和理论概括，从而增强了教材编写和课题研究的针对性、实效性。

有关部门还及时对工程的成果进行转化和利用，推出了一批宣传普及文章、通俗读物和影视作品。其中，由中宣部理论局组织编写的"理论热点面对面"系列图书，深受读者的欢迎和好评，成为通俗读物中一道亮丽的风景线。

（三）兼收并蓄，在研究、吸收、弘扬古今中外优秀文化思想上下功夫，大力推动哲学社会科学的创新

马克思主义是发展的、开放的，它本身就是在批判地继承和吸收人类优秀文化思想的基础上创立的，也需要在继承和吸收人类一切优秀文化思想的过程中不断丰富和发展。这是马克思主义发展的一条基本规律，也是马克思主义理论研究和建设工程始终遵循的一条重要原则。

工程组织编写的哲学社会科学重点骨干课程专业课教材，涉及哲学社会科学的各个领域。每个领域既涉及如何体现马克思主义指导地位和马克思主义中国化最新成果的问题，也涉及如何充分吸收古今中外优秀文化思想的问题。这就要求将二者很好地结合，而不能搞成"两层皮"。因此，必须坚持运用马克思主义立场观点方法，批判地继承、吸收和借鉴古今中外优秀文化，实现兼收并蓄，从而创造出具有中国特色、中国风格、中国气派的高水准教材体系。为了达到这一目标，咨询委员会和工程专家学者付出了巨大心血，反复研究，反复推敲，反复修改，直到满意为止。

如何正确处理好马克思主义同西方学术思想的关系，正确处理好马克思主义学科同西方相关学科的关系，是工程教材编写过程中的一个重大课题。在这个问题上，教材编写者始终汲取把两者关系简单化、教条化的教训，坚持辩证地、历史地、实事求是地对此加以解决。事实上，马克思主义同西方学术思想有着本质的区别，但又不是截然分开、完全对立的。马克思主义的产生，既是工人运动客观发展的要求，也是人类思想发展的客观要求；既是批判以往一切剥削阶级学术思想的结果，也是对人类优秀文化思想的集大成。因此，在编写过程中，课题组既要努力分清和回答马克思主义同西方学术思想的本质区别在哪里，又要解答应当怎样以马克思主义为指导来实事求是地解剖分析西方学术思想、学术观点及其代表人物，取其精华，弃其糟粕，去伪存真，为马克思主义理论体系和哲学社会科学学科体系创新服务。事实证明，只有站在人类文明发展的制高点上，批判地继承和吸收人类一切优秀文化思想，才有可能真正构建具有中国特色哲学社会科学学科体系和话语体系，真正提升国家文化软实力和中国文化的国际影响力。

（四）着眼未来，在人才培养和队伍建设上下功夫，造就一支政治立场坚定、理论造诣精深、学术带动力和影响力强的教学研究队伍

马克思主义理论研究和建设工程，不仅是凝聚人心的灵魂工程，也是凝聚人才的战略工程，从中可以深切地感受到党中央对马克思主义理论人才和队伍建设的高度重视与亲切关怀，深切感受到党中央对这支队伍寄予的厚望。

马克思主义理论研究和建设工程的实施，加强了全国马克思主义理论研究教学队伍和哲学社会科学教学研究队伍的交流、团结、协作，极大地提升了这支队伍的组织动员能力和协同攻关能力。工程凝聚着全国各地各条战线从事理论研究和教学工作的哲学社会科学研究人才，既

有德高望重的老一辈学术领域的拓荒者和奠基人，也有在改革开放当中涌现出来的中青年后起之秀，还有在国外深造后回国的优秀人才。在咨询委员当中，更是聚集着哲学社会科学界的领军人物。他们以耄耋之年，仍然为党的思想理论建设发挥着重要作用，在每次工程教材审定当中，更是发挥了举足轻重的把关作用。

为了更好地培养高素质的马克思主义理论研究教学人才，国务院学位办将马克思主义理论设立为一级学科，下设马克思主义中国化研究等 6 个二级学科，设立了一批马克思主义理论学科的博士点、硕士点，大大提升了马克思主义理论的学科地位，还在中国社会科学院和北京大学、清华大学等一批高校中成立了马克思主义学院。工程每年组织高校思想政治理论课和哲学社会科学教学科研骨干的研修培训，并将这种培训制度化、长效化。这些举措，有力地推动了马克思主义理论人才的培养和队伍的发展。

总之，8 年来的事实证明，马克思主义理论研究和建设工程，是一项与时俱进、强基固本的战略性工程，是一项在理论建设上立足当前、着眼长远的基础工程，必须切实把这项工程深入、持久地开展下去，为推进马克思主义中国化、时代化、大众化作出更大的贡献。

学习贯彻党的十八大精神，推动学术期刊的繁荣与发展

——在 2012 "人文社会科学期刊发展与评价论坛" 上的讲话

武　寅

（2012 年 12 月 27 日）

同志们：

首先，我代表中国社会科学院向出席本次论坛的各位专家学者，特别是从外地来京参加会议的同志表示热烈的欢迎！此次会议是在深入学习贯彻落实党的十八大精神，推进哲学社会科学创新的大背景下召开的，有着十分重要的意义。党的十八大报告为哲学社会科学研究提出了明确的目标和任务。学术期刊是哲学社会科学研究事业的重要组成部分，是哲学社会科学研究成果的展示平台。

哲学社会科学学术期刊的发展首先必须坚持正确的政治导向。从事期刊工作的同志，要认真学习领会十八大精神，要有政治意识、阵地意识和大局意识，要加强学习，不断提高自己的政治素养和理论水平，要像十八大报告强调的那样，做到理论自信、道路自信、制度自信，正

确处理好学术自由、学术民主与坚持中国特色社会主义道路的关系。中国社会科学院是党中央、国务院的思想库、智囊团，各地方社会科学院也承担着为地方政府提供决策服务的重要任务。因此，我们必须自觉地与中央保持一致，发挥正确的政治导向作用。社科院系统的学术期刊在全国有着比较大的影响力，政治导向的意识一丝一毫也不能放松。

同时，哲学社会科学学术期刊还必须把握正确的学术导向，努力提高原始创新、集成创新和引进消化吸收再创新能力。创新应当成为哲学社会科学进一步繁荣发展的核心。学术期刊在哲学社会科学创新体系建设中应当发挥积极的推动作用。学术期刊要有责任意识和精品意识，编辑人员要坚持"走基层"，密切与科研人员的联系，积极组织和参加相关学术会议，提高学术敏锐性，准确把握和围绕学科发展的重大前沿问题设置栏目，组织稿件。要充分利用期刊的发稿权，推出那些有创新意义的精品之作，拒绝那些粗制滥造的平庸之作，保持并不断提高自己刊物的学术档次和品位。要充分利用期刊编辑权，引导作者遵从正确的学术规范，树立正确的学风和治学态度。

由于管理体制机制方面的原因，目前大部分学术期刊的现状与建设哲学社会科学创新体系、建设社会主义文化强国的要求相比，还存在相当大的距离。有的期刊定位不准，学术水平有待提高；有的缺少创新性，发文多而无新意；有的不重视宣传推广，影响了效益的发挥。以中国社会科学院为例，现有的 80 余种学术期刊中大部分是本学科领域的一流刊物，在推出优秀成果、培养杰出人才、倡导优良学风方面发挥了引领方向的作用。但是由于多方面的原因，这 80 多种学术刊物在设计风格、开本大小、纸张材料、印刷质量上参差不齐，形象欠佳。除了极少数刊物外，大部分学术刊物发行量很低。这种状况与社科院对学术期刊的投入相比，与这些期刊的学术地位相比，与社科院哲学社会科学创新工程的任务相比，都是不相称的。2011年，中央办公厅和国务院办公厅出台了《关于深化非时政类报刊出版单位体制改革的意见》；2012 年 7 月，国家新闻出版总署发布了《关于报刊编辑部体制改革的实施办法》，学术期刊管理体制机制改革已经被提上了日程。面对全国学术期刊领域改革发展竞争激烈的新形势，2012年 11 月，社科院启动了创新工程学术期刊试点工作。其主要内容是，全院学术期刊实行统一管理、统一经费、统一印制、统一发行、统一入库的"五统一"管理体制。加大经费投入力度；改革人员聘用办法；剥离发行业务，由出版社专门负责宣传推广，扩大发行量；建立全院学术期刊数据库。实现学术期刊数字化、集约化、规模化发展战略。关于学术期刊的发展与创新工作，除中国社会科学院外，教育部、科技部、国家社会科学基金等部门也都出台了一系列举措。学术期刊要勇于变革，勇于创新，在变革和创新中求得发展，创造新的成绩。

此次论坛有两个主题，一是学术期刊的发展，一是期刊的评价。这两个主题有着密切的联系。哲学社会科学创新工程的一项重要内容就是要建立一套科学的、切实可行的科研评价机制。学术期刊是科研活动的重要组成部分，学术期刊质量的高低、在学术界影响力的大小，不仅是期刊编辑人员关心的问题，也是科研管理部门和科研人员关注的问题。因此，做好期刊评价工作十分重要。目前我国的期刊评价大体分成政府评价和学术机构评价两种类型。新闻出版署、教育部、国家社会科学基金等科研管理部门组织的优秀期刊或名刊评选属于政府引导性的评价。中国科学院文献情报中心、中国社会科学院图书馆、北京大学、南京大学、武汉大学等机构从引文统计分析的角度进行量化指标的评价，属于学术研究性的评价。这两类评价的组织形式不同、评价指标不同，结果也不同，但都对期刊发展有着导向作用，都会对学术期刊的发展产生影响。我们所要做的是通过评比或评价，推动学术期刊健康发展。因此，如何使学术期刊评比更加合理，更加科学，是需要科研管理部门和研究部门共同努力解决的重要问题。参加这次论坛的既有从事期刊编辑出版的同志，也有从事期刊评价的同志，还有从事期刊管理工作的同志，我相信，大家通过这个平台相互交流、切磋，一定会给期刊评价工作提出更多、更好的意见和建议，进一步推动期刊评价研究，完善期刊评价工作。

空谈误国，实干兴邦。我希望这次论坛能够开成务实的会，希望参加这会议的院内外专家紧密围绕学术期刊建设和期刊评价中存在的最实际、最突出的问题展开研讨，为我院学术期刊建设和发展提出切实可行的意见和建议。

在创新工程学术期刊试点动员会上的讲话

李 扬

（2012 年 11 月 6 日）

同志们：

学术期刊进入创新工程试点，是全面推进社科院学术期刊建设，完善办刊制度和管理体制机制，建设高端学术传播平台，打造国际知名、国内一流的学术期刊重要战略步骤。在此，我受院长办公会议的委托，就全院学术期刊"统一印制、统一发行、统一入库"以及下一步发展战略问题，谈一些意见和想法。

（一）关于"统一印制、统一发行、统一入库"

"统一管理、统一经费、统一印制、统一发行、统一入库"，是我院学术期刊进入创新工程试点的准入条件。全院学术期刊实行"统一印制、统一发行、统一入库"，是根据实施创新工程的整体要求，旨在创新期刊管理体制机制，整合资源、提高质量、降低成本、改进服务、提高效益。

1. 统一印制与发行问题

院委托社会科学文献出版社统一负责全院学术期刊统一印制工作和发行工作。出版社不干涉各期刊的编辑工作，各期刊的主编负责制不变，稿件终审权不变。

社科院有 80 余种学术期刊，纸张材料、开本尺寸、设计风格、装帧形式存在较大差异，有的纸张材料、印制质量较差，与我院学术期刊的地位不相匹配。此外，由于人员编制和业务规模的局限，除极少品种外，我院大部分学术期刊的宣传推广工作也不力。除了邮局征订之外，只有少量的直接订户，有的每年在减少，部分期刊甚至以赠阅为主。我们希望通过统一印制、统一发行，变分散为整体，形成合力，提升我院学术期刊的整体形象。

全院学术期刊实行"统一印制、统一发行"，符合国家报刊改革大方向。2011 年，中央办公厅和国务院办公厅出台了《关于深化非时政类报刊出版单位体制改革的意见》，2012 年 7 月国家新闻出版总署又发布了《关于报刊编辑部体制改革的实施办法》，要求将出版发行从学术期刊编辑部剥离出来，由具有企业法人资格的出版发行公司经营。

实行"统一印制、统一发行"的目的是整合资源、提高质量、降低成本、扩大发行、改进服务、提高效益。出版社要以此为宗旨，提高服务质量、改进服务水平，倾力打造社科院学术期刊品牌形象。

实行"统一印制、统一发行"后，进入创新工程试点的学术期刊编辑部要与出版社签订《期刊统一发行代理协议书》，明确双方的权利、义务和责任。今后，期刊编辑部不再承担期刊发行工作，已签订的邮发协议及其他发行渠道、零散订户业务移交出版社统一办理。为此，社科文献出版社要建立全院学术期刊基本信息库，及时发布学术期刊的宣传广告和征订目录，定期向学术期刊编辑部反馈发行数量；还要进一步开拓期刊推广销售渠道，不断扩大学术期刊的发行量，做好期刊宣传和推广工作。

2. 统一入库问题

院委托调查与数据信息中心负责全院创新工程学术期刊数据库建设。全院学术期刊数字资源"统一入库"，是从建设数字社科院的整体规划出发提出来的，旨在最大程度地整合社科院专业期刊资源，为社会科学研究提供更好更优质的数字化学术资源。

按院里的要求，全院学术期刊编辑部应同调查与数据信息中心签订学术期刊电子版数据专有使用许可和独家代理《授权委托书》，明确双方的权利、义务和责任。

按照规定，学术期刊新刊电子版在纸质刊出版后（以纸质刊上印刷的出版日期为准）的 7 个工作日内，提交调查与数据信息中心统一入库；学术期刊过刊的纸质刊和电子版一并提交调查与数据信息中心统一入库，进行过刊数字化建设。

有关学术期刊已经与院外合作单位签署独家排他性质协议的，移交调查与数据信息中心统一办理。调查与数据信息中心负责创新工程学术期刊数据库的对外合作、品牌推广和知识产权、司法纠纷的处理。

（二）关于学术期刊下一步发展战略

社科院目前主管、主办的各类学术期刊 80 余种，在全国学术界具有引领学科发展和学术方向的作用。这是社科院几代学人积累下来的极为重要的学术资源。创新工程学术期刊试点启动后，社科院学术期刊下一步的发展要有更高的战略目标，为此要有超前的战略部署。

1. 充分认识国内外学术期刊数字化、集约化发展态势

在全球网络信息技术发展的推动下，国际大型出版集团按照"经营与学术分离"的模式，积极推动学术期刊数字化和集团化互动发展，形成了少数几家大型出版集团主导全球学术期刊出版和在线期刊数据库服务的格局。其中，具有代表性的有荷兰的爱思唯尔（Elsevier）、德国的施普林格（Springer）、美国的威利—布莱尔维尔（Wiley-Blackwell）、泰勒与弗朗西斯（Taylor & Francis）等顶级国际学术出版集团。

近些年，外国大型出版集团十分重视开发中国市场，积极抢滩中国期刊市场。据了解，仅施普林格、爱思唯尔、牛津大学出版社三家出版商就收拢了超过110种自然科学类英文学术期刊与其合作；而在40余种人文社科类英文学术期刊中，超过16种期刊与施普林格出版公司、泰勒与弗朗西斯等出版集团合作。

在国际学术期刊数字化和集团化发展的推动下，中国学术期刊的数字化、集团化步伐加快。至目前已形成三家大型中国学术期刊数据库。2001年，中国学术期刊（光盘版）电子杂志社和同方知网（北京）技术有限公司承担了"十五"国家重点电子出版项目和"十一五"国家重大出版工程项目《中国学术期刊网络出版总库》，目前收录国内学术期刊7700多种，内容覆盖自然科学、人文社会科学等各个领域。2006年，北京万方数据股份有限公司承担的国家科技支撑计划资助项目开发的万方数据库，其中万方期刊集纳了理、工、农、医、人文五大类共4529种学术期刊全文。2000年，重庆维普资讯有限公司获得国家出版和版权保护主管部门的许可，采用PDF标准格式出版《中文科技期刊数据库》，目前搜尽12000余种中文期刊全文，号称我国电子出版物领域最大的出版单位。这三家期刊数据库网站都实现了商业化运营，但期刊数据库与各入编期刊没有建立起真正平等的合作关系，存在种种弊端和不足。

近年来，新闻出版总署大力推进出版社、期刊社转企改制，并在科技和教育领域分别组建了中国科学出版集团公司、中国教育出版集团，为我国学术期刊的集团化发展奠定了基础。

中国科学出版集团正在推进期刊业的集约化规模化经营，把科技期刊集约化作为集团发展的重要战略方向。集团旗下拥有科技期刊235种，希望在未来三五年内使其出版的期刊数量达到500~1000种，成为我国科技成果的重要发布平台。

自2004年起，教育部即以"专、特、大、强"为目标实施高校学术期刊"名刊工程"。目前，有关主管部门正在研究如何进一步深化高校期刊出版单位改革，创新高校期刊出版体制，把分散的办刊力量集中起来，鼓励集约化、规模化发展，构建数字出版平台，实现优势互补、资源共享，形成一批开放型、高水平的学术期刊群。

2. 抓住机遇适时推动社科院学术期刊集团化发展

我国社会科学学术期刊集团化发展尚未起步。中国社会科学院作为国家级社会科学研究机

构，拥有全国最具影响力的学术期刊群（其中学术期刊80余种），是展示、交流我国最新最前沿的学术理论研究成果的园地，在中国社会科学院、北京大学、南京大学的三大学术期刊评价体系中稳定居于各类学科第一名的有12种、居于前三名的有25种。中国社会科学院的学术期刊优势，是国内任何研究和教育机构无法比拟的，具备了数字化、集约化发展的良好基础。

2011年，中国社会科学院正式实施创新工程试点工作，将学术期刊集约化和数字化互动发展作为院创新工程的基础项目。4月，制定了《中国社会科学院期刊数字资源整合方案》，按照"统一、共建、可持续"的原则，对全院95种期刊的数字资源进行整合，同时以中国社会科学杂志社为依托，创建"中国社会科学期刊网"，整体规划推动学术期刊"走出去"。2012年1月，院调查与数据信息中心承担了国家社科基金特别委托项目"国家哲学社会科学学术期刊数据库建设"，目标是整合哲学社会科学学术期刊数据资源，建设哲学社会科学学术期刊数据库，扭转学术期刊数据库商业化趋势，实现哲学社会科学学术期刊数据资源开放共享，为学术研究提供有利的基础条件，从而进一步推动哲学社会科学繁荣发展，推动中国哲学社会科学优秀成果走向世界。

在推进创新工程学术期刊试点的过程中，我们应对社科院学术期刊发展进行更长远的战略规划。要深入分析我国出版业发展态势，结合社科院的特点和优势，从积极稳妥地推进我院学术出版集团化发展的更高视角，最大程度地整合社科院图书出版期刊资源、出版资源、报纸资源、文献和调研数据资源，探索依托社科院科研成果的数字化为核心资源的集团化发展的新路子。

为此，应通过创新工程学术期刊试点，积极探索推进社科院并带动全国社会科学学术期刊的数字化、国际化和集约化：

一要积极推进学术期刊数字化。依托国家社科基金的专项支持，开发建立统一的网络数字出版平台和投稿编审平台，逐步形成一个国家级的大平台，实现期刊发展多媒体互动，更快捷地传播、交流最新学术研究成果。

二要推动学术期刊国际化。社科院目前与国外合作出版有多种英文期刊，如《中国社会科学》《中国经济学人》《中国与世界经济》《中国考古学》《国际思想家评论》等。"以我为主"开展与国际出版商的合作，本着"合作、共赢"的原则，以传播中华优秀学术文化、当代中国发展成就与经验为目标，有计划地推动社会科学学术期刊"走出去"。

三要推进全院学术期刊集约化。集约化发展将是中国学术期刊未来发展的必由之路，这既是应对期刊国际竞争的需要，也是做强做大中国学术期刊的需要。通过国家支持中国社会科学院专业期刊网的建设，以加盟合作、统一数字平台建设的方式，逐步整合国内社会科学核心期刊的编印发资源，通过数字化、集约化的互动发展，打造出一批在国际学术界具有影响力的优秀学术期刊群。

提升标准　担当责任　创新求实　推进反腐倡廉建设

——在中国社会科学院2012年反腐倡廉建设工作会议上的讲话

李秋芳

（2012年2月24日）

同志们：

今天党组召开反腐倡廉建设工作会议，王伟光同志代表党组作了报告，体现了党的十七届六中全会和中央纪委七次全会精神，全院要认真抓好贯彻落实。在此，我谨代表中央纪委驻院纪检组围绕"标准、责任、动力"三个关键词谈些意见。

（一）坚持纯洁性标准，追求注重预防的更大成效

党的十六大以来，社科院从实际出发构建了具有社科院特色的惩治和预防腐败体系"六项工作格局"，2010年又推出"三大预防行动"，并以党风廉政建设责任制为龙头，把反腐倡廉建设落实到各项管理工作中，全院违法违纪案件明显减少，因违反廉洁自律规定受到党政纪处分的人员，从2003年至2007年的13人下降到2008年至2011年的3人，客观反映了全院惩防并举、注重预防的明显成效。

但是需要清醒地看到，全院违法违纪案件虽然大幅度下降，但一些单位和部门仍存在反腐倡廉教育不深不实、相关制度不完善或不落实、监督措施不到位的问题，违法违纪隐患依然存在，反腐倡廉建设一旦放松，违法违纪案件很可能出现反弹。全院各单位、各部门应当确立这样的意识：没有政治违法违纪问题不等于政治方向正确，没有学术抄袭剽窃丑闻不等于学风优良，没有发生贪腐案件不等于队伍清正廉洁。

中国社科院的反腐倡廉建设，不能满足于不发生违法违纪案件的底线要求，而应有更高更严的标准，有主动预防的战略思维，有持之以恒的推进措施。胡锦涛总书记在中央纪委十七届七次全会上指出，全党都要从应对新形势下党面临的风险和挑战出发，切实做好保持党的纯洁性各项工作。全院要以保持哲学社会科学最高学术殿堂的纯净为目标，着力进行违规风险的源头防治，使中国社科院率先走出一条有效的反腐倡廉建设路子。

坚持有效预防，应深刻思考中国社科院知识分子的纯洁性内涵，以保持学者和干部思想纯洁、学风纯洁和作风纯洁为核心目标。经过长期不懈的努力，广大学者干部形成了政治坚定、学风优良、守纪自律的优良传统。保持最高学术殿堂的纯净，社科院应当力避社会不良风气的

影响，不追名逐利，不飘忽虚华，不庸俗市侩，重在追求思想纯洁、学风纯洁和作风纯洁，始终坚守知识分子的良知与操守。要努力做到：研究问题多些严谨深刻，少些浮躁浅薄；对待工作多些认真扎实，少些敷衍凑合；相互之间多些尊重真诚，少些虚情妒意。要真正关心国家命运，真诚维护人民利益，聚精会神发展哲学社会科学事业，让优良学风普遍化，学问成果有用化，清正人格行为化。

坚持有效预防，要对违法、违纪、违规问题加以分层，进行系统的层次性防治，从防范违规问题做起。全院各单位要力争不出现违法违纪案件，努力消除违规现象。推进创新工程，要对违规问题实行源头深度治理，认真查找科研、人事、财务、外事、报刊、网络、基建中的违规风险点，采取贴近实际的管用办法，进行精确预防，不给违规行为预留空间。要运用多种手段，全面推进党务公开和院务公开，深化民主监督和纪检监察机关的监督。创新单位和创新岗位应把"零违规"作为管理目标，构筑防控违规风险的长效机制。

坚持有效预防，要始终以领导干部廉洁自律示范行动为重点，把准则及制度付诸行动。落实中央颁布的《党员领导干部廉洁从政若干准则》，我们突出专家学者、领导干部、管理人员三类主体，推出具有中国社科院特色的"优良学风建设行动""领导干部廉洁自律示范行动""决策管理规范行动"。领导干部要带头执行《准则》，率先示范"三项预防行动"，自觉遵守科研管理、资源配置、人事管理等规定，在社会交往、休闲娱乐、生活作风等方面发挥廉洁示范作用。同时，完善贴近各单位专家学者和各部门管理干部实际的岗位行为规范，通过强化制度执行力、开展民主监督评议、选树优秀典型，将"三项预防行动"固化为干部学者的行为习惯，形成具有中国社科院特色的廉洁文化氛围。

（二）担当政治责任，靠自觉行为营造良好的学术环境

由于坚持不懈地推进政治纪律建设，社科院院内管理的各方面已保持6年政治违纪"零发案"，但个别人在境外院外政治违法违纪或失当行为时有发生。这些问题虽然发生在个别人身上，但有损于中国社科院的声誉。全院干部学者须以高度的行为自觉担当政治责任，努力营造繁荣发展哲学社会科学的良好环境。

靠坚定正确的政治信仰自觉维护政治纪律。学者干部政治信仰正确而坚定，就可以从一般遵守政治纪律达到自觉维护政治纪律的高度。中国共产党坚持和发展马克思主义科学理论，开辟了中国特色社会主义道路。然而，在中国特色社会主义事业的前行路上，也面临着诸多重大课题和风险困难，改革发展的任务十分艰巨。处在大变革大调整中的当今世界，各种思潮的交流交融交锋更加频繁。中国社科院作为意识形态重地和国家重要智库，面对各种纷繁复杂的社会思潮及其政治主张，学者干部要保持敏锐的鉴别力和明确的方向感，始终坚守正确的政治信仰，坚持党的基本纲领和基本路线，坚决制止任何违反政治纪律的行为，以加快社会主义现代化进程、实现中华民族伟大复兴为己任，真正把中国社科院建设成为马克思主义坚强阵地。

自觉担当促进发展、改革和建设的政治责任。面对经济社会文化协调发展的强烈呼唤，面对广大人民群众的权利意志和利益诉求，中国社科院专家学者须以人民幸福与国家强盛为最大政治追求，本着高度的政治文化自觉，深入丰富而复杂的社会实际，进行冷静客观的观察分析，深刻把握战略性、前瞻性和全局性问题，主动担当促进发展、改革和建设的政治责任，为化解包括腐败在内的各种风险、保持经济稳定发展、建构社会文明秩序、建树有价值的思想理论，拿出真正管用的对策建议。

对行使学术话语权进行严格的政治自律。基于中国社科院的社会地位和学术影响力，社科院发布的学术成果和专家学者的学术观点，往往引起社会舆论的关注，很大程度上影响着社会公众的认知和行为。所以，需要审慎把握公开传播与内部表达的关系，既要积极行使话语权，又要稳妥行使话语权，更要防止滥用话语权。要以马克思主义的立场观点方法理性阐发政治观点，以科学严谨的态度正确引导社会舆论，避免因言行不慎误导公众情绪、激化社会矛盾。

（三）强化动力机制，为创新工程提供可靠保障

实施哲学社会科学创新工程，是繁荣哲学社会科学、发展中国社科院的重大战略机遇。根据党的十七届六中全会关于哲学社会科学创新工程的部署和中央领导同志对社科院创新工程进展情况的批示精神，全院须同心同德深入推进创新工程，着力凝聚创新目标，设计有分量的创新任务和项目，完善创新管理制度，多做奠基铺路的工作，为中国社科院的新发展赢得宝贵时间和有利条件，不辜负党和国家对中国社科院的殷切期望。

创新务必惟实。哲学社会科学的创新，要不惟书，不惟上，不惟外，只惟实。创新工程的试点推进与广泛参与，都须讲科学态度，有价值追求，重解决问题，着力释放科研生产力，有利于实现中央对社科院"三个定位"的要求。专家学者应对学术思想、学术质量、学风建设进行必要的反思检审，以足够的责任、胆识和智慧，对学术观点、学科体系、研究方法进行大胆而务实的创新。管理干部应对管理绩效进行认真的自省评估，通过对管理思维、管理机制与管理方法的创新，切实健全科研评价体系，强化人才竞争机制，优化经费资源配置，为优秀人才和优秀成果的产出提供优质、高效、便捷的服务。

创新须与规范同行。创新工程实践的每一步推进，都应注重制度设计与实施的规范性。管理不规范，做事缺规矩，创新工程就形不成健康有序的条件和氛围。在试点阶段，全院进入创新岗位的比例虽不占多数，但在创新目标的引导和创新机制的激发下，广大学者干部实际上已成为创新工程直接或间接的参与者。各单位既要认真考虑激励创新的思路，协调好各种利益关系，又要按照公平、公正、公开的原则，把创新与规范的要求体现在科研评价、资源配置、人事管理中。要加强对学科建设、研究室建设、实验室及数据库建设、课题项目、期刊出版、岗位竞聘、经费管理等综合监督检查，着力完善考核评价体系，并及时公开和运用检查考核结果。

创新要用好激励和约束杠杆。落实责任制是有效的管理机制，激励和压力是有效的动力杠杆，有利于全面提升科研水平和管理能力。近年来，社科院已将党风廉政建设责任制融入科研和管理流程，把维护各项纪律、加强优良学风建设作为述职述纪的"规定动作"，处室以上干部普遍接受民主评议。在深入推进创新工程和落实党风廉政建设责任制新的实践中，既从实际出发积极创新科学的管理办法，又嵌入合规管理责任考核指标，认真抓好落实，及时兑现奖惩。要通过管理创新，强化激励和约束动力机制，在全院营造争相创新、和谐有序的良好环境。

二 中国社会科学院2012年度工作会议文件

中国社会科学院 2011 年工作总结

2011 年，中国社会科学院认真贯彻落实党的十七大和十七届四中、五中、六中全会精神，按照中央对中国社会科学院"三个定位"要求，围绕中心，服务大局，锐意进取，开拓创新，继续实施科研强院、人才强院、管理强院战略，深化管理体制机制改革，启动哲学社会科学创新工程，努力推进哲学社会科学创新体系建设，全院各项工作都取得了新成绩。

（一）学习贯彻中央精神，重视理论学习和理论创新，建设马克思主义坚强阵地

第一，统一全院思想和行动，自觉与党中央保持高度一致。组织全院干部职工深入学习贯彻党的十七大和十七届四中、五中、六中全会精神，学习贯彻胡锦涛总书记在庆祝中国共产党成立 90 周年大会上的讲话精神，用中央精神统一全院同志思想。院党组成员分片包所到院属单位开展集中宣讲，通过召开专题研讨会、学术交流会、集中培训等方式，深入学习领会十七届六中全会精神。在抓好全院自身学习的同时，按要求制定并向中宣部上报《社科理论界学习贯彻党的十七届六中全会精神计划》。高度重视意识形态工作，认真贯彻落实《关于当前意识形态领域情况和做好下一步工作的意见》，认真研究和积极应对意识形态领域的重大问题，坚持正确的政治方向和学术导向，引导全院干部职工自觉抵制错误思潮影响，增强政治敏锐性和政治鉴别力。办好院属论坛、报纸、刊物、出版社、网站等理论、学术和舆论阵地，为维护国家意识形态安全作出贡献。

第二，加强思想政治建设，抓好理论武装工作。以所局领导班子和科研骨干为重点，组织党员干部深入学习马列主义、毛泽东思想、邓小平理论、"三个代表"重要思想和科学发展观，提高运用马克思主义指导哲学社会科学研究和各项工作的能力。举办所局主要领导干部马克思主义经典著作读书班，集中研读马克思主义经典作家、党和国家领导人的著作和文献。完善理论武装工作格局，开展"所局级领导干部学习报告会""机关干部学习报告会""青年学习马克思主义基础知识系列讲座"等学习品牌活动，围绕当前思想理论界和意识形态领域热点

问题举办专题报告会，增强理论武装工作的针对性、实效性。

第三，做好党的理论和大政方针阐释和宣传工作。发挥优势，加强对党的十七大及五中、六中全会精神的宣传和研究。院党组成员带头撰写理论文章，在《人民日报》《光明日报》《求是》等重要报刊发表，形成学习贯彻中央全会精神的良好氛围。中国特色社会主义理论体系研究中心组织有关研究人员，在中央级报刊上发表 15 篇理论文章，受到有关部门的肯定。党组成员参与中央组织的六中全会精神宣讲团和其他理论宣讲活动，应邀到中央有关部门、地方、军队、高校作学习辅导报告，受到普遍好评。多位专家学者为中央政治局集体学习服务，参与党和国家重要文件和法律起草。一些专家学者接受境内外媒体采访，就重大理论问题和社会热点问题释疑解惑。

第四，推进马克思主义理论研究和学科建设。认真完成中国社会科学院承担的中央马克思主义理论研究和建设工程各项任务。继续落实《中国社会科学院马克思主义理论学科建设与理论研究实施方案（2009～2014）》和 2011 年工作计划。加强 19 个马克思主义理论类别研究室建设，充实队伍，提高水平。抓好 28 项马克思主义经典作家专题摘编和基础理论专题研究的结项出版工作。全院 34 家刊物设立了马克思主义理论研究专栏，刊发马克思主义理论文章。出版《中国社会科学院马克思主义研究文集（2010）》"马克思主义经济学研究文丛""马克思主义基本原理研究文丛""马克思主义文艺理论研究文丛"等一批研究成果。

（二）启动创新工程试点，为建设哲学社会科学创新体系打开局面

按照中央要求和部署，在充分准备的基础上启动哲学社会科学创新工程。

第一，自觉抓住战略机遇，精心做好顶层设计。党组以高度的责任意识和机遇意识，把实施创新工程摆上重要议事日程，调查研究，集思广益，连续召开了 30 余次党组会和院长办公会，专题研究实施创新工程的方案和具体办法，精心进行顶层设计，抓紧推进。拟定《中国社会科学院哲学社会科学创新工程实施意见》，集中力量研究制定并出台多项管理制度及实施细则，使创新工程在起步之初就走上科学化、制度化的轨道。

第二，广泛深入动员，统一思想认识。党组把统一思想、提高认识作为实施创新工程的重要前提，召开了几十次创新工程动员会、专题会、答疑会和检查会，有针对性地解决思想认识问题。集中抓了三次全院思想大发动，围绕为什么搞创新工程、什么是创新工程、怎样搞创新工程三个基本问题，展开深入讨论，把思想发动工作引向深入，提高了全院人员参与创新工程的自觉性和积极性。

第三，深化体制机制改革，着力推进制度创新。创新工程的关键是体制机制和制度的改革创新。陈奎元同志多次主持召开党组创新工程专题会议，专门研究制度创新和科研组织创新问题，亲自提议组建若干战略研究院。全院制定了体现制度创新要义的 8 项基本制度及其实施细则等 31 个配套文件，重点推进四个方面改革：一是建立竞争流动的创新岗位，努力形成能上

能下、能进能出的人员激励竞争机制，激活人才的培养与使用。二是分类建立科研评价体系，努力构建有利于多出精品成果的研究机制，激励多出经得起实践和历史检验的科研成果。三是科学配置经费资源，努力建立具有激励与约束双重功能的经费资源分配制度，提高经费投入和绩效支出效益。四是深化后勤服务社会化改革，努力建立有效的行政后勤保障体系。

第四，坚持试点先行，力争重点突破。坚持"试点先行，稳步推进"的原则，遴选 8 个首批试点单位，启动创新工程试点工作。（1）以马克思主义理论研究与建设工程、马克思主义哲学学科和世界社会主义中心为重点，全面加强马克思主义坚强阵地建设。（2）组建信息情报研究院、财经战略研究院、亚太与全球战略研究院、社会发展战略研究院等新型科研机构，努力加强服务党和国家大局的思想库建设。（3）以调查与数据信息中心建设为抓手，加强哲学社会科学数据库和实验室建设，打造"数字社科院"。（4）办好以《中国社会科学报》、中国社会科学网、《中国社会科学》杂志为龙头的报刊出版网站，加强社会主义主流意识形态传播平台建设。（5）以考古所、民族文学所、语言所为试点，推进具有传统优势的人文基础学科创新，加强中国哲学社会科学的学术殿堂建设。（6）推出"学部委员推展计划""长城学者资助计划""研究生院建设与人才培养计划"等人才创新项目，建设中国哲学社会科学高端人才基地。（7）举办"中国社会科学论坛"和资助外文学术期刊，打造中国特色哲学社会科学"走出去"战略基地。（8）启动创新工程学术成果出版资助计划，投入 2000 万元，资助 89 项学术出版和翻译项目。

党组始终把强化管理和监督贯穿于创新工程试点的全过程，健全领导体制和工作机制，完善管理制度，强化监督检查，加强行政后勤保障系统建设，有力保证了创新工程的顺利实施。同时，积极与中央和国家有关部门沟通协调，赢得对全院创新工程的大力支持。在全院同志的共同努力下，中国社会科学院创新工程试点工作进展顺利，实现了良好开局。

（三）研究重大理论和现实问题，党和国家思想库、智囊团作用得到较好发挥

第一，深入研究重大理论和现实问题。围绕贯彻中央精神，着力研究国家改革发展和我国国际战略中的全局性、宏观性、战略性、综合性重大问题，为党和国家提供战略咨询和对策建议。立项"马克思主义哲学中国化研究""和谐社会构建中的社会矛盾及其风险研究""宏观分配格局的宏观和微观视角""'十二五'期间扩大消费若干重大问题及政策研究""构建社会主义和谐社会的基本社会跟踪调查""当前思想政治教育重大问题研究"等一批院重大重点课题，推出一批高质量对策研究成果。举办"纪念中国共产党成立 90 周年理论研讨会"等一系列重大学术活动，活跃了理论研究和学术氛围。

第二，认真完成中央和国家有关部门交办的委托课题。充分发挥中国社会科学院学术和研究优势，认真落实党中央、国务院及相关部委交办委托的研究任务，立项 40 余项交办课题。围绕中央领导同志交办的社会主义民主政治建设、社会主义初级阶段基本经济制度、住房问

题、收入分配等课题开展重点研究，推出《深化马克思主义民主观的新认识、新观点》《寻找中国社会主义初级阶段所有制的最适度结构》《关于深化中国城镇住房制度综合配套改革的建议》《公租房融资：关键是建立"短贷长还"的机制》《对我国公司在利比亚业务损失和财产保全的看法及建议》等一批成果，受到中央有关部门的高度重视和充分肯定。

第三，加强信息报送工作，服务党和国家重大决策。整合资源，成立专门信息研究报送机构，汇集分析、编辑报送国际国内重要思想理论动态、重要战略资讯、重大动向事件及热点焦点问题，为党中央国务院重大决策服务。通过《要报》等渠道向中央及有关部门报送研究成果 1000 余篇，其中《加强食品安全信息公开，整合食品安全监管资源》《关于渐进式推进个人所得税"综合与分类相结合"改革的建议》等报告得到中央领导同志重要批示，多篇报告被中央和国家有关部门采用。

（四）实施科研强院战略，科研水平和成果质量不断提高

第一，加强学科建设，不断探索和完善学科体系。深入开展学科现状调研，制定学科设立的原则与基本标准，为全院学科布局调整和学科体系创新创造条件。加强学科建设和研究室建设的基础性工作，启动编撰《学科年度新进展综述》和《学科前沿研究报告》。继续扶持基础学科，加强重点学科、特殊学科，挽救濒危学科，支持新兴学科，促进社会科学与自然科学交叉融合发展。国家重大委托项目"梵文研究及人才队伍建设"进展顺利。

第二，加强科研工作，推出一批重要研究成果。围绕哲学社会科学研究领域的重大、前沿问题，设立院重大课题、重点课题 64 项。做好国家社科基金年度项目申报工作，全院获得国家社科基金课题 65 项，重大招标课题 3 项，特别委托课题 7 项，后期资助课题 9 项。入选"国家哲学社会科学成果文库"成果 11 项。做好国家社科基金重大特别委托项目的管理工作。全院共出版专著 369 部，发表学术论文 4251 篇，研究报告 1399 篇，译著 94 部。

第三，加强学部建设，充分发挥学部作用。学部积极组织重大理论和现实问题研究，广泛开展多层次、多形式的学术交流。增选 10 名学部委员，增补 38 名荣誉学部委员，完成学部主席团换届。充分发挥学部委员和荣誉学部委员在全院科研工作中的学术咨询和评审作用。制定学部委员宣传计划，积极宣传推介学部委员，编辑出版学部委员文集。

第四，加强国情调研项目管理，切实提高国情调研成果质量。与"走转改"活动相结合，加强国情调研管理力度，切实提高成果质量。增设国情调研重大（推荐）项目，提高研究所国情调研项目的立项质量。改进国情调研经费管理，扩大研究所自主权，激发研究所积极性。围绕推动科学发展、促进社会和谐，设立一批重要调研项目，确保国情调研项目正确的政治方向和学术导向。加强国情调研项目管理和成果管理，提高项目结项率。加强调研基地建设，为调研项目深入开展服务。

第五，精心组织重大学术活动，努力扩大学术影响力。围绕重大理论和现实问题及学术前

沿问题，组织重大学术活动。承办"纪念辛亥革命 100 周年国际学术研讨会"。研究所、学术社团和非实体研究中心围绕相关学科的重大理论和社会热点问题开展学术研讨，繁荣学术研究。马克思主义研究学部与当代中国研究所等单位联合召开"学习胡锦涛总书记'七一'重要讲话精神学术研讨会"，文哲学部举办"文化体制改革与社会主义文化大发展大繁荣"学术报告会等，都产生了很好的影响。

第六，加强学术社团和非实体研究中心管理。加强学术社团管理，对 2010 年清理整顿中发现的问题进行整改。开展学术社团评估，受到民政部好评。对非实体研究中心实行"控制总量，严格审批"，对不规范的非实体研究中心进行调查并作出相应处理。建立健全非实体研究中心的运行机制，试行对非实体研究中心的评估与创新项目的评审挂钩。

第七，做好国史编纂研究和地方志工作。当代中国研究所正式纳入中国社会科学院管理。完成《中华人民共和国史编年》1956～1959 年 4 卷的编纂出版，启动《国史编年》1960～1963 年 4 卷编纂工作，举办"第十一届国史学术年会""第五届陈云与当代中国学术研讨会"和"纪念建党 90 周年暨第二个'历史决议'通过 30 周年学术座谈会"等学术活动，编制《中华人民共和国史学科创新体系建设实施方案》。全面推进全国第二轮修志工作，积极开展《汶川特大地震抗震救灾志》编纂，启动《地方综合年鉴质量规定（试行）》的制定。

（五）推进人才强院战略，队伍建设取得新成效

第一，推进高层次人才队伍建设。研究制定《中国社会科学院中长期人才发展规划纲要（2011～2020 年）》。研究制定文化名家工程哲学社会科学组入选条件，推动文化名家工程的组织实施。组织编写《"千人计划"工作手册》，积极服务于中央实施的"千人计划"，建立健全海外高层次人才引进工作体制机制。以高层次专家的推荐、选拔为重点，向国家推荐多名具有代表性、典型性的优秀专家。开展青年拔尖人才支持计划申报工作，为青年英才脱颖而出搭建平台。通过推荐和遴选高层次专家，不断推进全院高层次人才队伍建设，提高中国社会科学院专家学者的影响力和竞争力。

第二，加强领导干部队伍建设。加强领导班子和领导干部队伍建设，调整一批所局领导干部。加强后备干部队伍建设，适时补充调整所局后备干部。加强对领导干部的管理和监督，充分发挥考核评价的导向作用和监督作用，从制度上保证领导干部严格按照党的要求办事。继续开展所局级领导班子和领导干部考核测评及干部选拔任用"一报告两评议"工作。开展领导干部报告个人有关事项工作。对五、六级管理岗位领导人员实行竞聘上岗。支持西部人才队伍建设，做好全院各类挂职干部的选派工作及接收西部挂职干部工作。

第三，完善专业技术职务评聘制度。做好专业技术资格评审委员会换届工作，产生新一届所级副高级评审委员会。做好 2011 年度职称评审工作，推动职称评审工作的科学化、规范化、制度化建设。完成首次专业技术人员分级，兑现分级工资。开展机构编制清理规范工作。按照

学者之家、学科摇篮、学术阵地的要求，加强研究室建设，加大投入力度，举办研究室主任培训班。规范研究室主任备案和研究室机构设置工作。

第四，做好干部培训工作。组织 134 人次参加中央各类院校的培训。全院举办培训班 25 个，参训人员 2100 余人次。加强管理干部队伍建设，继续支持研究生院认真做好公共管理硕士专业学位研究生（MPA）的培养工作。完善管理人才培养制度，制定《中国社会科学院优秀青年管理干部出国（境）进修实施方案》。实施专业技术人才知识更新工程，举办旅游与文化产业、社会工作与创新社会管理两个高级研修班，培训全国相关高级专业技术人员 120 人。

第五，改进和加强人才引进工作。改革人员进入、退出机制，开展人员退出机制专题调研。出台《人才引进办法（试行）》，规范引进编制内人员主要方式。拓展高层次人才海外培养渠道，继续开展国际区域问题研究项目，选拔一批科研骨干去国外高层次研究机构学习研修。

第六，研究生院发展迈上新台阶。顺利完成研究生院校园整体搬迁工作，显著改善办学条件。适度扩大招生规模，硕士、博士研究生录取数量创历史新高。以提高培养质量为中心，认真做好研究生培养教育工作。继续加强课程教学大纲建设，严格开展教学评估工作。加强重点教材建设，已出版重点教材 43 部。专业硕士学位教育取得新突破。与商务部合办第三期"非洲国家减贫与可持续发展官员研修班"和首期"非洲经济与社会发展研究学者研修班"，产生广泛国际影响。

第七，推进博士后管理及创新工作。与全国博管会筹备出版"中国社会科学博士后文库"。扩大博士后流动站覆盖面，增设 3 个流动站。推进"项目博士后"改革，修订完善研究所博士后管理规定。通过博士后渠道引进高层次人才。在社会学、经济学等领域举办全国性系列博士后论坛，加强博士后学术交流。

（六）拓展对外学术交流与合作，学术影响力和国际话语权有所增强

第一，发挥文化和学术优势，为国家外交外宣大局服务。充分发挥文化及学术优势，积极配合国家高访和各部委组织的高级别外交、外宣活动。中国社会科学院一批专家学者出色完成国家交办的重要任务，在 G20 峰会、德班气候大会等重要外交活动中发挥积极作用。接待一批外国政要和知名学者来中国社会科学院访问和讲演。通过共同开展学术研究、举办国际研讨会等多种形式，加深与周边国家学术机构的合作。中国社会科学院一些著名学者作为国家重要学术活动的领军人物，率领国家级学术代表团，活跃在国际学术交流舞台上，充分发挥学术外交作用。

第二，拓宽渠道，深化合作，增强国际学术影响力。积极探索与国外重要智库和重要学术机构的交流途径，增强中国社会科学院在国际上的话语权和影响力。院领导出访土耳其、以色列、希腊、芬兰、乌克兰、俄罗斯等国，与国外研究机构探讨加强合作问题。主办"首届中乌

智库对话""中国社会发展中的智库建设"等学术会议，以多种途径拓宽与国外研究机构的学术交流。与亚洲地区学术机构新签和续签了13个交流合作协议和备忘录。组织地方社科院学者参与国际学术交流活动，促进地方社科院与国外研究机构的交流。

第三，围绕学科建设和课题研究，开展国际学术交流活动。围绕国家和院所级重点研究项目，精心组织开展国际学术交流。发挥学科综合优势，成功举办28个中国社会科学论坛，围绕人文社会科学的理论方法、重大实践问题进行深入研讨。召开一系列双边学术研讨会，服务学科建设和课题研究。搭建高端平台，积极开展国际合作研究项目。与欧盟六国（13个研究机构）开展的大型合作研究项目进展顺利，成果得到国外合作机构的肯定和好评。

（七）加强报刊出版馆网库"名优"创建，理论学术传播能力较大增强

召开第三次报刊出版馆网库名优创建经验交流会，加强管理，提高质量，大力推进报刊出版馆网库名优建设，努力建设中国特色哲学社会科学理论学术传播阵地。

"名报"建设取得新成绩。《中国社会科学报》初步建立起覆盖全国各主要城市的记者站网络，扩大发行量，增强时效性，已经逐步成长为一份具有重要影响的全国性理论学术大报。

"名刊"工程顺利推进。继续投入1300余万元加强学术名刊建设。开展第四届学术期刊编辑业务培训，提高学术期刊编辑人员的职业道德和业务素质。院属学术期刊以引领学术发展为己任，刊发了大量优秀学术成果，提升了学术地位。《中国社会科学》在各种期刊排名中持续名列第一。

"名社"建设稳步进行。严格出版纪律，把握正确方向，坚持守土有责，始终把学术出版的社会效益放在首位。加强院属出版社学术出版品牌建设，强化出版管理。整合学术出版资源和选题，加大优秀成果出版资助力度。重视优秀科研成果的出版宣传，扩大学术成果的影响力。在第二届中国出版政府奖评选活动中，院属出版社获得较好成绩。

"名馆"建设取得新成效。增强服务意识，提高图书馆服务水平。加强信息资源建设工作，坚持纸本资源与电子资源建设协调发展。加大对电子资源投入力度，扩大电子资源建设所占比重。图书资料信息化建设工作继续取得进展。完成电子阅览室改造。启动自动化系统更新项目。

"名网"建设成效显著。中国社会科学网水平不断提升，社会影响日益扩大，学术特色正在显现，呈现出良好发展态势和广阔发展前景。加强网络信息安全，启动信息系统等级保护试点工作，进一步健全信息网络安全监管机制。举办第九届两岸三院信息技术与应用交流研讨会。

"名库"建设取得重要突破。调查与数据信息中心正式揭牌。积极稳妥推进实验室建设，建立研究所实验室（数据库）的体系架构和运作模式。推动院调查平台建设，各种调查项目顺利开展。从院内外两方面入手，稳步推进社科期刊资源整合。制定全院数据标准体系，推动

各学科数据的标准化建设。启动"中国社科智讯",数字化社科院的基本框架初步形成。

(八) 落实管理强院战略,基本完成管理体制机制改革任务

第一,深化科研管理体制机制改革。开展学科调研,改革和完善课题制,开展各类课题专项清理工作,强化在研课题管理。规范课题经费使用,细化预算项目。加强对创新工程项目和院级课题立项的指导。统筹安排优秀科研成果、大型出版项目、"走出去"项目的资助出版,加大优秀学术研究成果的后期资助力度。

第二,深化人事人才管理体制机制改革。完善领导干部选拔任用机制,制定和实施所局级领导干部试用期满考核暂行办法。拓宽选人用人渠道,加大干部竞争性选拔力度,对五、六级管理岗位领导人员实行竞聘上岗。制定出版社领导人员管理暂行办法。开展聘用制改革及岗位设置改革后续工作,完善专业技术人员分级管理制度。在部分单位开展副高级专业技术职务评聘分开试点。完善统一奖励制度,制定先进集体奖励暂行办法。

第三,深化国际合作与交流体制机制改革。加强国际合作与交流管理制度建设,建立健全国际合作研究项目申报、审批程序。探索多样性合作研究方式,改革完善国际合作研究项目资助和管理机制。贯彻落实所局领导出入境管理等相关规定,制定出国(境)审批和请销假工作程序。创新外事经费预算动态管理机制,规范和加强预算支出监督与管理,增强资金使用的计划性和科学性,提高资金使用效益。

第四,深化财务和资产管理体制机制改革。加强财务管理制度建设,保障财务行为规范有序。加强预算执行管理,提高预算执行进度。开展"小金库"检查及规范津补贴检查。开发项目管理软件,实现动态、实时管理。稳步推进结算中心、会计委派和会计代理工作,充分发挥监督检查作用。严格按照有关审批程序和财务规定,规范各种经费的使用与管理。加强对科研办公用房有偿利用和单身职工用房管理,完善相关规章制度。加强国有资产管理,实现国有资产保值增值。开展"坚持做资源节约表率、推进节约型机关建设"主题宣传活动,继续推进节能减排工作。规范人防工程管理。

第五,深化后勤服务管理体制机制改革。物业中心改革取得良好效果,保障能力和服务水平进一步提高。交通服务中心采取经费分项承包管理措施,提高服务质量,节省费用开支。巩固机关食堂、会议服务部、社科文印部、老干部和职工活动中心改革成果,建立健全并不断完善各项管理制度和措施,实现效益的新提高。改革服务中心内部机构,精简人员,明确职能,理顺工作关系。人文公司积极拓展业务领域,企业经营打开新局面。院属公司划转人文公司统一管理,取得较好效益。完成中咨公司股权回收工作。成立院社会科学成果开发中心,探索利用社会资源推动院属公司发展新途径。

第六,深化报刊出版馆网库管理体制机制改革。出台《"学术名刊建设"编辑费的若干规定(试行)》,进一步规范"名刊"经费使用。启动院属9家非时政类期刊转制工作。社科杂

志社启动"大部制"改革,强化采编力量,进一步规范采编流程。巩固院属 5 家出版社改制成果,积极探索组建出版集团。继续落实图书总—分馆制,研究生院分馆挂牌,国际分馆组建工作有序推进。继续完善图书采购总代理制,提高图书采购质量。完成网络中心、中国社科网和数据中心三家机构整合,建立统一领导、统一规划、统一管理、统一经费、统一数据库的体制机制。加快网络运行维护社会化步伐,进一步推动信息化建设经费改革。

(九)改进机关作风,办文办会办事质量与效率继续提升

第一,全面启动"走基层、转作风、改文风"活动。按照中央要求,开展"走基层、转作风、改文风"活动,取得显著成效,得到中央领导同志肯定。迅速开展"走基层"系列调研活动。院党组成员和学部委员围绕"贯彻落实科学发展观、转变经济发展方式"到天津开展学术考察。院属单位结合科研方向、学科实际和队伍建设需要,开展形式多样的调研活动,引导科研人员在总结实践经验基础上进行理论探索和学术研究。进一步加强学风建设,实施"书记所长抓学风"专项管理,引导社科理论工作者自觉坚持群众立场和基层导向,在改进学风和文风上树立新形象。《中国社会科学报》坚持"用脚写新闻","西部纵深行"报道产生良好社会反响。进一步加强机关作风建设,牢固树立为研究所服务、为科研人员服务的意识,切实转变机关作风。继续实施机关作风满意度测评制度,开展文明窗口评选活动。

第二,以常务副院长和秘书长为中心的日常管理体制运行顺利。全年共召开院党组会议16 次、院务会议 7 次、院长办公会议 40 次,研究决定工作事项 293 项,截至 2011 年年底,已办理完成 278 项,完成率为 95%,正在落实的工作多数是跨年度任务。坚持每周一次的改革创新例会和行政后勤工作例会制度,重要工作进展情况实行季度汇报,及时研究、解决改革工作和行政后勤建设中的问题。全年共召开 48 次改革创新例会,推动完成 197 项改革任务;召开47 次行政后勤工作例会,督促落实 135 项工作。

第三,日常行政管理工作得到加强。办公厅枢纽职能得到强化,督办工作有效加强,执行力不断提高。加强督办制度建设,在行政管理和机关工作中进一步增强执行力,强化责任意识。各单位办文办事办会的效率和质量有较大提高。积极推进办公室工作自动化,院机关及部分研究所实现文件收发、流转、批处和落实情况的数字化管理。继续改进重要工作信息的上传下达机制,邮件群发系统、视频会议系统在及时传达重要工作信息、规范传送方式和内容、落实院务公开制度等方面发挥了很好的作用。完善领导干部因公出国(境)管理,严格执行所局级领导干部请销假制度和参会制度,机关工作人员指纹考勤管理取得明显成效。机要档案、安全保卫、对外联络、新闻宣传、信访维稳、计划生育、年鉴和院史编纂等工作取得新进展。扶贫工作取得新成绩,农村发展研究所被评为全国扶贫开发先进集体,中国社会科学院被陕西省委省政府评为"中央赴陕定点扶贫先进单位"。

（十）重视行政后勤保障体系建设，科研办公生活条件明显改善

第一，重大基建工程项目总体进展顺利。科研与学术交流大楼启动项目用地拆迁工作，已完成项目拆迁总量的70%，在东城区同期项目中排名第一。东坝职工住宅项目征地工作取得阶段性成果，正在积极申办项目建设立项。院档案馆与科研辅助用房完成前期立项工作。

第二，科研、办公和生活条件继续改善。西安文物标本楼翻改建项目主体工程竣工。研究生院气膜体育馆落成并投入使用。良乡单身宿舍一期工程竣工并交付使用。国际片文物保护性修缮工程开工。完成研究生院二期建设方案规划设计。完成院部立体车库建设、院部道路改造、东西两门改造、自行车棚建设、院部餐厅改造工程等一批基建和修缮项目。加大办公用房调整力度，有效缓解部分单位办公用房紧张局面。

第三，想方设法解决职工切身利益问题。关心群众生活，全院职工收入水平有所提高。通过两限房、经适房等多种渠道，为一批职工解决住房问题。巩固职工子女入学工作成果，协助106位职工子女落实就学问题。制定《职工子女入学推荐工作办法》，推动解决职工子女入学问题制度化、常态化。

（十一）抓好党的建设和反腐倡廉建设，思想政治工作和离退休干部工作迈上新台阶

第一，精心组织中国共产党成立90周年纪念活动。及时传达、学习胡锦涛总书记"七一"讲话精神，举办庆祝建党90周年大会。开展庆祝建党90周年主题党日活动，进一步提高党支部自主活动能力和党员党性修养。开展党史学习教育活动，加深党员干部对党的历史、党的知识和党的路线方针政策的认识。组织开展先进基层党组织、优秀党员、优秀党务工作者和第六届优秀青年评选表彰活动。开展丰富多彩的群众性文体活动，举办庆祝建党90周年歌咏比赛和职工书画展。

第二，深入推进学习型党组织建设。制定《关于进一步加强和改进研究所党委中心组学习的意见》，健全中心组学习组织、学习考勤、学习交流、学习通报和学习考核等各项制度。充分发挥院党校干部教育培训主渠道作用，顺利完成党校搬迁工作，教学条件大幅改善，办学工作再上新台阶。党校举办两期干部进修班，培训处室干部59人。

第三，扎实开展创先争优活动，做好抓基层、打基础工作。把创先争优活动作为全院党的建设的经常性工作，开展向先进典型学习活动，在全院营造学先进、赶先进、创先进的良好风尚。继续推进研究所党委领导班子建设，选优配强党委班子，24个研究所（直属单位）完成党委、纪委换届。以"坚持以人为本执政为民理念、发扬密切联系群众优良作风"为主题，召开院属单位党员领导干部民主生活会，提高民主生活会质量。继续推进以研究室为单位组建党支部工作。强化党支部书记"一岗双责"的意识和能力。多渠道保障基层党建工作经费。

做好在科研骨干中发展党员工作，党员发展数量和结构优于历年水平。深入开展创先争优理论研讨，完成中央创先争优活动领导小组办公室、中组部、全国党建研究会交办委托课题。

第四，深入开展反腐倡廉建设。继续深化惩治和预防腐败体系"六项工作格局"，扎实推动预防腐败"三大行动"。坚持把维护政治纪律贯穿于科研、行政、党务、涉密等各项管理工作中，为落实中央"三个定位"要求提供政治保障。持续开展领导干部廉洁自律示范行动，督查《廉政准则》执行情况。实行对拟提拔干部的廉政考察，对新任所局级领导干部进行集体廉政谈话，坚持实行廉政承诺和廉政测试。以防止选人用人、资源配置、经费使用等关键岗位和环节产生廉政风险为重点，加大制度创新力度，形成一系列按制度办事、用制度管人并具有监督制约效力的创新工程制度群。进一步强化综合监督工作，同步跟进创新工程试点单位和试点任务执行力及规范运作效能的监督检查，确保试点工作顺利进行。扎实开展"小金库"、公务用车专项治理和清理规范庆典、研讨会、论坛活动。稳妥做好信访及案件核查工作。有效组织廉政课题研究，中国廉政研究中心共完成交办研究任务7项，出版第一部"反腐倡廉蓝皮书"。

第五，加强和改进统战群众工作，充分发挥工青妇组织联系和服务群众作用。充分发挥统战优势，认真做好民主党派和无党派人士工作。继续做好侨务工作。向中央统战部等部门举荐统战人才。大力加强工会建设，召开院工会第五次会员代表大会，全院37个基层工会完成换届选举。以"送温暖"和干部职工疗休养活动为平台，落实工会维权职能。继续做好青年工作，开展以"根在基层、情系民生"为主题的"百村调研"实践活动。加强基层团组织建设，深入开展"树典型、学榜样、赶先进"主题活动，成立"中央国家机关青年工作研究中心"，开展"青年干部基层锻炼情况"专题调研。积极推进妇女工作，在全院妇女组织中深入开展党群共建、创先争优活动，积极为女职工办实事、办好事。院妇女/性别研究中心工作取得新进展。

第六，继续做好离退休干部工作。以提高老同志工作满意度、保持离退休干部队伍稳定为工作主题，紧密结合全院实际和离退休干部特点，不断提高服务质量和工作水平。抓好学习型党组织建设和创先争优活动，确保离退休干部队伍稳定。开展走访慰问工作，切实落实生活待遇，让老同志安享晚年。做好老年科研基金资助项目评审工作。开展满足老同志需求、符合老同志特点的各项活动，使离退休人员老有所乐。成功举办全院第23届老年运动会。

中国社会科学院 2012 年工作要点

2012 年工作的指导思想是：以马克思列宁主义、毛泽东思想、邓小平理论和"三个代表"重要思想为指导，全面落实科学发展观，认真贯彻中央精神，按照"三个定位"要求，坚持"三大强院战略"，实施哲学社会科学创新工程，加快建设具有中国特色、中国风格、中国气派的哲学社会科学，以优异成绩迎接党的十八大召开。

（一）确保正确的政治方向和学术导向

1. 加强理论武装工作

（1）组织全院人员认真学习马克思主义基本原理、中国特色社会主义理论体系，系统掌握马克思主义。举办所局主要领导干部马克思主义经典著作读书班、青年骨干马克思主义经典著作读书班，举办系列报告会、讲座、理论培训班，抓好面向全院青年的马克思主义理论培训。

（2）颁布执行《关于进一步加强和改进研究所党委中心组学习的意见》，抓好各级中心组理论学习。

（3）组织十七届六中全会精神和十八大精神的学习贯彻和研究宣传。

（4）组织学习《论文化建设——重要论述摘编》，系统掌握我们党关于文化建设的重要思想和基本精神。

（5）注重理论学习实效，抓好检查落实。

2. 加强意识形态工作

（1）坚决维护党的政治纪律，与党中央保持高度一致，将政治纪律的要求贯穿到创新工程、职称评审、学术评奖、年度考核等各项工作中。

（2）准确把握意识形态工作面临的新形势，充分认识哲学社会科学在社会主义主流意识形态建设中的地位和作用，牢记"守土"职责，不断增强全院同志的政治敏锐性和政治鉴别力，自觉维护国家意识形态安全。

（3）坚决反对思想理论领域一切杂音、噪音，自觉抵制各种错误思潮的影响和冲击，提高运用马克思主义引领多样化社会思潮的能力。

（二）加强马克思主义理论学科建设和理论研究

1. 落实好加强马克思主义理论学科建设与理论研究实施方案和年度工作计划

（1）完成中国社会科学院承担的中央马克思主义理论研究和建设工程各项任务。

（2）投入 500 万元，落实《加强马克思主义理论学科建设与理论研究实施方案（2009～2014）》和 2012 年工作计划。巩固发展马克思主义理论学科，加强二、三级理论学科建设。支持开设相关学科马克思主义论坛，加强马克思主义理论类别研究室建设，组织撰写马克思主义理论学科前沿报告。出版马克思主义专题文丛和文集，出版多卷本"马克思主义理论学科建设与理论研究系列丛书"。

（3）完成中央交办的理论宣传文章撰写任务。

（4）充分发挥院属报纸、期刊、出版社、图书馆、网站、数据库、论坛的马克思主义学术阵地和宣传平台作用。

2. 开展马克思主义经典著作和基础理论研究

（1）加强对中国特色社会主义理论体系、中国特色社会主义旗帜、中国特色社会主义发展道路、中国特色社会主义根本政治制度和基本经济制度的研究和阐释，推出一批高水平的理论著述。

（2）加强对国际金融危机、欧洲债务危机和当代资本主义发展趋向的跟踪研究，推出有充分说服力的研究成果。

（3）加强党的执政能力建设、先进性建设、纯洁性建设和反腐倡廉建设研究，推出一批高水平的研究成果，为丰富马克思主义执政党建设理论做出新成绩。

（4）办好马克思主义研究院、中国特色社会主义理论体系研究中心和世界社会主义研究中心。

（三）展开创新工程试点工作

1. 进一步统一思想、提高认识

（1）组织全院人员学习好十七届六中全会《决定》和中央其他文件中关于哲学社会科学的重要论述，学习好近期中央领导同志关于中国社会科学院创新工程的重要批示精神及院党组关于创新工程的文件，学习好 2012 年度工作会议精神，学习好《中国社会科学院哲学社会科学创新工程文件汇编（一）》，掌握文件要义，明确中央和党组部署，坚决贯彻执行。

（2）做深做细思想发动工作，进一步统一思想、提高认识，把全院同志的思想切实统一到十七届六中全会《决定》和中央领导同志重要批示精神上来，统一到党组部署上来。

2. 积极推进试点工作

（1）巩固 2011 年首批试点单位成果，完成 2012 年第二批试点和下半年扩大试点工作。做好 2012 年试点单位考核工作。

（2）编制 2013 年第三批试点方案及经费预算方案，完成方案评审。

3. 修改完善已有制度和办法

（1）就调研试点工作中出现的新情况、新问题，召开首批试点单位推进创新工程座谈会，总结工作，交流经验。

（2）完善科研成果评估体系与机制。完善创新工程学术成果出版资助体系和资助办法，完成 4500 万元学术成果出版资助计划。完成"长城学者"资助人选增补工作。

（3）完善创新岗位人均研究经费和特殊项目经费审批制度。

（4）健全创新工程经费预决算制度和经费审计制度，提高预算执行力。严格国内大型学术会议、国际合作、信息化、大型社会调查及数据库建设、办公用房租用、大型设备购置等专项经费的评审和管理，健全具有激励与约束双重功能的资源配置与经费管理制度。严格执行《创新工程购置科研仪器设备等实施细则》，规范采购流程。

4. 制定新的措施和办法

（1）研究制定创新项目、创新单位评价指标和立项评审、中期检查、结项评价管理办法，探索建立完善的科研评价体系和绩效管理措施。深入调研，制定期刊编辑部和实验室创新工程实施方案。制定学部支持参与创新工程的实施意见，学部委员、荣誉学部委员参与创新工程管理办法。制定离退休人员支持和参与创新工程的意见。

（2）试行创新经费年度总额拨付制度，推进创新工程研究经费总额拨付改革试点，扩大研究所经费使用自主权。

（3）制定创新工程数据库、实验室总体建设方案，数据库、实验室、大型社会调查项目审批程序和办法，数据信息后期资助标准与管理办法。

（4）制定创新单位首席管理审批程序和综合考核评价办法，创新单位（研究所）综合考核评价办法。

（5）加强编目、流通管理，在优先保障创新工程使用的前提下，扩大资源共享范围。

5. 办好新建的四个研究院

推进财经战略研究院、亚太与全球战略研究院、社会发展战略研究院、信息情报研究院科研组织体制创新，努力建设成为具有专业优势的跨学科、综合性、创新型研究机构和国内一流、世界知名的高端智库。

6. 加强组织协调和督办检查

（1）做好对申报单位的准入审核以及创新项目的立项、中期、结项考核管理。

（2）加强对创新工程试点单位和各项创新项目的监督检查工作，建立院领导带队深入一线抽查制度。

（3）建立职能部门协调会议制度，加强宏观协调。院职能部门、创新工程综合管理办公室要切实履行好推动、组织、协调、监督的重要职责。

（4）抽调精干人员，充实力量，加强创新工程综合管理办公室建设。

（5）建立工作制度，办好《创新工程简报》，加大对创新工程的督办力度。

（四）推出更好更多科研成果

1. 深入开展重大理论和现实问题研究

（1）深入研究中国特色社会主义经济建设、政治建设、文化建设、社会建设、生态文明建设与党的建设的重大理论和现实问题。

（2）深入研究我国面临的经济安全、金融安全、文化安全、意识形态安全问题，社会普遍关心的收入分配、物价、就业、住房、医疗、社会保障、食品药品安全等涉及群众切身利益的热点难点问题，维护国家主权和领土完整、民族团结、国际关系等方面的重大动态和突出问题。

（3）密切关注国际金融危机、欧洲债务危机现状及其发展趋势、国际局势的走向。

（4）跟踪反馈党和国家重大决策、政策措施的贯彻落实情况，加强分析研究，提出有针对性的对策建议。

2. 高质量完成中央交办委托的重大课题

（1）落实中央关于贯彻十七届六中全会《决定》重要举措分工方案规定的各项任务。

（2）完成中央领导交办的"高举中国特色社会主义伟大旗帜""当前中国经济体制改革面临的形势以及今后改革的目标和重点任务""中国道路""社会主义民主政治建设""社会主义初级阶段基本经济制度""收入分配问题""住房问题"等重大研究项目，取得重要研究成果。完成中纪委交办的"参与联合国反腐败公约履约审议"项目。

3. 推出一批高质量基础理论研究成果

（1）根据《中国社会科学院2012年度科研项目指南》，认真设计并组织开展全年科研工作，加大基础学科和基础研究支持力度。

（2）出版一批重要的学术成果："中国社会科学院文库"90卷、"青年学者文库"5卷、"中国社会科学博士论文文库"10卷、"中国社会科学博士后文库"30卷、"中国社会科学院学者文选"15卷、"国情调研丛书"10卷、"中国哲学社会科学学科发展报告"16卷等。

4. 做好学术会议管理和科研成果宣传推介工作

（1）组织开展重大学术研讨交流，做好学术会议的管理工作。

（2）加大科研成果宣传推介力度。组织好第八届院优秀科研成果奖评选活动。

（3）制定《中国社会科学院成果发布管理办法》，推进全院学术研究、国情调研等成果发布的规范化、制度化。

5. 继续做好国情调研工作

（1）结合开展"走转改"活动，继续做好国情调研各类项目的组织实施工作，使国情调研成为院"走转改"活动的重要渠道。

（2）坚持"当年立项，当年完成"原则，实施结项率与调研经费资助额度挂钩制度，形成良性互动机制。

（3）组织好首届国情调研优秀成果奖评奖工作。

（五）加强学科建设、研究室建设和学部建设

1. 制定方案，探索经验

（1）制定在创新工程中加强研究室和学科建设方案。把创新工程项目研究与研究室、学科建设结合起来，探索在创新工程建设中加强学科体系创新的做法和经验。

（2）检查研究室建设经费执行情况，提出经费调整方案。

2. 以研究室为依托推进学科建设

（1）抓好研究室建设，使研究室成为学科建设的基础、人才成长的摇篮、成果产出的基地。

（2）制定并实施《中国社会科学院学科调整与建设方案》，颁布《中国社会科学院学科分类名录》，制定学科分类标准，合理调整学科布局，努力构建体现国际学术前沿、适合国家经济社会发展需要的哲学社会科学学科体系，形成具有支撑作用的基础学科、人文学科，具有较强优势的重点学科，具有重要现实意义的新兴学科和交叉学科，具有重要文化价值的"绝学"和濒危学科。

（3）组织编撰《学科年度新进展综述》和《学科前沿研究报告》。

3. 加强学部建设

（1）强化学部和学部委员的学术咨询、学术指导和学术评价职能。

（2）完善创新工程评审委员会和相关制度，发挥学部在创新工程中的学术评审、学术咨询作用，支持学部委员、荣誉学部委员积极参与创新工程。

（3）支持学部组织开展重大课题研究、国情调研和对外学术交流与合作，组织学部委员参与"走转改"活动。

（4）出版"学部委员专题论文集"。加大学部委员和学部科研成果宣传力度，不断扩大学术和社会影响。

（5）推进学部工作的制度化、规范化，修订完善学部制度，形成学部工作局定期汇报机制。加强学部工作局自身建设。

（六）培养德才兼备、又红又专的高素质专门人才

1. 落实各类人才计划

（1）认真落实《中国社会科学院中长期人才发展规划纲要（2011～2020）》和《中国社会科学院人才强院战略方案》，推进实施马克思主义理论人才造就计划、马克思主义理论后备人才培养计划、学部委员推展计划、高端人才延揽计划、领军人才扶持计划、长城学者资助计划、基础研究和青年人才资助计划、青年英才提升计划、管理人才培养计划和博士后培养

计划。

（2）试行《中国社会科学院人才引进办法》，研究制定院属单位人才引进方案，组建引进人才专家评审库。完善研究员分级与聘用管理办法。

（3）实施文化名家工程、"四个一批"人才培养计划，完成享受政府特殊津贴人员等高层次人才选拔工作。落实创新工程确定的人才计划。

2. 做好干部选拔任用交流工作

（1）做好所局领导班子调整和干部选拔任用工作。在总结经验基础上，进一步落实五、六级管理岗位领导干部竞聘上岗。试行在全国范围内公开招聘研究所所长。

（2）推进局处级领导干部交流任职工作。

3. 做好干部教育培训工作

（1）制定并实施干部教育培训统一计划，做好各类干部培训工作。

（2）完成中央有关部门组织的干部调训和所局长选学工作。

4. 办好研究生院，加强博士后工作

（1）改革研究生院办学体制机制，完善教学评估体系，不断提高研究生培养质量。

（2）制定并实施博士后工作方案，设立"中国社会科学博士后文库"，举办历史学、社会学等学科的全国性博士后学术论坛。

5. 做好编制清理和人才研究工作

（1）按照中编办要求，在全院开展机构编制清理工作。

（2）成立院人才研究中心，加强人才问题研究。

（七）拓展对外学术交流

1. 组织好重要外事活动

（1）服务国家外交外宣大局，积极参与国家重要对外交流活动，完成中央和国家有关部委交办的重要任务。

（2）组织好各类来访出访项目。

（3）配合国家周边外交战略，进一步加强与周边国家和地区的交流与合作。

2. 加强国际学术交流与合作

（1）加强与重要国际组织和世界高端智库的交流合作，进一步扩大中国社会科学院学术影响力和国际话语权。

（2）坚持"请进来"和"走出去"相结合，拓宽与国外学术机构的交流渠道，稳步推进国际合作研究项目和国际调研工作。

（3）实施周边及发展中国家青年学者培训项目。

（4）拓展与国外科研院校间合作办学，探索与国外高水平大学合作培养研究生新模式。

3. 办好论坛和会议

（1）办好"中国社会科学论坛"，打造国内外知名学术论坛品牌。

（2）办好第六届中国社会科学前沿论坛、第六届历史学前沿论坛、第十二届马克思哲学论坛、第三届全国认知科学研讨会等品牌会议。筹备举办中美历史学论坛、首届全国人文社会科学期刊高峰论坛、首届世界华文学术名刊高层论坛。

（3）办好在俄罗斯和乌克兰举办的中国社会科学院图书展览，筹备举办韩国庆北大学图书展览。

4. 加强国际合作交流经费管理

完善外事经费预算动态管理体系，建立监督评价机制，提高预算的科学性、计划性和执行力。

（八）创建报刊出版馆网库名优品牌

1. 加强名报建设

（1）办好《中国社会科学报》，试办英文版，创新管理体制机制，提高办报质量，增加发行量，扩大影响力。

（2）加强《中国社会科学报》数字化建设，将"中国社会科学报在线"建设成为国内外知名的权威专业门户网站。

（3）办好《中国经营报》和《精品购物指南》。

2. 加强名刊建设

（1）加强以《中国社会科学》为龙头的名刊建设工程。创办《中国社会科学》编辑档案版。

（2）支持一批专门的论丛。

（3）制定期刊评价标准，强化名刊建设目标责任制，加强院、所两级对名刊建设的监管力度。

（4）开展名刊建设经费检查，加强对期刊建设的检查指导，提高期刊管理水平。

（5）巩固首批9家非时政类报刊转企工作成果，实现社会效益与经济效益有机统一。

（6）推进期刊数字化建设和期刊网建设。

3. 加强名社建设

（1）依托中国社会科学院研究实力和成果资源，打造具有中国社会科学院特色的高端学术图书和特色图书品牌。加大对皮书系列等品牌出版物的支持力度。

（2）继续探索出版社集团化发展思路，巩固和扩大院属出版社在学术专业出版领域的优势地位。

（3）积极配合"走出去"战略的实施，推动中国社会科学院和哲学社会科学界更多优秀成果走向世界。

4. 加强名馆建设

（1）落实图书馆管理章程，完善总馆—分馆—资料室（所馆）体制。

（2）办好研究生院分馆、法学分馆、民族学分馆、哲学专业书库、文学专业书库，筹建国际研究分馆、经济学分馆。

（3）完成图书馆自动化管理系统的更新。

（4）加大资源建设投入，在经费配置上向分馆和研究所图书馆适当倾斜，推进资源的优化和结构调整。

（5）推进古籍善本数字化工作，编纂出版《中国社会科学院古籍善本书总目》。编制出版《中国社会科学院地方志联合目录》。

（6）完善图书采购总代理制，提高资源建设质量。

（7）举办全院图书馆馆长培训研讨班。

5. 加强信息化建设和名网建设

（1）建立信息化工作协调会议机制，加强统筹规划、宏观指导和跨部门协调，形成信息化建设"统一领导、统一规划、统一管理、统一经费、统一数据库"的体制机制。

（2）加强网络基础设施配套建设，探索信息化建设经费改革，推进网络运行维护服务社会化。

（3）完成中国社会科学网新系统平台一期工程和多媒体演播室建设。办好英文网，适时推出中国社会科学网手机报和电子期刊。切实把中国社会科学网办成名网。

6. 加强名库建设

（1）办好调查与数据信息中心，制定数据库和实验室建设总体方案，建立统一、互联、共享的数据库，打造"中国社科智讯"品牌，建设数据库成果统一发布平台。

（2）启动数据标准体系建设，完善中国社会科学调查系统。

（3）搭建集信息发布、信息应用、自动化办公于一体的电子院务平台。

（4）建设期刊统一数据库。建设国家哲学社会科学学术期刊数据平台。完善现有的院级实验室，为建设一批国家重点实验室创造条件。

7. 抓好落实工作

（1）督促各单位落实 2012 年度报刊出版馆网库名优建设措施。

（2）召开第四次报刊出版馆网库名优建设工作经验交流会。

（九）深化管理体制机制改革

1. 深化科研管理体制机制改革

（1）深化课题制改革，修订现行课题管理办法，完善课题制，适当压缩年度课题立项规模和经费资助力度，科学规划研究周期，抓好院重大课题的立项和管理，提高院重点课题经费预留比例，加大后期成果资助力度。完善院管重大课题和所管一般课题的两级课题管理模式。

（2）建立课题指南制度，制定2013年课题指南，引导各研究单位根据课题指南做好科研规划和课题立项。

（3）严格执行《创新工程研究经费管理办法》，逐步完成创新工程年度经费拨付制度与课题制的并轨。

（4）完善科研成果评估体系与机制，完善创新工程学术出版资助体系和办法。

（5）加强对期刊、出版、学术社团、非实体研究中心的管理力度，在严格检查和科学评估基础上，建立淘汰机制。制定学术社团和非实体研究中心经费预算和经费管理办法。举办期刊、出版、学术社团、非实体研究中心培训班和管理工作经验交流会。

2. 深化人事管理体制机制改革

（1）深化聘用制和岗位设置管理改革，逐步建立能上能下、能进能出的岗位动态调整机制。加快推进与创新工程相配套的人事管理制度改革，实现进人用人制度创新。

（2）健全考核奖励机制，建立日常考核与创新工程考核衔接机制，实行平时考核与定期考核相结合，改进考核办法，强化考核结果运用。制定党委书记、所长考核标准和考核制度，加大对党委书记、所长的考核力度。健全研究室主任考核制度和任期制度。研究建立先进集体和先进个人评选衔接机制。

（3）加强津补贴综合检查，继续规范津补贴工作。

（4）完善激励机制和收入分配机制，研究制定与创新工程配套的收入分配政策，探索建立不同类型单位绩效工资管理办法，研究制定符合中国社会科学院特点的绩效工资分配实施细则。

3. 深化国际合作交流管理体制机制改革

（1）进一步规范国际合作研究项目的申报、评审程序，制定国际学术交流有关管理工作流程。

（2）探索建立纳入创新工程的国际学术合作交流项目与传统合作交流项目统一管理模式。

4. 深化行政管理体制机制改革

（1）完善、细化行政管理制度。强化办公厅枢纽功能，充分发挥职能部门作用，努力建设学习型机关、创新型机关、服务型机关。

（2）加强全院办文办会办事规范化管理，提高文秘工作的质量和效率。

（3）充分运用计算机网络技术，实现工作信息有效传递和及时发布，提高办公自动化水平。

（4）严肃工作纪律，坚持和完善机关工作人员考勤制度。

（5）加强院部停车秩序管理，严格门卫制度。

（6）建立图书馆大厅展示管理制度。

（7）建立院统一摄影录像编采体系。

（8）制定档案统一管理方案。

5. 深化财务后勤管理体制机制改革

（1）扩大会计委派和会计代理范围，完成新增单位财务管理和会计核算工作，严格规范财务行为。

（2）积极扩大创收渠道，推动收入上解制度化。

（3）制定经营性资产管理办法，提高资产利用率。

（4）努力提高人文公司经营管理水平，逐步建立现代企业制度。

（5）健全办公用房管理制度，完善单身宿舍管理长效机制。

（十）提高财务后勤服务水平和保障能力

1. 加强预决算管理，提高预算执行力

（1）认真落实全院 2012 年科学事业费预算指标，进一步提高资金保障能力，最大限度地满足创新工程、科学事业发展和基础设施维护的需要。

（2）做好 2012 年预算指标分配和预算执行计划编报，保证全院科研事业的顺利发展。

（3）做好下年度修缮购置专项资金申报、调整工作。

（4）做好 2011 年部门决算、住房改革支出决算编报、汇总和分析工作。提高决算质量，发挥决算的总结、分析、指导作用。

（5）做好 2012 年绩效考评项目的组织工作，按时完成考评工作，发挥资金效益，为项目发展创造条件。

（6）做好提高全院预算执行力协调工作，及时掌握各单位的预算执行情况，切实做到按预算执行、按序时进度执行。

2. 发挥结算中心作用，保障资金安全运行

（1）协调尚未纳入结算中心的账户，适时办理相关手续，以实现将全院三、四级银行账户全部纳入结算中心网上银行管理系统的目标。

（2）完善监管方法和手段，开展专项检查。

（3）办好财会人员专题培训班，加强会计队伍建设，提高财会业务水平。

3. 规范财务行为，强化财务监督

（1）继续加强财务管理力度，做好会计核算和经费保障工作，发挥财务监督作用，确保预算单位费用支出的合法、合规。

（2）继续做好代管单位账户、现金、大额支取方面的管理工作。

（3）坚持日常财务审计制度，开展财务内部审计工作。督促有关单位落实审计意见，制定整改措施，完善财务管理。

（4）有针对性地帮助若干单位规范预算申报、完善决算分析工作，通过季报审核掌握单位情况。

4. 做好国有资产管理等工作

（1）加强国有资产管理，充分发挥国有资产效益，出台文物类固定资产管理办法。

（2）加强对院属企业监管力度，确保国有资产保值增值。

（3）狠抓节能工作，扩大节能承包范围。

（4）规范人防工程管理和合理使用。

5. 不断改善全院职工住房、科研办公用房条件

（1）完成集体宿舍和公有房产的清理腾退工作。

（2）加强国有房产出租管理。

（3）加强对办公用房的调整使用。

（4）保障引进人才用房，完成经济适用房分配工作。

（5）完成一批院属单位的办公室搬迁，改善全院办公条件。

6. 提高后勤服务质量

（1）坚持"小管理、大服务、社会化"改革方向，落实《关于加强全院后勤服务工作的意见》，巩固后勤社会化改革成果，推进后勤服务规范化、标准化和制度化建设。

（2）进一步完善后勤服务改革方案。

（3）推行成本核算，办好机关食堂，为院部外研究所提供送餐服务。

（4）推进国际片办公区物业服务试点。

（5）做好会议、交通、医疗、文印、综管、物业等各项服务工作。

（6）召开全院后勤服务工作会议。

（7）举办全院后勤干部培训班。

（8）继续做好职工子女上学工作，想方设法进一步提高全院人员待遇，解决好全院人员切身利益问题。

（9）认真做好社科博源宾馆、密云绿化基地和北戴河培训中心的经营管理工作，提高国有资产经营效益。

（十一）完成基本建设任务

1. 继续全力推进各项重大工程项目

（1）抓好贡院东街科研与学术交流大楼建设工作，尽快完成项目拆迁并适时开工。

（2）做好东坝职工宿舍项目征地和建设工作，尽早完成建设用地手续办理并获立项批准。

（3）推进研究生院新校园二期工程立项，良乡单身宿舍二期工程开工。

（4）启动院党校建设工程。

（5）完成研究生院年度总投入 1000 万元的绿化美化任务。

（6）落实中心档案馆及科研附属用房改建项目并开工。

2. 抓好其他各项基建工作

（1）完成国际片办公区文物保护性修缮。

（2）完成国家方志馆后期装修改造和西安文物标本楼翻扩建工程。

（3）制定并落实 2012 年度院房屋修缮计划，完成好跨年度结转房修项目及各项房修任务。

（十二）抓好党的建设、反腐倡廉建设、道德建设和学风作风建设

1. 全面加强党的建设

（1）加强先进性和纯洁性建设。认真学习、贯彻落实胡锦涛总书记在庆祝中国共产党成立 90 周年大会、十七届六中全会和第十七届中央纪委第七次全体会议上的讲话精神，按照中央提出的始终保持党的先进性和纯洁性、建设坚强有力的马克思主义执政党的要求，进一步加强全院党的建设。全院广大党员特别是领导干部要充分认识到，我们党要经受住执政考验、改革开放考验、市场经济考验和外部环境考验，化解精神懈怠的危险、能力不足的危险、脱离群众的危险和消极腐败的危险，必须始终保持党的先进性和纯洁性，大力保持党员和干部思想纯洁、队伍纯洁、作风纯洁和清正廉洁。

（2）加强制度建设。推进党建工作科学化、规范化、制度化，颁布试行《关于进一步加强和改进研究所党委中心组学习的意见》《研究所党委书记目标责任考核办法》《党支部工作考核办法》《党务公开办法》等工作制度。

（3）加强组织建设。重点抓好党委和党支部这两头。加强党委领导班子建设，坚持德才兼备、以德为先的用人标准，选好配强所局领导班子，完善党委领导下的所长负责制。切实贯彻民主集中制原则，加强思想政治建设和作风建设，增进领导班子团结，不断提高解决自身问题的能力。巩固和扩大创先争优活动成果，举办"创先争优与创新工程"专题研讨会。加强研究室党支部建设，充分发挥基层党组织在创新工程中的政治核心作用。巩固基层党支部建设成果，适时召开创先争优暨党支部工作经验交流会。推荐党性强、有组织协调能力和奉献精神的研究室负责人担任党支部书记。重视和加强离退休干部党支部建设，充分发挥其在离退休干部管理和服务中的积极作用。充分调动院属单位党委书记的积极性，不断增强做好党的工作的责任感，充分发挥在推进党的建设工作中的作用。

（4）加强党员队伍建设。做好党员发展工作，注重在中青年科研骨干中发展党员。以提高党员素质为重点，抓好党员队伍建设，建立健全教育、管理、服务党员长效机制。

2. 深入推进反腐倡廉建设

（1）加强党员遵守政治纪律的教育和监督，严肃查处违反政治纪律行为，为党的十八大

— 79 —

胜利召开营造良好政治环境。加强保密纪律、外事纪律教育。

（2）深入推进惩治和预防腐败体系建设，建立"预防腐败三大行动"长效机制。深化反腐倡廉宣传教育。加强反腐倡廉制度建设，抓紧落实《工作规划》各项目标任务，做好 2013～2017 工作规划的调研和起草工作，保证惩治和预防腐败体系建设各项任务如期完成。

（3）强化对权力运行的制约和监督，推进廉政风险防控机制建设，深化政务公开，有效规范权力运行。

（4）严格执行《防治"小金库"长效机制管理办法》，坚决杜绝"小金库"问题。

（5）将源头防治违纪违规的制度规范体现在创新工程的各项管理工作中，加强对创新工程实施情况的监督检查。

（6）稳妥做好信访核查和案件查处工作。

（7）办好中国廉政研究中心，完成中央交办的反腐倡廉研究任务。

3. 加强道德建设

（1）制定并实施全院道德建设方案，提出适合中国社会科学院工作特点的道德准则和规范。

（2）以深入开展学雷锋活动为抓手，开展社会主义核心价值体系教育。

4. 加强学风和作风建设

（1）开展学风教育。大力弘扬优良学风，把学风建设纳入研究所建设的经常性工作，增强学术道德自律，完善学术行为规范，自觉抵制不良学风影响，努力营造理论联系实际、严谨治学、潜心钻研、淡泊名利、勇于创新的学术氛围。

（2）加强作风建设。努力改进机关作风，着力改进会风文风，提高工作效率。修订"文明窗口"评选办法，继续开展机关作风评议，举办机关作风建设论坛。

5. 做好离退休干部、统战和工青妇工作

（1）做好离退休干部工作。加强思想工作，完善适合全院离退休干部特点的工作思路和做法。落实好离退休干部的各项方针政策，不断丰富离退休干部精神文化生活。切实解决老同志生活中的实际困难，关注老年特困群体，进一步做好帮扶工作，逐步建立特殊困难老同志帮扶机制，努力打造党组放心、老同志满意的离退休干部工作队伍。

（2）做好统战、工会、青年、妇女工作。支持工会、青年、妇女组织开展适合自身特点的活动，充分发挥群众组织在全院各项工作中的积极作用。开展胡绳青年学术奖评奖活动。筹备院青年中心换届工作。

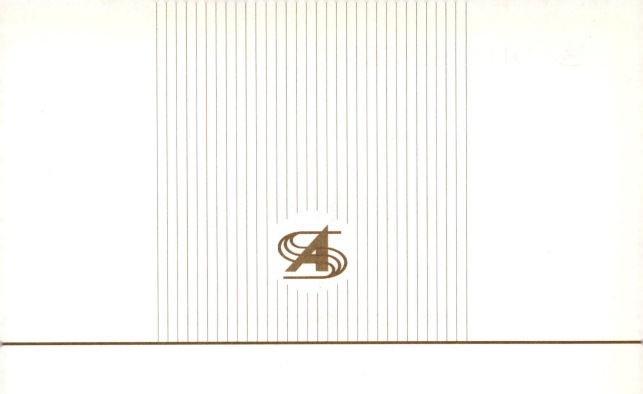

第 二 编

组 织 机 构

ZUZHIJIGOU

一 中国社会科学院机构设置

中国社会科学院领导及其分工

（2012. 1 ~ 2012. 12）

院党组书记、副书记、成员

党 组 书 记 陈奎元

党组副书记 王伟光 李慎明

党 组 成 员 陈奎元 王伟光 李慎明 高全立 李 捷 武 寅 李 扬 李秋芳 黄浩涛

院长、副院长

院 长 陈奎元 主持院全面工作，主持党组会议、院务会议，联系当代中国研究所。

副 院 长 王伟光 协助党组书记、院长负责全院工作，主持全院日常工作，主持院长办公会议；分管办公厅。

李慎明 主持党建领导小组会议，主管国情调研工作、中央马克思主义理论与建设工程有关工作和院马克思主义理论研究与学科建设方案实施工作，负责中国特色社会主义理论体系研究中心、世界社会主义研究中心；分管研究生院，联系台湾研究所。

高全立 主管全院干部人事、党务、思想政治和维稳工作，老干部工作，主持直属机关党委工作，负责邪教问题研究中心，分管人事教育局、离退休干部工作局。

李 捷 负责当代中国研究所工作。

武 寅 主管科研、学会、图书资料和信息化建设工作，分管科研局、院图书馆（文献信息中心）和计算机网络中心。

李　扬　主管外事和报刊出版工作，分管国际合作局、中国社会科学出版社、社会科学文献出版社、中国社会科学杂志社。

中央纪委驻院纪检组

纪 检 组 长　李秋芳　主管全院党风廉政建设和纪检、监察、审计工作，负责中央纪委驻院纪检组，分管院监察局、院直属机关纪委，联系科学工程审计局。

秘　书　长

秘 书 长　黄浩涛　协助常务副院长协调全院日常运转，主管全院行政后勤、基本建设、安全保密和扶贫工作，协助常务副院长分管办公厅，分管基建工作办公室、财务基建计划局、服务中心、中国人文科学发展公司、中国经济技术研究咨询有限公司。

院 长 助 理　郝时远

副 秘 书 长　谭家林　晋保平　高　翔

特约顾问　刘国光

中国社会科学院职能部门

办公厅

主　　任　施鹤安
副主任　王树民　王卫东

科研局/学部工作局

局　　长　晋保平
副局长　朝　克

人事教育局

局　　长　张冠梓
副局长　钱　伟　刘晖春

国际合作局

局　　长　王　镭
副局长　周云帆

财务基建计划局

局　　长　段小燕
副局长　何燕生　何敬中

离退休干部工作局

局　　长　高来发
副局长　刘　红　崔向阳

监察局

局　　长　孙壮志（中央纪委驻中国社会
　　　　　科学院纪检组副组长）
副局长　吴海星

直属机关党委

书　　记　高全立（兼）
常务副书记　崔建民
副书记　吴海星（兼）　赵岳红（兼）
　　　　　闫　坤

直属机关纪委

书　　记　吴海星
副书记　李世茹　马　援

基建工作办公室

主　　任　谭家林（兼）
副主任　罗京辉（兼）　马跃华

中国社会科学院科研机构

（党委委员按姓氏笔画排列）

文学哲学学部

文学研究所

党委书记　刘跃进
所　　长　陆建德
副 所 长　刘跃进　杨　槐　高建平
党委委员　刘跃进　安德明　杨　槐
　　　　　陆建德　高建平

民族文学研究所

临时党委书记　朝戈金
所　　长　朝戈金
副 所 长　汤晓青　尹虎彬
党委委员　尹虎彬　汤晓青　朝戈金

外国文学研究所

党委书记　党圣元
所　　长　陈众议
副 所 长　党圣元　董晓阳　吴晓都
党委委员　叶　隽　吴晓都　陈众议
　　　　　党圣元　董晓阳

语言研究所

党委书记　蔡文兰
所　　长　（暂缺）

副 所 长　蔡文兰　曹广顺　刘丹青
党委委员　李爱军　张伯江　曹广顺
　　　　　蔡文兰　谭景春

哲学研究所

党委书记　吴尚民
所　　长　谢地坤
副 所 长　吴尚民　余　涌　孙伟平
党委委员　孙伟平　吴尚民　余　涌
　　　　　张志强　单继刚　崔唯航
　　　　　谢地坤

世界宗教研究所

党委书记　曹中建
所　　长　卓新平
副 所 长　曹中建　金　泽
党委委员　卓新平　金　泽　曹中建
　　　　　魏道儒

历史学部

考古研究所

党委书记　刘　政
所　　长　王　巍
副所长　刘　政　白云翔　陈星灿
党委委员　王　巍　白云翔　刘　政
　　　　　刘建国　李　港　陈星灿
　　　　　施劲松

历史研究所（含郭沫若纪念馆）

党委书记　刘荣军
所　　长　卜宪群
副所长　刘荣军　王震中　杨　珍
　　　　崔民选
党委委员　卜宪群　王震中　刘荣军
　　　　　杨　珍　楼　劲

近代史研究所

党委书记　王建朗
所　　长　王建朗
副所长　汪朝光　金以林
党委委员　王建朗　汪朝光　徐秀丽

世界历史研究所

党委书记　赵文洪
所　　长　张顺洪
副所长　赵文洪　任长海
党委委员　任长海　张顺洪　孟庆龙
　　　　　赵文洪　姜　南

中国边疆史地研究中心

临时党委书记　李国强
主　　任　邢广程
副主任　李国强
临时党委委员　厉　声　邢广程　李国强

经济学部

经济研究所

党委书记　裴长洪
所　　长　裴长洪
副所长　张　平　刘兰兮　杨春学
党委委员　刘兰兮　朱　玲　杨元宏
　　　　　裴长洪

工业经济研究所

党委书记　黄群慧
所　　长　金　碚
副所长　黄群慧　黄速建　李维民
党委委员　李海舰　李维民　沈志渔
　　　　　金　碚　黄速建　黄群慧

农村发展研究所

党委书记　潘晨光
所　　长　李　周
副所长　潘晨光　权兆能　杜志雄
党委委员　权兆能　杜志雄　李　周
　　　　　苑　鹏　潘晨光

财经战略研究院

党委书记　揣振宇
院　　长　高培勇
副 院 长　揣振宇　荆林波　林　旗
　　　　　史　丹
党委委员　王迎新　史　丹　林　旗
　　　　　杨志勇　荆林波　高培勇
　　　　　揣振宇

金融研究所

党委书记　王松奇
所　　长　王国刚
副 所 长　王松奇　殷剑锋
党委委员　王松奇　王国刚　殷剑峰
　　　　　郭金龙

数量经济与技术经济研究所

党委书记　何德旭
所　　长　李　平
副 所 长　何德旭　齐建国　李雪松
党委委员　齐建国　李　平　李雪松
　　　　　何德旭　张京利

人口与劳动经济研究所

党委书记　张车伟
所　　长　蔡　昉
副 所 长　张车伟　徐　进
党委委员　王跃生　张车伟　郑真真
　　　　　徐　进　蔡　昉

城市发展与环境研究所

党委书记　赵燕平
所　　长　潘家华
副 所 长　赵燕平　魏后凯
党委委员　刘志彦　李景国　赵燕平
　　　　　潘家华　魏后凯

社会政法学部

法学研究所

联合党委书记　陈　甦
所　　长　李　林
副 所 长　陈　甦　穆林霞
党委委员　李　林　陈泽宪　陈　甦
　　　　　柳华文　穆林霞

国际法研究所

联合党委书记　陈　甦
所　　长　陈泽宪
党委委员　李　林　陈泽宪　陈　甦
　　　　　柳华文　穆林霞

（注：法学研究所、国际法研究所为联合党委）

政治学研究所

党委书记　赵岳红
所　　长　房　宁
副 所 长　赵岳红　杨海蛟
党委委员　刘广博　杨海蛟　周少来
　　　　　房　宁　赵岳红

民族学与人类学研究所

党委书记　张昌东

所　　长　王延中

副所长　张昌东　黄　行

党委委员　王希恩　扎　洛　刘　泓

　　　　　张昌东　陈景源　黄　行

社会学研究所

党委书记　汪小熙

所　　长　李培林

副所长　汪小熙　陈光金　张　翼

党委委员　王　颖　李培林　汪小熙

　　　　　陈光金　赵克斌

社会发展战略研究院

临时党委书记　王苏粤

院　　长　李汉林

副院长　王苏粤　渠敬东

新闻与传播研究所

党委书记　（暂缺）

副书记　赵天晓

所　　长　（暂缺）

副所长　唐绪军　赵天晓

党委委员　赵天晓　唐绪军　黄双润

台湾研究所

党委书记　余克礼

副书记　祝恒花

所　　长　余克礼

副所长　朱卫东　张冠华　谢　郁

党委委员　田贺民　朱卫东　余克礼

　　　　　张冠华　祝恒花　彭维学

　　　　　谢　郁

国际研究学部

世界经济与政治研究所

党委书记　陈国平

所　　长　张宇燕

副所长　陈国平　何　帆

党委委员　王德迅　孙　杰　何　帆

　　　　　宋　泓　张宇燕　陈国平

　　　　　苑郑高

俄罗斯东欧中亚研究所

党委书记　李进峰

所　　长　（暂缺）

副所长　李进峰　李永全　孙　力

党委委员　朱晓中　李进峰

欧洲研究所

党委书记　罗京辉

所　　长　周　弘

副所长　罗京辉　江时学　程卫东

党委委员　江时学　罗京辉　周　弘

　　　　　赵苏苏　程卫东

西亚非洲研究所

党委书记　王　正

所　　长　杨　光

副所长　王　正　张宏明

党委委员　王　正　王林聪　杨　光

　　　　　张宏明　潘　仓

拉丁美洲研究所

党委书记　郑秉文

所　　长　郑秉文

副所长　吴白乙　王立峰

党委委员　王立峰　刘维广　吴白乙

　　　　　郑秉文

亚太与全球战略研究院

党委书记　李向阳

副书记　韩　锋

院　　长　李向阳

副院长　韩　锋　李　文

党委委员　朴键一　李　文　李向阳

　　　　　赵江林　韩　锋

美国研究所

党委书记　孙海泉

所　　长　黄　平

副所长　孙海泉　倪　峰　刘　尊

党委委员　刘　尊　孙海泉　倪　峰

　　　　　姬　虹　黄　平

日本研究所

党委书记　高　洪

所　　长　李　薇

副所长　高　洪　王晓峰

党委委员　王晓峰　吕耀东　李　薇

　　　　　张季风　高　洪

马克思主义研究学部

马克思主义研究院

党委书记　邓纯东

院　　长　程恩富

副院长　邓纯东　张祖英　樊建新

党委委员　邓纯东　张祖英　夏春涛

　　　　　徐文华　程恩富

当代中国研究所
（辖当代中国出版社）

党组书记　李　捷

机关党委书记　王灵桂

所　　长　李　捷（兼）

副所长　张星星　王灵桂　武　力

信息情报研究院

临时党委书记　姜　辉

院　　长　张树华

副院长　姜　辉　曲永义

中国社会科学院直属单位

中国社会科学院研究生院

党委书记　黄晓勇

院　　长　刘迎秋

副 院 长　黄晓勇　文学国　赵　睿
　　　　　王　兵

党委委员　文学国　刘迎秋　黄晓勇

中国社会科学院图书馆
（文献信息中心）

党委书记　庄前生

馆　　长　杨沛超

副 馆 长　庄前生　蒋　颖

党委委员　庄前生　刘振喜　杨沛超
　　　　　姜晓辉　黄长著

中国社会科学出版社

社　　长　赵剑英

副 社 长　张志刚

总 编 辑　赵剑英

副总编辑　曹宏举

中国社会科学杂志社

总 编 辑　高　翔（兼）

副总编辑　王利民　余新华

社会科学文献出版社

社　　长　谢寿光

副 社 长　胡鹏光

计算机网络中心

党委书记　张新鹰

主　　任　张新鹰

副 主 任　周溯源　匡卫群　周世禄
　　　　　何　涛

党委委员　匡卫群　何　涛　张新鹰
　　　　　周世禄　周溯源

人才交流培训中心

主　　任　何清平

副 主 任　吴　敏

服务中心

主　　任　刘福庆

副 主 任　赵亚南　冯　林

中国社会科学院直属公司

中国人文科学发展公司
（含中国经济技术研究咨询有限公司）

总 经 理 李传章
副总经理 赵胄豪

文化发展促进中心

主 任 李传章（兼）

中国社会科学院代管单位

中国地方志指导小组办公室
（含国家方志馆）

党组书记 田 嘉

秘 书 长 李富强
主 任 李富强
副 主 任 刘玉宏 邱新立

二 中国社会科学院学部

（主席团成员、学部委员按姓氏笔画排列）

主 席 团

主　　席　王伟光
成　　员　王伟光　江蓝生　张蕴岭
　　　　　李　扬　李培林　卓新平
　　　　　林甘泉　郝时远　程恩富
　　　　　蔡　昉
秘 书 长　郝时远

文学哲学学部

主　　任　江蓝生
副 主 任　李景源
委　　员　方克立　王伟光　叶秀山
　　　　　汝　信　江蓝生　李景源
　　　　　杨　义　沈家煊　卓新平
　　　　　黄长著　黄宝生　魏道儒

历史学部

主　　任　刘庆柱
委　　员　王　巍　刘庆柱　宋镇豪
　　　　　张海鹏　陈祖武　陈高华
　　　　　林甘泉　耿云志　廖学盛

经济学部

主　　任　陈佳贵

委　　员　田雪原　刘国光　刘树成
　　　　　吕　政　朱　玲　张卓元
　　　　　张晓山　李　扬　李京文
　　　　　杨圣明　汪同三　陈佳贵
　　　　　周叔莲　金　碚　高培勇
　　　　　蔡　昉

社会政法学部

主　　任　郝时远
副 主 任　景天魁
委　　员　王家福　史金波　李　林
　　　　　李培林　郝时远　梁慧星
　　　　　景天魁

国际研究学部

主　　任　张蕴岭
副 主 任　周　弘
委　　员　余永定　张蕴岭　李静杰
　　　　　苏振兴　周　弘　裴元伦

马克思主义研究学部

主　　任　程恩富
委　　员　江　流　冷　溶　李崇富
　　　　　程恩富　靳辉明

三 中国社会科学院第八届院级专业技术资格评审委员会

（按姓氏笔画排列）

研究系列正高级专业技术资格评审委员会

文学哲学学部文学研究系列正高级评审委员会

主　任　江蓝生

委　员　文日焕　尹虎彬　刘丹青　刘跃进　杨　义
　　　　沈家煊　陆建德　陈众议　陈敏华　周启超
　　　　党圣元　高建平　曹广顺　蒋　寅　朝戈金
　　　　程朝翔

文学哲学学部哲学研究系列正高级评审委员会

主　任　李景源

委　员　卢国龙　李存山　余　涌　张志刚　卓新平
　　　　金　泽　胡新和　谢地坤　魏道儒

历史学部研究系列正高级评审委员会

主　任　刘庆柱

委　员　卜宪群　王建朗　王震中　王　巍　厉　声
　　　　白云翔　李国强　汪朝光　宋镇豪　张顺洪
　　　　陈星灿　陈祖武　赵文洪　郝春文　俞金尧
　　　　黄兴涛　崔志海

经济学部研究系列正高级评审委员会

主　　任　陈佳贵

委　　员　王国刚　吕　政　朱　玲　刘世锦　李　平
　　　　　李　扬　李　周　李雪松　何德旭　张车伟
　　　　　张　平　张晓山　金　碚　荆林波　贾　康
　　　　　高培勇　黄速建　蔡　昉　裴长洪　潘家华
　　　　　潘晨光　魏后凯

社会政法学部研究系列正高级评审委员会

主　　任　郝时远

委　　员　王延中　王浦劬　冯　军　孙宪忠　李汉林
　　　　　李　林　李培林　杨海蛟　何星亮　张冠梓
　　　　　陈光金　陈泽宪　陈甦　卓泽渊　房　宁
　　　　　唐绪军　黄　行　渠敬东　朝　克　景天魁

国际研究学部研究系列正高级评审委员会

主　　任　张蕴岭

委　　员　江时学　李向阳　李安山　李　薇　杨　光
　　　　　吴白乙　吴恩远　余永定　宋　泓　张宇燕
　　　　　张宏明　季志业　周　弘　郑　羽　郑秉文
　　　　　赵江林　倪　峰　高　洪　黄　平

马克思主义研究学部研究系列正高级评审委员会

主　　任　程恩富

委　　员　于　沛　尹韵公　邢广程　朱佳木　刘迎秋
　　　　　孙伟平　李崇富　李慎明　辛向阳　张树华
　　　　　武　力　胡乐明　侯惠勤　姜　辉　董正平

出版（编辑）系列正高级专业技术资格评审委员会

主　　任　李　扬

委　　员　王　诚　冯　时　刘世哲　汤晓青　孙　杰

　　　　　麦　耘　李　河　李富强　沈志渔　张广兴

　　　　　周五一　赵剑英　柯锦华　徐秀丽　高　翔

　　　　　黄晓勇　曹宏举　彭　卫　谢寿光

翻译系列正高级专业技术资格评审委员会

主　　任　黄长著

委　　员　王柯平　朴键一　李永平　肖俊明　吴大辉

　　　　　吴国平　余中先　张季风

图书资料系列副高级专业技术资格评审委员会

主　　任　武　寅

委　　员　王余光　王砚峰　白　烨　朱乃诚　杨沛超

　　　　　陈　力　孟庆龙　赵嘉朱　姜晓辉　莫纪宏

　　　　　倪晓建　蔡曙光

四 中国社会科学院院属各单位学术委员会及专业技术资格评审委员会

文学哲学学部

文学研究所

（一）学术委员会

主　　任　高建平
副 主 任　吕　微　蒋　寅
委　　员　高建平　吕　微　蒋　寅
　　　　　杨　义　包明德　党圣元
　　　　　刘跃进　赵　园　刘扬忠
　　　　　胡　明　黎湘萍　安德明
　　　　　白　烨

（二）专业技术资格评审委员会

主　　任　陆建德
委　　员　杨　义　陆建德　刘跃进
　　　　　高建平　金惠敏　杨　镰
　　　　　刘扬忠　胡　明　吕　微
　　　　　赵稀方　黎湘萍

民族文学研究所

（一）学术委员会

主　　任　朝戈金
委　　员　朝戈金　汤晓青　尹虎彬

　　　　　阿地里·居玛吐尔地
　　　　　斯钦孟和　刘亚虎
　　　　　巴莫曲布嫫　吴晓东

（二）专业技术资格评审委员会

主　　任　朝戈金
委　　员　朝戈金　汤晓青　尹虎彬
　　　　　阿地里·居玛吐尔地
　　　　　斯钦孟和　巴莫曲布嫫
　　　　　文日焕　黎湘萍　党圣元

外国文学研究所

（一）学术委员会

主　　任　陈众议
委　　员　陈众议　党圣元　董晓阳
　　　　　余中先　陈敏华　刘文飞
　　　　　史忠义　黄　梅　李永平
　　　　　周启超　吴晓都　傅　浩
　　　　　穆宏燕

（二）专业技术资格评审委员会

主　　任　陈众议

委　　员　陈众议　党圣元　吴晓都
　　　　　刘文飞　余中先　李永平
　　　　　陈敏华　周启超　程　巍
　　　　　傅　浩　穆宏燕　程朝翔
　　　　　夏忠宪

语言研究所

（一）学术委员会

主　　任　沈家煊
副 主 任　曹广顺　刘丹青
委　　员　蔡文兰　曹广顺　傅爱平
　　　　　顾日国　江蓝生　李爱军
　　　　　刘丹青　麦　耘　沈家煊
　　　　　谭景春　张伯江

（二）专业技术资格评审委员会

主　　任　沈家煊
副 主 任　曹广顺　刘丹青
委　　员　蔡文兰　曹广顺　傅爱平
　　　　　顾日国　黄天树　江蓝生
　　　　　李爱军　刘丹青　麦　耘
　　　　　沈家煊　谭景春　王洪君
　　　　　张伯江

哲学研究所

（一）学术委员会

主　　任　谢地坤
副 主 任　余　涌　孙伟平
委　　员　甘绍平　李存山　李景源

　　　　　孙　晶　王柯平　魏小萍
　　　　　叶秀山　赵汀阳　周晓亮
　　　　　朱葆伟　邹崇理　余　涌
　　　　　孙伟平　谢地坤

（二）专业技术资格评审委员会

主　　任　李景源
副 主 任　余　涌
委　　员　李存山　孙伟平　王柯平
　　　　　邹崇理　孙　晶　尚　杰
　　　　　魏小萍　张　慎　李　河
　　　　　丰子义　谢地坤　胡新和
　　　　　李景源　余　涌

世界宗教研究所

（一）学术委员会

主　　任　卓新平
副 主 任　金　泽
委　　员　卓新平　金　泽　魏道儒
　　　　　卢国龙　王　卡　邱永辉
　　　　　黄夏年　何劲松　王宇洁
　　　　　陈进国　曾传辉　郑筱筠
　　　　　唐晓峰

（二）专业技术资格评审委员会

主　　任　卓新平
委　　员　卓新平　金　泽　魏道儒
　　　　　王　卡　卢国龙　邱永辉
　　　　　何劲松　张晓东　郑筱筠
　　　　　尕藏加　张志刚

历史学部

考古研究所

（一）学术委员会

主　　任　王　巍
副 主 任　陈星灿
委　　员　白云翔　刘庆柱　傅宪国
　　　　　许　宏　朱岩石　杜金鹏
　　　　　王仁湘　袁　靖　施劲松
　　　　　冯　时　朱乃诚　赵　辉
　　　　　宋镇豪

（二）专业技术资格评审委员会

主　　任　王　巍
副 主 任　白云翔　陈星灿
委　　员　刘庆柱　傅宪国　许　宏
　　　　　朱岩石　杜金鹏　王仁湘
　　　　　袁　靖　施劲松　赵　辉
　　　　　王震中

历史研究所

（一）学术委员会

主　　任　陈祖武
副 主 任　卜宪群　宋镇豪
委　　员　卜宪群　万　明　王育成
　　　　　王震中　余太山　吴玉贵
　　　　　杨　珍　杨振红　张海燕
　　　　　陈祖武　定宜庄　宋镇豪
　　　　　黄正建　彭　卫　楼　劲

（二）专业技术资格评审委员会

主　　任　卜宪群

副 主 任　王震中
委　　员　卜宪群　万　明　王震中
　　　　　孙　晓　吴玉贵　杨　珍
　　　　　陈祖武　张海燕　李锦绣
　　　　　宋镇豪　高　翔　黄正建
　　　　　楼　劲　郝春文　彭　卫

近代史研究所

（一）学术委员会

主　　任　步　平
委　　员　步　平　牛大勇　王也扬
　　　　　王建朗　刘小萌　张海鹏
　　　　　李长莉　汪朝光　姜　涛
　　　　　闻黎明　徐秀丽　耿云志
　　　　　陶文钊　章百家　虞和平

（二）专业技术资格评审委员会

主　　任　王建朗
委　　员　王建朗　于化民　王也扬
　　　　　王奇生　刘小萌　朱汉国
　　　　　李长莉　步　平　汪朝光
　　　　　郑大华　徐秀丽　崔志海
　　　　　黄兴涛

世界历史研究所

（一）学术委员会

主　　任　张顺洪
副 主 任　赵文洪　张宏毅
委　　员　张顺洪　赵文洪　于　沛

周荣耀　廖学盛　张宏毅
何顺果　黄立茀　吴必康
郭　方　徐建新　刘　军
毕健康　张　丽　俞金尧

(二) 专业技术资格评审委员会

主　　任　张顺洪
副 主 任　赵文洪
委　　员　武　寅　杨共乐　张顺洪
　　　　　赵文洪　吴必康　王晓菊
　　　　　刘　军　毕健康　易建平
　　　　　孟庆龙　刘　健　俞金尧
　　　　　徐建新

中国边疆史地研究中心

(一) 学术委员会

主　　任　邢广程
副 主 任　李国强
委　　员　厉　声　邢广程　李国强
　　　　　于逢春　李　方　李大龙
　　　　　毕奥南　步　平　成崇德

(二) 专业技术资格评审委员会

主　　任　邢广程
副 主 任　李国强
委　　员　邢广程　李国强　厉　声
　　　　　于逢春　李　方　李大龙
　　　　　毕奥南　张　云　王东平
　　　　　刘正寅

经 济 学 部

经济研究所

(一) 学术委员会

主　　任　裴长洪
副 主 任　朱　玲　张　平
委　　员　裴长洪　吴太昌　刘树成
　　　　　朱　玲　王振中　张　平
　　　　　胡家勇　杨春学　刘兰兮
　　　　　王　诚　徐建青　魏　众
　　　　　张晓晶　刘霞辉　朱恒鹏

(二) 专业技术资格评审委员会

主　　任　裴长洪

委　　员　裴长洪　朱　玲　张　平
　　　　　刘兰兮　杨春学　胡家勇
　　　　　魏　众　张晓晶　刘霞辉
　　　　　魏明孔　朱恒鹏　裴小革
　　　　　胡必亮　陈争平

工业经济研究所

(一) 学术委员会

主　　任　金　碚
副 主 任　黄群慧
委　　员　金　碚　黄群慧　黄速建

吕　政　李海舰　沈志渔

陈　耀　吕　铁　杜莹芬

张其仔　罗仲伟　陈佳贵

刘世锦

（二）专业技术资格评审委员会

主　任　金　碚
副主任　黄群慧
委　员　金　碚　黄群慧　黄速建

吕　政　李海舰　沈志渔

吕　铁　杜莹芬　罗仲伟

陈佳贵　魏后凯　郑新立

刘世锦

农村发展研究所

（一）学术委员会

主　任　李　周
委　员　李　周　张晓山　潘晨光

杜志雄　朱　钢　党国英

苑　鹏　吴国宝　刘建进

刘玉满　张　军　张元红

陈劲松　孙若梅　任常青

（二）专业技术资格评审委员会

主　任　李　周
委　员　李　周　张晓山　潘晨光

杜志雄　朱　钢　党国英

苑　鹏　吴国宝　张元红

王小映　孙若梅　任常青

宋洪远　辛　贤

财经战略研究院

（一）学术委员会

主　任　高培勇
副主任　荆林波　宋　则
委　员　高培勇　荆林波　宋　则

揣振宇　史　丹　王诚庆

冯　雷　夏杰长　杨志勇

张　斌　倪鹏飞　张群群

于立新　赵　瑾　汪德华

（二）专业技术资格评审委员会

主　任　高培勇
委　员　高培勇　揣振宇　荆林波

史　丹　夏杰长　杨志勇

王诚庆　冯　雷　于立新

张群群　倪鹏飞　朱　玲

贾　康

金融研究所

（一）学术委员会

主　任　王松奇
委　员　李　扬　王国刚　王松奇

郭金龙　王　力　高培勇

何德旭

（二）专业技术资格评审委员会

主　任　王国刚
委　员　李　扬　王国刚　王松奇

王　力　郭金龙　高培勇

韩朝华　张　杰　李　健

数量经济与技术经济研究所

（一）学术委员会

主　　任　李　平
副 主 任　何德旭　汪向东
委　　员　汪同三　何德旭　齐建国
　　　　　李雪松　郑玉歆　李　军
　　　　　李　平　张　晓　樊明太
　　　　　赵京兴　汪向东　张昕竹
　　　　　李金华　张　涛　王宏伟

（二）专业技术资格评审委员会

主　　任　李　平
副 主 任　何德旭
委　　员　王国成　齐建国　何德旭
　　　　　张　晓　李　平　李　军
　　　　　李金华　李雪松　汪向东
　　　　　李志军　胥和平　赵国庆
　　　　　蔺新权

人口与劳动经济研究所

（一）学术委员会

主　　任　蔡　昉
副 主 任　张车伟
委　　员　蔡　昉　张车伟　田雪原
　　　　　王跃生　郑真真　张　翼
　　　　　都　阳　王德文　张展新
　　　　　王广州

（二）专业技术资格评审委员会

主　　任　蔡　昉
副 主 任　张车伟
委　　员　蔡　昉　张车伟　郑真真
　　　　　王跃生　张　翼　李建民
　　　　　都　阳　潘家华　李雪松
　　　　　赖德胜　段成荣

城市发展与环境研究所

（一）学术委员会

主　　任　潘家华
副 主 任　魏后凯
委　　员　潘家华　魏后凯　宋迎昌
　　　　　蒋健业　李景国　刘治彦
　　　　　庄贵阳　梁本凡　李红玉
　　　　　陈　迎　李宇军

（二）专业技术资格评审委员会

主　　任　潘家华
副 主 任　魏后凯
委　　员　潘家华　魏后凯　宋迎昌
　　　　　李景国　梁本凡　蒋建业
　　　　　罗　勇　李　周　张车伟
　　　　　肖金成　邹　骥

社会政法学部

法学研究所、国际法研究所

（一）学术委员会

主　　任　李　林

委　　员　陈　甦　陈泽宪　常纪文
　　　　　冯　军　李　林　李明德
　　　　　梁慧星　刘仁文　刘作翔
　　　　　莫纪宏　沈　涓　孙宪忠
　　　　　王敏远　熊秋红　徐立志
　　　　　赵建文　张广兴　周汉华
　　　　　邹海林

（二）专业技术资格评审委员会

主　　任　陈　甦

委　　员　陈　甦　李　林　陈泽宪
　　　　　冯　军　刘作翔　莫纪宏
　　　　　周汉华　田　禾　熊秋红
　　　　　孙宪忠　李明德　薛宁兰
　　　　　邹海林　沈　涓　朱晓青
　　　　　叶　林　卓泽渊

政治学研究所

（一）学术委员会

主　　任　房　宁
副 主 任　杨海蛟
委　　员　房　宁　杨海蛟　史卫民
　　　　　陈红太　周少来　张明澍
　　　　　贠　杰　赵秀玲　李良栋

（二）专业技术资格评审委员会

主　　任　房　宁

副 主 任　杨海蛟
委　　员　房　宁　杨海蛟　史卫民
　　　　　陈红太　赵秀玲　周庆智
　　　　　张树华　王浦劬　韩冬雪

民族学与人类学研究所

（一）学术委员会

主　　任　王延中

委　　员　王延中　张昌东　黄　行
　　　　　何星亮　王希恩　刘世哲
　　　　　朱　伦　聂鸿音　刘正寅
　　　　　周庆生　江　荻　赵明鸣
　　　　　方素梅　龙远蔚　曾少聪

（二）专业技术资格评审委员会

主　　任　王延中

委　　员　王延中　黄　行　王希恩
　　　　　朱　伦　何星亮　色　音
　　　　　张继焦　刘正寅　管彦波
　　　　　李云兵　刘世哲　赵明鸣
　　　　　张冠梓　朝　克

社会学研究所

（一）学术委员会

主　　任　李培林

委　　员　陈光金　李培林　李春玲
　　　　　景天魁　罗红光　王春光
　　　　　王晓毅　王　颖　吴小英
　　　　　夏传玲　杨宜音　张　翼

（二）专业技术资格评审委员会

主　任　李培林

副主任　陈光金

委　员　李培林　陈光金　李春玲

　　　　都　阳　景天魁　罗红光

　　　　王春光　王晓毅　王　颖

　　　　夏传玲　谢立中　杨宜音

　　　　张　翼

新闻与传播研究所

（一）学术委员会

主　　任　唐绪军

副主任　宋小卫

委　员　唐绪军　宋小卫　卜　卫

　　　　王怡红　时统宇　刘晓红

　　　　姜　飞

（二）专业技术资格评审委员会

主　　任　唐绪军

副主任　宋小卫

委　员　唐绪军　宋小卫　卜　卫

　　　　时统宇　钱莲生　王怡红

　　　　郭镇之　胡智锋　彭　兰

社会发展战略研究院

（一）学术委员会

主　　任　李汉林

副主任　折晓叶

委　员　李汉林　折晓叶　渠敬东

　　　　夏传玲　韩朝华　李路路

　　　　李国强

（二）专业技术资格评审委员会

主　　任　李汉林

副主任　李路路

委　员　李汉林　黄群慧　渠敬东

　　　　折晓叶　应　星　王　颖

　　　　郭于华　李路路　张　静

台湾研究所

（一）学术委员会

主　　任　余克礼

委　员　余克礼　朱卫东　张冠华

　　　　谢　郁

（二）专业技术资格评审委员会

主　　任　余克礼

委　员　余克礼　朱卫东　张冠华

　　　　谢　郁　祝恒花

国际研究学部

世界经济与政治研究所

（一）学术委员会

主　　任　张宇燕
副 主 任　何　帆　孙　杰
委　　员　丁一凡　王德迅　孙　杰
　　　　　何　帆　何新华　余永定
　　　　　宋　泓　张　斌　张宇燕
　　　　　李少军　李东燕　姚枝仲
　　　　　贺力平　高海红　鲁　桐

（二）专业技术资格评审委员会

主　　任　张宇燕
副 主 任　何　帆　孙　杰
委　　员　牛　军　王德迅　冯晓明
　　　　　孙　杰　何　帆　余永定
　　　　　宋　泓　张宇燕　李东燕
　　　　　邵　峰　袁正清　高海红
　　　　　鲁　桐　雷　达

俄罗斯东欧中亚研究所

（一）学术委员会

主　　任　吴恩远
副 主 任　朱晓中　赵常庆
委　　员　吴恩远　朱晓中　赵常庆
　　　　　李静杰　马维先　季志业
　　　　　李建民　郑　羽　潘德礼
　　　　　冯育民　何　卫　田春生

（二）专业技术资格评审委员会

主　　任　吴恩远

委　　员　吴恩远　李静杰　郑　羽
　　　　　许志新　吴大辉　张盛发
　　　　　朱晓中　何　卫　潘德礼
　　　　　季志业　陈新民　田春生
　　　　　孔田平

欧洲研究所

（一）学术委员会

主　　任　周　弘
副 主 任　江时学
委　　员　周　弘　江时学　裘元伦
　　　　　程卫东　陈　新　田德文
　　　　　沈雁南　吴　弦　张　浚

（二）专业技术资格评审委员会

主　　任　周　弘
副 主 任　江时学
委　　员　周　弘　江时学　程卫东
　　　　　田德文　孔田平　吴　弦
　　　　　丁一凡　冯仲平　朱立群

西亚非洲研究所

（一）学术委员会

主　　任　杨　光
副 主 任　张宏明
委　　员　杨　光　张宏明　杨立华
　　　　　王京烈　张晓东　王林聪
　　　　　贺文萍　姚桂梅　李智彪
　　　　　刘月琴　殷　罡

（二）专业技术资格评审委员会

主　　任	杨　光		
副 主 任	张宏明		
委　　员	杨　光	张宏明	贺文萍
	李智彪	王京烈	王林聪
	王　正	李绍先	李安山

拉丁美洲研究所

（一）学术委员会

主　　任	吴白乙		
副 主 任	吴国平		
委　　员	吴白乙	吴国平	苏振兴
	郑秉文	宋晓平	柴　瑜
	刘纪新	贺双荣	袁东振
	张　凡	蔡同昌	

（二）专业技术资格评审委员会

主　　任	郑秉文		
副 主 任	吴白乙		
委　　员	郑秉文	吴白乙	宋晓平
	吴国平	柴　瑜	贺双荣
	袁东振	张　凡	吴洪英
	贺文萍		

亚太与全球战略研究院

（一）学术委员会

主　　任	李向阳		
委　　员	李向阳	王玉主	朴键一
	许利平	李　文	张　洁
	张蕴岭	周方银	赵江林
	韩　锋		

（二）专业技术资格评审委员会

主　　任	李向阳		
委　　员	赵江林	朴键一	朴光姬
	李　文	李向阳	周小兵
	韩　锋	吴白乙	张燕生
	雷　达	时殷弘	张蕴岭

美国研究所

（一）学术委员会

主　　任	黄　平		
副 主 任	倪　峰	胡国成	
委　　员	黄　平	倪　峰	胡国成
	周　琪	袁　征	赵　梅
	王孜弘	姬　虹	金灿荣
	孙　哲	贺力平	王　希
	张宇燕		

（二）专业技术资格评审委员会

主　　任	黄　平		
副 主 任	倪　峰		
委　　员	黄　平	倪　峰	胡国成
	周　琪	潘小松	赵　梅
	王孜弘	姬　虹	金灿荣
	孙　哲	贺力平	

日本研究所

（一）学术委员会

主　　任	蒋立峰		
副 主 任	李　薇		
委　　员	蒋立峰	李　薇	高　洪
	王　伟	王　屏	崔世广

韩铁英　张季风　吕耀东
江瑞平　王新生

（二）专业技术资格评审委员会

主　任　李　薇

委　员　李　薇　高　洪　张淑英
　　　　张季风　崔世广　王　伟
　　　　杨伯江　尚会鹏　赵晋平

马克思主义研究学部

马克思主义研究院

（一）学术委员会

主　任　程恩富

委　员　程恩富　邓纯东　樊建新
　　　　张祖英　侯惠勤　李崇富
　　　　何秉孟　夏春涛　赵智奎
　　　　胡乐明　罗文东　刘淑春
　　　　冯颜利

（二）专业技术资格评审委员会

主　任　程恩富

委　员　程恩富　侯惠勤　樊建新
　　　　赵智奎　胡乐明　辛向阳

当代中国研究所

（一）学术委员会

主　任　李　捷

副主任　张星星

委　员　李　捷　张星星　丁　明
　　　　王灵桂　刘国新　宋月红
　　　　李　文　李　格　李正华
　　　　杜　蒲　欧阳雪梅
　　　　武　力　罗燕明　郑有贵
　　　　黄　庆

顾　问　程中原　田居俭　陈东林

（二）专业技术资格评审委员会

主　任　朱佳木

副主任　张星星

委　员　丁　明　于　沛　田居俭
　　　　有　林　朱佳木　刘国新
　　　　齐德学　李　文　李　格
　　　　李　捷　李正华　李路路
　　　　杨凤城　张启华　张星星
　　　　陈东林　武　力　罗燕明
　　　　房　宁　柳建辉　逄先知
　　　　宫　力　梁　柱　董志凯
　　　　程中原

中国社会科学院直属单位

中国社会科学院图书馆

（一）学术委员会

主　　任　杨沛超

副 主 任　庄前生

委　　员　杨沛超　庄前生　张树华
　　　　　何陪忠　姜晓辉　黄长著
　　　　　肖俊明　赵嘉朱　蒋　颖
　　　　　梁俊兰　刘　霓　刘振喜
　　　　　杨雁斌　刘金利

（二）专业技术资格评审委员会

主　　任　李惠国

副 主 任　杨沛超

委　　员　李惠国　杨沛超　黄长著
　　　　　张树华　何培忠　肖俊明
　　　　　刘　霓　姜晓辉　杨雁斌
　　　　　赵嘉朱　梁俊兰　王立强
　　　　　张友云

中国社会科学出版社

（一）学术委员会

主　　任　赵剑英

委　　员　马晓光　王　浩　任　明
　　　　　何秉孟　冯广裕　冯春凤
　　　　　冯　斌　吴安琪　赵剑英
　　　　　陈　彪　郭沂纹　曹宏举
　　　　　黄燕生

（二）专业技术资格评审委员会

主　　任　赵剑英

委　　员　曹宏举　马晓光　王　浩
　　　　　陈　彪　郭沂纹　赵剑英
　　　　　任　明　冯春凤　陆建德
　　　　　徐秀丽　李海舰

中国社会科学杂志社

学术委员会

主　　任　高翔

委　　员　高翔　王利民　余新华
　　　　　何秉孟　柯锦华　姚玉民
　　　　　王兆胜

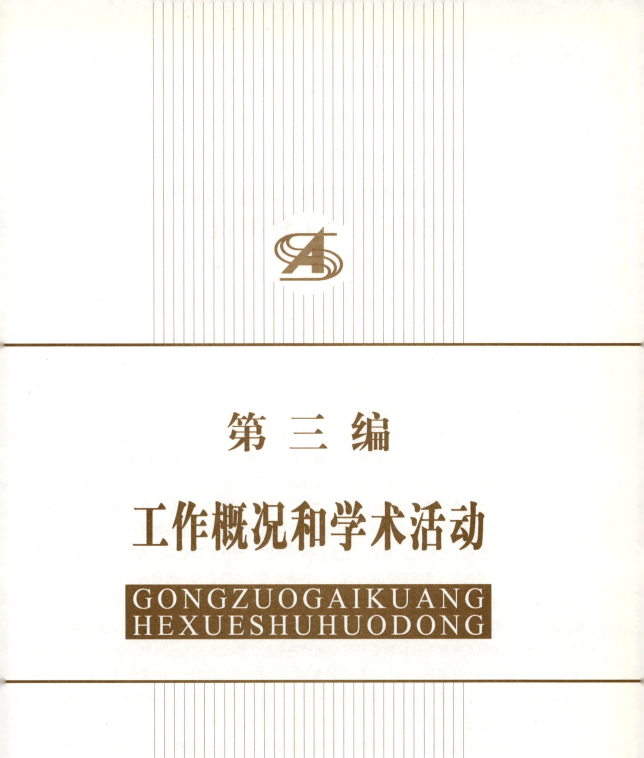

第 三 编

工作概况和学术活动

GONGZUOGAIKUANG
HEXUESHUHUODONG

一 中国社会科学院2012年度创新工程工作概况

2011 年以来，在中央的关怀指导和有关部门的大力支持下，中国社会科学院党组带领全院同志，认真贯彻落实党的十七届六中全会关于实施哲学社会科学创新工程、繁荣发展哲学社会科学的战略部署，精心设计，深度发动，戮力同心，积极实践，有力推进体制机制改革创新，全院创新工程试点的深度、广度向前迈出了一大步，取得了一批阶段性创新成果，得到中央和全院同志的肯定。

总体来看，一年来创新工程取得的实际进展主要体现在：

第一，思想发动更加深入，全院同志思想认识逐步从"为什么搞创新工程""什么是创新工程"向"怎么搞创新工程""推出什么样的创新工程"转变。党组始终把统一思想、提高认识、发动群众放在重要位置。自 2011 年院工作会议提出实施创新工程号召以来，全院性的思想发动共进行过 4 次。前期的思想动员集中向全院同志阐明创新工程的重要性、必要性和紧迫性，提高大家对创新工程的理解和认识水平，初步解决"为什么搞创新工程""什么是创新工程"的问题。随着创新工程实践的逐步深入、各项制度办法的出台、各项任务的分解细化，思想动员的重点逐步转到"怎么搞创新工程""推出什么样的创新工程"上来。为此，2012 年党组先后举办了密云所局级干部读书班和北戴河创新工程工作交流会，总结交流创新工程试点的经验和做法，组织大家思考和探索更好更快地推进创新工程的方式方法问题。密云会议后，全院又进行了深入的传达贯彻。经过多轮思想发动，目前大家对创新工程的牢骚少了，好评多了；议论少了，实干多了；不干活混日子的人少了，感受到压力和动力的人多了。这些变化，是好现象，只有思想认识转变了，创新工程才会找到持久而强大的动力。

第二，制度体系逐步完善，创新实践正在从确立框架、建章立制阶段向科学化、规范化、精细化方向发展。从 2011 年初开始，院党组把实施创新工程摆上重要议事日程，精心进行顶层设计，制定了创新工程实施意见，明确了整体构想、总体目标和阶段性任务，以及具体的目标、原则、政策、步骤、办法。在创新工程试点过程中，党组紧紧抓住制度创新这个关键环节，重点推进科研管理、人事管理和经费资源管理等体制机制制度改革，在深入调研基础上，用半年多时间密集出台了创新工程《人事管理办法》《研究经费管理办法》《绩效支出管理办法》，形成了创新工程制度的总体框架。2012 年以来，全院根据创新工程实际推进情况，下大力气修订和完善制度规则，累计出台了百余项实施细则和操作办法。院领导关于创新工程的例会每周开 3~4 次，有些文件出台前召开 5~6 次专题会，反复修改十几遍到几十遍。相较于一年前，创新工程的制度体系已经逐步完善，大的制度框架已经建立，制度覆盖面不断扩大，创新实践正在步入科学化、规范化、精细化的轨道。

第三，创新试点进展良好，创新实践正从外延式试点布局阶段转向内涵式质量提升阶段。2011 年以来，全院按照"先行试点、突出重点，点面结合、稳妥推进"的原则，有计划、有步骤地实施创新工程。2011 年首批进入 12 家，2012 年第一批进入 10 家，第二批进入 7 家，下半年又有 3 家单位进行了扩大试点。2013 年的创新试点规划也基本完成，全院所有研究单位将全部进入试点，试点单位将达到 43 家。随着创新试点的稳步推进，创新实践的重心逐步转到"强管理，抓制度，提质量"上来，各试点单位积极落实签约任务，建立完善管理流程，积极推进创新项目的实施，继续深入推进科研、人事、财务等领域管理体制机制改革，狠抓各项改革举措落实，全院的管理水平有了显著提高，保障了创新工程的稳步运行和顺利推进。

第四，创新成果不断涌现，中国社会科学院的阵地、智库、殿堂功能作用日益彰显。检验创新工程成功不成功，关键是看我们是不是推出了比过去更多的精品成果，是不是推出了比过去更多的拔尖人才，是不是在发挥思想库和智囊团作用方面有比过去更大的作为。经过一年多的实践，创新工程的规划设想正逐步成为现实。比如，在发挥马克思主义阵地功能方面，随着创新试点的逐步展开，全院马克思主义理论研究力量得到进一步加强，马克思主义研究在学科布局、人才培养、项目实施方面得到有力推动，世界社会主义研究中心、中国特色社会主义研究中心、哲学研究所马克思主义哲学学科的影响力正在不断提升；在发挥党和国家智库功能方面，新组建的财经战略研究院、亚太与全球战略研究院、社会发展战略研究院、信息情报研究院等四个新型研究院，围绕国家经济社会发展和国际战略中全局性、趋势性、综合性等重大问题开展科研攻关，通过《要报》等渠道向中央报送研究成果，多篇报告得到中央领导批示或被中央和国家有关部门采用。从中央有关部门的反馈情况看，全院通过信息情报院报送的对策成果，无论从数量、质量还是从成果的采纳应用情况看，都较过去有了很大的提升；在推进中国哲学社会科学学术殿堂建设方面，全院通过创新工程积极推进具有传统优势的人文基础学科创新，考古研究所、语言研究所累计投入数千万元用于实验设备更新，近代史研究所一次性投入 1000 多万元购买民国资料，这些工作，都是实施创新工程之前多年想做而做不成的事。有了创新工程，我们很多学科、很多实验室，马上可以跻身全国乃至世界一流的行列。2012 年进行试点的研究所，如金融研究所、欧洲研究所、社会学研究所、法学研究所等单位，都是学科基础较好、管理水平较强，特别是创新方案论证得到较高评价的单位，进入试点后，这些单位狠抓机遇，积极创新，在建设具有可持续创新能力、国内一流、国际知名的研究所方面，迈出了重要步伐。

另外，在科研方法和手段创新方面，创新工程重点推进 3 件大事，即建设《中国社会科学报》、中国社会科学网、数据信息中心。目前,《中国社会科学报》立足全国、走向世界,正在办成具有相当影响的理论学术大报。中国社会科学网迅速发展,学术影响和社会影响日益扩大。数据信息中心干了不少大事,比如推动全国调查网建设,跻身全国三大调查中心之一;在整合全院实验室资源的基础上,组建国家社会科学重点实验室也提上了议事日程;全国哲学社会科学数据标准化建设、国家哲学社会科学学术期刊数据库建设等工作已经启动。上述工作,既是科研手段、科研方法创新,也是理论学术传播平台的重要建设,对全国哲学社会科学繁荣发展具有重要带动意义和导向作用。在建设中国哲学社会科学高端人才基地方面,全院实施了"学部委员创新工程计划",完成了学部委员和荣誉学部委员的增选;推出"长城学者资助计划",遴选出首批 13 名"长城学者"给予专项资助。在建设"走出去"战略学术窗口方面,打造了"中国社会科学论坛",资助出版学术期刊"走出去",扩大了学术话语权和传播力。

第五,创新条件更加优化,创新发展的政策支撑环境得到进一步改善。在创新工程启动和推进过程中,党组非常重视与有关部门的沟通协调,取得了一系列重大的政策突破和实践进展,得到中央领导同志和国家有关部门的高度评价和大力支持,也得到了全院干部群众的拥护和认可。财政部、审计署、国家税务总局对中国社会科学院创新工程给予了全程关注和重要指导,认为"社科院创新工程层次高","制度方案亮点很多",是"开前门堵后门",并"赞成社科院先行先试"。中央编办表示在机构设置和编制方面"给予大力支持"。中央领导的认可和有关部门的大力支持,为全院创新工程营造了更好的创新和发展环境。

当前,全院正在按照党组的部署和创新工程实施方案的规划,一步一个脚印地向前迈进。总的来说,创新工程给全院带来了积极变化,增强了全院上下抓机遇、谋发展的使命感和紧迫感,调动了科研人员和管理人员投身哲学社会科学事业的积极性和主动性,实现了科研和管理体制机制的转变,改善了科研条件、办公条件和基本生活条件,解放和发展了科研生产力。全院同志有信心在党组的坚强领导下,进一步统一思想、鼓足干劲,把创新工程推向一个新的阶段。

(院创新办)

二 中国社会科学院2012年度科研工作报告

2012 年，中国社会科学院继续推进创新工程试点工作，深化科研管理体制机制改革，全院科研工作呈现出创新发展的新局面。全院科研工作在院党组和院务会议的领导下，以"十八大"精神为指导，围绕中央对中国社会科学院"三个定位"的要求，在基础研究和应用研究等方面都取得累累硕果。

（一）主要科研成果

全院科研工作坚持以马克思列宁主义、毛泽东思想、邓小平理论和"三个代表"重要思想为指导，积极贯彻落实科学发展观；在"十八大"精神的指导下，坚持正确的政治方向、理论方向和科研方向，坚持以中央对中国社会科学院的"三个定位"作为科研方向和目标，着力加强理论研究创新，很好地完成了各项科研任务。2012 年，全院共出版专著316 种，学术论文3952 篇，研究报告1433 篇，译著73 种，一般论文2115 篇。此外，还完成了大量学术资料、数据库、古籍整理、学术普及读物、工具书、论文集、教材、影视等形式的科研成果。这些科研成果充分体现了中国社会科学院哲学社会科学研究的整体实力和水平，为我国哲学社会科学的繁荣发展作出了积极贡献。

1. 围绕马克思主义理论学科建设和创新体系建设，深入系统地开展中国特色社会主义理论研究，注重中国特色社会主义理论体系的系统阐发，大力推动马克思主义研究，推出了一批有价值、有影响的研究成果。

主要代表成果有：王伟光的论文《大力推进社会主义核心价值体系建设》《走共同富裕之路是发展中国特色社会主义的战略选择》，李慎明的论文《坚持和完善中国特色社会主义制度》，李捷的论文《坚定不移走中国特色社会主义道路》，马克思主义研究学部的论文集《38 位著名学者纵论马列主义经典著作》，程恩富主编的《科学发展观与中国经济改革和开放》，程恩富著的《马克思主义经济学的五大理论假设》，李崇富的论文《论坚持和完善我国现阶段的基本经济制度》，邓纯东主编的《中国特色社会主义理论最新成果——深入学习党的十八大精神100 题》，赵智奎著的《什么是中国特色社会主义》，侯惠勤的论文《从"根本成就"上把握中国特色社会主义》，胡乐明的论文《社会主义：一个总体性认识》，戴立兴著的《和谐社会研究》，张小平著的《中国文化建设的理论与实践》《当代中国文化安全问题研究》，辛向阳著的《世纪展望：事关中华民族长远发展重大问题的追问与解答》，张建云的论文《科学把握马克思主义基本原理体系的方法和原则》，姜辉的论文《资本主义"危"在何处》，张树华的论文《普京道路与俄罗斯政治的未来》等。

2. 围绕全面建设中国特色的小康社会，着力推进构建社会主义和谐社会的理论研究，从全面建设小康社会、开创中国特色社会主义事业新局面的全局出发，根据我国构建社会主义和谐社会的目标和主要任务，中国社会科学院科研工作者从社会主义民主、法治、民族、社会主义新农村建设等多个维度，开展了深入持久的理论研究。

主要代表成果有：王伟光、郑国光、潘家华等主编的《应对气候变化报告（2012）——气候融资与低碳发展》，陈佳贵、李扬主编的《2012 年：中国经济形势分析与预测》《中国经济前景分析——2012 年春季报告》，陈佳贵、黄群慧等著的《工业大国国情与工业强国战略》，李扬、王国刚主编的《中国金融发展报告（2012）》，李培林、田丰的论文《中国农民工社会融入的代际比较》，张卓元等著的《新中国经济学史纲》，李林、莫纪宏主编的《中国宪法三十年（1982～2012）》，胡水君著的《法律与社会权力》，贺海仁、黄金荣、朱晓飞著的《天下的法：公益法的实践理性与社会正义》，姚佳著的《个人金融信用征信的法律规制》，余少祥著的《弱者的正义——转型社会与社会法问题研究》，李明德、管育鹰、唐广良著的《〈著作权法〉专家建议稿说明》，朱晓青主编的《变化中的国际法：热点与前沿》，陈泽宪、熊秋红主编的《刑事诉讼法修改建议稿与论证：以人权保障为视角》，陈红太著的《中国经济奇迹的密码在政治领域》，王希恩著的《20 世纪的中国民族问题》，何星亮著的《中华民族的形成与中国的民族政策》，景天魁的论文《创新福利模式　优化社会管理》，李汉林的论文《关于组织中的社会团结》，卜卫、唐绪军的论文《略论中国特色社会主义的新闻传播理念》，农村发展研究所等著的《中国农村经济形势分析与预测（2011～2012）》，蔡昉主编的《中国人口与劳动问题报告 No.13：人口转变与中国经济再平衡》*The Elderly and Old Age Support in Rural China*（《中国农村老年人口及其养老保障》），汪同三、何德旭主编的《数量经济与技术经济研究所发展报告（2012）》，倪鹏飞、本吉·奥拉仁·奥因卡、陈飞等主编的《城市化进程中低收入居民住区发展模式探索》，高培勇等著的《中国公共财政建设指标体系研究》等。

3. 发挥人文学科和基础理论研究的传统学术优势，结合学科体系的创新和建设，充分利用和挖掘丰厚学术资源，加强基础理论研究和创新，推出一批具有较高学术水平的基础理论研究成果。

主要代表成果有：蒋寅著的《清代诗学史》（第 1 卷），刘跃进著的《秦汉文学地理与文人分布》，白烨主编的《中国文情报告（2011～2012）》，诺布旺丹著的《藏族神话与史诗》，朝克等著的《北方民族语言变迁研究》，江荻等编著的《藏文识别原理与应用》，史金波的论文《黑水城出土西夏文卖地契约研究》，黄宝生著的《梵汉对勘神通游戏》，陈众议主编的《马克思主义文学观与外国文学研究》，叶隽著的《德国学理论初探——以中国现代学术建构为框架》，刘文飞著的《普里什文面面观》，姜南著的《基于梵汉对勘的〈法华经〉语法研究》，陈中梅的论文《表象与实质——荷马史诗里人物认知观的哲学暨美学解读（下）》，语言研究所词典编辑室修订的《现代汉语词典》（第6版），刘丹青的论文《汉语的若干显赫范畴：语言库藏类型学视角》，张伯江的论文《双音化的名词性效应》，吴福祥的论文《语序选择与语序创新——汉语语序演变的观察和断想》，考古研究所编著的《殷墟小屯村中村南甲骨》，考古研究所著的《科技考古的方法与应用》，冯时著的《百年来甲骨文天文历法研究》，历史研究所《简明中国历史读本》编写组编写的《简明中国历史读本》，陈祖武著的《清代学术源流》，李均明、刘国忠、刘光胜、邬文玲编著的《当代中国简帛学研究（1949～2009）》，赵现海著的《明代九边长城军镇史》，马一虹著的《靺鞨、渤海与周边国家、部族关系史研究》，乌云高娃著的《元朝与高丽关系研究》，李细珠著的《地方督抚与清末新政——晚清权力格局再研究》，张志勇著的《赫德与晚清中英外交》，闻黎明著的《闻一多》，李春放著的《全球国际体系的演进》，于沛著的《经济全球化和文化》，黄立弗著的《新经济政策时期的苏联社会》，刘军著的《美国公民权利观念的发展与社会变革》，贾建飞主编的《清乾嘉道时期新疆的内地移民社会研究》，阿地力主编的《清末边疆建省研究》，王伟光主持编写的《新大众哲学》，李景源的论文集《中国特色社会主义的哲学基础》，叶秀山的论文集《启蒙与自由——叶秀山论康德》，金泽主编的《宗教学理论研究丛书》，金泽、邱永辉主编的《中国宗教报告2012》，魏道儒主编的《佛教护国思想与实践》，赵嘉朱等编的《中国社会科学院地方志联合目录》，当代中国研究所编的《中华人民共和国史稿》等。

4. 立足中国，放眼世界，积极开展国际政治、经济、军事安全等多方面的形势分析和研判，面对目前国际政治、经济、军事安全复杂多变的格局以及我国周边领土、领海安全问题，自觉运用马克思主义的观点方法，着重在国家安全、对外发展战略、区域经济合作、国际政治经济形势分析与评估等诸多领域开展深入研究。

主要代表成果有：李慎明、张宇燕主编的《全球政治与安全报告（2012）》，王洛林、张宇燕主编的《2012年世界经济形势分析与预测》，刘国平主编的《走进经典》，李少军等著的《国际体系：理论解释、经验事实与战略启示》，田丰著的《理解中国对外贸易》，高华著的《透视新北约——从军事联盟走向安全—政治联盟》，黄薇、郑海涛、任若恩著的《国际经济研究中的多边分析方法与应用》，刘仕国著的《外商直接投资对中国收入分配差距的影响》，马涛著的《全球生产体系下的中国经贸发展》，周弘主编的《欧洲发展报告2011～2012》，马胜利、邝杨著的《欧洲政治文化研究》，孙彦红著的《欧盟产业政策研究》，董礼胜、刘作奎著的《发达国家电子治理》，郑秉文主编的《中等收入陷阱：来自拉丁美洲的案例研究》，吴白乙主编的《拉丁美洲和加勒比发展报告（2011～2012）》，周志伟著的《巴西崛起与世界格局》，李向阳主编的《亚太地区发展报告（2012）：崛起中的印度与变动中的东亚》，周小兵主编的《亚太地区经济结构变迁研究（1950～2010）》，周方银、高程主编的《东亚秩序：观念、制度与战略》，张洁、钟飞腾主编的《中国周边安全形势评估（2012）》，周琪等著的《美国能源安全政策与美国对外战略》，黄平、倪峰主编的《美国问题研究报告（2012）——美国全球和亚洲战略调整》，倪峰编的《美国研究十年回顾 2001～2010》，顾国良、刘卫东、李枏著的《美国对华政策中的涉疆问题》，李薇主编的《当代中国的日本研究》，李薇主编的《日本蓝皮书：日本发展报告（2012）》，王洛林、张季风主编的《日本经济蓝皮书》等。

（二）重要项目立项

1. 认真组织开展院重点课题研究。按照《中国社会科学院 2012 年度科研项目指南》组织院重点课题申报和立项评审，立项重点课题 66 项，资助经费总额为 565.5 万元。

2. 落实中央交办课题，组织专家就我国经济体制、行政管理体制和社会管理的体制改革问题进行专项研究，并报送研究报告。办理院领导交办课题立项 36 项，资助经费 289.3 万元。协助国家有关部门落实"科学素质纲要"、社会科学名词审订工作。积极组织协调与上海等地的院省合作研究项目。

3. 积极扶持学者基础研究。根据《中国社会科学院创新工程"学者资助计划"实施方案（试行）》，组织学部委员、荣誉学部委员申报"学部委员创新岗位"。经评审委员会审议、院批准，最终有 25 位学部委员、荣誉学部委员进入创新岗位。组织"长城学者资助计划"立项工作，组织 13 名长城学者签约计划书，并按照创新工程要求落实长城学者创新岗位的专项经费和智力报偿。2012 年度资助青年科研启动基金项目 60 人，资助总额 120 万元。

4. 开展 2012 年度国情调研工作。结合哲学社会科学创新工程和"走转改"活动，按照"结项率与资助额度挂钩"和"当年立项、当年完成"的原则，组织开展国情调研活动，全年立项国情调研项目 116 项，其中重大项目 10 项、重大（推荐）项目 4 项、重点项目 67 项、研究所考察活动 24 项、按系统考察活动 11 项，另根据需要立项交办项目 4 项，调研内容涵盖经济社会发展一批重大理论和现实热点问题。组织 2012 年度青年学者返乡国情调研，完成调研报告 65 篇。

5. 高度重视国家社科类项目，积极申报国家社科基金各类资助项目。积极组织全院专家学者申报国家基金各类课题，本年度共立项 129 项，其中特别委托和重大委托课题 5 项，重大招标项目 17 项，共获资助 5231 万元，年度立项和资助额度均创历史新高。

（三）学部工作

2012 年，学部在中国社会科学院党组和院务会议的领导下，紧紧围绕党和国家工作大局以及中国社会科学院科研工作需要，认真履行《中国社会科学院学部章程》所赋予的职责，组织开展学术活动，积极发挥学术指导和咨询作用，为推动哲学社会科学创新工程、促进哲学社会科学繁荣发展作出了积极的贡献。

1. 围绕中央决策部署，结合哲学社会科学研究工作实际，组织开展学术活动。2012 年，围绕党的十七届六中全会关于推动社会主义文化大发展大繁荣部署，学部组织开展了一系列学术活动，研究哲学社会科学为推动社会主义文化大发展大繁荣所承担的功能与任务。文哲学部主办了"继承传统　迎接挑战——纪念毛泽东《在延安文艺座谈会上的讲话》发表70周年学术研讨会"，围绕"《讲话》的历史意义及其与中国现当代文学的关系""当代文艺所面临的问题与挑战""《讲话》精神在当代文艺和文化生活的现实意义"等议题，就文艺的大众化、时代化、民族化，马克思主义文艺理论的"中国化"，以及我国文艺与文化的大发展大繁荣等问题展开了深入细致的研讨。文哲学部还主办了"渤海视野：宗教与文化战略学术研讨会暨中国宗教学50人高层论坛"，从我国文化发展的战略角度来深入思考宗教和谐的现实意义，从促成宗教和谐的角度来探究我们的社会和谐、文化和谐。历史学部举办了"中国社会科学院第12届史学理论研讨会——文化大发展中的历史学研究"，探讨历史学在社会主义文化大发展大繁荣中的角色与功能。

2. 立足学术前沿，开展多层次、多形式学术活动。学部主席团和各学部举办了多个综合或专题性的学术报告会、学术研讨会等学术活动，进一步推动了学术的发展，增强了学部的学术地位，扩大了学部的社会影响。

文哲学部举办了"国学研究论坛：出土文献与汉语史研究国际学术研讨会""第四期 IEL 国际史诗学与口头传统研究讲习班"。历史学部举办"形象史学研究——史学理论与方法创新学术研讨会"，进一步探讨传统文化的传承及在新的历史条件下深化研究的方法。经济学部举办了"2012年经济形势座谈会""《中国经济学年鉴2011》出版新闻发布暨深化经济体制改革研讨会""中国经济论坛""金融体制改革与民间金融机构的发展国际研讨会"等13次会议，就我国面临的国内外经济形势进行深入研究。社会政法学部举办了"新世纪以来世界民族问题的特点与趋向海峡两岸学术研讨会"，就2000年以来世界民族问题的特点与走向进行了研讨。国际学部举办了"第三届东北亚智库论坛""第五届中国—东盟智库战略对话论坛"，对当前的国际形势及我国的应对策略提出了建设性研究成果。马研学部举办了"纪念邓小平南方谈话发表20周年理论研讨会""首届全国马克思主义经济学论坛暨第六届全国现代政治经济学数理分析研讨会"等学术会议，研讨科学社会主义及马列主义基本原理在当代中国的发展等重大理论命题。

3. 积极开展对外学术交流与合作，不断增强中华文明影响力。2012年，中国社会科学院学部大力实施哲学社会科学"走出去"战略，积极搭建国际学术交流平台，主动参与各种国际学术活动，扩大哲学社会科学领域的国际交流，拓展了参与国际交流与合作的空间和渠道。

历史学部组织部分学部委员前往西班牙、希腊进行学术考察，重点考察古代文明及其东西方对比和西班牙、希腊两国历史文化遗产保护的理念、保护措施和成效。对地中海文明的特质、东西方文明和国家起源，特别是西班牙、希腊两国在文化遗产保护等方面的内容进行了考察和交流，撰写了《关于历史学部赴西班牙、希腊学术考察的报告》，围绕我国的历史学研究和文化遗产保护问题提出了相关对策建议。

国际学部组织部分学部委员和中东学者前往以色列和土耳其进行了为期 10 天的访问交流。学者们在两国的近 20 个政府部门、学术机构和大学进行了学术交流，实地了解两国的安全战略和地区政策。

马研学部应印度农业研究基金会邀请，派代表团赴印度新德里进行学术考察。考察期间，双方召开了专题研讨会，就现今中国的农业问题和印度的农村研究进行学术交流。

4. 积极发挥学术指导、学术咨询作用，不断推出学术成果。

（1）学部充分发挥学部委员在创新工程中的学术指导、学术咨询作用，组织学部委员、荣誉学部委员积极参与创新项目立项评审、长城学者资助计划评审、创新工程学术出版资助项目评审、创新工程学术期刊试点工作评审、创新工程重大研究项目选题、创新工程学部委员创新岗位评审等学术活动，在创新工程试点工作全面推进的过程中发挥自身的作用。

（2）根据工作安排，从 2012 年开始，由学部主席团组织编辑出版《中国社会科学院学部委员专题文集》。

（3）2012 年，各学部继续推出以集刊为代表的出版物多种。文哲学部编辑出版了《中国社会科学院文学哲学学部集刊（2012）》（以下简称《集刊》）。《集刊》共 2 卷（文学卷、哲学宗教语言卷），收录了该学部各研究所的学者 2008 年至 2010 年发表的论文共 58 篇，其中 34 篇论文的作者为学部委员、荣誉学部委员。

社会政法学部集刊第 3 卷《台湾民族问题：从"番"到"原住民"》付梓出版。《台湾民族问题：从"番"到"原住民"》是中国社会科学院目前在台湾"原住民"问题研究方面具有代表性的学术成果。

国际研究学部以 2011 年召开的"西方干预主义：理论与现实学术研讨会"和"2011 年国际热点、焦点问题学术研讨会"为基础，编辑出版了学部集刊第 5 卷《西方新国际干预的理论与现实》和《2011 年国际热点问题报告》。

马克思主义研究学部编辑出版了《马克思主义理论研究与学科建设年鉴（2012）》。年鉴主要汇集了 2011 年度马克思主义理论研究与学科建设新成果、新进展、新走向。翻译出版了《中国马克思主义研究文集（2011）》。

（四）科研管理体制机制改革

根据院实施创新工程的整体部署，积极研究推进科研管理体制机制改革，规范调整原有课题体系，制定《中国社会科学院创新工程课题（项目）管理体系规范调整方案（暂行）》，计划到 2014 年中国社会科学院逐步形成新的课题（项目）体系，包括院创新工程重大研究项目、研究所创新工程研究项目、国家基金项目、交办委托课题、国情调研项目、所级横向课题 6 大类。

制定印发《中国社会科学院创新工程重大研究项目管理办法（试行）》《中国社会科学院创新工程研究项目招标投标实施办法（试行）》《中国社会科学院交办委托课题管理办法》（2012 年第二次修订）等规章，对不同类型的课题（项目）实行院所分级管理，实施不同的创新岗位配置与奖励办法，鼓励科研人员积极承担院创新工程重大项目、国家基金项目和交办委托课题，积极构建体现中国社会科学院特点的课题（项目）管理体系。

编制《中国社会科学院 2013 年度研究项目指南》《中国社会科学院 2013 年度创新工程重大研究项目指南》《中国社会科学院 2013 年度国情调研项目指南》，对院创新工程重大项目、研究所创新工程项目和国情调研项目，实行"项目指南指导下的招标立项"管理制度。

根据基础学科与应用学科的不同特点，探索扶持学者进行基础研究的有效机制，制定《中国社会科学院创新工程"学者资助计划"实施方案（试行）》，建立、完善适应基础学科发展规律的、以基础研究学者为主要资助对象的"学者资助计划体系"，以"分类管理、分别资助"为基本原则，对主要从事基础研究的各级学者予以长期、稳定的资助，全院已资助 38 人左右，包括"学部委员创新岗位"、"长城学者资助计划"、"基础研究学者资助计划"、"青年学者资助计划"4 个不同类别。颁布《中国社会科学院创新工程学部委员创新岗位实施细则（试行）》《中国社会科学院创新工程"长城学者资助计划"管理办法（试行）》《中国社会科学院创新工程"基础研究学者资助计划"管理办法（试行）》《中国社会科学院创新工程"青年学者资助计划"管理办法（试行）》。

为激励非创新岗位在编人员多出高质量的科研成果，制定《中国社会科学院非创新岗位在编人员研究成果后期资助实施办法（试行）》。

积极研究推进科研评价改革创新，为优化资源配置提供科学依据。积极参与院创新单位年度综合评价制度建设，制定创新单位年度重大创新贡献评价指标体系，创新工程研究项目的立项评价、中期评价和结项评价指标体系，科研成果（包括专著类、论文类、研究报告类、学术资料类、工具书类、译著类、论文集类、数据库类等）评价指标体系，国情调研项目的立项、结项评价指标体系，学者资助项目评价指标体系，学科建设项目评价指标体系，学术期刊评价指标体系，学术社团评价指标体系，非实体研究中心评价指标体系，学术出版资助项目评价指标体系，科研经费总额拨付管理评价指标体系，所级单位创新方案评价指标体系，以及有关评价实施办法，努力探索符合哲学社会科学发展规律、适合中国社会科学院特点的科研评价体系。

（五）主要学术活动

2012 年，中国社会科学院主办了多场规模较大、在学界和社会产生较强影响力的学术会议。这些高水平的学术会议为院内外学者搭建了广阔的学术交流平台，对我国哲学社会科学的发展产生了积极影响。

1. 围绕重大纪念活动主题召开的学术会议。主要有："纪念邓小平'南方谈话'20 周年座谈会""纪念七千人大会召开 50 周年学术座谈会""继承传统 迎接挑战——纪念毛泽东《在延安文艺座谈会上的讲话》发表 70 周年学术座谈会""纪念胡乔木同志诞辰 100 周年座谈会""纪念陈云同志诞辰 107 周年学术座谈会""中法文学与文化关系暨卢梭诞辰 300 周年学术研讨会""庆祝《中国语文》创刊 60 周年学术研讨会"等。

2. 围绕重大理论、热点现实问题以及国际关系、国家安全开展的研讨活动。主要有："中国社会科学论坛——美学与艺术：传统与当代国际学术研讨会""文化自觉与中国想象力学术研讨会""中国文学从古典向现代转型学术研讨会""延安文艺与 20 世纪中国文学国际学术研讨会""格萨尔与世界史诗国际学术论坛""中国社会科学论坛（2012·文学）——2012 史诗研究国际峰会——'多样性、创造性及可持续性'""外国文学与中国的现代自我全国学术研讨会""国际汉语史、第 11 届全国古代汉语学术研讨会""马克思主义哲学与中国特色社会主义道路理论研讨会""中国社会科学论坛——第三届中国古文献与传统文化国际学术研讨会""中国古代史学科理论与术语规范学术研讨会""多维视野下的中东变局学术研讨会""2012 年中国社会科学论坛——宗教慈善与社会发展""国际化视野下的中国东海——历史·现实·未来高端学术研讨会""孙中山与近代中国思想文化学术研讨会""新史料·新发现：中国与苏联和东欧国家关系（1949～1989）国际学术研讨会""中国社会科学论坛：新时期中国收入分配""中国社会科学论坛：公平获取可持续发展国际研讨会暨《气候变化绿皮书》发布会""2012 年中国房地产高峰论坛暨《2012 年房地产蓝皮书》发布会""《中国农村经济形势分析与预测（2011～2012)》出版发布暨研讨会""经济增长转型与资本市场发展研讨会""中国社会科学论坛暨第九届国际法论坛""中国社会科学论坛暨法治与科学发展国际研讨会""首届全国马克思主义经济学论坛暨第六届全国现代政治经济学数理分析研讨会""新型农村合作医疗改革与发展战略论坛""世界与中国：2012 学术研讨会""中国社会科学论坛：G20 与国际经济秩序研讨会""2012 年中国经济观察与思考高层研讨会：中国经济内外部风险和应对策略""全国历史唯物主义和当代中国发展理论研讨会""2012 年全国思想政治教育学术研讨会""中俄关系及其国内国际因素（1991～2011）国际研讨会""第六届陈云与当代中国学术研讨会""第六届中韩国际学术研讨会"等。

3. 重要的学会团体和论坛年会。主要有："中国当代文学研究会第 17 届年会""中国近代文学研究 30 年回顾与前瞻学术研讨会暨中国近代文学学会第 16 届年会""中国中外文艺理论学会年会暨 21 世纪的文艺理论：国际视域与中国问题国际学术研讨会""中国语言学会第 16 届学术年会""第九届中国公民道德论坛""宗教与文化发展高层论坛暨 2012 年中国宗教学会年会""图书馆、情报与文献学名词审定委员会会议""考古论坛——2012 年中国考古新发现""中国政治经济学论坛第 14 届年会""第六届中国经济增长与周期国际高峰论坛""中国经济规律研究会第 22 届年会""中国人类学民族学 2012 年年会：中华民族多元一体格局的形成与发展专题会议""中国人类学民族学 2012 年年会：牧民贫困和牧区扶贫专题会议""中国经济社会发展智库第 6 届高层论坛""第五届全国马克思主义青年论坛""中华外国经济学说研究会第 20 届年会""中国世界经济学会年会暨 2012 世界经济重大理论研讨会""第 12 届国史学术年会"等。

（六）年度科研工作特点

从总体来看，2012 年中国社会科学院科研工作具有以下特点：

（1）推进创新工程科研管理体制机制改革。2012 年，中国社会科学院根据推进创新工程试点工作的要求，继续实施科研管理体制机制改革。本着"出精品、出人才"的原则，建立了创新工程项目管理体系和学者资助体系。在项目管理体系中，对不同类型的项目（课题）实行院所分级管理，实施不同的创新岗位配置与奖励办法。建立项目指南制度，对院创新工程重大项目、研究所创新工程项目和国情调研项目，实行"项目指南指导下的招标立项"管理制度。在学者资助体系中，根据基础研究的学科特点，建立了以基础研究学者为主要资助对象的"学者资助计划体系"，以"分类管理、分别资助"为基本原则，对主要从事基础研究的青年学者、科研骨干、长城学者及学部委员、荣誉学部委员予以长期、稳定的资助，鼓励其潜心研究。同时，还建立了科研资源配置体系、成果资助体系、考核评价办法等规章制度与之配套，从而使全院科研工作纳入创新工程的管理体系中，形成以创新工程为核心的科研组织方式。

（2）围绕"三个定位"要求组织科研工作。2012 年，根据中央对中国社会科学院"三个定位"的要求，在创新工程推动下，全院科研工作更加紧密地围绕阵地建设、智库建设、殿堂建设展开。在马克思主义阵地建设方面，马克思主义研究在学科布局、人才培养、项目实施方面得到有力推动，马克思主义相关研究学科的影响力正在不断提升。在智库建设方面，围绕国家经济社会发展和国际战略中全局性、趋势性、综合性等重大问题开展科研攻关，许多研究成果得到中央领导批示或被中央和国家有关部门采用。如：城镇化问题、经济结构调整、社会稳定机制、廉政建设问题等。在学术殿堂建设方面，通过创新工程积极推进学科创新，科研技术和手段不断更新，资料积累、数据库建设等方面取得显著成效。不少学科、研究中心、实验室在创新工程扶持下研究实力和学术影响得到极大提升。

（3）组织多种形式的学术交流活动。2012 年，中国社会科学院积极组织开展多种形式的国内外学术交流活动，进一步提高中国社会科学院的学术水平和学术影响力。如：继续举办中国社会科学论坛、与国外知名学术机构开展合作研究项目、组织中青年学者培训、实施优秀科研成果"走出去"等交流活动。此外，各学部、研究所根据需要组织多种形式的学术会议，进一步加强了学科建设和人才队伍建设，扩大了中国社会科学院的学术影响力。

三　科研机构工作

文学哲学学部

文学研究所

（一）人员、机构等基本情况

1. 人员

截至 2012 年年底，文学研究所共有在职人员 122 人。其中，正高级职称人员 33 人，副高级职称人员 37 人，中级职称人员 32 人；高、中级职称人员占全体在职人员总数的 84%。

2. 机构

文学研究所设有：古代文学研究室、现代文学研究室、当代文学研究室、文艺理论研究室、民间文学研究室、比较文学研究室、台港澳文学与文化研究室、近代文学研究室、古典文献研究室、数字信息研究室、《文学评论》编辑部、《文学遗产》编辑部、《中国文学年鉴》编辑部、图书馆、办公室、科研处、人事处。

3. 科研中心

文学研究所所属科研中心有：世界华文文学研究中心、中国民俗文化研究中心、比较文学研究中心、马克思主义文艺与文化批评研究中心。

（二）科研工作

1. 科研成果统计

2012 年，文学研究所共完成专著 25 种，730.4 万字；论文 435 篇，522 万字；研究报告 2 篇，3.6 万字；学术资料 6 种，487 万字；古籍整理 4 种，114.4 万字；译著 3 种，90.1 万字；译文 5 篇，6.3 万字；学术普及读物 7 种，310.2 万字；论文集 9 种，255.8 万字。

2. 科研课题

（1）新立项课题。2012 年，文学研究所共有新立项课题 11 项。其中，国家社会科学基金课题 5 项："中国文学近代化转型史论"（王飚主持），"秦汉文学史"（刘跃进主持），"托·斯·艾略特戏剧创作研究"（陆建德主持），"家乡民俗学的理论与实践研究"（安德明主持），"宋代文学地图数字分析平台研究"（刘京臣主持）；院国情调研课题 1 项："江苏省文化遗迹的保护和使用情况"（陆建德主持）；所重点课题 5 项："毛泽东《在延安文艺座谈会上的讲话》文艺思想研究"（丁国旗主持），"北平指南：张恨水的城市体验与书写"（杨早主持），"晚唐齐梁诗风研究"（张一南主持），《说文》段注经学研究成果辑评"（郜同麟主持），"温克尔曼的希腊艺术图景"（高艳萍主持）。

（2）结项课题。2012 年，文学研究所共有结项课题 37 项。其中，国家社会科学基金课题 5 项："20 世纪中国文学史通论"（杨义主持），"《礼记》元文学理论形态研究"（王秀臣主持），"啸史：中国古代文学与音乐关系之个案研究"（范子烨主持），"'同文'的现代转换——日语借词中的思想与文学"（董炳月主持），"新时期比较神话学反思与开拓研究"（叶舒宪主持）；院重点课题 10 项："20 世纪中国女性诗歌史论"（周亚琴主持），"21 世纪中国新媒体与文学发展趋向研究"（王绯主持），"梁籍考——全梁著作的文献学研究"（吴光兴主持），"瞿秋白的文学理论与文化思想"（胡明主持），"中华文明探源的神话学研究"（叶舒宪主持），"先秦诸子还原研究"（杨义主持），"文化语境中的中国翻译文学"（赵稀方主持），"日常生活审美化与当代中国社会"（高建平主持），"清代戏曲史论"（李玫主持），"古典诗学形式范畴系统与民族精神传统"（刘方喜主持）；院青年科研启动基金课题 3 项："《左传》的比较神话学阐释——以'玉'的叙事为中心"（谭佳主持），"唐宋诗词意象与文渊阁《四库》谱录之学"（王莹主持），"汉赋礼仪功能研究"（孙少华主持）；院国情调研课题 1 项："江苏省文化遗迹的保护和使用情况"（陆建德主持）；所重点课题 18 项："文化视野中的明清小说评点"（吴子林主持），"白居易研究史"（陈才智主持），"孙楷第学术成就研究"（杨镰主持），"20 世纪中国古代小说学术史编年"（竺青主持），"古诗文名物新证——以敦煌艺术为中心"（赵永晖主持），"君君臣臣：明清小说的道德焦虑"（刘倩主持），"柳田国男民间文学思想研究"（乌日古木勒主持），"对先秦文学的发生学、民族学、图志学的综合考察"（杨义主持），"当代生态文明与女性写作"（田美莲主持），"正剧中的传奇——新时期文学理论 30 年的历史叙述"（何浩主持），"超文本与网络互文性研究"（陈定家主持），"跨文化视野的形成"（孙歌主持），"《红楼梦》版本研究"（夏薇主持），"论'五常'概念的形成"（高晓成主持），"网络媒介中的女性文化生态"（程朝霞主持），"李齐贤诗文研究"（李桃主持），"波德里亚'超美学'思想引论"（刘玲华主持），"网络文学媒体化发展历程探析"（汤俏主持）。

（3）延续在研课题。2012 年，文学研究所共有延续在研课题 45 项。其中，国家社会科学基金课题 14 项："桐城派与清季民国学坛"（王达敏主持），"清代文人官年与实年丛考研究"（张剑主持），"《孔丛子》的文献价值与秦汉古书的学术传统研究"（孙少华主持），"元代双语文学现象与双语文学家研究"（杨镰主持），"中唐古文与儒学转型研究"（刘宁主持），"日常生活理论与当代审美意识形态研究"（金惠敏主持），"中国文学人类学理论与方法研究"（叶舒宪主持），"重回文学的历史现场：社会调查、文本细读与现当代文学中的农村视野"（何吉贤主持），"外交事件和中国现代文学民族话语的发生研究（1919～1932）"（冷川主持），"中国文学近代化转型史论"（王飚主持），"秦汉文学史"（刘跃进主持），"托·斯·艾略特戏剧创作研究"（陆建德主持），"家乡民俗学的理论与实践研究"（安德明主持），"宋代文学地图数字分析平台研究"（刘京臣主持）；院重点课题4项："民间文学的存在论"（户晓辉主持），"元词文献集成研究"（杨镰主持），"现代日本与西域文化"（董炳月主持），"鲁迅日文藏书研究"（赵京华主持）；院青年科研启动基金课题1项："王维对宋词影响研究"（刘京臣主持）；所重点课题26项："中国文学体系的近代化转型"（王飚主持），"吕碧城研究"（张奇慧主持），"左翼文学与文学史叙述"（萨支山主持），"延安作家研究"（吕晴主持），"中国俗文学传统中的文学意义"（彭亚飞主持），"蒙元文学群体与蒙元多元文化圈研究"（王筱芸主持），"《艳史》《隋史遗文》《隋唐演义》——明清易代之际对隋唐历史的文学解读"（石雷主持），"新时期初文坛名家致荒煤书信研究"（严平主持），"抗战文学与正面战场"（张中良主持），"清末舆论中呈现的社会文化思潮"（杨早主持），"抗战时期西南旅行记研究"（段美乔主持），"叶燮《原诗》疏证"（蒋寅主持），"论戴震与纪昀"（杨子彦主持），"战争与演剧：'抗战演剧'与演剧队研究（1937～1945）"（何吉贤主持），"网络文学生态论"（陈定家主持），"'解严'后台湾纪录片的美学发展与社会议题"（李晨主持），"清代旗人说唱文学研究"（李芳主持），"弘光朝的社会、心理和意识形态"（李洁非主持），"16～20世纪的龙与中国形象"（施爱东主持），"童话形态学研究"（杨鹏主持），"中国民营话剧研究"（刘平主持），"毛泽东《在延安文艺座谈会上的讲话》文艺思想研究"（丁国旗主持），"北平指南：张恨水的城市体验与书写"（杨早主持），"晚唐齐梁诗风研究"（张一南主持），"《说文》段注经学研究成果辑评"（邰同麟主持），"温克尔曼的希腊艺术图景"（高艳萍主持）。

3. 获奖优秀科研成果

2012年，文学研究所获中国社会科学院胡绳青年学术奖1项：陈才智的《元白诗派研究》。

4. 创新工程的实施和科研管理新举措

2012年，文学研究所开始进入中国社会科学院创新工程。2012年2月，创新工程项目"当代中国文学现状与文化发展研究"获得院务会议批准并完成签约。该项目设立创新岗位24人，首席研究员白烨、高建平。2012年底，经创新办批准，文学研究所扩大申报创新工程项目"中国文学的现代转型与中国经验研究"，该项目设立创新岗位20人，首席研究员赵京华、黎湘萍、安德明。

为配合创新工程的实施，文学研究所在已有的"学术论坛""亚洲文化论坛"和"文学名家"讲座之外，又开辟了"学术创新论坛"，安排全所的研究人员从各自的研究领域入手，就相关的学术话题作学术讲座。从 3 月开始已经举办了七讲，拟结集出版。大家认识到，即使是文学研究所这样以基础学科为主的老所，也应当分类管理。第一批进入创新岗位的学科，主要面向文化主战场。而其他学科，则主要是以中国文学史研究为主。中国文学史研究，应当注意其多元融汇与经典形成这样一个传统的特点，经过深入细致的研究，为当代经典的创造提供有益的借鉴。同时，文学研究所领导班子面对研究所的实际和创新工程的新形势，确立了四项工作重点：一是确定文学研究所的发展方向，即积极投身当代文学建设；回归经典、回归传统。二是明确创新起点、创新目标、创新任务；树立机遇意识、差距意识；准确定位，分类管理。三是迫切认识到人才强所的重要性，大力培养、引进优秀人才。四是协调好各种利益关系，做好思想教育工作。书记、所长与最后一批科研人员进入创新岗位。另一项重要工作是做好2013 年创新工程项目"中国文学：经典建构与多元进程"的申报准备工作。

（三）学术交流活动

1. 学术活动

2012 年，文学研究所主办和承办的学术会议有：

（1）2012 年 5 月 11 日，由中国社会科学院文学哲学学部主办，中国社会科学院文学研究所、中国社会科学院中国特色社会主义理论体系研究中心联合承办的"继承传统 迎接挑战——纪念毛泽东《在延安文艺座谈会上的讲话》发表 70 周年学术研讨会"在北京举行。会议的主题是"宏扬《在延安文艺座谈会上的讲话》精神，总结《在延安文艺座谈会上的讲话》70 年来指导我国文艺与文化建设的丰富实践与宝贵经验，探讨具有中国特色的社会主义文化发展道路"。研讨的主要问题有"关于《在延安文艺座谈会上的讲话》的历史功绩与历史影响""关于文艺与人民、文艺与政治的关系""关于《在延安文艺座谈会上的讲话》对当代文艺发展的启示与意义"。

（2）2012 年 5 月 11 日，由中国社会科学院文学哲学学部主办，中国社会科学院文学研究所承办的"纪念何其芳诞辰 100 周年座谈会"在北京举行。会议的主题是"回顾何其芳的人生经历和创作研究历程，高度评价其在中国现代文学史和现代学术史上的成就，以及对文学研究所的建立和发展作出的卓有成效的贡献"。

（3）2012 年 5 月 18 ~ 21 日，由中国社会科学院文学研究所、江苏师范大学联合主办的"中国社会科学论坛（2012 文学）·美学与艺术：传统与当代国际学术研讨会"在江苏省徐州市举行。会议的主题是"把握国际美学的发展趋势，结合中国古代艺术的历史与现代境遇，在'美学与艺术、传统与当代'的视野下，探讨美学发展的新理论与研究方向"，研讨的主要问题有"当代语境中对美学与艺术传统的新审视""面向当代世界的中国美学与艺术""美学对促进艺术与文化繁荣与发展的意义"。

（4）2012 年 10 月 13～14 日，由中国社会科学院文学研究所主办的"文化自觉与中国想象力学术研讨会"在北京举行。会议的主题是"打破现有的学科界限，加强文学与文化的勾连，以混合型团队的方式，面对新的文学、文化现实，捕捉新现象，研究新问题"，研讨的主要问题有"全球经济社会转型中文化的作用和地位""文学艺术生产在文化战略中的地位和作用""科幻文学中的中国表达与世界想象""新媒体文学的崛起与历史表达"。

2012 年 10 月，"文化自觉与中国想象力学术研讨会"在北京举行。

（5）2012 年 10 月 14～15 日，由中国社会科学院文学研究所主办的"中国文学从古典向现代转型学术研讨会"在北京举行。会议的主题是"中国文学从古典向现代转型"，研讨的主要问题有"文学体系的现代转型""古典文学与文学革命""中国现代文学观念与美学的形成"。

（6）2012 年 11 月 9～11 日，由中国社会科学院文学研究所主办的"白先勇的文学与文化实践暨两岸艺文合作学术研讨会"在北京举行。会议的主题是"以白先勇为切入点深入讨论当代的文学、文化建设，历史问题和两岸艺文合作，挖掘白先勇的文学与文化实践的独特性，以期对促进台湾文学文化研究、推动'两岸三地'文化交流起到重要作用"，研讨的主要问题有"文学书写及其影视改编""青春版《牡丹亭》的美学意义及昆曲复兴""历史书写与历史重建"。

文学研究所"亚洲文化论坛"讲座：

（7）2012 年 6 月 19 日，美国德锐大学亚洲研究中心主任柏棣教授在文学研究所作题为《女性主义的乌托邦——文化研究视野中的革命样板戏》的报告。

（8）2012 年 7 月 24 日，华东师范大学中文系教授罗岗在文学研究所作题为《理论如何把握现实——重探"资产阶级法权"讨论及其历史影响》的报告。

文学研究所"学术创新论坛"讲座：

（9）2012 年 3 月 13 日，文学研究所研究员刘跃进在文学研究所作题为《走进经典的途径——关于文学史研究进入创新工程的思考》的报告。

（10）2012 年 3 月 20 日，文学研究所研究员高建平在文学研究所作题为《当代文学学术研究中的几对关系》的报告。

（11）2012 年 3 月 27 日，文学研究所研究员孙歌在文学研究所作题为《为什么谈"亚洲"》的报告。

（12）2012 年 4 月 10 日，文学研究所研究员赵京华在文学研究所作题为《文学的边界》的报告。

（13）2012 年 5 月 15 日，文学研究所副研究员施爱东在文学研究所作题为《谣言的鸡蛋情绪》的报告。

（14）2012 年 6 月 12 日，文学研究所研究员张国星在文学研究所作题为《人的认识与中国古代文学研究》的报告。

（15）2012 年 6 月 19 日，文学研究所研究员陆建德在文学研究所作题为《门外谈学——略谈中国古典文学研究》的报告。

2. 国际学术交流与合作

2012 年，文学研究所共派遣出访 38 批 48 人次，接待来访 4 批 6 人次（其中，中国社会科学院邀请来访 3 批 3 人次）。与文学研究所开展学术交流的国家有美国、加拿大、德国、意大利、荷兰、斯洛伐克、奥地利、日本等。

（1）2012 年 8 月 21 日，美国纽约大学教授张旭东在文学研究所作题为《黑格尔美学与近代文学批评的理论与实践》的报告。

（2）2012 年 10 月 16 日，奥地利学者雷立柏在文学研究所作题为《重读西方古代和中世纪经典》的报告。

（3）2012 年 10 月 18 日，意大利学者兰姆波提在文学研究所作题为《麦克卢汉的文学研究与媒介研究》的报告。

（4）2012 年 12 月 14 日，美国文学理论家詹姆逊教授在文学研究所作题为《文化风格的历史分析：全球资本主义时代的经验与叙事》的报告。

（5）2012 年 12 月 25 日，日本学者下定雅弘教授在文学研究所作题为《白居易〈琵琶行〉及其创作背景四个文学系谱》的报告。

3. 与中国香港、澳门特别行政区和中国台湾开展的学术交流

2012 年 4 月 24 日，文学研究所举办"亚洲文化论坛"讲座，邀请台湾交通大学社会与文化研究所刘纪蕙作题为《"一分为二"，或是冷战结构的内部化：重探矛盾论与历史发生学的问题》的报告。

（四）学术社团、期刊

1. 社团

（1）中国近代文学学会，会长黄霖。

2012 年 2 月 8 ~ 13 日，由中国近代文学学会南社与柳亚子研究分会策划、会长王飙为总撰稿、江苏电视台摄制的 6 集电视纪录片《百年南社》在中央电视台 10 频道播出。

2012 年 3 月 29 日至 4 月 2 日，中国近代文学学会、湖南大学文学院在湖南省长沙市联合主办"中国近代文学研究 30 年回顾与前瞻学术研讨会暨中国近代文学学会第 16 届年会"。会议的主题是"中国近代文学研究 30 年回顾与前瞻"，研讨的主要问题有"中国近代文学的学科地位""中国近代文学的研究趋向""中国近代文学的现代性转型"。中外专家学者 140 多人参加了会议。

（2）中国当代文学研究会，会长白烨。

2012 年 5 月 16～19 日，中国当代文学研究会、陕西师范大学、延安大学联合主办的"延安文艺与 20 世纪中国文学学术研讨会"在陕西省延安市召开。会议的主题是"纪念毛泽东《在延安文艺座谈会上的讲话》发表 70 周年"，研讨的主要问题有"延安文艺的文献史料学研究""延安文艺与国内外文学思潮""延安文艺的传播和影响""延安文学重要作家作品研究"。与会专家学者 100 多人。

2012 年 11 月 24～26 日，中国当代文学研究会主办、江苏师范大学文学院承办的"中国当代文学研究会第 17 届年会"在江苏省徐州市举行。会议的主题是"多元结构与深层变革中的中国当代文学"，研讨的主要问题有"文化转型与文学新变""学科建设与批评方法""文学史写作及其反思""族裔、认同与当代文学创作""性别、身份与当代文学创作"。与会专家学者 150 多人。

（3）中国现代文学研究会，会长温儒敏。

2012 年 12 月 8～9 日，中国现代文学研究会主办、福建师范大学文学院承办的"中国现代文学研究会第 11 届理事会第二次会议"在福建省福州市举行。会议的主题是"学术资源的开掘与转化"，研讨的主要问题有"新史料的发掘与研究""民国史视角与现代文学""现代散文研究""学术研究与教学实践"。会议发布了中国现代文学研究会第三届王瑶学术奖评选结果。与会专家学者 70 多人。

（4）中华文学史料学学会，会长刘跃进。

2012 年 8 月 21～24 日，中华文学史料学学会主办，四川师范大学文学院、四川师范大学巴蜀文化研究中心、中华文学史料学学会古代文学史料研究分会联合承办的"中国古代文学文献国际学术研讨会暨中华文学史料学学会古代文学史料研究分会 2012 年年会"在四川省成都市举行。会议的主题是"研讨中国古代文学文献及史料"，研讨的主要问题有"关于传统文献的利用与研究""关于出土文献的利用与研究""关于域外文献的利用与研究"。中外专家学者110 多人参加了会议。

（5）中国鲁迅研究会，会长杨义。

2012 年 9 月 24～26 日，中国鲁迅研究会在河北省保定市主办"中国鲁迅研究会 2012 年年会"。会议的主题是"鲁迅的精神特质与经典细读"，研讨的主要问题有"鲁迅与民族精神""鲁迅经典文本解读""鲁迅思想的未来阐释"。与会专家学者 70 多人。

（6）中国中外文艺理论学会，会长钱中文。

2012 年 8 月 8～11 日，中国中外文艺理论学会、山东师范大学文学院在山东省济南市联合主办 "21 世纪的文艺理论：国际视域与中国问题国际学术研讨会暨中国中外文艺理论学会第九届年会"。会议的主题是 "21 世纪中外文学理论的新发展、新趋向"，研讨的主要问题有 "中国特色文艺理论的研究与生成" "古代文论研究的挑战与机遇" "国外文论与中国文艺理论研究" "新媒体生产与文化研究" "美学研究与当代社会"。中外专家学者 300 多人参加了会议。

2. 期刊

（1）《文学评论》（双月刊），主编陆建德。

2012 年，《文学评论》共出版 6 期，共计 216 万字。该刊全年刊载的有代表性的文章有：朱立元的《对 "文学是人学" 命题之再认识——对刘为钦先生观点的若干补充和商榷》，徐仲佳的《性觉醒与中国现代女性文学的兴起》，贾振勇的《创伤体验与茅盾早期小说》，曾繁仁的《人类中心主义的退场与生态美学的兴起》，吴承学的《论〈古今图书集成〉的文学与文体观念——以〈文学典〉为中心》，王元骧的《对于文学理论的性质和功能的思考》，韩高年的《春秋时代的文章本体观念及其奠基意义》，杨义的《文学地理学的渊源与视镜》，王中的《小说的诗辩——谈现代小说的文体意识》，刘家思的《论刘大白的新诗创作对现代新诗体的贡献》，罗小凤的《古典诗传统的再发现——1930 年代新诗的一种倾向》，金理的《在时代冲突和困顿深处：回望孙少平》，王建刚的《社会学诗学：巴赫金 "维捷布斯克时期" 文艺思想研究》，罗晓静的《 "群" 与 "个人"：晚清政治小说与五四问题小说之比较研究》，汤拥华的《文学理论如何实用？——以美国新实用主义者对 "理论" 的批判为中心》，顾明栋的《中国美学思想中的摹仿论》，冯宪光的《西马文论是非论》，林精华的《何谓社会主义现实主义？》，［美］诺埃尔·卡罗尔的《英美世界的美学与马列主义美学的交汇》。

（2）《文学遗产》（双月刊），主编刘跃进。

2012 年，《文学遗产》共出版 6 期，共计 180 万字。该刊全年刊载的有代表性的文章有：陈尚君的《兼容文史 打通四部》，曹旭的《文学研究，请重视 "特殊的" 文学本位》，左东岭的《文学经验与文学历史》，梅新林的《学科交融与学术创新》，周裕锴的《古代文学研究中的 "右文说"》，韩经太的《古典文学艺术：价值追问与艺术讲求》，王兆鹏的《建设中国文学数字化平台的构想》，程章灿的《作为学术文献资源的欧美汉学研究》，胡可先的《中国古代文学实证研究的思考》，马自力的《古代文学研究中理性史观和语境史观的平衡与对话》，王长华的《 "了解之同情" 与历史意识建立》，吴相洲的《注意古代文学知识的转化》，徐公持的《论秦汉制式文章的发展及其文学史意义》，许结的《西汉韦氏家学诗义考》，赵辉的《先秦文学主流言说方式的生成》，马里扬的《 "眉山记忆" 与苏轼词风的嬗变轨迹》，周裕锴的《以战喻诗：略论宋诗中的 "诗战" 之喻及其创作心理》，徐雁平的《批点本的内部流通与桐城派的发展》，王传龙的《"九僧"生卒年限及群体形成考》，石昌渝的《从〈精忠录〉到〈大宋中兴通俗演义〉——小说商品生产之一例》，陈广宏的《"古文辞"沿革的文化形态考察——以明嘉靖前唐宋文传统的建构及解构为中心》，罗宗强的《明代文学思想发展中的几个理论问题》，程毅中的《〈三国志演义〉与宋元话本》，邓绍基的《虞集与〈十花仙〉杂剧》。

（五）会议综述

继承传统 迎接挑战——纪念毛泽东《在延安文艺座谈会上的讲话》
发表 70 周年学术研讨会

2012 年 5 月 11 日，由中国社会科学院文学哲学学部主办，中国社会科学院文学研究所、中国社会科学院中国特色社会主义理论体系研究中心联合承办的"继承传统 迎接挑战——纪念毛泽东《在延安文艺座谈会上的讲话》发表 70 周年学术研讨会"在北京举行。来自中国社会科学院、中国作家协会、中国艺术研究院等单位的专家学者共 100 多人参加了会议。中国社会科学院副院长李慎明到会作了讲话。中国社会科学院文学研究所所长陆建德主持了大会开幕式，文学研究所党委书记刘跃进、副所长高建平参加了研讨会。

李慎明在讲话中认为，今天认真领会 70 年前毛泽东同志关于文艺工作者要认真学习马克思主义的相关论述，具有强烈的现实意义。他详细阐述了认真学习马克思主义的四个原因：一是坚持我国文艺的社会主义性质和方向的需要；二是深入群众、认识生活、抓住事物本质的需要；三是改造世界观的需要；四是不断坚定对马克思主义的信仰，进一步提高历史责任感的需要。

关于《在延安文艺座谈会上的讲话》的历史功绩与历史影响。中国社会科学院荣誉学部委员张炯认为，它是一篇马克思主义文艺理论的划时代文献，总结了"五四"以来中国革命文艺的新经验，直面当时革命文艺所出现的新问题，不但继承和发挥了此前马克思主义经典作家的理论思想，而且在许多方面丰富和发展了马克思主义的文艺理论，对我国和世界其他国家的革命文艺运动都产生了深远影响。中国社会科学院文学研究所研究员白烨认为，《在延安文艺座谈会上的讲话》与邓小平《在中国文学艺术工作者第四次全国代表大会上的祝词》有着极为密切的精神承继和内在联系，二者在新的文艺形势下的有机融合，构成了新时期以来文艺发展的主要指导思想。中国作协创研部主任梁鸿鹰认为，在中国共产党的历史上，毛泽东的《讲话》与瞿秋白的《鲁迅杂感选集序言》是两个独特而意义多重的文本，两者充分反映了一个党的领导人对文学、文艺的热爱，体现了他们浓厚的人文情怀与高度的文化素养，给我们永久的教益。陆建德在发言中认为，《讲话》并不是神圣的，而是特定时期的历史产物，它展现了毛泽东作为先行者的问题意识，对于文学家如何进入社会及知识分子的自我认识等问题都有着重要意义。

关于文艺与人民、文艺与政治的关系。中国艺术研究院马列文论研究所所长陈飞龙认为，一般可以从文艺与人民、文艺与生活、文艺与政治三个层面来解读《讲话》。文艺与人民与生活的关系很容易讲，而文艺与政治的关系却最难谈。怎样在文艺中谈政治，是理论界要进一步关注、讨论的问题。中国社会科学院文学研究所研究员张中良认为，《讲话》已经发表70年，关于文艺与生活、文艺与人民关系的论述，对我们仍有经典的启迪意义。他以《建国大业》为对象，批判了当今艺术界盲目追求明星效应的弊病；通过对《渴望》一剧的肯定，强调了深入生活、深入人民的重要性。

关于《讲话》对当代文艺发展的启示与意义。梁鸿鹰认为，《讲话》的价值可以从多方面解读，如《讲话》明确了文艺的社会属性、公共属性，突出了劳动和劳动者的价值与意义，重申了文艺创作一定要有理想主义的烛照等。中国社会科学院外国文学研究所所长陈众议认为，在强势资本对民族文化的侵蚀非常严重的情况下，我们尽可能地守护美好的民族传统，这不仅是出于文化生态多样性的需要，更是重情重义的君子之道、人文之道。

（丁国旗）

中国社会科学论坛（2012 文学）·美学与艺术：传统与当代国际学术研讨会

2012 年 5 月 18～21 日，由中国社会科学院文学研究所、江苏师范大学联合主办的"中国社会科学论坛（2012 文学）·美学与艺术：传统与当代国际学术研讨会"在江苏省徐州市举行。开幕式上，江苏师范大学党委书记徐放鸣致欢迎词，中国社会科学院文学研究所副所长高建平、国际美学协会会长柯提思·卡特致开幕词；中国社会科学院文学研究所所长陆建德在闭幕式上发表讲话。来自国际美学界的近 10 位著名学者及中国社会科学院文学研究所、北京大学等国内科研机构和高校的学者 50 多人参加了会议。

关于"当代语境中对美学与艺术传统的新审视"。美国加州长岛大学的贝林特提出，传统的美学是与美及艺术、自然拥有的特殊价值联系在一起的。近十几年来，美学领域迅疾地扩张，美学被运用到环境、日常生活、食物、社团和社群，并且意识到有必要接纳其他文化的艺术实践。审美鉴赏的传统解释无法轻易适应这种扩张，因而需要不同的理论方法。德国巴塞尔大学的佩茨沃德欲勾勒城市漫游美学的轮廓。他认为，城市漫游美学超出了艺术理论意义上的传统美学，它将美学与日常生活、社会生活关联起来，就方法论而言，任何有关城市漫游理论的有价值的当代方法皆包含了现象学和语义学的因素。城市漫游是现代性时代及其之后的都市文化的重要组成部分。南京大学的赵宪章提出了"文学图像论"这个新命题，它由维特根斯坦的"语言图像论"取义，主要研究文学和世界的图像性关系。其并不是要建构新的理论体系，而是试图在文学和艺术之间发现新问题，即：文学作为语言艺术，在和图像艺术的交互变体中，究竟发生了什么新变，二者产生了怎样的纠结，其间又遮蔽着哪些复杂而又深刻的美学问题。"文学图像论"认为，文学是用"象思维"并且经由"图像"和世界发生了种种联系，这些联系具有某种必然性，其中的核心是语象和图像的逻辑关系。

关于"面向当代世界的中国美学与艺术"。美国威斯康星州麦魁特大学的柯提思·卡特探索了全球化与中国 20 世纪艺术先锋派发展的关系。他认为，艺术全球化指的是参与世界性文化交流或商业的艺术。在中国，除了道或禅宗这些土生土长的契机对先锋派精神有所贡献外，还有受西方影响的先锋派艺术，即建基于实验美学考虑的新艺术，或旨在带来社会转变的社会先锋派艺术。即兴创作是先锋派艺术和实验艺术的核心因素，先锋派这样的西方艺术史概念可以运用到中国艺术发展研究的逻辑上。中国社会科学院文学研究所的杜书瀛认为，需要重新考察中国古代文论，并对之进行"正名"——它的名字应该叫做"诗文评"。考察数千年"诗文评"自先秦萌芽、魏晋南北朝诞生、宋代繁荣、明清"集大成"以及走向衰落并向现代形态文艺学蜕变，着眼点是如何汲取优秀传统而进行今天的文艺学建设，也探究外来因素如何同中国元素相融会、相结合。

关于"美学对促进艺术与文化繁荣与发展的意义"。山东大学的陈炎提出，为了揭示各种文化现象之间的普遍联系，可以把人类的文化谱系简化为"体育""艺术""工艺""科学"四种典型形态，并探讨其相互之间由"量变"导致"质变"的逻辑关系。上海交通大学的王杰对马克思《1844 年政治经济学手稿》的美学思想与现代性问题进行了重新论述。他认为，在美学和人文学科研究中引入当代人类学等实证科学乃至自然科学的方法，诸如数理统计与分析、田野调查、精神分析方法和自然科学研究中的新方法是非常重要的。

（朱存明）

文化自觉与中国想象力学术研讨会

2012 年 10 月 13～14 日，由中国社会科学院文学研究所主办的"文化自觉与中国想象力学术研讨会"在北京举行。作为创新工程项目"当代中国文学现状与文化发展研究"召开的首次大型学术研讨会，会议着眼于社会转型的既成事实及其对学术研究构成的挑战与机遇，期望对此既相互区别又内在关联的两个论域进行深入探讨时，既保持严谨的学术研究传统，又能促进它们与文化现实的密切相关性。会议由创新工程项目"当代中国文学现状与文化发展研究"首席研究员高建平、白烨主持，文学研究所所长陆建德、文学研究所"创新工程"成员及著名学者庹祖海、汪晖、孟繁华、贺绍俊、金元浦、王一川等来自文化部、全国部分高校和研究机构的 50 余名专家学者出席了会议。

关于全球经济社会转型中文化的作用和地位。学者们认为，文化对于国家、民族的生存与发展非常重要，它形成一种民族的精神支柱，是奠定大国地位不可或缺的因素。我们应重视文化战略中的核心价值观建设。有学者提出建构"马克思主义文化战略学"的构想，强调要克服西方文化战略学中的偏执的文化决定论倾向，形成我们自己的文化战略理论。还有学者提出"全球对话主义"的理念，认为要拿出文化自信，承担大国责任，积极融入国际文化语境，参与共建国际意识形态。

关于中国文化的特性与发展历史。有学者认为，中国文化是一个不断生成的通变性文化，具有很强的包容性，但近代以来的历史表明，在和平环境中中国文化能表现出一种强势，但面对外部强权，就会显示其内在的不足。中国的文化现代性具有被动性和缺乏超越性等缺陷，学者们对当下文化的种种弊病提出了批判，诸如：当下中国想象力沉重而匮乏，人们处于身体躁动而心灵冷落的失衡状态。一方面，文化成了一场泛滥无忌的消费秀；另一方面，在现代人尤其是年轻人中，实际上缺乏真正的文化自觉。文化被商品化，需求被欲望化，这些都是在推进文化自觉、发展文化产业过程中需要解决的问题。在讨论文化战略和文化产业发展现状及问题时，有学者提出，文化产业如果没有文化战略的支撑，就会被毁掉。中国当下有文化的战略意识，但并不代表这种战略是完成状态的，对于文化产业的战略定位，要有科学合理的布局。要注重文化质量的评价，这不仅有多少的标准，也应有优劣的标准，而后者还远远没有建立起来。

文学创作和研究自21世纪以来，呈现出了与以往文学史传统不同的面貌。这不仅表现在一些新的文类伴随着互联网时代的到来而空前繁盛，冲击、动摇了原有的文学格局，同时，文学表达和想象世界的经验方式也不断被重新提出并考量。学者们以21世纪的科幻文学与网络新媒体文学为例，讨论了不同文明条件下的文学想象方式。科幻文学依赖于自然科学的发展，也相应地依赖于写作者不同凡响的想象力。科幻文学的重要性在于，通过构筑文明观念更为广阔的文学世界，拓宽了传统文学的经验边界，这一点对于读者的现实认知，提供了不同维度的参照；其最大的意义是作为一种思想方式，一种思维方式，甚至是一种生活方式而存在。学者们还对以网络文学为代表的新媒体文学进行了重点讨论。即便不考虑文学理念的矛盾冲突，单就网络文学写作者及其作品的数量到阅读传播的普及，再到受众的年龄结构等因素而言，与传统文学相比，网络文学也堪称创造了中国文学的一个"奇迹"。与会代表普遍认为，它不仅冲击了原有的文学观念和格局，也带来了很多有启示性的问题，这是必须正面应对的，对此必须有一种理性的开放的态度，通过谨慎的研究与合理的引导，以求得一种健康完善的文学局面。

（陈福民）

白先勇的文学与文化实践暨两岸艺文合作学术研讨会

2012年11月9～11日，由中国社会科学院文学研究所主办、台湾趋势教育基金会协办的

"白先勇的文学与文化实践暨两岸艺文合作学术研讨会"在北京举行。中国社会科学院文学研究所副所长高建平主持了开幕式。中国社会科学院文学研究所所长陆建德、中国世界华文文学学会名誉会长张炯、中国作家协会副主席廖奔、台湾趋势教育基金会执行长陈怡蓁等出席会议并致辞。文化部副部长、中国艺术研究院院长王文章给大会发来贺信。台湾著名作家白先勇作了题为《从〈台北人〉到〈父亲与民国〉》的主题演讲，阐释并回溯从早期

2012 年 11 月，"白先勇的文学与文化实践暨两岸艺文合作学术研讨会"在北京举行。

创作《台北人》系列小说，到晚近所著《父亲与民国》的心路历程。来自海峡两岸学术研究界、戏曲界、影视界、出版界及媒体的近百位代表出席了会议。

关于文学书写及影视改编。白先勇是具有强烈的现代意识、社会关怀和文化使命感的人道主义华文作家。20 世纪 50 年代末开始文学创作，其小说《台北人》《纽约客》和长篇小说《孽子》已成为 20 世纪华文文学的经典之作。白先勇在 60 年代创办的《现代文学》杂志是台湾地区最具影响力的文学期刊，成为台湾文学史上的重要文献。研究白先勇的文学经验，对于深入研究 20 世纪中国的社会巨变，特别是战后台湾社会、文化、文学和精神状态的变迁具有重要意义。与会学者充分肯定了白先勇文学作品中的中国古典主义传统美学底蕴。陆建德指出，白先勇作品中弥漫着古典主义收敛、克制的风格，这显然受到中国古典主义美学的影响，所以，两岸读者在阅读白先勇作品时会体察到彼此文化参照体系的相似性，正是这种相近的文化参照构成了两岸艺文交流最重要的核心——文化的认同。张炯认为，白先勇特有的两岸生活经验，加之从先辈那里吸取的丰富的文化和文学营养，以及个人的文学才能，构成他具有特定时代风貌的文学创作的肥沃土壤，也使他的作品富于中华文化精湛而丰富的内涵。白先勇的文学作品不仅在文学史上占有重要地位，同时还被大量改编为影视剧作甚至戏剧，广泛传播，完成了从文学到文化的实践过程。来自台湾的张毅和曹瑞原等导演与大家分享了他们改编白先勇作品的实践经验，指出文学创作与影视创作产制上的本质区别所带来的文学作品改编影视剧作时必须面对的问题。福建省社会科学院的刘登翰从对原著的精神认识、叙述观念和中国传统的叙事美学等三个方面分析了大陆导演谢晋执导、改编自白先勇小说《谪仙记》的电影《最后的贵族》与原作之间的差别，指出，谢晋导演希望将本片主题"从社会的使命感上升到人类

的使命感"，并认为"悲剧更多的是人类自身矛盾所造成的"，这种理解有别于原著所要表达的社会悲剧根源，故而在历史蕴含的深刻性上也打了折扣。

关于青春版《牡丹亭》的美学意义及昆曲复兴。白先勇文学作品中饱含中国传统文化底蕴，并将之与西方现代主义达成了完美结合，而在新的历史条件下，白先勇大力提倡重新理解中国文化精神和传统美学，以昆曲为切入点，热心推动昆曲研究，提出新的中国文艺复兴口号。中国戏曲学院的傅谨认为，白先勇基于传统美学立场复排《牡丹亭》的文化态度，维护了昆曲特有的古典风范，使昆曲回到中国当代社会的关注焦点，青春版《牡丹亭》是传统艺术当代传承的杰出范例。北京大学的叶朗指出，青春版《牡丹亭》在改编和演出过程中突出了"情"与"美"，不仅融入了现代趣味，还保持了传统经典的品位，注重营造美的环境氛围，促成多种感官美感的交互生发，由此实现了经典艺术走进现代和高雅艺术走进大众两方面的尝试。翁国生依据执导新版《玉簪记》的经验谈到，白先勇的昆曲复兴实践始终基于中国民族文化的精神基础之上，他的昆曲艺术复兴实践实际上是昆曲新美学理念创作途径从无到有、逐渐成熟、逐渐扩展的过程。

关于历史书写与历史重建。白崇禧是中国近现代史上的著名将领，但因历史客观原因，白崇禧在民国史中的意义并未得到充分的发掘与论证。白先勇的《父亲与民国》一书的推出，引发学界重新认识与思考白崇禧及桂系在中国近代革命中的地位和作用，更引起了史学界重建民国史的讨论。中国社会科学院文学研究所的何西来通过对白崇禧戎马生涯的回溯，充分指出白崇禧在中国近代史中的重要性。香港科技大学的齐锡生认为，白先勇把白崇禧重新放回到历史舞台上，不仅诱发人们对于桂系内部组织结构及其统治理念、道德尺度和精神感召的思考与探讨，更引出了桂系同国民党及其中央政府间关系的进一步发掘。中国社会科学院近代史所的杨天石指出，台湾时期蒋介石日记中有许多对白崇禧的记述和评价，这不仅可以借以研究蒋介石和白崇禧的矛盾、国民党各个派系之间的矛盾，亦可以了解白崇禧与中国共产党之间的矛盾。对于白先勇文学书写、昆曲复兴与历史重建等三方面跨界实践的尝试，中国社会科学院文学研究所的黎湘萍认为，白先勇从个人的文学活动到推广昆曲文艺复兴的理念，再到由书写《父亲与民国》引发民国史的重建，这其间存在着某种内在的联系，种种行为都可视为在离散的生命体验中自我文化滋养的过程，更可以看作是以白先勇为代表的一代知识分子在目睹传统文化日渐衰微、重要史实久遭尘封时自我疗伤与救赎的过程。

（李　晨）

民族文学研究所

（一）人员、机构等基本情况

1. 人员

截至 2012 年年底，民族文学研究所共有在职人员 47 人。其中，正高级职称人员 10 人，副高级职称人员 12 人，中级职称人员 15 人；高、中级职称人员占全体在职人员总数的 79%。

2. 机构

民族文学研究所设有：蒙古族文学研究室、藏族文学研究室、南方民族文学研究室、北方民族文学研究室、民族文学理论与当代批评研究室、《民族文学研究》编辑部、中国少数民族文学资料中心、办公室（含人事、科研管理、财务）。

3. 科研中心

民族文学研究所所属科研中心有：口头传统研究中心、《格萨尔》研究中心。

（二）科研工作

1. 科研成果统计

2012 年，民族文学研究所共完成专著 5 种，175 万字；论文 97 篇，86.2 万字；研究报告 21 篇，27 万字；学术资料 22 种，1388.5 万字；古籍整理 2 种，150 万字；译文 4 篇，3.6 万字；学术普及读物 6 种，8 万字；一般文章 50 篇，11 万字；论文集 3 种，40 万字。

2. 科研课题

（1）新立项课题。2012 年，民族文学研究所共有新立项课题 11 项。其中，国家社会科学基金课题 2 项："蒙古族佛教文学口头传统研究"（斯钦巴图主持），"晚清民国旗人书面文学的现代演变研究"（刘大先主持）；院重点课题 1 项："卡尔梅克民间韵文体及校注"（旦布尔加甫主持）；院国情调研重点课题 1 项："少数民族口头传统当代传承情况调查"（汤晓青主持）；所重点课题 7 项："论《荷马史诗》里的节日诗学"（黄群主持），"德格竹庆寺'格萨尔'藏戏"（甲央齐珍主持），"《民间文学》与少数民族民间文学研究"（毛巧辉主持），"《少郎与岱夫》乌钦研究"（吴刚主持），"精选国外蒙古史诗论文选译"（玉兰主持），"藏密坛城艺术的文化符号分析"（意娜主持），"巴代小说创作研究"（周翔主持）。

（2）结项课题。2012 年，民族文学研究所共有结项课题 9 项。其中，院重大课题 1 项："胡仁乌力格尔选萃"（斯钦孟和主持）；院重点国情调研课题 1 项："少数民族口头传统当代传承方式调查"（汤晓青主持）；院基础研究学者资助课题 1 项："20 世纪民俗学若干理论研究"（尹虎彬主持）；院青年学者发展基金课题 1 项："昂仁（ngag-rig）说唱《格萨尔》史诗研究"（李连荣主持）；院青年科研启动基金课题 2 项："试论清末民初蒙古族文学创作的世俗化特征"（包秀兰主持），"近 30 年西方蒙古学发展研究"（玉兰主持）；院信息化建设工程课题 1 项："民族文学数字资源网"（尹虎彬、任春生主持）；所级课题 2 项："新时期少数民族古代文学研究之发展"（汤晓青主持），"中国少数民族电影史"（孙立峰主持）。

（3）撤项课题。2012 年民族文学研究所共有撤项课题 2 项，均为国家社会科学基金一般课题："口头论辩与史诗演述：彝族民间叙事传统研究"（巴莫曲布嫫主持），"中国现代神话学研究的思想渊源和学术范式"（刘宗迪主持）。

（4）延续在研课题。2012 年，民族文学研究所共有延续在研课题 21 项。其中，国家社会科学基金重大委托课题 3 项："中国少数民族语言与文化研究"（朝戈金主持），"《格萨（斯）尔》抢救、保护与研究"（朝戈金主持），"鄂温克族濒危语言文化抢救性研究"（朝克主持）；国家社会科学基金一般课题 6 项："本子故事抄本与口头异本比较研究"（纳钦主持），"突厥语民族英雄史诗结构与母题比较研究"（阿地里·居玛吐尔地主持），"口述与书写：满族说部传承研究"（高荷红主持），"哈萨克族爱情叙事诗调查研究"（黄中祥主持），"卡尔梅克民间故事及比较研究"（旦布尔加甫主持），"籍载与口传南方民族四大族源神话研究"（刘亚虎主持）；院重点课题 1 项："朝鲜族文学史研究（移民初期至 1945 年）"（张春植主持）；院长学术基金课题 2 项："中国民俗学前沿研究"（朝戈金主持），"中国非物质文化遗产保护的理论与实践"（刘魁立主持）；院重点学科建设工程课题 1 项：中国史诗学、中国各民族文学关系、民俗学（扶持学科）三个学科；所重点课题 8 项："口承与书写：彝族史诗与族群叙事传统"（巴莫曲布嫫主持），"17 世纪蒙古历史文学叙事研究"（孟根娜布其主持），"炎黄传说研究"（扎拉嘎主持），"蚩尤神话研究"（吴晓东主持），"藏族当代文学与民间叙事传统"（杨霞主持），"晚清民国旗人书面文学研究（1840～1949）"（刘大先主持），"石宝山歌会的文化内涵与民俗内涵"（朱刚主持），"傣族'章哈''摩哈'研究"（屈永仙主持）。

3. 获奖优秀科研成果

2012 年，民族文学研究所共评出 2012 年度民族文学研究所优秀科研成果一等奖 3 项：朝戈金的论文《从荷马到冉皮勒：反思国际史诗学术的范式转换》，尹虎彬的论文《史诗观念与史诗研究范式转移》，巴莫曲布嫫的译著《荷马诸问题》；二等奖 2 项：刘大先的论文《中国少数民族文学学科之检省》，热依汗·卡德尔的专著《东方智慧的千年探索——〈福乐智慧〉与北宋儒学经典的比对》；三等奖 3 项：王宪昭的专著《中国各民族人类起源神话母题概览》，阿地里·居玛吐尔地的论文《〈突厥语大辞典〉与突厥语民族英雄史诗》，高荷红的论文《满族传统说唱艺术"说部"的重现——以对富育光等"知识型"传承人的调查为基础》。

4. 创新工程的实施和科研管理新举措

（1）进入创新工程的时间

2011 年 9 月，民族文学研究所与中国社会科学院签订协议书，成为第一批进入院创新工程的试点单位之一。

（2）参加创新工程的人数

2012 年，民族文学研究所参加创新工程岗位人数为 24 人，其中编制内人员进入创新岗位人员总数为 21 人，聘用编制外人员数为 3 人。

（3）创新工程项目名称及其首席管理

2012 年，民族文学研究所创新工程项目的首席管理为所党委书记、所长朝戈金，创新项目名称为“中国少数民族口头传统音影图文档案库”。

（4）在创新工程方面实施的新机制、新举措

“中国少数民族口头传统音影图文档案库”第二期项目自 2012 年 2 月启动以来，陆续展开了田野调研工作，创新工程项目组成员分别前往海南省、新疆维吾尔自治区、内蒙古自治区、青海省、吉林省、辽宁省、黑龙江省、广西壮族自治区、云南省等地进行田野作业。如在新疆维吾尔自治区的调研对维吾尔族“达斯坦”艺人和约隆歌传承人的演唱进行了采录，在内蒙古自治区完成了对蒙古族口传传统乌力格尔的资料采集。民族文学研究所承担的社会科学基金重大委托课题“中国少数民族语言与文化研究”也开展了对泰国、缅甸、越南、老挝的傣族、苗族等跨境民族的文化调查，搜集了相关资料。2012 年，共采集少数民族口头传统典型资料音频 528.5 小时，视频 207.5 小时，图片 8635 张，文本 4288 页。

在档案库的实体库和媒资库建设方面，实体库按音影图文四个大类制作了 40 个专题，增加了图书 638 册，数字化完成文本 510 册，彩色底片 1619 张；媒资网上传和准备上传文件总量为 44.92GB，共计 3840 项，其中已上传少数民族田野调查文件视频 87 条，音频 68 条，图片 802 幅。

在元数据标准建设方面，初步搭建了“口传工作坊元数据知识中心”，拟定了音影图文资料元数据项，完成了音影图文档案元数据标准管理系统；承担开发了“学术会议管理平台”和“国际史诗研究者档案库”（样本）等平台。民族文学研究所利用创新工程和多种合作模式，积极打造数字化音影图文档案库，通过体制机制的建设，推动了科研工作的进一步开展。

在实际管理工作中，全所上下切实做到“思想到位，制度到位，工作到位”，充分发挥了进岗与未进岗两部分人员的积极性，把思想工作落实到行动上，科学设岗、严格招聘，逐步树立以制度管人、管事的管理思想，创立了良好的创新管理体系。

（三）学术交流活动

1. 学术活动

2012 年，民族文学研究所主办和承办的学术会议主要有 5 项。

（1）2012 年 5 月 22 日，由中国社会科学院文学哲学学部主办，民族文学研究所及口头传统研究中心承办的“第四期 IEL 国际史诗学与口头传统研究讲习班”在中国社会科学院民族文学研究所开班。讲习班的主题为东北亚史诗研究，演讲内容涉及阿依努史诗研究、蒙古史诗

研究、俄罗斯史诗研究等。

（2）2012年7月17日，由青海省委宣传部、中国社会科学院民族文学研究所主办，青海省社会科学院承办，中国民俗学会、中国少数民族作家学会、青海省文联、青海省民俗学会协办的"格萨尔与世界史诗国际学术论坛"在青海省西宁市召开。

（3）2012年8月至9月，由中国社会科学院民族文学研究所主持的国家社会科学基金重大委托课题"中国少数民族语言与文化研究"和新疆大学民俗文化研究中心合作，在北京和乌鲁木齐两地联合举办首届"中国民俗学研究与新时期国家文化建设"全国研究生暑期学校。

（4）2012年10月19~20日，由中国社会科学院民族文学研究所《民族文学研究》编辑部、新疆喀什师范学院人文系共同主办，新疆大学人文学院、新疆作家协会协办的"第九届中国多民族文学论坛"在新疆喀什师范学院举办。

（5）2012年11月17~18日，由中国社会科学院主办，中国社会科学院国际合作局与民族文学研究所联合承办的"中国社会科学论坛（2012·文学）——2012史诗研究国际峰会：朝向多样性、创造性及可持续性"在北京召开。

2. 国际学术交流与合作

2012年，民族文学研究所共派遣出访18批27人次，接待来访7批57人次。与民族文学研究所开展学术交流的国家有美国、日本、俄罗斯、爱沙尼亚等。

（1）2012年4月，民族文学研究所所长朝戈金与民族文学研究所南方民族文学研究室朱刚赴美国，参加了中美非物质文化遗产会议。

（2）2012年5月，民族文学研究所北方民族文学研究室阿地里·居玛吐尔地前往俄罗斯联邦哈卡斯，参加卡塔诺夫国际学术研讨会。

（3）2012年6月，民族文学研究所蒙古族文学研究室旦布尔加甫等一行3人执行中匈合作协议，前往匈牙利科学院访问。

（4）2012年8月，民族文学研究所副所长尹虎彬等前往韩国庆北大学访问。

（5）2012年8月，民族文学研究所南方民族文学研究室李斯颖执行院青年外语进修项目，前往美国哈佛大学访问。

（6）2012年9月，民族文学研究所蒙古族文学研究室斯钦孟和一行2人赴俄罗斯，参加"中亚世界"国际论坛。

（7）2012年10月，民族文学研究所南方民族文学研究室朱刚赴美国密苏里大学口头传统中心研修。

（8）2011年12月，民族文学研究所所长朝戈金前往芬兰进行学术访问。

（9）2011年12月，民族文学研究所蒙古族文学研究室斯钦孟和等一行3人执行中匈合作协议，前往匈牙利科学院访问。

（10）2011年12月，民族文学研究所南方民族文学研究室屈永仙赴泰国曼谷朱拉隆功大学泰文化研究所做访问学者，在泰学习时间半年。

3. 与中国香港、澳门特别行政区和中国台湾开展的学术交流

（1）2012 年 2 月，民族文学研究所所长朝戈金前往台湾，参加两岸非物质文化产业论坛。

（2）2011 年 12 月，民族文学研究所副所长汤晓青一行 3 人前往台湾，参加第一届两岸民族文学交流学术研讨会。

（四）学术社团、期刊

1. 社团

（1）中国少数民族文学学会，会长朝戈金。

2012 年 6 月 16～18 日，中国少数民族文学学会在甘肃省兰州市举行"2012 年中国少数民族文学学会年会"。会议论文主要集中在民族文学理论、少数民族古代文学、少数民族现当代文学及民间文学（民俗学）等四个方面，涵盖了中国少数民族文学研究的各个领域。与会专家学者 100 人。

（2）中国《江格尔》研究会，会长朝戈金。

2012 年 5 月 26～27 日，中国《江格尔》研究会在北京召开了"2012 年中国《江格尔》研究会年会暨蒙古史诗传统学术讨论会"。与会专家学者 40 人。

（3）中国蒙古文学学会，会长吴团英。

2012 年 12 月 12～14 日，中国蒙古文学学会在内蒙古自治区呼和浩特市召开了"第三届中国蒙古学国际学术研讨会"。与会专家学者 50 人。

（4）中国维吾尔历史文化研究会，会长塔瓦库勒。

2. 期刊

《民族文学研究》（双月刊），主编汤晓青。

2012 年，《民族文学研究》共出版 6 期，共计 132 万字。2012 年，该刊改为双月刊。该刊全年刊载的有代表性的文章有：杨义的《中华民族文化发展与西南少数民族》，张德明的《沈从文"文体作家"称谓的内涵流变》，李晓峰的《中国文学空间特征谫论》，王辉斌的《元初的"金宋遗老"及其诗歌创作》，叶舒宪的《台湾矮黑人祭——探寻海岛神话历史的开端》，胡绍华的《论容美土司文学与民族文化融合》，关纪新的《当代满族文学的"族性"叙说》，胡格吉乐图的《〈青史演义·回批〉中尹湛纳希对儒学的蒙古化阐释》，陈芷凡的《历史书写与数字传播：台湾原住民"文学"论述的两种思维》，徐新建的《民间仪式与作家书写的双重并轨——从"普洱誓盟"看现代中国的"民族表述"》，余恕诚、郑传锐的《唐人出使吐蕃的诗史——论吕温使蕃诗》，朱斌的《当代少数民族文学中关于文化身份研究的反思》，李舜臣的《"博学鸿儒科"与康熙诗坛》，高建新的《唐诗中的西域"三大乐舞"——〈胡旋舞〉〈胡腾舞〉〈柘枝舞〉》等。

（五）会议综述

第四期 IEL 国际史诗学与口头传统研究讲习班

2012 年 5 月 22 日，由中国社会科学院文学哲学学部主办，民族文学研究所及口头传统研究中心承办的"第四期 IEL 国际史诗学与口头传统研究讲习班"在中国社会科学院民族文学研究所开班。俄罗斯联邦卡尔梅克共和国卡尔梅克大学教授哈布诺娃，日本千叶大学教授中川裕、荻原真子，内蒙古大学教授塔亚，北京大学教授陈岗龙，中国社会科学院民族文学研究所研究员阿地里·居玛吐尔地、斯钦巴图与来自内蒙古、新疆、云南、贵州、北京、天津等地高校和科研院所的学员共计 60 余人参加了开班仪式。

俄罗斯联邦卡尔梅克共和国卡尔梅克大学教授哈布诺娃的讲座题目为《江格尔齐流派的传承性与卡尔梅克共和国掌握说唱技艺的现代方法》。她解释了"流派"概念在俄罗斯史诗学研究中的基本含义，并介绍了基契科夫院士对卡尔梅克江格尔齐流派的分类，即"布伦斯克"流派、"巴加—采呼洛夫斯克"流派、"伊基—布呼索夫斯克"流派。

日本千叶大学教授中川裕的讲座题目为《阿伊努英雄史诗概论》。他首先从阿伊努民族的地理分布与特征出发，介绍了阿伊努英雄史诗的名称及歌手的相关信息，而后重点探讨了阿伊努英雄史诗的演述特征及学术史等问题。

日本千叶大学教授荻原真子的讲座题目为《欧亚大陆古层文化——"Umaj"的观念和仪式》。她从人类社会本质出发，用民族学的视角，探讨欧亚诸多民族文化中存在的"Umaj"及其意义。她用语义学方法比较分析欧亚大陆上诸多民族文化中存在的 Umaj 信仰，探究钻洞穴、向山祈求生命的仪式以及那些与此相关的洞穴岩画的意义。

内蒙古大学教授塔亚的讲座题目为《蒙古史诗传承习俗研究》。他从史诗传承习俗的记录和研究入手，对蒙古史诗与《江格尔》传承习俗研究作了学术史回顾，并提出一些富有创见的观点。

北京大学教授陈岗龙的讲座题目为《从图像到史诗：蟒古思故事研究》。他主要探讨的是两个问题：（1）图像与史诗的关系；（2）通过藏传佛教护法神仪轨文、唐卡、羌姆以及焚毁"梭"的宗教仪式、蒙古英雄史诗恶魔蟒古思形象和故事情节的比较研究，探讨藏传佛教护法神信仰对蒙古英雄史诗神话主题发展的影响。

中国社会科学院民族文学研究所研究员阿地里·居玛吐尔地的讲座题目为《突厥语民族英雄史诗的本土界定——语义学视角》。他指出了突厥语民族英雄史诗界定中存在的问题。

中国社会科学院民族文学研究所研究员斯钦巴图的讲座题目为《青海蒙古史诗研究》。他简要介绍了青海蒙古史诗搜集整理、出版发表的现状与研究史，以及当前艺人群体概况；重点探讨了以艺人语言能力、表演能力、表演方式、宗教背景为中心形成的青海蒙古史诗传统的地域特色。

（包秀兰）

中国社会科学论坛（2012·文学）
——史诗研究国际峰会：朝向多样性、创造性及可持续性

2012 年 11 月 17~18 日，由中国社会科学院主办，中国社会科学院民族文学研究所和国际合作局承办的"中国社会科学论坛（2012·文学）——史诗研究国际峰会：朝向多样性、创造性及可持续性"在北京举行。此次峰会的议题包括以下几方面：（1）史诗传统的多样性、创造性及可持续性；（2）口头史诗建档的方法论反思；（3）史诗研究者、本土社区和研究机构：多方互动与协力合作中所面临的挑战；（4）建立史诗研究者和专业机构的国际化学术组织：可行性及可操作性。参加会议的国外学者近 40 人，中方学者约 25 人，列席学者和研究生约 40 人。会议讨论范围涉及亚太、西欧、中东欧、中亚、非洲及拉丁美洲的数十种从古至今的史诗传统。

峰会还同步举办了史诗研究特别展——《中国史诗研究成果展：搜集、整理、研究》，展出史诗研究专著、刊物、多媒体出版物，以及与活形态史诗演述相关的音影图文辑录和民俗文化实物，以展示相关的学术成果。与此同时，组委会邀请所有与会学者共同参与此次特展，在峰会期间展示相关的专著、合著、编著、译著、整理本、图册、参考书及 DVD/VCD/CD、录像带等格式的音像资料。会议结束后，该特展以数字化方式建档，通过"中国民族文学网"（www.iel.cass.cn）实现在线展示。

峰会期间，组委会还邀请了多位史诗传承人为各国学者进行现场演述，增进了不同文化间的相互理解，促进了跨学科的学术对话。

（莎日娜）

第九届中国多民族文学论坛

2012 年 10 月 19~20 日，由中国社会科学院民族文学研究所《民族文学研究》编辑部、新疆喀什师范学院人文系共同主办，新疆大学人文学院、新疆作家协会协办的"第九届中国多民族文学论坛"在喀什师范学院举办。论坛有如下几方面议题：（1）民族政策与民族文学：多民族国家的文学表述问题；（2）民族书写：如何看待作家文学与民间传统；（3）新疆多民族文学研究及评论。学者们的发言重点可归纳如下：

（1）继续推进建设中华多民族文学史观，这不是为了谁进入史书的书写版面，而是为了

让学界和世人都能接受这个世界在民族文学、民族文化上，除了自己还有许多他者精彩地存在着。不是要解决把"物"还是"心"写进史书的事情，而是世界观、人生观的问题，是处理问题的方式和原则。

（2）民族文学研究应该树立真正跨学科的理论品质，在个案扎实研究的基础上，整合各个相关学科资源，比如民族学、人类学、历史学、宗教学、比较文学等。既有的研究已经打下了一定的基础，下一步的重点应该落在打造民族文学研究的独特理论。

（3）古代民族文学的史料挖掘出现了新的成果，通过一系列个案探讨，可以发现中国各民族文学之间彼此交流、你来我往的史实，边疆与中原、口头与书面、境内与国外史料拓展的同时，也是视角的扩大。

（4）各民族悠久的民间文学传统，比如此次会议上重点提到的藏族、维吾尔族、哈萨克族、台湾少数民族民间文学，为当下的作家文学创作提供了丰富的资源，这种具有连续性的发展脉络，体现了文化传统的吐故纳新。

（5）新疆本地各民族文学与中原文学之间的互相翻译活动，不仅有利于文学的共生与繁荣，同时对于多民族统一的国家文化建设也起到了重要的智力支持和精神指导作用。

（刘大先）

格萨尔与世界史诗国际学术论坛

2012 年 7 月 17 日，由青海省委宣传部、中国社会科学院民族文学研究所主办，青海省社会科学院承办，中国民俗学会、中国少数民族作家学会、青海省文联、青海省民俗学会协办的"格萨尔与世界史诗国际学术论坛"在青海省西宁市召开。此次学术论坛旨在通过与国际"格萨尔"专家学者的学术交流和探讨，促进我国《格萨尔》与世界各民族史诗之间的对话，以探溯源远流长的史诗文化，着力推进世界各民族史诗文化的比较研究，不断推动"格萨尔"研究的深入发展。

与会专家通过主旨报告、分组讨论等多种形式，就"格萨尔"研究的相关议题进行了广泛探讨。"'格萨尔学'已成为国际藏学研究和国际史诗学研究中的一个重要分支。"中国社会科学院民族文学研究所所长朝戈金研究员介绍，此次学术论坛具有学术层次高、国际代表性和交流交融性强的特点，聚集了一大批来自国际上关于"格萨尔学"研究的顶尖专家学者，涵盖美国、俄罗斯、英国、意大利、德国、法国、芬兰、波黑、亚美尼亚、马里以及中国 11 个国家。近些年，我国国内在史诗的搜集、整理、出版和研究方面，做了大量的工作，成果卓著。举办此次学术论坛，就是依托藏族英雄史诗《格萨尔》，推动中国史诗研究与世界史诗平等对话，促进我国史诗研究的不断深入，以提升我国史诗研究的话语权。

（莎日娜）

外国文学研究所

（一）人员、机构等基本情况

1. 人员

截至 2012 年年底，外国文学研究所共有在职人员 89 人。其中，正高级职称人员 24 人，副高级职称人员 28 人，中级职称人员 24 人；高、中级职称人员占全体在职人员总数的 85%。

2. 机构

外国文学研究所设有：英美文学研究室、俄罗斯文学研究室、东南欧拉美文学研究室、中北欧文学研究室、东方文学研究室、文学理论研究室、《世界文学》编辑部、《外国文学评论》编辑部、科研处、办公室、数字信息资料室。

3. 科研中心

外国文学研究所所属学术研究中心有：文学理论研究中心、马克思主义文艺思想研究中心。

（二）科研工作

1. 科研成果统计

2012 年，外国文学研究所共完成专著 7 种，207.1 万字；论文 110 篇，128.44 万字；研究报告 3 篇，12 万字；译著 16 种，336.31 万字；译文 43 篇，118.9 万字；一般文章 36 篇，17.28 万字；论文集 4 种，89 万字。

2. 科研课题

（1）新立项课题。2012 年，外国文学研究所共有新立项课题 39 项。其中，国家社会科学基金课题重大招标项目 1 项："经典法国文学史翻译工程"（史忠义主持）；国家社会科学基金课题一般项目 1 项："日本私小说批评史研究"（魏大海主持）；国家社会科学基金课题青年课题 1 项："19 世纪英国文人的词语焦虑与道德重构"（乔修峰主持）；院国情考察课题 1 项："中外畅销书传播与接受调研报告"（陈众议主持）；院重点课题 1 项："契诃夫文本的意义生成机制"（徐乐主持）；院青年科研启动基金课题 1 项："卡尔维诺寓言叙事的现代意味"（徐娜主持）；所重点课题 2 项："文学'黄金定律'之小说原理"（陈众议主持），"中国古代文论读本"（党圣元主持）；另有所一般课题 31 项。

（2）结项课题。2012 年，外国文学研究所共有结项课题 47 项。其中，国家社会科学基金课题后期资助课题 1 项："德国精神的向度变型"（叶隽主持）；国家社会科学基金课题 1 项："当代俄罗斯现实主义小说的新趋势"（侯玮红主持）；院重大课题 1 项："外国文学学术史研究工程·经典作家系列二"（吴晓都主持）；院国情调研重大课题 1 项："外国'大片'在我国的接受及影响情况调研"（陈众议主持）；院重点课题 4 项："英国国性的再定义：1910 年代英国的文学史写作和词典编撰"（程巍主持），"美国'纽约知识分子'集群文化批评思想研究"（刘雪岚主持），"现代性视域中的《没有个性的人》"（徐畅主持），"契诃夫文本的意义生成机制"（徐乐主持）；院青年科研启动基金课题 6 项："比较文学视阈中的文学、音乐、语言"（李征主持），"《法华经》梵汉对勘暨文法分析"（姜南主持），"果戈理与自然派"（侯丹主持），"纳博科夫视野的另一种俄国文学"（文导微主持），"幸福是如何定位的？——自我的感觉，抑或他人的判定？"（张娜主持），"生活对萨博·玛格达创作的影响"（舒孙乐主持）；所重点课题 5 项："D. H. 劳伦斯小说研究"（冯季庆主持），"解构主义在美国——以保尔·德曼为中心"（周颖主持），"20 年来国内外国文学研究状况分析：以《外国文学评论》（1987～2011）为个案"（严蓓雯主持），"英国的文学知识分子（1870～1939）"（萧莎主持），"老《译文》和《世界文学》的美术作品"（庄嘉宁主持）；另有所一般课题 28 项。

（3）延续在研课题。2012 年，外国文学研究所共有延续在研课题 10 项。其中，院重点课题 3 项："斯特凡·格奥尔格研究"（杨宏芹主持），"英国文学批评观念的演变——从阿诺德到威廉姆斯"（徐德林主持），"伊朗小说发展史"（穆宏燕主持）；院基础学者课题 2 项（傅浩、周启超主持）；院青年学者发展基金课题 1 项（万海松主持）；院青年科研启动基金课题 1 项："卡尔维诺寓言叙事的现代意味"（徐娜主持）；院长城学者课题 2 项（黄梅、刘文飞主持）；院国情调研课题 1 项："中外畅销书传播与接受调研报告"（陈众议主持）。

3. 获奖优秀科研成果

2012 年，外国文学研究所共评出所级优秀科研成果奖 23 项。其中，专著类一等奖 4 项：王焕生的《古罗马文学史》，张捷的《当代俄罗斯文学纪事（1990～2001）》，陈众议的《西班牙文学》，党圣元的《在传统与现代之间——古代文论的现代遭际》；专著类二等奖 2 项：史忠义的《中西比较诗学新探》，叶隽的《德语文学研究与现代中国》；专著类三等奖 2 项：石海军的《后殖民：印英文学之间》，李辉凡的《俄国"白银时代"文学概观》。译著类一等奖 1 项：余中先的《奈瓦尔传》；译著类二等奖 2 项：郭宏安的《反现代派——从约瑟夫·德·迈斯特到罗兰·巴特》，魏大海的《菊花与刀——日本文化的类型》；译著类三等奖 1 项：钟志清的《现代希伯来小说史》。论文类一等奖 6 项：陈中梅的《荷马诗论》，周启超的《在反思中深化文学理论研究——"后理论时代"文学研究的一个问题》，周颖的《"无边的"语境——解构症结再探》，傅浩的《从〈臭鼬时辰〉看作者意图在诗歌评论中的作用》，程巍的《清教徒的想象力与1962 年塞勒姆巫术恐慌——霍桑的〈小布朗先生〉》，穆宏燕的《在卡夫山上追寻自我——奥尔罕·帕慕克的〈黑书〉解读》；论文类二等奖 3 项：吴晓都的《跨文化"文学性"阐释的困惑与探索》，贺骥的《歌德的魔性说》，黄梅的《"英雄"的演化：从茉儿到帕梅拉》；论文类三等奖 2 项：刘晖的《从圣伯夫出发：普鲁斯特驳圣伯夫之考证》，吴岳添的《马克思主义对法国现当代左翼文学的影响》。

4. 创新工程的实施和科研管理新举措

2012 年 1 月，外国文学研究所进入中国社会科学院创新工程。该所参加创新工程的人数为 27 人。该所共有创新工程项目 7 个："马克思主义文艺理论与外国文学批评：文学史体现的资本语境与诗性资源"（首席研究员叶隽），"跨国资本主义时代的外国文学与国家认同：1898～1930 的西方文学译介与'世界主义'的兴衰"（首席研究员程巍），"跨国资本主义时代的东方遭遇：资本驱动与异文化互动"（首席研究员穆宏燕），"外国文学学术史研究工程·经典作家学术史研究"（首席研究员涂卫群），"外国文学与批评：现状与发展趋势研究"（首席研究员余中先），"梵文学科"（首席研究员黄宝生），"古希腊文学学科"（首席研究员陈中梅）。

在全球化语境中创新学术，对本学科的历史、现状和未来发展进行宏观性、战略性、整体性思考，搭建学科新框架，形成创新思路和创新关键点是实施创新工程的前提。在对中国外国文学研究发展进行深入思考的前提下，在外国文学研究所历史资源和现有学术领军人才的基础上，该所初步提出了"跨国资本主义时代的外国文学与批评""外国文学基础性工程"和"古典学与理论研究"（即"绝学"）这三项创新领域。除作为绝学学科的"古典学与理论研究"仍主要依托原有学科的团队之外，该所各重点学科、研究室、编辑部，将打破原有学科、室别限制，重新整合、优化资源配置，在未来的创新实践中，鼓励研究人员在准备充足、论证合理的前提下，持续申报有价值的独立创新项目。

（三）学术交流活动

1. 学术活动

（1）2012 年 3 月 6 日，应外国文学研究所东南欧拉美文学研究室邀请，法国高等社会科学研究院中国中心研究员、勒阿弗尔大学教授蒲吉兰在外国文学研究所作了题为《忠诚的背叛——如何将中国古诗译成法语》的学术讲座。

（2）2012 年 3 月 6 日，德国科隆大学汉学系教授司马涛来外国文学研究所作了题为《西方 20 世纪关于"知识分子"的传统概念和变化》的学术讲座。

（3）2012 年 3 月 9 日，由中国社会科学院外国文学研究所创新项目"马克思主义文艺理论与外国文学批评：文学史体现的资本语境与诗性资源"课题组和中国外国文学学会德语文学研究分会联合主办的"资本语境与文史镜像中的知识人学术研讨会"在外国文学研究所召开。

（4）2012 年 3 月 16 日，东京大学教授、日本文艺评论家沼野充义在外国文学研究所作题为《大江健三郎的近期长篇小说——以〈古义人三部曲〉和〈水死〉为中心》的学术讲座。

（5）2012 年 4 月 4～9 日，外国文学研究所创新工程"跨国资本主义时代的东方遭遇：资本驱动与异文化互动"项目组赴云南省西双版纳傣族自治州作了主题为"上座部南传佛教在傣族民俗文化生活中的影响"的学术调研考察。

（6）2012 年 4 月 17 日，德国柏林自由大学教授汉斯·菲戈在外国文学研究所作了题为《两种文化：从艺术自律到文学的知识传播——以罗伯特·穆齐尔长篇小说中的现代性危机为例》的报告。

（7）2012 年 5 月 11 ~ 12 日，特殊学科的"古希腊文学"的"诗与哲学之争"学术研讨会在北京召开。

（8）2012 年 5 月 17 日，中国外国文学学会 2012 年在京理

2012 年 4 月，创新工程"跨国资本主义时代的东方遭遇：资本驱动与异文化互动"项目组成员在云南省西双版纳作调研。

事会在中国社会科学院外国文学研究所举行。会议的议题是：听取南昌大学年会筹备组汇报，商议 2013 年中国外国文学学会第 12 届年会的主题及分议题。

（9）2012 年 5 月 25 ~ 28 日，"全国外国文论与比较诗学研究会第 4 届年会"在北京外国语大学举行。年会由北京外国语大学和全国外国文论与比较诗学研究会联合主办，北京外国语大学俄语学院和俄语中心承办，中国社会科学院文学理论研究中心和外语教学与研究出版社协办。

（10）2012 年 6 月 4 日，外国文学研究所创新项目"马克思主义文艺理论与外国文学批评：文学史体现的资本语境与诗性资源"课题组、中国外国文学学会德语文学研究分会和北京大学出版社联合主办的"留学生、现代性与资本语境学术研讨会"在外国文学研究所召开。

（11）2012 年 6 月 5 日，德国图宾根大学教授顾正祥在外国文学研究所作了题为《荷尔德林的新神话——百余年译介回眸》的学术讲座。

（12）2012 年 6 月 28 日，德国巴伐利亚艺术科学院主席迪特·博尔希迈尔教授访问中国社会科学院，并在外国文学研究所作了题为《何为德意志——从席勒、瓦格纳到托马斯·曼的主题变形》的讲演。

（13）2012 年 7 月 15 ~ 18 日，中国外国文学学会法国文学研究分会、湛江师范学院人文学院、广东外语外贸大学、山东大学（威海）新闻传播学院、武汉大学外国语学院联合主办，湛江师范学院人文学院承办的"中法文学与文化关系暨卢梭诞辰 300 周年学术研讨会"在广东省湛江市召开。

（14）2012 年 7 月 24 日，创新工程"跨国资本主义时代的东方遭遇——资本驱动与异文

化互动"项目与外国文学研究所东方室、东方古典文学重点学科在外国文学研究所举办了"中国与亚洲周边国家的文化（文学）交流与互动学术研讨会"。

（15）2012 年 8 月 15~18 日，由中国外国文学学会外国文论与比较诗学研究分会、黑龙江大学比较文学与文化研究中心主办，《学习与探索》杂志社、《求是学刊》杂志社等协办的"外国文论的当代形态：实绩与问题学术研讨会暨第五届中国外国文论与比较诗学研究会年会"在黑龙江省哈尔滨市召开。

（16）2012 年 9 月 25 日，应中国社会科学院文学理论研究中心与外国文学研究所理论室邀请，北京师范大学文艺学研究中心专职研究员钱翰博士在外国文学研究所作了题为《对理论时代的反思以及理论之后的巴尔特》的学术讲座。

（17）2012 年 10 月 23 日，应中国社会科学院文学理论研究中心及外国文学研究所理论室邀请，国内巴赫金研究著名学者、北京大学外语学院教授凌建侯在外国文学研究所作了题为《巴赫金话语理论与人文科学方法论》的学术讲座。

（18）2012 年 11 月 10~12 日，外国文学研究所"跨国资本主义时代的外国文学研究与国家认同"创新工程项目组在北京召开了"知识与权力的互渗：晚清民国中外文化交往学术研讨会"。

（19）2012 年 11 月 16~17 日，院特殊学科项目"古希腊文学学科"学术研讨会在北京举行。会议的主题是："神话、史诗与仪式"。

（20）2012 年 11 月 25 日，"新世纪西方社会文化思潮：文艺态势与文论现状研讨会"在北京召开。

（21）2012 年 12 月 11 日，应"马克思主义文艺理论与外国文学批评"创新项目组及外国文学研究所理论室和中北欧室的邀请，美国瓦萨学院终身教授刘皓明来所作了题为《对文学学科现状与未来的思考》的学术讲座。

（22）2012 年 12 月 27 日，"当代西方社会文化思潮"研讨会在北京召开。

2. 国际学术交流与合作

2012 年，外国文学研究所共派出 14 批 19 人次赴德国、俄罗斯、澳大利亚、法国、瑞士、日本、越南、韩国、古巴等国参加国际研讨会，共邀请了 4 批 4 人次来自德国、法国和尼日利亚等国际著名学者和作家来访。

出访

（1）2012 年 3 月 29 日至 8 月 28 日，外国文学研究所博士金成玉受"2012 年度驻韩研究基金"资助，赴韩国国立首尔大学访学。

（2）2012 年 6 月 24 日至 7 月 31 日，外国文学研究所副研究员刘晖接受法国人文之家基金会合作研究员项目的邀请，到法国高等社会科学院从事"布尔迪厄的文学社会学"研究。

（3）2012 年 9 月 1 日，外国文学研究所创新项目"外国文学学术史研究工程"执行研究员涂卫群赴法国国家科学研究中心和法国高等师范学院下属的现代文本与手稿研究所的普鲁斯特研究组访学。

（4）2012年9月18日和11月30日，外国文学研究所研究员、"长城学者"刘文飞赴俄罗斯出席"莫斯科国际文学翻译家大会"和"俄罗斯利哈乔夫院士奖"颁奖活动，并被授予"莫斯科国际文学翻译家奖"和"俄罗斯利哈乔夫院士奖"。

（5）2012年10月12～16日，外国文学研究所青年学者姜南赴韩国忠州，参加由韩国交通大学东亚研究所和海印寺僧伽大学联合主办的"佛教文献研究暨第六届佛经语言学国际学术研讨会"。

（6）2012年11月26～28日，外国文学研究所副研究馆员田小华前往越南河内，参加"第四届越南学大会"，并于11月29日至12月12日对越南社会科学院文学所等进行了访问和学术交流。

（7）2011～2012年，外国文学研究所研究员钟志清被美国哈佛燕京学社选拔为年度访问学者，在哈佛大学神学院学习圣经希伯来语。

来访

（1）2012年3月6日，法国高等社会科学研究院中国中心研究院、勒阿弗尔大学教授普吉兰在外国文学研究所作题为《忠诚的背叛——如何将中国的诗译成法语》的学术讲座。

（2）2012年4月17日，德国柏林自由大学教授汉斯·菲戈在外国文学研究所作题为《两种文化：从艺术自律到文学的指示传播——以罗伯特·穆齐尔唱片小说总的现代型危机为例》的学术报告。

（3）2012年6月28日，德国巴伐利亚艺术科学院主席迪特·博尔希迈尔教授在外国文学研究所作题为《何为德意志——从席勒、瓦格纳到托马斯·曼的主题变形》的讲演。

（4）2012年10月28日至11月5日，尼日利亚著名作家、1986年诺贝尔文学奖获得者沃勒·索因卡来华访问并到外国文学研究所进行了高端学术交流。

顺访

（1）2012年3月6日，德国科隆大学汉学系教授司马涛

2012年10月，"沃勒·索因卡文学座谈会"在北京举行。

在外国文学研究所作题为《西方20世纪关于"知识分子"的传统概念和变化》的讲座。

（2）2012 年 3 月 16 日，东京大学教授、日本文艺评论家沼野充义在外国文学研究所作题为《大江健三郎的近期长篇小说——以〈古义人三部曲〉和〈水死〉为中心》的学术讲座。

（3）2012 年 6 月 5 日，德国图宾根大学教授顾正祥在外国文学研究所作题为《荷尔德林的新神话——百余年译介回眸》的学术讲座。

（4）2012 年 8 月 28 日，外国文学研究所与"柏林文学论坛"来访外宾一行 3 人就 2013 年的"中德作家论坛"合作项目以及未来的继续合作事宜进行了会谈。

3. 与中国香港、澳门特别行政区和中国台湾开展的学术交流

（1）2012 年 9 月 11 日，香港中文大学翻译系人文学科讲座教授王宏志在外国文学研究所作题为《翻译与早期中英外交——马戛尔尼使团作为翻译史研究个案》的学术讲座。

（2）2012 年 11 月 6 日，台湾"国立"东华大学访问助理教授、埃克斯—马赛大学与法国高等社会科学院兼职研究员何重谊博士在外国文学研究所作题为《比较哲学的新方法论》的学术讲座。

（3）2012 年 11 月 8 ~ 10 日，外国文学研究所东方文学研究室、院梵文研究中心青年学者常蕾等赴台湾，参加由台湾政治大学宗教研究所联合佛光大学佛教学院及台湾印度学学会在台北共同承办的"第二届梵学与佛学研讨会"。

（4）2012 年 12 月 6 日，外国文学研究所副研究员侯玮红赴台湾，参加"2012 年俄罗斯语言学暨文学国际论坛"。

（四）学术社团、期刊

1. 社团

（1）中国外国文学学会，会长陈众议。

2012 年 5 月 17 日，中国外国文学学会在京理事会在中国社会科学院外国文学研究所举行。此次在京理事会的议题是：听取南昌大学年会筹备组汇报，商议 2013 年中国外国文学学会第 12 届年会的主题及分议题。

（2）外国文论与比较诗学研究分会，会长周启超。

2012 年 5 月 25 ~ 28 日，中国外国文学学会外国文论与比较诗学研究分会第四届年会在北京外国语大学举行。年会由北京外国语大学和全国外国文论与比较诗学研究会联合主办，北京外国语大学俄语学院和俄语中心承办，中国社会科学院文学理论研究中心和外语教学与研究出版社协办。年会的主题为"现代斯拉夫文论与比较诗学：新空间、新课题、新路径"。来自国内外高等院校、科研机构的近 60 余位专家学者出席了会议。

（3）法国文学研究分会，会长吴岳添。

2012 年 7 月 15 ~ 18 日，中国外国文学学会法国文学研究分会、湛江师范学院人文学院、广东外语外贸大学、山东大学（威海）新闻传播学院、武汉大学外国语学院联合主办，湛江师范学院人文学院承办的"中法文学与文化关系暨卢梭诞辰 300 周年学术研讨会"在广东省湛江市召开。

2. **期刊**

（1）《外国文学评论》（季刊），主编陈众议。

2012 年，《外国文学评论》共出版 4 期，共计 97 万字。该刊全年刊载的有代表性的文章有：张京华的《三"夷"相会——以越南汉文燕行文献为中心》，龚蓉的《〈克雷蒙复仇记〉：政治化的殉道者阴影下的公共人》，李耀宗的《"宫廷爱情"与欧洲中世纪研究的现代性》，陈雷的《对罗马共和国的柏拉图式批评——谈〈科利奥兰纳斯〉并兼及"荣誉至上政体"》等。

（2）《世界文学》（双月刊），主编余中先。

2012 年，《世界文学》共出版 6 期，共计 150 万字。该刊全年刊载的有代表性的文章有：〔波黑〕阿·席德朗著、柴胜萱译的《父亲是一座即将倾塌的房子》，〔瑞典〕谢·艾斯普马克著、李笠译的《2011 年诺贝尔文学奖得主托马斯·特朗斯特罗姆专辑：授奖词》，〔瑞典〕莫·特朗斯特罗姆著、李笠译的《答谢词》，〔美〕张岚著、刘葵兰和杨卫东译的《饥渴》等。

（3）《外国文学动态》（双月刊），主编苏玲。

2012 年，《外国文学动态》共出版 6 期，共计 60 万字。该刊全年刊载的有代表性的文章有：周建新的《艾米莉·狄金森诗歌翻译在中国》，冯晓春、张帆的《从毕希纳文学奖管窥德语文坛的创作动向》，王莹的《流亡中的语言——犹太德语流亡作家群的语言困境》，朱晓映的《"男人的剧院"与女人的戏——美国当代女剧作家与普利策奖的相遇》，高巍的《人文主义、宗教信仰及其他——对话 E. L. 多克托罗》，彭予、仝欣的《看那顶古老醉人的桂冠——英国桂冠诗人历史略述》，余中先的《法国〈读书〉推荐 2011 年最佳图书二十种》等。

（五）会议综述

资本语境与文史镜像中的知识人学术研讨会

2012 年 3 月 9 日，由中国社会科学院外国文学研究所创新项目"马克思主义文艺理论与外国文学批评：文学史体现的资本语境与诗性资源"课题组和中国外国文学学会德语文学研究分会联合主办的"资本语境与文史镜像中的知识人学术研讨会"在北京召开。

中国社会科学院、中国科学院、北京大学、清华大学、北京师范大学、中国人民大学各学科领域的专家学者及德国科隆大学学者参加了会议。学者们围绕"文化资本与德国理念""东亚语境中的知识与商业""个案审视与文化偏至""资本背景与宏观语境"四个主题进行了深入讨论。共有近 20 位专家学者参加了研讨会。

"马克思主义文艺理论与外国文学批评：文学史体现的资本语境与诗性资源"课题组首席

研究员叶隽从这个时代的知识人对被异化、物化的感受谈起，引出了马克思对造成异化的"看不见的手"的追问，以及韦伯的"获利的欲望是一种理性的缓解或解脱"、桑巴特的"德意志社会主义"等观点；同时反观东方语境，在西学东渐的表面高端的观念引入下，其实往往也存在着物质、利益的驱动。

德国科隆大学汉学系教授司马涛主持了第一单元"文化资本与德国理念"的讨论。几位具有德语背景的学者纷纷从文化、资本与德国的路径展开自己的讨论。北京师范大学文学院教授方维规从"西方的没落"思潮中的焦点人物之一、德国哲学家凯瑟林伯爵出发，精要地阐述了凯瑟林在德国达姆施塔特市创立的"智慧学派"所汇集的各界社会名流是如何催生了巨大的文化资本和象征资本，又进而对社会造成深远影响的。中国社会科学院外国文学研究所研究员李永平认为，在德国知识分子那里，"文化"从根本上是指向思想、艺术和宗教的，其中尤其突出了艺术和诗的教化作用。中国科学院自然科学史研究所研究员方在庆提出，德国科学之所以能够在极短时间内从后来者赶至前沿，实际上是一系列制度建设起了至关重要的作用。

中国社会科学院文学研究所研究员董炳月主持了第二单元"东亚语境中的知识与商业"的讨论。中国社会科学院近代史研究所研究员马勇以由黄遵宪、汪康年和梁启超等创办的《时务报》为例，以近代中国新知识人的商业冲动为视角，结合中国近代政治、文化思想发展史，借《时务报》短命夭亡的悲剧，进而发掘出近代中国知识分子一些基本特征以及这一特殊历史语境中蕴含的深刻意味。

第三单元"个案审视与文化偏至"的讨论由中国社会科学院外国文学研究所研究员郭宏安主持。中国社会科学院外国文学研究所博士乔修峰认为，英国 19 世纪作家托马斯·卡莱尔的文化偏至论超越了英国文化史上所谓的科学与人文的"两种文化"之争，更侧重于工业社会中人文学科或文学的思维方式问题，卡莱尔的"文人英雄"实际上是一种身份建构，是针对现代社会的文化偏至而构建的一种"文人"范型。中国人民大学文学院副教授夏可君则通过本雅明论卡夫卡的文章，以其颇具特色的治学思路，从长城这一"中国想象"的思考出发，结合当下的思考，提出本雅明所论述的卡夫卡发现了一个最为神奇的中国文化生命形象。

第四单元"资本背景与宏观语境"的讨论由北京师范大学文学院教授方维规主持，他从跨学科的视野审视了资本、全球化与知识人之间的关联。德国科隆大学汉学系教授司马涛分析了欧洲知识分子的历史、现状和未来，并提出了未来后民族国家时代知识分子的角色问题。中国社会科学院欧洲研究所副研究员赵晨从资本全球化带来的两个负面效应谈到了西方学者提出的"全球治理"概念，通过比较欧盟、美国和中国学者应对全球性问题的不同路径，分析了知识人的地域特征及其对全球资本的态度。中国社会科学院金融研究所副研究员全先银和财经战略研究院副研究员张斌则从经济学的视角分析了资本语境中知识人的处境。

研讨会的最后一个环节是由中国社会科学院外国文学研究所研究员李永平主持的"圆桌讨论"。郭宏安研究员和董炳月研究员在讨论会上发言，与会学者对他们的发言展开了深入的探讨，并就之前发言和讨论中的一些热点话题和疑问进行了激烈的辩论。最后，叶隽研究员作了学术总结。他认为，在思想和观念的交锋中产生的这些问题需要进一步的深入讨论，并将问题进行学术化的提炼。

（王　涛　乔修峰）

新世纪西方社会文化思潮：文艺态势与文论现状研讨会

2012 年 11 月 25 日，"新世纪西方社会文化思潮：文艺态势与文论现状研讨会"在北京召开。会议由中国社会科学院外国文学研究所所长陈众议、副所长吴晓都主持。

中国社会科学院外国文学研究所党委书记党圣元研究员致开幕词。他指出了当前国内外马克思主义理论研究的几个重大课题和发展趋势，阐述了加强当前文艺批评中马克思主义史观的重要意义。党圣元认为，马克思主义文艺理论研究的现有规模和开放程度还不够，应继续深入阐发马克思主义理论的思想意义，关注并反思世界范围内马克思主义思潮的发展演变过程，不断开拓新的研究范畴，尤其在当下中国，更应增加研究的维度，扩大研究的视野。

中国社会科学院外国文学研究所副所长吴晓都研究员介绍了课题的进展状况。他认为，马克思主义文艺理论研究应立足中国，关注当代西方社会文化思潮的理论和现实意义。

中国社会科学院外国文学研究所副所长董晓阳研究员总结了马克思主义理论研究的几个重要特征和亟待解决的问题，重点阐述了"人本"思想在当下马克思主义理论研究中的重要意义。北京师范大学文学院教授刘洪涛在发言中指出了全球化时代的世界文学理论和相关问题，总结了近 20 年英语世界中关于"世界文学"的研究理念。湖南师范大学副校长蒋洪新教授指出了英美当代文艺思潮的新态势，评述了近 20 年西方马克思主义理论家的新成果。

《世界文学》主编余中先编审以"雪铁龙里笑谈纸老虎"为题探讨了当代西方对 20 世纪革命的反思。中国社会科学院外国文学研究所研究员周启超通过对当代俄罗斯文学的深入分析，阐述了后现实主义文学的基本特征。中国社会科学院外国文学研究所研究员魏大海指出了当代日本重要文论家柄谷行人的思想特征，分析了他与马克思主义的关联。《外国文学评论》常务副主编程巍研究员发言的题目为《生物学的马克思主义》，他阐述了 20 世纪以来西方马克思主义理论的发展以及"个体与制度的关系"等突出问题。《世界文学》副主编高兴编审谈到了新时期罗马尼亚的文学思潮和境况，反思了"东欧"概念的建构以及文化、作家在社会变革中所起的作用。叶隽研究员以"德国模式的文化规度"为题，阐述了反思的现代化、风险社会理论、民族国家的前景等欧洲背景对理解欧债危机中的德国模式的重要意义。乔修峰博士从 2012 年英语世界纪念狄更斯诞辰 200 周年的活动谈起，探讨了当代英国人的精神特征和民族文化的建构。

（乔修峰）

语言研究所

（一）人员、机构基本情况

1. 人员

截至 2012 年年底，语言研究所共有在职人员 79 人。其中，正高级职称人员 25 人，副高级职称人员 24 人，中级职称人员 21 人；高、中级职称人员占全体在职人员总数的 89%。

2. 机构

语言研究所设有：句法语义研究室、历史语言学研究一室、历史语言学研究二室、汉语方言研究室、语音研究室、应用语言学研究室、当代语言学研究室、词典编辑室、《中国语文》编辑部、科研处、办公室、人事处。

（二）科研工作

1. 科研成果统计

2012 年，语言研究所共完成学术专著 3 种，61.1 万字；论文 60 篇，86.25 万字；工具书 2 种，370 万字；论文集 5 种，165 万字；软件 1 种，291.8 兆字节。

2. 科研课题

（1）新立项课题。2012 年，语言研究所共有新立项课题 7 项。其中，国家社会科学基金课题 3 项："主内定语和宾内定语的语义信息不对称研究"（张国宪主持），"基于句法语义互动关系的汉语形态句法研究"（张伯江主持），"语义图视角下汉语不定代词、情态词和'工具—伴随'介词的多功能性研究"（张定主持）；院国情调研课题 2 项："高科技研发中产学研结合的创新模式考察"（李爱军、张伯江主持），"信息时代西部民族地区语文辞书的使用和需求"（刘丹青、傅爱平主持）；所重点课题 2 项："系统功能视角下的汉语语法"（杨国文主持），"语言所历史资料收集整理"（张伯江主持）。

（2）结项课题。2012 年，语言研究所共有结项课题 14 项。其中，国家社会科学基金课题 1 项："中古汉译佛经专书语法研究"（赵长才主持）；院重大课题 4 项："汉语语音及拼音标准的研究与制定"（董琨主持），"汉语方言词汇数据库"（麦耘主持），"现代汉语大词典"（江蓝生主持），"中文辞书编纂基础资源库"（赵长才主持）；院重点课题 5 项："中国境内壮侗语中接触引发的语法演变"（吴福祥主持），"徽语语音的演变与层次"（谢留文主持），"出土文献与先秦两汉方言地理"（王志平主持），"婴幼儿言语习得数据库"（胡方主持），"安徽吴语调查研究"（沈明主持）；院基础研究学者资助课题 2 项："人类语言的起源与古代汉语的语言学意义"（姚振武主持），"古汉字谐声系统初探"（孟蓬生主持）；院国情调研课题 2 项：

"高科技研发中产学研结合的创新模式考察"（李爱军、张伯江主持），"信息时代西部民族地区语文辞书的使用和需求"（刘丹青、傅爱平主持）。

（3）延续在研课题。2012 年，语言研究所共有延续在研课题 20 项。其中，国家社会科学基金课题 10 项："汉语语言接触史研究"（曹广顺主持），"语言接触和语言演变：汉语同阿尔泰语语言接触的历时与共时研究"（祖生利、周磊主持），"汉语与同语系语言的同源词根研究及同源字总谱"（郑张尚芳主持），"新疆汉语方言与阿尔泰语接触研究"（周磊主持），"桂北平话语音历史层次及语言接触研究"（覃远雄主持），"侗台语中接触引发的语法演变的变异"（吴福祥主持），"汉语使成表达的类型学研究"（项开喜主持），"汉语'主句现象'与从句环境的类型学研究"（唐正大主持），"汉语篇章的韵律特征和音系表达研究"（贾媛主持），"晋语语音的演变和层次"（沈明主持）；院重点课题 2 项："语言库藏类型学"（刘丹青主持），"广西语言接触研究"（覃远雄主持）；院青年科研启动基金课题 5 项："普通话重音的层级特征研究"（贾媛主持），"冀中南地区方言土语变音现象规律探析"（刘靖主持），"'的'的词类地位的类型学研究"（完权主持），"语义图模型与汉语几个情态词的语义演变"（张定主持），"现代汉语中的 X 了、X 着结构及其在词典中的处理"（侯瑞芬主持）；所重点课题 3 项："汉语儿童语言中的局部性和显著性：习得研究"（胡建华主持），"现代汉语方言有声字音库高级检索版"（刘祥柏主持），"古金陵音与现代吴方言"（张洁主持）。

3. 获奖优秀科研成果

2012 年，语言研究所共评出 2012 年度优秀科研成果专著类一等奖 2 项：杨国文的 *The Semantics of Chinese Aspects-Theoretical Descriptions and a Computational Implementation*（《现代汉语时态语义研究——理论描述及计算机程序实现》），刘丹青的《语法调查研究手册》；专著类二等奖 2 项：张伯江的《从施受关系到句式语义》，方强的 *Physiological Articulatory Model for Investigating Speech Production：Modeling and Control*（《面向言语产生研究的发音生理模型的构建与控制》）；论文类一等奖 3 项：沈家煊的《汉语里的名词和动词》，方梅的《由背景化触发的两种句法结构——主语零形反指和描写性关系从句》，胡方的《论宁波方言和苏州方言前高元音的区别特征——兼谈高元音继续高化现象》；论文类二等奖 3 项：沈明的《晋语五台片入声调的演变》，杨永龙的《不同的完成体构式与早期的"了"》，刘探宙的《多重强式焦点共现句式》；荣誉奖 1 项：语言研究所词典编辑室的《现代汉语小词典》第五版。

4. 创新工程的实施和科研管理新举措

继 2011 年"语音与言语科学重点实验室"作为首批创新工程试点单位进入院创新工程之后，2012 年 7 月，语言研究所申报的"汉语句法语义研究的理论与实践""汉语语法史研究"两个项目也进入院创新工程。截至 2012 年年底，语言研究所参加创新工程的总人数为 25 人。首席管理为所党委书记蔡文兰研究员，业务主办为崔祖金、白长茂、赵国才。

2012 年 7 月，语言研究所 2012 年创新工程推进会暨签约仪式在北京举行。

（1）汉语句法语义研究的理论与实践

"汉语句法语义研究的理论与实践"创新项目以语言研究所句法语义研究室为依托，整合了所内相关研究力量，共设创新岗位 7 个，包括首席研究员 3 名（刘丹青研究员、张伯江研究员、方梅研究员），执行研究员 2 名（王灿龙副研究员、项开喜副研究员），助理研究员 2 名（刘探宙助理研究员、完权助理研究员）。

（2）汉语语法史研究

"汉语语法史研究"创新项目以语言研究所历史语言学研究二室为依托，共设创新岗位 5 个，包括首席研究员 2 名（曹广顺研究员、吴福祥研究员），执行研究员 3 名（杨永龙研究员、赵长才研究员、祖生利副研究员）。

2012 年，语言研究所在创新工程规章制度建设、创新工程管理方面采取了如下一些新举措。

（1）创新工程规章制度建设

① 制定了语言研究所创新项目管理各项暂行办法。根据院创新工程办公室 2012 年 8 月下达的文件要求，结合实际，该所于 10 月底基本完成本所创新工程各项管理办法的制定。已完成的暂行办法包括《语言研究所创新岗位申报管理细则》《语言研究所创新项目立项管理细则》《语言研究所创新项目评价管理办法实施细则》《语言研究所创新项目档案管理办法》《语言研究所创新工程项目经费管理办法》《语言研究所创新工程项目固定资产管理规定》《语言研究所创新工程人事管理规定》等 7 种，另有《语言所年度个人应聘创新岗位申报表》《语言研究所创新工程项目月报表》《语言研究所创新工程个人月报表》《语言研究所创新岗位科研人员考核测评表》《语言研究所创新岗位管理人员考核测评表》等管理表格 5 种。

② 建立创新项目月报和季度汇报制度。月报制度规定，对本所进入创新工程的各个项目进行月进度检查，创新项目负责人负责组织项目人员填报《创新工程项目月报表》和《创新项目个人月报表》。所创新工程领导小组每季度末组织一次创新项目工作汇报会，由创新项目负责人、首席研究员和相关业务主管汇报项目进展及相关情况，同时就有关问题进行研讨交流，及时解决遇到的问题。

（2）创新工程管理方面

2012 年 7 月，语言研究所成立所创新工程办公室，负责创新工程的日常管理工作。成员包括张伯江（所长助理）、白长茂（科研处处长）、崔祖金（办公室主任），张伯江研究员任主任。

7 月 5 日，语言研究所举行 2012 年创新工程推进会暨签约仪式。所党委书记蔡文兰研究员传达了院领导有关创新工程的讲话精神和语言所创新工程的总体思路和具体推进步骤。在签约仪式上，沈家煊学部委员、蔡文兰书记、曹广顺和刘丹青副所长等为下半年创新项目上岗签约人员颁发了聘书。

7 月，该所布置落实了 2012 年下半年和 2013 年创新岗位申报工作，组织所有拟进入创新工程人员填写《语言所年度个人应聘创新岗位申报表》。8 月，布置落实创新工程月报制度。进一步完善创新工程月报制度，修订补充了《语言研究所创新工程项目月报表》《语言研究所创新工程个人月报表》等管理文件。进一步修订《语言研究所创新工程项目管理办法》，完善了创新工程项目有关经费和财务管理的制度建设，完成《语言研究所创新工程项目经费管理办法（暂行）》《语言研究所创新工程项目固定资产管理规定》两个管理文件的制定。加强了创新工程档案管理。9 ~ 10 月，组织完成相关期刊进入创新工程申报工作和合办外文期刊的专项申请。认真传达科研局年度工作会议精神，进一步系统学习、领会科研局印发的《院创新工程科研管理工作文件汇编》。所创新办围绕着建立不同类型的课题体系和资源配置体系问题，根据基础学科、应用学科的不同特点设计不同的资助办法，建立不同的学者资助体系问题以及建立期刊管理体系，巩固、提升学术制高点等问题，对这 35 个文件进行了重点解读。11 月，布置落实各创新项目完成《创新项目年度自评分值表》和《创新项目年度工作综合报告》，在此基础上，完成了《语言研究所创新项目自评报告书》。

（三）学术交流活动

1. 学术活动

2012 年，语言研究所主办、承办、合办的重要学术会议有：

（1）2012 年 1 月 7 ~ 8 日，由中国社会科学院语言研究所、中国社会科学院民族学与人类学研究所、上海大学文学院合办，上海大学上海方言与文化研究中心承办的"语言接触与语言比较国际论坛·2012"在上海召开。会议的主题是"语言接触和语言比较"。60 余位来自中国、法国、澳大利亚、日本、韩国的学者出席论坛。

（2）2012 年 5 月 11 ~ 13 日，由中国社会科学院语言研究所、西安外国语大学英文学院、香港中文大学语言学及现代语言系合办的"第 14 届中国当代语言学国际研讨会"在陕西省西安市召开。会议的主题是"人类语言学和语言知识本体研究"。约 150 余名来自中国、美国、加拿大、澳大利亚、新加坡、日本、韩国等国的学者参加了会议。

（3）2012年6月4日，由中国社会科学院语言研究所《中国语文》编辑部主办的"《中国语文》创刊60周年学术研讨会"在北京召开。近70位学者出席了会议。

（4）2012年8月7～8日，由中国社会科学院语言研究所、复旦大学中文系合办的"汉语方言类型学研讨会·2012暨第一届方言语音与语法论坛"在上海召开。会议的主题是"汉语方言语音和语法"。约40位专家学者出席了论坛。

（5）2012年8月19～20日，由中国社会科学院语言研究所主办、兰州大学文学院承办的"汉语史与西北民族地区语言接触问题研讨会"在甘肃省兰州市召开。会议的主题是"历史上汉语同北方少数民族语言的接触及西北民族地区语言接触的现状"。30余位来自国内外高校和研究机构的学者出席了会议。

（6）2012年10月13～16日，由中国社会科学院语言研究所主办、上海师范大学承办、商务印书馆协办的"第17次现代汉语语法讨论会"在上海召开。会议的主题是"汉语的名词（短语）及其相关范畴以及汉语虚词问题"。70余位海内外学者参加了会议。

（7）2012年10月19～22日，由中国社会科学院语言研究所主办、扬州大学文学院承办的"第11届全国古代汉语学术研讨会"在江苏省扬州市召开。来自中国、美国、加拿大、韩国、澳大利亚的80余位学者出席了会议。会议的主题是"古代汉语语法、词汇、语音"。

（8）2012年10月22日，由中国社会科学院语言研究所、美国加州大学洛杉矶分校亚洲语言文化学系共同主办的"中美汉语语言学进展与展望座谈会"在美国加州洛杉矶举行。来自加州大学洛杉矶分校、长堤分校等高校的美国学者和语言研究所到访的学者20余人参加了座谈。

（9）2012年10月31日至11月2日，由中国社会科学院语言研究所主办、安徽师范大学文学院承办的"第15届全国近代汉语研讨会"在安徽省芜湖市召开。会议的主题是"近代汉语词汇、语法、语音研究和近代汉语研究方法、材料"。约80位学者参加了会议。

（10）2012年11月3～4日，由中国社会科学院文学哲学学部主办、语言研究所承办的"中国社会科学院第11次国学研究论坛"在北京召开。论坛的主题是"出土文献与汉语史研究"。来自中国、法国、加拿大的近40位有影响的学者参加了会议。

（11）2012年11月23～24日，由中国社会科学院语言研究所《中国语文》编辑部主办的"《中国语文》青年学者沙龙"在北京召开。约50余位全国青年语言学者和特邀专家参加了本次沙龙。

2. 国际学术交流与合作

2012年，语言研究所共派遣出访31批43人次。出访国家包括美国、加拿大、法国、德国、意大利、西班牙、日本、韩国等。交流方式有参加学术会议、进行学术访问或讲学、开展合作研究等。

2012 年，语言研究所共接待来访 10 批 19 人次。其中，院协议项目来访 5 批 6 人次。与语言研究所开展学术交流的国家有美国、加拿大、法国、荷兰、瑞典、匈牙利、泰国、韩国。

（1）2012 年 2 月 28 日，语言研究所与匈牙利科学院语言研究所正式签订了合作协议。

（2）2012 年 4 月 16～19 日，语言研究所当代语言学研究室主任顾曰国研究员应国际标准协会的邀请，赴加拿大康卡迪亚大学参加"第 5 届 ISO/TC232/WG2 专家组会议"。

（3）2012 年 5 月 28～31 日，语言研究所《中国语文》编辑部主任方梅研究员应邀赴美国夏威夷大学参加"国际汉语语言学与语言教学研讨会"。

（4）2012 年 5 月 27 日至 6 月 11 日，根据中国社会科学院与荷兰教育文化科学部谅解备忘录，荷兰乌特勒支大学语言学研究所教授 René Kager 来语言研究所开展合作课题"儿童韵律的早期习得：荷兰语与汉语的比较研究"的研究。

（5）2012 年 6 月 13～19 日，语言研究所所长助理张伯江研究员应邀赴日本大阪产业大学孔子学院和樱美林大学进行学术访问。

（6）2012 年 5 月 29 日至 8 月 4 日，语言研究所方言研究室主任李蓝研究员应邀赴法国国家科研中心东亚语言研究所，开展合作课题"汉语句法类型学"的研究。

（7）2012 年 7 月 28 日至 8 月 6 日，语言研究所副所长曹广顺研究员应美国加州大学圣塔·芭芭拉分校东亚系的邀请，赴该系进行学术访问。

（8）2012 年 10 月 21～27 日，应美国加州大学洛杉矶分校东亚语言文化系的邀请，语言研究所所长助理张伯江研究员率团赴该系进行学术访问。

（9）2012 年 10 月 13～17 日，语言研究所副所长刘丹青研究员应韩国中语中文学会、高丽大学 BK21 中日语言文化教育研究团、首尔大学人文学院中语中文系的邀请，赴韩国参加"纪念韩中建交 20 周年国际学术研讨会"和"海外专家讲演会"。

（10）2012 年 10 月 12～25 日，语言研究所副所长曹广顺研究员、历史语言学研究二室赵长才研究员应邀赴法国国家科学研究中心东亚语言研究所，开展合作课题 Language contact and morphosyntactic change in Chinese（"语言接触和汉语形态句法演变"）的研究。

3. 与中国香港、澳门特别行政区和中国台湾开展的学术交流

（1）2012 年 4 月 1～5 日，语言研究所所长助理张伯江研究员应香港中文大学中文系邀请，赴香港参加"汉语语体研究学术研讨会"，并对该系进行了学术访问。

（2）2012 年 5 月 13～19 日，语言研究所《中国语文》编辑部主任方梅研究员应香港城市大学中文、翻译及语言学系邀请，赴香港对该系进行学术访问。

（3）2012 年 6 月 19～22 日，语言研究所副所长刘丹青研究员、当代语言学研究室主任顾曰国研究员、语音研究室主任李爱军研究员应台湾"中研院"的邀请，赴台参加"第四届国际汉学会议"。

（4）2012 年 10 月 29 日至 11 月 2 日，语言研究所当代语言学研究室主任顾曰国研究员应香港学术及职业资历评审局的邀请，赴香港参加香港特区课程审查局主持的香港教育学院课程评审工作。

（5）2012 年 12 月 3～11 日，语言研究所语音研究室主任李爱军研究员等应邀赴香港城市大学和澳门大学，参加"中国口语语言处理国际会议"和"第 15 届东方国际口语语料库合作与标准化委员会国际学术会议"。

（6）2012 年 12 月 21 日，语言研究所与台湾"中研院"语言学研究所《学术交流备忘录》已完成条款修订和续签工作。

（四）学术社团、期刊

1. 社团

（1）中国语言学会，会长沈家煊。

2012 年 6 月 8 日，中国语言学会罗常培语言学奖首届评奖工作结束。共评选出一等奖 1 项：中山大学中文系陈斯鹏的《楚系简帛中字形与音义关系研究》（专著）；二等奖 1 项：中国社会科学院外文所姜南的《基于梵汉对勘的〈法华经〉语法研究》（专著）；三等奖 4 项：南开大学文学院谷峰的《从言说义动词到语气词：说上古汉语"云"的语法化》（论文）、《上古汉语"诚""果"语气副词用法的形成与发展》（论文），北京语言大学强星娜的《上海话过去虚拟标记"蛮好"——兼论汉语方言过去虚拟表达的类型》（论文）、《话题标记与句类限制》（论文）。

2012 年 8 月 21～23 日，由中国语言学会和语言研究所主办，云南大学人文学院、云南曲靖师范学院人文学院承办的"中国语言学会第 16 届学术年会"在云南省昆明市召开。会议就语音、语义、语法以及语言学理论等方面进行了交流。130 余名学者出席了会议。

（2）全国汉语方言学会，会长周磊。

2012 年 8 月 15～16 日，由全国汉语方言学会、语言研究所和陕西师范大学西北方言与民俗研究中心合办，新疆大学人文学院承办的"第五届西北汉语方言、双语与民俗学术研讨会"在新疆维吾尔自治区乌鲁木齐市召开。会议设西北汉语方言、双语教学和民俗学三个议题。近60 名来自中国、日本、美国的专家学者参加会议。

2012 年 10 月 18～19 日，由全国汉语方言学会和语言研究所主办、西南科技大学承办的"第六届汉语方言语法国际学术研讨会"在四川省绵阳市召开。来自国内外高校和研究机构的70 余名学者参加了会议。会议就汉语方言语法研究等方面的问题进行了探讨。

2012 年 11 月 10～11 日，由全国汉语方言学会、语言研究所和中央民族大学主办，中央民族大学文学与新闻传播学院承办的"汉语方言时体系统国际学术研讨会"在北京召开。会议的主题是"汉语方言时体系统"。120 余位国内外学者参加了会议。

2. 期刊

（1）《中国语文》（双月刊），主编沈家煊。

2012 年，《中国语文》共出版 6 期，共计约 90 万字。该刊全年刊载的有代表性的文章有：江蓝生的《汉语连—介词的来源及其语法化的路径和类型》，丁邦新的《汉语方言中的历史层次》、沈家煊的《"零句"和"流水句"——为赵元任先生诞辰 120 周年而作》，戴庆厦的《汉语和非汉语结合研究是深化我国语言研究的必由之路》，李宇明的《中国语言生活的时代特征》，侯精一的《山西、陕西沿黄河地区汉语方言第三人称代词类型特征的地理分布与历史层次》，平山久雄的《敦煌〈毛诗音〉残卷里直音注的特点》，苏培成的《谈汉语文里字母词的使用和规范》，张伯江的《双音化的名词性效应》，方梅的《会话结构与连词的浮现义》，蔡维天的《论汉语反身词的重复现象》，袁毓林的《动词内隐性否定的语义层次和溢出条件》，李汝亚、石定栩、胡建华的《省略结构的儿童语言获得研究》，吴福祥的《语序选择与语序创新——汉语语序演变的观察和断想》，谭景春的《词典释义中的语义归纳与语法分析——谈〈现代汉语词典〉第 6 版条目修订》，杨亦鸣的《神经语言学与当代语言学的学术创新》，朱庆之的《上古汉语"吾""予/余"等第一人称代词在口语中消失的时代》，朱晓农、章婷、衣莉的《凹调的种类——兼论北京话上声的音节学性质》，张洪明、尹玉霞的《优选论的是与非：现代音系学研究的若干反思》，张谊生的《试论叠加、强化的方式、类型与后果》，王灿龙的《新异黏合语的生成机制分析》，杨永龙的《目的构式"VP 去"与 SOV 语序的关联》，孙伯君的《12 世纪河西方音的通摄阳声韵》，董秀芳的《上古汉语议论语篇的结构与特点：兼论联系语篇结构》等。

（2）《方言》（季刊），主编麦耘。

2012 年，《方言》共出版 4 期，共计约 60 万字。该刊全年刊载的有代表性的文章有：梅祖麟的《重纽在汉语方言的反映——兼论〈颜氏家训〉所论"奇"、"祇"之别》，郑张尚芳的《浙江南部西部边境方言全浊声母的清化现象》，刘丹青的《原生重叠和次生重叠：重叠式历时来源的多样性》，秋谷裕幸的《〈班华字典——福安方言〉音系初探》，张双庆、邢向东的《关中方言古知系合口字的声母类型及其演变》，施其生的《闽南方言的比较句》，覃远雄的《桂南平话古遇摄字的今读》，赵日新的《安徽休宁方言"阳去调"再调查》，章婷、朱晓农的《苏北连云港方言的三域声调系统》等。

（3）《当代语言学》（季刊），主编沈家煊、顾曰国。

2012 年，《当代语言学》共出版 4 期，共计约 60 万字。该刊全年刊载的有代表性的文章有：陆丙甫的《汉、英主要"事件名词"语义特征》，袁毓林的《修辞学家可以向邻近学科学些什么?》，马秋武、吴力菡的《三论"天津话连读变调之谜"》，孙天琦、潘海华的《也谈汉语不及物动词带"宾语"现象——兼论信息结构对汉语语序的影响》，完权的《指示词定语漂移的篇章认知因素》，付晓丽、徐赳赳的《国际元话语研究新进展》，王莹莹、潘海华的《长距离"自己"的语义—语用解释理论及其问题》，段嫚娟、许余龙、付相君的《向心参数的设定对指代消解结果影响的原因分析》等。

（五）会议综述

中国语言学会第 16 届学术年会

2012 年 8 月 21～23 日，"中国语言学会第 16 届学术年会"在昆明市云南大学召开。会议由中国语言学会和语言研究所主办，云南大学人文学院和曲靖师范学院人文学院承办。来自中国内地和港台地区及美国、日本等国家的 130 余位语言学者出席了会议。

开幕式由云南大学人文学院院长段炳昌教授主持，中国社会科学院学部委员、中国语言学会会长沈家煊研究员致开幕词。他说，我国的语言学要走向世界，必须拿出扎扎实实、有创新性的研究成果来。我们要从自己的研究中概括、总结出一些新观点、新方法，使西方学者能从中得到启发和收获。要达到这个水平，需要把国外的理论精华学到一个合格的程度，然后再加上自己的创新。既要避免只从汉语看汉语的狭隘性，又不要受印欧语眼光的束缚。他还指出，语言学要为现代化服务，中文信息处理、人工智能等领域呼唤语言学家的自觉参与；伴随城市化进程的加速，如何处理好普通话和方言、汉语和民族语言之间的关系，是关系到我国的语言和谐的大问题；此外，我国的外语教学、汉语作为第二语言的教学存在效率不高的问题，有待加强研究，使这种状况早日得到改善。

会议期间，中国社会科学院语言研究所副所长刘丹青研究员等 10 多位专家作了大会报告，近 110 位学者在分组会上宣读了论文。学会还召开了理事会，就首届罗常培语言学奖评奖过程及结果、罗常培语言学奖评奖条例以及吸收新会员标准、会费的缴纳等事宜交换了意见，并审批通过 103 名新会员入会。

闭幕式上，中国社会科学院语言研究所《中国语文》编辑部主任、中国语言学会秘书长方梅研究员作了学会秘书处工作汇报，沈家煊会长宣布了首届罗常培语言学奖评奖结果。

（会务组）

中国社会科学院第 11 次国学研究
论坛：出土文献与汉语史研究国际学术研讨会

2012 年 11 月 3～4 日，由中国社会科学院文学哲学学部主办、语言研究所承办的"中国社会科学院第 11 次国学研究论坛：出土文献与汉语史研究国际学术研讨会"在北京召开。来自中国、加拿大、法国的近 40 位知名专家学者参加了论坛。与会学者分别从出土文献研究及汉语史研究等不同角度作了学术报告，论文范围覆盖甲骨文、金文、玺印、石刻、简帛、敦煌遗书等不同种类的出土文献，内容涉及文字、音韵、训诂、词汇、语法等不同的语言学学科以及考释、校勘等不同的文献学手段。

中国社会科学院文学哲学学部主任、学部委员江蓝生研究员致开幕词。她说，中国社会科学院文史哲学部于 5 年前开设"国学研究论坛"，目的是为了继承和发扬国学的优良传统，返本开新，丰富和发展中华民族的学术资源、文化资源。国学研究既要保持其传统性与本土性，同时也要彰显它的时代性与世界性。我们召开这个论坛，就是要提倡"沉潜的、切实的、非功利的、超越的"国学研究。她指出，21 世纪的国学研究在研究目的、研究对象、研究方法等各方面，必然跟清代有不同之处。研究目的上，从读经、解经的经学附庸发展到挖掘传统文化的现代意义；研究对象上，从经书、传世古代文献典籍扩展到各种新发现的出土文物、出土文献，现代社会生活中的古代遗存，现代的书面语、口语等；研究方法上，也从校勘、考据、注疏到引进现代语言学的理论、方法，注重语言调查、语言描写，在此基础上进行综合、分析，从而探寻语言文字演变的规律。关于出土文献的学术价值，江蓝生说，新发现产生新学问，新的重大发现总是推动着学科研究的进步。20 世纪初尤其是 70 年代以来，我国出土的简帛文献数量巨大，与传世先秦汉魏文献不相上下。出土文献具有传世文献无法相比的历史真实性，这为我们使用"二重证据法"——既把地下的考古文物材料和传世文献进行对比来判定古代某些文献的有无或真伪，从而"走出疑古时代"具有决定性的作用，也为古代文献的版本、目录、校勘、文字释读等提供了难得的宝贵资料。出土文献反映了先秦汉魏六朝时期文字的实际面貌，在汉字史方面的价值也是不言而喻的。甲骨金文及数量巨大的出土简帛文献的发现和利用，不仅推动了版本学、目录学、校勘学、文字学等学科的进步，同时也极大地推动了包括音韵史、词汇史、语法史在内的汉语史研究的进步。从事汉语史研究的中青年学者应该自觉地借用出土文献特别是简帛文献开拓汉语史研究的新境界。我们召开这个会议就是想在古文字专家和汉语史研究者之间搭建一座桥梁，促进出土文献研究和汉语史研究的相互结合、相互促进，希望在信息交流、资源共享和力量整合等方面都能起到积极的推动作用。

清华大学出土文献研究与保护中心主任李学勤教授作了题为《楚文字研究的过去与现在》的大会发言。他指出，古文字学发展非常快，其中楚文字研究已经占据古文字研究的前沿，相当一段时期内会持续下去。从历史上看，六国文字研究应该追溯到汉代的"古文"之学，孔壁中经古《尚书》、张苍献《左传》、项羽妾墓《老子》等，多与楚文字有关。但"古文"之学的真正复兴，应该追溯到王国维的《史籀篇疏证》和《桐乡徐氏印谱序》。而看到楚文字本身，则在 1933～1937 年寿县朱家集李三孤堆铜器铭文及 1942 年长沙子弹库楚帛书发现之后，不过当时还不能真正认识。专门研究楚文字的当属语言学界的朱德熙先生，其《寿县出土楚器铭文研究》是认真、深入研究的开始。改革开放以后，楚文字材料很分散，研究碎片化，很难证真或证伪。楚简的发现从长沙考古发掘开始，杨家湾、仰天湖、五里牌楚简上下文连排，与工官的玺印铭文完全不同。现在的楚简基本是出土文献、文书这类东西，有上下文可循，有些有传世文本可供对照。这是从孔壁中经、汲冢书以来千载难逢的机会，希望我们尽可能快、好、齐备地发表材料，解决一些关键性的字和意义，还要请语言学界好好总结通假字的规律等。

在大会自由发言阶段，与会专家高度肯定了本次论坛在推动出土文献研究和汉语史研究相结合方面的积极作用，并就今后如何进一步增进两方面研究的结合、相互起到促进作用进行了充分讨论。

闭幕式上，中国社会科学院语言研究所副所长曹广顺研究员致闭幕词。他指出，本次论坛的立意就在于给出土文献研究与汉语史研究的专家学者提供一个交流、合作的平台，二者的相互结合、相互促进是一个长远目标，希望类似会议能够继续坚持下去。

（王志平）

《中国语文》创刊 60 周年学术研讨会

2012 年 6 月 4 日，由中国社会科学院语言研究所《中国语文》编辑部主办的"《中国语文》创刊 60 周年学术研讨会"在北京召开。近 70 位学者出席了会议。

2012 年 6 月，"《中国语文》创刊 60 周年学术研讨会"在北京举行。

中国社会科学院学部委员、《中国语文》主编沈家煊研究员致开幕词。他说，《中国语文》创刊 40 周年时，吕叔湘先生提出两个"结合"和两个"并重"：务实和创新相结合，理论与应用相结合；微观研究与宏观研究并重，借鉴与继承并重。这仍然是指导我们作研究和办刊物的方针。在过去 10 年里，语言研究有两个比较明显的倾向：一是随着我国改革开放事业的推进，国际学术交流急剧增多，语言学工作者视野更加开阔，创新意识增强，理论上的追求也更加自觉。在语言学和邻近学科的交叉点上，心理语言学、社会语言学、计算语言学等领域都有可喜的进展。另一个倾向是，在市场经济大潮的冲击下，高尚的学术理念和严谨的学风、文风受到一定的冲击和侵蚀，学术上不道德、不规范的现象增多。对此，我们一定要充分警觉和重视，要维护良好学风和文风，把它视为刊物的生命。沈家煊指出，《中国语文》编辑部将一如既往，在提高自身素质的同时，以发现人才、培养人才为己任，并进一步加强国际学术交流，让国外的同行对中国学者的研究成果有更多了解。

会议分成座谈会和学术报告两部分。座谈会由《中国语文》副主编、编辑部主任方梅研究员主持，与会学者对《中国语文》的 60 华诞表示热烈的祝贺，并回忆了自己与《中国语文》的深厚情缘，畅谈了《中国语文》在自己的学术道路上发挥的重要作用，也为《中国语文》未来的发展提出了一些非常好的建议。学术报告会由语言研究所副所长、《中国语文》副主编刘丹青研究员主持，江蓝生、侯精一、平山久雄、戴庆厦四位教授分别作了题为《汉语连—介词的来源及其语法化的路径和类型》《山西、陕西沿黄河地区汉语方言第三人称代词类型特征的地理分布与历史层次》《敦煌〈毛诗音〉残卷里直音注的特点》《汉语和非汉语的结合研究是深化我国语言研究的必由之路》的学术报告。

最后，中国社会科学院语言研究所副所长刘丹青作会议总结。他强调，《中国语文》将继续强化服务意识，服务于学界、学术、学人，继承发扬优良传统，加强刊物的前沿性，开放包容，务实严谨，进一步提升稿件的质量、刊物的水准。同时，中国语言研究有面向世界的需求，要把研究放在世界语言变异的大背景下进行，使中国语言研究同时服务于国内语言研究和普通语言学的研究，对国际语言学理论研究作出中国的贡献。面对新时代提出的新要求，《中国语文》责任更重大，要在稿件的来源、组织、编审方面有新的视野。他承诺，《中国语文》将以"守正拓新，勇攀高峰，学术至上，服务提升"为追求目标，为语言学的发展作出更大的贡献。

（《中国语文》编辑部）

哲学研究所

（一）人员、机构等基本情况

1. 人员

截至 2012 年年底，哲学研究所共有在职人员 132 人。其中，正高级职称人员 44 人，副高级职称人员 42 人，中级职称人员 24 人，高、中级职称人员占全体在职人员总数的 83%。

2. 机构

哲学研究所设有：马克思主义哲学原理研究室、马克思主义哲学史研究室、马克思主义哲学中国化研究室、中国哲学研究室、西方哲学史研究室、现代外国哲学研究室、科学技术哲学研究室、伦理学研究室、逻辑学研究室、东方哲学研究室、哲学与文化研究室、美学研究室、《哲学研究》编辑部、《哲学动态》与《中国哲学年鉴》编辑部、《世界哲学》编辑部、图书资料室、办公室、科研处、人事处、老干部办公室。

3. 科研中心

哲学研究所院属科研中心有：中国社会科学院文化研究中心、中国社会科学院社会发展研究中心、中国社会科学院东方文化研究中心、中国社会科学院应用伦理研究中心、中国社会科学院科学技术和社会研究中心、中国社会科学院世界文明比较研究中心。

（二）科研工作

1. 科研成果统计

2012 年，哲学研究所共完成专著 20 种，606.5 万字；论文 180 篇，198.5 万字；研究报告 16 篇，34.1 万字；译著 7 种，181.8 万字；译文 13 篇，19.25 万字；论文集 1 种，32 万字；一般文章 25 篇，13.74 万字；教材 4 种，72 万字；学术普及读物 10 种，10.35 万字；工具书 1 种，200 万字。

2. 科研课题

（1）新立项课题。2012 年，哲学研究所共有新立项课题 17 项。其中，国家社会科学基金课题 8 项："郭店竹简与中国早期的思想世界（英文版）"（郭沂主持），"非线性科学与决定论自然观变革"（林夏水主持），"世界文化多样性与构建和谐世界研究"（李河主持），"先秦哲学文献的整理与研究"（郭沂主持），"可能世界的名字"（刘新文主持），"梵本《月喜疏》与早期胜论思想研究"（何欢欢主持），"建国以来西方哲学中国化的重要问题及其影响"（谢地坤主持），"百年中国因明研究"（刘培育主持）；院重点课题 7 项："20 世纪中国哲学概览"（冯瑞梅主持），"当代中国的东方哲学研究"（孙晶主持），"宋代三《礼》学综合研究"（刘丰主持），"同时性与你——伽达默尔理解问题研究"（卢春红主持），"可能世界的名字"（刘新文主持），"国外马克思主义哲学中的空间转向"（强乃社主持），"科学、政治与民主化构想"（孟强主持）；院国情调研课题 1 项："振兴中医药事业调研（跟踪调研）"（谢地坤、陈其广主持）；院国情考察课题 1 项："衢州道德文明与社会主义核心价值观建设"（吴尚民主持）。

（2）结项课题。2012 年，哲学研究所共有结项课题 22 项。其中，国家社会科学基金课题 5 项："广义析舍的逻辑系统及其证明论与复杂性研究"（刘新文主持），"哲学的拓扑学研究"（江怡主持），"面向自然语言信息处理的范畴类型逻辑研究"（邹崇理主持），"不协调理论的推理机制研究"（杜国平主持），"非线性科学与决定论自然观变革"（林夏水主持）；院重大课题 2 项："'经济全球化'中的价值冲突与我国文化战略"（江蓝生、张晓明主持），"发展先进文化与文化体制改革研究"（张晓明主持）；院重点课题 7 项："韩国哲学史"（李甦平主持），"日本伦理学史：1868～1945"（龚颖主持），"国际关系伦理视域中的全球正义研究"（杨通进主持），"道家思想的哲学性研究"（陈霞主持），"分析哲学中关于语言和心灵的前沿问题研究"（贾益民主持），"20 世纪政治哲学史"（周穗明主持），"《资本论》的历史逻辑与当代世界"（李西祥主持）；院国情调研课题 1 项："马克思主义哲学中国化研究"（谢地坤主持）；院国情考察课题 1 项："衢州道德文明与社会主义核心价值观建设"（吴尚民主持）；院青年科研启动基金课题 6 项："思考理性与构建和谐社会"（李俊文主持），"面向矛盾信息的逻辑研究"（杜国平主持），"马文·明斯基的心智社会思想研究"（路寻主持），"儒家的'自我'观念及其现代意义"（周广友主持），"莱姆作品中地外智能生命思想浅析"（许国荣主持），"迈农对象理论在当代的新进展"（孙婧一主持）。

（3）延续在研课题。2012 年，哲学研究所共有延续在研课题 32 项。其中，国家社会科学基金课题 20 项："京都学派的历史哲学研究"（卞崇道主持），"托马斯·阿奎那宗教伦理思想的人学解读"（刘素民主持），"中国哲学的实在论与道德论"（李存山主持），"德国哲学发展史——从德国哲学发生至今的历史"（谢地坤主持），"相对论和 20 世纪哲学"（罗嘉昌主持），"一阶逻辑片段研究"（夏素敏主持），"注释、诠释与建构——四书学与宋明理学的发展"（陈静主持），"科学知识社会学及其近期发展"（刘文旋主持），"自由与希望：对康德实践哲学与美学的存在论阐释"（黄裕生主持），"技术化科学的哲学研究"（段伟文主持），"建设社会主义核心价值体系研究"（孙伟平主持），"汉晋道教与方术民俗——以出土资料为背景"（姜守诚主持），"自然语言信息处理的逻辑语义学研究"（邹崇理主持），"现象学视野中的科学——一种对自然主义的超越"（张昌盛主持），"20 世纪西方分析美学研究"（刘悦笛主持），"马克思哲学：当代的挑战与回应"（鉴传今主持），"欧洲哲学的历史发展与中国哲学的机遇研究"（叶秀山主持），"日本伦理学史：1868~1945"（龚颖主持），"广义析舍的逻辑系统及其证明论与复杂性研究"（刘新文主持），"柏拉图的知识论研究"（詹文杰主持）；院重大课题 8 项："经济伦理与社会发展"（孙春晨主持），"黑格尔文集编译"（梁存秀主持），"社会伦理与社会发展"（余涌主持），"当代西方形而上学问题研究"（江怡主持），"马克思主义哲学形态史（4 卷本）"（吴元樑主持），"印度佛教哲学史"（周贵华主持），"当代世界文明与中国"（汝信、陈筠泉主持），"马克思主义哲学中国化研究"（谢地坤主持）；院重点课题 3 项："欧洲哲学的历史发展与中国哲学的机遇"（叶秀山主持），"从'南赣乡约'到'乡村建设运动'——中国近世儒学民间化转向的理论与实践"（马晓英主持），"抽象、象征与符号——符号学马克思主义研究"（毕芙蓉主持）；院国情调研课题 1 项："社会主义核心价值体系建设有效性调研"（孙春晨主持）。

3. 获奖优秀科研成果

2012 年，哲学研究所共评出 2012 年度哲学研究所优秀科研成果奖专著类一等奖 4 项：甘绍平的《人权伦理学》，李甦平的《韩国儒学史》，邹崇理的《范畴类型逻辑》，王柯平的 *Chinese way of thinking*（《中国人的思维》）；论文类一等奖 4 项：谢地坤的《中国哲学的现状、问题与任务》，张志强的《经、史、儒关系的重构与"批判儒学"之建立——以〈儒学五论〉为中心试论蒙文通"儒学"观念的特质》，赵汀阳的《共在存在论：人际与心际》，孙晶的《乔荼波陀与佛教》；专著类优秀奖 4 项：孙伟平的《价值哲学方法论》，徐崇温的《民主社会主义评析》，冯国超的《国学经典规范读本·周易》，杨通进的《环境伦理：全球话语中国视野》；论文类优秀奖 5 项：魏小萍的《词汇选择与哲学思考：财富的来源、性质与功能》，王齐的《康德对克尔凯郭尔的影响》，贾益民的《专名意义的一种生活整体主义观点》，龚颖的《伦理学在日本近代的历史命运：1868～1945》，朱葆伟的《高技术的发展与社会公正》。

4. 创新工程的实施与科研组织管理新举措

2012 年下半年，哲学研究所将创新工程进岗比例扩大至全所在职人员的 30%，西方哲学学科、东方哲学学科、逻辑学学科、伦理学学科、美学学科五个学科申报创新工程项目。2012年，哲学研究所参加创新工程的人数为 47 人，首席管理为所长谢地坤、党委书记吴尚民。创新项目共有 12 项："马克思主义哲学中国化、时代化、大众化文本研究与历史研究"（首席研究员李景源），"创建马克思主义哲学中国化新形态"（首席研究员孙伟平），"《新大众哲学》"[首席研究员孙伟平（兼）]，"中国农民哲学村调查"（首席研究员单继刚），"马克思主义哲学中国化、时代化、大众化研究数据库"[首席研究员单继刚（兼）]，"全球化视野下的东方哲学研究"（首席研究员孙晶），"中国语境中的西方哲学基础理论研究"（首席研究员叶秀山），"西方哲学经典著作翻译"（首席研究员周晓亮），"学术交流'走出去'战略启动和扩展"（首席研究员尚杰），"跨文化视野下的美学与美育研究"（首席研究员王柯平），"逻辑学当代发展的创新研究"（首席研究员邹崇理），"转型期道德建设的伦理学基础研究"（首席研究员甘绍平）。

哲学研究所实施创新工程的主要宗旨与总目标是：继承哲学研究所以现实问题研究带动基础理论研究，以基础理论研究深化现实问题研究的优良传统，着眼于研究和解决哲学学科所面临的重大理论和现实问题，着眼于推进和发展哲学学科的学科体系、学术观点、科研方法创新，通过科研组织方式的体制和机制创新，更加有效地调动和发挥科研资源的作用，造就具有国际水准的创新型科研团队，切实提高中国的哲学研究水平。同时，继续保持哲学研究所在国内哲学界的"国家队地位"，进一步提升哲学研究所的国际影响力，大幅提升哲学研究所学者和中国的哲学研究在国际上的话语权。

哲学研究所在实施创新工程方面的新举措包括：（1）成立创新工程领导小组及其办公室，建立实施创新工程的领导、管理和协调机制。（2）制定和实施《哲学所创新岗位设置办法》《关于哲学所创新工程暂缓进入的规定》《哲学所智力报偿和创新报偿发放管理办法》。（3）建立创新岗位人员定期汇报制度，加强对创新任务完成进度的督促和检查。哲学所创新工程领导小组定期听取各学科首席研究员的工作汇报，检查创新团队建设、创新项目进展、创新经费使用等情况。各位首席研究员定期听取本项目组成员关于创新任务进展情况的汇报。通过检查及时发现问题和不足，提出调整和改进措施。（4）制定和实施《哲学所考勤工作管理办法》，建立健全考勤机制。人事处每月对全所同志的考勤情况进行统计和公布，考勤结果同年终考核、职称晋升、创新岗位进出、创新报偿和智力报偿发放等直接挂钩。

（三）学术交流活动

1. 学术活动

2012 年，哲学研究所主办和承办的学术会议有：

（1）2012 年 4 月 24 日，哲学研究所主办的"金岳霖讲座"

2012 年 4 月，中国社会科学院哲学研究所"金岳霖讲座"之"极度贫困、富有与基于过度要求的理论反驳"学术报告会在北京举行。

在北京举行。讲座邀请著名哲学家、普林斯顿大学教授彼得·辛格作了题为《极度贫困、富有与基于过度要求的理论反驳》的学术报告。

（2）2012 年 5 月 28 日，哲学研究所和中国社会科学院世界文明比较研究中心共同承办的中国社会科学论坛（2012·世界文明比较研究）"亚洲文明今昔"国际学术研讨会在北京举行。会议研讨的主要问题有"回顾亚洲文明对世界人类文明作出的贡献""东亚文化对人类社会未来发展的现代价值""文明之间相互理解和交流的重要性和可能途径"。

2012 年 5 月，中国社会科学论坛（2012·世界文明比较研究）"亚洲文明今昔"国际学术研讨会在北京举行。

（3）2012 年 8 月 6 日，哲学研究所与中国社会科学院社会发展研究中心、澳门中国哲学会联合主办的"社会发展研究与文化交流（澳门 2012）学术研讨会"在澳门举行。会议研讨的主要问题有"当代中国社会价值理念的变迁""科技发展与文化创新""经济转型与资源战略"。

（4）2012 年 9 月 21 日，哲学研究所与德国歌德学院联合主办的"中德对话论坛"在德国柏林举行。论坛研讨的主要问题是"为何我们互不理解"。

（5）2012 年 9 月 22～23 日，哲学研究所与上海社会科学院哲学研究所共同主办的"价值与文化"学术研讨会暨第 23 届全国社会科学院哲学年会在上海举行。会议研讨的主要问题有"文化与价值的关系""中国传统文化与价值观""当代文化及价值观的困境""社会主义核心价值观建构"。

（6）2012 年 12 月 18～19 日，哲学研究所与越南社会科学院哲学研究所共同主办的"越南和中国商业道德的若干理论与实践国际学术研讨会"在越南顺化举行。会议研讨的主要问题有"商业道德""市场经济条件下的利益与道德"。

2. 国际学术交流与合作

2012 年，哲学研究所共派遣出访 24 批 39 人次，接待来访 4 批 12 人次（其中，中国社会科学院邀请来访 3 批 8 人次）。与哲学研究所开展学术交流的国家有俄罗斯、美国、英国、德国、荷兰、捷克、越南等。

（1）2012 年 3 月 1 日，哲学研究所王柯平在葡萄牙波尔图就"国际汉学研究"问题与"第七届国际汉学论坛"参会学者进行学术交流。

（2）2012 年 5 月 4 日，哲学研究所孙晶在日本东京都就东方哲学研究问题与日本中央大学综合政策学部相关学者进行学术交流。

（3）2012 年 5 月 7 日，哲学研究所周穗明在捷克布拉格就批判理论研究问题与捷克科学院全球化研究中心相关学者进行学术交流。

（4）2012 年 5 月 7 日，哲学研究所欧阳英、崔唯航在捷克布拉格就西方马克思主义研究问题与出席"哲学与社会科学国际会议"的参会人员进行学术交流。

（5）2012 年 6 月 26 日，哲学研究所刘悦笛在意大利博洛尼亚就自然与城市等问题与国际美学协会会员进行学术交流。

（6）2012 年 6 月 30 日，哲学研究所赵汀阳在德国卡塞尔就宽容问题与参加"国家宽容学术研讨会"的学者进行学术交流。

（7）2012 年 9 月 5 日，哲学研究所李景源、孙伟平、单继刚等在俄罗斯莫斯科就马克思主义哲学民族化问题与俄罗斯科学院哲学研究所布洛夫等学者进行学术交流。

（8）2012 年 9 月 13 日，哲学研究所王青在日本东京就日本哲学研究等问题与东洋大学井上圆了研究会相关学者进行学术交流。

（9）2012 年 9 月 14 日，哲学研究所谢地坤、赵汀阳、王歌在德国柏林就德中哲学研究状况等问题与出席"德中对话论坛"的学者进行学术交流。

（10）2012 年 10 月 8 日，哲学研究所孙晶在日本东京就梵文资料信息整理等问题与日本中央大学综合政策学部相关学者进行学术交流。

（11）2012 年 10 月 15 日，哲学研究所孙伟平在韩国首尔就儒学研究问题与韩国成均馆大学儒学大学相关学者进行学术交流。

（12）2012 年 11 月 1 日，哲学研究所魏小萍在荷兰阿姆斯特丹就《马克思恩格斯全集》历史考证版（MEGA2）的研究问题与阿姆斯特丹国际社会历史研究所相关人员进行学术交流。

（13）2012 年 12 月 8 日，哲学研究所章建刚在法国巴黎就文化多样性问题与参加"联合国教科文组织保护和促进文化表现形式多样性政府间委员会第六届常会"的参会人员进行学术交流。

（14）2012 年 12 月 16 日，哲学研究所谢地坤、余涌、甘绍平等在越南顺化就越南与中国市场经济条件下的商业道德问题与越南社会科学院哲学研究所阮才东等学者进行学术交流。

3. 与中国香港、澳门特别行政区和中国台湾开展的学术交流

（1）2012 年 3 月 17 日，哲学研究所吴尚民在台北就台湾的中国传统文化问题与中华华夏文化交流协会相关人员进行学术交流。

（2）2012 年 4 月 6 日，哲学研究所孙晶在台北就宗教与文化等问题与出席"第二届两岸跨宗教与文化对话学术研讨会"的参会人员进行学术交流。

（3）2012 年 6 月 15 日，哲学研究所孙晶在台北就东方人文思想等问题与"第四届东方人文思想国际学术研讨会"的参会代表进行学术交流。

（4）2012 年 8 月 17 日，哲学研究所孙春晨、龚颖在台北就伦理学研究问题与出席"第七届海峡两岸伦理学研讨会"的学者进行学术交流。

（5）2012 年 10 月 18 日，哲学研究所姜守诚在台南就南瀛研究问题与参加"第三届南瀛研究国际学术研讨会"的参会代表进行学术交流。

（6）2012 年 10 月 18 日，哲学研究所张晓明在台北就文化创意产业发展问题与参加"两岸文化创意产业发展学者论坛"的学者进行学术交流。

（四）学术社团、期刊

1. 社团

（1）中国辩证唯物主义研究会，会长王伟光。

2012 年 12 月 8～9 日，中国辩证唯物主义研究会等在广东省深圳市联合举行"马克思主义哲学与中国特色社会主义道路理论研讨会"。会议的主题是"深入学习贯彻党的十八大精神，运用马克思主义哲学基本立场观点方法研究中国特色社会主义的重大理论和实践问题，增强坚持中国特色社会主义的理论自觉和实践自觉，丰富中国特色社会主义的实践特色、理论特色、民族特色、时代特色，推动马克思主义哲学的创新与发展"，研讨的主要问题有"马克思主义哲学中国化""马克思主义哲学创新与中国特色社会主义道路"。与会专家学者 100 余人。

（2）中国马克思主义哲学史学会，会长梁树发。

2012 年 7 月 13 日，中国马克思主义哲学史学会在江西省井冈山市举行"中国马克思主义哲学史学会 2012 年年会"。会议的主题是"马克思主义中国化",研讨的主要问题有"马克思主义哲学中国化的内涵与意义""马克思主义哲学中国化的问题与路径""中国特色社会主义理论体系的哲学意义和哲学内涵""当代世界进程中的马克思主义哲学""思想维度中的马克思主义哲学"。与会专家学者 150 余人。

（3）中国哲学史学会,会长陈来。

2012 年 4 月 20 日,中国哲学史学会在湖北省武汉市举行学术研讨会。会议的主题是"中国哲学史研究的现状与前瞻",研讨的主要问题有"新时期以来中国哲学史研究的突破""全球化背景下中国哲学史研究的意义"。与会专家学者 110 余人。

（4）中国现代外国哲学学会,会长江怡。

2012 年 8 月 25 日,中国现代外国哲学学会分析哲学专业委员会在山东省济南市举行"第八届全国分析哲学研讨会"。会议的主题是"知识与论证",研讨的主要问题有"心灵哲学""知识论""认知科学哲学""逻辑哲学""科学哲学""语言哲学"。与会专家学者 130 余人。

（5）中华全国外国哲学史学会,会长谢地坤。

2012 年 12 月 22 日,中华全国外国哲学史学会、中国现代外国哲学学会在天津举行"政治哲学与生活世界全国学术研讨会"。会议的主题是"西方政治哲学",研讨的主要问题有"西方政治哲学史""政治哲学概念""生活世界"。与会专家学者 80 余人。

（6）中国伦理学会,会长万俊人。

2012 年 10 月 25 日,中国伦理学会德育专业委员会在湖南省长沙市举行第八届学术研讨会。会议的主题是"和谐德育深化研究与推广试验"。与会专家学者 1000 余人。

（7）中国逻辑学会,会长张家龙。

2012 年 11 月 3 日,中国逻辑学会在贵州省贵阳市举行"中国逻辑学会第九届全国代表大会"。会议的主题是"同一个逻辑,同一个梦想",研讨的主要问题有"3 值逻辑与 2 值逻辑关系探究""经济逻辑及其理论创新""中国逻辑史研究的 3 次转折""中国古代科学逻辑思想""简论真值的定性作用与经典逻辑否定的细化"。与会专家学者 200 余人。

（8）国际易学联合会,会长董光璧。

2012 年 7 月 6 日,国际易学联合会在北京举行"第六届国际易学与现代文明研讨会暨第三届国际易学联合会会员和理事大会"。会议的主题是"易学与现代文化",研讨的主要问题有"易学与科学文化""易学与养生文化""易学与社会文化"。与会专家学者 100 余人。

（9）中华美学学会,会长汝信。

2. 期刊

（1）《哲学研究》（月刊）,主编李景源。

2012 年,《哲学研究》共出版 12 期,共计 252 万字。该刊全年刊载的有代表性的文章有:赵汀阳的《一种对存在不惑的形而上学》,庞立生的《历史唯物主义与精神生活的现代性处境》，陈波的《超越弗雷格的"第三域"神话》，李存山的《气论对于中国哲学的重要意义》，王南湜的《现今中国马克思主义哲学研究中的三个核心问题》，杨学功、席大民的《资本主义研究在马克思社会形态理论中的地位》，方向红的《从"幻影"到"器官"：胡塞尔C手稿中的身体构造学说》，王柯平的《悲剧净化说的渊源与反思》，姚大志的《再论分配正义——答段忠桥教授》，甘绍平的《道德冲突与伦理应用》，贺来的《哲学的"中道"与思想风险的规避》，邓晓芒的《什么是自由？》，费多益的《理性的多元呈现》，魏小萍的《资本主义经济关系中的政治、哲学与伦理》，俞吾金的《论中国哲学中知性思维的欠缺与重建》，李佃来的《西方马克思主义与马克思政治哲学的开显》，莫伟民的《福柯与自由主义：作为意识形态抑或治理技艺？》，孙正聿的《恩格斯的"理论思维"的辩证法》，尚杰的《"死"或关于人的本质问题》，叶险明的《马克思哲学的话语革命与中国哲学的话语危机》，黄益民的《二维语义学与反物理主义》，刘毅青的《当代美学的人生论转向与中西美学会通》。

（2）《哲学动态》（月刊），主编谢地坤。

2012年，《哲学动态》共出版12期，共计240万字。该刊全年刊载的有代表性的文章有：王伟光的《走中国特色哲学社会科学创新之路》，张曙光的《由"指"看人的符号活动的身体性、公共性和创造性》，谢地坤的《再论西学东渐与现代中国哲学》，欧阳英的《文本研究三阶段刍议》，李景源的《中国哲学要关照时代的发展》，王泽应的《论人的尊严的五重内涵及意义关联》，杜国平的《知识蕴涵与其他蕴涵的关系》，邹诗鹏的《空间转向的生存论阐释》，刘鲁鹏的《历史唯物主义的两种诠释路径》，陶清的《历史哲学如何可能》，段忠桥的《是基本的正义原则还是理想的社会管理规则？》，乔清举的《论朱子的理气动静问题》，张羽佳的《"文化霸权"：概念与现实的双重探索》，高山的《"地方"：中国环境伦理的新方向》，汤姆·洛克莫尔的《社会批判理论之后》，刘森林的《重思"物化"——从Verdinglichung与Versachlichung的区分入手》，柴文华的《冯友兰的老子观研究》，侯才的《当代中国哲学的境遇、自我理解和任务》，高兆明的《"道德资本"概念质疑》，汪信砚、刘明诗的《冯契对马克思主义哲学中国化的独特理论贡献》。

（3）《世界哲学》（双月刊），主编周晓亮。

2012年，《世界哲学》共出版6期，共计120万字。该刊全年刊载的有代表性的文章有：叶秀山的《人有"希望"的权利——围绕着康德"至善"的理念》，张小星的《时间与本源——德里达对海德格尔时间概念的批判》，[美]皮特·C.霍奇森的《海德格尔，启示和上帝话语（节选）》，王齐的《面对基督教：克尔凯郭尔和尼采的不同取向——兼论尼采对克尔凯郭尔的批判》，[英]C.豪森的《定律的逻辑概率一定为0吗？》，[美]G.克里马的《奎因、怀曼与布里丹：本体论约定的三种方法》，张庆熊的《从"幻相的逻辑"到"现象学的逻辑"——探讨胡塞尔对辩证法的处理方式》，韩林合的《维特根斯坦〈哲学研究〉第95节释疑》，[美]J.沃尔德伦的《做错事的权利》，[德]H.G.梅勒的《儒家"消极伦理"不适用于全球化的世界吗?》,黄伟的《"普遍性定义"与"理念"论之比较——对柏拉图早中期对话思想演变脉络的探究》,[法] B. 巴肖方的《抽象人的卢梭主义批判》,詹文杰的《教化与真理视域中的诗——重思柏拉图对诗的批评》,杨生平、韩蒙的《鲍德里亚对马克思拜物教理论的误识及其方法论根源》,[德] A. 霍耐特的《对物化、认知、承认的几点误解》,徐英瑾的《丹尼特的"异类现象学"——新实用主义谱系中一个被忽略的环节》,宋继杰的《柏拉图〈斐多篇〉中的"跟有"与"跟名"》,杨通进的《世界主义者对罗尔斯国际正义理论的反思与批评》,戴晖的《席勒的审美思想及其哲学关联》。

(4)《中国哲学史》(季刊),主编李存山。

2012 年,《中国哲学史》共出版 4 期,共计 100 万字。该刊全年刊载的有代表性的文章有:成云雷的《先秦儒家社会秩序构建中的仁道价值及其哲学依据》,李锐的《道家与黄老辩义》,邢益海的《方以智〈药地炮庄〉版本考》,黄玉顺的《中国学术从"经学"到"国学"的时代转型》,孟庆楠的《德行内外——以简帛〈五行〉篇为中心》,梁韦弦的《〈说卦传〉与汉易卦气图》,杨泽波的《坎陷与民主——牟宗三"坎陷开出民主论"的启迪、补充与前瞻》,罗安宪的《"格物致知"还是"致知格物"?——宋明理学对于"格物致知"的发挥与思想分歧》,张志强的《"操齐物以解纷,明天倪以为量"——论章太炎"齐物"哲学的形成及其意趣》,周兵的《论庄子生死观的四种境界》,汤一介的《论儒、释、道"三教归一"问题》,刘伟的《〈论语〉中"仁"之伦理学义试析》,向世陵的《兼爱、博爱、一气与一理》,白奚的《〈太一生水〉的"水"与万物之生成——兼论〈太一生水〉的成文年代》,李中华的《论六朝时期的三教关系与世界宗教大同思想》,刘丰的《叶时〈礼经会元〉与宋代儒学的发展》,周元侠的《李侗对朱熹四书学的影响》,康宇的《论明代"江门心学"的经典解释思想——以陈献章、湛若水为中心》,陈清春的《王阳明理论中"物"的含义分析》。

(五)会议综述

"价值与文化"学术研讨会暨第 23 届全国社会科学院哲学年会

2012 年 9 月 22~23 日,"价值与文化"学术研讨会暨第 23 届全国社会科学院哲学年会在上海社会科学院举行。会议由中国社会科学院哲学研究所与上海社会科学院哲学研究所共同主办。来自全国 18 个省市社会科学院哲学研究所及部分高校、部队院校理论界的 40 余名学者参加了会议。代表们主要围绕"文化与价值的关系""中国传统文化与价值观""当代文化及价值观的困境""社会主义核心价值观建构"等议题展开了广泛而深入的交流。

在讨论关于"文化与价值观的关系"问题时,与会学者认为,对文化的理解有宏观、中观、微观层次之分,无论在哪个层次上,价值观都是文化的核心。价值观的变化反映了文化的变化，而以价值观的视角去讨论文化，意在抓住文化的核心。

中国传统文化与价值观是大会讨论较为热烈的议题。首先是传统价值观问题，与会学者认为，传统文化中对于个体与整体关系的辩证论述以及由此阐发的"和"的概念，集中体现了传统价值观的特征。"和而不同"，显示出尊重差异、包容多样的价值取向。其次是传统到现代过程中文化的嬗变问题。

在讨论"关于当代文化理论与价值观的困境"时，与会者从消费主义、市场与文化、道德的内在联系、精英阶层在价值构建中的两面性等方面分析了当今文化现象及价值观困境的形成与发展趋势，认为，在市场经济语境中，在建设民主社会的过程中，在古今中西多种价值观的影响与交融下，文化与价值观呈现出相互冲突和彼此矛盾的状况，从而形成了困境与问题。在当代中国讨论价值与文化，必须直视市场经济对价值观的冲击及由此带来的价值观重构或价值系统重新排序；要正视并尊重差异，包容不同的价值诉求；要在价值溯源的基础上形成真正的文化自觉与自信。

在讨论关于社会主义核心价值观与核心价值体系问题时，与会者认为，价值体系与价值观具有历史性，是文化积淀的产物，有必要梳理深刻影响当今中国的思想理论资源，升华、提炼出真正有活力、有感召力的价值观。

（柯 岩）

马克思主义哲学与中国特色社会主义道路理论研讨会

2012 年 12 月 8～9 日，由中国辩证唯物主义研究会、中央党校哲学教研部、中国社会科学院哲学研究所、北京大学哲学系和深圳市委党校联合举办的"马克思主义哲学与中国特色社会主义道路理论研讨会"在深圳市委党校召开。会议的主题是：深入学习贯彻党的十八大精神，运用马克思主义哲学的基本立场、观点和方法研究中国特色社会主义的重大理论问题和实践问题，增强坚持中国特色社会主义的理论自觉和实践自觉，丰富中国特色社会主义的实践特色、理论特色、民族特色、时代特色，推动马克思主义哲学的创新与发展。来自中共中央党校、中国社会科学院、北京大学、国防大学、中国人民大学、中山大学、中央民族大学、中国政法大学等单位的百余位专家学者出席会议。

中国社会科学院常务副院长、中国辩证唯物主义研究会会长王伟光在大会上作题为《十八大的理论创新与哲学创新》的主题报告。

中国辩证唯物主义研究会常务副会长庞元正教授、国防大学教育长夏兴有少将、中央党校哲学教研部主任李晓兵、中国政法大学人文学院名誉院长李德顺、北京大学哲学系教授王东、中国社会科学院哲学研究所研究员陈中立、深圳市委党校副教授路云辉等专家学者分别作了大会主题发言，他们分别从不同侧面对会议的主题进行了阐述。

与会专家学者围绕推进马克思主义哲学中国化过程中面临的以下六个重大理论和实践问题进行了深入讨论，取得了丰硕成果：第一，党的十八大的重要地位和重要贡献；第二，坚持中国特色社会主义的世界观、方法论；第三，中国特色社会主义对马克思主义的发展，马克思主义哲学与中国特色社会主义的世界观、方法论指导以及马克思主义哲学与中国特色社会主义的互动关系；第四，价值以及中国特色社会主义核心价值观；第五，马克思主义中国化的方法与途径；第六，中国特色社会主义的马克思主义理论资源和传统文化资源。

在会议闭幕式上，庞元正常务副会长代表大会主办方宣读了《关于举办"马克思主义哲学中国化·深圳论坛"的倡议书》。《倡议书》指出，为推进中国马克思主义事业的发展，推进马克思主义中国化的进程，与会专家一致赞同：每年在深圳市委党校举办一届"马克思主义哲学中国化·深圳论坛"，每届论坛将选择一个重要议题进行深入探讨。通过各抒己见、学术争鸣，梳理和总结在相关问题上取得的研究成果，发挥马克思主义在推进中国特色社会主义事业中的科学世界观、方法论作用，共同推进马克思主义哲学理论的创新。

（辩　唯）

越南和中国商业道德的若干理论与实践问题国际研讨会

2012 年 12 月 18～19 日，由中国社会科学院哲学研究所和越南社会科学院哲学研究所共同举办的"越南和中国商业道德的若干理论与实践问题国际研讨会"在越南顺化市举行。来自中国社会科学院哲学研究所、越南社会科学院哲学研究所、中国广西大学、越南顺化大学、越南顺化党校的专家学者共 30 余人出席会议，并围绕以下问题展开了讨论。

第一，中越两国商业道德的理论与实践问题。与会学者认为，中越两国都实行社会主义市场经济体制，在经济上都取得了重要成就，但同时也存在许多问题。与会学者各自从国情出发，从理论与实践两个方面积极探讨了两国市场经济发展过程中的经验和教训。中国社会科学院哲学研究所研究员谢地坤的发言，着重分析了中国市场经济发展的历程、面临的问题以及与西方市场经济观念的不同，并深入阐发了经济发展与伦理道德的关系。

第二，市场经济条件下商业和道德的关系。应当如何解释市场经济与伦理道德之间的悖论？如何理解伦理道德与市场经济的关系？对此，与会学者进行了充分讨论。有学者立足于结构伦理的立场，认为在市场经济条件下，个体行为因受制于经济合理性而无法指望个体的道德动机，道德必须内化于制度与结构之中。

第三，商业道德的基本准则。诚信被奉为商业的经营之道和基本准则。在中国和越南的市场经济发展进程中，商业诚信一直受到全社会的广泛关注。中越学者在发言中对本国商业诚信的突出问题及对策进行分析，认为，发扬传统的诚信道德，建立和完善社会信用体系，对企业乃至整个社会都有重要意义。

第四，商业道德的具体问题。这些问题主要包括银行信贷市场的商业道德问题、市场调节与中国的医疗卫生服务问题、从人权视角探讨安全问题等。

第五，商业道德与企业社会责任。随着市场经济的进一步发展，企业社会责任理念逐渐被人们认可和接受，是否履行相应的社会责任已成为一个企业是否具有国际竞争力的必要条件之一。中越学者认为，企业的社会责任建设是一项系统工程。

（冯瑞梅）

世界宗教研究所

（一）人员、机构等基本情况

1. 人员

截至 2012 年年底，世界宗教研究所共有在职人员 73 人。其中，正高级职称人员 19 人，副高级职称人员 24 人，中级职称人员 21 人；高、中级职称人员占全体在职人员总数的 88%。

2. 机构

世界宗教研究所设有：马克思主义宗教观研究室、宗教学理论研究室、佛教研究室、伊斯兰教研究室、道教与中国民间宗教研究室、基督教研究室、当代宗教研究室、儒教研究室、宗教文化艺术研究室、世界宗教研究编辑部、世界宗教文化编辑部、资料室、办公室、科研处。

3. 科研中心

世界宗教研究所院属科研中心有：中国社会科学院基督教研究中心、中国社会科学院佛教研究中心、中国社会科学院道家与道教研究中心；所属科研中心有：儒教研究中心、巴哈伊教研究中心。

（二）科研工作

1. 科研成果统计

2012 年，世界宗教研究所共完成专著 16 种，495.1 万字；学术论文 116 篇，152.21 万字；研究报告 1 篇，3 万字；译著 5 种，186.7 万字；译文 1 篇，1 万字；论文集 7 种，253.6 万字；一般文章 13 篇，3.59 万字。

2. 科研课题

（1）新立项课题。2012 年，世界宗教研究所共有新立项课题 7 项。其中，国家社会科学基金课题 2 项："东北道教史"（汪桂平主持），"闽西罗祖教调查研究"（李志鸿主持）；院重大课题 1 项："马克思主义宗教观基本理论研究"（曾传辉主持）；院重点课题 1 项："闽西罗祖教调查研究"（李志鸿主持）；院国情调研课题 3 项："西藏及四川藏区——基督宗教现状调研"（刘国鹏主持），"四川宗教现状考察"（曹中建主持），"四川宗教文化格局调研"（郑筱筠主持）。

（2）结项课题。2012年，世界宗教研究所共有结项课题18项。其中，国家社会科学基金青年课题2项："伊斯兰教什叶派研究"（王宇洁主持），"19世纪西苏丹伊斯兰教运动研究"（李维建主持）；国家社会科学基金一般课题2项："清代藏传佛教研究"（尕藏加主持），"中梵关系再研究"（王美秀主持）；院A类重大课题2项："世界佛教通史"（魏道儒主持），"梵蒂冈及天主教问题研究"（任延黎主持）；院重点课题5项："美国佛教史"（杨健主持），"阿奎那的基督教神学"（周伟驰主持），"玄禅背景下的书画艺术"（何劲松主持），"马克思主义宗教观中国化研究"（黄奎主持），"民国天主教知识分子本土化思想研究"（刘国鹏主持）；院青年科研启动基金课题2项："荣格与中国宗教"（梁恒豪主持），"民国穆斯林社团研究——以追求学会为例"（马景主持）；院青年学者发展基金课题1项："汉代宗教与艺术"（聂清主持）；院国情调研重大课题2项："西藏及四川藏区——基督宗教现状调研"（刘国鹏主持），"中国边疆少数民族基督教信仰现状调研"（周伟驰主持）；院国情调研重点课题2项："四川宗教现状考察"（曹中建主持），"四川宗教文化格局调研"（郑筱筠主持）。

（3）延续在研课题。2012年，世界宗教研究所共有延续在研课题18项。其中，国家社会科学基金一般课题6项："道教内丹学的理论体系及其现代意义"（戈国龙主持），"中国传统儒学中的宗教性研究"（王健主持），"《智慧珍宝》——翻译、注释与研究"（王俊荣主持），"罗马天主教在当代的革新"（任延黎主持），"犹太教通史"（黄陵渝主持），"道教碑刻集成"（吴受琚主持）；国家社科基金青年课题7项："民国时期中国伊斯兰教汉文译著思想研究"（马景主持），"安萨里《哲学家的矛盾》译介研究"（王希主持），"西方宗教心理学最新进展"（梁恒豪主持），"'理一分殊'——当代宗教多元现象与理论研究"（李林主持），"瑜伽与佛教的比较研究"（李建欣主持），"明清鼓山曹洞宗文献研究"（纪华传主持），"道教闾山派研究——明清道、儒、佛关系的一种个案分析"（陈进国主持）；院重点课题1项："美国政教关系研究"（董江阳主持）；院青年学者发展基金课题2项："北京东岳庙碑文图录与释文"（林巧薇主持），"宗教复兴与地方传统——福建西部地区'罗祖教'发展现状调查"（陈进国主持）；院国情调研重大课题1项："宁夏伊斯兰教调研"（王宇洁主持）；西藏课题1项："政教合一制度及其对藏族社会的现实影响"（曾传辉主持）。

3. 获奖优秀科研成果

2012年，世界宗教研究所共评出"2012年度世界宗教研究所优秀科研成果奖"专著类一等奖1项：金泽的《宗教人类学学说史纲要》；专著类二等奖1项：杨健的《清王朝佛教事务管理》；专著类三等奖2项：嘉木扬·凯朝的《中国蒙古族地区佛教文化》，卢国龙、汪桂平的《道教科仪研究》；论文及古籍整理类一等奖1项：郑筱筠的《中国云南南传佛教的民族性特征》；论文及古籍整理类二等奖1项：杨华明的《莫尔特曼的三位一体辩证法》；论文及古籍整理类三等奖 2 项：张总的《大足石刻地狱轮回图像丛考》，周广荣的《此房真教体，清净在音闻——〈禅门日诵〉中的华严字母考述》。

4. 创新工程的实施和科研管理新举措

2012 年初，世界宗教研究所的"三室一部"（佛教研究室、当代宗教研究室、宗教文化与艺术研究室、《世界宗教文化》编辑部）获准进入创新工程。《世界宗教研究》编辑部按照"社科研字（2012）29 号《关于印发〈中国社会科学院创新工程学术期刊试点实施细则〉的通知》的要求，也已经单独进入创新工程。2012 年，世界宗教研究所参加创新工程的人数总共为 56 人，创新工程项目共 8 项："东西方佛教思想发展史"（魏道儒主持），"当代宗教发展态势研究"（邱永辉主持），"中国宗教艺术现状研究"（何劲松主持），"宗教学理论创新"（金泽主持），"文庙的儒学共性与史地特性研究"（卢国龙主持），"基督宗教在中国"（卓新平主持），"以本土化、国际化为导向，打造世界一流的中国宗教研究期刊"（黄夏年主持），"我国周边国家——东南亚地区佛教研究"（郑筱筠主持）。

在创新工程试点工作的第一年里，世界宗教研究所深入做好全所人员的思想发动和组织动员工作，做好首批试点人员的进入兑现和考核工作，完善科研成果评估体系，总结经验，巩固成果。同时，为第二批试点人员做好方案和考核办法。

2012 年，为适应创新工程需要，实现科研方法和手段创新目标，提升科研现代化办公需要，该所申请修缮购置经费 60 万元，购置了大型磁盘整列服务器，年底，更新升级音响设备，购置科研专用电子白板、电视设备、网站机架服务器，装修小型专用机房等，合计使用经费 20 多万元。信息化建设在硬件设施方面有了明显改善，进一步夯实了信息化建设的物质基础。加强国有资产管理，充分发挥国有资产效益。

（三）学术交流活动

1. 学术活动

2012 年，世界宗教研究所主办和承办的学术会议有：

（1）2012 年 3 月 31 日至 4 月 1 日，世界宗教研究所基督教研究中心与北京大学宗教文化研究院联合主办的"基督教中国化研究专家座谈会"在北京举行。会议研讨的主要问题有"'基督教中国化'面临的关键问题""'基督教中国化研究项目'规划""'基督教中国化研究丛书'规划"。

（2）2012 年 5 月 11～12 日，世界宗教研究所主办的"宗教的动力研究：第二届宗教人类学学术论坛"在北京举行。会议研讨的主要问题有"宗教人类学的理论反思""社区宗教传统与当代社会变迁""宗教仪式的结构与象征""基督教人类学与中国研究""香港当代道教的田野观察""宗教运动与社会变革""历史人类学视野中的地方宗教"。

（3）2012 年 6 月 28～29 日，中国社会科学院与伊斯兰合作组织下属的伊斯兰历史、文化和艺术中心联合举办、世界宗教研究所承办的"中国与伊斯兰文明学术研讨会"在北京举行。会议研讨的主要问题有"中国与穆斯林世界的历史联系""中国与穆斯林世界的艺术交流与互动""文献与语言""科学、宗教与思想""当代世界与穆斯林世界的关系""全球化背景下的中国与穆斯林世界"。

（4）2012 年 7 月 5～8 日，世界宗教研究所与台湾"中华宗教哲学研究社"、山西省海外联谊会、山西民族宗教文化交流中心联合举办的"中国文化与宗教大同暨五台山佛教文化研讨会"在山西省五台山举行。会议研讨的主要问题有"宗教大同的理想与实践""中国文化传统的传承与建设""海峡两岸宗教文化交流的回顾与前瞻""宗教与区域社会文化的互动研究""山西宗教文化（五台山万佛阁五爷信仰与文殊信仰）的调查研究"。

（5）2012 年 7 月 12～14 日，世界宗教研究所、中国宗教学会、四川大学道教与宗教文化研究所联合主办的"宗教与文化发展高层论坛暨 2012 年中国宗教学会年会"在四川省成都市举行。会议研讨的主要问题有"宗教与文化发展""道教与文化""宗教与社会转型""宗教学相关研究""宗教政策研究""民族宗教与和谐社会建设"。

（6）2012 年 7 月 28～29 日，世界宗教研究所、中国宗教学会、中国文化书院、山东省海阳市沛溪书院共同主办的"2012 海阳论坛"在山东省海阳市举行。会议研讨的主要问题有"融入社会文化的'生活禅'""藏传佛教与现代文明""佛教艺术与心灵净化""佛教禅修的现实价值"。

（7）2012 年 8 月 3～7 日，世界宗教研究所、山东大学犹太教与跨宗教研究中心、中国宗教学会联合主办的"传统宗教与哲学——宗教哲学 2012 威海论坛"在山东省威海市举行。会议研讨的主要问题有"宗教哲学""宗教与哲学""宗教研究"。

（8）2012 年 8 月 19～21 日，世界宗教研究所与中国道教协会文化研究所共同主办的"陈国符先生与中国道教研究学术研讨会"在江苏省常熟市举行。会议研讨的主要问题有"陈国符先生的道教研究""道教内外丹与医药学研究""道教音乐与仪式研究""道教传统文化与现代社会研究"。

（9）2012 年 9 月 19～20 日，世界宗教研究所和中国社会科学院文哲学部、浙江大学全球化文明研究中心、中国宗教学会联合主办的"渤海视野：宗教与文化战略学术研讨会暨中国宗教学五十人高层论坛"在天津举行。

（10）2012 年 10 月 13 日，世界宗教研究所主办的"马克思主义宗教观研讨会（2012）"在北京举行。会议研讨的主要问题有"马克思主义宗教观原典研究""马克思主义宗教观体系框架的研究""马克思主义宗教观与当代世界宗教文化的评估""马克思主义宗教观与当代中国宗教文化的发展""马克思主义宗教观与当代民族文化之重建""马克思主义宗教观与传统文化"。

（11）2012 年 10 月 27～28 日，世界宗教研究所主办的"东南亚宗教与区域社会发展学术论坛"在北京举行。会议研讨的主要问题有"宗教与东南亚社会发展之间的关系""宗教在当代东南亚社会变迁中的作用"。

（12）2012年10月30日，《世界宗教研究》杂志社主办的"《世界宗教研究》办刊座谈会"在北京举行。会议研讨的主要问题有"如何跟踪并抓住宗教研究中的新趋势、新问题""提高刊物的国际化程度""加强信息化建设""设置特色栏目"。

（13）2012年11月21日，世界宗教研究所伊斯兰教研究室主办的"回顾与展望：中国学者伊斯兰教研究历程座谈会"在北京举行。会议研讨的主要问题有"回顾与展望中国学者伊斯兰教研究历程"。

（14）2012年12月11～12日，中国社会科学院主办、中国社会科学院世界宗教研究所承办的2012年中国社会科学论坛（宗教学）——"宗教慈善与社会发展"在北京举行。会议研讨的主要问题有"宗教慈善活动及相关法律法规、政策""宗教活动组织的社会参与途径、意义及特点""宗教慈善活动与媒体传播""宗教慈善活动的动力机制及发展趋势""宗教慈善活动对当代社会发展的意义与作用"。

（15）2012年12月21～22日，世界宗教研究所主办、世界宗教研究所当代宗教研究室承办的"第五届当代中国宗教论坛——世界宗教形势与中国宗教治理学术研讨会"在北京举行。会议研讨的主要问题有"坚持信仰自由、加强宗教治理""中国宗教的治理""中东

2012年12月，中国社会科学论坛（宗教学）——"宗教慈善与社会发展"国际学术研讨会在北京举行。

北非、欧洲、南亚、非洲、东南亚及港澳台华人和海外华人教会的宗教状况及其对我国的影响"。

（16）2012年12月28～30日，世界宗教研究所主办的"中国社会科学院世界宗教研究所第八届青年学者论坛暨第二届博士后论坛"在北京举行。会议的主题是"宗教与社会发展"。

2. 国际学术交流与合作

2012年，世界宗教研究所共派遣出访33批56人次，接待来访7批52人次（其中，中国社会科学院邀请来访2批16人次）。与世界宗教研究所开展学术交流的国家有日本、马来西亚、美国、巴西、阿根廷、智利、芬兰、荷兰、奥地利、韩国、俄罗斯、伊朗、德国、法国、意大利、英国等。

（1）2012年2月29日，伊朗驻华使馆文化参赞侯赛因·贾利万德博士由中文秘书马晓燕陪同专程拜访世界宗教研究所，并就中国的伊斯兰教研究尤其是伊斯兰哲学研究方面的问题与

该所研究人员进行了学术座谈。世界宗教研究所副所长金泽主持座谈并接待了客人。

（2）2012年3月19日，世界基督教教会联合会国际部主任 Dr. Mathews George Chunakara 在张靖博士陪同下拜访世界宗教研究所所长卓新平。双方就中国宗教现状尤其是基督教的现状、宗教在建构中国和谐社会中所起的作用等问题进行了交流。

（3）2012年3月20～26日，世界宗教研究所研究员王卡赴日本名古屋大学讲学，并到日本国会图书馆、京东博物馆、天理大学图书馆调查敦煌道教文献写本情况。

（4）2012年4月9～13日，世界宗教研究所博士石衡潭在马来西亚作短期学术访问，在马来西亚圣经神学院作了题为《中国文化与中国基督教前景》的报告；在沙巴神学院作了题为《论语孝道与圣经孝敬父母诫命》的报告。

（5）2012年4月11～13日，世界宗教研究所所长卓新平应美国加州大学圣芭芭拉分校全球与国际研究中心邀请赴美国作题为《中国的宗教研究》的演讲。

（6）2012年4月16～28日，世界宗教研究所研究员尕藏加随由院副秘书长郝时远研究员为团长的出访团前往巴西、阿根廷、智利三国访问。

（7）2012年4月17～24日，俄罗斯科学院社会政治学所副所长罗科索夫教授到世界宗教研究所，与当代宗教研究室主任邱永辉研究员、俄罗斯东正教研究专家张雅平副研究员就中国宗教形势进行交流。

（8）2012年4月18～30日，世界宗教研究所所长卓新平随同中国社会科学院常务副院长王伟光出访欧洲三国（芬兰、荷兰、奥地利），促进学术交流与合作。

（9）2012年4月24日，欧洲佛教联盟副主席、挪威佛教协会会长伊戈·洛瑟来世界宗教研究所访问。该所副所长金泽、研究员郑筱筠等与洛瑟副主席就欧洲佛教的现状、不同宗教间的对话、促进宗教理解与和谐等议题进行了探讨。

（10）2012年5月11～16日，世界宗教研究所所长卓新平、研究员郑筱筠等赴美国华盛顿特区参加"宗教与当代社会学术研讨会"。

（11）2012年5月18日，伊朗世界圣裔协会代主席穆罕默德·萨拉里、伊朗驻华使馆文化参赞侯赛因·贾利万德等一行5人专程访问了世界宗教研究所。该所副所长金泽、伊斯兰教研究室王宇洁等出席了会谈。

（12）2012年7月6日，世界宗教研究所研究员郑筱筠为来自美国加州大学伯克利分校的学生讲授"佛教在中国"课程。

（13）2012年7月18～21日，世界宗教研究所副研究员黄奎应邀赴韩国首尔参加"亲历韩国的中国学者看韩国——纪念中韩建交20周年国际学术会议"。

（14）2012年8月31日至9月7日，世界宗教研究所研究员冯今源应邀参加由中国国家宗教局与土耳其国家宗教局主办、中国伊斯兰教协会承办的"2012中国—土耳其伊斯兰文化展演"。

（15）2012 年 8 月 28 日至 9 月 5 日，世界宗教研究所副所长金泽应俄罗斯科学院远东研究所邀请赴俄罗斯进行以《中国的宗教研究》为题的演讲。

（16）2012 年 9 月 6～9 日，世界宗教研究所副所长金泽应芬兰赫尔辛基大学世界文化系教授保罗之邀，赴芬兰参加"第二届汉学—西学学术研讨会"。

（17）2012 年 9 月 25～26 日，世界宗教研究所研究员王宇洁等出席了在伊朗德黑兰举行的由中国社会科学院与伊朗伊斯兰文化合作组织联合主办的"中国与伊朗文化关系研讨会"。

（18）2012 年 11 月 6～16 日，世界宗教研究所党委书记曹中建、副所长金泽等到德国、法国进行合作研究，并参加"当代中国宗教研究工作坊"。

（19）2012 年 11 月 12～18 日，世界宗教研究所所长卓新平随中国社会科学院副秘书长、科研局局长晋保平到德国访问，与德国马普研究院协商合作事宜。

（20）2012 年 11 月 26～30 日，世界宗教研究所所长卓新平赴意大利波罗利亚参加中欧论坛。

（21）2012 年 12 月 11 日，牛津大学伊斯兰研究中心主任法尔汗·纳扎木访问世界宗教研究所，并与该所所长卓新平和伊斯兰教研究室的全体人员进行了座谈。

3. 与中国香港、澳门特别行政区和中国台湾开展的学术交流

（1）2012 年 2 月 12～15 日，世界宗教研究所所长卓新平赴香港中文大学崇基学院参加会议并担任"中国宗教与社会发展"的主讲。

（2）2012 年 3 月 6 日，世界宗教研究所邀请的台湾中华宗教哲学研究社秘书长李显光在世界宗教研究所作题目为《古华山派与原始道教》的报告。

（3）2012 年 3 月 14～28 日，世界宗教研究所当代宗教研究室副研究员陈进国在香港中文大学人类学系作短期学术访问。

（4）2012 年 4 月 1～8 日，世界宗教研究所研究员戈国龙赴台湾考察部分中小学校开展传统文化教育方面的实践与经验。

（5）2012 年 4 月 16 日至 5 月 6 日，世界宗教研究所研究员叶涛赴台湾成功大学进行学术交流与合作研究。

（6）2012 年 5 月 9 日，世界宗教研究所邀请台湾"中研院"民族学研究所研究员、副所长，台湾大学人类学系兼任教授，人类学与民族学学会理事长张徇博士在世界宗教研究所举办"宗教人类学讲座"，讲题为《寺庙与台湾的地方势力》。

（7）2012 年 5 月 24 日至 6 月 2 日，台湾玄奘大学特邀世界宗教研究所研究员杨曾文、黄夏年赴台湾参加"第 11 届印顺导师思想之理论与实践学术研讨会"。

（8）2012 年 5 月 25～27 日，世界宗教研究所伊斯兰教研究室主任王宇洁研究员赴台湾参加"2012 年本师世尊涵静老人纪念讲座"。

（9）2012 年 6 月 7～9 日，世界宗教研究所所长卓新平应邀参加香港圣公会在香港举行的国际会议"回溯过去，展望未来：在华圣公会历史及其对香港圣公会的影响"。

（10）2012 年 6 月 18～24 日，世界宗教研究所研究员张总赴台湾参加第四届国际汉学会议。

（11）2012 年 6 月 25～28 日，世界宗教研究所研究员张总赴香港参加香港中文大学举行的"宋辽金元时期的中国宗教国际学术研讨会"。

（12）2012 年 7 月 27 日至 9 月 27 日，世界宗教研究所副研究员陈进国赴台湾"中研院"民族学研究所进行学术交流。

（13）2012 年 9 月 21～24 日，世界宗教研究所副研究员李志鸿赴台湾金门大学参加"闽南地区的正一道与闾山道教仪式研讨会"。

（14）2012 年 9 月 24～26 日，世界宗教研究所所长卓新平、党委书记曹中建等赴澳门参加由世界宗教研究所和巴哈伊教澳门总会共同主办的"宗教团体的治理学术会议"。

（15）2012 年 10 月 15 日至 12 月 30 日，台湾东华大学中国语文系特邀世界宗教研究所研究员叶涛赴台从事教学及研究工作。

（16）2012 年 12 月 1～2 日，世界宗教研究所研究员王美秀赴台湾参加"传教士笔下的中国与台湾学术研讨会"。

（四）学术社团、期刊

1. 社团

中国宗教学会，会长卓新平。

2012 年 7 月 12～14 日，中国宗教学会、世界宗教研究所、四川大学道教与宗教文化研究所在四川省成都市联合举行"宗教与文化发展高层论坛暨 2012 年中国宗教学会年会"。会议的主题是"宗教与文化发展"和"中国社会与宗教现状"，研讨的主要问题有"宗教与文化建设""宗教与国家文化软实力""宗教文化与社会生活良性互动的可能性、路径""宗教文化在当代我国社会公共领域中的作用与影响""宗教的发展与中国社会转型""目前我国宗教工作需要研究解决的重大理论与现实问题""民族宗教与和谐社会建设"。与会专家学者 80 余人。

2. 期刊

（1）《世界宗教研究》（双月刊），主编卓新平。

2012 年，《世界宗教研究》共出版 6 期，共计 240 万字。该刊新增了"马克思主义宗教观"栏目。该刊全年刊载的有代表性的文章有：卓新平的《论恩格斯〈路德维希·费尔巴哈和德国古典哲学的终结〉的宗教观》，刘正峰的《论亚当·斯密的宗教市场理论》，方广昌的《略谈汉文大藏经的编藏理路及其演变》，黄夏年的《充分发挥佛教对外服务的民间外交功能》，洪修平、孙亦平的《空海与中国唐密向日本东密的转化》，杜斗城、任曜新的《鲍威尔写本〈孔雀王咒经〉与龟兹密教》，金宜久的《读汉译〈昭元秘诀〉》，杨晓春的《明末清初伊斯兰教学者张中生平行实考察》。

（2）《世界宗教文化》（双月刊），主编金泽。

2012年，《世界宗教文化》共出版6期，共计144万字。该刊全年刊载的有代表性的文章有：牟钟鉴的《宗教生态论》，王振耀的《宗教与中国现代慈善转型——兼论慈悲、宽容、专业奉献及养成教育的价值》，刘培峰的《宗教与慈善——从同一个站台出发的列车或走向同一站点的不同交通工具?》，董栋的《宗教界开展公益慈善事业问题研究》，郑筱筠的《"另类的尴尬"与"玻璃口袋"——当代宗教慈善公益的"中国式困境"》，吴云贵的《伊斯兰教与世俗化问题再思考》，刘义的《宗教与全球发展：一种对话路径》，彭牧的《祖先有灵：香火、陪席与灵验》，何虎生、李晓雨的《新时期中国党和政府关于抵御宗教渗透的理论和经验》，薛熙明、马创的《国外跨国移民宗教研究进展》，张禾的《玛雅历法和2012年预言》，刘泳斯、张雪松的《近现代中国穆斯林人口数量与分布研究》，毛胜的《中国特色社会主义宗教理论的奠基之作——纪念中共中央1982年19号文件发表30周年》，王霄冰的《玛雅人的"他我"观念与那瓜尔信仰》，牛苏林的《从"鸦片论"、"幻想论"到"掌握论"——辨析马克思主义宗教观的理论基石》。

（五）会议综述

中国与伊斯兰文明学术研讨会

2012年6月28～29日，"中国与伊斯兰文明学术研讨会"在中国社会科学院召开。会议由中国社会科学院与伊斯兰合作组织下属的伊斯兰历史、艺术与文化研究中心联合举办。

中国社会科学院常务副院长王伟光，中国社会科学院副院长李扬，外交部副部长翟隽，伊斯兰合作组织秘书长艾克迈勒丁·伊赫桑奥鲁，伊斯兰历史、艺术与文化研究中心主任哈里特·艾伦，中国社会科学院世界宗教研究所所长卓新平以及19个伊斯兰合作组织成员国的驻华使节出席开幕式。

王伟光在开幕式致辞中说，中国与伊斯兰世界之间交流源远流长，两大文明之间平等尊重，相互借鉴，实现了共同发展。新形势下，中国与伊斯兰世界的交流要服务发展大局，此次会议将为促进中国与伊斯兰文明在政治、文化等方面的交往与联系起到积极作用。翟隽在致辞中提出，中国与伊斯兰世界之间的文化与文明交流可以概括为"源远流长，世代更新；相互借鉴，共同发展；平等尊重，和平共处"。历史证明，中国与伊斯兰世界越强盛，彼此的文明交流就越紧密。目前，中国与伊斯兰两大文明都在努力寻求振兴与富强，因此，两大文明的交流具有更广阔的前景。伊赫桑奥鲁指出，中华文明与伊斯兰文明这种友好和谐的关系，已成为世界不同文明和谐共处的典范。中国与伊斯兰世界的交流要立足现实和未来，探索如何在全球化的时代里推动两大文明不断推陈出新，焕发出新的活力。哈里特·艾伦对伊斯兰历史、艺术与文化研究中心和中国社会科学院合作举办此次会议表示感谢，并表示愿加强和共同促进中伊文化交流。卓新平在致辞中，回顾了中国与伊斯兰文明交往的历史，并介绍了中国伊斯兰教学术研究的历史与现状。

参加会议的中方代表来自中国社会科学院、国家宗教事务局、国务院发展研究中心、北京大学、中央民族大学、中国伊斯兰教经学院、北京市伊斯兰教经学院、上海外国语大学、中国科技大学、宁夏社会科学院等单位，外方代表来自土耳其、沙特阿拉伯、埃及、卡塔尔、美国、英国、马来西亚、巴基斯坦等国。与会代表围绕"中国与穆斯林世界的历史联系""中国与穆斯林实际的艺术交流与互动""文献与语言""科学、宗教与思想""当代世界与穆斯林世界的关系"以及"全球化背景下的中国与穆斯林世界"等六个主题展开了讨论。

会议闭幕式上，伊斯兰历史、艺术与文化研究中心主任哈里特·艾伦、中国社会科学院世界宗教研究所副所长金泽、伊斯兰合作组织社团与少数族群部主任塔拉勒·道乌斯、中国社会科学院国际合作局副局长张友云分别致辞。

（科研处）

马克思主义宗教观研讨会（2012）

2012 年 10 月 13 日，中国社会科学院世界宗教研究所主办的"马克思主义宗教观研讨会（2012）"在北京召开。会议开幕式由中国社会科学院世界宗教研究所副所长金泽研究员主持。中国社会科学院学部委员、世界宗教研究所所长卓新平研究员，中共中央党校民族与宗教理论教研室教授龚学增，中国藏学研究中心研究员朱晓明出席开幕式并致辞。

年会的主题是"马克思主义宗教观视野中的宗教与文化建设"。来自中国社会科学院、中共中央党校、中央统战部、国家宗教事务局、中国藏学研究中心、中央文献研究室、中央社会主义学院、中国人民大学、中央民族大学、河北省社会科学院、新疆师范大学、辽宁大学、湘潭大学和聊城大学等单位的专家学者 30 余人参加了会议。代表们就"马克思主义宗教观原典研究""马克思主义宗教观体系框架的研究""马克思主义宗教观与当代世界宗教文化的评估""马克思主义宗教观与当代中国宗教文化的发展""马克思主义宗教观与当代民族文化之重建""马克思主义宗教观与传统文化"等六个议题展开了讨论。

中国社会科学院世界宗教研究所副所长金泽研究员在闭幕式总结发言中指出，对于宗教问题的多样化理解和话语建构有助于学术创新，也有助于将马克思主义宗教观的研究不断引向深入。

（科研处）

历史学部

考古研究所

（一）人员、机构等基本情况

1. 人员

截至 2012 年年底，考古研究所共有在职人员 150 人。其中，正高级职称人员 40 人，副高级职称人员 41 人，中级职称人员 43 人；高、中级职称人员占全体在职人员总数的 83%。

2. 机构

考古研究所设有：史前考古研究室、夏商周考古研究室、汉唐考古研究室、边疆民族考古研究室、科技考古中心、文化遗产保护研究中心、考古编辑室（考古杂志社）、考古资料信息中心、办公室、科研处、人事处；另在西安设有研究室，洛阳和安阳设有工作站。

（二）科研工作

1. 科研成果统计

2012 年，考古研究所共完成专著 6 种，162.4 万字；论文 143 篇，208.9 万字；研究报告 21 篇，39.8 万字；译文 1 篇，1.8 万字；学术普及读物 5 种，2.7 万字；学术资料 4 种，142.4 万字；论文集 2 种，176 万字。

2. 科研课题

（1）新立项课题。2012 年，考古研究所共有新立项课题 7 项。其中，国家社会科学基金重大委托课题 1 项："蒙古族源与元朝帝陵综合研究"（王巍、孟松林主持）；国家社会科学基金重点课题 1 项："明清北京城礼制建筑研究"（姜波主持）；国家社会科学基金一般课题 3 项："昂昂溪考古学资料整合报告"（朱延平主持），"吸纳与融合：殷墟外来文化研究"（何毓灵主持），"山西翼城大河口墓地出土容器内残积土的分析与研究"（赵春燕主持）；国家社会科学基金后期资助课题 1 项："商周之邢综合研究"（庞小霞主持）；院国情考察课题 1 项："皖赣地区文化遗产保护与利用状况调查"（刘政主持）。

（2）结项课题。2012 年，考古研究所共有结项课题 6 项。其中，国家社会科学基金课题 2 项："偃师二里头（1999～2005 年田野考古报告）"（许宏主持），"偃师商城"（杜金鹏主持）；国家科技部科技支撑课题 4 项："公元前 3500 年至前 1500 年黄河、长江及西辽河流域精神文化的发展研究"（何弩主持），"公元前 3500 年至前 1500 年黄河、长江流域都邑性聚落综合研究"（陈星灿、张弛主持），"中华文明形成和早期发展的整体性研究"（王巍、赵辉主持），"公元前 3500 年至前 1500 年黄河、长江及西辽河流域的技术、生业和资源研究"（袁靖主持）。

（3）延续在研课题。2012 年，考古研究所共有延续在研课题 11 项。其中，国家社会科学基金课题 5 项："兴隆洼——新石器时代聚落遗址发掘报告"（杨虎、刘国祥主持），"殷墟孝民屯"（王学荣主持），"汉长安城遗址骨签考古研究"（刘庆柱主持），"宜川龙王辿——旧石器时代晚期遗址发掘报告"（王小庆主持），"辽代祖陵陵园考古发掘报告"（董新林主持）；院重大课题 2 项："新中国重大考古发现资料信息的抢救与整理"（巩文主持），"中亚古代冶金研究"（朱延平主持）；院重点课题 4 项："新疆巴州古墓葬研究——和静县察吾乎沟、轮台县群巴克及且末县加瓦艾日克墓地"（丛德新主持），"唐代都城园林研究——长安太液池"（龚国强主持），"新疆拜城多冈墓地人群的种系、健康和饮食"（张君主持），"辽代祖陵遗址考古发掘报告"（董新林主持）。

3. 获奖优秀科研成果

2012 年，考古研究所获第四届"郭沫若中国历史学奖"4 项：二等奖 1 项，三等奖 1 项，提名奖 2 项；获第六届"胡绳青年学术奖"提名奖 1 项；获"全国百篇优秀博士学位论文奖"1 项。

4. 创新工程的实施和科研管理新举措

（1）进入创新工程的人数、创新工程项目及首席管理、首席研究员

2012 年，考古研究所参加创新工程的人数为 122 人，首席管理 2 人：王巍、刘政；首席研究员（总编辑）28 人：白云翔、陈星灿、刘庆柱、冯时、安家瑶、杜金鹏、袁靖、刘国祥、朱乃诚、朱岩石、朱延平、许宏、李裕群、何驽、张雪莲、赵志军、施劲松、钱国祥、徐良高、唐际根、梁中合、傅宪国、王学荣、董新林、刘建国、龚国强、丛德新、王吉怀。创新工程项目为："殷墟青铜礼器范铸技术研究"（刘煜主持），"殷墟陶器生产的复原实验"（岳占伟主持），"红山玉器技术探索"（邓聪主持），"临淄齐故城冶铸遗址调查研究"（白云翔主持），"商代晚期制骨手工业研究"（李志鹏主持），"西方考古学理论流派分析"（荆志淳主持），"龙山时代到商代中原地区生态环境及植物利用—利用木炭分析"（王树芝主持），"考古遗址古环境及人地关系综合研究"（齐乌云主持），"构建以人为核心的古代人地关系理论"（王辉主持），"物理勘探在考古中的应用研究"（钟建主持），"古 DNA 技术的应用和人骨的综合研究"（张君主持），"考古所馆藏文物精品集成（一期）"（朱乃诚主持），"考古基地建设——新疆博乐、内蒙赤峰、海南陵水、辽上京"（李港主持），"中国文化遗产科学体系创新研究"（杜金鹏主持），"遗址与文物保护技术研究"（王学荣主持），"实验室考古创新研究"（李存信主持），"文物修复技术研究"（王浩天主持）。

2012 年，考古研究所还单独申报田野考古特殊创新项目 38 项："黄河中游地区旧石器时

代向新石器时代过渡的考古学研究"（王小庆主持），"华南地区史前考古学文化谱系研究"（傅宪国主持），"甘肃河西地区黑水国等先秦时期遗址的发掘和调查"（朱延平主持），"中国北方旱作农业的形成过程以及早期发展特点"（赵志军主持），"动物考古学研究"（袁靖主持），"长江中游地区史前城址的发掘与研究"（黄卫东主持），"官亭盆地考古调查与聚落群研究"（叶茂林主持），"新砦遗址钻探与研究"（赵春青主持），"山东日照尧王城龙山文化遗址发掘与研究"（梁中合主持），"二里头遗址发掘和研究"（许宏主持），"陶寺遗址发掘与研究"（何驽主持），"殷墟手工业遗存的勘探与初步研究"（唐际根主持），"偃师商城遗址资料整理及报告编写"（谷飞主持），"丰镐遗址考古勘探"（徐良高主持），"汉长安城遗址考古发掘与研究"（刘振东主持），"隋唐长安城遗址考古与研究"（龚国强主持），"洛阳汉魏故城遗址考古发掘与研究"（钱国祥主持），"隋唐洛阳城的考古发掘与研究"（石自社主持），"河北邺城遗址考古发掘与研究"（朱岩石主持），"辽上京城考古发掘和研究"（董新林主持），"西安秦汉上林苑遗址的考古与研究"（刘瑞主持），"苏州木渎古城址的发掘和研究"（唐锦琼主持），"唐宋扬州城遗址考古发掘与研究"（汪勃主持），"北朝石窟寺调查与研究"（李裕群主持），"古文字研究"（冯时主持），"商金文编"（严志斌主持），"中亚考古"（王巍主持），"西天山与临近通道地区综合考古"（巫新华主持），"新疆博尔塔拉河流域青铜文化研究——新疆温泉阿敦乔鲁居址与墓葬"（丛德新主持），"丝绸之路古代文明研究"（陈凌主持），"海上丝绸之路的考古学研究"（姜波主持），"秦汉时期西南夷地区考古发掘与研究"（杨勇主持），"西藏阿里象雄都城'穹窿银城'与卡尔东墓地的勘测与发掘"（仝涛主持），"碳十四年代学研究和古人类食物状况研究"（张雪莲主持），"现代分析测试技术在考古学研究中的应用"（赵春燕主持），"考古遥感与地理信息系统研究"（刘建国主持），"重要遗址考古发掘资料整理和报告编写"（陈星灿、巩文主持），"公共考古（田野考古影视资料）——牛河梁与凌家滩考古纪录片（3集）"（刘国祥主持）。

（2）在创新工程方面实施的新机制、新举措

为建立科学的竞聘及考核机制，2012年7月，考古研究所根据《中国社会科学院创新工程人事管理办法（试行）》、《创新单位及创新岗位考核办法（试行）》和《创新工程首席研究员聘用暂行办法（试行）》等有关文件规定和创新工程总体

北吴庄佛教造像埋藏坑出土的彩绘贴金佛头。

2012 年 12 月，考古研究所开展创新岗位竞聘与考核评议工作相结合的竞聘与考核评价工作。

要求，制定了《考古研究所创新岗位竞聘及考核工作实施方案》（以下简称《方案》）。根据《方案》的具体规定，考古研究所开展了创新岗位竞聘与考核评议工作相结合的竞聘与考核评价工作。在岗位竞聘工作中，为体现公开、公正、简化的原则，实行了一张表格（考核述职）、一张选票（考核竞聘）和一次述职的办法。全所先后共有近百人在竞聘大会上述职。

述职完毕后，全体干部职工通过无记名投票方式对全体专业技术人员的创新岗位及全体工作人员的考核等次进行了民主测评。民主测评结果是确定考核等次及创新岗位的主要依据。

投票结束后，所党委会、所长办公会根据民主测评结果，确定了 2012 年度工作人员考核等次和 2013 年度创新工程"首席"及其他岗位各层级人员。

（三）学术交流活动

1. 学术活动

2012 年，考古研究所组织的各种类型的大中型学术会议主要有：

（1）2012 年 1 月 6 日，由中国社会科学院主办，中国社会科学院考古研究所、考古杂志社承办的"中国社会科学院考古学论坛——2011 年中国考古新发现"在北京召开。

（2）2012 年 5 月 21～23 日，由中国社会科学院考古研究所、北京大学考古文博学院、南京博物院、张家港市人民政府主办，中国社会科学院古代文明研究中心、张家港市文化广电新闻出版局承办的"中国文明起源与形成学术研讨会"在江苏省张家港市举行。会议研讨的主要问题有"中国文明的起源与形成""中华文明探源工程第三阶段前半段的开展成果"。

（3）2012 年 5 月 25 日，中国社会科学院考古研究所聚落考古中心主持召开了"大型聚落田野考古方法座谈会"。会议的主题是"大型聚落田野考古方法问题"。

（4）2012 年 6 月 29～30 日，由考古研究所主办、动植物考古国家文物局重点科研基地承办的"第一届中国植物考古学术交流研讨会"在中国社会科学院考古研究所召开。会议的宗旨是交流研究成果，切磋研究方法，提出学科研究的方向和课题，促进植物考古学在我国的进一步发展。

（5）2012 年 7 月 11 ~ 12 日，由吉林大学边疆考古研究中心、动植物考古国家文物局重点科研基地、吉林省文物考古研究所共同主办的"第三届全国动物考古学研讨会"在吉林大学边疆考古研究中心召开。

（6）2012 年 7 月 12 日，中国社会科学院考古研究所公共考古中心联合北京大学公众考古与艺术中心共同在北京举办了"2012 文明探源公众考古论坛"。

（7）2012 年 8 月 12 ~ 15 日，由中国科学院研究生院科技史与科技考古系和中国社会科学院考古研究所科技考古中心合作举办的"第五届生物分子考古学国际研讨会"在北京举行。会议研讨的主要问题有"人类迁徙与文化传播""考古遗物的保存与岩化""食物生产与消费""生物分子考古学新方法与新技术""中国生物考古学""骨骼病理学""动植物的栽培与驯化和传播"。

（8）2012 年 8 月 31 日至 9 月 2 日，由中国社会科学院考古研究所、亚洲铸造技术史学会和安阳师范学院共同举办的"东亚古代青铜冶铸业国际论坛"在河南省安阳师范学院召开。会议研讨的主要问题有"推进东亚地区古代青铜冶铸业的研究""交流东亚地区古代青铜冶铸业的考古发现和研究进展""考察青铜冶铸技术的内涵及交流与传播"。

（9）2012 年 10 月 10 ~ 11 日，由中国社会科学院考古研究所和澳大利亚人文科学院主办的"中澳文化遗产论坛"在中国社会科学院考古研究所举行。论坛的主题是"中澳文化遗产保护的现状与差异"。

（10）2012 年 10 月 15 日，由中国社会科学院考古研究所、新疆文物局主办，新疆文物考古研究所承办的"汉代西域考古与汉文化国际学术研讨会"在新疆维吾尔自治区乌鲁木齐市召开。会议的主题是"汉代西域考古与汉文化研究"，研讨的主要问题有"汉代西域考古发现与研究""汉代丝绸之路与中西文化交流""汉代考古发现与研究""汉代历史与汉文化研究"。

（11）2012 年 11 月 5 日，由考古研究所、浙江省文物考古研究所主办，浙江省湖州市安吉县博物馆、长兴县博物馆协办的"秦汉土墩墓国际学术研讨会"在浙江省湖州市安吉县召开。会议研讨的主要问题有"秦汉土墩墓的发现与命名""秦汉土墩墓的文化属性""各地秦汉土墩墓的成因与特征及其相互关系""中国秦汉土墩墓与日韩坟丘墓的关系""先秦土墩墓与秦汉土墩墓的关系"。

（12）2012 年 11 月 17 日，由中国社会科学院研究生院考古系承办，中国科学院大学、首都师范大学联合参与的"高校考古学学生论坛——2012 年主题·科技考古"在中国社会科学院考古研究所举行。

（13）2012 年 11 月 27 ~ 29 日，由浙江大学文化遗产研究院、中国科学院大学科技史与科技考古系和中国社会科学院考古研究所科技考古中心联合举办的"全国第 11 届科技考古学术讨论会"在浙江大学紫金港校区召开。会议研讨的主要问题有"地域考古""生物考古""环境考古""文物研究与保护"。

（14）2012 年 12 月 8 ~ 9 日，由中国科学院大学科技史与科技考古系、中国人民大学历史学院、中国社会科学院考古研究所科技考古中心联合主办的"第二届北京高校研究生考古学论坛"在中国科学院大学举办。

2. 国际学术交流与合作

2012 年，考古研究所共派遣出访 54 批 93 人次，接待来访 30 余批 100 余人次（其中，中国社会科学院邀请来访 3 批 3 人次）。与考古研究所开展学术交流的国家有美国、英国、法国、日本、韩国等。

（1）2012 年 1 月 10 ~ 17 日，考古研究所王巍在日本就"中日古墓比较研究"和合作事宜与日本大阪府百舌鸟·古市古墓群世界文化遗产登录推进本部会议和日本国立历史民俗博物馆的相关人员开展学术交流活动。

（2）2012 年 1 月 12 ~ 18 日，考古研究所许宏在日本就"古代中国文明"专题与日本京都大学教授冈村秀典进行学术交流。

（3）2012 年 2 月 17 ~ 26 日，考古研究所赵志军在日本就"亚洲人类迁徙和稻作传播"问题与日本综合地球环境研究所的相关学者进行学术交流。

（4）2012 年 2 月 27 日至 3 月 1 日，考古研究所袁靖、张雪莲在日本就"动物考古研究和食性分析"问题与日本国立历史民俗博物馆的相关学者进行学术交流。

（5）2012 年 2 月 27 日至 3 月 4 日，考古研究所朱岩石、钱国祥、汪盈在日本就"汉魏洛阳城调查发掘与研究"问题与日本奈良文化财研究所的相关学者进行学术交流。

（6）2012 年 3 月 13 ~ 21 日，考古研究所李裕群在加拿大就"新疆吐峪沟石窟考古新发现——兼论高昌佛教的特色"问题与美国亚洲研究学会的相关学者进行学术交流。

（7）2012 年 4 月 5 ~ 8 日，考古研究所董新林、汪盈在韩国就"辽上京城考古新发现和研究""辽代佛塔的发现和研究"等问题与韩国东北亚历史财团的相关人员进行学术交流。

（8）2012 年 4 月 22 ~ 27 日，考古研究所王巍、陈星灿、赵志军等在美国就"古代中国的定居与农业起源"问题与美国斯坦福大学东亚语言与文化学系的相关学者进行学术交流。

（9）2012 年 5 月 6 ~ 10 日，考古研究所安家瑶在美国就"中国的考古学和历史学"问题与美国克拉克艺术研究所以及亚洲学会的相关学者进行学术交流。

（10）2012 年 5 月 14 ~ 20 日，考古研究所丛德新在澳大利亚就"青铜时代和铁器时代中国和西方之间的联系"问题与澳大利亚悉尼大学中国研究中心的相关学者进行学术交流。

（11）2012 年 5 月 24 ~ 29 日，考古研究所白云翔在韩国就"中国关于东亚铁器文化研究的动向"问题与韩国文化财厅国立文化财研究所的相关学者进行学术交流。

（12）2012 年 6 月 5 ~ 11 日，考古研究所陈星灿、赵志军、常怀颖在日本就"中国史前农耕社会研究和中国西南地区农耕起源研究"问题与日本九州大学大学院人文科学研究院考古学研究室的相关学者进行学术交流。

（13）2012 年 8 月 10 日至 9 月 15 日，考古研究所钱国祥、陈凌、刘涛在乌兹别克斯坦就在费尔干纳进行合作考古发掘问题与乌兹别克斯坦科学院考古研究所的相关学者进行学术交流。

（14）2012 年 8 月 31～9 月 19 日，考古研究所王巍在美国就"世界文明研究的现状和一些文明形成的标志、动力、道路、机制"等理论问题与美国加州大学洛杉矶分校的相关学者进行学术交流。

（15）2012 年 9 月 8～18 日，考古研究所刘国祥在日本就"中国东北地区的史前遗迹概况——以西辽河流域为主线"专题与日本绳纹遗迹世界遗产登录推进本部、青森县政府的相关人员进行学术交流。

（16）2012 年 9 月 21～24 日，考古研究所姜波在韩国就"圜丘与明堂——唐帝国的国家祭祀设施"问题与韩国成均馆大学的相关学者开展学术交流。

（17）2012 年 10 月 5～10 日，考古研究所李港在日本就"中国王朝的至宝"文物展览与日本放送协会的相关人员进行学术交流。

（18）2012 年 11 月 18 日至 2013 年 2 月 15 日，考古研究所董新林在日本就"东北亚视角的辽代陵寝制度考古学研究——以辽祖陵和庆陵为中心"问题与日本早稻田大学冈内三真教授进行学术交流。

（19）2012 年 11 月 20～24 日，考古研究所李裕群、徐良高、钱国祥在韩国就"东亚考古新成果发表"问题与韩国东北亚历史财团的相关人员进行学术交流。

（20）2012 年 12 月 14～17 日，考古研究所朱岩石在韩国就"中国北朝都城制与百济都城之间的比较"问题与韩国圆光大学马韩百济文化研究所进行学术交流。

（21）2012 年，考古研究所新签订的国际合作研究项目有 3 项，分别是"考古研究所与日本国立历史民俗博物馆合作研究项目""考古研究所与英国阿伯丁大学合作研究项目""考古研究所与加拿大大不列颠哥伦比亚大学合作研究项目"；结项的国际合作研究项目有 2 项，分别是"考古研究所与美国纽约大学古代世界研究所合作开展对河南安阳殷墟铁三路制骨作坊遗址出土的动物骨骼及相关考古资料的研究项目""考古研究所与日本鸟取大学合作研究中国古代家鸡项目"；取得阶段性成果的国际合作研究项目有 1 项，是"考古研究所与乌兹别克斯坦科学院考古研究所合作考古调查与发掘项目"。

3. 与中国香港、澳门特别行政区和中国台湾开展的学术交流

（1）2012 年 2 月 3～5 日，考古研究所赵海涛在香港就"龙的起源——香港的龙文化"展览的布展工作与香港中文大学中国考古艺术研究中心的相关学者进行学术交流。

（2）2012 年 2 月 8～11 日，考古研究所王巍、许宏、巩文在香港就"龙的起源——香港的龙文化"展览开幕式及相关活动与香港中文大学中国考古艺术研究中心的相关学者进行学术交流。

（3）2012 年 2 月 22～26 日，考古研究所陈星灿在台湾就台湾大学文学院人类学系的教学和研究评鉴工作与该系相关人员进行学术交流。

（4）2012 年 3 月 5 日至 4 月 4 日，考古研究所朱岩石、董新林、石自社、刘涛等在澳门就澳门高园街及显荣里遗址考古发掘工作与澳门特别行政区文化局的相关人员进行学术交流。

（5）2012 年 5 月 24～27 日，考古研究所王巍与澳门特别行政区文化局的相关人员在澳门就双方合作开展的澳门圣保禄学院遗址和显荣里遗址考古发掘工作进行学术交流。

（6）2012 年 6 月 18～26 日，考古研究所许宏、冯时在台湾就"东亚考古新发现与新出土材料"问题与台湾"中研院"第四届国际汉学会议筹备委员会的相关人员进行学术交流。

（7）2012 年 6 月 24～30 日，考古研究所李裕群在台湾就"吐鲁番吐峪沟石窟的新发现——试论五世纪高昌佛教图像的成立"问题与台湾"中研院"历史语言研究所的相关学者进行学术交流。

（8）2012 年 7 月 12～20 日，考古研究所朱岩石在台湾就"千年重光——山东青州龙兴寺佛教造像展"之中的学术问题与台湾佛光山文教基金会的相关人员进行学术交流。

（9）2012 年 7 月 29～31 日，考古研究所陈国梁在香港就"龙的起源——香港的龙文化"展览的撤展工作与香港中文大学中国考古艺术研究中心的相关学者进行学术交流。

（10）2012 年 10 月 5～9 日，考古研究所刘庆柱在香港就"秦始皇皇陵的最新考古发现和研究成果"与香港历史博物馆的相关人员进行学术交流。

（11）2012 年 10 月 10～19 日，考古研究所朱乃诚、辛爱罡、季连琪、王浩天在台北故宫博物院开展"商王武丁与后妇好——殷商盛世文化艺术特展"文物展览的布展工作。

（12）2012 年 10 月 17～22 日，考古研究所王巍、刘政在台北故宫博物院开展"商王武丁与后妇好——殷商盛世文化艺术特展"文物展览开幕式的相关活动。

（13）2012 年 12 月 9～12 日，考古研究所朱乃诚在香港就"中华龙的起源与形成"问题与香港中文大学中国考古艺术研究中心的相关学者进行学术交流。

（四）学术社团、期刊

1. 社团

中国考古学会，理事长张忠培。

2012 年 4 月 13 日，中国考古学会参与组织的"2011 年度全国十大考古新发现"在北京揭晓。全国十大考古新发现活动由国家文物局主办，中国考古学会协办，中国文物报社承办。

2012 年 6 月 25 日，中国考古学会获民政部组织的全国性学术类社团评估 3A 等级。

2012 年 11 月 21～24 日，中国考古学会第十五次年会暨第五届理事会第三次全体会议在河北省石家庄市召开。会议的主题为"环渤海考古学研究""其他考古学问题"。

2012 年 12 月 1～3 日，由中国考古学会、中国文物学会、中国先秦史学会、安徽省文化厅、马鞍山市人民政府主办，含山县人民政府、马鞍山市文化委、安徽省文化局、安徽省文物考古研究所承办的"中国凌家滩文化论坛"在安徽省马鞍山市含山县举行。会议研讨的主要问题有"凌家滩出土玉器""凌家滩文化的重要地位和历史价值""凌家滩文化与周边文化的关系及其对长江流域新石器文化的影响""凌家滩与红山和良渚文化比较、凌家滩遗址保护及相关产业发展"。

2012 年 12 月 17 日，中国文物学会、中国考古学会在故宫博物院联合召开"纪念《文物保护法》颁布 30 周年暨修订 10 周年座谈会"。

2. 期刊

（1）《考古》（月刊），主编王巍。

2012 年，《考古》全年共出版 12 期，共计 180 万字。该刊全年刊载的有代表性的文章有：内蒙古文物考古研究所等的《内蒙古科左中旗哈民忙哈新石器时代遗址 2010 年发掘简报》，南京市博物馆等的《南京市祖堂山明代洪保墓》，南京博物院等的《江苏盱眙县大云山汉墓》，中国社会科学院考古研究所等的《江苏扬州市宋大城北门遗址的发掘》，安徽省文物考古研究所等的《安徽六安市白鹭洲战国墓 M566 的发掘》《安徽六安市白鹭洲战国墓 M585 的发掘》，山东省文物考古研究所等的《山东定陶县灵圣湖汉墓》，安阳市文物考古研究所等的《河南安阳市宋代韩琦家族墓地》，中国社会科学院考古研究所安阳工作队的《河南安阳市殷墟王裕口村南地 2009 年发掘简报》《河南安阳市殷墟刘家庄北地 2010～2011 年发掘简报》《河南安阳市殷墟刘家庄北地制陶作坊遗址的发掘》，湖北省文物考古研究所等的《湖北随州市叶家山西周墓地》《湖北孝感市叶家庙新石器时代城址发掘简报》《湖北天门市石家河古城三房湾遗址 2011 年发掘简报》《武汉市黄陂区张西湾新石器时代城址发掘简报》，西藏自治区文物保护研究所的《西藏定结县恰姆石窟》，中国社会科学院考古研究所边疆民族考古研究室等的《新疆鄯善县吐峪沟东区北侧石窟发掘简报》《新疆鄯善县吐峪沟西区北侧石窟发掘简报》，新疆文物考古研究所的《新疆特克斯县阔克苏西 2 号墓群的发掘》《新疆吐鲁番市台藏塔遗址发掘简报》。

（2）《考古学报》（季刊），主编刘庆柱。

2012 年，《考古学报》共出版 4 期，共计 82 万字。该刊全年刊载的有代表性的文章有：湖北省文物考古研究所等的《湖北云梦楚王城遗址 1988 与 1989 年发掘报告》，河南省文物考古研究所等的《河南西峡老坟岗仰韶文化遗址发掘报告》，北京大学考古文博学院等的《甘肃酒泉干骨崖墓地的发掘与收获》，西安市文物保护考古研究院的《汉长安城洨水古桥遗址发掘报告》，广西文物考古研究所等的《广西合浦县寮尾东汉至三国墓发掘报告》。

（五）会议综述

中国文明起源与形成学术研讨会

2012 年 5 月 21～23 日，由中国社会科学院考古研究所、北京大学考古文博学院、南京博物院、张家港市人民政府主办，中国社会科学院古代文明研究中心、张家港市文化广电新闻出版局承办的"中国文明起源与形成学术研讨会"在江苏省张家港市举行。中国社会科学院考古研究所、中国社会科学院历史研究所、中国科学院遥感研究所等约40个研究机构与高校的学者以及新华社、中央电视台等10多家新闻媒体人员共100多人参加了会议。中国社会科学院学部委员、考古研究所所长王巍，中国考古学会理事长张忠培，北京大学考古文博学院教授严文明，北京大学考古文博学院院长赵辉，国家文物局科技司副司长罗静，江苏省文物局局长、南京博物院院长龚良，张家港市市长姚林荣等出席了开幕式。姚林荣、龚良、张忠培、王巍先后致辞。会议围绕"中国文明的起源与形成"以及"中华文明探源工程第三阶段前半段的开展成果"进行了广泛的交流与讨论。围绕"中华文明形成的标志及其他与中国文明起源与形成有关的理论和方法的探讨""中国文明起源与形成的过程与阶段性""中国各主要区域的文明起源与中华文明多元一体格局的形成""环境、经济、技术在中国文明起源与形成过程中的作用及其有关的特征""中国文明起源与形成过程中社会组织的发展及其有关的特点""太湖地区在中国文明起源中的地位与作用"等议题展开了讨论。

2001年，中国社会科学院考古研究所、中国社会科学院古代文明研究中心曾在北京成功举办了由130多位各方面学者参加的"中国文明的起源与早期发展"大型国际学术研讨会，之后又先后在全国有关省区召开了10个区域性文明化进程学术研讨会，此次"中国文明起源与形成学术研讨会"是10多年来第二个大型专题学术研讨会，并且是配合"中华文明探源工程第三阶段"的阶段性成果向社会公布之前召开的一次大型会议。全国考古学各研究方向的一线学者之间的互相交流、讨论，考古学界、史学界、哲学界学者的互动，促进了研究，深化了认识，对于中华文明探源工程的深入开展及其成果的广泛交流与宣传，对于促进中国文明起源与形成的研究，具有重要的意义。

（巩　文）

东亚古代青铜冶铸业国际论坛

2012年8月31日至9月2日，为了推进东亚地区古代青铜冶铸业的研究，交流东亚地区古代青铜冶铸业的考古发现和研究进展，考察青铜冶铸技术的内涵、交流与传播，由中国社会科学院考古研究所、亚洲铸造技术史学会和安阳师范学院共同举办的"东亚古代青铜冶铸业国际论坛"在河南省安阳师范学院召开。来自中国、日本、韩国、美国、英国、加拿大等国家的多家著名科研机构和高校的120余名专家学者参加了会议。

近些年来，大量与青铜冶铸有关的古代遗址被发掘，为深入研究青铜冶铸技术提供了契机。立足于大量考古发掘材料，参加此次国际论坛的专家学者围绕"东亚古代青铜冶铸遗址的考古发现与研究""东亚古代青铜冶铸技术""东亚古代青铜冶铸技术的交流与传播""东亚古代青铜器的生产与应用""东亚古代青铜器与青铜文化"等多个议题展开了交流与研讨。可以看出，东亚古代青铜冶铸业研究在近年又取得了长足的进展。

众多学者关注青铜铸造技术，如铜料来源、青铜成分、陶范制作、花纹施法等，甚至是青铜熔解所用的鼓风设备也成为学者关注的焦点。冶铸技术逐步形成、传播与传承也是此次国际论坛的亮点。此次国际论坛另一个亮点是有关铜镜铸造技术的研究，这也是近年来青铜冶铸的重点和难点问题。

（巩　文）

汉代西域考古与汉文化国际学术研讨会

2012年10月15日，由中国社会科学院考古研究所、新疆文物局主办，新疆文物考古研究所承办的"汉代西域考古与汉文化国际学术研讨会"在新疆维吾尔自治区乌鲁木齐市召开。新疆维吾尔自治区副主席铁力瓦尔迪·阿不都热西提、国家文物局副局长童明康、中国社会科学院考古研究所所长王巍等出席研讨会开幕式并致辞，新疆文物局局长盛春寿主持开幕式。

研讨会以"汉代西域考古与汉文化研究"为主题，围绕"汉代西域考古发现与研究""汉代丝绸之路与中西文化交流""汉代考古发现与研究""汉代历史与汉文化研究"等问题进行学术交流。会议共收到论文130余篇，论文内容涉及两汉西域史研究、汉代城市考古、汉代边疆地区考古发现与研究、汉代史地考古研究、出土简牍与文献研究、汉代科技史与科技考古研究、汉代帝陵考古及地域两汉墓葬研究、两汉时期东西方文化交流、文化遗产保护与历史文化信息的深度发掘等多方面，其中近半数论文涉及西域。

中国社会科学院历史学部主任、研究员刘庆柱和新疆文物考古研究所所长、研究员于志勇分别作了题为《汉代西域考古与汉代丝绸之路》《新疆汉代考古概述》的大会主旨发言。大会分三个会场九个场次进行发言讨论。来自北京、广东等22个省市的科研院所、文博单位及北京大学、中国人民大学等17所高校和德国、韩国、日本、越南等地的150余名专家、学者参加了会议。学术交流之后，会议代表们赴吉木萨尔北庭故城、西大寺和吐鲁番交河故城、高昌故城、柏孜克里克石窟等地参观考察。

研讨会对汉代西域考古与汉文化研究进行了系统梳理和深度分析，对我国汉代西域考古与汉文化研究、新疆文物保护与考古研究、丝绸之路申遗以及推进多学科多领域学术研究，促进国内外学术交流与合作等方面有一定的价值和意义。

（巩　文）

历史研究所

（一）人员（未含郭沫若纪念馆）、机构等基本情况

1. 人员

截至 2012 年年底，历史研究所共有在职人员 131 人。其中，正高级职称人员 40 人，副高级职称人员 40 人，中级职称人员 38 人；高、中级职称人员占全体在职人员总数的 90%。

2. 机构

历史研究所设有：先秦史研究室、秦汉魏晋南北朝史研究室、隋唐宋辽金元史研究室、明史研究室、清史研究室、思想史研究室、中外关系史研究室、社会史研究室、文化史研究室、马克思主义史学理论与史学史研究室、历史地理研究室、《中国史研究》编辑部、图书馆、郭沫若纪念馆、办公室、科研处、人事处。

3. 科研中心

历史研究所有 4 个院级非实体研究中心：中国社会科学院甲骨文殷商史研究中心、中国社会科学院简帛研究中心、中国社会科学院敦煌学研究中心、中国社会科学院徽学研究中心；1 个所级非实体研究中心：中国社会科学院历史研究所内陆欧亚学研究中心。

（二）科研工作

1. 科研成果

2012 年，历史研究所共完成专著 15 种，556.6 万字；论文 218 篇，329.6 万字；学术资料 12 种，271.2 万字；古籍整理 3 种，785 万字；译著 2 种，45 万字；译文 10 篇，17.4 万字；论文集 14 种，583.2 万字。

2. 科研课题

（1）新立项课题。2012 年，历史研究所共有新立项课题 22 项。其中，国家社会科学基金课题 6 项："中国土司制度史料编纂整理与研究"（李世愉主持），"魏晋南北朝谥法制度研究"（戴卫红主持），"北族政权研究再思考——以辽朝前期历史为例"（林鹄主持），"明清沿海地图研究"（孙靖国主持），"因俗而治：辽代五京体制研究"（康鹏主持），"长沙走马楼三国吴简簿书整理与研究"（凌文超主持）；院重点课题 1 项："正史突厥传所见非汉语专有名词编注"（贾衣肯主持）；院青年科研启动基金课题 3 项："《清朝续文献通考·经籍考》之特色与不足"（李立民主持），"从部族到官僚体制——论辽初中央集权之演进"（林鹄主持），"3~6 世纪北方地区水上交通研究"（张兴照主持）；所重点课题 11 项："混同与重构：元代文人画学研究"（刘中玉主持），"皖派朴学研究"（朱昌荣主持），"商代地理环境研究"（张兴照主

持），"明儒邹守益诗文事迹编年"（陈时龙主持），"清代畿辅地区内务府庄头研究"（邱源媛主持），"辽朝前期政治与制度研究"（林鹄主持），"中国官服简史"（赵连赏主持），"《东京志略》补证（上）"（梁建国主持），"明代历史理论研究"（廉敏主持），"明代的启蒙教育观"（李成燕主持），"两《唐书·后妃传》辑补及研究"（陈丽萍主持）；院交办课题1项："《简明中国历史名词手册》"（卜宪群主持）。

（2）结项课题。2012年，历史研究所共有结项课题38项。其中，国家社会科学基金课题3项："殷墟花园庄东地H3甲骨文研究"（刘源主持），"元代法律史研究"（刘晓主持），"16世纪明代财政研究——以《万历会计录》的整理为中心"（万明主持）；院重点课题1项："汉魏丛书的整理与研究"（孙晓主持）；院青年科研启动基金课题11项："汉唐西域绿洲农业研究"（李艳玲主持），"冯琦的事君思想与经世著述"（解扬主持），"陶弘景的医药养生学"（刘永霞主持），"晚清时期中国对拉丁美洲华侨的领事保护"（王士皓主持），"明清华北的祖茔与家族组织变迁"（汪润主持），"甲骨文分类与断代的主要标准"（刘义峰主持），"唐代举子科考生活研究"（刘琴丽主持），"清华所藏殷墟一坑卜骨之初步研究"（任会斌主持），"元明清三代京畿地区的营田"（李成燕主持），"历史上永定河上游地区城市地理研究"（孙靖国主持），"《路史·夏后氏》有关夏代史料析"（郜丽梅主持）；所重点课题23项："秦汉民政研究——以老年群体为中心"（赵凯主持），"卢见曾幕府研究"（曹江红主持），"无名组卜辞研究"（刘义峰主持），"清华藏殷墟所出一坑卜骨研究"（任会斌主持），"18世纪中国传教士李安德研究"（李华川主持），"明人私撰本朝史研究"（杨艳秋主持），"乾嘉四大幕府与清代学术"（林存阳主持），"藩镇与唐五代政治"（孟彦弘主持），"唐代道教金石的整理与研究"（雷闻主持），"明清时期藏传佛教噶举派与中央政府关系"（汪润主持），"夏代族邦研究"（郜丽梅主持），"安徽天长纪庄汉墓木牍整理与研究"（卜宪群主持），"混同与重构：元代文人画学研究"（刘中玉主持），"皖派朴学研究"（朱昌荣主持），"商代地理环境研究"（张兴照主持），"明儒邹守益诗文事迹编年"（陈时龙主持），"清代畿辅地区内务府庄头研究"（邱源媛主持），"辽朝前期政治与制度研究"（林鹄主持），"中国官服简史"（赵连赏主持），"《东京志略》补证（上）"（梁建国主持），"明代历史理论研究"（廉敏主持），"明代的启蒙教育观"（李成燕主持），"两《唐书·后妃传》辑补及研究"（陈丽萍主持）。

（3）延续在研课题。2012年，历史研究所共有延续在研课题25项。其中，国家社会科学基金课题10项："中国早期城市的探索——18、19世纪的北京外来人口研究"（郭松义主持），"甲骨文合集三编"（宋镇豪主持），"中国古代城市地理信息系统"（成一农主持），"黑水城出土元代财政经济文书研究"（张国旺主持），"中国土司制度史料编纂整理与研究"（李世愉主持），"魏晋南北朝谥法制度研究"（戴卫红主持），"北族政权研究再思考——以辽朝前期历史为例"（林鹄主持），"明清沿海地图研究"（孙靖国主持），"因俗而治：辽代五京体制研究"（康鹏主持），"长沙走马楼三国吴简簿书整理与研究"（凌文超主持）；院重大课题1项：

"甲骨文合集三编"（宋镇豪主持）；院重点课题 7 项："贵霜史研究"（余太山主持），"六朝礼文化及其社会价值研究"（梁满仓主持），"北魏开国史研究"（楼劲主持），"明中期榆林长城与社会"（赵现海主持），"儒释道三教关系与中古思想"（张文修主持），"中国传统舆图绘制研究"（成一农主持），"正史突厥传所见非汉语专有名词编注"（贾衣肯主持）；院青年科研启动基金课题 5 项："中国土地制度史研究 100 年"（徐歆毅主持），"近二三十年来散见秦汉魏晋简牍综合研究"（庄小霞主持），"《清朝续文献通考·经籍考》之特色与不足"（李立民主持），"从部族到官僚体制——论辽初中央集权之演进"（林鹄主持），"3 ~ 6 世纪北方地区水上交通研究"（张兴照主持）；院重大交办课题 1 项："中国历史上的邪教及其政府对策"（赫治清主持）；院交办课题 1 项："中国古代史名词审定"（卜宪群主持）。

3. 获奖优秀科研成果

2012 年，历史研究所获中国社会科学院"第四届郭沫若中国历史学奖"三等奖 3 项：杨振红的《出土简牍与秦汉社会》，黄正建等的《天一阁藏明抄本天圣令校正（上下）》，陈高华等的《元代文化史》；获"第四届郭沫若中国历史学奖"提名奖 5 项：杨海英的《洪承畴与明清易代研究》，陈祖武的《中国学案史》，赵鹏的《殷墟甲骨文人名与断代的初步研究》，雷闻的《郊庙之外——隋唐国家祭祀与宗教》，张弓的《敦煌典籍与唐五代历史文化》；获中国社会科学院"胡绳青年学术奖"一等奖 2 项：赵鹏的《殷墟甲骨文人名与断代的初步研究》，雷闻的《郊庙之外——隋唐国家祭祀与宗教》。

2012 年，历史研究所进行了优秀科研成果评奖活动，评选出专著类一等奖 4 项：阿风的《明清时代妇女的地位与权利——以明清契约文书、诉讼档案为中心》，赵鹏的《殷墟甲骨文人名与断代的初步研究》，梁满仓的《魏晋南北朝五礼制度考论》，雷闻的《郊庙之外——隋唐国家祭祀与宗教》；论文及其他类一等奖 4 项：万明的《白银货币化视角下的明代赋役改革（上下）》，刘晓的《元代怯薛轮值新论》，何龄修的《太子慈烺和北南两太子案——纪念孟森先生诞生 140 周年、逝世 70 周年》，楼劲的《〈周礼〉与北魏开国建制》；专著类优秀奖 4 项：汪学群的《清代中期易学》，杨宝玉的《敦煌本佛教灵验记校注并研究》，杨振红的《出土简牍与秦汉社会》，张国旺的《元代榷盐与社会》；论文及其他类优秀奖 6 项：王启发的《程颢、程颐的礼学思想述论》，牛来颖的《论唐长安城的营修与城市居民的税赋》，李花子的《朝鲜王朝的长白山认识》，吴丽娱的《光宗耀祖：试论唐代官员的父祖封赠》，张宪博的《明代体制弊端与复社名士的变革主张》，王贵民的《春秋会要》（资料整理）。

4. 创新工程的实施和科研管理新举措

2012 年，是历史研究所整体进入创新工程的第一年，首批进入创新工程的人数为 46 人，共设立了 17 项创新工程项目："唯物史观的传播与中国马克思主义史学理论的构建"（首席研究员林甘泉），"中国早期区域文明与夏商周政治文化"（首席研究员王震中），"专制主义中央集权官僚制的形成及其在汉魏六朝的发展"（首席研究员杨振红），"《天圣令》及唐宋法律与社会研究"（首席研究员黄正建），"明代官私文书：国家与社会的互动"（首席研究员万明），"清前期政治与文化变迁研究"（首席研究员杨珍），"儒学演变与社会变迁"（首席研究员张海燕），"清代中西关系与文化交流"（首席研究员吴伯娅），"古代内陆欧亚史研究"（首席研究员李锦绣），"中国古代区域军政与民族问题研究"（首席研究员刘晓），"历史所藏甲骨墨拓珍本的整理与研究"（首席研究员宋镇豪），"传统文献和出土文献研究性整理的新探索"（首席研究员陈祖武），"隋唐西北边疆汉文史料的研究和再整理"（首席研究员吴玉贵），"日本、越南、朝韩汉文正史丛编"（首席研究员孙晓），"中国古代历史研究评论"（首席研究员彭卫），"中国古代史学科前沿的追踪与分析"（首席研究员楼劲），"创新工程管理体制的建设和优化"（首席管理刘荣军、卜宪群）。

历史研究所实施创新工程的总体思路是"整体进入、以点带面、注重机制"；总体目标是要通过一系列的创新项目研究，使历史研究所达成"在中国古代史基本理论和史料工作上居于国内外领先地位""在中国古代史研究的话语权和影响力上居于国内外领先地位""在中国古代史学科建设和发展后劲上居于国内外领先地位"。

为了认真贯彻、落实《中国社会科学院哲学社会科学创新工程实施意见和管理办法（试行）》及《关于落实院长办公会〈关于对 2012 年创新工程试点申报工作的意见〉的通知》等文件精神，切实推进实施创新工程的步伐，深化体制机制改革，历史研究所围绕"规范各创新岗位的竞聘上岗工作；达成历史研究所实施创新工程的总体目标和任务；规范各创新项目的立项、鉴定、结项和中期管理"等具体内容，分别制定了《历史研究所创新岗位竞聘上岗暂行办法》《历史研究所创新岗位考核试行办法》《历史研究所创新项目管理试行办法》。

在《历史研究所创新岗位竞聘上岗暂行办法》中，明确制定了"竞聘上岗工作的组织管理""创新岗位的设置""竞聘条件和办法""上岗与退岗"等措施；在《历史研究所创新岗位考核试行办法》中，对"考核的组织管理""考核内容和标准""考核方法""考核等次与奖惩"等，作了具体的规制；在《历史研究所创新项目管理试行办法》中，针对项目的"立项""中期检查"及"鉴定与结项"等，制定了严格的管理制度。

历史研究所通过创新工程工作中科研管理体制机制的不断完善，激发了科研人员的工作热情和活力，在 2012 年全院创新工程工作年终考核中，历史研究所被评为优秀。

（三）学术交流活动

1. 学术活动

2012 年，历史研究所主办和承办的学术会议有：

（1）2012 年 4 月 13 日，历史研究所举行了"张政烺先生百年诞辰纪念会"。来自文史学界的专家学者及张政烺的学生和生前好友 60 余人参加会议。

（2）2012 年 10 月 20～21 日，由中国社会科学院历史研究所、香港理工大学中国文化学系、北京师范大学古籍与传统文化研究院联合主办的"中国社会科学论坛：第三届中国古文献与传统文化国际学术研讨会"在北京举行。来自国内外的50名专家学者参加了会议。会议研讨的主要问题有"中国古文献与传统文化""古文献整理的规范""新出土资料的整理与利用""历史文献学的学科建设"。

（3）2012年10月31日至11月1日，由国际阳明学研究中心主办，浙江省余姚市委宣传部、余姚市文化广电新闻出版局承办，余姚市文物保护管理所协办的"第二届国际阳明学研讨会"在浙江省余姚市召开。50余名国内外专家学者参加了会议。会议研讨的主要问题有"明代儒学的发展""阳明心学的产生、发展及对明清思想和社会的影响"等。

（4）2012年11月24~25日，由历史研究所、河南省焦作市人民政府主办，河南省修武县人民政府、历史研究所思想史研究室承办的"中国·云台山竹林七贤文化国际学术研讨会"在河南省修武县召开。来自国内外的50余名专家学者参加了会议。会议研讨的主要问题有"竹林七贤个案研究""玄学与儒释道的关系""魏晋社会与士林风尚"等。

（5）2012年12月2~5日，由历史研究所、安徽省社会科学院联合主办的"中国古代史学科理论与术语规范研讨会"在安徽省合肥市召开。来自国内高校的30余名专家学者参加了会议。会议围绕中国古代史学科中涉及的理论问题及专有名词、术语的准确性等问题进行了讨论。

（6）2012年12月13日，由历史研究所主办、历史研究所文化史研究室承办的"形象史学学术研讨会"在北京召开。来自中国社会科学院历史研究所、文学研究所，故宫博物院、国家文物局及文物界的30余名专家学者参加了会议。会议的主题是"形象史学的内涵、发展及其特征"等。

（7）2012年12月25日，"中国古代历史文献中南海和钓鱼岛史料问题座谈会"在北京召开。

2. 国际学术交流与合作

2012年，历史研究所共派遣出访20批38人次（其中，中国社会科学院交流协议出访4批7人次），接待来访20批41人次（其中，中国社会科学院邀请来访1批2人次）。与历史研究所开展学术交流的国家有日本、韩国、朝鲜、越南、马来西亚、澳大利亚、美国、法国、荷兰、俄罗斯、波兰、捷克、罗马尼亚等。

（1）2012年1月16日，俄罗斯科学院东方文献研究所所长波波娃访问历史研究所，会见了历史研究所党委书记、副所长刘荣军，历史研究所所长卜宪群研究员等，双方就学术交流等问题进行了会谈。

（2）2012年4月10日，日本名古屋大学名誉教授森正夫应邀参加历史研究所明史研究室和清史研究室联合举办的"明清史青年论坛系列讲座"，发表了题为《民众反乱与田野调查——以明末清初福建省宁化县的黄通抗租反乱为例》的演讲。

（3）2012 年 5 月 6 日，历史研究所思想史研究室研究员汪学群应邀赴美国亚利桑那州立大学，参加"朱子经学及其在东亚的流传与发展研讨会"，并对美国朱子学的研究情况进行了考察。

（4）2012 年 5 月 9 日，历史研究所清史研究室研究员杨海英应邀赴韩国，参加韩国高丽大学日本研究中心举办的"东亚文化交涉学会第四届年会"。

（5）2012 年 5 月 15 日，历史研究所所长卜宪群研究员，所长助理、科研处长楼劲研究员等一行 6 人应邀赴韩国，参加由成均馆大学东亚学术院和历史研究所联合举办的"第二届中韩学术年会"。

（6）2012 年 5 月 23 日，历史研究所隋唐宋辽金元史研究室牛来颖研究员应邀赴日本，参加日本东方学会举办的"第 57 届国际东方学者会议及《天圣令》与律令制比较研究研讨会"。

（7）2012 年 5 月 24 日，历史研究所所长卜宪群研究员等一行 4 人应邀赴日本，参加由日本东方学会与历史研究所联合举办的"第四届日中学者中国古代史论坛"。

（8）2012 年 6 月 1 日，日本东洋史学会会长、京都大学文学部夫马进教授应邀对历史研究所进行访问，查阅有关明清史的相关资料，并参加历史研究所的古文书读书班活动，发表了题为《清代巴县档案所见文书式样及若干诉讼案件》的演讲。

（9）2012 年 6 月 18 日，历史研究所党委书记、副所长刘荣军和文化史研究室主任孙晓研究员根据院级交流协议，赴韩国庆北大学进行学术访问。

（10）2012 年 7 月 10 日，朝鲜社会科学院副院长池承哲一行 6 人访问历史研究所，历史研究所所长卜宪群研究员会见并宴请了来访的朝鲜学者。

（11）2012 年 7 月 21 日，根据院级交流协议，历史研究所副所长王震中研究员一行 3 人赴捷克、波兰进行学术访问。

（12）2012 年 7 月 25 日，历史研究所隋唐宋辽金元史研究室主任黄正建研究员随院史学片代表团赴日本，参加明治大学举办的双边学术研讨会。

（13）2012 年 7 月 30 日，根据所级交流协议，日本大谷大学真宗综合研究所教授桂华祥淳、松川节对历史研究所进行学术访问，并分别发表了题为《通过石刻史料看金代的佛教与帝室》《关于八思巴文字蒙古文兔年圣旨碑片》的演讲。

（14）2012 年 8 月 15 日，历史研究所中外关系史研究室副研究员青格力应邀赴蒙古国，参加蒙古国立大学建立 70 周年国际学术会议。

（15）2012 年 9 月 9 日，历史研究所先秦史研究室主任宋镇豪研究员一行 4 人应邀赴俄罗斯，对圣彼得堡国立艾米塔什博物馆的馆藏甲骨进行墨拓和拍摄工作。

（16）2012 年 9 月 12 日，日本大谷大学校长草野显之教授、文学部长罗伯特教授、真宗综合研究所所长浅见直一郎教授等一行 8 人访问了历史研究所，与历史研究所党委书记、副所长刘荣军，历史研究所所长卜宪群研究员等进行了座谈。

（17）2012 年 9 月 23 日，根据所级交流协议，历史研究所秦汉魏晋南北朝史研究室主任杨振红研究员、《中国史研究》编辑部副编审邵蓓赴日本，对大东文化大学进行学术访问。

（18）2012 年 9 月 24 日，根据所级交流协议，历史研究所中外关系史研究室副主任乌云高娃副研究员、清史研究室副主任林存阳研究员等赴日本，对大谷大学进行学术访问。

（19）2012 年 10 月 1 日，历史研究所文化史研究室沈冬梅研究员应邀赴日本，参加世界茶文化学术研究会主办的"第二届世界茶文化学术研讨会"。

（20）2012 年 10 月 3 日，历史研究所明史研究室主任万明研究员应邀赴马来西亚，参加郑和研究会主办的"马六甲建国 750 周年纪念讲座"。

（21）2012 年 10 月 8 日，根据院级协议，波兰科学院研究人员哈琳娜等人访问了历史研究所，并与历史研究所中外关系史研究室的研究人员进行了学术交流和座谈。

（22）2012 年 10 月 15 日，历史研究所所长助理、科研处处长楼劲研究员、文化史研究室主任孙晓研究员应邀赴朝鲜，对朝鲜社会科学院进行学术访问。

（23）2012 年 10 月 24 日，韩国成均馆大学东亚学术院院长辛承云教授、金庆浩教授应邀访问历史研究所，就开展双方学术交流等事宜与历史研究所的有关领导举行了会谈。

（24）2012 年 11 月 29 日，历史研究所副所长王震中研究员应邀赴澳大利亚，参加由中华炎黄文化研究会、新加坡炎黄国际文化协会、澳大利亚拉筹伯大学共同主办的"第七届中华文化世界论坛"。

（25）2012 年 12 月 20 日，历史研究所与法国远东学院北京中心联合举办中法学术系列讲座，法国国家科学研究中心东亚研究院（里昂）巩涛研究员作了题为《中国法传统中的罪刑法定原则与法律规则》的演讲。

3. 与中国香港、澳门特别行政区和中国台湾开展的学术交流

（1）2012 年 1 月 8 日，香港理工大学教授朱鸿林应邀访问历史研究所，就中国古代文献研究及有关共同举办学术论坛等事宜与历史研究所领导及学者进行了交流。

（2）2012 年 4 月 11 日，历史研究所先秦史研究室举办学术讲座，邀请台湾政治大学教授林宏明作题为《谈谈甲骨重片、缀合与著录情况的一些问题》的讲座。

（3）2012 年 5 月 10 日，历史研究所秦汉魏晋南北朝史研究室庄小霞助理研究员应邀赴香港，参加由香港中文大学历史系主办的"古代及中古之女性与法律、宗教学术会议"。

（4）2012 年 6 月 1 日，台湾"中研院"院士、史语所所长黄进兴研究员应邀参加历史研究所举办的学术讲座，发表了题为《对儒教的反思》的演讲。

（5）2012 年 6 月 19 日，历史研究所隋唐宋辽金元史研究室主任黄正建研究员、秦汉魏晋南北朝史研究室马怡研究员应邀赴台湾，参加台湾"中研院"举办的"第四届国际汉学会议"。

（6）2012 年 8 月 21 日，历史研究所思想史研究室举办系列讲座，邀请台湾中山大学中文系原主任戴景贤教授发表了题为《如何确认阳明学在中国哲学史之关键位置》的演讲。

（7）2012 年 8 月 29 日，历史研究所所长卜宪群研究员会见了台湾"中研院"副院长王汎森教授及其随行人员。

（8）2012 年 11 月 4 日，历史研究所所长助理、科研处处长楼劲研究员、中外关系史研究室主任李锦绣研究员应邀赴澳门，参加澳门大学社会科学与人文学院历史系主办的"中国中古北方民族、艺术、语言高层国际学术论坛"。

（四）学术社团、期刊

1. 社团

（1）中国先秦史学会，会长宋镇豪。

2012 年 8 月 10 日，由中国先秦史学会与山西省阳城县人民政府共同主办、山西省人民政府参事室协办、山西省阳城县阳泰集团承办的"全国首届商汤文化学术研讨会暨中国先秦史学会成立 30 周年座谈会"在山西省阳城县召开。60 余名专家学者参加了会议。会议研讨的主要问题有"商汤文化的内涵和外延""商汤文化遗迹的旅游开发""商代前期的社会形态、文物考古"等。

（2）中国殷商文化学会，会长王震中。

2012 年 8 月 8 日，由中国殷商文化学会、山东省淄博市政府、高青县政府联合主办的"甲骨学暨高青陈庄西周城址重大发现国际学术研讨会"在山东省淄博市高青县召开。100 余名专家学者参加了会议。会议对高青陈庄西周城址进行了实地勘查，对先期已发掘出土的大量文物资料进行了深入的探讨，并对陈庄西周城址的历史地位和价值展开了详细的论证。

（3）中国秦汉史研究会，会长王子今。

2012 年 8 月 23 日，由中国秦汉史研究会、中国人民大学历史学院主办、中国人民大学历史学院汉唐研究中心承办的"日常秩序中的秦汉社会与政治"国际学术研讨会在北京召开。

2012 年 11 月 4 日，由中国秦汉史研究会、江苏师范大学主办，江苏师范大学历史与旅游学院承办的"第二届中国秦汉史高层论坛"在江苏省徐州

2012 年 8 月，"日常秩序中的秦汉社会与政治"国际学术研讨会在北京举行。

市召开。60 余名专家学者参加了会议。会议的主题是"围绕秦汉时期的政治、经济、社会、文化、考古以及秦汉史学科的研究趋势"。

（4）中国魏晋南北朝史学会，会长李凭。

2012 年 9 月 22 日，由中国魏晋南北朝史学会主办、许昌学院承办的"2012 国际魏晋文化学术研讨会"在河南省许昌市召开。60 余名专家学者参加了会议。会议研讨的主要问题有"魏晋文化与许昌""魏晋南北朝史学研究热点和焦点问题"。

（5）中国明史学会，会长商传、南炳文。

2012 年 6 月 8 日，由中国明史学会、湖北省荆州市人民政府主办，荆州张居正研究会承办的"张居正国际学术研讨会"在湖北省荆州市召开。160 余名专家学者参加了会议。会议的主题是"张居正研究以及明代嘉靖、隆庆、万历以来的政治、经济、军事、社会、思想、文化、民族关系、对外关系等"。

（6）中国中外关系史学会，会长耿昇。

2012 年 11 月 1～2 日，由中国中外关系史学会、陕西师范大学西北民族研究中心联合主办的"城市与中外民族文化交流学术研讨会"在陕西省西安市召开。60 余名专家学者参加了会议。会议研讨的主要问题有"城市在古代中外文化交流中的地位和作用""丝绸之路与城市兴衰""民族迁徙与城市发展""古代东方与西方的城市"。

2. 期刊

（1）《中国史研究》（季刊），主编彭卫。

2012 年，《中国史研究》共出版 4 期，共计 100 万字。该刊新增设了"纪念张正烺先生诞辰一百周年"。该刊全年刊载的有代表性的文章有：裴锡圭的《翼城大河口西周墓地出土鸟形盉铭文解释》，晁福林的《从新出战国竹简资料看〈诗经〉成书的若干问题》，王震中的《论商代复合制国家结构》，杨振红的《从清华简〈金縢〉看〈尚书〉的传流及周公历史记载的演变》，段渝的《先秦蜀国的都城和疆域》，凌文超的《汉初爵制结构的演变与官、民爵的形成》，王彦辉的《论汉代的"訾算"与"以訾征赋"》，李忠林的《秦至汉初（前 246 至前 104）历法研究——以出土历简为中心》，贾丽英的《秦汉出嫁女与父母本家关系探析》，李祖德的《刘邦祭祖考——兼论春秋战国以来的社会变革》，铁爱花、曾维刚的《旅者与精魅：宋人行旅中情色精魅故事论析——以〈夷坚志〉为中心的探讨》，陈峰、胡文宁的《宋代武成王庙与朝政关系初探》，李军的《晚唐政府对河陇地区的收复与经营——以宣、懿二朝为中心》，郭培贵的《明代科举中的座主、门生关系及其政治影响》，廖基添的《论汉唐间"舍人"的公职化——"编任资格"视角下的考察》。

（2）《中国史研究动态》（双月刊），主编刘洪波。

2012 年共出版 6 期，共计 80 万字。

（五）会议综述

张居正国际学术研讨会

2012 年 6 月 8～10 日，由中国明史学会、湖北省荆州市人民政府主办，荆州张居正研究会承办的"张居正国际学术研讨会"在湖北省荆州市召开。中国社会科学院常务副院长王伟光为研讨会发去了贺信，他在贺信中充分肯定了荆州市在贯彻落实中央关于推动社会主义文化大发展、大繁荣精神方面所作的努力，体现了荆州市重视文化建设，着力打造历史文化名城的正确思路。来自中国内地 21 个省、市、自治区及中国香港的 60 多所高等院校、科研院所的明史专家以及新加坡、法国的海外学者 160 多人参加了会议。

会议共收论文 75 篇，涉及两大主题，一是张居正研究，另一是明代嘉靖、隆庆、万历以降政治、经济、军事、社会、思想、文化、民族关系、对外关系等问题研究。有关张居正的研究多是围绕张居正当国时期诸多改革政策展开的，兼有对张居正生平、交往群体、学术思想以及遗存文物的发掘探究；有关明代嘉、隆、万三朝以降政治、经济、社会、文化等领域的研究成果颇为丰硕。

此次研讨会具有两个鲜明特点：一是研究的综合性与贯通性，学者们试图将嘉、隆、万三朝历史有机地贯通，汇政治史、经济史、社会史、文化史等为一体，进行全方位的综合考察。力图在有明一代乃至整个中国历史发展的脉络中宏观地审视张居正及其时代。在这种理念的指导下，发现了很多新角度、新问题，提出了很多具有理论性和总结性的观点。二是研究的深入与细化在此次会议中表现得尤为突出。许多学者在研究张居正改革、晚明社会变迁等问题时，开始将目光转向地方社会和历史人物间的微妙关系，通过深度挖掘地方志、碑刻族谱、稀见文集，甚至非文字的实物资料，理清疑难问题。

更为难能可贵的是，一些学者着力于结合以上两种研究视角，使张居正和明代中后期的研究呈现出一种多样化、具体化、理论化的态势。

此次研讨会推动了对张居正和明代嘉、隆、万时代的学术研究，促进了荆州文化事业的发展。正如中国明史学会会长南炳文所总结的："通过对明史、张居正的研究，使后人对张居正的改革思想更加清晰，为今后开展张居正研究提供了基础"。

（历　研）

中国社会科学论坛：第三届中国古文献与传统文化国际学术研讨会

2012 年 10 月 20～21 日，由中国社会科学院历史研究所、香港理工大学中国文化学系、北京师范大学古籍与传统文化研究院联合主办的"中国社会科学论坛：第三届中国古文献与传统文化国际学术研讨会"在北京举行。中国社会科学院历史研究所党委书记、副所长刘荣军致欢迎词，香港理工大学中国文化学系主任朱鸿林教授、北京师范大学古籍与传统文化研究院院长韩格平教授分别致辞，中国社会科学院历史研究所所长助理、科研处处长楼劲研究员主持开幕式。来自国内外20个学术研究机构和高等院校的近50位专家学者参加了研讨会。

研讨会共分七场讨论会。与会学者围绕"中国古文献与传统文化""古文献整理的规范""新出土资料的整理与利用""历史文献学的学科建设"等议题展开了讨论。首都师范大学历史学院教授郝春文作了题为《整理英藏敦煌社会历史文献中的几点体会》的发言；北京大学历史系教授陈苏镇作了题为《北京大学的〈儒藏〉编纂与研究工程》的报告；中国社会科学院历史研究所研究员孟彦弘作了题为《近三十年来古文献的整理与研究》的发言。此外，中国香港、澳门学者以及韩国、新加坡等国的学者也就古文献研究中的诸多问题提出了自己的见解。

针对历史文献学的概念、学科建设及其学科规范等问题，北京师范大学古籍与传统文化研究院教授周少川作了题为《历史文献学学科建设刍议》的发言，南开大学历史系教授乔治忠作了题为《试论新发现文献鉴定与整理之学术规范》的发言。

此次研讨会取得了可喜的成果：一是促进了从事传统文献研究与新出土文献研究学者的交流。许多新发现的资料，如甲骨、简牍、黑水城文书、金石资料、档案资料等，无论是对资料本身的考释，还是用以论证和解决问题，都极大地丰富了文献研究的范围和内涵。二是促进了侧重于古代文学作品的古文献研究者与侧重于历史文献研究者的交流。研讨的文献中，不仅涵盖了经史子集，而且涉及子弟书等民间说唱资料。会议还对近30年来的文献整理、研究和成果出版情况进行了回顾，就如何推进相关研究和学科发展进行了交流。

研讨会的闭幕式由中国社会科学院历史研究所副所长杨珍研究员主持，历史研究所所长助理、科研处处长楼劲研究员对七场学术讨论会进行了总结，历史研究所所长卜宪群研究员致闭幕词。

（历　研）

城市与中外民族文化交流学术研讨会

2012年11月1~2日，由中国中外关系史学会、陕西师范大学西北民族研究中心联合主办的"城市与中外民族文化交流学术研讨会"在陕西省西安市召开。陕西师范大学西北民族研究中心主任王欣教授主持开幕式，中国中外关系史学会会长耿昇致开幕词。来自中国内地21个省、市、自治区以及中国香港、台湾的60余名专家学者参加了此次研讨会。与会学者围绕

"城市在古代中外文化交流中的地位和作用""丝绸之路与城市兴衰""民族迁徙与城市发展""古代东方与西方的城市"等议题，进行了深入的探讨。

此次研讨会提交的论文内容广泛，涉及文化史、政治史、交通史、宗教史、军事史、历史地理、考古学、医学等诸多领域，既有综述性论述，也有个案研究，许多论文采用了一些新的研究方法和研究视角，具有较高的学术水准。

研讨会上，陕西师范大学副教授韩香以长安城为例，探讨了移民在城市发展中的作用，认为长安作为国际大都市，具有极大的包容力和开放性，为外来移民提供了自由的活动空间，使外来移民能够迅速融入，从而丰富了中国古代城市的民族文化内容。

广西社会科学院研究员古小松以嬴偻为例，探讨了中原移民与安南城市的发展问题，指出，汉文化在越南根深蒂固，虽然汉化的色彩在近代以来有所淡化，但随着中国的崛起，中越关系的发展，如何看待历史和面对本民族文化中的汉文化元素，又重新成为越南国家所面临的一个重要课题。

中国社会科学院历史研究所研究员万明认为，明代舟山双屿港城是中西直接交流中最早形成的一大国际自由贸易商港。虽然只是昙花一现，但在中外海上贸易发展中占有重要的地位，是贡舶到商舶转型阶段的一个关节点，见证了中国与葡萄牙乃至全球化开端时期国际海上贸易令人瞩目的发展历程。

此次研讨会充分发挥了多学科联合的优势，对城市与古代中外民族文化交流进行了全面、系统的研究；深刻地探讨了城市在中外交流中的作用和贡献；进一步确立了民族迁徙在城市发展中的地位；明确了丝绸之路与城市发展兴衰的关系。通过此次研讨会，必将促进城市史、中外交流史和移民史的研究向一个更新、更高的水准迈进。

（历　研）

形象史学学术研讨会

2012 年 12 月 13 日，由中国社会科学院历史研究所主办、历史研究所文化史研究室承办的"形象史学学术研讨会"在北京召开。中国社会科学院历史研究所所长卜宪群研究员致辞，中国社会科学院历史研究所党委书记、副所长刘荣军等出席了论坛。来自中国社会科学院历史研究所、文学研究所、故宫博物院、国家文物局及文物界的著名专家、学者参加了会议。会议围绕形象史学的内涵、发展及其特征等问题展开了广泛的探讨。

研讨会上，故宫博物院原副院长、文物专家杨伯达指出，形象史学不仅仅是研究形象资料，还要通过对形象资料的研究介入历史，希望今后史学界能够更加看重形象史学。中国社会科学院历史研究所研究员张弓指出，传统史学包括历史文献和历史图像两大资料系列，但这两大资料系列一直处于不同的地位。历史文献如正史、古诗文等一直作为史学研究的主体资料，而历史图像则属于辅助资料。历史文本具备了历史学研究的各个要素，如时间、地点、事件、人物等，可以直接进行研究；历史图像除了碑刻等包含文字，其他大部分都是具象，其历史内涵是意象式的，因此需要归纳、整理和总结。中国社会科学院文学研究所研究员扬之水指出，形象史学对于历史研究者来说其实是一种改换视角的研究。研究形象史学，首先要打破学科界限，同时，要有对历史的准确把握、对文学的深刻理解、对考古材料的辨析能力。要具有一副特殊的"眼镜"，透过文本和图像的契合，描绘出真实的历史图景。

与会专家学者一致认为，形象史学具体来说，是指运用传世的岩画、造像、铭刻、器具、书画、服饰等诸多实物作为证据，结合文献来考察史实的一种新的史学研究模式。就历史研究本身来说，形象史学不同于艺术史研究中侧重于符号学或阐释学的图像分析法，也不同于一般的历史图像著录，与西方史学界自20世纪80年代以来兴起的图像证史也有所区别，它不是把研究对象作为唯一的证据运用到历史研究中，而是对形象的生产领域、传播途径、社会功能等进行综合性的分析，并在此基础上，把形象与传统文献、口头传播等联结起来，构筑一个完整的证据链，并以此来探索中国文化演进的基本脉络。此次研讨会的召开，必将对形象史学这一新兴学科今后的研究、发展起到积极的促进作用。

（历　研）

附：

郭沫若纪念馆

（一）人员、机构等基本情况

1. 人员

截至2012年年底，郭沫若纪念馆共有在职人员15人。其中，正高级职称人员2人，副高级职称人员2人，中级职称人员4人；高、中级职称人员占全体在职人员总数的53%。

2. 机构

郭沫若纪念馆设有：研究室、文物与陈列工作室、公众教育与资讯中心、办公室。

（二）科研工作

1. 科研成果统计

2012年，郭沫若纪念馆共完成专著1种，23万字；年鉴1种，40万字；学术报告1篇，40万字；论文10篇，7万字。

2. 科研课题

（1）新立项课题。2012 年，郭沫若纪念馆共有新立项课题 3 项。其中，院青年科研启动基金课题 1 项："郭沫若与国统区的民主运动"（李斌主持）；馆重点课题 2 项："郭沫若纪念馆馆藏学人手札"（钟作英主持），"《郭沫若全集》原刊作品影印件的收集整理"（李斌主持）。

（2）结项课题。2012 年，郭沫若纪念馆共有结项课题 3 项，均为馆重点课题："郭沫若集外文收集整理"（李晓虹主持），"郭沫若纪念馆馆藏学人手札"（钟作英主持），"《郭沫若全集》原刊作品影印件的收集整理"（李斌主持）。

（三）学术交流、展览宣传活动

1. 学术与纪念活动

2012 年，郭沫若纪念馆主办或承办的会议有：

（1）2012 年 6 月 27 日至 7 月 1 日，郭沫若纪念馆、中国郭沫若研究会参与主办的"第五届远东文学暨郭沫若诞辰 120 周年国际学术研讨会"在俄罗斯圣彼得堡大学召开。

（2）2012 年 11 月 16～18 日，中国郭沫若研究会等九家单位主办，郭沫若纪念馆等承办的"郭沫若与文化中国国际学术研讨会"在四川省乐山市召开。

（3）2012 年 12 月 18 日，郭沫若纪念馆承办的"郭沫若诞辰 120 周年纪念会暨第四届郭沫若中国历史学奖颁奖仪式"在人民大会堂举行。

2. 专题展览、公众教育及宣传活动

2012 年，郭沫若纪念馆举办的展览及文化活动有：

（1）2012 年 5 月 10 日，由中国艺术研究院等主办、郭沫若纪念馆等承办的"为中华民族崛起——弘扬文化名人的爱国情怀"巡展（曲阜站）在孔子研究院孔子美术馆举行开幕式，展览为期一个月。

（2）2012 年 5 月 22 日，由中国艺术研究院等主办、郭沫若纪念馆等承办的"2012 年北

2012 年 5 月，"为中华民族崛起——弘扬文化名人的爱国情怀"巡展（曲阜站）开幕式在山东省曲阜市举行。

京八大名人故居联合展览泰州巡展"在江苏省泰州市举行开幕式，展览为期一个月。

（3）2012 年 6 月 21 日，由《中国作家》杂志社、郭沫若纪念馆、文化部恭王府管理中心、中央人民广播电台对台广播中心等单位主办的"第三届端午诗会"在北京举行。

（4）2012 年 8 月 10 日，郭沫若诗集《女神》克罗地亚文译本的首发式在克罗地亚的杜布罗夫尼克市举行。由郭沫若纪念馆制作的《郭沫若》图片手稿展同时展出。

（5）2012 年 9 月 20 日至 10 月 4 日，郭沫若纪念馆等北京 8 家名人故居在法国巴黎举办了"中华名人展"。

（6）2012 年 11 月 13 日，郭沫若纪念馆新一期基本陈列展览开始试运营。

（7）2012 年 11～12 月，为纪念郭沫若诞辰 120 周年，郭沫若纪念馆举办"郭沫若著译版本书展"。

（8）2012 年 11 月 11～19 日，由郭沫若纪念馆承办，中国书法家协会、中国美术家协会、中国郭沫若研究会等单位协办的"纪念郭沫若诞辰 120 周年全国书画邀请展"在北京劳动人民文化宫举办。

（9）2012 年 12 月 14 日，上海虹口区文化局、郭沫若纪念馆（北京）联合主办的"郭沫若诞辰 120 周年纪念展"在上海市虹口区中共"四大"纪念馆揭幕。

3. 国际学术交流与合作

2012 年，郭沫若纪念馆共派遣出访 3 批 6 人次。与郭沫若纪念馆开展学术交流、展览合作的国家有俄罗斯、克罗地亚、法国等。

（1）2012 年 6 月 27 日至 7 月 1 日，由圣彼得堡大学东方系、国际郭沫若研究会和郭沫若纪念馆共同举办的远东文学研讨会在圣彼得堡大学召开。郭沫若纪念馆带去的以中、俄两种文字制作的"郭沫若生平思想图片展"成为此次学术会议的重要组成部分。郭沫若纪念馆副馆长李晓虹在开幕式上致辞并作了题为《从版本书变化看郭沫若心中的王阳明》的学术发言。

（2）2012 年 8 月 10 日，郭沫若的《女神》克罗地亚文译本首发式在克罗地亚杜布罗夫尼克市举行。

（3）2012 年 9 月 18～23 日，应法国巴黎中国文化中心的邀请，郭沫若纪念馆馆长崔民选、副馆长赵笑洁等北京 8 家名人故居代表团赴法国巴黎中国文化中心举办了"中华名人展"。

（四）学术社团

中国郭沫若研究会，会长蔡震。

（五）会议综述

郭沫若与文化中国国际学术研讨会

2012 年 11 月 16～18 日，来自斯洛伐克、瑞士、克罗地亚、韩国等地的 110 多位学者齐聚郭沫若的故乡四川省乐山市沙湾区，共同庆祝郭沫若诞辰 120 周年，参加"郭沫若与文化中国国际学术研讨会"。研讨会由中国社会科学院历史研究所、中共四川省委宣传部、中共乐山市委、中国郭沫若研究会等九家单位主办，由北京郭沫若纪念馆、四川郭沫若研究中心、中共乐山市委宣传部等五家单位承办。会议共收到论文 110 篇。会议的核心议题为"郭沫若研究的回顾与展望""郭沫若与 20 世纪中国思想文化""郭沫若与中外文化交流""郭沫若文化与社会主义核心价值体系建设"等。中国社会科学院副秘书长、中国社会科学杂志社总编辑高翔，四川省作家协会名誉主席、著名学者马识途，四川省政协原副主席、四川省郭沫若研究会会长章玉钧分别作了发言。

会议继承了老一辈学者的优良学风和学识，同时还涌现出一批优秀的青年学者，表明郭沫若研究后继有人。会议的成功不仅体现在与会人数、接收论文的数量上，更反映在研究领域的拓展、新理论新观点的不断提出上。

（李　斌）

郭沫若诞辰 120 周年纪念会暨第四届郭沫若中国历史学奖颁奖仪式

2012 年 12 月 18 日，中国社会科学院、中国科学院、中国文学艺术界联合会、中国人民对外友好协会联合主办，郭沫若纪念馆承办的"郭沫若诞辰 120 周年纪念会暨第四届郭沫若中国历史学奖颁奖仪式"在人民大会堂举行。中国社会科学院党组副书记、常务副院长王伟光，中国社会科学院副院长武寅，中国社会科学院秘书长黄浩涛，中国科学院党组副书记方新，中国文联党组副书记、副主席覃志刚，中国人民对外友好协会秘书长林怡，国防科工委科学技术委员会副主任兼秘书长、全国妇联原副主席、中将聂力，中国人民解放军军事科学院原副院长钱海皓，全国台联原会长、全国妇联原副主席林丽蕴，中国人民对外友好协会原会长陈昊苏，文化部原副部长刘德有，中国社会科学院副秘书长晋保平，乐山市副市长徐建群以及主办单位各职能部门领导，郭沫若亲属，郭沫若生前友好的后代，学者及郭沫若家乡与社会各界代表 300 余人出席了会议。会议由中国社会科学院副院长武寅主持。王伟光、方新、覃志刚、林怡都作了重要讲话。

纪念会讲话结束后，出席会议的有关领导向第四届郭沫若中国历史学奖获奖代表颁发了荣誉证书。荣获一等奖的是郭书春主编的《中国科学技术史·数学卷》。张秀民著、韩琦增订的《中国印刷史（插图珍藏增订版）》（上下），中国社会科学院考古研究所编著的《中国考古学·秦汉卷》，刘克祥、吴太昌主编的《中国近代经济史（1927～1937）》（上中下）等 3 部著作获二等奖。中国社会科学院考古研究所编著的《中国考古学·新石器时代卷》等 7 部著作获三等奖。

（李　斌）

近代史研究所

（一）人员、机构等基本情况

1. 人员

截至 2012 年年底，近代史研究所共有在职人员 126 人。其中，正高级职称人员 30 人，副高级职称人员 37 人，中级职称人员 38 人；高、中级职称人员占全体在职人员总数的 83%。

2. 机构

近代史研究所设有：近代政治史（晚清史）研究室、近代经济史研究室、近代文化史研究室、近代思想史研究室、马克思主义史学理论研究室、近代中外关系史研究室、革命史研究室、中华民国史研究室、台湾史研究室、《近代史资料》编译室、《近代史研究》编辑部、《抗日战争研究》编辑部、*Journal of Modern Chinese History*（《中国近代史》）编辑部、图书馆、科研处、人事处（含离退休人员管理办公室）、办公室、信息化建设办公室。

（二）科研工作

1. 科研成果统计

2012 年，近代史研究所共完成专著 17 种，640.8 万字；论文 118 篇，119.34 万字；论文集 3 种，185 万字；学术资料 2 种，10 万字；研究报告 3 篇，70 万字；学术普及读物 7 种，151.1 万字；译著 1 种，18.4 万字；一般文章 44 篇，16.75 万字。

2. 科研课题

（1）新立项课题。2012 年，近代史研究所共有新立项课题 20 项。其中，国家社会科学基金课题 3 项："18～19 世纪学术家族之研究"（罗检秋主持），"中科院近代史研究所与马克思主义史学发展（1949～1966）"（赵庆云主持），"中国近代'国学'构想的建立：章太炎与明治日本"（彭春凌主持）；院重点课题 4 项："国共两党法制比较研究"（胡永恒主持），"荣禄与晚清政局研究（1894～1903）"（马忠文主持），"中国近代民族复兴思潮研究"（郑大华主持），"中国近代民粹主义研究"（左玉河主持）；院青年科研启动基金课题 4 项："日本对华新闻政策的形成"（高莹莹主持），"近代反孔批儒思潮的历史考察：从康有为到新文化人"（彭春凌主持），"九一八事变后中国的国际舆论宣传研究"（李珊主持），"近代中国的不吸纸烟运动"（刘文楠主持）；院国情考察课题 1 项："历史类博物馆的教育功能与实践（湖北部分）"（杜继东主持）；所重点课题 8 项："日本陆军体制的形成"（高士华主持），"中国近代货币供给及其经济效应（1873～1936）"（蒋清宏主持），"民主革命先驱何天炯研究"（李长莉主持），"清末民初新式司法机构的筹设"（李在全主持），"晚清妇女'守节'与'失节'现象研究"（刘佳主持），"咸同时期之权关与财政"（任智勇主持），"李敦白先生口述自传"（徐秀丽主持），"传教士与中国近代'三农'"（赵晓阳主持）。

（2）结项课题。2012 年，近代史研究所共有结项课题 62 项。其中，国家社会科学基金课题 1 项："美国政府与甲午战争以来的晚清政治（1895～1912）"（崔志海主持）；院重大课题 2 项："台湾历史研究"（张海鹏主持），"中华民族抗日战争史"（步平主持）；院重点课题 8 项："中国近代社会经济史"（虞和平主持），"中国近代工业化研究"（郑起东主持），"中国抗战人口损失结构研究"（卞修跃主持），"战后日美台关系 50 年史研究（1945～1995）"（王键主持），"馆藏'文化大革命小报'目录与题解"（段梅主持），"新中国中央政府援藏研究"（徐志民主持），"晚清政治史研究的检讨：问题与前瞻"（刘俐娜主持），"中国近代民粹主义研究"（左玉河主持）；院 B 类重大课题 7 项："中俄关系史研究"（栾景河主持），"近代中法文化交流史"（葛夫平主持），"近代中国社会文化变迁录"（刘志琴主持），"馆藏珍稀期刊的数字化处理"（闵杰主持），"近现代中葡关系史"（黄庆华主持），"近代中国文化保守主义思潮研究"（郑匡民主持），"近代中国社会生活与观念变迁"（李长莉主持）；院国情考察课题 1 项："历史类博物馆的教育功能与实践（湖北部分）"（杜继东主持）；院青年科研启动基金课题 10 项："40 年代后期美国与中共外交关系资料编译"（杨婉蓉主持），"19 世纪前半期中国民间救荒事业的演变"（朱浒主持），"巴拉第·卡法罗夫与晚清中俄文化关系研究"（陈开科主持），"民国初年的中英禁烟交涉"（张志勇主持），"中国近代教科书编审制度的演变"（毕苑主持），"建国以来近代中国不平等条约研究综述"（侯中军主持），"论日本陆军中的'中国通'及其对日本侵华政策的影响"（马晓娟主持），"1930 年代中国经济学界思想研究"（吴敏超主持），民初北平的娼妓问题与妓女救济"（刘佳主持），"艰难的博弈：交通银行与政府（1912～1937）"（潘晓霞主持）；所重点课题 33 项："嘉庆十年——嘉庆朝中俄关系史研究"（陈开科主持），"美国白银政策与中国经济关系研究（1927～1936）"（蒋清宏主持），"国民政府收复台湾研究"（褚静涛主持），"1944 至 1946 年的中国政治"（邓野主持），"传教士与晚清社会救济"（顾建娣主持），"秘密社会与近代政治"（韩志远主持），"第五次反围剿中的红军、苏维埃政权与苏区社会"（黄道炫主持），"马克思主义五老史学研究"（黄敏兰主持），"三民主义青年团史"（贾维主持），"中国近代社会文化史论"（李长莉主持），"地质调查所的发展历程与近代科学的体制化研究"（李学通主持），"20 世纪前期中国禁毒史"（闵杰主持），"美国对台政策的起源与发展"（汪小平主持），"五四时期自由知识分子研究"（王法周主持），"从现代化模式的转换看近代中国的历史进程"（严立贤主持），"20 世纪中国近代史研究的变迁"（曾业英主持），"近代中英贸易史研究"（张俊义主持），"近代英国在华金融业扩张史研究"（张丽主持），"中国近代中央政府对蒙藏地区施政研究"（赵云田主持），"晚清中法关系研究"（葛夫平主持），"三民主义在台湾"（贺渊主持），"清末政治制度变革思想与日本思想之研究"（郑匡民主持），"晚清官绅明治维新认知研究"（马勇主持），"晚清社会变革中的史学"（刘俐娜主持），"中国现代社会调查与社会学学科的发展"（吕文浩主持），"中国共产党与国统区的反日运动（1927～1937）"（周斌主持），"20 世纪上半叶司法权的配置"（唐仕春主持），"近年来若干汉译中国近现代史研究著作述论"（谢维主持），"中国国民党改造运动研究（1950～1952）"（冯琳主持），"家族文化与汉学"（罗检秋主持），"日据时期台湾总督府移民政策研究"（王键主持），"近代史研究所与中国近代史学科建设（1950～1966）"（赵庆云主持），"闻一多研究"（闻黎明主持）。

（3）延续在研课题。2012 年，近代史研究所共有延续在研课题 54 项。其中，国家社会科学基金课题 24 项："中国古代政治文化中的民主性因素及其现代价值研究"（耿云志主持），"近代中国社会结构研究"（姜涛主持），"20 世纪香港经济与社会文化"（刘蜀永主持），"清代满汉关系史"（刘小萌主持），"晚清华北村落研究"（王庆成主持），"19 世纪中叶的江南农村"（夏春涛主持），"中苏国家关系史研究"（薛衔天主持），"资产阶级与中国近代社会"（虞和平主持），"20 世纪中国近代史研究的走向"（张海鹏主持），"清代北京城区房屋契约研究"（张小林主持），"近代国家与农民关系研究"（郑起东主持），"传统农村社会文化的近代变迁"（李长莉主持），"中日历史问题与中日关系"（步平主持），"清朝嘉道财政与社会"（倪玉平主持），"中法建交始末"（黄庆华主持），"阶级与封建：中国近代马克思主义话语论考"（赵利栋主持），"晚清中法政治关系研究（1840～1911）"（葛夫平主持），"日据台湾时期鸦片政策研究"（李理主持），"中华民国外交史 1911～1949"（王建朗主持），"国民党党史馆藏中共党史资料的收集整理与研究"（金以林主持），"台湾中共地下党研究（1946～1957）"（杜继东主持），"近代中国准条约问题研究"（侯中军主持），"战后国共对美政策演变（1945～1949）"（吕迅主持），"域外资源与晚清语言运动：以圣经中译本为中心"（赵晓阳主持）；院 A 类重大课题 5 项："中国国民党台湾时期史"（王奇生主持），"中华民国外交史"（刘存宽主持），"中国近代思想通史"（耿云志、郑大华主持），"英藏赫德档案的整理与研究"（王建朗主持），"中国地震历史文献整理"（金以林主持）；院重点课题 6 项："中法建交始末"（黄庆华主持），"1940 年代国共两党的组织与资源吸取"（黄道炫主持），"清末民初人伦礼俗之研究"（罗检秋主持），"近代中国城市公用事业研究"（杜丽红主持），"抗战时期影像史料数据库"（李学通主持），"'琉球处分'与出兵台湾"（李理主持）；院青年科研启动基金课题 10 项："咸、同两朝政府与第二次鸦片战争赔款的偿付"（任智勇主持），"民国初期知识分子自杀现象研究"（沈巍主持），"民国时期北京律师群体研究"（邱志红主持），"近代史研究所与中国近代史资料建设"（赵庆云主持），"冷战初期美国人的中国观"（吕迅主持），"革命与司法：国民革命中的司法党化"（李在全主持），"抗战时期日本政府对中国留日学生政策研究"（徐志民主持），"陕甘宁边区的法制转向"（胡永恒主持），"1920～1950 年代无锡农村土地问题与土地改革"（张会芳主持），"外资企业与中国早期现代化：近代开滦煤矿的外溢性影响研究"（云妍主持）；所重点课题 9 项："分水岭与转折点：中国，1949"（于化民主持），"山东抗日根据地创立与发展研究"（王士花主持），"中国近代史学理论家群体研究"（王也扬主持），"宋斐如生平及其思想研究"（赵一顺主持），"中国近代公民教育研究"（毕苑主持），"蔡孝乾与台湾中共地下党的兴亡"（杜继东主持），"华北抗日根据地公粮征收中的政府与农民"（周祖文主持），"近代史研究所离退休人员管理系统"（黄春生、刘丽主持），"我与近代史研究所（老专家口述）"（左玉河主持）。

3. 获奖优秀科研成果

2012 年，近代史研究所获国家新闻出版总署颁发的第三届"三个一百"原创出版工程奖 1 项：耿云志主编的《近代中国文化转型》。

（三）学术交流活动

1. 学术活动

2012 年，近代史研究所参与组织、主办的学术会议有：

（1）2012 年 2 月 11～12 日，近代史研究所与日本富山大学主办，爱知大学国际中国学中心、早稻田大学现代中国研究所协办的"东亚共生——建构共同的历史认识中日联合研讨会"在北京举行。会议的主题是"中日历史问题、历史认知、中日关系及东亚共生问题"。

（2）2012 年 4 月 15～19 日，近代史研究所《近代史研究》编辑部与苏州大学社会学院联合主办的"社会史研究的整体性与碎片化问题学术座谈会"在江苏省苏州市举行。会议的主题是"中国近代史学界存在的碎片化现象"。

（3）2012 年 4 月 20～22 日，近代史研究所中外关系史研究室与复旦大学历史系联合主办的"民族主义与近代外交学术研讨会"在复旦大学召开。会议的主题是"民族主义在近代中国外交领域中的表现、作用及相互关系"。

（4）2012 年 4 月 20～24 日，近代史研究所政治史研究室与杭州师范大学联合主办的"政治精英与近代中国国际学术研讨会"在浙江省杭州市举行。来自法国、日本、韩国、新加坡、中国大陆及台湾地区的 80 余位专家学者出席了会议。会议研讨的主要问题有"晚清人物""民国人物"。

（5）2012 年 5 月 4～7 日，近代史研究所《抗日战争研究》编辑部与杭州师范大学浙江民国史研究中心联合举办，台儿庄大战纪念馆协办的"抗战前后的国防建设与正面战场研究学术研讨会"在山东省枣庄市台儿庄区召开。会议研讨的主要问题有"抗战爆发前后的国防建设""中日两国的作战计划""正面战场和战役""台儿庄大战""南京保卫战""江桥抗战"。

（6）2012 年 5 月 12～15 日，近代史研究所文化史研究室、中国社会史学会与山西大学联合主办的"第 13 届中国社会史年会——改革开放以来的中国社会史研究"在山西大学举行。共有 120 余位专家学者参加了会议。会议的主题是"改革开放以来 30 年中国社会史研究状况及社会史理论方法"。

（7）2012 年 6 月 19～21 日，国务院台湾事务办公室宣传处和中国社会科学院台湾史研究中心主办、厦门大学台湾研究院协办、北京市台湾同胞联谊会承办的"纪念郑成功收复台湾350 周年学术研讨会"在福建省南安市举行。来自海峡两岸的近百名专家学者参加了会议。会议的主题是"郑成功收复台湾及清康熙统一台湾诸问题及其对台湾历史的重大意义"。

（8）2012 年 7 月 26～27 日，中国社会科学院国际合作局、近代史研究所和明治大学联合主办的第二次"日中交流与日中关系史的历史考察国际学术研讨会"在日本东京明治大学召开。

2012 年 7 月，"日中交流与日中关系史的历史考察国际学术研讨会"在日本东京明治大学举行。

（9）2012 年 9 月 21～22 日，近代史所民国史研究室和美国加州大学伯克利分校联合举办的"民国的法律、政治与社会研讨会"在美国加州大学伯克利分校召开。代表们从法律的角度切入，探讨了政治体制的内在运作机制以及国家对地方社会的渗透和控制，思考法律在国家有效统治与合法性构建中所起的作用。

（10）2012 年 10 月 19～20日，由中国社会科学院、全国博士后管理委员会、中国博士后科学基金会与中国史学会共同主办，中国社会科学院博士后管理委员会与近代史研究所承办的"首届中国历史学博士后论坛"在北京举行。会议的主题是"历史进程中的中国与世界"。

（11）2012 年 10 月 26～30 日，由近代史研究所、中国近代思想史研究中心、中国人民大学清史研究所、湖南师范大学历史文化学院联合主办的"第四届中国近代思想史国际学术讨论会"在湖南省长沙市举行。参加会议的中外学者共有 70 余人。会议的主题是"近代中国人的国家观念与世界意识"。

（12）2012 年 11 月 2～4 日，由近代史研究所举办的"中华民国史研究的回顾与未来走向高峰论坛"在北京举行。会议的主题是"民国史研究'再出发'的路径和方向"。

（13）2012 年 11 月 6 日，由近代史研究所经济史研究室举办的第一届经济史学术沙龙在近代史研究所举行。沙龙的主题是"近代中国乡村经济发展中的国家与农民"。

（14）2012 年 11 月 10～11 日，近代史研究所"近代中外关系史学科"与杭州师范大学浙江民国史研究中心联合主办的"第四届近代中外关系史国际学术讨论会"在浙江省杭州市召开。来自海内外研究机构及有关高校的近百名学者参加会议。会议研讨的主要问题有"近代中国、东亚与世界""近代中国：政治与外交""近代中国：文化与外交""近代中国：思想与外交"。

（15）2012 年 12 月 18 日，近代史研究所革命史研究室与西泠印社联合举办"西南联大战时生活座谈会"。

（16）2012 年 12 月 18~20 日，中国社会科学院近代史研究所第十四届青年学术讨论会暨青年理论学习报告会在北京举行。

2. 国际学术交流与合作

2012 年，近代史研究所共派遣出访 36 批 45 人次，接待来访 19 批 25 人次。与近代史研究所开展学术交流的国家有英国、法国、美国、俄罗斯、波兰、荷兰、比利时、日本、韩国等。

（1）2012 年 1 月 5~8 日，近代史研究所所长王建朗、研究员步平赴英国，参加由牛津大学主办的"抗日战争（1931~1945）研究的新方法与新理论学术研讨会"。

（2）2012 年 1 月 7~13 日，近代史研究所研究员雷颐、虞和平赴奥地利，参加由维也纳大学东亚学院举办的"革命与改革——辛亥以来的百年中国（2012）学术研讨会"。

（3）2012 年 1 月 8~12 日，近代史研究所所长王建朗、副编审杜继东赴比利时 In Flanders Fields 博物馆，查阅并商谈复制陆征祥档案事宜。

（4）2012 年 3 月 13 日，日本关西大学东亚文化研究科教授内田庆市来近代史研究所访问，并作题为《文化交涉学和语言接触——以伊索寓言东渐为例》的报告。

（5）2012 年 6 月 19 日，美国圣诺伯特大学教授 Wayne Patterson 和美国亚利桑那州立大学教授麦金农来近代史研究所访问，并分别以"威廉·洛瓦特、釜山海关与中朝关系（1876~1888 年）"和"西方学术界关于中国近代史抗日战争阶段（1937~1945）研究的主要趋势"为题与近代史研究所学者进行了交流。

（6）2012 年 6 月 22 日，法兰西学院教授魏丕信来近代史研究所访问，并以"解决纠纷与训民——19 世纪判牍文集中的几个例子"为题与近代史研究所学者进行了交流。

（7）2012 年 7 月 10 日，美国普林斯顿大学教授周质平来近代史研究所访问，并以"中国现代思想史上的林语堂"为题与近代史研究所学者进行了交流。

（8）2012 年 7 月 16~27 日，近代史研究所副所长汪朝光应邀担任日本中央大学近代中日关系共同研究客座教授，并赴日参加中国近代史研究的专题活动。

（9）2012 年 7 月 17 日，日本关西大学教授陶德民应邀来近代史研究所访问，并以"文化基因、人际网络和磁场效应——后冷战时代东亚文化交涉学的大视野"为题与近代史研究所学者进行了交流。

（10）2012 年 8 月 27 日至 9 月 17 日，波兰科学院教授 Maria Roman Slawinski、Jerzy Zdanowski 来华进行学术访问，并到近代史研究所进行学术交流。

（11）2012 年 10 月 14 日至 11 月 2 日，近代史研究所研究员李长莉赴美国波士顿大学进行学术交流。

（12）2012 年 11 月 1~29 日，近代史研究所研究员葛夫平赴法国进行学术访问。

（13）2012 年 12 月 1~31 日，近代史研究所政治史研究室副研究员邱志红赴印度进行学术交流。

3. 与中国香港、澳门特别行政区和中国台湾开展的学术交流

（1）2012 年 1 月 3 日至 2 月 2 日，近代史研究所副研究员张俊义赴香港岭南大学访学。

（2）2012 年 2 月 1 日至 3 月 31 日，近代史研究所文化史研究室副主任左玉河研究员赴台湾政治大学进行学术访问。

（3）2012 年 4 月 1~14 日，近代史研究所研究员黄庆华赴台湾"中研院"近代史研究所进行学术访问。

（4）2012 年 5 月 10~20 日，台湾政治大学与近代史研究所合作举办"两岸近代史料文献交流合作座谈会"。近代史研究所所长王建朗、研究员金以林等赴台湾参加会议。

（5）2012 年 6 月 1~4 日，台湾师范大学教育系与台湾教育研究院教科书发展中心在台北联合举行"东亚历史教科书共构工作坊"会议。近代史研究所研究员步平参加会议并在会上作了题为《东亚历史教科书共构的基本介绍》的报告。

（6）2012 年 6 月 20~22 日，台湾"中研院"在台北举行"第四届国际汉学会议"，近代史研究所研究员刘小萌赴台湾参加会议。

（7）2012 年 6 月 21~28 日，台湾"中央大学"历史所教授齐茂吉等来近代史研究所进行学术交流。

（8）2012 年 7 月 1~31 日，近代史研究所台湾史研究室副研究员李理赴台湾查阅资料。

（9）2012 年 8 月 26 日至 2013 年 1 月 31 日，近代史研究所思想史研究室研究员邹小站被台湾东海大学聘为客座教授，并赴东海大学授课。

（10）2012 年 9 月 2 日至 11 月 2 日，近代史研究所革命史研究室副研究员周斌等赴台湾"中央大学"进行学术交流。

（11）2012 年 9 月 6 日至 11 月 6 日，近代史研究所近代史资料编译室编审孙彩霞、副编审刘萍赴台湾政治大学进行学术交流。

（12）2012 年 9 月 10 日，台湾中正文教基金会与台湾"中研院"近代史研究所、台湾政治大学联合举办"近代国家的型塑学术讨论会"。近代史研究所副所长汪朝光、研究员杨天石赴台湾参加会议。

（13）2012 年 9 月 15~28 日，近代史研究所研究员黄道炫赴台湾进行学术访问。

（14）2012 年 10 月 15~19 日，台湾辅仁大学历史系主办的"跨越文化：生活、工作及语言学术研讨会"在台北举行。近代史研究所研究员李长莉、马勇赴台湾参加会议。

（15）2012 年 10 月 23 日，台湾"中研院"近代史研究所副研究员林泉忠来近代史研究所访问，并以"近代以来冲绳归属意识之蜕变"为题与近代史研究所学者进行了交流。

（16）2012 年 10 月 30 日至 11 月 9 日，近代史研究所图书馆馆员汤立峰赴台湾，参加

"2012 年大陆古籍、艺术图书展暨两岸专业类图书发行研讨会"。

（17）2012 年 11 月 10～16 日，近代史研究所研究员张海鹏、副研究员赵庆云赴台湾，参加宋庆龄基金会组织的"孙中山宋庆龄研讨会"。

（18）2012 年 11 月 20 日至 12 月 3 日，台湾"中研院"近代史研究所研究员朱浤源来近代史研究所进行学术访问，并作了题为《印缅战场（1942～1944）中、美、英将帅之间：蓝鹰全歼太阳虎的人格分析》的报告。

（19）2012 年 11 月 29 日至 2013 年 1 月 29 日，近代史研究所民国史研究室副研究员沈巍赴台湾查阅资料。

（20）2012 年 12 月 6～13 日，台湾"中央大学"历史研究所所长王成勉来近代史研究所进行学术访问。

（21）2012 年 12 月 9～12 日，台湾大学政治学系在台北举行"台北会谈：认同、互信与两岸和平发展研讨会"。近代史研究所研究员张海鹏、副研究员王键参加国台办组织的学术访问团赴台北参加会议。

（四）学术社团、期刊

1. 社团

（1）中国现代文化学会，会长耿云志。

2012 年 2 月 24 日，中国现代文化学会下属分支机构胡适研究会于胡适逝世纪念日在近代史研究所举办了"胡适先生逝世 50 周年座谈会"。

（2）中国中俄关系史研究会，会长李静杰。

2012 年 9 月 25 日，由中国中俄关系史研究会举办的"俄罗斯的远东与中国圆桌会议"在北京举行。

（3）中国孙中山研究会，会长张海鹏。

2012 年 11 月 13～15 日，中国孙中山研究会在广东省中山市举办"孙中山·辛亥革命的研究与承传学术研讨会"。

2012 年 12 月 8～9 日，中国孙中山研究会在南京举办了"孙中山与南京临时政府研究高层论坛"。

（4）中国抗日战争史学会，会长步平。

2012 年 7 月 16 日，中国抗日战争史学会、中国中共党史学会、中共北京市委党史研究室、北京中国抗日战争史研究会、侵华日军南京大屠杀史研究会共同主办了"历史记忆中的1937——北京、江苏两地学者纪念七七事变和南京大屠杀事件 75 周年学术交流会"。

2012 年 9 月 25 日，中国抗日战争史学会、中共山西省委党史研究室、山西省军区政治部、中共大同市委、大同市人民政府共同主办，中共灵丘县委、灵丘县人民政府承办的"纪念平型关大捷 75 周年大会暨学术研讨会"在山西省灵丘县平型关大捷纪念馆举行。

（5）中国史学会，会长张海鹏。

2012 年 2 月 25 日，中国史学会第八届理事会第四次会长会议在近代史研究所召开。

2012 年 9 月 5 日，由中国史学会会长张海鹏，中国史学会秘书长、近代史研究所所长王建朗，国际史学会执委会委员、美国研究所研究员陶文钊等人组成的中国史学会代表团赴匈牙利首都布达佩斯，参加国际史学会代表大会。

（6）中国社会科学院台湾史研究中心，理事长朱佳木，主任张海鹏。

（7）近代史研究所近代社会文化研究中心，理事长虞和平，主任李长莉。

2012 年 5 月，近代史研究所近代社会文化研究中心与中国社会史学会、山西大学联合在山西大学举办了"第 13 届中国社会史国际年会"。参会人数 100 余人。会议的主题是"改革开放以来的中国社会史研究"。

2012 年 4 月，近代研究所举办学术论坛，邀请日本中央大学教授深町英夫作了题为《新生活运动思想、政治、社会含义》的学术报告。

（8）近代史研究所近代思想研究中心，理事长耿云志，主任郑大华。

2012 年 10 月 26～28 日，中国社会科学院中国近代思想研究中心、湖南师范大学中国近代史研究所、中国人民大学清史研究所主办，湖南师范大学历史文化学院承办的"第四届中国近代思想史国际学术研讨会"在湖南省长沙市举行。会议的主题是"近代中国人的国家观念与世界意识"。

2. 期刊

（1）《近代史研究》（双月刊），主编徐秀丽。

2012 年，《近代史研究》刊载的有代表性的文章有：章开沅、郑师渠、罗志田、杨念群、王笛、王晴佳等的《中国近代史研究中的"碎片化"问题笔谈》，马忠文的《张荫桓、翁同龢与戊戌年康有为进用之关系》，关晓红的《辛亥革命时期的省制纠结》，李在全的《从党权政治角度看孙中山晚年的司法思想与实践》，胡永恒的《陕甘宁边区民事审判中对六法全书的援用》，郑师渠的《五四前后外国名哲来华讲学与中国思想界的变动》，王成勉的《美国军方对华态度溯源》，罗志田的《革命的形成：清季十年的转折》（上、中），王东杰的《"价值"优先下的"事实"重建：清季民初新史家寻找中国历史"进化"的努力》，郭双林的《论辛亥革命时期知识界的平民意识》，李细珠的《辛亥鼎革之际地方督抚的出处抉择》，马建标的《袁世凯与民初"党争"》，刘克祥的《永佃制下土地买卖的演变及其影响》，杨念群的《清帝逊位与民国初年统治合法性的阙失》，侯中军的《"成立在我，承认在人"——辛亥革命期间中华民国承认问题再研究》，崔志海的《美国政府与清末禁烟运动》，黄道炫的《扎根：甘肃徽县的中共地下党》，李国芳的《中共民族区域自治制度的形成》，夏明方的《真假亚当·斯密——从"没有分工的市场"看近世中国乡村经济的变迁》，刘克祥的《关于押租和近代封建租佃制度的若干问题》，房德邻的《论康有为从经古文学向经今文学的转变》，胡英泽的《理论与实证：五十年来清代以降鱼鳞册地权研究之反思》，李金铮的《农民何以支持与参加中共革命?》，黄克武的《从晚清看辛亥革命：百年之反思》。

（2）《抗日战争研究》（季刊），主编步平。

2012 年，《抗日战争研究》刊载的有代表性的文章有：刘鹤的《抗战时期国民政府对地方控制的加强与民族地区政治现代化——以湘西为例》，韩晓莉的《抗战时期山西根据地劳动英雄运动研究》，伊原泽周的《论太平洋战争期中的中印关系——以蒋介石访问印度为中心》，肖如平的《蒋经国与 1945 年中苏条约谈判》，张朝晖的《试论抗战时期大后方金融网的构建路径及特点》，徐志民的《日本政府的庚款补给中国留日学生政策研究》，黄天华的《从"僻处西陲"到"民族复兴根据地"——抗战前夕蒋介石对川局的改造》，张连红、张朔人的《战时江南水泥厂的命运与汪政权的角色——以日方强拆机器为中心的考察》。

（3）*JOURNAL OF MODERN CHINESE HISTORY*（《中国近代史》）（半年刊），主编王建朗。

2012 年，《中国近代史》刊载的代表性的文章有：Joseph W. Esherick's "Reconsidering 1911：Lessonsofa 'Sudden Revolution'"（周锡瑞的《反思辛亥革命：突然革命的教训》），MaYong's "From Constitutional Monarchy to Republic：The Trajectory of Yuan Shikai"（马勇的《从君宪到共和：袁世凯的一段心路历程》），Zuo Yuhe's "Populismduring the Period of the 1911 Revolution"（左玉河的《辛亥革命时期的民粹主义》），XiongYuezhi's "George Washington's Image in China and Its Impact on the 1911 Revolution"（熊月之的《华盛顿形象的中国解读及其对辛亥革命的影响》），Yan Changhong and Peng Jian's "A Synopsis of the International Symposium in Commemoration of the 100th Anniversary of the 1911 Revolution"（严昌洪和彭剑的《纪念辛亥革命一百周年国际学术研讨会综述》），Fukamachi Hideo's "Farewell to the Continent Complex：A Hundred Years of Japanese Historiography on the 1911 Revolution"（深町英夫的《告别大陆情结——一百年来日本人的辛亥革命研究》），Irina Sotnikova's "Russian Historiography of the Xinhai Revolution"（索特尼科娃的《俄罗斯辛亥革命史研究》），Arif Dirlik's "Anarchism in Early Twentieth Century China：A Contemporary Perspective"（阿里夫·德里克的《二十世纪早期的中国无政府主义：当代视角》），Xu Jilin's "Social Darwinismin Modern China"（许纪霖的《社会达尔文主义在近代中国》），Rebecca E. Karl's "Feminism in Modern China"（柯瑞佳的《近代中国的女权主义》），Zhao Lidong's "Feudal and Feudalism in Modern China"（赵利栋的《近代中国的封建与封建主义》），Wang Jianwei's "The Chinese Interpretations of the Concept of Imperialism in the Anti-Imperialist Context of the 1920s"（王建伟的《1920 年代"反帝"语境下中国人对"帝国主义"概念的理解》），Zheng Dahua's "On Modern Chinese Nationalism and its Conceptualization"（郑大华的《论中国近代民族主义及其理论建构》），Jiang Yihua's "A BriefHistory of Chinese Socialist

Thought in the past Century"（姜义华的《百年中国社会主义思潮简论》），Hwang Dong youn's
"The Politics of China Studies in South Korea: A Critical Examination of South Korean Historiography
of Modern China since 1945"（黄东渊的《韩国中国研究的政治：批判考察 1945 年以来韩国的
中国近代史研究》）。

（五）会议综述

中国社会科学论坛（2012·史学）——"政治精英与近代中国"
国际学术研讨会

2012 年 4 月 21~22 日，由中国社会科学院主办、浙江省民国浙江史研究中心和中国社会

2012 年 4 月，中国社会科学论坛（2012·史学）——"政治精英与近代中国"国际学术研讨会在浙江省杭州市举行。

科学院近代史研究所政治史研究室承办的中国社会科学论坛（2012·史学）——"政治精英与近代中国"国际学术研讨会在浙江省杭州市召开。来自法国、日本、韩国、新加坡、中国大陆及台湾地区的 80 余位专家学者参加了会议。会议收到论文 60 余篇，内容涉及晚清至民国人物的诸多问题，如人物研究的方法、政治精英与历史事件、政治精英与思想文化传承、政治人物的政治取向以及

某一领域的精英群体与社会变迁等专题。这些论文代表了人物（群体）研究的新成果。

（1）政治精英与历史事件

政治精英与历史发展的进程紧密相关，尤其体现在他们与具体历史事件关系密切。随着历史研究提倡的以问题为中心，学者们更加关注政治精英在历史行为中的角色和影响。会议就有数篇论文分别论述了翁同龢、傅秉常、张人骏等人与近代中国历史鼎革之间的关系。

中国社会科学院近代史研究所马忠文在《从"旧"到"新"：戊戌年翁同龢历史角色的转换》一文中，针对翁同龢角色研究中存在的史论与史料之间或新派或守旧的形象反差，认为翁同龢历史角色其实经历过一次根本性的转换，戊戌年翁氏的守旧是不应怀疑和否认的。中国社会科学院近代史研究所马勇在《王爷纷争：观察义和团战争起源的一个视角》一文中，以清

廷内部"大阿哥事件"的新视角分析了义和团战争的起源,认为义和团战争其实只是清廷王爷政争的延续,由内政而外交,再由外交反制内政,各国公使和各国政府不明底里,配合了清宫内部的权力厮杀。中国社会科学院近代史研究所的任智勇在《辛亥革命前后的安格联》一文中分析了安格联如何攫取中国关税这一事件的全过程。台湾"中研院"近代史研究所的张力在《傅秉常与1943年四国宣言的签署》一文中通过对大量美国档案和《傅秉常日记》的分析,对中国能够进入《四国宣言》的签署过程进行了细致入微的探讨,对我们研究中国当时在国际上的地位有重要的推动作用。随着资料的发掘,越来越多中层政治精英受到学者的关注。中国社会科学院近代史研究所的李细珠在《张人骏与江苏谘议局》一文中指出,理解新政中张人骏的关键是权力之争,地方督抚与立宪派的矛盾是预备立宪时期行政权限与议政权限尚未分割清晰的必然冲突。

(2)政治精英与思想文化

思想文化传承是近代中国历史的重要部分,而政治精英在其中的角色长期以来受到国内外史学界的高度关注。日本金泽大学教授仓田明子的《王韬与中西之道——浅论王韬的大同论》一文通过分析王韬几篇很少被关注的文章,重新探讨了王韬的"大同"论。中国社会科学院近代史研究所研究员崔志海的《蔡元培:中国现代文化的奠基者》一文认为,国共两党对蔡元培的政治态度不计"前嫌",始终予以尊重,很大程度归因于他所成就的文化事业超越了党派、阶级和时代,奠定了他在中国近代史上的地位。中国社会科学院近代史研究所研究员郑大华等在《醒狮派"国家至上"思想的西学来源——兼论国家主义中国化的基本特征》一文中认为,黑格尔、新黑格尔学派以及勒南等人的国家学说,构成了醒狮派"国家至上"思想的来源。

(3)政治精英及其历史抉择

在近代社会,处于历史漩涡的政治精英,他们的选择有时甚至决定着历史的发展方向。后世的研究者总是对某些重要的历史节点难以理解,这就要求历史研究者以史料为基础,对这些历史事件和政治精英的抉择作出通贯性的理解。中国社会科学院近代史研究所研究员左玉河的《杨度与袁世凯》一文论述了杨度与袁世凯的交情、杨度为袁世凯做了哪些事情以及杨度为何将自己的"君宪理论"寄托于袁世凯等问题。中国社会科学院近代史研究所研究员姜涛通过《鲁迅与秋瑾:先行二步还是三步?》一文对秋瑾和鲁迅的人生境遇和政治抉择进行了深刻剖析。浙江大学蒋介石与近代中国研究中心教授陈红民等的《传媒眼中的蒋介石第一次下野与复职——以〈大公报〉报道与评论为中心》一文揭示了蒋介石与大众媒体的复杂关系。南京大学历史系教授陈蕴茜的《宋美龄:性别政治中的第一夫人》一文则提出了在近代中国保守的政治环境之下,"宋美龄为什么能够成为最成功的第一夫人"的问题。

(4)政治精英群体与近代中国变迁

对政治精英的考察能够看出"伟人"在"小传统"中的形塑作用,而精英群体对"大传统"的影响同样重要。台湾"中研院"院士张玉法的《民国初期的知识分子及其活动（1912～1928）》一文对民国北京政府时期中国知识分子的构成、组织活动、政治取向作了全面而深入的考察。法兰西科学院院士巴斯蒂的《近代中国新生的专业精英：工程师职业群体的形成和政治表现（1866～1912）》一文则对以詹天佑为首的工程师群体的形成过程及其与晚清新政和袁世凯等重要历史事件、人物的关系作了充分的论述。日本国际基督教大学教授菊池秀明的《同治初年中国政治精英的"敬陈管见"》一文通过对台北故宫博物院的"月折档"的梳理分析发现，同治年间的中国政治精英们所提出的海防强化、培养将校人才、揭发贪官污吏、强化地方权限、改善民生等救国大计，都显示了中国社会问题的重新表面化。然而，近代中国一方面要解决这些传统的社会问题，同时又须提出顺应新时代的建设计划，这使得近代中国社会步履维艰。

（5）政治精英与日常生活

此次会议有数篇论文专门探讨了张之洞、蒋介石等重要人物的日常生活与政治事件的关系。华东师范大学历史学系教授茅海建在《张之洞的别敬与礼单》一文中通过对大量"张之洞档案"中"别敬"和"礼单"的精细解读，为我们重现了张之洞在官场中送礼的日常生活。中国社会科学院近代史研究所邱志红的《"我的外国朋友胡适之"——北大英文系早期外教与胡适交游考（1917～1926）》一文以未刊英文书信为主要史料，结合胡适日记、书信等资料，通过对胡适的外交交游网络和生活的梳理，研究了胡适在英国文学领域的成就与局限，并对英国文学学科在中国的发展脉络进行了深入研究。台湾"中研院"近代史研究所黄克武的《修身与治国：蒋介石的省克生活》一文依据《蒋介石日记》《事略稿本》与《蒋中正总统五记》等材料，通过对蒋介石的"省克生活"的深入分析，探讨了"省克生活"与蒋介石治国理念的关系。

（6）共识：人物研究的取径

政治精英研究归根结底就是关于人物或人物群体的研究，复杂的历史情境让我们感觉到研究历史人物之不易。

上海社会科学院历史研究所研究员熊月之在《略论黄炎培为人处世之道》一文中认为，应对历史人物的为人之道进行全面考察，才能得出较为公允的结论。中国人民大学清史研究所朱浒在《甲午战后盛宣怀、张之洞政治交易说之辨正》一文中，通过细致的史料爬梳，认为，盛宣怀、张之洞政治交易说在逻辑上根本站不住脚。中山大学历史系教授桑兵在《编辑各方致孙中山函电与人物研究的取径》一文中提醒研究者，人物研究需要注意两个方面：第一，历史人物"无论善恶正邪，都非常人可比，为人行事，往往不循常规，要想具有了解同情，诚非易事"，所以，我们必须"广搜群籍"，并且加以"考订解释"；第二，研究历史人物要将人放在关系脉络的整体之中，又切忌对西方"人际网络"的框架生搬硬套。

会上，许多学者就人物研究取径进行了深入讨论。大家一致认为，对近代中国政治精英的研究应该摒弃非黑即白、非对即错、落后与进步等简单的两分法，对历史人物应多抱一分同情之理解。

（陶水木　王才友　刘俊峰　柴怡赟）

中国近代史论坛第 2 期暨中国近代乡村的危机与重建：革命、改良及其他学术研讨会

2012 年 7 月 6 ~ 8 日，"中国近代史论坛第 2 期暨中国近代乡村的危机与重建：革命、改良及其他学术研讨会"在天津召开。会议由中国社会科学院近代史研究所《近代史研究》编辑部与南开大学历史学院共同主办。

会议以"中国近代乡村的危机与重建：革命、改良及其他"为主题，下设"乡村危机""乡村治理""乡村建设""乡村革命""土地改革""乡村经济"六个分主题，旨在通过讨论近代中国乡村危机的成因、表现、破解之道、重建之路，探索乡村社会演变的内在脉络，打通政治史、经济史、社会史以及革命史的区隔，全面考量中国近代历史的连续和断裂，以期对中国乡村的长期演变获得更丰富更切实的了解和认识。来自中国社会科学院、北京大学、中国人民大学、北京师范大学、南开大学等学术机构的 30 余位专家学者参加了会议。

（1）乡村危机

与会学者首先以乡村危机为题展开讨论。王先明的《历史本相、时代特征与深层致因——关于 30 年代中国乡村危机问题的辨析》一文，探讨了 20 世纪 30 年代中国乡村危机的深层次原因及"普遍贫困化"的时代特征。夏明方的《灾象何以成？——明清以来国家·地主·农民多重博弈中的报灾与勘灾》一文，以明清至民国年间的报灾、勘灾为研究对象，对自然灾害在本质上是一个社会建构的过程进行初步探讨。刘克祥的《近代广西农业危机和摆脱危机的政策思路及政策措施》一文，对 20 世纪 30 年代广西农业和乡村危机的表现、原因、官方应对危机的措施进行了深入细致的分析。赵旭东的《寻访野菜碑—— 一次晚清乡村的危机控制及其意义》一文，以山东潍坊寒亭南仲寨村保存的光绪十五年（1889）官府所立的一块"野菜碑"为考察对象，指出了灾荒期间国家、灾民以及地方恶势力之间的互动与较量。郑大华的《论清末民初农村的社会变迁》一文，考察了清末民初之际中国农村社会所发生的社会变迁。池子华的《民国时期乡村危机与应对方略：路径探索与现实关怀》一文，对 20 世纪二三十年代乡村建设运动中相关派别关于解决应对乡村危机引发的流民问题的思想，进行了深入剖析。

（2）乡村治理

李里峰在《革命与乡村——土地改革前后华北乡村权力的变迁》一文中指出，共产党以土地改革为开端的乡村社会变革，使清末新政以来逐步下移的国家权力第一次真正实现了对乡村社会的全面控制及现代意义上的乡村治理。江沛的《战争动员与社会治理之吊诡：黎城离卦

道暴动事件为个案》一文指出，1941 年 10 月 12 日黎城离卦道暴动事件的发生有着深层次的综合因素，其中因战争过度动员、税负过重导致的损害民众利益进而引起的干群关系紧张是暴动产生的直接原因，而根据地政权管理薄弱、民众教育低下及民间结社的盛兴等也是不可忽略的背景因素。游海华的《社会秩序与政府职责——关于苏区革命后赣闽边区祠堂寺庙会社等公产处置的探讨》一文指出，1934 年底，在赣闽边区，南京国民政府面临着社会重构与推进该地区现代化发展的双重任务。对历经中央苏区产权变革的该地区祠堂、寺庙、会社等民间组织公产的处理，使其陷入了两难境地。

（3）乡村建设

朱汉国、姜朝晖的《民国时期乡村教育中的文化冲突》一文指出，从文化视角看，民国时期乡村教育面临近代社会转型所带来的多重观念与文化的冲突，这种冲突是民国乡村教育的困境之一，由此造成的乡村文化危机也是影响乡村建设的因素之一，最终限制了乡村社会的现代转型。刘重来的《就卢作孚乡村建设成效论其社会改革思想——从卢作孚的"微生物论"说起》一文认为，卢作孚主持的嘉陵江三峡乡村建设运动取得重大成效的原因，一是他始终保持符合国家和乡村发展规律的奋斗目标——现代化；二是他始终坚持"微生物"的方式，即以渐进、建设的方式来实现其现代化建设的目标。由此，为达到一个积极、健康的变化，改革改良有时比革命更加有效。徐畅的《背景·路径·目标·结局——梁漱溟乡村建设思想浅述》一文，从背景、路径、目标、结局四个方面，对梁漱溟的乡村建设思想进行了系统梳理。

（4）乡村革命

王奇生的《革命的底层动员：中共早期农民运动的动员·参与机制》一文，以广东、湖南两省为中心，探讨了中共在陈独秀时代农民运动的动员、参与机制，重点考察中共是如何动员、群众是如何参与、中共的政治动员策略与群众集体行动的自主性逻辑之间是一种怎样的互动关系等问题，揭示了中共早期农民运动的复杂面相。黄道炫的《革命来了——韩丁笔下的红色张庄》一文，以韩丁的《翻身——中国一个村庄的革命纪实》一书中对中共革命下的张庄的描写为例，具体阐释了革命到来后张庄所发生的变化及党的具体工作。徐秀丽的《"一日"与未来——"冀中一日"征文所见》一文，以"冀州一日"征文运动所选编出版的文集内容为考察对象，认为，在冀中，一种迥乎于传统的文化正在形成，新型的官民和军民关系正在建立，体现了"新社会"的雏形，与后续历史的发展具有密切联系。谢维的《革命成败的辩证法——读黄道炫〈张力与限界：中央苏区的革命（1933～1934）〉》一文，对黄道炫《张力与限界：中央苏区的革命（1933～1934）》进行了详细的解读，高度评价了作者对独立和客观的学术立场和态度的追求。

（5）土地改革

刘一皋的《城市郊区土地改革中的划线、分配与社会发展——北京市海淀区巴沟村及其周边村庄研究》一文，展现了城郊农村土地改革过程中的各种特点，分析了其对社会政治、经济发展所造成的深远影响，并指出了土改研究中直线式认识的缺陷与不足。王友明的《论解放战争时期中共土地改革的经济绩效——以山东解放区莒南县为个案》一文，以山东解放区莒南县土地改革为个案，从受侵害的中农、受打击的富农、被"消灭"的经营地主和工商业地主、被扭曲的农民心态、灾荒的出现与暂停土改五个方面，具体阐述了土地改革的经济绩效。岳谦厚的《抗战时期神府县的"租佃关系资本主义化"问题——兼述革命过程中"富裕中农"的角色与地位》一文，通过对20世纪40年代神府县生产力水平的综合研究，认为其发展很不充分甚至十分原始落后，并未出现"租佃关系资本主义化"趋向。同时，作者对革命过程中的富裕中农进行了详细考察，认为其不仅未起到推动农村经济发展的作用，相反，自身的生产力发展水平也十分有限。

（6）乡村经济

张思的《会计、村账与现代华北乡村社会变革（1930~1950）》一文，通过考察20世纪30~50年代村会计与村账的演变过程，揭示了其对于现代中国乡村史研究的多方面意义。胡英泽的《20世纪二三十年代晋冀鲁三省乡村地权分配》一文，利用20世纪二三十年代关于晋冀鲁三省的土地调查资料，通过对乡村农户地权分配基尼系数的计算，指出，地权分配不均构成三省乡村经济社会共同的结构性特征。曾耀荣的《误读富农：中共在近代土地革命中打击富农的主要因素》一文认为，中共在近代土地革命中经常打击富农的主要原因，在于中共误读了富农，这也为土地革命没收富农土地和其他财产的政策与行为提供了合法性依据。熊亚平的《抗战前十年间的河北省村镇商业》一文，通过对抗战前十年间河北省村镇商业发展状况、影响村镇商业发展的原因、与村镇商业相关的改良措施及其成效等三个方面的考察，指出，此间河北省村镇商业在总体上处于徘徊状态，并回应了学术界对于此时期中国经济发展程度的不同认识。

（杜希英　柴怡赟）

中华民国史研究的回顾与未来走向高峰论坛

2012年11月2~4日，中国社会科学院近代史研究所举办了"中华民国史研究的回顾与未来走向高峰论坛"。论坛着眼于学科层面上研究方法、范式、未来研究方向等宏观命题。论坛主要研讨了以下几个方面的主要议题。

（1）民国史的断裂与延续。民国史的研究以往主要着眼于推翻帝制、创建民国的重要性，强调与皇权制度的断裂，但近年来，对民国时期前后的延续性问题，学界开始有更多的思考。中国人民大学清史研究所杨念群在《"断裂"还是"延续"——关于中华民国史研究如何汲取传统资源的思考》一文中，从正统性与合法性的角度强调民国与清朝之间的延续性。美国伯克利加州大学的叶文心归纳了历史中承续的几种表现形式：一是功能性的承续，二是路径依赖的承续，三是国家的延续性。桑兵在《超越发现时代的民国史研究》一文中补充了叶文心的观点，认为还有一种是人员的承续，即北洋用晚清的官员、国民政府时期用北洋的官员，都会带来隐性的承续。四川大学历史系的罗志田在《民国史研究的尝试思考》一文中则强调了民国时期激烈变化的一面。他指出，在近代中国，往往是社会精英在主导并鼓吹激烈变革，使得过去认为的几千年不变的常态，忽然变成了严重的"问题"。他认为，很多近代出现的新现象和新事物，除一些被制度固化外，更多在不知不觉中渐为研究者所"熟悉化"，即变态被看作常态，反而遮蔽了不少问题。

（2）民国历史中"革命"问题的再思考。王奇生在《民国时期的三次革命》一文中认为，对革命史的研究至关重要，但不应将革命史等同于中国共产党的革命史。他认为，近代的革命是多元的、多层次的革命，不是单一的革命，应该把民国史放在革命的系统里讨论。民国的38年间其实发生了三场革命：辛亥革命、国民革命和共产革命。从这些革命的具体目标而言，其实都算是胜利了，但是辛亥革命和国民革命后不久，又都出现了"革命失败"的看法，这是很值得思考的问题。所以，他认为，应该更深入地反思对革命的历史追述与现实政治之间的关系。台湾"中研院"近代史研究所的黄克武在《台湾学界的民国史研究：现状与反思》一文中指出，"革命"与"反革命"的说法中隐含着价值判断。他认为，怎样回到一个更复杂的历史叙事，是我们面临的挑战，具体来说，挑战在于把"革命"和"反革命"都当成一个中性的字眼来重新分析，重新评估。华东师范大学的许纪霖在《魔都与帝都：民国双城记中的知识分子》一文中认为，从20世纪80年代开始，有个"去革命化"的问题，史学界更倾向于使用现代化叙事和年鉴学派的"长时段"，更多地研究社会文化史。但他同时也观察到，从2011年辛亥革命百年纪念之后，对于"革命"的讨论又重新成为热点。他认为，革命的确是民国史的重要组成部分，甚至可以说是社会文化史必须考虑的背景。

（3）研究视角的探索：空间、概念和碎片化。学者围绕历史中的概念和概念史进行了讨论。中国人民大学清史研究所的黄兴涛在《概念史方法与中国近代史研究》中强调了概念以及与概念联系在一起的思维方式和价值观念对民国思想史乃至整个民国史的重要性。复旦大学历史系的章清在《"有"与"无"之辩：重建近代中国历史叙述管窥》一文中指出，在中西比较的视野下，中国史研究中经常会出现"有"和"无"的问题，比如中国是否有公共领域、是否出现过资本主义萌芽等，通过对"有""无"问题更为敏锐的反思和更多元的解释，拓宽近代历史的叙述架构。孙江在《切入民国史的两个视角：概念史与社会史》一文中认为，可以从两个视角来研究民国史：一种在意义层面上的解决，即概念史的方法；还有一种是在社会层面上的解释，也即社会史的方法。两者的结合能打破词与物之间简单的对应关系，构成一个相对可靠又足够丰富的历史言说。

碎片化也是学者反思的一个重要话题。黄克武在《台湾学界的民国史研究：现状与反思》

一文中提出，大陆史学界近些年的研究，放弃了原来的一些宏大叙事，因此不可避免地出现碎片化问题。他希望能在细碎化和宏大叙事之间找到一个中层叙事的可能性，有一个具体的方法就是不同观点之间的互补。华东师范大学历史系的茅海建则认为，碎片化本身并不是问题，关键是要成为一个有思维的碎片，或者说带着关怀去研究细节。中国社会科学院近代史研究所的汪朝光也提出，不应忽视历史过程中的个别性和偶然性，尤其是在复杂的人与人之间、派与派之间的网络关系中，往往一个关键人物的偶然行动就可能影响整个局面，而这样的情况只能通过具体的个案研究去发现。然而，王奇生则对此表示疑虑。他认为，微观个案无穷，做到什么时候可以停下来作总的结论呢？因此，历史研究的整合问题还有待解决。

（4）史料的开发与使用。吴景平在《加强海外藏民国人物个人档案的整理与研究》一文中提出要加强海外民国人物个人档案的整理与研究，比如藏在美国斯坦福大学胡佛档案馆、哥伦比亚大学等处的民国人物个人档案。同时他也强调，不要受档案本身的分类限制，每种个人档案除了本人的信息外，还包含有大量相关人士的史料，有些涉及当时重要的人物和事件，而这类史料的利用开发还不充分，需要学者多加注意。中国社会科学院近代史研究所的金以林介绍了近代史所正在进行的"海外藏近代中国珍稀史料征集整理"项目。中国第二历史档案馆的曹必宏介绍了该馆馆藏档案的电子数据化工程及其出版情况，强调了电子数据化的必要性。中国政协文史资料馆的许水涛也介绍了新落成的文史资料馆的馆藏和资料利用。南京大学历史系的陈谦平呼吁史料利用的国际化。北京大学历史系的牛大勇也强调对外文史料的利用，并希望学者能够克服语言障碍，最好能精通两门以上的外语，否则研究三边关系乃至更复杂的国际关系，就会力不从心。

（5）民国史的未来研究方向。日本信州大学的久保亨在《中华民国史的范围与位置》一文中指出，中华民国史有两种解读，一种是"中华民国本身的历史"，另外一种是"中华民国时期的中国历史"。他认为，应该重视"中华民国时期的中国历史"，尤其是1912～1945年的台湾史、1931～1945年的"满洲国"史、1937～1945年的沦陷区史，以及中国与东亚和世界关系历史的研究。四川大学历史系的杨天宏在《比较宪法学视阈下的民初根本法》一文中认为，要加强政治史的研究，尤其是对北洋政治史的研究。

社会科学文献出版社的徐思彦和《近代史研究》的徐秀丽都提到了近年来公众对民国史日益高涨的兴趣，比如公共媒体里"民国范儿"一词的走红和各种民国史通俗读物的热销，但这些书籍往往不是专业历史学者写的，有些观点并不正确，也不符合历史事实，她们希望学者能够对公众的这一兴趣有所回应。对此，学者们表示，现在民国史受到社会的关注有种种历史的、现实的原因，而民众想象中的"民国"却未必是真实的民国。如何在学术研究的严谨性和稳定性与社会需要的通俗性和时效性之间找到平衡，让学术研究走出象牙塔，为广大民众服务，的确是对学术研究的一大挑战，应该成为民国史研究未来的努力方向之一。

（刘文楠　柴怡赟）

世界历史研究所

（一）人员、机构等基本情况

1. 人员

截至 2012 年年底，世界历史研究所共有在职人员 88 人。其中，正高级职称人员 22 人，副高级职称人员 24 人，中级职称人员 26 人；高、中级职称人员占全体在职人员总数的 82%。

2. 机构

世界历史研究所设有：唯物史观与外国史学理论研究室/《史学理论研究》编辑部、世界古代中世纪史研究室、西欧北美史研究室、俄罗斯东欧史研究室、亚非拉美史研究室、世界史跨学科研究室、《世界历史》编辑部、图书资料室/世界历史数字化研究部、科研组织处、行政综合办公室。

3. 科研中心

世界历史研究所院属研究中心有：中国社会科学院加拿大研究中心、中国社会科学院史学理论研究中心；所属研究中心有：中国社会科学院世界历史研究所日本历史与文化研究中心。

（二）科研工作

1. 科研成果统计

2012 年，世界历史研究所共完成专著 7 种，289.7 万字；论文 68 篇，114.85 万字；研究报告 1 篇，0.3 万字；译著 2 种，62 万字；译文 6 篇，8.8 万字；工具书 4 种，66 万字；一般文章 33 篇，40.26 万字。

2. 科研课题

（1）新立项课题。2012 年，世界历史研究所共有新立项课题 19 项。其中，国家社会科学基金重大课题 2 项："当代国际史学研究及其发展趋势"（陈启能主持），"中英美印俄五国有关中印边界问题解密档案文献整理与研究（1950～1965 年）"（孟庆龙主持）；国家社会科学基金一般课题 2 项："巴尔干近现代史"（马细谱主持），"古代中朝移民史研究"（孙泓主持）；国家社会科学基金青年课题 1 项："西方全球史学研究"（董欣洁主持）；院重点课题 3 项："民族国家的历史与理论：西班牙个案研究"（秦海波主持），"古代中朝移民史研究"（孙泓主持），"16 世纪英国的印刷媒介与社会变迁"（张炜主持）；院青年科研启动基金课题 1 项："近代西方术语的东传与翻译：中国对日本的影响"（李文明主持）；院国情考察课题 2 项："西部大开发与西部生态环境保护——对甘肃省肃北蒙古族自治县和肃南裕固族自治县的调研"（赵文洪主持），"文化遗产与文化产业振兴：对福建省客家文化遗产的保护、开发及开发新思路的调研"（任长海主持）；所重点课题6项："加拿大劳工史：1800~2000"（刘军主持），"图解世界史"（王旭东主持），"大国安全与地区发展的博弈——美国对拉美政策研究（1945~1969年）"（杜娟主持），"16世纪英国的印刷媒介与社会变迁"（张炜主持），"战后英国英属黑非洲政策研究"（杭聪主持），"中国世界史研究网改版扩建工程"（郭远英主持）；所一般课题2项："巴勒斯坦人的民族属性辨析"（姚惠娜主持），"幽州刺史墓墓主身份再探讨"（孙泓主持）。

（2）结项课题。2012年，世界历史研究所共有结项课题16项。其中，国家社会科学基金一般课题1项："苏联东部移民史研究（1917~1991）"（王晓菊主持），国家社会科学基金青年课题1项："美国环境史学研究"（高国荣主持）；院重点课题2项："法国旧制度末年的免税特权和政治斗争"（黄艳红主持），"历史嬗变中的俄国史学（十月革命前）"（朱剑利主持）；院青年科研启动基金课题3项："肯尼迪政府在拉美的反暴动政策"（杜娟主持），"基辅罗斯与莫斯科公国外交浅析"（国春雷主持），"西方矿业公司与英属黑非洲殖民统治的瓦解"（杭聪主持）；院国情考察课题2项："西部大开发与西部生态环境保护——对甘肃省肃北蒙古族自治县和肃南裕固族自治县的调研"（赵文洪主持），"文化遗产与文化产业振兴：对福建省客家文化遗产的保护、开发及开发新思路的调研"（任长海主持）；院信息化课题1项："中国世界史研究网改版扩建工程"（孟庆龙、郭远英主持）；国际合作局委托交办课题1项："中国与苏联东欧国家关系的演变（1949~1989）"（黄立茀主持）；所重点课题2项："法国旧制度末年的免税特权和政治斗争"（黄艳红主持），"中国世界史研究网改版扩建工程"（郭远英主持）；所一般课题3项："伊藤博文与明治宪法体制的建立"（陈伟主持），"冷战拉美化——战后初期美国对拉美的外交转变"（杜娟主持），"矿业公司与英属中非联邦解体"（杭聪主持）；此外，还完成有关交办课题。

（3）延续在研课题。2012年，世界历史研究所共有延续在研课题57项。其中，国家社会科学基金重大课题2项，国家社会科学基金重点课题1项，国家社会科学基金一般课题6项，国家社会科学基金重大委托课题1项，国家社会科学基金后期资助课题1项，国家社会科学基金青年课题2项；院重大课题4项，院重点课题9项，院国情调研课题1项，院委托交办课题1项，院创新课题4项；所重点课题12项，所一般课题13项。

3. 获奖优秀科研成果

2012年，世界历史研究所共评出"第九届世界历史研究所优秀科研成果奖"11项，其中，专著类一等奖1项：徐再荣的《全球环境问题与国际回应》；论文类一等奖4项：王晓菊的《俄罗斯远东的"犹太民族家园"》，朱剑利的《古罗斯国家的起源》，张旭鹏的《全球史视野中的世界史研究——以美国为中心的考察》，易建平的《部落联盟还是民族——对摩尔根和恩格斯有关论述的再思考》；专著类优秀奖1项：金海的《尼克松与美国保守主义新权势集团的崛起》；论文类优秀奖5项：刘健的《苏美尔城邦的基本特征》，吴英的《对唯物史观几个基本概念的再认识》，秦海波的《从西班牙历史看"民族国家"的形成与界定》，郭子林的《论托勒密埃及的专制主义》，董欣洁的《杰弗里·巴勒克拉夫对全球史理论与方法的探索》。

4. 创新工程的实施和科研管理新举措

2012 年，世界历史研究所进入创新工程。根据中国社会科学院实施创新工程的文件精神，形成以下四个创新工程项目："近代以来国外社会变革与社会稳定专项研究"（吴必康主持），"20 世纪的历史学和历史学家研究"（于沛主持），"制度与古代社会"（徐建新主持），"世界史跨学科研究室学科建设"（姜南主持）。这四个项目涵盖该所三个重点学科、两个重点资助学科及其他相关学科和一个新成立的研究室"世界史跨学科研究室"。它们的设立有利于使该所主要学科的学科带头人和主要科研骨干第一批进入创新工程。通过竞聘，世界历史研究所共有 27 人进入创新工程，其中 6 人为首席研究员。

世界历史研究所通过创新工程，把现有人才的培养与引进学术优秀人才结合起来，着力培养出若干马克思主义理论素养高、政治理论素养高、专业强、外文好并在国内外世界历史学界具有影响力的复合型领军人物；努力优化人才布局，造就若干学术领军人物；培养一大批理论素养高、史学功底扎实、外文基础好的学科带头人和科研骨干。

（三）学术交流活动

1. 学术活动

2012 年，世界历史研究所主办和承办的学术会议有：

（1）2012 年 3 月 20 日，世界历史研究所主办的"马克思主义与世界史研究学术研讨会"在北京举行。会议研讨的主要问题有"自然科学方法在社会科学中的应用""唯物史观的现实生命力""关于我国世界历史学发展的思考"。

（2）2012 年 4 月 20～24 日，世界历史研究所、南京大学历史系和陕西师范大学历史文化学院联合主办，陕西师范大学历史文化学院承办的"世界历史上的和平、战争与冲突化解国际学术研讨会"在陕西师范大学举行。会议研讨的主要问题有"和平学面临的任务""和平建设的困境与中国的全球实力""正确对待战争的精神遗产""在全球的'和平文化和非暴力'视角来看冲突的化解——实践、原则和角度""冲突解决与冲突转化""从和平学的相关领域来看其意义"。

（3）2012 年 5 月 12 日，世界历史研究所主办的"第二届全国社会科学院世界历史研究联席研讨会：中国周边国家历史研究"在北京举行。会议的主题是"中国周边国家历史研究"。

（4）2012 年 6 月 19 日，世界历史研究所主办的"多维视野下的中东变局学术研讨会（2012）——中东经济转型与社会变革"在北京举行。会议研讨的主要问题有"中东乱局与中国外交问题""中东社会变革与政治转型"。

（5）2012 年 10 月 16 日，世界历史研究所主办、世界历史研究所跨学科研究室承办的跨学科视野下的世界史研究——"全球化与大历史"学术研讨会在北京举行。会议研讨的主要问题有"大历史""全球化""全球史"。

（6）2012年10月18～19日，中国社会科学院主办、中国社会科学院世界历史研究所承办、匈牙利科学院历史研究所协办的中国社会科学论坛（2012年·世界史）"新史料·新发现：中国与苏联和东欧国家关系"国际学术研讨会在北京举办。会议研讨的主要问题有"东欧国家与中国的关系""中苏关系""苏联与东欧国家的关系的研究现状"。

2012年10月，跨学科视野下的世界史研究——"全球化与大历史"学术研讨会在北京举行。

（7）2012年12月23～25日，世界历史研究所主办的"世界历史研究所2012年世界史论坛"在北京举行。会议研讨的主要问题有"中东变局——历史与现实""社会稳定与社会变革——历史与现实""20世纪的世界历史学——重大学术争鸣"。

2. 国际学术交流与合作

2012年，世界历史研究所共派遣出访37批39人次，接待来访13批17人次（其中，中国社会科学院邀请来访3批3人次）。与世界历史研究所开展学术交流的国家有荷兰、美国、俄罗斯、捷克、匈牙利、法国、瑞典、英国、南非、日本、加拿大、韩国、伊朗等。

（1）2012年1月6日，日本爱知县立大学教授丸山裕美子访问世界历史研究所，并作题为《正仓院文书与日本古代史研究》的学术报告。

（2）2012年4月10日，美国斯坦福大学历史系主任张少书教授访问世界历史研究所，并作题为《肯尼迪、中国和原子弹》的学术报告。

（3）2012年5月17日，日本北海道大学斯拉夫研究中心教授松里公孝顺访世界历史研究所，与俄东室研究人员就"俄罗斯帝国史相关问题"进行座谈。

（4）2012年5月24日，世界历史研究所研究员黄立茀与俄罗斯科学院学者在莫斯科就"苏联东欧国家改革与社会稳定"问题进行学术交流。

（5）2012年6月3日，荷兰莱顿大学教授泰奥·克里斯潘访问世界历史研究所，并就古代近东学校和神庙中的音乐以及两河流域早期统治者与议事会专题作学术报告。

（6）2012年6月5日，英国伦敦国王学院教授理查德·德雷顿访问世界历史研究所，并作题为《21 世纪的全球史：史学方法和跨国史》的学术报告。

（7）2012 年 6 月 19 日，俄罗斯科学院俄国史所所长彼得罗夫教授访问世界历史研究所，并作题为《俄罗斯史学界关于俄罗斯史的研究动态》的学术报告。

（8）2012 年 6 月 25 日，世界历史研究所研究员王晓菊与俄罗斯科学院学者在莫斯科就"近代以来国外社会变革与社会稳定专题研究"进行学术交流。

（9）2012 年 8 月 28 日，日本法政大学国际战略机构和国际日本学研究所教授王敏访问世界历史研究所，并作题为《东亚汉字文化圈的再思考》的学术报告。

（10）2012 年 9 月 5 日，世界历史研究所研究员易建平与美国亚利桑那大学东亚系学者在凤凰城就"中国文明与国家起源理论——国际学术背景下的比较研究"问题进行学术交流。

（11）2012 年 9 月 18 日，英国约克大学教授马克·欧姆洛德访问世界历史研究所，并作题为《爱德华三世：历史上最有权力的国王?》的学术报告。

（12）2012 年 9 月 23 日，世界历史研究所研究员张顺洪与伊朗德黑兰大学历史系学者在德黑兰就"伊中关系"和今后学术合作问题进行学术交流。

（13）2012 年 9 月 23 日，世界历史研究所研究员毕健康与伊朗德黑兰大学历史系学者在德黑兰就"中东局势"问题进行学术交流。

（14）2012 年 10 月 9 日，世界历史研究所研究员刘军与加拿大特伦特大学历史系学者在多伦多就"加拿大劳工史：1800～2000"问题进行学术交流。

（15）2012 年 10 月 11～13 日，哈萨克斯坦共和国教育科学部瓦里汉诺夫历史和人类学研究所所长阿布然诺夫·汉科尔迪顺访世界历史研究所，并作题为《苏联时期的哈萨克斯坦》和《苏联解体后的哈萨克斯坦》的学术报告。

（16）2012 年 10 月 17 日，世界历史研究所俄罗斯东欧史研究室与匈牙利科学院历史研究所副所长阿提拉·波克、彼特·瓦莫斯研究员进行了座谈。

（17）2012 年 10 月 23 日，俄罗斯科学院远东研究所教授雅·米·贝格尔访问世界历史研究所俄罗斯东欧史研究室，并围绕俄罗斯国内形势方面的问题与俄东室学者举行座谈。

（18）2012 年 10 月 28 日，世界历史研究所研究员吴必康与美国波士顿大学历史系学者在波士顿就"国外社会变革和社会稳定：欧美民生问题研究"进行学术交流。

（四）学术社团、期刊

1. 社团

（1）中国国际文化书院，院长于沛。

2012 年 4 月 10 日，中国国际文化书院、中国社会科学院世界文明比较研究中心和中国社会科学院老专家协会在北京联合举行"海洋文明座谈会"。会议的主题是"海洋文明"，研讨的主要问题有"海洋意识与国家安全""海洋文明与社会发展""海洋生态保护"。30 余位专家学者参加了会议。

（2）中国第二次世界大战史研究会，会长胡德坤。

2012 年 4 月 14～15 日，中国第二次世界大战史研究会在北京举行"第七届年会暨第二次世界大战史研究与现代战争后勤保障学术研讨会"。会议的主题是"第二次世界大战史研究与现代后勤建设"，研讨的主要问题有"第二次世界大战大规模登岛作战后勤保障历程、基本经验、历史启示、体制、主要教训、经典案例分析、比较、战后影响、运筹分析、战略谋划、得失教训、装备发展、训练研究、历史地位、后勤指挥"等。90 余位专家学者参加了会议。

（3）中国世界近代现代史研究会，会长阎照祥。

2012 年 5 月 12～13 日，中国世界近代现代史研究会在河南大学历史文化学院举行"中国世界近代史专业委员会 2012 年学术研讨会暨工作会议"。会议的主题是"学科发展、人才培养"，研讨的主要问题有"加强世界史一级学科建设""注重世界史项目申报　规范世界史人才培养""世界史升级为一级学科后面临的问题及对策"。40 余位专家学者参加了会议。

2012 年 10 月 13～15 日，由中国世界近代现代史研究会主办、辽宁大学历史学院承办的"全球化、一体化与多元化进程中的世界近代史学术研讨会暨中国世界近代史研究会 2012 年学术年会"在辽宁大学开幕。年会研讨的主要问题有"全球化、一体化与多元化进程中的世界近代史""新形势下世界近代史的学科地位与独特性""世界近代史专题研究：新方法、新视角、新史料""世界近代史教学与教改"。80 余位专家学者参加了会议。

（4）中国美国史研究会，会长王旭。

2012 年 5 月 26～28 日，中国美国史研究会在上海举行"第 14 届年会暨全球视域中的美国史研究国际学术研讨会"。会议的主题是"全球视域中的美国史研究"，研讨的主要问题有"美国现实重大热点问题的历史考察""美国史学最新趋势及新方法""美国外交政策研究""中美关系及相关地区问题研究""美国史研究和教学"。160 余位专家学者参加了会议。

（5）中国世界古代中世纪史研究会，会长侯建新。

2012 年 6 月 16～18 日，中国世界古代中世纪史研究、南开大学历史学院联合主办的"世界古代史国际学术研讨会"在天津举行。会议的主题是"古代文明的碰撞、交流与比较"，研讨的主要问题有"古代欧亚大陆文明的互动""古代的中国与世界""丝绸之路古国文明研究""古代世界的历史、宗教与文化"。200 余位专家学者参加了会议。

（6）中国朝鲜史研究会，会长金成镐。

2012 年 7 月 9～10 日，中国朝鲜史研究会在上海举行"第九届年会暨 2012 年学术研讨会"。会议的主题是"朝鲜古代史、朝鲜近现代史、朝鲜当代史"。80 余位专家学者参加了会议。

（7）中国苏联东欧史研究会，会长姚海。

2012 年 8 月 28～29 日，中国苏联东欧史研究会在内蒙古自治区呼和浩特市举行"中国苏联东欧史研究会 2012 年年会"。会议的主题是"苏联 30 年代大批判与联共（布）党史文化的形成""斯大林与冷战起源及战后斯大林模式的固化"，研讨的主要问题有"评苏联亡党亡国 20 年祭：俄罗斯人在诉说——兼论俄罗斯的社会转型"。70 余位专家学者参加了会议。

（8）中国法国史研究会，会长端木美。

2012 年 9 月 10～16 日，中国法国史研究会与华东师范大学、浙江大学、法国人文之家基金会、法国巴黎第一大学、瑞士弗里堡大学在上海华东师范大学、浙江大学举行"第九届中法历史文化研讨班"。研讨班的主题是"共和主义的思考"。90 余位专家学者参加了会议。

（9）中国德国史研究会，会长邢来顺。

2012 年 9 月 13～16 日，中国德国史研究会在山东大学举行"2012 年年会暨德国历史：宗教与社会学术研讨会"。会议的主题是"德国历史：宗教与社会研究""德国史前沿课题研究、《德国史》（6 卷）著后经验交流与问题讨论"。200 余位专家学者参加了会议。

（10）中国中日关系史学会，会长武寅。

2012 年 9 月 16 日，中国中日关系史学会在北京举行"第六届会员代表大会暨国际学术研讨会"。会议的主题是"亚洲的未来与中日关系""换届选举"。90 位专家学者参加了会议。

（11）中国非洲史研究会，会长宁骚。

2012 年 9 月 17～19 日，中国非洲史研究会在徐州师范大学举行"第九届年会暨非洲热点问题的历史视角学术研讨会"。会议研讨的主要问题有"中国非洲史研究：回顾与思考（与世界史成为一级学科相联系）""民族国家的走向：分裂或整合（主要针对一些国家的分裂、边界和冲突等问题）""危机中的转机：新兴国家的作用（主要针对新兴国家在非洲的作为和西方大国的各种攻击，也可进行各种比较）""对殖民主义遗产的反思"。50 位专家学者参加了会议。

（12）中国拉丁美洲史研究会，会长王晓德。

2012 年 10 月 19～21 日，中国拉丁美洲史研究会在福建省武夷山市举行"第八届年会暨拉丁美洲文化与现代化学术研讨会"。会议研讨的主要问题有"拉美文化与现代化""拉美史其他问题研究"。80 余位专家学者参加了会议。

（13）中国英国史研究会，会长钱乘旦。

2012 年 11 月 3 日，中国英国史研究会在陕西师范大学举行"中国英国史研究 2012 年学术年会"。会议的主题是"英帝国、英联邦与世界"，研讨的主要问题有"英国思想、文化、生态与英国的发展""英国经济社会发展与英国的转型""英国历史上重大问题的讨论"。120 位专家学者参加了会议。

（14）中国日本史学会，会长汤重南。

2012 年 12 月 15～17 日，中国日本史学会在天津举行"中国日本史学会 2012 年年会暨中国日本史研究的现状与展望学术研讨会"。会议的主题是"中日关系 40 年的发展历程",研讨的主要问题有"中日关系的现状及未来发展趋势"。90 余位专家学者参加了会议。

2. 期刊

（1）《世界历史》（双月刊），主编张顺洪。

2012 年,《世界历史》共出版 6 期,共计 150 万字。该刊全年刊载的有代表性的文章有:王立新的《珍珠港事件前的美国外交大辩论及其意义》,洪邮生的《坚守还是让渡——二战后英国人主权观述论》,陈奉林的《东方外交与古代西太平洋贸易网的兴衰》,赵伯乐、杨焰婵的《宗教政治化对南亚地区政治的影响》,陈文的《科举取士与儒学在越南的传播发展——以越南后黎朝为中心》,李隆国的《从"罗马帝国衰亡"到"罗马世界转型"——晚期罗马史研究范式的转变》,龚缨晏的《欧洲人东亚地理观的演变与麦哲伦的环球航行》,黄鹤的《图像证史——以文艺复兴时期女性的性别建构作为个案研究》。

（2）《史学理论研究》（季刊），主编于沛。

2012 年,《史学理论研究》共出版 4 期,共计 89 万字。该刊全年刊载的有代表性的文章有:杨文圣的《马克思划分社会形态的多重维度》,马克垚的《论家国一体问题》,常建华的《日常生活与社会文化史:"新文化史"观照下的中国社会文化史研究》,柴彬的《从工会法律地位的演进看工业化时期英国政府劳资政策的嬗变（1790～1974）》,董正华的《近代中国人权观念的嬗变》,侯树栋的《西方马克思主义史学的新动向》,王利红的《从后现代主义到浪漫主义:一种史学观念的回归》,黄广友的《刘大年与中国近代史学科建设》,隽鸿飞的《论马克思主义哲学的历史转向》,谢丰斋的《中西方的经济差距何时拉开——谈安格斯·麦迪森的"千年统计"》,张忠祥的《20 世纪非洲史学的复兴》。

（五）会议综述

第二届全国社会科学院世界历史研究联席研讨会：
中国周边国家历史研究

2012 年 5 月 12 日,中国社会科学院世界历史研究所主办的"第二届全国社会科学院世界历史研究联席研讨会:中国周边国家历史研究"在北京举行。中国社会科学院副院长武寅、中国社会科学院历史学部主任刘庆柱研究员出席大会并致辞。大会由中国社会科学院世界历史研究所所长张顺洪和党委书记赵文洪主持。来自全国部分省市社会科学院和中国社会科学院世界历史研究所的 50 余位专家参加了研讨会。

武寅对世界历史研究联席研讨会的作用给予了充分的肯定。她认为,周边国家是我国外交的重点领域,既重要,又复杂,且严峻,几乎涵盖了与我们国家利益密切相关的重大问题。因

2012 年 5 月,"第二届全国社会科学院世界历史研究联席研讨会:中国周边国家历史研究"在北京举行。

此,此次大会的主题"中国周边国家历史研究"既有学术价值,又有现实意义。关于研究内容,武寅提出了"两个紧扣、两个领域、两个重点":紧扣学术、紧扣现实;既要研究周边国家的国别史,也要探讨这些国家的对外关系;国别史研究重点要从全局性视角出发,以小见大,从断代看全局,对外关系重点研究对华关系,同时也不能忽视与对华关系相关的其他国家关系的研究。最后,她希望从事世界史研究的各位专家利用好这个学术平台,沿着这个思路继续探索,形成卓有成效的形式和机制,加强世界史研究的学科建设,促进整体研究质量和水平的提高。刘庆柱研究员指出,只有搞清楚周边国家的历史,提出好的对策和建议,才能加快推进世界史学科建设,更好地支撑和服务于我国的现实政策。

研讨会上,有 16 位专家进行了主题发言,他们分别就俄国史、日本史、东南亚史、中国与周边国家关系史、亚洲民族解放运动、海外华裔文化认同、中国周边国家的研究现状等问题展开了研讨。张顺洪作了总结发言,他强调要运用科学发展观,构建"行得通、有效果、可持续"的学术交流合作平台,促进我国世界史研究整体水平的提高。

(陆晓芳)

中国社会科学论坛(2012 年·世界史)"新史料·新发现: 中国与苏联和东欧国家关系"国际学术研讨会

2012 年 10 月 18～19 日,中国社会科学院主办、中国社会科学院世界历史研究所承办、匈牙利科学院历史研究所协办的中国社会科学论坛(2012 年·世界史)"新史料·新发现:中国与苏联和东欧国家关系"国际学术研讨会在北京召开。中国社会科学院副院长、当代中国研究所所长李捷出席会议,并致辞和作主题发言;匈牙利科学院历史研究所副所长阿提拉·波克,中国社会科学院学部委员、中国史学会会长、中国社会科学院近代史研究所原所长张海鹏出席了开幕式,并分别致辞。中共中央党史研究室前副主任章百家,中国社会科学院学部委员、世界历史研究所研究员廖学盛,中国社会科学院荣誉学部委员、世界历史研究所研究员陈之骅出席了会议。中国社会科学院世界历史研究所所长张顺洪主持了研讨会开幕式，并在闭幕式上作总结发言。

出席论坛的还有中国社会科学院中国边疆史地研究中心主任邢广程、中国社会科学院世界历史研究所党委书记赵文洪、中国社会科学院世界社会主义研究中心副主任吴恩远、中国社会科学院俄罗斯东欧中亚研究所副所长李永全。来自中国外交部、国务院发展研究中心、中国社会科学院世界史研究所、中国社会科学院当代中国研究所、中国社会科学院近代史研究所、中国社会科学院俄罗斯东欧中亚研究所、中国社会科学院欧洲研究所、北京大学、清华大学、北京师范大学、外交学院、华东师范大学等研究教学机构和匈牙利、俄罗斯、阿尔巴尼亚、保加利亚、美国等国的专家学者80余人出席了会议。

研讨会共设三大主题，即"中国与苏联东欧关系的曲折发展""政策协调与国家利益""20世纪80年代中国与苏联、东欧国家的改革"。在研讨会上，20多位中外学者作了专题发言和点评，报告了自己在研究中的发现和研究心得。代表们对东欧国家与中国的关系、中苏关系、苏联与东欧国家的关系的研究现状进行了考察，根据新的档案材料对这些社会主义国家间的关系进行了分析和解读，有许多深入的案例研究，揭示了社会主义国家关系起伏跌宕的历史进程，提出了对一系列历史事件的新认识、新看法，并且探讨了苏联、东欧国家和中国改革的差异。

（陆晓芳）

世界历史研究所2012年世界史论坛

2012年12月23～25日，中国社会科学院世界历史研究所主办的"世界历史研究所2012年世界史论坛"在北京举行。中国社会科学院世界历史研究所所长张顺洪、党委书记赵文洪、副所长任长海出席论坛。

论坛以"世界历史与世界现实"为主题，共设3个议题，分别是"中东变局——历史与现实""社会稳定与社会变革——历史与现实""20世纪的世界历史学——重大学术争鸣"。中国社会科学院世界历史研究所、北京师范大学、中国人民大学、南开大学、西北大学、西南大学等高校的多位专家学者参加了会议。围绕土耳其奥斯曼主义、"阿拉伯之春"、伊朗核问题、美国地方政府改革、俄罗斯民族政策、印度社会变革等热点问题以及20世纪世界历史学的重大学术理论问题展开了广泛而深入的探讨。

在伊朗问题上，有专家提出，伊朗社会高度政治化，民族认同感强，是大国心理、小国实力、自卑式的傲慢和扩张式的自保。经济方面，通货膨胀和青年人失业现象严重。伊朗核危机首先反映了地缘政治矛盾，伊朗经济还不算坏，人民生活较为稳定，但经济面临巨大风险。代表们认为，在汲取世界各国发展经验、教训的基础上，我国可以借鉴别国成功经验，建立、完善相关法律法规。王红生教授认为，印度正在成为世界格局中的重要一极，研究印度政治对世界和中国都有重要意义。印度的核心政策是民主。从独立以来，印度政治共经历了三个发展阶段，每个阶段都有危机，但总体向前，这证明了经济落后的国家仍能实行民主。人民获取信息、表达意愿的权利应该被保护。统治阶级要确保人民获取信息的渠道畅通，信息完整、真实，还要使人民有合理的表达意愿的方式。只有这样，社会才能稳定。黄立茀研究员认为，自苏联解体后，俄罗斯的民族政策引入了西方思想，体现各民族统一的俄罗斯公民特色，加强国家认同，这对中国是一个启示。当前，有人提出了第二代民族政策，这种政策应该更符合中国实际，应从政治、经济等方面全面考虑。吴必康研究员指出，马克思一向重视民生问题。马克思重视民生问题的原因是要批判资本主义，唤醒人民的抗争以建立新社会。他强调，一切能以生产力发展解决的民生问题都不应成为政治和社会问题。统治阶级应让利于民。另有研究员建议，史学工作者不能偏离本职工作，要有毅力和决心坐冷板凳，要为大众普及历史知识作贡献。研究唯物史观要正本清源、与时俱进，加强微观与宏观的结合，加强学术争论。

会议共有 20 人发言。中国社会科学院世界历史研究所所长张顺洪主持开幕式、致辞，并在闭幕式上作了总结发言。

（陆晓芳）

中国边疆史地研究中心

（一）人员、机构等基本情况

1. 人员

截至 2012 年年底，中国边疆史地研究中心共有在职人员 37 人。其中，正高级职称人员 11 人，副高级职称人员 8 人，中级职称人员 11 人；高、中级职称人员占全体在职人员总数的 81%。

2. 机构

中国边疆史地研究中心设有：西北边疆研究室、东北与北部边疆研究室、西南边疆与海疆研究室、疆域理论研究室（马克思主义与边疆理论研究室）、《中国边疆史地研究》编辑部、网络信息与图书资料部、综合处（含科研处）。

3. 科研中心

中国边疆史地研究中心下属两个非实体中心：新疆发展研究中心、中国社会科学院历史文化信息中心；设有 4 个中心工作站：中国边疆历史与社会研究云南工作站、中国边疆历史与社会研究东北工作站、中国边疆历史与社会研究新疆工作站、中国边疆历史与社会研究广西工作站。

（二）科研工作

1. 科研成果统计

2012 年，中国边疆史地研究中心共完成专著 7 种，190 万字；论文 43 篇，58 万字；学术普及著作 1 种，10 万字；研究报告 14 篇，7 万字。

2. 科研课题

2012 年，中国边疆史地研究中心共有结项课题 7 项。其中，院重大课题 3 项："'藏独'问题与中央治藏研究（1949～2009）"（孙宏年主持），"近代中朝界务研究"（李大龙主持），《俄罗斯高层决策研究》（邢广程主持）；国家社会科学基金青年课题 1 项："近代中国西南边疆纷争的历史与现状——以中印边界东段为中心的研究"（张永攀主持）；院国情调研课题 2 项："新疆跨越式发展研究"（厉声主持），"中印边界东段我方控制一侧社会经济发展调研"（孙宏年、张永攀主持）；院重点课题 1 项："清代以来内蒙古草原生态衍变研究"（吕文利主持）。

（三）学术交流、学术评奖活动

1. 学术活动

（1）2012 年 7 月 10～15 日，中国社会科学院中国边疆史地研究中心、内蒙古师范大学历史系联合举办"近代边疆社会变迁学术研讨会"。

（2）2012 年 10 月 26 日，由中国社会科学院中国边疆史地研究中心、云南大学联合主办的"国际化视野下的中国西南边疆：历史与现状学术研讨会"在云南大学召开。

（3）2012 年 10 月 31 日至 11 月 2 日，中国边疆史地研究中心首届青年学术讨论会在北京召开。

（4）2012 年 12 月 7～9 日，由浙江海洋学院、中国社会科学院中国边疆史地研究中心主办的"国际化视野下的中国东海——历史·现实·未来高端学术研讨会"在浙江海洋学院举行。

2. 国际学术交流与合作

2012 年，中国边疆史地研究中心加强了与中亚地区及韩国、日本、越南、印度等国家的学术交流。

（1）2012 年，中国边疆史地研究中心多次接待境外机构采访，来访的有法国驻华大使馆、美国驻华大使馆、新加坡驻华大使馆等，采访的主要问题是我国海疆问题、西藏问题、新疆问题、周边关系问题。

（2）2012 年，中国边疆史地研究中心接待境外来访学者 3 次：2012 年 11 月 22 日，中国边疆史地研究中心党委书记李国强研究员会见意大利 Nopoli 大学东亚历史系教授 Patrizia caritoti，双方就中国边疆史研究、海疆研究、郑成功研究、中日关系史等交换了意见。2012 年 11

月 13 日，乌兹别克斯坦驻华大使达尼亚尔·库尔班诺夫应邀访问中国边疆史地研究中心。中国边疆史地研究中心主任邢广程会见了达尼亚尔·库尔班诺夫，双方就当前中亚局势的看法及学术交流与合作方面的问题交换了意见。2012 年 4 月 17 日，李国强接见了新加坡使馆一秘谢翠娟。

（3）2012 年，中国边疆史地研究中心的科研人员赴国外参加了如下学术交流：邢广程参加"美国、中国以及中亚的未来国际学术研讨会"；许建英参加"第 12 届东亚边疆区域国际科学会议"；邢广程参加"符拉迪沃斯托克国际会议""第五届亚洲部分瓦尔代国际讨论会"等；初冬梅参加北海道大学"GEOC 研究培训班"；罗静、白妍出访韩国启明大学等；常永宽赴日本参与青年学术交流；厉声赴蒙古国进行档案合作商洽等。

（四）期刊、信息化

1. 期刊

《中国边疆史地研究》（季刊），主编李大龙。

2012 年，《中国边疆史地研究》共出版 4 期，共计 88 万字。该刊全年刊载的有代表性的文章有：马晓丽的《对拓跋鲜卑及北朝汉化问题的总体考察》，杨富学的《蒙古有幽王家族与元代西北边防》。

2. 网络资料室工作

2012 年，网络资料室的工作主要体现在信息化建设和图书、期刊建设两大方面。在信息化建设方面，基本完成院属单位信息化建设课题"中国边疆网"的设计与开发。在网络管理方面，主要加强对中心信息的保密工作、对中心电脑网络的维护以及院网络中心的配合工作。在图书管理工作方面召开一次部门工作会议，参加院培训项目"以色列 ALEPH500 系统自动化"，订购图书 230 册，订购期刊 72 种。

台湾研究所

（一）人员、机构等基本情况

1. 人员

截至 2012 年年底，台湾研究所共有在职人员 65 人。其中，正高级职称人员 13 人，副高级职称人员 13 人，中级职称人员 20 人；高、中级职称人员占全体在职人员总数的 71%。

2. 机构

台湾研究所设有：台湾政治研究室、台湾经济研究室、台湾对外关系研究室、台湾人物研究室、台美关系研究室、综合研究室、资料研究室、科研室、办公室、人事处。

（二）科研工作

1. 科研成果统计

2012 年，台湾研究所共完成论文 53 篇，48 万字；研究报告 124 篇，60 万字；论文集 1 种，45 万字；学术交流影视资料 10 种，1200 分钟。

2. 科研课题

（1）新立项课题。2012 年，台湾研究所共有新立项课题 10 项，为外交部、国务院台办、国务院侨办等中央有关部门委托课题。

（2）结项课题。2012 年，台湾研究所共有结项课题 10 项，为外交部、国务院台办、国务院侨办等中央有关部门委托课题。

3. 科研组织管理新举措

2012 年，台湾研究所在改进和加强科研组织与管理工作方面采取了以下新举措：一是根据中共十八大确定的对台政策，围绕推进两岸政治关系、构建两岸关系和平发展框架等重大现实问题展开基础性、前瞻性研究；二是加强对 2012 年台湾"大选"后台湾政局走势研究；三是制定研究人员年度选题规划，在此基础上形成不同类型的研究成果，将选题完成情况作为年终考核的重要依据之一；四是加大赴台学术交流力度，深入了解台湾社情民意，提高研究质量。

（三）学术交流活动

1. 学术活动

2012 年，台湾研究所主办的学术会议有：

（1）2012 年 3 月 17 ~ 22 日，台湾研究所和国民党智库国政基金会在浙江省杭州市举办"选后台湾政局与两岸关系发展趋势研讨会"。会议对 2012 年台湾"大选"后的两岸关系走向及台湾政治生态进行了展望，并对两岸交流合作提出一些具体建议。

（2）2012 年 7 月 21 ~ 26 日，台湾研究所在内蒙古自治区满洲里市举办了"台湾经济发展与两岸经济合作研讨会"。会议分析了台湾经济策略走向及对两岸经济关系的影响。

（3）2012 年 7 月 29 日至 8 月 3 日，台湾研究所在吉林省延吉市举办了"民进党发展现状及两岸政策走向研讨会"。会议就民进党两岸政策走向及岛内政局发展进行了探讨。

（4）2012 年 8 月 5 ~ 9 日，台湾研究所与全国台湾研究会、中华全国台湾同胞联谊会在贵州省贵阳市共同举办"第二十一届海峡两岸关系学术研讨会"。会议对马英九第二任期对外政策走向及台美、台日关系进行了分析。

（5）2012 年 9 月 7 ~ 11 日，台湾研究所在四川省成都市举办"台湾政局与两岸关系发展走向研讨会"。会议就两岸政治议题进行了探讨。

（6）2012 年 10 月 31 日，台湾研究所在北京与国务院侨办、民革等单位联合举办"东海、南海涉台问题学术研讨会"。会议就台当局东海、南海问题政策等议题进行了研讨。

2. 国际学术交流与合作

2012 年，台湾研究所共派遣出访 15 批 40 人次，接待来访 160 批 700 人次。与台湾研究所开展学术交流的国家有美国、俄罗斯、英国、日本、德国、加拿大、澳大利亚、韩国、新加坡等。

（1）2012 年 1 月 16 日，台湾研究所副所长朱卫东与新加坡使馆参赞郭宝发等在台湾研究所就当前台湾局势进行了探讨。

（2）2012 年 2 月 10 日，台湾研究所副所长谢郁、经济室研究员王建民与美国 Karl 教授在台湾研究所就中美关系及两岸关系进行交流。

（3）2012 年 3 月 10 日，台湾研究所所长余克礼、副所长张冠华与全日本华侨华人中国和平统一促进会访问团一行 11 人在台湾研究所就两岸关系发展趋势进行了交流。

（4）2012 年 6 月 5 日，台湾研究所所长余克礼，副所长张冠华、谢郁等与新加坡新任驻华大使罗家良等在台湾研究所就台湾政局及两岸关系进行探讨。

（5）2012 年 8 月 21 日，台湾研究所所长余克礼与美国东西方研究所代表团一行在台湾研究所就两岸关系、美台关系交换意见。

（6）) 2012 年 9 月 21 日，台湾研究所副所长谢郁与美国纽约亚美文化协会会长黄哲操等在台湾研究所就美台关系交换看法。

3. 与中国台湾开展的学术交流

（1）2012 年 2 月 11 日，台湾研究所所长余克礼、政治室主任刘佳雁、经济室主任朱磊等与台湾大学"国发所"所长周继祥、教授周明通等为团长的师生访问团一行 20 余人在台湾研究所就台湾政局与两岸关系进行交流。

（2）2012 年 2 月 20 日，台湾研究所副所长张冠华与台湾工业技术研究院产业经济研究中心主任张超群、知识经济与竞争力研究中心杜紫辰、政治大学经济系教授林祖嘉等在台湾研究所就台湾经济形势与两岸关系进行交流。

（3）2012 年 3 月 6 日，台湾研究所副所长张冠华、经济室主任朱磊等与台湾金融研究院金融研究所副所长李智仁等一行 4 人在台湾研究所就两岸经济合作等议题交换意见。

（4）2012 年 3 月 22 日，台湾研究所所长余克礼、副所长张冠华与台湾《联合报》社长项国宁、总主编黄平、大陆特派巡视员王玉燕等人在台湾研究所就岛内政局及两岸定位等问题进行交谈。

（5）2012 年 4 月 11 日，台湾研究所所长余克礼与赖连金理事长率领的台湾中华资深记者协会访问团一行 20 余人在台湾研究所就新形势下两岸关系发展前景等议题进行交谈。

（6）2012 年 6 月 14 日，台湾研究所所长余克礼及政治室、综合室、经济室主要研究人员与台湾私立学校文教协会理事长吴联兴一行 30 余人在台湾研究所就两岸经济文化交流议题进行讨论。

（7）2012 年 7 月 17 日，台湾研究所所长余克礼、副所长张冠华及政治室、经济室有关研究人员与台湾宜兰县县长林聪贤在台湾研究所就两岸经贸问题进行交谈。

（8）2012 年 8 月 18 日，台湾研究所所长余克礼，副所长张冠华、谢郁与台湾亚太和平研究基金会副执行长陈一新在台湾研究所就台湾局势及两岸关系交换意见。

（9）2012 年 9 月 6 日，台湾研究所副所长张冠华与台湾中华经济研究院展望中心主任刘孟俊率领的访问团在台湾研究所就台湾经济与两岸经贸合作等问题进行交流。

（四）期刊

（1）《台湾研究》（双月刊），主编张冠华。

2012 年，《台湾研究》共出版 6 期，共计 69 万字。该刊全年刊载的有代表性的文章有：朱卫东的《对进一步增进两岸政治互信的战略思考》，张冠华的《加强金融合作 促进两岸企业转型升级》，修春萍的《马英九当局"活路外交"问题探析》。

（2）《台湾周刊》，主编朱卫东。

2012 年，《台湾周刊》共出版 50 期，共计 175 万字。该刊全年刊载的有代表性的文章有：吕存诚的《2011 年两岸关系回顾》，陈轩安的《2011 年台湾政局回顾》，张华的《马英九实现连任的原因及影响》，王敏的《2011 年两岸经贸关系回顾与展望》，熊俊莉的《2011 年台湾经济回顾与展望》，陈桂清的《台当局南海政策的演变脉络及特点》等。

（五）会议综述

民进党发展现状及两岸政策走向研讨会

2012 年 7 月 29 日至 8 月 3 日，中国社会科学院台湾研究所在吉林省延吉市举办了"民进党发展现状及两岸政策走向研讨会"。民进党"新潮流系"代表人物、前海基会董事长洪奇昌、民进党中央前秘书长王拓、民进党"中国政策顾问团"成员杨志恒等绿营学者参加会议。中国社会科学院台湾研究所所长余克礼主持会议。

会议主要讨论了岛内政局发展现状、民进党两岸政策调整评估、两岸关系发展趋势等三个议题，同时分析了美、日以及台湾地区"国际空间"等因素对台湾选举的影响。

（尹茂祥）

台湾政局与两岸关系发展走向研讨会

2012 年 9 月 7 ~ 11 日，中国社会科学院台湾研究所在四川省成都市主办了"台湾政局与两岸关系发展走向研讨会"。台湾大学名誉教授张麟徵、台湾大学"国家发展研究所"教授周继祥、铭传大学教授暨台湾大陆研究学会理事长杨开煌、台湾大学政治系教授许庆复、台湾大学社会科学院副院长陈正仓、成功大学政治经济研究所副教授周志杰等参加了会议。中国社会科学院台湾研究所所长余克礼主持会议。

会议主要讨论了四个议题：马英九当局执政现状及发展新态势、民进党两岸政策调整评估、马英九当局大陆政策走向、未来两岸政治关系发展前景评估等。与会专家学者在深化两岸关系、和平发展等方面提出了很多具体建议，对于充分认识岛内政局和两岸关系发展的复杂性具有参考价值。

（尹茂祥）

经济学部

经济研究所

（一）人员、机构等基本情况

1. 人员

截至 2012 年年底，经济研究所共有在职人员 131 人。其中，正高级职称人员 40 人，副高级职称人员 36 人，中级职称人员 24 人；高、中级职称人员占全体在职人员总数的 76%。

2. 机构

经济研究所设有：政治经济学研究室、宏观经济学研究室、微观经济学（公共经济学）研究室、经济增长理论研究室、中国经济史研究室、中国现代经济史研究室、经济思想史（发展经济学）研究室、当代西方经济理论研究室、《经济研究》编辑部、《经济学动态》编辑部、《中国经济史研究》编辑部、《中国城市年鉴》编辑部、网络中心、图书馆、办公室、科研处和人事处。

3. 科研中心

经济研究所院属科研中心有：中国社会科学院上市公司研究中心、中国社会科学院全球契约研究中心、中国社会科学院欠发达经济研究中心、中国现代经济史研究中心、中国社会科学院民营经济研究中心；所属科研中心有：中国社会科学院经济研究所决策科学研究中心、中国社会科学院经济研究所经济转型与发展研究中心、中国社会科学院经济研究所公共政策研究中心。

（二）科研工作

1. 科研成果统计

2012 年，经济研究所共完成专著 13 种，418.6 万字；论文 120 篇，129.8 万字；研究报告 16 篇，52.1 万字；译著 1 种，31.9 万字。

2. 科研课题

（1）新立项课题。2012 年，经济研究所共有新立项课题 49 项。其中，国家社会科学基金课题 10 项："加快经济结构调整与促进经济自主协调发展研究"（张平主持），"快速增长过程中的风险累积与防范：转变发展方式研究的存量视角"（张晓晶主持），"中华人民共和国经济史（1958～1965）"（董志凯主持），"中国城市化模式、演进机制和可持续发展研究"（张自然主持），"推进社会主义民主政治建设的经济学分析"（刘剑雄主持），"商业账簿整理与清代至民国时期社会经济史研究"（袁为鹏主持），"非合理性行业收入差距的成因与测度研究"（武鹏主持），"《经济研究》期刊"（裴长洪主持），"《中国经济史研究》期刊"（刘兰兮主持），"中国区域经济差距和区域开发政策的研究"（于文浩主持）；国家自然科学基金课题1项："微观视角下我国公共养老金制度的性别影响研究"（金成武主持）；创新工程"长城学者资助计划"项目3项："中国经济思想史学科创新研究"（叶坦主持），"中国经济改革和发展的政治经济学分析：利益集团视角"（胡家勇主持），"企业理论：解释为什么市场经济中的企业是资本雇佣劳动，解释许多人共同工作的企业形成的原因"（左大培主持）；院重点课题5项："国家粮食安全战略制约下的农民自主发展研究"（安东建主持），"中国经济发展方式转变、金融结构调整和金融宏观审慎监管改革"（张磊主持），"西部绿洲传统农业发展与生态环境演变的历史考察"（苏金花主持），"为何居民感受不到收入水平的提高"（姚宇主持），"建立扩大内需长效机制——基于城市化发展方式分析"（陈昌兵主持）；院国情调研重点课题6项："内蒙古牧区乡村的社会保障状况"（姚宇主持），"经济结构调整中的文化产业发展——以河南安阳为例"（李成主持），"我国农民合作经济组织发展调查——山东省寿光市"（贾利主持），"新农村建设中的农村公共品供求研究——以刘营村为例"（樊果主持），"东北老工业基地企业经济调查——以鞍山钢铁集团公司为个案"（封越建主持），"中部崛起中的红色旅游、文化振兴与经济发展——陕西省山阳县漫川关镇调研"（彤新春主持）；院国情考察课题1项："河北省武安市经济社会发展现状考察报告"（裴长洪主持）；院国情调研重大课题5项："大城市周边特色农业与农村经济组织发育——天津市蓟县出头岭镇经济发展调查"（杨新铭主持），"贫困山区的脱贫之路——贵州省威宁县麻乍乡调研"（程锦锥主持），"湖北省麻城市福田河镇国情调研"（张自然主持），"苏北蚕桑第一镇的发展之路：江苏省新沂市合沟镇经济社会调研"（黄英伟主持），"以工促农转型发展生态之路——山东省五莲县松柏镇调研"（彤新春主持）；院青年科研启动基金课题3项："不完全市场研究"（郭路主持），"利率市场化的影响研究"（王佳主持），"服务外包产业升级与制造业转换的耦合效应研究"（程蛟主持）；研究室建设课题4项："政治经济学基本理论问题研究"（胡家勇主持），"快速增长过程中的风险累积与防范：转变发展方式研究的存量视角"（张晓晶主持），"国有资产管理体制演变研究"（朱恒鹏主持），"经济所网站信息组织管理"（吴裕宪主持）；所重点课题5项："我国经济结构调整问题研究"（刘霞辉主持），"国际金融危机与货币政策"（赵志君主持），"博士后管理创新与人才培养"（张凡主持），"当前宏观经济热点问题分析"（裴长洪主持），"中国经济史学术史研究"（封越建主持）；院交办课题6项："'十二五'时期提高对外开放水平的挑战和对策建议"（裴长洪主持），"全国领导干部选拔考试理论素养试题开发"（裴长洪主持），"'十二五'时期坚持和完善社会主义初级阶段基本经济制度研究"（张平主持），"宏观经济跟踪分析"（张平主持），"当前经济体制改革研究"（张平主持），"对西方社会新一轮资本主义反思的研究"（杨春学主持）。

（2）结项课题。2012年，经济研究所共有结项课题46项。其中，国家社会科学基金课题5项："中国城乡市场长期发展研究"（吴承明主持），"腐败治理与中介组织规范研究"（林跃勤主持），"中国经济快速增长时期的动力、源泉与模式研究"（袁富华主持），"明清农业史资料"（陈树平主持），"康藏地区公共服务供给与惠民政策对于减少极端贫困的作用"（杨春学主持）；院重大子课题1项："中国经济重大问题跟踪分析"（杨春学主持）；院重大课题1项："中国经济可持续增长机制研究"（刘霞辉主持）；院青年科研启动基金课题6项："信贷条件变动的就业效应研究"（陆梦龙主持），"基本药物制度的经济学分析"（程锦锥主持），"声誉机制及其应用研究"（杜创主持），"城乡统筹与城乡基本公共服务均等化的机制研究"（陈雪娟主持），"后金融危机时代的女大学生就业——基于北京市的调研访谈"（何伟主持），"汇率风险与国际贸易：以亚洲为例"（李成主持）；院国情调研考察课题1项："河北省武安市经济社会发展现状考察报告"（裴长洪主持）；院国情调研重大课题（乡镇调研第二批）4项："城乡一体化与建制镇经济"（陈雪娟主持），"中国基层经济单位党的组织致富带富表率作用调研——山东省典型乡镇跟踪调查"（李群主持），"大都市周边乡镇的发展之路——北京市南磨乡调研"（李钢主持），"广东省河源市城区埔前镇调研"（香伶主持）；院交办委托课题7项："宏观形势跟踪分析与对策研究"（张平主持），"2011年经济基础理论研究报告"（裴长洪主持），"收入流动性研究"（朱玲主持），"保障基本民生与促进市场化发展"（朱玲主持），"全球新均衡的建立与中国的发展机遇"（张晓晶主持），"中国国民资产负债表与主权风险研究"（张晓晶主持），"马克思主义经济危机理论再研究"（裴小革主持）；所重点课题21项："第14届全国政治经济学研讨会"（胡家勇主持），"目前的财政支出问题研究"（钱津主持），"保障性住房融资机制探索"（汪利娜主持），"中国城市化问题探讨"（王振中主持），"农业经济结构调整与经济发展转变"（贾利主持），"农用土地用途管制研究"（安东建主持），"增长动力转换及其对宏观稳定影响"（张晓晶主持），"国有公用事业企业资产现状研究和国有企业资产管理研究"（朱恒鹏主持），"中国营养发展的经济影响"（魏众主持），"转变经济发展方式的若干基本理论问题研究"（裴小革主持），"中国经济结构调整问题研究和'十二五'期间中国的增长问题"（刘霞辉主持），"中国传统经济评价"（魏明孔主持），"中国经济史研究追踪"（高超群主持），"我国投资结构调整与经济结构变迁的历史探索"（董志凯主持），"中国现代经济史研究前沿问题追踪"（徐建青主持），"经济理论动态追踪"（郑红亮主持），"后危机时代国际资本流动新趋势研究"（裴长洪主持），"2011年学术研讨会论文集编辑整理"（周济主持），"国内外经济动态"（王砚峰主持），"人才队伍建设研究"（张凡主持），"最新论文数据库与网上学术交流"（吴裕宪主持）。

（3）延续在研课题。2012年，经济研究所共有延续在研课题47项。其中，国家社会科学基金课题9项："社会主义初级阶段基本经济制度研究"（裴长洪主持），"城市化、积聚效应与可持续增长"（陈昌兵主持），"转变经济发展方式的创新劳动理论研究"（裴小革主持），"农民工市民化的障碍与途径：个体决策与政策选择"（王震主持），"中国经济理论发展史——以传统经济范畴为中心"（叶坦主持），"中国古代农业、农村与农民研究"（李根蟠主持），"城乡收入差距形成机制研究"（杨新铭主持），"19 世纪上半期的中国经济总量估值研究"（史志宏主持），"农村非农就业问题调查研究"（隋福民主持）；国家自然科学基金课题 2 项："劳动力市场表现、收入差距与贫困：对非正规就业的经验分析"（邓曲恒主持），"寻找企业边界的均衡点：规模与效率"（刘小玄主持）；院重大、重点课题 7 项："宏观分配格局的宏观和微观视角"（魏众主持），"中国近代经济史（1937～1949）"（王洛林主持），"1966～1976 中华人民共和国经济档案资料研究"（刘国光、董志凯主持），"鸦片战争前的中国经济总量估值"（史志宏主持），"中国计划经济时期的金融研究"（赵学军主持），"政府内部激励机制研究"（陈健主持），"中国传统经济转型研究"（魏明孔主持）；院国情调研重大课题、重大（推荐）课题 4 项："中国乡镇调研"（刘树成、吴太昌主持），"国有资产现状与问题调研"（左大培、钟宏武主持），"无锡、保定农村调查：1998～2010 年农业收支状况"（刘兰兮、赵学军主持），"沙洲坝村、叶坪村农地产权制度变迁与农村经济结构更新：基于土地使用权流转的考察"（陆梦龙主持）；院国情调研重点课题 1 项："腾笼换鸟战略与内地县域企业演化——江西省泰和县工业园区考察"（谢志刚、王瑶主持）；院基础研究课题 4 项："企业权威关系研究"（赵农主持），"经济增长与和谐社会的国民福利"（赵志君主持），"中国近代合伙企业研究"（封越建主持），"中国企业劳动管理制度研究：由传统向现代的演化"（王小嘉主持）；院青年学者发展基金资助课题 3 项："现代奥地利学派企业组织演化理论研究"（谢志刚主持），"中国城乡收入差距代际传递机制研究"（杨新铭主持），"我国社会医疗保险改革及其对居民健康行为的影响研究"（王震主持）；院青年科研启动基金课题 1 项："地方公共品供给机制研究及中外实践经验对比"（樊果主持）；参加工经所、农发所国情调研重大课题 5 项："青岛港创新发展与公司战略调研报告"（吴延兵主持），"江苏靖江亚星锚链股份有限公司的治理与发展"（剧锦文主持），"辽宁省阜蒙县平安地镇干沟子村国情调研"（隋福民主持），"兰州市雁滩张苏滩村调研——西部地区农村城市化个案研究"（苏金花主持），"湖南省遂宁县动雷村国情调研"（林刚主持）；院交办委托课题 3 项："经济学名词审定"（王振中主持），"1966～1976 中华人民共和国经济档案资料研究"（刘国光、董志凯主持），"从经济理论到经济政策：宏观经济政策学研究"（张晓晶主持）；院学术名刊建设课题 3 项："《经济研究》名刊建设"（王诚主持），"《经济学动态》名刊建设"（周学主持），"《中国经济史研究》名刊建设"（封越建主持）；重点学科建设课题 5 项："政治经济学学科"（胡家勇主持），"宏观经济学学科"（张晓晶主持），"发展经济学学科"（魏众主持），"中国经济史学科"（魏明孔主持），"中国现代经济史学科"（徐建青主持）。

3. 获奖优秀科研成果

2012 年，经济研究所评出"第八届中国社会科学院经济研究所优秀科研成果奖"29 项。分别是：专著类一等奖 5 项：裴长洪主编的《共和国对外贸易 60 年》，张平、刘霞辉主编的《中国经济增长前沿》，刘小玄的《奠定中国市场经济的微观基础》，赵学军的《中国商业信用的发展与变迁》，刘剑雄的《财政分权、政府竞争与政府治理》；论文类一等奖 7 项：杨春学的《和谐社会的政治经济学基础》，刘克祥的《近代农村钱庄的资本经营及其特征——近代农村钱庄探索之二》，赵人伟的《中国渐进式经济改革的成效与挑战》，"中国经济增长与宏观稳定"课题组（执笔人：陈昌兵、张平、刘霞辉、张自然）的《城市化、产业效率与经济增长》，赵志君、陈增敬的《大国模型与人民币汇率评估》，"中国经济增长与宏观稳定"课题组（执笔人：张晓晶、汤铎铎、林跃勤）的《全球失衡、金融危机与中国经济的复苏》，朱恒鹏的《医疗体制弊端与药品定价扭曲》；学术资料类一等奖 1 项：经济研究所主编（封越建、王砚峰主持）的《清代道光至宣统间粮价表》；专著类优秀奖 6 项：裴小革的《财富的道路——科学发展观的财富基础理论研究》，隋福民的《创新与融合——美国新经济史革命及对中国的影响（1957~2004）》，香伶的《养老社会保险与收入再分配》，经君健的《清代社会的贱民等级》，邓曲恒的《教育、收入增长与收入差距：中国农村的经验分析》，胡家勇的《浙江省温岭市泽国镇经济社会调研报告》；学术资料类优秀奖 1 项：魏明孔的《中国经济史研究前沿》（第 1 辑）；论文类一等奖 9 项：董志凯的《我国农村基础设施投资的变迁（1950~2006）》，"中国经济增长与宏观稳定"课题组（执笔人：刘霞辉、张磊、张平、王宏淼）的《金融发展与经济增长：从动员性扩张向市场配置的转变》，吴延兵的《自主研发、技术引进与生产率》，叶坦的《中日近世商品经济观及其现代价值——以石门心学和浙东学派为中心》，"中国经济增长与宏观稳定"课题组（执笔人：汪红驹、张晓晶）的《外部冲击与中国的通货膨胀》，杨新铭的《农村人力资本形成模式：以天津为例——基于 2003 年天津农村家户调查数据的实证分析》，袁富华的《中国制造业资本深化和就业调整——基于利润最大化假设的分析》，汪利娜的《美国金融危机：成因与思考》，熊必俊的《老年人才资源开发的理论与实践》。

4. 创新工程的实施和科研管理新举措

根据院创新工程办公室的通知，经济研究所申报进入 2012 年创新工程的 9 个创新项目通过评审，9 个项目分别是："经济制度比较研究"（首席研究员杨春学），"中国收入分配政策与制度研究设计"（首席研究员魏众），"公共经济学研究室学科建设"（首席研究员朱恒鹏），"企业创新和市场结构：经济结构的最优化路径"（首席研究员刘小玄），"中国宏观经济监测与政策研究"（首席研究员张晓晶），"中国经济增长数据库与应用研究"（首席研究员刘霞辉），"工业化、城镇化进程中农户经济的转型研究——以近百年来无锡、保定 22 村农户为案例"（首席研究员赵学军），"经济学理论前沿问题跟踪研究"（首席研究员王诚），"中国城市创新能力科学评价研究"（首席研究员旷建伟）。

在 9 个创新项目中，共有 40 位不同层级的拟进岗人员获得院有关部门批准。按照院哲学社会科学创新工程人事管理办法，所有进岗人员在 2012 年全所暑期工作会议上，分别同首席管理和首席研究员签署了聘任协议书。聘任协议书有效期一年。

为加强对创新项目研究的管理，探索方法，积累经验，经济研究所有针对性地制定和修改了多项管理规定。其中主要有《经济研究所创新项目月度进展情况调查表》《经济研究所创新项目月度进展情况统计表》《经济研究所关于实施创新工程相关事项的规定》《经济研究所研究人员年度考核标准》《经济研究所关于加强业务学习和规范科研管理工作的若干规定》以及《经济研究所财务管理规定》等。

（三）学术交流活动

1. 学术活动

2012 年，经济研究所主办和承办的学术会议有：

（1）2012 年 1 月 14 日，《经济学动态》杂志社和北京大学中国都市经济研究基地联合主办的"第二届宏观经济与房地产市场研讨会（2012）"在北京召开。会议研讨的主要问题有"我国宏观经济的新特点""经济增长与结构调整""近几年的宏观调控走势""宏观经济政策预期""宏观经济供给管理政策""房地产市场限购限价"。

（2）2012 年 4 月 23～24 日，经济研究所主办、山西大学承办的"中国政治经济学论坛第十四届年会"在山西大学召开。会议研讨的主要问题有"中国经济社会发展的阶段性特征""转换经济发展方式""缩小收入分配差距和公平发展""政府职能转换""构建和谐劳资关系""资源型经济转型以及跨越中等收入陷阱的国际经验"。

（3）2012 年 5 月 12 日，《经济研究》编辑部和西南财经大学联合主办的"2012 产业经济与公共政策论坛"在四川省成都市举行。会议研讨的主要问题有"经济转型与良性创新""市场竞争与定价机制""产业政策与产业经济""房地产行业与政府及企业行为""食品安全与质量标准""公共政策与市场效率"。

（4）2012 年 6 月 2 日，《经济研究》编辑部和重庆大学经济与工商管理学院共同主办的"经济增长转型与资本市场发展研讨会"在重庆举行。会议研讨的主要问题有"经济增长与产业发展""区域经济与资本市场""公司治理与投融资""证券投资与金融市场"。

（5）2012 年 6 月 16～17 日，经济研究所与首都经济贸易大学、《经济研究》杂志社、《经济学动态》杂志社、香港经济导报社、中国经济实验研究院等单位联合主办的"第六届中国经济增长与周期国际高峰论坛"在北京举行。会议研讨的主要问题有"我国宏观经济低位运行的现状、原因以及未来几年的经济走势""如何推进结构性调整与经济转型""加强政府职能""经济稳定与增长速度的高低及其路径问题"。

（6）2012 年 6 月 23～24 日，《经济研究》编辑部和浙江大学经济学院、山东大学经济研究院（中心）、西南政法大学经济学院联合主办的"第十届中国法经济学论坛"在重庆举行。会议研讨的主要问题有"法经济学的理论与历史""财产与合同""侵权与犯罪""公司与金融""政府与规制"。

（7）2012 年 7 月 28～29 日，《经济学动态》杂志社和安徽财经大学与公共管理学院联合主办的"转型时期公共政策与收入分配：政策选择与制度创新学术研讨会"在安徽省合肥市举行。会议研讨的主要问题有"转型期收入差距的特点""收入差距与经济增长的关系""抑制收入差距的财税政策"。

（8）2012 年 9 月 22～23 日，《经济研究》编辑部、北京大学光华管理学院、武汉大学高级研究中心联合主办的"中国青年经济学者论坛"在天津举行。会议研讨的主要问题有"宏观经济理论与政策""微观经济理论的发展和应用""金融理论与实践以及中国经济问题"。

2. 国际学术交流与合作

2012 年，经济研究所共派遣出访 38 批 66 人次，接待来访问 24 批 78 人次。其中，院级协议项目 6 项，跟随院团组出访 2 项，所级协议项目及所组团出访 8 项，创新工程出访 3 项，其余为学者个人进行学术访问、参加国际会议、研讨会及参与合作研究等。经济研究所学者主要赴日本、南非、美国、加纳、西班牙、韩国、瑞士、德国、英国、芬兰、津巴布韦、新西兰、匈牙利、澳大利亚、新加坡等国家进行访问。

在所组团出访活动中，由经济研究所所长裴长洪为团长的一行 4 人访问匈牙利，首次执行经济研究所与匈牙利 Századvég 经济研究公司签署的合作协议。在匈方组织的研讨会上，裴长洪就中国宏观经济形势问题作了发言，魏众、常欣和王震分别就中国的农业、中国对外贸易发展及规则环境的变化以及中国社会保障问题与匈牙利的学者进行了交流。

（四）学术期刊

（1）《经济研究》（月刊），主编裴长洪。

2012 年，《经济研究》共出版 14 期（包括两期增刊《消费金融》《青年学者论坛》），共计 420 万字。该刊全年刊载的有代表性的文章有：谢康的《中国工业化与信息化融合质量：理论与实证》，白重恩等的《医疗保险与消费：来自新型农村合作医疗的证据》，李扬等的《中国主权资产负债表及其风险评估》，陈诗一等的《中国各地低碳经济转型进程评估》，龚刚等的《储备型汇率制度：发行非国货币的发展中国家之选择》。

（2）《经济学动态》（月刊），主编杨春学。

2012 年，《经济学动态》共出版 12 期，共计 360 万字。该刊全年刊载的有代表性的文章有：刘树成的《不可忽视 GDP——当前中国经济走势分析》，刘伟的《我国现阶段财政与货币政策组合的成因、特点及效应》，邓子基等的《政府公共支出的经济稳定效应研究》，张车伟的《中国劳动报酬份额变动与总体工资水平估算及分析》，张平的《"结构性"减速下的中国宏观政策与制度机制选择》。

（3）《中国经济史研究》（季刊），主编刘兰兮。

2012 年，《中国经济史研究》共出版 4 期，共计 120 万字。该刊在栏目设置上作了一些改变，除每期首栏重点论文外，减少原有的各种专题栏目，归并为"专题论文"栏，但保留了"青年论坛""读史札记""学术综述""书评"等栏目。该刊全年刊载的有代表性的文章有：方行的《清代前期经济运行概述》，吴承明的《关于传统经济的通信》，史志宏的《十九世纪上半期的中国粮食亩产及总产量再估计》，范金民的《明代嘉靖年间日本贡使的经营活动》。

（五）会议综述

第二届宏观经济与房地产市场研讨会（2012）

2012 年 1 月 14 日，由中国社会科学院经济研究所《经济学动态》杂志社和北京大学中国都市经济研究基地联合主办的"第二届宏观经济与房地产市场研讨会（2012）"在北京召开。来自全国高等院校的数十位专家学者出席了研讨会。研讨会的主题是"宏观经济政策的预期与经济增长及对房地产市场的政策影响"。

北京大学副校长刘伟教授就我国经济增长的新特点和宏观调控问题进行了阐述。他认为，中国经济增长处于转型的历史阶段，在"十二五"末，经济增长速度有可能从 10% 左右的高速增长阶段转向 8% 左右的中速增长阶段。这种变化不是源自外部的经济危机冲击，也不是一种短期的波动，而将是一种长期的趋势。中国社会科学院经济研究所副所长、《经济学动态》杂志社社长杨春学研究员认为，现代服务业是支持经济发展的重要产业之一。现代服务业可分为两类，一类是直接为制造业服务的部分；另一类是间接为制造业服务的部分。我国目前的现代服务业，如金融、电信等，完全是国有企业在垄断经营，为了让现代服务业更好地为经济发展服务，应该逐步开放对现代服务业市场的准入机制，不断增加该市场的竞争性。

北京大学校长助理黄桂田教授认为，2007～2011 年，是中国改革开放以来宏观调控目标、手段、方向转变最频繁的 5 年。宏观政策方向变动频繁，基本上每年变动一次。这样的宏观调控政策对中国经济究竟产生了什么深远影响是值得深思的。

北京大学国民经济核算与经济增长研究中心副主任蔡志洲研究员认为，经济增长是解决各种社会矛盾的基础。从长期来看，我国 20 世纪 80 年代经济增长率平均为每年 8%，90 年代和过去 10 年平均为 10%，而欧洲、美国经济增长率很低，因此缺乏增量来解决不断累积的社会矛盾，当然其经济不会崩溃，也不会大幅增长。

中国社会科学院经济研究所副研究员胡怀国认为，好的政策应该是可预期的，应该具有明确的信号作用，应该有助于稳定微观市场主体的预期。近几年，我国出台了一系列房地产调控措施，有些措施并不利于稳定微观市场主体的预期。

北京大学经济学院教授李绍荣认为，在房地产市场中，消费者和投资者各占一定的比例，只有绝大部分是消费者或绝大部分是投资者时，房地产价格才是稳定的，否则房地产价格会有大的波动，都需要调控。

北京大学经济学院教授王大树认为，我国的宏观经济政策很难给经济以稳定清晰的预期，最终难以达到经济政策的目的。对于日本经济过去20年停滞不前，为何人民生活水平还得以维持的问题，王大树认为，GDP是国内生产总值，日本经济增长停滞后，其国内经济空心化，日本产业大量海外化，这一部分的增长无法体现在GDP中，但确实对日本经济起到支持作用。此外，日本的汇率上升，也使其国民财富增加，而且在"二战"后，日本产业结构早已完成工业化，人口已经知识化，加上日本人口长期负增长，这些也都是日本能够在长期处于经济增长停滞阶段还能够维持国民生活水平的原因。

（经　科）

中国政治经济学论坛第十四届年会

2012年4月23～24日，由中国社会科学院经济研究所主办、山西大学承办的"中国政治经济学论坛第十四届年会"在山西大学召开。来自全国部分科研院所和高等院校的100多位专家学者参加了论坛年会。年会的主题是"跨越中等收入陷阱：从中等收入国家迈向高收入国家"。

（1）关于"中等收入陷阱"的一般理论探讨。中国人民大学教授卫兴华指出，不仅存在"中等收入陷阱"，还存在"低收入陷阱"和"高收入陷阱"，要科学对待"中等收入陷阱"这一概念。山西大学教授杨军对世界上100多个国家战后经济发展路径进行了分析，认为，"中等收入陷阱"是当一个国家人均收入达到中等水平后，由于经济发展方式转变缓慢，持续增长动力不足而出现经济增长回落或停滞，不能进一步向高收入国家迈进的现象。郑州大学教授杜书云认为，"中等收入陷阱"的本质是经济增长问题，是经济发展特定阶段的一种可能的动态"均衡"状态或"胶着"状态，具有相对性。一个经济体跨越"中等收入陷阱"可以通过增加经济发展动力和减小经济发展阻力两方面手段来实现。

（2）缩小收入差距与跨越"中等收入陷阱"。中国社会科学院副研究员杨新铭认为，中国金融发展客观上起着拉大城乡收入差距的作用，原因在于当前城乡之间的产业差异以及各种制度性障碍使得非农化与城镇化进程相脱节，农村居民越来越不适应城镇非农产业发展的需要，农村第一产业生产效率难以得到提高。城乡收入差距的缩小需要各方面政策的落实，也需要城镇化、非农化以及城乡一体化的协同发展，在逐渐消除城乡二元经济与社会结构的基础上，城乡收入差距才能逐渐缩小，并最终保持在一个合理的水平。清华大学高宏和熊柴博士基于

VAR 模型对我国 1990～2010 年财政分权、城市化与城乡收入差距之间的动态关系进行了系统研究，认为，财政分权在短期内会导致城乡收入差距扩大，而在长期内能够缩小城乡收入差距，城市化水平的提高会导致城乡收入差距的扩大。

（3）制度建设与跨越"中等收入陷阱"。武汉大学教授邹薇等通过构建多层次模型考察了"群体效应"影响个体生活水平和区域间收入不平等的动态变化，进而导致我国农村区域性贫困陷阱的路径，认为，在经济发展水平较低的地区或时期，采用普适性的扶贫政策，通过"群体效应"达到减贫效果；随着经济发展的推进，则应更多地采用瞄准性的扶贫开发政策，以促进个体能力开发和人力资本积累。中国社会科学院经济研究所研究员胡家勇通过对地方政府土地财政的调研，认为，土地收益分配制度改革的重点不是将土地升值收益收归上一级政府，而是应尽快将土地出让收入纳入正规的地方政府预算管理，提高土地出让收入及其使用的透明度和规范性。而解决地方政府与原土地使用者的利益矛盾，一是要真正确立农民作为土地长期使用者的地位，并真正赋予他们"准所有者"的资格；二是以"资本"看待土地，改变目前的耕地补偿费形成机制；三是更清晰地界定征地过程中的"公共利益"，不能让商业利益侵害农民利益。

（4）跨越"中等收入陷阱"的国际经验比较。中国社会科学院经济研究所研究员杨春学通过分析美国近百年的经济发展历程，认为，收入分配的变化并不完全是市场力量自发作用的结果，在讨论收入公平分配问题时，必须为自己的价值观而战斗，而且这种战斗不能依赖于道德观的激愤，思想只有通过影响政治家的决策才能改变现实。河南师范大学副教授乔俊峰认为，社会不均等会严重威胁社会稳定，进而影响经济的持续增长。韩国在跨越"中等收入陷阱"时，充分发挥了就业、教育、税收和社会保障等一系列与经济发展相适应的社会均等化政策，从而实现了与高速增长同时的社会均等化发展。

（经　科）

经济增长转型与资本市场发展研讨会

2012 年 6 月 2 日，由中国社会科学院经济研究所《经济研究》编辑部和重庆大学经济与工商管理学院共同主办的"经济增长转型与资本市场发展研讨会"在重庆大学召开。来自全国高等院校和研究机构的 50 余位专家学者出席了研讨会。会议的主题是"经济增长转型和资本市场发展的相关理论及实践"。

（1）经济增长与产业发展。李善民和李昶构建了一个将 FDI 投资者采取灵活进入策略纳入到绿地投资和跨国并购这两类外商直接投资进入东道国模式的分析框架，使用三阶段实物期权模型分析了影响 FDI 进入模式的相关因素。杨俊和盛鹏飞建立了一个环境污染对劳动供给影响的理论分析框架，并利用 ARDL 方法建立了面板误差修正模型，最后采用 PMG、MG 和 DFE

方法进行实证研究发现：环境污染在短期对劳动供给有显著的负效应，而从长期来看，环境污染对劳动供给的影响则呈现出显著的倒"U"型关系；劳动者收入水平的提高在短期会对环境污染作用于劳动供给的负效应有一定的缓解作用，但是从长期来看，收入水平的提高会加剧环境污染对劳动供给的负效应。

（2）区域经济与资本市场。陈立泰和王鹏建立了一个包含税收变量的"中心—外围"模型，分析了税率变化对产业集聚的影响，并使用全国29个省市1990～2010年的数据，检验了税收对产业集聚的影响程度。孙永平、叶初升从资源丰裕度和资源依赖度两个角度，分析了自然资源对产业结构合理化、多元化和高级化三个维度的影响。李程宇和张学慧认为，在现实世界中，市场主体也会有自发的竞合行为，一项好的制度设计，应该能够实现市场自身的演化路径和经济调整的目标路径间的趋同与一致。区域经济的发展，实际上是其主导产业与非主导产业自发形成的竞合演化的结果，然而，当市场自发的演化结果有可能不利于居民的福利时，就需要政府的合理调控与干预。邓晶和李红刚建立了一个包括银行和企业的网络经济模型，在考虑银行与企业之间的金融信贷关系、银行与银行之间的同业拆借关系基础上，研究了经济网络结构对系统性风险和经济波动的影响。

（3）证券投资与金融市场。徐浩峰对基金期末净值周期性的超常变化进行了研究。他发现，期末机构投资者交易超常变化与内在价值变动无关，并且信息透明程度较差会造成更高的机构投资者的超常买入、超常卖出。这说明了信息透明度较差的证券，成为了机构投资者通过超常交易赚取证券价差的标的，并且这一现象在季度的最后一个交易日更为严重。王创发和孙天琦提出基于散户角度的衡量证券分析师荐股的投资价值的标准，并采用事件研究法考察了2004～2011年的所有证券分析师的股票推荐。研究发现，证券分析师在荐股时较少考虑大盘趋势的影响，鉴于大盘趋势对于个股价格所具有的决定性影响，散户在考虑是否接受分析师的操作建议前，应当先判断大盘趋势。王博、王伟和文艺重点关注了中国保险产业的发展，从人寿保险、财产保险和保险业整体三个层面对我国保险市场的驱动因素进行了经验分析。他们的研究发现，当前中国寿险市场和财产险市场的驱动因素存在较为明显的差异，整体保险市场驱动因素同寿险市场相类似。金融发展对寿险市场和整体保险市场发展的促进效果明显，而对财产险市场的影响并不显著。收入差距变量对人寿保险市场和整体保险市场的影响为负，但对财产险市场的影响并不显著。

（经　科）

第六届中国经济增长与周期国际高峰论坛

2012年6月16～17日，由中国社会科学院经济研究所、首都经济贸易大学、《经济研究》杂志社等单位联合主办的"第六届中国经济增长与周期国际高峰论坛"在北京召开。200多位来自国内外部分高校、研究机构的专家学者出席了论坛。论坛的主题是"稳定宏观经济、推进结构性改革"。

（1）当前宏观经济低位运行的原因及未来几年的走势。与会专家认为，2012 年中国经济出现明显的回调现象，是多重因素作用的结果。刘树成研究员认为，经济超预期较低位运行，除了政府宏观调控、主动转变经济发展方式、内外需不足、供给约束强化、企业经营困难以及经济增速回落过程中有惯性等因素的影响，可能还有一个很重要的原因，就是一种倾向掩盖另一种倾向，即一些地方在反对 GDP 崇拜，反对盲目追求和攀比 GDP 的过程中，出现了忽视 GDP、淡化 GDP 的倾向，不再下大力去做好经济工作。张卓元教授认为，2012 年中国经济增速回调主要由三重因素决定：第一，是经济再平衡的结果。第二，是政府对 2008 年国际金融危机反应过度，依靠大规模投资和天量的投放贷款造成的后果。第三，中国经济经过 30 多年持续高速增长，人均 GDP 超过 5000 美元以后，经济增速必将逐步递减。与会专家认为，现在的稳增长，保持适度的经济增速，并非是简单的放松宏观调控政策，也不是再次回归到 GDP 崇拜或者 GDP 的追求，而是在新的形势下，向各级政府提出新的更高要求，就是要把稳增长与转方式、调结构、控物价、抓改革、惠民生相结合，努力实现和谐发展的主线。

（2）把握中国经济发展的阶段，促进结构调整与企业转型。有专家从产业发展的角度界定国家经济发展阶段，指出，中国目前正处于投资导向阶段。投资拉动经济是我国经济的主要特征。劳动生产率是牵引着一个国家的经济结构转型的主要推动因素，所以，结构转型必须是效率引导的。也有专家指出，结构调整应注意以下几个方面：一是遵循产业演进规律，大力发展第三产业，促经济发展方式从粗放型向集约型转变；二是调整收入分配结构，提高居民收入占 GDP 的比重，相应降低政府收入占 GDP 的比重，使职工的工资随着劳动生产率的提高而提高，实施结构性减税，减轻企业的税收负担，使企业保持合理的盈利水平；三是积极发展战略型新型产业，使列入"十二五"规划的节能环保产业、新一代信息技术产业、新能源、新材料、生物技术、高端装备制造业和能源汽车产业，尽快地形成产业化体系。还有专家认为，当前中国经济转型有两个目标，一个是要克服国民经济比例失调，一个是转变经济发展方式。

（3）政府的行为调整与政策取向。有专家认为，政府应调整干预经济的行为，避免"激素刺激型的干预方式"。宏观经济政策取向，应该以一国经济增长的适度区间为客观依据，在经济回落期间应该充分利用有利时机，加速结构调整，优化产业结构和经济结构，提高经济增长质量。还有专家认为，中国未来的结构转型必须通过效率引导，政府虽然在中间起到比较大的作用，但是必须记住政府不能取代市场，政府不是企业，也不是个人。结构转型必须通过所有人们的行为、企业的行为以及产业变革来实施。有专家从中国现有经济增长模式难以为继、广义价格改革势在必行、行业收入差距持续扩大等角度出发，指出改革必须深化，政府和市场的角色应正确认定。

（经　科）

工业经济研究所

（一）人员、机构等基本情况

1. 人员

截至 2012 年年底，工业经济研究所共有在职人员 90 人。其中，正高级职称人员 23 人，副高级职称人员 22 人，中级职称人员 28 人；高、中级职称人员占全体在职人员总数的 81%。

2. 机构

工业经济研究所设有：工业发展研究室、工业运行研究室、产业组织研究室、投资与市场研究室、能源经济研究室、资源与环境研究室、工业布局与区域经济研究室、企业管理研究室、企业制度研究室、中小企业研究室、财务与会计研究室、《中国工业经济》编辑部、《经济管理》编辑部、China Economist 编辑部、经济管理出版社、办公室、科研处、集团联络处、信息网络室。

3. 科研中心

工业经济研究所院属科研中心有：中国社会科学院管理科学与创新发展研究中心、中国社会科学院中国产业与企业竞争力研究中心、中国社会科学院中小企业研究中心、中国社会科学院西部发展研究中心、中国社会科学院食品药品产业发展与监管研究中心；所属科研中心有：中国社会科学院能源经济研究中心、中国社会科学院国家经济发展与经济风险研究中心、中国社会科学院澳门产业发展研究中心、中国社会科学院茶产业发展研究中心。

（二）科研工作

1. 科研成果统计

2012 年，工业经济研究所共完成专著 4 种，160.7 万字；论文 139 篇，157.1 万字；研究报告 135 份，880.3 万字；译著 2 种，126.9 万字；一般文章 47 篇，18.4 万字；论文集 2 种，253 万字；教材 4 种，132 万字；软件 1 套。

2. 科研课题

（1）新立项课题。2012 年，工业经济研究所共有新立项课题 31 项。其中，国家自然科学基金课题 2 项："能源和水资源消耗总量约束下的中国重化工业转型升级动态 CGE 模型与政策研究"（李鹏飞主持），"中国能源消费周期波动研究：基于多部门动态随机一般均衡模型"（吴利学主持）；国家社会科学基金重大课题 1 项："深入推进国有经济战略性调整研究"（黄群慧主持）；国家社会科学基金重点课题 1 项："中国劳动力素质升级对产业竞争力提升与产业升级的影响"（李钢主持）；国家社会科学基金一般课题 1 项："物流成本及其对产业发展、价格水平影响研究"（刘勇主持）；国家社会科学基金青年课题 3 项："国有企业跨国投资与政府监管问题研究"（刘建丽主持），"中国企业社会责任评价与推进机制研究"（肖红军主持），"生产要素成本上涨对我国产业转型升级影响研究"（叶振宇主持）；国家软科学课题 1 项："产业技术创新生态系统研究"（王钦主持）；院重点课题 3 项："现代产业体系与新兴战略产业发展研究"（吕铁主持），"国有企业内部控制与风险预警机制研究"（杜莹芬主持），"'十二五'中国区域产业结构调整和发展路径创新研究"（刘楷主持）；院国情调研重点课题 6 项："废弃电器电子产品再生利用研究——以天津再生利用企业为研究对象"（丁毅主持），"我国小微企业融资方式、效果评价与公共政策研究"（黄阳华主持），"中国县域产业结构转型升级研究"（刘建丽主持），"产业技术创新生态系统国情调研"（肖红军主持），"劳动密集型产业集群转型升级研究——对福建省厦门市和泉州市的调查"（叶振宇主持），"中国工业经济运行质量典型地区调查——威海地区调研"（原磊主持）；院国情调研考察课题 1 项："科研院所深化'走转改'活动的管理制度保障"（黄群慧主持）；所重点课题 12 项："我国钢铁工业向低碳化转型升级的对策研究"（周维富主持），"产业分析理论与方法研究"（陈晓东主持），"地区对于投资的补贴性竞争行为及其影响研究"（江飞涛主持），"环境损失核算的理论与方法研究"（张艳芳主持），"转变能源发展方式的政策研究"（白玫主持），"主要发达国家人才发展战略比较研究"（刘湘丽主持），"中小企业技术扩散政策的理论研究"（贺俊主持），"上市公司高管薪酬—业绩敏感性影响因素研究"（胡文龙主持），"政策转变下的我国装备制造业竞争力研究"（王燕梅主持），"劳动力素质升级对中国产业国际竞争力提升影响"（李钢主持），"中国汽车品牌价值管理与品牌建设理论与实践"（杨世伟主持），"赛博空间与赛博战略的结构"（葛健主持）。

（2）结项课题。2012 年，工业经济研究所共有结项课题 26 项。其中，国家社会科学基金重大课题 1 项："新型工业化道路与推进工业结构优化升级"（吕政主持）；国家社会科学基金重点课题 1 项："科学发展观视角下促进区域协调发展研究"（魏后凯主持）；国家社会科学基金一般课题 2 项："从'源头'上提高劳动所得比重的新型劳资分配关系研究"（肖曙光主持），"我国治理商业贿赂的体制机制研究"（刘戒骄主持）；院重大课题 3 项："全球竞争格局变化与中国产业发展趋势"（金碚主持），"我国产业竞争优势转型及其风险研究"（张其仔主持），"中国企业自主创新激励政策问题研究"（黄速建主持）；院重点课题 4 项："战略管理思维创新及其案例研究"（李海舰主持），"战略性新兴产业企业创新战略研究"（王钦主持），"产业组织与技术赶超：理论与中国经验"（贺俊主持），"国有企业内部控制与风险预警机制研究"（杜莹芬主持）；国情调研重大课题 1 项："转变经济发展方式、建设创新型国家问题调研"（黄速建主持）；国情调研重点课题 8 项："中国创意产业企业盈利模式现状调研"（李海舰主持），"《劳动合同法》的实施对珠三角劳动密集型产业的影响"（罗仲伟主持），"资源枯竭、环境恶化与就业压力加剧：水口山有色金属集团生存环境与发展现状调查"（江飞涛主持），"中国工业经济运行质量典型地区调查——威海地区调研"（原磊主持），"我国小微企业融资方式、效果评价与公共政策研究"（黄阳华主持），"中国县域产业结构转型升级研究"（刘建丽主持），"产业技术创新生态系统国情调研"（肖红军主持），"劳动密集型产业集群转型升级研究——对福建省厦门市和泉州市的调查"（叶振宇主持）；国情考察课题 2 项："借鉴中国企业改革经验推荐院所管理工作机制创新"（李维民主持），"科研院所深化'走转改'活动的管理制度保障"（黄群慧主持）；院青年科研启动基金课题 1 项："社会责任融入公司治理研究"（王欣主持）；所重点课题 3 项："国外临时国有化措施是否会长期化？——兼论中国国企改革方向与对策"（王欣主持），"战略性新兴产业扶植政策研究"（杨世伟主持），"竞争力监测跟踪研究"（李钢主持）。

（3）延续在研课题。2012 年，工业经济研究所共有延续在研课题 39 项。其中，国家自然科学基金课题 1 项："中国企业总部迁移的动力机制及政策仿真应用研究"（白玫主持）；国家社会科学基金重大课题 4 项："构建区域创新体系战略研究"（黄速建主持），"产业竞争优势转型战略与全球分工模式的演变"（金碚主持），"中西部地区承接产业转移的条件、模式与政策支持体系研究——兼示范区建设规划方案设计"（陈耀主持），"重点产业结构调整和振兴规划研究——基于中国产业政策反思和重构的视角"（李平主持）；国家社会科学基金重点课题 3 项："产能过剩治理与投融资体制改革研究"（曹建海主持），"转轨体制下中国工业产能过剩、重复建设形成机理与治理政策研究"（李平、曹建海主持），"技术经济范式、部门创新系统与产业政策：发展战略性新兴产业问题研究"（吕铁主持）；国家社会科学基金一般课题 4 项："区域创新体系与中国地域科技战略"（周民良主持），"经济全球化条件下的产业组织发展新趋势——基于全球生产网络框架的分析"（李晓华主持），"我国稀土产品出口政策体系研究"（杨丹辉主持），"转型期中国企业人力资源管理变革——以知识型员工为例的研究"（周文斌主持）；国家社会科学基金青年课题 1 项："商务模式与企业创新研究"（原磊主持）；院重大课题 1 项："改革新阶段中国国有企业的制度创新研究"（余菁主持）；院重点课题 1 项："中小企业网络创新问题研究"（罗仲伟主持）；企业调研课题 7 项："四川四海集团企业调研"（吕铁主持），"皇明太阳能企业调研"（李晓华主持），"杭州西子联合控股集团考察"（刘光明主持），"大连煤网企业调研"（刘勇主持），"金凤科技新能源企业调研"（王钦主持），"栖霞建设企业国情调研项目"（余菁主持），"恒磁高科技企业调研项目"（张小宁主持）；院青年科研启动基金课题 5 项："中国区域电力市场的市场势力测度及其治理"（李鹏飞主持），"投资者保护视角下的会计稳健性影响因素研究"（胡文龙主持），"技术赶超背景下的企业标准战略选择"（邓洲主持），"工业化国家产业竞争优势研究"（邓洲主持），"演化产业发展经济理论与政策研究"（黄阳华主持）；院科研管理课题 1 项："研究所研究生培养工作研究"（丁易主持），院信息化课题 1 项："中国工业'创新与发展'网站建设"（黄速建主持）；所重点课题 10 项："我国工业技术创新的地区差异分析"（孙承平主持），"中小企业信息化建设研究"（葛健主持），"伦理文化与中国国有企业治理"（黄如金主持），"我国中小企业成长问题研究"（徐希燕主持），"企业无边界发展研究"（李海舰主持），"建立淘汰落后产能退出机制研究——基于要素成本核算的视角"（邓洲主持），"工业和服务业互动发展研究"（刘勇主持），"资源性产品价格改革及其对主要工业行业的影响"（杨丹辉主持），"中小企业信息化新模式与公共政策研究——以移动电子商务为例"（罗仲伟主持），"工业经济形势分析的理论框架构建"（原磊主持）。

3. 获奖优秀科研成果

2012 年，工业经济研究所共评出所优秀科研成果一等奖 5 项：陈佳贵、黄群慧等的《中国工业化进程报告——1995～2005 年中国省域工业化水平评价与研究》，刘戒骄等的《公用事业：竞争、民营与监管》，金碚的《资源环境管制与工业竞争力关系的理论研究》，周叔莲、吕铁、贺俊的《新时期我国高增长行业的产业政策分析》，黄速建、刘建丽、王钦等的《国际金融危机对中国工业企业的影响》；所优秀科研成果二等奖 9 项：郭朝先的《中国煤矿企业安全发展研究》，江飞涛、曹建海的《市场失灵还是体制扭曲——重复建设形成机理研究中的争论、缺陷与新进展》，李晓华的《我国能源投资与能源投资规模的确定》，杨丹辉、渠慎宁的《私募基金参与跨国并购：核心动机、特定优势及其影响》，陈耀的《中国工业集中化趋势与区域协调发展》，李海舰、原磊的《三大财富及其关系研究》，周文斌的《中国企业知识型员工管理问题研究》，杜莹芬等的《企业风险管理——理论、实务、案例》，杨世伟、高闯、何瑛的《全球竞争力报告 2007～2008》。

4. 科研组织管理新举措

2012 年，工业经济研究所按照院创新工程的总体部署和具体要求，全方位推进科研管理创新：

一是积极推进开放创新平台建设。通过邀请兄弟院所和高校研究人员来所讲学、与国际研究机构互访交流、合作课题研究等形式，促进多学科的对话和融合，提升该所的学术影响力。

二是加强学术研究的公共服务和政府智囊功能。鼓励研究人员承担国家和各管理部门的重大应用性研究课题，鼓励研究人员将学术研究成果以"要报"和"政策报告"等形式及时转化为政策咨询产品，为党和国家提供重大问题的决策参考。

三是加强学科建设。通过组织学术研讨会、撰写学科前沿报告等形式，引导学术研究向前沿领域拓展，加强马克思主义对学术研究的指导作用。

四是进一步规范课题管理流程。在课题管理过程中，严格执行院创新工程的各项要求，加强对研究人员课题的立项论证、阶段性审查和结项评审等各个工作环节的监督和服务。

（三）学术交流活动

1. 学术活动

2012 年，工业经济研究所主办和承办的学术会议有：

（1）2012 年 3 月 13～17 日，工业经济研究所邀请诺贝尔经济学奖评委、瑞典斯德哥尔摩大学教授约翰·哈斯勒教授来中国访问，并在中国社会科学院作题为《欧债危机下的产业机遇》的主题演讲。这是诺奖经济学奖评委首次访问中国社会科学院。

（2）2012 年 3 月 19 日，意大利环境、领土和海洋部部长克拉多·克里尼教授访问中国社会科学院，并作题为《新气候政策与中欧合作》的演讲。

（3）2012 年 5 月和 11 月，工业经济研究所与韩国产业研究院北京代表处共同主办第三届和第四届中韩产业论坛，主题为钢铁产业、石油石化产业"十二五"发展规划的特点和重点推进课题以及消费品的发展问题。

2012 年 3 月，"欧债危机下的产业机遇"研讨会在北京举行。

（4）2012 年 10 月 25 日，工业经济研究所在北京举办"中国工业发展论坛——'十二五'时期的中国工业研讨会"。

（5）2012 年 10 月 26～27 日，由企管研究会主办的"比较管理第五届研讨会"在香港召开。

（6）2012 年 11 月 4～6 日，由中国社会科学院经济学部、工业经济研究所、四川省社会科学院联合主办的"国有经济战略性调整与国有企业改革研讨会"在四川省成都市召开。

2. 国际学术交流与合作

2012 年，工业经济研究所共派遣出访 19 批 35 人次，其中院级项目 8 人次。出访人员中，出国培训 8 人次，讲学及工作访问等 27 人次。

2012 年，工业经济研究所所级中长期访问学者 1 人次。此外，工业经济研究所接待了临时来访的境外学者、记者和有关国家驻华使馆官员 15 批次 45 人次。

（四）学术社团、期刊

1. 社团

（1）中国工业经济学会，会长郑新立。

2012 年 10 月 19～21 日，由中国工业经济学会主办、中南大学商学院承办的"中国工业经济学会 2012 年年会暨资源、环境与工业发展研讨会"在湖南省长沙市召开。

（2）中国企业管理研究会，会长陈佳贵。

2012 年 9 月 15～16 日，由中国企业管理研究会、蒋一苇企业改革与发展学术基金、河南大学、中国社会科学院管理科学与创新发展研究中心联合主办，河南大学工商管理学院承办，河南天源环保高科股份有限公司、河南和昌地产集团公司、河南新田置业有限公司协办的"管理学百年与中国管理学创新学术研讨会暨中国企业管理研究会 2012 年年会"在河南大学举行。

（3）中国区域经济学会，会长王洛林。

2012 年 8 月 10～11 日，由中国区域经济学会、贵州师范大学、中共贵州省委政策研究室主办，贵州师范大学经济与管理学院、贵州省科学决策学会承办的"2012 年中国区域经济学会年会暨后发赶超与转型发展高层论坛"在贵州省贵阳市召开。

2. 期刊

（1）《中国工业经济》（月刊），主编金碚。

2012 年，《中国工业经济》共出版 12 期，共计 350 万字。该刊全年刊载的有代表性的文章有：范从来、张中锦的《提升总体劳动收入份额过程中的结构优化问题研究——基于产业与部门的视角》，荣兆梓的《国有资产管理体制进一步改革的总体思路》，黄群慧的《中国的工业大国国情与工业强国战略》，王竹泉、杜媛的《利益相关者视角的企业形成逻辑与企业边界分析》，李鸿阶等的《两岸综合实验区发展模式与路径选择》，罗珉、赵亚蕊的《组织间关系形成的内在动因：基于帕累托改进的视角》，金碚的《全球竞争新格局与中国产业发展趋势》，欧阳峣等的《技术差距、资源分配与后发大国经济增长方式转换》，何大安的《市场治理结构与产业运行格局——对中国流通产业竞争和垄断现状的理论考察》，谭洪波、郑江淮的《中国经济高速增长与服务业滞后并存之谜——基于部门全要素生产率的研究》，吕健的《产业结构调整、结构性减速与经济增长分化》，陈甫军、杨振的《制造业外资进入与市场势力波动：竞争还是垄断》，李钢等的《强化环境管制政策对中国经济的影响——基于 CGE 模型的评估》，孙红玲的《中心城市发育、城市群形成与中部崛起——基于长沙都市圈与湖南崛起的研究》，于良春、付强的《中国电网市场势力的分析与侧度》，欧阳桃花、丁玲、郭瑞杰的《组织边界跨越与 IT 能力的协同演化：海尔信息系统案例》。

（2）《经济管理》（月刊），主编金碚。

2012 年，《经济管理》共出版 12 期，共计 236 万字。该刊全年刊载的有代表性的文章有：金碚、王燕梅、陈晓东的《检验认证的经济学性质及其行业监管——基于对中国检验认证机构的考察》，徐宁、徐向艺的《监事股权激励、合谋倾向与公司治理约束——基于中国上市公司面板数据的实证研究》，陈仕华、李维安的《中国上市公司股票期权：大股东的一个合法性"赎买"工具》，周小虎、刘冰洁的《社会网络、产业集群竞争力与中小企业国际化》，李燕萍、侯烜方的《新生代员工工作价值观结构及其对工作行为的影响机理》，张其仔、伍业君、王磊的《经济复杂度、地区专业化与经济增长——基于中国省级面板数据的经验分析》，薛有志、周杰、初旭的《企业战略转型的概念框架：内涵、路径与模式》，杨慧辉、赵媛、潘飞的

《股权分置改革后上市公司股权激励的有效性——基于盈余管理的视角》，苗壮、周鹏、李向民的《我国"十二五"时期省级碳强度约束指标的效率分配——基于 ZSG 环境生产技术的研究》，吴翠凤、吴世农、刘威的《我国创业板上市公司中风险投资的介入与退出动机研究》，王维国、范丹的《节能减排约束下的中国区域全要素生产率演变趋势与增长动力——基于Malmquist—Luenberger 指数法》，陈继勇、周琪、姚博明的《中国与欧洲双边纺织品贸易成本测度及其影响因素分析》。

（3）*China Economist*（《中国经济学人》）（英文、双月刊），主编金碚。

2012 年，*China Economist* 共出版 6 期，共计 90 万字。该刊全年刊载的有代表性的文章有：马晓河的 "How China Can Avoid the 'Middle-Income Trap'"（《跨越"中等收入陷阱"的战略选择》），刘世锦等的 "Middle-Income Trap and High-Income Wall：Challenges and Opportunities to"（《陷阱还是高墙：中国经济面临的真实挑战》），刘树成的 "Don't Overlook GDP and Investment：An Analysis of China's Current Economic Trend"（《不可忽视 GDP》），张军的 "How Long Can China's Economy Keep Growing?"（《中国经济还能再增长多久?》），樊纲等的 "The Contribution of Marketization to China's Economic Growth"（《中国市场化进程对经济增长的贡献》），李晓西的 "China's Marketization since WTO Accession"（《加入世贸组织后的中国市场化进程》），杨瑞龙的 "Shifting to a Market-Based Wage-Setting Mechanism for Low-Skilled Labor：Macroeconomic Effects"（《试论低端劳动力工资形成机制的变革及其经济效应》），白重恩、王鑫、钟笑寒的 "Regulation or Property Rights：The Effect of China's Coal Mine Shutdown Policy on Work Safety"（《规制与产权：关井政策对煤矿安全的影响分析》），江飞涛、耿强、吕大国、李晓萍的 "A Modeling Analysis of Local Governments Competing in Offering Subsidies to Attract Investment"（《体制扭曲、地区竞争与产能过剩的形成机理》），李扬、张晓晶、常欣、汤铎铎、李成的 "China's Sovereign Balance Sheet and Its Risk Assessment"（《中国主权资产负债表及其风险评估》），魏后凯等的 "China's Regional Policy Scenarios for 2011～2015 Period"（《"十二五"时期中国区域政策的基本框架》），金碚的 "Developing Secondary Industry to Drive China's Future Growth"（《全球竞争新格局与中国产业发展趋势》），刘志彪的 "China to Profit from the Second Wave of Globalization"（《基于内需的经济全球化——中国分享第二波全球化红利的战略选择》），金碚的 "China's Industries in the Beginning of Its 12th Five-Year Plan Period"（《"十二五"开局之年的中国工业》），黄群慧的 "Relying on Secondary Industry to Drive National Policy and Reinvigorate China's Economy"（《中国的工业大国国情与工业强国战略》），李钢、廖建辉、向奕霓的 "Recalculating the Significance of Secondary and Tertiary Industries for Industrial Restructuring：Truth and Myth"（《中国产业升级的方向与路径》），欧阳峣、易先忠、生延超的 "Technology Gaps, Resource Allocation and Economic Growth of Large Latestarting Countries"（《技术差距、资源分配与后发大国经济增长方式转换》）。

（4）《中国经营报》（报纸，周刊），主编李佩钰。

（5）《精品购物指南》（报纸，周双刊），主编张书新。

（五）会议综述

2012 年中国区域经济学会年会暨后发赶超与转型发展高层论坛

2012 年 8 月 10～11 日，"2012 年中国区域经济学会年会暨后发赶超与转型发展高层论坛"在贵州省贵阳市召开。年会由中国区域经济学会、贵州师范大学、中共贵州省委政策研究室主办，贵州师范大学经济与管理学院、贵州省科学决策学会承办。大会共收到论文 120 余篇。来自全国各地近 100 位专家学者出席了会议。大会采取主题演讲和专题讨论的形式，设立了"工业化与区域经济发展""后发赶超与中西部地区发展""城乡统筹与区域转型发展""产业转移与资源环境承载力"等分论坛，就"处于不同发展阶段的地区如何实现后发赶超与转型发展"等区域经济学发展的前沿问题进行了交流与探讨。

中国社会科学院学部委员、中国社会科学院工业经济研究所所长金碚研究员作了题为《腹地经济发展是中国工业化中期的战略方向》的主题演讲。金碚将中国的经济腹地划分为沿海腹地、内陆腹地和县域腹地三部分，提出目前中国总体进入工业化中期阶段，未来工业化的最显著空间特征是向三大经济腹地加速推进。他指出，随着中国经济发展水平的不断提高，各地区将在更大范围内形成经济一体化的发展趋势，在普遍实现区域经济一体化的条件下，中国经济有可能真正实现没有地方保护主义壁垒的"全国化"。因此，推动中国经济从以中心城市开放为主、腹地经济相对封闭的格局向三大经济腹地全方位开放的格局转变，将促进以扩大内需为重点的宏观结构转型目标的实现。

国务院研究室司长刘应杰研究员作了题为《我国区域政策与区域发展新格局》的主题演讲。他从"如何看待中国区域政策""如何看待中国区域发展形势""中西部如何实现后发赶超"三个方面对中国区域发展新格局进行研究。

国家发展和改革委员会国土开发与地区经济研究所副所长高国力研究员作了题为《我国主体功能区规划的提出及思路》的主题演讲。他介绍了优化开发区域、重点开发区域、限制开发区域和禁止开发区域四大主体功能区的概念及其功能，指出，主体功能区规划具有基础性、综合性、战略性和约束性特征，并遵循国土部分覆盖的原则、基本依托行政区的原则、自上而下和上下互动的原则、科学性和可行性并重的原则、动态调整的原则。

安徽省社会科学联合会原党组书记、中国区域经济学会顾问程必定研究员作了题为《中国工业化的第五次高潮与后发地区崛起的机遇》的主题演讲。他认为，以中共十六大召开为起点，中国工业化进入了以"走新型工业化道路"为核心标志的第五次高潮。与前四次工业化高潮相比，第五次工业化高潮所具有的四大特征为后发地区崛起提供了难得的机遇。

河南社会科学院院长喻新安研究员作了题为《新型"三化" 河南科学发展的实践》的主题演讲。他认为，新型"三化"协调的主要标志体现在产业关系协调、产城关系协调、城乡关系协调。在"两不三新"三化协调发展思路的指导下，河南坚持以新型城镇化引领"三化"协调发展，发挥新型农村社区在新型城镇化引领方面的战略基点作用，努力实现农业增产与农民增收协同、工业化城镇化与保护耕地"红线"协同、"三化"与资源环境保护协同，构建新型工农关系、城乡关系，保护好生态环境，加快形成城乡经济社会发展一体化新格局。

中国人民大学区域与城市经济研究所所长孙久文教授、贵州师范大学副校长刘肇军教授、重庆工商大学校长杨继瑞教授、西南财经大学副校长丁任重教授、中国社会科学院工业经济研究所区域室主任陈耀研究员等围绕"工业化与区域经济发展"谈了自己的看法。

中共贵州省委党校副校长汤正仁教授、河南科技学院副院长刘荣增教授、贵州师范大学教授史开国、四川大学经济学院副教授龚勤林、贵州省委党校副教授郭蓓、西南财经大学博士研究生孙根紧、西南民族大学经济学院院长郑长德教授、江西财经大学经济发展研究院副院长刘修礼研究员、内蒙古科技大学教授郝戊、宁夏社会科学院综合经济所副所长杨巧红副研究员、宁夏社会科学院副研究员张耀武、江西财经大学经济发展研究院副研究员陈雁云、吉首大学商学院院长助理丁建军博士、贵州师范大学经济与管理学院副教授陈福娣、四川大学经济学院博士研究生王林梅等围绕"后发赶超与中西部发展"的主题进行了探讨。

新疆财经大学经济学院院长高志刚教授、西安建筑科技大学教授张沛、中国科学技术大学管理学院院长助理刘志迎教授、浙江理工大学区域经济学研究所所长陆根尧教授、华东政法大学商学院副教授杨竹莘、电子科技大学政治与公共管理学院副教授罗若愚、湖北经济学院博士孙永平、四川大学经济学院博士研究生张文博等围绕"城乡统筹与区域转型发展"的主题阐述了自己的观点和看法。

湖南科技大学副校长刘友金教授、福建社会科学院经济研究所所长伍长南研究员、四川大学经济学院教授邓玲、山西财经大学资源型经济转型发展研究院院长景普秋教授、西安财经学院经济学院教授王恩胡、新疆财经大学经济学院教授陈闻君、贵州师范大学经济与管理学院硕士研究生郭芹等围绕"产业转移与资源环境承载力"的主题进行了深入讨论。

（吕　萍　李　靖　韩轶春　郭　芹）

管理学百年与中国管理学创新学术研讨会
暨中国企业管理研究会2012年年会

2012年9月15～16日，"管理学百年与中国管理学创新学术研讨会暨中国企业管理研究会2012年年会"在河南大学举行。会议由中国企业管理研究会、蒋一苇企业改革与发展学术基金、河南大学、中国社会科学院管理科学与创新发展研究中心联合主办，河南大学工商管理学院承办，河南天源环保高科股份有限公司、河南和昌地产集团公司、河南新田置业有限公司协办。来自北京大学、中国人民大学、厦门大学、同济大学、北京工业大学、中央财经大学、东北财经大学、重庆工商大学、辽宁大学、西安理工大学、江西财经大学等高等院校，中国社会科学院、《经济管理》和《中国工业经济》杂志社的专家学者以及来自国内外著名企业的商界人士，共计300余位代表参加了会议，会议共收到学术论文200余篇。

开幕式由中国企业管理研究会副会长、中国社会科学院工业经济研究所副所长黄速建主持。河南大学校长娄源功、开封市市委书记祁金立致了欢迎词。全国人大常委、中国社会科学院经济学部主任、中国企业管理研究会会长陈佳贵作了题为《把握世界发展趋势，加快中国管理学创新》的主题演讲。

中国社会科学院工业经济研究所研究员金碚、北京大学教授张国有、海王生物公司 CEO 刘占军、江西财经大学教授吴照云、湖南省社会科学院研究员朱有志、同济大学教授任浩、河南大学教授魏成龙、厦门大学教授沈维涛、北京工业大学教授黄鲁成等专家围绕"管理百年与中国管理创新"的议题进行了探讨。

中国社会科学院工业经济研究所研究员王钦、重庆工商大学教授廖元和、东北财经大学教授高良谋、辽宁大学博士郭镨、河南大学副教授张明正、郑州大学副教授周阳敏、东北财经大学博士刘宝宏等围绕"管理理论发展与商业模式"的主题从各自的研究领域进行了剖析。

河南大学教授王性玉、西南财经大学教授何杰、辽宁大学教授霍春辉、江西财经大学教授曹元坤、郑州大学教授高有才、北京印刷学院教授王关义、中南财经政法大学博士赵君等围绕"公司治理与组织行为"的主题进行了探讨。

中国人民大学教授徐二明、东华大学教授孙明贵、山东大学教授杨蕙馨、北方工业大学教授张欣瑞、湖南省社会科学院工业经济研究所研究员郭勇、河南大学教授刘新仕等围绕"企业品牌与社会责任"进行了研究探讨。

西安理工大学教授党兴华、东北大学教授马钦海、哈尔滨工业大学教授王铁男、对外经济贸易大学教授林汉川、河南大学教授李新功、天津财经大学副教授张建宇等针对"企业自主创新"问题谈了自己的看法。

（冯海龙）

中国工业经济学会 2012 年年会暨资源、环境与工业发展研讨会

2012 年 10 月 19～21 日，由中国工业经济学会主办、中南大学商学院承办的"中国工业经济学会 2012 年年会暨资源、环境与工业发展研讨会"在湖南省长沙市召开。围绕"资源、环境与工业发展"的主题，大会共收到论文 150 余篇。诸多中国工业经济学界的知名学者、相

关政府要员和知名企业家以及来自各地高校、科研机构、企业的 200 余位代表参加了会议。会议采取主题报告、专题讨论、集中评论和自由发言等方式，就"资源、环境与工业可持续发展""资源开发利用与环境保护""产业结构、科技创新与资源利用效率""产业经济理论前沿"等专题展开了讨论和交流。

中国工业经济学会会长郑新立教授以《化危为机，全力推进发展方式转变》为题作了主题报告。他认为，当前的经济工作要把稳增长放在最重要的位置，更多地运用"看得见的手"，实现经济增速的止跌回升，使国民经济回到平稳较快增长的轨道，实现产业结构在增量中的优化。他以 20 世纪 90 年代我国政府应对亚洲金融危机的一系列决策部署为依据，指出了 2013 年宏观调控的六点决策参考意见。

中国社会科学院工业经济研究所所长金碚研究员以《工业化时代的资源环境问题》为题作了主题报告。他剖析了工业化与资源环境的现象关系与实质关系，驳斥了因资源环境问题而诅咒工业的观点，指出工业化并不会导致资源枯竭和环境恶化。

中国工程院院士、湖南省科协原主席、中国工程院能源与矿业学部副主任何继善教授作了题为《略谈能源效率》的主题报告。他指出，由于我国经济增速较快，一次能源的需求和对外依存度不断提高，以煤炭为主的一次能源结构存在很大的问题。他立足于湖南省的能源供求现状，提出了实施"气化湖南"的构想，即勘探和开发页岩气，缩小湖南能源需求缺口，促进湖南省"两型社会"建设和经济发展。

中国工业经济学会理事长、中国社会科学院经济学部副主任吕政研究员的主题报告围绕"对第三次工业革命的思考"展开。针对某些西方学者认为第三次工业革命正在展开的观点，他首先介绍了前两次工业革命的特征，然后以太阳能光伏产业为例说明了目前新能源的开发和利用还处在起步阶段，而以 3D 打印技术为代表的新型生产工艺还存在很大的局限，因此难以断定已经出现第三次工业革命，或者说第三次工业革命还处在孕育之中。

湖南省长株潭"两型社会"建设改革试验区领导协调委员会办公室副主任、中南大学商学院名誉院长陈晓红教授的报告题目是《两型社会的理论思考与湖南省在两型改革建设中的探索和实践》。她指出，目前我国资源消耗大，利用水平低，保障形势严峻，资源供需缺口迅速扩大，环境破坏严重，因此国家作出了建设"两型社会"的重大战略决策。她向与会代表重点介绍了长株潭城市群"两型社会"建设总体战略的基本思路、建设目标、建设阶段和建设路径以及建设的相关进展，并介绍了"两型社会"第二阶段改革试验的战略重点。

浙江财经学院政府管制研究院教授唐要家等、重庆工商大学经济贸易学院教授孙建、东北财经大学产业组织与企业组织研究中心博士王建林、中南大学商学院教授黄健柏、中南大学商学院博士邵留国、北京工商大学经济学院博士杨晓华等、西北大学经济管理学院副教授陈关聚和教授白永秀、南开大学经济学院副教授胡秋阳等围绕"资源综合开发利用、资源安全与工业可持续发展"的主题进行了深入研究。

天津商业大学经济学院教授吕明元等、南开大学经济学院博士乔晓楠等、中央财经大学经济学院教授齐兰与博士李志翠、中南大学商学院教授熊勇清、中国社会科学院工业经济研究所博士后万丛颖等、北京科技大学东凌经济管理学院教授何维达和博士张凯等、苏州大学商学院副教授杨锐和复旦大学管理学院教授芮明杰围绕"产业结构、产业生态化与工业可持续发展"的主题，从各自的研究领域出发，进行了理论和实证分析。

南开大学经济学院副教授马云泽、河北工业大学经济管理学院教授张贵等、东北财经大学产业组织与企业组织研究中心教授于立等、复旦大学管理学院副教授罗云辉、北京工商大学经济学院教授冯中越和陈荣佳等、中国人民大学经济学院副教授魏楚等、对外经济贸易大学国际商学院博士林洲钰和教授林汉川等、华东理工大学商学院副教授伏玉林等、安徽财经大学管理统计研究中心教授宋马林等对"规制改革、科技创新与工业可持续发展"问题进行了深入探讨。

西北大学经济管理学院博士钞小静和西北大学经济管理学院教授任保平、东北财经大学产业组织与企业组织研究中心博士彭宜钟、南开大学经济学院教授段文斌、中国人民大学财政金融学院教授何青副等、东北大学工商管理学院教授李凯与博士安岗等、大连理工大学经济学院教授任曙明等、中南大学商学院博士修宗峰和厦门大学管理学院教授杜兴强、大连理工大学经济学院副教授陈艳莹等分别对"经济增长质量、国际产业分工及产业经济理论前沿"等问题进行了研究。

（熊勇清　黄健柏　陈鑫铭）

附：

经济管理出版社

2012 年是落实"十二五"规划的承上启下之年，经济管理出版社贯彻落实党的十七届七中全会、十八大精神和十八届一中全会精神，自觉、主动地推动社会主义文化大发展大繁荣，积极承担院创新工程项目，出版了一批立足中国特色社会主义伟大实践，系统阐释中国特色社会主义道路、借鉴人类文明优秀成果，充分挖掘经济管理理论，突出经济管理实践的图书。2012 年，经济管理出版社圆满完成了年度工作计划，出版图书 567 种（经济类 403 种），其中新出图书 507 种（经济类 363 种），总印数 202 万册（其中经济类 141 万册）。发行总码洋 1.2 亿元，发行图书 285 万册。报批国家"十二五"重点出版增补项目 2 项，承担院创新工程项目 40 项，55 种图书获得省部级奖项。

2012 年，经济管理出版社在中国社会科学院和工业经济研究所领导下，主要做了以下几方面的工作：

1. 坚持正确的政治方向，加强图书的选题和质量管理

经济管理出版社始终坚持正确的政治方向和舆论导向，高举中国特色社会主义伟大旗帜，以马克思列宁主义、毛泽东思想、邓小平理论和"三个代表"重要思想为指导，深入学习和贯彻落实科学发展观，认真贯彻执行党和国家的各项出版方针、政策和规定；坚持为人民服务，为社会主义服务的方向，推动文化事业大繁荣大发展，促进社会和谐；坚持把社会效益放在首位，努力打造优秀学术著作出版平台，取得了较好的社会效益和经济效益。

在出版工作中，经济管理出版社始终把社会效益放在所有工作的第一位，对图书的政治内容、思想内容、学术水平和文字质量严格把关，使图书质量得到有力保障。

2. 明确出版社定位，以实现院创新工程基本目标为工作方向，努力打造"经管出版"品牌，为学术出版搭建良好平台

经济管理出版社在选题策划方面坚持学术出版特色，为出版学术精品，打造经济管理出版社的学术品牌奠定了坚实的基础。

随着文化体制改革的不断深入，出版业面临着越来越激烈的竞争形势。面对这种形势，经济管理出版社进一步明确自己的定位和目标，即发挥经济管理出版社的优势，依托中国社会科学院经济学部、工业经济研究所，为深入贯彻落实科学发展观，实施科研强院、人才强院、管理强院战略，促进中国社会科学院的发展贡献力量，把经济管理出版社办成国内一流的专业学术出版单位。

2012 年，经济管理出版社的出版工作在坚持面向中国社会科学院经济学部和相关研究所，为院创新工程成果和经济类、管理类学术著作提供出版服务的同时，也为国家有关部委的专家、各大专院校的教师、地方社会科学院和科研机构的研究人员搭建一个较高水平的学术著作出版平台。在出版大量高质量学术精品的同时，通过召开新书发布会、研讨会和进行媒体推介等多种形式，将这些优秀成果向国内外宣传推广，取得了很好的社会反响。

3. 承担国家级重点项目出版，积极参与院创新工程，做好学术出版工作

2012 年，经济管理出版社策划并申报的"集体化时代中国农村档案资料选编丛书""经济管理前沿研究报告"系列丛书 2 个出版项目入选国家"十二五"规划重点图书出版物增补名单。

在积极参与院创新工程过程中，经济管理出版社陆续编辑出版了"中国社会科学博士后文库"（17 种）、《中国社会科学院经济学部学部委员与荣誉学部委员文集　2011》《全球竞争格局变化与中国产业发展》《民营家族企业制度变革研究》《亚洲金融合作及其在国际经济体系中的角色》《中国企业自主创新战略研究》《国家品牌战略研究》《国际产业转移与中国新型工业化道路》《中国特色自主创新道路研究》《中国养老金发展报告 2012》等院重点项目，同时也推出了其他优秀学术著作，如《工业化、污染治理与中国区域可持续发展》《中部崛起战略

评估与政策调整》《中国宏观经济模型的研制与应用》《社会科学理论模型图典》《中国县域经济前沿 2011》《区域自主创新联盟研究》等。

4. 优化图书选题结构，精品化、系列化、成套化取得成果

2012 年，经济管理出版社在已有精品套系的基础上，又推出了"中国管理创新前沿系列""管理学前沿系列""当代中国区域发展丛书""产业经济学文库""中国管理思想精粹""中国企业社会责任文库"等系列丛书，为出版社进一步打造学术品牌奠定了良好的基础，受到了学界的广泛好评。

同时，经济管理出版社还从战略高度出发，在占有翔实的第一手资料和进行深入分析研究的基础上推出以下一批权威研究报告：《2012 中国工业发展报告》《中国科技金融发展报告 2011》《中国区域经济学前沿 2011/2012》《中国创新型企业发展报告 2011》《中国企业品牌竞争力指数报告（2011~2012）》《全球电信运营发展报告（2011~2012）》《中国企业品牌竞争力指数报告（2011~2012）》《全球信息技术报告（Ⅰ）——网络就绪度与社会效率》《全球信息技术报告（Ⅱ）——信息和通信技术与社会发展》等，这些报告每年连续出版，其中《中国工业发展报告》《中国创新型企业发展报告 2011》等均已经连续出版数年，形成了很好的品牌。

此外，经济管理出版社还组织翻译出版了一批经济管理类经典读物，如"汉译管理学世界名著丛书""汉译工商管理经典教材丛书""金融衍生工具与资本市场译库"等。

5. 经营管理和队伍建设

为了进一步提高出版社的竞争力，打造国内一流的学术出版社，出版社从经营管理思路到人才队伍培养上都进行了创新，社会效益和经济效益直线上升，收到良好的效果。

在经营管理方面，经济管理出版社不断深化内部改革和创新，为适应出版行业激烈的竞争环境，积极探索出版社改革创新和发展的新路子；通过内部人事和分配制度改革，建立了有效的激励约束机制，改善了经营管理，极大地调动了职工的工作积极性；坚持贯彻"学术为本，质量立社"的原则，严格规范学术出版体例，努力完善以质量为中心的出版流程管理。

在队伍建设方面，经济管理出版社通过组织各项专业培训打造了一支具备专业素质和工作经验的人才队伍，建立了良好的编辑、出版、营销人才的工作平台；依托院内学者组建了一支以国内科研机构、大学的学术带头人为主的作者队伍和翻译队伍，建立了完整、高效的图书选题策划、编辑、出版、营销工作流程，提供了最优质的出版服务。

农村发展研究所

（一）人员、机构等基本情况

1. 人员

截至 2012 年年底，农村发展研究所共有在职人员 79 人。其中，正高级职称人员 23 人，副高级职称人员 22 人，中级职称人员 22 人；高、中级职称人员占全体在职人员总数的 85%。

2. 机构

农村发展研究所设有：农村宏观经济研究室、农村产业与区域经济研究室、农村经济组织与制度问题研究室、生态与环境经济研究室、农村贫困问题与发展金融研究室、农村政策研究室、小额信贷研究室、《中国农村观察》和《中国农村经济》杂志社、信息网络室、办公室、科研处。

3. 科研中心

农村发展研究所院属科研中心有：中国社会科学院贫困问题研究中心、中国社会科学院生态环境经济研究中心；所属科研中心有：农村发展研究所社会问题研究中心、农村发展研究所合作经济研究中心、农村发展研究所畜牧业经济研究中心。

（二）科研工作

1. 科研成果统计

2012 年，农村发展研究所共完成专著 15 种，342 万字；论文 118 篇，71 万字；研究报告 28 篇，207 万字。

2. 科研课题

（1）新立项课题。2012 年，农村发展研究所共有新立项课题 31 项。其中，国家社会科学基金课题 1 项："我国非营利组织治理与规制问题研究"（卢宪英主持）；国家自然科学基金课题 1 项："农地确权对农地流转市场影响的实证研究——兼论农地流转市场的交易成本及其变化"（郜亮亮主持）；院重点课题 3 项："我国水利建设人才支撑体系研究"（于法稳主持），"我国农村水土保持的可持续发展研究"（包晓斌主持），"中国粮食'八连增'后的粮食安全战略研究"（胡冰川主持）；院国情调研重点课题 3 项："我国农业水价改革调研"（包晓斌主持），"农村社会矛盾状况与社会管理机制创新"（徐鲜梅主持），"城乡统筹发展中的土地问题"（杨一介主持）；院国情考察课题 1 项："西部贫困地区新农村建设调查研究——以陕西商洛为例"（权兆能主持）；院国情调研交办课题 3 项："农村乡土科技人才科技创新推广扶持政策研究"（李人庆主持），"社会性别敏感的参与式农业科技传播模式"（刘建进主持），"我国水利科技人才状况调研"（于法稳主持）；所 B 类课题 5 项："学术双周午餐会及老干部学术交流会"（权兆能主持），"信息资料室购置图书资料"（陈伟主持），"编辑所内动态及双周要报"（王代主持），"农村资金互助组织发展与现状研究"（孙同全主持），"中国社科农经协作网络"（杜志雄主持）；中央领导及国家部委交办课题 6 项："中国农产品进口战略与政策研究"（胡冰川主持），"农村合作组织团建研究"（苑鹏主持），"中华人民共和国可持续发展国家报告"（谭秋成主持），"扶贫工作考核报告"（吴国宝主持），"GB 国家农业综合规划咨询研究"（王小映主持），"农村土地产权登记法律制度研究"（王小映主持）；其他部门与地方委托课题 8 项："均衡寿光"（李周主持），"奶业经济研究"（刘玉满主持），"农民合作组织开展信用合作研究"（苑鹏主持），"农民集中居住区新型社区治理机制研究"（于建嵘主持），"三水区深化农村综合改革、创新村（社区）管理体制研究"（党国英主持），"关于促进陕南朱鹤活动地区有机农业可持续发展的研究"（曹斌主持），"关于农村合作组织的问题研究"（张晓山主持），"伙伴关系在中国干旱生态系统土地退化治理中的成功经验与政策借鉴"（李周主持）。

（2）结项课题。2012 年，农村发展研究所共有结项课题 33 项。其中，院国情调研重大课题 2 项："中国农业（粮食）补贴政策效果的调查与评估"（李国祥、李周主持），"新型农村社会养老保险制度试点情况调研"（崔红志、杜志雄主持）；院国情调研重大推荐课题 1 项："农村社区发展基金情况调查"（任常青主持）；院国情调研重大基地课题 1 项："河南省农业发展方式转变与战略研究"（杜晓山、杜志雄主持）；院国情调研交办课题 4 项："2010 河南省农业现代化发展现状研究"（杜晓山、杜志雄主持），"我国水利科技人才状况调研"（于法稳主持），"农村乡土科技人才科技创新推广扶持政策研究"（李人庆主持），"社会性别敏感的参与式农业科技传播模式"（刘建进主持）；院国情调研重点课题 3 项："农村社会矛盾状况与社会管理机制创新"（徐鲜梅主持），"城乡统筹发展中的土地问题"（杨一介主持），"我国农业水价改革调研"（包晓斌主持）；院国情考察课题 1 项："西部贫困地区新农村建设调查研究——以陕西商洛为例"（权兆能主持）；院重点课题 2 项："调整放宽农村地区银行业金融机构准入政策对农村金融市场的影响"（任常青主持），"中国粮食'八连增'后的粮食安全战略研究"（胡冰川主持）；所 B 类课题 5 项："学术双周午餐会及老干部学术交流会"（权兆能主持），"信息资料室购置图书资料"（陈伟主持），"编辑所内动态及双周要报"（王代主持），"农村资金互助组织发展与现状研究"（孙同全主持），"中国社科农经协作网络"（杜志雄主持）；院青年科研启动基金课题 2 项："小额贷款公司服务对象问题研究"（陈方主持），"集体林权制度改革的公平效应研究"（张海鹏主持）；青年学者资助计划课题 1 项："生态服务、生态补偿和缓解贫困"（操建华主持）；基础学者资助计划课题 1 项："水资源需求远景分析的理论和方法创新及在西部地区的应用"（廖永松主持）；中央领导及国家部委交办课题 4 项："农村合作组织团建研究"（苑鹏主持），"扶贫工作考核报告"（吴国宝主持），"GB 国家农业综合规划咨询研究"（王小映主持），"中华人民共和国可持续发展国家报告"（谭秋成主持）；其他部门与地方委托课题 6 项："均衡寿光"（李周主持），"奶业经济研究"（刘玉满主持），"关于促进陕南朱鹤活动地区有机农业可持续发展的研究"（曹斌主持），"六盘水市农村人口向城镇转移的配套政策研究"（李周主持），"烟台生态文明示范区策划之——城乡水资源综合利用策划报告"（李周主持），"农村土地产权登记法律制度研究"（王小映主持）。

（3）延续在研课题。2012 年，农村发展研究所共有延续在研课题 8 项。其中，国家社会科学基金重大课题 1 项："城乡经济社会一体化新格局战略中的户籍制度与农地制度配套改革研究"（于建嵘主持）；自然科学基金课题 1 项："基于质量安全的中国食品追溯体系供给主体纵向协作机制"（韩杨主持）；院重大课题 2 项："农地产权与村级组织：城市化的视角"（陆雷主持），"中国粮食流通体制改革研究"（李成贵主持）；院重点课题 2 项："我国水利建设人才支撑体系研究"（于法稳主持），"我国农村水土保持的可持续发展研究"（包晓斌主持）；院国情重大课题 2 项："中国农村（村庄）国情调研"（张晓山、蔡昉主持），"我国农村民主政治的创新机制与发展模式——党的领导、人民当家做主与依法治国在农村基层的实现途径与问题研究"（翁鸣主持）。

3. 获奖优秀科研成果

2012 年，农村发展研究所获第五届中国农村发展奖 1 项：张晓山、苑鹏的专著《合作社理论与中国农民合作社实践》；第五届中国农村发展奖提名奖 1 项：翁鸣的专著《迷局背后的博弈——WTO 新一轮农业谈判问题剖析》。评出中国社会科学院农村发展研究所优秀科研成果奖 7 项：苑鹏的论文《对公司领办的农民专业合作社的探讨——以北京圣泽林专业合作社为例》，廖永松的论文《灌溉水价改革对灌溉用水、粮食生产和农民收入的影响分析》，谭秋成的论文《农村政策为什么在执行中容易走样》，于法稳的论文《中国粮食生产与灌溉用水之间脱钩关系分析》，张晓山、李周的专著《新中国农村 60 年的发展与变迁》，张晓山、李周的专著《中国农村改革 30 年研究》，翁鸣的专著《迷局背后的博弈——WTO 新一轮农业谈判问题剖析》。

4. 创新工程的实施和科研管理新举措

自中国社会科学院开始实施创新工程以来，农村发展研究所认真学习院有关文件精神，落实院创新工程工作部署，严肃、科学制定创新工程方案，于 2012 年 2 月顺利成为院创新工程试点单位。2012 年，农村发展研究所共有 3 个项目共 21 人进入创新工程。这 3 个项目分别是："中国农产品安全战略研究"（首席研究员张元红、杜志雄），"中国农民福利研究"（首席研究员吴国宝），"社会转型背景下农村公共服务研究"（首席研究员党国英）。

为保证创新工程项目的顺利实施，农村发展研究所采取了一系列措施：一是宣传动员、全所参与。2011 年底院北戴河会议后，农村发展研究所立即召开了全所大会，传达北戴河会议精神，通过学习和研讨，使全所人员对创新工程有了更为深刻的认识。二是统筹制定方案，全面体现创新。农村发展研究所多次召开学术委员会，在深入分析研究所优势、劣势、机会和挑战的基础上，对今后中长期发展方向和研究重点进行了全面梳理，并在此基础上归纳出创新项目。创新项目设计时既注重突出管理体制、考核机制和激励机制的创新，又重视科研创新，包括理论创新、观点创新、选题创新、方法创新、思路创新和数据创新。既重视原始创新，又重视集成创新，引进、消化、吸收再创新。同时，审慎处理项目设置与现有学科、研究室的对应关系。三是认真贯彻实施，探索创新之路。成立了所创新工程领导小组，建立了监督和考核机制，完善了各项管理制度，建立了宣传和通报机制，从方方面面保障创新工程的顺利实施。

（三）学术交流活动

1. 学术活动

2012 年，农村发展研究所举办的重要学术活动有：

（1）2012 年 4 月 18 日，由农村发展研究所、国家统计局农村社会经济调查司和社会科学文献出版社共同举办的"2012 年《农村绿皮书》发布会暨中国农村经济形势分析与预测研讨会"在中国社会科院学术报告厅召开。90 余人参加了会议。

（2）2012 年 8 月 25 日，由湖南省新农村建设促进会发起，农村发展研究所、湖南省人民政府农村工作办公室、湖南省科技厅、湖南省农业厅、湖南省社会科学院、湖南农业大学、湖南省农业科学院、湖南省乡镇企业局、湖南省广播电影电视局、湖南广播电视台、湖南日报报业集团共同主办，株洲市人民政府、湖南省农村发展研究院承办的"第五届湖湘三农论坛"在湖南省株洲市举行。会议的主题是"农业科技与农村发展"。260 余人参加了会议。

（3）2012 年 9 月 8~9 日，由农村发展研究所合作经济研究中心、中国农村合作经济管理学会、中国工合国际委员会、青岛农业大学合作社学院、日本弘前大学、东京农业大学综合研究所、日本学术振兴会北京代表处联合主办的"2012（北京）东亚农民合作社发展国际论坛"在北京召开。来自中国大陆、中国台湾、日本、韩国的 70 多名专家参加了会议。会议的主题是"东亚农民合作社发展的新动向"。

（4）2012 年 10 月 13 日，由中国社会科学院经济学部主办、农村发展研究所承办的"土地制度改革与农村发展研讨会"在北京召开。100 余人参加了会议。

（5）2012 年 10 月 14 日，由农村发展研究所主办的第八届中国社科农经协作网络大会在北京召开。会议的主题是"土地制度改革与农村发展"。60 余名代表参加了会议。

（6）2012 年 10 月 19 日，由中国社会科学院主办、农村发展研究所承办的"中国社会科学论坛（2012 年·经济学）——社会转型背景下的农村公共服务"在北京召开。会议研讨的主要问题有"中国与东欧主要国家农村社会转型的特征及其比较""转型时期农民公共行为的特殊性及其对公共政策的影响""转型时期政府农村公共服务主要目标""东欧农村社区自治的历史传统及其新趋势""东欧农村产业组织发展演变趋势""东欧农村社会组织发展演变趋势"等。100 名专家学者参加了会议。

2. 国际学术交流与合作

2012 年，农村发展研究所共派出 22 批 29 人次分赴 13 个国家进行学术交流，接待来访 25 批 51 人次。与农村发展研究所开展学术交流的国家有韩国、英国、美国、日本等。其中 1 批 1 人次为执行院级协议项目出访（韩国）；1 批 4 人次为院创新工程国际交流项目出访（英国）；3 批 4 人次为随院组团出访（3 人日本，1 人美国）；1 批 1 人次为日本学术振兴会合作研究项目出访（日本）。

（1）2012 年 9 月 10 日，日本农林中金综合研究所新任所长古谷周三一行到农村发展研究所访问。农村发展研究所所长李周、副所长杜志雄等接待。双方就中国农村合作社的发展情况、外资参与粮食油料等领域的情况，以及开展合作研究的事项进行了座谈。

（2）2012 年 9 月 26 日，意大利国家农业经济研究所所长 Alberto Manelli 一行到农村发展研究所访问。农村发展研究所所长李周、副所长杜志雄等接待。双方就建立合作关系、开展不同形式的合作事项进行了座谈。

（3）2012 年，农村发展研究所接待了美国富布莱特学生奖学金项目资助对象——美国马里兰大学博士研究生白博安到所里做长期访问学者，主要研究中国小额信贷问题。

（4）2012 年，农村发展研究所共安排境外媒体采访 7 次，分别为日本经济新闻中国总局、国际环境影视公益机构 TVE、《华尔街日报》北京分社、中国香港凤凰网、韩国 KBS 广播电视、英国路透社的记者。采访内容主要集中在粮食价格、农村劳动力、农村土地、户籍制度问题上。

（5）2012 年，农村发展研究所"中国农村贫困减缓路径探索——日本村庄民主化与生活改善经验模式本土化研究"项目获得了日本学术振兴会的资助，目前该项目已接待日本课题组来访 1 次，派遣中方课题组出访 1 次。

（6）2012 年，农村发展研究所与日本贸易振兴机构发展经济研究所合作的"中国农业产业化与农户行为变化的研究"项目、承担的福特基金会"村庄治理网络服务与管理系统开发"第二期项目结项。

（四）学术社团、期刊

1. 社团

（1）中国国外农业经济研究会，会长杜志雄。

2012 年 4 月 23～27 日，"饮食城市——可持续食品链与集体饮食国际论坛"在广东省广州市举行，国内外 60 余名代表参加会议。

2012 年 6 月 12 日，"发展中国家小额信贷研修班中国经验交流会"在北京召开，来自 16 个国家的 50 余名代表参加会议。

2012 年 8 月 18 日，"中国国外农业经济研究会 2012 年理论研讨会"在北京召开，125 人参加会议。

2012 年 10 月 23 日，"几内亚农村发展研修班中国新农村建设经验交流会"在北京召开，来自几内亚的 20 余名代表参加会议。

（2）中国城郊经济研究会，会长谢扬。

2012 年 4 月 30 日，中国城郊经济研究会批准并确认河北省曲周县白寨中心村为中国城郊经济研究会新农村建设实验基地，决定批准成立"中道新农村发展改革研究院"。

2012 年 5 月，编辑出版中国城郊经济研究会第六届二次年会文集《转变观念创新管理，迈向城乡一体化》。

2012 年 5 月，与国务院发展研究中心农村部联合主办"城郊地区改革与发展研讨年会"。

（3）中国林牧渔业经济学会，会长李周。

2012 年 8 月 25 ~ 26 日，由中国林牧渔业经济学会畜牧业经济专业委员会举办的"第 11 次全国畜牧业经济理论研讨会"在北京举行。来自农业部畜牧业司、全国畜牧总站、国务院发展研究中心、中国人民大学、中国社会科学院、中国农业科学院、中国农业大学、农业部农村经济研究中心等国家政府职能部门以及全国各高等院校、科研机构、相关企业等关注畜牧业经济理论的 100 多人参会。

2012 年 7 月 24 ~ 25 日，中国林牧渔业经济学会林业经济专业委员会在吉林省白山市召开"第三届中国林业经济年会暨全国林下经济发展理论研讨会"。

2012 年 7 月 27 ~ 29 日，中国林牧渔业经济学会渔业经济专业委员会在广西壮族自治区南宁市召开"水产健康养殖技术专题研讨会"。

2012 年 8 月 22 日，中国林牧渔业经济学会饲料经济专业委员会在宁夏回族自治区中卫市召开"西部饲料产业发展论坛"。

2012 年 9 月 20 ~ 22 日，中国林牧渔业经济学会肉牛经济专业委员会在北京举办了"第二届中法肉牛国际研讨会"。

2012 年 12 月 15 ~ 17 日，中国林牧渔业经济学会养猪经济专业委员会在北京召开"养猪经济专业委员会第一届理事会换届会暨第五届全国养猪产业经济技术论坛"。

（4）中国西部开发促进会，会长赵霖。

（5）中国县镇经济交流促进会，会长杜晓山。

2012 年 4 月，中国县镇经济交流促进会与外交部主管的中日韩经济发展协会在北京共同签订了两会建立长期战略合作与紧密伙伴关系协议。

2012 年 5 月，中国县镇经济交流促进会常务副会长权兆能带队，组织农经界专家前往陕西丹凤和山阳进行考察。

2012 年 6 月，中国县镇经济交流促进会小额信贷发展研究会与亚太经合组织咨询理事会、亚太财经与发展中心、亚洲开发银行、花旗集团、BWTP 协作，在上海举办 APEC 国际普惠金融研讨会。

2012 年 7~9 月，中国县镇经济交流促进会小额信贷发展研究会在青海和北京组织了小额信贷机构改制与融资培训班。

（6）中国生态经济学会，会长李周。

2012 年 7 月 20~23 日，中国生态经济学会教育专业委员会在江西省南昌市举办了"中国生态经济建设 2012·南昌论坛"。论坛的主题是"发展生态经济，促进绿色崛起"。

2012 年 8 月 6~7 日，由中国生态经济学会主办、新疆大学承办的"中国生态经济学会第八届会员代表大会暨生态经济与转变经济发展方式研讨会"在新疆维吾尔自治区乌鲁木齐市召开。100 位代表参加了会议。

2012 年 10 月 18~19 日，中国生态经济学会工业生态经济与技术专业委员会、中国生态经济学会循环经济专业委员会联合举办了"第七届全国循环经济与生态工业学术研讨会暨中国生态经济学会工业生态经济与技术专业委员会 2012 年年会"。

2. 期刊

（1）《中国农村经济》（月刊），主编李周。

2012 年，《中国农村经济》共出版 12 期，共计 212 万字。该刊全年刊载的有代表性的文章有：刘生龙、李军的《健康、劳动参与及中国农村老年贫困》，沈能、赵增耀的《农业科研投资减贫效应的空间溢出与门槛特征》，曲玮、涂勤、牛叔文、胡苗的《自然地理环境的贫困效应检验——自然地理条件对农村贫困影响的实证分析》，宫同瑶、辛贤、潘文卿的《贸易壁垒变动对中国—东盟农产品贸易的影响——基于边境效应的测算及分解》，许统生、李志萌、涂远芬、余昌龙的《中国农产品贸易成本测度》，王子成的《外出务工、汇款对农户家庭收入的影响——来自中国综合社会调查的证据》，达林太、郑易生的《真过牧与假过牧——内蒙古草地过牧问题分析》，刘祚祥、黄权国的《信息生产能力、农业保险与农村金融市场的信贷配给——基于修正的 S-W 模型的实证分析》，罗必良、何应龙、汪沙、尤娜莉的《土地承包经营权：农户退出意愿及其影响因素分析——基于广东省的农户问卷》，孙亚范、余海鹏的《农民专业合作社成员合作意愿及影响因素分析》，米建伟、黄季焜、陈瑞剑、Elaine M. Liu 的《风险规避与中国棉农的农药施用行为》，王建国、罗楚亮、李实的《外出从业收入核算方式对农村居民收入水平及收入分配的影响》，陈宇峰、薛萧繁、徐振宇的《国际油价波动对国内农产品价格的冲击传导机制：基于 LSTAR 模型》，叶敬忠、丁宝寅、王雯的《独辟蹊径：自发型巢状市场与农村发展》，孙世民、张媛媛、张健如的《基于 Logit-ISM 模型的养猪场（户）良好质量安全行为实施意愿影响因素的实证分析》，刘明的《基于宏观视角的中国农业劳动力转移影响因素分析》，李立清的《农户持续参加新型农村合作医疗稳定性的实证分析——基于全国五省 2207 个农户的数据》。

（2）《中国农村观察》（双月刊），主编李周。

2012 年，《中国农村观察》共出版 6 期，共计 106 万字。该刊全年刊载的有代表性的文章有：檀学文的《稳定城市化——一个人口迁移角度的城市化质量概念》，郭云南、姚洋、Jeremy Foltz 的《宗族网络、农村金融与平滑消费：来自中国 11 省 77 村的经验》，黄洁的《农村微型企业社会资本的特点及成因：基于对案例的分析》，郭占锋、李小云的《两种行动逻辑的遭遇——基于一个西北村庄公共危机管理过程的社会学分析》，申云、朱述斌、邓莹、滕琳艳、赵嵘嵘的《农地使用权流转价格的影响因素分析——来自农户和区域水平的经验》，谭秋成的《惩罚承诺失信及农村政策扭曲》，易信的《职业特征、艾滋病知识和性风险意识：来自流动人口调查数据的实证分析》，徐家鹏、李崇光的《蔬菜种植户产销环节紧密纵向协作参与意愿的影响因素分析》，倪国华、郑风田的《粮食安全背景下的生态安全与食品安全》，李佳的《乡土社会变局与乡村文化再生产》，徐旭初的《农民专业合作社发展辨析：一个基于国内文献的讨论》，邓宏图的《中国寿光市农业和农村社会转型：一个基于个案调查的经济史与政治经济学评论》，马良灿的《农村社区内生性组织及其内卷化问题探究》。

（五）会议综述

中国社会科学院经济学部 2012 年经济形势座谈会：
2011 年回顾与 2012 年展望

2012 年 2 月 16～18 日，由中国社会科学院经济学部和科研局共同主办、农村发展研究所承办的"中国社会科学院经济学部 2012 年经济形势座谈会：2011 年回顾与 2012 年展望"在北京召开。中国社会科学院党组成员高全立、武寅、李扬、李秋芳、黄浩涛出席会议。中国社会科学院经济学部主任陈佳贵主持会议。来自中国社会科学院有关研究所和职能局的专家学者共 90 余人出席了会议。

2012 年 2 月，"中国社会科学院经济学部 2012 年经济形势座谈会：2011 年回顾与 2012 年展望"在北京举行。

（1）关于 2011 年的经济形势与 2012 年展望

与会学者认为，2011 年中国经济保持了较快的发展势头，工业、农业、财政收入、就业和城乡居民收入等都有较快的发展。粮食产量突破 1.1 万斤、财政收入超过 10 万亿是两个闪光点。2012 年中国经济面临增速回落的问题。2012 年应采取"稳中求进"的经济政策，稳定经济增长，稳定物价总水平以及稳定宏观经济政策。我国的经济发展应该从注重速度型向注重质量型转变，在宏观调控方面要避免大起大落。

（2）关于"三农"问题

与会学者就我国"三农"有关重大问题展开了讨论。有学者认为，相对于关注粮食总产量，重要的是如何确保人均粮食产量的稳定性。目前我国粮食种植结构的调整是中国市场改革带来的资金配置改进的结果。学者们认为，中国城乡收入差距已呈现明显下降趋势。政府应以基本公共服务均等化为目标，深化户籍制度改革。农地适度经营的主体应该是职业农民，而非工商企业。要坚持走农民所需要的城镇化道路。

（3）关于产业发展、技术进步和生产率

有学者认为，从中国产业演进来看，中国的高增长得益于结构变革，但是可持续的发展还需要逐步放开产业政策。从生产函数的要素结构来看，我国与发达国家不同，劳动弹性比较低，而资本的弹性较高。有学者认为，1995 年以来中国全要素生产率的持续增长和贡献主要来自技术进步，而效率一直呈现负增长。行业之间、地区之间的全要素生产率不平衡。

（4）关于工业经济、区域发展与环境问题

有学者认为，"十五"期间中国工业化进程速度最快，到"十一五"末中国已经走过了工业化中期阶段，但东西部发展不平衡。有学者认为，2011 年我国工业处于高位平缓运行阶段，增幅在下降。重工业的比重还在上升，但重工业的能源利用效率在提高。未来东部地区要全面转型升级，中西部要赶超，要跟转型相结合。关于节能减排，有学者认为，形势依然严峻，前景不容乐观。关于生态文明，有学者认为，生态文明是人类社会的一种形态，应该纳入我国社会主义核心价值观体系。

（5）关于财政、金融、收入和消费问题

有学者认为，2012 年的经济政策要在稳增长和控物价之间寻求平衡，财政政策则将在"积极"与"稳健"之间跳舞，积极财政政策要体现在减税和增支上，要实施"结构性减税"。对于货币政策，有学者认为，货币政策最基本的是保持币值稳定，2012 年将继续实行稳健的货币政策。与 2011 年相比，资金面可能会处于较紧格局。

（6）关于"中等收入陷阱"问题

学者们一致认为，"中等收入陷阱"是存在的，并有其特殊性，研究"中等收入陷阱"对中国有很强的针对性。我国落入"中等收入陷阱"的风险有所增强。与会学者分别从人口老龄化和人力资本角度研究如何避免"中等收入陷阱"的问题，提出要积极应对"人口亏损"的挑战，探索养老体制改革。从战略角度不再关注劳动力就业的数量，而是如何迅速提高普通劳动者的人力资本能力。

此外，与会专家还就国际经济形势进行了研讨，对美国、欧元区、日本、亚太地区等经济热点地区的经济形势进行了分析，并对 2012 年的世界经济发展趋势进行了预测。

（任常青）

2012 年《农村绿皮书》发布会
暨中国农村经济形势分析与预测研讨会

2012 年 4 月 18 日，由中国社会科学院农村发展研究所、国家统计局农村社会调查司和社会科学文献出版社主办的"2012 年《农村绿皮书》发布会暨中国农村经济形势分析与预测研讨会"在北京召开。研讨会的主题是"当前中国农业、农村经济形势与面临的问题"。

中国社会科学院党组成员、副院长武寅出席会议并致辞。中国社会科学院农村发展研究所所长李周主持会议，农村发展研究所研究员朱钢就 2011 年中国农村经济运行状况以及 2012 年基本走势作主题发言。来自国务院研究室、国务院发展研究中心、国务院参事室、国家发改委、财政部、农业部、科技部的专家学者出席了研讨会并作了专题发言。

（1）农产品供给偏紧的状况仍在加剧

尽管粮食实现了"八连增"，农产品不断增产，但一方面，我国农业基础设施还较为薄弱，抗御自然灾害的能力较弱，同时，土地和水资源的约束越来越紧；另一方面，需求仍在快速增长，农产品增产的基数在不断提高，增产的潜力、包括科技方面的潜力面临考验。因此，保持农产品供求平衡的困难越来越大，农产品供给偏紧的状况还在加剧，农产品进出口贸易的变化反映了这种状况，近几年来，农产品贸易不仅连续出现逆差，而且逆差值急剧扩大。

当前，农产品不仅面临着总量平衡的问题，同时还面临着结构平衡、区域平衡和产销平衡的问题，其中总量平衡是关键。如何保持总量平衡，一是要发挥主产区的作用；二是要依靠种田大户、家庭农场、专业合作社，以及社会资本进入农业形成的经营主体；三是靠科技支撑；四是要更加关注进出口。

（2）农业比较效益低的问题在加剧

尽管农业单产提高很快，农产品价格上涨幅度也较大，但是农业的物质投入也在大幅度增加，农业生产资料价格大幅上涨，农业用工成本大幅度增加。因此，农业收益增长并不快，与农民非农业收入和务工收入相比，农业的比较效益并没有增长。如何解决和对待农业比较效益低的问题，既需要社会对农产品价格上涨给予更多的理解，也需要国家继续增加对农业各方面的支持、补贴；既需要加大农业基础设施建设力度，也需要科学技术和社会化服务的有力支撑；需要不断改革和提高农民的生产积极性。

（3）农业发展的新变化

进入 21 世纪以来，中国农业发生了一些变化，表现出一些新的特征：第一，生产方式的变化，设施化、专业化、规模化生产发展，对农业的生产结构和区域结构带来重要影响。第二，经营主体的变化，分散的农户在减少，专业大户、家庭大户、公司比重逐渐提高。第三，市场结构的变化，国内市场与国外市场，产品市场与资本市场的相互联系不断加深，这使得对供求形势的判断越来越困难。第四，技术条件的变化，新品种、新技术的应用可以突破资源约束来提高产量并缩短生产周期。第五，政策环境的变化。

（4）城镇化

工业化、城镇化、农业现代化"三化"同步发展中，城镇化是节点和关键，只有正确的城镇化、健康的城镇化或者真正意义上的人口城镇化，才能使我们不再复制过去长时期低成本的工业化，城镇化不能再像过去那样仅仅解决劳动力的工资问题，而是要解决劳动力和人口的全部成本问题。

如何做到健康的城镇化，一是要分城市类别，将节点工作做到中小城市；二是城市化的区域主要是中西部地区；三是城市化的主体是已经转移出来的2亿多农民工；四是要按照就业、住房、公平享有权利和社会保障的顺序有效解决农民变市民的问题。

（5）深化农村体制改革

现代农业发展、保障农产品有效供给等，必须依赖于规模化的经营方式，由此，需要进一步深化土地制度和金融制度两大改革。土地制度改革，一是要在稳定家庭承包责任制的基础上，明确所有权，稳定承包权，放活经营权；二是要研究解决农业生产的建筑设施用地的问题；三是要在坚持三个"不得"（不得侵犯原承包户的地，不得改变原农业用地的用途，不得违反集体所有的性质）的原则下，按照有偿、自愿和依法的原则规范工商资本和社会资本进入农业。金融制度改革，一是要加快金融组织创新；二是要对从事农业的金融给予特殊的政策扶持；三是要加大农业保险。

（朱　钢）

2012（北京）东亚农民合作社发展国际论坛

2012年9月8～9日，由中国社会科学院农村发展研究所合作经济研究中心、中国农村合作经济管理学会、中国工合国际委员会、青岛农业大学合作社学院、日本弘前大学、东京农业大学综合研究所、日本学术振兴会北京代表处联合主办的"2012（北京）东亚农民合作社发展国际论坛"在北京召开。来自全国20多个省、市、自治区的高等院校、科研机构、政府机关和企事业单位以及日本、韩国的近百名代表出席了论坛。论坛主要讨论了东亚农民合作社发展面临的新形势、新动向和发展策略等问题。

中国社会科学院农村发展研究所副所长权兆能致开幕词，中国社会科学院学部委员张晓山出席开幕式并作了题为《中国农民合作社的发展困境和出路》的主题报告；日本东京农业大学综合研究所白石正彦教授作了题为《国际合作社年的意义及日本综合农协组织机构边关引起的功能改革》的讲演；日本山形大学金成学教授作了题为《韩国农协改革与农协共同销售体制》的讲演。

（1）东亚农民合作社面临的主要困境分析

东亚地区合作社运动作为事业合作社运动的重要组成部分，各国合作社在延展产业链、促进农业适度规模经营、促进村组集体经济组织与社区合作组织重合、深化农村现代流通服务体系的改革等方面发挥了重要作用。然而，东亚合作社普遍面临不同形式、不同层面的组织设计与合作社良性发展目标相距甚远的问题，甚至在个别地区出现劣币驱逐良币的现象，严重阻碍了农民专业合作社的可持续发展。

（2）对于农民合作社本质的再认识

有学者指出，仅靠营利企业与政府无法实现人类幸福的目标，了解带有非营利特征的市民参与型"合作社事业团体"具有重要意义。"以农民为基础"的传统农业合作社逐步向开发农业多功能价值、集体参与方向发展，呈现出企业型、社区型、自给型等多样化组织形态。同时，会员主体也出现以农民为核心、非农人员参与运营的农村社区合作的特征。总体来讲，基于加强社员内部凝聚力，从组织、服务、经营三方面提升合作社竞争能力，以克服不公正的全球化市场经济条件是东亚农民合作社革新的重要出发点。

（3）东亚农民合作社发展与改革之路

与会代表认为，合作社存在的基础是成员的经济和社会等层面的需求在合作社比较有效的机制保障下得以满足。合作社业务流程再造使得合作社呈现出集团化发展，有的国家以此提出尽快改革合作社的建议。还有的地区适时调整合作社组织架构，以权变思想指导合作社变革。总体来讲，在国际环境突变和经济社会转型时期，要开拓出一条具有东亚特色的合作化道路，推动东亚农民合作社可持续发展。要加强培养造就合作社专门人才，健全组织队伍、规范农民专业合作社运行；政府要认真履行好公共品提供者的职责；农民专业合作社应充分了解有关政策，探索农民专业合作社的功能拓展，注重加强自身建设。

（曹　斌）

土地制度改革与农村发展研讨会

2012 年 10 月 13 日，由中国社会科学院经济学部主办、农村发展研究所承办的"土地制度改革与农村发展研讨会"在北京召开。中国社会科学院经济学部主任陈佳贵，中国社会科学院党组成员、副院长李扬，中国社会科学院经济学部部分学部委员，经济学部各院所领导，来自国家有关部委、科研院所和大专院校、各省市社科院的专家学者，以及中国社会科学院农村发展研究所的研究人员共 100 余人参加了会议。

中国社会科学院经济学部主任陈佳贵主持会议。他指出，改革开放 30 年来，中国城乡土地制度改革取得了重大进展，但仍存在一些争议性问题：一是征地制度方面改革进展比较缓慢；二是与市场经济相适应的土地征收制度还没有完全建立起来；三是征地引发的矛盾和冲突时有发生。他指出，当前和未来一段时间，加快推进集体土地确权登记颁证、改革

2012 年 10 月，"土地制度改革与农村发展研讨会"在北京举行。

完善集体土地征收补偿办法、缩小集体土地征收范围、强化政府的公共管理职能是改革的重点。

李扬指出，土地问题是中国经济学的根本问题。中国当前的土地问题是工业化过程中土地的资本化问题。土地资本化过程在西方发达经济体是市场在推动，是土地所有者在推动，但中国却是政府在推动，由此也带来了土地资本化过程中收益分配不公平、农地规模大量减少的问题。这些问题的解决需要一个好的、站在发展战略层面上的制度设计。

中国土地勘测规划院副院长周建春研究员认为，征地制度改革的难度主要体现在改革的动力不足、改革的意见不统一，以及现行征地制度符合既定体制等方面。他认为，应该按照被征收土地原用途的市场价值先行改革农民能获得的征地补偿标准，然后逐步开展缩小征地范围的改革，在征地程序上应强调农民的参与，提高其谈判能力。

中国社会科学院农村发展研究所王小映研究员认为，我国改革 30 多年完成了土地制度改革的第一个阶段，第二阶段改革的重点是征地制度和集体建设用地制度，其核心是规范公权力，缩小征地范围，逐步放开集体建设用地市场。他建议，从城市规划圈外到城市规划圈内、从存量建设用地到增量建设用地、由一般集体建设用地到农民宅基地逐步缩小范围。他将土地增值区分为普遍性土地增值和个别性土地增值，认为只有个别性土地增值应该归公。提出土地增值归公要做到公正补偿、平等待遇，而且土地增值归公不是基于国家土地所有权，而是政府作为公共管理者对土地规划的缺陷进行弥补，是调节土地增值收益的一种制度。逐步建立城乡统一的补转税制，完善财产税制度，充实地方税收；建议征地审批和农用地转用审批程序上分离，并对政府征地引入司法裁决。

四川省社会科学院副院长郭晓鸣研究员介绍了成都市温江区通过"两股一改"使集体产权量化到个人，为土地流动奠定条件的做法，认为"两股一改"在一定程度上实现了对农民

的"还权"，但"赋能"还需要国家的法律保障，以及制度层面的诸多创新。

清华大学政治经济学研究中心主任蔡继明教授认为，现行土地制度改革需要一个全面的顶层设计。他建议对《宪法》中关于"城市土地归国有"进行重新解释。1982 年宪法公布时的城市存量土地归国家所有，此后城市建设与发展过程中需要增加占用农村的土地应看是否出于公共利益的需要。他建议允许农村集体建设用地甚至农村农业用地在符合规划的前提下进入市场，同时建议废除《土地管理法》中"凡是列入城市规划的土地都要实行征收"，以及"任何个人和单位搞建设必须申请使用国有建设用地"的规定。他建议小产权房合法化；认为不应把农村集体土地征收为国有作为城中村改造的唯一途径，建议让农民按照统一规划自我整改；认为应赋予农民集体之间自主地进行增减挂钩的权利。

中国人民大学教授陶然认为，地方政府为了通过招商引资来提高地方政府收益，往往会压低工业用地的价格，放松对制造业生产厂商的环境和劳动监管，从而导致房地产市场泡沫和地方政府债务危机。他建议按照区段征收的方式改革土地征用制度，停止工业用地征地，甚至将部分工业用地转为商住用地，允许农民参与商住开发土地，打破政府是商住用地唯一供给主体的局面。

中国社会科学院金融研究所所长王国刚研究员探讨了现有土地制度给金融工作带来的一些困难。安徽省社会科学院农村经济研究所副所长谢培秀研究员介绍了安徽农地规模化流转情况。山东省社会科学院农村发展研究所所长张清津研究员介绍了滨州市未利用土地开发工作的一些探索与实践。

（卢宪英）

财经战略研究院

（一）人员、机构等基本情况

1. 人员

截至 2012 年年底，财经战略研究院共有在职人员 82 人。其中，正高级职称人员 18 人，副高级职称人员 20 人，中级职称人员 28 人；高、中级职称人员占全体在职人员总数的 80%。

2. 机构

财经战略研究院设有：财政研究室、税收研究室、经济战略研究部、国际贸易与投资研究室、服务贸易与 WTO 研究室、流通产业研究室、旅游与休闲研究室、成本价格研究室、城市与房地产经济研究室、电子商务研究室、服务经济研究室、网络与信息资料室、《财贸经济》编辑部、*China Finance & Economy* 编辑部、《专报》编辑室、《财经论坛》编辑室、院长办公室、行政办公室、科研组织处、学术交流办公室。

3. 科研中心

财经战略研究院院属科研中心有：对外经贸国际金融研究中心、旅游研究中心、财税研究中心、城市与竞争力研究中心；所属科研中心有：服务经济与餐饮产业研究中心、信用研究中心。

（二）科研工作

1. 科研成果统计

2012 年，财经院共完成专著 6 种，200.6 万字；论文 179 篇，341 万字；研究报告 238 篇（部），758.9 万字；译著 5 种，71 万字；一般性文章 92 篇，55.7 万字。

2. 科研课题

（1）新立项课题。2012 年，财经战略研究院共有新立项课题 22 项。其中，国家社会科学基金重大课题 1 项："服务经济理论与中国服务业发展改革研究"（江小涓主持）；国家社会科学基金重点课题 2 项："健全现代文化市场体系研究"（荆林波主持），"中国结构性减税的方向、效应与对策研究"（夏杰长主持）；国家社会科学基金青年课题 1 项："政府行为与中国经济增长：比较经济发展视角的解读"（付敏杰主持）；院重点课题 2 项："新能源价格补贴问题研究"（史丹主持），"扩大内需的长效机制研究"（依绍华主持）；院国情调研课题 4 项："省管县改革背景下的地级市财政运行状况调研"（杨志勇主持），"中国服务贸易补贴绩效的调研及评价"（于立新主持），"以服务业促进农业现代化：模式、战略思路与实现路径"（李勇坚主持），"我国加工贸易转型升级研究——以重庆为例"（王迎新主持）；院青年科研启动基金课题 1 项："我国消费率波动下降的成因及对策研究"（王雪峰主持）；所重点课题 7 项："财政学发展史研究"（杨志勇主持），"战后西方税收理论发展及其对政策的影响"（张斌主持），"马克思主义国际贸易理论研究"（冯雷主持），"流通理论发展研究"（宋则主持），"服务经济思想史研究"（夏杰长主持），"价格理论：发展脉络与实际应用"（张群群主持），"城市群规模的理论模型研究"（倪鹏飞主持）；所青年基金课题 4 项："服务创新的理论演进、研究方法及前瞻"（王朝阳主持），"食品价格波动对低收入群体的福利影响研究"（王振霞主持），"服务业集聚与区域经济差异：基于生产率空间联系视角"（刘奕主持），"旅游产业用地研究"（金准主持）。

（2）结项课题。2012 年，财经战略研究院共有结项课题 19 项。其中，国家社会科学基金重大课题 1 项："促进新能源产业发展的政策措施体系研究"（史丹主持）；国家社会科学基金青年课题 1 项："古村镇旅游开发与利益相关者互动机制研究"（宋瑞主持）；院重大课题 1 项："十二五期间扩大消费若干重大问题及政策研究"（荆林波主持）；院重点课题 1 项："流通成本价格效应与国际比较"（彭磊主持）；院国情调研课题 1 项："我国加工贸易转型升级研究——以重庆为例"（王迎新主持）；院青年科研启动基金课题 3 项："我国食品价格与 cpi 的传导关系研究"（王振霞主持），"我国现行税制结构对消费需求的影响研究"（蒋震主持），"发展中国家的贸易政策研究"（陈昭主持）；所重点课题7项："WTO规则框架下我国高新技术产品出口研究"（冯远主持），"十二五期间中日贸易促进对策研究"（申恩威主持），"中国零售业自营与联营模式的选择研究"（李蕊主持），"中国土地财政模式的转换问题研究"（杨志勇主持），"我国食品价格稳定机制研究"（张群群主持），"中国住房保障问题研究"（姜雪梅主持），"当前国家战略视角下的旅游业发展转型探索"（戴学锋主持）；所青年基金课题4项："分税制财政体制的进一步改革"（于树一主持），"加快我国对外直接投资的促进政策研究"（张宁主持），"餐饮产业纵向一体化与餐饮食品安全"（赵京桥主持），"中国现代财政思想的成长：以近现代财政学家学术思想为线索"（范建鏋主持）。

（3）延续在研课题。2012年，财经战略研究院共有延续在研课题4项，即国家社会科学基金课题："完善省以下财政体制、增强基层政府公共服务能力研究"（杨志勇主持），"促进房地产市场稳健均衡发展对策研究"（倪鹏飞主持），"住房问题研究"（高培勇主持），"十二五时期加快发展现代服务业的区域对策研究"（刘奕主持）。

3. 获奖优秀科研成果

2012年，财经战略研究院张斌的论文《企业境外并购的税收政策研究》获中国税务学会第七次全国国际税收优秀科研成果一等奖；杨志勇的论文《中国30年财政改革之谜与未来改革之难》获中国财政学会第五次全国优秀财政理论研究成果奖；汪德华的论文《政府为什么要干预医疗部门?》获中国财政学会第五次全国优秀财政理论研究成果奖；张斌的论文《出口退税与对外贸易失衡》获中国财政学会第五次全国优秀财政理论研究成果奖；高培勇的论文《公共财政：概念界说与演变脉络》、史丹的论文《中国能源效率地区差异及其成因研究》、荆林波的论文《利用外资与转变经济增长方式》、张群群的译著《知识资产：在信息经济中赢得竞争优势》、姚战琪的论文《生产率增长与要素再配置效应：中国的经验研究》获2012年度中国社会科学院财经战略研究院优秀科研成果一等奖。

4. 创新工程的实施和科研管理新举措

（1）实施创新岗位公开竞聘，严格创新岗位考核制度。按照中国社会科学院"先行试点、突出重点、点面结合、稳妥推进"的原则，有计划、有步骤地推进并实施创新工程。2012年财经战略研究院创新岗位聘用方式，由各部门根据创新任务和创新岗位设置，以部门为单位组织竞聘，推荐确定进入创新工程人选。随着创新工程进一步深入，财经战略研究院对2013年创新工程在岗位设置、人员聘用、绩效考核等方面进一步规范化、制度化，在财经战略研究院范围内公开竞聘创新岗位，以双向选择的方式确定聘用人选，进一步完善创新工程岗位聘用程序。

（2）根据财经战略研究院的发展情况，制定了中长期人才培养和发展规划，特别注重学科带头人和学科队伍梯队建设规划。

（三）学术交流活动

1. 学术活动

2012 年，财经战略研究院主办、承办和联合主办的大中小型学术会议有：

（1）2012 年 1 月 11 日，财经战略研究院举办媒体新春答谢会暨财经战略研究院网站开通仪式，约 90 人出席会议。

（2）2012 年 3 月 24～25 日，由财经战略研究院主办的"辽宁棚户区改造研讨会"在辽宁省沈阳市召开，90 余人参加会议。

（3）2012 年 3 月 25 日，财经战略研究院举行重大成果发布会，主题为"中国商品流通战略问题"，90 余人出席会议。

（4）2012 年 4 月 13 日，财经战略研究院举办《中国服务业发展报告 2012》重大成果发布会，约 80 人参加会议。

（5）2012 年 5 月 17 日，财经战略研究院举办"开创中国流通发展新局面暨 2012 年《中国流通蓝皮书》中英文首发式"，约 80 人出席会议。

（6）2012 年 5 月 21 日，财经战略研究院举办《2012 城市竞争力蓝皮书》发布及 10 年成果回顾学术研讨会，专家学者与媒体记者等共 50 人出席会议。

（7）2012 年 6 月 20 日，财经战略研究院举办"纪念《财经论坛》发行 100 期座谈会"，约 60 人出席会议。

（8）2012 年 6 月 27 日，财经战略研究院在北京举办《中国公共财政建设报告（2007～2012）（全国版）》重大成果发布会，90 余人出席会议。

2012 年 5 月，"中国社会科学院财经战略研究院重大成果发布会：开创中国流通发展新局面暨 2012 年《中国流通蓝皮书》中英文首发式"在北京举行。

（9）2012 年 6 月 27～28 日，财经战略研究院在北京举办"第十届城市竞争力国际论坛"，专家学者与媒体记者等约 90 人出席会议。

（10）2012 年 7 月 23 日，财经战略研究院举办《中国住房发展（2012 年中）报告》重大成果发布会，专家学者及媒体记者约 80 人出席会议。

（11）2012 年 9 月 5～9 日，由中国社会科学院经济学部主办、财经战略研究院承办的

"现代服务业与产业升级研讨会"在辽宁省丹东市召开，专家学者80多人出席会议。

（12）2012年9月12日，由中国社会科学院财经战略研究院与香港特别行政区政府中央政策组主办、香港利丰研究中心协办的"中国经济运行与政策国际论坛"在香港召开。

（13）2012年9月18日，由中国社会科学院和台湾中华经济研究院主办、中国社会科学院财经战略研究院和西南财经大学承办、四川省财政协会协办的"海峡两岸财税制度与经济发展策略研讨会"在四川省成都市举办。

（14）2012年10月31日，由中韩两国举办的"第五届中韩国际学术研讨会"在韩国召开，专家学者共计100多人出席会议。

（15）2012年12月29日，由中国社会科学院财经战略研究院主办的"财经战略年会2012"在北京召开。年会的主题为"十八大后的中国：深化改革 创新发展"。

财经论坛

（16）2012年2月3日，财经战略研究院举办"财经论坛"。宋则研究员作题为《如何办好财经战略研究院（之一）》的专题报告。80余人出席会议。

（17）2012年2月7日，财经战略研究院举办"财经论坛"。院创新办马援作题为《如何办好财经战略研究院（之二)》的专题报告。80余人出席会议。

（18）2012年2月10日，财经战略研究院举行"财经论坛"。高培勇院长作题为《如何办好财经战略研究院（之三)》的专题报告。80余人出席会议。

（19）2012年2月14日，财经战略研究院举行"财经论坛"。党委书记揣振宇、副院长林旗作题为《如何办好财经战略研究院（之四)》的专题报告。80余人出席会议。

（20）2012年2月28日，财经战略研究院举办"财经论坛"。副院长荆林波、史丹作题为《如何办好财经战略研究院（之五)》的专题报告。80余人出席会议。

（21）2012年3月6日，财经战略研究院举办"财经论坛"。经济研究所副所长朱玲研究员作题为《研究报告如何转化为论文》的专题报告。70余人出席会议。

（22）2012年3月7日，财经战略研究院举办"财经论坛"。国务院研究室江小涓研究员作题为《服务经济》的专题报告。70余人出席会议。

（23）2012年3月20日，财经战略研究院举办"财经论坛"。学部委员汪同三研究员作题为《解读政府工作报告》的专题报告。70余人出席会议。

（24）2012年5月15日，财经战略研究院举办"财经论坛"。发改委宏观院副院长马晓河研究员作题为《结构调整与产业发展》的专题报告。70余人出席会议。

（25）2012年5月29日，财经战略研究院举办"财经论坛"。审计研究室主任汪德华副研究员作题为《中国政府储蓄率研究》的专题报告。50余人出席会议。

（26）2012年6月12日，财经战略研究院举办"财经论坛"。国务院发展中心对外经济研究部部长隆国强研究员作题为《中国比较优势的变化与对策》的专题报告。70余人出席会议。

（27）2012 年 6 月 26 日，财经战略研究院举办"财经论坛"。服务经济理论与政策研究室副主任姚战琪研究员作题为《服务经济研究方法》的专题报告。50 余人出席会议。

（28）2012 年 7 月 3 日，财经战略研究院举办"财经论坛"。流通产业研究室副主任依绍华副研究员作题为《我国流通业发展战略研究》的专题报告。50 余人出席会议。

（29）2012 年 7 月 17 日，财经战略研究院举办"财经论坛"。税收研究室副主任马君副研究员作题为《公共物品理论中的历史偶然与思想史细节》的专题报告。50 余人出席会议。

（30）2012 年 8 月 14 日，财经战略研究院举办"财经论坛"。旅游研究室主任戴学锋研究员作题为《通过出境旅游扩大中国的影响力》的专题报告。50 余人出席会议。

（31）2012 年 9 月 18 日，财经战略研究院举办"财经论坛"。副院长荆林波研究员作题为《技术变革与模式创新》的专题报告。50 余人出席会议。

（32）2012 年 9 月 25 日，财经战略研究院举办"财经论坛"。中国物流采购联合会副会长贺登才作题为《中国物流发展现状与趋势》的专题报告。50 余人出席会议。

（33）2012 年 10 月 16 日，财经战略研究院举办"财经论坛"。工业经济研究所所长金碚研究员作题为《中国工业化进程中的若干问题》的专题报告。70 余人出席会议。

（34）2012 年 10 月 23 日，财经战略研究院举办"财经论坛"。服务贸易与 WTO 研究室副研究员冯远作题为《供给结构与我国内外需平衡》的专题报告。50 余人出席会议。

（35）2012 年 11 月 20 日，财经战略研究院举办"财经论坛"。人口与劳动经济研究所所长蔡昉研究员作题为《学习贯彻十八大会议精神》的专题报告。70 余人出席会议。

（36）2012 年 12 月 11 日，财经战略研究院举办"财经论坛"。中国社会科学院副院长李捷作题为《十八大修改党章中的若干问题》的专题报告。80 余人出席会议。

（37）2012 年 12 月 18 日，财经战略研究院举办"财经论坛"。经济研究所副所长杨春学研究员作题为《走在经济学的大道上》的专题报告。70 余人出席会议。

2. 国际学术交流与合作

全年派出团组 25 批 44 人次，接待来访约 50 批近 100 人次，其中主接 7 批 59 人次；举办国际（双边）会议 5 次；签署财经战略研究院级合作协议 1 项；合作研究课题结项 1 项。比较有代表性的国际学术会议有：

（1）2012 年 9 月 12 日，"中国经济运行与政策国际论坛"在香港政府总部大楼召开。论坛由财经战略研究院、香港特别行政区政府中央政策组主办，香港利丰集团协办。

（2）2012 年 9 月 18 日，"海峡两岸财税制度与经济发展策略研讨会"在四川省成都市召开。会议由中国社会科学院、台湾中华经济研究院主办，财经战略研究院、西南财经大学承办，四川省财政学会协办。

（四）学术社团、期刊

1. 社团

（1）中国成本研究会，法人揣振宇。

① 2012 年 5 月 8 日，中国成本研究会召开常务理事会。讨论了年度相关的工作安排，重点讨论如何办好研究会工作。

② 2012 年 11 月 16 日，在我国著名经济学家、财政学家、历史学家许毅教授逝世 2 周年之际，中国成本研究会在北京召开"许毅教授学术研讨会"。会议由财政部财政科学研究所、中国社会科学院财经战略研究院、许毅财经科学奖励基金、中国财政学会秘书处、中国成本研究会共同举办。

③ 召开全体理事通讯会议，办理变更法人代表事宜，选举中国社会科学院财经战略研究院党委书记、副所长揣振宇为新任法人。

④ 中国成本研究会配合院科研局、财计局、审计部门进行了多次自查活动。

⑤ 中国成本研究会完成了国家代码中心的审核、换证工作。

⑥ 配合中国社科院完成审计和小金库治理整顿工作。

⑦ 根据研究会"十二五"规划，为吸引人才，秘书处建立理事、理事单位会员入会申请登记管理制度，并把优秀的财务成本管理专家吸收到研究会中，取得了一定的成效。

（2）中国市场学会，会长喻晓松。

① 中国市场学会信用工作委员会受北京市经济和信息委员会委托，组织专家学者编写并出版《北京信用年鉴（第 2 卷）》（北京燕山出版社 2012 年版）；组织专家学者研究并完成"中国社会信用体系建设模式探索"课题；承担国家人保部国家职业大典信用管理师职业及其标准的修订工作。

② 2012 年 7 月 12～14 日，中国市场学会与内蒙古自治区呼和浩特市人民政府等单位在呼和浩特市联合举办"第六届中国民族商品交易会"。

③ 2012 年 8 月 10 日，中国市场学会与搜狐汽车事业部等在吉林省长白山联合举办"第九届汽车营销首脑风暴·长白山峰会"。

④ 2012 年 10 月 29～30 日，中国市场学会受商务部市场体系司委托，组织全国各省市自治区商务厅、局及全国商品交易市场相关领导及管理人员，就《灯具市场建设和经营管理规范》《摄影器材市场建设和经营管理规范》《文化用品市场建设和经营管理规范》三项行业标准在北京举办培训班。

⑤ 2012 年 11 月 24 日，中国市场学会与北京物资学院、中国物流与采购联合会在北京联合主办"第六届中国（北京）流通现代化高峰论坛"。论坛围绕降低流通成本、提高流通效率等问题进行了探讨。

⑥ 中国市场学会受人力资源和社会保障部职业技术鉴定中心委托，继续承担信用管理师的培训。

2. 期刊

《财贸经济》（月刊），主编高培勇。

2012 年，《财贸经济》共出版 12 期，共计 316 万字。该刊全年刊载的有代表性的文章有：张卓元的《深化改革是加快转变经济发展方式的关键》，潘家华的《加强生态文明的体制机制建设》，荆林波的《"两个倍增"引领中国经济转型》，卢中原的《经济增速适度放缓有利于推进经济转型》，高培勇的《当前经济形势与 2012 年财政政策》，何振一的《治理收入差距持续扩大的方略探索》，许宪春的《关于 2012 年下半年经济形势的两个判断》，荆林波的《美国全球战略调整及对我国战略调整的启示》，吴俊培等的《中国市场经济体制建构中的财政风险》，王玺的《中国经济结构变革与资本存量的动态估计》，朱青的《对我国税负问题的思考》，刘伟的《我国现阶段财政支出与财政收入政策间的结构特征分析》，杨志勇的《中国财税改革战略思路选择研究》，王维安等的《宏观流动性分析：对货币分析的替代》，赵尚梅等的《城市商业银行股权结构与绩效关系及作用机制研究》，程凤朝的《国有控股银行党委领导与公司治理关系研究》，许承明等的《社会资本、异质性风险偏好影响农户信贷与保险互联选择研究》，徐从才、盛朝迅的《大型零售商主导产业链：中国产业转型升级新方向》，黄宁、蒙英华的《中国出口产业结构优化评估——基于垂直专业化比率指标的改进与动态分析》，洪世勤等的《拓展中国与主要新兴经济体国家的贸易关系——基于制成品出口技术结构的比较分析》，张月友、刘志彪的《替代弹性、劳动力流动与我国服务业"天花板效应"——基于非均衡增长模型的分析》，何浩然的《公共环境政策如何影响消费者行为——来自中国限制塑料袋使用政策的自然实验证据》，李江凡、杨振宇的《中国地方政府的产业偏好与服务业增长》。

（五）会议综述

中国社会科学院财经战略研究院重大成果发布会
暨中国商品流通战略问题研讨会

2012 年 3 月 25 日，由中国社会科学院财经战略研究院主办，人民网、中国社会科学网协办的"中国社会科学院财经战略研究院重大成果发布会暨中国商品流通战略问题研讨会"在北京举行。会议分别由财经院院长高培勇教授和副院长史丹研究员、荆林波研究员主持。中国社会科学院副院长、学部委员李扬，商务部党组副书记、副部长姜增伟，国务院发展研究中心副主任卢中原等领导莅会，并分别就当前经济形势和商品流通问题发表演讲。来自国家有关部门、学术研究机构、高校、新闻媒体和各类企业界人士共 150 余人参加了会议。

中国社会科学院历来重视商贸流通服务业的战略问题研究，特别是作为财经战略研究院前身的财政与贸易经济研究所，自20世纪70年代末以来，长期致力于商贸流通服务业前沿战略和基础理论的研究，从宏观战略视角入手，发表了一系列有影响力的研究成果，始终保持了国家级学术型智库的定位。

会上，财经院流通产业研究室研究员宋则代表课题组就最新成果《我国商贸流通服务业战略问题前沿报告》作了专题介绍。报告指出，在我国商品流通领域，不仅面临诸多迫切需要解决的短期问题，而且还存在需作长远考虑的中长期战略问题。从国内外经济形势的新动向和商贸流通服务业发展的新动向出发，课题组认为，当前商贸流通服务业发展存在六大趋势和六大问题，而要促进商贸流通服务业发展，则需要八大战略措施的配合。

商贸流通服务业面临的六大趋势是：（1）商贸流通服务业影响力日益增强的趋势；（2）消费碎片化、经济节奏加快促使商贸流通竞争加剧的趋势；（3）新技术推动商贸流通服务业快速发展的趋势；（4）商品生产采购销售与提供服务相互融合的趋势；（5）供应链向金融与商贸融合主导型转变的趋势；（6）商品流通成本绝对上升和相对上升的趋势。

商贸流通服务业存在的六大问题包括：（1）流通范畴界定模糊问题；（2）高层重视不够，缺乏明确产业定位问题；（3）政策支持不够，市场分割问题；（4）流通企业规模化、组织化程度低，竞争力不强问题；（5）农村市场发展滞后，农民消费安全问题突出问题；（6）流通理论、学科发展滞后，人才队伍培养有待提高问题。

（科研处）

中国社会科学院财经战略研究院重大成果发布会：《中国公共财政建设报告2007~2012（全国版）》

2012年6月27日，中国社会科学院财经战略研究院在北京发布了《中国公共财政建设报告2007~2012（全国版）》（以下简称《报告》）。中国社会科学院党组成员、副院长李扬研究员，社会科学文献出版社副总编周丽出席发布会并致辞。中央财经大学副校长李俊生教授，中国人民大学教授安体富作为专家代表发言。会议由中国社会科学院财经战略研究院副院长史丹研究员主持。

课题组副组长、副研究员张斌代表课题组介绍了《报告》的研究背景、主要内容、具体评价指标与数据来源。北京美兰德信息公司副总经理白雪峰介绍了在全国层面实施问卷调查的情况。课题组组长、中国社会科学院财经战略研究院院长高培勇教授最后作了会议总结。

从2004年起，中国社会科学院财经战略研究院课题组一直致力于运用综合评价技术对中国公共财政建设的进展状况进行定量描述与评价的工作，8年来，该项研究经历了理论研究——指标设计——跟踪考评——修正完善四个阶段，并取得了一系列重要研究成果。

　　理论研究和指标设计阶段形成了《中国财政政策报告2006/2007：为中国公共财政建设勾画"路线图"——重要战略机遇期的公共财政建设》和《中国公共财政建设指标体系研究》两项成果。前者是中国社会科学院A类重大课题的研究成果，后者则是国家社会科学基金重点项目的研究成果，并于2011年入选"国家哲学社会科学成果文库"。《中国公共财政建设指标体系研究》一书已

2012年6月，"中国社会科学院财经战略研究院重大成果发布会：《中国公共财政建设报告2007～2012（全国版)》"在北京举行。

由社会科学文献出版社出版，并与《报告》同步发行。

　　在理论研究的基础上，课题构建了分别适用于全国和地方两个层面的公共财政建设指标体系，并运用指标体系对中国公共财政建设状况进行跟踪考评。2012年3月，课题组发布了《中国公共财政建设报告2011（地方版)》（社会科学文献出版社2012年版），对12个省份的公共财政建设状况进行了综合评价和排名。此次发布的《中国公共财政建设报告2007—2012（全国版)》共有六本，是对2007～2012年六个年度全国层面公共财政建设状况的评价。

　　中国公共财政建设指标体系由中国公共财政建设综合指数、四大分项指数、十大因素指数、38个二级指标和88个具体评价指标构成。其中政府干预度、非营利化、收支集中度构成了基础环境分项；财政法治化、财政民主化、分权规范度构成了制度框架分项；财政均等化、可持续性、绩效改善度构成了运行绩效分项。国际化又称辅助性分项，是对公共财政建设非常重要但却无法列入上述三个分项中的因素指标。

　　从总体上看，基础环境分项指数反映了中国作为转轨国家建立与市场经济体制相适应的财政体制的情况，包括政府的合理干预、国有资本从竞争性领域的退出、政府收支的集中程度；制度框架分项指数反映了公共财政制度建设的进展状况，包括财政法治化、财政民主化、中央和地方之间财政分权制度的规范性三个因素指标；运行绩效分项指标反映了财政运行结果的公共化程度，包括财政均等化、经济社会及财政自身的可持续性、社会公众对公共服务的满意程度（绩效改善度）三大因素指标。

（科研处）

中韩服务业发展模式比较与借鉴国际学术研讨会

2012 年 10 月 26 日，由中国社会科学院财经战略研究院与韩国产业研究院合作举办的"中韩服务业发展模式的比较与借鉴国际学术研讨会"在北京举行。会议由财经战略研究院副院长史丹研究员主持，韩国产业研究院河炳基副院长致开幕词。来自财经战略研究院、韩国产业研究院、国家发改委宏观经济研究院的相关专家学者以及媒体记者共 50 余人参加了研讨会。

史丹介绍了中国服务业的发展现状和未来方向，并强调了发展服务业过程中应该注意的问题。河炳基在开幕词中基于中韩两国的现实情况，说明了发展服务业对两国的重要意义，并简要介绍了韩国发展服务业的做法。

财经战略研究院服务经济研究室副主任姚战琪副研究员介绍了中国服务业对外开放的三个阶段，总结了中国服务业对外开放变迁的经验，并对未来趋势进行了展望。据测算，按照折中方案，2015 年中国服务贸易将达到 7330 亿美元，到 2020 年为 14743 亿美元；服务外商投资到 2015 年将达到 1846 亿美元，到 2020 年为 3154 亿美元。未来中国服务业对外开放将进一步提高市场准入，完善服务业吸引外资政策；把握国际服务外包转移新机遇，以发展服务外包为切入点；重点发展生产性服务业，促进制造业转型升级；创新服务业制度和利用外资方式，提升外资质量。

财经战略研究院院长助理、服务经济研究室主任夏杰长研究员从理论和实证两个方面探讨了服务业发展过程中政府与市场的作用边界。政府作为"有形的手"，职责在于矫正外部失灵，比如公共性、外部性以及某些特殊服务行业比较成本递减和普遍服务；市场作为"无形的手"，职责在于以价格机制实现资源的最优配置；政府与市场的交叉或者合作提供主要是针对混合产品，基本采取政府补助和个人付费相结合的提供方式。中国政府在服务业发展中的积极作用体现在制定规则、规划引导、政策组合、市场监管、改善环境和建设载体六个方面。市场化改革和市场机制对服务业作用特别显著，既要强调市场机制的基础作用，也要重视政府与市场混合提供的重要意义，还要动态把握二者的边界。

韩国产业研究院服务产业研究中心金弘锡研究员介绍了商务服务业的重要性、定义和特点，韩国标准产业分类（第九次修订）规定的商务服务业范围，以及商务服务业的发展现状、面临的挑战与今后发展方向。据介绍，韩国商务服务业未来政策方向包括营造商务服务业自发性发展环境、加强商务服务业创新力量、系统培养新一代人才和促进中小商务服务业企业进军海外市场。金淑敬副研究员介绍了韩国流通行业的地位与结构变化、存在的阻碍因素与未来发展任务。目前，韩国流通行业发展的主要障碍因素包括以小规模微企业为主的产业结构、较低的劳动生产率、非效率性批发物流系统和较低的流通信息化水平、市场的饱和等。未来一段时期，流通行业发展任务包括改善批发物流系统，提高中小流通企业的竞争力；开发新型业态，促进流通企业进军海外市场，克服市场饱和状态。

韩国产业研究院服务产业研究中心所长朴涎秀介绍了韩国服务业的崛起、发展政策与存在的阻碍因素，以及新的政策推进方向。总体而言，韩国服务业发展的阻碍因素包括经济比重较高而劳动生产率较低、研发投资远远不够、产业结构以小规模微小企业为主、非技术创新活动不够活跃、存在不同于制造业的差别性待遇。未来的政策推进方向是：（1）考虑远瞻性、战略性、市场化等因素选择培养对象行业。比如全球健身、全球培训、绿色金融、文化创意/软件、MICE/旅游等高附加值服务；旅游、运动、培训、商务服务、广播通信、文化创意、社会服务等新兴服务。（2）选择可实现目标的政策手段。产业发展要以需求为基础，推动实行新型服务时应考虑需求变化等因素；创造就业岗位时应考虑服务需求者和就业对象的倾向，进行战略性应对；通过加强对研发、非技术创新的支援等提高竞争力。（3）研究制定各行业不同的发展战略。与制造业相连的商务服务和追求公共性、公益性的社会服务所要实现的政策性目标不同，因此应把握各行业特点，实现预期政策目标。

（科研处）

中国社会科学论坛（经济学2012）：第十届城市竞争力国际论坛

2012年6月27～28日，由中国社会科学院主办，中国社会科学院财经战略研究院、中国社会科学院城市与竞争力研究中心承办的"中国社会科学论坛（经济学2012）：第十届城市竞争力国际论坛"在北京召开。中国社会科学院常务副院长、院学部主席团主席王伟光，辽宁省人民政府副省长许卫国，美国巴克尼尔大学教授彼得·克拉索到会并致辞。联合国人居署、世界银行等国际机构和哈佛大学、悉尼大学、首尔国立大学、佛罗伦萨大学等国外知名高校的相关学者，国家相关部委、国内著名高校和科研院所的领导专家，辽宁省委、省政府有关部门的负责人，成都、合肥、日照、抚顺、阜新、铁岭、南通、本溪等城市的相关领导，中国社会科学院相关院、所、局的领导专家出席会议。《人民日报》《经济日报》《求是》杂志社以及新华社、中央电视台等50余家驻京境内外媒体代表出席会议。会议开幕式和主题论坛由中国社会科学院学部委员、财经战略研究院院长高培勇教授主持。

论坛用中英两种文字发表了由中国社会科学院城市与竞争力中心主任倪鹏飞和联合国人居署全球监测与研究部主任班吉共同主持的"城市化进程中的低收入居民住区发展模式探索——中国辽宁棚户区改造的经验"课题的研究报告。报告利用世界银行投资项目成功度评估法，从主体和内容两个层面，对辽宁棚户区改造的绩效进行评估。评估结果认为，辽宁棚户区改造总体完全成功，在涉及棚户区改造工程、土地、金融、开发、需求、经济、社会、环境、空间等10个方面和41项指标中，除极个别指标方面还有待继续观察外，绝大多数方面都表现为：改善十分明显，已达到或超过目标，取得巨大的效益和影响，总体得分为1.32分，总体完全成功。报告同时还指出，辽宁棚户区改造要作为全球样板实现可持续的成功和发展，还需要进一步完善棚户区居民住得稳的长效机制；进一步提升居民参与棚改的力度与积极性，把握好棚户居民安置聚集与分散的最佳平衡点；进一步完善社区管理机制；进一步谋划资金偿付问题；进一步提高住房质量，并持续关注棚改新区的物业管理问题。

27 日的会议由主题论坛"城市化进程中低收入居民住区发展模式探索——中国辽宁的经验"、城市首长论坛"城市可持续竞争力与低收入居民住区发展"、专家论坛（一）"低收入居民住区：经济、社会与环境"、专家论坛（二）"低收入居民住区：住房保障与棚户区改造"以及"全球城市竞争力报告发布与研讨"组成，国内外近50位著名专家、政府官员发表演讲。与会专家高度评价了辽宁棚户区改造工程，班吉指出"这是一个世界奇迹"，世界著名城市与规划专家爱德华·布莱克利认为"这是人类一项伟大的工程"。

28 日的会议发布了《全球城市竞争力报告（2011～2012）》。报告显示，受金融危机和欧债危机的影响，2011～2012 年度全球城市竞争力总体上比 2009～2010 年度有所下降，其中欧美城市竞争力指数降幅远远大于其他地区，亚洲大都市继续崛起，中国竞争力指数逆势上升。2011～2012 年度，全球城市竞争力排名前 10 的城市依次为：纽约、伦敦、东京、巴黎、圣弗朗西斯科、芝加哥、洛杉矶、新加坡、香港、首尔。

（科研处）

金融研究所

（一）人员、机构等基本情况

1. 人员

截至 2012 年年底，金融研究所共有在职人员 43 人。其中，正高级职称人员 13 人，副高级职称人员 13 人，中级职称人员 16 人；高、中级职称人员占全体在职人员总数的 98%。

2. 机构

金融研究所设有：货币理论与货币政策研究室、金融市场研究室、结构金融研究室、国际金融与国际经济研究室、保险与社会保障研究室、法与金融研究室、银行研究室、公司金融研究室、金融实验研究室、《金融评论》编辑部、综合办公室。

3. 科研中心

金融研究所院属研究中心有：投融资研究中心、保险与经济发展研究中心、金融政策研究中心；所属研究中心有：房地产金融研究中心、金融产品中心、支付清算研究中心。

金融研究所院属研究基地有：中小银行研究基地、金融法律与金融监管研究基地、融资租赁研究基地、产业金融研究基地。

（二）科研工作

1. 科研成果统计

2012 年，金融研究所共完成专著 2 种，53 万字；论文 127 篇，90 万字；研究报告 25 种，839 万字；译著 3 种，69 万字；一般文章 732 篇，151 万字；论文集 1 种，112 万字；教材 2 种，125 万字。

2. 科研课题

（1）新立项课题。2012 年，金融研究所共有新立项课题 52 项。其中，院创新工程课题 3 项："基于动态随机一般均衡的中国宏观经济与货币政策分析"（彭兴韵主持），"保险理论创新与金融市场发展研究"（郭金龙主持），"全球化背景下的中国金融监管体制研究"（胡滨主持）；国家社会科学基金重大招标课题 1 项："利率市场化改革与利率调控政策研究"（王国刚主持）；国家自然科学基金青年课题 1 项："企业集团视角下的上市公司多元化行为研究"（李广子主持）；院重点课题 2 项："国际金融危机跟踪研究：主权债务视角"（董裕平主持），"中国货币法制史（铜钱卷）"（石俊志主持）；院交办课题 2 项："当前经济体制改革研究"（王国刚主持），"国家资本主义的批判与中国发展道路"（殷剑峰主持）；院国情调研课题 3 项："小微企业的融资状况调查"（曾刚主持），"信托业务的影子银行性质考察"（袁增霆主持），"我国商业银行多元化经营及其影响调查"（李广子主持）；所重点课题 16 项："《商业银行学》教材编写"（曾刚主持），"《现代保险理论》教材编写"（郭金龙主持），"金融衍生品研究"（王增武主持），"金融监管学基础理论研究及教材编写"（胡滨主持），"《公司金融学》教材编写"（张跃文主持），"《中英英汉保险小词典》编写"（郭金龙主持），"《货币经济学》教材编写"（彭兴韵主持），"《金融小辞典》编写"（程炼主持），"《投资证券学》教材编写"（尹中立主持），"《金融实证分析》教材编写"（刘煜辉主持），"《结构金融学》教材编写"（殷剑峰主持），"宏观审慎政策实施工具研究综述"（尹振涛主持），"中央银行的公开市场操作研究"（周莉萍主持），"银行业危机理论与经验研究综述"（李广子主持），"输入型通胀与中国实践：一个文献研究"（费兆奇主持），"主权信用及其风险度量研究"（蔡真主持）；委托课题 24 项：中债资信评估公司委托的"中国地方政府信用评级相关问题研究"（刘煜辉主持），国家开发银行委托的"开发性金融在中小企业融资中的作用"（曾刚主持），国家开发银行委托的"海外投资的国际经验比较"（程炼主持），山东省青岛市崂山区服务业发展局委托的"青岛全球财富中心发展战略研究"（殷剑峰主持），云南省德宏州政府金融办委托的"云南省德宏州金融业发展规划前研究"（陈经伟主持），云南省德宏州政府金融办委托的"金融支持云南瑞丽重点开发开放实验区建设的思路及措施"（陈经伟主持），上海市政府发展研究中心委托的"上海'中国货币市场中心'研究"（王国刚主持），北京市朝阳区发改委委托的"地方政府融资模式研究"（王国刚主持），内蒙古自治区人民政府研究室委托的"内蒙古地方金融发展与风险防范研究"（王力主持），北京市社科联委托的"首都文化产业发展与金融创新体系建设研究"（徐义国主持），兴邦环保集团委托的"宜兴环保产业升级转型发展的思路与对策研究"（王国刚主持），中国外汇交易中心委托的"新形势下中国货币条件的测度与衡量研究"（殷剑峰主持），中国外汇交易中心委托的"实际利率及相关问题研究"（王国刚主持），中国外汇交易中心委托的"量化宽松政策效应的实证研究"（何海峰主持），中国外汇交易中心委托的"开发条件下中国货币政策转型问题研究"（李扬主持），中国外汇交易中心委托的"宏观审慎政策的理论基础研究"（胡滨主持），中国进出口银行委托的"中国进出口银行委托研究"（曾刚主持），北京市朝阳区金融服务办公室委托的"朝阳区金融发展与区域竞争力研究"（殷剑峰主持），国家开发银行委托的"信贷资产结构与全行经营战略关联性研究"（胡滨主持），国家开发银行委托的"银行同业合作业务市场发展研究"（殷剑峰主持），五矿国际信托有限公司委托的"中小商业银行转型发展与信托业创新"（曾刚主持），湖南省衡阳市金融办委托的"衡阳建设大湘南区域性金融服务中心规划研究"（殷剑峰主持），浙江省温州市政府金融办委托的"温州市金融综合改革试验区建设5年规划"（陈经伟主持），国家开发银行委托的"国家开发银行客户分类及管理研究"（曾刚主持）。

（2）结项课题。2012年，金融研究所共有结项课题44项。其中，国家社会科学基金重大招标课题1项："中国货币供应机制与未来通货膨胀风险研究"（王国刚主持）；院重大课题2项："后危机时代金融监管的新方向：宏观审慎理论及实践研究"（王国刚主持），"社会主义新农村建设的金融支持问题"（王松奇主持）；院重点课题1项："金融生态系统中金融风险的周期性效应及其传导机制研究"（黄国平主持）；国情调研课题5项："地方政府融资平台风险管理研究"（安国俊主持），"促进科技创新的金融发展及融资环境"（黄国平主持），"小微企业的融资状况调查"（曾刚主持），"信托业务的影子银行性质考察"（袁增霆主持），"我国商业银行多元化经营及其影响调查"（李广子主持）；院交办课题2项："当前经济体制改革研究"（王国刚主持），"国家资本主义的批判与中国发展道路"（殷剑峰主持）；院青年科研启动基金课题1项："新型农村金融机构发展与农村金融改革"（李广子主持）；所重点课题11项："菲利普斯曲线的发展与演变"（彭兴韵主持），"金融市场学最新研究动态综述"（安国俊主持），"结构金融研究20年综述"（何海峰主持），"国际金融学科研究动态"（余维彬主持），"上世纪90年代以来保险学科文献综述"（阎建军主持），"金融监管理论综述及研究动态"（胡滨主持），"银行理论研究综述"（曾刚主持），"公司金融学文献综述"（张跃文主持），"金融集聚与金融中心形成机制综述"（程炼主持），"民间借贷风险：现状、成因与防范"（曾刚主持），"金融监管年度动态及重大问题研究"（胡滨主持）；委托课题21项：浙江新昌农村合作银行委托的"金融生态与农村经济发展"（王国刚主持），中国银行间市场交易商协会委托的"银行间市场投资人的合理结构及监管核心原则"（杨涛主持），央行调查统计司委托的"金融工具分类、计价及金融衍生品和金融总量模型估算"（王国刚主持），中国金融期货交易所委托的"人民币国际化进程中的利率衍生品市场发展"（殷剑峰主持），日本野村综合研究所委托的"中日机动车保险市场比较研究"（郭金龙主持），中国外汇交易中心委托的"利率市场化问题研究"（何海峰主持），中债资信评估公司委托的"中国地方政府信用评级相关问题研究"（刘煜辉主持），山东省青岛市崂山区服务业发展局委托的"青岛全球财富中心发展战略研究"（殷剑峰主持），云南省德宏州政府金融办委托的"云南德宏州金融业发展规划前研究"（陈经伟主持），云南省德宏州政府金融办委托的"金融支持云南瑞丽重点开发开放实验区建设的思路及措施"（陈经伟主持），上海市政府发展研究中心委托的"上海'中国货币市场中心'研究"（王国刚主持），北京市朝阳区发改委委托的"地方政府融资模式研究"（王国刚主持），内蒙古自治区人民政府研究室委托的"内蒙古地方金融发展与风险防范研究"（王力主持），兴邦环保集团委托的"宜兴环保产业升级转型发展的思路与对策研究"（王国刚主持），中国外汇交易中心委托的"新形势下中国货币条件的测度与衡量研究"（殷剑峰主持），中国外汇交易中心委托的"实际利率及相关问题研究"（王国刚主持），中国外汇交易中心委托的"量化宽松政策效应的实证研究"（何海峰主持），中国外汇交易中心委托的"开发条件下中国货币政策转型问题研究"（李扬主持），中国外汇交易中心委托的"宏观审慎政策的理论基础研究"（胡滨主持），北京市朝阳区金融服务办公室委托的"朝阳区金融发展与区域竞争力研究"（殷剑峰主持），国家开发银行委托的"国家开发银行客户分类及管理研究"（曾刚主持）。

（3）延续在研课题。2012年，金融研究所共有延续在研课题14项。其中，国家社科基金重点课题1项："虚拟经济与实体经济协调发展研究"（殷剑峰主持）；国家自然科学基金青年课题1项："社会网络：中国区域发展不平衡的政治经济学视角"（程炼主持）；院重点课题1项："信贷与中国宏观经济波动"（彭兴韵主持）；所重点课题11项："《商业银行学》教材编写"（曾刚主持），"《现代保险理论》教材编写"（郭金龙主持），"金融衍生品研究"（王增武主持），"金融监管学基础理论研究及教材编写"（胡滨主持），"《公司金融学》教材编写"（张跃文主持），"《中英英汉保险小词典》编写"（郭金龙主持），"《货币经济学》教材编写"（彭兴韵主持），"《金融小辞典》编写"（程炼主持），"《投资证券学》教材编写"（尹中立主持），"《金融实证分析》教材编写"（刘煜辉主持），"《结构金融学》教材编写"（殷剑峰主持）。

3. 获奖优秀科研成果

2012年，金融研究所有9项成果获得该所优秀科研成果奖，其中一等奖3项：王国刚的《中国银行体系中资金过剩的界定和成因分析》，刘煜辉的《中国地区金融生态环境评价（2006~2007）》，殷剑峰的《美国居民低储蓄率之谜和美元的信用危机》；二等奖6项：彭兴韵的《流动性、流动性过剩与货币政策》，胡滨、全先银的《中国金融法治报告（2009）》，易宪容的《中国住房市场的公共政策研究》，余维彬的《"弱币"的升值危机：新兴市场经验对中国的启示》，王力的《国有商业银行股份制改造跟踪研究》，张跃文的《国际对冲基金的中国资产配置研究》。

2012年，金融研究所有两项成果获得社会科学文献出版社第三届优秀皮书奖（报告类），其中一等奖1项：胡滨、全先银的《法治愿景下的中国金融改革：中国金融法治化进程回顾与展望》；二等奖1项：王松奇的《2009～2010年中国商业银行竞争力评价总报告》。

4. 创新工程的实施和科研管理新举措

2012年1月，金融研究所与中国社会科学院签署《中国社会科学院哲学社会科学创新工程创新单位责任协议书》，标志着金融研究所正式进入创新工程。

2012年，金融研究所有13人进入创新工程岗位；有3项创新工程项目："基于动态随机一般均衡的中国宏观经济与货币政策分析"（首席研究员彭兴韵），"保险理论创新与金融市场发展研究"（首席研究员郭金龙），"全球化背景下的中国金融监管体制研究"（首席研究员胡滨）。

2012年，金融研究所为配合创新工程的实施，先后修订、制定了相关规章制度，包括《金融研究所导向性刊物目录》《金融研究所科研人员考核办法》《金融研究所考勤管理规定》《金融研究所财务管理规定》等。

（三）学术交流活动

1. 学术活动

从2011年11月至2012年10月，金融研究所共主办"金融论坛"学术讲座33期，先后邀请中国社会科学院学部委员10人就各自的研究领域举办学术讲座，参加总人数达1700人次左右；主办或承办的大、中型学术会议15次，参会人数达到2000多人次。

（1）2011年12月8日，金融研究所与韩国资本市场研究院在北京共同举办"危机后国际金融体系重构：亚洲的角色国际研讨会"。

（2）2011年12月16日，金融研究所《金融评论》编辑部在北京主办"影子银行与宏观审慎政策学术研讨会"。

（3）2012年1月7日，金融研究所和特华博士后科研工作站在北京共同主办"2012'特华金融论坛"。

（4）2012年4月7日，金融研究所和浙江省新昌县人民政府共同在浙江省新昌县举办"中国小微企业融资——创新与发展高层论坛"。

（5）2012年5月15日，金融研究所和联合国开发计划署、中国国际经济技术交流中心、包头市商业银行在北京联合主办"首届微型金融与包容性发展国际年会"。

（6）2012年6月17日，金融研究所和上海市浦东新区金融服务局在上海共同主办"2012中国新兴金融发展论坛"。

（7）2012 年 7 月 8 日，金融研究所在北京主办"中日机动车保险市场比较研究研讨会"。

（8）2012 年 7 月 15 日，金融研究所和《金融评论》编辑部在北京举办"金融危机与货币政策国际学术研讨会"。

（9）2012 年 8 月 3 日，金融研究所等在浙江省宁波市举办"中国银行家论坛暨 2012 中国商业银行竞争力评价报告发布会"。

（10）2012 年 8 月 22 日，金融研究所在北京主办"中国金融理论与实践：10 年回眸论坛"。

（11）2012 年 9 月 8 日，金融研究所和中国社会科学院调查与数据信息中心在北京联合主办"中国社会科学论坛·中国国家资产负债表分析研讨会"。

（12）2012 年 9 月 27 日，金融研究所、甘肃省政府金融办、兰州市政府联合在甘肃省兰州市举办"2012 西部金融论坛"。

2. 国际学术交流与合作

2012 年，金融研究所共派遣出访 6 批 13 人次，接待来访 21 批 78 人次。与金融研究所开展学术交流的国家有美国、英国、德国、乌克兰、澳大利亚、日本、韩国。所领导接受了韩国、乌克兰两家媒体的采访。

（1）2012 年 3 月 27 日，应日本株式会社野村综合研究所邀请，金融研究所所长王国刚率领"中日机动车保险市场比较研究研讨会"课题组中方代表一行 10 人赴日本，参加由野村综合研究所与中国社会科学院金融研究所主办，中国社会科学院保险与经济发展研究中心、日本财险协会协办的"中日机动车保险市场比较研究研讨会"。

（2）2012 年 4 月 18 日，日本瑞穗实业银行股份有限公司证券部调查组经理助理村松健和该公司中国营业开发部的吉浦贤哉来金融研究所进行学术交流。两位日本客人在交流中介绍了日本债券市场的发展历史及现状。

（3）2012 年 5 月 10 日，由金融研究所与韩国资本市场研究院共同主办的国际研讨会——Way to Promote Financial Cooperation in Asia 在韩国首尔举行。金融研究所所长王国刚研究员、所长助理胡滨研究员以及《金融评论》编辑部主任程炼副研究员参加了会议并发表演讲。

（4）2012 年 5 月 23 日，金融研究所货币理论与货币政策研究室主任彭兴韵研究员、金融市场研究室主任杨涛研究员在金融研究所会见了新西兰威港资本咨询有限公司北京代表处的首席代表 Rodney Jones 和高级政策分析师 Guergana Guermanoff。双方就中国金融改革的一些具体问题进行了探讨和交流。

（5）2012 年 6 月 6 日，金融研究所所长王国刚研究员、《金融评论》编辑部主任程炼博士在金融研究所会见了来自韩国驻华大使馆经济部的郑永禄公使及李诚焕书记官。

（6）2012 年 6 月 13 日，金融研究所金融市场研究室副主任尹中立博士和国际金融与国际经济研究室宣晓影博士接待了来访的日本野村资本市场研究所北京事务所首席代表关根荣一。

双方就近期中国宏观经济形势特别是房地产市场的情况进行了交流。

（7）2012 年 6 月 25 日，金融研究所所长王国刚研究员接受了来自韩国《每日经济新闻》北京支局局长郑赫薰的采访。王国刚就采访议题"中国房地产调控政策对中国经济增长的影响""中国政府将采取哪些措施来改变中国股市目前的低迷状态""人民币升值的影响"等问题，提出了相应见解，并进行了多角度的分析。

（8）2012 年 6 月 26 日，金融研究所副所长殷剑峰研究员会见了英国驻华使馆经济处一等秘书万里及经济顾问黄震乾等两位来访人员。殷剑峰副所长就中国经济发展、中国金融改革等问题，回答了万里的提问。

（9）2012 年 8 月 13 日，金融研究所副所长殷剑峰研究员陪同李扬副院长接待了日本野村综合研究所来访人员。

（10）2012 年 9 月 7 日，金融研究所所长王国刚研究员在金融研究所会见了日本野村综合研究所执行董事谷川史郎、战略企划室负责人木村靖夫一行。双方就中国扩大内需问题、中日消费金融服务及涉及的流通领域等问题进行了交流。

（11）2012 年 9 月 16 日，金融研究所副所长殷剑峰研究员在纽约出席全美华人金融协会年会并发表演讲。

（12）2012 年 9 月 21 日，金融研究所所长王国刚研究员会见了韩国使馆经济部公使郑永禄一行，双方就中国经济发展前景交换了意见。

（13）2012 年 9 月 24 日至 10 月 7 日，金融研究所《金融评论》编辑部主任程炼副研究员应邀赴华沙对波兰科学院进行学术访问。

（14）2012 年 10 月 24 日，金融研究所所长王国刚研究员应邀接受了乌克兰国家电视一台的采访。在采访中，王国刚介绍了中国当前的经济形势，以及中国克服国际金融危机、保持经济稳定发展的重要举措和取得的成就。

（15）2012 年 10 月 30 日，金融研究所副所长殷剑峰研究员会见了澳大利亚政府国库部的公使衔参赞 Adam Mckissack，经济学者刘欣、翟欣，同行来访的还有澳大利亚国际金融监管中心教授 Ros Grady。

（16）2012 年 11 月 21 日，金融研究所货币理论与货币政策研究室主任彭兴韵研究员接待了德国经济研究所宏观经济研究所所长 Christian Dreger 教授。双方分别介绍了所属研究所的组织架构、研究团队，并就中国金融改革对全球经济的影响问题进行了探讨与交流。

（17）2012 年 11 月 28 日至 12 月 2 日，金融研究所副所长殷剑峰研究员出访土耳其，参加由土耳其记者/作家协会组织的欧亚论坛（安塔利亚论坛），并作题为《全球经济失衡、储蓄不足和流动性过剩》的演讲。

3. 与中国香港、澳门特别行政区和中国台湾开展的学术交流

2012 年 6 月 12 日，金融研究所所长王国刚研究员和货币理论与货币政策研究室主任彭兴韵研究员、金融市场研究室主任杨涛研究员接待了来自香港的学者型时事评论员交流团一行11 人，陪同来访的还有国务院港澳事务办公室调研员李鲁玲，中国社会科学院国际合作局联络处处长谢莉莉。

（四）学术期刊

《金融评论》（双月刊），主编王国刚。

2012 年，《金融评论》共出版 6 期，共计 90 万字。该刊全年刊载的有代表性的文章有：董昀的《回到凯恩斯还是回到熊彼特》，费兆奇的《中国股市的世界一体化与区域一体化》，洪葭管的《直面客观真实的金融史，推动金融业科学发展》，张明的《人民币汇率升值：历史回顾、动力机制与前景展望》，马勇的《宏观经济理论中的金融因素：若干认识误区》，侯晓辉、李成、王青的《市场化转型、风险偏好与中国商业银行的盈利性》，殷剑峰的《人口拐点、刘易斯拐点和储蓄/投资拐点》，傅勇的《财政—金融关联与地方债务缩胀：基于金融调控的视角》，何德旭、娄峰的《中国金融安全指数的构建及实证分析》，鲁桐、党印的《投资者保护、创新投入与企业价值》，王松奇、郭江山的《金融支持农村经济增长的实证分析》，蔡真、汪利娜的《住宅市场的价格特征：以北京为例》。

（五）会议综述

金融危机与货币政策国际学术研讨会

2012 年 7 月 15 日，由中国社会科学院金融研究所和《金融评论》编辑部主办的"金融危机与货币政策国际学术研讨会"在北京举行。会议由中国社会科学院学部委员、副院长李扬教授主持。国际著名货币经济理论专家、风靡全球的《货币理论与政策》一书的作者——加州大学圣塔克鲁兹分校的杰出经济学教授卡尔·瓦什以及 IMF 驻中国首席代表李一衡发表了主题演讲，日本银行驻北京首席代表新川陆一、中国社会科学院金融研究所所长王国刚教授、中国人民银行货币政策司副司长孙国峰等发表评论。

李扬在致辞中指出，货币经济学是一个实践性很强的学科，如果整个经济学是社会科学皇冠上的明珠，那么货币理论就是经济学皇冠上的明珠。长期以来，货币理论一直徘徊于主流经济理论之外，这是长期困扰经济学者的大问题。这次危机给货币理论又提出了值得研究的新挑战。

卡尔·瓦什教授发表了以"危机前后美国货币"为主旨的演讲。他首先回顾了这次危机前的美国货币政策，并以泰勒规则框架为中心展开了讨论。一种观点认为，根据泰勒规则，危机前的美国货币政策过于宽松，但之前美联储副主席为美联储作了辩护。Kohn 认为，泰勒规则太简单了，没有囊括重要的变量，泰勒规则忽略了一些风险因素。瓦什教授以目标的标准来衡量政策，特别是以简单新凯恩斯模型对美联储的货币政策进行了探讨，认为美联储在2002~2005年这个关键时段内的政策应该收得更紧一点。而在危机爆发的时候，美联储很快动用那些传统的政策工具，但当利率下限达到的时候，通过降低隔夜利率就变得不可行了，于是就推出了很多非传统的政策手段，尤其是量化宽松的货币政策，这对长期利率产生了较大的影响。量化宽松更重要的是要刺激实体经济的发展，但美元的变动对其他国家产生了负的外部性影响，同时还会影响全球的物价和通胀。但也有正的外部性存在，比如说美联储行为会使美国经济进一步强劲增长，这样会拉动中国的出口行业。瓦什教授最后指出，危机之后采取的货币政策应该吸取三个方面的教训：更多的货币政策目标、更多财政政策的协调和更多的货币政策国际合作。

（周莉萍）

中国金融理论与实践：10 年回眸论坛

2012 年 8 月 22 日，由中国社会科学院金融研究所主办的"中国金融理论与实践：10 年回眸论坛"在北京召开。中国社会科学院金融研究所成立 10 周年庆典活动同时举行。

2012 年 8 月，中国社会科学院金融研究所十年庆在北京举行。

全国政协副主席、中国社会科学院党组书记、院长陈奎元题词"洞悉货币本能，善解金融神通；瞩目市场规矩，咨议国计民生"，祝贺金融研究所成立 10 年来在金融理论及政策研究方面的积极作为及重要贡献。

中国社会科学院院党组副书记、常务副院长王伟光，中国人民银行行长周小川，中国银监会副主席周慕冰，中国保监会副主席陈文辉，中国证监会主席助理姜洋，中国人民大学校长陈雨露等到会演讲、致贺。中国社会科学院党组成员、副院长李扬主持庆典。中国社会科学院党组成员、秘书长黄浩涛出席会议。

王伟光在致辞中指出，金融研究所走过了 10 年的历程，经过这 10 年的勤奋付出，如今人才辈出、硕果累累。10 年来，金融研究所伴随我国经济发展和金融改革的崭新历史阶段，在两任领导班子的正确领导下，向"国内一流、世界知名"的办所目标不断进取，努力植根我国经济社会发展现实，充分发挥自身学科优势和人才优势，积极响应贯彻院党组的各项决策和举措，深入推进学科及研究室建设，不断扩大对外学术交流与合作，自觉服务改革开放和现代化建设，承担并完成了一大批国家级科研项目，为繁荣发展哲学社会科学事业作出了贡献。

周小川在致辞中说，10 年来，中国社会科学院金融研究所依托中国社科院作为我国哲学社会科学研究的最高学术机构的强大优势，紧紧围绕我国金融业改革发展的实践需要，开展了大量卓有成效的理论和政策研究工作，在推进金融理论研究创新、促进金融理论成果转化应用、培养高端人才、推动金融业改革发展等方面发挥了积极的作用。金融研究所对金融业的支持和帮助表现为在金融宏观调控、金融市场发展、与金融危机相联系的金融稳定问题等方面作出了积极的贡献。我们在做很多工作的过程中，还要从实际以外考虑，很多的分析和综合的工作都需要有深刻的理论功底。这方面金融实业界都做得很不够，需要借助金融研究所和社科院提供理论基础方面的研究。

周慕冰说，10 年来，全球金融体系沧桑巨变，中国金融业跨越式发展，金融领域研究也取得了长足进步。10 年前社科院金融研究所脱胎于财贸所，10 年后金融研究所人才济济，硕果累累，桃李天下，已经成为具有国际知名度的金融学理论研究的前沿阵地、优秀人才的培养基地和政府机构决策咨询的一流智库，为我国金融理论研究、金融人才培养和金融政策的制定作出了重要贡献。

李扬在庆典后的论坛上作了题为《中国金融的改革与发展：面向未来的主要议题》的主题报告。论坛由金融研究所所长王国刚主持。金融研究所党委书记兼副所长王松奇、副所长殷剑峰及全所职工参加了会议。中国社会科学院有关研究所、各职能局，国家部委、部分高校院所的领导及专家也参加了论坛和庆典活动。

论坛上，与会专家学者就中国金融理论与实践的 10 年进行了回眸，对中国金融改革的背景、前景和方向进行了阐述，对后危机时代的金融策略与思考发表了看法。

（徐义国）

中国社会科学论坛·中国国家资产负债表分析研讨会

2012 年 9 月 8 日，由中国社会科学院金融研究所和中国社会科学院调查与数据信息中心联合主办的"中国社会科学论坛·中国国家资产负债表分析研讨会"在北京召开。

中国社会科学院学部委员、副院长李扬作为"中国国家资产负债表分析"重大课题的主持人出席研讨会并作主题报告，就 2000～2010 年中国主权资产负债表进行了分析．并据此提出了相关的政策建议。

基于国家资产负债表的理论框架，通过对现有数据进行估算，2010 年中国主权资产净值，按宽口径匡算接近 70 万亿，按窄口径匡算在 20 万亿左右。从发展趋向看，2000～2010 年中国各年主权资产净额均为正值且呈上升趋势。据此，李扬认为，中国政府拥有足够的主权资产来覆盖其主权负债，在未来相当长时期内，中国发生主权债务危机的可能性极低。

李扬表示，中国主权资产负债表近期的风险点主要体现在房地产信贷与地方债务上，中长期风险则更多集中在对外资产负债表、企业债务与社保资金欠账上。这些风险大都是或有负债风险，且与过去的发展方式密切相关。此外，在负债方，各级政府以及国有企业的负债以高于私人部门的增长率扩张，凸显了政府主导经济活动的体制特征。

李扬强调，与中国相反，多数发达经济体广义政府部门的净值均经历了较大幅度的萎缩，并在较长时期内呈负值。政府职能变化、所有制结构、经济金融发展水平、人口年龄结构变化等是导致这种状况的主要因素。鉴于这些因素在短期内均难以有效扭转，发达经济体的危机将呈长期化趋势。中国经济的未来发展将长期面临恶劣的外部环境。

李扬认为，要化解我国的资产负债表风险，关键是要保持经济可持续增长和促进发展方式转型。具体建议包括：保持经济的可持续增长是化解债务风险的根本途径；逐步减少政府对经济活动的参与和干预，降低或有负债风险；重塑中央与地方财政关系、创新城市化融资机制；切实发展资本市场，推动融资结构从债务性融资为主向股权性融资为主转变，以降低全社会的杠杆率，缓解企业的资本结构错配风险；调整收入分配格局，深化国有经济布局的战略性调整，应对社保基金缺口风险。

中国社会科学院金融研究所所长王国刚、副所长殷剑峰，中国社会科学院调查与数据信息中心主任何涛，国家统计局副局长许宪春，中国人民银行调查统计司副司长阮健弘，中国银行首席经济学家曹远征，清华大学经管学院副院长白重恩，国民经济研究所所长樊纲，西南财经大学经济学院院长甘犁，中国人民大学统计学院院长赵彦云，国际货币基金组织驻华首席代表李一衡，世界银行高级金融专家王君等参加会议，并围绕国家资产负债表的制定等有关问题展开了探讨。

（刘戈平）

2012 西部金融论坛

2012 年 9 月 27 日，由中国社会科学院金融研究所、甘肃省政府金融办、兰州市政府联合主办的"2012 西部金融论坛"在甘肃省兰州市举行。来自中国社会科学院、中国人民银行、中国银监会、中国保监会的专家学者以"经济转型跨越与小微金融发展"为主题，围绕着"金融改革创新与甘肃经济转型跨越发展、小型微型企业融资模式探索、金融服务创新与兰州新区发展"发表讲演。

甘肃省委常委、常务副省长刘永富和中国社会科学院学部委员、副院长李扬先后致辞。刘永富在致辞中说，对于甘肃这样一个发展中省份而言，做好金融工作，创新金融业务，对于促进甘肃经济社会又好又快发展具有十分重要的意义。尤其是当前和今后一个时期，甘肃的中心任务是建设幸福美好新甘肃，与全国同步实现全面小康，实现这一奋斗目标的重点在于推动经济转型跨越发展，增强综合实力和竞争力。集聚各方力量和智慧，深入探讨金融如何为经济转型跨越发展服务，意义重大。

李扬在致辞中指出，在国际经济大环境持续低迷的前提下，中国经济增长也在趋缓，但幅员辽阔的西部地区经济增长将异军突起，西部地区在未来 10 年左右的时间里仍将处于经济高速增长期。李扬认为，国际经济环境的低迷状态仍将继续，在这样的大背景之下，中国也难以独善其身，中国经济的增速也在趋缓，未来 5~10 年里中国国民生产总值的年均增长率将保持在 7.5%~8% 的区间内。李扬表示，2012 年以来，西部多个省区的经济增长速度明显高于东中部地区。以地处西北的甘肃省为例，2012 年上半年甘肃省多项经济增长指标位居全国前列。他认为，这是中国经济"梯度发展结构"的一种良好表现，在中国整体经济趋缓的前提下，幅员辽阔、资源富集的西部地区将迎来快速发展的良好机遇。依据城市化等多项指标，中国社科院的一项研究认为，西部地区经济增速高于全国平均水平的态势，还会维持 10 年左右甚至更长的时间。而对于此前获批成为第 5 个国家级新区的兰州新区，李扬认为其在建设成为带动西北地区经济增长的过程中机遇和挑战并存。兰州新区要创新管理体制和机制，吸引更多的企业自愿进入，要依赖于高新技术，促进其内生增长。

中国社会科学院金融研究所所长王国刚主持专家学者演讲，中国社会科学院金融研究所副所长殷剑峰、央行研究局副局长孙天琦、中国银监会监管二部副主任张金萍、中国银监会政策法规部处长姚勇、中国证监会研究中心处长鲁公路等分别围绕"转折点上的中国经济""金融业要进一步支持中小微型企业，促进经济转型跨越发展""加强小微金融服务，助力经济转型跨越""信贷政策与信贷市场""中小企业资本市场融资"等主题进行了演讲。

甘肃省金融办主任陆代森、兰州市长袁占亭、副市长陶军锋等出席论坛。来自甘肃省内各地州市相关部门负责人及企业界代表 300 余人参加了论坛。

（刘戈平）

数量经济与技术经济研究所

（一）人员、机构等基本情况

1. 人员

截至 2012 年年底，数量经济与技术经济研究所共有在职人员 73 人。其中，正高级职称人员 24 人，副高级职称人员 20 人，中级职称人员 16 人；高、中级职称人员占全体在职人员总数的 82%。

2. 机构

数量经济与技术经济研究所设有：经济系统分析研究室、经济模型研究室、环境技术经济研究室、资源技术经济研究室、技术经济理论与方法研究室、数量经济理论与方法研究室、信息化与网络经济研究室、数量金融研究室、综合研究室、产业技术经济研究室、《数量经济技术经济研究》编辑部、网络信息中心、办公室、科研处。

3. 科研中心

数量经济与技术经济研究所院属科研中心有：中国社会科学院综合集成与预测研究中心、中国社会科学院信息化中心、中国社会科学院技术创新与战略管理研究中心、中国社会科学院项目评估与战略规划研究咨询中心、中国社会科学院产业规制与竞争研究中心、中国社会科学院环境与发展研究中心、中国社会科学院中国循环经济与环境评估预测研究中心。

（二）科研工作

1. 科研成果统计

2012 年，数量经济与技术经济研究所共完成专著 13 种，400.6 万字；论文 104 篇，141.8 万字；研究报告 37 篇，192.3 万字；学术资料 2 种，3.7 万字；译著 1 种，31.8 万字；一般文章 30 篇，21.8 万字；论文集 8 种，326.6 万字。

2. 科研课题

（1）新立项课题。2012 年，数量经济与技术经济研究所共有新立项课题 23 项。其中，国家社会科学基金重点课题 1 项："系统性金融风险与宏观审慎监管研究"（何德旭主持）；国家自然基金面上课题 1 项："中国战略性新兴产业的空间布局与发展路径"（李金华主持）；国家社会科学基金青年课题 1 项："宏观经济组合预测方法研究及其应用平台开发"（张涛主持）；院重点课题 3 项："可再生能源技术经济学评价理论与应用研究"（刘强主持），"新能源产业技术创新研究"（蔡跃洲主持），"全球化背景下中国信用评级体系的构建与发展研究"（胡洁主持）；院国情调研重大课题 2 项："太阳能光伏产业发展调研"（李平主持），"新媒体技术发展对文化、意识形态安全的影响调研"（彭战主持）；院国情调研重点课题 3 项："经济分析与预测调研基地（重庆）"（齐建国主持），"农村电子商务'沙集模式'的跟踪调研"（汪向东主持），"农业特色县域循环经济体系构建调研"（李文军主持）；院国情考察课题 1 项："三峡库区移民考察"（何德旭主持）；院青年科研启动基金课题 3 项，"小额贷款公司功能创新的差异化研究"（刘丹主持），"中国上市公司利润操纵问题研究"（陈星星主持），"蓄滞洪区的民生与发展问题研究"（王喜峰主持）；所重点课题 6 项："中国储蓄之谜分析——基于生产性因素与人口结构的研究"（李军主持），"中国金融 CGE 模型理论构建及实证分析"（娄峰主持），"基于投入产出模型的跨区域环境影响及政策研究"（张晓主持），"建国以来我国科技发展规划及配套政策的效应分析"（王宏伟主持），"经济全球化背景下企业风险管理研究"（胡洁主持），"知识外溢的时空分析与模型设定"（李新中主持）；所青年课题 2 项："人口老龄化的经济效应分析"（刘生龙主持），"中国政府推动高技术产业化的投资效果分析"（郑世林主持）。

（2）结项课题。2012 年，数量经济与技术经济研究所共有结项课题 15 项。其中，院重大课题 1 项："我国应对金融危机的政策效应分析及退出机制设计——基于经济计量模型的定量分析和情景模拟"（汪同三主持）；院重点课题 2 项："生态经济效率评价方法及其应用研究"（张友国主持），"构建和谐社会与信息化战略调整"（汪向东主持）；院青年科研启动基金课题 3 项："人口结构变迁的经济效应和储蓄效应分析"（刘生龙主持），"经济体制改革与中国生产率增长"（郑世林主持），"关于我国电子游戏产业在国际贸易方面的研究"（沈嘉主持）；院国情调研重大课题 3 项："太阳能光伏产业发展调研"（李平主持），"新媒体技术发展对文化、意识形态安全的影响调研"（彭战主持），"国民收入分配与贫富差别现状调研"（樊明太主持）；院国情调研重点课题 3 项："农业特色县域循环经济体系构建调研"（李文军主持），"农村电子商务'沙集模式'的跟踪调研"（汪向东主持），"经济分析与预测调研基地（重庆）"（齐建国主持）；院国情考察课题 1 项："三峡库区移民考察"（何德旭主持）；另有院基础研究学者资助课题（2009～2012）1 项（姜奇平主持）、院青年学者发展基金资助课题 1 项（叶秀敏主持）。

（3）延续在研课题。2012 年，数量经济与技术经济研究所共有延续在研课题 26 项。其中，国家社会科学基金课题 3 项："经济发展方式转变成效评价研究及其实证分析"（李群主持），"系统性金融风险与宏观审慎监管研究"（何德旭主持），"宏观经济组合预测方法研究及其应用平台开发"（张涛主持）；国家自然基金课题 2 项："利用非线性定价促进能源节约的基础理论和实证研究"（张昕竹主持），"中国战略性新兴产业的空间布局与发展路径"（李金华主持）；国家 973 计划课题 1 项："气候变化与气候保护中的全球经济问题"（王国成主持）；院重大课题 2 项："我国应对金融危机的政策效应分析及退出机制设计——基于经济计量模型的定量分析和情景模拟"（汪同三主持），"中国战略性新兴产业发展背景下现代制造业体系的构建"（李金华主持）；院重点课题 5 项："生态经济效率评价方法及其应用研究"（张友国主持），"太阳能技术经济评价方法研究"（杨敏英主持），"可再生能源技术经济学评价理论与应用研究"（刘强主持），"新能源产业技术创新研究"（蔡跃洲主持），"全球化背景下中国信用评级体系的构建与发展研究"（胡洁主持）；另有院青年科研启动基金课题 7 项；院基础研究学者资助课题（2009～2012）1 项；院青年学者发展基金课题 1 项；院国情调研重大课题 3 项；院国情考察课题 1 项。

3. 获奖优秀科研成果

2012 年，数量经济与技术经济研究所评出第九届数量经济与技术经济研究所优秀科研成果奖一等奖 5 项：张延群的专著 Cointegrated VAR and China's monetary policy：1979～2004（《协整向量自回归模型与中国货币政策分析：1979～2004》），娄峰、李雪松的论文《中国城镇居民消费需求的动态实证分析》，张友国的论文 "Structural Decomposition Analysis of Sources of Decarbonizing Economic Development in China：1992～2006"（《中国经济低碳化发展源泉的结构分析：1992～2006》），樊明太的研究报告《中国贸易顺差内外部效应定量分析》，李平、余根钱的论文《国际经济危机对我国经济冲击过程的系统回顾和思考》；二等奖 8 项：蔡跃洲、郭梅军的论文《我国上市商业银行全要素生产率的实证分析》，郑玉歆的论文《全要素生产率的再认识——用 TEP 分析经济增长质量存在的若干局限》，李金华的论文《中国环境经济核算体系范式的设计与阐释》，何德旭、姚战琪、程蛟的论文《中国服务业就业影响因素的实证分析》，曾力生的论文 "Effects of changes in outputs and in prices on the economic system：an input-output analysis using the spectral theory of nonnegative matrices"（《产量变动和价格变动对经济系统的影响》）；张昕竹、张艳华的论文 "China's Anti-monopoly Law：Where do we stand"（《中国的反垄断法》），张晓的论文《我国环境保护中政府特许经营的公平性讨论》，张延群的论文《商品价格指数是消费价格指数的前导变量吗？——基于二阶单整向量自回归模型的实证研究》。三等奖 11 项：娄峰的专著《计量经济模型在中国股票市场的应用》，李文军等的专著《商业银行的效率与竞争力》，汪同三、张涛等的专著《组合预测——理论、方法和应用》，汪向东、姜奇平的专著《电子政务行政生态学》，姜奇平的专著《长尾战略》，蒋金荷、徐波的论文 "Methods Appraisal of Index Decomposition and Case Study from China Energy：1990～2006"（《指数分解方法评价及中国能源的实证分析（1990～2006）》）；沈利生的论文《三驾马车的拉动作用评估》，王宏伟的论文《信息产业与中国经济增长实证分析》，吴滨的论文《我国高耗能行业能源技术区域差异变化趋势分析》，姚愉芳、齐舒畅、刘琪的论文《中国进出口贸易与经济、就业、能源关系及对策研究》，王国成、葛新权的论文《高校毕业生择业行为的实验经济学分析》。

4. 创新工程的实施和科研管理新举措

2012 年，数量经济与技术经济研究所所重点（含 B 类）课题申报试行招标制，并设立了所级青年学者研究项目。

（三）学术交流活动

1. 学术活动

2012 年，数量经济与技术经济研究所主办和承办的学术会议有：

（1）2012 年 5 月 11 日，由中国社会科学院、日本财务省综合政策研究所、韩国对外经济政策研究院联合主办，数量经济与技术经济研究所承办的"第六届中日韩三国研讨会——经济发展模式的转变"在北京举行。会议研讨的主要问题有"国际经济背景下的转变经济发展方式""中日韩自贸区研究"等。

（2）2012 年 7 月 27～29 日，数量经济与技术经济研究所、中国数量经济学会、新疆大学、新疆财经大学联合主办的"2012年中国数量经济学会年会"在新疆维吾尔自治区乌鲁木齐市举行。会议研讨的主要问题有"数量经济理论与方法""宏观经济增长与运行""资本市场金融危机""新疆经济社会发展"等。

（3）2012年8月18日，数量经济与技术经济研究所举办的"2012能源安全与低碳经济国际论坛"在北京举行。会议的主题是"能源安全与低碳经济"。

（4）2012年10月18～19日，数量经济与技术经济研究所受院国际合作局委托，与瑞士苏黎世大学在北京联合举办"中瑞双边学术研讨会"。会议的主题是"行为金融与量化风险管理：中国与欧洲政策应对"。

（5）2012年11月10～11日，由数量经济与技术经济研究所、浙江省社会科学界联合会、中国技术经济学会、清华大学、重庆大学、杭州电子科技大学联合举办的"中国技术经济论坛（2012·杭州）暨浙江省社会科学界首届学术年会技术经济论坛"在浙江省杭州市举行。会议的主题是"转变经济发展方式、经济结构调整、创新与经济增长"等。

（6）2012年11月23日，由中国社会科学院经济学部主办，数量经济与技术经济研究所和北京信息科技大学联合承办的"欧元区危机及其对中国经济的影响国际研讨会"在北京举行。会议研讨的主要内容有"欧债危机对我国经济的影响、欧债危机对世界的影响、欧债危机对国际合作及区域合作的影响、欧洲应对欧债危机的政策与措施"等。

2012年11月，"中国技术经济论坛（2012·杭州）暨浙江省社会科学界首届学术年会技术经济论坛"在浙江省杭州市举行。

（7）2012年12月15～16日，由数量经济与技术经济研究所、中国社会科学院中国循环经济与环境评估预测研究中心主办的"中国循环经济与绿色发展论坛2012"在北京举行。会议的主题是"深化循环经济 实现绿色发展"。

2. 国际学术交流与合作

2012年，数量经济与技术经济研究所共派遣出访22批28人次，接待来访48批235人次（其中，中国社会科学院邀请来访8批35人次）。与数量经济与技术经济研究所开展学术交流的国家有美国、加拿大、墨西哥、德国、法国、意大利、爱尔兰、荷兰、肯尼亚、日本、韩国、印度、新加坡等。

（1）2012 年 2 月 25~28 日，数量经济与技术经济研究所副所长李雪松、研究员汪同三赴印度参加印度公共财政与政策研究所举办的金砖五国会议。

（2）2012 年 3 月 3~19 日，数量经济与技术经济研究所办公室主任张京利赴意大利访问，就水污染防治等内容与威尼斯国际大学等机构学者进行交流；系统室主任李军、编辑部副主任彭战分别参加了后续以能源、生态建筑为主题的访问。

（3）2012 年 5 月 1 日，数量经济与技术经济研究所环境室主任张晓执行院协议访问美国密苏里大学圣路易斯学院，与美方学者就环境经济学等内容进行交流。

（4）2012 年 5 月 6~12 日，数量经济与技术经济研究所产业技术经济室副主任彭绪庶赴德国德累斯顿技术大学参加会议，就循环经济中的废物利用等问题进行专题演讲。

（5）2012 年 5 月 20 日至 6 月 1 日，数量经济与技术经济研究所党委书记、副所长何德旭赴美国访问，与纽约大学学者探讨小企业融资等问题。

（6）2012 年 7 月 3 日，数量经济与技术经济研究所系统室蒋金荷赴美国南加州大学访问进修一年，将主要从事能源—经济—环境（3E）模型建模研究等。

（7）2012 年 9 月 7~19 日，数量经济与技术经济研究所所长李平赴非洲访问，与肯尼亚发展局、加纳电力公司等机构就有关能源建设与中国企业在非项目进展等问题进行座谈、考察。

（8）2012 年 9 月 17~21 日，数量经济与技术经济研究所副所长齐建国赴日本访问，与日本循环经济产业情报研究所的研究人员就循环经济等内容进行交流。

（9）2012 年 10 月 1 日，数量经济与技术经济研究所数量金融室副主任胡洁执行院协议访问荷兰依拉姆斯大学鹿特丹学院，与荷兰学者就公司治理等问题进行交流。

（10）2012 年 10 月 6 日，数量经济与技术经济研究所数经理论室副主任张延群执行院协议访问美国波士顿大学两周，与美方学者就外部市场波动对中国经济影响等问题进行交流。

（11）2012 年 10 月 21~26 日，数量经济与技术经济研究所副所长李雪松、研究员汪同三、副研究员张延群参加联合国模型连接组织在美国纽约举办的 2012 年世界模型连接组织专家会议，并就中国经济预测等专题发言。

（12）2012 年 11 月 25~29 日，数量经济与技术经济研究所所长李平参加意大利环境领土海洋部在意大利威尼斯召开的"绿色经济与经济发展国际会议"。

（13）2012 年 11 月 26 日至 12 月 2 日，数量经济与技术经济研究所副所长李雪松、副研究员娄峰等 4 人组成的小型调研团赴日本访问，与日本经济学会、拓殖大学、北海学苑大学的学者就经济发展与预测等问题进行交流。

（14）2012 年，数量经济与技术经济研究所与德国经济研究所取得阶段性成果的国际合作研究项目有 1 项："经济季度模型"。

3. 与中国香港、澳门特别行政区和中国台湾开展的学术交流

（1）2012 年 3 月 28～31 日，数量经济与技术经济研究所党委书记、副所长何德旭与中信证券（香港）的专家学者在香港就公司财务、金融市场预期等进行学术交流。

（2）2012 年 4 月 16～20 日，数量经济与技术经济研究所研究员汪同三受院台港澳中心委托，参加澳门特区政府组织的学术活动，就内地经济等问题与参加学术活动的学者进行交流。

（3）2012 年 9 月 3～12 日，数量经济与技术经济研究所数经理论室主任王国成赴台湾，参加由台湾政治大学承办的以"社会模拟"为主题的学术会议。

（4）2012 年 11 月 23～30 日，数量经济与技术经济研究所数量金融室主任樊明太赴台湾，参加台湾"清华大学"主办的两岸节能减排学术会议。

（四）学术社团、期刊

1. 社团

中国数量经济学会，理事长李平。

2012 年 7 月 27～29 日，中国数量经济学会 2012 年（乌鲁木齐）年会在新疆大学举行。会议分数量经济理论与方法，宏观经济增长与运行，货币、银行，资本市场、金融危机，财政、税收，投资、消费、贸易，区域经济、协调发展，企业、产业经济，实验经济学、新疆经济社会发展及其他分支学科等 11 个小组进行了论文交流。年会参会代表 500 余人，会议收到学术论文 300 多篇。

2. 期刊

《数量经济技术经济研究》（月刊），主编李平。

2012 年，《数量经济技术经济研究》共出版 12 期，共计约 350 万字。该刊全年刊载的有代表性的文章有：李平、简泽、江飞涛的《进入退出、竞争与中国工业部门的生产率——开放竞争作为一个效率增进过程》，许玲丽、李雪松、周亚虹的《中国高等教育扩招效应的实证分析——基于边际处理效应（MTE）的研究》，李军、张丹萍的《国民储蓄率的决定机制与中国储蓄之谜分析》，娄峰、张涛的《中国粮食价格变动的传导机制研究——基于动态随机一般均衡（DSGE）模型的实证分析》，匡远凤的《技术效率、技术进步、要素积累与中国农业经济增长——基于 SFA 的经验分析》，魏下海、余玲铮的《我国城镇正规就业与非正规就业工资差异的实证研究——基于分位数回归的发现》，杨骞、刘华军的《中国二氧化碳排放的区域差异分解及影响因素——基于 1995～2009 年省际面板数据的研究》，张中元、赵国庆的《FDI、环境规制与技术进步——基于中国省级数据的实证分析》，雷根强、蔡翔的《初次分配扭曲、财政支出城市偏向与城乡收入差距——来自中国省级面板数据的经验证据》，谷克鉴的《新李嘉图模型：古典定律的当代复兴与拓展构想》，张凌翔、张晓峒的《局部平稳性未知条件下 STAR 模型的线性检验》等。

（五）会议综述

欧元区危机及其对中国经济的影响国际研讨会

2012 年 11 月 23 日，由中国社会科学院经济学部主办、中国社会科学院数量经济与技术经济研究所和北京信息科技大学联合承办的"欧元区危机及其对中国经济的影响国际研讨会"在中国社会科学院学术报告厅举行。来自国家商务部、国务院发展研究中心、北京信息科技大学、中国社会科学院经济学部及有关院所等 10 余家国内机构以及德国经济研究所、英国国立经济与社会研究所、欧洲中央银行经济事务理事会等海外机构的近百名专家学者参加了会议。

中国社会科学院副院长高全立、经济学部副主任刘树成，北京信息科技大学校长柳贡慧到会并致开幕词。欧盟委员会经济与金融事务部司长罗伊格，中国社会科学院数量经济与技术经济研究所所长李平、副所长李雪松，中国社会科学院经济研究所所长裴长洪，国务院发展研究中心部长隆国强等参加会议并发言。会议围绕"欧债危机对我国经济的影响""欧债危机对世界的影响""欧债危机对国际合作及区域合作的影响""欧洲应对欧债危机的政策与措施"四个议题进行了研讨。

中国社会科学院经济研究所所长裴长洪在题为《欧元区危机对中国外贸增长的影响》的演讲中认为，欧债危机对中欧贸易和我国的经济增长的负面冲击较大并仍将持续。中国社会科学院数量经济与技术经济研究所李雪松就欧债危机对我国经济的长期影响作了题为《2025 年中国经济预测与国际比较》的发言。罗伊格认为，欧债危机在短期内对世界贸易、国际投资与全球经济增长均有负面影响。

面对欧债危机，及时、有效的政策和措施才是解决危机的最终途径。英国国立经济与社会研究所研究员霍兰德在题为《面对欧洲的政策挑战》的发言中提出，欧元区国家首先要把银行业整顿好；欧元区国家应建立风险分摊机制（OMT 计划）；欧元区国家应建立财政一体化的财政联盟。短期来说，欧元区各成员国需要协调各国财政整顿的速度和程度。欧洲中央银行经济事务理事会的霍姆—哈杜拉先生在题为《欧洲央行在危机期间的货币政策战略》的发言中认为，欧洲央行近几年的主要目标还是控制价格的稳定，维持货币政策的稳定性。此外，欧洲央行将在建立预防外部冲击的"防火墙"、银行的"去杠杆化"、提高货币政策的有效性等方面出台更进一步的政策和措施。

区域贸易安排成了推动全球贸易投资自由化一个新的重要的方式，欧盟以及欧元区国家无疑是这一方式最突出的实践者。然而，欧债危机的爆发使人们不得不思考国家间的区域合作到底应该采取什么样的模式。国务院发展研究中心隆国强等就欧债危机对国际合作、区域合作的影响作了讨论和判断。

（韩胜军）

中国循环经济与绿色发展论坛 2012

2012 年 12 月 15~16 日，由中国社会科学院数量经济与技术经济研究所、中国社会科学院中国循环经济与环境评估预测研究中心主办的"中国循环经济与绿色发展论坛 2012"在北京举行。来自国家政府机关、研究机构、高等院校以及与循环经济相关的企事业单位的正式代表 40 余人到会发表专题讲话，来自全国各地的 200 余人参加会议。会议的主题是"深化循环经济 实现绿色发展"。

会议的举办得到了国家发改委、环保部、住建部等政府有关部门和中国社会科学院的高度重视，国家环保部副部长李干杰，中国社会科学院副院长李扬，住房与城乡建设部总规划师唐凯等出席会议并发表专题讲话。国家发改委副主任解振华委派代表致辞。中国社会科学院数量经济与技术经济研究所所长李平主持开幕式。

解振华在致辞中说，在全国上下深入学习贯彻党的十八大精神之际，本次论坛就循环经济绿色发展问题进行深入的探讨很有意义。发展循环经济是我国经济社会发展中一项法定的重大任务，是实现生态建设的重要途径和方式。他认为，我国循环经济取得了法律规范等七大方面的成就，随后对全面构建循环经济体系与制度的九项工作作了阐释。

李扬从经济学角度对循环经济的发展作了全新解释，提出未来需要从经济学角度认真深入研究经济转型、绿色产业、循环型社会协同绿色发展等方面的问题。

李干杰从环境资源保护的角度阐述了不断提升生态文明建设的认识和思路，并且就未来立足环境保护，加强绿色发展，不断深化生态文明建设所要完成的建立完善体制机制、坚持创新驱动等方面的任务作了介绍。

唐凯作了题为《推动中国城市走生态之路》的报告，他从当前城镇化快速发展面临的大规模人口流入、资源环境瓶颈等挑战引申到走生态城市建设道路的必然性，并介绍了我国生态文明城市建设的一些基本情况，最后提出了未来生态城市建设工作中关于加大技术和政策支持、紧凑型功能混合用地模式等五项内容和着重点。

会上还进行了《中国循环经济发展报告 2011~2012》的首发式，中国社会科学院数量经济与技术经济研究所副所长、循环经济中心主任齐建国研究员介绍了该书的编写过程及主要特点。

会议围绕论坛目标"提高认识 促进行动；探讨交流 建言献策；搭建平台 促进合作"，邀请 15 位官员专家学者就不同内容发表演讲。发言中既有中国社会科学院城市发展与环境研究所所长潘家华等关于绿色发展与温室气体减排的学术演讲，也有工信部节能司副司长杨铁生等科技部、农业部、环保部的专家型官员对于循环经济有关政策的阐释，还有国家循环经济"十百千"行动计划的综合专题内容介绍等。

会议主题明确，参与人员层次较高，报告内容具有前沿性，是政、产、学、商、研五位一体的特色交流平台。会议的举办将对我国循环经济发展起到积极的推动作用。

（韩胜军）

第六届中日韩三国研讨会——经济发展模式的转变

2012年5月11日，由中国社会科学院、日本财务省综合政策研究所、韩国对外经济政策研究院联合主办，中国社会科学院数量经济与技术经济研究所承办的"第六届中日韩三国研讨会——经济发展模式的转变"在北京召开。来自中国、日本、韩国上述三家科研院所和研究机构的60余名专家学者出席了研讨会。会议的主题是"经济发展模式的转变"。

中国社会科学院数量经济与技术经济研究所所长李平，日本财务省综合政策研究所副所长田中修，韩国对外经济政

2012年5月，"第六届中日韩三国研讨会——经济发展模式的转变"在北京举行。

策研究院国际经济部中国项目负责人胡因分别致开幕词。研讨会开幕式由国际合作局张友云副局长主持。

来自中日韩三方的学者们，基于不同视角、理论和方法，对当前经济发展模式转变过程中相关学术和现实问题进行了深入的阐述、探讨和交流，形成"当前宏观经济形势和预测""宏观经济和工业政策"以及"金融/银行和其他议题"等三个方面的主题研讨内容。

围绕着"亚洲地区当前国际经济背景下经济发展模式转变"这一主题，三方学者就宏观经济状况、经济发展预测、财政政策、国际贸易和收入分配等具体问题进行了充分的交流和探讨，从理论、方法、实践等多个角度为中日韩乃至亚洲地区国家应对当前局势、促进长远发展提供了具有重要价值的学术参考，并为相关政策的制定和实施提供了有效的建设性依据。

中国社会科学院国际合作局局长助理周云帆以及中日韩三方代表作了总结性发言，他们指出，"中日韩三国研讨会"已经成功举办了5届，在不同的经济热点、现实问题研究中取得了

卓有成效的进展，而此次会议则是在后国际金融危机时代、世界经济整体复苏的背景下，对亚洲地区经济发展模式转变进行的战略性研讨，它的研究成果对亚洲地区经济复苏和实现可持续发展提供了理论指导和施政参考。会议为中日韩三国的高级学者搭建了扩大交流和加深理解的平台，学者们针对社会经济中的热点议题进行了讨论并充分交换了意见，为实现更大范围、更深层次、更加持续的合作与交流提供了有益的实践基础。

（万相昱　韩胜军）

人口与劳动经济研究所

（一）人员、机构等基本情况

1. 人员

截至 2012 年年底，人口与劳动经济研究所共有在职人员 48 人。其中，正高级职称人员 11 人，副高级职称人员 13 人，中级职称人员 19 人；高、中级职称人员占全体在职人员总数的 90%。

2. 机构

人口与劳动经济研究所设有：人口统计与分析研究室、人口与社会发展研究室、劳动与就业研究室、社会保障研究室、人口资源环境经济研究室、劳动关系研究室、人力资源研究室、《中国人口科学》杂志社、《中国人口年鉴》编辑部、信息室、办公室、科研处。

3. 科研中心

人口与劳动经济研究所院属科研中心有：中国社会科学院人力资源研究中心、中国社会科学院劳动与社会保障研究中心、中国社会科学院老年科学研究中心。

（二）科研工作

1. 科研成果统计

2012 年，人口与劳动经济研究所共完成专著 5 种，约 80 万字；论文 92 篇，约 105.07 万字；研究报告 48 篇，约 149.74 万字；论文集 1 种，28.8 万字；一般性文章 43 篇，约 14.3 万字；译文 3 篇，约 15.7 万字；教材两篇，约 3.75 万字。

2. 科研课题

（1）新立项课题。2012 年，人口与劳动经济研究所共有新立项课题 8 项。其中，国家社会科学基金课题 3 项："农村劳动力流动与中国城乡居民收入差距"（高文书主持），"老龄化和城市化背景下的中国社会养老服务体系研究"（林宝主持），"社会性别视角下人口流动对我国人力资本发展的影响"（牛建林主持）；院青年科研启动基金课题 3 项："中国工会与工资差距：工资集体协商的作用和影响"（孙兆阳主持），"农业非中性技术进步的生产激励效应研究——农产品价格何以持续上涨"（赵文主持），"国际分工与环境库兹涅茨曲线"（陆旸主持）；另有所重点青年课题2项。

（2）结项课题。2012年，人口与劳动经济研究所共有结项课题19项。其中，国家社会科学基金课题4项："制度人口学"（王跃生主持），"城市社区结构与流动人口就业、居住和融入研究"（张展新主持），"城市收入差距的构成因素及变化"（王美艳主持），"农村家庭代际关系研究"（吴海霞主持）；院重大课题4项："老年化与中国经济增长潜力研究"（蔡昉主持），"我国人口流动、未来空间分布与区域协调发展"（张车伟主持），"中国人口迁移流动发展及政策研究"（郑真真主持），"中国生育政策调整的定量研究"（王广州主持）；院重点课题4项："中国的贸易增长与就业"（王智勇主持），"中国城镇居民收入的地区差距和行业差距研究"（王德文主持），"农村网络家庭研究——基于河北的考察"（吴海霞主持），"《劳动合同法》实施中的问题及其解决的对策建议"（王美艳主持）；院国情调研重大课题2项："金融危机影响下产业转移与制度规制对农民工就业与流向的影响"（张翼主持），"城乡收入统计偏差问题调研"（张展新主持）；院国情调研重点课题4项："当代农村家庭生命周期变动调查"（王跃生主持），"工业企业就业、用工管理和竞争力调查"（王德文主持），"城乡社会保障一体化调查"（王美艳主持），"城市青年就业保障政策调查研究"（程杰主持）；院国情考察课题1项："新农村建设中的人口问题考察"（张世生主持）。

（3）延续在研课题。2012年，人口与劳动经济研究所共有延续在研课题4项。其中，国家社会科学基金青年课题2项："劳动报酬与劳动生产率增长的关系研究"（曲玥主持），"环境库兹涅茨曲线形成的原因是收入增加还是污染转移研究"（陆旸主持）；院重大课题2项："中国城乡家庭结构状态变动及其影响因素分析"（王跃生主持），"劳动力市场转变与农民工就业问题研究"（都阳主持）。

3. 获奖优秀科研成果

2012年，人口与劳动经济研究所共评出优秀科研成果奖7项：蔡昉的专著《刘易斯转折点——中国经济发展新阶段》，王跃生的专著《中国当代家庭结构变动分析——立足于社会变革时代的农村》，吴要武的论文《非正规就业者的未来》，王美艳的论文《教育回报与城乡教育资源配置》，王广州的论文《中国独生子女总量结构及未来发展趋势估计》，田雪原的论文《新中国人口政策回顾与展望》，张展新等的论文《城乡分割、区域分割与城市外来人口社会保障缺失——来自上海等五城市的证据》。

4. 创新工程的实施和科研管理新举措

2012年，人口与劳动经济研究所组织创新工程项目的方案设计。通过征集方式选定项目与负责人。项目负责人与项目组成员采用双向选择的形式确定。科研成果考核根据《人口与劳动经济研究所职工年度及任职期满考核办法》进行量化考核。项目严格按进度管理。年中进行项目进展情况调查，并根据结项时间分别给予提醒。

（三）学术交流活动

1. 学术活动

2012 年，人口与劳动经济研究所主办、合办以及承办的较有影响的学术会议有：

（1）2012 年 1 月 6~7 日，"中国社会科学论坛（2011/2012·经济学）：新时期中国收入分配"在北京召开。会议由中国社会科学院经济学部主办、人口与劳动经济研究所承办。会议的主题是"收入分配和不平等问题"，研讨的主要问题有"包容性发展与社会公平政策选择""中国的收入分配不平等的趋势及相关问题""收入分配的国际比较""社会分化"等。与会学者 80 人。

（2）2012 年 3 月 26~27 日，"中欧经济调整中的就业、减贫、迁移和社会融入研讨会"在陕西省西安市召开。研讨会由中国社会科学院、欧盟委员会就业总司和西安市政府联合主办。会议的主题是"当前的经济与就业形势和问题"，研讨的主要问题有"中欧经济调整、包容性增长、未来就业形势""劳动力市场发展和就业质量""减贫、再分配与就业促进""区域差异与就业""劳动力流动、社会保护与社会融入""中国和欧盟的经验教训"等。与会人员 60 人。

（3）2012 年 5 月 19 日，《中国人口科学》杂志社和复旦大学共同主办的"中国城市化的反思与创新"学术研讨会在复旦大学召开。会议的主题是"中国城市化的进程、意义、面临的困境和失衡及主要应对措施"。与会人员 130 人。

（4）2012 年 7 月 2 日，人口与劳动经济研究所和山东工商学院联合主办的"2012 年青年论坛"在山东省青岛市召开。会议的主题是"人口、就业与社会保障"，研讨的主要问题有"人口与城市化""生育与老年""劳动经济与就业"。与会学者 150 人。

（5）2012 年 8 月 18 日，中国社会科学院人口与劳动经济研究所和日本久留米大学合办的"第十七届中日社会经济国际研讨会（2012）"在河南省郑州市召开。会议的主题是"社会经济发展与人口老龄化之间的关系"。与会学者 50 人。

（6）2012 年 8 月 20~21 日，中国社会科学院经济学部主办、人口与劳动经济研究所承办的"人口红利与社会经济

2012 年 8 月，"人口红利与社会经济发展国际研讨会"在北京举行。

发展国际研讨会"在北京举行。会议研讨的主要问题有"人口红利对经济增长的贡献：理论与经验""人口转变阶段的认识与判断""人力资本积累：理论与经验""劳动力市场""相关制度建设和政策调整"。与会学者120人。

（7）2012年10月21~22日，"2012年养老保障国际论坛"在湖北省武汉市召开。会议由人口与劳动经济研究所《中国人口科学》杂志和武汉大学社会保障研究中心联合主办。会议的主题是"构建中国特色社会养老保障体系面临的苦难和对策"，研讨的主要问题有"城镇养老保障""农村养老保障""养老服务和产业""养老保障国际比较"。130人参加会议。

此外，还有数次小型学术会议。如："社会资本进入医疗服务领域研讨会暨《民营医院的典范——天津北辰门医院发展模式研究》出版座谈会"；与OECD发展中心合作召开报告会，介绍该中心的年度发展报告《2012全球发展的前景——变化世界中的社会凝聚力》；与英国、南非学者在北京举行"中国南非比较研究课题研讨会"并举办了一个小型数理统计培训班；邀请6名国外知名学者在所内举办学术讲座；举办3次国内学者的学术报告会，报告会内容涉及中国经济形势、欧债危机、人口数据、养老保障、老龄化、医疗保障和流动人口等问题。

2. 国际学术交流与合作

（1）短期出访

2012年，人口与劳动经济研究所因公短期出访33批41人次，分别赴16个国家参加国际会议，进行学术访问、合作研究。其中，1批1人次执行院与萨尔茨堡论坛年终协商约定项目，25批26人次参加国际会议，2批3人次进行学术访问，5批11人次开展合作研究。

（2）进修

2012年6月7~24日，人口与劳动经济研究所王磊赴美国参加国际发展研究院举办的"全球不发达国家的发展与不平等——研究及理论"课程班。

2012年10月1日，人口与劳动经济研究所曲玥利用福特基金会资助，赴美国斯坦福大学进行为期一年的进修。

（3）来访

2012年，人口与劳动经济研究所接待境外来访人员近120人次，包括来自5个国家的驻华使馆官员、10多家境外媒体、多个国家访华团体、国外知名大学学者等。

接待院协议外宾1人，接待意大利访问学者1人。根据所协议交流项目，接待德国学者1人。

3. 与中国香港、澳门特别行政区和中国台湾开展的学术交流

2012年6月13~19日，人口与劳动经济研究所张车伟赴台湾，访问台湾"中研院"人文社会科学研究中心，就双方合作课题"家庭动态社会调查"进行学术讨论和交流。

2012 年 9 月 20～26 日，人口与劳动经济研究所蔡昉应台湾政治大学"国际关系研究中心"邀请，赴台湾参加"两岸社会创新与发展学术研讨会"。

2012 年，人口与劳动经济研究所接待台湾"中研院"学者来访 2 次，双方就合作课题的进展进行讨论。

（四）学术期刊

（1）《中国人口科学》（双月刊），主编蔡昉。

2012 年，《中国人口科学》共出版 6 期，共计 90 万字。该刊全年刊载的有代表性的文章有：马瀛通的《中国人口年龄结构合理转化研究》，尹文耀、白玥的《当代劳动力参与水平和模式变动研究》，辜胜阻、杨威的《反思当前城镇化发展中的五种偏向》，王广州的《"单独"育龄妇女总量、结构及变动趋势研究》，何文炯等的《职工基本养老保险待遇调整效应分析》，王婷、吕昭河的《中国区域间人口红利差异分解及解释——基于数据包络分析模型》、王桂新的《中国省际人口迁移区域模式变化及其影响因素——基于 2000 和 2010 年人口普查资料的分析》，穆怀中、沈毅的《中国农民养老生命周期补偿理论及补偿水平研究》等。

（2）《中国人口年鉴》（年刊），主编张车伟。

2012 年，《中国人口年鉴》（2012 卷）共计 100 万字。该刊秉承"收录广泛、资料浓缩、信息密集、内容权威"的一贯原则，在反映 2011 年中国人口及其相关事业发展基本情况的同时，组织一批专家学者撰写了第六次人口普查、人口出生性别比等方面的专题文章。

（五）会议综述

中国社会科学论坛（2011/2012·经济学）：
新时期中国收入分配

2012 年 1 月 6～7 日，由中国社会科学院经济学部主办、中国社会科学院人口与劳动经济研究所承办的"中国社会科学论坛（2011/2012·经济学）：新时期中国收入分配"在北京召开。中国社会科学院副院长武寅在开幕式上致辞，中国社会科学院人口与劳动经济研究所所长蔡昉作闭幕式总结致辞，会议由中国社会科学院人口与劳动经济研究所副所长张车伟主持。来自世界银行、经济合作与发展组织、亚洲开发银行以及德国、澳大利亚、日本、韩国等约 80位国内外专家学者参加会议。会议共收到论文 20 余篇。

在经济高速发展的同时，中国的收入差距也在不断扩大，最近年份收入分配问题备受关注。尤其是当前中国正处在经济转型发展的关键阶段，收入分配格局也正在发生变化，会议围绕新时期中国收入分配重大问题展开了广泛讨论。关键议题集中在以下四个方面：

一是中国收入分配究竟是在恶化还是改善。一种观点认为，收入差距在不断扩大，收入分配

2012 年 1 月，"中国社会科学论坛（2011/2012·经济学）：新时期中国收入分配"在北京举行。

仍在继续恶化。北京师范大学李实研究得出，2002～2007 年全国总体基尼系数上升了 5%～7%，目前已经上升到 0.48 左右。但是，也有观点认为收入差距趋于稳定，收入差距扩大的趋势已经停止。

二是从国际比较来看中国收入分配问题多么严重。Richard 研究发现，中国城市劳动力市场的不平等程度要比所有 OECD 国家都严重，但低于巴西、南非和墨西哥等新兴市场国家。发达国家在政府转移支付、税收等再分配政策后，基尼系数大约降低 10 个百分点，而中国的再分配功能并没有发挥作用，再分配前后的基尼系数几乎没有变化。中国的收入差距表现出城乡差距大的显著特点。

三是中国收入差距何时会出现拐点。一种观点认为，中国收入差距扩大的拐点还需要很长时间。韩国的 Lee 研究认为，中西部地区仍然有很多的剩余劳动力，中国不会很快进入收入差距的转折点，预计可能要到 2020 年左右。日本的 Hiroshi Sato 认为，转折不仅是不平等的下降问题，而且是要下降到一个合理区间或水平，这个转折阶段的到来还需要更长时间。但是，也有观点认为，中国收入差距扩大的拐点已经显现。蔡昉认为，由劳动力市场决定的库兹涅茨转折点应该会出现，但收入差距扩大的拐点不会自然到来，需要有完善的收入分配制度作为重要条件。

四是政府如何在收入分配问题上发挥作用。解决我国收入分配问题的关键还在于初次分配，要消除分配中的不公平现象，堵住不合理收入和非法收入的来源。再分配方面，实际上，最近几年社会保障制度、结构性减税政策等已经开始实施，将能够逐渐发挥调节收入差距的作用。

（程　杰）

中欧经济调整中的就业、减贫、迁移和社会融入研讨会

2012 年 3 月 26～27 日，由中国社会科学院，欧盟委员会就业、社会事务和融和总司，西安市人民政府主办的"中欧经济调整中的就业、减贫、迁移和社会融入研讨会"在陕西省西

安市召开。研讨会的主要议题是"包容性增长是当前世界和中国经济社会发展形势变化的必然要求"。人力资源和社会保障部副部长信长星、中国社会科学院副院长李扬，欧盟委员会就业、社会事务与包容总司分析评估和对外事务司司长乔治·费舍分别作开幕式致辞。中国社会科学院人口与劳动经济研究所所长蔡昉作闭幕式总结致辞。来自欧盟国家和国内科研院所、政府部门的近200多位专家学者参加了会议。会议共收到论文30多篇。

包容性增长是当前世界和中国经济社会发展形势变化的必然要求，会议围绕包容性增长、跨越"中等收入陷阱"展开了讨论。与会专家学者在以下几个方面达成共识：

第一，包容性增长是应对经济调整的战略选择。包容性增长的理念和目标对于处于经济社会转型期的中国而言至关重要。李扬认为，中国既有发展中国家的特征，也有转型国家的特征，当前面临着"中等收入陷阱"的风险和挑战，如何提高就业质量，如何实现公平分配、缩小收入差距，如何提高劳动者的就业能力，从而全面促进就业等，包容性增长理念对于应对这些挑战具有重要意义。

第二，劳动力市场发展应该更加重视就业质量与就业保护。就业保护和就业质量是包容性增长的一个重要内容。当前劳动力市场正在发生深刻变化，不平等和两极化是重要特征之一，注重公平和适度保护有利于劳动力市场稳定发展，成熟的劳动力市场不仅要解决就业问题，更要不断提升就业质量。中国劳动力市场中的就业规制和就业保护有待改善。

第三，再分配与就业促进是消除贫困的两大基石。再分配制度是实现减贫目标的一项重要经济社会政策。欧洲社会福利模式在应对经济危机中发挥了积极作用，但是，并非所有居民都能够得到公平的保护。中国农村寄宿制学校有3000万人，其中75%为中西部地区学生，存在严重的学生营养不良问题，应该加大政府对寄宿制学校贫困学生的补助力度，儿童早期发展应该是人力资本开发扶贫的新方向。

第四，自由流动和权利保护是促进社会融入的重要保障。促进社会融入应该从自由流动和权利保护两个方面出发。在劳动力市场方面，需要重点关注就业参与、失业保险以及反歧视；在社会保护方面，需要重点关注基础设施和住房、子女及家庭；在人力资本方面，需要重视教育培训和整合项目；在平等机会方面，重点是消除信息壁垒，提供信贷支持等。

（程　杰）

城市发展与环境研究所

（一）人员、机构等基本情况

1. 人员

截至2012年年底，城市发展与环境研究所共有在职人员37人。其中，正高级职称人员11

人，副高级职称人员 7 人，中级职称人员 11 人；高、中级职称人员占全体在职人员总数的 78%。

2. 机构

城市发展与环境研究所设有：城市经济研究室、城市规划研究室、城市与区域管理研究室、环境经济与管理研究室、土地经济与不动产研究室、可持续发展经济研究室、气候变化经济学研究室、《城市与环境研究》中英文期刊编辑部、办公室、科研处、人事处。

3. 科研中心

城市发展与环境研究所院属科研中心有：中国社会科学院可持续发展研究中心；所属科研中心有：城市政策与城市文化研究中心、人居环境研究中心；院重点实验室有：气候变化经济系统模拟重点实验室、城市信息集成与动态模拟重点实验室。城市发展与环境研究所还是中国社会科学院—中国气象局气候变化经济学模拟联合实验室的挂靠管理单位。

（二）科研工作

1. 科研成果统计

2012 年，城市发展与环境研究所共完成专著 2 种，105.2 万字；论文 84 篇，75.6 万字；研究报告 104 篇，703.3 万字；论文集 2 种，43.9 万字；一般文章 23 篇，5.4 万字。

2. 科研课题

（1）新立项课题。2012 年，城市发展与环境研究所共有新立项课题 59 项。其中，国家社会科学基金课题 2 项："建立多元化保障性住房供应体系研究"（李恩平主持），"2020 年后国际气候制度谈判政治博弈及我国谈判战略与主要问题立场研究"（王谋主持）；国家自然科学基金课题 2 项："转移排放、碳关税对中美经济的影响及策略研究——基于 CGE 模型的实证分析"（潘家华主持），"气候变化适应治理机制：中国东西部地区案例比较研究"（郑艳主持）；院重点课题 2 项："中国住房保障政策评估及政策设计创新研究"（尚教蔚主持），"中国城镇规模效益比较研究"（王业强主持）；院国情调研重点课题 4 项："沿海城市气候变化风险认知及适应治理机制调研"（郑艳主持），"城市基层社会管理模式改革试点调研"（孟雨岩主持），"北京市住房租金变化的特征、原因及影响调研"（李恩平主持），"城市社区建设与管理调研"（王建武主持）；院国情考察课题 1 项："贵州扶贫减贫问题的调研——以毕节市为例"（李茹主持）；所重点课题 3 项："应对气候变化报告 2012"（潘家华主持），"中国城市发展报告 NO.5"（魏后凯主持），"中国房地产发展报告 NO.9"（李景国主持）；其他部门与地方委托课题 45 项，其中，环境保护部委托课题"应对气候变化的协同效应分析及政策咨询"（潘家华主持），国家发展和改革委员会委托课题"碳公平和碳排放空间分配方案的应用研究"（潘家华主持），国家发展和改革委员会委托课题"重点开发开放试验区建设政策研究"（盛广耀主持），国家发展和改革委员会委托课题"2012 年后国际气候制度法律形式问题研究"（王谋主持），联合国开发计划署委托课题"可持续和宜居城市：中国人类发展报告 2011～2012"（潘家华主持），西藏阿里地区区政府委托课题"阿里地区经济社会发展规划"（魏后凯主持），广州市人民政府委托课题"广州碳排放权交易所建设方案研究"（蒋建业主持），国家水利水电规划总院委托课题"西藏水电开发与自治区经济社会发展研究"（魏后凯、单菁菁主持），山东省南方国际实业集团有限公司委托课题"辽宁粤商国贸物流园区规划研究"（李红玉主持），等等。

（2）结项课题。2012 年，城市发展与环境研究所共有结项课题 44 项。其中，国家社会科学基金课题 3 项："走中国特色的新型城镇化道路研究"（魏后凯主持），"外来农民工融入城市研究"（单菁菁主持），"情景分析理论与方法"（娄伟主持）；院重点课题 3 项："中国特色城镇化道路中县域经济合理安置农村劳动力问题研究"（侯京林主持），"京津冀都市密集区市际关系研究"（李学锋主持），"碳排放清单编制关键技术研究"（朱守先主持）；院国情调研重点课题 4 项："沿海城市气候变化风险认知及适应治理机制调研"（郑艳主持），"城市基层社会管理模式改革试点调研"（孟雨岩主持），"北京市住房租金变化的特征、原因及影响调研"（李恩平主持），"城市社区建设与管理调研"（王建武主持）；院国情考察课题 1 项："贵州扶贫减贫问题的调研——以毕节市为例"（李茚主持）；院青年科研启动基金课题 3 项："中国城镇规模效益研究"（王业强主持），"主要缔约方在气候变化问题上的利益诉求、谈判立场及政策措施研究"（王谋主持），"能源经济区划方法学及实证研究"（朱守先主持）；所重点课题 3 项："应对气候变化报告 2012"（潘家华主持），"中国城市发展报告 NO.5"（魏后凯主持），"中国房地产发展报告 NO.9"（李景国主持）；其他部门或地方委托课题 27 项，其中，科技部委托课题"气候谈判相关问题研究"（潘家华主持），国家发展和改革委员会委托课题"公约下的应对措施和议定书下溢出效应及贸易相关问题研究"（王谋主持），广州市人民政府委托课题"广州市城市功能布局研究"（刘治彦主持），北京市发展和改革委员会委托课题"北京市总部经济节能推进机制与措施研究"（娄伟主持），中国城市规划设计研究院委托课题"南阳新区总体规划研究"（袁晓勐主持），卓达房地产集团有限公司委托课题"卓达集团低碳发展规划研究"（陈洪波主持），等等。

（3）延续在研课题。2012 年，城市发展与环境研究所共有延续在研课题 11 项。其中，国家社会科学基金课题 1 项："中国新能源产业化发展的影响因素及其作用机理研究"（李萌主持）；国家自然科学基金课题 1 项："长三角城市密集区气候变化适应性管理研究"（潘家华主持）；其他部门或地方委托课题 9 项：科技部委托课题"城镇碳排放清单编制研究"（庄贵阳主持），英国大使馆委托课题"英国低碳政策进展及对中国低碳示范区的借鉴"（陈迎主持），中荷联合科学主题研究课题"中国与欧洲生物质能开发对比研究：可持续发展之路"（娄伟主持），挪威奥斯陆大学委托课题"中国—挪威水体富营养化研究"（李萌主持），等等。

3. 获奖优秀科研成果

2012 年，城市发展与环境研究所获"铁道科技奖"一等奖 1 项：《现代化新型铁路客站经济社会功能及价值的研究》（盛广耀为第 11 完成人、袁晓勐为第 14 完成人）；第三届"优秀皮书奖·报告奖"一等奖 1 项：魏后凯的《加速转型中的中国城镇化与城市发展——"十一五"回顾与"十二五"展望》；第三届"优秀皮书奖·报告奖"二等奖 1 项：潘家华的《转折调整务实行动——从哥本哈根高预期减排到坎昆务实调整》。

4. 创新工程的实施和科研管理新举措

2012 年，城市发展与环境研究所在积极申请进入院创新工程的同时，进一步在科研管理方面进行加强和改进，主要有以下方面：

（1）加强科研制度建设。在学习创新工程系列文件的基础上，制定、完善了《非院属课题管理办法》《国内访问学者管理规定》《在中央媒体发表文章（或广播、电视采访）的加分奖励决定》《关于鼓励撰写并提供工作简报和双周活动报告的通知》等规章制度。

（2）完善研究室建设工作规范。在吸取 2011 年度研究室建设工作经验基础上，年初即要求各研究室制定年度工作方案，经所长办公会与所学术委员会审议通过后执行；并根据年初制定的研究室建设工作方案，对研究室建设工作情况适时跟踪；年终进行研究室建设工作总结，逐渐形成了研究室建设工作的规范。

（3）启动"双周学术论坛"计划。为进一步加强所内人员同国内外学界的学术交流，搭建学术合作的开放平台，研究决定启动"双周学术论坛"计划。基本按每两周一次的频率开展多种形式的学术交流活动，既有邀请所外专家来所作主题演讲的形式，也有所内人员相互交流探讨的形式。多种学术交流活动的组织开阔了所内人员的学术视野，并且为科研合作创造了更多的机遇。

（三）学术交流活动

1. 学术活动

2012 年，城市发展与环境研究所主办和承办的学术会议主要有：

（1）2012 年 3 月 7 日，城市发展与环境研究所主办的"World Status Report 2012"研讨会在北京举行。会议研讨的主要问题有"世界经济形势""可持续发展""气候变化"。

（2）2012 年 3 月 28 日，城市发展与环境研究所主办的"全球视角下的能源安全与气候安全研讨会"在北京举行。会议研讨的主要问题有"能源安全""气候安全""国际环境治理合作"。

（3）2012 年 4 月 28 日，城市发展与环境研究所主办的"低碳环保生态与发展国际论坛"在北京举行。会议研讨的主要问题有"节能减排""低碳经济""可持续生态"。

（4）2012 年 5 月 24 日，城市发展与环境研究所和社会科学文献出版社联合主办的"2012

年中国房地产高峰论坛暨《2012 年房地产蓝皮书》发布会"在北京举行。会议研讨的主要问题有"房地产调控政策""保障性住房建设""中国房地产发展趋势"等。

（5）2012 年 6 月 13 日，城市发展与环境研究所主办的"中国气候变化风险的综合评估研讨会"在北京举行。会议研讨的主要问题有"应对气候变化""气候安全"等。

（6）2012 年 7 月 11 日，城市发展与环境研究所主办的"地球工程经济社会分析研讨会"在北京举行。会议研讨的主要问题有"地球工程""气候变化""可持续发展"等。

（7）2012 年 7 月 18 日，城市发展与环境研究所主办的"房地产调控与房地产税研讨会"在北京举行。会议研讨的主要问题有"房地产发展现状""房地产政策""房地产税"等。

（8）2012 年 7 月 18 日，城市发展与环境研究所主办的"城乡统筹发展研讨会"在北京举行。会议研讨的主要问题有"城镇化""城乡统筹"等。

（9）2012 年 8 月 14 日，城市发展与环境研究所和社会科学文献出版社联合主办的"2012 中国城市发展报告发布会暨城市绿色发展高层论坛"在北京举行。会议研讨的主要问题有"城镇化""绿色发展"等。

（10）2012 年 9 月 14～15 日，由中国社会科学院经济学部主办，城市发展与环境研究所和北京市社会科学院共同承办的"中国经济论坛 2012——城市转型与绿色发展"在北京举行。会议研讨的主要问题有"城市化""都市圈""城市转型"与"绿色发展"等。

（11）2012 年 9 月 18～19 日，由中国社会科学院主办，中国社会科学院国际合作局、城市发展与环境研究所和澳大利亚富林德斯大学联合承办的"第三届中澳学术论坛：可持续的环境政策与全球治理研讨会"在北京举行。会议研讨的主要问题有"中澳环境政策及政策的驱动因素""国际形势与全球环境治理""全球环境治理：合作与行动"等。

（12）2012 年 9 月 22 日，天津市滨海新区人民政府、城市发展与环境研究所和 ICLEI – 可持续发展政府间协会联合承办的"国内、外生态城市建设的经验分享与展望——中外市长论坛"在天津举行。会议研讨的主要问题有"生态城市建设转型中的挑战""未来生态城市发展的建设方向""政府在生态城市建设过程中的作用"等。

（13）2012 年 11 月 21 日，由中国社会科学院、中国气象局主办，城市发展与环境研究所、中国气象局国家气候中心和社会科学文献出版社共同承办的"中国社会科学论坛：公平获取可持续发展国际研讨会暨气候变化绿皮书发布会"在北京举行。会议研讨的主要问题有"可持续发展路径选择""气候变化应对"等。

（14）2012 年 11 月 22 日，城市发展与环境研究所和《21 世纪经济报道》联合主办的"21 世纪低碳中国发展高峰会（2012）"在北京举行。会议研讨的主要问题有"清洁发展机制构建""可持续的工业竞争力"等。

2. **国际学术交流与合作**

2012 年，城市发展与环境研究所共派遣出访 37 批 46 人次，接待来访 5 批 18 人次。与城市发展与环境研究所开展学术交流的国家有美国、加拿大、芬兰、德国、巴西、法国、瑞士、挪威、西班牙、比利时、俄罗斯、南非、以色列、哈萨克斯坦、卡塔尔、韩国、菲律宾、泰国、越南、新加坡、日本等。

主要的出访活动有：

（1）2012 年 5 月 15 日，受国家气候谈判代表团委托，城市发展与环境研究所在联合国气候谈判波恩会议期间主办了"公平获取可持续发展空间概念框架"边会。该边会的举办对宣传推广我国以及基础四国对于公平问题的理解起到了积极作用。

（2）2012 年 6 月 17 日，城市发展与环境研究所研究员陈迎代表中国学者参加了"里约 + 20"市长峰会金砖国家城市可持续发展研讨会。"里约 + 20"市长峰会由里约市政府主办，在各国领导人峰会之前召开，重点讨论"城市可持续发展""城市绿色经济""减少贫困""减缓和适应气候变化战略"等问题。

（3）2012 年 6 月 21 ~ 28 日，城市发展与环境研究所副所长魏后凯率队赴俄罗斯科学院进行学术交流。交流中研讨的主要问题有"两国的生态政策及法律法规""区域生态安全""生态保险""生态审计""气候变化及二氧化碳排放"等。

（4）2012 年 12 月，城市发展与环境研究所所长潘家华、副所长魏后凯率团赴多哈参加"联合国气候变化框架公约第 18 次缔约方大会"。会议交流的主要问题有"各国气候变化政策及立场""应对气候变化的责任分担""应对气候变化国际合作"等。

主要的接待来访活动有：

（1）2012 年 2 月 14 日，城市发展与环境研究所所长潘家华会见了以蒂姆·叶奥为团长的英国议会议员访华团。双方就有关中国未来能源消费的趋势、能源高消费所带来的发展困境、英国低碳发展的丰富经验等进行了交流和探讨。

（2）2012 年 3 月 28 日，曾任挪威外交部负责国际发展事务国务秘书，现任挪威外交部能源与气候变化特使、中国环境与发展国际合作委员会委员、挪威弗里德约夫·南森研究所所长的 Leiv Lunde 来城市发展与环境研究所访问，并作了题为《全球视角下的能源安全与气候安全——和谐或冲突》的学术报告。

（3）2012 年 4 月至 11 月，澳大利亚青年大使 Lisa Williams 在城市发展与环境研究所进行学术访问。该项目是由澳大利亚政府资助的专门支持澳大利亚青年专业人才来中国进行学术交流的国际合作项目。其学术交流领域为节能和可再生能源发展。

（4）2012 年 12 月 11 日，城市发展与环境研究所邀请德国发展研究院院长 Dirk Messner 教授到中国社会科学院研究生院举办学术讲座，主题为"The great Trans for mation to ward sagloballow Carbon Economic"（全球低碳经济重大转型）。德国发展研究院系中国社会科学院选定为合作机构的四家国际知名智库之一。

国际合作研究项目情况：

2012 年，城市发展与环境研究所新签订的国际合作研究项目有 3 项，分别是：联合国开发计划署委托的"可持续和宜居城市：中国人类发展报告 2011~2012"（潘家华主持），世界自然基金会委托的"中国低碳城市指标体系构建（第三期）"（庄贵阳主持），中国社会科学院与俄罗斯人文科学基金会联合委托课题"中俄生态政策比较研究"（侯京林主持）。完成结项的国际合作研究项目有 1 项：海因里希·伯尔基金会委托的"在中国气候公正领域应用碳预算方案 2011"（潘家华主持）。取得阶段性成果的国际合作研究项目有 3 项，分别是：英国大使馆委托课题"英国低碳政策进展及对中国低碳示范区的借鉴"（陈迎主持），中荷联合科学主题研究课题"中国与欧洲生物质能开发对比研究：可持续发展之路"（娄伟主持），挪威奥斯陆大学委托课题"中国—挪威水体富营养化研究"（李萌主持）。

（四）会议综述

2012 中国城市发展报告发布会暨城市绿色发展高层论坛

2012 年 8 月 14 日，由中国社会科学院城市发展与环境研究所和社会科学文献出版社联合举办的"2012 中国城市发展报告发布会暨城市绿色发展高层论坛"在北京举行。来自国内高等院校、科研机构、政府机关和企事业单位、新闻媒体的多名代表出席了会议。论坛由社会科学文献出版社社长谢寿光主持。中国社会科学院院长王伟光教授出席会议并致辞。中国社会科学院城市发展与环境研究所副所长魏后凯研究员出席论坛，并作了题为《中国迈向城市时代的绿色繁荣之路》的主题报告。

2012 年 8 月，"2012 中国城市发展报告发布会暨城市绿色发展高层论坛"在北京举行。

（1）中国开始进入以城市型社会为主体的新的城市时代

《2012 年中国城市发展报告》以"迈向城市时代的绿色繁荣"为主题，在对中国进入城市时代所面临的挑战进行深入分析的基础上，创新性地提出了城市发展必须走绿色繁荣之路，围绕如何实现绿色繁荣提出了具体的战略思路和对策措施。同时指出，实现绿色繁荣，必须以良好的生态和人居环境为基础，必须以生态环境保护为前提。《报告》认为，城市型社会是以城镇人口为主体，人口和经济活动在城镇集中布局，城市生活方式占主导地位的社会形态。2011年，中国城镇人口达到6.91亿，城镇化率首次突破50%关口，达到了51.27%，城镇常住人口超过了农村常住人口。人口城镇化率超过50%，这是中国社会结构的一个历史性变化，表明中国已经结束了以乡村型社会为主体的时代，开始进入以城市型社会为主体的新的城市时代。

（2）当前中国城市发展面临着十大挑战

中国进入城市时代面临的十大挑战：高资源消耗模式难以持续、环境生态压力日渐加大、城市经济持续动力不足、城市规划建设特色缺失、城市管理矛盾丛生、城市公共服务相对滞后、交通拥堵问题愈演愈烈、城市居民亚健康问题突出、城市社会呈现分化迹象和城市安全问题不容忽视。未来5~10年，将是中国实现由乡村型社会向城市型社会转变的关键时期，而推动农民市民化、提升城市品质、促进城乡融合共享、着力提高城镇化质量，将是实现这种社会转型的关键和核心所在。对此，应全面提高城市品质和城市化质量、促进中国城市的绿色发展和转型，提升城市规划建设、管理体制、环境质量、公共服务、社会和谐与安全，建立现代绿色产业体系，构建绿色消费模式，倡导绿色消费文明，完善绿色发展支撑、考核评价和示范体系。

（3）2011年中国城市科学发展评价

从全国城市发展的总体情况来看，2011年度城市科学发展指数综合排名前10位的城市依次为：深圳、上海、北京、广州、宁波、佛山、厦门、青岛、鄂尔多斯、杭州。就综合实力来看，目前东部城市在全国城市科学发展的总体格局中依然占有领先地位，但与以往相比出现两个明显变化：一是东部城市特别是三大城市群独占鳌头（包揽前10名）的局面首次被打破；二是东北地区及西部地区城市表现突出，进入科学发展指数综合排名前50位和前100位的城市数量明显增多。

（4）关于城市绿色发展的讨论

有学者认为，城市绿色发展关键要靠体制改革和制度创新，制度的再设计对城镇化起着重要作用，绿色城市的发展还需要加快技术创新；有学者建议，可将城市规模和城市发展阶段及绿色发展的关系结合起来研究，并希望"绿色主题"在今后可以进一步聚焦研究；有学者指出，经济、社会、环境存在一种有机协调关系，《报告》从绿色环境、绿色产业、绿色消费、绿色管理、绿色建筑等方面探讨了促进城市绿色繁荣的战略思路，体系全面且意义重大；此外，也有学者从环境健康、资源高效利用、低碳等几个方面探讨了绿色城市指数的构建。

（武占云）

中国经济论坛 2012——城市转型与绿色发展

2012 年 9 月 14～15 日，由中国社会科学院经济学部主办，中国社会科学院城市发展与环境研究所和北京市社会科学院联合承办的"中国经济论坛 2012——城市转型与绿色发展"在北京召开。李京文、张卓元、周叔莲、田雪原、杨圣明、陈佳贵、刘树成、吕政等一批著名经济学家，以及来自国家有关部委的领导、国内外专家学者、媒体界人士 150 余人参加了论坛。论坛以"城市转型与绿色发展"为主题，既顺应了中国经济发展的现实需求，也将对深化中国城市转型发展的理论研究具有重要的推动作用。

中国社会科学院原经济学部主任陈佳贵、中国社会科学院副院长武寅、北京市社会科学院院长谭维克出席了开幕式，并代表会议主办和承办单位致欢迎词。中国社会科学院经济学部副主任刘树成宣布了"城市转型与绿色发展"征文活动优秀论文和优秀提名论文的作者名单，并为获奖者颁奖。中国社会科学院经济学部副主任吕政、国家发展和改革委员会城市与小城镇改革发展中心主任李铁、国家发展和改革委员会国土开发与地区经济研究所所长肖金成、广州市政府副秘书长危伟汉、世界自然基金会全球政策顾问 Dennis Pamlin、中国社会科学院城市发展与环境研究所副所长魏后凯分别作了主题演讲。在分论坛中，经济学界和城市领域的多位专家围绕"城市转型战略""城市群与城乡统筹""低碳绿色发展""新型城市化""首都经济圈建设""大城市治理"等议题先后发言，并展开讨论。

（1）关于城市转型战略

城市转型战略是此次论坛学者讨论的重点问题之一。学者们一方面从宏观角度出发，分析和论述中国的城市化与城市转型战略，强调"低碳、生态、绿色"是城市转型发展的战略选择，需要在现代化的框架下来理解城市化，促进城乡一体化发展，推进城乡之间生产要素的有序流动。另一方面，学者们从特定的城市出发，研究当地城市转型发展中存在的问题并提出解决方案。例如，北京首先需要加强城市功能的均衡化疏解、基本公共服务均等化建设和产业转型政策引导。

（2）关于城市群与城乡统筹

与会专家认为，从全国范围来看，主体功能区规划有助于促进中国城市群的发展，构建中国城市群的空间结构新体系，即重点建设 5 个国家级的城市群，稳步建设 9 个区域性的城市群，引导培育 6 个西北城市群。从地方层面来看，湖南省按照两型社会建设的要求，规划和建设资源节约型、环境友好型的城市，经济社会发展速度加快，发展效益不断提升，生态环境明显改善，为其他城市提供了重要的借鉴意义。

（3）关于低碳绿色发展

与会专家从环境、能源、资源等角度出发，关注低碳绿色发展。一方面，有学者采用城市经济、社会、城市设施、资源、环境等指标，对 110 个城市进行低碳发展综合评价。另一方面，学者认为，规划对于低碳绿色发展具有重要意义。此外，有研究认为，我国应提升社会对新能源的认可度，优化产业导向政策、税收支持政策，加大新能源技术研发力度，并且规范新能源行业的跨国并购。

（4）关于新型城市化

与会专家认为，传统城市化模式存在若干弊端，具体体现在：加速了城乡要素的非均衡转移，对农民土地增值收益的侵占日益严重，激发了社会矛盾和震荡。因此，新型城市化首先应当保持中国 GDP 应有的增长速度；其次，将扩大内需和保护外需、稳定外需结合起来；再次，实施城市群发展战略。

（5）关于首都经济圈建设

与会专家分别从理论或其他地方发展的经验出发，为促进首都及首都经济圈的发展建言献策。专家指出，北京生存资源严重短缺与人口持续扩张这一矛盾长期存在，城镇经济发展与生态环境相互作用的空间分异与演化特征明显，因此，产业结构调整必须对资源生态具有升级和优化作用。北京的发展需要构建城市区域的多中心空间结构，加快北京市与周边地区的一体规划，建立起完善的交通体系，加强资源、能源合作开发，形成区域范围内合理的基于产业价值链的空间分工。

（6）关于大城市治理

与会学者分别从理论、实证等角度探讨目前中国大城市发展过程中存在的问题，特别是人口发展方面的问题，并提出相应的治理政策与措施。与会学者认为，我国城市人口增长分解为城市数目增加和现有城市规模扩张两种途径，人口规模扩张的主要动力是第二产业，尤其是制造业。我国城市人口已经过密，过度的密集存在不经济性，具体体现在城市公交等候的时间量、乘坐火车等候的时间量、学校和医院等候的时间量等。人口规模调控可以分为市场调控与行政调控，但行政调控的成本很高。大城市的人口控制应当主要依赖产业升级。

（景　娟）

第三届中澳学术论坛：可持续的环境政策与全球治理研讨会

2012 年 9 月 18～19 日，由中国社会科学院主办，中国社会科学院国际合作局、城市发展与环境研究所和澳大利亚富林德斯大学联合承办的"第三届中澳学术论坛：可持续的环境政策与全球治理研讨会"在北京召开。来自澳方三所大学的 8 位代表和中方的 13 位专家出席了会议。中澳双方代表就"可持续的环境政策与全球治理"这一主题进行了交流。

论坛开幕式由中国社会科学院国际合作局副局长周云帆主持，国际合作局局长王镭、澳方代表富林德斯大学副教授 Pi-Shen Seet 和中国社会科学院城市发展与环境研究所所长潘家华分别致辞。与会专家学者就环境政策和全球治理等问题进行了深入讨论和交流。

（1）关于环境哲学、理论问题的探讨

中国社会科学院城市发展与环境研究所研究员潘家华发表了《从工业文明到生态文明转型再思考》的主题演讲，提出以资本积累为核心的增长方式导致了经济的不可持续发展，因此急需转变发展模式，更加

2012 年 9 月，"第三届中澳学术论坛：可持续的环境政策与全球治理研讨会"在北京举行。

关注人和自然。城市发展与环境研究所博士刘哲认为，过去的城市化模式属于"不完全"城市化，未来的政策制定需要更加关注人类发展，关注城市的可持续性和宜居性。富林德斯大学博士 Jeffrey Gil 探讨了文化背景对环境治理的影响，认为儒家"以人为本"的思想可以用于中国的环境治理。

（2）未来发展情景和模式探讨

阿德莱德大学博士 Roger 认为，未来碳排放的预测可以为环境治理提供十分重要的支撑，他详细比较了各个机构对中国 2050 年碳排放的预测情况。富林德斯大学教授 Udoy 分析了人口增长对绿色经济发展的影响。

（3）绿色发展

中国社会科学院城市发展与环境研究所博士张莹从能源供给、交通和森林部门三个方面展望了 2020 年中国绿色经济发展情况及绿色就业情况。禹湘博士对我国的绿色经济发展融资战略进行了阐述。

（4）环境治理机制

中国环保部环境保护对外合作中心博士崔玉清回顾了在环境问题上国际合作的最佳实例——蒙哥利尔协议。清华大学博士蔡闻佳介绍了全球环境治理的行业合作机制——国际温室气体减排合作中的行业信用机制。富林德斯大学教授 McIntyre Janet 分析了自由民主决策机制的缺陷，进一步引进和扩展了福利概念。中国全球环境基金工作秘书处主任张雯全面介绍了全球环境基金的基本情况。中国社会科学院城市发展与环境研究所博士朱守先介绍了低碳城市指标体系，从经济、能源、环境、基础设施和社会各个层面对城市发展提出了创新性的衡量指标。南澳大学博士 LeiYU 以湄公河环境治理为例说明了区域合作的重要性及其挑战。富林德斯大学教授 Hossein 从法律的角度探讨了近海石油和天然气的生产及其对海洋环境的影响。

（5）中国的政策与行动

国家发展和改革委员会能源所博士高翔详细介绍了我国"十一五"和"十二五"时期应对气候变化的行动和成就，分析了应对气候变化面临的挑战。富林德斯大学博士 HUI SiTu 探讨了中国政府及其他利益相关者，对同时在中国大陆及其他股票市场上市的中国公司在进行环境信息披露时的影响。

（6）应对气候变化的理论探讨

中央编译局博士谢来辉从理论和现实两方面分析了全球碳排放交易对减排的有效性。中国社会科学院研究生院博士刘昌义详细讨论了社会贴现率对气候变化成本收益分析的影响。中国社会科学院城市发展与环境研究所博士周亚敏阐述了减缓气候变化政策的协同效应。

（严晓琴）

中国社会科学论坛：公平获取可持续发展
国际研讨会暨气候变化绿皮书发布会

2012 年 11 月 21 日，由中国社会科学院、中国气象局主办，中国社会科学院城市发展与环境研究所、中国气象局国家气候中心和社会科学文献出版社共同承办的"中国社会科学论坛：公平获取可持续发展国际研讨会暨气候变化绿皮书发布会"在北京召开。研讨会上，中国社会科学院与中国气象局以"气候变化经济学联合实验室"的名义推出《应对气候变化报告（2012）——气候融资与低碳发展》。中国社会科学院城市发展与环境研究所所长潘家华、社会科学文献出版社社长谢寿光和国家气候中心副主任巢清尘分别主持发布会的不同环节，国家发展与改革委员会副主任解振华、中国气象局局长郑国光、欧盟代理大使 Carmen Cano 到会致辞，国务院参事、前科技部副部长刘燕华，以及国家发展和改革委员会应对气候变化司司长苏伟、国家气候中心主任宋连春、中国气象局科技与气候变化司副司长高云、中国社会科学院学部委员汪同三等官员、学者出席了会议。中央电视台、《经济日报》《光明日报》《中国气象报》《中国青年报》以及新华社、人民网、中国新闻网等多家国内知名媒体也应邀出席。

（1）气候变化的实质是发展问题

国家发展和改革委员会副主任解振华首先代表国家发展和改革委员会对论坛的召开与气候变化绿皮书的发布表示祝贺，并表示，气候变化既是环境问题，也是发展问题，其实质是发展问题，关系着各国的发展权益和排放空间。气候变化问题是由不可持续发展产生的，也只有通过可持续发展才能得到解决。任何无约束的排放都会威胁到人类的生存，党的十八大提出要大力推进生态文明建设，建设美丽中国。中国要始终坚持资源节约和保护环境的基本国策，着力推进绿色发展、循环发展，与世界各国一道坚持共同但有区别的责任原则、公平原则和能力原则，同国际社会一道积极应对全球气候变化，同舟共济，权责共担，合作共赢，继续为全球应对气候变化作出积极的贡献。

（2）气候融资和低碳发展已经成为国际热点

作为皮书主编之一，郑国光介绍了气候变化绿皮书自 2009 年创刊以来取得的成绩和社会影响，指出气候变化绿皮书是一本集气候变化科学研究、气候外交与谈判、气候政策研究于一体的综合性读物，为即将召开的多哈会议提供了很有价值的研究成果和信息。他指出，尽管国际气候变化谈判步履艰难，但是应对气候变化的步伐从未停止，气候融资和低碳发展已经成为国际热点。实现低碳转型是未来中国实现经济可持续发展的必然选择，中国已经在财政投入、税收政策、金融政策等多个方面对低碳经济发展进行金融支持，推动了节能减排和低碳产业的发展。中国应对气候变化行动还体现在灾害风险管理及其融资方面。

欧盟代理大使 Carmen Cano 表示，绿色经济转型是欧盟的重要政策目标之一，欧盟承诺在欧洲和全球执行"里约＋20"的决定，"里约＋20"并不是终点而是起点，"里约＋20"的成果之一就是国际社会认同选择可持续的经济发展模式。绿色经济是新的经济增长点，也是欧盟的新增就业领域，欧盟的绿色经济转型虽面临挑战，但也有丰富的经验可以分享，期待欧盟与中国政府之间在可持续发展领域有更多的合作项目。

（3）充裕的资金是低碳转型的保障

中国社会科学院城市发展与环境研究所所长潘家华认为，低碳经济是未来经济发展的趋势，充裕的资金是低碳转型的保障。实现中高碳经济向低碳经济的转型，需要建立多层次、多渠道的融资机制。其中，公共融资机制是低碳转型的重要保障。我国发展低碳经济不仅是应对全球气候变化和承担国际责任的需要，更是国内经济结构调整和优化升级的需求。国务院参事、前科技部副部长刘燕华，国家发展和改革委员会气候司司长苏伟，林业局造林司副司长李怒云，中国社科院经济学部委员汪同三等均对绿皮书作了点评。

（禹　湘）

社会政法学部

法学研究所

（一）人员、机构等基本情况

1. 人员

截至 2012 年年底，法学研究所共有在职人员 100 人。其中，正高级职称人员 28 人，副高级职称人员 31 人，中级职称人员 27 人；高、中级职称人员占全体在职人员总数的 86%。

2. 机构

法学研究所设有：法理学研究室、法制史研究室、宪法与行政法学研究室、刑法学研究室、诉讼法学研究室、民法学研究室、商法学研究室、经济法学研究室、知识产权法学研究室、传媒与信息法学研究室、社会法学研究室、法治国情调查研究室、《法学研究》编辑部、《环球法律评论》编辑部、院图书馆法学分馆、办公室、科研组织处、人事处（党委办公室）。

3. 科研中心

法学研究所院属科研中心有：民主问题研究中心、人权研究中心、知识产权中心、台港澳法研究中心、文化法制研究中心；所属科研中心有：私法研究中心、公法研究中心、性别与法律研究中心、公益法研究中心、亚洲法研究中心、欧洲联盟法研究中心。

（二）科研工作

1. 科研成果统计

2012 年，法学研究所共完成专著 26 种，1157.5 万字；论文 174 篇，203.4 万字；研究报告 137 篇，323.3 万字；古籍整理 4 种，846 万字；教材 3 种，89.5 万字；译著 3 种，238.9 万字；译文 1 篇，2 万字；学术普及读物 1 种，23 万字；论文集 10 种，429.1 万字。

2. 科研课题

（1）新立项课题。2012 年，法学研究所共有新立项课题 52 项。其中，国家社会科学基金课题 9 项："债权总则的建构：历史、功能与体系研究"（谢鸿飞主持），"斯拉夫法的历史发展及对社会主义法系形成的影响"（刘洪岩主持），"反垄断法法益立体保护研究"（金善明主持），"中国宪法实施的协调机制研究"（翟国强主持），"与文化相关的国际公约（协议）研究"（冯军主持），"西法东渐的思想史逻辑研究"（支振锋主持），"关于'子孙违反教令'的历史考察"（孙家红主持），"世界刑事诉讼的四次革命"（冀祥德主持），"《法学研究》期刊资助"（张广兴主持）；院创新工程研究项目 7 项："完善我国法律体系与立法效果评估工程"（刘作翔主持），"改善和保障民生的民事权利机制研究"（孙宪忠主持），"建设创新型国家的知识产权法律制度保障"（李明德主持），"全面加强法治政府建设的战略研究"（周汉华主持），"社会稳定的刑事法治保障研究"（刘仁文主持），"中国国家法治指数研究"（田禾主持），"文化体制改革与文化发展的法治机制研究"（冯军主持）；院重点课题 3 项："中国法律监督统一立法研究"（冀祥德主持），"中国慈善事业立法研究"（薛宁兰主持），"中外广播电视法律体系框架比较研究"（陈欣新主持）；院交办委托课题 2 项："我国反腐倡廉法律法规制度检审"（冯军主持），"全面推进政务公开的实践成效与完善举措研究"（周汉华主持）；院马工程专项课题 1 项："列宁法治思想研究"（莫纪宏主持）；院国情调研重大课题 1 项："农民土地合作社及相关现代农业联合体制度创新的法律空间"（冉昊、郗伟明主持）；院国情调研重大（推荐）课题 1 项："中国法治与社会发展国情调研（2012）"（田禾主持）；院国情调研重点课题 3 项："中国对俄贸易发展的症结及法律对策"（刘洪岩主持），"孤儿作品利用问题调查"（李明德、管育鹰主持），"平潭综合实验区法律问题调研"（陈甦、陈欣新主持）；院国情考察活动课题 1 项："新形势下涉台法律问题调研"（李林、穆林霞主持）；院青年人文社会科学研究中心社会调研课题 1 项："当前女性犯罪的结构和特征研究——对江西九江地区的实地调研"（樊彦芳主持）；院 B 类重大课题 5 项："现行宪法 30 年理论与实践研究"（莫纪宏主持），"法学学科资料研究"（陈甦主持），"法学图书数据化及图书馆建设"（李林主持），"社科论坛·2012 年法治"（冯军主持），"社会管理法治化"（穆林霞主持）；研究所重点课题 4 项："依法治国与法治文化建设"（李林主持），"法治对策研究"（莫纪宏主持），"2012 年法学学术问题研究"（冯军主持），"马克思主义法学、立法学的新发展"（李林主持）；中国法学会课题 5 项："刑事诉讼法修正案后司法解释研究"（王敏远主持），"公共政策对婚姻行为与婚姻关系的影响研究"（薛宁兰主持），"叛逃罪的犯罪构成要件和量刑规范研究"（樊文主持），"法官在案件事实认定中的地位和作用"（季桥龙主持），"刑法学研究与相关部门法的关系及其衔接"（刘仁文主持）；其他部门与地方委托课题 9 项：国家知识产权局课题"国外知识产权环境研究报告内容更新（美国、东盟）"（李顺德主持）、"东南亚国家联盟知识产权环境研究"（李顺德主持），交通部课题"城市轨道交通法律制度研究"（谢海定主持）、"出租车及城市公交立法必要性研究"（冉昊主持），北京市人大常委会课题"北京市养犬管理规定法规研究"（余少祥主持），广东省人大常委会课题"权力监督的保障机制研究"（李林主持）、"人民代表大会制度在广东的实践"（莫纪宏主持）、"广东依法治省状况调研"（田禾主持），北京市法学会课题"少年检察机构及其职能创新"（陈云生主持）。

（2）结项课题。2012 年，法学研究所共有结项课题 68 项。其中，国家社会科学基金课题 3 项："中国古代地方法制研究"（杨一凡主持），"反垄断立法疑难问题研究"（王晓晔主持），"与文化相关的国际公约（协议）研究"（冯军主持）；院重大课题 1 项："中国稀见法律文献的整理和研究"（杨一凡、徐立志主持）；院重点课题 5 项："再审程序研究"（熊秋红主持），"中国古代国家对宗教的法律调控"（高旭晨主持），"广告监管法律对策研究"（田禾主持），"电信法律制度的构建及其发展"（吴峻主持），"中外广播电视法律体系框架比较研究"（陈欣新主持）；院基础研究学者资助课题 1 项："经济法基础理论研究"（邱本主持）；院交办委托课题 2 项："我国反腐倡廉法律法规制度检审"（冯军主持），"全面推进政务公开的实践成效与完善举措研究"（周汉华主持）；院马工程专项课题 1 项："列宁法治思想研究"（莫纪宏主持）；院国情调研重大（推荐）课题 2 项："农村司法局（所）现实运作：以民事调解和法律援助为中心"（谢鸿飞、金玉珍主持），"中国法治与社会发展国情调研（2012）"（田禾主持）；院国情调研重点课题 5 项："2006～2007 年县乡两级同步直接选举问题研究"（莫纪宏主持），"安徽省民间组织管理执法中的制度创新及其效果"（谢海定主持），"中国对俄贸易发展的症结及法律对策"（刘洪岩主持），"孤儿作品利用问题调查"（李明德、管育鹰主持），"平潭综合实验区法律问题调研"（陈甦、陈欣新主持）；院国情考察活动课题 1 项："新形势下涉台法律问题调研"（李林、穆林霞主持）；院青年科研启动基金课题 4 项："反垄断法法益研究"（金善明主持），"电影产业补贴及扶持措施的法律比较研究"（吴峻主持），"我国电视广告监管"（王小梅主持），"行业协会的处罚权问题探析"（缪树蕾主持）；院青年人文社会科学研究中心社会调研课题 1 项："环境违法处罚'缓期执行'现象调查"（张辉主持）；院 B 类重大课题 5 项："现行宪法 30 年理论与实践研究"（莫纪宏主持），"法学学科资料研究"（陈甦主持），"法学图书数据化及图书馆建设"（李林主持），"社科论坛·2012 年法治"（冯军主持），"社会管理法治化"（穆林霞主持）；研究所重点课题 15 项："香港百年法制的发展与演变"（邵波主持），"数据产权研究"（莫纪宏主持），"图书馆法研究"（莫纪宏主持），"婚姻法学的新发展"（薛宁兰主持），"人权研究反思与总结"（柳华文主持），"环鄱阳湖法律文化生态调研"（尤韶华主持），"转型社会的法治"（黄金荣主持），"刑事政策的新发展"（刘仁文主持），"法实证主义的新发展"（支振锋主持），"依法治国与法律实施（会议）"（李林主持），"土地法律制度与经济现代化转型研究（会议）"（李林主持），"依法治国与法治文化建设"（李林主持），"法治对策研究"（莫纪宏主持），"2012 年法学学术问题研究"（冯军主持），"马克思主义法学、立法学的新发展"（李林主持）；中国法学会课题 5 项："实施依法治国基本方略总体规划研究"（李林主持），"抗震救灾相关法律问题研究"（徐卉主持），"电视广告监管制度研究"（王小梅主持），"行政法的修改完善研究"（冯军主持），"刑法学研究与相关部门法的关系及其衔接"（刘仁文主持）；其他部门与地方委托课题 17 项：最高人民检察院课题"死刑复核法律监督的职能定位"（刘仁文主持）、"中国特色社会主义检察制度的完善"（陈云生主持），国务院法制办公室课题"不动产统一登记立法研究"（孙宪忠主持），国家广播电视电影总局课题"中外广播影视法律体系框架比较研究"（陈欣新主持），交通部课题"出租车及城市公交立法必要性研究"（冉昊主持），商务部课题"重点行业相关产品市场和地域市场界定研究"（王晓晔主持），国家版权局课题"《著作权法》修订专家建议稿"（李明德主持），国家邮政局课题"国家邮政快递制度研究"（吕艳滨主持）、"制定邮政业预警体系建设方案研究"（吕艳滨主持），中国证券业监督管理委员会课题"证券监管有关问题研究"（陈甦主持），国家新闻出版总署课题"新闻出版总署立法规划研究"（李明德主持），住房与城乡建设部课题"规范城乡规划行政处罚裁量权研究"（翟国强主持），北京市人大常委会课题"北京市养犬管理规定法规研究"（余少祥主持），广东省人大常委会课题"广东依法治省状况调研"（田禾主持），海南省人民政府政务服务中心课题"海南法治状况调研"（田禾主持），北京市法学会课题"创新社会管理的法治保障"（翟国强主持）、"少年检察机构及其职能创新"（陈云生主持）。

（3）延续在研课题。2012 年，法学研究所共有延续在研课题 79 项。其中，国家社会科学基金课题 20 项："国有财产权的性质、行使、管理与保护法律制度"（孙宪忠主持），"法律与社会理论"（胡水君主持），"法规、司法解释的合法性审查"（莫纪宏主持），"党的领导、人民当家做主与依法治国有机统一研究"（王家福主持），"社会转型与近代中国刑法变革研究"（高汉成主持），"民法中的事实行为研究"（常鹏翱主持），"信赖意思原则研究"（冉昊主持），"人权理论的当代发展研究"（邱本主持），"我国医药卫生体制改革法律问题研究"（董文勇主持），"明清则例研究"（徐立志主持），"立体刑法学"（刘仁文主持），"中国现代法学与法学教育的创建与发展研究"（金英主持），"债权总则的建构：历史、功能与体系研究"（谢鸿飞主持），"斯拉夫法的历史发展及对社会主义法系形成的影响"（刘洪岩主持），"反垄断法法益立体保护研究"（金善明主持），"中国宪法实施的协调机制研究"（翟国强主持），"西法东渐的思想史逻辑研究"（支振锋主持），"关于'子孙违反教令'的历史考察"（孙家红主持），"世界刑事诉讼的四次革命"（冀祥德主持），"《法学研究》期刊资助"（张广兴主持）；院重大课题 6 项："中国律学（多卷本）"（吴建璠主持），"全球化时代的国家主权问题研究"（信春鹰主持），"我国行政执法体制改革方向研究"（周汉华主持），"刑法改革与完善研究"（屈学武主持），"中国法治进程中权利冲突的立法及司法解决机制研究"（刘作翔主持），"侵权责任法实施中的重大理论与实践问题"（于敏、谢鸿飞主持）；院创新工程研究所项目 7 项："完善我国法律体系与立法效果评估工程"（刘作翔主持），"改善和保障民生的民事权利机制研究"（孙宪忠主持），"建设创新型国家的知识产权法律制度保障"（李明德主持），"全面加强法治政府建设的战略研究"（周汉华主持），"社会稳定的刑事法治保障研究"（刘仁文主持），"中国国家法治指数研究"（田禾主持），"文化体制改革与文化发展的法治机制研究"（冯军主持）；院重点课题 5 项："中国社会法基本理论研究"（刘俊海、刘翠霄主持），"社会法体系与和谐社会构建"（常纪文主持），"不动产登记法律制度研究"（常鹏翱主持），"中国法律监督统一立法研究"（冀祥德主持），"中国慈善事业立法研究"（薛宁兰主持）；院基础研究学者资助课题 2 项："行刑程序与监督"（张绍彦主持），"未来 10 年知识产权保护政策及其发展方向研究"（唐广良主持）；院国情调研重大课题 1 项："农民土地合作社及相关现代农业联合体制度创新的法律空间"（冉昊、郤伟明主持）；院国情调研重点课题 1 项："西北回族法习惯调查"（徐立志主持）；院青年科研启动基金课题 6 项："社会弱势群体犯罪问题研究"（余少祥主持），"中央与地方关系法治化研究"（刘海波主持），"中国宪法学说 30 年"（翟国强主持），"版权资本运营法律问题研究"（杨延超主持），"商业银行并购贷款法律问题研究"（姚佳主持），"俄罗斯法治进程中的法律自治与司法改革"（刘洪岩主持）；院青年人文社会科学研究中心社会调研课题 1 项："当前女性犯罪的结构和特征研究——对江西九江地区的实地调研"（樊彦芳主持）；中国法学会课题 4 项："刑事诉讼法修正案后司法解释研究"（王敏远主持），"公共政策对婚姻行为与婚姻关系的影响研究"（薛宁兰主持），"叛逃罪的犯罪构成要件和量刑规范研究"（樊文主持），"法官在案件事实认定中的地位和作用"（季桥龙主持）；其他部门与地方委托课题 26 项：国家科学技术名词审定委员会课题"法学名词规范化研究与发布"（李林主持），国家保密局课题"保密法制理论研究"（李林主持），国家广播电影电视总局课题"广播影视综合管理手段的法律制度和机制研究"（李洪雷主持），司法部课题"债法基础理论与制度研究"（张广兴主持）、"中国特色社会主义法理学的构建：历史、方法与资源"（支振锋主持）、"劳动合同法实施效果实证研究"（谢增毅主持），全国人大常委会香港、澳门基本法委员会基本法研究项目"中央管治权与特区高度自治权关系平衡点的历史变迁"（高汉成主持）、"港澳基本法修改的条件、时机和重点问题研究"（莫纪宏主持）、"香港特别行政区司法权问题研究"（冉井富主持）、"香港特别行政区的高度自治权（一）"（陈欣新主持），国家密码管理局课题"制定《密码法》若干重大问题研究"（周汉华主持），国家知识产权局课题"国外知识产权环境研究报告内容更新（美国、东盟）"（李顺德主持）、"东南亚国家联盟知识产权环境研究"（李顺德主持），交通部课题"城市轨道交通法律制度研究"（谢海定主持），广东省人大常委会课题"权力监督的保障机制研究"（李林主持）、"人民代表大会制度在广东的实践"（莫纪宏主持），工业与信息化部课题"我国信息化法律体系研究"（周汉华主持）、"稀土资源立法研究"（陈甦主持），国家发展和改革委员会课题"经济体制改革促进条例制订研究"（周汉华主持），国土资源部课题"农村土地权利研究"（孙宪忠主持），全国总工会课题"企业民主管理立法研究"（谢增毅主持），环境保护部课题"环境立法与政策研究"（常纪文主持），国家海洋局课题"无居民海岛集中统一管理研究"（刘楠来主持），成都市人民政府课题"成都市城乡统筹中的法律问题研究"（孙宪忠主持），武汉经济开发区管委会课题"《经济技术开发区条例》修订研究"（丁一主持），宁波市人民政府课题"'法治宁波'——实践与创新研究"（田禾主持）。

3. 获奖优秀科研成果

2012 年，法学研究所获"第二届中国法学会优秀成果奖"专著类一等奖 1 项：冀祥德的《控辩平等论》；论文类三等奖 1 项：谢增毅的《我国劳动争议处理的理念、制度与挑战》。获司法部"第八届中国司法杯优秀论文奖"一等奖 1 项：李林的《完善中国特色社会主义法律体系任重道远》；三等奖 1 项：冀祥德的《从对抗转向合作：中国控辩关系新发展》。获"北京市经济法学会优秀成果奖" 1 项：席月民的《我国银行业反垄断执法难题》。获"中国社会法学会 2012 年年会优秀论文奖"三等奖 2 项：谢增毅的《超越雇佣合同与劳动合同规则——家政工保护的立法理念与制度建构》，董文勇的《社会建设时代中国特色社会法律体系构建论纲》。获"第三届全国优秀皮书奖·报告奖"一等奖 1 项：调研组的《中国政府透明度年度报告（2010）——以政府网站信息公开为视角》。获"第四届钱端升法学研究成果奖"一等奖 1 项：王晓晔的《滥用知识产权限制竞争的法律问题》。评出"2012 年度法学研究所优秀科研成果奖"一等奖 8 项：孙宪忠的《中国民法继受潘德克顿法学：引进、衰落和复兴》，周汉华的《电子政务法研究》，谢增毅的《我国劳动争议处理的理念、制度与挑战》，翟国强的《违宪判决的形态》，陈甦主编的《当代中国法学研究》，刘作翔的《法理学的定位——关于法理学学科性质、特点、功能、名称等的思考》，杨一凡、刘笃才的《历代例考》，李明德的《中日驰名商标保护比较研究》；优秀奖 9 项：支振锋的《法律的驯化与内生性规则》，叶自强的《心理测试结论中有效与无证据资格的冲突》，祁建建的《美国辩诉交易研究》，贺海仁的《免于恐惧的权利：不幸的哲学及其他》，黄金荣的《司法保障人权的限度——经济和社会权利可诉性问题研究》，高汉成的《签注视野下的大清刑律草案研究》，胡水君的《惩罚技术与现代社会——贝卡里亚〈论犯罪与刑罚〉的现代意义》，李明德等的《中国知识产权保护体系改革研究》，席月民的《国有资产信托法研究》。

4. 创新工程的实施和科研管理新举措

2012 年 2 月，法学研究所与中国社会科学院签订创新单位责任协议书，正式进入院创新工程试点。

2012 年，法学研究所参加创新工程共 36 人，占全所在编人员总数的三分之一，全部为研究岗位人员。该所共设立 7 个创新工程研究项目，分别是："完善我国法律体系与立法效果评估工程"项目（首席研究员刘作翔），"改善和保障民生的民事权利机制研究"项目（首席研究员孙宪忠），"建设创新型国家的知识产权法律制度保障"项目（首席研究员李明德），"全面加强法治政府建设的战略研究"项目（首席研究员周汉华），"社会稳定的刑事法治保障研究"项目（首席研究员刘仁文），"中国国家法治指数研究"项目（首席研究员田禾），"文化体制改革与文化发展的法治机制研究"项目（首席研究员冯军）。

2012 年，法学研究所在创新工程试点工作中实施的新机制、新举措主要有：

（1）加强领导、合理安排、统筹协调、公正处理有关关系和利益。按照院里要求，法学研究所成立了创新工程领导小组、创新工程评审专家委员会、创新工程考核小组和创新工程办公室，为创新工程的及时启动和顺利展开提供了有力领导和组织保障。在加强对创新工程领导方面，坚持民主集中制原则，不仅充分发挥创新工程领导小组、办公室等的作用，而且强调重大问题、重大事项要经过党委或者所务会讨论；不仅坚持所领导班子分工负责、各司其职，而且坚持民主决策、集体把关。在协调有关关系、处理有关利益方面，坚持统筹兼顾、公开公正的原则，处理好进入创新工程岗位人员和未进入创新工程岗位人员的关系，所领导进岗与其他人员进岗的关系，专业人员与管理人员的关系，实施创新工程项目与实施"四个强所""三名工程"和"走出去"战略的关系。

（2）健全和完善各项制度。法学研究所高度重视制度建设，对于院里创新工程制定的各项规定、办法和制度等，坚决贯彻执行；对于该所与院创新工程的制度规定不一致的则按照院创新工程的统一要求及时修改完善；对于院创新工程规定过于抽象的，根据该所实际情况，研究制定实施细则，以保证院里规定的具体落实；对于院创新工程没有规定而该所实施创新工程又确实需要的，从该所建设实际出发，先行先试，自行制定有关规定。

（3）全面、高质量地落实创新工程方案，坚持实施"管理强院""管理强所"战略，切实加强对创新工程的管理和服务，认真执行创新工程的各项制度规定。一是充分发挥研究所党委、纪委和创新工程领导小组的领导作用，坚持民主决策、科学决策，把握好创新工程的方向，设计好创新工程的方案；二是充分发挥创新工程办公室的作用，坚持科学管理、高效服务，努力做好各项具体工作；三是充分发挥首席研究员和研究助理的作用，帮助他们深化对创新工程的认识，掌握文件精神，熟悉创新规定，增强执行的主动性和自觉性；四是加强提醒、检查和督促；五是高度重视发挥研究所纪委的保驾护航作用。

（三）学术交流活动

1. 学术活动

2012 年，法学研究所主办和承办的学术会议有：

（1）2012 年 2 月 20 日，由法学研究所、社会科学文献出版社共同主办的"2012 年《法治蓝皮书》发布暨中国法治发展与展望研讨会"在中国社会科学院举行。会上发布了《法治蓝皮书：中国法治发展报告（2012)》，有关专家介绍了蓝皮书的相关内容，学部委员、法学研究所所长李林研究员围绕 2011 年中国法治发展的整体状况作了主题发言。

（2）2012 年 2 月 24 日，由法学研究所主办、海南省人民政府政务服务中心承办的"法治政府建设与行政审批制度改革研讨会"在海南省海口市举行。会议研讨的主要问题有"法治政府建设的经验与展望""行政审批制度改革的理论与实践""行政审批制度改革与加强权力监督""行政审批制度改革与行政体制改革"。

（3）2012 年 4 月 24 日，由法学研究所社会法研究室和《环球法律评论》编辑部共同主办的"《北京市养犬管理规定》法规预案研究座谈会"在法学研究所举行。会议研讨的主要问题有"养犬行为及因养犬形成的各种法律关系""养犬侵权责任和养犬治理模式"。

（4）2012 年 5 月 27～28 日，由法学研究所主办、荷兰驻华使馆资助的"加强妇女社会权利的法律保护国际研讨会"在法学研究所举行。会议研讨的主要问题有"妇女社会保障权的立法、行政和司法保护""国际法和国内法对妇女社会权利的保护""妇女健康权的立法、行政和司法保护""妇女劳动权的立法、行政和司法保护"。

（5）2012年6月16日，由法学研究所社会法研究室举办的"新型农村合作医疗改革与发展战略论坛"在法学研究所举行。会议的主题是"新农村合作医疗的性质定位、管理体制、得失评价和未来发展"。

（6）2012年7月14～15日，由法学研究所和西南政法大学量刑研究中心联合举办的"死刑制度改革研讨会"在重庆举行。会议研讨的主要问题有"死刑改革的立法与司法路径""国际人权公约与国内死刑制度改革""死刑复核程序的完善""死刑案件与辩护权""毒品案件与死刑适用""死刑案件证明标准"。

（7）2012年8月25日，由法学研究所主办的"依法治国与法治文化建设理论研讨会"在法学研究所举行。会议研讨的主要问题有"法治与法治文化""中国特色法治文化的建设与发展""文化建设的法治保障"。

（8）2012年8月28～29日，由法学研究所主办、牡丹江市公安局协办的"死刑制度改革研讨会"在黑龙江省牡丹江市举行。会议研讨的主要问题有"死刑改革的立法与司法路径""国际人权公约与国内死刑制度改革""死刑案件审判程序的完善""死刑案件与辩护权""死刑案件与检察监督""毒品案件与死刑适用""死刑案件证明标准"。

（9）2012年9月8～9日，中日民商法研究会第11届大会在黑龙江省哈尔滨市举行。会议研讨的主要问题有"中日两国民法""商法的有关理论和实务问题"。

（10）2012年9月18～19日，由法学研究所主办的"劳教执行改革调研会"在江苏省南京市举行。会议的主题是"劳教制度的执行改革的实体与程序问题"。

（11）2012年9月26～27日，由中国社会科学院和芬兰科学院共同主办，芬兰拉普兰大学法学院、赫尔辛基大学法学院、图尔库大学法学院、中国社会科学院法学研究所共同承办的"第四届中芬比较法国际研讨会"在芬兰拉普兰举行。会议研讨的主要问题有"土著人民：法律文化和语言""儿童、妇女和老人""可持续发展与城市化""民法诸问题"。

（12）2012年10月19日，由北京市法学会法律图书馆、法律信息研究会、北京市法学会立法学研究会主办，中国社会科学院图书馆法学分馆承办的"公民文化权利与图书馆事业法制建设学术研讨会"在法学研究所举行。会议研讨的主要问题有"法律图书馆与图书馆立法""公民文化权利与法律信息服务""电子文献与数据信息管理""法学专业图书馆与社会化服务"。

（13）2012年10月20～21日，由法学研究所和北京市尚权律师事务所共同主办的"新刑事诉讼法实施与辩护制度完善论坛"在法学研究所举行。论坛研讨的主要问题有"刑事诉讼法修改与辩护制度完善""新刑事诉讼法实施与辩护制度完善""新刑事诉讼法实施与法律援助制度完善""新刑事诉讼法实施与辩护律师权利保障""规范辩护与有效辩护"。

（14）2012 年 10 月 27～28 日，由法学研究所主办，瑞士驻华大使馆、瑞士国家形象委员会、瑞士弗里堡大学共同协办的"瑞士债法 100 年暨中国民法立法国际研讨会"在法学研究所举行。会议研讨的主要问题有"合同自由""债法的体系地位与未来发展""民法的体系化与科学化""民法典与特别民法关系的建构"。

（15）2012 年 10 月 30～31 日，由中国外交部和欧盟委员会主办，法学所作为中方牵头方参与组织的"第 22 次中欧司法国际研讨会"在爱尔兰戈尔威举行。会议的主题是"环境保护与发展权""移民工人权利保护"。

（16）2012 年 12 月 1～2 日，由法学研究所刑事法学重点学科主办的"第十届刑事法前沿论坛暨劳教制度改革研讨会"在北京举行。论坛就包括劳教制度改革在内的一系列刑事法前沿问题进行了探讨。

（17）2012 年 12 月 12 日，由法学研究所亚洲法研究中心主办的"建设用地取得与房地产管理制度研讨会"在法学研究所举行。会议研讨的主要问题有"中国建设用地与房地产管理的宏观制度框架与具体制度组成""土地与房地产开发中的深层次问题及未来的制度走向"。

（18）2012 年 12 月 15～16 日，由中国社会科学院主办、中国社会科学院法学研究所承办的"中国社会科学论坛（2012 年·法治）：法治与科学发展"国际研讨会在北京举行。会议研讨的主要问题有"法治与政治发展""法治与经济发展""法治与社会发展""法治与文化发展""依法治国与依宪治国"。

（19）2012 年 12 月 15～16 日，由法学研究所和西南政法大学量刑研究中心联合主办的"劳教制度改革研讨会"在重庆举行。会议研讨的主要问题有"劳教制度的现状、存废、改革方向、改革模式、制度空间""劳教当事人的法律救济""劳教改革与刑法结构调整""劳教与国际人权公约""欧洲国家保安处分制度的借鉴""劳教的司法化改革路径"。

（20）2012 年 12 月 29～30 日，由法学研究所主办的"死刑与劳教制度改革研讨会"在海南省三亚市举行。会议研讨的主要问题有"死刑制度改革的实体法问题""死刑制度改革的程序法问题""劳教制度改革的实体法问题""劳教制度改革的程序法问题"。

2. 国际学术交流与合作

2012 年，法学研究所共派遣出访 29 批 53 人次，接待来访 46 批 147 人次（其中，接待境外访问学者 2 人）。与法学研究所开展学术交流的国家有美国、法国、日本、芬兰、德国、加拿大、荷兰、爱尔兰、阿塞拜疆、越南、韩国等。

（1）2012 年 1 月 8～12 日，法学研究所副所长冯军研究员、科研处副处长谢增毅副研究员赴芬兰，参加赫尔辛基大学主办的"北欧与中国法治经验比较：社会福利和社会管理研讨会"。

（2）2012 年 4 月 1～7 日，法学研究所民法研究室主任孙宪忠研究员赴德国柏林，参加德国联邦经济合作与发展部、德国国际合作机构共同主办的"转型国家法律制度的改进论坛"。

（3）2012 年 5 月 3～7 日，法学研究所所长助理莫纪宏研究员赴塞尔维亚贝尔格莱德，参加塞尔维亚宪法学协会主办的"宪政与宪法 30 年发展国际研讨会"。

（4）2012 年 5 月 14～17 日，法学研究所所长助理莫纪宏研究员赴越南河内，参加越南法学家协会主办的"越南宪法修改研讨会"。

（5）2012 年 5 月 20～23 日，法学研究所民法研究室主任孙宪忠研究员赴韩国，参加首尔国立大学主办的"中国的改革开放与法制改革研讨会"。

（6）2012 年 7 月 1～8 日，法学研究所法治国情调研室主任田禾研究员赴法国，参加国际跨文化研究院主办的"中欧文化高峰论坛"。

（7）2012 年 7 月 6～8 日，法学研究所吕艳滨副研究员赴日本，参加早稻田大学主办的"企业社会责任与法创造研讨会"。

（8）2012 年 7 月 14～19 日，法学研究所副所长冯军研究员参加国务院法制办公室组织的代表团，赴德国参加"中德法治国家对话第 12 届研讨会"。

（9）2012 年 8 月 1 日至 2013 年 7 月 31 日，法学研究所副研究员管育鹰赴美国约翰马歇尔法学院研修一年，研修主题为"互联网版权保护中的网络服务商责任"。

（10）2012 年 8 月 16～23 日，法学研究所刑法研究室主任刘仁文研究员赴韩国，参加"中韩刑法学术交流 10 年的回顾与展望研讨会"。

（11）2012 年 9 月 22～29 日，法学研究所所长李林研究员、副所长穆林霞等一行 8 人赴芬兰，出席了在赫尔辛基举行的"欧洲中国法研究会第七届年会"，走访了芬兰议会宪法委员会、芬兰议会督察专员以及赫尔辛基地方法院、赫尔辛基大学法学院和图书馆，在芬兰拉普兰大学参加了"第四届中芬比较法国际研讨会"，访问了拉普兰省首府罗瓦涅米市的地区上诉法院、市议会、拉普兰大学法学院以及北极研究中心。

（12）2012 年 10 月 2～5 日，法学研究所副所长冯军研究员赴阿塞拜疆首都巴库，出席"第二届巴库国际人道主义论坛"。

（13）2012 年 10 月 2～30 日，法学研究所副研究员余少祥赴加拿大阿尔伯塔大学访学。

（14）2012 年 10 月 14～17 日，法学研究所刑法研究室主任刘仁文研究员赴美国，参加"评价方法的讨论：年度法律实证研究方法学术研讨会"，就"实证研究方法对中国刑事司法改革的促进"问题与参会学者进行交流。

（15）2012 年 10 月 17～20 日，法学研究所宪法行政法研究室主任周汉华研究员赴韩国，参加"电子政府全球论坛"，介绍我国在电子政府政策方面的情况并参加讨论。

（16）2012 年 10 月 21～28 日，法学研究所宪法行政法研究室主任周汉华研究员赴美国，参加美国律师协会行政法与监管实践分会年度秋季学术会议，就"中国行政法的最近发展"问题发表学术演讲。

（17）2012 年 10 月 21～30 日，法学研究所刑法研究室主任刘仁文研究员赴荷兰海牙，参加"国际刑事法院研讨会"。

（18）2012 年 10 月 28 日至 11 月 2 日，法学研究所所长李林研究员、荣誉学部委员刘海年研究员等一行 11 人赴爱尔兰戈尔维大学，参加"第 22 次中欧司法研讨会"。会议的主题是"环境保护与发展权"和"移民工人权利保护"。

（19）2012 年 11 月 3～14 日，法学研究所所长李林研究员、传媒与信息法研究室主任陈欣新研究员等访问美国哥伦比亚大学法学院，就"文化艺术的监管和研究"问题与美方学者进行学术交流。

（20）2012 年 11 月 7～10 日，法学研究所所长助理莫纪宏研究员赴美国哥伦比亚大学法学院，参加国际宪法学协会圆桌会议。

（21）2012 年 11 月 15～19 日，法学研究所所长助理莫纪宏研究员赴日本明治大学，参加"在东亚继承西欧立宪主义和变异研讨会"。

3. 与中国香港、澳门特别行政区和中国台湾开展的学术交流

（1）2012 年 3 月 16～21 日，法学研究所研究员王晓晔赴台湾"国立"政治大学法学院，参加"第八届东亚法哲学研讨会"，就"中国反垄断法实施三年和依法治国"问题与参会学者进行交流。

（2）2012 年 4 月 19～22 日，法学研究所副所长冯军研究员等赴香港城市大学，参加 2012 年中国公法学会议，就"中国公法学现状及未来 10 年发展"专题与参会学者进行交流。

（3）2012 年 5 月 11～15 日，法学研究所副所长冯军研究员赴台湾"国立"政治大学法学院，参加"第三届海峡两岸公法学论坛"，就"中国公法学研究范式的转型与发展"专题与参会学者进行交流。

（4）2012 年 6 月 13～15 日，法学研究所所长助理莫纪宏研究员赴澳门理工学院，参加"政制与发展—国两制理论探索学术研讨会"，就"基本法的方向以及正当性机制"专题与参会学者进行交流。

（5）2012 年 9 月 23～30 日，法学研究所博士丁一赴台湾大学法学院，参加"第 17 届两岸税法学术研讨会"。

（6）2012 年 10 月 24 日至 11 月 1 日，法学研究所研究员王晓晔赴台湾大学法学院，参加"当前大陆企业暨金融法制重点议题研讨会"。

（7）2012 年 11 月 20 日至 2013 年 3 月 10 日，法学研究所副研究员支振锋赴台湾"中研院"访学，就"法院与司法制度"等理论问题与台湾学者进行交流和合作研究。

（8）2012 年 12 月 1～7 日，法学研究所所长李林研究员作为中国法学会组织的代表团副团长，赴台湾参加"司法考试与法律职业共同体的形成"会议。

（四）学术社团、期刊

1. 社团

中国法律史学会，会长杨一凡。

2012 年 10 月 10 ~ 11 日，由中国法律史学会主办、中国政法大学和海南大学承办、海南政法职业学院协办的"中国法律史学会 2012 年年会"在海南省海口市举行。会议的主题是"法律与国情：中华法制文明再探讨"，研讨的主要问题有"法律与自然环境""法律与政治制度""法律与社会经济结构""法律与历史文化传统""法律与近代中国社会转型""法律与当代中国和谐社会建设""对法律与国情的中外比较"。

2. 期刊

（1）《法学研究》（双月刊），主编梁慧星。

2012 年，《法学研究》共出版 6 期，共计 215 万字。该刊全年刊载的有代表性的文章有：黄辉的《中国公司法人格否认制度实证研究》，刘燕、楼建波的《金融衍生交易的法律解释——以合同为中心》，陈甦的《司法解释的建构理念分析——以商事司法解释为例》，顾培东的《当代中国法治话语体系的构建》，徐健的《分税改革背景下的地方财政自主权》，王莹的《情节犯之情节的犯罪论体系性定位》，陈柏峰的《土地发展权的理论基础与制度前景》，王亚新的《一审判决效力与二审中的诉讼外和解协议——最高人民法院公布的 2 号指导案例评析》，张明楷的《刑法学中危险接受的法理》，陈瑞华的《以限制证据证明力为核心的新法定证据主义》。

（2）《环球法律评论》（双月刊），主编徐炳。

2012 年，《环球法律评论》共出版 6 期，共计 150 万字。该刊全年刊载的有代表性的文章有：洪延青的《公共卫生法制的视角转换——基于控烟和肥胖防控等新兴公共卫生措施的讨论》，杜宇的《犯罪构成与刑事诉讼之证明——犯罪构成程序机能的初步拓展》，漆彤的《国际金融软法的效力与发展趋势》，谢鸿飞的《论创设法律关系的意图：法律介入社会生活的限度》，程迈的《欧美国家宪法中政党定位的变迁——以英美法德四国为例》，周少华的《刑法思维的理论分野及其思想资源》，陈甦、陈洁的《证券法的功效分析与重构思路》，常鹏翱的《经济效用与物权归属——论物权法中的从附原则》，程雪阳的《荷兰为何会拒绝违宪审查——基于历史的考察和反思》，张家勇的《合同保护义务的体系定位》。

（五）会议综述

第四届中芬比较法国际研讨会

2012 年 9 月 26 ~ 27 日，由中国社会科学院与芬兰科学院共同合作的"中芬比较法研究"

项目在芬兰拉普兰大学举行了"第四届中芬比较法国际研讨会"。会议承办方是拉普兰大学法学院、赫尔辛基大学法学院、图尔库大学法学院以及中国社会科学院法学研究所。会议的主题是"法治：北极治理与中国经验"。来自中芬两国的近50名专家学者出席了研讨会。中国社会科学院法学研究所所长李林研究员率领法学研究所代表团一行参加了研讨会。

拉普兰大学法学院院长马蒂教授主持了开幕式嘉宾致辞仪式。拉普兰大学董事会主席莱莫教授、中国社会科学院法学研究所所长李林研究员和赫尔辛基大学法学院院长基莫教授等在开幕式上分别致辞。各位致辞嘉宾高度评价了"中芬比较法研究"项目实施以来所取得的成绩，并希望进一步加强彼此的联系和拓展学术交流的领域，进一步加深两国法律界与法学界的交往，促进彼此间的相互理解。

研讨会分为四个单元，主题分别是"土著人民：法律文化和语言""儿童、妇女和老人""可持续发展与城市化""民法诸问题"。双方学者围绕主题开展了交流和研讨。图尔库大学凯伟教授、中国社会科学院法学研究所副所长穆林霞、拉普兰大学教授朱哈在闭幕式上分别致辞。穆林霞邀请与会的芬兰专家出席2013年在中国举行的"第五届中芬比较法研讨会"，并衷心希望中芬法律界与法学界之间的学术互动和交流不断走向更加深入、宽广的领域，以不断促进中芬两国法学学术交流与合作。

（谢增毅）

瑞士债法100年暨中国民法立法国际研讨会

2012年10月27~28日，"瑞士债法100年暨中国民法立法国际研讨会"在中国社会科学院法学研究所举行。此次研讨会由法学研究所主办，瑞士驻华大使馆、瑞士国家形象委员会、瑞士弗里堡大学协办。来自瑞士弗里堡大学、伯尔尼大学，德国康斯坦茨大学等国外机构的30余名外方专家以及清华大学、北京大学、中国人民大学、中国政法大学、西南政法大学、华东政法大学、对外经济贸易大学、法学研究所等国内高校和科研机构的70余名专家学者参加了会议。瑞士驻华使馆参赞帕拉斯卡斯、

2012年10月，"瑞士债法100年暨中国民法立法国际研讨会"在北京举行。

教育主管普法夫、弗里堡大学副校长鲁姆教授、中国社会科学院法学研究所与国际法研究所联合党委书记陈甦研究员等出席会议。会议开幕式由中国社会科学院法学研究所民法研究室主任孙宪忠研究员、弗里堡大学斯托克利教授共同主持。普法夫、陈甦等分别致开幕词。

　　会议主要围绕"《瑞士民法典》的历史意义"和"中国民法典制定"这两个主题进行。《瑞士民法典》在20世纪初颁行，与《法国民法典》和《德国民法典》并列为大陆法系国家最具影响的三大民法典。无论是其民商合一的立法体例，还是其立法内容及立法技术，对大陆法系国家都有着广泛深远的影响。该法典的法条写作和概念术语的应用，简单明了但不失精确，这一点被后来很多国家仿效。该法典的许多优点值得我国学习借鉴。

　　与会专家对瑞士债法典的历史意义、合同自由原则、债法的体系地位与未来发展、民法的体系化与科学化、民法典与特别民法关系的建构等重要问题和前沿问题进行了研讨。我国知名学者魏振瀛教授、孙宪忠研究员、王利明教授、杨立新教授、李永军教授、柳经纬教授等均认为，改革开放以来我国立法机关以及法学界共同努力，制定了一系列市场经济体制的基本法律，立法的成就非常显著。但是，从立法科学性的角度看，现有民法体系存在许多明显缺陷，我国民法的体系化建设还没有完成。与会专家一致认为，不论是从民法承担的规范市场交易秩序和保护公民基本权利的政治任务角度看，还是从立法技术化和科学化的角度看，我国都应该尽快制定民法典，立法机关应尽快将民法典制定工作重新提上议事日程。

（科研处）

中国社会科学论坛（2012年·法治）：法治与科学发展

　　2012年12月15～16日，由中国社会科学院主办，中国社会科学院法学研究所承办的"中国社会科学论坛（2012年·法治）：法治与科学发展"在北京举行。全国人大常委会法制工作委员会副主任信春鹰，中国社会科学院国际合作局局长王镭博士，芬兰赫尔辛基大学法学院院长基莫·诺堤欧教授，中国社会科学院学部委员、法学研究所所长李林研究员出席开幕式并致辞。日本早稻田大

2012年12月，"中国社会科学论坛（2012年·法治）：法治与科学发展"在北京举行。

学比较法研究所所长椭澤能生教授、中国社会科学院法学研究所与国际法研究所联合党委书记陈甦研究员在闭幕式上致辞。来自中国、美国、加拿大、芬兰、荷兰、日本等国家以及联合国等国际组织的近 80 位专家学者参加了会议。

与会人员围绕"法治与政治发展""法治与经济发展""法治与社会发展""法治与文化发展""依法治国与依宪治国"等单元主题开展了研讨。山东大学校长徐显明教授阐述了"法治在保障人权中的作用及其历史演变";《中国法学》前总编郭道晖教授就"法治与当代中国的国家治理"作了主题发言;日本早稻田大学教授户波江二介绍了"法治与二战后日本宪法观念的变化";澳门大学法学院教授依娜茨奥·卡斯泰卢希论述了他所理解的"中国特色的法治:可变多样的几何体"。在六个会议单元中,来自中国人民大学、日本东北大学、北京大学、联合国开发计划署、最高人民法院、芬兰赫尔辛基大学、北京联合大学、日本早稻田大学、中央民族大学、美国北达科他大学、山西大学、加拿大蒙特利尔大学、浙江大学以及中国社会科学院有关研究所的国内外专家学者发表了演讲,深入交流了对有关问题的看法,既达成了广泛的共识,也增进了彼此的了解。

(科研处)

国际法研究所

(一) 人员、机构等基本情况

1. 人员

截至 2012 年年底,国际法研究所共有在职人员 32 人。其中,正高级职称人员 5 人,副高级职称人员 11 人,中级职称人员 10 人;高、中级职称人员占全体在职人员总数的 81%。

2. 机构

国际法研究所设有:国际公法研究室、国际私法研究室、国际经济法研究室、国际人权法研究室、科研与外事管理处、《国际法研究》编辑部;人事处、办公室和图书馆与法学研究所合署办公。

3. 科研中心

国际法研究所所属科研中心有:国际刑法研究中心、海洋法与海洋事务研究中心、竞争法研究中心。

(二) 科研工作

1. 科研成果统计

2012 年,国际法研究所共完成专著 6 种,242 万字;论文 41 篇,59.8 万字;研究报告 29

篇，178万字；译著4种，121万字；译文4篇，11万字；一般文章23篇，5.9万字；论文集3种，153万字；教材2种，90万字。

2. 科研课题

（1）新立项课题。2012年，国际法研究所共有新立项课题8项。其中，国家社会科学基金课题1项："国际人权民事诉讼中的国家豁免问题研究"（李庆明主持）；院重点课题2项："缔约权与缔约程序法的修改"（沈涓主持），"中国政府在美国诉讼的对策"（李庆明主持）；院国情调研重点课题3项："中国法院判决在外国的承认与执行"（沈涓主持），"《涉外民事关系法律适用法》的实施"（李庆明主持），"金融监管模式改革及其对我国银行业的影响"（廖凡主持）；院青年科研启动基金课题1项："羁押制度的比较与反思"（刘晨琦主持）；院长城学者资助课题1项："中国《涉外民事关系法律适用法》及其实施"（沈涓主持）。

（2）结项课题。2012年，国际法研究所共有结项课题15项。其中，院国情调研重大课题1项："滥用贸易救济措施给我国相关企业带来的影响"（蒋小红主持）；院重点课题7项："国际人权法律制度的现状、问题与发展"（孙世彦主持），"人民自决权的内容及其行使研究"（赵建文主持），"海洋划界的国际法问题"（王翰灵主持），"贸易救济法的新发展"（蒋小红主持），"联合国全程或部分国际海上货物运输合同公约研究"（张文广主持），"区域贸易协定中的竞争条款问题研究"（黄晋主持），"国际人权条约的国内适用研究：全球视野"（戴瑞君主持）；院国情调研重点课题5项："中国海洋立法与执法状况"（王翰灵主持），"中国陆地边界制度管理研究"（赵建文主持），"中国法院判决在外国的承认与执行"（沈涓主持），"《涉外民事关系法律适用法》的实施"（李庆明主持），"金融监管模式改革及其对我国银行业的影响"（廖凡主持）；交办委托课题2项："国际贸易中的竞争规则研究"（蒋小红主持），"特别行政区对外事务权研究"（戴瑞君主持）。

（3）延续在研课题。2012年，国际法研究所共有延续在研课题6项。其中，国家社会科学基金课题2项："中国接受国际人权条约个人申诉机制的挑战与机遇"（赵建文主持），"社区公民参与机制及其法治保障研究"（刘小妹主持）；院重大课题1项："WTO体制下的贸易与环境法律问题"（刘敬东主持）；院青年启动基金课题2项："国际组织的豁免问题研究"（李赞主持）；"中国履行《残疾人权利公约》的义务——以精神和智力障碍人托养制度为重点"（曲相霏主持）；所重点课题1项："中国国际经济法学科的新发展"（黄东黎主持）。

3. 获奖优秀科研成果

2012年，国际法研究所获"中国国际经济法学会青年优秀论文奖"二等奖1项：廖凡的《系统重要性金融机构国际监管的发展与趋势》；获"第二届京津沪渝法治论坛论文奖"三等奖1项：柳华文的《论软法之治和社会建设》。

4. 创新工程的实施与科研管理

2012年，国际法研究所进入院创新工程。国际法研究所共有10人进入创新工程，全部为研究人员。创新工程项目有："我国参与联合国国家审议机制对策研究"（首席研究员赵建文），"变化中的国际经贸规则与中国经济安全研究"（首席研究员黄东黎）。

2012 年，国际法研究所与法学研究所在两所创新工程联合领导小组领导下，共同实施创新工程。

（三）学术交流活动

1. 学术会议

（1）2012 年 6 月 16 日，国际法研究所主办的"中国国内法与《联合国反腐败公约》的衔接：成就、问题与对策学术研讨会"在北京举行。会议主要从中国的履约和国际合作的现状、《联合国反腐败公约》的履约审议机制、刑事立法中存在的问题和刑事政策调整、反腐败制度构建、腐败资产追回等角度探讨了如何实现中国国内法与《联合国反腐败公约》的妥善衔接。

（2）2012 年 6 月 22~23 日，由荷兰人权研究院与中国社会科学院国际法研究所、山东大学法学院联合举办的"实现人权的本土路径：中国视角国际学术研讨会"在荷兰乌特勒之大学举行。会议的主题是"中国社会和传统文化中有益于促进和保护人权的因素"。

（3）2012 年 11 月 17~18 日，中国社会科学院主办、国际法研究所承办的"中国社会科学论坛暨第九届国际法论坛：发展中的国际法与全球治理"在北京举行。会议研讨的主要问题有"国际法的发展趋势""联合国的改革""国际人权法与国际人道法的关系""国际人权法与国家豁免权的关系""国际人权法与国内法的关系""人权的国际监督机制""国际人权立法动态""难民保护""侨民保护""领事保护""保护的责任""国际罪行及其归责问题""国际司法机构的咨询管辖权""联合国海洋法公约"等。

2. 对外访问

2012 年，国际法研究所共有 22 人次先后赴美国、日本、荷兰、芬兰、挪威、瑞士、南非、爱尔兰、加拿大、新加坡、突尼斯、巴基斯坦、阿尔及利亚等国家参加国际会议或访学，其中 1 人为长期访问。

（1）2012 年 6 月，国际法研究所所长陈泽宪率国际法研究所代表团赴荷兰访问了国际刑事法院、荷兰外交部和阿姆斯特丹市政府。

（2）2012 年 9 月，国际法研究所所长陈泽宪出席在芬兰赫尔辛基举行的欧洲中国法协会2012 年年会并发表主题演讲。

（3）2012 年 10 月，国际法研究所所长陈泽宪率国际法研究所"联合国国家审议机制研究"创新项目组代表团访问联合国，与联合国人权高专办普遍性定期审议处的人权官员和相关项目官员进行了座谈，并现场旁听了联合国人权理事会第十四次普遍性定期审议工作组会议对韩国的审议。

（4）2012 年 10 月，国际法研究所柳华文研究员出席"第 22 次中国—欧盟人权司法研讨会"并作主题发言。

3. 重要来访及会见

（1）2012 年 4 月 12 日，国际法研究所所长陈泽宪研究员在所内会见了来访的意大利那不勒斯东方大学副校长朱塞佩·卡塔尔蒂教授和东亚历史研究专家白蒂教授。

（2）2012 年 10 月 12 日，国际法研究所所长陈泽宪研究员在所内会见了来访的韩国驻华使馆新任政务公使张元三。

（3）2012 年 10 月 30 日，国际法研究所所长陈泽宪研究员在所内会见了欧洲议会对华关系代表团一行。

（四）学术期刊

《国际法研究》，主编陈泽宪。

2012 年，《国际法研究》共出版两卷（第六卷、第七卷），合计 61.6 万字。该刊全年刊载的有代表性的文章有：江国青、杨慧芳的《联合国改革背景下国际法院的管辖权问题》，管建强的《中国战争受害者对日索赔与国际人道法的发展》，孙世彦的《人权事务委员会的组成：回顾和反思》，宋连斌的《承前启后：〈仲裁法〉实施后中国仲裁制度的新发展》，王孔祥的《从国际法视角解析"为制裁而承认的理论"》，廖凡的《特别提款权发行和分配机制的缺陷与完善》，郝鲁怡的《人口跨国流动中移民妇女劳动权利的保护：以欧盟法律制度为视角》，戴瑞君的《主权、人权与中国：以联合国人权保护机制及其改革为视角》，〔英〕艾利克斯·密尔著、张美榕译的《国际私法、多元主义与全球治理》，〔日〕木棚照一著、王艺译的《日韩学者国际私法立法联合建议稿的主要特点》。

（五）会议综述

中国国内法与《联合国反腐败公约》的衔接：

成就、问题与对策学术研讨会

2012 年 6 月 16 日，由中国社会科学院国际法研究所主办的"中国国内法与《联合国反腐败公约》的衔接：成就、问题与对策学术研讨会"在北京举行。来自最高人民法院、最高人民检察院、国家预防腐败局、外交部、中国农业银行、中国人民大学、中国政法大学、北京师范大学、湖南大学、西南政法大学、中原工学院、中国社会科学院法学研究所和国际法研究所等单位的 30 余位代表参加了会议。

在开幕致辞中，中国社会科学院国际法研究所所长陈泽宪教授简要回顾了在中国国内法与《联合国反腐败公约》相衔接方面的成就、存在的问题和有关的对策。陈泽宪指出，《联合国反腐败公约》是包括中国在内的发展中国家参与国际立法的成功范例；中国在实施公约方面的成就有目共睹，以《刑法》和《刑事诉讼法》为代表的反腐败立法逐步完善，反腐败的司法、执法和执纪力度不断加大，反腐败的措施从过去重打击、轻预防转变为打、防并举，从源头上预防腐败；目前我国反腐败立法仍有不如人意之处，例如对洗钱罪的上游犯罪规定不够全面、对某些腐败犯罪标的物的规定较窄等；要想进一步加强反腐败工作，可以从确立和增强预防理念、鼓励社会公众参与、增强公共管理事务的透明度、提升队伍建设和能力建设、改善财政、金融、审计机构的监管能力等方面入手。

在接下来的讨论中，与会者分别从中国的履约和国际合作的现状、《联合国反腐败公约》的履约审议机制、刑事立法中存在的问题和刑事政策调整、反腐败制度构建、腐败资产追回等多个角度深入探讨了如何实现中国国内法与《联合国反腐败公约》相衔接的问题。与会代表的主题发言都充分肯定了我国履行《联合国反腐败公约》的成就，同时也指出了有关问题或对策。在主题发言中，有代表指出，惩治腐败的刑事立法面临诸多尚未解决的理论问题，比如反腐败的概念，贪污罪的主体与职务侵占罪客体，贿赂罪、渎职罪、徇私舞弊罪的界限；有代表指出了刑法领域惩治腐败需要完善罪名体系和刑罚体系的问题和对策；有代表认为，现有罪刑规范惩治腐败已经到了瓶颈阶段，细微和局部的调整无法解决根本问题，需要树立《联合国反腐败公约》体现的预防性、综合性、内抑性等立法理念，使有关人员打消腐败的念头；有代表论证了反腐败法律的价值取向、体系构建等；还有的代表建议我国制定一部专门的《反腐败法》，也有代表建议制定《腐败资产追回法》。

（廖　凡）

实现人权的本土路径：中国视角国际研讨会

2012 年 6 月 22～23 日，由荷兰人权研究院与中国社会科学院国际法研究所、山东大学法学院合作举办的"实现人权的本土路径：中国视角国际学术研讨会"在荷兰乌特勒之大学举行。来自中国、荷兰、英国、美国、澳大利亚、南非、埃及、印度尼西亚等国的 40 余位代表参加了会议。在为期两天的会议中，与会代表着重讨论了中国社会和传统文化中有益于促进和保护人权的因素，同时介绍了非洲、东南亚以及穆斯林国家有利于实现人权的文化和传统。

中国社会科学院国际法研究所所长陈泽宪研究员率团参加了研讨会。参加研讨会的还有中国社会科学院国际法研究所所长助理柳华文研究员、科研外事处副处长廖凡副研究员以及国际人权法研究室戴瑞君助理研究员。

陈泽宪在开幕式上致辞，并发表了题为《人权保护与本土文化：实现人权的本土路径》的主题演讲。在演讲中，他以"女娲补天"的神话传说、儒家学说中"仁"的思想以及我国现在"以人为本"的执政理念等为例，说明中国从古至今、一脉相承的传统文化中包含着对人性的关怀和朴素的人权思想。柳华文在研讨会上作了题为《加强妇女地位的中国本土资源》

的主题发言。他以"保护妇女的文化"为中心，说明中国社会存在着保障妇女权利的本土资源。戴瑞君作了题为《本土路径对〈消除对妇女一切形式歧视公约〉的监督程序的意义》的发言。她强调，人权条约机构在监督国家履行条约义务的过程中，鼓励国家利用本土文化来保障妇女权利。廖凡主持了研讨会第二阶段的发言和讨论。

研讨会上中外代表的发言视角多样、信息丰富，成果显著。研讨会是中国社会科学院国际法研究所、山东大学法学院和荷兰人权研究院合作项目"实现人权的本土路径"的一部分，该项目的后续研究仍在进行当中。

（廖　凡）

中国社会科学论坛暨第九届国际法论坛："发展中的国际法与全球治理"

2012 年 11 月 17～18 日，中国社会科学论坛暨第九届国际法论坛："发展中的国际法与全球治理"在北京举行。研讨会由中国社会科学院主办，中国社会科学院国际法研究所承办。来自中国、意大利、荷兰、日本、德国、加拿大、澳大利亚、美国等国家和地区的近 80 位代表参加了会议。

中国社会科学院国际法研究所所长陈泽宪教授主持开幕式。中国社会科学院副院长武寅教授在开幕式上致辞。武寅在致辞中指出，当今世界处于一个不断变化和发展的过程中，这些发展变化给国际法和国际法研究提供了丰富的素材和崭新的视角。如何加强全球治理，构建和谐世界，是世界各国的共同课题。武寅在讲话中对如何加强中国国际法研究提出了几点看法：一是国际法理论是国家软实力的重要组成部分，国际法研究关切国家利益和外交大局；二是中国硬实力的增强尚未能转化为相应的软实力，突出表现为在国际规则的制定中发挥的作用比较微弱，与中国的地位不符；三是国际法与国内法相互联系、相互依存、相互影响，国际法研究与国内法研究应紧密结合进行。

在为期两天的研讨中，有 40 余位代表围绕国际公法、国际私法、国际经济法领域中的众多重点、热点、前沿问题作了主题报告。报告的主题具体涉及国际法的发展趋势、联合国的改革、国际人权法与国际人道法的关系、国际人权法与国家豁免权的关系、国际人权法与国内法的关系、人权的国际监督机制、国际人权立法动态、难民保护、侨民保护、领事保护、保护的责任、国际刑事法院、国际罪行及其归责问题、国际司法机构的咨询管辖权、联合国海洋法公约、领土争端与海洋划界、跨界污染与赔偿、涉外民事关系法律适用法、国际私法中法律选择方法的多元化、多元正义与国际私法、"直接适用的法"、外国法的查明、世贸组织的改革动向、世贸组织中的非市场经济规则、中国与美欧贸易摩擦、中美双边投资条约、欧元区危机、金融领域的全球法律实体标识系统、环境与能源法等等，议题丰富、视角多元。代表们的主题报告既有对基础理论的探析，也有对具体制度的研究；既有对法律条文的解析，也有对最新案例的跟踪；有理论研究，有实证研究，有跨学科研究，有比较研究。研讨中不乏真知灼见，也不乏观点交锋。

（廖　凡）

政治学研究所

（一）人员、机构等基本情况

1. 人员

截至 2012 年年底，政治学研究所共有在职人员 42 人。其中，正高级职称人员 8 人，副高级职称人员 12 人，中级职称人员 18 人；高、中级职称人员占全体在职人员总数的 90%。

2. 机构

政治学研究所设有：马克思主义政治学研究室、政治学理论研究室、政治制度研究室、行政学研究室、比较政治研究室、政治文化研究室、信息资料室、《政治学研究》编辑部、综合办公室。

3. 科研中心

政治学研究所所属科研中心有：马克思主义政治学研究中心。

（二）科研工作

1. 科研成果统计

2012 年，政治学研究所共完成专著 7 种，270 万字；论文 64 篇，76.15 万字；研究报告 48 篇，115.7 万字；译著 1 种，31.5 万字；译文 5 篇，2 万字；一般文章 15 篇，2.73 万字；软件 1 种，1.5G；影视 3 部，300 分钟。

2. 科研课题

（1）新立项课题。2012 年，政治学研究所共有新立项课题 8 项。其中，院重大课题 1 项："12 卷中国政治思想史Ⅱ"（白钢、史卫民主持）；院国情调研重点课题 1 项："党的科学、民主、依法执政创新案例调研"（陈红太、王红艳主持）；交办委托课题 2 项：全国人大交办课题 "香港立法会选举制度变革研究"（史卫民主持），院领导交办课题 "当前我国阶级阶层状况研究Ⅱ"（房宁主持）；院青年中心社会调研课题 1 项："有关基层公务员心理与行为特征的实证调查"（郑建君主持）；研究所创新工程课题 3 项："中国民主话语建构与传播策略研究"（杨海蛟主持），"民主政治建设与政治体制改革研究"（史卫民主持），"国外政治发展比较研究"（房宁主持）。

（2）结项课题。2012 年，政治学研究所共有结项课题 9 项。其中，院国情调研重大课题 1

项："中国公民政治素质调查与研究"（王一程、张明澍主持）；院国情调研重点课题 1 项："党的执政能力建设和先进性建设调研"（陈红太主持）；院青年科研启动基金课题 1 项："政府干预对产业发展的影响——以地方中小钢铁企业为例"（李国强主持）；院亚洲研究中心课题 1 项："东亚民间交流与沟通的路径Ⅱ期研究"（王红艳主持）；院青年中心社会调研课题 1 项："转型期创新社会治理的机制探索"（陈承新主持）；交办委托课题 4 项：科研局交办课题"当前我国阶级阶层状况研究"（房宁主持），院领导交办课题"当前我国阶级阶层状况研究Ⅱ"（房宁主持），香港中央政策组委托课题"两岸选举文化比较研究"（房宁主持），中组部党建所委托课题"处理好党员队伍规模与素质的关系，进一步优化党员队伍结构研究"（田改伟主持）。

（3）延续在研课题。2012 年，政治学研究所共有延续在研课题 16 项。其中，院重大课题 3 项："马克思主义政治学理论研究"（王一程主持），"中国公共产品供给体制机制研究"（周庆智主持），"科学发展观视野下的乡村治理研究"（赵秀玲主持）；院重点课题 1 项："完善和创新——地方人大制度研究"（冯钺主持）；国家社会科学基金课题 3 项："加强社会主义民主政治建设"（房宁主持），"马克思主义政治理论中国化"（杨海蛟主持），"我国县级政府公共产品供给体制机制研究"（周庆智主持）；院青年科研启动基金课题 2 项："社会政治决策中信息的选择性接触"（郑建君主持），"新世纪以来我国意识形态领域重要政治思潮研究"（王炳权主持）；青年学者发展基金课题 1 项："政治转型中的社会稳定与治理——以俄罗斯为视角"（徐海燕主持）；交办委托课题 5 项：院廉政研究领导小组办公室课题"领导干部拒腐防变教育长效机制研究"（房宁主持）、"社会主义民主政治建设与反腐败问题研究"（房宁主持），中央政策研究室交办课题"底层知识分子研究"（房宁主持），中组部交办课题"中国特色社会主义民主政治与西方民主政治根本区别研究"（房宁主持），国家名词委交办课题"政治学名词审定"（杨海蛟主持）；中国社会科学院科研管理课题 1 项："政治学所人才队伍建设研究"（张宁主持）。

3. 获奖优秀科研成果

2012 年，政治学研究所评出优秀科研成果奖优秀奖获奖成果 10 项：樊鹏的《中国社会结构与社会意识对国家稳定的影响》，史卫民等的《中国村民委员会选举历史与发展比较研究》（上下），孙彩红的《中国责任政府建构与国际比较》，林立公的《德治及其实现方式研究》，王红艳的《服务性政府：现代化建设第二动力》，陈红太的《中国政治精神之演进——从孔夫子到孙中山》，陈承新的《国内"全球治理"研究述评》，周庆智的《关于加强基层政权建设的思考》，徐海燕的《从政治词汇的解读看俄罗斯民心取向》，田改伟的《挑战与应对——邓小平意识形态安全思想研究》。

4. 创新工程的实施和科研管理新举措

2012 年 1 月，政治学研究所整体进入创新工程，首批上岗 15 人，设立三个项目组，分别为："中国民主话语建构与传播策略研究"项目组（首席研究员杨海蛟），"民主政治建设与政治发展研究"项目组（首席研究员史卫民），"国外政治发展比较研究"项目组（首席研究员房宁）。

"民主政治建设与政治发展研究"项目组在 2012 年先后完成了三次全国性的大规模抽样调查，即"中国公民政治素质调查研究""中国公民政策参与调查""政治认同与政治稳定调查"；"国外政治发展比较研究"项目组完成越南政治发展考察与调研，进行了美国 2012 年大选的考察与调研。此外，三个项目组在全国多个地区进行了专题调研。在调查研究的基础上，初步形成部分理论性的成果。

（1）政治认同与政治稳定关系的认知。"民主政治建设与政治发展研究"项目组在全国范围进行"政治认同与政治稳定"抽样调查，调查涉及 10 个省、自治区、直辖市的 6159 名城乡居民。调查总的结论是：当前我国社会形势处于基本稳定状态。

（2）中国公民民主观的认知。"中国民主话语构建与传播策略研究"项目组首次通过较大规模的实证研究，初步描述出中国公民的民主观念。而此前只有美国和我国台湾地区的学者在我国境内作了类似的调研。

（3）中国公民政策参与模式的认知。"民主政治建设与政治发展研究"项目组进行的全国性调研"中国公民政策参与问卷调查"，借鉴以往国内外学者的调查经验和方法，设计了描述与研究我国国民政治参与的客观状况指标和主观状况指标，并首次用于实际调查。2012 年，项目组在 10 个省份共收集有效数据 6286 份，在此基础上，项目组对中国公民的政策参与问题进行了量化研究，对中国公民的政策参与模式进行了分析与描述。

（4）民主理论的若干新观点。"中国民主话语构建与传播策略研究"项目组在钻研马克思主义民主理论，进行深入理论探讨的同时，在国内进行了大量调研，在此基础上形成了若干关于民主理论的新观点，为进一步构建中国民主话语体系作出了努力。项目组分析论证了中国民主话语体系的逻辑结构、基层民主建设的价值问题以及协商民主的价值等。

（5）政治发展动力与路径的认知。"国外政治发展比较研究"项目组通过现场调查和比较研究，对处于东亚地区、与我国历史起点和发展环境相似的国家的政治发展动力及路径问题提出比较清晰的认识。

（三）学术交流活动

1. 学术活动

2012 年，政治学研究所主办和承办的学术会议有：

（1）2012 年 6 月 28 日至 7 月 1 日，由政治学研究所《政治学研究》编辑部、西北师范大学马克思主义学院联合举办的"中国政治发展与社会主义公民意识学术研讨会"在甘肃省兰州市举行。会议的主题是"中国政治发展过程中的社会主义公民意识建设"。

（2）2012 年 8 月 27～28 日，由政治学研究所《政治学研究》编辑部、东北大学文法学院共同举办的"打造具有中国特色、中国风格、中国气派的政治学理论话语体系学术研讨会"在辽宁省沈阳市召开。会议的主题是"中国特色、中国风格、中国气派的政治学理论话语体系构建"。

（3）2012 年 8 月 31 日，政治学研究所、社会科学文献出版社在中国社会科学院举行了"政治参与蓝皮书《中国政治参与报告（2012）》新书发布会"。

（4）2012 年 12 月 7 日，由民政部基层政权和社区建设司、中国社会科学院政治学研究所联合主办，江苏省太仓市委、市政府承办的太仓市"政社互动"工作座谈会在江苏省太仓市召开。

（5）2012 年 12 月 12～13 日，由政治学研究所主办的"中国风 2012：民主政治建设与政治体制改革"国际学术研讨会在北京举行。

2. 国际学术交流与合作

2012 年，政治学研究所共派遣出访 6 批 13 人次，接待来访 40 批 110 人次（其中，中国社会科学院邀请来访 3 批 8 人次）。与政治学研究所开展学术交流的国家有美国、英国、韩国、德国、新加坡、日本、俄

2012 年 12 月，太仓市"政社互动"工作座谈会在江苏省太仓市举行。

罗斯、伊朗、匈牙利、越南、法国、澳大利亚、瑞士、印尼、黎巴嫩。

（1）2012 年 1 月 18 日，政治学研究所所长房宁、行政学研究室主任贠杰等会见了来所访问的匈牙利行政和司法部副国务秘书法尔考什·克里斯蒂娜，行政和司法部国际司司长库巴托夫·阿尼科，匈牙利使馆一等参赞、总领事萨科奇·彼得，匈牙利使馆一等秘书奇丽。

（2）2012 年 2 月 26 日至 3 月 3 日．根据中日两国政府达成的协议，应日本政府的邀请，政治学研究所所长房宁等参加了第六批中国社科青年访日团。访问的主题为"地方自治"。

（3）2012 年 3 月 16 日，政治学研究所副所长杨海蛟、政治制度室主任史卫民会见了来所访问的日本东北大学法学研究科大西仁教授一行。双方就联合培养博士生问题进行了交流。

（4）2012 年 4 月 1～5 日，政治学研究所所长房宁等应邀赴黎巴嫩，出席了由"冲突论坛（贝鲁特）"主办的"当前中东形势发展对全球的范例作用和智力挑战国际研讨会"。

（5）2012 年 4 月 16～20 日，根据中国社会科学院与俄罗斯科学院学术交流协议，应中国

社会科学院的邀请，俄罗斯科学院远东所政治研究与预测中心主任安·弗·维诺格拉托夫到中国社会科学院进行学术交流，就中国政治体制改革等问题与世界历史研究所、俄罗斯东欧中亚研究所、当代中国研究所与政治学研究所的专家进行了学术交流。

（6）2012年4月21日至5月2日，根据中国社会科学院与俄罗斯科学院学术交流协议，应中国社会科学院的邀请，俄罗斯科学院远东所研究员斯捷潘诺娃就"中国政治协商会议的活动、民主党派，中国向国外移民"等问题与俄罗斯东欧中亚研究所、政治学研究所的学者进行了交流。

（7）2012年7月18日，政治学研究所所长房宁等与澳大利亚迪肯大学教授何包刚在政治学研究所就"中国政治发展""中美之间的互相了解与认识"等问题进行了交流。

（8）2012年7月22～29日，根据中日两国政府达成的协议，应日本政府的邀请，政治学研究所行政学研究室主任负杰等参加第七批中国社科青年访日团。访问的主题为"中央与地方关系""社会和法律"。

（9）2012年7月28日至8月8日，应越南社会科学院邀请，政治学研究所所长房宁等赴越南河内市、胡志明市、岘港市，就"越南社会主义法权国家建设的历史、背景、做法、效果及经验"进行了访问调研。

（10）2012年9月11～16日，根据中国社会科学院与越南科学院学术交流协议，应中国社会科学院的邀请，越南科学院国家与法研究所副所长阮氏越香一行就"中国2004年宪法修改后的政治、经济、社会、文化、科技等方面的法律，公民权利以及政府体制"等问题与中国社会科学院法学研究所、政治学研究所的学者进行学术交流。

（11）2012年11月1～19日，政治学研究所所长房宁等应美国国务院邀请，同时作为"美国访问者计划"成员，赴美国观摩2012年的美国大选。

3. 与中国香港、澳门特别行政区和中国台湾开展的学术交流

2012年，政治学研究所共派遣出访8批13人次，接待来访6批30人次。

（1）2012年1月9～15日、8月4～8日、9月7～13日，政治学研究所政治制度研究室主任史卫民赴香港进行立法会选举调研（全国人大交办项目）。

（2）2012年2月4日，应政治学研究所比较政治研究室的邀请，台湾铭传大学教授杨开煌、台湾行政院大陆委员会企划处龚泽瑞科长在政治学研究所举办了题为"台湾选举制度和2012年选举观察"的学术讲座。

（3）2012年7月13日，政治学研究所政治制度室主任史卫民等与台湾政治大学东亚研究所所长寇建文等在政治学研究所就"中共党内民主""社会管理创新""退场精英流动"等问题开展交流。

（4）2012年11月25日至12月6日，政治学研究所政治制度室主任史卫民应台湾政治大学东亚研究所所长寇建文邀请，就"大陆的基层治理、公共政策研究"问题赴台湾进行学术

交流。

（四）学术社团、期刊

1. 社团

（1）中国政治学会，会长李慎明。

2012 年 7 月 13～16 日，由中国政治学会、政治学研究所创新工程"中国民主话语构建与传播策略研究"项目组主办，贵州师范大学、遵义市委党校承办，贵州省科学社会主义暨政治学学会协办的"中国特色社会主义民主政治话语体系与基层民主政治建设学术研讨会"在贵州省召开。会议的主题是"中国特色社会主义民主政治话语体系的建构"。

2012 年 12 月 8～9 日，由中国政治学会、苏州大学主办的"中国政治学会 2012 年年会暨坚持社会主义政治制度与创新社会管理学术研讨会"在苏州大学召开。

（2）中国政策科学研究会，会长滕文生。

（3）中国红色文化研究会，会长刘润为。

2. 期刊

（1）《政治学研究》（双月刊），主编王一程。

2012 年，《政治学研究》共出版 6 期，共计 150 万字。该刊全年刊载的有代表性的文章有：张贤明的《当代中国问责制度建设与实践的问题与对策》，樊鹏的《西方国家高赤字发展模式是社会福利惹的祸吗？——基于财政和税收的视角》，王浦劬、龚宏龄的《行政信访的公共政策功能分析》，周淑真的《西方主要国家政治选举与政党制度关系分析》，徐大同的《中国人民拒绝自由主义，接受共产主义的文化基因》，张维平的《应急管理中政府与媒体协调机制的完善与创新》，金太军、赵军锋的《基层政府"维稳怪圈"：现状、成因与对策》，张师伟的《马克思主义政治学对大学生政治社会化的话语影响》，李晓惠的《香港普选保留功能组别的法理依据与可行模式研究》，张献生、肖照青的《论中国"参政党"的内涵》。

（2）《今日中国论坛》（月刊），总编辑蔡华。

（五）会议综述

中国政治学会 2012 年年会
暨坚持社会主义政治制度与创新社会管理学术研讨会

2012 年 12 月 8～9 日，"中国政治学会 2012 年年会暨坚持社会主义政治制度与创新社会管理学术研讨会"在苏州大学举行。

（1）关于坚持社会主义政治制度

在讨论关于坚持中国特色社会主义政治发展道路问题时，与会学者认为，党的十八大报告关于坚持走中国特色社会主义政治发展道路和推进政治体制改革的论述十分重要。学者们认为，中国的政治发展应坚定不移地走中国特色社会主义政治发展道路，中国目前仍处在社会主义初级阶段，必须坚持改革开放、不断发展和自我完善，但改革开放不意味着可以脱离中国国情，借鉴吸收他国经验也不意味着可以改变坚持中国特色社会主义政治制度的基本立场和原则。

在讨论关于"市场化""国际化"与"社会主义核心价值观"问题时，有学者指出，"市场化"概念在十八大报告中仅出现了一次，是对"市场化"概念的准确界定，概念的使用更加科学，也是对泛"市场化"态势的一种调整。"国际化"在十八大报告中也仅出现了一次，只是针对一个具体问题使用，体现了概念使用的科学性和准确性。

中国真正需要的是立足于自己的国情和奋斗目标基础上，借鉴吸收世界先进文明，坚定自己的道路自信、理论自信和制度自信，构建自己的科学话语体系，按照实现社会主义现代化和中华民族伟大复兴的要求，健全社会主义市场经济体制，不断提高我国包括硬实力和软实力在内的国际竞争力。

（2）创新社会管理：现状、反思与展望

在讨论现阶段社会管理的问题与评价标准时，与会代表认为，政府的碎片化现象明显，仍存在部门林立、职能交叉、互相重叠、互相扯皮的现象；随着社会主义新农村建设的逐步展开，对农村社会管理提出了许多新的课题；权力结构中存在着人民代表权利自我收缩等情况，是现阶段社会管理诸多问题中的一些表象，创新社会管理亟须面对和解决这些问题。

关于社会管理的评价问题，有学者认为，评价政府社会管理的绩效，要看取得政绩的数量和质量，应当评价官员廉洁与政府廉洁的程度，在评价公共管理绩效时应增加干部廉洁指标和政绩取得的成本指标。

在讨论创新社会管理的展望与可行路径问题时，与会学者认为，创新社会管理必须以发扬民主为动力和出发点，以改善民生、有利于人的全面发展与社会和谐为目标和落脚点。可行的路径在于充分依靠和调动人民群众的积极性、创造性，开展和普及社会主义公民权利义务教育，激发和提高广大普通劳动者作为社会主义国家公民的政治参与素质、责任感和热情。

（张　宁）

中国风2012：民主政治建设与政治体制改革国际学术研讨会

2012年12月12～13日，由中国社会科学院政治学研究所主办的"中国风2012：民主政治建设与政治体制改革国际学术研讨会"在北京举行。来自中国社会科学院、中央编译局、北京大学、清华大学、中国人民大学、复旦大学、上海交通大学和中国香港以及美国、印度、韩国的30余位专家学者参加了会议。与会专家学者们就过去10多年来中国在民主政治建设方面所取得的成就作了回顾，对政治体制改革的前景作了展望，提出了各自的观点。

学者们就各国民主政治建设所取得的经验与教训展开了交流和探讨。形成民主政治建设是社会发展的总体趋势，又与各国历史、文化和社会发展阶段等重要因素密切相关，民主政治建设不能脱离本国国情的共识。学者们还认为，政治体制改革是促进民主政治建设的基本途径，应结合实际需要积极稳健地推进政治体制改革。

2012 年 12 月，"中国风 2012：民主政治建设与政治体制改革国际学术研讨会"在北京举行。

有美国学者认为，美国更需要进行政治体制改革，以改变日益明显地不适合美国经济、社会发展需要的政治体制。

这次论坛达到了深入探讨民主理论、促进国际交流、传播中国声音的预期目的，加深了国内外学者的相互理解与沟通，促进了国外学术界对中国民主政治建设的了解，同时也为我们进一步做好"走出去""请进来"工作积累了经验，为传播中国民主"好声音"初步搭建了一个平台。

（张　宁）

太仓市"政社互动"工作座谈会

2012 年 12 月 7 日，由民政部基层政权和社区建设司、中国社会科学院政治学研究所联合主办，太仓市委、市政府承办的太仓市"政社互动"工作座谈会在江苏省太仓市召开。民政部副部长窦玉沛出席会议并讲话。会议总结了太仓"政社互动"的工作经验，深入探讨了基层社会管理新模式、新途径，并就下一步如何深入推进"政社互动"工作提出建议。

有学者认为，"政社互动"规范了政府和基层群众自治组织的关系，触及了基层自治组织的法律地位问题，对于政府管理与基层组织如何达到有机结合作出了有益探索。"政社互动"的一个重要内容是公共服务委托制，以"契约制"方式建立委托，对全国改革的走向具有重要意义。有学者认为，通过这次会议，哲学社会科学研究参与到社会实践进程中，参与政策研究和制度创新的实践中，把社会管理实践、地方政府的创新实践和哲学社会科学研究工作熔于一炉。

这次会议既是中央政府部门和地方政府的现场会、经验总结推广会，又是学术研讨会；既有政府主管部门的参与，又有专家学者的参与，可谓"政学互动"，有助于在科学研究的基础上，共同推进体制改革和制度建设。

（张　宁）

民族学与人类学研究所

（一）人员、机构等基本情况

1. 人员

截至 2012 年年底，民族学与人类学研究所共有在职人员 154 人。其中，正高级职称人员 40 人，副高级职称人员 45 人，中级职称人员 49 人；高、中级职称人员占全体在职人员总数的 87%。

2. 机构

民族学与人类学研究所设有：民族理论研究室、社会文化人类学研究室、宗教文化研究室、民族历史研究室、南方语言研究室、北方语言研究室、语音学与计算语言学研究室、民族古文字研究室、世界民族研究室、经济与社会发展研究室、影视人类学研究室、《民族研究》编辑部、《世界民族》编辑部、《民族语文》编辑部、图书馆、网络信息中心、办公室、科研处、人事处。

3. 科研中心

民族学与人类学研究所院属科研中心有：中国少数民族语言研究中心、西夏文化研究中心、海外华人研究中心、蒙古学研究中心、藏族历史文化研究中心。所属研究中心有：加拿大研究中心、羌学研究中心。

（二）科研工作

1. 科研成果统计

2012 年，民族学与人类学研究所共完成专著 45 种，1350 万字；论文 255 篇，230 万字；研究报告 36 篇，350 万字；古籍整理 7 种，508 万字；一般文章 13 篇，11.7 万字；学术普及读物 1 种，10 万字；论文集 12 种，240 万字；软件 7 种，150 兆节；影视作品 3 部。

2. 科研课题

（1）新立项课题。2012 年，民族学与人类学研究所共有新立项课题 24 项。其中，国家社会科学基金重大招标课题 4 项："内蒙古蒙古族非物质文化遗产跨学科调查研究"（色音主持），"中国古代民族志文献整理与研究"（刘正寅主持），"基于大型词汇语音数据库的汉藏历史比较语言学研究"（江荻主持），"中国少数民族语言语音声学参数统一平台建设研究"（呼和主持）；国家社会科学基金重点课题 2 项："当代多民族国家民族政策类型研究"（朱伦主持），"我国少数民族地区的贫困与反贫困研究——基于社会保障反贫困的视角"（王延中主持）；一般课题和青年课题4项：《哲孟雄（锡金）王统史》译注"（扎洛主持），"新疆多元文化生态的保护与多族体和谐研究"（周泓主持），"伊斯兰文献《古兰经注释》语言结构研究"（赵明鸣主持），"清代语言政策史研究"（黄晓蕾主持）；院国情调研课题5项："边疆民族地区经济社会发展与长治久安调研——以吉林省长白朝鲜族自治县为例"（郑信哲主持），"新疆蒙古族地区蒙古语与哈萨克语、维吾尔语、汉语的互动状况与双语教育问题调查"（曹道巴特尔·木再帕尔主持），"湘西苗汉双语文教学模式及普遍意义"（尹蔚彬主持），"鄂温克语使用现状调查"（乌日格喜尔图·呼和主持），"新疆游牧维族社会文化调查研究数据库"（王小霞主持）；所重点课题9项："少数民族流动人口在城市的适应与发展研究——以法律政策保障为核心"（郑信哲主持），"当代关于民族主义的争论（译著）"（于红主持），"义乌国外穆斯林群体的认同"（马艳主持），"青州满族的历史"（刘正爱主持），"新疆游牧环境比较研究"（阿拉腾·嘎日嘎主持），"民族地区医疗救助型草根非政府组织——兼论文化特色与社团功能整合"（杜倩萍主持），"国外藏缅语研究文献检索系统"（江荻主持），"蒙古语标准音辅音研究"（哈斯其木格主持），"中国社会科学院民族学与人类学研究所所志"（民族研究所课题组）。

（2）结项课题。2012年，民族学与人类学研究所共有结项课题88项。其中，院重大课题7项："《蒙古秘史》研究"（乌兰主持），"中国人类学民族学基础理论研究"（何星亮主持），"汉藏语声调及发声的声学研究"（孔江平主持），"中国新发现语言调查研究（第二期）"（孙宏开主持），"民族主义基本理论与实践问题"（朱伦主持），"纳西东巴经书的整理和研究"（孙伯君主持），"中国少数民族人文地图集——基于GIS的民族人文地理研究"（黄行主持）；院重点课题18项："彝族地区习惯法的影视人类学研究"（陈景源主持），"中国古代民族志"（方素梅主持），"中国少数民族语言空间认知研究"（黄成龙主持），"西夏军事文书研究"（史金波主持），"回鹘语文献《金光明最胜王经》语言结构研究"（赵明鸣主持），"阿尔泰语言共有词根研究"（斯钦朝克图主持），"藏族牧区的生态环境危机与定居化研究"（梁景之主持），"达赖集团'中间道路'主张研究"（东主才让、卢梅主持），"中国古代民族观研究"（刘正寅主持），"《蒙文启蒙诠释》研究"（曹道巴特尔主持），"中国民族自治州政区沿革图集"（陈英初主持），"城市化进程中的'民族冲突'与'和谐发展'——对城市多民族化及其社会文化变迁典型事例的探讨"（张继焦主持），"民国时期民族问题研究资料汇编"（张世和、王戈柳主持），"西部少数民族农牧民收入及增长问题研究"（龙远蔚主持），"少数民族地区全面建设小康社会研究——以广西百色为例"（刘小珉主持），"满族社会文化变迁研究"（邸永君主持），"近代藏汉关系研究"（秦永章、扎洛主持），"西部草原畜牧业经济转型研究"（杜世伟主持）；院国情调研课题19项："中国少数民族计算机编码调研"（聂鸿音主持），"云南跨界民族双向移民问题与社会稳定"（曾少聪主持），"西藏跨越式发展中的农牧区社会事业建设——对日喀则和山南的个案调查"（方素梅主持），"藏传佛教与藏区长治久安问题调查研究"（秦永章主持），"川藏北路藏语康方言现状调查报告"（燕海雄主持），"鄂温克语使用现状调查"（乌日格喜乐图主持），"内蒙古自治区经济社会发展与民族团结、民族经济研究"（周竞红主持），"边疆民族地区经济社会发展与长治久安调研——以吉林省长白朝鲜族自治县为例"（郑信哲主持），"湘西苗汉双语文教学模式及普遍意义"（尹蔚彬主持），"藏传佛教文化圈中基督教的传播及其影响调查研究"（东主才让主持），"藏传佛教文化圈中基督教的传播与影响追踪调查"（东主才让主持），"苏尼特右旗草原畜牧业转型问题调查"（张世和主持），"布朗族乡村经济发展与新农村建设调查"（吴兴旺主持），"藏传佛教文化圈中基督教的传播及其影响调查研究"（石茂明主持），"新疆蒙古族地区社会经济文化现状与周边民族关系调查"（杜世伟主持），"云南跨界民族双向移民问题与社会稳定"（刘小珉主持），"青海民族地区经济社会发展现状考察"（张昌东主持），"西南民族地区旅游发展中的'洋人街'调研：以阳朔、大理、丽江为例"（陈建樾主持），"民族地区农村纠纷解决与秩序重建——广西融水县永乐乡四莫村纠纷解决案例分析"（邓卫荣主持）；所重点项目44个："国际移民政策对国际移民趋势的影响"（劳焕强主持），"拉美土著人问题研究"（邓颖洁主持），"中国民族史上的避暑山庄"（易华主持），"清代中央政府与东部藏区土司关系史研究"（李晨升主持），"灾害与古代北方多民族社会的变迁"（梁景之主持），"羌语语法关系研究"（黄成龙主持），"独龙语动词的语法范畴"（杨将领主持），"南亚语研究"（吴安琪主持），"《福乐智慧》《真理的入门》语言结构研究"（赵明鸣主持），"河北围场满族蒙古族自治县高山族田野调查报告"（马骅主持），"'蒙古'民族与国家的历史称谓及相关问题研究"（杜世伟主持），"川、滇、藏交界地区少数民族经济生产方式转型与社会文化变迁"（侯红蕊主持），"缄默的亚热带——生活方式与生产方式研究"（周旭芳主持），"清代大国师章嘉若必多吉研究"（秦永章主持），"清代治康政策的演变与地方控制"（卢梅主持），"奚族史"（周峰主持），"临高语中的汉借词研究"（蓝庆元主持），"中国民族学人类学多媒体信息系统"（莫小洪主持），"纳西东巴文构形系统研究"（木仕华主持），"蔡家话系属研究"（胡鸿雁主持），"旅游文化象征与民族身份认同——以满族和摩梭人为例"（吴凤玲主持），"陇东地区汉族与回族宗教信仰的历史变迁与社会文化"（郭宏珍主持），"新时期少数民族语文政策实施现状研究"（普忠良主持），"民族地区村委会组织与和谐社会建设调查"（邓卫荣主持），"影视人类学田野工作方法"（雷亮中主持），"水族语言文字研究"（韦学纯主持），"大理地区竞技文化研究"（杨春宇主持），"国学在北京的发展"（张晓敏主持），"中国当代藏族青年民族认同与文化互动研究"（吴乔主持），"当代中国社会结构下草根非政府组织与弱势群体——以'瓷娃娃'关怀协会与成骨不全症群体为主要案例"（杜倩萍主持），"文化接触与民族互动：云南大理鸡足山的营造和朝圣研究"（舒瑜主持），"《国家、民族与移民》（译著）"（陈玉瑶主持），"《自由主义与民族问题》（译著）"（黄凌翅主持），"中国少数民族经济史研究"（刘晓春主持），"水环境与西南民族村落关系的生态学研究"（管彦波主持），"百夷社会生活研究"（万红主持），"木雅语东部方言调查"（尹蔚彬主持），"面向信息处理的维—汉常用语电子词典"（王海波主持），"制度创新与边疆民族地区稳定和发展——以内蒙古锡林郭勒盟为中心"（孙懿主持），"西江千户苗寨牯藏节"（艾菊红主持），"国内文化人类学英文文献资源指南（2000～2010）"（陈杰主持），"基于数据库的方块白文研究"（韦韧主持），"中国民族语音声学参数统计分析"（周学文主持），"基于《格西曲扎藏文辞典》的词汇计量研究"（龙从军主持）。

3. 获奖优秀科研成果

2012年，民族学与人类学研究所获"国家民族事务委员会2012年度优秀成果奖"著作类一等奖1项：管彦波的《民族地理学》；著作类二等奖2项：周竞红的《蒙古民族问题述论》（扎洛、丁赛参加编写），王洛林等主编的《如何突破贫困陷阱》；论文类二等奖1项：王希恩的《中国民族识别的依据》。获其他有关奖项3项：史金波的专著《西夏社会》（上、下册）获"郭沫若中国历史学奖"专著类三等奖；孟慧英的专著《中国原始信仰研究》获中国文联、中国民间文艺家协会"山花著作奖"；何星亮的专著《中华文明：中国少数民族文明》（上、下册）获国家新闻出版总署第三届"三个一百"原创出版工程奖。

2012年，在民族学与人类学研究所第八届优秀科研成果奖评选中，有8部专著、13篇论文获得了所级优秀成果奖。其中，著作类推荐奖4项：史金波的《西夏社会》（上、下册），呼和的《蒙古语语音实验研究》，王希恩的《全球化中的民族过程》，何星亮的《图腾与中国文化》；著作类优秀奖4项：尹蔚彬的《业隆拉坞戎语研究》，曹道巴特尔的《喀喇沁蒙古语研究》，周泓的《群团与圈层——杨柳青：绅商与绅神的社会》，江荻的《国际语音学会手册：国际音标使用指南》；论文类推荐奖5项：王延中的《中国社会保障制度改革发展的几个重大问题》，陈景源的《祖先留下的规矩"死给"与"诚威"——凉山彝族习惯法研究》，卢梅的《国家权力扩张下的民族地方政治秩序建构——晚清康区改流中的制度性选择》，黄成龙的《羌语子句的关系化手段》，扎洛的《社会转型期藏区草场纠纷调解机制研究——对川西、藏东两起纠纷案例的分析》；论文类优秀奖8项：朱伦的《现代国家、公民社会与民族差异政治——试析"大藏区高度自治"主张的非理性和非现实性》，徐世璇的《论濒危语言的文献记录》，陈建樾的《种族与殖民：西方族际政治观念的一个思想史考察》，周竞红的《昭君想像与时代变迁》，丁赛的《经济转型下的中国城镇女性就业、收入及其对家庭收入不平等的影响》，艾菊红的《族群认同与构建的动态过程——历史与现今的陇南宕昌藏族》，曾少聪的《东南亚国家的民族问题——以菲律宾、印度尼西亚、泰国和缅甸为例》，周毛草的《藏语词语ABAC、ABCB、ABCD型的语义特点》。

民族学与人类学研究所第二届青年论坛评出优秀论文18篇，其中，一等奖3项：黄成龙的《藏缅语存在类动词的概念结构》，苏航的《波斯文〈史集〉部族志唐古特部分阅读札记二则》，贾益的《雾社事件与"命运共同体"的解说》；二等奖6项：王锋的《白语南部方言中来母的读音及其历史层次》，雷亮中的《影像民族志：作为人类学研究方法》，廖旸的《明代汉地流传的金刚果与上乐、喜金刚系梵字轮》，扎洛的《清末民族国家建设与赵尔丰在康区的法制改革》，张军的《清代"国语"的演变与转型》，马俊毅的《关于当今中国亚国家层次民族概念英译的新思考——National ethnic unit（"族元"）概念的学术初探》；三等奖 9 项：刘海涛的《二战后 ethnohistory 凸显于美国学界的动因分析》，彭丰文的《〈史记〉的民族观念与国家认同》，于红的《南苏丹的族际矛盾》，杜倩萍的《略论加拿大华人移民与宗教之变迁》，王剑峰的《西方族群政治动员理论评述》，舒瑜的《藏族与大理鸡足山：以传说和仪式为视角》，尹蔚彬的《拉坞戎语动词的及物性质》，李云兵的《扎窝羌语的静态空间范畴》，哈斯其木格的《蒙古语标准音塞音及其音变规律》。

（三）学术交流活动

1. 学术活动

2012 年，民族学与人类学研究所主办或承办的学术会议主要有：

（1）2012 年 1 月 7 ~ 9 日，由民族学与人类学研究所与上海市语文学会、上海大学文学院联合主办的"语言接触语言比较国际论坛"在上海大学召开。会议的主题是"语言接触和语言比较的各种相关问题"。

（2）2012 年 2 月 23 日，中国民族理论学会春季研讨会在北京召开。会议的主题是"就当前民族理论研究的热点问题的讨论"。

（3）2012 年 5 月 12 ~ 13 日，"世界民族学人类学研究中心揭牌仪式暨中国世界民族学会2012 年度学术讨论会"在北京召开。会议的主要议题是"现代民族国家建构与少数民族问题""国外民族政策模式和案例分析（重点）""国外处理民族问题经验教训的借鉴问题"。

（4）2012 年 5 月 19 ~ 20 日，"第五届中国民族研究西南论坛"在四川省成都市召开。会议的主题是"中国民族研究的田野、历史与理论"。

（5）2012 年 6 月，由云南民族大学民族研究所、中央民族大学民族学与社会学学院、《民族研究》编辑部联合主办的"边疆民族关系与和谐社会建构学术研讨会"在云南省保山市腾冲县召开。会议的主题是"边疆民族关系、和谐社会建构"。

（6）2012 年 7 月 28 日至 8 月 1 日，"第十次全国民族理论学术研讨会暨中国民族理论学会第八届理事会换届大会"在云南省普洱市召开。会议的主题是"坚持中国特色社会主义民族理论"。

（7）2012 年 8 月 19 ~ 21 日，"内蒙古契丹辽文化研究会成立大会暨首届契丹学国际学术研讨会"在内蒙古自治区赤峰市召开。

（8）2012 年 9 月，"中国影视人类学 2012 年学术研讨会"在新疆维吾尔自治区乌鲁木齐市召开。会议的主题是"田野与呈现理论探讨、影片观摩"。

（9）2012 年 9 月 16～17 日，"中国民族史学会第 15 次学术研讨会"在贵州凯里学院召开。会议的主题是"民族迁徙与中华民族多元一体格局的形成和发展"。

（10）2012 年 9 月，"中国人类学民族学 2012 年年会"专题论坛在甘肃省兰州市举行。会议的主题是"牧民贫困和牧区扶贫学术研讨"。

（11）2012 年 10 月，由中国民族学会与中南民族大学联合主办的"荆楚文化学术研讨会"在湖北省武汉市召开。会议的主题是"汉民族文化研究"。

（12）2012 年 11 月 9～10 日，由民族学与人类学研究所、中央民族大学世界民族学人类学研究中心、中国民族学学会联合主办，中国社会科学出版社和《民族研究》编辑部协办的"第二届亚洲人类学民族学论坛"在北京召开。会议的主题是"资源环境与人类社会"。

（13）2012 年 11 月 19～20 日，民族学与人类学研究所经济室与中央民族大学联合举办"中国转型期民族地区经济发展方式转变国际学术研讨会"。

（14）2012 年 12 月 1～2 日，"中国民族古文字研究会第九次学术讨论会"在民族学与人类学研究所召开。会议的主题是"中国民族古文字和古文献研究"。

（15）2012 年 12 月 15～16 日，民族学与人类学研究所社会文化人类学研究室承办的"企业与城市发展：并非全是经济的问题国际学术会议"在民族学与人类学研究所召开。

2. 国际学术交流与合作

2012 年，民族学与人类学研究所共有 17 批次 38 人出访，6 批次 39 人来访。

（1）2012 年 11 月 7～15 日，民族学与人类学研究所所长王延中利用在德国巴伐利亚参加第 15 届国际反贪大会的机会，率代表团出访巴伐利亚大学和坎皮纳斯大学，参加了巴伐利亚大学人类学系主办的"巴西的民族种族问题和政府的政策讨论会"。

（2）民族学与人类学研究所与国外学术机构合作进行的研究项目取得了新进展：民族学与人类学研究所经济研究室和瑞典哥德堡大学合作开展的民族地区八省收入分配调查项目进展顺利；民族学与人类学研究所和法国国家科研中心合作的藏学研究项目"康区的领地、贸易与信息传递"开始启动。

3. 与中国香港、澳门特别行政区和中国台湾开展的学术交流

2012 年 6 月 11～17 日，民族学与人类学研究所党委书记张昌东率团参加了在台北举行的"全球化对两岸少数民族之冲击与回应学术研讨会"。

（四）学术社团、期刊

1. 社团

有 9 个学会挂靠在民族学与人类学研究所，其中 8 个在北京，1 个在外省。学会名称及负责人信息如下：

中国民族研究团体联合会，会长王延中。

中国民族理论学会，会长陈改户。

中国民族史学会，会长郝时远。

中国民族学学会，会长郝时远。

中国民族语言学会，会长黄行。

中国世界民族学会，执行会长郝时远。

中国突厥语研究会，会长黄行。

中国民族古文字研究会，会长揣振宇。

中国西南民族研究会，会长何耀华。

2. 期刊

（1）《民族研究》（双月刊），主编郝时远。

2012 年，《民族研究》共出版 6 期，共计 108 万字。该刊全年刊载的有代表性的文章有：周少青的《多元文化主义视阈下的少数民族权利问题》，关凯的《社会竞争与群体建构：反思西方资源竞争理论》，孟大虎、苏丽锋、赖德胜的《中国经济转型期城镇少数民族教育利益率的实证研究》，麻国庆的《文化、族群与社会：环南中国海区域研究发凡》。

（2）《世界民族》（双月刊），主编郝时远。

2012 年，《世界民族》共出版 6 期，共计 85 万字。该刊全年刊载的有代表性的文章有：郝时远的《美国是中国解决美洲问题的榜样吗？——评"第二代民族政策"的"国际经验教训"说》，王瑜卿的《马克思的民族文化观及其当代意义》，何俊芳、王莉的《俄罗斯联邦民族文化自治政策的实施及意义》，杨友孙的《欧盟少数民族保护理念的发展脉络及评价》。

（3）《民族语文》（双月刊），主编黄行。

2012 年，《民族语文》共出版 6 期，共计 72 万字。该刊全年刊载的有代表性的文章有：吴福祥的《侗台语差比式的语序类型的历史层次》，洪波的《汉藏系语言类别词的比较研究》，吴安琪的《东亚古代人群迁徙的语言证据》。

（五）会议综述

第十次全国民族理论学术研讨会
暨中国民族理论学会第八届理事会换届大会

2012 年 7 月 28 日至 8 月 1 日，由中国民族理论学会主办，云南大学、中央民族大学和普洱市人民政府共同承办的"第十次全国民族理论学术研讨会暨中国民族理论学会第八届理事会换届大会"在云南省普洱市召开。来自国家民委、中国社会科学院、中央民族大学、兰州大学、烟台大学、云南省民委等 30 余家党政机关、高校及科研院所的有关领导和专家学者 130

余人参加了会议。大会的主题是"坚持中国特色社会主义民族理论"。大会由中国民族理论学会常务副会长王希恩研究员主持。云南省民委巡视员木桢、普洱市委书记沈培平、普洱市市长李小平和云南大学副校长林文勋等到会致辞祝贺，并分别就云南省的民族团结示范基地建设、普洱市的经济社会发展和民族工作、云南大学的学科发展等作了介绍。中国藏学研究中心原党组书记朱晓明、内蒙古自治区人大原副主任包文发、烟台大学党委书记崔明德、中央民族大学教授金炳镐等分别作了大会发言。会议共收到论文 35 篇。

朱晓明在发言中首先提出，应从党的执政规律和宗教自身演变规律的角度对藏传佛教的寺庙管理问题进行深层的理论思考，要抓好社会管理、民主管理和佛学思想建设，处理好社会管理与民主管理的关系，寺庙爱国主义教育、法制宣传教育和佛学思想建设的关系。然后，他就当前民族理论热点问题的讨论谈了自己的看法，提出民族理论界要和谐，要学会包容不同意见，要站在全局和战略的高度，不炒作、不内耗、不折腾。包文发在发言中认为，中国共产党通过民族区域自治制度来保障少数民族当家做主，确保他们的合法权利和利益是完全正确的，是活生生的马克思主义。当前，加强民族团结，实现各民族共同发展共同繁荣，是民族地区的首要任务。崔明德就民族关系思想的概念和意义进行了阐发，指出，中国古代许多政治家和思想家都留下了一些宝贵的处理民族关系的政治智慧和经验，对他们的政治智慧和经验教训进行系统梳理和深入挖掘，对正确处理当今的民族关系有一定的借鉴和启发意义。金炳镐在发言中着重对"第二代民族政策"的论点进行了批评，认为它是近年来民族理论研究中出现的"以'族群'替代'民族'"、民族问题"去政治化"观点的必然发展结果，是伪命题和主观臆断，违背了中国宪法、中国的历史和国情，违背了民族与民族问题发展的规律以及马克思主义民族理论。我国的民族理论研究要坚定不移地坚持走中国特色社会主义民族理论和民族政策的道路。

在分组讨论中，与会者围绕当前民族理论研究领域的热点问题、中国特色社会主义民族理论的形成与发展、中国的民族区域自治制度及其实践、民族政策实践与反思、族际关系与民族政治整合等议题进行了广泛研讨。此外，会议还就民族地区的跨越式发展、城市化进程中的民族关系、发展少数民族文化产业、少数民族干部队伍建设等问题进行了研讨。

大会的一个重要议题是中国民族理论学会理事会换届。在换届大会上，王希恩代表学会第八届理事会向大会作了工作报告，就该届理事会的主要工作、取得的成绩及存在的问题进行了总结，对做好新一届学会的工作提出建议。大会根据学会章程和以往惯例，在各地各单位推荐的基础上，参照以往对学会的贡献、学术影响和职称职务等情况，经提名、表决，产生了第九届理事会。新的理事会由 167 位理事组成，成员涵盖中央和地方民族理论研究、教学和民族工作部门的各个方面，体现了理论和实际工作的结合。大会选举国家民委副主任陈改户为中国民族理论学会会长，王希恩为常务副会长，朱晓明等 16 位为副会长，青觉为秘书长。此外，增补吴仕民和毛公宁为学会的学术顾问。此前，学会办公室主持完成了"中国民族理论学会第二届优秀科研成果奖"的评奖，共评出优秀科研成果 16 项，其中一等奖 3 项、二等奖 6 项、三等奖 7 项。大会对这些获奖的作者进行了表彰。

（孙　懿）

民族学与人类学研究所创新工程工作座谈会

2012 年 10 月 30 日至 11 月 2 日，中国社会科学院民族学与人类学研究所召开了创新工程工作座谈会。会议围绕中国社会科学院民族学与人类学研究所的目前状况、学科建设和已有创新工程初步方案的调整与完善等问题展开了深入研讨。民族学与人类学研究所所长王延中、党委书记张昌东及该所各研究室、所属刊物编辑部和职能部门的负责人共 40 多人参加座谈会。

为了使与会同志进一步认识和领会实施创新工程的重大战略意义，会议专门邀请中国社会科学院人事局局长张冠梓、院创新工程办公室副主任马援、科研局副局长朝克向大家介绍了全院创新工程的总体方案和全院实施创新工程的进展情况，并就创新工程的有关政策和具体规定进行了答疑解惑。

王延中主持了 10 月 30 日会议并在 11 月 2 日作主题发言。他指出，中国社会科学院实施的创新工程，与中国建设创新型国家任务相一致，中国社会科学院的创新工程按照建立社会主义市场经济，促进社会主义现代化这样的宏伟目标来部署，是科技界、文化界重大改革的重要组成部分，与事业单位的改革目标相关。十七届六中全会关于深化文化体制改革、推动社会主义文化大发展大繁荣，进一步兴起社会主义文化建设新高潮的决定，为实施哲学社会科学创新工程，繁荣发展哲学社会科学提供了难得的机遇。这次座谈会主要是根据中国社会科学院创新工程的总体部署，研究民族学与人类学研究所的创新工程工作，既是一次思想动员，又是提高认识，凝练目标，明确创新主题和发展方向，为研究本所正式进入创新工程试点单位进行充分的思想和组织准备，并就本研究所的学科建设现状和未来发展方向听取大家的意见。王延中充分肯定了本次会议对交流思想、沟通信息、提高认识、增强团结等方面的积极意义，肯定了会议期间参会者提出的意见和建议，提出发展中要看到不足并寻求发展的动力，也要发挥优势谋求发展，要求大家从中国社会科学院"三个定位"方面思考改革的方向、目标和成效，要突出马思主义坚强阵地的理论导向性，并对学科建设和布局、学术平台建设等具体工作发表了重要意见。

党委书记张昌东在发言中表示，民族学与人类学研究所是中国社会科学院人数最多、历史也较为悠久的一个大所和老所，目前有在职人员 150 多人，所内学科几乎覆盖社会科学各个主要领域，因此，情况比较复杂，各个学科和研究室的发展状况也很不平衡。实施创新工程，首先必须认真学习和把握中国社会科学院党组关于组织实施创新工程的重要意义及其精神实质，提高认识，统一思想，按照创新要求设计项目、整合资源、创新体制，决不能搞"新瓶装旧酒""换汤不换药"的"样子工程"。同时，要利用组织实施创新工程的契机，合理调整学科布局，推动本研究所的学科建设和人才队伍建设，为今后本所的建设和发展打下良好的基础。

张昌东在会议总结讲话中对此次会议给予了充分肯定，他指出，参会同志对这次会议高度重视，做了充分的准备，对会议的主题进行了深入的思考，提高了对实施创新工程的重大意义和基本要求的认识，对民族学与人类学研究所学科现状有了更加清醒的认识，对民族学与人类学研究所组织实施创新工程有了更加明确的目标，经过充分交流，与会同志对民族学与人类学研究所学科布局和各项工作进展情况有了更加全面的了解，对民族学与人类学研究所学科建设、队伍建设和即将进行的创新工程项目设计有了更加明确的方向。这次会议达到了预期的目的，取得了圆满的成功。希望大家通过这次研讨会，能在研究所建设和发展问题上统一思想，振奋精神，团结协作，努力工作，共同为推进研究所建设和发展，共同促进我们国家民族研究事业的繁荣和发展作出积极的贡献！

黄行副所长就民族学与人类学研究所学科建设等方面的问题总结了以往的经验，并提出在创新工程实施过程中要处理好九个关系等意见。

座谈会上，各研究室的负责同志围绕研究所学科建设与发展方向、人才培养和队伍建设及学术成果评价、科研管理体制机制、用人体制机制、资源配置和研究经费布局等问题，发表了有针对性和建设性的意见和建议。

（科研处）

第二届亚洲人类学民族学论坛

2012年11月9~10日，"第二届亚洲人类学民族学论坛"在北京召开。论坛由中国社会科学院民族学与人类学研究所、中央民族大学世界民族学人类学研究中心、中国民族学学会联合主办，中国社会科学院民族学与人类学研究所社会文化人类学研究室承办，中国社会科学出版社和《民族研究》编辑部协办。中国社会科学院民族学与人类学研究所党委书记张昌东、中央民族大学副校长宋敏、中国人类学民族学研究会秘书长黄忠彩、中国民族学学会常务副会长何星亮、海外参会代表日本关西学院大学旅游人类学研究中心主任山泰幸教授等出席了论坛开幕式并先后致辞。100余位来自国内外的人类学、民族学专家学者参加了开幕式。开幕式由中国民族学学会秘书长、中国社会科学院民族学与人类学研究所社会文化人类学研究室主任色音研究员主持。参加论坛的代表，既有长期献身于亚洲民族学、人类学研究，学养深厚的老一辈专家学者，又有一大批思想敏锐、朝气蓬勃的中青年学者。与会代表分别来自中国、日本、韩国、越南、马来西亚、新加坡、澳大利亚、美国、意大利、加拿大等国家。

中国社会科学院民族学与人类学研究所党委书记张昌东、中央民族大学副校长宋敏分别致辞，日本名古屋大学教授嶋田义仁、云南省社会科学院副院长杨福泉研究员、中央民族大学世界民族学人类学研究中心主任包智明教授分别作了主题演讲。

论坛的主题是"资源环境与人类社会"。与会代表们主要围绕"资源环境与人类生存""地理环境与人类文化多样性""资源开发与社会发展""生态文明与人类可持续发展""亚洲环境问题与文化生态个案研究""生态危机与环境政策""生态人类学的新进展""文化资源与民族文化产业""亚洲人类学民族学前沿理论与分支学科发展"等议题展开了讨论。与会代表向会议提交了78篇论文提要,有75位学者宣读了论文。代表们对论坛主题的探讨,既有侧重于理论思辨的探讨,又有结合具体实践和个案的精彩论述。论述内容的丰富、范围的广阔和角度的多样化,是这次学术论坛的突出特点。

(科研处)

社会学研究所

(一) 人员、机构等基本情况

1. 人员

截至2012年年底,社会学研究所共有在职人员76人。其中,正高级职称人员15人,副高级职称人员22人,中级职称人员28人;高、中级职称人员占全体在职人员总数的86%。

2. 机构

社会学研究所设有:社会理论研究室、社会调查与方法研究室、家庭与性别研究室、组织与社区研究室、社会政策研究室、农村与产业社会学研究室、青少年与社会问题研究室、社会发展研究室、社会人类学研究室、社会心理学研究室、《社会学研究》编辑部、信息网络中心、办公室、科研处。

3. 科研中心

社会学研究所院属研究中心有:社会政策研究中心、私营企业主群体研究中心、国情调查与研究中心;所属研究中心有:社会文化人类学研究中心、社会心理学研究中心、社区信息化研究中心、社会调查与数据处理研究中心、农村环境与社会研究中心。

(二) 科研工作

1. 科研成果统计

2012年,社会学研究所共完成专著6种,140.2万字;论文75篇,109.87万字;研究报告16篇,10.3万字;译著2种,47万字;译文4篇,6.6万字;论文集6种,189.8万字。

2. 科研课题

(1) 新立项课题。2012年,社会学研究所共有新立项课题16项。其中,国家社会科学基金课题 4 项："人口变动对队列人口福利的影响"（马妍主持），"社会转型期的职业分层研究"（田丰主持），"中国转型社会的家庭变迁理论研究"（吴晓英主持），"网络时代的社区参与和社区治理研究：以新型社区的社区网为例"（肖林主持）；院国情调研课题 7 项："宁夏生态移民发展战略研究"（李培林主持），"化解社会矛盾与创新社会管理调研"（陈光金主持），"汶川灾区后重建时期农民生计与社区合作调查"（罗琳主持），"城市低保家庭 10 年追踪调查（2012）"（葛道顺主持），"西部'后发展'模式下的农民生计与基层治理——宁夏生态移民调查研究"（荀丽丽主持），"'榜单百富'生命历程与政商网络的摸底调查"（吕鹏主持），"基层社会认知与农村土地制度改革"（张浩主持）；所级课题 5 项："制度变迁与村社区公共领域再建——村级公共服务的个案研究"（陈婴婴主持），"城市成年子女与父母的代际关系——广州为例的实证研究"（石金群主持），"民国时期的劳工社会学：一项学术史的研究"（闻翔主持），"民国时期工人居住模式与劳动用工方式研究"（杨可主持），"中国南北方族群原生信仰比较研究"（吴乔主持）。

（2）结项课题。2012 年，社会学研究所共有结项课题 14 项。其中，国家社会科学基金课题 3 项："弱势群体共享社会发展成果的社会学研究"（石秀印主持），"西方现代社会理论与当代思潮"（苏国勋主持），"近 10 年来结构方程模型的新发展"（赵锋主持）；院重大课题 1 项："人口快速老龄化背景下中国农村社会养老保障问题研究"（王延中主持）；院重点课题 3 项："建设中国特色福利社会"（景天魁主持），"我国人道救助事业的发展机制和政策研究"（葛道顺主持），"工作—家庭冲突与应对策略研究"（李原主持）；院国情调研课题 7 项："宁夏生态移民发展战略研究"（李培林主持），"化解社会矛盾与创新社会管理调研"（陈光金主持），"汶川灾区后重建时期农民生计与社区合作调查"（罗琳主持），"城市低保家庭 10 年追踪调查（2012）"（葛道顺主持），"西部'后发展'模式下的农民生计与基层治理——宁夏生态移民调查研究"（荀丽丽主持），"'榜单百富'生命历程与政商网络的摸底调查"（吕鹏主持），"基层社会认知与农村土地制度改革"（张浩主持）。

（3）延续在研课题。2012 年，社会学研究所共有延续在研课题 28 项。其中，国家社会科学基金课题 15 项："中国百村经济社会调查"（陆学艺主持），"中国社会思想史研究"（陆学艺主持），"关于中国乡村建设与改造的案例研究"（许欣欣主持），"中国私营企业主阶层的现状与发展趋势研究"（陈光金主持），"构建社会主义和谐社会若干重大问题的理论和实证研究"（陈光金主持），"社会学视野中的和谐社会研究：阶层结构的区域差距"（樊平主持），"寺院经济及其社会影响：对宗教团体的经济经营的综合研究"（何蓉主持），"'我们感'的建构——以维权群体为例"（施芸卿主持），"中国城乡一体化进程中制度创新与资源和机会配置研究"（王春光主持），"中国特色社会工作理论和制度体系建设研究"（李培林主持），"普遍型社会福利体系的基础和设计研究"（景天魁主持），"物质主义的结构分析及民众物质主义现状调查"（李原主持），"要素市场的政商关系研究：以'陕北油田事件'为关键个案"（吕鹏主持），"群体情绪、群体认同与行动倾向的关系研究"（陈满琪主持），"农村社会资本影响老年健康的机制研究"（王晶主持）；院重大课题 5 项："气候变化下中国北方草原牧区的环境保护与社会经济发展"（王晓毅主持），"社会心态及其变动的趋势分析与预测"（杨宜音主持），"境遇与态度：'80 后'青年的社会学研究"（陈昕主持），"信息社会的社区公共领域研究"（王颖主持），"构建社会主义和谐社会基本社会跟踪调查"（李培林主持）；院重点课题 1 项："社会各阶层的阶级认同、群体意识与社会态度研究"（李炜主持）；院青年科研启动基金课题 4 项："城市改造中地方政府的行动逻辑及社会约束"（肖林主持），"当代中国基督新教信仰与实践的调查研究"（李荣荣主持），"环境变迁中的知识政治"（荀丽丽主持），"贫病循环：乡土社会伦理语境中的贫困再生产"（梁晨主持）；所重点课题 3 项："美国早期社会学传统及其对民国时期社会学的影响"（赵立伟主持），"选择法团主义推进农民组织化进程的可行性研究"（许欣欣主持），"文化遗产研究：理论、方法与实践"（鲍江主持）。

3. 科研组织管理新举措

2012 年，社会学研究所积极贯彻"科研强院、人才强院、管理强院"的三大战略，围绕哲学社会科学创新工程，在科研组织管理方面做了很多工作：加大课题管理力度，提高课题结项率；加强研究室建设；举办青年学术茶座和学术沙龙等。

（三）学术交流活动

1. 学术交流

2012 年，社会学研究所主办和承办的学术会议有：

（1）2012 年 6 月 8 日，社会学研究所首个"全国社会心态观测点"挂牌仪式暨"湖滨晴雨"民意恳谈会在浙江省杭州市上城区湖滨街道举行。

（2）2012 年 10 月 22～23 日，由中国社会科学院和美国斯坦福大学联合主办、社会学研究所和斯坦福大学社会不平等研究中心联合承办的"中国社会科学论坛（2012·社会学）"在美国斯坦福大学举行。会议的主题是"社会结构变迁与社会不平等"。

2. 国际学术交流与合作

2012 年，社会学研究所共有 54 批 89 人次出访，接待来访学者近 43 人次。与社会学研究所开展学术交流的国家有美国、澳大利亚、日本、韩国、瑞典、挪威、泰国、越南、菲律宾、英国、德国、南非、埃塞俄比亚、西班牙、荷兰、丹麦、波兰、匈牙利、奥地利、阿根廷、墨西哥等。

（1）2012 年 2 月 14～17 日，社会学研究所副所长陈光金赴韩国，参加题为"缩小东亚地区发展差距：融合增加的政策对话"的研讨会。

（2）2012 年 2 月 26 日至 3 月 4 日，社会学研究所社会政策研究室研究员阎明应英国牛津大学社会政策系的邀请，赴英国进行学术访问。

（3）2012 年 3 月 4～14 日，社会学研究所组织与社区研究室副研究员孙炳耀应韩国农协的邀请，赴韩国进行学术访问。

（4）2012 年 4 月 11～15 日，社会学研究所所长李培林应法国人文之家的邀请，赴法国进行学术访问。

（5）2012 年 4 月 15～23 日，社会学研究所所长李培林随中国社会科学院访问团赴英国、荷兰进行学术访问。

（6）2012 年 6 月 3～18 日，社会学研究所社会政策研究室副研究员潘屹应芬兰赫尔辛基大学的邀请，赴芬兰进行学术访问。

（7）2012 年 6 月 4～11 日，社会学研究所所长李培林率代表团赴俄罗斯进行学术访问。

（8）2012 年 6 月 26～30 日，社会学研究所农村与产业社会学研究室主任王晓毅应国际山地综合发展中心的邀请，赴尼泊尔参加"西藏—喜马拉雅地区的气候变化对水／土地的影响及适应策略研讨会"。

（9）2012 年 9 月 26～30 日，社会学研究所青少年与社会问题研究室主任李春玲应澳大利亚阿德莱德大学孔子学院的邀请，赴澳大利亚进行学术访问。

（10）2012 年 10 月 21～30 日，社会学研究所所长李培林率团赴美国进行学术访问，并参加中国社会科学论坛。

（11）2012 年 11 月 10～23 日，社会学研究所副所长汪小熙率团赴南非和津巴布韦进行学术访问。

（12）2012 年 11 月 29 日至 12 月 9 日，社会学研究所所长李培林率代表团赴古巴和墨西哥进行学术访问，并出席在古巴举办的"第五届中古学术研讨会"。

3. 与中国香港、澳门特别行政区和中国台湾开展的学术交流

（1）2012 年 3 月 15～22 日，社会学研究所社会心理研究室主任杨宜音、家庭与性别研究室研究员唐灿应台湾世新大学的邀请，赴台湾参加"第五届社会学与心理学的对话学术研讨会"。

（2）2012 年 4 月 4～13 日，社会学研究所社会政策研究室副研究员房莉杰应台湾中正大学社会科学院的邀请，赴台湾中正大学进行学术访问。

（3）2012 年 5 月 8～12 日，社会学研究所副所长陈光金应台湾"中华经济研究院"的邀请，赴台湾参加该研究院在台北举办的"中国大陆经济发展路径、策略与挑战学术研讨会"。

（4）2012 年 6 月 14～18 日，社会学研究所副所长张翼应台湾"中研院"人文社会科学研究中心的邀请，赴台湾进行学术访问。

（5）2012 年 9 月 19～26 日，社会学研究所社会人类学研究室主任罗红光应台湾政治大学国际关系研究中心的邀请，赴台湾参加"两岸社会创新与发展学术研讨会"。

（四）学术社团、期刊

1. 社团

（1）中国社会学会，会长宋林飞，法人代表李培林。

2012 年 7 月 13～15 日，"中国社会学会 2012 年学术年会"在宁夏回族自治区银川市举行。年会的主题是"社会管理创新：理论与实践"。

（2）中国社会心理学会，理事长杨宜音（法人代表）。

2012 年 11 月 3～4 日，"中国社会心理学会 2012 年学术年会"在浙江省杭州市举行。年会的主题是"中国城市化进程的社会心理研究"。

2. 期刊

（1）《社会学研究》（双月刊），主编李培林。

2012 年，《社会学研究》共出版 6 期，144 万字。该刊全年刊载的有代表性的文章有：徐冰的《"经验研究"与"理论研究"——古典社会学、心理学的诠释学意涵》，郑风田、程郁、阮荣平的《从"村庄型公司"到"公司型村庄"——后乡镇企业时代的村企边界及效率分析》，李路路的《社会结构阶层化与利益关系市场化——中国社会管理面临的新挑战》，纪莺莺的《文化、制度与结构：中国社会关系研究》，俞志元的《集体性抗争行动结果的影响因素——一项基于三个集体性抗争行动的比较研究》，石智雷、杨云彦的《家庭禀赋、家庭决策与迁移劳动力回流》，童梅的《社会网络与女性职业性别隔离》，杨爱平、余雁鸿的《选择性应付：社区居委会行动逻辑的组织分析——以 G 市 L 社区为例》，邓峰的《人力资本、劳动力市场分割与性别收入差距》，周雪光、练宏的《中国政府的治理模式：一个"控制权"理论》，杨念群的《"中层理论"应用之再检视：一个基于跨学科演变的分析》，任敏的《信息技术应用与组织文化变迁——以大型国企 C 公司的 ERP 应用为例》。

（2）《青年研究》（双月刊），主编单光鼐。

2012 年，《青年研究》共出版 6 期，90 万字。该刊全年刊载的有代表性的文章有：施芸卿的《虚拟世界中的公平演练——以〈魔兽世界〉为例探讨虚拟世界团队的合作机制》，赵晓峰的《权利二重性：解读农民自杀问题的一个视角》，刘汶蓉的《孝道衰落？成年子女支持父母的观念、行为及其影响因素》，郭明的《游走在国家政策与农村社会之间：杜镇"大学生村官"的个案》，康岚的《代差与代同：新家庭主义价值的兴起》，操家齐的《合力赋权：富士康后危机时代农民工权益保障动力来源的一个解释框架》，吴小英的《青年研究的代际更替及现状解析（上）》，任敏、杨璟的《基层政府的多重非正式权力建构——基于湘西 A 乡三个纠纷调解个案的分析》，吴鲁平、刘涵慧的《中国青少年国家态度与全球态度的关系研究》，赵联飞的《80 后网民的个人传统性及现代性》，刘录护的《城市青少年的逃学与拒学研究：一个群体社会化的解释框架——以广州市的个案研究为例》，曲可佳、邹泓的《大学生职业生涯探索的发展过程及影响因素》。

（五）会议综述

中国社会学会 2012 年学术年会：社会管理创新——理论与实践

2012 年 7 月 13～15 日，"中国社会学会 2012 年学术年会：社会管理创新——理论与实践"在宁夏回族自治区银川市举行。年会的主题是"社会管理创新：理论与实践"。中国社会科学院党组副书记、常务副院长、学部主席团主席王伟光，宁夏回族自治区人民政府副主席屈冬玉出席大会开幕式并致辞。中国社会学会名誉会长陆学艺、郑杭生，会长宋林飞，副会长李培林等学会领导出席大会。来自国内 30 个省、市、自治区的社会学工作者和来自波兰、匈牙利、捷克、韩国、日本的社会学工作者近千人参加了年会。年会规模大、参会人数多、规格高，是中国社会学会历届年会中规模最大的一次。

王伟光首先代表中国社会科学院和中国社会科学院院长陈奎元对年会的召开表示祝贺。他指出，本届年会以"社会管理创新：理论与实践"为主题意义重大。当前，我国既处于经济社会发展的重要战略机遇期，又处于社会矛盾凸显期，社会管理领域存在的问题较为突出。因此，加强和创新社会管理对实现党和国家长治久安具有重大战略意义。中央在现阶段提出的加强和创新社会管理的战略任务，对我国哲学社会科学的发展提出了新的要求，指引了新的研究方向，开辟了新的发展空间。要认真及时总结推广我国社会管理的成功经验，尤其是要认真研究和总结当前全国各地创新社会管理的各种具体做法和有益尝试；还要积极借鉴国外社会管理的有益成果，汲取国外社会管理的经验教训。正是在这个意义上，努力构建中国特色社会主义社会管理的理论体系，推动我国社会管理的理念、方法、体制和机制的创新、发展和完善，加快我国社会管理的人性化、社会化、现代化和科学化，是我国哲学社会科学界理应承担、责无旁贷的一项时代使命。

王伟光强调，在哲学社会科学各门学科中，社会学以其独有的理论和方法体系，在践行这一伟大的时代使命方面，拥有独特的优势。此次学术年会设有 37 个论坛，几乎涵盖了社会管理创新问题所涉及的方方面面，也充分反映了我国社会学者关注和研究社会管理创新问题的广度和深度。他希望通过广大社会学者的巨大努力，中国社会学界在社会管理创新问题研究的各个领域、各个方面，都将结出丰硕的果实。这次大会既是中国社会学界以往研究社会管理创新问题的富有成果的总结，也是中国社会学界在研究社会管理创新问题的征程上继续开拓的新起点！

屈冬玉代表宁夏回族自治区区委、区政府向大会表示热烈祝贺，对参会代表表示诚挚的欢迎。中国社会学会名誉会长陆学艺、郑杭生也在开幕式上致辞。开幕式后，中国社会学会副会长、中山大学社会学和人类学学院院长蔡禾，中国社会学会副会长、上海社会科学院研究员卢汉龙在大会上作了主题学术演讲。

年会围绕"社会管理创新：理论与实践"的主题，设立了 37 个分论坛，如"社会管理理论创新与政策设计""西部民族地区社会建设理论创新与政策设计""社会安全预警预控与社会管理创新""社区建设与基层社会管理创新""农村社会管理：问题与创新""社会福利创新：政府责任与社会组织责任""社会建设的理论与实践：社会建设与社会现代化""社会管理调查研究的理论和方法""诚信社会：危机与重建""经济与社会发展中的社会政策：国际经验与中国的挑战""健全网络舆论引导机制　完善网络信息管理格局""移民与社会发展——创新社会管理的理论与探索"等等，涉及领域广泛，内容丰富，涵盖了社会建设与社会管理、社会稳定与社会政策、社会结构与社会分层、生态文明与社会变迁等诸多领域。与会的老中青社会学者以及从事社会管理的工作者从各自不同的学术视角，就社会管理创新问题展开了研讨。

（赵克斌）

中国社会心理学会 2012 年学术年会

2012 年 11 月 3～4 日，"中国社会心理学会 2012 年学术年会"在浙江省杭州市举行。论坛对我国城市化进程中的社会心理问题进行了深入研讨，关注了城市化进程中的社会公平与社会信任、人际关系、住房与交通、文化发展等各方面的问题。论坛特别关注农民工的心理问题对中国城市化的重要影响，并提出解决好农民工的问题是中国城市化成功的关键。论坛由中国社会心理学会、浙江省社会心理学会、杭州师范大学、杭州国际城市学研究中心联合主办。论坛共收到论文 70 余篇。来自全国各地的 100 多位专家学者、政府官员参加了论坛。中国社会心理学会理事长、中国社会科学院社会学研究所研究员杨宜音代表学会在大会上致辞；原中共浙江省委常委、中共杭州市委书记，杭州国际城市学研究中心主任王国平等作了大会发言。中国社会科学院社会学研究所党委书记汪小熙出席了会议。

与会学者就"城市化与城市发展""农民工城市融入""城市幸福感""城市身份认同""新生代农民工""社会公平与社会信任""城市交通与住房""城市历史与文化""城市社会心理"等问题进行了研讨。代表们特别对农民工问题进行了大量的实证研究，以丰富的数据、翔实的资料揭示了农民工的生活和工作现状、心理困扰及问题、愿望和希望。许多代表指出，解决好农民工的问题是中国城市化成功的关键。

（张曙光）

社会发展战略研究院

（一）人员、机构等基本情况

1. 人员

截至 2012 年年底，社会发展战略研究院共有在职人员 11 人。其中，正高级职称人员 4 人，副高级职称人员 2 人，中级职称人员 2 人；高、中级职称人员占全体在职人员总数的 73%。

2. 机构

社会发展战略研究院设有：发展战略与政策研究室、社会建设与管理研究室、组织与制度变迁研究室、社会责任与公共服务研究室、综合办公室。

（二）科研工作

1. 科研成果统计

2012 年，社会发展战略研究院共完成专著 5 种，180 万字；论文 27 篇，76 万字；研究报告 1 篇，20 万字；译著 2 种，41 万字。

2. 科研课题

（1）新立项课题。2012 年，社会发展战略研究院共有新立项课题 4 项。其中，所级创新工程重大课题 1 项："社会发展、社会建设和社会管理的重大理论与现实问题研究"（渠敬东主持）；国家社会科学基金青年课题 1 项："城市化进程中农村社区的秩序重建与组织再造研究"（吴莹主持）；所重点国情调研课题 1 项："四川省灾后重建国情调研——以中国东方电气集团公司为例"（王苏粤主持）；国家发改委交办委托课题 1 项："促进包容性增长的中国社会发展思路研究——理念、政策要素和战略路径"（葛道顺主持）。

（2）结项课题。2012 年，社会发展战略研究院共有结项课题 4 项。其中，国家社会科学基金课题 1 项："居处在文明碰撞地带——宗教—政治视野下的西双版纳历史与变迁"（杨清媚主持）；院重大课题 1 项："社区转型的制度建构过程"（折晓叶、陈婴婴主持）；所级创新工程重大课题 1 项："社会发展、社会建设和社会管理的重大理论与现实问题研究"（渠敬东主持）；所重点国情调研课题 1 项："四川省灾后重建国情调研——以中国东方电气集团公司为例"（王苏粤主持）。

（3）延续在研课题。2012 年，社会发展战略研究院共有延续在研课题 2 项。其中，国家社会科学基金课题"中国发展道路研究"（李扬主持）子课题 1 项："中国社会发展经验研究"（李汉林主持）；国家社会科学基金青年课题 1 项："城市化进程中农村社区的秩序重建与组织再造研究"（吴莹主持）。

3. 获奖优秀科研成果

2012年，社会发展战略研究院评出"2012年社会发展战略研究院优秀科研成果奖"专著类一等奖1项：沈红的《结构与主体：激荡的文化社区石门坎》；专著类二等奖1项：钟宏武的《慈善捐赠与企业绩效》；论文类一等奖1项：折晓叶的《合作与非对抗性抵制——弱者的"韧武器"》；论文类二等奖2项：李汉林的《社会转型与单位制度变迁——关于中国单位制度变迁的思考》，渠敬东、周飞舟、应星的《从总体支配到技术治理——基于中国30年改革经验的社会学分析》；译著类二等奖1项：葛道顺的《社会评估：理论、过程与技术》。

4. 创新工程的实施和科研管理新举措

（1）社会发展战略研究院2012年3月1日与中国社会科学院签约进入创新工程试点工作。

（2）2012年，社会发展战略研究院进入创新岗位人员10人，其中，编制内人员8人，编制外人员2人。

（3）2012年，社会发展战略研究院创新工程项目有2个："社会发展与社会建设、社会管理重大理论与现实问题研究"（首席研究员渠敬东），"中国社会发展经验研究"（首席研究员折晓叶）。

（4）社会发展战略研究院结合自身特点，继续认真落实中国社会科学院《中长期人才发展规划纲要（2011~2020）》和《人才强院战略方案》，实施中国社会科学院针对各项人才制定的造就、推展、延揽、扶持、资助、提升和培养计划。同时，把已有人才培养和公开招聘高级人才结合起来，推进人才培养组织方式创新。支持和鼓励青年学者组织并参加国内外相关学术交流活动，支持和鼓励青年学者承担重要的科研项目，并通过每周定期举办的院内外学术报告会、午间交流会和读书活动，让青年学者和在站博士后都能有更多的成果展示与交流平台。

（三）学术交流活动

1. 学术交流

2012年，社会发展战略研究院主办和承办的学术会议有：

（1）2012年7月8~9日，社会发展战略研究院在北京主办第九届组织社会学实证研究工作坊暨"社会发展过程中的组织创新与制度变迁"学术研讨会。会议的主题和内容旨在推动中国组织社会学实证研究的发展，培养研究队伍，提高青年学者的研究水平，打造学术共同体，发挥组织与制度研究在中国社会发展中的重要作用。

（2）2012年11月8~9日，社会发展战略研究院在北京举办ISSC-CASS"社会研究的国际比较"国际学术研讨会。会议的主题是"探讨当前国际社会研究状况，并对ISSC前期和下一步的工作进行总结和讨论"。

（3）2012年11月21日，由中国社会科学院经济学部、中国社会科学院社会发展战略研究院和社会科学文献出版社共同举办的"《企业社会责任蓝皮书（2012）》发布会"在北京举行，发布了中国社会科学院经济学部企业社会责任研究中心编著、社会科学文献出版社出版的《中国企业社会责任研究报告（2012）》。

2012 年 7 月，第九届组织社会学实证研究工作坊暨"社会发展过程中的组织创新与制度变迁"学术研讨会在北京举行。

（4）2012 年 12 月 5 日，社会发展战略研究院在北京召开"《中国社会态度与社会发展状况调查系列报告（2012）》"新闻发布会。会议的主题是"发布《中国城市公共服务状况研究报告（2012）》和《中国公众参与状况研究报告（2012）》。

（5）2012 年 12 月 31 日，社会发展战略研究院在北京召开"《中国社会发展年度报告（2012）》新闻发布会"。会议的主题是：发布《中国社会景气研究报告（2012）》《中国社会管理绩效评估报告（2012）》《中国社会包容与社会保护状况研究报告（2012）》《中国城市居民生活质量研究报告（2012）》《中国政府社会责任报告 2012》。

2. 国际学术交流与合作

2012 年，社会发展战略研究院共派遣出访 8 批 8 人次；接待来访 3 批 17 人次；与社会发展战略研究院开展学术交流的国家有德国、美国、南非、加拿大、澳大利亚、巴西、日本等。

（1）2012 年 5 月 14～16 日，社会发展战略研究院院长李汉林作为国际社会科学理事会执委会执委赴加拿大，参加国际社科理事会执委会会议。

（2）2012 年 7 月，社会发展战略研究院青年学者吴莹、杨清媚参加由中国社会科学院组织的青年学者赴日访问团。

（3）2012 年 7 月，美国斯坦福大学教授周雪光受邀参加社会发展战略研究院学术会议并发表演讲。

（4）2012 年 9 月，德国社民党一行 10 人来社会发展战略研究院访问，并与该院科研人员就国内外人口增长、人口结构、老龄化以及社会发展状况等方面的问题展开讨论。

（5）2012 年 10 月，社会发展战略研究院研究员折晓叶赴澳大利亚弗林德斯大学进行学术交流访问。

（6）2012 年 11 月，社会发展战略研究院研究员折晓叶赴日本，参加"城市环境生活公共性的比较社会学研究"中日学者学术交流会以及第 85 届日本社会学会大会。

（7）2012 年 11 月，社会发展战略研究院院长李汉林随中国社会科学院访问团访问德国、瑞士。

3. 与中国香港、澳门特别行政区和中国台湾开展的学术交流

（1）2012 年 5 月，社会发展战略研究院副研究员高勇赴香港，参加由香港科技大学应用社会经济研究中心教授吴晓刚和香港中文大学社会学系谭康荣共同组织的"国际社会学会社会分层与流动研究委员会（ISA-RC28）2012 年春季会议"。

（2）2012 年 6 月，社会发展战略研究院副研究员钟宏武赴台湾，参加企业社会责任研讨会，并进行学术交流。

（3）2012 年 9 月，社会发展战略研究院党委书记王苏粤赴澳门，参加由中国社会科学院世界宗教研究所和巴哈伊教澳门总会举办的"宗教团体的治理学术会议"。

（四）学术期刊

《社会发展研究》，主编李汉林。

2012 年，《社会发展研究》共出版 1 期，共计 25 万字。该刊分为"主题研讨""研究论文""学术述评""国际视野"和"书评"等 5 个栏目，分别就社会发展的重大理论和现实问题展开研究。

（五）会议综述

第九届组织社会学实证研究工作坊暨"社会发展过程中的组织创新与制度变迁"学术研讨会

2012 年 7 月 8~9 日，中国社会科学院社会发展战略研究院在北京主办第九届组织社会学实证研究工作坊暨"社会发展过程中的组织创新与制度变迁"学术研讨会。

中国正处于快速的经济与社会转型期，在社会发展进程中的组织创新与制度变迁是政策研究者和学术研究者共同关注的重大议题。会议旨在探讨中国社会发展与变迁过程中独特的组织现象和机制，关注当下社会发展与转型背景下组织与制度变迁中出现的新现象和关键议题，围绕当今中国社会发展的十大核心议题进行深入交流和研讨。

以"组织与制度研究"为主题的学术研讨会 2004 年创办，至 2012 年，已有 9 年历史，曾由北京大学、中国人民大学、中山大学、上海大学、华中科技大学、吉林大学等著名大学轮流主办。该会议不仅在国内社会学界有着广泛而重大的影响，而且还吸引了诸多海外知名学者，产生了重要的国际影响。中国社会科学院社会发展战略研究院成立时间较短，举办该会议充分展示了社会发展战略研究院的科研风采，提高了该院作为新生的科研机构在学术界的知晓度和知名度，对提升社会发展战略研究院的学科建设和学术发展具有重要意义。

中国社会科学院社会发展战略研究院作为新单位，科研人员少，研究力量单薄。举办该会议不仅有利于提高社会发展战略研究院青年学者的研究水平，还可以社会发展战略研究院为中心，形成"小学术群体、大学术社区"的科研格局。会议邀请到40多位社会发展和组织与制度研究领域的专家，对话和探讨研究领域的前沿问题。尤其突出的是，会议采用48位副高级及中级青年科研人员的研究成果，并作会议发言，为打造大学术社区提供优秀后备人才和资源宝库，为社会发展战略研究院开展基础学科研究和大型国家战略研究提供了良好的组织基础和协作平台。

（张晨曲）

《中国社会态度与社会发展状况调查系列报告（2012）》新闻发布会

2012年12月5日，中国社会科学院社会发展战略研究院在北京召开"《中国社会态度与社会发展状况调查系列报告（2012）》新闻发布会"。中国社会科学院党组成员、秘书长黄浩涛参加了会议，并作了主旨发言。

会议发布的主要是《中国城市公共服务状况研究报告（2012）》和《中国公众参与状况研究报告（2012）》。

《中国城市公共服务状况研究报告（2012）》揭示：（1）人们对中国城市公共服务状况的总体满意度和信心度都处于一个较好的水平。总体满意度为3.07，总体信心度为79.4。（2）不同区域城市中的公共服务水平差别较大。东部地区的居民（2.96）比西部地区的居

2012年12月，《中国社会态度与社会发展状况调查系列报告（2012）》新闻发布会在北京举行。

民（2.85）对在医疗卫生方面提供的服务明显感到满意。（3）在公共服务上的制度性不平等表现明显。居住在城市外地户籍的居民比具有本地户籍的居民在公共服务上的满意度明显偏低，在社会保障上要低9个百分点，在医疗卫生上低3个百分点，在基本教育上低2.9个百分点。

《中国公众参与状况研究报告（2012）》揭示：（1）中国公众参与机会与表达诉求的渠道匮乏，并形成经济社会地位愈低、参与机会与表达诉求的渠道愈少的恶性循环。数据表明，

月收入在 1000 元以下的居民经常参与的比例为 8%，月收入 1000～1999 元的居民经常参与的比例为 12%。（2）近半数的受访者（46%）没有制度化的参与渠道来进行表达，这和被访者的积极参与意愿形成强烈的反差。

（张晨曲）

《中国社会发展年度报告（2012）》新闻发布会

2012 年 12 月 31 日，由中国社会科学院社会发展战略研究院与中国社会科学出版社共同举办的"《中国社会发展年度报告（2012）》新闻发布会"在北京召开。中国社会科学院副院长高全立、中国社会科学出版社社长兼总编辑赵剑英出席会议并致辞。中国社会科学院社会发展战略研究院院长李汉林对《中国社会发展年度报告（2012）》作整体介绍。发布会由中国社会科学院社会发展战略研究院党委书记、副院长王苏粤主持。中国社会科学院社会发展战略研究院副院长渠敬东及社发院全体人员出席。国内 35 家媒体和相关学者参加了发布会。

《中国社会景气研究报告（2012）》对社会景气与社会信心的数据分析表明，目前中国社会景气指数为 63（满分为 100 分，下同），社会信心指数为 75，人们对未来的发展预期较好。其中，宏观层面的社会信心指数为 72，微观层面的社会信心指数为 78，均处于较好水平。如果将社会景气指数与社会信心指数分别划分为三个层级，表示社会景气与社会信心的水平状况（0～33 表示"较差"，33～66 表示"一般"，66～100 表示"良好"），那么，人们对未来的预期明显好于对现状的评判。这些数据的结果从一个侧面说明，尽管人们对目前社会方方面面的状况有诸多的不满意，但是，人们对我们这个国家未来的改革与发展仍然充满了期待和希望，这可能是我们进一步改革与发展的重要社会条件与基础。

《中国社会包容与社会保护状况研究报告（2012）》的数据分析显示，我国的社会包容由政府包容、社会保护、交换自由、社区参与、机会公平五方面因素构成，城市居民评价的具体结果如下：

我国总体社会包容指数达到 65.6，基本状态稳定。在社会包容的五方面因素中，社会保护指数值最高，达到 89.1，接近优秀；社区参与指数和政府包容指数值分别达到了 65.4 和 64.8，得到了城市居民的基本认可；但在机会公平与交易自由方面，现实状况尚不能有效满足广大公民的基本愿望，满意指数值分别只有 58.1 和 50.6，应当引起高度重视。另外，东部地区的社会包容指数值低于中部地区，而西部地区最高，反映出东部地区快速发展过程中社会矛盾在积聚。

我国的社会包容状况存在明显的二元分化倾向。汉族、党员群体、不信教群体、非农户口人群、高收入家庭、国有单位员工、中层及以上管理者等认为社会更加包容；相反，少数民族、非党员群体、信教群体、农业户口人群、中低收入家庭、非国有单位员工、单位普通职工等则认为社会包容较差。

《中国政府社会责任研究报告（2012）》研究认为：（1）受访者对政府经济责任满意度最高，对治理责任满意度一般；（2）受访者对政府未来三年经济、社会、环境、治理责任均有信心；（3）政府社会责任满意指数为64.2，政府社会责任履行现状总体较好；（4）政府社会责任信心指数为0.51，受访者对政府社会责任充满信心；（5）应从政府社会责任满意指数和信心指数两个维度构建政府社会责任指数矩阵，并设置预警信号灯。

《中国社会管理绩效评估报告（2012）》认为，目前我国的社会管理绩效总体得分为62.03分；在社会管理绩效的四个方面，被调查者对基础秩序维护方面的评价最高，得分为62.64分；对社会关系协调方面的评价最低，得分为60.90分；而对公共物品供给方面的评价与对公众参与促进方面的评价居中，得分分别为62.30分和61.14分。因此，该报告建议，今后社会管理一方面仍要重视基础秩序的维护和公共物品的供给，另一方面更要重视不同社会群体间的利益协调及公众参与的促进，以全面提升社会管理绩效。

《中国城市居民生活质量研究报告2012》从满意度指数（1~5分）和信心指数（1~5分）两个方面分析了城市居民生活的物质生活、社会情感生活、自我成就和社会质量四个领域的基本状况。研究认为，总体看来，大多数城市居民对生活现状基本满意，但城市居民对微观环境的满意度高于宏观社会质量的满意度。

（张晨曲）

新闻与传播研究所

（一）人员、机构等基本情况

1. 人员

截至2012年年底，新闻与传播研究所共有在职人员43人。其中，正高级职称人员7人，副高级职称人员11人，中级职称人员15人；高、中级职称人员占全体在职人员总数的77%。

2. 机构

新闻与传播研究所设有：马克思主义新闻学研究室、传播学研究室、网络学研究室、媒介研究室、信息室、编辑室和办公室。

3. 科研中心

新闻与传播研究所所属科研中心有：媒介传播与青少年发展研究中心、中国传媒集团研究中心、传媒发展研究中心、世界传媒研究中心、传媒调查中心、广播影视研究中心。

（二）科研工作

1. 科研成果统计

2012年，新闻与传播研究所共完成专著4种，78.2万字；论文55篇，57.9万字；研究报告 33 篇，117.43 万字；译文 6 篇，5.82 万字；学术普及读物 2 种，1.7 万字；一般文章 47 篇，14.77 万字；论文集 2 种，53 万字；编辑出版学术期刊 6 期，120 万字；编辑出版年鉴 1 册，160 万字，刊发照片 120 幅。

2. 科研课题

（1）新立项课题。2012 年，新闻与传播研究所共有新立项课题 15 项。其中，国家社会科学基金青年课题 1 项："台湾政治转型与新闻传播制度变迁"（向芬主持）；院重点课题 3 项："抵制电视节目低俗化研究"（时统宇主持），"传播学理论动态研究"（王怡红主持），"中国网络广告发展与文化传播安全研究"（王凤翔主持）；院国情调研课题 1 项："中国新闻工作者职业素养现状调研"（唐绪军主持）；院国情考察课题 1 项："流动工人社区的文化生活和文化建设"（赵天晓主持）；院青年科研启动基金课题 1 项："传统媒体数字版权保护的难点及其解决途径"（朱鸿军主持）；院亚洲项目研究课题 1 项："新媒介环境下印度传媒业的发展态势与媒介政策"（张放主持）；所重点课题 7 项："微博对新闻业的冲击研究"（贾金玺主持），"新媒体影响下的电视民生新闻发展趋势"（冷淞主持），"青少年网络行为研究的变量设计及问卷编制"（杨斌艳主持），"中国电影发展的'第三条道路'——中国电影模仿'韩国模式'与'好莱坞模式'之反思"（张建珍主持），"新闻网站的移动化之路"（张逸主持），"国外媒介、信息产业的判例研究"（张放主持），"网络广告的研究方法探析"（王凤翔主持）。

（2）结项课题。2012 年，新闻与传播研究所共有结项课题 28 项。其中，院 A 类重大课题 1 项："美国政府与新闻媒体关系研究"（张西明主持）；院重大课题 1 项："我国网络媒体的发展态势、影响力与和谐社会的构建"（尹韵公、孟威主持）；院重点课题 2 项："世界主要国家新兴媒体管理机制比较研究及对中国之借鉴"（张化冰主持），"传播学跨学科研究：历史、理论与实践"（杨瑞明主持）；院青年学者资助课题 1 项："3G 时代的网络传播"（杨斌艳主持）；院青年科研启动基金课题 1 项："美国新闻网站发展状况研究"（贾金玺主持）；所重大课题 3 项："构建社会主义的和谐社会传播体系"（明安香主持），"西方国家传播政策研究"（杨瑞明主持），"传播学在中国的 30 年（1978～2008）高端 DV 访谈"（姜飞主持）；所重点课题 19 项："网络媒体管理与党的执政能力建设"（刘瑞生主持），"对中国传播学研究本土化过程的观察和分析"（刘晓红主持），"农村广播电视政策的变迁及其影响力"（孙五三主持），"独联体国家的'颜色革命'和美国的文化渗透"（张丹主持），"社会转型与伦理重构——家庭伦理电视剧研究"（张建珍主持），"发达国家媒介监管研究：媒介控诉处理体系"（张放主持），"新闻自由与隐私权保护的冲突与平衡"（王颖主持），"西方广告法制研究"（王凤翔主持），"胡锦涛新闻思想与全球化语境"（王凤翔主持），"电视新闻报道中的负面效应及改进策略"（冷淞主持），"'茉莉花革命'事件与'新媒体行动'现象研究"（贾金玺主持），"互联网音视频政策变迁对其现实传播的影响"（杨斌艳主持），"微博在'茉莉花革命'中的影响和作用"（张化冰主持），"微博舆论引导研究"（雷霞主持），"微博对新闻业的冲击研究"（贾金玺主持），"新闻网站的移动化之路"（张逸主持），"社交媒体在当代政治传播中的角色和作用"（殷乐主持），"青少年网络行为研究的变量设计及问卷编制"（杨斌艳主持），"网络广告的研究方法探析"（王凤翔主持）。

（3）延续在研课题。2012 年，新闻与传播研究所共有延续在研课题 23 项。其中，国家社会科学基金课题 3 项："完善我国媒介消费投诉的受理机制"（宋小卫主持），"普世价值的传播与中国话语权研究"（张丹主持），"台湾政治转型与新闻传播制度变迁"（向芬主持）；院重大课题 1 项："媒介融合环境下的国际传播体系建构研究"（殷乐主持）；院重点课题 8 项："中国民营传媒业发展报告"（唐绪军主持），"全球传播时代民族文化危机与国家文化政策"（张满丽主持），"海外中文网络发展及舆情研究"（刘瑞生主持），"新媒体时代的舆论引导研究"（雷霞主持），"国际电视节目模式输入与本土化策略研究"（张建珍主持），"抵制电视节目低俗化研究"（时统宇主持），"传播学理论动态研究"（王怡红主持），"中国网络广告发展与文化传播安全研究"（王凤翔主持）；院青年科研启动基金课题 2 项："中国新闻评价标准研究"（钱莲生主持），"传统媒体数字版权保护的难点及其解决途径"（朱鸿军主持）；院亚洲研究项目课题 1 项："新媒介环境下印度传媒业的发展态势与媒介政策"（张放主持）；所重大课题 3 项："理论新闻传播学基础研究"（宋小卫主持），"欧美发达国家新媒体法制监督和伦理约束"（孟威主持），"社会化媒体对舆论导向与信息传播的影响力研究"（谢明主持）；所重点课题 5 项："胡锦涛同志新闻宣传思想的理论创新"（孟威主持），"世界传媒研究中心：午餐学术沙龙"（姜飞主持），"新媒体影响下的电视民生新闻发展趋势"（冷凇主持），"中国电影发展的'第三条道路'——中国电影模仿'韩国模式'与'好莱坞模式'之反思"（张建珍主持），"国外媒介、信息产业的判例研究"（张放主持）。

3. 获奖优秀科研成果

2012 年，新闻与传播研究所获由教育部高等学校新闻学科教学指导委员会、中国高等教育学会新闻学与传播学专业委员会和全国新闻学研究会主办的"全国首届新闻学青年学者优秀学术成果奖"1 项：殷乐的《八卦新闻之流变及传播解析》。评出"2012 年度新闻与传播研究所优秀科研成果奖"专著类一等奖 1 项：宋小卫的《媒介消费之讼——中国内地案例重述与释解》；专著类三等奖 1 项：时统宇的《收视率导向研究》；论文类一等奖 1 项：王怡红的《历史与现实："16 字方针"的意义阐释》；论文类二等奖 1 项：刘晓红、孙五三的《价值观框架分析——研究媒介和价值观变迁的可能途径》；论文类三等奖 2 项：向芬的《大陆时期国民党新闻传播制度评析（1927～1949）》，张化冰的《1935 年〈出版法〉修订始末之探讨》；译著类二等奖 1 项：孙五三的《传播学简史》。

4. 科研组织管理新举措

（1）2012 年 3 月，新闻与传播研究所创办内部刊物《新闻所通讯》。截至 2012 年年底，共发布 18 期。该刊物为所内人员的沟通交流搭建平台，建立起一种归属感；举凡院里、所里的各种事项可以通过"上情下达""所内动态""所务公开"等栏目及时向大家通报；科研人员的科研成果、在研项目、研究中的心得体会、读过的好书也可以通过"成果简介""心得体会""好书推荐"等栏目相互交流。

（2）2012年8月，经新闻与传播研究所所务会研究通过，由新闻与传播研究所"世界传媒研究中心"承办的"午餐学术沙龙"正式更名为新闻与传播研究所"品道午餐学术沙龙"，并制定了相应的工作流程。此项举措使该沙龙成为一个所级的学术交流平台，旨在广邀国内外新闻传播领域有影响力的专家学者介绍学界、业界动态，分享研究成果和理论观点，活跃所内学术交流气氛，培养中青年学术骨干，保持新闻与传播研究所优良的学术传统。

（3）2012年12月，经新闻与传播研究所所长办公会研究决定，将《中国新闻年鉴》编辑部和《新闻与传播研究》编辑部整合为一个新的编辑室。新成立的编辑室有利于整合两个编辑部现有人力资源，优势互补，也便于统一领导，统一管理，分工合作，形成合力。

（三）学术交流活动

1. 学术活动

2012年，新闻与传播研究所主办或主要承办的学术会议有：

（1）2012年8月31日，新闻与传播研究所与中国新闻社联合举办"新闻文风改革暨中新风格学术研讨会"。该研讨会是为贯彻落实中央《关于在新闻战线广泛深入开展"走基层、转作风、改文风"活动的意见》和刘云山同志关于社科理论界也要"走转改"的指示精神，学界与业界相结合的一次尝试。

（2）2012年9月23日，新闻与传播研究所在国家新闻出版总署举办"全国新闻记者培训教材编写研讨会"。会议上半场由国家新闻出版总署新闻报刊司司长王国庆主持，国家新闻出版总署副署长蒋建国讲话，新闻与传播研究所党委副书记、副所长赵天晓发言。会议下半场由新闻与传播研究所副所长唐绪军主持。来自中国社会科学院、中央党校、人民大学、复旦大学、苏州大学、新华社、中国新闻出版报社、《重庆晨报》、《京华时报》等高校和媒体的专家对新闻记者培训教材的编写大纲提出了中肯的建议。

（3）2012年11月16日，由新闻与传播研究所媒介研究室（广播影视研究中心）与北京第二外国语学院英语学院（美国传媒文化研究中心）共同建立的"全球影视与文化软实力实验室"的揭牌仪式暨研讨会在中国社会科学院报告厅举行。

（4）2012年11月26～30日，由新闻与传播研究所主办、中共凉山彝族自治州委宣传部承办的"中国新闻年鉴第32届全国工作会议"在四川省凉山彝族自治州西昌市召开。会上，《中国新闻年鉴》编委、主编钱莲生对《中国新闻年鉴》2012年卷编辑出版工作作了总结，对2013年供稿工作提出了具体要求。相关领导给多年来为年鉴编辑出版工作作出贡献的历届资料中心主任代表颁发了荣誉证书。

（5）2012 年 12 月 5 日，中央对外宣传办安排并带领德国媒体代表团来新闻与传播研究所访问，与该所研究人员座谈。双方围绕传媒产业发展等议题展开讨论。

（6）2012 年 1 月 1 日至 12 月 31 日，新闻与传播研究所"品道午餐学术沙龙"共举办 5 次。

2012 年 11 月，"全球影视与文化软实力实验室"揭牌仪式暨研讨会在北京举行。

2. 国际学术交流与合作

2012 年，新闻与传播研究所共派遣出访 5 批 5 人次，接待来访 1 批 1 人次。与新闻与传播研究所开展学术交流的国家有美国、日本、南非、印度、丹麦。

（1）2012 年 5 月 18～27 日，新闻与传播研究所卜卫赴美国南加州大学 Annenberg 新闻传播学院，参加"中国互联网国际研讨会"。

（2）2012 年 5 月 16 日至 8 月 12 日，新闻与传播研究所张化冰赴日本北海道大学作学术访问，该项目属于日本学术振兴会论文博士项目。

（3）2012 年 7 月 13～20 日，新闻与传播研究所卜卫受邀赴南非 Kwalulu-Natal 大学，参加"国际传播与媒介研究学会年会（IAMCR）"。

（4）2012 年 8 月 7 日至 9 月 12 日，新闻与传播研究所卜卫应丹麦哥本哈根大学北欧亚洲研究所邀请做访问学者，继续从事有关亚洲性别与传播研究。

（5）2012 年 9 月 20 日至 2013 年 9 月 19 日，新闻与传播研究所赵康赴美国南加州大学进行为期一年的学术访问。该项目为美国福特基金项目个人长期进修资助项目。

（6）2012 年 11 月 18 日至 12 月 11 日，印度国防研究分析研究所中国和东亚问题研究室资深研究员拉普·纳拉扬·达斯来华进行学术访问。此次访问为社科院与印度社科理事会合作协议项目，由新闻与传播研究所负责接待。

3. 与中国香港、澳门特别行政区和中国台湾开展的学术交流

（1）2012 年 7 月 1～15 日，新闻与传播研究所卜卫应邀参加在香港中文大学新闻传播学院举办的"流动劳工文化艺术和传播赋权"工作坊。

（2）2012 年 12 月 8～11 日，新闻与传播研究所卜卫应邀参加香港科技大学社会科学部在香港主办的"阶级、权力和中国国际研讨会"。

（四）学术期刊

（1）《新闻与传播研究》（双月刊），2012年1～2期主编为尹韵公，3～6期主编变更为唐绪军。

2012年，《新闻与传播研究》全年共出版6期，共计120万字。该刊全年刊载的有代表性的文章有：尹韵公的《论中国独创特色的内部参考信息传播工作及其机制》，张硕勋、王晓红的《论大众传播语境下甘南藏区社会流动与文化整合》，刘卫东、荣荣的《网络时代的媒介权力结构与社会利益变迁——以当代中国社会意识形态为视角》，蔡骐的《影像传播中的历史建构与消解——解析电视传播中的"口述历史"现象》，胡翼青等的《论文化向度与社会向度的传播研究》，姜红的《现代中国"无冕之王"神话的建构与消解》，张放的《网络人际传播中印象形成机制的实验研究》，韩运荣、高顺杰的《微博舆论中的意见领袖素描——一种社会网络分析的视角》，夏倩芳、王艳的《"风险规避"逻辑下的新闻报道常规——对国内媒体社会冲突性议题采编流程的分析》，袁光锋的《合法化框架内的多元主义：征地拆迁报道中的"冲突"呈现》，孙五三、刘晓红的《量化 VS. 质化 是非七辨》，曹晋、张楠华的《新媒体、知识劳工与弹性的兴趣劳动——以字幕工作组为例》，童清艳、钮铭铭的《"触媒"时代受众自治的"纸媒"社会化媒体特征——以城市生活类周报 iPhone 形态为中心的实证研究》，李滨的《立宪目标下的报刊政治角色设想——戊戌后梁启超的"政本之本"观点探析》。

（2）《中国新闻年鉴》（年刊），主编钱莲生。

《中国新闻年鉴》2012年卷是该刊连续出版的第31卷，2012年11月出版。全书共计160万字，设有"要文""典章""综述""概况：中央主要新闻媒体（社团）""概况：地方新闻事业""概况：港澳台新闻传播业""专辑：中国新闻界'走转改'活动""专辑：中国记协第八届理事会""专论""新论""新书""经验""评奖·表彰""调查""专题：中国传媒集团""专题：新媒体""人物""机构""统计""纪事"和"附录"等栏目。

该卷卷首"图片"栏目记录了党和国家领导人对新闻界的亲切关怀以及重大报道、重要活动、事业发展、友好往来、重要会议等的精彩瞬间。"要文"栏目选摘了党和国家领导人及新闻宣传界领导2011年对新闻事业的新指示、新要求和新阐释。"概况"栏目刊发了2011年我国在新闻宣传、对外宣传、报刊管理、广播电视业发展、网络媒体与网络传播、广告业等的专项综述，刊发了中央主要新闻媒体、各省、自治区、直辖市以及港澳台地区2011年新闻传播事业的基本概况，特别刊发了中宣部新闻局提供的建党90周年新闻宣传工作综述。该卷增设了"中国新闻界'走转改'活动""中国记协第八届理事会"两个专辑。2011年，我国新闻传播学研究取得的成果在"综述""专论""新论""新书""调查""专题：中国传媒集团"等栏目中进行了较为充分的记录。"综述"栏目刊发了中国社会科学院新闻与传播研究所学者撰写的《中国新闻学研究2011年综述》《中国传播学研究2011年综述》。"专论"栏目选发了新闻界主要领导及权威人士关于新闻宣传、国际传播、新媒体建设、创新发展等方面的专门论述。"新论"栏目选编了一年来在新闻与传播理论、新闻与传播实务、新闻传播史、经营管理、国际传播、新媒介与科技和新闻教育等方面公开发表的有代表性的论文和观点。

（五）会议综述

新闻文风改革暨中新风格学术研讨会

2012 年 8 月 31 日，为贯彻落实中央《关于在新闻战线广泛深入开展"走基层、转作风、改文风"活动的意见》和刘云山同志关于社科理论界也要"走转改"的指示精神，中国社会科学院新闻与传播研究所与中国新闻社在北京共同举办了"新闻文风改革暨中新风格学术研讨会"。

国侨办、中国记协的领导，中宣部、中央外宣办等单位相关部门的领导，北京大学、清华大学、中国人民大学、复旦大学、中国传媒大学、四川大学、武汉大学、厦门大学、汕头大学等高校的专家学者，中央和地方主流媒体、知名网络、新媒体的负责人，中新社领导和部门负责人，新闻与传播研究所领导和专家学者近百人参加研讨会。会议主要研讨了"新闻文风改革"和"中新风格"。

新闻与传播研究所党委副书记、副所长赵天晓发表了题为《文风塑造媒体风骨和新闻品质》的致辞；新闻与传播研究所副所长、研究员唐绪军主持研讨会的重点发言，并作了题为《数往知来　共赴未来》的总结发言；研究员时统宇、姜飞、闵大洪分别作题为《研讨"中新风格"不是怀旧，而是为了向前看》《"中新风格"的作用和意义》《受众对主流媒体的作用更加期待》的主旨演讲。

研讨会上，与会领导、专家学者、媒体同仁围绕着新时期中国新闻文风转变的必要性和重要性，探讨如何弘扬传媒行业的专业精神和社会责任感；从对外报道话语特质与国际传播能力建设角度出发，探讨"中新风格"背后的职业精神以及如何形成中国特色的传媒价值观；针对自媒体时代的舆论格局和话语表达方式，探讨如何改进创新新闻报道特别是对外报道方式。

研讨会以"中新风格"为切入点，对中央落实"走转改"活动进行经验总结和理论升华。一方面有助于深化理论界对"走转改"活动的理性认识，使得新闻理论更加贴近新闻实践；另一方面，也有利于业界构建"走转改"活动的长效机制，进一步提炼塑造媒体的核心价值。

2012 年是中新社成立 60 周年。自诞生之日起，中新社就担负着沟通中国与世界的使命，其清新的话语方式被誉为"中新风格"而独树一帜。开展"走转改"活动以来，中新社记者编辑全情投入，沉下身、接地气，努力读懂真实国情，对外发声有的放矢，得到了中央领导同志的肯定，涌现了一批反映中国发展现实、受到海外受众欢迎的作品，并结集出版了《寄往海外的书笺——中新社"走转改"作品集》。

中国社会科学院新闻与传播研究所作为国家级新闻与传播研究机构，在"走转改"活动中理应有所作为。"走转改"活动具有很强的实践性，对于新闻理论界来说，应该深刻把握"走转改"活动给新闻实践带来的促进和变革，及时总结新经验、研究新问题，使新闻理论研究和创新直接面对新闻业界的需求。此次与中新社联合举办研讨会，也是中国社会科学院新闻与传播研究所贯彻落实"走转改"精神的一次有益尝试。

（贾金玺）

"全球影视与文化软实力实验室"揭牌仪式暨研讨会

2012 年 11 月 16 日，为贯彻中央关于深化文化体制改革，提高国家文化软实力，提升国际竞争力的精神，将党的十八大报告提出的各项文化建设目标贯彻落实到科研工作中，推进哲学社会科学领域的创新和深化学科建设，"全球影视与文化软实力实验室"揭牌仪式暨研讨会在中国社会科学院报告厅举行。来自科研院所、高等院校及各大媒体的专家学者共计 50 余人参加了研讨会。

该实验室是国内首个影视与文化软实力实验室，由中国社会科学院新闻与传播研究所媒介研究室（广播影视研究中心）与北京第二外国语学院英语学院（美国传媒文化研究中心）联合共建，是一个从事媒介与文化集成研究和创新实践的学术机构，同时也是一个多学科交叉的学科建设和科研教学平台。

中国社会科学院科研局副局长朝克到会致辞。会上，中国社会科学院新闻与传播研究所副所长唐绪军与北京第二外国语学院院长周烈正式签署合作协议，中国社会科学院新闻与传播研究所党委副书记、副所长赵天晓与周烈为实验室揭牌。会议由全球影视与文化软实力实验室联席主任殷乐、梁虹共同主持。

朝克在致辞中表示，实验室的成立是对中央加强文化建设精神的贯彻和落实，同时实验室的成立打破了学科的壁垒，是哲学社会科学跨学科的创新性合作，在一定程度上开拓了学科建设的新路径。唐绪军在发言中表示，实验室的成立适逢其时。他在深入分析了当前文化和影视发展态势后指出，创新科研在文化建设中的重要性，期待双方能够发挥优势，共同努力促进影视文化大发展。邱鸣在发言中表示实验室是研究所与高校合作加强哲学社会科学研究与提高人才培养质量的实践创新，将大力支持实验室的各项工作。

研讨会上，来自学界和业界的多位专家先后发言，就中国文化产品走出去、文化软实力建设、文化和生态、影视受众分析主题等进行了深入研讨并对实验室的未来建设提出了建议。中国社会科学院文学研究所所长陆建德在发言中指出，中国需要有自己的动人故事，实验室成立之后要对当今文化现象进行分析。清华大学教授郭镇之在发言中结合中国电视剧走出去的研究，探讨了中国文化产品国际传播的问题，并指出，从国外影视研究与实践的发展经验来看，全球影视与文化实验室的成立非常有必要。中国社会科学院新闻与传播研究所研究员时统宇也对文化软实力和实验室建设的必要性进行了深入分析。中央电视台总编室市场评估部主任徐立军和华文出版社副社长兼副总编辑李红强从业界角度探讨了影视、受众与文化软实力问题，并提出愿为实验室的发展提供资源支持。

（殷　乐）

中国新闻年鉴第 32 届全国工作会议

2012 年 11 月 26~30 日，由中国社会科学院新闻与传播研究所主办、中共凉山彝族自治州委宣传部承办的"中国新闻年鉴第 32 届全国工作会议"在四川省凉山彝族自治州西昌市举行。中国社会科学院新闻与传播研究所副所长、《中国新闻年鉴》编委会常务副主任唐绪军，中国社会科学院新闻与传播研究所党委副书记、副所长、中国新闻年鉴社社长赵天晓，四川省记协常务副主席、四川日报报业集团副总编辑刘为民等出席会议。

2012 年 11 月，"中国新闻年鉴第 32 届全国工作会议"在四川省西昌市举行。

来自《人民日报》、新华社、《解放军报》、《经济日报》、中央人民广播电台、中国国际广播电台、中国新闻社、中国记协等中央主要新闻媒体（社团）和省级新闻单位资料中心的 40 多位代表参加了会议。会议由中国新闻年鉴社副社长孙京华主持。

唐绪军在会议开幕式上指出，《中国新闻年鉴》是一部重要的具有新闻理论价值、业务参考价值并有史学价值的大型年刊，创刊 30 多年来，越办越好，影响越来越大，成为一部具有权威性和品牌价值的年鉴。这是与新闻界各级主管部门、业务部门和学术部门的大力支持分不开的，也与为年鉴提供资料的各位新闻界同仁不计报酬、默默奉献和精益求精的精神分不开的。希望每一位为年鉴编辑出版事业努力工作的朋友继续发扬这种工作作风，为年鉴的发展出谋划策、贡献智慧和力量。《中国新闻年鉴》历来受到中国社会科学院新闻与传播研究所的高度重视，特别是 2011 年以来，中国社会科学院启动哲学社会科学创新工程，给《中国新闻年鉴》带来了新的发展机遇。

赵天晓代表中国新闻年鉴社向 30 多年来与《中国新闻年鉴》同舟共济的朋友们和各位代表多年的辛勤工作表示感谢，他强调，年鉴工作应该不断树立大局意识、史志意识、责任意识、精品意识、服务意识、引领意识，抓住党的十八大强调文化建设、社会建设的重大契机，在实施哲学社会科学创新体系建设的重大机遇面前，发扬 30 年的成绩，以改革创新的姿态将《中国新闻年鉴》进一步做大做强。

会上，《中国新闻年鉴》编委、主编钱莲生对《中国新闻年鉴》2012 年卷编辑出版工作作了总结，对 2013 年供稿工作提出了具体要求。相关领导给多年来为《中国新闻年鉴》编辑出版工作作出贡献的历届资料中心主任代表颁发了荣誉证书。

会议得到了中共四川省委宣传部的大力支持，刘为民受中共四川省委宣传部常务副部长、四川省记协主席侯雄飞的委托专程参加会议，并同与会代表分享了自己在办报过程中离不开《中国新闻年鉴》的体会。他说，在网络新媒体飞速发展的今天，越发凸显出《中国新闻年鉴》的权威性和重要性。

会议由中共凉山彝族自治州委宣传部承办，中共凉山州委宣传部常务副部长、外宣办主任陈甫林向与会代表介绍了凉山经济社会文化发展情况。

（肖重斌）

国际研究学部

世界经济与政治研究所

（一）人员、机构等基本情况

1. 人员

截至 2012 年年底，世界经济与政治研究所共有在职人员 114 人。其中，正高级职称人员 25 人，副高级职称人员 34 人，中级职称人员 35 人；高、中级职称人员占全体在职人员总数的 82%。

2. 机构

世界经济与政治研究所设有：国际金融研究室、国际贸易研究室、公司治理与产业政策研究室、全球宏观经济研究室、国际政治理论研究室、国际战略研究室、经济发展研究室、国际投资研究室、国际政治经济学研究室、马克思主义世界政治经济理论研究室、世界能源研究室、全球治理研究室、《世界经济》编辑部、《世界经济与政治》编辑部、《国际经济评论》编辑部、《中国与世界经济》（英文）编辑部、《世界经济年鉴》编辑部、所长办公室、科研处、人事处（党委办公室）、办公室、杂志社、资料信息室。

3. 科研中心

世界经济与政治研究所院属非实体研究中心有：中国社会科学院第三世界研究中心；所属非实体研究中心有：国际金融研究中心、全球并购研究中心、世界经济史研究中心、公司治理研究中心、世界华商研究中心、发展研究中心、美国经济研究中心。

4. 创新工程的实施和科研管理新举措

2012 年 2 月，世界经济与政治研究所正式进入院创新工程。该所共设创新项目 6 个，创新岗位 34 个。其中，首席管理 2 人，首席研究员 6 人，长城学者 1 人。张宇燕所长、陈国平书记为首席管理，孙杰研究员为长城学者。6 个创新工程项目分别是："国际货币金融体系改革与中国的政策选择"（首席研究员高海红）、"国际视角下的中国外贸转型研究"（首席研究员宋泓）、"中国的对外投资战略"（首席研究员姚枝仲）、"世界经济预测与政策模拟"（首席研究员张斌）、"中国参与全球治理的战略环境与战略选择"（首席研究员李东燕）、"扩大中国学界世界经济与国际政治研究成果国际影响力的创新计划"（首席研究员邵滨鸿）。

2012 年，该所在创新工程方面实施的新机制、新举措包括：（1）实施"人才强院"战略，在用人上打破过去的"只能上，不能下"的惯例，选择青年学者承担创新重任；（2）实施"管理强院"战略，在行政上打破领导只能牵头和负责课题研究的惯例，不少所级领导干部以执行研究员的身份参加不同创新项目组，承担相应的创新工作；（3）实施"科研强院"战略，在研究过程中打破过去只在一个学科、一个研究所内组织科学研究活动的惯例，跨学科、跨研究所组织科研活动，开放式从事科学研究。为了推进研究室建设和学科发展，该所还新成立了"世界能源研究室"和"全球治理研究室"，并于 2012 年 12 月获得院人事局的批准。

（二）科研工作

1. 科研成果统计

2012 年，世界经济与政治研究所共完成专著 11 种，467.7 万字；论文 170 篇，217 万字；研究报告 100 篇，196.6 万字；译著 4 种，66.2 万字；译文 3 篇，12.36 万字；学术普及性读物 6 种，208.1 万字；工具书 1 种，133 万字；一般文章 160 篇，48.24 万字。

2. 科研课题

（1）新立项课题。2012 年，世界经济与政治研究所共有新立项课题 15 项。其中，国家社会科学基金课题 2 项："未来 10 年世界经济格局演变趋势及我国发展战略调整研究"（张宇燕主持），"我国对外金融资产负债失衡与金融调整研究"（肖立晟主持）；院国情考察课题 1 项："考察新疆哈密、库尔勒和黑龙江伊春等地调整产业结构、转变经济发展方式情况"（陈国平主持）；所重点课题 12 项："人民币汇率变动对企业绩效的影响"（吴国鼎主持），"劳动力市场分割与中国劳动力迁移——从国际比较看中国的户籍改革"（宋锦主持），"中国的印度洋战略区安全构想"（主父笑飞主持），"泛太平洋战略经济伙伴关系协定与中国的对策"（张琳主持），"中国发展面临的国际环境与战略选择"（王东主持），"资本市场与绿色融资——日美模式对我国的启示"（田慧芳主持），"中国出口的专业化之路及其影响因素"（高凌云主持），"中国对外金融资产负债失衡与金融调整"（肖立晟主持），"中国如何应对国际规则"（何帆主持），"世经政所电子期刊项目"（姚枝仲主持），"后起国家走向制造强国的产业路径研究：中国产业可持续发展的一项国际比较"（李毅主持），"中西方政治理念的碰撞与融合——以宪政话语为例"（彭成义主持）。

（2）结项课题。2012 年，世界经济与政治研究所共有结项课题 16 项。其中，院重点课题 2 项："中国外汇储备多元化战略研究"（张斌主持），"中国的短期国际资本流动：规模、诱因与冲击"（张明主持）；院青年科研启动基金课题 7 项："冷战后非政府组织参加国际会议和中国对策"（袁正清主持），"全球外国直接投资的发展及受金融危机的影响"（马涛主持），"中国崛起中的政治文化变迁及其与国际规范演进的互动"（王雷主持），"多边视角下的事实汇率制度研究"（黄薇主持），"对我国创业板市场发展现状的研究——基于公司治理的视角"

（叶扬主持），"学术期刊编辑部电子化问题研究"（王徽主持），"中国—东盟自贸区贸易增长的二元边际"（张琳主持）；院国情考察课题 1 项："考察新疆哈密、库尔勒和黑龙江伊春等地调整产业结构、转变经济发展方式情况"（陈国平主持）；所重点课题 6 项："中国崛起中的政治文化变迁及其与国际规范演进的互动"（王雷主持），"跨国公司人权责任的国际法规制"（韩冰主持），"人民币汇率变动对企业绩效的影响"（吴国鼎主持），"劳动力市场分割与中国劳动力迁移——从国际比较看中国的户籍改革"（宋锦主持），"中国发展面临的国际环境与战略选择"（王东主持），"中国如何应对国际规则"（何帆主持）。

（3）延续在研课题。2012 年，世界经济与政治研究所共有延续在研课题 24 项。其中，国家社会科学基金课题 9 项："日本的战略文化与中日战略互惠关系的建构"（卢国学主持），"冷战后大国的核战略、防扩散战略的调整与核不扩散体制危机的解决思路"（邵峰主持），"金融危机后我国国际贸易摩擦治理路径的有效性研究"（李春顶主持），"二十国集团面临的全球治理重点问题研究"（高海红主持），"国际组织分析的社会学路径研究"（袁正清主持），"金融危机后新兴经济体参与全球经济治理的挑战及我国对策研究"（徐秀军主持），"美国主权债务可持续性与中国外汇储备管理研究"（王永中主持），"未来 10 年世界经济格局演变趋势及我国发展战略调整研究"（张宇燕主持），"我国对外金融资产负债失衡与金融调整研究"（肖立晟主持）；国家自然科学基金课题 1 项："G20 主要经济体短期 GDP 和 CPI 走势预测"（何新华主持）；院 B 类重大课题 3 项："苏联 1932～1933 年饥荒问题与当代乌俄两国关系研究"（李燕主持），"俄罗斯国有企业改革的路径与后果"（陈国平主持），"中国对外直接投资适度规模与结构研究"（李众敏主持）；院重点课题 1 项："中国与联合国——中国多边外交战略探讨"（李东燕主持）；院青年科研启动基金课题 1 项："中国国际关系理论中的全球化与全球主义研究"（但兴悟主持）；所重点课题 8 项："中国的印度洋战略区安全构想"（主父笑飞主持），"泛太平洋战略经济伙伴关系协定与中国的对策"（张琳主持），"资本市场与绿色融资——日美模式对我国的启示"（田慧芳主持），"中国出口的专业化之路及其影响因素"（高凌云主持），"中国对外金融资产负债失衡与金融调整"（肖立晟主持），"世经政所电子期刊项目"（姚枝仲主持），"后起国家走向制造强国的产业路径研究：中国产业可持续发展的一项国际比较"（李毅主持），"中西方政治理念的碰撞与融合——以宪政话语为例"（彭成义主持）；研究室启动基金课题 1 项："信任对公司规模及公司合作模式的影响——理论与实证研究"（涂勤主持）。

3. 获奖优秀科研成果

2012 年，世界经济与政治研究所评出研究所优秀科研成果奖 6 项：张宇燕、李增刚的专著《国际经济政治学》，李少军的专著《国际关系学研究方法》，王逸舟、谭秀英的专著《中国外交六十年（1949～2009）》，高海红的论文《最优货币区：对东亚国家的经验研究》，东艳的论文《深度一体化、外国直接投资与发展中国家的自由贸易区战略》，李国学的论文《资产专用性投资与全球生产网络的收益分配》。

（三）学术交流活动

1. 学术活动

2012 年，世界经济与政治研究所主办和承办的重要学术会议有：

（1）2012 年 1 月 20 日，由世界经济与政治研究所美国经济研究中心举办的"世界经济宏观展望研讨会"在北京召开。

（2）2012 年 5 月 21 日，由世界经济与政治研究所举办的"中墨经济发展论坛"在北京召开。会议研讨的主要问题有"中国经济发展经验、模式与政策"。

2012 年 5 月，"中墨经济发展论坛"在北京举行。

（3）2012 年 5 月 22 日，由中国社会科学院主办、世界经济与政治研究所承办的"中国社会科学论坛：G20 与国际经济秩序国际学术研讨会"在北京召开。会议的主题是"G20 与国际经济秩序"。

（4）2012 年 6 月 29 日，由财政部国际司主办、世界经济与政治研究所承办的"中国经济与财税金融改革研讨会"在北京召开。会议的主题是"中国经济与财税金融改革"。

（5）2012 年 7 月 12 日，波兰央行行长马雷克·贝尔先生在世界经济与政治研究所发表了题为《欧债危机与波兰的关系》的演讲。

（6）2012 年 7 月 18 日，由世界经济与政治研究所主办的"中国与意大利的经济与社会福利改革研讨会"在北京召开。

（7）2012 年 8 月至 9 月，由世界经济与政治研究所主办的韩国系列演讲会（1~6 讲）在北京举办。六讲的题目分别是"韩国的金融自由化及其对中国的启示""区域经济合作：韩国和中国""中等收入陷阱与韩国的经验""人口老龄化问题的挑战：韩国的经验""中国国有企业结构改革的考察""韩国的经济发展与启示"。

（8）2012 年 8 月 13 日，日本银行副总裁山口广秀在世界经济与政治研究所发表了题为《欧债危机与日本经济》的演讲。

（9）2012 年 9 月 3~4 日，由世界经济与政治研究所与财政部国际司联合举办的"2012 年中国经济观察与思考高层研讨会"在北京召开。会议的主题是"中国经济内外部风险和应对策略"。

（10）2012 年 9 月 24 日，美国艺术与科学学院院士、美国国民经济研究局研究员、纽约大学斯特恩商学院经济学教授保罗·罗默在世界经济与政治研究所发表了题为《中国在全球金融体系中的机会》的演讲。

（11）2012 年 10 月 26 ~ 28 日，由世界经济与政治研究所《世界经济》编辑部主办的国际学术研讨会在北京召开。会议的主题是"建立中日货币合作监测指标"。

2012 年 9 月，"2012 年中国经济观察与思考高层研讨会——中国经济内外部风险和应对策略"在北京举行。

（12）2012 年 11 月 1 日，英国学术院主席亚当·罗伯茨爵士在世界经济与政治研究所发表了题为《联合国在世界秩序中的作用》的演讲。

（13）2012 年 12 月 6 日，由中国社会科学院亚洲研究中心主办，韩国高等教育财团赞助，世界经济与政治研究所承办的"第三届亚洲研究论坛"在北京召开。论坛的主题是"亚太新秩序：政治与经济的区域治理"。

（14）2012 年 12 月 24 日，由世界经济与政治研究所和社会科学文献出版社共同主办的"2013 年《世界经济黄皮书》《国际形势黄皮书》暨世界经济与国际形势报告会"在北京举行。

2. 国际学术交流与合作

2012 年，世界经济与政治研究所共派遣出访 109 批 149 人次，接待来访 288 批 600 多人次（含中国社会科学院邀请来访 2 批 2 人次）。其中，执行 2012 年度院级对外学术交流协议出访 9 批 23 人次；接待来访的外国学者 12 人，在来访的外国学者中，执行院级对外学术交流协议的来访学者有 2 批 2 人次。与世界经济与政治研究所开展学术交流的国家有美国、英国、法国、德国、加拿大、意大利、俄罗斯、哈萨克斯坦、塔吉克斯坦、乌兹别克斯坦、新加坡、日本、韩国、印度、印度尼西亚、荷兰、芬兰、瑞士、瑞典、罗马尼亚、波兰、塞尔维亚、匈牙利、捷克、越南、泰国、丹麦、希腊、卡塔尔、奥地利、比利时、西班牙、伊朗、土耳其、以色列、阿联酋、巴西、澳大利亚等。

（1）2012 年 1 月 7 ~ 11 日，应中美关系全国委员会邀请，中国社会科学院学部委员余永定赴美国纽约参加中国经济论坛和半官方对话，并就中国经济的前景发表自己的观点。

（2）2012年1月12～15日，应瑞士中央银行的邀请，世界经济与政治研究所副所长何帆赴瑞士伯尔尼参加"The Bellagio Group Meeting 2012"国际研讨会。

（3）2012年1月13日，世界经济与政治研究所所长张宇燕、国际金融研究室主任高海红等会见日本财务省国际局地域协力课课长栗原毅和日本财务省驻华公使贝塚正彰，双方就中日经济、世界经济形势交换意见。

（4）2012年2月8～20日，应外交部政策规划司的邀请，世界经济与政治研究所所长张宇燕随外交部政策咨询委员会代表团赴哈萨克斯坦、塔吉克斯坦和乌兹别克斯坦三国进行政策宣示。

（5）2012年2月26～28日，世界经济与政治研究所所长助理宋泓赴印度新德里，参加"金砖国家经济研究组会议"，并就"欧债危机对中国及金砖国家的影响"问题发言。

（6）2012年3月3～8日，世界经济与政治研究所所长助理姚枝仲随中联部代表团赴印度新德里，参加金砖国家智库会议，并就"中国的城市化之路"问题作主题发言。

（7）2012年3月20日，世界经济与政治研究所所长助理宋泓等会见印度新闻记者代表团，双方就中印两国的经贸关系等问题进行交流。

（8）2012年4月22日至5月1日，应美国财政部的邀请，世界经济与政治研究所所长张宇燕等赴美国，与美国财政部、美联储及智库就"美国经济以及全球经济"问题进行交流。

（9）2012年4月26日，中国社会科学院学部委员余永定等会见美国彼得森国际经济研究所副董事马库斯·诺兰高级研究员一行，双方就"中美汇率、人民币与美元的国际地位"等问题进行交流。

（10）2012年5月24日，世界经济与政治研究所所长张宇燕会见联合国开发计划署驻华大使罗黛琳、新加坡李光耀政府管理学院院长马凯硕教授一行，双方就"中国在全球治理中的作用"议题进行交流。

（11）2012年6月6日，世界经济与政治研究所所长张宇燕等会见美国国务院首席经济学家海迪·瑞迪科一行，双方就感兴趣的经济话题进行交流。

（12）2012年6月28日，世界经济与政治研究所副所长何帆等会见美国前财政部副部长、林赛集团董事总经理蒂姆·亚当斯一行，双方就"中国经济前景""当前美国经济形势""金融政策"等问题进行交流。

（13）2012年7月11日，世界经济与政治研究所所长张宇燕等会见瑞士联邦外交部助理国务秘书约克·劳博尔一行，双方就"对有关联合国事务的建议"等问题进行交流。

（14）2012年7月18日，世界经济与政治研究所所长张宇燕参加第三轮中美工商领袖和前高官对话。

（15）2012年8月20～30日，世界经济与政治研究所所长张宇燕一行赴塞尔维亚、匈牙利，就"欧盟合作"等问题了解到访国民众的观点和看法。

（16）2012年9月5日，世界经济与政治研究所所长张宇燕会见中国社会科学院经济问题国际青年学者研修班一行，双方就当前的国际形势进行交流。

（17）2012年9月11日，世界经济与政治研究所副所长何帆会见新西兰财政部理查德·福根一行，双方就"中国及国际宏观经济形势"问题进行交流。

（18）2012年9月12日，世界经济与政治研究所所长张宇燕等会见白俄罗斯外交部对外政治局局长尼古拉耶维奇一行，双方就"中国经济和世界经济"问题进行交流。

（19）2012年9月13日，世界经济与政治研究所所长张宇燕等会见越南外交学院院长邓庭贵一行，双方就"中越关系""区域经济合作""国际及地区形势"等问题进行交流。

（20）2012年9月13日，世界经济与政治研究所所长张宇燕等会见俄罗斯科学院远东研究所所长季塔连科院士一行，双方就当前国际及地区形势进行交流。

（21）2012年9月17~21日，应澳大利亚财政部的邀请，世界经济与政治研究所副所长何帆赴澳大利亚堪培拉，参加由国际货币基金组织、澳大利亚财政部、澳大利亚储备银行联合举办的"结构改变和亚洲的崛起讨论会"。

（22）2012年9月26日，世界经济与政治研究所所长张宇燕等会见印度智库——发展中国家研究与信息系统中心代表团，双方就"改革国际金融体系""金砖国家和G20框架内的中印合作"等问题进行交流。

（23）2012年11月2日，世界经济与政治研究所所长张宇燕等会见罗马尼亚驻华大使Doru Costea一行，双方就"中国经济发展展望""欧盟—中国关系"等问题进行交流。

（24）2012年12月7~16日，世界经济与政治研究所副所长何帆等赴美国华盛顿、纽约进行学术访问，双方就"全球宏观经济预测与模拟"等问题进行交流。

（25）2012年12月17日，世界经济与政治研究所所长张宇燕参加中国国际经济交流中心与联合国开发计划署合作召开的"全球治理高层政策论坛"。

（26）2012年，世界经济与政治研究所开展的国际合作研究项目有：该所与俄罗斯科学院世界经济与国际关系研究所共同申请的课题"中国的全球化及其对世界经济与政治的影响"；该所与荷兰BRILL出版社北美出版中心合作出版的中国社会科学院创新工程中译外项目成果《中国学者论世界经济与国际政治》。该所新签署的所级对外学术交流协议9个，协议对象分别是：韩国对外经济研究院、韩国发展研究院、东北亚经济基金会、德国基尔世界经济研究所、白俄罗斯科学院经济研究所、塞尔维亚国际政治与经济研究所、加拿大阿尔伯塔大学中国学院、日本东京俱乐部、日本久留米大学。此外，2012年，世界经济与政治研究所赴境外进修12人。

3. 与中国香港、澳门特别行政区和中国台湾开展的学术交流

（1）2012年1月12~16日，应中华能源基金委员会邀请，世界经济与政治研究所研究员徐小杰参加在香港召开的"中美能源对话研讨会"。

（2）2012年1月15～20日，应澳门检查律政学会的邀请，世界经济与政治研究所副所长陈国平、研究员姚枝仲等赴澳门进行访问，就澳门的经济发展等问题与澳门学者进行交流。

（3）2012年5月17～20日，应香港科技大学社科学院环境、能源和资源研究中心邀请，世界经济与政治研究所研究员徐小杰赴香港访问，就"能源黑天鹅"问题举办专题讲座。

（4）2012年6月18日，世界经济与政治研究所国际政治经济学研究室副研究员冯维江等会见台湾中正大学战略暨"国际事务研究所"助理教授赵文志一行，就"大陆是如何从经济安全的角度诠释国际社会的压力"问题与台湾学者进行交流。

（5）2012年6月28日，世界经济与政治研究所所长助理宋泓研究员会见台湾南台科技大学副教授曾雅真和台湾成功大学副教授陈欣之，就"全球经贸现状""区域经贸协议政策"等问题与台湾学者进行交流。

（6）2012年10月25日，世界经济与政治研究所副研究员郎平与台湾大学"国际发展研究所"研究生吴明珊就"中美印三角关系"等问题进行交流。

（7）2012年11月5日，台湾政治大学国际事务学院院长邓中坚教授在世界经济与政治研究所发表题为《从台湾的观点来看中国大陆石油能源对外的策略》的演讲。

（8）2012年11月11～13日，中国社会科学院学部委员余永定应邀参加由伦敦金银市场协会和伦敦铂金钯金交易市场联合在香港举办的贵重金属会议，并就"世界经济和货币的宏观展望"发表演讲。

（9）2012年12月9～16日，应台湾政治大学社会科学学院的邀请，世界经济与政治研究所研究员李东燕、王鸣鸣等赴台湾，就"东亚经济与安全合作""两岸关系发展及全球问题治理"等问题与台湾学者进行交流。

（四）学术社团、期刊

1. 社团

（1）中国世界经济学会，会长张宇燕。

2012年4月21日，中国世界经济学会转轨经济专业委员会、辽宁大学转型国家经济政治研究中心、复旦大学新兴市场经济研究中心共同主办的"转型国家经济发展战略及其与中国的合作"学术研讨会在上海召开。会议研讨的主要议题是"大选后俄罗斯经济发展战略的调整与经济发展的前景""中东欧国家经济增长模式的缺陷""中国与俄罗斯经济合作的前景"。

2012年6月2日，由中国世界经济学会、对外经济贸易大学、首都经济贸易大学和全国国际商务专业学位研究生教育指导委员会联合主办的"第四届中国国际商务发展论坛"在北京召开。会议的主题是"国际商务：应对经济的复苏和政治的变化"。

2012年6月3日，由中国世界经济学会和对外经济贸易大学联合主办的"第三届国际投资论坛"在北京召开。会议的主题是"中国跨国公司的成长与培育：理论、环境与模式"。

2012 年 6 月 17 日，中国世界经济学会、东南大学经济管理学院联合主办的"当前国际经济格局新演变与中国实体经济发展学术研讨会"在东南大学召开。

2012 年 9 月 27 日，由中国世界经济学会与上海交通大学联合主办、上海交通大学现代金融研究中心承办的"国际货币体系改革和人民币国际化国际研讨会"在上海召开。

2012 年 9 月 28 日，由上海交通大学与中国世界经济学会联合主办的"中国世界经济学会年会暨 2012 世界经济重大理论研讨会"在上海召开。会议的主题是"当前世界经济形势与全球经济治理机制改革"。

2012 年 10 月 13～15 日，由西南财经大学和莫斯科罗蒙诺索夫国立大学共同主办，中国世界经济学会、中国留美经济学会协办，西南财经大学经济学院与莫斯科罗蒙诺索夫国立大学全球化进程系联合承办的"2012 全球化进程国际学术大会暨全球化战略中国新思维高峰论坛"在四川省成都市举行。会议的主题是"全球化进程——现状、矛盾与前景"。

2012 年 10 月 18 日，由中国世界经济学会主办，中央财经大学金融学院和《国际经济评论》编辑部承办的国际货币基金组织副总裁、中国世界经济学会副会长朱民博士演讲会在北京举行。演讲的主题是"变化中的世界"。

2012 年 10 月 19～21 日，由中国世界经济学会、辽宁大学共同主办的"2012 年博士生论坛"在辽宁大学召开。会议的主题是"世界经济格局重构背景下东亚的机遇与挑战"。

2012 年 11 月 30 日，由中国世界经济学会主办、中央财经大学金融学院和《国际经济评论》编辑部承办的"浦山世界经济学优秀论文奖（2012）颁奖会暨学术演讲会"在中央财经大学举行。

（2）新兴经济体研究会，会长张宇燕。

2012 年 7 月 20 日，由新兴经济体研究会主办的"新兴经济体的发展与全球治理研讨会暨新兴经济体研究会成立大会"在北京召开。会议研讨的主要议题是"新兴经济体的经济稳定与增长""新兴经济体之间的经济合作""新兴经济体的崛起与全球化治理""新兴经济体面临的挑战"。

2. 期刊

（1）《世界经济》（月刊），主编张宇燕。

2012 年，《世界经济》共出版 12 期，共计 205 万字。该刊全年刊载的有代表性的文章有：陈斌开、林毅夫的《金融抑制、产业结构与收入分配》，徐建炜、徐奇渊、何帆的《房价上涨背后的人口结构因素：国际经验与中国证据》，孙琳琳、郑海涛、任若恩的《信息化对中国经济增长的贡献：行业面板数据的经验证据》，苟琴、王戴黎、鄢萍、黄益平的《中国短期资本流动管制是否有效》，陆军、刘威、李伊珍的《开放经济下中国通货膨胀的价格传递效应研究》，邱斌、刘修岩、赵伟的《出口学习抑或自选择：来自中国制造业的倍差匹配检验》，郭庆旺、赵旭杰的《地方政府投资竞争与经济周期波动》，张成思的《通货膨胀、经济增长与货币供应：回归货币主义?》，彭支伟、佟家栋、刘竹青的《垂直专业化、技术变动与经济波动》，黄先海、杨君、肖明月的《资本深化、技术进步与资本回报率：基于美国的经验分析》。

（2）《世界经济与政治》（月刊），主编张宇燕。

2012 年，《世界经济与政治》共出版 12 期，共计 216 万字。该刊全年刊载的有代表性的文章有：田野、张晓波的《国家自主性、中央银行独立性与国际货币合作——德国国际货币政策选择的政治逻辑》，叶自成的《从华夏体系历史看美国国际关系理论范式的西方特色》，李晓、冯永琦的《国际货币体系改革的集体行动与二十国集团的作用》，王逸舟的《欧洲干涉主义的多角度透视》，张锋的《"中国例外论"刍议》，李少军的《论中国双重身份的困境与应对》，张建新的《后西方国际体系与东方的兴起》，周方银的《松散等级体系下的合法性崛起——春秋时期"尊王"争霸策略分析》，陈志敏、常璐璐的《权力的资源与运用：兼论中国外交的权力战略》，苏长和的《在新的历史起点上思考中国与世界的关系》，宋德星的《战略现实主义——中国大战略的一种选择》，刘丰、董柞壮的《联盟为何走向瓦解》，徐秀军的《新兴经济体与全球经济治理结构转型》，王存刚的《论中国外交调整——基于经济发展方式转变的视角》，冯维江、余洁雅的《论霸权的权力根源》。

（3） China & World Economy （《中国与世界经济》）（英文双月刊），主编余永定。

2012 年， China & World Economy 共出版 6 期，共计约 56 万英文字符数。该刊全年刊载的有代表性的文章有："Export Dependence and Sustainability of Growth in China"/Yilmaz Akyuz（马兹·阿克于兹的《中国的出口依赖性和增长可持续性》），"Ties Binding Asia, Europe and the USA"/Soyoung Kim, Jong-Wha Lee, Cyn-Young Park（金素涵、李钟和、茨炀·帕克的《亚洲、欧洲和美国的经济纽带》），"Impact of RMB Appreciation on Trade and Labor Markets of China and the USA：A Multi-country Comparative General Equilibrium Model"/Xin Li, Dianqing Xu（李昕、徐滇庆的《人民币升值对中国和美国的贸易和劳动力市场的影响：基于多国比较的一般均衡模型》），"Why is Inflation in China a Monetary Phenomenon?"/Chengsi Zhang（张成思的《为什么中国的通货膨胀是货币现象?》），"Causes of Inflation in China：Inflation Expectations"/Liping He, Qianwen Liu（贺力平、刘前文的《中国通货膨胀的原因：通货膨胀的预期》）， "Chinese Outward Direct Investment：Is There a China Model?"/Yiping Huang, Bijun Wang（黄益平、王碧君的《中国的海外直接投资：是否存在中国模式?》）， "Assessing the Scale and Potential of Chinese Investment Overseas：An Econometric Approach"/Shiro Armstrong（希罗·阿姆斯特朗的《评估中国海外直接投资的规模和潜力：计量经济学方法》）， "Worldwide Inflation and International Monetary Reform：Exchange Rates or Interest Rates?"/Ronald Mckinnon（罗纳德·麦金农的《全球通货膨胀和国际货币改革：汇率还是利率?》），"The Failure of

Macroeconomics in America"/Joseph Stiglitz（约瑟夫·斯蒂格利茨的《宏观经济学在美国的失败》），"Impact of the US Economic Crisis on East Asian Economies：Production Networks and Triangular Trade through Chinese Mainland"/Ikuo Kuroiwa，Hiroshi Kuwamori（梯郁夫、藤原浩·库洼摩的《美国经济危机对东亚经济体的影响：围绕中国大陆形成的生产网络和三角贸易》），"Evidence on the Effects of Money Growth on Inflation with Regime Switching"/Jingquan Liu，Chunyang Pang（刘景泉、庞淳阳的《货币增长对通货膨胀的影响：通过区域转换模型得出的证据》）。

（4）《国际经济评论》（双月刊），主编张宇燕。

2012 年，《国际经济评论》共出版 6 期，共计 110 万字。该刊全年刊载的有代表性的文章有：张蕴岭的《把握周边环境新变化的大局》，余永定的《从当前的人民币汇率波动看人民币国际化》，卢锋的《测量中国》，蔡泳的《联合国预测：中国快速走向老龄化》，蔡昉的《未富先老与中国经济增长的可持续性》，郭志刚的《重新认识中国的人口形势》，沈可、王丰、蔡泳的《国际人口政策转向对中国的启示》，王缉思、钱颖一、王敏、贾庆国、白重恩的《构建中美战略互信》，李向阳的《太平洋伙伴关系协定：中国崛起过程中的重大挑战》，高海红的《全球流动性风险和对策》，冯维江、姚枝仲、冯兆一的《开发区"走出去"：中国埃及苏伊士经贸合作区的实践》，王逸舟的《和平崛起阶段的中国国家安全：目标序列与主要特点》，李建民的《普京新政与中俄合作》，金中夏、郭凯的《遗失的美元：全球货币总量统计的巨大遗漏》，张斌、徐奇渊的《汇率与资本项目管制下的人民币国际化》，黄海洲、李志勇、王慧的《全球再平衡新特点》，叶荷的《中国面临不一样的战略机遇期》，朱民的《变化中的世界》，卢锋、陈建奇、杨业伟的《减速与调整：全球宏观经济形势研判》。

（5）《世界经济年鉴》2012/2013 年卷（年刊），主编陈国平。

《世界经济年鉴》2012/2013 年卷共 100 万字。全书分为"总论""年度热点""专题报告""国别（地区）经济（亚洲、欧洲、非洲、美洲、大洋洲）""世界经济研究动态""世界经济最新动态""中国经济之窗""世界经济统计汇编"8 个部分。

（五）学术活动

中国社会科学论坛：G20 与国际经济秩序国际学术研讨会

2012 年 5 月 22 日，由中国社会科学院主办，中国社会科学院世界经济与政治研究所承办的"中国社会科学论坛：G20 与国际经济秩序国际学术研讨会"在北京召开。中国社会科学院副院长李扬出席研讨会并致辞，中国社会科学院世界经济与政治研究所所长张宇燕主持开幕式。

来自国际货币基金组织、亚洲开发银行、美国驻华使馆、德意志联邦共和国驻华使馆、韩国东北亚研究基金会、墨西哥拉美亚洲咨询顾问集团、印尼战略与国际问题研究中心、中国人民银行、中国社会科学院、中国国际金融有限公司等的 70 多位专家学者参加了研讨会。代表们就世界经济形势回顾与展望、危机后的经济增长、新兴经济体面临的机遇与挑战、G20 与全球治理四个议题展开了深入讨论。

与会代表充分肯定了 G20 在全球治理中发挥的重要作用，并就当前的国际经济形势发表了各自的见解。来自国际货币基金组织的代表运用资产负债表分析了去杠杆化对世界经济增长的影响；提出了未来世界经济增长将会遇到的一系列挑战。德意志联邦共和国驻华使馆金融参赞 Birgit Reichenstein 介绍了德国目前的经济形势，指出短期内德国的经济增长依然强劲。中国国际金融公司博士彭文生从一个比较长期的角度分析了未来全球经济的发展趋势，特别强调了当前发达国家量化宽松货币政策下，央行资产负债表扩张对经济去杠杆化的影响。世界经济与政治研究所研究员张斌根据公共债务去杠杆化的四种主要手段，分析了欧债危机未来的发展趋势。墨西哥拉美亚洲咨询顾问集团 Simon Levy 介绍了 G20 在墨西哥的工作重点，并提出了促进中墨两国在 G20 框架下合作的建议。印尼战略与国际问题研究中心 Raymond Atje 强调了 G20 集团中新兴国家面对的一些机遇和挑战。

中国社会科学院世界经济与政治研究所所长张宇燕在总结发言中认为，G20 是解决全球经济问题的最重要的平台，在全球治理方面发挥了非常重要的作用。此次会议的成功举办，对于在墨西哥召开的 G20 峰会具有重要政策含义，对于推动中国在 G20 框架下参与全球治理将发挥积极作用。

（郁艳菊）

中国世界经济学会年会暨 2012 世界经济重大理论研讨会

2012 年 9 月 28 日，由上海交通大学与中国世界经济学会联合主办的"中国世界经济学会年会暨 2012 世界经济重大理论研讨会"在上海交通大学召开。来自中国社会科学院、北京大学、中国人民大学、南开大学、南京大学、复旦大学、厦门大学、浙江大学、吉林大学、武汉大学、中山大学、上海财经大学、中央财经大学等 70 余家高校与研究机构的 130 余位专家学者莅临参会。大会共收到论文 101 篇，最终入选 48 篇。

上海交通大学安泰经济与管理学院院长周林教授和中国世界经济学会会长张宇燕分别致辞。会议设"特邀嘉宾主题演讲""中青年论坛""全球经济失衡与治理""国际金融""国际贸易""国际资本流动""大国关系"和"中国经济"6 个分会场。

张宇燕会长作了题为《2012 年世界经济形势》的报告，他首先从全球经济增速、通货膨胀水平、发达经济体的失业率、贸易增速、政府赤字占 GDP 的比重等五大宏观经济指标入手，对世界经济形势进行了分析。之后探讨了世界经济的几个重大问题：流动性的问题、发达国家整体出现了"日本化"的趋势、美国新能源政策、全球治理问题等。

亚洲开发银行研究所所长河合正弘分析了日元国际化的经验教训及其对人民币国际化的借鉴意义。他首先通过历史的回顾阐明日元不太成功的标志与六大原因，随后对人民币国际化作出评论并提出建议。上海交通大学安泰经济与管理学院教授潘英丽探讨了"如何应对国际货币体系的内在不稳定性"问题。美国加州大学戴维斯分校经济学系教授、布鲁金斯学会教授胡永泰讨论了"中等收入陷阱和中国对外经济政策"的问题。加拿大西安大略大学教授、加拿大皇家学院院士、美国国家经济研究局研究员 John Whalley 作了主题为"中国潜在经济增长和贸易谈判机制"的演讲。英国皇家国际事务研究所国际经济研究部主任 Paola Subacchi 的演讲讨论了"欧洲财政一体化之路"。中国世界经济学会副会长黄海洲就"全球再平衡"话题作了演讲。国家发展和改革委员会学术委员会秘书长张燕生讨论了中国经济增速"破八"及其意义与对策。中国社会科学院世界经济与政治研究所研究员张斌的演讲倡议"建立全球金融规则以走出困境"。

（郗艳菊）

第三届国际政治经济学论坛暨新兴经济体与国际关系学术研讨会

2012 年 11 月 9 ~ 11 日，由中国社会科学院世界经济与政治研究所、复旦大学、上海外国语大学、新兴经济体研究会共同主办的"第三届国际政治经济学论坛暨新兴经济体与国际关系学术研讨会"在上海召开。论坛的主题是"新兴经济体与国际关系"。来自全国 38 所高校、科研机构的专家学者 100 余人参加了会议。

论坛设四个议题。

第一个议题是"新兴经济体与全球治理"。学者们围绕新兴大国对全球治理的影响展开了讨论。

第二个议题是"新兴经济体发展模式与发展前景"。学者们通过对中国、印度、拉美等新兴经济体及其发展模式的分析，探讨了新兴经济体发展与现有国际格局变迁之间的互动关系。多数学者关注中国崛起问题，认为中国仍处于权力上升期，突出表现在经济规模上，但在综合因素考虑下中国在国际社会中的硬权力和软权力仍然有限。

第三个议题是"新兴经济体与重大国际问题"。与会学者普遍认为，目前经济话语权仍然掌握在以美国为首的西方国家手中，但新兴大国的群体性崛起有利于纠正长期以来权力和利益分配失衡的国际政治经济秩序。有学者指出，要在承认差异的前提下，强调传统大国与新兴大国之间的共同利益，并在此基础上探讨合作的可能性。

第四个议题是"新兴经济体之间的竞争与合作"。多数学者认为，虽然新兴经济体的地位有所提高，但仍难以撼动美国的霸主地位。同时，新兴经济体之间既竞争又合作，使国际体系更加错综复杂。

（郗艳菊）

第三届亚洲研究论坛——亚太新秩序：政治与经济的
区域治理国际学术研讨会

2012 年 12 月 6 日，由中国社会科学院亚洲研究中心主办，韩国高等教育财团赞助，世界经济与政治研究所承办的"第三届亚洲研究论坛"在北京举行。论坛的主题是"亚太新秩序：政治与经济的区域治理"。来自印度科学院、美国印第安纳大学、中国现代国际关系研究院、美国驻华大使馆、俄罗斯联邦驻中国商务代表处等 7 个国家的 80 多位代表参加了会议。

论坛设四个议题。

第一个议题是"亚太区域经济"。与会学者提出以下几个观点：（1）亚太地区应当继续推动全球的包容性发展、平衡性发展和可持续发展，以应对一些排他性地区主义的挑战；（2）亚太区域合作应该主动向更高标准、更高规则的开放和市场化推进；（3）亚太区域合作下一步的着力点应该是沿着亚洲路线图重点推动中日韩自贸区的发展，同时推动整个地区与中亚、俄罗斯、南亚次大陆的合作。对于东盟新近推出的"区域全面经济伙伴关系"方案，印度学者认为，该方案的实质是要打造一个以东盟为核心的"轮轴—辐条"经贸秩序，但同时，该方案则面临着中日韩自贸协定和 TPP 的挑战。

第二个议题是"亚太区域安全"。韩国学者认为，美国重返亚太是全方位的，其意图则是巩固自己不稳定的领导地位，并应对中国崛起带来的不确定性。他建议中国更加关注韩国的战略价值，加强两国的战略合作伙伴关系。印尼学者则着重阐述了东盟对于亚太区域安全的重要性，印尼除了主张东盟发挥核心作用外并无别的好的选择，并呼吁南海争议能通过区域性方式而不是双边方式来解决。中国学者认为，中印等大国的崛起、东盟和韩国等中等国家的快速发展、日本的"漂移"、美国的重返等都给亚太区域的安全结构造成影响。中国要牢牢抓住经济合作的主调，避免集团化，努力和美、俄、日、印建立新型大国关系。

第三个议题是"美国的亚太战略"。中国学者对美国"重返"亚洲的原因、方式、特点进行了全面介绍，并对此战略进行了评估。学者认为，新一届奥巴马政府在延续上一届任期的基本亚太策略的同时可能会有三个变化：更加强调离岸平衡和非接触性竞争、从关注太平洋向太平洋和印度洋两洋并重、更加转向经济方面。也有学者认为，看待美国的亚太战略应该放在全球新的时代背景下来进行，美国重返亚太战略表现的"言行不一"暴露了美国作为霸权国家的恐惧感。美国的亚洲战略主要是减少中国未来的选项而不是使中国陷入困境，其调整的核心是捍卫和延续美国霸权一贯的做法。

第四个议题是"亚太秩序展望"。中国学者介绍了 21 世纪头 10 年亚洲区域合作的发展以及进入 2012 年后亚洲区域经济合作出现的重大变化，并着重指出了现有 10＋1 框架的三个局限性，即"面条碗效应"、无法缓解缺乏最终消费市场的制约、对贸易投资自由化的促进作用正在递减。美国学者介绍了美国在亚洲地区的介入程度，美国的目标是在亚太地区通过以规则为基础的秩序来推动和平与繁荣。俄罗斯学者从俄罗斯作为亚太经合组织轮值主席国的角度谈了俄罗斯所看重的四个议题，即贸易投资自由化和地区经济一体化、加强粮食安全、建立可靠供应链和推动创新增长的地区间的相互合作。

（郝艳菊）

俄罗斯东欧中亚研究所

（一）人员、机构等基本情况

1. 人员

截至 2012 年年底，俄罗斯东欧中亚研究所共有在职人员 85 人。其中，正高级职称人员 25 人，副高级职称人员 25 人，中级职称人员 19 人；高、中级职称人员占全体在职人员总数的 81%。

2. 机构

俄罗斯东欧中亚研究所设有：俄罗斯政治社会文化室、俄罗斯经济室、俄罗斯外交室、中亚室、战略研究室、乌克兰室、东欧室、苏联室、《俄罗斯中亚东欧研究》编辑部、《俄罗斯东欧中亚市场》编辑部、国际研究分馆、科研处、办公室。

3. 人事变动

2012 年 2 月，中国社会科学院党组任命李永全为俄罗斯东欧中亚研究所副所长。

（二）科研工作

1. 科研成果统计

2012 年，俄罗斯东欧中亚研究所共完成专著 13 种，586.5 万字；论文 82 篇，72.5 万字；研究报告 62 篇，25.2 万字；一般文章 66 篇，34.24 万字。

2. 科研课题

（1）新立项课题。2012 年，俄罗斯东欧中亚研究所共有新立项课题 34 项。其中，院重点课题 1 项："俄罗斯发展报告（2012 年）"（李永全主持）；院国情调研课题 1 项："中俄边境地区合作——以绥芬河口岸为例"（李进峰主持）；所后期资助课题 32 项，其中专著 2 项：

"上海合作组织发展报告（2012 年）"（李进峰主持），"中亚国家发展报告（2012 年）"（孙力主持），论文资助 30 项。

（2）结项课题。2012 年，俄罗斯东欧中亚研究所共有结项课题 84 项。其中，国家课题 1 项："中俄关系历史档案文件集"（李静杰主持）；院重大课题 6 项："单极与多极的博弈：新世纪的中俄美三角关系"（郑羽主持），"欧洲一体化与巴尔干欧洲化"（朱晓中主持），"苏联通史"（张盛发主持），"独联体投资环境研究"（李建民主持），"乌汉词典"（何卫主持），"共建和谐世界：中俄崛起的战略互动"（吴大辉主持）；院重点课题 7 项："全球化、制度变迁与中东欧国家的赶超"（孔田平主持），"乌克兰的国际地位及其对外政策"（何卫主持），"中俄油气合作的潜力、方向和模式"（程亦军主持），"原苏东国家转轨比较研究"（潘德礼主持），"俄罗斯精英集团研究"（李雅君主持），"苏联解体后的俄罗斯与中亚五国的关系"（柳丰华主持），"俄罗斯东欧中亚国家发展报告（2012）"（李永全主持）；院国情考察课题 1 项："中俄边境地区合作——以绥芬河口岸为例"（李进峰主持）；院青年科研启动基金课题 7 项："俄罗斯政治生态研究——从政党政治的角度"（郝赫主持），"中俄美的亚洲能源政策——亚洲能源格局对中国的影响和对策"（徐洪峰主持），"当代俄罗斯政治保守主义"（张昊琦主持），"俄罗斯资本市场发展概况"（许文鸿主持），"中亚五国贫困问题研究"（杨进主持），"浅析匈牙利的金融危机应对措施"（贺婷主持），"浅析罗马尼亚入盟后的反腐败行动"（曲岩主持）；所重点课题 32 项："上海合作组织发展报告（2012 年）"（李进峰主持），"中亚国家发展报告（2012 年）"（孙力主持），"对中国与中亚国家关系现状的评估与深入发展的对策研究"（赵常庆主持），"中东欧国家的地缘政治地位与发展道路'选择'"（高歌主持），"俄罗斯国防工业转轨研究"（王伟主持），"中亚伊斯兰教与地区稳定"（常玢主持），"马林科夫—赫鲁晓夫：1953～1957 年的苏联"（王桂香主持），"冷战起源新论"（张盛发主持），"俄罗斯与欧盟'四个共同空间'研究"（姜毅主持），"中俄区域经济合作"（张红侠主持），"俄罗斯地区经济发展战略与实证分析"（高际香主持），"当代俄罗斯国家治理的战略选择"（庞大鹏主持），"俄罗斯在朝鲜半岛的利益及其对朝核危机的政策"（李勇慧主持），"捷克和斯洛伐克政治转型比较研究"（姜琍主持），"俄罗斯东欧中亚研究所青年学者论文集"（张中华主持），"新地区主义与东南欧的稳定——冷战后地区冲突的起源和地区稳定机制的建立"（李丹琳主持），"中共'一边倒'政策研究"（许文鸿主持），"俄罗斯帝国思想初探"（张昊琦主持），"俄罗斯经济增长与发展研究"（张中华主持），"俄罗斯寡头现象分析"（郝赫主持），"20 世纪上半期苏联社会状况与布尔什维克党的政权建设"（吴伟主持），"中亚国家与欧盟关系研究"（赵会荣主持），"巴尔干地缘政治与地区安全"（左娅主持），"俄白联盟研究"（孙辰文主持），"乌克兰与俄罗斯的经济关系"（张弘主持），"中亚金融危机研究"（于树一主持），"开放条件下金融转型的国际比较"（王志远主持），"俄罗斯的大学与政府关系——以'国家主义'为视角"（李莉主持），"斯大林与大国同盟——第二次世界大战时期的俄美关系"（梁强主持），"独立后哈萨克斯坦政治经济改革历程"（张宁主持），"中亚地缘政治格局中的阿富汗问题"（苏畅主持），"大国联盟战略决策研究"（肖斌主持）；后期资助论文类 30 项："2011 年俄罗斯的国家杜马选举"（李雅君主持），"俄罗斯警察制度改革"（崔皓旭主持），"2011 年俄罗斯总统国情咨文评析"（李莉主持），"俄罗斯主流劳动价值观的变迁"（马强主持），"俄罗斯外资环境分析"（李福川主持），"俄罗斯外来移民与移民政策选择"（高际香主持），"中俄农村土地制度变迁的比较研究"（王志远主持），"2011 年全面发展的中俄关系"（姜毅主持），"独联体地区一体化：在困境中加速前进"（刘丹主持），"论梅普组合时期的外交"（柳丰华主持），"哈萨克斯坦扎兹津骚乱的过程、原因及启示"（李中海主持），"赫鲁晓夫时期苏联政治的缓慢变化"（王桂香主持），"当代俄罗斯：国家品牌与形象排行榜"（许华主持），"历史学科能力与历史素养"（吴伟主持），"稳中求变的中亚国家政治改革"（包毅主持），"影响中亚国家地区稳定的社会问题——以贫困为视角"（杨进主持），"论中亚宗教极端势力产生与发展的社会经济根源"（苏畅主持），"西方视野中的中国与中亚"（肖斌主持），"捷克与斯洛伐克加入欧元区：战略选择与实际效果"（姜琍主持），"匈牙利为何与邻国龃龉不断"（贺婷主持），"白俄罗斯的政治转轨：市场改革与民主化的博弈"（张弘主持），"2011 年摩尔多瓦政治经济形势"（孙辰文主持），"身份认同与安全两难——加入北约欧盟后波罗的海三国与俄罗斯的国家关系浅析"（梁强主持），"白俄罗斯经济发展轨迹"（农雪梅主持），"中俄经贸合作进入互利双赢的时代"（张红侠主持），"浅析俄罗斯经济外交战略及其实践"（徐向梅主持），"当时成败以沧桑"（张昊琦主持），"加强对西方反华幕后势力的研究"（王晓泉主持），"浅析罗马尼亚至今未加入申根区的原因"（曲岩主持），"2012 年欧盟扩大报告综述"（左娅主持）。

（3）延续在研课题。2012 年，俄罗斯东欧中亚研究所共有延续在研课题 10 项。其中，国家社会科学基金课题 3 项："俄罗斯的现状及其发展趋势"（许志新主持），"低碳经济时代中美发展清洁能源的合作与冲突及我国对策研究"（徐洪峰主持），"上海合作组织的农业合作与我西部粮食安全研究"（张宁主持）；国家课题 1 项："20 世纪俄罗斯历史档案文集"（李静杰主持）；院重大课题 1 项："中亚民族传统社会结构与传统文化研究"（吴宏伟主持）；院重点课题 1 项："俄罗斯政治转轨——以国家治理的战略选择为视角"（庞大鹏主持）；所重点课题 4 项："俄罗斯乡村社会转型的个案研究"（马强主持），"当代俄罗斯黑海战略研究"（刘丹主持），"外高加索三国对外政策与实践"（吕萍主持），"隔阂与偏见：俄罗斯犹太民族问题研究"（于卓超主持）。

3. 获奖优秀科研成果

2012 年，俄罗斯东欧中亚研究所评出"第五届中国社会科学院俄罗斯东欧中亚研究所优秀科研成果奖"专著类一等奖 3 项：程亦军的《俄罗斯人口安全与社会发展》，郑羽的《普京八年俄罗斯的复兴之路》，苏畅的《中亚极端势力研究》；论文类一等奖 3 项：张盛发的《中长铁路归还中国的历史考察》，李建民的《俄罗斯主权财富基金管理评析》，朱晓中的《转轨九问》。专著类二等奖 3 项：潘德礼的《俄罗斯东欧中亚政治概论》，冯育民的《2050 年：中国俄罗斯共同发展战略》，吴宏伟的《俄格冲突——新一轮俄美关系的较量》；论文类二等奖 3 项：赵会荣的《论影响乌兹别克斯坦外交政策的因素》，庞大鹏的《俄罗斯的政治转轨》，姜琍的《转型时期斯洛伐克民粹主义探析》。专著类三等奖 3 项：徐洪峰的《美国对俄经济外交：从里根到布什》，郝赫的《俄罗斯寡头现象分析》，李雅君的《俄罗斯之痛：车臣问题探源》；论文类三等奖 5 项：包毅的《简析中亚国家政治转型中的政治文化因素》，崔皓旭的《普京的司法改革》，高歌的《浅析中东欧国家与俄罗斯的异质性》，张昊琦的《俄国保守主义与当代政治发展》，高晓慧、高际香的《俄罗斯住房制度改革》。

（三）学术交流活动

1. 学术活动

2012 年，俄罗斯东欧中亚研究所举行的大型会议有：

（1）2012 年 3 月 27 日，乌克兰研究室与乌克兰驻华大使馆在北京举办"文化聚焦：新挑战和前景（以乌克兰和中国为例）"国际文化产业交流会议。

（2）2012 年 4 月 20 日，中国社会科学院国际合作局和阿塞拜疆驻华使馆主办，俄罗斯东欧中亚研究所承办的"庆祝中阿建交 20 周年圆桌会议"在北京举行。

（3）2012 年 5 月 21 日，俄罗斯东欧中亚研究所主办了"中哈专家委员会第四次会议"。

（4）2012 年 9 月 3 日，由中俄友好、和平与发展委员会学术交流分委会主办，俄罗斯东欧中亚研究所承办的"中俄青年学者论坛"在北京举办。

（5）2012 年 11 月 1 日，俄罗斯东欧中亚研究所与俄罗斯萨哈林国立大学、俄罗斯科学院远东所、吉林大学在北京共同举办了"中俄地区合作：走向共同繁荣国际研讨会"。

（6）2012 年 12 月 6 日，俄罗斯东欧中亚研究所与中国社会科学院国际合作局在北京共同举办"中乌外交的历史与现状——走向战略伙伴关系之路"圆桌会议。

（7）2012 年 12 月 8 日，俄罗斯东欧中亚研究所与塔吉克斯坦驻华大使馆在北京共同举办"塔吉克斯坦与中国：共同发展的经验与潜能"圆桌会议。

（8）2012 年 12 月 25～26 日，俄罗斯东欧中亚研究所在北京举办"第四届俄罗斯东欧中亚与世界高层论坛"。

2. 国际学术交流与合作

（1）学者出访情况

从 2011 年 12 月至 2012 年 11 月，俄罗斯东欧中亚研究所共派学者出访 23 批 44 人次。其中，根据俄罗斯东欧中亚研究所与俄罗斯科学院远东研究所协议派出 2 批 5 人次，根据中国社会科学院与俄罗斯科学院协议派出 7 批 14 人次，其他非协议项目派出 14 批 25 人次。在非协议项目中，应外方邀请参加国际学术会议者 11 人次，参加外交部 2012 年度亚洲区域合作专项资金项目学者总计 4 批 14 人次。

（2）外国学者按照合作协议来访情况

2011 年 12 月至 2012 年 11 月，俄罗斯东欧中亚研究所共接待来访学者 5 批 13 人次。其中，根据所协议接待 3 批 10 人次，根据中国社会科学院协议接待 3 人次。

（四）学术社团、期刊

1. 社团

中国俄罗斯东欧中亚学会，会长李静杰。

2012 年 6 月 27～28 日，俄罗斯东欧中亚学会举行"新普京时代：俄罗斯向何处去？"学术研讨会。会议研讨的主要问题有"俄罗斯的发展道路""中俄关系发展的机遇""欧亚学科研究的方法论"等。

2. 期刊

（1）《俄罗斯东欧中亚研究》（双月刊），主编吴恩远。

2012 年，《俄罗斯东欧中亚研究》共出版 6 期，共计 96 万字。该刊全年刊载的有代表性的文章有：赵传君的《对俄罗斯腐败问题的深层思考》，卢绍君的《民族心理、社会现代化与俄罗斯的政治转型——兼论俄罗斯政治发展的未来方向》，张弘的《白俄罗斯的政治转轨——市场改革与民主化的博弈》，刘军梅、玛雅科娃的《俄罗斯的"影子经济"：变化历程、影响因素与趋势判断》，田春生的《论俄罗斯市场经济的表现特点与未来定位——兼评俄罗斯是否是市场经济"正常国家"》，刘爽的《构建利益共同体：中俄区域合作的推动机制与目标选择》，王遒的《俄罗斯卢布实际有效汇率政策分析》，许勤华的《后金融危机时期上合组织框架内多边能源合作现状及前景》，李新的《中国与俄罗斯在中亚的经济利益评析》，马蔚云的《俄罗斯国家经济安全及其评估》，郭晓琼的《经济危机深化背景下的上海合作组织》，姜琍的《捷克与斯洛伐克加入欧元区：战略选择与实际结果》，郑羽的《遏制的转向："梅普组合"时期的中俄美三角关系》，欧阳向英的《欧亚联盟——后苏联空间俄罗斯发展前景》，刘淑春的《20 年后俄罗斯各派人士论苏联八一九事件》。

（2）《俄罗斯东欧中亚市场》（双月刊），主编常玢。

2012 年，《俄罗斯东欧中亚市场》共出版 6 期，共计 96 万字。该刊全年刊载的有代表性的文章有：李福川、阎洪菊的《俄罗斯对市场经济的反垄断调节及其启示》，李建民的《俄罗斯"入世"及其对中俄经贸合作的影响》，朱晓中的《近年来中国同东南欧国家经贸关系的发展》，孙永祥的《解读中俄能源合作的现状、问题及前景》，李福川的《俄罗斯外资环境分析》，王志远的《中东欧国家金融转型的回顾与反思》，郭力的《俄罗斯经济发展战略东移的新举措及中俄区域合作新机遇》，周延丽的《对未来几年俄罗斯经济增长速度的分析及依据》，徐向梅的《试析俄罗斯经济外交战略及其实践》,姜振军的《21 世纪以来俄罗斯远东地区对外贸易发展问题研究》,王雅静的《对中哈霍尔果斯国际边境合作中心协调管理机制建设的思考》,张宁的《哈萨克斯坦的电力生产与消费》,王海燕的《后金融危机时期中亚国家综合经济形势:跌宕起伏》,姜珊的《欧元区债务危机对中欧维谢格拉德集团四国的影响》,章铁成的《利用地缘优势启动中、俄、蒙、朝文化产业合作项目可行性研究》,戚文海的《后金融危机时期的中俄区域合作:联动趋势、战略转换与优先领域》,潘广云的《中俄地区合作规划纲要框架内中俄科技园的绩效分析与启示》。

(五) 会议综述

庆祝中阿建交 20 周年圆桌会议

2012 年 4 月 20 日,由中国社会科学院国际合作局和阿塞拜疆驻华使馆主办,中国社会科学院俄罗斯东欧中亚研究所承办的"庆祝中阿建交 20 周年圆桌会议"在北京举行。阿塞拜疆驻华大使甘基洛夫、外交部欧亚司参赞苏方遒以及中国社会科学院国际合作局、中国社会科学院俄罗斯东欧中亚研究所、国务院发展研究中心、现代国际关系研究院等相关机构的领导、学者 50 余人参加会议。会议由中国社会科学院俄罗斯东欧中亚研究所副所长李永全主持。

阿塞拜疆共和国驻华大使甘基洛夫发表题为《共同努力实现从高加索到亚太地区的永久和平、稳定和繁荣》的演讲。甘基洛夫大使指出,中阿两国虽相距遥远,但两国之间并不陌生,阿塞拜疆民族起源于阿尔泰山,中阿两国民族在文化和历史上有诸多相近之处。阿塞拜疆坚定支持"一个中国"的政治立场,中华人民共和国政府是中国唯一合法政府,台湾是中国领土不可分割的一部分,新疆和西藏问题是中国的内政。在联合国框架内两国相互支持,两国在主要的政治问题上具有的相近立场保证了双方的合作在多边关系的发展。良好的双边关系使得中阿两国在过去的 20 年中在经济贸易和人文合作方面取得了显著的成果:在贸易方面,2000 年,阿塞拜疆和中国的贸易额仅为 617 万美金,而到了 2010 年,贸易额已经达到了 10 亿美元。在未来一段时期内,双方应该利用存在的所有合作机会,尽全力使我们双方的关系达到战略伙伴关系的水平。目前,阿塞拜疆已经成为中国最可靠和最负责任的高加索地区的合作伙伴,中阿共同努力,以实现从高加索到亚太地区的永久和平、稳定和繁荣。

外交部欧亚司参赞苏方遒全面回顾总结了中阿关系历程,展望了两国友好合作未来,他指出,加强两国各领域交流合作具有重要意义。建交 20 年来,中阿关系持续健康稳定发展,各领域合作取得成果,主要体现在以下几个方面:一是双方高层交往密切,互信不断加深;二是双方在彼此关切的问题上相互支持,在国际问题上彼此协作,双方在重大国际和地区问题上立场相同或相近,在联合国等国际组织框架内密切合作,维护了各自的利益,促进了世界的和平和发展。三是两国务实合作展开，合作潜力大，互补性强，近年来两国贸易结构逐步改善，在基础设施、能源、通信、冶金、电力等领域的合作不断扩大。四是两国人文交流蓬勃发展，中国安徽大学与阿塞拜疆巴库国立大学合办的孔子学院挂牌授课，2011年阿塞拜疆文化周在北京举行，中国文化周活动2012年将在巴库举行。

与会学者认为，中阿两国发展友好关系的经验，是国与国之间平等发展的范例，它的推广有利于世界的和平与发展。中阿相距遥远，国情迥异的国家能形成和平发展的关系，主要有以下原因：第一，中阿两国政府奉行独立自主的外交政策，都重视与对方发展友好合作关系。第二，两国都致力于推动双边经济贸易的发展。第三，两国都致力于两国关系的全面发展，除经贸关系取得良好发展外，在其他领域亦加强合作，在涉及领土、主权、安全等核心利益方面加强合作和相互支持。第四，两国之间不存在悬而未决的问题，在涉及本国利益的国际和地区问题上保持积极的协调与沟通，都认可联合国在国际政治中的权威性。

（冯育民）

"新普京时代：俄罗斯向何处去？"学术研讨会

2012年6月27~28日，俄罗斯东欧中亚学会举行"新普京时代：俄罗斯向何处去？"学术研讨会。来自中国社会科学院俄罗斯东欧中亚研究所、国务院发展研究中心欧亚社会发展研究所、清华大学欧亚战略研究中心、新华社世界问题研究中心、现代国际关系研究院俄罗斯东欧中亚研究所、军事科学院世界军事研究部、华东师范大学国际关系与地区发展研究院俄罗斯研究中心、辽宁大学转型国家经济政治研究中心等单位的50余位学者围绕俄罗斯的发展道路、中俄关系发展的机遇、欧亚学科研究的方法论等问题进行了讨论。

与会学者认为，发展道路从本质上讲是一种价值取向，概括了俄罗斯社会发展的本质和目的，体现了传统与现代、民主化与国情的深刻辩证关系，并要求建立可以确保实现俄罗斯发展理念的机制。俄罗斯发展道路的调整与完善，是研究新普京时代的主要议题。当前，俄罗斯进入独立以来全面发展的新阶段。加强政治竞争性是新阶段的新特点，其实质是俄罗斯新权威主义政体的改革问题。俄罗斯发展道路的调整面临挑战，主要包括国家资本主义模式的前景、国家与市场关系的协调、"统一俄罗斯"党的政党现代化、行政管理模式的改变、民意政治的挑战、社会政策的实施、国际战略的调整等一系列问题。俄罗斯究竟具有怎样的国家特性，如何看待俄罗斯的民主，如何看待发展道路的间断性，如何在俄国历史中理解历史俄国，这些都是研究俄罗斯发展道路的基础性问题。俄罗斯的国家身份认定从历史上就与帝国意识紧紧捆绑。这种自我意识在本质上缺乏对他者文化的尊重。这是当今俄罗斯如何融入世界的关键问题。

与会学者一致认为，国家间的战略关系仅凭共同利益的客观存在远远不够，还必须形成对共同利益的战略认知。目前的中俄关系处于历史最好时期。中俄战略协作伙伴关系的建立与发展，是以两国共同战略利益作为基础和支撑的。中俄互为最大邻国，需要相互依托；中俄拥有共同周边，需要共同经营；中俄战略需求相近，需要相互支持；中俄经济上互补性强，需要相互合作；中俄基本国情与发展模式相近，需要相互借鉴。从中国方面看，从上到下普遍认识到俄罗斯的重大战略价值。俄罗斯是中国的最大邻国，对中国和平发展的周边环境影响重大；俄罗斯是世界大国，对中国的国际战略运筹影响重大；俄罗斯还是资源与市场大国，对中国和平发展的经济环境影响重大。中国外交战略强调"周边是首要、大国是关键、发展中国家是基础、多边是重要舞台"，决定了俄罗斯必然是中国外交战略的重点。从俄罗斯方面看，主流民意对两国共同战略利益的认知也在不断增强。近年来，俄高层及主要智库对中国崛起性质与前景的判断日趋积极，对俄中战略协作伙伴关系在俄战略全局中重要价值的评价明显提升，批驳"中国威胁论"、强调"中国机遇论"的声音明显增大，搭乘中国经济的快车、借助中国加快与亚太经济接轨的愿望也日趋强烈。中俄战略利益、战略理念、战略认知如此广泛相近，在两国与各大国关系中独一无二。这既为两国战略协作奠定了坚实的基础，也为两国务实合作注入了强大的动力。

与会学者还探讨了欧亚学研究的问题。中国当代俄罗斯问题研究近年来取得了长足进展，但它相对于研究对象的深刻变化，以及中国国家利益的需要和学科发展要求，还存在不小差距。鉴于俄罗斯社会转型在人类历史上的重要意义以及俄罗斯对于中国发展的重要影响，中国的当代俄罗斯问题研究必须是全方位、多视角、大纵深的，既要在宏观层面关注俄罗斯政治经济社会发展的战略走向，又要在微观层面探讨俄罗斯形势变化的细微末节。推进中国当代俄罗斯问题研究的主要路径是：打破学科界限，合理利用不同学科的范式、理论与方法，实现跨学科研究；打破学科内部不同研究方向的界限，做到"既专又通"；打破历史与现实的隔阂，在现实氛围中审视历史，在历史背景下把握现实；勇于创新，大胆挖掘新的研究领域，提出新的研究视角，运用新的研究方法；立足中国，将维护和推进中国国家利益作为根本出发点，用中国视角来观察、审视俄罗斯；面向世界，广泛吸收国际俄罗斯问题研究的学术营养。

（冯育民）

第四届俄罗斯东欧中亚与世界高层论坛

2012年12月25～26日，中国社会科学院俄罗斯东欧中亚研究所在北京举办"第四届俄罗斯东欧中亚与世界高层论坛"。来自中国社会科学院俄罗斯东欧中亚研究所、国务院发展研究中心欧亚社会发展研究所、中国国际问题基金会、现代国际关系研究院俄罗斯研究所、华东师范大学俄罗斯研究中心等单位的90余位专家学者就2012年的国际形势，俄罗斯、东欧和中亚问题及其未来发展趋势进行了深入研讨。会议观点综述如下：

第一，对当前形势的总体判断。普京执政环境与前两任已经迥然不同，以权威主义和国家资本主义为核心的"普京体制"引发民众质疑，国内抗议浪潮不断。经济现代化面临挑战，创新发展面临诸多障碍。但与此同时，俄罗斯所面临的国际环境大为改善，可以说迎来苏联解体后的最佳时期。2012年，普京一方面努力"安内"，力图实现政治稳定、经济增长；另一方面积极借势对外进展，俄罗斯外交更加主动、灵活、务实。总体上看，俄罗斯形势稳定，而且稳中求变的态势有望保持。

第二，俄罗斯政治形势的基本特点。大选后，普京以退为进，外松内紧，强化了权力核心，巩固了执政地位。一是组建权力体系新架构，建立强大的总统办公厅，重新变政府为技术型内阁，促成"影子政治局"，形成新的执政团队，全面加强总统权力，稳定政局。二是架空政府，掌控经济发展、社会管理主导权。普京复任后，将总统直属委员会由26个增加到30个，负责协调各政府部门的工作，监督、评估各级政府落实总统决议的情况。三是加强对反对派势力的管控，堵塞境外渗透。

第三，俄罗斯进入"中期政治稳定"时期。2012年俄罗斯整体的变化及其后续的发展可以概括为"中期政治稳定"。从俄罗斯国内外的情况看，中期政治稳定是可预期的。当然，其中也有风险，并且这个发展阶段的前景是开放性的。从上层来看，虽然普京和梅德韦杰夫在许多问题上存在分歧，也就是上层内部在一些问题上存在分歧，但从目前情况看，俄罗斯上层内部更大的担忧来自此前的"颜色革命"和当下的"阿拉伯之春"。分歧尚不足导致分裂或者严重的政治冲突，从而引发上层的革命或者其他性质的变迁。从下层的情况来看，2011年国家杜马选举引发的街头抗议活动，一直持续至今。事实上，最初的参与者更多的是所谓的"城市中产阶层"，而后加入的则有各种色彩的人物。这在很大程度上稀释和弱化了政治诉求。

第四，普京体制是一种带有弹性的、相对柔软的威权政治。当前俄罗斯政治的一个特点，在于它依然是一个在威权主义导向之下的政治构架，尽管这还是相当程度上带有弹性的、相对柔软的一种威权政治。威权政治就其本意，既非独裁专制，但又远不是民主体制，它是介乎于专制和民主体制两个制度模态之间的一种过渡状态，或者中间状态。换言之，威权体制既不是以权力垄断方式包揽所有社会政治事务，独断所有价值和利益取向的一种封闭系统，但显然也不具备成熟的民主社会条件下的法制和民主治理构架。

第五，影响联邦制度改革的历史与现实因素。从历史上看，俄罗斯没有联邦制的传统。因此，苏联解体后俄罗斯的联邦制是一种全新的探索。普京之所以能解决叶利钦时期地方自行其是的问题，很重要的原因就在于统俄党作为普京精心培育的全国性政党是防止地区分裂、巩固联邦统一的核心力量。当前，这种民族区域与行政区域原则相结合的联邦制缺少一种自我稳定的机制。同时，还需要关注经济发展水平对联邦制的影响。一定的经济发展水平是地方对中央保持相对独立的基础，低下的经济发展水平则会导致地方对中央的依赖。现在只有10个联邦主体可以自给自足，整个联邦的同质性程度低也决定了中央集权的程度高。

第六，政党制度改革与强势总统制的关系。普京从2000年执政以来，已对政党制度进行了三次大的改革，每个阶段的政治意图都不同。但是，不论怎样改革，各主要党派组成的国家杜马对总统的决策都没有实质性影响，也无法对政府组成产生直接影响。只要普京还是想利用强大政权效应进行跳跃式发展，那么，当前俄罗斯的决策运行机制就比建立责任制政府的权力制衡体系要见效得快。但是，这种机制缺少竞争性，而且执政党及组阁权在法理上缺失，造成政党制度改革知难行易。

第七，反腐败国家战略与发展道路的关系。威权政治的有效发挥必须依赖于强力高效的官僚政治阶层，这直接刺激了俄罗斯官僚集团的壮大。但是，俄罗斯的这个官僚集团由于缺乏监督和竞争，腐败在所难免，而且在危机情况下，并没有发挥应有的作用。不仅如此，作为拥有执行权力的官僚体系，必须严格恪守法律规章，预防腐败，这是在全社会树立法律权威的必要前提。俄罗斯发展道路与反腐败制度改革之间的高度关联在于，要建立创新型发展模式，促使经济多样化，就意味着要推行深层体制改革，这种改革需要多元化和竞争性，而这将对官僚集团政治和原料贸易构成打击。因为这些改革势必导致中产阶级数量的增加和新资本家的出现，并改变政权的特性，而重新分配经济资源必然导致集团利益的冲突。俄罗斯的反腐败制度改革实际上处在这样一个政治大背景下。

第八，管理政治公共空间的问题。《网站黑名单法》《对〈关于会议、集会、示威、游行与纠察的联邦法律〉的修正案》《〈非营利组织法〉修正案》等，目的在于管理政治公共空间，限制和打击反对派的活动，加强社会管理。但是，民主政治本质上是一种开放的公共性政治，如果没有通畅的公共空间，政权是否还能够形成一种来源于社会的纠错机制值得关注。

第九，国情咨文具有连续性和务实性的特点。普京在 2012 年 12 月 12 日的国情咨文中，从对时代特征的判断入手，谈了俄罗斯的发展阶段和发展模式问题，并重申了主权民主思想，明确提出保增长、保稳定、保民生的渐进式改革的总体要求。这表明普京执政理念和治国战略具有连续性。同时，2012 年国情咨文内容比较具体、明晰，着眼于民生问题，如教育、医疗、住房、基础设施等。2012 年的国情咨文也回避了一些问题，如反对派和街头运动。历来受到关注的大国关系并没有涉及，对叙利亚、伊朗问题也没有表明态度。

（冯育民）

欧洲研究所

（一）人员、机构等基本情况

1. 人员

截至 2012 年年底，欧洲研究所共有在职人员 51 人。其中，正高级职称人员 11 人，副高级职称人员 12 人，中级职称人员 18 人；高、中级职称人员占全体在职人员总数的 80%。

2. 机构

欧洲研究所设有：经济研究室、欧盟法研究室、社会文化研究室、欧洲政治研究室、科技政策研究室、中东欧研究室、《欧洲研究》编辑部、图资信息室、办公室。中国欧洲学会秘书处挂靠在欧洲研究所。

（二）科研工作

1. 科研成果统计

2012年，欧洲研究所共完成专著4种，124.4万字；论文集2种，92万字；译著1种，45万字；论文61篇，73.8万字；研究报告37篇，47.7万字；学术和时政评论文章19篇，6.9万字。

2. 科研课题

（1）新立项课题。2012年，欧洲研究所共有新立项课题8项。其中，国家社会科学基金课题2项："东西德统一的历史经验"（周弘主持），"中欧关系现状、特点及发展趋势"（周弘主持）；院重点课题2项："文化与外交——法国对外文化战略研究"（彭姝祎主持），"欧盟战略性新兴产业发展和演化及对中国的借鉴研究"（孙艳主持）；院国情调研课题1项："云南大理州经济增长方式转变考察"（张敏主持）；院青年科研启动基金课题2项："欧盟航空碳税的法律分析"（刘衡主持），"一体化进程下欧洲经济空间结构演变"（胡琨主持）；所重点课题1项："欧洲发展蓝皮书（2012~2013）"（周弘主持）。

（2）结项课题。2012年，欧洲研究所共有结项课题7项。其中，院重大课题1项："东扩后的欧盟经济增长"（王鹤主持）；院国情调研课题1项："云南大理州经济增长方式转变考察"（张敏主持）；院青年科研启动基金课题5项："当代法国应对民族问题的制度框架与价值导向研究"（张金岭主持），"欧盟司法合作中的相互承认原则与司法判决的自由流动"（叶斌主持），"荷兰公共住房政策研究"（李罡主持），"欧洲议会的对华政策探析"（张磊主持），"法国与利比亚危机"（王鹃主持）。

3. 创新工程的实施和科研管理新举措

（1）2012年，欧洲研究所参加创新工程的人数为19人，创新工程的项目名称为"欧洲转型与世界格局"；首席管理为罗京辉、周弘；首席研究员为周弘、江时学。

（2）2012年，欧洲所在创新工程方面实施的新机制、新举措为：①坚持每月召开一次创新工程例会，由首席研究员主持，各研究课题主持人汇报研究动态及进度，交流研究资料信息；②创办《创新工程简报》，刊登创新工程阶段性研究成果；③在该所网站开设"创新工程"专栏，刊载创新工程简讯及成果。

（3）其他科研管理新举措：①为未进入创新工程的科研人员提供后期资助；②鼓励科研人员向中办和国办供稿；③丰富网站栏目的内容，以提升欧洲研究所在国内外学术界的地位；

④提供"走出去"和"请进来"等方式，扩大国际学术交流。

（三）学术交流活动

1. 学术活动

2012年，欧洲研究所主办或承办的重要学术会议有：

（1）2012年4月24日，欧洲研究所和意大利裕信银行集团在北京举办了"《银行体系与经济发展——中意比较研究》首发式暨学术研讨会"。

（2）2012年5月7日，欧洲研究所、中国欧洲学会、社会科学文献出版社在北京联合举办了"2012年中欧大使论坛暨欧洲蓝皮书发布会"。

（3）2012年10月10日，中国社会科学院主办、欧洲研究所承办的"中国社会科学论坛：欧洲转型及其影响研讨会"在北京举行。

（4）2012年11月20日，欧洲研究所德国研究会与德国阿登纳基金会在北京联合举办了"回顾与展望：纪念中德建交40周年学术研讨会暨中国欧洲学会德国研究分会第14届年会"。

2. 国际学术交流与合作

2012年，欧洲研究所共派遣出访45人次，接待来访39人次。与欧洲研究所开展学术交流的国家有英国、德国、美国、法国、奥地利、比利时等。

（1）2012年6月11~13日，应奥地利皇家科学院副院长Suppan教授邀请，欧洲研究所所长周弘率团赴奥地利访问，与奥地利学者就欧债危机进行交流与讨论。随后赴布鲁塞尔参加由欧盟委员会资助的中国欧洲学会、欧盟亚洲研究所及光华基金会支持主办的"欧盟—中国青年政策对话"项目闭幕式。同时，欧盟亚洲研究所安排参会人员与欧盟驻布鲁塞尔相关机构会面，就中欧青年政策与欧债危机等热点问题进行讨论。

（2）2013年7月10~12日，应印度尼西亚政府邀请，欧洲研究所所长周弘参加于印度尼西亚巴厘岛召开的"指向国家主导知识枢纽"高级会议。会议由印度尼西亚政府、世界银行、日本国际协力机构、联合国发展计划署共同举办。

（3）2012年9月3~6日，欧洲研究所科技室主任张敏应邀参加墨西哥国立自治大学墨西哥地区发展学会在墨西哥城举办的"首届拉美国家地区发展大会——拉美国家的地区发展战略：亚洲及西班牙的作用"。

（4）2012年9月3~17日，欧洲研究所副所长罗京辉率团赴波兰、斯洛伐克以及匈牙利考察访问，执行欧洲研究所与中国国家开发银行之间的横向研究课题。

（5）2012年9月8~9日，应东京经济大学邀请，欧洲研究所社会文化室主任田德文赴日本，参加社保制度国际比较小组国际会议。

（6）2012年9月17~18日，应欧盟—拉美、加勒比基金会与GIGA德国全球和地区研究所邀请，欧洲研究所副所长江时学参加在德国汉堡举办的"欧盟、拉美和加勒比关系的全新领域——走向合作研讨会"。

（7）2012 年 9 月 27 日，欧洲研究所副所长江时学参加 2012 科隆中国年经济论坛。

（8）2012 年 10 月 15 至 12 月 15 日，应比利时自由大学中国当代研究所所长古斯塔夫·杰拉茨教授的邀请，欧洲研究所科技室主任张敏出访比利时，执行中国社会科学院与比利时研究基金会协议项目。此次出访重点配合欧洲研究所创新工程"欧洲转型与世界格局"的研究主题和欧洲研究所科技室研究重点。

（9）2012 年 10 月 25～30 日，"第八届中欧智库圆桌会议"在比利时布鲁塞尔举行，欧洲研究所所长周弘作为中国国际问题研究所代表团成员出访并参加会议。会议的主题为"伙伴关系 10 年之际的新挑战和新路径"。

（10）2012 年 11 月 27～30 日，欧洲研究所副所长程卫东应贝塔斯曼基金会布鲁塞尔办公室邀请，赴比利时布鲁塞尔参加"关于欧洲变化——日趋收缩国际学术会议"。

3. 与中国香港、澳门特别行政区和中国台湾开展的学术交流

2012 年 8 月 27～28 日，欧洲研究所副所长江时学参加由澳门科技大学主办、澳门科技大学社会与文化研究所承办的 2012 年澳门大学对外关系青年学术研究圆桌会议"回归以来的澳门特别行政区对外交流研究：回顾与展望"。

（四）学术社团、期刊

1. 社团

中国欧洲学会，会长周弘。

2012 年 2 月 19～24 日，中国欧洲学会秘书处在四川省成都市与比利时的欧洲亚洲研究所共同举办"中欧青年政策对话"中国分会场活动。

2012 年 5 月 28～31 日，中国欧洲学会秘书处在比利时布鲁塞尔与比利时的欧洲亚洲研究所共同举办"中欧青年政策对话"欧洲分会场活动。

2012 年 6 月 14 日，中国欧洲学会秘书处在比利时布鲁塞尔与比利时的欧洲亚洲研究所举办"中欧青年政策对话"活动结项会。

2012 年 10 月 12 日，中国欧洲学会秘书处在北京举办"海峡两岸欧洲研究学术研讨会"。

（1）法国研究分会

2012 年 4 月 14 日，法国研究分会在湖北省武汉市召开年会，讨论法国大选前景。

（2）意大利研究分会

2012 年 10 月 4 日，意大利研究分会邀请意大利学者就欧债危机和意大利经济状况专题作报告。

（3）英国研究分会

2012 年 11 月 16～17 日，英国研究分会在北京召开年会，探讨转型背景下英国的地位和作用。

（4）中东欧分会

2012 年 12 月 14 日，中东欧分会在北京举行成立大会，并举办中国与中东欧关系国际研讨会。波、匈、塞、罗四国驻华大使发表主题演讲，10 多个欧洲国家驻华使馆派员参加了活动。

（5）德国研究分会

2012 年 11 月 20 ~ 21 日，德国研究分会在北京召开年会，纪念中德建交 40 周年。

（6）中国欧洲学会欧洲经济研究分会、欧盟研究会

2012 年 7 月 14 ~ 15 日，"中国欧洲学会欧盟研究会暨欧洲经济研究分会 2012 年年会"在武汉大学召开。复旦大学欧洲研究中心教授戴炳然当选为中国欧洲学会欧盟研究会新一任会长，中国社会科学院欧洲研究所教授罗红波当选为欧洲经济研究分会新一任会长；四川大学欧洲研究中心教授石坚、易丹当选为新一届中国欧洲学会欧盟研究会理事，王雅梅教授当选为新一届欧洲经济研究分会理事。

（7）中国欧洲学会欧洲一体化史研究分会

2012 年，中国欧洲学会欧洲一体化史研究分会出版了 2011 年年会论文集《欧洲一体化史研究：新思路、新方法、新框架》，该文集是中国欧洲学会欧洲一体化史研究分会成立以来出版的第一部论文集，展示了这一学科领域的最新研究成果，表明中国学界在欧洲一体化研究方面又有了新的发展。

（8）中国欧洲学会欧洲法律研究分会

2012 年 11 月 10 日，中国欧洲学会欧洲法律研究分会第六届年会在西安交通大学召开。年会的主题是"危机与欧盟法律变革"。

2. 期刊

《欧洲研究》（双月刊），主编周弘。

2012 年，《欧洲研究》共出版 6 期，共计约 140 万字。该刊全年刊载的有代表性的文章有：中国社会科学院欧洲研究所"中欧关系"重点学科课题组的《2011 年中欧关系的回顾与展望》，陈新的《欧债危机：治理困境和应对举措》，丁纯、陈飞的《主权债务危机中欧洲社会保障制度的表现、成因与改革——聚焦北欧、莱茵、盎格鲁—撒克逊和地中海模式》，田德文的《国家转型视角下的欧洲民族国家研究》，郑春荣的《从欧债危机看德国欧洲政策的新变化》。

（五）会议综述

《银行体系与经济发展——中意比较研究》首发式暨学术研讨会

2012 年 4 月 24 日，由中国社会科学院欧洲研究所和意大利裕信银行集团主办的"《银行

体系与经济发展——中意比较研究》首发式暨学术研讨会"在北京举行。100多名专家学者、官员和企业家参加了会议。意大利裕信银行集团执行副总裁斯科尼亚米里奥博士率团专程到北京出席会议。

《银行体系与经济发展——中意比较研究》一书是中国社会科学院欧洲研究所与意大利裕信银行集团在社会科学研究领域多年合作的又一成果，以中文、意大利文和英文同时出版，中文版由社会科学文献出版社出版。

中国社会科学院副院长武寅研究员发表了祝词。她指出，意大利是欧盟创始国之一，不仅有着灿烂的历史文化，而且经济、科技发达，是在欧洲和世界上有着重要影响的国家。近两年来，意大利经济受到主权债务危机的冲击，但意大利银行体系基本稳定，其严格的监管政策发挥了重要作用。蒙蒂政府成立以来，厉行财政紧缩，大力推动在劳动力市场等方面的结构性改革。从意大利在经济社会发展乃至应对危机的经验和教训中，发展中的中国可以得到许多宝贵的启示。中国自1978年改革开放以来发展极为迅速，"中国发展经验"也引起了世界其他国家（包括意大利）的重视。同时，中国经济社会发展又面临着新的问题和挑战，需要继续认真研究和学习其他国家的经验。这也正是欧洲研究所与意大利裕信银行学术刊物合作推出《银行体系与经济发展——中意比较研究》一书的初衷之一。

斯科尼亚米里奥副总裁在祝词中表示，此次研讨会是中国社会科学院欧洲研究所与意大利裕信银行多年合作的结晶，希望双方以此为契机，进一步加深双方的合作。《银行体系与经济发展——中意比较研究》一书讨论了中意共同关注的问题，比如国有银行向股份制（或私有）银行过渡的进程，银行与实体经济的关系等。目前，全球正经历政治、经济的大变革，世界正由两极世界向多极方向转变，亚洲尤其是中国正在快速发展。为了面对世界的新变化，发展中欧/中意的双边关系非常重要。

裕信银行集团学术刊物总编辑保罗·圭列里教授在讲话中重点探讨了中国社会科学院欧洲研究所与意大利裕信银行长久合作的原因以及合作研究对中意和中欧关系的重要意义。他指出，每个经济体都有自身的特性，随着时代背景的变迁和世界经济的变化，没有任何一个国家能够独自确保世界的稳定，主要国家之间的合作至关重要。尤其是中欧（中意）之间应该加强合作与协调，不仅仅是经济和贸易方面的合作，还有文化和智力资本等方面的合作。

研讨会分三个阶段，分别由中国社会科学院欧洲研究所副所长罗京辉、意大利研究中心主任罗红波研究员和斯科尼亚米里奥副总裁主持。上午的研讨会偏重学术讨论。中国社会科学院数量经济与技术经济研究所副所长何德旭研究员、苏州大学教授罗正英、意大利央行研究部主任德博尼斯博士、莫里塞大学教授博佐洛在会上作了主题发言。与会者对中意两国银行体系的改革进程、发展特点、政策、监管体制进行了深入探讨。会议发言人在对中意银行体系进行比较的同时，也与欧洲大陆主要国家（德国、法国和西班牙）进行了比较。意大利驻华大使亚努奇为上午会议作了小结，他希望双方的合作能够继续深化，成为增进中意关系的平台。下午的研讨会偏重实践，重点讨论"企业国际化与金融服务"，裕信银行中国区总裁布伦特噶尼博士、中国意大利商会主席古特鲁比亚、联邦电缆（控股）集团董事局董事兼副总经理戚景赞分别介绍了各自企业的国际化进程及与银行的关系。

（科研处）

2012 年中欧大使论坛暨欧洲蓝皮书发布会

2012 年 5 月 7 日，由中国社会科学院欧洲研究所、中国欧洲学会、社会科学文献出版社联合举办的"2012 年中欧大使论坛暨欧洲蓝皮书发布会"在北京举行。

欧盟及部分成员国驻华大使应邀出席论坛，国内相关研究机构、高等院校百余名专家学者参加了会议。中国社会科学院欧洲研究所所长周弘研究员致开幕词并介绍了欧洲蓝皮书的主要内容。她指出，年度主题报告较为全面地分析了欧盟应对欧债危机的措施，既有解决财政危机、针对制度缺失的讨论，也有针对市场信心与社会认同以及政治分歧方面的讨论。这些问题相互交织，形成了世界上绝无仅有的复杂局面，对于研究者来说，是一个巨大的挑战。蓝皮书还集中四个专题讨论了法英等欧盟国家在利比亚战争中扮演的角色，综合了中国学界的不同观点。有学者认为，欧盟成员国积极干预利比亚危机，尤其是法国和英国发动军事干预，是出于南下战略的需要，这也是欧盟的总体战略。欧盟的目标是消除南部边界不安定的因素，既获得经济利益，同时推行欧盟的价值观，扩大欧盟在该地区的影响力，提高欧盟在国际舞台上的地位。也有学者认为，在利比亚战争中，历来以经济整合与软实力见长的欧盟国家成为利比亚军事干预的主要发动者和参与者。但是，借重美国与北约，仍然是欧洲国家的主要干预方式。还有分析认为，欧洲未来的安全威胁，主要来自非传统安全领域。为了非传统领域的安全，欧盟将采取更为积极的对外战略和策略，不仅加强共同安全与防务能力的建设，也在不断改组和整合对外政策工具，以加强对外部世界的干预。在利比亚危机期间，欧盟国家更是全面动用了军事与非军事的手段，显示了欧洲通过干预维护自身利益的决心与能力。还有学者从国际法的角度分析认为，利比亚危机是联合国安理会第一次使用"保护性原则"的一个案例，使法、英、美有"口实"对利比亚采取军事行动，从而对国际法和国际关系的走向产生了重大影响。蓝皮书不仅关注欧债危机和利比亚两大主题，而且在国别篇详细分析了欧盟成员国近一年来的形势。在欧盟战略东移、中欧关系日益紧密的背景下，一年一度的发展报告发布会和大使论坛，正致力于中欧双方更好地沟通和理解。

欧盟驻华使团团长马库斯·艾德和大使应邀作了主题发言，并对欧洲当前的主权债务危机作了回应。艾德和大使表示，欧盟仍然是世界第一大经济体，也是世界最大的市场。欧盟目前有 27 个成员国，即将迎来第 28 个成员——克罗地亚，还有一些欧洲国家正在进行入盟谈判。欧盟确实陷入了严重的危机，但这是债务危机，并不是货币危机。欧元仍然是世界第二大货币。危机主要原因是多年来一些成员国财政松懈，不遵守规则造成的。艾德和大使表示，欧盟正采取各种必要的金融措施来解决重债成员国的债务性问题。

对于中欧关系，艾德和大使指出，当下的中欧关系不断向前发展。2010 年，阿什顿提交的《欧盟与战略伙伴关系进展报告》中，将中国明确列为欧盟主要战略伙伴，欧洲理事会对该报告也予以肯定，表明了欧盟对中国的重视。艾德和大使高度评价了中国高层领导人对欧盟的密集访问，认为中欧之间将加强城镇化、能源安全、金融安全、网络安全等方面的合作力度，体现了双方的积极态度和决心，中欧的战略合作伙伴关系将进入新阶段。

中国前驻德国大使梅兆荣对艾德和大使的主题发言进行了评论。关于中欧关系，梅兆荣认为，过去一年来，中欧关系的发展是平稳、积极的。尽管欧债危机对中国对欧出口产生不利影响，但中欧之间的贸易保持良好的增长。中欧战略伙伴关系的三大支柱同时在积极向前发展，双方高层的相互认知明显上升。越来越多的欧洲人士认识到，一个经济快速发展、实力稳定上升的中国符合欧洲长远、可持续发展的战略利益，应以开放的态度面对并共享中国经济增长给欧洲带来的巨大机遇。而中国支持欧元，鼓励欧洲增强信心，愿意更多地参与欧洲解决欧债危机的努力。当然，中欧关系的发展也存在一些问题，随着中欧经济贸易的深化，双方的竞争与摩擦相应发展，贸易保护主义进一步抬头。但根本性的问题在于，相对于中欧经济技术合作的深度与广度，双方之间的认知和理解程度相对滞后。双方都应为此作出更多的努力。只有在实践中贯彻相互尊重、求同存异、合作共赢的战略原则，才能大大提升双方的战略互信，这是中欧战略伙伴关系进一步发展的重要基础，也是中欧关系拥有更加光明和广阔前景的前提。

（科研处）

欧债危机的前景学术研讨会

2012 年 11 月 1 日，中国社会科学院欧洲研究所在北京举办了"欧债危机的前景学术研讨会"。正在中国访问的意大利裕信银行学术刊物总编辑、国际事务研究院副主席、著名经济学家保罗·圭列里教授应邀来访并作了主题发言，并与参会者就相关重要问题进行了交流。此次研讨会也是中国欧洲学会意大利研究会 2012 年度的一次重要活动。来自院内外科研单位、意大利语界的专家学者以及新闻媒体人士共约 25 人参加了会议。

圭列里教授在发言中指出，不应将欧债危机的根源简单地归结于一些欧洲国家的高公共债务。2008 年国际金融危机爆发前，美国与欧洲一些国家的私人债务增长过快才是危机的罪魁祸首。正是为了救助因私人债务泡沫破灭而濒临危机的银行业，美欧多国的公共债务才在短短几年内急剧增长，进而演变为债务危机。

对于欧债危机引发的一系列后果，圭列里教授将之归纳为政治与经济两个方面。其一，围绕"谁来承担经济的矫正成本"这一核心问题，产生了一系列政治后果。从国家间关系的角度看，债权国希望债务国通过紧缩措施来承担危机造成的全部损失，而债务国则希望债权国也能分担一部分损失；从重债国内部来看，银行部门与金融业不愿承担全部损失，实体经济正在被迫埋单。至今，围绕这些问题的矛盾冲突已经明显地影响到了欧盟成员国间以及重债国内部的政治团结。其二，欧洲近两年普遍推行的紧缩措施已经产生了严重的经济后果。总体上看，欧洲实施的紧缩措施过强过快，导致重债国纷纷陷入经济衰退，而欧元区整体经济目前也处于轻度衰退，导致危机进一步加重。从历史经验上看，由于过于严厉的紧缩政策会直接抑制经济增长，因此，对于降低公共债务反而是不利的。

圭列里教授指出，要彻底渡过危机，欧洲仍有三个关键性待解问题。第一，欧洲的银行债务问题仍然潜藏着较大风险，债务危机在国家与银行间的恶性循环尚未打破。欧元区银行业联盟即是出于防范这一风险之目的，这一联盟不仅要创建单一银行监管机制，还包括协调成员国间的银行清算机制、建立担保制度等。目前，银行业联盟已提上日程，但是欧元区还未就其中的诸多关键性制度设计达成共识。第二，虽然意大利、西班牙和葡萄牙等重债国已经可以在国债市场上继续融资，但是其国债收益率仍然过高，政府偿还利息的财政压力过大，削减公债前景堪忧。对此，建立一个"欧洲债务风险共担机制"似乎是有效的解决办法，但是，这归根结底取决于政治意愿，目前阻力还相当大。第三，欧洲经济如何恢复增长是个根本问题，否则偿还高额公债及利息就无从谈起。虽然从宏观经济层面上看当前欧洲多数国家经济增长的症结在于需求不足，但是传统的凯恩斯主义宏观刺激手段已难以奏效。这是因为当前私人部门仍处于过度负债状态，财政政策与货币政策注入经济中的流动性主要被用于偿还债务，而不是消费与投资。圭列里教授指出，目前，欧洲已经将目光更多地转移到结构性手段上来：一方面，试图继续推进结构性改革，通过加强市场竞争机制的作用，将资源更多地配置到具有竞争力的产业与部门中去，同时动员可用的公共资源与私人资金，投资于基础设施的更新与完善；另一方面通过进一步深化一体化，包括经济一体化及相应的政治与制度保障，朝着真正的"经济联盟"的目标迈进。对于上述两条途径，立足于欧盟全局的高度设计一套整体方案是至关重要的。

在谈及意大利债务问题的前景时，圭列里教授认为，意大利的经济规模决定了其在危机演变中扮演着关键角色，而目前意大利初级财政平衡尚有盈余、国内储蓄率较高等因素对于化解危机都是有利的。

（科研处）

回顾与展望：纪念中德建交 40 周年学术研讨会
暨中国欧洲学会德国研究分会第 14 届年会

2012 年 11 月 20～21 日，由中国社会科学院国际研究学部、中国社会科学院欧洲研究所、中国欧洲学会德国研究分会、中国社会科学院中德合作中心主办，德国阿登纳基金会协办的"回顾与展望：纪念中德建交40周年学术研讨会暨中国欧洲学会德国研究分会第14届年会"在中国社会科学院召开。中国社会科学院欧洲研究所所长、中国欧洲学会会长周弘主持开幕式。来自中德两国的专家学者、媒体人士等百余人参加了研讨会。

中国社会科学院副院长李扬研究员，德国研究分会名誉会长、中国前驻德国大使梅兆荣，德国驻华大使施明贤，中国外交部欧洲司副司长李晓驷和中国欧洲学会会长、中国社会科学院欧洲研究所所长周弘先后在会议上发表了致辞和主题演讲。

中国社会科学院副院长李扬在致辞中说，中德建交40年来，两国关系经受住了考验，两国的交流与合作全面、快速发展，在许多领域的合作也都取得了丰硕的成果。当前，中德友好合作正站在新的历史起点上，两国都致力于推动面向未来的中德战略伙伴关系继续全面向前发展。李扬表示，中国社会科学院将继续深化并扩大与德国高校、研究机构以及基金会的交流与合作，为进一步增进中德双方的了解和友谊贡献力量，同时，他还对中国欧洲学会德国研究分会自1985年成立以来的工作给予了充分肯定。

德国研究分会名誉会长、中国前驻德国大使梅兆荣在致辞时指出，中德两国建交40年来，两国关系的发展虽然有过曲折，但总体上保持了不断向广度和深度发展的势头，这给两国人民都带来了好处，也促进了中欧关系的发展，有利于世界和平与稳定。德国在大国崛起中的经验，在发展社会市场经济以及通过教育提高公民素质等诸多方面的经验值得我们借鉴。他指出，与两国经贸关系快速发展相比，在增进两国人民的相互了解、加强政治互信方面仍有许多工作要做，特别是应当进一步加强两国的人文交流。

德国驻华大使施明贤在演讲中高度评价建交以来两国关系的发展，特别是2011年建立的政府磋商机制不仅象征着两国关系发展水平达到一个新的高度，而且实质性地构建了两国面向未来的发展基础。施明贤认为，世界格局正处于深刻变革之中，21世纪是多极化的世纪，也是合作的世纪，中国对德国和欧洲的重要性在不断增强。施明贤表示，中国和德国可以在许多领域加强和扩大合作，进一步促进两国的人文交流，以增进两国人民的了解与互信。

中国外交部欧洲司副司长李晓驷从政治、经济、人文等方面全面总结了中德建交40年来取得的成就，认为中德两国关系有着坚实的基础，并给双方带来了实惠，越来越具有长期、稳定、面向未来的特点，而且，两国关系的影响已超出了双边范畴。未来两国关系发展仍有很大潜力和机遇，也会有挑战。双方应当相互理解并照顾彼此利益，更多地寻求共同点，管控好、处理好分歧点。中德两国今后应继续深化务实合作，拓宽合作领域，推动双向投资，完善各种对话交流机制，推动中德、中欧关系进一步发展。

中国欧洲学会会长、中国社会科学院欧洲研究所所长周弘在演讲中首先谈到了全球化时代的两种现象：一是起源于西方的一些规则，比如市场经济，在前所未有的空间拓展；二是用传统的国际关系理论来看，在国与国之间、政治行为体之间存在权力的转移，当权力转移时，就会发生摩擦、矛盾，甚至战争，直到新的局面出现。在当今的时代，合作与博弈是并存的。我们面临的最大挑战就是如何区分合作与博弈的领域，努力用合作代替博弈，将博弈限制在可控的范围内。在这方面，中德之间已经有了很好的范例，并将继续保持合作大于博弈的态势。

会议还举行了由社会科学文献出版社出版的《中德建交 40 周年回顾与展望》文集发布仪式。

来自中国社会科学院、同济大学、北京大学、对外经济贸易大学、中国国际战略学会、中国人民大学、北京外国语大学、复旦大学、南开大学、中国现代国际关系研究院、外交学院、四川外语学院、洛阳解放军外国语学院等单位的学者围绕"德国外交政策及中德关系""德国政治经济形势及 2013 年大选""德国模式的优势与挑战"等议题进行了交流和讨论。

（科研处）

西亚非洲研究所

（一）人员、机构等基本情况

1. 人员

截至 2012 年年底，西亚非洲研究所共有在职人员 54 人。其中，正高级职称人员 12 人，副高级职称人员 18 人，中级职称人员 14 人；高、中级职称人员占全体在职人员总数的 81%。

2. 机构

西亚非洲研究所设有：中东研究室、非洲研究室、国际关系研究室、社会文化研究室、《西亚非洲》编辑室、图书资料室、办公室、科研处、人事处。

3. 科研中心

西亚非洲研究所院属科研中心有：海湾研究中心；所属科研中心有：南非研究中心。

（二）科研工作

1. 科研成果统计

2012 年，西亚非洲研究所共完成专著 8 种，297.1 万字；论文 83 篇，109.6 万字；研究报告 73 篇，79.7 万字；工具书 4 种，37 万字。

2. 科研课题

（1）新立项课题。2012 年，西亚非洲研究所共有新立项课题 1 项，即所重点课题："欧佩克石油政策及其对国际油价的影响"（刘冬主持）。

（2）结项课题。2012 年，西亚非洲研究所共有结项课题 4 项。其中，院重大课题 2 项："中国与非洲经贸合作发展战略规划研究"（杨立华主持），"非洲民族问题研究"（李新烽主持）；院重点课题 2 项："大国对非洲战略的比较研究及对我国的启示"（贺文萍主持），"大学生眼中的中东剧变"（杨光主持）。

（3）延续在研课题。2012 年，西亚非洲研究所共有延续在研课题 30 项。其中，国家社会科学基金课题 3 项："政治变革与避免社会动荡——南非经验研究"（杨立华主持），"巴以冲突与当代国际关系"（殷罡主持），"21 世纪初的非洲发展与国际合作研究"（张永蓬主持）；院重大课题 1 项："冷战后伊斯兰运动一些重大现实问题的考察及预测"（刘月琴主持）；院重点课题 1 项："列国志·西亚非洲国家卷"（赵国忠、温伯友、杨光主持）；院基础研究课题 2 项："20 世纪中东国际关系"（张晓东主持），"中国和以色列关系史"（殷罡主持）；所重点课题 14 项："从南非流动劳工制度看发展中国家劳动力转移比较研究"（刘乃亚主持），"国际关系研究"（张晓东主持），"海湾地区安全战略研究"（王京烈主持），"中东和平与以色列安全战略"（余国庆主持），"90 年代的非洲冲突处理——案例研究"（詹世明主持），"当代中东经济发展"（杨光主持），"当代非洲政治思潮——非洲复兴的理论与实践"（唐大盾、徐拓主持），"中东政治民主化"（杨鲁萍主持），"南部非洲经济发展报告"（陈玉来主持），"欧洲中东关系史"（张士智主持），"新经济环境下非洲的经济增长"（陈宗德主持），"东非三国妇女减贫研究"（魏翠萍主持），"所史"（杨光主持），"非洲资本市场研究"（李智彪主持）；所科研管理课题 9 项："关于研究所建立和完善内部机制的研究报告"（王茂珍主持），"研究所科研处功能定位与作用研究"（潘日霞主持），"如何建立科学的哲学社会科学学术期刊管理机制——以我院国际片 8 所为例"（成红主持），"非洲资本市场研究"（李智彪主持），"尼日利亚民族宗教问题与民主化进程研究"（李文刚主持），"阿联酋现代化进程研究"（仝菲主持），"尼日利亚独立与发展 50 年透视"（吴传华主持），"非洲产业发展与中非产业投资合作研究"（张春宇主持），"中非利用外资比较研究"（朴英姬主持）。

3. 创新工程的实施和科研管理新举措

2012 年 1 月 1 日，西亚非洲研究所进入创新工程。该所参加创新工程的人数为 19 人，该所创新工程项目的名称及其首席研究员分别为："中东热点问题与中国应对之策研究"（首席研究员王林聪），"中国对中东战略和大国与中东关系研究"（首席研究员王京烈），"大国在非洲的博弈与中国的应对方略研究"（首席研究员张宏明），"中国对非洲产业投资合作研究"（首席研究员姚桂梅）。

2012 年，西亚非洲研究所在创新工程方面实施的新机制、新举措有以下几方面：

（1）学科建设创新。2012 年，西亚非洲研究所在学科建设方面的工作重点是"中东热点问题与中国应对之策研究""中国对中东战略和大国与中东关系""中国对非关系的国际战略""中国对非投资战略研究"4 个项目，均率先进入创新工程，并按计划开展工作。

（2）科研方法和手段创新。2012 年，西亚非洲研究所在科研方法和手段创新方面的工作重点是：在创新工程方案及其创新单位、创新项目和相关研究课题的设计中，制定并实施科研方法和手段创新的具体目标和实施计划。

（3）发挥思想库智囊团作用。2012 年，西亚非洲研究所在发挥思想库智囊团作用方面的工作重点是：成立所信息报送领导小组，完成已承担的各类智库咨询课题。各创新项目启动后立即开始按计划报送信息。

（4）岗位考核办法和组织保障。2012 年，西亚非洲研究所根据中国社会科学院统一部署，制定了《西亚非洲研究所哲学社会科学创新工程人事管理办法》，对岗位考核办法和组织保障作出了具体规定。其主要内容有：成立创新工程办公室和创新工程考核小组；每年 10 月，进入创新工程的项目向创新工程办公室提交该年度已完成成果情况的专题报告；创新工程考核小组根据中国社会科学院科研局的考核指标体系，在创新项目年度述职、创新任务完成情况及平时表现的基础上，进行打分并评出相应等级；年度创新项目和创新岗位人员的考核等级纳入年度考核评等划优体系。

2012 年，西亚非洲研究所继续严格落实《西亚非洲研究所科研人员岗位职责及工作量考核管理办法》，有效推动科研任务的完成。

（三）学术交流活动

1. 学术活动

2012 年，西亚非洲研究所的国内和国际学术交流活动多层次全面开展。

（1）2012 年，西亚非洲研究所创新工程的各个项目组积极开展学术交流活动，召开学术会议 18 次，获批的召开国际学术会议和出国学术交流任务全部按计划完成。

（2）2012 年，西亚非洲研究所与宁夏大学签署了共同建设"协同创新中心"的协议，为研究所与大学开展研究和教学合作进行了积极的探索。

（3）2012 年，西亚非洲研究所多名研究人员出访参加国际会议和对非洲进行实地考察；全年共举办 4 次规模较大的国际学术研讨会。

（4）2012 年，西亚非洲研究所在美国宾夕法尼亚大学组织国际专家评选出的 2012 年全球 40 家"最佳政府背景智库"中名列第 37 名。

2. 国际学术交流与合作

2012 年，西亚非洲研究所共派遣出访 31 人次，接待来访 60 批 200 人次。与西亚非洲研究所开展学术交流的国家有美国、加拿大、俄罗斯、澳大利亚、比利时、荷兰、日本、伊朗、匈牙利、波兰、土耳其、南非、印度、以色列、肯尼亚、埃塞俄比亚、突尼斯等。出访对象国包括了更多的研究对象国。有来自以色列、比利时、埃塞俄比亚、法国、英国、加拿大、美国、南非、俄罗斯、荷兰、瑞典等国家的驻华使馆官员及外国学者经常来西亚非洲研究所拜会、作主题演讲。

2012 年，在中国社会科学院国际合作局和荷兰皇家科学院支持下，由西亚非洲研究所所长杨光与荷兰学者共同主持，有西亚非洲研究所多人参加的第二个合作研究成果 *Secure Oil and Alternative Energy*（《确保石油与替代能源安全》）由荷兰 Brill 出版社出版。

2012 年 1 月，西亚非洲研究所学者代表团在华盛顿与美国国际战略研究中心中东项目专家举行研讨会。

2012 年 1 月，中国社会科学院西亚非洲研究所学者代表团访问美国，在华盛顿与美国国际战略研究中心中东项目专家举行研讨会。

2012 年 10 月，西亚非洲研究所所长杨光率代表团赴德黑兰参加中国与伊朗关系研讨会。

（四）学术社团、期刊

1. 社团

中国中东学会，会长杨光。

2012 年 3 月 10 日，由中国中东学会与武汉大学阿拉伯研究中心联合举办的"中东剧变对地区格局的影响高端学术研讨会暨中国中东学会常务理事会"在武汉大学召开。来自全国各地相关研究机构的 20 多位中东问题专家及中东学会常务理事出席了会议。

2012 年 7 月 13 日，由中阿经贸论坛和中国中东学会联合举办的"第三届中阿经贸论坛理论研讨会"在宁夏回族自治区银川市举行。会议的主题是"变局中的稳健增长与合作"。出席大会的有来自外交部、高校系统及相关研究机构的人员共计 300 余人。

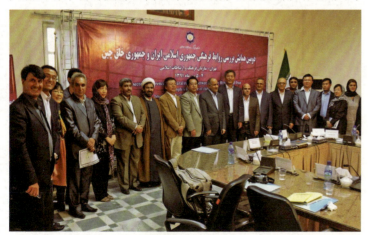

2012 年 10 月，中国社会科学院西亚非洲研究所学者代表团赴德黑兰，参加中国与伊朗关系研讨会。

2012 年 8 月 11 日，中国中东学会常务理事会在北京召开。来自全国各地的学会常务理事近 30 人出席了会议。会议的议题是商讨新一届学会领导机构人员调整情况，商讨学会成立 30 周年一系列庆祝活动的安排，会上还审批了一批新会员。

2012 年 11 月 24 日，"中国中东学会第七届会员代表大会暨庆祝中国中东学会成立 30 周年报告会"在北京外国语大学举行。来自全国各地的中国中东问题研究领域的专家学者共计120余人出席了大会。大会通过了中国中东学会会长杨光所作的工作报告。与会代表通过了中国中东学会第七届理事会理事候选人名单。在第七届理事会第一次会议上，选举产生了第七届中国中东学会领导机构。在第七届常务理事会第一次会议上，完成了推选学会副秘书长、决定学会名誉会长和顾问、审批新会员入会申请等项工作。

2. 期刊

《西亚非洲》（双月刊），主编杨光。

2012年，《西亚非洲》共出版6期，共计96万字。该刊全年刊载的有代表性的文章有：刘中民的《中东变局与世界主要大国中东战略的调整——兼论中国的中东外交》，刘鸿武、方伟的《国家主权、思想自立与发展权利——试论当代非洲国家建构的障碍及前景》，杨立华的《新南非的包容性发展之路——非国大100周年纪念》，毕健康的《文明交往、国家构建与埃及发展》，王猛的《苏丹民族国家建构失败的原因解析》，王林聪的《"土耳其模式"的新变化及其影响》，李安山的《中非关系研究中的方法论刍议——兼谈资料利用问题》，张春的《中非关系的国际贡献论初探》，张倩红、刘丽娟的《埃及变局后的以色列与埃及关系》，李智彪的《中国、非洲与世界工厂》，李伟建的《中东政治转型及中国中东外交》，张海冰的《中国对非洲援助的"战略平衡"问题》，王泰的《埃及伊斯兰中间主义思潮的理论与实践》，韩志斌的《阿拉伯国家政治文化的多维考量》，姚大学、闫伟的《叙利亚危机的根源及未来政治生态》。

（五）会议综述

国际传媒对中非关系报道视角及对中非关系影响国际研讨会

2012年5月8～9日，由"中非联合研究交流计划"主办、中国社会科学院西亚非洲研究所承办的"国际传媒对中非关系报道视角及对中非关系影响国际研讨会"在北京召开。来自中国外交部、商务部的官员和中非科研院所的专家学者及媒体人员近百人参加了会议。会议就西方媒体、非洲媒体以及中方媒体在中非关系报道中的视角以及存在的问题、原因及对策等展开了研讨。

会议讨论的内容主要分为以下四个方面：

首先，中非关系舆论环境复杂。外交部非洲司司长卢沙野认为，当前中非关系所处的舆论环境比较复杂，可概括为"三多"，即对中非关系关注增多、对中非关系的正面评论不断增多、对中非关系的攻击抹黑仍呈多发态势。外界对中非关系的认知之所以会与中非关系的实际存在偏差，其背后的主要原因之一是中非话语权和舆论权的缺失。

其次，国际媒体对中非关系报道中存在的问题及原因。会议从西方媒体、非洲媒体、中方媒体三个方面分别详细阐述了当前媒体报道中存在的问题。

再次，应对之策。针对以上问题，与会代表们提出如下建议：（1）要改变新闻传播的理念；（2）加强双方媒体的直接合作；（3）加强中非文化交流；（4）中非媒体传播手段应多样化；（5）加强中非媒体交流机制；（6）发挥非洲华文媒体在报道中非关系中的作用；（7）中非媒体应慎重选用西方媒体的材料。

最后，中非媒体应共同努力掌握解决问题的钥匙。中国社会科学院西亚非洲研究所所长杨光在总结发言时指出，此次研讨会提出了非常丰富的思想、观点和视角，既有理论分析，也有案例剖析；既有问题的梳理，也提出不少解决问题的对策建议，是一次成功的会议。与会中非学界和媒体有不少共识。在中非关系问题上，西方媒体报道的优势是我们必须面对的现实，虽然当前中非双方媒体的实力与西方国家相比比较薄弱，但经过共同努力，解决问题的钥匙应该可以掌握在我们自己手中。

（史晓曦）

中国和土耳其对外关系研讨会

2012 年 9 月 4 日，由中国社会科学院国际合作局、中国社会科学院西亚非洲研究所共同主办的"中国和土耳其对外关系研讨会"在北京召开。来自中国外交部、土耳其战略研究中心、中国社会科学院西亚非洲研究所、中国社会科学院欧洲研究所、中国社会科学院美国研究所、中国社会科学院俄罗斯东欧中亚研究所、中国社会科学院国际合作局、中国国际问题研究所、现代国际关系研究院、上海国际问题研究院、云南大学、陕西师范大学的近 60 名学者出席了研讨会。

会议主要分为三个部分：

第一部分：中、土学者围绕中国和土耳其的外交政策展开讨论。

土耳其战略研究中心副教授 Tarik Oğuzlu 指出，北约对土耳其的重要性开始下降，在北约框架内，土耳其应当获得更多发言权，西方国家应当通过自己的努力赢得土耳其的认可。土耳其战略研究中心助理教授 Nevra Esentürk 指出，欧盟对于新成员国的进入执行的是双重标准，土耳其加入欧盟之路困难重重主要是受制于政治因素，由于入盟受阻，土耳其开始转变外交政策，更加重视发展与中东国家和亚洲国家的关系。中国社会科学院俄罗斯东欧中亚研究所副研究员苏畅介绍了中国发展与中亚国家关系的基本政策、中亚国家的对华政策以及中国与中亚国家在政治、经济、安全等方面的合作现状。上海国际问题研究院副研究员张春指出，中国与土耳其在非洲的三边合作有着很大的潜力。西北大学教授黄民兴分析了中土外交政策形成背景的相似性和差异性。

第二部分：中国学者主要围绕土耳其的中东政策展开讨论。

中国前驻土耳其大使姚匡乙认为，土耳其外交政策调整发端于21世纪初正义发展党上台时期，政策调整的方向是：从"重欧轻亚"逐步转变到"欧亚并重"，利用其联结欧亚大陆的特殊战略地位，在欧亚两端发挥作用，成为联结欧亚的桥梁和纽带，扩大在全球事务中的影响力。中国社会科学院西亚非洲研究所研究员王京烈从政治文化认同的角度指出，土耳其正在东西方两种文明中挣扎，未来土耳其将重新找回自我，重新认识自身文化和价值观，其外交政策很可能会比以往更加自信。

中国社会科学院西亚非洲研究所副研究员余国庆认为，外交定位问题一直困扰着土耳其外交战略。2010年底的北非和中东国家政局动荡，则为土耳其的外交转向提供了难得的机会。中国现代国际关系研究院研究员田文林指出，2011年以后，土耳其的政策变化非常大，土耳其积极在中东推进民主、自由，但土耳其中东政策的转变很可能会得不偿失，其在中东搞民主改造超出了其国力的影响范围，目前，土耳其外交政策的关注点在东方，但是立足点又回到了西方，这一政策转变很可能会削弱未来土耳其在中东地区的影响力。

第三部分：中土两国学者围绕中国与土耳其之间的关系展开讨论。

土耳其战略研究中心副教授 SelçukÇolakoğlu 向与会学者介绍了土耳其东亚政策演变经历的四个过程。中国社会科学院西亚非洲研究所研究员王林聪分析了土耳其"向东看"的缘由及影响，并指出，中土战略合作具有坚定的合作基础。北京大学副教授昝涛认为，多元化是土耳其对外战略发展的总趋势，它至少开始于厄扎尔时代；土耳其内政和外部环境的变化共同促成了土耳其对外战略的转变。

土耳其战略研究中心副教授 Ça ğdaş Üngör 指出，从20世纪90年代开始，中土商品贸易额的不断扩大带动双边关系的快速发展，但土耳其对华贸易的赤字问题、新疆问题和语言障碍问题依然是阻碍中土关系发展的重要因素。云南大学副校长肖宪教授指出，土耳其既是一个地区大国，也是中东唯一成功走上现代化、世俗化道路的伊斯兰国家。在埃及、叙利亚等阿拉伯国家发生剧烈动荡后，土耳其在中东地区的重要性更进一步凸显。新华社世界问题研究中心研究员唐继赞认为，只要中土两国注意照顾双方的核心利益，努力维护今天两国关系的大好局面，警惕和坚决打击"东突"分子的阴谋和破坏活动，中土关系发展大局就不会受到损害，两国友好合作的前景将会十分广阔。

（史晓曦）

拉丁美洲研究所

（一）人员、机构等基本情况

1. 人员

截至 2012 年年底，拉丁美洲研究所共有在职人员 55 人。其中，正高级职称人员 10 人，副高级职称人员 17 人，中级职称人员 13 人；高、中级职称人员占全体在职人员总数的 73%。

2. 机构

拉丁美洲研究所设有：经济研究室、政治研究室、国际关系研究室、社会和文化研究室、马克思主义理论与拉美问题研究室、《拉丁美洲研究》编辑部、综合行政办公室。

3. 科研中心

拉丁美洲研究所设有院属研究中心 1 个：中国社会科学院国际社会保障研究中心；所属研究中心 4 个：美洲自由贸易研究中心、中美洲和加勒比研究中心、古巴研究中心、巴西研究中心。

（二）科研工作

1. 科研成果统计

2012 年，拉丁美洲研究所共完成专著 5 种，150.4 万字；译著 3 种，76.4 万字；论文 80 篇，118.42 万字；文章 116 篇，49.16 万字；研究报告 98 篇，150.24 万字；译文 21 篇，52.24 万字；论文集 1 种，44.6 万字；工具书 1 种，67 万字。

2. 科研课题

（1）新立项课题。2012 年，拉丁美洲研究所共有新立项课题 15 项。其中，院国情调研重点课题 1 项："企业投资拉美的增长与问题：浙江案例调研"（岳云霞主持）；院皮书课题 1 项："拉丁美洲和加勒比发展报告 2011～2012"（吴白乙、刘维广主持）；横向课题 13 项：中信保委托课题"拉美 6 个国家风险报告"（谌园庭、高庆波、方旭飞、张勇、周志伟、孙洪波主持），中国进出口银行委托课题"拉美地区贸易投资环境研究"（吴白乙主持），外交部政策规划司委托课题"中国与拉美'非建交国'关系研究"（吴白乙主持），国家开发银行委托课题"墨西哥通讯行业专题研究"（柴瑜主持），国家开发银行委托课题"巴拿马国别业务发展规划研究"（柴瑜主持），商务部委托课题"中哥官方联合可行性研究"（柴瑜主持），国家开发银行规划局委托课题"拉美竞争政策研究"（柴瑜主持），农业部委托课题"农业法制建设与政策调研"（柴瑜主持），国家开发银行委托课题"中国与拉丁美洲经贸合作战略规划"（杨建民主持），国家开发银行委托课题"秘鲁国家综合经济社会发展规划咨询研究"（杨建民主持），BBVA 委托课题"翻译《拉美养老金改革：面临的平衡与挑战》"（郑秉文主持），人保部委托课题"部分典型国家失业保险制度的现状及比较分析"（郑秉文主持），人保部委托课题"完善中国失业保险制度的对策建议"（郑秉文主持）。

（2）结项课题。2012 年，拉丁美洲研究所共有结项课题 15 项。其中，院重点课题 1 项："中国对拉美的经贸战略与政策选择"（高静主持）；院国情调研重点课题 1 项："企业投资拉美的增长与问题：浙江案例调研"（岳云霞主持）；院皮书课题 1 项："拉丁美洲和加勒比发展报告 2011～2012"（吴白乙主持）；院交办课题 1 项："《剑桥拉美史》第九卷"（张森根主持）；所重点课题 2 项："拉美新左派研究"（方旭飞主持），"查韦斯和查韦斯现象研究"（王鹏主持）；中信保委托课题 1 项："拉美 6 个国家风险报告"（谌园庭、高庆波、方旭飞、张勇、周志伟、孙洪波主持）；中国进出口银行委托课题 1 项："拉美地区贸易投资环境研究"（吴白乙主持）；外交部政策规划司委托课题 1 项："中国与拉美'非建交国'关系研究"（吴白乙主持）；国家开发银行委托课题 1 项："墨西哥通讯行业专题研究"（柴瑜主持）；国家开发银行委托课题 1 项："巴拿马国别业务发展规划研究"（柴瑜主持）；国家开发银行委托课题 2 项："中国与拉丁美洲经贸合作战略规划"（杨建民主持），"秘鲁国家综合经济社会发展规划咨询研究"（杨建民主持）；BBVA 委托课题 1 项："翻译《拉美养老金改革：面临的平衡与挑战》"（郑秉文主持）；人保部委托课题 1 项："完善中国失业保险制度的对策建议：基于国际视野的研究"（郑秉文主持）。

（3）延续在研课题。2012 年，拉丁美洲研究所共有延续在研课题 2 项。其中，院重大课题 1 项："拉美国家经济走势与中拉经贸合作的路径选择"（苏振兴主持）；院重点课题 1 项："拉美国家的法治与政治——司法改革及其影响研究"（杨建民主持）。

3. 获奖优秀科研成果

2012 年，在社会科学文献出版社举办的第三届"优秀皮书奖·报告奖"评选活动中，拉丁美洲研究所苏振兴、张勇的论文《有退有进，在危机中深化合作——国际金融危机背景下的中拉经贸合作》（2010 年）获得第三届"优秀皮书奖·报告奖"二等奖。

4. 创新工程的实施和科研管理新举措

2012 年 2 月 1 日，拉丁美洲研究所正式签约进入创新工程。拉丁美洲研究所的创新工程项目为"拉美经济社会转型综合研究"，其中包括五个子项目，分别是"拉美陷入'中等收入陷阱'的经验与教训""中国战略机遇期中的拉美地位与作用""拉美投资贸易环境研究""拉美社会治理的经验与挑战研究"和"拉美政治转型研究"。按照院创新工程的要求，拉美所进入创新工程的人员总计 20 人，其中首席管理 1 人（郑秉文所长），首席研究员 3 人（吴白乙、柴瑜、吴国平），业务主管 1 人，执行研究员 10 人，研究助理 3 人，业务主办 1 人，业务协办 1 人。

拉丁美洲研究所在创新工程方面实施的新举措：

（1）建立两个学科实验室，紧跟学科发展前沿

2012年，为加强社会保障研究和拉丁美洲研究中的数量分析和实验研究方法，拉丁美洲研究所与院调查与信息数据中心紧密合作，成立了院级社会保障实验室和所级"中拉经贸环境监测实验室"。院级社保实验室的建立将有助于推进社会保障研究的科学化、指标化。所级"中拉经贸实验室"将融合拉丁美洲各学科优势，以中拉经贸环境监测为核心目标，实现研究方法的前沿化和研究工具的现代化。

（2）促进学科发展的重心调整与研究方法和手段的创新

拉丁美洲研究所根据中国战略机遇期发展的要求，加强了对各学科领域研究重心的调整与优化，进一步突出了学科特色和专业优势，加大了对研究方法的学习和培训，鼓励对前沿理论方法的运用和推广。

为加强学科理论学习与方法运用，拉丁美洲研究所各创新工程项目组都举办了多次理论和方法学习会，保持了相互借鉴，集体学习的良好氛围。2012年，有10多人参加清华大学国际关系研究方法培训，有效地提升了研究理论和方法水平。在中哥自贸区的科研中使用了多项经济计量研究方法，如局部均衡模型和可计算一般均衡模型等。在中国战略机遇期拉丁美洲的地位与作用研究中，也运用了多种数理和计量分析方法。拉丁美洲研究所还加强了现代研究和传播工具的使用，在拉丁美洲文化领域的研究中，创造性地将学术研究和影像文献相结合，开创了通过影像研究拉丁美洲政治和社会问题的新领域。

加强实地调研和考察，2012年5月，创新项目组先后两次赴杭州、宁波和温州三地，以从事对拉贸易和投资活动的中小企业为考察对象进行深入调研，为进行相关研究取得了宝贵的一手材料。9月，经济开发区课题组还对哥斯达黎加进行了实地调研，考察了当地水利、公路、港口等基础设施及科技企业，为在哥斯达黎加建设中资经济开发区积累了研究实感。

加强学术引进来和走出去，各创新项目组采取"请进来"的办法，邀请国内外著名学者着重就有关研究问题和方法举办专题讲座。还利用参加国际国内研讨会、工作磋商的机会，加强与各方专家的交流。同时，主动寻找国际学术合作机会，与巴西瓦加斯基金会等知名学术机构达成合作意向。

（3）促进学术组织方式的创新

经过一年的创新工程，拉丁美洲研究所科研组织方式展现了新的发展态势。将较为静态的、较少思想碰撞与学术交流的组织方式改变为新颖的、充满生机与活力的学术组织方式，将学术发展建立在开放、包容、专业、高效的基础之上。

为促进学科之间的贯通和互动，各项目组通过"每周一小会、每月一总结"、共用邮箱、"个人陈述和申报，集体会审和确定"等多种方法，进行集体学习、讨论、评议，形成了相对统一的学术取向和质量标准，从而对在既定的时间内完成汇集政治学、经济学、国际关系学、人类文化学视角的复合型研究任务产生较高的共识，并给所内各学科的长期发展带来积极的

影响。

在项目管理方面制定了明晰的进度表，各项目组严格执行月报告制度、发送电子备忘录制度、出国访学人员定期联系制度，并在项目后期组织好项目汇报会、专家评审和出版资助申请等工作。

人才培养功能得到体现，除编制内的人员设置外，各项目组还采取灵活方式吸纳编制外人员参与到研究工作之中，不仅为课题研究注入了活力和新思想，也培养和锻炼了年轻学者。

（4）促进成果发布形式和学术交流平台的创新

拉丁美洲研究所高度重视成果发布工作，制定了《关于拉丁美洲研究所优秀科研成果新闻发布会的规定》（2011年12月1日起施行），文件规定，已完成的所有重要成果必须召开所内成果发布会，并通过网站等宣传成果内容。

对于社会和学术影响较大的重大成果，拉丁美洲研究所联合院调查与数据信息中心，进行院内联合发布。开设创新成果发布平台《拉美研究报告》，反映拉丁美洲研究所创新工程最新研究成果。

（5）大型国际会议已形成固定学术品牌

2012年，拉丁美洲研究所主办的重要国际会议进一步形成自身的品牌效应，国际知名度得到更大的提升。

（6）扩大对外学术网络、提高学术影响力

2012年，拉丁美洲研究所的国际影响力进一步扩大，经过长期合作，特别是通过合作在华举办大型学术研讨会，拉美开发银行、美洲协会等机构增加了对拉丁美洲研究所的认识和信任。2012年，拉丁美洲研究所还成功地与联合国拉美经委会建立了学术联系。

拉丁美洲研究所在创新工程方面实施的新机制：

根据创新工程建设发展需要，拉丁美洲研究所对科研、外事等方面的规章制度进行了修订，这些规章制度中有《中国社会科学院拉丁美洲研究所优秀科研成果评奖办法》《〈拉美研究报告〉发行暂行规定》《拉丁美洲研究所科研创新成果新闻发布暂行规定》《拉丁美洲研究所科研人员实行"双定"的实施办法》等共计13项。这些规章制度的建立和完善，对创新工程的发展起到了保障作用，也对科研人员起到了明显的激励作用。

（三）学术交流活动

1. 学术活动

2012年，拉丁美洲研究所主办和承办的主要学术会议有：

（1）2012年1月5日，拉丁美洲研究所政治研究室主办学术报告会，邀请清华大学政治学系主任张小劲教授等来所作题为《比较政治学框架内的地区问题研究：两个传统和新趋势》的学术讲座。

（2）2012年3月29日，拉丁美洲研究所综合理论研究室在北京主办学术报告会，邀请清华大学国际关系学系副教授、卡耐基清华大学全球政策中心驻会研究员陈懋修作题为《中拉关系：再平衡与风险分析》的演讲。

（3）2012年4月9日，拉丁美洲研究所在北京主办"学术研究方法系列讲座"。

（4）2012年5月3日，拉丁美洲研究所在北京主办"墨西哥大选选情研讨会"。

（5）2012年5月14日，拉丁美洲研究所邀请复旦大学国际关系与公共事务学院教授唐世平就国际和区域问题研究前沿及方法论等问题，与创新工程"拉美投资贸易环境研究""拉美政治转型研究""中国战略机遇期中的拉美地位与作用"三个项目组成员在北京进行座谈。

（6）2012年5月23日，中国社会科学院信息情报研究院与拉丁美洲研究所在北京联合主办了"里约+20"峰会研讨会。

（7）2012年5月24日，拉丁美洲研究所社会文化室在北京主办读书报告会。报告会由齐传钧博士主讲，题目是《中国会是下一个吗？——来自拉美地区落入'中等收入陷阱'之启示》。

（8）2012年6月21日，拉丁美洲研究所社会文化室在北京主办"拉美中产阶级的兴衰及其对中国的启示"专题报告会。

（9）2012年6月28日，拉丁美洲研究所在北京主办了"巴西经济与'中等收入陷阱'研讨会暨《中等收入陷阱：来自拉丁美洲的案例分析》发布会"。

（10）2012年5月至7月，拉丁美洲研究所创新工程"拉美投资贸易环境研究""拉美政治转型研究"项目组在北京主办系列读书报告会。

（11）2012年8月16日至9月13日，拉丁美洲研究所社会文化室在北京主办"拉美印第安电影系列展映"。

（12）2012年9月28日，拉丁美洲研究所在北京主办"拉丁美洲印第安运动：影像与现实学术研讨会"。

（13）2012年10月15日，由拉丁美洲研究所和美国美洲协会联合主办、CAF—拉丁美洲开发银行和 Vera & Carvajal 共同协办的"2012年国际研讨会——

2012年10月，"2012年国际研讨会——经济发展：中国、拉丁美洲和加勒比的新机遇"在北京举行。

经济发展：中国、拉丁美洲和加勒比的新机遇"在中国社会科学院召开。

2. 国际学术交流与合作

2012 年，拉丁美洲研究所共举办 4 次较大规模的国际会议；接待来访 56 批近 420 人次；接受海外媒体采访 2 批次；出访 28 批 29 人次，其中 3 批 4 人次为执行创新工程项目；长期出国进修人员 4 人，回国 4 人。

（1）2012 年 3 月 15 日，墨西哥国立自治大学经济系墨西哥中国研究中心主任恩里克·杜塞尔·彼得斯教授访问拉丁美洲研究所，并举办了题为"中墨建交 40 年来的双边关系"的学术讲座。

（2）2012 年 4 月 23 日，拉丁美洲研究所响应美洲玻利瓦尔联盟主要成员国驻华大使的倡议，举办专题报告会。玻利维亚、古巴、厄瓜多尔和委内瑞拉四国大使就"美洲玻利瓦尔联盟—人民贸易协定：起源、发展与前景"主题发表演讲。

（3）2012 年 5 月 24 日，古巴外交部传播与新闻司司长梅塞德斯·德阿马斯·加西亚访问拉丁美洲研究所，并就古巴外交政策与拉丁美洲研究所学者进行了座谈。

（4）2012 年 8 月 31 日，古巴著名作家、记者玛尔塔·罗哈斯应邀访问拉丁美洲研究所，并阐发了对古巴革命的独到见解，叙述了她亲身经历的古巴革命进程中的多个重大历史事件。

（5）2012 年 10 月 25 日，巴西无地农民运动负责国际关系事务的川上义则访问拉丁美洲研究所，并举办了题为"巴西工会运动：社会斗争与政党"的讲座，介绍巴西工会运动的社会背景、发展历程和现状等。

（四）学术社团、期刊

1. 社团

中国拉丁美洲学会，会长苏振兴。

2012 年 6 月 9 日，中国拉美学会青年论坛在四川外语学院举行。会议由中国拉美学会和四川外语学院共同主办，四川外语学院国际关系学院、西班牙语系、拉美研究中心承办。来自全国各地和墨西哥的专家学者共 80 余人参加了会议。会议的主题是"后金融危机时代的国际格局与中拉关系"。

2. 期刊

《拉丁美洲研究》（双月刊），主编郑秉文。

2012 年《拉丁美洲研究》全年共出版 6 期，共计 96 万字。该刊全年刊载的有代表性的文章有：吴国平的《在变与不变中前行——2011 年拉美和加勒比形势的回顾与展望》，王鹏的《2011 年拉美地区安全形势回顾》，沈尤佳的《从马克思的社会主义到"21 世纪社会主义"——迈克尔·A. 勒博维茨学术思想评介》，葛汉文的《"安全与发展"：巴西的地缘政治思想（二战结束至 20 世纪 80 年代）》，柳明的《欧债危机对拉美经济的影响机制与拉美的政策措施及成效》，郑联盛的《欧债危机对拉美经济的影响：现状及展望》，陆楠楠、苏毓淞的《作为可传授知识的拉丁美洲研究：比较观察》，齐传钧的《拉美地区收入分配状况新趋势探析》，杨建民的《公民社会与拉美国家政治转型研究》，王鹏的《委内瑞拉公民社会新发展：从社区自治会到公社》，范蕾的《拉美的宪法改革与印第安人问题》，贺钦的《拉美替代一体化运动初探——以美洲玻利瓦尔联盟—人民贸易协定为例》，柴瑜、岳云霞等的《"中国—哥伦比亚自由贸易协定"研究》，柳明、王发军的《中国在拉丁美洲的贷款》，房连泉的《智利的收入分配与社会政策》，郭存海的《拉美的"过度不平等"及其对中产阶级的影响》，齐传钧的《智利还政于民20多年的经验与启示》，吴国平、岳云霞的《中国与墨西哥双边贸易的发展趋势及其面临的问题》，徐世澄的《墨西哥革命制度党为何能东山再起》，张勇的《智利经济增长趋势及中智经贸合作的选择》，阿莉西亚·巴尔塞纳的《2012年拉丁美洲和加勒比地区的经济发展》，陈志阳的《拉美和亚太区域经济合作新动向：太平洋联盟成立之探析》，杨建民的《拉美国家的一体化与民主化——从巴拉圭政局突变和委内瑞拉加入南共市谈起》，徐世澄的《查韦斯大选获胜的原因及面临的挑战》，袁东振的《查韦斯再度连任委内瑞拉总统：挑战与影响》，方旭飞的《试析查韦斯执政14年的主要成就与失误》。

（五）会议综述

美洲玻利瓦尔联盟—人民贸易协定：起源、发展与前景专题报告会

2012年4月23日，中国社会科学院拉丁美洲研究所响应美洲玻利瓦尔联盟主要成员国驻华大使倡议，举办专题报告会。玻利维亚、古巴、厄瓜多尔和委内瑞拉四国大使出席会议，并就"美洲玻利瓦尔联盟—人民贸易协定：起源、发展与前景"发表演讲。

中国社会科学院党组副书记、副院长李慎明出席会议并致辞。他认为，美洲玻利瓦尔联盟在维护其成员国和拉美加勒比地区集体经济安全、帮助其成员国和其他拉美及加勒比国家应对经济危机的挑战方面，发挥了重要的作用。他还指出，美洲玻利瓦尔联盟的实践为广大发展中国家提供了两方面的启示：一方面，面对当今世界出现的新情况、新问题，发展中国家在探索符合自身发展利益的发展道路过程中，马克思主义基本原理仍有着强大的生命力；另一方面，面对西方国家主导的不平等、不公正的世界经济政治体系，发展中国家在探索替代新自由主义和资本主义发展模式的过程中，如能进一步增强彼此之间的政治经济联系，就能够加强在南北对话中的地位，进而有力地推动公正、合理的国际经济政治新秩序的建立。

玻利维亚驻华大使吉列尔莫·查卢普·连多、古巴驻华大使白诗德、厄瓜多尔驻华大使莱昂纳多·阿里萨加·施麦格尔、委内瑞拉驻华大使罗西奥·马内罗·冈萨雷斯先后发表演讲。

他们介绍了美洲玻利瓦尔联盟的历史背景、成员国构成、指导原则、组织框架、主要项目、现有成就和历次峰会情况，强调该联盟旨在推进拉美和加勒比地区的团结和互助，"谋求地区内生发展、消除贫困的共识，纠正社会的不平等现象并且保证人民生活水平不断提高"。

各位大使还同与会人员进行了互动交流。在提到中国与联盟的经贸合作时，大使们均表示，中国对联盟本身乃至于整个地区意味着机遇，而联盟各国也为中国扩大经贸、发掘投资潜力提供了机会，双方具有进一步扩大合作的潜力。

会议由中国社会科学院拉丁美洲研究所副所长吴白乙研究员主持。他在开场致辞和会议总结中先后使用了"长期、联盟、合作"以及"价值、试验、辩证"两组关键词，指出，美洲玻利瓦尔联盟代表着发展中国家在经济全球化和后危机时代的联合自强，是拉丁美洲地区内生可持续发展的一种要求，反映了世界和地区发展多样性；该联盟的发展是一个充满生机的动态过程，波动不影响其存在的合理性，要允许其进行更多的试验，而不应以现有理论框架模式判断其成败。

来自外交部，中央编译局，中国国际问题研究基金会，中国社会科学院拉丁美洲研究所、政治学研究所、马克思主义研究院和世界社会主义中心等机构和玻利维亚、古巴、厄瓜多尔、委内瑞拉四国驻华使馆的相关人员近百人参加了报告会。

（岳云霞）

中国社会科学论坛（2012年·国际研究）
——变化中的世界经济：中国和拉美及加勒比的选择

2012年5月8日，由中国社会科学院主办，中国社会科学院拉丁美洲研究所和CAF—拉丁美洲开发银行联合承办的"中国社会科学论坛（2012年·国际研究）——变化中的世界经济：中国和拉美及加勒比的选择"在北京召开。论坛的主题是"变化中的世界经济：中国和拉美及加勒比的选择"。CAF—拉丁美洲开发银行执行主席恩里克·加西亚率团出席论坛。第九届、第十届全国人大常委会副委员长、中拉友协会长成思危，中国社会科学院副院长高全立，中共中央对外联络部副部长于洪君，国务院发展研究中心副主任刘世锦，OECD发展中心主任马利奥·佩斯尼，外交部拉美司副司长李宝荣应邀出席了论坛开幕式并发言。中国社会科学院拉丁美洲研究所所长郑秉文主持了论坛开幕式。

论坛共设四个主题单元。

第一单元的主题是"变化中的世界经济：特点与挑战"。CAF—拉丁美洲开发银行顾问、哥伦比亚财政部前部长、世界银行负责拉美地区事务的前首席经济学家吉列尔莫·佩里，国家发展和改革委员会学术委员会秘书长张燕生，西班牙对外银行新兴市场部首席经济学家阿莉亚·加西亚·埃雷罗等围绕当前经济全球化背景下新兴大国面临的挑战、中国经济转型前景等问题进行了探讨。中国进出口银行首席经济学家王建业对该单元进行了评论。

第二单元围绕"面向发展：金融服务的可获性"的主题展开。CAF 研究员丹尼尔·奥尔特加，中国人民银行研究局局长张健华，全球发展中心研究员、德意志银行负责拉美地区事务的首席经济学家莉莉亚娜·罗哈斯—苏亚雷斯，全国中小企业协会副会长、温州中小企业促进会会长周德文等分别就面向中小企业的金融可获得性问题、改善基层金融服务、提高金融可获得性等问题展开讨论。

第三单元的主题是"中等收入陷阱：产业转型的挑战"。CAF 社会经济研究部主任巴勃罗·桑吉内蒂、中国社会科学院经济研究所副所长张平、拉丁美洲研究所博士谢文泽等专家学者就如何借鉴拉美国家经验教训，探索中国如何避免落入"中等收入陷阱"的路径，实现经济转型发展等问题进行了分析。

第四单元的主题是"面向发展：国家的转型"。OECD 发展中心美洲区域负责人克里斯琴·道登，国家行政学院经济学部主任张占斌，阿根廷前经济部长、拉美和加勒比经委会前执行秘书何塞·路易斯·马奇内阿等就经济发展方式转变与政府管理创新等方面的问题进行了交流探讨。

闭幕式后，中国社会科学院原副院长、中国社会科学院学部委员陈佳贵发表主旨讲话。中国政府有关部门的官员、学术研究机构和大学的专家学者、企业代表、新闻媒体记者以及拉丁美洲和加勒比地区国家驻华使节等 200 余人出席了会议。

（武晓琦）

中国社会科学院社会保障国际论坛 2012 暨《中国养老金发展报告 2012》发布式——中国养老基金地区失衡与财务可持续性研讨会

2012 年 12 月 17 日，"中国社会科学院社会保障国际论坛 2012 暨《中国养老金发展报告 2012》发布式——中国养老基金地区失衡与财务可持续性研讨会"在中国社会科学院召开。

会议由中国社会科学院世界社保研究中心、中国社会科学院调查与数据信息中心共同主办，中国社会保险学会、中国社会科学院拉丁美洲研究所和经济管理出版社协办。出席会议的有全国社会保障基金理事会理事长戴相龙，中国社会科学院副院长李扬，中国社会保险学会会长、原劳动保障部副部长王建伦，中国经济体制研究会会长宋晓梧，中国证监会副主席刘新华，全国人大常委会法工委副主任信春鹰等。与会代表有来自国家发改委、财政部、人力资源与社会保障部、审计署、民政部、证监会、全国社保基金理事会等中央部门以及四川、广东、江西等省社保部门的官员，有资深的国内外养老金企业界代表，有来自国内外高校、科研机构的社会保障专家学者，还有数十家新闻媒体的记者，共计 300 余人。

会上发布了由中国社会科学院世界社保研究中心编写的《中国养老金发展报告 2012》，同时发布了由该中心开发的"社科智讯·养老金指数"。会上,中国社会科学院副院长李扬、科研局局长晋保平为"中国社会科学院社会保障实验室"揭牌,宣布该实验室正式成立。

众多发言嘉宾对《中国养老金发展报告 2012》及"社科智讯·养老金指数"作出了充分肯定,同时就中国养老金改革中存在的问题和改革思路提出建议。

戴相龙在演讲中就做实个人账户、扩充全国社保储备基金、推动社保基金投资运营和改进基金投资监管等方面问题作了深入分析。

李扬肯定了中国社会科学院世界社保研究中心所取得的一系列成果,希望中心继续站在学术高地,利用科研优势,将年度《中国养老金发展报告》办得更好,为中国养老金事业改革建言献策。

中国保险学会会长王建伦、中国经济体制研究会会长宋晓梧、全国人大财经委副主任委员乌日图等嘉宾也分别致辞,祝贺报告的发布,肯定了报告发布的重要意义,并就有关问题建言献策。

其他与会者也对《中国养老金发展报告 2012》给予了高度评价,肯定了该报告对中国养老金事业的重要贡献。部分参会人士就当前中国养老金制度出现的重大理论和现实问题作了演讲。

会议第一单元,由郑秉文教授领衔的研究团队介绍了《中国养老金发展报告 2012》的核心内容、主要特色与创新。第二至第五单元,与会代表围绕"基本养老保险财务可持续性:城乡统筹与制度衔接""基本养老基金地方发展失衡:制度改革与财税体制""多层次社保体系建设:制度环境与机构发展"以及"养老保险财务可持续性:改革路径与国际比较"等四个专题展开研讨。

(张盈华)

亚太与全球战略研究院

(一) 人员、机构等基本情况

1. 人员

截至 2012 年年底,亚太与全球战略研究院共有在职人员 53 人。其中,正高级职称人员 10 人,副高级职称人员 15 人,中级职称人员 23 人;高、中级职称人员占全体在职人员总数的 91%。

2. 机构

亚太与全球战略研究院设有:亚太政治研究室、亚太安全与外交研究室、亚太社会文化研究室、大国关系研究室、中国周边与全球战略研究室、国际经济关系研究室、新兴经济体研究室、区域经济合作研究室、全球治理研究室、周边环境监测研究室、《当代亚太》编辑部、《南亚研究》编辑部、*Journal of China's Foreign Policy*（英文期刊）编辑部（筹建中）、网络与资料室、科研处、行政办公室。

3. 科研中心

亚太与全球战略研究院代管的院属研究中心有：南亚文化研究中心、澳大利亚—新西兰—南太平洋研究中心、亚太经济合作组织与东亚研究中心、地区安全研究中心；亚太与全球战略研究院下属研究中心有：东北亚研究中心、东南亚研究中心。

（二）科研工作

1. 科研成果统计

2012 年，亚太与全球战略研究院共完成专著 9 种，239 万字；学术文章 120 篇，161 万字；研究报告 67 篇，55 万字；译著 3 种，81 万字；译文 14 篇，38 万字；学术普及读物 17 篇，7 万字。

2. 科研课题

（1）新立项课题。2012 年，亚太与全球战略研究院共有新立项课题 17 项。其中，国家社会科学基金课题 1 项："朝鲜金正恩领导体制研究"（朴键一主持）；院创新工程项目 6 项："占领华尔街：当代资本主义发展的趋势研究"（李向阳主持），"大国的亚太战略"（周方银主持），"中国周边环境与战略"（李向阳主持），"大国崛起中的文化战略"（李文主持），"理论动态跟踪研究"（李文主持），"中国周边实验室及网络"（韩锋主持）；院青年科研启动基金课题 3 项："印度的亚太区域合作战略"（葛成主持），"日本西南防卫战略研究"（屈彩云主持），"全球价值链革命与中国经济转型"（秦升主持）；所重点课题 6 项："美国'新丝绸之路'计划探析"（吴兆礼主持），"后危机时代印度尼西亚发展战略及其影响"（刘均胜主持），"论日本灾后重建中的硬实力与外部效应"（葛成主持），"日本防卫战略的西南取向"（屈彩云主持），"生产性服务业的兴起对产业价值链全球整合的影响分析"（秦升主持），"后危机时代印度的经济增长困境"（刘小雪主持）；其他部门与地方委托课题 1 项：国家开发银行课题"亚洲发展研究"（李向阳主持）。

（2）结项课题。2012 年，亚太与全球战略研究院共有结项课题 5 项。其中，院重大课题 2 项："区域经济一体化：理论演变与亚太实践"（李向阳主持），"东亚经济合作与政治发展"（李文主持）；创新工程重大项目 1 项："大国的亚太战略"（周方银主持）；院重点课题 2 项："佛教密宗金刚乘"（李南主持），"韩国教育产业研究——教育产业与社会不平等"（王晓玲主持）。

（3）延续在研课题。2012 年，亚太与全球战略研究院共有延续在研课题 12 项。其中，院重大课题 2 项："东亚经济结构转型与中国的战略选择"（赵江林主持）等；院重点课题 2 项：

"中国—东盟非传统安全合作研究"（张洁主持）等；创新工程项目6项："中国周边环境与战略"（李向阳主持）等；所重点课题2项："中国—东盟自贸区框架下的人民币区域化研究"（富景筠主持），"朝鲜的先军政治及其影响论析"（李永春主持）。

3. 获奖优秀科研成果

2012年，亚太与全球战略研究院获得中国社会科学院2012年优秀对策信息组织奖。评出"2012年亚太与全球战略研究院优秀科研成果奖"12项，其中，专著类一等奖1项：李文的《东亚社会运动》；论文类一等奖3项：李向阳的《国际经济规则的实施机制》，周方银的《三大主义式论文可以休矣》，钟飞腾的《管理投资自由化：美国应对日本的直接投资》（其他奖项略）。

4. 创新工程的实施和科研管理新举措

2012年，亚太与全球战略研究院创新工程科研管理主要采取的新举措是制定并通过了《创新岗位年度业绩量化考核办法》。通过实施《创新岗位年度业绩量化考核办法》，一方面把全体人员的努力方向引导到全球战略研究的目标上；另一方面，为创新岗位人员流动提供一个较为客观的评价标准。

2012年2月，亚太与全球战略研究院正式进入创新工程，参加创新工程的总人数为31人，创新工程项目为："中国周边环境与战略"（首席研究员李向阳），"中国周边政治与安全环境研究"（首席研究员朴键一），"中国周边经济与社会文化环境研究"（首席研究员赵江林），"地区合作与区域治理研究"（首席研究员王玉主），"大国的亚太战略"（首席研究员周方银），"大国崛起中的文化战略"（首席研究员李文），"中国周边实验室及网络"（首席研究员韩锋），"科研行政管理"（首席研究员朴光姬）。

2012年，亚太与全球战略研究院结合办院宗旨、本学科特点，在创新工程方面主要实施的新机制、新举措如下：

（1）人才的培养。建立一支高水平的人才队伍是办好一流研究机构的基础。亚太与全球战略研究院的科研、科辅与管理人员队伍整体呈现高学历和年轻化特征，为培养一支适应国际战略研究的队伍提供了良好的条件。以现有编制67人计算，亚太与全球战略研究院计划经过5年左右的时间，培养10~15名左右的学科带头人，20名左右的学科骨干。同时，根据项目需求，利用创新工程机制聘用一批较高水平的有相对稳定合作关系的研究队伍。具体措施包括：第一，在职称评定、干部任用、创新岗位竞聘方面打破资历约束，为青年人员发展创造条件。第二，通过规则引导青年科研人员树立良好的学风。第三，以创新工程为手段，建立优胜劣汰机制，为青年科研人员注入强大的工作动力。第四，为青年研究人员出访、进修、参加国内外学术会议创造条件。第五，以聘用制为搜索、选拔人才的重要机制，补充从事全球战略研究的人才。

（2）学科建设。组建亚太与全球战略研究院之后，该院的学科建设任务发生了重大变化，从原先集中于亚太问题研究扩展为对全球战略问题的研究。鉴于全球战略研究的定位和任务，该院的学科建设划分为三类：一是把原有学科继承下来的研究室，目标是使原有的学科建设任务延续下去，如亚太政治、亚太安全外交、亚太社会文化等。二是把原有以亚太与周边研究为主的学科注入全球战略研究的任务，如国际经济关系、区域合作与全球治理、中国周边与全球战略等，这些学科既要继承原有的优势，又要承担起新的学科建设任务。三是根据全球战略研究院的要求组建的新兴学科研究室，如新兴经济体研究室、地区冲突与全球安全研究室、大国关系研究室等，都将有一定程度的跨学科特征，其主要任务是开展应用对策性研究。

（3）科研方法和手段的创新。为适应全球战略研究院科研工作的综合性与战略性特征，该院在科研方法和手段创新方面着重开展了以下工作：第一，把量化研究方法引入国际战略研究，克服长期以来只作定性研究的缺陷。亚太与全球战略研究院设置的中国周边环境监测实验室就是一个具体举措。通过数据库建设与（分领域）环境监测指标体制的构建，为研究院从事战略研究提供新的研究手段和工具。第二，为科研人员开展实地调查创造条件，包括边疆地区、海外，获得第一手的资料，提高科研成果的质量。第三，开展跨学科研究。亚太与全球战略研究院的定位要求科研人员从事综合性研究，尤其是热点跟踪更需要多学科的共同研究。为此，该院计划组织相对稳定的项目组，抽调不同学科的人员参加，同时发挥跨学科研究室的功能。

（4）思想库智囊团作用的发挥。按照中国社会科学院创新工程的要求，为了落实亚太与全球战略研究院的定位和目标，研究院的科研成果必须要体现"四个影响力"的要求。一是学术影响力。以学术论文和专著为代表的成果是学术型智库的基础，也是保证科研人员能够从事综合性、长期性对策研究的前提条件。办出一流的学术刊物也是学术影响力的一个重要标志。二是决策影响力。作为党中央、国务院的智库，研究成果主要服务于党和国家的决策，因此加强与信息研究院的合作，通过《中国社会科学院要报》系统报送对策类成果是主要途径。同时，研究院内部设置相对固定的应急研究团队，对重大突发性问题进行及时深入跟踪研究。三是社会影响力。宣传党和国家的对外方针政策，引导公众客观理性认识国际问题。一方面，研究人员要通过媒体对重要国际问题进行分析和解读；另一方面，通过定期与不定期出版物、网站、"皮书"、研究报告等对社会发布研究院的研究成果。四是国际影响力。作为国际问题研究的智库，亚太与全球战略研究院要树立中国意识与世界眼光。其研究成果既要服务于国内决策需要，又要致力于影响国际舆论，扩大我国的国际话语权。在加强与国外同行的学术交流的同时，该院计划创办英文期刊 *Journal of China's Foreign Policy*，以反映中国学者的研究成果和立场。

（三）学术交流活动

1. 学术活动

2012 年，亚太与全球战略研究院主办和承办的学术会议有：

（1）2012 年 5 月 12 日，亚太与全球战略研究院主办的"联盟理论与东亚秩序学术研讨会"在北京举行。会议研讨的主要问题有"联盟的理论与历史""美国的东亚联盟体系与中国崛起"。

（2）2012 年 6 月 21 日，亚太与全球战略研究院主办的"国际战略理论与实践学术研讨会"在北京举行。会议研讨的主要问题有"国际战略理论研究新进展""中国周边地区主要国家的对外战略及其调整""中国的对外战略及其调整"。

（3）2012 年 7 月 30 ~ 31 日，中国社会科学院地区安全研究中心、中国社会科学院亚太与全球战略研究院、新加坡南洋理工大学拉惹勒南国际关系研究院非传统安全研究中心、浙江大学非传统安全与和平发展研究中心联合主办的"2012 年亚洲非传统安全研究年度会议"在北京举行。会议研讨的主要问题有"气候变化、环境安全与自然灾难""经济危机与人类安全""能源和人类安全""人类安全与危机管理的多层次方法"。

（4）2012 年 9 月 20 日，亚太与全球战略研究院主办的"新型大国关系与中国崛起学术研讨会"在北京举行。会议研讨的主要问题有"历史上的大国互动模式""现代大国关系的新特性""新型大国关系与东亚秩序调整""大国在中国周边的竞争与合作"。

（5）2012 年 9 月 21 日，亚太与全球战略研究院主办的"周边国家的民族主义学术研讨会"在北京举行。会议研讨的主要问题有"岛礁争端与周边国家民族主义""现代化转型与周边国家民族主义""地缘政治结构与周边国家民族主义""地区一体化与周边国家民族主义"。

（6）2012 年 10 月 30 日，由中国社会科学院主办、中国社会科学院亚太与全球战略研究院承办的中国社会科学论坛（2012 年·国际研究）——"大国的亚太战略"国际学术研讨会在北京举行。会议研讨的主要问题有"东盟 +3 互联互通的前景与问题""东盟成员国对东盟 +3 互联互通的关注问题""东盟和东盟 +3 国家在互联互通中的作用"。

（7）2012 年 11 月 29 ~ 30 日，亚太与全球战略研究院主办的"东亚区域合作——机遇与挑战"学术研讨会在山东省济南市举行。会议研讨的主要问题有"东亚区域合作的总体形势""地区国际关系变化与区域合作""地区合作机制的进展评估""东亚区域合作机制及其进展"。

（8）2012 年 12 月 4 日，中国社会科学院与新西兰当代中国研究中心联合主办的"中国—新西兰建交 40 周年学术研讨会"在北京举行。会议研讨的主要问题有"40 年来双边外交关系的发展""中新在亚太地区安全中的合作""双边的社会文化教育发展""中新经贸投资关系"。

2. 国际学术交流与合作

2012 年，亚太与全球战略研究院共派遣出访 64 批 85 人次，接待来访 82 批 151 人次（其中，中国社会科学院邀请来访 8 批 15 人次）。与亚太与全球战略研究院开展学术交流的国家有日本、韩国、美国、新加坡、印度尼西亚、泰国、越南、老挝、柬埔寨、马来西亚、印度、巴基斯坦、新西兰、澳大利亚、俄罗斯、德国等。

（1）2012年3月19日，中国社会科学院副院长李慎明会见了越南社会主义共和国驻华大使。亚太与全球战略研究院院长李向阳等参加会见。

（2）2012年3月19日至4月2日，亚太与全球战略研究院副院长韩锋赴波士顿大学进行学术交流。

（3）2012年4月9日，中国社会科学院院长陈奎元会见了越南驻华大使。亚太与全球战略研究院院长李向阳等参加会见。

（4）2012年5月11日，中国社会科学院副院长李扬会见了泰国国家研究理事会秘书长素提坡恩·其蜜查帕布教授。亚太与全球战略研究院院长李向阳参加会见。

（5）2012年7月10日，中国社会科学院副院长李扬会见了朝鲜社会科学院副院长池承哲一行。亚太与全球战略研究院副院长李文参加会见。

（6）2012年8月1~10日，院级国际交流协议外宾韩国庆北大学政治科学与外交系主任HEO Man Ho访问亚太与全球战略研究院，院长助理朴键一研究员接待了外宾。

（7）2012年9月11日，中国社会科学院副院长李扬会见了老挝社会科学院院长Thongsalith Mangnomek一行。亚太与全球战略研究院院长李向阳参加会见。

（8）2012年9月11~25日，亚太与全球战略研究院安全室博士杨丹志、周边战略室博士秦升出访越南社会科学院等学术机构。

（9）2012年10月19~24日，亚太与全球战略研究院院长李向阳、副院长李文等赴朝鲜社会科学院、金日成综合大学、人民经济大学等研究机构，与朝方学者进行学术交流。

（10）2012年11月2日至12月1日，亚太与全球战略研究院安全室助理研究员吴兆礼赴印度德里大学、和平冲突研究所等相关学术机构，与印方学者进行学术交流。

（11）2012年11月4日至12月3日，根据院级国际交流协议，印度社科理事会教授C. J. 托马斯访问亚太与全球战略研究院。

（12）2012年12月5~18日，根据院级国际交流协议，澳大利亚麦考利大学市场与管理系讲师罗伯特·杰克访问亚太与全球战略研究院。

（13）2012年12月8~17日，亚太与全球战略研究院科研处处长朴光姬研究员赴日本北海道学园等相关学术机构，与日方学者进行学术交流。

（四）学术社团、期刊

1. 社团

（1）中国亚洲太平洋学会，会长张蕴岭。

2012年12月27~28日，由中国亚洲太平洋学会主办、辽宁大学国际关系学院承办的中国亚洲太平洋学会年会在辽宁大学举行。会议的主题是"2012年度亚太政治、安全与经济形势的变化",研讨的主要问题有"亚太经济发展的新形势""海上争端加剧的政治含义与前景""美国战略调整下的亚太地区政治与安全新格局""亚太区域合作的新趋势""东北亚区域合作与我国东北地区的开放合作"。

（2）中国南亚学会，会长孙士海。

2012 年 10 月 13～14 日，中国南亚学会 2012 年会在上海复旦大学举行。会议由中国南亚学会和上海复旦大学国际问题研究院共同主办。百余名来自国内著名研究机构、政府机构以及几十所高校的专家学者参加了年会。年会的主题是"当前南亚形势：动向、特点及发展趋势"。

2. 期刊

（1）《当代亚太》（双月刊），主编李向阳。

2012 年，《当代亚太》共出版 6 期，共计 96 万字。该刊全年刊载的有代表性的文章有：阎学通的《权力中心转移与国际体系转变》，周方银的《中国崛起、东亚格局变迁与东亚秩序的发展方向》，苏若林、唐世平的《相互制约：联盟管理的核心机制》，李巍的《东亚货币秩序的政治基础——从单一主导到共同领导》，曲博的《后金融危机时代的东亚货币合作：一种亚洲模式》，黄琪轩的《世界政治中的"权力贴现率"与美元贬值》，孙学峰、徐勇的《泰国温和应对中国崛起的动因与启示（1997～2012）》，陈小鼎、刘丰的《结构现实主义外交政策理论的构建与拓展——兼论对理解中国外交政策的启示》，沈铭辉的《"跨太平洋伙伴关系协议（TPP）"的成本收益分析：中国的视角》，刘中伟、沈家文的《"跨太平洋伙伴关系协议（TPP）"：研究前沿与架构》，王磊、郑先武的《美国与新大国协调机制的构建：以七国集团为视角》，刘兴华的《国际规范、团体认同与国内制度改革——以中国与 FATF 为例》，孟维瞻的《中国古代分裂格局中的"统一性规范"——以宋、明两朝历史为例》，谢来辉的《全球环境治理"领导者"的蜕变：加拿大的案例》，鞠海龙的《菲律宾南海政策：利益驱动的政策选择》，罗国强的《理解南海共同开发与航行自由问题的新思路——基于国际法视角看南海争端的解决路径》。

（2）《南亚研究》（季刊），主编李向阳。

2012 年，《南亚研究》共出版 4 期，共计 17 万字。该刊新增了"印度全球战略""中国与南亚外交史"等栏目，全年刊载的有代表性的文章有：杨思灵的《试析印度加强与亚太国家战略合作及其影响》，吕昭义、林延明的《尼赫鲁政府关于中印边界问题的单边主义及其对1954 年〈中印协定〉的解读》，何奇松的《印度与美国的太空合作及其影响》，王旭的《毛杜迪的圣战观念和伊斯兰革命理论》，王世达的《美国全面调整阿富汗政策及其影响》，孙现朴的《印度崛起视角下的"东向政策"：意图与实践——兼论印度"东向政策"中的中国因素》，刘务、贺圣达的《油气资源：缅甸多边外交的新手段》，陆以全的《对印投资的政治风险及其法律应对措施》，毕世鸿的《21 世纪初日本的对印度战略及其影响》，陈利君、许娟的《弹性均势与中美印在印度洋上的经略》，周念利、于婷婷、沈铭辉的《印度参与服务贸易自由化进程的分析与评估——兼论中印自贸区服务贸易自由化构想》，刘红良的《崩而不溃的非传统联盟——美巴准联盟关系分析》。

（五）会议综述

中国社会科学论坛（2012年·国际研究）"大国的亚太战略"
国际学术研讨会

2012年10月30日，中国社会科学论坛（2012年·国际研究）"大国的亚太战略"国际学术研讨会在中国社会科学院举行。研讨会由中国社会科学院主办、中国社会科学院亚太与全球战略研究院承办。来自中国、日本、俄罗斯、印度、意大利等国的专家学者参加了这次会议。

中国社会科学院常务副院长王伟光出席会议并作重要讲话。王伟光指出，这次会议是在中国快速崛起、全球战略重心东移、美国对亚太实行战略再平衡、大国关系处于复杂互动的背景下进行的，大国亚太战略调整的方向和内容，对亚太地区的未来格局、地区大国关系的重组、地区层面的制度安排与规则制定，都会产生重要影响。大国亚太战略以及亚太地区各国实力走势的相互作用，对亚太地区的总体面貌具有十分重要的作用，会在根本上对中国崛起的外部环境产生实质性影响，并影响到权力与利益在亚太地区不同国家之间的分配，因而是本地区所有国家都十分关切的问题。

王伟光强调，当前是探讨大国亚太战略的一个关键时期，因为当前是为未来亚太地区格局和亚太秩序发展方向奠定基础的时期。在这一背景下探讨大国亚太战略的一个重要意义在于，相关大国的亚太战略并没有完全定型，其战略效果还没有充分体现，中国在这一阶段通过合理的政策应对，可以更有效地参与到地区秩序、地区制度安排的塑造中去，从而可以对亚太地区的大国关系、地区秩序的发展方向起到重要和积极的影响。

与会学者还就美国、日本、印度、俄罗斯、欧盟亚太战略的调整方向及其可能产生的影响进行了深入探讨，对中国在这个过程中应发挥的作用进行了交流。

（科研处）

中国—新西兰建交40周年学术研讨会

2012年12月4日，中国社会科学院与新西兰当代中国研究中心在北京联合举行"中国—新西兰建交40周年学术研讨会"。来自中国、新西兰两国的职业外交官、学者等40多人参加了会议。会议由中国社会科学院亚太与全球战略研究院与新西兰国际事务研究所承办。中国社会科学院秘书长黄浩涛研究员、惠灵顿维多利亚大学常务副校长尼尔·奎格利分别致辞。中国社会科学院亚太与全球战略研究院院长李向阳主持开幕式。

中国与新西兰于 1972 年建交，40 年来，两国关系取得了长足进展。新西兰是中国出境游、海外求学的重要目的地，中国紧随澳大利亚、英国之后，是新西兰的第三个游客来源地。与英美相比，新西兰的生活费用较低，担保、签证资金较低，因此，加深中国与新西兰教育合作的潜力巨大。中国移民还是新西兰第二大外来人口，华人社区发展迅速。此外，具有重要意义的是，新西兰是与中国签署自由贸易区的第一个发达国家。总体来看，新西兰将继续强化中新经贸联系、技术合作以及文化交流。

目前，中国是新西兰的第二大贸易伙伴，仅次于澳大利亚。2011 年，中国与新西兰双边贸易额 110 亿美元，按照目前的增长速度，中国即将超过澳大利亚成为新西兰的最大贸易伙伴。特别是中国目前正在着力推进扩大内需，进口将显著扩大，这对优化中国与新西兰贸易结构是一个利好。在未来 10 年，中国仍然是世界经济增长的最重要动力，新西兰加强与中国的合作有着极为重要的现实意义。

从政治安全关系看，新西兰将继续从战略高度处理对华关系。中国与新西兰建交属于重建与西方关系的一部分，中国改革进程与外部关系改善相互促进。未来数年，新西兰仍然维持稳定的政治环境，新西兰国家党联合执政地位得以继续维持，在 2011 年 11 月的议会选举中占据多数席位。得益于地震后重建以及预算盈余，新西兰的局势要显著强于其他发达国家。特别是新西兰比较善于平衡西方政治体系与经济走势。因此，一个稳定发展的新西兰有利于其继续推进对华合作关系。

（科研处）

美国研究所

（一）人员、机构等基本情况

1. 人员

截至 2012 年年底，美国研究所共有在职人员 56 人。其中，正高级职称人员 13 人，副高级职称人员 15 人，中级职称人员 21 人；高、中级职称占全体在职人员总数的 88%。

2. 机构

美国研究所设有：美国外交研究室、美国政治研究室、美国经济研究室、美国社会与文化研究室、美国战略研究室、《美国研究》编辑部、办公室。

3. 科研中心

美国研究所共有科研中心 3 个：中国社会科学院世界政治研究中心、中国社会科学院台港澳研究中心、军备控制与防扩散研究中心。

（二）科研工作

1. 科研成果统计

2012 年，美国研究所共完成论文 31 篇；学术资料 2 部；学术专著 8 部；译著 3 部；学术普及读物 9 部；一般文章 35 篇。

2. 科研课题

（1）新立项课题。2012 年，美国研究所共有新立项课题 10 项。其中，国家社会科学基金一般课题 1 项："美国亚太政策的基本目标及政策手段研究"（周琪主持）；国家社会科学基金学术期刊资助《美国研究》杂志项目 1 项；院青年科研启动基金课题 1 项："美国批判法学流派研究"（周婧主持）；所重点课题 5 项："奥巴马政府对欧战略调整及其对美欧关系的影响"（刘得手主持），"冷战后美国对外援助与安理会投票行为分析"（齐皓主持），"奥巴马政府对利比亚危机的政策"（刘得手主持），"美国重返亚太背景下的'空海一体战'"（洪源主持），"奥巴马政府的对俄新战略及其实施成效评估"（何维保主持）；院国情调研课题 1 项："福建新华侨华人状况的考察与思考"（姬虹主持）；院国情考察课题 1 项："关于福建侨乡社会经济发展的考察"（黄平主持）。

（2）结项课题。2012 年，美国研究所共有结项课题 10 项。其中，院重大课题 1 项："美国公民社会的运行和管理"（赵梅主持）；院国情调研课题 1 项："福建新华侨华人状况的考察与思考"（姬虹主持）；院国情考察课题 1 项："关于福建侨乡社会经济发展的考察"（黄平主持）；院青年科研启动基金课题 2 项："美国在开发'人类共同继承财产'问题上的政策演变"（沈鹏主持），"从例外到通例——美国缔约机制的全球扩张"（王玮主持）；所重点课题 5 项："奥巴马政府对欧战略调整及其对美欧关系的影响"（刘得手主持），"冷战后美国对外援助与安理会投票行为分析"（齐皓主持），"奥巴马政府对利比亚危机的政策"（刘得手主持），"美国重返亚太背景下的'空海一体战'"（洪源主持），"奥巴马政府的对俄新战略及其实施成效评估"（何维保主持）。

（3）延续在研课题。2012 年，美国研究所共有延续在研课题 5 项。其中，院重大课题 1 项："美国华侨华人与中国发展"（姬虹主持）；院重点课题 4 项："合作与竞争：亚太多边合作框架下的中美关系"（魏红霞主持），"利益与立场：美国与中国南海问题"（何维保主持），"美国媒体与美国国际话语权"（张国庆主持），"从'鹰式接触'到'六方会谈'"（李栅主持）。

3. 获奖优秀科研成果

2012 年，美国研究所评出所优秀科研成果奖 8 项。其中，一等奖 3 项：张友云的译著

《身处欧美的波兰农民》，周琪、袁征的专著《美国的政治腐败与反腐败》，倪峰的论文《美国大战略的历史沿革及思考》；优秀奖 5 项：姬虹的专著《美国新移民研究（1965 年至今）》，樊吉社的论文《美国对朝政策：两次朝核危机比较》，刘得手的论文《美欧"跨大西洋对话"及其对中国的影响》，何兴强的论文《中国加入世贸组织以来的中美知识产权争端》，彭琦的论文《美国天主教新保守主义的兴衰》。

4. 创新工程的实施和科研管理新举措

2012 年，美国研究所围绕"美国全球战略与对华战略研究"问题设立了 4 个创新项目进行全面系统的研究。美国研究所黄平所长担任首席管理。4 个创新子项目分别是："美国全球战略的基本逻辑"（首席研究员周琪），"美国全球战略的调整及走向"（首席研究员倪峰），"美国对华战略发展趋势研究"（首席研究员王荣军），"美国综合国力变化与国际比较"（首席研究员袁征）。2012 年，美国研究所进入创新工程人员的总数为 22 人。

2012 年，美国研究所以创新工程为中心，以科研管理创新、科研方法创新、人才培养机制创新等多方面创新实践，促进了科研、管理和人才培养等各项工作。具体举措如下：

（1）促进科研管理改革，带动全所进入创新工程状态

2012 年以来，美国研究所针对科研管理中的种种弊端，结合研究所管理实际，积极改革课题管理方式，改变课题中短期研究行为，提升研究室功能，大力推进创新工程管理模式，学科建设、研究室建设、智库建设同时抓，使得管理更有序、更严格、更规范、更科学，科研人员创新意识都有所加强。同时，十分注意进入创新工程岗位人员和未进入创新工程人员之间工作的协调，注意科研工作和管理工作的协调，基础研究与应用研究的协调，研究工作与编辑工作、教学工作以及其他辅助工作的协调。把全所工作视作一盘棋、一个队伍、一个系统，大大增强了全所整体在创新工程带动下形成的合力。

（2）坚持制度创新，建立激励机制

为了切合美国研究所创新工程的实际，按照院创新工程总体要求和有关规定，美国研究所 2012 年制定了 4 个所级创新工程管理暂行办法，其中《美国研究所科研人员年终考核量化评分办法（试行）》和《美国研究所科研人员考核管理办法（试行）》重点考核创新项目任务完成情况。在专业技术人员管理制度上，力求规范、科学、严谨，对专业技术人员的工作制定科学的评价标准，以定量、定性指标测评为基础，以创新能力为核心，将科研人员完成学术成果的情况列为重要考核指标，参考其他方面的工作成绩，对科研人员年终考核作出综合评价。制定《美国研究所创新岗位竞聘办法》细化竞聘方式，引进优秀人才。参照院五、六级管理岗位领导人员选拔聘任办法，制定并实施了《关于公开选拔聘用所长助理工作方案》，按照人事制度，通过公开公平公正的程序，提拔了 1 名所长助理。实施"四个不一样"激励机制。在评职称、评优、派遣出国进修等方面，在原则上体现四个"不一样"，即：干与不干不一样，多干与少干不一样，为集体干与为个人干不一样，干出成果与没干出成果不一样。通过"四个

不一样"机制的建立和实施，把创新工作落到实处。

（3）加强科研队伍建设，大力培养青年科研人才

美国研究所自 2011 年起试行副高级专业技术职务评聘分开工作，通过评聘分开工作的实施，缓解了副高级职称指标的压力，调动了科研人员的积极性，为吸引人才创造了条件。有 2 名科研人员获得副高级职称资格。打破论资排辈的原有模式，建立竞争激励机制。创新工程项目的开展为所内许多年轻同志、所龄短的同志提供了一个公平竞争的平台，通过竞聘上岗的方式选拔出了青年首席研究员和青年执行研究员。引进优秀青年人才。美国研究所改革原有的选拔人才模式，按照创新工程需要选拔引进人才。做好研究室干部队伍建设工作。美国研究所注重选拔政治素质和道德修养好、学术水平高、具有较强组织才能和奉献精神的学科带头人担任研究室主任，充分发挥其在研究所建设和发展中的重要作用。所领导班子定期召集研究室主任会议，研究部署队伍建设与人才培养等重大问题。积极培养学术骨干，加强学科带头人及梯队建设。在学科带头人的培养方面，除激励他们积极申报并主持国家和院重大课题，以及承接各类相关委托课题的研究外，还鼓励他们牵头筹办相关学术会议，锻炼学术活动的组织能力。美国研究所选派有潜力的青年科研人员出国访学，让他们独立主持与国外学者的学术交流活动，锻炼国际学术交流能力，并注意在条件成熟时及时将他们选拔到各级学术领导岗位上加以培养和锻炼。

（4）建立美国研究所为主导的美国研究平台和学术导向

2012 年，美国研究所组织的战略研讨会数量多，而且质量较高。研讨会议题多为美国研究领域内的热点、焦点问题，以及美国研究领域内长期关注、近年来趋向热议、可能成为今后学术热点的问题。这些各类学术研讨会，扩大和巩固了美国研究所在国内美国研究领域的学术影响，开拓了美国研究所科研人员的研究视野，锻炼了所内研究人员的学术交流能力，建立了美国研究所新的学术网络和资源。这是在推进创新工程过程中美国研究所提升自己研究能力和学术影响力的主要收获之一。建立新的学术成果发布平台和现代网络传播渠道，扩大美国研究所学术影响力。为了扩大美国研究所的学术影响力，及时发布最新科研成果，美国研究所创办了《美国战略研究简报》。针对美国对外战略走向的一些重大问题，《简报》及时推出了一批有质量和影响力的大型研究报告，如：《美国问题研究报告（2012）——美国全球和亚洲战略调整》（美国蓝皮书）。此外，美国研究所完成了《美国研究在线》学术网站建设工作，该网站被认为是国内少有的专业性美国研究的主题网站；巩固原有的国外学术交流资源，积极扩大对外网络交流；进一步巩固了原有的对外交流资源基础。

（5）强化财务报销审批制度，严格管理科研经费支出

2012 年以来，美国研究所进一步强化财务报销审批制度和监督管理，一般经费支出由"财务一支笔"负责审批；大额的经费支出，由所纪委书记共同签字审批。经费支出报销坚持由经办人和证明人共同办理，财务部门依据相关规定和政策，对原始凭证的合法性、经费报支

手续和流程进行审核检查，然后按照审批程序逐级审批。对资金使用情况进行事前控制、事中监督、事后验收的全过程监督管理，确保资金使用的合规性。

（6）其他科研工作成绩

一方面，积极开展国内调研。科研人员自觉开展调研活动，召开与相关部门学术互动研讨会议 50 余次，其中仅青年科研人员走出去开展调研走访就达 40 多人次；另一方面，及时有效地发布成果，影响不断扩大。《美国研究》适时刊登了一批与创新项目研究领域相关的专题文章，并专门组织了笔谈。利用讲学、讲座等形式向社会宣传美国研究所的研究成果，扩大影响。

（三）学术交流活动

1. 学术活动

2012 年，美国研究所主办和承办的国内研讨会和国际研讨会主要有：

（1）2012 年 2 月 29 日，"2012 年中美关系学术研讨会"在美国研究所召开。

（2）2012 年 3 月 7 日，由中国社会科学院信息情报研究院主办、美国研究所军备控制与防扩散研究中心协办的"核安全与地区防扩散形势研讨会"在美国研究所召开。

（3）2012 年 4 月 6 日，美国研究所举办"中国企业海外政治风险的应对政策"内部研讨会。

（4）2012 年 5 月 29 日，美国研究所与社会科学文献出版社联合举办"《美国问题研究报告（2012）——美国全球和亚洲战略调整》（美国蓝皮书）发布会"。

（5）2012 年 6 月 5 日，美国研究所举办"中美关系中的第三方因素学术研讨会"。

（6）2012 年 6 月 12 日，美国研究所主办"美国亚洲战略的评估和展望学术研讨会"。

（7）2012 年 6 月 21 日，美国研究所举办"当前美国国内政治形势及 2012 年美国大选展望学术研讨会"。

（8）2012 年 6 月 26 日，美国研究所举办"2012 美国大选与美国对外战略调整学术研讨会"。

（9）2012 年 8 月 15～16 日，由美国研究所等主办的"美国对外战略与中美关系（1972～2012）研讨会暨中华美国学会、中美关系史研究会年会"在吉林省长春市召开。

（10）2012 年 11 月 26 日，美国研究所举办"2012 年美国大选后的中美战略关系走向"学术研讨会。

2012 年 11 月，"2012 年美国大选后的中美战略关系走向"学术研讨会在北京举行。

2. 国际学术交流与合作

2012 年，美国研究所对外学术交流 90 批 188 人次，其中派遣出访 32 批 40 人次（长期项目 4 个），来访 58 批次 148 人次；举办 12 个国内研讨会，2 个国际学术研讨会。出访的国家有美国、日本、法国、西班牙、希腊、古巴、韩国、澳大利亚、新加坡等。

（1）2012 年 1 月 26 日，美国研究所研究员赵梅赴美国，参加美国学者协会研究计划美国国家安全政策制定项目。

（2）2012 年 2 月 9 ~ 15 日，美国研究所所长黄平、研究员周琪等赴伊朗访问，就伊朗对外政策、美伊关系、中伊关系等问题与伊方进行交流。

（3）2012 年 3 月 28 日至 4 月 1 日，美国研究所所长黄平赴瑞士日内瓦联合国总部，参加联合国社会发展所的理事会年会。

（4）2012 年 6 月 3 ~ 5 日，美国研究所所长黄平赴美国费城，出席"G20 外交政策智库峰会"。

（5）2012 年 6 月 4 ~ 6 日，美国研究所所长黄平率团参加美国外交政策全国委员会与我国台办联合主办的"中美关系研讨会"。

（6）2012 年 7 月 1 ~ 5 日，美国研究所所长黄平赴法国巴黎，参加"中欧文化论坛"。

（7）2012 年 7 月 14 ~ 21 日，美国研究所所长黄平应邀赴奥地利维也纳，出席"第 54 届国际美洲人大会"。

（8）2012 年 8 月 6 ~ 7 日，美国研究所所长黄平赴美国华盛顿，参加"2030 全球趋势与中美关系研讨会"。

（9）2012 年 8 月 7 ~ 9 日，美国研究所所长黄平赴美国科罗拉多州阿斯平市，参加"第三届中欧美学术论坛"。

（10）2012 年 9 月 1 日，美国研究所副研究员张帆赴美国美利坚大学国际服务学院作访问研究。

（11）2012 年 9 月 14 ~ 28 日，美国研究所政治研究室主任周琪研究员等赴美国进行学术访问。

（12）2012 年 10 月 14 ~ 19 日，美国研究所副所长倪峰、研究员王荣军参加中国社会科学院团组赴美国，参加第二届双边学术研讨会。

（13）2012 年 10 月 15 ~ 18 日，美国研究所所长黄平赴俄罗斯，参加"21 世纪亚太地区的安全环境研讨会"。

（14）2012 年 10 月 23 ~ 27 日，美国研究所所长黄平赴美国亚洲太平洋安全研究中心，参加"美国战略调整：亚洲—太平洋的视角专题研讨会"。

（15）2012 年 11 月 11 ~ 17 日，美国研究所研究员周琪访问美国佐治亚大学国际贸易与安全中心，参加在该中心举办的"中美战略贸易与安全双轨对话"。

（16）2012 年 11 月 27 日至 12 月 10 日，美国研究所所长黄平随中国社会科学院院长陈奎元访问西班牙、希腊和古巴。

（17）2012 年 12 月 7 日，美国研究所吕祥赴美国华盛顿战略与国际研究中心进行学术访问。

（18）2012 年 12 月 11～18 日，美国研究所研究员王荣军参加外交部中国国际问题研究所团组赴美，执行第四轮中美青年对话会任务。

（四）学术社团、期刊

1. 社团

（1）中华美国学会，会长黄平。

2012 年，中华美国学会经民政部审核，被评为三 A 级学术团体。2012 年 8 月，中华美国学会与东北师范大学在吉林省长春市联合召开了中华美国学会年会。

（2）中国社会科学院世界政治研究中心，主任黄平。

2012 年 5 月，中国社会科学院世界政治研究中心在法国巴黎举办了"第三届中欧文化高层论坛"。2012 年 12 月 21 日，中国社会科学院世界政治研究中心与国务院国有资产管理委员会、商务部、西南财经大学等单位联合召开了"中国企业海外风险管理论坛"。

（3）中国社会科学院台港澳研究中心，主任黄平。

2012 年 8 月，中国社会科学院台港澳研究中心与海南省保亭黎族苗族自治县签署战略合作协议，共同推进国家级两岸文化交流基地的建设。

（4）军备控制与防扩散研究中心，主任刘尊。

2. 期刊

《美国研究》（季刊），主编黄平。

2012 年，《美国研究》共出版 4 期，共计 64 万字。该刊全年刊载的有代表性的文章有：赵全胜的《中美关系和亚太地区的"双领导体制"》，孔祥永、梅仁毅的《如何看待美国的软实力》，张业亮的《同性婚姻与美国政治》，陈积敏的《美国非法移民治理及其困境》，张丽娟、高颂的《美国促进农业出口政策机制研究》，徐彤武的《"外围团体"对 2012 年美国大选的影响》，王金强的《国际海底资源分配制度演变与美国海底政策的转向》，蔡翠红的《网络空间的中美关系：竞争、冲突与合作》，周琪、齐皓的《奥巴马连任的原因及其第二任期面临的挑战》，谢韬的《从大选看美国的历史周期、政党重组和区域主义》。

（五）会议综述

美国对外战略与中美关系（1972～2012）研讨会暨
中华美国学会、中美关系史研究会年会

2012年8月15～16日，由中华美国学会、中国社会科学院美国研究所、中美关系史研究会、东北师范大学历史文化学院联合主办，东北师范大学历史文化学院美国研究所承办的"美国对外战略与中美关系（1972～2012）研讨会暨中华美国学会、中美关系史研究会年会"在吉林省长春市举行。来自中联部、中共中央党校国际战略研究所、中国社会科学院美国研究所、国务院发展研究中心等学会理事单位，以及人民出版社、中宣部《时事》杂志社、社会科学文献出版社、世界知识出版社、中国社会科学出版社、《南方都市报》等出版和媒体单位的代表总共近80人参加了会议。

官力教授在发言中认为，冷战后美国对外战略基于两个因素被引向了错误的方向：一是由于摊子铺得太大，超出了其力量的界限，二是意识形态因素在强化。这种状况直到奥巴马总统上台推出了"战略再平衡"后才有所改变，但仍存在一些问题。今后中美关系将呈现出稳而不定、分而不裂的局面。对我国来说，需要学会管控分歧、深耕周边、加强软性外交等。

黄仁伟研究员在发言中探讨了美国是如何成长为一个霸权的问题，并探讨了中美之间的权力转移。他指出，美国成长为一个霸权的过程中有很多可资借鉴的历史经验，其中尤其是美英关系的变化。他从英美从宿敌到盟友、英美相互依存地位的转换、英美在国际体系中主导权的转换、英美国际行为方式、英美在地缘政治中主导权转换、美国软实力和制度优势等方面剖析了美国替代英国成为霸权国的历史经验。

陶文钊研究员以"如何看待美国的战略调整"为题探讨了美国战略重心向亚太地区转移的问题。他认为，美国由于反恐战争和金融危机造成的国际国内问题而推出新战略，美国出于安全、经济和平衡中国崛起的考虑而将战略重心转移到亚太地区，以维持美国的全球领导地位。这种战略重心东移是全面的，但美国的战略东移是受诸多因素制约的，奥巴马政府的战略东移底气不足。对中国来说，需要冷静应对，继续努力与美国建设基于互相尊重、互利共赢的合作伙伴关系，同时继续实行睦邻政策。

近30位与会嘉宾分别从美国战略东移、中美经济和安全关系、美国对华外交、美国对外战略等议题进行了发言和讨论。

中华美国学会副会长胡国成研究员主持年会闭幕式。黄平会长以《从全球视野看未来十年的中美关系》为题作了闭幕发言。

（科研处）

"中美公共外交：实践与经验"学术研讨会

2012年11月22日，中国社会科学院美国研究所主办了"中美公共外交：实践与经验"学术研讨会，旨在推进公共外交的研究工作，并为我国对外交流工作献计献策。来自外交部、中国人民外交学会、中国人民对外友好协会、国家汉办、国际问题研究所、清华大学、中国人民大学、中国社会科学院美国研究所和拉丁美洲研究所等机构的近20位领导和专家参加了会议。会议研讨的主要问题有"中国公共外交的举措及面临的挑战""美国公共外交的实践与经验""公共外交与跨文化交流"。

2012年11月，"中美公共外交：实践与经验"学术研讨会在北京举行。

在讨论关于中国的公共外交问题时，与会专家认为，公共外交对于改善国家形象、提高文化软实力、为国家发展塑造良好的外部环境等具有重要意义。近年来，中国公共外交发展较快，也取得了不错的成绩。中国的优势在于：第一，具有深厚的历史文化底蕴；第二，改革开放30年来的成就为中国公共外交提供了坚实的基础；第三，中国改革开放的成功之路为发展中国家提供了一种新的发展模式。不少与会专家表示，中国有必要在国家层面上做好公共外交的战略规划，进一步挖掘公共外交资源，充分动员和利用社会力量参与公共外交。

在讨论关于美国的公共外交问题时，与会专家认为，为了塑造自身的国际形象，早在冷战期间美国就有意识地开展公共外交，积累了较为丰富的经验。不过，美国的霸权主义政策也在很大程度上限制了其公共外交的成效。对于美国开展公共外交的经验教训，中国可以借鉴，取之长，弃之短。与会专家还认为，公共外交本质上是跨文化的交流活动，应注重其长期效果。

（科研处）

"2012年美国大选后的中美战略关系走向"学术研讨会

2012年11月26日，"2012年美国大选后的中美战略关系走向"学术研讨会在北京举行。

会议由中国社会科学院美国研究所、中国社会科学院信息情报研究院联合主办。来自中国社会科学院美国研究所、中国国际问题研究所、北京大学、清华大学、北京师范大学、现代国际关系研究院、军事科学院、中央党校等单位的100多位学者参加了会议。

多位学者从不同的角度分析了2012年美国大选后的中美战略关系走向。北京大学国际关系学院副院长贾庆国教授指出，由于奥巴马获得连任，并且在发展经济和处理国际关系方面都需要中国支持，中美两国领导人更替之后，两国关系会比较稳定。北京师范大学经济与工商管理学院教授贺力平指出，中美之间战略关系和过去大国间战略关系不一样的地方，在于经济关系，美国债务问题既有长期结构性原因也有短期影响因素，而美国经济对维持东亚地区经济平稳非常重要。中国国际问题研究所研究员刘学成指出，中美两国推进建设新型大国关系，存在理论和实践的障碍，需要对再平衡战略进行再调整，面对现实，管控分歧，以建设性方式处理问题。清华大学公共管理学院楚树龙指出，由于中美两国在制度、文化、意识形态等多方面存在巨大不同，在共同利益之外，还需要尊重不同点，不挑战、不危害对方重大利益，这样才有可能建立新型大国关系。中国社会科学院美国研究所原副所长、荣誉学部委员陶文钊研究员指出，中美关系处于一个新节点上，可能发展，也可能逆转，两国需要在制度和意识形态等之外建立互信关系。中国社会科学院美国研究所副所长倪峰研究员指出，过去五年中美关系存在若干特点：高层互访作用递减；第三方因素从积极转化为消极；竞争性因素上升；矛盾摩擦增加的情况下没有形成大的危机。中国社会科学院美国研究所政治室主任周琪研究员指出，大选之后，奥巴马政府将在内政外交领域面临一系列艰难抉择，中东问题对美国而言比亚洲事务更加紧迫，美国需要中国的合作，把分歧保持在可以控制的范围内。

研讨会上，与会学者进行了深入讨论，对中美关系并非"零和博弈"形成共识，对建设新型大国关系提出了建设性的理论分析和政策建议。

（科研处）

中国企业海外风险管理论坛

2012年12月21日，以"应对新形势下的海外政治风险"为主题的首届"中国企业海外风险管理论坛"在中国社会科学院举行。论坛由中国社会科学院世界政治研究中心主办。论坛是我国首个兼具"海外风险管理"学术理论前沿与政策前瞻性质的全国性论坛。与会专家、企业代表就"全球政治风向趋势与中国企业海外投资战略""中国海外投资的顶层设计与风险层次""海外投资的融资与政治风险保险"等专题进行了交流与讨论。

论坛由中国社会科学院美国研究所所长、世界政治研究中心主任黄平主持。中国社会科学院副院长李扬和中国国际经济交流中心副理事长兼秘书长、商务部原副部长魏建国发表开幕致辞。北京大学国际关系学院院长王缉思发表主题演讲。商务部对外投资和经济合作司副司级参赞周振成、外交部国际经济司副司长刘劲松、国家发展改革委员会外资司处长武聪光等负责"企业走出去"战略实施的政府主管部门官员在论坛上作了主题发言。国家开发银行研究院常务副院长姜洪、中国石油集团外事局局长章欣、海通国际首席经济学家胡一帆分享了海外风险管理的实践与经验。中国社会科学院世界经济与政治研究所所长张宇燕、欧洲研究所所长周弘、美国研究所原副所长胡国成、西南财经大学校长助理兼中国金融研究中心主任刘锡良、西南财经大学公共管理学院院长尹庆双等介绍了海外风险管理领域的最新研究成果。中国出口信用保险、中怡保险经纪公司以及苏黎世保险公司等从事政治风险保险的专业机构代表也分别作了主题发言。国务院国有资产监督管理委员会规划发展局副局长贾立克、四川省经信委副主任张国斌等出席论坛。

与会代表认为，在国际秩序"相对不确定"的时代，随着"企业走出去"战略势在必行地展开，监测与管理海外政治风险中的诸多问题极为紧迫。会议针对这一趋势提出了一些政策思路。第一，"企业走出去"要坚持调研在先，充分综合考察投资地的经济、政治、社会、文化、宗教、法律、历史等投资环境与政治风险，以有效避免国家、企业以及个人生命健康的风险因素。第二，"企业走出去"要依靠国家主导，将企业行为纳入国家间正式协议或备忘录等外交关系的框架之下，进而得到有效保护和风险管控。第三，"企业走出去"要协调舆论宣传，将中国企业互惠互利的投资政策准确传达给当地，也要将当地的政治风险等情况准确地提供给中国企业。第四，"企业走出去"要依靠法律保障，要充分理解、运用当地法律与国际通行法律，降低政治风险。

（科研处）

日本研究所

（一）人员、机构等基本情况

1. 人员

截至 2012 年年底，日本研究所共有在职人员 48 人。其中，正高级职称人员 12 人，副高级职称人员 14 人，中级职称人员 13 人；高、中级职称人员占全体在职人员总数的 81%。

2. 机构

日本研究所设有：日本政治研究室、日本外交研究室、日本经济研究室、日本社会研究室、日本文化研究室、《日本学刊》编辑部、图资室、办公室。

3. 科研中心

日本研究所所属科研中心有：日本政治研究中心、中日经济研究中心、日本社会文化研究中心、中日关系研究中心。

（二）科研工作

1. 科研成果统计

2012 年，日本研究所共完成专著 7 种，157.3 万字；论文 59 篇，58 万字；研究报告 21 篇，75.3 万字；译著 1 种，10 万字；学术普及读物 14 种，3.44 万字；论文集 1 种，90 万字。

2. 科研课题

（1）新立项课题。2012 年，日本研究所共有新立项课题 2 项。其中，院国情调研课题 1 项："中日海洋争端中的维权维稳考察"（高洪主持）；所重点课题 1 项："日本政局热点问题调研项目"（李薇主持）。

（2）结项课题。2012 年，日本研究所共有结项课题 45 项。其中，国家社科基金课题 1 项："中日舆论话语权问题研究"（金嬴主持）；院重大课题 4 项："21 世纪初期日本的文化战略"（崔世广主持），"日本智库与对华外交"（王屏主持），"日本第三代政治家研究"（高洪主持），"民主党执政下的日本国家发展战略"（李薇主持）；院 A 类课题 1 项："日本军国主义史研究"（蒋立峰主持）；院重点课题 5 项："日本非政府组织的发展及其社会功能"（胡澎主持），"中日美关系与台湾问题"（刘世龙主持），"中日两国事业单位改革比较研究"（韩铁英主持），"冷战后日本政治改革的走向及其影响"（张伯玉主持），"日本克服长期萧条的经验教训"（张季风主持）；院青年科研启动基金课题 4 项："日本确保建筑工程质量的制度与措施"（陈同花主持），"冷战后日本能源外交与能源安全"（庞中鹏主持），"日本邮政改革分析"（姚海天主持），"日本民主失误的法治化补救"（张晓磊主持）；所重点课题 30 项："日本及日本人"（蒋立峰主持），"日本住宅安全责任与经济问题研究"（陈同花主持），"日本媒体与日本社会"（金嬴主持），"日朝关系的变化与进展——日朝关系举步维艰的原因"（丁英顺主持），"日本所学科综述文集"（李薇主持），"日本政治文化研究"（崔世广主持），"传统思想对日本近代政治制度的影响"（赵刚主持），"战后日本国民意识变迁研究"（唐永亮主持），"日本国民意识研究的理论与方法"（唐永亮主持），"世袭与日本文化"（张建立主持），"当代日本广泛性道德伦理对社会/经济发展的推动模式及启示"（范作申主持），"中国早期日本研究杂志研究"（林昶主持），"小泉政权对中日关系的影响"（孙新主持），"后小泉时代日本对华政策研究"（张进山主持），"霸权压力下的再度改造——80 年代中后期美日政治经济摩擦"（何晓松主持），"日本非传统安全政策研究"（吕耀东主持），"日本外交决策研究"（张勇主持），"二战后日本对东南亚政策的研究"（白如纯主持），"日本新时期安全战略研究"（吴怀中主持），"21 世纪初的日台关系"（吴万虹主持），"冷战后日本的经济安全战略"（庞中鹏主持），"日本材料、零部件产业"（姚海天主持），"日本货币政策的理论与实践研究"（刘瑞主持），"日本的中小企业研究"（丁敏主持），"可持续发展的一个新课题——日本经济增长方式转型及其启示"（张淑英主持），"中日家电产业比较：以市场结构和反倾销诉讼为中心"（胡欣欣主持），"日本右翼"（王屏主持），"日美安保体制"（刘世龙主持），"现代日本行政研究"（韩铁英主持），"战后日本选举制度研究"（张伯玉主持）。

（3）延续在研课题。2012 年，日本研究所共有延续在研课题 2 项，即院重点课题 2 项："二战后日本社会发展与社会阶层变动"（王伟主持），"日本应对和化解对外经贸摩擦的经验与教训"（徐梅主持）。

3. 获奖优秀科研成果

2012 年，日本研究所获"中国社会科学院优秀对策信息组织奖"。

（三）学术交流活动

1. 学术活动

2012 年，日本研究所主办和承办的学术会议有：

（1）2012 年 6 月 19 日，日本研究所主办的"张海文学术报告会"在北京举行。会议的主题是"中日海洋法问题研究"。

（2）2012 年 8 月 28 日，日本研究所主办的"日本智库研究学术报告会"在北京举行。

（3）2012 年 9 月 4 日，日本研究所主办的"陶德民学术报告会"在北京举行。会议的主题是"美国的日本研究"。

2. 国际学术交流与合作

2012 年，日本研究所共派遣出访 15 批 17 人次，接待来访 47 批 140 人次。与日本研究所开展学术交流的国家有日本、韩国、美国等。

（1）2012 年 3 月 16 日，日本研究所中日关系研究中心在北京主办了"美国调整亚太战略背景下的中日关系学术研讨会"。

（2）2012 年 8 月 29～30 日，日本研究所、中华日本学会、全国日本经济学会与东京财团在北京主办了"增进互信互惠，共同面向未来国际学术研讨会"。

（3）2012 年 8 月 29 日，由中国社会科学院主办，日本研究所、中华日本学会、全国日本经济学会承办的中国社会科学论坛"中日关系展望：从历史走向未来——纪念中日邦交

2012 年 8 月，中国社会科学论坛"中日关系展望：从历史走向未来——纪念中日邦交正常化 40 周年国际学术研讨会"在北京举行。

正常化40周年国际学术研讨会"在北京举行。

（4）2012年10月27～28日，日本研究所与南开大学日本研究院联合主办了"中日韩女性问题"国际学术研讨会。

（5）2012年11月17～18日，日本研究所与日本国际交流基金在北京主办了"中国与日本——其自画像与他画像国际学术研讨会"。

（四）学术社团、期刊

1. 社团

（1）中华日本学会，会长武寅。

2012年1月10日，由日本研究所、中华日本学会主办，中华日本学会承办的第三届《日本学刊》优秀论文隅谷奖揭晓。

2012年9月28～30日，中华日本学会与日本研究所在北京召开"中日邦交正常化40周年纪念国际学术研讨会"。来自中国、日本、美国等国家的学者近200人参加会议。会议的主题是"总结40年中日关系的经验与存在的问题"。

2012年10月3～4日，中华日本学会与北京外国语大学日本研究中心举办了"第三届东亚日本研究论坛及公开研讨会"。

（2）全国日本经济学会，会长王洛林。

2012年11月10～11日，全国日本经济学会与厦门大学经济学院在厦门联合举办了"全国日本经济学会2012年年会暨亚太区域经济合作新格局中的中国与日本学术研讨会"。来自中国和日本的学者、企业家共200余人参加了会议。本届年会是换届年会，会议选举了学会新的领导班子和常务理事、理事。

2. 期刊

《日本学刊》（双月刊），主编韩铁英、李薇。

2012年，《日本学刊》共出版6期，共计90万字。该刊全年刊载的有代表性的文章有：唐家璇的《抚今追昔共创未来》，徐万胜的《日本"扭曲国会"析论》，吕耀东的《深化同盟机制：日美双边互动的战略愿景》，何帆、黄懿杰的《日本是否会爆发债务危机?》，吴寄南的《中日关系："不惑之年"的思考》，冯昭奎的《复交40年：中日关系中的美国因素》，刘江永的《钓鱼岛争议与中日关系面临的挑战》。

（五）会议综述

"中日韩女性问题"国际学术研讨会

2012年10月27～28日，由中国社会科学院日本研究所、南开大学日本研究院联合主办的

"中日韩女性问题"国际学术研讨会在北京举行。会议得到了日本国际交流基金会北京日本文化中心的资助。来自中日韩的 30 余位专家学者出席了会议。

2012 年 10 月，"中日韩女性问题"国际学术研讨会在北京举行。

中国社会科学院日本研究所所长李薇、南开大学日本研究院院长李卓、日本国际交流基金会北京日本文化中心副主任高桥耕一郎分别在开幕式上致辞。全国妇女联合会妇女理论研究所研究员刘伯红、日本京都大学教授落合惠美子、韩国梨花女子大学教授郭三根分别作了主题报告。

（1）中日韩三国女性的地位及社会参与

"二战"结束至今，中日韩三国女性社会地位不断提高，在各自国家的政治经济中发挥着越来越积极的作用。刘伯红介绍了 2010 年中国实施的第三次"妇女社会地位调查"。她指出，中国妇女在教育、就业、健康、医疗、夫妻共同分担家务等方面的地位和状况有所改善，但也存在一些问题，如公共服务政策中尚未纳入家庭照顾和幼儿园，职业女性工作和家庭双重负担沉重，残疾妇女、低收入妇女的社会保障亟待解决，年轻一代女性认同"干得好不如嫁得好"的比例有所回升。李薇在致辞中也提到了公共服务均等化与女性的关系。她认为，包括文化、教育、公共卫生、医疗保险、环境保护等在内的公共服务，与人们的需要还有很大距离。公共服务不均衡阻碍了女性的就业和职业发展，同时，公共服务均等化的实现也有赖于女性的广泛参与。

（2）当代中日韩女性问题

随着东亚区域经济的一体化进程，跨国人员流动和跨国婚姻出现，女性在其中的生存和生活状况成为引人深思的新课题。跨国婚姻折射出男女比例失调、区域发展不平衡等问题。延边大学全信子认为，跨国婚姻显示了女性对生存与生活向上的渴望，是一种超前的经济行为。跨国婚姻及移民女性不少面临歧视，身处社会边缘。天津师范大学崔鲜香考察了生活在北京、天津的九位韩国女性的生活与基督教信仰情况。她认为，这些跨国移动的韩国女性在新的环境下，通过工作或在教会中从事志愿服务，促进了韩国社会和中国社会的和谐发展。

中国农村妇女占农民群体的大半，在农业生产中发挥着越来越重要的作用，但由于其受教育程度和参政水平低，影响到她们的经济收入和生活水平，也制约着农村的民主化进程。天津师范大学杜芳琴介绍了如何对农村妇女进行增权教育的路径和方法。

北京日本学研究中心丁红卫探讨了各国相关政策与女性就业的关系，她认为，女性就业、择业与女性个人属性密切相关，受家庭因素影响大，也受相关政策、社会观念的影响。天津社会科学院日本研究所平力群认为，日本女性创业者虽不断出现，但女性创业率依然较低，女性创立的企业的人均创造附加值也普遍较低。这一"双低"现象与统计性歧视有密切关系。

（3）中日韩三国女性史回溯

"贤妻良母"长期以来是对东亚女性的一种传统道德衡量标准。落合惠美子认为，中文的"贤妻良母"在日本和韩国各有不同的表述和含义，日本和韩国分别用"良妻贤母"和"贤母良妻"来表述。

在近代化女子教育思想影响下，20世纪初期，中日韩三国均诞生了一批不同于传统"贤妻良母"形象、拥有职业、经济自立的"新女性"。青岛大学于华回顾了日本1911年创刊的女性文艺、思想杂志《青鞜》，介绍了围绕在"青鞜社"的知识女性的职业之路和就业观。上海师范大学程郁将研究聚焦于上海开埠后迅速从家庭走向社会的中国最早一批职业妇女。中国现代文学馆刘慧英通过对早期《妇女杂志》进行考察，挖掘了发生在女性身上的变化。日本菲利斯女子大学江上幸子通过对"五四"时期蜚声文坛的女作家丁玲早期作品的考察，阐述了丁玲对于近代中国性别秩序的反抗。

"二战"后，中日韩三国女性各自走向了探寻男女平等的道路。获得解放的中国女性在"妇女能顶半边天"的口号下积极投身社会和职业，社会地位取得翻天覆地的变化，但同时也带来一些问题。所谓的男女平等，实际上是一种对性别的舍弃，女性在工作中失去性别，而在家庭中则被要求承担妻子、母亲双重角色，致使其在职业和家庭的双重负担下深感压力。

（4）女子教育与近代化

女子教育是本次研讨会的一个热点。首都师范大学朱玲莉分析了江户时期"寺子屋"在提高女子文化知识、加强女子道德修养方面的作用。北京理工大学汤丽以《作女日记》《樱户日记》为例，考察了日本近代女性所受教育及识字能力水平。山东大学王慧荣分析了刘向的《列女传》对近代日本女子学校教育产生的影响。天津社会科学院日本研究所田香兰考察了朝鲜近代女子教育的理念及实践，认为，近代朝鲜女子教育的目标是以近代学校体制取代以家庭为主的传统教育，根本目的在于培养"贤母良妻"型及"宗教信仰"型女子。

李卓对近代以来中日两国的女子教育进行了比较。她认为，中日两国女子教育在前近代业已形成差距。"二战"后，日本女子教育迎来新的繁荣发展，而新中国女子教育直到改革开放后才逐渐回归正常轨道，但培养目标、教育内容和方法等基本是男女相同的模式。中日两国在文化传统、社会背景、教育观念等方面的差异，是造成女子教育差距的根本原因。

（胡　澎）

全国日本经济学会2012年会暨
亚太区域经济合作新格局中的中国与日本学术研讨会

2012年11月10～11日，由全国日本经济学会、厦门大学经济学院主办，厦门大学经济学院国际经济与贸易系承办的"全国日本经济学会2012年会暨亚太区域经济合作新格局中的中国与日本学术研讨会"在厦门大学召开。中国社会科学院特邀顾问、全国日本经济学会会长王洛林，中国社会科学院日本研究所所长、全国日本经济学会常务副会长李薇，厦门大学副校长李建发等出席会议并讲话。

此次年会分为两个阶段。首先是全国日本经济学会工作会议，顺利完成了学会的换届工作。来自中日双方研究机构、高等院校的专家学者共计80余人参加了学术研讨。与会专家学者围绕"亚太区域经济合作""中日双边经济关系"等议题展开讨论，取得了丰硕成果。

（1）学会换届顺利完成，继往开来

学会工作会议由中国社会科学院研究生院党委书记、全国日本经济学会副会长黄晓勇主持。中国社会科学院日本研究所前党委书记、全国日本经济学会第八届常务副会长孙新对学会工作进行了总结，充分肯定了学会在过去五年里所取得的成就，包括定期召开年会、不定期举行学术研讨会、出版年度报告、搭建交流平台等。会议还宣布了新一届学会领导、学会常务理事和理事以及学会秘书处工作人员名单。

（2）学术研讨各有侧重，相互关联

在"亚太区域经济合作新格局中的中国与日本学术研讨会"上，厦门大学经济学院教授黄建忠、日本礼教大学教授大桥英五、中国国务院发展研究中心研究员赵晋平分别以《中国服务贸易自由化评估——基于入世与10＋1框架下服务贸易承诺的比较研究》《经济产业转型期的日本与亚洲的关系》《亚太区域经济合作的方向》为题作基调报告，阐述了亚太区域经济合作中的中国、日本以及整体发展趋势。

与会代表围绕相关问题进行了交流与探讨。有代表提出，在全新的经济格局下，西方模式受到挑战是最大的变化，主要体现在新兴经济体与发达国家对世界经济发展的拉动作用同步上升，西方模式主导世界经济格局的局面受到新兴国家发展模式的挑战，以前那种主导与被主导的关系有所变化，由此导致世界经济发展中心和财富向亚洲太平洋地区转移，这种变化成为研究整个新格局的最主要背景。在这一基本框架下，虽然讨论各有侧重点，分析方法有所差异，甚至存在着一些不同意见，但与会代表比较完整地对"亚太地区经济合作新格局下的中国与日本"这一主题进行了诠释。

（3）分析方法各有千秋，相互补充

与会代表的研究不局限于传统日本经济研究，而是融入了新的分析方法，各取所长、相互补充，从更为深广的角度对亚太区域经济合作新格局中的中国与日本进行探讨。

第一，定性分析与定量分析各有所长。学者们围绕着各自论述的主题进行了比较准确的定性分析，不少代表还使用计量经济分析模型提出自己的观点。从统计数据来看，在全部提交的近70篇论文中，有20余篇使用了数学分析模型，而且还结合分析模型得出的实证结果进行理论阐释，提出研究对象对于中国发展的启示，不是为模型而模型。比如，有代表对美国对日本进行反倾销的宏观决定因素进行了计量回归分析，并结合当前美国对华实施反倾销进行了对比分析，认为日本在长期的日美贸易摩擦中逐渐形成了一套由日本政府、企业和行业协会形成的三位一体机制来处理日美之间的反倾销贸易摩擦，值得中国借鉴和学习。

第二，政治研究与经济研究相结合。与会代表不仅从经济学意义上关注中国、日本与亚太区域经济合作，而且进一步对相关问题进行了政治、经济双重因素的分析。有代表认为，对国家利益的考量以及各国政治的互动才是日本选择区域经济合作模式的真正原因。该代表通过运用区域经济一体化的政治经济学分析方法，对日本选择参加中日韩FTA还是TPP的收益进行了比较分析，认为，从传统收益来看，日本希望通过中日韩FTA的签署从中国和韩国的经济高速发展中获取经济利益；但从非传统收益来看，鉴于对主导权、国家安全以及利益集团等方面的考量，日本不得不重视TPP，因此，日本今后的战略依然是中日韩FTA和TPP同步走。但是考虑到目前中日韩岛屿争端有长期化的趋势，中日韩FTA从政治角度看仍面临较大的困难。

（叶　琳）

中国与日本——其自画像与他画像国际研讨会

2012年11月17～18日，以纪念中日邦交正常化40周年为契机，中国社会科学院日本研究所在日本国际交流基金会北京日本文化中心的支持下，举办了"中国与日本——其自画像与他画像国际研讨会"。来自中国社会科学院世界历史研究所、中国社会科学院日本研究所、北京大学、北京外国语大学、南开大学、复旦大学、厦门大学、山东大学、湖北大学、西南大学、外交学院、解放军外国语学院、北京旅游学院、山东青年政治学院以及日本大阪大学、法政大学、独协大学、岐阜圣德学园大学等高校和研究机构的40余名专家学者出席了会议。中国社会科学院日本研究所所长李薇、日本国际交流基金会北京日本文化中心副主任高桥耕一郎在会议开幕式上致辞。开幕式由中国社会科学院日本研究所研究员崔世广主持。大阪大学教授米原谦、南开大学教授杨栋梁作了基调报告。20余位专家学者作了学术报告。

米原谦在题为《现代日本的民族主义》的基调报告中，梳理了现代日本民族主义的发展历程。他指出，全球化所带来的世界经济的一体化，促进了世界各地民族主义的急速发展，日本也不例外。经济和社会急速发展而政治却未能作出适当应对，是发达国家普遍存在的现象，日本表现得更为极端。21世纪的日本政治，笼罩着一层前所未有的闭塞感。小泉内阁通过民粹主义式的手法和对朝鲜的强硬姿态一时间蒙蔽了日本国民，反过来却暴露了后小泉时代自民党内阁的无力感，从而使自民党失去了政权。民主党政权也同样为剧场化的政治环境所束缚，在诸多方面表现得颇不成熟，使原本对它抱有期待的国民大为失望。而这一事态又为桥下彻、川村隆等民粹主义者和石原慎太郎等极端右翼政治家提供了登台表演的绝好机会。

杨栋梁在题为《近代以来日本的中国知行》的基调报告中，深入分析了"知行"的概念内涵及日本人的中国知行的发展历程。他指出，近代以来日本人的中国知行贯穿着如下规律：（1）"利益准则"；（2）对华认知上的"近视"和"远视"；（3）对华态度上的实力主义依据；（4）对华行动上的机会主义表现。近代以来日本在与中国的交往中，善于捕捉和利用中国与国际社会的矛盾，其行动上表现出了强烈的机会主义特征。

中国社会科学院日本研究所研究员崔世广、天津社会科学院博士田庆立则对战后中日两国国民的自他认识作了深入分析。崔世广在题为《现代中国人日本观的结构》的发言中指出，中日邦交正常化 40 年来，中国人的对日认识经历了从接近到友好，再从冷淡到疏远的周期性变化。在这个过程中，中国人民对日印象的结构有着明显的特征，既存在着过去侵略历史与现代社会两极对立的结构，也存在着戒备与期待同时并存的心理特征。田庆立则围绕战后日本"自我"主体性认识的确立作了深入分析。

北京大学教授尚会鹏从心理文化学的角度对日本人的自我认同进行了深入分析。他基于心理文化学的"心理社会均衡"和"基本人际状态"两个核心概念，指出日本人的"基本人际状态"是"缘人"（相对于西方社会的"个人"和中国社会的"伦人"），日本不是个人社会，而是"缘人社会"。"缘人"的自我认知具有独特的形式，这种"自我"既不是独立的，也不清晰，它的界定主要取决于与他人的关系。日本人论的盛行，反映了日本人自我认同上的文化焦虑。

独协大学教授饭岛一彦、复旦大学教授徐静波从文学的视角对日本人的世界认识和中国认识作了深入分析。饭岛一彦在题为《时代小说中的日本人的世界认识——从藤泽周平的〈桥之物语〉说开去》的发言中，对《桥之物语》一书中所包含的日本人的"此岸""彼岸"和"境界区域"认识作了分析。他指出，"彼岸"通常是"此岸"所无法看到的、无法理解的异质世界，"此岸"是处在身边的、能够清楚看到的世界，"境界区域"则是处于两者之间、能够模糊地看到且能建立起与"彼岸"联系的世界。徐静波以日本诗人金子光晴为案例，探讨了近代日本人的中国图像。他指出，金子光晴对近代中国的感知和描述，除了时代的共同印记外，更多的具有个人的色彩。

北京大学教授刘金才、日本法政大学教授王敏对中日间的相互认识进行了深入解析。刘金才在《中日相互认知的差异与"文化冲突"》一文中指出，在讨论中日两国人民的相互认知和理解时，既要重视两国文化类型的差异，还需关注两个民族之间的历史关系问题。要寻求中日民族间的文化认同，就必须强调双方应相互客观、理性地认知对方。王敏则在《自他相互认识的摸索——通过参与"国际日本学"研究》一文中指出，"国际日本学"研究通过日本学者与外国学者的合作研究，增进了彼此信息的交流，深化了相互学习，以彼此为参照系促进了"地域学"的发展。

南开大学教授刘岳兵在《从"清谈"到"切实的问题"——周作人日本论的启示》一文中，围绕周作人的日本人论作了阐述。他指出，周作人翻译了不少日本文学的原典，如《古事记》，但他仍然一再表明自己的译本在学术上的贡献很有限，并期待着更好的译本出现。

中国社会科学院世界历史研究所教授汤重南、北京外国语大学教授邵建国、外交学院教授苑崇利、北京旅游学院教授纪廷许、解放军外国语学院教授肖传国等也在会上作了发言或评论。

（唐永亮）

马克思主义研究学部

马克思主义研究院

（一）人员、机构等基本情况

1. 人员

截至 2012 年年底，马克思主义研究院共有在职人员 138 人。其中，正高级职称人员 27 人，副高级职称人员 35 人，中级职称人员 59 人；高、中级职称人员占全体在职人员总数的 88%。

2. 机构

马克思主义研究院设有：马克思主义原理研究部（下设马克思主义基本原理研究室、马克思恩格斯思想研究室、列宁斯大林思想研究室、思想政治教育研究室），马克思主义中国化研究部（下设毛泽东思想研究室、中国特色社会主义理论体系研究室、党建党史研究室、马克思主义无神论研究室），马克思主义发展研究部（下设马克思主义发展史研究室、经济与社会建设研究室、政治与国际战略研究室、文化与意识形态建设研究室），国际共产主义运动研究部（下设国际共产主义运动史研究室、当代世界社会主义研究室、当代世界资本主义研究室），国外马克思主义研究部（下设国外左翼思想研究室、国外共产党理论研究室、西方马克思主义研究室），期刊网络中心（下设《马克思主义研究》编辑部、《国际思想评论》编辑部、《马克思主义文摘》编辑部、《马克思主义理论研究与学科建设年鉴》编辑部、网络室、网编室、图书室），办公室，科研处，人事处。中国特色社会主义理论体系研究中心挂靠在马克思主义研究院，并以该院为依托开展理论研究和学术交流。

3. 科研中心

马克思主义研究院院属科研中心有：中国社会科学院马克思主义经济社会发展研究中心、中国社会科学院科学与无神论研究中心、中国社会科学院国家文化安全与意识形态建设研究中心。

（二）科研工作

1. 科研成果统计

2012 年，马克思主义研究院共完成专著 21 种，677.3 万字；论文 374 篇，306.55 万字；研究报告 20 篇，30.3 万字；论文集 11 种，500.2 万字；译文 16 篇，15.26 万字；教材 2 种，

161.2 万字；一般文章 31 篇，17.1 万字；学术资料 4 种，207.89 万字。

2. 科研课题

（1）新立项课题。2012 年，马克思主义研究院共有新立项课题 24 项。其中，国家社会科学基金课题 3 项："科学发展与社会和谐双重视域中的中国特色社会主义文化强国建设研究"（冯颜利主持），"马克思主义发展史视域中的马克思主义经典著作研究"（桁林主持），"危机中的当代资本主义研究"（侯惠勤主持）；院重点课题 6 项："中国特色社会主义制度体系建设"（程恩富主持），"金融危机以来国外马克思主义研究的新发展"（冯颜利主持），"马克思主义中国化的逻辑进程分析"（金民卿主持），"印度共产党（毛主义）的理论与实践研究"（王静主持），"中国特色社会主义国际影响力研究"（李建国主持），"马克思主义辩证法的当代探索"（陈慧平主持）；院国情调研课题 5 项："关于工资集体协商制度实施状况的调研"（胡乐明、彭五堂主持），"我国县（市）国民经济和社会发展规划编制与执行情况个案调查"（贺新元主持），"当前我国西部基层民主建设的现状与经验研究"（范强威主持），"高校师生关于社会主义民主政治建设的意见"（张飞岸主持），"创先争优活动中基层党组织建设情况调研——以山东、北京等地区的典型乡镇为例"（于海青主持）；院青年科研启动基金课题 2 项："西方自由主义政治经济学货币学说的历史反思"（刘道一主持），"科学无神论与当代文化建设"（杨俊峰主持）；所重点课题 8 项："《中外热点论争》系列丛书"（李建国主持），"马克思的思想转变及唯物史观的创立"（彭五堂主持），"思想政治教育与社会管理若干问题研究"（李春华主持），"微博视阈下思想政治教育研究的热点及发展——基于 CNKI 网站的内容分析"（朱燕主持），"建设文化强国的意义、内涵及其实现途径研究"（王永浩主持），"危机爆发之后新自由主义相关问题的辨析"（陈硕颖主持），"危机背景下西方工人阶级阶级意识研究"（刘向阳主持），"中国特色社会主义新思想新观点新论断研究"（邓纯东主持）。

（2）结项课题。2012 年，马克思主义研究院共有结项课题 40 项。其中，国家社会科学基金课题 3 项："'人道的民主的社会主义'与苏联演变研究"（李瑞琴主持），"当代资本主义世界体系及其与社会主义的关系问题研究"（刘海霞主持），"列宁的社会主义观及当代启示"（苑秀丽主持）；院重大课题 1 项："和谐社会构建中的社会矛盾及其风险研究"（钟君主持）；院重点课题 6 项："20 世纪末新马克思主义的西方阶级和社会结构新变化理论评析"（马志良主持），"当代资本主义经济危机理论分析与中国经济发展对策研究"（杨斌主持），"苏联 20 年代围绕社会主义发展道路展开的党内争论"（陈爱茹主持），"中国特色社会主义制度体系建设"（程恩富主持），"金融危机以来国外马克思主义研究的新发展"（冯颜利主持），"印度共产党（毛主义）的理论与实践研究"（王静主持）；院国情调研课题 8 项："互联网对社会舆论的影响与我国意识形态和文化安全问题调研"（李崇富、谭扬芳主持），"我国国有企业发展环境研究——以河南省为例"（刘志明主持），"当代大学生信教群体状况调查——以北京大学为重点"（习五一主持），"关于工资集体协商制度实施状况的调研"（胡乐明、彭五堂主持），

"我国县（市）国民经济和社会发展规划编制与执行情况个案调查"（贺新元主持）；"当前我国西部基层民主建设的现状与经验研究"（范强威主持），"高校师生关于社会主义民主政治建设的意见"（张飞岸主持），"创先争优活动中基层党组织建设情况调研——以山东、北京等地区的典型乡镇为例"（于海青主持）；院青年科研启动基金课题2项："美国大学生学术诚信研究"（朱燕主持），"毛泽东道德建设思想研究"（王永浩主持）；所重点课题20项："马克思主义经典作家关于灌输理论的思想及现实意义研究"（余斌主持），"构建与创新现代思想政治教育评价标准体系若干问题研究"（李春华主持），"西方左翼学者对马克思主义经济危机理论的当代解读"（侯为民主持），"马克思主义的形象：基于受众视角的研究"（朱亦一主持），"日本马克思主义文本研究的路径及启示"（梁海峰主持），"改革开放以来我国民族理论、制度、政策的实践"（贺新元主持），"改革开放以来农村基本经营制度改革研究"（彭海红主持），"毛泽东培养革命接班人的理论与实践评析"（于晓雷主持），"西方霸权和社会主义国家自主发展问题研究"（梁孝主持），"党的群众路线对我国政法制度的影响"（孟庆友主持），"美国科技金融对中国互联网文化主导权的冲击"（任丽梅主持），"文化与意识形态关系的多维度辨析"（张小平主持），"越古老朝国民经济增长指标评介"（潘金娥主持），"中越马克思主义理论创新比较研究文集出版翻译"（潘金娥主持），"西欧福利国家制度的历史反思"（庞晓明主持），"全球劳动力的分化与当代工人运动"（陈硕颖主持），"老挝人民革命党对社会主义的新探索"（刘玥主持），"贝林格对意大利社会主义道路的探索及当代影响"（李凯旋主持），"蒙德拉贡合作经济模式的经验及其启示"（谭扬芳主持），"马克思主义辩证法的当代探索"（陈慧平主持）。

（3）延续在研课题。2012年，马克思主义研究院共有延续在研课题33项。其中，院重大课题1项："马克思主义中国化的基本经验及规律性认识"（赵智奎主持）；院重点课题1项："当前思想政治教育重大问题研究"（余斌、李春华主持）；院国情调研课题1项："党的执政能力建设和先进性建设状况调查"（侯惠勤主持）；院青年科研启动基金课题30项："近年来国外马克思主义若干重大前沿问题研究"（郑一明主持），"国外马克思主义重要公正思想研究"（冯颜利主持），"全球化背景下民族国家的定位及其走向"（张晓敏主持），"改革开放以来我国新闻政策研究"（郭志法主持），"劳动者权益保护的政治经济学分析"（胡乐明主持），"马克思主义服务思想研究"（汪世锦主持），"当代国外剩余价值理论和剥削问题研究"（韩冬筠主持），"中俄学者关于斯大林模式的评析"（杨朴伟主持），"第三批判中的先天综合判断"（王晓红主持），"马克思早期作品中共产主义思想研究"（朱亦一主持），"美国金融危机下中国投资转移与产业转移研究"（余斌主持），"西方马克思主义社会发展理论研究"（谭扬芳主持），"土地流转新形势下土地对农业的约束研究"（崔云主持），"当代资本主义职工持股制度的发展研究"（牛政科主持），"从历史渊源上看社会民主主义的本质"（沈阳主持），"论美国的对华战略对台海关系的影响"（汪海鹰主持），"改革开放以来农村集体经济的发展历程和经验研究"（龚云主持），"马克思主义文化范畴与中国传统文化观的比较研究"（任丽梅主持），"城市基层民主发展研究——对湖北省、北京市的调查与分析"（刘志昌主持），"马克思、列宁的方法论与经验主义比较研究"（唐芳芳主持），"分享制的国际比较"（王珍主持），"老挝人民革命党对社会主义发展阶段认识的深化"（刘玥主持），"金融危机爆发以来法国共产党的新动态"（遇荟主持），"马克思主义无神论与大学教育"（黄艳红主持），"环境政治中的政府职能与民众意识教育"（梁海峰主持），"改革开放条件下国民素质现代化研究"（于晓雷主持），"建国初期人民法庭研究"（孟庆友主持），"媒体政治经济学研究"（刘子旭主持），"20 世纪 90 年代以来意大利共产主义政党的发展"（李凯旋主持），"后危机时代浙商经济再发展的探析——政治经济学视角的观察与思考"（王艳阳主持）。

3. 获奖优秀科研成果

2012 年，马克思主义研究院优秀科研成果奖共评出一等奖 7 项：张小平的专著《和谐文化的理论与实践》，赵智奎的专著《改革开放 30 年思想史》，冯颜利的专著《全球发展的公正性：问题与解答》，程恩富的论文《现代马克思主义政治经济学的四大理论假设》，胡乐明的论文《国家资本主义与"中国模式"》，侯惠勤的论文《试论马克思主义理论的"内在紧张"》，李慎明的论文《"康德拉季耶夫周期"理论视野中的美国经济》；二等奖 7 项：于海青的专著《当代西方参与民主研究》，苑秀丽的专著《理想与现实——列宁的两制关系思想及当代启示》，刘海霞的专著《论社会形态的衔接顺序》，邢文增的论文《新帝国主义与金融危机》，杨斌的论文《国际金融危机与中国经济安全》，贺钦的论文《拉丁美洲非政府组织问题初探》，杨静的论文《马克思主义视角下的西方公共产品理论批判性解读》。

4. 科研组织管理新举措

2011 年，马克思主义研究院开始对创新工程进行研究，并形成了初步的创新方案。根据社科院党组部署，马克思主义研究院从 2012 年 4 月正式开始申报 2013 年创新工程试点单位。在 2011 年初步形成的创新方案基础上，确定了马克思主义研究院创新工程方案的主题和大纲。在各研究部充分讨论的基础上，确定了创新工程方案，并向社科院创新工程综合协调办公室提交了马克思主义研究院创新工程方案第一稿。根据社科院创新办返回的修改意见，又讨论确定方案的修改，并向社科院创新办提交了马克思主义研究院创新工程方案第二稿。

马克思主义研究院申报创新工程的方案，是根据社科院实施哲学社会科学一系列文件要求，结合马克思主义研究院的实际情况及当前国内外马克思主义研究的现状，以"三大强院"战略和"三个定位"为指导，以"实施哲学社会科学创新工程，繁荣发展哲学社会科学"为宗旨，在深入调查研究、多方听取意见和反复论证的基础上制定的。该方案以"世界大变动中的马克思主义中国化"为主题，包括多个子项目，在马克思主义研究院党政主要领导和院务委员会统一协调决策下，实行首席管理负责制，首席研究员负责组织实施，全院科研骨干、科辅和行政管理人员共同参与，按梯队分三年进入。

（三）学术交流活动

1. 学术活动

（1）2012年2月21日，由中国社会科学院马克思主义研究学部、当代中国研究所、中国社会科学杂志社、中国社会科学网和中华人民共和国国史学会联合主办的"纪念邓小平南方谈话发表20周年学术座谈会"在北京召开。会议的主题是"纪念邓小平南方谈话发表20周年"。

（2）2012年8月28日，由中国经济社会发展智库理事会、中国社会科学院经济社会发展研究中心、中国经济规律研究会和河北农业大学联合主办，黑龙江省绥滨农场和甘南县兴十四村协办的"集体经济理论与政策——中国经济社会发展智库第6届高层论坛"在北京召开。会议的主题是"集体经济理论与政策"。

（3）2012年9月22~23日，由中国社会科学院马克思主义研究学部、马克思主义研究院和上海财经大学共同主办的"首届全国马克思主义经济学论坛暨第六届全国政治经济学数理分析研讨会暨庆贺《海派经济学》创刊10周年"在上海召开。会议的主题是"中国特色经济学学术话语体系""政治经济学数理分析""当代社会主义经济理论"和"当代资本主义经济理论"。

（4）2012年11月17~18日，由中国社会科学院马克思主义研究学部和马克思主义研究院、海南师范大学、琼州学院、《马克思主义研究》杂志社联合主办的"第五届全国马克思主义青年论坛"在海南召开。会议的主题是"马克思主义与中国学术话语体系"。

（5）2012年11月24~26日，由中国社会科学院马克思主义研究院与重庆工商大学联合主办、《马克思主义研究》《科学与无神论》《重庆工商大学学报》协办、重庆工商大学马克思主义学院承办的"2012年全国思想政治教育学术研讨会"在重庆召开。会议的主题是"学习和贯彻党的十八大精神"。

2012年，中国社会科学院马克思主义研究学部、马克思主义研究院共同举办了5场"中外马克思主义报告会"；马克思主义研究院还举办了60场"马克思主义系列学术研讨会"。

2. 国际学术交流与合作

2012年，马克思主义研究院完成对外合作交流活动27次，其中出访8批次15人次，接待来访14批次，组织了3次国外学者报告会，应中联部邀请2次给外国使团作报告。

（1）2012年2月4~12日，马克思主义研究院毛立言受古巴哈瓦那大学世界经济研究中心邀请，参加"后危机时代对于发展的挑战国际学术研讨会"。

（2）2012年3月20日，日本著名马克思主义社会学专家渡边雅男教授访问马克思主义研究院，并作题为《日本马克思主义经济学的过去和现在》的报告。

（3）2012年4月9日，《国际思想评论》编辑部黄纪苏、王中保等会见卢森堡基金会米夏埃尔·布里、卢兹·博勒、希尔德布兰特·康耐利亚。双方就扩大英文期刊在德国的学术影响和期刊的选题等进行了交流。

（4）2012年4月19日，程恩富、胡乐明会见英共主席哈珀·布拉尔（Harpal Brar）和副主席艾拉·鲁尔（Ella Rule）。双方就国内形势、英共（马）发展与相互合作等问题进行交流。

（5）2012年5月21日，程恩富接受美驻日大使馆一秘外交官班茂燊和美国驻华大使馆二秘外交官柏乐明采访，主题是"国际关系和当前形势"。

（6）2012年5月22日，程恩富、胡乐明和刘子旭出席在墨西哥城市自治大学召开的"世界科学阵线大会"和"世界政治经济学第七届年会"。

（7）2012年5月31日，潘金娥赴日本早稻田大学参加东亚学者对话会。

（8）2012年7月5~8日，余斌在法国巴黎第一大学参加由法国政治经济学学会、异端经济学会、国际倡议政治经济学促进学会共同举办的"政治经济学与资本主义的展望"国际会议。

（9）2012年9月21日，老挝社会科学院院长坎培·班玛莱通率代表团访问马克思主义研究院，与马克思主义研究院院长程恩富座谈。双方决定加强交流关系，共同举办国际会议。

（10）2012年10月2~4日，谭扬芳参加墨西哥自治大学和科学技术研究所（墨西哥城市政府所属科学机构）举办的"第三次国际先锋科学论坛"。

（11）2012年11月2日，马克思主义研究院院长程恩富会见德国柏林卡纳特国际出版社负责人杰姆。双方就中国马克思主义研究文集海外出版一事进行商讨。

（12）2012年11月5日，美国华盛顿大学经济学教授卡齐米耶日·波兹南斯基访问马克思主义研究院，并作题为《社会主义替代资本主义——关于不同意识形态和制度的反思》的报告。

（13）2012年11月13日，英国科学院院士、欧洲演化经济学学会会长霍奇逊访问马克思主义研究院，并作题为《制度经济学》的报告。

（14）2012年11月25~28日，邓纯东和潘金娥出席越南社会科学院在河内举办的"第四届国际越南学"研讨会。

（15）2012年12月7~18日，应印度农业研究基金会邀请，马克思主义研究院院长程恩富率团出访印度。双方就现今中国的农业问题和印度的农村研究进行经验交流。

（四）学术社团、期刊

1. 社团

（1）中国历史唯物主义学会，会长李崇富。

2012年9月22~23日，中国历史唯物主义学会在浙江省金华市举行"历史唯物主义和当代中国发展理论研讨会"。会议的主题是"历史唯物主义和当代中国发展",研讨的主要问题有"历史唯物主义与中国特色社会主义""历史唯物主义与社会主义基本制度""历史唯物主义与社会主义价值观""共产主义理想信念""改革开放与发展经验"。与会专家学者80人。

(2)中华外国经济学说研究会,会长程恩富。

2012年12月1~2日,中华外国经济学说研究会在广东省珠海市举行了"中华外国经济学说研究会第20届年会暨外国经济学说与当代世界经济"。会议的主题是"外国经济学说与当代世界经济",研讨的主要问题有"国际性经济学奖获得者学术思想""外国经济理论研究新动向""欧洲国家债务危机和当前世界经济""经济全球化与转变经济发展方式""收入分配与中等收入陷阱"。与会专家学者150人。

(3)中国经济规律研究会,会长程恩富。

2012年4月14~15日,中国经济规律研究会在湖北省武汉市举行了"中国经济规律研究会第22届年会"。会议的主题是"财富的生产和分配:中外理论与政策",研讨的主要问题有"财产的占有与财富的生产、财产占有与收入分配、财富生产与收入分配""中国收入分配的现状和原因,中国劳动收入比重偏低的原因、后果和提高的途径""世界贫富差距变化的趋势及其原因""国富与民富的理论与实践、先富与共富的理论与实践"。与会专家学者130人。

(4)中国无神论学会,理事长任继愈。

2012年10月20~21日,中国无神论学会在陕西省西安市举行2012年学术年会。会议的主题是"教育与宗教相分离",研讨的主要问题有"教育与宗教相分离的理论与实践""无神论宣传与唯物论教育""抵御境外宗教渗透问题""宗教工作与宗教政策""治理邪教问题"。与会专家学者50人。

2. 期刊

(1)《马克思主义研究》(月刊),主编程恩富。

2012年,《马克思主义研究》共出版12期,共计约320万字。该刊全年刊载的有代表性的文章有:李崇富的《邓小平理论是同马克思主义一脉相承和与时俱进的科学体系》,侯惠勤的《科学的经典 真理的旗帜》,冯虞章的《毛泽东文化思想及其现实价值》,程恩富、刘伟的《社会主义共同富裕理论解读与实践剖析》,梁柱的《唯物史观在中国传播的历史启示》,田心铭的《论马克思主义的理论自觉和理论自信》,梁树发的《马克思主义发展史研究的几个方法问题》,胡乐明的《社会主义:一个总体性认识》,陈亮的《国有企业私有化绝不是我国国企改革的出路》,顾玉兰的《列宁关于无产阶级民主建设思想的价值诉求及当代启示》,张允熠的《马克思主义形成中的欧洲文化传统》,汪亭友的《岂能如此曲解〈共产党宣言〉关于"消灭私有制"的思想》,汤德森的《驳西方学者对列宁无产阶级专政理论的歪曲》,宋小川的《从"占领华尔街"看"美式民主"的非民主本质特征》,钟水映的《农地私有化的神话与迷思》,吴宁的《资本主义全球金融危机与马克思主义》,〔美〕M. 伯曼的《马克思将是华尔街

"下一个伟大的思想家"》等。

（2）《国际思想评论》（英文季刊），主编程恩富、［美］大卫·斯维卡特、［法］托尼·安德烈阿尼。

2012 年，《国际思想评论》共出版 4 期，共计 36 万字。该刊全年刊载的有代表性的文章有：程恩富、丁晓钦的《当代资本主义的替代思想和实践》，何干强的《论改善所有制关系促进中国共同富裕》，冯象的《知识产权的衰亡》，王小平的《从"使用旧的形式"到"建立民族形式"：毛泽东的文化政治国家议程评述》，［刚果］安东尼·罗杰·龙刚的《以南非、利比亚和象牙海岸为例看非洲的扭曲民主》，［墨西哥］海因茨狄特里奇、［古巴］雷蒙多·弗兰科的《二十一世纪社会主义的科学—哲学基础》，［美］伊曼纽尔·沃勒斯坦的《列宁与当代列宁主义》，［美］马克·布罗丁的《环境危机的阶级分析》，［美］威廉·佩尔茨的《全球化进程中的工人阶级状况》，［美］杰瑞·哈里斯的《全球垄断与跨国资本家阶级》，［加拿大］吉姆·罗切林的《21 世纪的安全问题批判：修西底德声声慢》，［英］卢克·马赤的《当代欧洲激进左翼政党的问题与视角：追寻失去的世界还是仍然可以赢得世界?》，［英］莱斯理·斯克莱尔的《论城市全球化进程中的地标建筑》，［英］杰拉德·德兰第的《紧缩时代的欧洲：资本主义与民主的矛盾》，［德］伯吉特·曼考普夫的《欧元危机：德国的寻责政治与紧缩政策——新自由主义的恶魔》，［捷克］马莱克·赫鲁贝克的《威权理论与批判理论》，［希腊］斯达夫罗斯·马夫罗迪斯的《次贷危机下的金融管制》，［澳大利亚］比尔·杜恩的《马克思的方法与全球危机》。

（3）《马克思主义文摘》（月刊），主编程恩富。

2012 年，《马克思主义文摘》共出版 12 期，共计 180 万字左右。该刊全年刊载的有代表性的文章有：胡锦涛的《以马列主义、毛泽东思想、邓小平理论和"三个代表"重要思想为指导》，李长春的《坚持中国特色社会主义文化发展道路》，陈奎元的《建设具有中国特色、中国风格、中国气派的哲学社会科学》，王伟光的《什么是科学的民主》，李慎明的《冷观国际金融危机与世界格局》，刘国光的《国有企业是中国特色社会主义共同理想的基石》，程恩富的《关于中国共产党的行动指南或指导思想的表述探讨》，侯惠勤的《社会主义核心价值观建设中的若干重大理论问题》，张维为的《中国模式将随十八大走强》，卫兴华的《经济全球化与中国经济社会的科学发展》，夏小林的《三评吴敬琏"社会主义模式论"》，胡乐明的《社会主义：一个总体性认识》，何强、张振杰的《拉美社会主义是科学社会主义吗?》，［英］约翰·普兰德尔的《修正资本主义时候到了》，［美］理查德·沃尔夫的《欧美资本主义制度陷入全面危机》。

（4）《科学与无神论》（双月刊），主编杜继文。

2012 年，《科学与无神论》共出版 6 期，共计 76 万字。该刊全年刊载的有代表性的文章有：朱维群的《共产党员不能信仰宗教》，朱晓明的《关于宗教的两重性》，文丁的《科学无神论的学科建设和道路》，李申的《无神论是"脱愚工程"的重要思想基础》，习五一的《简论近代中国教育与宗教相分离的历程》，张新鹰的《无神论教育的道德旨归和人道主义价值》，加润国的《试析有关马克思主义宗教观的几种观点》，左鹏的《互联网上基督教传播的基本方式》，何虎生的《新时期党和国家文献中有关教育与宗教相分离的论述研究》，辛芃的《"新时代运动"与"法轮功"成势》，于祺明的《开普勒的科学发现及其心目中的"上帝"》，高扬帆的《马克思主义关于科学与宗教关系初探》，占毅的《彰显高校思想政治课的科学无神论教育功能》，［美］米歇尔·马丁著、陈文庆译的《无神论—— 一个哲学的证明》，张英珊编译的《我为什么是个无神论者》。

（五）会议综述

纪念邓小平南方谈话发表 20 周年学术座谈会

2012 年 2 月 21 日，"纪念邓小平南方谈话发表 20 周年学术座谈会"在中国社会科学院当代中国研究所召开。座谈会由中国社会科学院马克思主义研究学部、当代中国研究所、中国社会科学杂志社、中国社会科学网和中华人民共和国国史学会联合主办。中国社会科学院副院长兼当代中国研究所所长、国史学会常务副会长朱佳木出席会议并致辞，中纪委驻中国科学院纪检组原组长王庭大，中国社会科学院马克思主义研究学部主任、马克思主义研究院院长程恩富，北京大学原副校长梁柱，中国社科院中国特色社会主义理论体系研究中心主任尹韵公，中国社会科学网总编周溯源，中国社会科学杂志社副总编余新华，当代中国研究所理论研究室主任宋月红和经济史研究室主任郑有贵等分别作了发言。北京市政协委员陈伟华、当代中国研究所经济史研究室原主任陈东林等作了即席发言。会议由当代中国研究所副所长武力主持。座谈会上，专家学者分别就南方谈话的历史地位与现实意义，以及南方谈话与中国特色社会主义道路、理论等问题发了言。

朱佳木指出，坚持"一个中心、两个基本点"的基本路线一百年不动摇，是这篇谈话的核心思想，是对党在社会主义初级阶段基本路线认识上的进一步深化，是"一个中心、两个基本点"在新形势下的展开。我们今天纪念南方谈话发表 20 周年，应当紧紧抓住它的核心思想，深刻领会和继续贯彻党的"一个中心、两个基本点"的基本路线，全面理解和准确阐释"不坚持社会主义，不改革开放，不发展经济，不改善人民生活，只能是死路一条"的道理，切实做到坚持党的基本路线一百年不动摇。20 年来，以江泽民同志为核心的党的第三代中央领导集体和以胡锦涛同志为总书记的党中央，与时俱进，不断创新，在以邓小平为核心的党的第二代中央领导集体探索和回答什么是社会主义、怎样建设社会主义等重大理论和实际问题的基础上，又探索和回答了建设什么样的党、怎样建设党，实现什么样的发展、怎样发展等重大问题，相继提出"三个代表"的重要思想和科学发展观，进一步丰富了党的基本理论、基本路线、基本纲领、基本经验。今天纪念南方谈话发表 20 周年，应当在继续深刻领会和认真贯彻南方谈话精神的同时，深刻领会和认真贯彻党中央从新的实际出发提出的一系列新方针、制定的一系列新政策、作出的一系列新决策，不断把中国特色社会主义伟大事业推向前进。

程恩富在发言中提出，我们通过对邓小平理论的系统深入研究，发现邓小平有两个"三个有利于"的重要思想，过去未被发掘和广泛重视。其一，1987 年 6 月 12 日，邓小平首次提出："总的目的是要有利于巩固社会主义制度，有利于巩固党的领导，有利于在党的领导和社会主义制度下发展生产力。"[①]　这是我国社会主义改革开放目的的"三个有利于"（可简称"改革目的三个有利于"）。其二，1992 年邓小平在南方谈话中提出："改革开放迈不开步子，不敢闯，说来说去就是怕资本主义的东西多了，走了资本主义道路。要害是姓'资'还是姓'社'的问题。判断的标准，应该主要看是否有利于发展社会主义社会的生产力，是否有利于增强社会主义国家的综合国力，是否有利于提高人民的生活水平。"[②]　这是判断社会主义改革开放成效标准的"三个有利于"（可简称"改革成效三个有利于"）。基于两个"三个有利于"的提出背景、形成过程、内涵的分析，程恩富认为，社会上一直广泛误传的邓小平理论，即以为判断姓"资"姓"社"的标准不是公有制是否占主体（邓小平当时认定深圳特区姓"社"不姓"资"的理由是公有制占四分之三）。这个观点从来就不符合邓小平理论的原意和中央文件权威的阐释，也有悖于马克思主义关于生产力和生产关系的科学原理。

（科研处）

集体经济理论与政策
——中国经济社会发展智库第 6 届高层论坛

2012 年 8 月 28 日，由中国经济社会发展智库理事会、中国社会科学院经济社会发展研究中心、中国经济规律研究会和河北农业大学联合主办，黑龙江省绥滨农场和甘南县兴十四村协办的"集体经济理论与政策——中国经济社会发展智库第 6 届高层论坛"在北京召开。中国社会科学院副院长李慎明、中组部原部长张全景、中国社会科学院特邀顾问刘国光、后勤指挥学院原副院长邵积平、《求是》杂志原总编辑有林、吉林省政协原常务副主席林炎志，论坛召集人、中国社会科学院马克思主义研究院院长、中国经济规律研究会会长程恩富等出席论坛并发表讲话。

李慎明在致辞中首先代表中国社会科学院向论坛的召开表示祝贺。他指出，社会主义集体

---

① 《邓小平文选》第 3 卷，人民出版社 1993 年版，第 241 页。
② 同上书，第 372 页。

2012 年 8 月，"集体经济理论与政策——中国经济社会发展智库第 6 届高层论坛"在北京举行。

所有制是公有制主体的重要组成部分，在我国占有重要地位。党和国家一直高度重视发展集体经济。毛泽东、邓小平、江泽民和胡锦涛同志关于我国农村、农业、农民必须以集体经济为发展方向的战略思想是完全一致的。我们决不能盲目改变生产关系，回到过去"一大二公"的老路上去，但也不应在条件成熟的地方不敢发展农村集体经济，否则，人民当家做主的政治制度和社会主义核心价值观就失去了应有的经济基础，我们的中国特色社会主义旗帜就不可能高扬，还可能走上歧路。

刘国光在演讲中说，邓小平同志关于我国农村改革和发展的"两个飞跃"思想，是站在历史的高度，观察农村改革与农业发展得出的结论，经过实践检验证明是符合我国农业发展规律的，因此要坚持，现在已经到了实现"第二个飞跃"的时候了。刘国光认为，当前普遍存在着贬损集体经济的观点，有三股否定集体经济的思潮值得注意：一是主张财产量化到个人的思潮；二是土地私有化思潮；三是集体经济低效论和产权不清晰论。他指出，面对贬损集体经济的这些错误观点，理论界要敢于站在马克思主义的角度，为集体经济正名，理直气壮地宣传集体经济的优越性，反对集体经济被妖魔化。

程恩富在会上作了题为《大力发展多种模式的集体经济和合作经济》的主旨报告，针对"集体经济低效率论""集体经济产权不清晰论"等观点进行了有力的回应，给予了深刻而科学的分析，并阐述了新集体经济的多种模式。他认为，根据资本结构、分配制度和治理结构，可以将改革开放以来集体经济和合作经济发展模式大致分为四类：完全的集体经济、完全的合作经济、过渡形态（集体经济和合作经济的不同的组合形态）、典型的私人股份制。改革开放以后，适应我国经济体制的变革和外部环境的变化，我国的集体经济在新的形势下从放开经营管理体制和探索产权制度两个方面着手进行改革，并得到快速发展，呈现出多样化的发展模式，成为社会主义市场经济的重要组成部分。

论坛以"集体经济理论与政策"为主题，来自全国部分研究机构、高校及政府部门、生产一线的 150 多名专家学者，围绕坚持集体经济的性质、地位、作用、模式和改革以及发展壮大集体经济等问题，进行了广泛深入的研讨。

出席会议的还有中国经济规律研究会顾问中国人民大学荣誉一级教授卫兴华、中国人民大学一级教授周新城、中国人民大学教授胡钧、农业部经管司巡视员关锐捷、湖南省社会科学院院长朱有志、中华全国手工业合作社城镇集体经济和手工业指导部副主任康培莲、中南财经政法大学副校长陈小君、河北农业大学副校长李彤等专家学者。

（科研处）

首届全国马克思主义经济学论坛暨第六届全国政治经济学数理分析研讨会暨庆贺《海派经济学》创刊 10 周年

2012 年 9 月 22～23 日，"首届全国马克思主义经济学论坛暨第六届全国政治经济学数理分析研讨会暨庆贺《海派经济学》创刊 10 周年"在上海财经大学召开。论坛由中国社会科学院马克思主义研究学部、马克思主义研究院和上海财经大学共同主办。中国社会科学院副院长李捷、中国社会科学院特邀顾问刘国光、中国社会科学院马克思主义研究院院长程恩富、上海市委宣传部副部长李琪、上海财经大学副校长王洪卫以及经济学家吴宣恭、胡钧、颜鹏飞等出席论坛并发表演讲。来自全国数十所高校和科研机构的 100 多名专家学者参加了会议。

2012 年 9 月，"首届全国马克思主义经济学论坛暨第六届全国政治经济学数理分析研讨会暨庆贺《海派经济学》创刊 10 周年"在上海举行。

李捷在致辞中指出，举办全国马克思主义经济学论坛，是推动马克思主义经济学科学研究与理论创新的重要举措。当前，既要确保正确的学术创新方向，坚持马克思主义经济学的基本原理，又要将基础理论研究和重大现实问题紧密结合，用中国的经济学理论体系和学术话语体系努力创新马克思主义经济学的学术观点和方法，重视运用数学工具将抽象的逻辑数理化，增强马克思主义经济学的解释力和影响力。

李琪在讲话中提出，以马克思主义为指导加强理论建设和坚持理论创新，是树立正确的舆论导向和为经济社会发展提供强大精神动力的客观需要。当前理论和宣传工作的重点，是要深入地研究、阐述和宣传科学发展观的历史地位、时代背景、科学内涵、精神实质和根本要求，增强新时期党的方针政策的凝聚力和向心力。

刘国光在讲话中强调了坚持政治经济学阶级性和科学性的必要性，他认为，当前要正确认识社会主义初级阶段的主要矛盾和阶级矛盾，科学地看待社会主义生产的计划性，要在坚持公有制为主体的基础上，切实解决我国收入分配方面存在的问题。

程恩富在开幕词中强调要落实中央关于构建具有中国特色社会科学学科体系和话语体系的精神，认为马克思主义经济学界已先后创新出"社会主义三阶段论""经济力经济关系系统论""新经济人论""公平效率同向变动论""知识产权优势论""国内生产福利总值论"与"经济全球化基本矛盾论"等不少新范畴和新理论，从而为新出版的初级、中级和高级《现代政治经济学》这套完整的教材提供了坚实的学术基石。王洪卫在欢迎词中说，近年来，上海财经大学在数理马克思主义理论研究领域崭露头角，创办了国内首份主要研讨新马克思主义经济学范式的期刊《海派经济学》，发表了一批具有马克思主义数理分析特色的研究论文，编写了首套"现代政治经济学新编系列教材"，出版了国内外首套"现代政治经济学数量分析研究系列丛书"，成功举办了五届政治经济学数量分析研讨会，这一次又新成立了现代政治经济学数量分析研究中心，已成为国内高校研究马克思主义经济学的学术重镇之一。

论坛围绕"中国特色经济学学术话语体系""政治经济学数理分析""当代社会主义经济理论"和"当代资本主义经济理论"四大主题展开，对马克思主义经济学理论创新起到了积极的推动作用。

（科研处）

第五届全国马克思主义青年论坛

2012 年 11 月 17 ~ 18 日，"第五届全国马克思主义青年论坛"在海南省召开。会议由中国社会科学院马克思主义研究学部和马克思主义研究院、海南师范大学、琼州学院、《马克思主义研究》杂志社联合主办。论坛的主题是"马克思主义与中国学术话语体系"。与会专家、学者认真学习李长春同志于 2012 年 6 月 2 日在马克思主义理论研究和建设工程工作会议上的重要讲话，围绕马克思列宁主义及其中国化的话语体系，从哲学、经济学、政治学、文化学、社会学话语体系等层面进行了深入的研讨。来自中国社会科学院、中国人民大学、北京大学、清华大学等全国 50 多所科研机构、高等院校和党校的 80 多位青年学者出席论坛。中国社会科学院马克思主义研究学部主任、马克思主义研究院院长程恩富教授作主题报告。

程恩富在题为《关于马克思主义经济学的中国特色话语体系》的主题报告中，介绍了国内马克思主义经济学界近些年来为中国特色话语体系所作的理论创新，详细介绍了他本人的理论创新经历和经验。他认为现在是理论创新的极好机会，号召青年学者要紧张起来，要有紧迫感，抓紧机会进行理论创新。

他认为，"新的活劳动价值论""新经济人论""资源需要双约束论""公平效率同向变动论""公有制高绩效论""基础主导经济调节论""全球化资本主义基本矛盾论""知识产权优势论""社会主义三阶段论"等一系列新概念和新论断，都是马列主义及其中国化理论的学术话语。中国经济学现代化的"综合创新"，为的是形成具有中国特色、中国风格、中国气派的中国现代马克思主义经济学，这需要确立自主创新的志气。应结合实践，从简单引进和模仿外国经济学的自在方式，实现向理论创新的自觉或自为方式转变。即要实现两个超越：既在具体化的意义上超越马列经典经济学，又在科学范式的意义上超越当代西方经济学；要体现两种实践：既体现东西方市场经济实践，又体现中国特色的社会主义实践；要显现两种创新：既要有经济学的某些常规发展，又要有其范式的革命。它将是一种科学反映经济现代性的"后现代经济学"，同时也将是一种"后马克思经济学新综合"，也就是在唯物史观指导下，以世界眼光，坚持"马学"这个根本，在当代国外经济学继续分化和局部综合的基础上，去实现全面系统的科学大综合。

与会者认为，马克思主义是世界社会主义运动大发展的主导性话语，我们今天在中国特色社会主义建设的征程中应该始终高举马克思主义伟大旗帜。我国哲学社会科学学者应当积极构建具有中国特色、中国风格、中国气派的哲学社会科学，完善中国特色社会主义理论体系，应积极"走出去"，增强国际影响力。

（科研处）

当代中国研究所

（一）人员、机构等基本情况

1. 人员

截至 2012 年年底，当代中国研究所共有在职人员 97 人。其中，正高级职称人员 11 人，副高级职称人员 17 人，中级职称人员 18 人；高、中级职称人员占全体在职人员总数的 47%。

2. 机构

当代中国研究所设有：办公室、科研办公室、第一研究室（政治史研究室）、第二研究室（经济史研究室）、第三研究室（文化史研究室）、第四研究室（社会史研究室）、第五研究室（外交史及港澳台史研究室）、第六研究室（理论研究室）。其中办公室下辖秘书档案处、人事保卫处、财务处、行政管理处和老干部工作处等 5 个处级单位，负责管理服务中心。科研办公室下辖学术处、宣传教育处、图书资料室、信息中心和《当代中国史研究》编辑部等 5 个处级单位。

3. **科研中心**

当代中国研究所所属科研中心有：陈云与当代中国研究中心、当代中国政治与行政制度史研究中心、当代中国文化建设与发展史研究中心、"一国两制"史研究中心、新中国历史经验研究中心。

4. **李捷任中国社会科学院党组成员、副院长，当代中国研究所党组书记、所长**

2012 年 4 月 9 日，在中国社会科学院当代中国研究所召开的全体干部职工大会上，中国社会科学院党组副书记、常务副院长王伟光受陈奎元同志委托，代表院党组宣布中共中央、国务院任免决定：由李捷担任中国社会科学院党组成员、副院长，当代中国研究所党组书记、所长；朱佳木不再担任中国社会科学院党组成员、副院长，当代中国研究所党组书记、所长。

（二）科研工作

1. **科研成果统计**

2012 年，当代中国研究所共完成专著 5 种，376 万字；学术论文 144 篇，131.91 万字；研究报告 4 篇，9.5 万字；学术资料 2 种，133 万字；学术普及读物 1 种，21 万字；一般文章 28 篇，11.65 万字。

2. **科研课题**

（1）结项课题。2012 年，当代中国研究所共有结项课题共 7 项。其中，国家社会科学基金课题 1 项："建国以来气象灾害与农业经济关系史"（陈东林主持）；院重点国情调研课题 3 项："三线建设和西部大开发中的攀枝花"（郑有贵主持），"华北乡村基层治理与社会管理调研"（李正华主持），"经济发达地区城市文化建设情况调研"（刘国新主持）；所重点课题 1 项："1966～1976 年国民经济与社会发展状况研究"（陈东林主持）；北京市社会科学基金课题 2 项："新中国成立以来的北京对外交往"（张蒙主持），"北京精神与北京历史遗迹"（杨文利主持）。

（2）延续在研课题。2012 年，当代中国研究所共有延续在研课题 26 项。其中，国家社会科学基金课题 9 项："中华人民共和国史研究的理论与方法"（朱佳木主持），"新中国成立 60 年基本经验研究"（朱佳木主持），"中国产业结构演变中的大国因素（1949～2010）"（武力主持），"中国当代社会史的理论与方法研究"（李文主持），"'大跃进'时期的农田水利建设"（王瑞芳主持），"中国共产党领导下历次文字改革的历史经验研究"（王爱云主持），"中国信访制度史研究"（吴超主持），"马克思主义理论研究和建设工程·中华人民共和国史教材编写"（程中原主持），"中国社会主义道路的探索和毛泽东思想的发展"（田居俭主持）；院重大课题 1 项："无产阶级专政的历史经验研究"（朱佳木主持）；院重点课题 4 项："中国当代政治史论稿"（李正华主持），"20 世纪 50 年代文化建设研究"（刘国新主持），"中国当代社会史研究现状与学科体系"（李文主持），"中国当代史史料整理与研究"（宋月红主持）；

院交办课题 2 项："建设社会主义新农村与加强农村基层党风廉政建设"（宋月红主持），"中国特色反腐倡廉道路研究"（张星星主持）；院青年科研启动基金课题 7 项："基于本体技术构建国史主题词表研究"（孙辉主持），"县乡干部群体构成研究：以河南省中县为个案"（冯军旗主持），"新中国成立初期的宗教改革研究"（魏立帅主持），"新中国成立以来调控五次物价波动的考察"（王蕾主持），"后农业税时代'老、山、边、穷'地区乡镇政权与社会治理——以狼牙山镇为例"（常旭主持），"1966 ~ 1976 中国社会史研究述评"（徐轶杰主持），"国史题材电视纪录片发展现状"（潘娜主持）；其他部门与地方委托课题 3 项（均为北京市社会科学基金课题）："当代中国国家安全的理论与实践——1949 ~ 2004 年国家安全战略分析"（刘国新主持），"北京市城乡文化一体化现状及对策研究"（曹守亮主持），"新中国成立以来北京的科技发展"（张蒙主持）。

3. 获奖优秀科研成果

2012 年，当代中国研究所入选中华人民共和国新闻出版总署的第三届三个一百原创出版工程 2 项：武力的专著《中华人民共和国经济史》，郑有贵的专著《一号文件与中国农村改革》。

（三）学术交流活动

1. 学术活动

2012 年，当代中国研究所主办和承办的学术会议有：

（1）2012 年 3 月 5 日，当代中国研究所经济史研究室（第二研究室）召开双月研讨会，由中国社会科学院财政与贸易经济研究所研究员陈家勤作题为《当代中国对外贸易创新理论》的学术报告。

（2）2012 年 5 月 11 日，当代中国研究所在北京举办国史月度讲座第 65 讲，由数量经济与技术经济研究所林燕平作题为《我与西海固的不了情》的学术报告。

（3）2012 年 6 月 15 日，当代中国研究所、俄罗斯科学院远东研究所在俄罗斯莫斯科举办"中俄关系及其国内国际因素的影响（1991 ~ 2011）国际研讨会"。会议的主题是"中俄关系及其国内国际因素的影响（1991 ~ 2011）"。

（4）2012 年 6 月 20 日，当代中国研究所在北京举办国史月度讲座第 66 讲，由沙健孙作题为《学习马克思主义历史理论经典著作的意义和方法》的学术报告。

（5）2012 年 6 月 27 ~ 28 日，由当代中国研究所、中华人民共和国国史学会、新疆维吾尔自治区党史研究室、中共乌鲁木齐市委、国家开发银行新疆分行和陈云故居暨青浦革命历史纪念馆等单位联合举办的"陈云与中国特色社会主义道路的探索——第六届陈云与当代中国学术研讨会"在新疆维吾尔自治区乌鲁木齐市举行。会议主题为"陈云与中国特色社会主义道路的探索"。

（6）2012年7月18日，当代中国研究所在北京举办国史月度讲座第67讲，由教育部高等学校社会科学发展研究中心原主任、《高校理论战线》杂志原总编辑田心铭作题为《学习马克思恩格斯关于历史唯物主义基本原理的论述——关于马克思〈关于费尔巴哈的提纲〉及其书信》的学术报告。

（7）2012年8月6日，当代中国研究所在北京举办国史月度讲座第68讲，由武汉大学邓小平理论与"三个代表"重要思想研究中心副主任、马克思主义理论与思想政治教育国家重点学科带头人梅荣政作题为《恩格斯〈反杜林论〉（节选）》的学术报告。

（8）2012年9月10日，当代中国研究所在北京举办国史月度讲座第69讲，由田心铭作题为《马克思的〈政治经济学批判〉序言和恩格斯的〈路德维希·费尔巴哈和德国古典哲学的终结〉（节选）》的学术报告。

（9）2012年9月18日，当代中国研究所在北京举办国史月度讲座第70讲，由田心铭作题为《恩格斯的〈路德维希·费尔巴哈和德国古典哲学的终结〉（节选）和晚年论历史唯物主义的书信》的学术报告。

（10）2012年9月26日，当代中国研究所在北京举办国史月度讲座第71讲，由中国社会科学院副院长李扬作题为《国际金融危机和当前我国经济运行的情况》的学术报告。

（11）2012年10月10～12日，当代中国研究所与中华人民共和国国史学会、中共南宁市委市政府、广西地方志办公室等单位联合举办的"当代中国的历史发展与党在社会主义初级阶段的基本路线——第十二届中华人民共和国史学术年会"在广西壮族自治区南宁市举行。会议的主题是"当代中国的历史发展与党在社会主义初级阶段的基本路线"。

2012年10月，"当代中国的历史发展与党在社会主义初级阶段的基本路线——第十二届中华人民共和国史学术年会"在广西壮族自治区南宁市举行。

（12）2012年10月19日，当代中国研究所在北京举办国史月度讲座第72讲，由北京大学国家发展研究院经济学教授陈平作题为《东西方两种劳动分工模式的兴衰之谜：重新考察近代史的重大争议问题》的学术报告。

（13）2012年10月23日，当代中国研究所在北京举办"当代中国研究所青年学术论坛"。

（14）2012年10月24日，当代中国研究所社会史研究室（第四研究室）召开双月研讨会。由中国社会科学院社会学研究所原所长、院荣誉学部委员陆学艺作题为《改革开放以来社会阶级、阶层变动》的学术报告。

（15）2012 年 10 月 30 日，当代中国研究所在北京举办国史月度讲座第 73 讲，由北京大学马克思主义学院钟哲明作题为《〈共产党宣言〉辅导》的学术报告。

（16）2012 年 11 月 14 日，当代中国研究所在北京举办国史月度讲座第 74 讲，由傅高义作题为《邓小平与中国的政治、经济改革》的学术报告。

（17）2012 年 11 月 22 日，当代中国研究所在北京举办国史月度讲座第 75 讲，由北京大学历史系王晓秋作题为《东亚国家的不同发展道路》的学术报告。

（18）2012 年 12 月 24 日，当代中国研究所在北京举办国史月度讲座第 76 讲，由钟哲明作题为《马克思的〈路易·波拿巴的雾月十八日〉（节选）》的学术报告。

2. 国际学术交流与合作

2012 年，当代中国研究所共派遣出访 8 批 15 人次，接待来访 15 批 59 人次。与当代中国研究所开展学术交流的国家有美国、俄罗斯、韩国、日本、古巴等。

出访：

（1）2012 年 6 月 14～23 日，中国社会科学院原副院长、当代中国研究所原所长朱佳木率中国社会科学院代表团访问俄罗斯、乌兹别克斯坦、哈萨克斯坦三国。访问期间，当代中国研究所与俄罗斯科学院远东研究所于 6 月 15～16 日在莫斯科合作举办主题为"中俄两国关系及其国内国际因素的影响（1991～2011）"的学术研讨会。当代中国研究所副所长张星星等随团出访。

（2）2012 年 6 月 14～23 日，根据当代中国研究所与俄罗斯科学院远东研究所签订的双边学术交流协议，当代中国研究所文化研究室主任刘国新等赴俄罗斯开展学术交流访问。

（3）2012 年 7 月 22～29 日，当代中国研究所政治史研究室常旭参加中国社会科学院组织的对日学术交流团访问日本。

（4）2012 年 8 月 31 日，当代中国研究所副所长张星星及第五研究室主任黄庆赴越南驻华使馆参加"庆祝越南社会主义共和国国庆 67 周年招待会"。

（5）2012 年 10 月 25～28 日，由日本佐贺大学、清华大学以及中国社会科学院世经政所联合举办的"第二届经济史国际研讨会"在日本佐贺举行。当代中国研究所副所长武力作为专家特邀参加，并提交题为《充分就业、技术进步与经济发展》的学术论文。

（6）2012 年 12 月 10～13 日，当代中国研究所外交史及港澳台史研究室任晶晶受邀参加在韩国首尔举办的主题为"转型中国与世界"的"峨山中国论坛"。

（7）2012 年 12 月 10～17 日，当代中国研究所科研办公室主任于俊霄等赴俄罗斯科学院远东所访问。

来访：

（1）2012 年 4 月 6 日，俄罗斯驻华使馆一等秘书鲁缅采夫就中国全国人大、全国政协

"两会"的相关问题与当代中国研究所副所长武力等进行座谈。

（2）2012年4月10日，根据中国社会科学院与越南社会科学院交流协议，应邀来访的以越南社会科学院院长阮春胜为团长的代表团一行来该所座谈。

（3）2012年4月20日，俄罗斯科学院远东研究所政治与预测中心主任安·弗·维诺格拉托夫就"中国政治体制及十八大筹备工作的相关问题"与当代中国研究所学者进行了交流。

（4）2012年7月14日，中国社会科学院副院长、当代中国研究所所长李捷会见了俄罗斯科学院远东研究所所长、俄中友协主席季塔连科，并续签两所双方学术交流合作协议书。

（5）2012年11月2日，俄罗斯驻华使馆一等秘书鲁缅采夫、二等秘书孟泽政就《中华人民共和国史稿》相关问题与当代中国研究所副所长张星星及程中原、田居俭、刘国新、陈东林、李正华研究员座谈。

（6）2012年11月11日，中国社会科学院副院长、当代中国研究所所长李捷会见美国哈佛大学教授、费正清东亚中心原主任傅高义，双方就相互关心的问题进行了座谈。

3. 与中国香港、澳门特别行政区和中国台湾开展的学术交流

（1）2012年6月13～16日，值香港回归祖国及邓小平同志逝世15周年，由香港各界文化促进会牵头，获香港特区政府及中联办部门支持，中国社会科学院副院长、当代中国研究所所长李捷赴港参加《世纪伟人邓小平》大型展览。

（2）2012年10月15日至11月4日，受香港浸会大学当代中国研究所所长薛凤旋邀请，当代中国研究所外交史及港澳台史研究室副主任罗燕明赴港访学。

（四）学术社团、期刊

1. 社团

中华人民共和国国史学会，会长陈奎元，常务副会长朱佳木。

（1）2011年12月26日，中国社会科学院副院长、当代中国研究所所长、中华人民共和国国史学会常务副会长朱佳木主持召开中华人民共和国国史学会第四届理事会第四次常务理事会议。会议听取并同意该学会办公室关于2011年工作情况的汇报和关于2012年工作安排的设想，对2012年工作安排作进一步修改后实施，增聘了该学会第四届理事会顾问。

（2）2012年2月7日，中华人民共和国国史学会和当代中国研究所在北京联合举办"纪念七千人大会召开50周年学术座谈会"。与会专家学者共约70人。会议主题是"纪念七千人大会召开50周年"。

（3）2012年2月21日，中华人民共和国国史学会和中国社会科学院马克思主义研究学部、中国社会科学杂志社、中国社会科学网、当代中国研究所在北京联合举办"纪念邓小平南方谈话发表20周年学术座谈会"。与会专家学者共约70人。会议的主题是"纪念邓小平南方谈话发表 20 周年"。

（4）2012 年 5 月 18 日，中华人民共和国国史学会和当代中国研究所在北京联合举办纪念《在延安文艺座谈会上的讲话》发表 70 周年学术座谈会。会议的主题为"毛泽东《在延安文艺座谈会上的讲话》与新中国文艺建设"。

（5）2012 年 5 月 30 日，中华人民共和国国史学会和当代中国研究所在北京联合举办"纪念胡乔木同志诞辰 100 周年座谈会"。

（6）2012 年 6 月 13 日，中华人民共和国国史学会与当代中国研究所在北京联合举办"纪念陈云同志诞辰 107 周年座谈会"。与会专家学者共约 90 人。会议的主题是"纪念陈云同志诞辰 107 周年"。

（7）2012 年 6 月 19 日，在民政部组织进行的 2011 年度全国性学术类社团等级评估中，中华人民共和国国史学会被评估为 4A 等级。这是该会继 2010 年被民政部授予"全国先进社会组织"称号之后取得的又一荣誉。

（8）2012 年 7 月 16～21 日，中华人民共和国国史学会与中国地方志指导小组办公室在北京联合举办第三期中华人民共和国史高级研修班。来自全国 15 个省、自治区、直辖市和新疆生产建设兵团以及部分高等院校的国史、党史和地方志学术骨干等共 100 人参加了研修班。

（9）2012 年 12 月 2 日，中华人民共和国国史学会主办、中国社会科学院"马克思主义史学理论论坛"协办的"学习党的十八大精神理论座谈会"在北京举行。与会专家学者共约 30 人。

2. 期刊

《当代中国史研究》（双月刊），主编张星星。

2012 年，《当代中国史研究》共出版 6 期，150 多万字。该刊增设了"回忆录""国史书目"等新栏目。第 1 期刊载了《学习贯彻中共十七届六中全会精神笔谈》《纪念邓小平"南方谈话"发表 20 周年》，第 5 期刊载了《迎接党的十八大胜利召开》《中俄关系及其国际国内因素（1991～2011）》，第 5～6 期刊载了《〈中华人民共和国史稿〉出版发行》等专题文章。该刊全年刊载的有代表性的文章有：邓力群的《初到新疆的历程》，黎虹的《"克什米尔公主号"案件真相》，朱佳木的《胡乔木与国史编研》，曲青山的《"文化大革命"时期整党建党"五十字纲领"考析》，张星星的《新世纪以来中华人民共和国史研究的发展和成熟》，张双智的《周恩来赴印度三次规劝十四世达赖喇嘛》，李庆刚的《20 世纪五六十年代"红专"问题的讨论》，胡晓菁的《苏联专家与新疆综合科学考察》，于永的《新中国成立以来内蒙古生态环境变迁个案研究》，张同乐等的《20 世纪 50～80 年代河北省污水灌溉与农业生态环境问题述论》，邓丽兰的《论英国在新中国联合国席位问题上的政策（1949～1951 年）》，邵笑的《论中国对越美和谈态度的转变及其对中越关系的影响（1968～1971 年）》，陈弢的《中苏破裂背景下的中国和民主德国关系（1964～1966 年）》，姚力的《试论口述历史对中国当代社会史的启示》，王爱云的《20 年来国外学术界对"南方谈话"的研究》。

（五）会议综述

纪念七千人大会召开 50 周年学术座谈会

2012 年 2 月 7 日，由当代中国研究所和中华人民共和国国史学会联合主办、中国社会科学院当代中国研究所政治史研究室承办的"纪念七千人大会召开 50 周年学术座谈会"在当代中国研究所召开。中国社会科学院副院长、当代中国研究所所长、中华人民共和国国史学会常务副会长朱佳木出席会议，并作了题为《纪念七千人大会坚持和发展民主集中制》的致辞。中央党史研究室原副主任沙健孙和张启华分别就如何正确总结历史经验和正确评价党的历史等问题讲话。会议由当代中国研究所副所长、国史学会秘书长张星星主持。当代中国研究所副所长武力、王灵桂，全体编研人员等共约 70 人出席了座谈会。

与会学者指出，七千人大会留给我们最为珍贵的精神财富，就是毛泽东等党和国家第一代领导人在会上关于民主集中制问题的重要讲话。老一代领导人这些闪光的思想，大大丰富了关于民主集中制的理论宝库。它们虽然在那个特殊年代没有得到实现，但却为党和国家在改革开放后摆脱"左"的错误，走上中国特色社会主义的正确道路奠定了重要的思想基础。改革开放 30 多年来，当代中国的面貌之所以发生历史性巨变，一个重要原因就在于党和国家恢复、发扬了曾长期实行并在七千人大会上得到充分阐述的民主集中制原则，使它不仅在实践上不断完善，而且在理论上也得到不断丰富和发展。

与会学者指出，我们纪念七千人大会，研讨那次会议的意义，就要紧紧抓住那次会议的中心和主题，进一步总结党和国家在实行民主集中制方面的历史经验，全面理解民主集中制中民主与集中的辩证关系，深刻阐述它的科学性、合理性和在调动各方面积极因素、发挥社会主义制度优越性方面的重要意义，推动民主集中制在理论上和实践上更加完善，使人民内部这一最为合理、便利、根本的制度在全面实现小康社会和中华民族伟大复兴的全过程中发挥更大的作用。

（国　实）

毛泽东《在延安文艺座谈会上的讲话》与新中国文艺建设
——纪念《讲话》发表 70 周年学术座谈会

2012 年 5 月 18 日，由中国社会科学院当代中国研究所和中华人民共和国国史学会联合举办的"毛泽东《在延安文艺座谈会上的讲话》与新中国文艺建设——纪念《讲话》发表 70 周年学术座谈会"在当代中国研究所召开。中国社会科学院副院长、当代中国研究所所长、中华人民共和国国史学会副会长李捷出席会议并作了题为《论毛泽东〈在延安文艺座谈会上的讲话〉的历史意义和现实意义》的致辞。中国社会科学院原副院长、当代中国研究所原所长、中华人民共和国国史学会常务副会长朱佳木出席会议并讲话。中宣部文艺局原局长、中国文联原副主席、书记处书记李准，中国社会科学院荣誉学部委员、文学研究所原所长、中国作家协会原副主席张炯，中共中央党史研究室科研管理部主任黄如军等专家学者发言。当代中国研究所副所长、国史学会秘书长张星星主持座谈会。

与会学者充分肯定了《讲话》在中国当代文艺史特别是新中国成立以后，在新中国文艺和文化工作中所发挥的重要指导作用，深刻分析了《讲话》的重要内容在今天的理论上和实践上的指导意义。与会学者认为，《讲话》作为马克思主义文艺理论发展划时代的文献，所阐述的理论内涵，不但反映文艺发展的规律，许多方面也反映文化发展的规律，对于我们今天建设社会主义先进文化和文艺，仍然是非常重要的理论指南。

与会学者指出，毛泽东《在延安文艺座谈会上的讲话》在马克思主义中国化的文化理论形成与发展中，占有奠基性的地位，在开辟中国特色社会主义文化发展道路中，占有开创性的地位。它在中国先进文化的理论与实践中，鲜明地竖立起了一面旗帜，这是继五四运动以来竖立的又一面引领中国先进文化走向的旗帜。这面旗帜牢固地确立起了新民主主义文化的领导权，团结其他一切可以团结的文化力量，结成浩浩荡荡的文化统一战线，为在政治上、经济上集中地彻底地完成反帝反封建的历史任务提供了坚强的文化支撑。

（国　实）

纪念陈云同志诞辰 107 周年座谈会

2012 年 6 月 13 日，是伟大的无产阶级革命家陈云同志 107 周年诞辰，中华人民共和国国史学会与中国社会科学院当代中国研究所在北京举行"纪念陈云同志诞辰 107 周年座谈会"。中国社会科学院副院长、当代中国研究所所长、陈云与当代中国研究中心副理事长李捷因出访委托当代中国研究所副所长张星星致辞。中国社会科学院原副院长、当代中国研究所原所长、陈云与当代中国研究中心理事长朱佳木主持会议并讲话。陈云与当代中国研究中心顾问原国家经委主任袁宝华、原轻工业部部长杨波、国家审计署原署长于明涛、中共中央组织部原部长张全景、国家安全部原部长许永跃、原商业部副部长高修、原国家计委副主任房维中、国防大学原副校长侯树栋、中国曲艺家协会名誉会长罗扬等出席了会议。艾思奇夫人王丹一和陈云同志的亲属陈伟华、陈方、孟运、于陆琳等也参加了会议。中共中央文献研究室、上海陈云故居暨青浦革命历史纪念馆等部门的领导和干部，当代中国研究所副所长张星星、武力、王灵桂和编研人员等共 90 余人参加了会议。

与会学者指出，联系陈云 70 年的革命生涯，回顾我们党 90 年的战斗历程，更加感到共和国建立之不易，更加感到中国革命、建设、改革的成果之珍贵，更加感到我们后人把老一代革命家开创的伟大事业坚持下去、进行到底的责任之重大。当代中国研究所的领导虽然实现了新老交替，但陈云与当代中国研究中心和课题组，将会一如既往地动员和协调社会力量，不断推动陈云研究向纵深发展。

（国　实）

陈云与中国特色社会主义道路的探索
——第六届陈云与当代中国学术研讨会

2012 年 6 月 27～28 日，由中国社会科学院当代中国研究所、中华人民共和国国史学会、

2012 年 6 月，"陈云与中国特色社会主义道路的探索——第六届陈云与当代中国学术研讨会"在北京举行。

新疆维吾尔自治区党史研究室、中共乌鲁木齐市委、国家开发银行新疆分行和陈云故居暨青浦革命历史纪念馆等单位联合举办的"陈云与中国特色社会主义道路的探索——第六届陈云与当代中国学术研讨会"在新疆维吾尔自治区乌鲁木齐市举行。中国社会科学院原副院长、当代中国研究所原所长、中国地方志指导小组常务副组长、国史学会常务副会长朱佳木和中共新疆维吾尔自治区党委副书记、组织部部长韩勇分别致开幕词和欢迎词。中共中央组织部原部长、国史学会顾问张全景，中国社会科学院副院长、当代中国研究所所长、国史学会副会长李捷，国家开发银行监事长姚中民和陈云的亲属代表陈伟力出席开幕式并讲话。中央文献研究室常务副主任杨胜群、国家开发银行副行长袁力出席开幕式。新疆维吾尔自治区党史研究室主任陈宇明，国家开发银行新疆分行行长刘珂，中共乌鲁木齐市委常委、副书记焦亦民，陈云故居暨青浦革命历史纪念馆馆长徐建平，陈云的子女、亲属和来自全国各地的 90 多位专家学者出席了会议。开幕式由中共新疆维吾尔自治区党委常委、秘书长白志杰主持。当代中国研究所副所长张星星作会议学术总结。研讨会共入选论文 75 篇。

与会学者指出，新疆是陈云曾经战斗过的土地，在这里研讨他的生平与思想，身临其境，抚今追昔，更有助于认识他的光辉业绩、不朽风范和卓越才智。作为以毛泽东、邓小平为核心

的党的第一代和第二代中央领导集体的重要成员，陈云无论在探索还是开创中国特色社会主义道路的过程中，都作出了自己独特的贡献，特别是在对待计划与市场、建设与民生、对外开放与自力更生、中央与地方、以经济建设为中心与党的建设和精神文明建设等等关系的问题上，形成了一系列深刻而丰富的思想，大大丰富了我们党对中国特色社会主义建设规律的认识。我们要结合新的实际情况，深入研究他的这些宝贵思想，为中国特色社会主义建设事业又好又快地向前发展提供智力支持。

（国　实）

当代中国的历史发展与党在社会主义初级阶段的基本路线
——第12届中华人民共和国史学术年会

2012年10月10～12日，中国社会科学院当代中国研究所与中华人民共和国国史学会、中共南宁市委市政府、广西地方志办公室等单位联合举办的"当代中国的历史发展与党在社会主义初级阶段的基本路线——第12届中华人民共和国史学术年会"在广西壮族自治区南宁市召开。中国社会科学院副院长、当代中国研究所所长、国史学会副会长李捷致开幕词。广西壮族自治区副主席李康和中共南宁市委副书记、市长周红波分别代表广西壮族自治区和南宁市致辞。中国社会科学院原副院长、当代中国研究所原所长、中国地方志指导小组常务副组长、国史学会常务副会长朱佳木作大会主题报告。中共中央组织部原部长、国史学会顾问张全景出席开幕式并讲话。开幕式由广西地方志办公室主任李秋洪主持。当代中国研究所副所长、国史学会秘书长张星星在闭幕式上作学术研讨会总结。军事科学院战争理论与战略研究部原副部长、少将齐德学，当代中国研究所副所长武力，中共南宁市委常委、宣传部部长、副市长吕洁，以及来自全国各地的60多位专家学者参加了会议。

研讨会期间，中共广西壮族自治区党委书记郭声琨，区党委副书记、区人民政府主席马飚等自治区领导会见了出席会议的领导同志。研讨会共入选论文74篇，集中围绕党在社会主义初级阶段的基本路线，分别从政治、经济、文化、社会、国防、外交和党的建设等方面，深入研究和总结了当代中国特别是改革开放30多年来的发展历程和宝贵经验。

与会学者指出，当代中国的历史发展及现实走向，归结到一点，就是中国特色社会主义。中国特色社会主义是党和国家的旗帜，高举这面旗帜，我们就能战胜一切艰难险阻，最终实现中华民族伟大复兴。坚持这条道路、理论体系和制度，我们才能既坚持马克思主义基本原理和科学社会主义的本质特征，又紧密结合中国实际，不断赋予中国特色社会主义以鲜明的实践特色、理论特色、民族特色、时代特色。邓小平同志所总结提出的"建设有中国特色的社会主义"的主题，"一个中心、两个基本点"的基本路线，所创立的邓小平理论，为开创和形成中国特色社会主义道路、理论体系、制度奠定了坚实的基础。可以说，没有了主题、基本路线和邓小平理论，就没有中国特色社会主义。

与会学者强调，新时期30多年的历史反复证明，党的基本路线是兴国、立国、强国的根本法宝，是实现科学发展的政治保证，是党和国家的生命线、人民群众的幸福线，是邓小平理论给我们留下的最重要、最根本的政治遗产，是不断推动中国特色社会主义道路创新、理论体系创新、制度创新的基石。我们要始终坚持党的基本路线不动摇，做到思想上坚信不疑、行动上坚定不移，决不走封闭僵化的老路，也决不走改旗易帜的邪路，坚定不移地走中国特色社会主义道路。

（国　实）

附：

当代中国出版社

2012年，当代中国出版社面对出版业进入后转制时代竞争加剧、数字化浪潮冲击传统出版的形势，以及当代中国出版社随当代中国研究所加入中国社会科学院带来的发展机遇，进一步推进以项目责任制为中心的改革，使当代中国出版社取得了新的发展。

2012年，当代中国出版社将《中华人民共和国史稿》（五卷本）的编辑、出版、发行、宣传工作作为编辑出版工作的重点。《国史稿》是中央交付当代中国研究所的重大科研项目，编写工作历时近20载。中央办公厅和中央宣传部根据中央领导同志的指示，组织、协调中央和国家30个部委三次审读书稿并提出修改意见，是迄今经中央批准编写和审定的唯一的中华人民共和国史著作。该社组织全社力量，根据中央领导同志的要求，赶在党的十八大召开前夕，按时、保质与人民出版社联合出版了这一著作。2012年，该社还有一批图书取得了良好的社会影响，获得读者的认可，如《幸福的方法》继2011年中共中央政治局委员、广东省委书记汪洋专门致信向广东省各级干部推荐后，又入选由新闻出版总署组织15家中央媒体和网站开展的2011年度"大众喜爱的50种图书"。《当代中国城市发展丛书·北京卷》荣获北京市第12届哲学社会科学优秀成果一等奖。《张发奎口述自传》被新华社主办的新华网列为"2012年度中国影响力图书"。一批图书选题被列入国家重点项目，或获得国家基金资助，如《张学良口述历史》获得2012国家出版基金项目资助。《我所知道的十一届三中全会》获得2012年"经典中国国际出版工程"资助。《中国当代史研究系列丛书》被新闻出版总署增补为国家"十二五"重点图书规划。除此之外，该社还出版了《我所知道的胡乔木》《当代中国史论文自选集》《国家智慧》《当代中国城市发展丛书·绍兴》等4卷；《当代中国人物传记丛书·张云逸传》《当代中国人物传记丛书·黄克诚传》。国史类普及读物《转折关头：张闻天在1935～

1943》《民主人士》《民主的追求》《农业合作化运动始末》《毛泽东读诗》《跟毛泽东行读天下》《走进怀仁堂》等。《俞敏洪口述：在痛苦的世界中尽力而为》，受到广大青年读者喜爱和好评，出版不到半年便发行近 8 万多册。2012 年该社出版图书 175 种（含重印书 53 种），完成造货码洋 6011 万元，比 2011 年分别增长 10% 和 19%，使该社的出版特色和品牌得到了进一步的彰显。

该社继续加快数字化产品的开发和推广，以及"走出去"的工作。在与国际著名出版机构——美国圣智学习出版集团合作开发《当代中国丛书》电子书的基础之上，又于 2012 年伦敦国际书展期间举行了"圣智盖尔电子图书馆《中华人民共和国史编年》电子书上线发布仪式"。该项活动被新闻出版总署列为伦敦书展的主宾国活动之一。新闻出版总署副署长邬书林、中国社会科学院副院长李扬、美国圣智学习集团全球执行副总裁曼努埃尔·古兹曼等出席了发布仪式并致辞。

继续探索文化资源的多媒体利用，积极推进影视拍摄工作。当代中国音像出版社利用已出版的"当代中国城市发展丛书"的相关资源，与中央电视台 12 频道"见证"栏目合作拍摄反映全国各城市历史、文化和发展的电视专题纪录片《城事》，完成了《城事·三门峡市》《城事·武夷山市》《城事·建瓯市》的摄制工作。

信息情报研究院

（一）人员、机构等基本情况

1. 人员

截至 2012 年年底，信息情报研究院共有在职人员 35 人。其中，正高级职称人员 10 人，副高级职称人员 9 人，中级职称人员 11 人；高、中级职称人员占全体在职人员总数的 86%。

2. 机构

信息情报研究院设有：国内编研部、国际编研部、综合研究部、期刊编辑部、综合事务部。

3. 科研中心

信息情报研究院院属科研中心有：国外中国学研究中心；所属科研中心有：当代理论思潮研究中心。

（二）科研工作

1. 科研成果统计

2012 年，信息情报研究院共完成专著 1 种，5.2 万字；论文 25 篇，22 万字；研究报告 4

篇，1 万字；教材 1 种，44.1 万字；译著 2 种，60 万字；译文 16 篇，15 万字。

2. 科研课题

2012 年，信息情报研究院共有延续在研课题 3 项。其中，国家社会科学基金课题 1 项："新科技革命和全球化条件下西方工人阶级的变化与社会主义运动"（姜辉主持）；院马工程建设课题 1 项："马克思主义经典作家论资本主义危机"（姜辉主持）；院基础研究课题 1 项："社会科学知识转移研究——影响因素与实现机制"（梁俊兰主持）。

3. 获奖优秀科研成果

2012 年，信息情报研究院评出"第一届信息情报研究院优秀科研成果奖"专著类一等奖 1 项：刘霓等的《国外中国女性研究——文献与数据分析》；译著类一等奖 2 项：姜辉等译的《欧洲社会主义百年史》，张树华等译的《普京文集（2002～2008）》；专著类优秀奖 1 项：朴光海等的《日本韩国国家形象的塑造与形成》；论文类优秀奖 2 项：梁俊兰的《信息伦理的社会功能及其实现路径》，张静的《引文、引文分析与学术论文评价》。

4. 创新工程的实施情况

信息情报研究院是首批进入创新工程的单位。2012 年，信息情报研究院参加创新工程的人数为 27 人，其中，首席管理 2 名（姜辉、张树华），首席研究员 2 名（刘霓、梁俊兰），总编辑 2 名（卢世琛、邢东田）。信息情报研究院 2012 年创新工程的总目标是：按照院党组提出的职责和任务，努力把信息情报研究院建设成为中国社会科学院向党中央和国务院报送决策参考信息的重要平台，国内国际重要思想理论与战略决策的信息库，中国社会科学院各领域重要科研成果应用于实践与决策的主渠道。2012 年，信息情报研究院在信息报送和情报分析与研究方面着力建设四大平台：（1）应用对策研究与信息报送平台；（2）重要思想理论研究与信息报送平台；（3）国外中国学研究与信息报送平台；（4）网络信息的收集、分析与报送平台。

（三）学术交流活动

2012 年，信息情报研究院主办的学术会议有：

（1）2012 年 4 月 28 日，信息情报研究院主办的"资本主义危机与社会主义未来学术研讨会"在浙江省杭州市举行。会议研讨的主要问题有"资本主义金融危机""世界社会主义未来""中国等新兴国家的发展道路与改革""当今政治格局的变化"。

（2）2012 年 6 月 28～29 日，信息情报研究院《国外社会科学》编辑部与山西省社会科学院国际学术交流中心联合主办的"当代国外哲学社会科学发展动态学术研讨会"在山西省太原市举行。

（3）2012 年 10 月 30 日，信息情报研究院与韩国经济·人文社会研究会联合主办的第六届"中韩国际学术研讨会"在北京召开。会议研讨的主要问题有"人文社会科学在社会发中的价值""人文学科兼容并包的发展精神""人文社会科学的发展现状""人文社会科学的未来趋势"。

（4）2012 年 11 月 9 日，信息情报研究院《国外社会科学》编辑部主办的"世界政治中的民主问题与中国政治问题学术研讨会"在北京举行。会议主要围绕十八大报告进行解读，结合刊物特色，讨论今后选题策划。

（四）学术期刊

（1）《国外社会科学》（双月刊），主编张树华。

2012 年，《国外社会科学》共出版 6 期，共计 156 万字。该刊全年刊载的有代表性的文章有：仰海峰的《国外马克思主义研究的理论图》，李曦珍、高红霞的《西方民族主义意识形态透视》，黄璇的《论马克思对费希特哲学的继承与超越》，倪春纳、钟茜韵译的《民主因何而退潮?》，李金华的《联合国三大核算体系的演化与历史逻辑》，范春燕、冯颜利的《海外中国特色社会主义研究的几个不同视角》，江树革、［德］安晓波的《德国中国学研究的当代转型和未来发展趋势》，朱迪的《消费社会学研究的一个理论框架》，贺慧玲译的《欧洲的文化政策——从国家视角到城市视角》，萧俊明的《文化的误读——泰勒文化概念和文化科学的重新解读》，高芳英的《社会价值冲突：以美国医改为视角》，胡大平的《管窥当代西方左翼激进主义思想丛林》，朴光海译的《软实力时代的人文科学：人文科学与软实力关系探究》，刘杉的《金融危机以来的西方当代中国研究》。

（2）《第欧根尼》（半年刊），主编肖俊明。

2012 年，《第欧根尼》共出版 2 期，共计 30 万字。该刊全年刊载的有代表性的文章有：［美］诺曼·约菲、塞韦林·福尔斯著，陆象淦译的《人文科学中的考古学》；［美］巴斯·C. 范弗拉森著，俞丽霞译的《逻辑与自我：西方思想发生一些危机之后》；［英］斯蒂芬·伯杰著，萧俊明译的《在现在中书写过去：一个盎格鲁—撒克逊视角》；［摩洛哥］本·萨利姆·希姆什著，马胜利译的《透过和平文化重新审视文化间对话》；［印度］伊尔凡·哈比卜著，萧俊明译的《历史哲学》；［德］海因茨·佩措尔德著，马胜利译的《城市设计的美学》；［韩］郑大铉著，萧俊明译的《知识状况与人文科学的新走向》；［法］西尔维·安德烈著，陆象淦译的《21 世纪文学研究再思考路径》；［比利时］泰奥·达恩著，萧俊明译的《陷入重围的人文科学》；［日］池田善昭著，李红霞译的《从复杂系统到综合科学》。

（五）会议综述

资本主义危机与社会主义未来学术研讨会

2008 年以来，国际金融危机引发了国内外学术界对资本主义的本质与前途、新兴国家的发展、左翼组织与社会主义运动等问题的广泛关注和讨论。2012 年 4 月 28 日，为了及时反映国内外理论界、学术界的动态，中国社会科学院信息情报研究院在浙江省杭州市召开了"资本主义危机与社会主义未来学术研讨会"。来自中国社会科学院、部分高校以及党校的学者从资本主义的危机、世界社会主义未来、中国等新兴国家的发展道路与改革等角度分析当今政治格局的变化，并从国际格局演变、政治发展、经济增长等多种视角进行了讨论。会后，《国外社会科学》编辑部遴选了部分具有代表性的专题发言，并就此问题对中国社会科学院李慎明进行了深度访谈。

李慎明对当今世界格局及发展趋势进行了深度剖析，作出了"资本主义冬季之后是社会主义的春天"的乐观展望。姜辉、张树华、辛向阳等专家学者从各自的研究领域对资本主义的制度弊病作了分析批判，指出了中国道路的优越性，特别是清理了传统理解中的一些误区，从概念上梳理了有关资本主义和社会主义认识中的一些基本问题，对资本主义的现状和社会主义的未来作了客观和审慎的评价。

（肖俊明）

第六届中韩国际学术研讨会

2012 年 10 月 30 日，由中国社会科学院信息情报研究院和韩国经济·人文社会研究会联合主办的"第六届中韩国际学术研讨会"在北京召开。会议的主题为"人文学科与社会发展"。来自中国社会科学院多个院所、韩国崇实大学、汉阳大学、延世大学、高丽大学等单位的 30 多位专家学者参加了会议。代表们围绕人文社会科学在社会发展中的价值、发展现状和未来趋势问题进行了深入探讨，并联系当今世界发展的时代背景和现实问题，对人文学科的兼容并包的发展精神进行了多层面、多视角的挖掘和反思。

中国社会科学院秘书长黄浩涛和韩国经济·人文社会研究会理事长朴振根出席开幕式，并致开幕词。他们首先肯定、强调了人文学科在社会发展中的现实价值。黄浩涛指出，人文学科的研究对象主要是人们的精神世界。人类在漫长的社会实践过程中，在逐步认识、改造和适应外部世界的同时，也构造了自身的精神世界。人文学科正是人的精神世界的核心存在方式。朴振根高度肯定了黄浩涛对人文学科的地位与价值的评价。

学者们不仅分析了人文社会科学在社会发展中的现实困境、发展的紧迫性，而且还就人文学科继承传统、实现自身的开拓和创新的未来发展方向等问题进行了讨论。黄浩涛指出，社会生活是一个生生不息、变化发展的过程，人们只有与现实生活相结合，与时俱进，反映时代精神，开拓创新，才能给人文学科的发展注入新的活力。人文学科工作者应当直面现实，实现传统和现代的结合、继承和创新的统一，在弘扬优秀传统文化的基础上，创造出更多更好的精神文化成果，为社会发展和进步提供思想保证、精神动力和智力支持，与此同时，再创人文学科发展的繁荣和辉煌。朴振根也强调，在当今复杂多变的社会环境下，人文学科不应仅仅停留在学科领域，也不应仅仅是对人类的存在、生活的意义进行反思和探求，还应积极培养具备人文素养和意识、具有综合思考能力的人，让他们走向世界，进而在克服环境污染、能源枯竭、战争威胁等世界所面临的危机方面起到积极作用。

（肖俊明）

四　院职能部门及党务部门工作

办 公 厅

2012 年，办公厅在院党组的带领下，紧密围绕创新工程的深入推进，充分发挥办公厅的枢纽作用，积极开展各项工作，圆满完成了任务。

（一）继续完善会务筹办制度，加大督办工作力度，确保院重大决策落实

起草并印发《关于规范院党组会议、院务会议、院长办公会议有关会务工作的意见》，保证"三会"的制度化、规范化、科学化。严格执行《会务组织工作责任分解表》，确保会务工作环环相扣，提高会议纪要撰写效率。做好"三会"及 2012 年度院工作会议、暑期专题会议、督办工作例会、改革创新工作协调会议、纪念胡乔木同志诞辰 100 周年座谈会、《简明中国历史读本》出版座谈会等会务工作。2012 年全年共协助组织召开院党组会议 20 次、院务会议 3 次、院长办公会议 33 次，并协助组织召开院改革工作协调小组例会 39 次。

严格执行督办工作制度，加大督办力度。围绕院"三会"及院工作会议等各种会议的决定事项和院领导有关重要指示，加强督办，确保重大决策的落实。全年对院"三会"确定的286 件事项完成情况进行督办汇总，并对上季度未完成事项进行督办。根据《2012 年院工作要点》《相关单位 2012 年改革创新工作要点》《2012 年创新工程工作要点》分解出 635 项具体任务，并督促各责任单位与协办单位协商，制定各项工作的完成时限，2012 年全年相关责任单位共落实完成了 613 项，占任务总数的 97%。2012 年，共编发《督办工作简报》31 期、《创新工程简报》14 期。编辑整理《创新工程文件汇编（二）》。

继续做好所局级领导外出登记备案、院领导一周重要活动安排、院重要会议和活动情况备案等工作。全年共办理所局级领导外出登记备案 1049 人次，办理销假手续 1049 人次，撰写《所局级领导干部外出周预报》（电子版）52 期。

（二）进一步规范公文写作和文件收发运转制度，做好值班等日常工作

进一步规范公文写作，积极学习和贯彻落实《党政机关公文处理工作条例》。开展公文写作培训，提高全院公文写作水平。制定并印发了《关于进一步加强和改进院职能部门院内发文

工作的通知》，加强指导、管理和督查，认真做好全院公文办理工作的科学化、规范化、制度化管理工作。严格执行《关于进一步精简文件和简报的意见》和《中共中央办公厅秘书局、国务院办公厅秘书局关于精简简报资料有关工作的通知》，对院属各单位报送党中央、国务院的简报资料开展自查清理工作，减少上报种类和数量。

继续加强公文运转的电子化、规范化管理。重点在办文质量和效率两个方面下功夫。认真做好机要交换、信函邮品收发、报刊征订分发等工作。继续改进完善社科院机要通信工作，加强院机要收发室的业务管理，按照中办、国办的要求，进行了机要文件收发管理系统的升级改造，完成了新系统的使用培训。2012 年，共办理院内收文 1725 件，院外收文 1438 件，院发文件 555 余件，全年机要交换 20000 多公里，发送机要文件 16100 多件，登记收发涉密交换件16300 余件。

按照院里部署，积极完成各种文稿起草任务，不断提高文稿起草质量和针对性，做到求真务实，科学严谨。先后起草或参与起草了 2012 年度院工作会议主要文件，2012 年暑期专题会议相关文件，《政府工作报告（征求意见稿）》院党组意见和建议，党的十八大报告和十八大通过的《党章（征求意见稿）》院党组意见和建议（两次），党的十八大以"党的理论创新"为题举行集体采访的相关材料，纪念胡乔木同志诞辰 100 周年座谈会上院领导讲话和中央领导同志讲话素材，《简明中国历史读本》和《中华史纲》出版座谈会上院领导讲话和中央领导同志讲话素材，院党组民主生活会报告及院领导班子考察材料，院党建领导小组工作要点及关于落实《中央党的建设工作领导小组 2012 年工作要点》的报告，党的十八大后李长春同志视察中国社科院时院领导讲话等材料，呈送国务院办公厅中国社科院简介修改稿，中国社会科学院落实《政府工作报告》重点工作实施方案，中国社会科学院 2011 年哲学社会科学创新工程工作综述，院领导参加院内外重要会议和活动时的讲话、致辞等。

进一步完善全院 24 小时总值班制度、保卫值班制度，重点加强节假日、敏感日期间的值班工作，及时接听院属各单位维稳"零报告"电话。

（三）提高《双周要报》等刊物的编辑质量，发挥信息传达作用

继续改进和完善社科院重要工作信息的上传下达机制。发挥《工作日报》《一周工作预告》等作用。运用社科院邮件群发系统的功能，扩大发送信息范围，规范信息内容，每月编发两期内容为"中国社会科学院主要工作信息"的电子邮件群发信息，使之成为全院职工及时了解院情的重要信息渠道，成为社科院落实院务公开制度的重要举措。继续做好大屏幕、宣传窗信息发布工作。2012 年，共编发《院内通报》9 期，编辑《工作日报》271 期，编辑《双周要报》50 期，选编印发《港台报刊动态》300 余期。

根据科技部、国家统计局等部署要求，举办全院综合科技统计培训班，组织院属各单位完成 2011 年度综合科技统计调查年报工作，筹备开展 2012 年度综合科技统计调查年报工作。

（四）完善档案管理和保密工作

完善档案管理制度，制定《关于加强中国社会科学院档案工作的意见》和《中国社会科学院档案管理规定》，对全院档案工作实行统一管理，全面加强中国社会科学院档案工作规范化、制度化、标准化建设，起草并印发《社会科学研究工作国家秘密范围的规定》，进一步规范定密工作。推进社科院档案管理信息化水平，完成《社科院档案管理系统升级与档案数字化项目》。建立了社科院新的档案管理系统，完成了 2006～2011 年 30 余万页的档案数字化。加强档案法制知识的宣传教育，组织全院档案工作人员和机关干部参加全国档案法制知识竞赛，提高了档案管理意识。

认真学习并严格执行涉密文件资料管理规定，按照《涉密文件信息资料保密管理规定》，规范保密工作。加大保密检查力度，在检查中进行保密宣传教育，通过检查促进保密管理。开展全院网络清理检查，涉密科研项目保密检查，政府信息公开保密审查工作专项检查。加强保密要害部门部位保密检查和督促工作。加强信息网络安全建设，提高社科院保密物防、技防能力，消除失、泄密隐患和漏洞。加强社科院电子邮件系统安全管理。增配保密技术装备。

2012 年，共收发日常文件、资料 10 万余件；收发电报 100 余件；全年接待查阅档案人员 3000 余人次；查阅档案 700 余卷，3000 余件；全年共收发机要文件 25000 余件，接待查阅档案人员 800 余人次、查阅档案 8000 余件。

（五）充分做好对外联络、新闻宣传和编辑出版工作

对社科院与地方政府和研究机构间开展科研合作的事项进行规范化管理，制定相应的工作制度，形成科学的工作流程。严格遵守新闻宣传纪律、政治纪律和送审纪律，不断加强与院内外各种主流媒体和有关重要部门的沟通、协调，及时报道院内重大活动。

圆满完成院各项重要任务，如协调组织李长春同志来访中国社科院的摄影、摄像、集体合影工作。协助、协调完成在人民大会堂举行的纪念胡乔木诞辰 100 周年座谈会和《简明中国历史读本》《中华史纲》出版座谈会的准备、组织、服务和报道工作。协调有关部门，完成图书馆一层接待室装饰和相关管理工作。协助、协调直属机关党委和离退休干部局等有关部门，在图书馆一层大厅完成全国中央国家机关十大学习品牌巡展和老有所为风采展的布展、展览、接待及管理任务。

联络接待工作有序开展。2012 年，共接待国家和地方党政机关、社会团体和地方社科院来访人员 30 余次。继续办好《中国社科院重要活动影像资料》，积极做好社科院重大活动摄影、摄像工作的协调、组织和管理，以及相关资料的收集、保存和整理工作。已编辑完成《中国社科院重要活动影像资料》13 期，其中除按月编辑外，还专门制作了 2012 年新春活动、院工作会议、"两会"代表、院 2012 年创新工程工作交流会等专辑。加强与中宣部新闻局、国务院新闻办和新闻媒体的联系合作，充分利用和发挥新闻媒体的作用，对社科院重大工

作部署、重要活动、重要科研成果及时予以报道。院属各单位在院学习宣传工作小组规定的新闻媒体上共发表文章（或广播电视采访）1450 篇（次），其中电视报道（采访）175 次，广播143 次；发表理论文章 128 篇，一般文章 133 篇，新闻稿件 871 篇。由新闻办负责和协助联系的媒体、电视台播发中国社会科学院消息和专题节目 5 次，新华社电讯和主要报刊刊发 30 余篇。

严格院年鉴、院史等内部编辑管理，细化内部分工，召开编委会和征稿会，组织座谈会，组稿工作点面结合，确保编辑工作精益求精。编辑完成《中国社会科学院年鉴》2012 年卷稿件。完成了《2007 年文献汇编目录》《2007 年大事记》《中国社会科学院文献汇编》2004 年卷、2005 年卷、2006 年卷以及西亚非洲所志稿和美国研究所志稿等院史资料的编撰出版工作。

（六）全力做好安全保卫和信访维稳等工作

继续深入贯彻落实国务院《关于加强和改进消防工作的意见》以及新修订的《北京市消防条例》，严格按照北京市关于《党的十八大会议期间社会面火灾防控工作方案》的任务要求，把防火工作作为重中之重，推动安全工作的深入开展。按照"检查防控无盲区，隐患整改无遗漏"的工作目标，加大监督检查和隐患整改力度，结合实际认真组织实施，明确各部门责任和具体工作范围，全力抓好隐患整改和火灾防控工作的落实。认真贯彻《全民消防安全宣传教育纲要（2011～2015）》，利用"119"消防宣传周活动，积极营造浓厚的消防宣传氛围，多形式、多渠道在全院开展消防宣传、消防培训和灭火演练，不断提高广大职工、义务消防队员的消防安全意识和防火自救能力。

切实抓好社会管理综合治理工作，在全院开展"平安单位"创建活动，加强内部管理，严格落实出入验证、会客登记、节日值班、昼夜巡查等安全管理制度。周密部署、精心组织，认真做好院工作会议、暑期工作会议、李长春等中央领导同志来院视察、德国总理默克尔等重要外宾来院访问以及重要学术会议、重大活动的安全警卫工作。认真解决院部车辆出入及停放问题。2012 年，对院属单位，特别是重点防火单位、重要部位及施工现场进行监督检查 50 余次，解决消防安全突出问题 20 余件，更换维修院部及职工餐厅灭火器近 1600 具，消防水带181 盘；完成安全警卫任务 20 余次；接待来客 36650 余人次（其中外宾 880 余人次）。

以做好十八大召开前的维稳工作为重点，深入做好信访、维稳工作。组织召开社科院维稳工作会议，对维稳工作提出要求。认真做好专门机关交办的各项工作。积极协助配合专门机关，做好十八大召开前的维稳工作。加大对信访工作的宣传，及时处理重要信访事件，认真贯彻落实第七次全国信访工作会议精神，切实落实领导责任制，加强信访干部队伍建设。全年共接收来访信件 210 余件、接待来访人员 11 人次。

举办全院人口和计划生育干部培训班，努力开展各种宣传和年终考核以及其他服务活动，确保全院人口计生工作落到实处。组织院属各单位开展 2012 年度团体自愿无偿献血活动，共有 40 名职工成功献血，并组织完成 2012 年度院属各单位献血人员和献血工作人员外出休养考察工作。

科研局/学部工作局

2012 年，科研局学习贯彻党的十八大和十七届六中全会精神，以科学发展观为指导，以改革创新的精神，全面构建创新工程科研管理体制机制，积极推进院创新工程扩大试点，有序推进科研管理新旧体制运行并轨，圆满完成了院党组和院务会议部署的各项科研管理工作任务。

在创新工程体制机制建设以及日常管理工作方面，取得了突出成绩：（1）规范调整原有课题体系，积极构建体现社科院特点的课题（项目）管理体系；（2）根据基础学科与应用学科的不同特点，建立以基础研究学者为主要资助对象的"学者资助计划体系"；（3）组织研究制定一系列科研评价指标体系，努力探索符合哲学社会科学发展规律、适合社科院特点的科研评价体系；（4）启动学术期刊创新工程试点，全面加强社科院学术期刊品牌建设；（5）根据创新工程体制机制改革的需要，调整局内处室设置，强化规划管理职能；（6）常规工作有新突破：社科院社科基金项目年度立项和资助额度均创历年新高，学术出版资助规模增幅较大。

（一）贯彻十八大、十七届六中全会精神，积极组织研讨重大问题

在院党组和直属机关党委的统一领导和安排下，按照中宣部的要求，组织社科院专家学者参加《从怎么看到怎么办》的撰写工作，深入回答当前干部群众普遍关注的热点难点问题，进一步统一广大干部群众的思想认识，为十八大胜利召开营造和谐氛围。党的十八大胜利召开后，发出了《关于征集贯彻党的十八大精神专题项目、2013 年度创新工程重大研究项目选题的通知》，向院十八大代表、院党组成员、学部委员、院属科研单位征集选题，将贯彻落实十八大精神和创新工程目标任务紧密结合，集中力量研究推出一批高水平理论研究成果。

协助院马克思主义理论学科建设与理论研究领导小组继续落实《中国社会科学院加强马克思主义理论学科建设与理论研究实施方案（2009～2014）》，加强马克思主义学科体系建设和理论研究。

（二）构建体现社科院特点的课题（项目）管理体系，实行"项目指南指导下的招标立项"管理制度

根据院实施创新工程的整体部署，积极研究推进科研管理体制机制改革，规范调整原有课题体系，制定《中国社会科学院创新工程课题（项目）管理体系规范调整方案（暂行）》，积

极构建体现社科院特点的课题（项目）管理体系。计划到 2014 年，社科院逐步形成新的课题（项目）体系，包括社科院级创新工程重大项目、研究所级创新工程项目、国家基金项目、交办委托课题、国情调研项目、横向课题六大类。制定印发了《中国社会科学院创新工程重大研究项目管理办法（试行）》《中国社会科学院创新工程研究项目招标投标实施办法（试行）》《中国社会科学院交办委托课题管理办法（2012 年第二次修订）》等规章，对不同类型的课题（项目）实行院所分级管理，实施不同的创新岗位配置与奖励办法，鼓励科研人员承担院创新工程重大项目、国家基金项目和交办委托课题。

编制了《中国社会科学院 2013 年度研究项目指南》《中国社会科学院 2013 年度创新工程重大研究项目指南》《中国社会科学院 2013 年度国情调研重大项目和基地建设项目选题》，对院创新工程重大项目、研究所创新工程项目和国情调研项目，实行《项目指南》指导下的招标立项管理制度。做好院创新工程重大项目招标的相关准备工作，完成网上申报系统验收、标书设计等相关工作。

（三）完善学者资助体系，探索支持学者基础研究的有效机制

根据基础学科与应用学科的不同特点，探索支持学者进行基础研究的有效机制，制定《中国社会科学院创新工程"学者资助计划"实施方案（试行）》，建立完善适应基础学科发展规律、以基础研究学者为主要资助对象的"学者资助计划体系"，以"分类管理、分别资助"为基本原则，对主要从事基础研究的各级学者予以长期、稳定的资助，全院拟资助 240 人左右，包括"学部委员创新岗位""长城学者资助计划""基础研究学者资助计划""青年学者资助计划"四个部分。制定印发《中国社会科学院创新工程学部委员创新岗位实施细则（试行）》《中国社会科学院创新工程"长城学者资助计划"管理办法（试行）》《中国社会科学院创新工程"基础研究学者资助计划"管理办法（试行）》《中国社会科学院创新工程"青年学者资助计划"管理办法（试行）》。

为激励非创新岗位在编人员多出高质量的科研成果，制定印发《中国社会科学院非创新岗位在编人员研究成果后期资助实施办法（试行）》。

（四）组织创新工程学术评价和科研项目审核，研究设计科研项目评价指标体系

根据院创新办的统一安排，成立创新工程试点单位学术评审委员会，组织学部委员和管理专家对首批创新工程试点单位（8 + 1）2012 年度创新计划、第二批创新工程试点单位（3 个战略研究院）创新工程方案（包括 2012 年度创新计划）进行学术评审；以学科片为单元组织评审委员会，组织学部委员和管理部门负责人，对已进入试点的 29 个单位的 2013 年度创新计划（包括 3 个单位 2012 年下半年扩大试点方案）、2013 年拟进入试点的 13 个单位的创新工程

方案（包括 2013 年度创新计划）进行科研评审。

积极研究推进科研评价改革创新，为优化资源配置提供科学依据。积极参与院创新单位年度综合评价制度建设，制定创新单位年度重大创新贡献评价指标体系，创新工程研究项目的立项评价、中期评价和结项评价指标体系，科研成果（包括专著类、论文类、研究报告类、学术资料类、工具书类、译著类、论文集类、数据库类等）评价指标体系，国情调研项目的立项、结项评价指标体系，学者资助项目评价指标体系，学科建设项目评价指标体系，学术期刊评价指标体系，学术社团评价指标体系，非实体研究中心评价指标体系，学术出版资助项目评价指标体系，总额拨付科研经费管理评价指标体系，所级单位创新方案评价指标体系，以及有关评价实施办法，努力探索符合哲学社会科学发展规律、适合社科院特点的科研评价体系。

（五）组织落实院重点课题、交办委托课题和国家基金项目，加强课题管理力度

按照《中国社会科学院 2012 年度科研项目指南》，组织院重点课题申报和立项评审，以"围绕院创新工程的总体规划和战略目标，以科学发展观为指导，认真贯彻落实中央十七届六中全会精神，积极推动社会主义文化大发展、大繁荣"为指导思想，立项重点课题 66 项。对历年院重大、重点课题进行清理，督促提高结项率。

围绕当前经济、社会、政法、国际形势等热点难点问题，立项交办委托课题 30 多项。落实中央交办课题，组织专家就我国经济体制、行政管理体制和社会管理体制改革问题进行专项研究，积极报送相关研究成果。协助国家有关部门落实"科学素质纲要"、社会科学名词审定工作。积极组织协调与上海等地的院省合作研究项目。

积极组织社科院专家学者申报国家基金项目，年度立项 121 项（其中特别委托和重大委托课题 5 项、重大招标项目 16 项），资助总额 5195 万元，年度立项和资助额度均创历年新高。按照全国规划办的要求，对"蒙古族源与元朝帝陵综合研究""梵文研究""少数民族语言与文化研究"和"国家哲学社会科学学术期刊数据平台建设"等重大委托项目进行重点组织管理；协调组织相关重大委托项目的经费审计工作，完成 2006 年立项课题清理工作，为 36 项课题办理了延期或重要事项变更审批手续，办理结项鉴定 69 项。协调联络社科院 399 名专家参与社科基金各类项目年度通讯评审。

做好社科基金重大特别委托项目"西藏历史与现状综合研究项目"管理工作，组织立项 25 项课题。狠抓"西南边疆历史与现状综合研究项目"进度，加强中期检查，组织好结项鉴定和出版工作。

（六）贯彻"走转改"活动精神，加强国情调研项目及成果管理

结合"走转改"活动，按照"结项率与资助额度挂钩"和"当年立项、当年完成"的原

则，组织开展国情调研活动。全年立项国情调研项目 116 项，其中重大项目 10 项，重大（推荐）项目 4 项，调研基地项目 1 项，重点项目 66 项，研究所考察活动 24 项，按系统考察活动 11 项；另根据需要立项交办项目 4 项，调研内容涵盖经济社会发展中的一批重大理论和现实热点问题。组织 2012 年度青年学者返乡国情调研，完成调研报告 65 篇。加强国情调研项目结项审核和组织工作，办理结项 53 项。组织国情调研项目完成情况的年度检查，全院国情调研项目结项率较往年有较大提高。通过院《要报》和全国"两会"建议、提案等方式报送、转达国情调研项目成果。组织出版《中国国情报告》和"国情调研丛书"。与直属机关党委合作举办院"走转改"活动经验交流会。协调国情调研基地工作的开展。编印《国情调研工作简报》10 期。

（七）启动学部委员创新岗位和长城学者资助计划，继续实施学科建设和青年科研启动基金项目

根据《中国社会科学院创新工程"学者资助计划"实施方案（试行）》，组织学部委员、荣誉学部委员申报"学部委员创新岗位"，全院有 26 位学部委员、荣誉学部委员申报，经评审委员会审议、院批准，最终有 25 位学部委员、荣誉学部委员进入创新岗位。启动"长城学者资助计划"，举行首批"长城学者资助计划"项目获得者聘任证书颁发仪式，组织 13 名长城学者签约计划书，并按照创新工程要求落实长城学者创新岗位的专项经费和智力报偿，并对智力报偿调整发放中存在的问题进行调研，提出改进意见。

对 2009 年和 2010 年立项的"基础研究学者资助计划"与"青年学者资助计划"进行了年度检查。完成了青年科研启动基金项目立项、年度检查和结项工作，2012 年度资助青年科研启动基金项目 60 人，资助总额 120 万元。组织开展"重点学科建设计划"和特殊学科建设项目年度检查。对研究所制定的重点学科建设计划、院立项的 6 个"重点研究室"建设项目、23 项特殊学科（绝学）建设项目以及马克思主义理论学科建设与理论研究项目实施了年检，核定并完成续拨款工作。

（八）实施创新工程学术期刊试点，规范学术社团和非实体研究中心管理

启动创新工程学术期刊试点工作，以"办好中国社会科学院学术期刊群，建设高端学术传播平台，打造国际知名、国内一流的学术期刊"为目标，按照"统一管理、统一经费、统一印制、统一发行、统一入库"的要求和"分类管理、分步实施"的方针，与国家社科基金学术期刊资助相结合，逐步推进全院学术期刊进入创新工程试点。对 5 个学科片的期刊进行了调研，开始受理申报。对"学术名刊"建设经费 2011 年度使用情况进行检查。组织召开期刊审读会议，完成审读专家换届工作和院期刊 2012 年度核验。按照新闻出版总署的要求，完成第一批 5 种期刊的转企任务，启动第二批转企工作。

加强社团管理工作，支持社科院具有独立法人资格的 107 个全国性社会团体依靠灵活的机制，开展形式多样的学术活动，扩大了社科院在国内外学术界的知名度和影响力。根据民政部要求，社科院社团在积极探索社团党建工作"三位一体"、共同负责的党建工作新机制上进行有益尝试，各社团采取多种形式结合业务开展党的工作。开展院属学会 2011 年度检查工作。

根据院长办公会议精神确定的"控制总量、严格审批"原则，将全院非实体研究中心总量控制在 180 个以内。依据《中国社会科学院非实体研究中心管理办法（暂行）》，办理非实体研究中心成立、更名、变更管理单位、撤销等有关手续。进一步加强院对非实体研究中心的管理，开展非实体研究中心年度评价工作，逐一审查 144 个中心 2011 年度评价表和采集数据，尝试建立非实体研究中心评价指标体系。

（九）组织创新工程学术出版项目资助，加强图书出版和成果管理

做好院创新工程学术出版资助工作，加大研究成果后期资助力度，形成多出优秀科研成果的激励机制。组织出版"中国社会科学院文库""中国社会科学院学部委员专题文集""皮书"等大型学术丛书，打造知名学术出版品牌。受理创新工程学术出版资助申请 251 项（2011 年 9 月至 2012 年 9 月），资助 211 项，列入文库 40 项，列入青年学者文库 3 项，资助总额 1987.386 万元。组织评审创新工程大型学术出版资助项目 24 项，资助 16 项，资助总额 1974 万元。举办"中国史话""中国哲学社会科学学科发展报告"成果发布会，资助举办所级科研成果发布会 22 个。汇总全院《成果季度》并及时公示。

严把学术出版政治导向关，提高图书出版管理水平，组织落实了院出版社 2012 年 3538 种出版选题计划的审核分析上报工作；核发 4 家出版社书号 4196 个；顺利完成了院书号实名申领二期系统的上线使用工作；完成新闻出版总署布置的图书质量专项检查及分析上报、院属出版社 2012 度 30 种图书的质量审读及审读通报工作；组织出版社申报"国家出版基金""古籍整理基金""经典中国国际出版工程""优秀民族图书""十八大主题出版""社会主义核心价值体系建设工程"等出版项目；审核上报院出版社 106 项重大选题备案、"十二五"国家重点图书增补项目。

组织开展 2012 年度研究所（院）优秀科研成果评奖活动，印发《关于 2012 年度中国社会科学院研究所优秀科研成果评奖活动的通知》，核定并拨付了研究所（院）优秀科研成果奖奖励经费。

（十）围绕重大理论与现实问题组织学术研讨活动，举办科研管理工作会议

支持研究所和专业学会开展学术研讨，年初审核批复 104 项全院大型（50 人以上规模）学术活动计划。围绕相关学科的重大理论和社会热点问题组织召开学术研讨会、报告会。如"宗教与文化发展战略学术研讨会""第 12 届史学理论研讨会""继承传统　迎接挑战——纪念毛泽东《在延安文艺座谈会上的讲话》发表 70 周年学术研讨会""纪念何其芳诞辰 100 周

年座谈会""国学研究论坛：出土文献与汉语史研究国际学术研讨会""第四期 IEL 国际史诗学与口头传统研究讲习班""2012 年的经济形势座谈会""《中国经济学年鉴 2011》出版新闻发布暨深化经济体制改革研讨会""投资与中国经济增长动力转换问题研讨会""中国经济论坛""现代服务业与产业升级学术研讨会""土地制度改革与农村发展研讨会""国有经济战略性调整与国有企业改革研讨会""新世纪以来世界民族问题的特点与趋向学术研讨会""第三届东北亚智库论坛""第五届中国—东盟智库战略对话论坛""中德建交 40 周年学术研讨会""2012 年度国际热点、焦点问题学术报告会"等。

组织举办 2012 年院科研管理工作会议，王伟光、武寅同志出席会议并作了重要讲话，局领导和有关处室负责人在会上全面系统地讲解了创新工程科研管理工作文件精神。会上印发了《中国社会科学院创新工程科研管理工作文件汇编》，与会的院属各单位科研管理负责人认真研读文件，对顺利推进创新工程各项科研工作产生了良好效果。

（十一）继续加强科研局自身建设，努力提高为科研工作服务的意识和管理水平

面对繁重的管理创新和规范管理工作任务，局领导班子高度重视思想作风建设，不断完善党的组织建设。组织落实机关党委关于在创先争优活动中开展基层组织建设年的相关工作，局总支制定实施《关于科研局落实"创先争优"群众评议工作方案》，组织三个支部学习《中国社会科学院基层党支部分类定级考核办法（试行）》，举行"在创新工程中发挥党员的先锋模范作用"主题党日活动，组织观看革命历史题材电影《忠诚与背叛》。在局总支领导下，青年组工作和团支部召开弘扬雷锋精神研讨会。工青妇工作小组组织"庆三八"参观怀柔影视城基地和生态植物园活动。全局同志的政治意识、大局意识、廉洁自律意识和遵纪守法意识进一步增强。

加强业务学习，转变科研管理职能，为做好以创新工程为中心的各项管理工作提供保障。结合开展"走转改"活动，局领导带领调研小组深入研究所开展科研管理专题调研，组织科研管理系统 20 余位同志赴宁夏回族自治区开展实地调研，邀请日本研究所所长李薇研究员举办中日关系学术讲座。根据创新工程体制机制改革和管理职能转变的需要，新设科研规划处，调整局内部分机构设置和人员工作岗位。在局内对管理五级、六级干部进行公开竞聘，完成管理七级、八级干部的职务调整，积极调动年轻同志的工作积极性。

完善局内制度建设，认真落实考勤制度，强化工作纪律。制定了《科研局关于进一步加强科研经费管理若干意见》《关于科研项目鉴定评审费管理办法》《科研局公务车辆使用管理办法》等工作规范。全年共印发各类文件材料 160 份，经办 1800 份来文传阅，整理科研局文件档案 70 卷。编制 2013 年创新工程部分科研经费和院科研专项业务经费预算，核拨科研专项业务经费，落实项目拨款计划。做好计划生育宣传、网络安全、防火、治安和交通安全等工作。

继续编辑出版《社会科学管理与评论》和《学术动态》，做好局网站的更新维护工作。

人事教育局

2012 年，在院党组的领导下，人事教育局认真学习贯彻党的十八大精神，按照中央关于人事人才工作的指示要求，紧紧围绕社科院创新工程人事制度改革工作，深入推进实施人才强院战略，建立健全人事人才工作体制机制，较好地完成了院党组交办的各项工作任务。

（一）认真学习贯彻党的十八大精神，深刻领会十八大关于人事人才工作的新论断、新要求、新部署

按照院党组的要求，召开全局党员干部大会，学习传达院党组关于《中共中国社会科学院党组关于学习宣传贯彻党的十八大精神的通知》，提出学习贯彻党的十八大精神的具体要求。各处室、各支部以党的十八大精神为指导，结合十八大报告、新修改的《党章》，开展学习研讨活动。全局同志认识到，党的十八大报告对深化干部人事制度改革和党管人才工作进行了深刻阐述，并将其作为"全面提高党的建设科学化水平"的两大任务予以专门部署，具有重大而深远的意义。大家表示，作为社科院的人事干部要努力学习和掌握十八大关于人事人才的新观点、新认识、新举措，将其有机融入到全院人事人才工作中，使其成为推进实施社科院人才强院战略和创新工程人事制度改革的明确指针和有力保障。

（二）实施人才强院战略，全面加强人才队伍建设

（1）加强领导干部队伍建设。一是调整任免 23 个单位 48 名所局级干部，其中，提拔任职 19 人（提任正局级领导 7 人，副局级领导 12 人），岗位调整交流 16 人，免职 13 人。截至 2012 年年底，社科院共有所局级干部 219 人（含代管单位），平均年龄 53 岁，其中正局级 92 人，平均年龄为 55 岁；副局级 127 人，平均年龄 52 岁。二是开展所局级领导班子和领导干部考核测评工作，对全院 55 个单位的领导班子、181 名领导干部进行了民主测评；对 2012 年任职试用期满的 15 名所局级干部进行了试用期满考核工作。三是审批备案处级干部、所（局）长助理、研究室正副主任及科级以下干部共 274 人。

（2）加强人才政策制度体系建设。研究制定《中国社会科学院哲学社会科学创新工程人才建设体系实施意见》，统筹推进马克思主义理论人才、学术名家、领军人才、青年英才、支撑与管理人才队伍发展，逐步构建一个点面结合、上下贯通、分类推进、养用结合、布局均衡、重点突出的符合中国社会科学院实际需求，具有中国社会科学院特色的人才制度体系。

（3）统筹谋划国家重大人才工程对接工作。提高社科院高层次人才在国家重大人才工程

中的入选率。对全院高层次人才队伍情况进行调查摸底，做好高层次专家基本信息的收集整理工作。

（4）完善专业技术人员评价。一是为适应哲学社会科学创新工程的需要，充分发挥专业技术职务评审的激励和导向作用，人事教育局开展研究单位调研活动，向 133 位院内评委发放调查问卷，征求关于进一步完善社科院职称评审工作的意见建议。二是制定《中国社会科学院创新单位编制外人员专业技术职务资格评审办法（试行）》，打破身份限制，拓宽评价领域，调动编制外人员的积极性和主动性。三是制定《关于社科院 2012 年度专业技术职务评审工作的实施意见》，开展专业技术职务评审工作。组织院属 40 个单位和研究系列、出版编辑系列、翻译系列和图书资料系列等 4 个系列 10 个院级评审委员会的评审工作。以提高评审质量为核心，以创新评价机制为动力，经过部署动员、个人申报、资格复查、布展公示、会议评审、结果公示等程序，全院评审通过 274 人的专业技术职务，其中正高级 67 人，副高级 145 人，中级及以下 62 人。四是审批备案全院 200 人的专业技术职务及资格，其中，院属研究单位和直属单位 187 人（正高级 64 人，副高级 86 人，中级及以下 37 人）；院直机关 13 人（正高级 2 人，副高级 3 人，中级及以下 8 人）。

（5）加强高层次人才选拔。推荐考古研究所白云翔等 37 人为我院 2012 年享受政府特殊津贴人选；推荐经济研究所王诚等 4 人为全国新闻出版行业第三批领军人才候选人；推荐文学研究所李娜等 25 位留学归国人员申报留学人员科技活动项目择优资助；经人社部批准，经济研究所吴延兵等 10 人获得项目择优资助，资助金额总计 35 万元。

（6）做好"西部之光"等访问学者培养工作。完成 2011～2012 年度"西部之光""新疆特培""云南特培"访问学者培养工作。按照中组部选派计划，与院属 7 个单位沟通，落实2012 年度 8 名"西部之光"访问学者的接收培养任务。为访问学者开展学术交流提供便利条件，修订了《中国社会科学院西部之光、新疆特培、云南特培访问学者研修指南》。组织召开了 2012 年度欢迎"西部之光"访问学者座谈会，副院长高全立出席座谈会并致欢迎词，人事教育局局领导、培养导师、访问学者、人事干部等共 30 人参加了会议。

（7）做好推选国家公派出

2012 年 10 月，中国社会科学院召开 2012 年"西部之光"访问学者欢迎座谈会。

国留学人选工作。2012年，组织开展了国家公派出国留学5个项目人选的推荐和录取工作，院属各单位共推荐37人，录取10人。其中国际区域问题研究项目推荐8人，录取4人（美国3人，澳大利亚1人）；面上项目推荐16人，录取3人；高水平大学研究生项目推荐6人，录取1人（攻读博士，日本）；互换奖学金项目推荐2人，录取2人；2013～2014学年度"中美富布赖特项目"研究学者推荐5人。

（8）开展社科院创新工程培训工作。向院属各单位印发了《2012年中国社会科学院干部统一培训计划》。2012计划举办30个培训班（33期次），培训人数约2681人次。截至12月中旬，已举办18个班（20期次），培训人数1677余人次，支出经费199余万元。

（9）加强博士后各项工作培训。2012年举办了"博士后系列活动"：一是举办"2012年博士后工作第二次培训会"，院属19个研究所的博士后研究人员参加了此次培训；二是组织全院约100名博士后研究人员参加院博士后联谊会主办的"中国博士后科学基金申请专题培训会"；三是组织全院70余名博士后研究人员及研究所科研人员参加院博士后联谊会主办的"社科院图书及网络资源使用专题培训"；四是组织世经政所等4个单位的博士后管理人员参加"2012年中国博士后科学基金业务培训班"。

（10）开展院优秀管理干部出国选拔推荐工作。印发《中国社会科学院优秀管理干部出国（境）研修培训实施方案》，经院属各单位选拔推荐，人事教育局、国际合作局、财计局三局会审，院领导审批同意，图书馆魏进录取为首个管理干部派出人员。

（11）出版《中国社会科学博士后文库》。与全国博士后管理委员会共同组织出版《中国社会科学博士后文库》（以下简称《文库》），每年在全国范围内择优出版博士后成果。组织召开《文库》评审会和工作会，副院长李扬主持会议。评审会组织院内外11名专家对34部书稿进行了讨论和评审。经评审，共有19部优秀学术成果入选《文库》，并于2012年12月24日举行了《文库》首发仪式。

2012年2月，《中国社会科学博士后文库》评审会在北京举行。

（12）召开中国社会科学博士后20周年纪念大会。为纪念中国社会科学博士后制度实施20周年，发布《中国社会科学博士后文库》首批成果，12月24日与全国博士后管委会共同举办"纪念中国社会科学博士后制度实施20周年会议暨《中国社会科学博士后文库》首发仪式"。人社部副部长王晓初、社科院领导、人社部及中国博士后科学基金会主管领导，以及北大、清华等国内 11 家知名高校的领导、博士后合作导师、管理人员和博士后代表共 500 余人出席纪念大会。

（13）增设及调整博士后流动站。经人社部、全国博士后管委会批准，社科院新设新闻学、考古学、世界史、中国史等四个一级学科博士后科研流动站。截至 2012 年年底，社科院共设立了 16 个一级学科博士后科研流动站，已经涵盖社科院全部一级学科博士点。社科院具有博士后招收资格的研究所（院、研究中心）从最初的 4 个扩展到现在的 35 个。

（14）举办博士后学术论坛。与人社部、全国博士后管委会等上级主管部门合作，共同举办了五个全国性博士后学术论坛：以"法治与社会管理创新"为主题的第四届中国法学博士后论坛，以"社会体制改革：理论与实践"为主题的第七届中国社会学博士后论坛，以"历史进程中的中国与世界"为主题的首届中国历史学博士后论坛，以"经典与传统"为主题的第二届中国文学博士后论坛，以"金融服务与实体经济"为主题的第七届中国经济学博士后论坛。

（15）组织开展中国博士后科学基金申报工作。一是组织 186 名博士后申报"第 51 批中国博士后科学基金面上资助"，经评审，共有 72 人获得该批基金，资助总金额达 393 万元。二是组织 38 名博士后申报"第五批中国博士后科学基金特别资助"的申报工作。经评审，社科院共有 21 人获得该批基金，申获比例为 55.3%，资助总金额达 315 万元。三是组织 158 名博士后申报"第 52 批中国博士后科学基金面上资助"。经评审，共有 48 人获得该批基金，资助总金额达 246 万元。

（16）组织开展博士后国情考察活动。2012 年博士后国情考察活动"博士后社会保险——现状、问题与对策"获批立项。根据调研安排，组织博士后赴江西省开展国情调研活动。

（17）做好博士后进出站工作。2012 年共招收 269 名博士后进站，其中流动站自主招收博士后 220 人，留学归国博士后 9 人，工作站联合招收博士后 40 人。截至 2012 年年底，社科院共计招收博士后 2125 人。此外，还办理了 118 名博士后出站。经统计，社科院目前在站博士后 910 人，在站人数较 2011 年年底增加 20%。社科院自设站至今共出站博士后 1215 人，其中留院工作 189 人。

（三）深化创新工程用人制度改革，创新人才管理体制机制

（1）加强竞争性选拔干部力度。一是全院共有 13 个单位 35 个五六级管理岗位开展了竞聘上岗，有 15 人通过竞聘到五六级管理岗位；二是研究出台了《中国社会科学院公开招聘研究所所长办法（试行）》。三是加强局处级干部交流任职力度，2012 年有 27 名局处级干部进行了交流任职，其中局级 5 人，处级 22 人。四是加强对院属出版社领导人员的管理，研究制定了《中国社会科学院院属出版社领导人员管理暂行办法》。

（2）研究制定新的进人办法。根据《中国社会科学院人才强院战略实施方案》和《中国

社会科学院哲学社会科学创新工程人事管理办法（试行）》，研究制定了《中国社会科学院人才引进办法（试行）》，明确了人才引进是今后中国社会科学院进入编制人员的主要方式，并对人才引进所涉及的条件门槛、遴选程序、福利待遇、纪律监督等内容进行了规定。通过改革人员进入办法，进一步提高了进人门槛、规范了进人程序、保障了进人质量。

（3）开展人才引进专家评审工作。为科学有效地开展人才引进专家评审工作，研究制定了《中国社会科学院人才引进专家评审办法（试行）》，明确了评审程序、评审纪律等。根据专家评审程序，建立了人才引进评审专家库，设置了13个专家评审组，共有278名评审专家。完成了2012年度社科院人才引进专家评审工作，共组织召开两次人才引进专家评审会议，院属50个单位共申报86名候选人。经专家评审并经院长办公会审议，通过81人。

（4）研究制定应届毕业生管理办法。为吸引优秀的应届毕业生到中国社会科学院工作，严格执行《中国社会科学院人才引进办法（试行）》有关规定，研究社科院人才引进编制与户口分离试点方案，研究制定了《中国社会科学院应届毕业生的聘用办法（试行）》，向院属各单位进行了传达。

（5）开展评聘分开试点工作总结。对社科院6家试点单位评聘分开工作开展情况进行了总结分析，召开6家单位评聘分开试点工作总结会，研究起草《副高级专业技术职务评聘分开试点工作情况汇报》，提出完善评聘分开试点工作的意见。

（6）研究制定研究单位管理人员进入创新岗位管理办法。为深入推进创新工程，就管理人员进入创新岗位等问题召开座谈会专题进行调研，征求意见，制定了《中国社会科学院哲学社会科学创新工程研究单位创新岗位管理人员聘用办法（试行）》，印发院属各单位执行。

（7）研究制定聘用编制外人员暂行规定及其补充意见。为进一步推进社科院创新工程，就编制外人员管理问题进行调查研究，经院长办公会审议通过，向院属各单位印发了《中国社会科学院哲学社会科学创新工程创新单位聘用编制外人员暂行规定》。

（8）成立四个新型研究院和文化发展促进中心。根据院党组提出关于组建财经战略研究院、亚太与全球战略研究院、信息情报研究院和社会发展战略研究院的有关精神，研究制定了四院机构编制及岗位设置方案，均获得中央编办批复。此外，为促进哲学社会科学科研成果影响力的发挥，经报中央编办批复，成立了中国社会科学院文化发展促进中心。

（9）组建图书馆国际分馆。根据院领导要求，就组建图书馆国际分馆事宜，对国际分馆的人员、机构编制和岗位设置进行梳理，形成了编制调整方案，向相关单位印发了《关于组建中国社会科学院图书馆国际研究分馆调整机构编制的通知》。

（10）开展社科院事业单位机构编制清理规范工作。根据《中共中央国务院关于分类推进事业单位改革的指导意见》和中央编办《关于开展事业单位清理规范工作的通知》要求，开展了社科院事业单位清理规范工作，起草了《中国社会科学院所属事业单位清理规范工作实施方案》和《中国社会科学院所属事业单位清理规范意见》，获得中央编办批复。

（11）开展 2011 年度专业技术人员分级微调工作。研究制定了《中国社会科学院 2011 年度专业技术二级人员院级评审工作方案》，6 个学部共 50 名学部委员及高级职称评委会委员担任评委会委员。召开评审会，分 6 个评审组对 35 名参评人员进行评议并投票表决。

（12）修订岗位说明书汇编。根据社科院岗位说明书编制工作实施方案要求，就岗位说明书内容、体例、格式等方面内容向各单位反馈修改意见。院属 52 个单位的岗位说明书基本合格。

（13）规范图书资料、网络机构及岗位设置管理。为理顺院属各单位图书资料、网络信息部门的机构及岗位设置管理工作，组织院属 21 个单位召开座谈会，对相关部门的机构设置和人员情况进行调研，研究出台了《关于院属单位图书资料、网络机构及岗位设置管理的办法》。

（14）研究制定博士后总体建设规划方案等文件。2012 年，以社科院实施的创新工程为契机，以招收、培养、使用博士后为基础，研究制定了《中国社会科学院博士后总体建设规划方案》《博士后研究人员考核工作办法》等文件。

（15）制定创新工程综合考核评价办法。根据创新工程要求，研究制定相关考核评价办法，研究制定了《中国社会科学院工作人员考核办法》印发院属各单位。

（16）组织开展先进个人、先进集体评选。根据《中国社会科学院科研岗位先进个人奖励暂行办法》《中国社会科学院管理、科研辅助、工勤岗位先进个人奖励暂行办法》和《中国社会科学院先进集体奖励办法（试行）》规定，组织开展了 2010～2012 年度先进集体、先进个人评选工作。

（17）制定 2012 年度创新工程创新报偿和智力报偿规范调整标准。研究制定了 2012 年上半年创新报偿标准。对全院 52 个单位 3057 人的发放条件进行了审核，其中符合发放条件的 2865 人，占审核人员总数的 94%；不符合发放条件的 192 人，占审核人员总数的 6%。根据院长办公会议要求，规范了 2012 年下半年智力报偿、创新报偿规范调整标准，对全院 52 个单位的人员变动情况和不发放情况进行了审核。其中有报偿变动人员的单位 38 个，共 157 人；有不符合报偿发放条件人员的单位 37 个，共 185 人。此外，修订了《中国社会科学院哲学社会科学创新工程绩效支出中智力报偿、创新报偿管理办法（试行）》。

（18）规范津补贴检查工作。与财计局、监察局组成联合检查组，组织开展第四次对院属单位津补贴规范情况检查工作，对经济研究所等 10 个单位进行了抽查，并对检查情况进行了反馈。同时，完成了社科院第五次规范津补贴检查工作，共对社科院 42 个二级预算单位进行了规范津补贴检查。

（四）积极完成上级交办的各项工作任务和日常工作

（1）完成了上级交办的工作。一是配合中央考察组，开展对社科院进行"两委"人选的推荐考察及院领导班子和领导干部考核测评工作。二是落实社科院第十二届全国人大代表、全国政协委员及常委、专委会委员的推荐提名工作，共推荐社科院"两委"人选 36 名。三是开展岗位设置管理情况调查工作。形成《中国社会科学院岗位设置管理有关情况的报告》，上报人社部。四是落实中组部要求，与马研院、研究生院、直属机关党委等单位的相关专家学者和党务工作者组成研究团队，开展干部教育培训发展趋势研究，形成《干部教育培训发展趋势研究报告》报送中组部。五是配合中组部，编写《加强马克思主义理论培训 推进马克思主义坚强阵地建设》教育培训工作案例。同时，组织城市发展与环境研究所、财经院等相关研究所开展科学发展最新案例编写工作。六是落实人社部专业技术人才知识更新工程 2011 年高级研修项目，与院研究生院联合举办社会工作和创新社会管理高级研修班。同时，开展专业技术人才知识更新工程 2012 年高级研修项目选题申报工作，共向人社部申报 5 个单位 8 个专业技术人才知识更新工程研修项目。其中，"电子商务领域高层次人才能力建设"和"现代物流领域高层次人才能力建设"两个项目获人社部审批通过，获得全额资助 51.6 万元，并与财经战略研究院联合举办两个项目的研修班，全国 24 个省 100 余人参加学习。七是进一步落实国家"千人计划"，根据中组部《部分急需人文社会科学领域海外高层次人才引进试行方案》以及国家"千人计划"人才引进要求，社会学研究所引进南洋理工大学赵志裕教授获得批复。

（2）落实各类人员的推荐、遴选工作。向中组部推荐常务副院长王伟光等 57 名专家作为人才评审专家评委库的评委人选；向中组部推荐院党组副书记、副院长李慎明，院党组成员、副院长李捷及高培勇、李林、李向阳为全国干部教育培训师资库入库人选；向中宣部推荐江蓝生等 12 人作为人才评审专家评委库的评委人选；向人社部推荐蔡昉等 3 人担任人社部第二届专家咨询委员会委员；向文化部职改办推荐杨沛超等 8 人为文化部高级职称评审委员会图书资料系列评委人选；向中组部研究室推荐法学研究所莫纪宏、马研院金民卿参与《中国共产党组织工作法制化大纲》中重大问题的研究和讨论；向中组部干部学院推荐政治学研究所房宁和欧洲研究所张金岭为香港工委社团骨干研习班授课；向中宣部推荐文学研究所刘跃进参加国家文化荣誉制度专家组预备会议；向教育部基础教育一司推荐社会学研究所陈午晴为教育部中小学心理健康教育专家指导委员会委员。组织副院长武寅、李扬，院长助理郝时远，人事教育局局长张冠梓等 40 余位专家学者参加 2012 年院士专家新春联谊会；推荐沈家煊、张海鹏、陈高华、吕政、汪同三、李培林、余永定、靳辉明等 8 位专家参加中办、国办举办的春节团拜会；推荐经济研究所朱玲参加 2012 年北戴河暑期专家休假活动；推荐 116 人参加 2012 年度中央各类干部调训、选学及科研骨干研修，实际参加 109 人。

（3）贯彻干部监督工作。中组部干部监督会议等有关会议召开后，及时将会议精神向院党组进行了汇报。院党组高度重视，要求全院各级组织、各部门认真学习领会中央精神，切实抓好贯彻落实。全国政协副主席，院党组书记、院长陈奎元，院党组副书记、常务副院长王伟光作出重要批示，要求按照会议部署，认真抓好落实。主管副院长高全立要求人事教育局认真分析中组部干部选拔任用工作检查组的反馈意见，查找存在的问题，制定工作方案，报院党组同意后予以实施。

（4）开展组织人事纪律宣传教育活动。与直属机关党委、监察局联合印发《关于贯彻十七届中央纪委七次全会和全国组织部长会议有关精神的通知》，对学习贯彻十七届中央纪委七次全会和全国组织部长会议有关精神作出部署，提出明确要求。通过多种形式广泛开展专题学习教育活动，贯彻中央纪委、中组部下发的"5个严禁、17个不准和5个一律"换届纪律要求，为营造风清气正的选人用人环境打下坚实基础。经院领导同意，向中组部分别报送《中国社会科学院贯彻落实有关会议精神部署和推进提高组织工作满意度的情况汇报》《认真落实座谈会精神努力提高社科院组织工作满意度》工作的报告。

（5）各类进人计划的申报及落实工作。经人社部批准，下达社科院2012年度申报接收毕业生计划38名，实际接收毕业生18名（含代管单位、企业单位）。此外，社科院向人社部申报2012年度因工作需要从京外调配人员计划10名，人社部批复计划4名。根据教育部留学服务中心的要求，报送社科院2012年引进留学人员需求计划，全院共有21个单位申报了46名计划，经教育部留学服务中心批复，下达计划15名。

（6）落实各类人员调配工作。办理院内交流手续43人；办理调出和辞职24人，辞退人员备案2人；办理推荐借调手续9人；办理干部配偶因夫妻两地分居户口进京手续41人。根据国务院军转安置工作的有关政策要求，2012年度国务院军转办下达社科院军队转业干部安置计划5名，其中团职干部计划2名、女干部计划1名、营级及以下干部计划2名。根据国务院军转办要求，对报考社科院的军转干部资格进行审查，组织经济研究所、西亚非研究所等4家单位开展面试工作，落实并完成6名军转干部的入院手续。

（7）落实挂职干部选派工作。根据中组部要求，选派工业经济研究所郭朝先、金融研究所姚云、中国边疆史地研究中心冯建勇作为社科院第13批博士服务团成员。同时，根据中组部、统战部、国家民委的通知要求，接收宁夏社科院副院长陈冬红、广西社科院副院长黄志勇在社科院挂职锻炼。此外，为规范社科院外派挂职干部工作，起草了《中国社会科学院外派挂职干部管理办法》，对挂职干部的选派、任职、职称评审、待遇等相关内容进行了规范，拟经院审议后执行。

（五）通过自身队伍建设，不断提高人事干部队伍水平

（1）加强和改进机关作风建设。一是深入院属10个单位开展人事人才专题调研，加强对创新工程和人事制度改革的研究和思考。二是组织编写《中国社会科学院哲学社会科学创新工程人事工作系列参考资料》，通过文件汇编、政策问答、案例解析、办事指南等形式，为各单位熟悉、了解人事工作的相关政策和工作流程提供服务。三是完善指纹考勤制度，建设院指纹考勤系统二期项目，举办考勤管理员培训班，对新的指纹考勤办法和二期考勤系统的实际操作

进行了培训。四是加强作风建设，进一步发挥"窗口"作用，院博士后管理委员会办公室荣获院文明窗口荣誉称号。

（2）加强人事干部队伍建设。一是组织实施局内五六级管理岗位公开竞聘和提拔交流，通过院内、局内公开竞聘五六级管理人员，拓宽了社科院选人用人渠道，让干部进一步得到多岗位锻炼。进一步理顺局内工作职能，调整内设机构，成立人才规划处。二是围绕创新工程人事制度改革，组织举办人事干部业务培训班，院属各单位共 103 名人事干部参加了培训。三是深入开展向李林森同志学习活动，组织全院 90 名人事干部观看电影《雨中的树》，院属有关单位的 10 余名所局级干部共同观看。四是举办管理干部系列报告会，邀请国家海洋局总工程师、中国海监总队党委书记、常务副总队长孙书贤作题为《海洋权益形势与维权执法实践》的专题报告。

（3）加强党的基层组织建设。党总支、党支部通过多种形式深入推进全局创先争优和"讲党性、重品行、作表率"活动，组织全局党员认真学习党的十八大精神，举办瞻仰毛主席纪念堂主题党日活动，并在青年干部中开展"我为创新工程献一策"活动。赵玉英同志被授予"全国组织系统先进个人"荣誉称号，局党总支在全院基层组织建设年党建成果展中获一等奖。

国际合作局

2012 年，国际合作局坚持服务科研、服务大局的工作方针，认真落实院创新工程中的各项工作任务，进一步完善外事管理体制机制，大力推进"走出去"战略，对外学术交流合作取得新进展。全年审批来访项目 296 批 1200 人次，出访项目 1136 批 2056 人次。派遣长期出访研修项目 64 人次。新签、续签 4 个合作交流协议和备忘录。国际合作局全年主要开展了如下几方面工作：

（一）认真组织和安排社科院重大对外交流活动

（1）2012 年，院重要代表团出访获得圆满成功，有力推动了对外学术交流合作。全国政协副主席、中国社会科学院院长陈奎元率代表团出访古巴、希腊、西班牙，出席"第五届中古社会科学研讨会"，访问希腊教育文化部、西班牙塞万提斯学院、马德里自治大学等机构，就推进与三国社科人文交流形成重要合作意向。王伟光常务副院长率代表团出访芬兰、荷兰、奥地利，同三国科学院领导人进行工作会谈，确定和启动了关于开展共同研究的双边合作计划。副院长李慎明、朱佳木、武寅、李扬和中纪委驻院纪检组组长李秋芳分别率团出访匈牙利、以色列、波兰，俄罗斯、哈萨克斯坦、乌兹别克斯坦、法国、德国、意大利，英国、美国，突尼斯、南非、阿尔及利亚等，进一步加强了中国社会科学院与访问国合作伙伴机构的友好交流关系，与高端科研、高教组织及知名智库等建立起新的合作渠道。副院长高全立、李捷分别率团访问台、港、澳地区，出席社科院在当地合作举办的展览会、学术研讨会等。

（2）接待国外领导人及重要人士来访，发挥中国社会科学院国际学术交流平台作用，成功配合国家外交工作。2012 年 2 月，在社科院组织安排德国总理默克尔大型演讲会，中外人士 800 余人出席，国内外媒体广泛报道，对增强社科院在国际上的知名度产生了积极效应。德方对活动的组织工作给予高度评价，默克尔总理亲自致函王伟光常务副院长、李扬副院长，表示感谢。2012 年，还接待了美国财政部长盖特纳、德国外交部国务部长、波兰前总理、伊朗前外长、荷兰议会前议长、意大利劳动与社会政策部部长、匈牙利国务秘书、新西兰财政部副部长、欧盟委员会就业社会事务与包容总司司长、欧盟委员会经济与金融事务总司副司长、法国国防部战略事务司司长、俄罗斯人文科学基金会副主席、乌兹别克斯坦最高会议参议院外委会主席、伊斯兰合作组织秘书长等来社科院访问和交流。

（3）接待中国社会科学院国外重要合作伙伴机构代表团来访，进一步夯实合作基础。2012 年，应中国社会科学院邀请，朝鲜社科院、越南社科院、老挝社科院、蒙古国科学院、泰国国家研究理事会、英国学术院、俄罗斯人文基金会等派出由其领导人率领的代表团来访，探讨交流新领域、新方式，进一步夯实了合作基础。

（二）在实施创新工程中，办好对外交流重点项目，"走出去"迈出新步伐

（1）认真组织、成功举办"中国社会科学论坛"及一系列国际研讨会（以下简称"论坛"）。2012 年，社科院对"论坛"的资助力度进一步加大，投入经费总额达 376 余万元。社科院各研究所及所属单位踊跃申报和承办"论坛"，全年以"论坛"为平台，共举办国际会议 30 个。"论坛"日益得到中外各界关注和积极参与，成为促进中国了解世界、世界了解中国的重要窗口，起到了增强社科院在国际学术界影响力和话语权的作用。社科杂志社和社会学研究所承办的两个"论坛"分别在俄罗斯和美国召开，实现了"论坛"走出国门。为了积累和传播"论坛"的成果，2012 年，国际合作局投入专项经费支持出版"论坛"系列论文集，第一批将推出 9 本"论坛"论文集。

在"论坛"之外，国际合作局还支持社科院相关研究所举办了一系列专题国际会议。如"亚太新秩序：政治与经济的区域治理""东亚社会变迁""中日韩经济发展模式转变""中俄青年学者论坛：科学前沿与创新发展""中欧经济调整中的就业、减贫、迁移和社会融入""中芬比较法研究""中国与土耳其的对外关系""中国与新西兰建交 40 周年"国际研讨会等。这些专题国际会议层次高、研讨深入，得到与会者的高度评价，在中外产生良好反响。

（2）精心筹划、圆满完成"周边及发展中国家青年学者培训"项目。2012 年 8 月，中国社会科学院研究生院与国际合作局在创新工程支持下，成功举办了第一届"中国社会科学院经

2012 年 8 月，中国社会科学院经济发展问题国际青年学者研修班在北京举办。

济发展问题国际青年学者研修班"。研修班以经济发展为主题，来自越南、老挝、柬埔寨、缅甸、印度、巴基斯坦、蒙古国、哈萨克斯坦、乌克兰等 16 个国家的 29 名青年学者参加。王伟光常务副院长、李扬副院长以及社科院知名专家学者亲自出席与学员的交流活动并为研修班授课。学员们称赞，研修班为他们了解中国的发展道路和学习借鉴中国的发展经验提供了宝贵机会，加深了对中国的友好感情。

（3）推出"与国际知名智库交流平台项目"。为了更好地落实社科院"三个定位"的要求，国际合作局进一步明确加强与国外智库交流的工作目标，在院领导的指导和支持下，于 2012 年推出"与国际知名智库交流平台项目"。为此，制定了《中国社会科学院创新工程"与国际知名智库交流平台项目"计划（试行）》，并出台了项目工作任务书、项目后期资助实施办法、关于项目派出人员与创新工程关系的规定等项目管理制度文件。在项目组织实施过程中，李扬副院长亲自主持召开专家咨询会，听取专家意见，对研究所推荐的候选人进行评审。经过严格筛选，首批选拔出 6 位学者，派往国外高端智库开展调研工作。

（4）稳步推进和实施国际合作研究项目。近年来，开展合作研究项目日趋成为国际上进行学术交流与合作的主要途径。组织实施好国际合作研究项目，对社科院巩固和发展对外交流关系、提升合作水平，具有日益重要的意义。2012 年，在院级对外交流平台上，中国社会科学院相关研究所与俄罗斯、英国、法国、荷兰、芬兰、匈牙利、韩国、澳大利亚、南非等国家启动或实施了国际合作研究项目。执行中的主要项目包括："中国参与全球化及其对世界经济与政治的影响""中俄生态政策比较研究""远东地区政治进程中的中俄民族关系""欧盟轮值主席国制度及中欧伙伴关系""蒙古族口头文学传统""亚洲金融合作及其在国际金融体系中的作用"等。2012 年结项的有"中俄社会结构比较研究""新岗位、新技能中欧合作研究""中国人在南非、南非人在中国""中非经济合作"等项目。

（5）对外学术翻译出版资助工作取得显著进展。2012 年，社科院对外学术翻译出版资助工作全面纳入创新工程出版资助计划，管理机制和资金支持更加规范。依据《中国社会科学院哲学社会科学创新工程学术出版资助管理办法（试行）》《中国社会科学院学术著作翻译出版资助实施细则（试行）》，在院学术出版资助管理委员会的统一规划和部署下，开展了两轮对外学术翻译出版资助项目的申报、评审工作。经报院长办公会议审议通过，2012 年度资助《中国与世界经济》《中国经济学人》《中国考古学》《国际思想评论》《中国社会科学》《第欧根尼》《中国财政与经济研究》等外文学术期刊总额 158.09 万元；资助学术著作翻译出版共 34 种，资助总额 369.91 万元，其中资助"中译外"翻译出版 31 种，"外译中"翻译出版 3 种。新增加资助外文学术期刊 1 份（财经院《中国财政与经济研究》）；对学术著作翻译出版的资助，在"中译外"之外，范围扩展到"外译中"。

（6）在国家外专局成功设立引进国外智力专项账户，为中国社会科学院开展出国（境）培训项目取得资格许可。开展出国（境）培训是引进国外智力资源的重要渠道，在国家外专局的支持下，社科院提出的"关于设立引进国外智力专项账户的申请"已获批准，取得了开展出国（境）培训项目的资格。2012 年 11 月底，经院领导批准，国际合作局向国家外专局申报了《2013 年度中国社会科学院开展出国（境）培训计划》。

（三）积极实践"学术外交""学术外宣"，服务国家对外工作大局

（1）落实和执行中俄友好、和平与发展委员会学术交流分委会 2012 年度工作计划。中俄友好、和平与发展委员会是经中俄元首确定的两国开展民间友好交流的主渠道。社科院是中俄友好、和平与发展委员会学术交流分委会中方牵头单位，武寅副院长担任分委会中方主席。2012 年，根据分委会工作计划，俄罗斯科学院全球问题与国际关系学部主任邓金院士率俄罗斯智库代表团应邀来访，在华访问多家高端智库机构，就中俄关系、两国经济社会发展及全球性和地区性重大问题等进行深入交流。全国人大常委会副委员长、委员会中方主席华建敏会见代表团，对中俄开展智库交流给予高度肯定，希望双方的交流不断得到深化。

（2）与国家新闻出版总署密切配合，积极参与 2012 年伦敦书展中国主宾国活动。李扬副院长作为书展组委会副主席出席书展主宾国活动开幕式，并在书展"全球经济失衡与中国发展学术研讨会"上作主题发言，获得热烈反响。国际合作局荣获了新闻出版总署颁发的优秀组织奖；社科文献出版社荣获了优秀活动奖。

（3）根据国家有关部门的部署，与伊斯兰合作组织进一步加强交流关系。经过精心筹办，与伊斯兰合作组织共同在北京成功举办"中国与伊斯兰文明国际研讨会"，对增进中国与伊斯兰两大文明之间的沟通与理解发挥了积极作用。会议举办期间，全国政协主席贾庆林会见了与会外方代表。

（4）2012 年，社科院派员参与国家重要涉外工作和活动，发挥积极作用，得到表彰。配合金砖国家领导人峰会、东亚领导人峰会、联合国可持续发展大会等重大外交活动，社科院选派学者开展二轨交流，收到良好效果。根据中组部的部署，国际合作局组织撰写了关于社会科学领域国际组织及我相关任职情况的报告；局干部还参加了中组部组织的写作组，参与撰写相

关工作纲要，得到中组部人才局表扬。

2012 年，国际合作局共计收到国家有关部门发来的 10 件信函，表扬和感谢社科院有关单位和专家学者在配合国家对外工作中所作出的贡献。

（四）积极开展与台湾、香港、澳门的人文社会科学学术活动

（1）对中国台港澳地区学术交流活跃。2012 年，对台港澳交流总量为 228 批 376 人次，其中，对台湾交流 144 批 232 人次；对香港交流 45 批 76 人次；对澳门交流 39 批 68 人次。

（2）与台合作举办一系列高水平研讨会。其中包括"白先勇的文学与文化实践暨两岸艺文合作学术研讨会""海峡两岸财税制度与经济发展策略研讨会"，以及在宗教、历史、民族学等领域举办的各类学术会议。学术研讨活动促进了两岸沟通、理解和认同。

（3）院领导赴港开展重要交流活动。王伟光常务副院长应香港特区政府中央政策组邀请，赴港宣讲十八大精神；李捷副院长出席纪念香港回归祖国 15 周年纪念活动。

（4）完成与澳门特区政府合作研究项目。根据 2010 年底陈奎元院长会见崔世安特首时所达成的共识，社科院财经战略研究院和澳门特区政府政策研究室签署关于开展合作研究的协议，由社科院财经战略研究院承担开展"努力将澳门建设成为国际旅游休闲中心"研究项目。2012 年，项目圆满完成，受到澳门特区政府的好评。

（五）推进体制机制改革，提高国际交流合作管理水平

（1）根据社科院创新工程项目管理需要，制定相应管理规则，及时、有序地开展项目审核工作。制定《关于创新工程经费用于对外学术交流的管理规定》，就创新工程人均 3 万元研究经费用于对外学术交流，明确了具体管理规则。国际合作局对院属创新工程试点单位申报的2012、2013 年国际交流合作项目进行审核，按照"一般性出访与来访""社科论坛和国际研讨会""外文翻译出版"和"涉外特需项目"等对申请项目进行分类，确立具体的审核原则，并按院创新办要求及时向各单位回复审核意见，如期完成了审核任务。

（2）开发外事经费动态管理系统，在外事经费管理中引入绩效指标。为了增强外事经费使用的计划性，加强对经费支出的及时监督和管理，2012 年，国际合作局启动开发外事经费动态管理信息化系统。在反复调研、论证的基础上，设计了动态管理流程模型及数字化程序。根据财政部及院财计局的要求，加强了对国际合作交流经费预算的可行性论证，并将绩效考核指标引入经费管理，为提高国际交流合作经费的使用效益打下了基础。

（3）制定《中国社会科学院因公出国（境）人员审批管理办法》。2012 年，中共中央办公厅、国务院办公厅下发了《关于转发中央纪委等部门〈因公出国人员审批管理规定〉的通知》。根据通知要求，结合社科院的具体情况，由国际合作局拟订了《中国社会科学院因公出国（境）人员审批管理办法》，经院长办公会议审议通过，由国际合作局、人事教育局、监察局联合印发至院属各单位执行。

（4）梳理和编写外事工作流程，更新社科院对外学术交流项目指南。组织全局各处室梳理和编写外事工作流程，涵盖社科院国际交流合作和外事管理的各方面工作内容，其中包括重要外事活动、国际研讨会、国际合作研究、对外翻译出版等各类项目，以及护照签证办理、公文流转、档案整理等工作事宜。各项工作流程将汇编成册，供全局同志在工作中使用，以提高工作的规范性和效率。国际合作局还更新了《中国社会科学院对外学术交流项目指南》，为研究所和广大研究人员提供更为全面、翔实的对外交流项目信息，促进社科院的国际合作资源得到更加充分的利用。

（5）开展外事干部培训和国情调研工作。国际合作局于8月在北戴河举办2012年全院外事工作培训班；以"生态文明建设"为主题，于10月和12月组织社科院外事管理干部分别赴辽宁、山东和山西、海南进行国情调研。通过开展培训和国情调研，加深了外事管理干部对院情、国情的了解，提高了思想认识水平，增强了对参与实施创新工程和搞好对外交流合作工作的方向感和积极性、主动性。

财务基建计划局

2012年是中国社会科学院全面推进哲学社会科学创新工程，继续实施三大强院战略的重要一年。财计局在院党组、院领导的带领下，继续深入落实党的十七大和十七届六中全会关于"推进哲学社会科学创新体系建设"及国家"十二五"规划纲要关于"实施哲学社会科学创新工程"的战略部署，认真学习贯彻党的十八大会议精神，以院工作会议精神为指导，积极落实社科院后勤管理体制机制改革，进一步规范财务管理、房地产管理和资产管理等，为社科院各项工作提供较好的保障。

（一）财务管理工作

1. 积极争取财政资金支持，保障科学事业发展

2012年，财政部核定中国社会科学院科学事业费141103万元，比2010年的75320万元增加了近一倍，创新工程经费达4个亿，有力地保障了中国社会科学院科学事业发展的需要，保证了创新工程的稳步推进。核定住房改革支出8350万元，比上年的6600万元又有所增加，保障了全院住房改革的支出。按照院党组确定的方案，及时完成了2012年全院各单位的预算安排，下达预算和决算批复，较好地保障了全院各单位科研事业的发展需要。

2. 做好预、决算编报等经费保障基础性工作

根据社科院科学事业发展需要和院领导指示，认真贯彻落实财政部关于预算管理科学化、精细化的有关要求，认真组织编制全院年度预算和决算工作，包括部门预决算、住房改革支出

预算决算、基本建设预决算。在工作中注意总结经验，不断提高编制质量，按照科学化、精细化的要求开展工作。做好基础资料信息的加工和整理，准确反映全院经费需求；注意全面完整地编制收支预算，仔细核对每项收支内容和数据，真实准确地反映社科院的预算整体状况。

2012 年，中国社科院部门决算连续第八年获财政部的评比表彰；住房改革决算连续第六年获财政部通报表彰；预算编制获财政部表彰。

3. 围绕创新工程，切实做好资金保障工作

根据全院创新工程的工作要求，认真审核创新试点单位 2012 年的经费预算，细化各单位的经费指标，落实全院 2012 年创新工程专项经费。

4. 采取有效措施，加大预算执行力度

加强预算执行管理，提高预算执行进度，是预算管理的一项重要工作。根据财政部关于加强预算执行管理的有关规定，经过全面的测算，编制预算执行计划。从年初开始定期检查预算执行进度，与科研局、外事局等有关职能部门配合采取必要措施，同重点单位沟通，2012 年两次核减部分单位的科研业务费预算指标，促进了预算的正常执行。为全面、及时、准确地掌握各单位情况，制定预算执行管理责任制，责任到人，与执行进度慢的单位进行沟通，跟踪重大项目进展情况，共同研究情况，采取有效措施，保证预算按计划执行，确保当年预算执行进度达到预定目标。

5. 深化财务体制机制改革，强化财务监管能力

（1）会计委派和会计代理制工作。社科院开展财务管理体制机制改革以来，共有 21 个单位实行了会计委派或会计代理制试点。第一批纳入试点的单位已全部实行了会计委派或代理制度，完成了院领导制定的改革目标。委派和代理会计在工作中，严格按照《会计法》《企业会计制度》及有关会计法律法规和社科院创新工程财务规章制度的规定，进行会计核算和财务管理，起到了坚持制度、服务科研、规范核算的作用，圆满完成了改革三步走的战略目标。

（2）结算中心工作。2012 年，有 12 个账户新纳入院网银系统，应纳入结算中心的账户数为 208 个，实际已纳入结算中心的账户数为 192 个，完成率为 92%。2012 年结算中心归集资金全年实现利息收入 580 万元，结算中心对已纳入账户的单位实行实时监控，开展日常检查和专项检查，对各单位资金变动趋势、大额资金变动等情况进行追踪、分析，使社科院各级单位银行账户管理集中、规范，提高了财政资金使用效率，为资金安全提供了保障。

6. 加强制度建设，规范财务管理

根据社科院财务管理体制机制改革和管理强院的要求，为规范财务管理行为，提高管理水平，近三年，在结算中心、会计委派代理、经费审批、预算执行等方面共出台了 13 项规章制度。这些制度为院申报创新工程经费、加强财务管理监督、提高工作质量、改进财务管理工作提供了制度依据。

2012 年，结合期刊"五统一"的安排，从 7 月开始分两批对全院 70 个刊物经费使用情况

进行了摸底，对各种情况进行了全面的分析，分类梳理数据，总结查找规律，研究制定了《中国社会科学院学术期刊经费管理办法》。这个办法的出台为规范期刊经费管理奠定了基础。

7. 建立财务内部审计制度，确保资金安全

按照《中国社会科学院财务内部审计管理办法（试行）》的规定，针对制度建设、预算管理、收支管理等工作开展了经常性的检查。配合人事局对 30 多个单位进行了规范津补贴检查；根据收入上解的规定，对 14 个五类单位的收入情况进行了核查；结合部分单位的经费申请，对专项经费支出情况进行了检查；根据审计署的审计决定，及时与有关单位反复沟通，按时报送了社科院关于落实审计决定的报告；就部分单位的医药费支出进行了检查。在检查中，发现个别单位自定补贴项目、提高发放标准、扩大发放范围等不规范津补贴内容，财计局要求有关单位加强公费医疗管理，严格控制不合理支出。

8. 加强财务管理信息化建设，管理效率不断提升

针对社科院项目种类和数量多、涉及人员范围广、项目延续时间长、项目管理信息分散、缺乏有效的管理手段的现状，在财政部的支持下，设计、开发了项目管理软件。这个系统的试运行，实现了对项目的动态、实时管理，为今后加强项目管理提供了有效的手段。根据创新工程预算申报格式不一、内容不规范、标准混乱等情况，为方便单位申报、规范预算审核、严格预算执行，结合前期审核遇到的问题，设计了项目经费预算编制方案，与软件公司合作开始了项目预算编制软件的开发工作，将为规范管理提供新的手段。

9. 认真履行机关财务管理职责，树立窗口服务意识

院机关财务较好地完成了院机关全年 3.1 亿元资金的会计核算，服务对象近 900 人。办理公务卡 1518 笔的支付，对在职职工 412 人住房公积金进行年度核定。审核、汇总 44 个基层工会预算、决算报表，预决算报表被中央国家机关工会联合会评为一等奖。

（二）房地产管理工作

1. 加强办公用房管理，提升保障水平

为配合院档案楼建设，协调院相关部门，按时顺利完成 5 号楼、6 号楼搬迁单位办公用房的调整，并办理相关拆除报批手续。办理承担财经院和社发院入驻及院图书馆国际分馆移交手续。完成了日本研究所、拉美研究所、亚太院办公用房的调整工作。协调租用中冶大厦科研办公用房装修期间的各项工作，与中冶集团及其物业管理单位签订了物业管理三方协议，制定了研究所搬迁至中冶大厦后科研大楼办公用房调整方案。制定经济学部办公用房及经济片图书分馆建设用房调整方案。认真贯彻落实《中国社会科学院科研办公用房小修、抢修工作实施办法（暂行）》，严格按规定程序组织办公用房小修工作，完成了科研办公用房抢修、小修共 40 余项，投入经费约 550 万元。经过多方协调，2012 年 10 月底，拆除了宋庆龄基金会垒砌多年的隔离围墙，彻底解决了多年来没能解决的老大难问题。办理社科出版社办公楼装修改造批准手

续。加强对科研办公用房有偿利用的管理,认真贯彻《中国社会科学院房产有偿利用管理暂行办法》。应收实收国际片等辅助用房租金88.4万元。配合国管局完成社科院办公及住宅楼的抗震检测工作。

2. 保障职工住房权益,强化服务意识

认真做好2012年度职工住房补贴的审核,涉及33个单位879人,住房补贴经费642万元;补发职工住房补贴金额2800余万元。承担了经适房配售方案的制定及配售人员资格审查、报批、公示等,现正在向国管局申报配售方案,与经适房建设单位协调按规定程序办理配售手续。协助8名新调入人员办理了申请北京市限价房手续。申办房改房产权证工作有了重大突破。已办理三里河回迁住户24户,朝阳区52户,海淀区26户(含阜南2号楼12户),解决了困扰多年的老大难问题。为住院产权房的住户建档37户,处理超标住户27户,收取超标款1171328元,办理央产房上市106套。按照国管局资金中心统一要求,开展社科院职工住房维修基金档案建立工作。

3. 采取有力措施,加强单身宿舍管理

研究生院新校园单身公寓于2012年7月初办理了入住手续,现已办理青年学者入住59人(含访问学者5人)。与博士后工作办公室办理了30套博士后公寓移交手续。继续做好单身宿舍的清退工作,华兴园单身宿舍清退108人,清理出36套单身宿舍,太阳宫清退46人,收入租金45万元。

4. 强化物业管理,做好后勤服务

2012年,共支付院产权房住宅物业费约560万元,办公用房物业费约980万元,供暖费1535万元;支付住外单位产权房供暖费约137万元;支付购商品房供暖费约270万元。进一步做好办公区、住宅区物业管理工作,对物业服务质量等情况经常进行督促检查,对住户反映的问题及时要求物业单位进行处理。启动了使用房改房维修基金更换太阳宫住宅楼电梯,经多次与国管局房改办物业处沟通,按要求报送了申报材料,现已经进入审批程序阶段。完成干面胡同住宅小区电改气工程,166户居民彻底告别煤气罐,用上了天然气;同时完成锅炉供暖电改气工程,将电锅炉供暖改为天然气锅炉供暖,大幅度节约了用能成本。

5. 加大工作力度,继续推进节能减排工作

积极开展节能宣传周活动。为深入推动全院节能工作开展,根据国管局开展节能宣传周活动安排,2012年6月12日,在院部开展以"节能低碳、节水护水、从我做起"为主题的"节能宣传周主题活动日";开展"科技助力公共机构节能"科普巡展;中国再生资源开发公司组织废旧物品回收活动,全院职工积极踊跃参加,增强了节能环保意识。按照国管局节能司统一部署,配合建设单位完成了科研大楼楼顶光伏发电设备安装工作,现已并网发电,日均发电近400千瓦,已发电近4万余千瓦。已完成了网络机房节能改造协调、论证、报批工作。按照国管局节能司统一部署,节能司出资对社科院部分职工食堂进行节水改造。

（三）国有资产管理工作

1. 完善、规范资产管理平台，加强资产管理信息化建设

为了更好地发挥资产管理平台的作用，2012 年针对各单位在使用过程中提出的意见和建议，对院资产平台进行了第二次升级。

2. 推进全院资产管理的制度化和规范化建设

依据国家文物保护法及其相关规定，2012 年完成并出台了《中国社会科学院文物管理暂行办法》。为规范管理，摸清家底，在多次征求院里几个相关研究所意见的基础上，着手建立《中国社会科学院文物、图书资料、档案管理系统》，现需求分析已完成，系统已经投入研发阶段。

3. 严格执行资产配置、处置规定，做好资产管理绩效考评试点

严格执行资产配置计划，加强对院属各预算单位新增资产配置的审核。依照资产配置计划，2012 年更新了领导专车及一般公务用车共计 17 辆。认真做好院属各单位国有资产处置申请的审批，坚持厉行节约，做到确保国有资产处置高效、安全环保。国务院机关事务管理局制定了《中央行政事业单位资产管理绩效考评办法（试行）》。中国社会科学院被选为资产管理绩效考评 10 个试点单位之一。

4. 盘活存量资产，避免固定资产的重置浪费

2012 年度，全院调剂使用资产约 50 件、价值约 10 万元，涉及 13 个单位。有效提高了固定资产的利用率，降低了固定资产闲置率，节约了财政资金。

5. 全面落实政府采购规定，加强院政府采购工作

坚持依法采购，按照《中国社会科学院政府采购管理实施办法》，明确规定，凡使用财政性资金采购政府集中采购目录中的项目，必须委托中央国家政府采购中心实行集中采购。加强信息化管理，在采购信息统计及计划管理系统中，细化政府采购预算的具体项目，规范采购行为，充分利用中央政府采购网，实时掌握院属各单位的政府采购进度和结果等情况，不断提高政府采购效率和质量。

（四）企业管理

1. 受院委托负责监管院管创收项目的日常运转，并负责创收收入的收缴工作

全年完成收缴租金共计 1153 余万元。完成日坛路 6 号附楼、停车楼及安定路甲 28 号商业楼等五处院管房产租赁项目的续租签约工作。

2. 完成院企业管理委员会所交办的各项工作

完成向财政部、国资委等行政主管部门报送中国社会科学院所属企业国有资产汇总统计报表和报告工作。草拟《中国社会科学院企业管理条例》。汇总院属 18 个企业的会计快报表，分析各企业的资金经营状况。

（五）人防管理工作

1. 认真落实人防责任制

协助院人防委完成与中央国家机关人防办签订《2012 年中央国家机关人民防空工作责任书》的工作，并按时将责任书报送中央国家机关人防委。根据院人防委提出的层层落实人防工作责任制的要求，结合人防工程实际使用情况，对《中国社会科学院人防工程使用管理委托书》（包括人防工作责任书）分别进行完善和修改，并与院各人防工程管理和使用单位续签《中国社会科学院人防工程使用管理委托书》，确保人防工程的使用安全。

2. 稳步推进人防工程综合整治

开展地下空间综合整治工作是中央国家机关人防办 2012 年的一项重要工作。为做好社科院人防工程综合整治工作，成立了社科人防工程综合整治工作协调小组，制定了《中国社会科学院人防工程综合整治工作实施方案》，按照方案及时将有关工作落实到位。社科院现用于居住人员的人防工程 16 处，散租用途的人防工程 10 处，现已清退散租用途的人防工程 3 处。

3. 人防工程建设管理步入正轨

按照《中央国家机关人民防空工程建设与拆除审核暂行办法》的程序，协助院基建办多次到中央国家机关人防办完成社科院建设项目中人防工程审计审核的报批工作，从而强化了人防办公室的管理职能，使社科院人防工程建设管理步入正轨。

（六）适应改革需要，努力提高管理人员水平

为加强财务基建局与院属各单位行政后勤管理部门的沟通与交流，年初召开了院属各单位办公室主任暨后勤管理人员参加的后勤管理研讨会，布置 2012 年度社科院预算、房地产管理、资产管理和政府采购等方面的工作。根据院后勤管理体制机制改革的需要，加强会计队伍建设，按照国管局的统一安排，举办了 2012 年会计人员继续教育培训班，120 余人参加了学习。通过培训，进一步提高了会计人员的业务素质、技能水平和职业道德水平。为提高房产管理人员的能力，4 月举办了一期房改政策培训班，请国管局房改办专家讲课，培训院属各单位负责房产管理工作的人员近 70 人。通过培训，使房产管理工作人员对房改政策有了更深刻的理解，业务能力有了进一步提高。

离退休干部工作局

2012 年，离退休干部工作局认真学习贯彻党的十七届六中全会和十八大精神，在院党组、院领导的正确领导下，坚持以科学发展观为统领，围绕中心，服务大局，紧密结合社科院实际和离退休人员特点，开拓创新，扎实工作，不断提高服务质量和工作水平，圆满完成了各项工

作任务，取得了较好的成绩。

（一）以迎接党的十八大为主线，加强离退休干部思想政治建设和党支部建设，保持离退休干部队伍和谐稳定

举办形势报告会。先后邀请学部委员、人口所所长蔡昉，中国边疆史地研究中心党委书记李国强，党的十八大代表、世经政所所长张宇燕分别作"2012年全国两会精神""南海问题的观察与分析""从十八大报告看中华民族的伟大复兴"等专题形势报告会。组织离退休干部代表参加中组部举办的三次报告会。

引导离退休老同志理解、支持社科院创新工程。先后邀请中纪委驻院纪检组组长、党组成员李秋芳，院副秘书长晋保平，创新办常务副主任马援等同志作创新工程有关情况报告，使老同志了解创新工程的重要意义和实施情况。

举办离退休干部党支部书记培训班。与会支书学习了十八大精神，了解了创新工程进展情况，通过讨论交流，进一步加强了离退休干部两项建设。召开了离退休干部党支部书记座谈会，协助院直机关离退休干部党支部进行换届选举。

召开"雷锋精神与构建社会主义核心价值体系座谈会"，开展"忆雷锋、学雷锋、争做雷锋"征文活动，编印了《雷锋精神赞——离退休干部纪念雷锋同志牺牲50周年征文集》。

（二）千方百计为老同志办实事、做好事

长征基金扩范围提标准。2012年7月开始扩大了长征基金补助范围，由原来的年满74周岁扩大到全体老同志，补助标准由原来的200元至900元三档提高到200元至2000元七档。全年共发放长征基金补助1834.7万元。

开展走访慰问工作。全年走访慰问老同志548人次，其中，春节前夕走访252位老同志，十八大召开期间走访老党员、生活困难党员141人，日常工作中走访院直机关危重病老同志82人，探望因病住院的老同志73人次。为院机关44位老同志集体祝寿。

做好高龄及特困离退休人员的帮扶工作。全年为345位老同志发放困难补助102.39万元，其中，为304位生活困难及医疗困难老同志补助50.09万元，为41位医疗自费3万元以上老同志申请院长基金补助52.3万元。为85岁以上老同志发放高龄补贴107.18万元；为525名离休人员及生活不能自理的老同志发放护理费130.58万元；为9位老红军发放补贴2.28万元。

（三）加强老有所为平台建设，展示老专家学者的风采

举办了离退休人员老有所为风采展。展览了社科院老专家学者离退休后出版的学术代表著作1198部，以及老同志的书画作品74幅。自老年科研基金成立以来，共资助出版成果113部，资助课题立项49项，获奖成果183部。

2012 年 5 月，中国社会科学院举办离退休人员老有所为风采展。

加强和改进老年科研基金管理。印发《老年科研基金申报指南》。批准 2013 年度立项课题 52 项、出版资助 42 项，评选出第五届离退休人员科研成果奖一等奖 5 项、二等奖 15 项、三等奖 23 项。编辑了《老年科研基金成果汇编（论文、研究报告）》第 5 卷（2007 ~ 2008）。

老专家协会、老年科学研究会、秋韵诗社、老年书画研究会、万年青学苑等老年文化学术团体组织课题研究，召开元宵节茶话会，开展学术沙龙，编纂诗文集、书画集。还举办了离退休人员书法班和绘画班。

（四）以倡导健康快乐生活为目标，开展丰富多彩的活动

组织健康休养活动。全年组织 410 人次老同志参加青海、宁夏、山东、福建健康休养。组织 470 人次参加院直机关老同志春秋游活动。

举办第 24 届老年运动会。有 868 位老同志参加了 22 个项目的比赛，还奖励参与活动的 110 位 80 岁以上的高龄老人。

发挥老年文体协会的作用。各老年文体协会每周定期开展活动。老年门球协会获"多威杯"全国高校门球比赛第二名。组织了老年文体骨干培训班，开展了"文体活动带给我快乐"征文活动。加强宿舍区活动站管理，坚持开展各项活动。

（五）强化两级管理，提高离退休干部工作水平

做好离退休干部工作达标考核验收工作。2012 年底，根据《离退休干部工作目标管理考核标准》的要求，对各单位离退休干部工作进行满意度测评和检查验收，参考分片联系小组和局职能处室的相关情况提出初步意见，经院离退休干部工作领导小组审定，参加考核的 39 个单位被评为达标单位。

举办离退休干部工作人员培训班。提出"三用""四能"的离退休干部工作人员工作标准。"三用"即用心、用脑、用情，"四能"即开口能讲、提笔能写、问计能答、交事能办。

坚持联系片工作制度。及时了解老同志的生活、思想情况，协助各单位解决离退休干部工作中的各种困难和问题。

（六）搞好传帮带，加强局自身建设

加强思想建设。认真学习中央文件精神，提高团队政治思想素质。开展向雷锋同志学习活动，召开全局工作人员座谈会，争做优秀离退休干部工作人员，争创一流离退休干部工作。

加强内部管理。实现了局领导班子的顺利交接。遵守工作纪律，严格考勤制度。严格执行财务制度。克服困难，按时完成局办公地点搬迁任务。

加强作风建设。开展创先争优活动，坚持高标准，严要求，注重细节，争创一流，不断提高服务水平和服务质量，保证开展的各项活动安全、圆满。落实首问责任制，热情接待老同志，做到文明用语，主动起立相迎。注重调查研究，组织赴湖南省国情考察，借鉴兄弟单位的先进经验。

直属机关党委

2012 年，直属机关党委在院党组和中央国家机关工委的领导下，以马克思列宁主义、毛泽东思想、邓小平理论和"三个代表"重要思想为指导，深入贯彻落实科学发展观，以迎接党的十八大召开和学习宣传贯彻十八大精神为主线，继续推进学习型党组织建设，着力加强社会主义核心价值体系教育，努力深化创先争优活动，扎实做好"基层组织建设年"工作，以改革创新精神全面加强中国社会科学院党的建设，为实施哲学社会科学创新工程，推动全院各项工作，提供坚强的政治、思想和组织保证。

（一）深入开展迎接党的十八大召开的各项工作，认真组织全院各级党组织和广大党员干部职工学习宣传贯彻党的十八大精神

认真做好中国社会科学院出席党的十八大代表的推选工作。十八大召开前，按照中央的统一要求和部署，召开中共中国社会科学院直属机关委员会二届八次（扩大）会议，专题研究部署中国社会科学院选举工作，广泛发动基层党组织和党员积极参与，圆满完成中国社会科学院出席党的十八大代表的推选工作。召开中共中国社会科学院直属机关委员会二届九次（扩大）会议和全院党的工作会议，部署以迎接和学习宣传贯彻十八大精神为主线的党建工作。

深入开展以迎接党的十八大召开为主题的系列活动，积极营造迎接党的十八大召开的浓厚氛围。在全院基层党组织中广泛开展以"走基层、知民情、懂社情，做好本职工作，迎接十八大胜利召开"为主题的党日活动，组织开展以"强组织、增活力，迎接党的十八大"为主题的党建成果展。

认真组织学习宣传贯彻党的十八大精神，院党组高度重视学习宣传贯彻党的十八大精神，

2012 年 2 月，中共中国社会科学院直属机关委员会二届九次（扩大）会议在北京举行。

多次召开中心组学习会议，对学习贯彻党的十八大精神提出明确要求。11 月 8 日，直属机关党委安排各单位组织党员干部职工收听收看党的十八大大会实况。十八大闭幕后，召开全院干部大会，传达学习党的十八大文件，院党组副书记、常务副院长王伟光作十八大精神专题辅导报告。院党组向全院下发了《关于学习宣传贯彻党的十八大精神的通知》，对院属各单位学习宣传贯彻党的十八大精神进行部署。

举办了全院所局主要领导干部十八大精神专题学习班，院党组成员驻会指导，王伟光同志作重要讲话，李慎明同志作关于新修订的《中国共产党章程》的专题报告，高全立同志作学习班总结讲话。十八大召开后，社科院举办了领导干部学习党的十八大精神专题报告会、社科院各民主党派学习十八大精神研讨班、社科院青年学者学习贯彻十八大精神座谈会、社科院妇工委学习贯彻十八大精神专题部署会、离退休干部学习贯彻十八大精神座谈会等活动。院属各单位党组织也充分利用党委中心组、专题报告会、座谈会、辅导培训等形式学习宣传贯彻党的十八大精神。

（二）深入开展马克思主义基本理论教育，努力提高全院干部和科研人员的马克思主义水平

继续组织全院干部职工深入学习马克思主义基本理论和中国特色社会主义理论体系，重点组织学习中央有关方面组织编写的《十八大报告辅导读本》《辩证看 务实办——理论热点面对面·2012》等学习材料，提高全院干部和科研人员运用马克思主义的立场、观点和方法指导哲学社会科学研究及各项工作的自觉性。举办"所局领导干部马克思主义经典著作读书班""机关干部学习报告会""青年骨干马克思主义经典著作读书班"以及马克思主义基础知识系列讲座和全院党校第 38 期干部进修班等。在中央国家机关工委举办的各部门学习品牌评比中，社科院与中央国家机关工委和文化部合办的部级领导干部历史文化讲座被评为示范品牌，院所局领导干部马克思主义经典著作读书班被评为理论学习优秀品牌。

（三）深入开展思想道德建设，院社会主义核心价值体系教育工作显著加强

以开展学雷锋系列教育活动为抓手，认真践行社会主义核心价值体系。组织党员干部认真学习贯彻中央制定颁布的《社会主义核心价值体系建设纲要》，下发了《深入开展学雷锋活动的通知》。召开社科院"雷锋精神与社会主义核心价值体系建设理论研讨会"。部署开展了以"传承雷锋精神，参与志愿服务"为主题的系列教育活动，推动学习雷锋活动常态化、制度化。举办社科院首期道德论坛，以"道德建设从我做起"主题实践活动为载体，深化思想道德建设，努力提高干部职工的思想道德水平。

（四）深入开展"基层组织建设年"活动，推动社科院基层党组织建设常态化、长效化

抓好创先争优总结工作。在纪念建党91周年暨全院党的工作会议上，组织表彰了10个先进基层组织和20名工作一线的优秀党员、优秀党务工作者。

抓好党委领导班子建设。2012年完成党委（机关党委）换届的单位有27个。印发《关于召开2012年党员领导干部民主生活会的通知》，开展以"学习贯彻党的十八大精神，加强所局领导班子建设，深入推进创新工程"为主题的民主生活会。组织党委书记国情考察，以"深入落实科学发展观、推进生态文明建设"为主题，赴黑龙江开展考察活动。

抓好基层组织建设年活动。出台了《党支部工作分类定级考核办法（试行）》，开展了党支部考核和晋位升级工作。开展"走进基层党支部、总结支部工作法"活动。院直属机关党委获得中央国家机关"走进基层党支部"活动优秀组织奖。做好党支部建设的经费保障工作，2012年，在职人员每个党员每年党支部建设经费由300元提高到400元；离退休人员每个党员每年党支部建设经费由200元提高到260元。2012年共慰问老党员和困难党员143名，支出院管党费126200元。

（五）深入开展"走基层、转作风、改文风"活动，社科院干部职工的作风、学风和文风建设不断推进

组织学习、贯彻落实中央新出台的改进工作作风、密切联系群众的八项规定。着力改进会风和文风，坚决克服形式主义、官僚主义。深化"走转改"活动，召开全院深入开展"走转改"活动推进会，推动"走转改"活动和国情调研工作有机结合。建立健全基层联系点，蹲点调研等制度。教育和引导广大科研人员大力弘扬理论联系实际的优良学风文风，增强学术道德自律，完善学术行为规范，自觉抵制脱离实际、虚华浮躁、抄袭剽窃等不良学风和文风的影响。开展院直机关2011年度文明窗口评选表彰活动，认真完成机关作风建设群众评议工作，财计局机关财务处等5个单位被评为年度文明窗口。

（六）深入开展新形势下党的统一战线工作和群众工作，社科院统战、工青妇组织联系和服务党内外群众的作用进一步加强

认真做好民主党派和无党派人士工作。组织社科院民主党派和无党派人士赴新疆，以"各民族共建现代中华民族文化模式"为主题开展国情调研考察活动，促进党外专家学者更好地参政议政、建言献策。推荐社科院 11 位无党派专家学者、6 位民主党派人士作为中央统战部门 2012 年度无党派和民主党派重点人选，推荐社科院 2 位统战对象为中央文史馆馆员人选。推动解决全院 57 位离退休归侨 2012 年生活补贴。2012 年社科院统战部门被中央统战部授予"党外知识分子建言献策信息工作先进单位"荣誉称号。

院工会组织职能部门干部职工参加"首届中央国家机关公文写作技能大赛"。院上报的 1 篇参赛作品获二等奖，30 多篇参赛作品获优秀奖。认真组织全院职工参加中央国家机关干部职工学习党的十八大精神主题赛诗会活动。认真组织开展"送温暖"活动。元旦春节期间，向 82 名困难职工发放补助金 112500 元，为 5 名特困职工申请补助金 24000 元，为 2 名困难职工子女申请央务阳光助学金 6000 元。

社科院团委、院青年中心组织开展第六届胡绳青年学术奖评奖活动。召开第六届"胡绳青年学术奖"颁奖仪式，共评选出获奖作品 5 项、提名奖作品 6 项。积极开展纪念共青团成立 90 周年等系列主题活动。召开纪念共青团成立 90 周年座谈会，举办"五四青年文化季"系列主题活动。

社科院妇工委以建设"坚强阵地"和"温暖之家"为主题，在全院妇女组织中深入开展党群共建、创先争优活动。开展符合全院女职工特点的系列文体活动。组织全院在职和离退休女职工参加体检。组织了女干部、女学者开展专题国情考察活动。

（七）深入开展党建理论研究，社科院党的建设规范化、科学化水平不断提高

加强创先争优理论研讨。社科院共有 2 篇论文被评为全国创先争优理论研讨会入会论文，由直属机关党委参与起草、王伟光同志代表院党组在全国创先争优理论研讨会作题为《论创先争优的实践意义和理论意义》的发言，受到中组部领导表扬。积极参与全国党建研究会和中央国家机关党建研究会有关课题的研究工作。组织完成全国党建研究会 2012 年度重点课题《中国共产党应对考验、化解危险的历史经验》研究报告；完成全国党建研究会机关专委会交办的"增强基层党组织创造力凝聚力战斗力，推动创先争优常态化长效化制度化研究"课题，并被全国党建研究会专委会和机关专委会分别评为党建课题成果一等奖；完成"增强基层党组织建设重点难点问题研究"课题，并被评为中央国家机关党建研究会一等奖；组织完成中国思想政治工作研究会、中宣部思想政治工作研究所委托交办项目"党的十六大以来思想政治工作创新研究"课题研究任务，努力为提高党的建设科学化水平提供理论指导。

监察局　直属机关纪委

2012 年，按照中央和中央纪委的决策部署，监察局、直属机关纪委在院党组和驻院纪检组的领导下，坚持惩防体系"六项工作格局"，深化预防腐败"三大行动"，为全面推进哲学社会科学创新工程提供了有力保障。

（一）坚持正确的政治方向，政治纪律建设常抓不懈

2012 年是以党风廉政建设和反腐败的实际成效迎接党的十八大胜利召开的重要一年。面对意识形态领域日益尖锐复杂的斗争，通过读书班、培训班、廉政教育等形式教育干部学者坚持正确的政治方向，自觉担当坚持和发展马克思主义、推进理论创新的历史责任。发挥中国社科网、《中国社会科学报》的导向作用，抑制杂音噪音传播，牢牢掌握反腐倡廉舆论引导主动权。有针对性地做好预防政治违纪行为的工作，与有关职能部门及单位召开联席会议，在沟通信息、分析研判、制定方案的基础上，教育提醒个别学者参加论坛、外出讲课、涉外交往等要本着对社会效果负责的态度，正确引导社会舆论，避免因言行不慎误导公众情绪、激化社会矛盾，为党的十八大胜利召开营造良好政治氛围。严格执行中央纪委和中组部提出的"5 个严禁、17 个不准和 5 个一律"换届纪律，严把代表政治素质关，认真做好推选出席党的十八大代表和中央国家机关党代表会议代表的选举监督工作。做好社科院推选的十八大中央候补委员、享受政府特殊津贴和新闻出版领军人物等候选人遵守政治纪律和廉洁自律的审查工作，负责任地提出廉政意见。在对社科院部分研究所党委、行政领导班子换届调整中，加强对拟提拔局级干部的廉政考察，防止"带病提拔"。

（二）注重领导示范，反腐倡廉教育成效明显

持续加强反腐倡廉遵纪守法教育。"法规纪律应知应记"系列教育活动已进行 5 年，2012 年，全院 2000 多名干部职工学习了以财经纪律、保密纪律、党风廉政建设责任制等为主要内容的折页材料。春节前夕，纪检监察机关给 9 位院党组成员和全院 200 多名所局级领导干部发送以廉洁为主题的拜年短信。"七一"前夕，组织放映了电影《忠诚与背叛》，800 多名党员干部学者集中观看了影片。观看电影后，一些单位召开了座谈会，交流观影心得，取得积极效果。学习宣传一批勤廉典型的先进事迹。严格执行领导干部廉洁自律各项规定。1239 名处以上干部和研究室（编辑部）主任就遵守和维护政治纪律及学风和工作作风、遵守廉洁自律规定、规范决策和管理、落实党风廉政建设责任制等情况公开述纪并接受了民主评议。完善"反腐倡廉信息管理系统"，全院 226 名局级干部试行述职述纪在线填报和电子归档。

（三）倡导优良学风，学术科研环境不断优化

在干部学者中深入开展了以马克思主义为指导，坚持求真务实的学风教育。持续开展"书记所长抓学风"专项管理活动。自 2011 年以来，院属各单位把优良学风建设行动与"走基层、转作风、改文风"活动相结合，深入基层接触群众，开展国情调研考察，研究经济社会重大理论和实践问题，产出了一批有质量的研究成果。在《中国社会科学报》《社科党建》和"中国社科网"开辟学风建设专栏，已先后刊登语言研究所、政治学研究所、人口与劳动经济研究所、民族文学研究所、历史研究所、世界经济与政治研究所等 14 个单位学风建设的好经验、好做法，宣传严谨治学作出突出贡献的优秀典型，营造积极健康向上的学术氛围。严格执行《科研人员学术道德自律准则》《期刊图书编辑人员行为规范》和《学术不端行为处理办法》。凡存在学术不端行为，职称评定、考核评优、干部提拔实行"一票否决"。全院近年来未发生一起学术腐败案件，在全国学术界持续保持了良好的学术声誉。

（四）发挥监督职能，保障创新工程改革措施有效落实

在全院拓展创新工程试点范围的基础上，着力推进以科研管理、人事管理和经费资源管理为重点的制度规范与执行，将反腐倡廉举措融入创新工程系列改革中。各研究所申报创新单位须接受履行党风廉政建设责任、落实惩防体系任务、维护政治纪律、学风建设等综合评判。创新岗位的准入条件和评价标准承续勤廉标准，要求必须政治合格、没有学术不端行为、课题按时结项。对 2012 年度创新工程首次及年终人才引进院级评审专家抽取过程进行现场监督，并全程监督院人才引进评审工作。

贴身监督科研、人事、财务、基建、信息化建设等重点领域。坚持科研、干部、财务三个管理监督联席会议制度，发挥科研观察员制度的平台作用。派员参与院期刊图书审读会，对学术阵地政治方向和学术导向把关情况进行了有效监管。对院档案楼建设工程、院中冶大厦办公区装修工程、北戴河培训中心和密云绿化基地翻改建工程等十多项院内重点基建和修缮工程招投标实施全程监督，对院信息化项目立项评审、院古籍整理保护暨数字化工程设备选型专家论证等进行了现场监督。

发挥审计监督职能。继续参与社科院学术交流大楼贡院东街拆迁工作，审核公司评估报告、拆迁合同及向被拆迁人支付补偿款的合理性，保证了资金合理使用，补偿款专款专用。对 3 名局级领导干部进行了经济责任审计，并首次对郭沫若纪念馆 2 万多件文物藏品进行了清点核对，确保馆藏物品全部纳入纪念馆资产账进行规范管理。此外，为严肃财经纪律，及时转发了中央纪委印发的《违规发放津贴补贴行为适用〈中国共产党纪律处分条例〉若干问题的解释》。

贯彻落实新修订的《中国社会科学院党风廉政建设责任制实施办法》。年初，协助院党组对 2012 年反腐倡廉建设职责及任务进行分解，明确了每位院领导职责和牵头协办部门的

任务，将反腐倡廉建设各项要求融入科研和管理各项工作中。年底，把党风廉政建设各项内容纳入院创新工程综合评价考核工作同部署、同检查，推动反腐倡廉建设各项任务的贯彻落实。

（五）加大信访核查力度，办案水平不断提高

信访监督发挥出良好效力。截至 2012 年 10 月 20 日，全院共受理群众信访 59 件，其中实名举报 18 件，占全年信访总数的 31%。现已调查办结 51 件，正在调查处理 8 件。加强信访案件核查力度，突出对领导干部的监督，全年共向所局级领导干部发出函询通知书 5 件，向有关部门发出转办函 8 件。对于查证属实或基本属实的信访案件，通过通报批评、告诫谈话、帮助教育、提出建议等发挥信访监督作用。

认真做好案件查办工作。在查处转移国有资产案件中，加强与司法和执法机关的协作，坚持不懈地成功追回流失多年的国有资产 5700 多万元。继续做好遗留问题处理工作，认真查处领导干部、学会、基金会、期刊杂志社等违法违纪问题。学习贯彻《事业单位工作人员处分暂行规定》，依法做好违法违纪人员的处分工作。加强信访案件管理工作，做好信访案件信息定期填报及统计分析，促进案件管理工作规范化、制度化。

（六）廉政研究拓展深化，服务大局能力显著增强

2012 年，廉政研究成果显著，服务反腐倡廉决策与实践的能力进一步提升。中国廉政研究中心组织撰写并发布第二部反腐倡廉蓝皮书，举办了皮书发布会暨第六届廉政研究论坛，集中展示了当前我国反腐倡廉建设进程及成效，收到良好的社会反响。先后组织财经院、工业经济研究所、数量经济与技术经济研究所、马克思主义研究院、社会学研究所、政治学研究所等 16 个单位的专家学者共计 150 多人次赴河北、湖南、江苏、山东等省（市、区）持续开展"惩防体系建设实践探索与特色经验"国情调研和专题研究。开展"中国经济社会状况与廉政建设"入户问卷调查，组织专家学者和专职纪检干部分赴 5 省 10 县区 20 个街道 60 个村（社区）开展入户调查，完成 2000 多份问卷。通过对问卷的分析研究，较为全面地了解了当前我国反腐倡廉建设的实践进展、成效以及公众对反腐败工作的满意度、信心度、认知度。完成中央纪委、国家预防腐败局交办的"全面推进新形势下党的建设问题研究""《联合国反腐败公约》履约审议机制研究"等研究任务。十八大前夕，社科院报送了"十八大党风廉政建设对策研究与借鉴"系列要报 11 篇，得到中央及中央纪委多位领导同志批示，为中央研究制定有关政策提供了有益参考。充分发挥院中国廉政研究中心的作用，加强与地方纪委、地方社科院及廉政研究学术机构的合作。先后在山西社科院、湖南永州市建立"廉政研究调研基地"，联合举办"加强党政正职监督理论研讨会"。积极开展对外学术交流，扩大了中国廉政研究中心的学术影响力。

（七）注重学习提高，纪检干部队伍建设不断加强

2012 年 7 月，举办中国社会科学院 2012 年纪委书记培训班。

举办了 2012 年纪委书记培训班，重点就更好地发挥纪检监察组织的监督职能、为深入推进哲学社会科学创新工程提供有力保障进行了学习。加大对各单位纪检监察组织的指导力度，对各单位兼职纪检监察干部进行信访案件工作业务培训，切实提高兼职纪检监察干部的办案能力。一年来，院纪检监察机关努力建设学习型纪检监察机关，积极参与基层组织建设年党建成果展活动，制作了以"讲学习、重调研、强素质"为主题的展板，取得良好效果。

基建工作办公室

2012 年，基建工作办公室紧紧围绕院党组及院领导指示，继续深化"基建强院"理念，积极开拓创新，抓重点、分层次，全力推进重大基建项目及房修项目，努力为科研一线提供坚实的基础设施保障。

（一）基建工作

1. 落实年度基建项目投资和任务

全年获得基建投资 1640 万元，规划设计任务 88996 平方米。

2. 基建项目情况

（1）科研与学术交流大楼项目。选址在建国门内，社科院现址东侧，总用地面积 11304.672 平方米，其中：建设用地面积 8870.844 平方米，代征绿化用地面积 1955.536 平方米，代征道路用地面积 478.292 平方米。1 月 12 日，项目拆迁工作进入攻坚阶段，全年拆迁 46 户，剩余 54 户。

（2）东坝职工住宅项目。选址在东五环外东坝中路，总征地约 150 亩，建筑控制规模约 118700 平方米，计划投资 84000 万元（含征地），资金自筹。2012 年，完成地上建筑 90% 拆

除工作。

（3）中心档案馆及科研附属用房翻改建项目。选址在院部原5号楼、6号楼位置，规划批准建设面积12976平方米，计划投资6996万元。其中：国家发改委批复院中心档案馆项目2880万元，财政部批复科研附属用房翻改建项目4116万元。5月30日，完成原5号楼、6号楼和4号楼西附楼地上部分拆除。开始办理前期各项手续，进行《建设工程规划许可证》报审工作。

3. 协助其他单位项目建设情况

（1）段祺瑞执政府旧址东院文物保护性修缮项目。总建筑面积约14300平方米，总投资1420万元，2012年底竣工并交付使用。

（2）国家方志馆装修改造项目。国家发改委核定装修改造面积13911平方米，核定装修改造投资3130万元。2012年，完成办公区装修改造，地下书库装修工作正在施工当中。

4. 修缮项目情况

全年共完成推进修缮项目20个，其中，已竣工项目14个：法学研究所办公楼改造项目，国际片东平房国际图书分馆改造项目，国家经济战略研究院房屋装修项目，照明智能节能改造控制系统项目，郭沫若故居房屋修缮项目，中冶大厦社科院办公用房装修项目，考古研究所西安沣西考古工作站改造项目，经济片办公楼抗震加固设计，社科出版社立体车库建设项目，社科出版社食堂改扩建项目，社科出版社院落整治项目，密云和北戴河基地消防、供水、雨、污水管道改造项目，网络中心三号机房供电改造项目，欧洲研究所会议室改造项目。正在施工项目6个：科研楼电梯改造项目，国际片院落环境整治项目，社科出版社西楼改造项目，通州博士后公寓修缮项目，东总布胡同19号院地下室防水项目，通州单身宿舍改造项目。

5. 其他

完成了2011年基建决算、2012年基建计划和2013年基建预算工作，并配合审计部门完成了相应审计工作。

（二）内部建设

（1）组织建设。8月6日，以社科〔2012〕基建字8号下发《基建工作办公室关于成立业务技术工作委员会的通知》，成立基建工作办公室业务技术工作委员会。

（2）网络信息建设。3月30日，基建项目管理信息系统项目经计算机网络中心批准立项；10月8日，完成系统安装、调试并开始试运行。

（3）业务培训。12月5~8日，在北京市大兴区举办了基本建设工程质量管理培训班，院属有关单位基建工作负责人、具体工作人员以及基建办全体人员共48人参加了培训。

（4）组织活动。11月，在直属机关党委组织的"强组织、增活力，喜迎十八大"中国社会科学院基层组织建设年党建成果展中，获得优秀奖；11月22~26日，基建办党总支部开展党日活动，组织党员赴川西高原重走红军长征路。

院创新工程办公室

2011 年以来，在中央的关怀指导和有关部门的大力支持下，院党组带领全院同志，认真贯彻落实党的十七届六中全会关于实施哲学社会科学创新工程、繁荣发展哲学社会科学的战略部署，精心设计、深度发动、戮力同心、积极实践，有力地推进了体制机制改革创新，全院创新工程试点的深度、广度向前迈出了一大步，取得了一批阶段性创新成果，得到中央和全院同志的肯定。

总体来看，一年来创新工程取得的实际进展主要体现在：

第一，思想发动更加深入，全院同志思想认识逐步从"为什么搞创新工程""什么是创新工程"向"怎么搞创新工程""推出什么样的创新工程"转变。院党组始终把统一思想、提高认识、发动群众放在重要位置。自 2011 年院工作会议提出实施创新工程号召以来，全院性的思想发动共进行过 4 次。前期的思想动员集中向全院同志阐明创新工程的重要性、必要性和紧迫性，提高大家对创新工程的理解和认识水平，初步解决"为什么搞创新工程""什么是创新工程"的问题。随着创新工程实践的逐步深入，各项制度办法的出台，各项任务的分解细化，思想动员的重点逐步转到"怎么搞创新工程""推出什么样的创新工程"上来。为此，2012 年，院党组先后举办了密云所局级干部读书班和北戴河创新工程工作交流会，总结交流创新工程试点的经验和做法，组织大家思考和探索更好更快地推进创新工程的方式方法问题。密云会议后，全院又进行了深入的传达贯彻。经过多轮思想发动，目前大家对创新工程的牢骚少了，好评多了；议论少了，实干多了；不干活混日子的人少了，感受到压力和动力的人多了。这些变化，是好现象，只有思想认识转变了，创新工程才会产生持久而强大的动力。

第二，制度体系逐步完善，创新实践正在从确立框架、建章立制阶段向科学化、规范化、精细化方向发展。从 2011 年初开始，党组就把实施创新工程摆上重要议事日程，精心进行顶层设计，制定了创新工程实施意见，明确了整体构想、总体目标和阶段性任务，以及具体的目标、原则、政策、步骤、办法。在创新工程试点过程中，院党组紧紧抓住制度创新这个关键环节，重点推进科研管理、人事管理和经费资源管理等体制机制制度改革，在深入调研基础上，用半年多时间密集出台了创新工程《人事管理办法》《研究经费管理办法》《绩效支出管理办法》，形成了创新工程制度的总体框架。2012 年以来，社科院根据创新工程实际推进情况，下大力气修订和完善制度规则，累计出台了百余项实施细则和操作办法。院领导关于创新工程的例会每周开 3~4 次，有些文件出台前召开 5~6 次专题会，反复修改十几遍到几十遍。相较于一年前，现在创新工程的制度体系已经逐步完善，大的制度框架已经建立，制度覆盖面不断扩大，创新实践正在步入科学化、规范化、精细化的轨道。

第三，创新试点进展良好，创新实践正从外延式试点布局阶段转向内涵式质量提升阶段。2011年以来，社科院按照"先行试点、突出重点，点面结合、稳妥推进"的原则，有计划、有步骤地实施创新工程。2011年首批进入12家，2012年第一批进入10家，第二批进入7家，下半年又有3家单位进行了扩大试点。2013年的创新试点规划也基本完成，全院所有研究单位全部进入试点，试点单位将达到43家。随着创新试点的稳步推进，创新实践的重心逐步转到"强管理，抓制度，提质量"上来，各试点单位积极落实签约任务，建立完善管理流程，积极推进创新项目的实施，继续深入推进科研、人事、财务等领域管理体制机制改革，狠抓各项改革举措落实，全院的管理水平有了显著提高，保障了创新工程的稳步运行和顺利推进。

第四，创新成果不断涌现，我院的阵地、智库、殿堂功能作用日益彰显。检验创新工程成功不成功，关键是看我们是不是推出了比过去更多的精品成果，是不是推出了比过去更多的拔尖人才，是不是在发挥思想库和智囊团作用方面有比过去更大的作为。经过一年多的实践，创新工程的规划设想正逐步成为现实。比如，在发挥马克思主义阵地功能方面，随着创新试点的逐步展开，社科院马克思主义理论研究力量得到进一步加强，马克思主义研究在学科布局、人才培养、项目实施方面得到有力推动，世界社会主义研究中心、中国特色社会主义研究中心、哲学所马克思主义哲学学科的影响力正在不断提升；在发挥党和国家智库功能方面，新组建的财经战略研究院、亚太与全球战略研究院、社会发展战略研究院、信息情报研究院等四个新型研究院，围绕国家经济社会发展和国际战略中全局性、趋势性、综合性等重大问题开展科研攻关，通过《要报》等渠道向中央报送研究成果，多篇报告得到中央领导批示或被中央和国家有关部门采用。从中央有关部门的反馈情况看，全院通过信息情报研究院报送的对策成果，无论从数量质量还是从成果的采纳应用情况看，都较过去有了很大的提升；在推进中国哲学社会科学学术殿堂建设方面，社科院通过创新工程积极推进具有传统优势的人文基础学科创新，考古所、语言所累计投入数千万元用于实验设备更新，近代史所一次性投入1000多万元购买民国资料，这些工作，都是实施创新工程之前多年想做而做不成的事，有了创新工程，我们很多学科、很多实验室，马上可以跻身全国乃至世界一流的行列。2012年进行试点的研究所，如金融所、欧洲所、社会学所、法学所等单位，都是学科基础较好、管理水平较强，特别是创新方案论证得到较高评价的一些单位，进入试点后，这些单位狠抓机遇，积极创新，在建设具有可持续创新能力、国内一流、国际知名的研究所方面，迈出了重要步伐。

另外，在科研方法和手段创新方面，创新工程重点推进3件大事，即建设《中国社会科学报》、中国社会科学网、数据信息中心。目前，《中国社会科学报》立足全国、走向世界，正在办成具有相当影响的理论学术大报。中国社会科学网迅速发展，学术影响和社会影响日益扩大。数据信息中心干了不少大事，比如推动全国调查网建设，跻身全国三大调查中心之一；在整合全院实验室资源的基础上，组建国家社会科学重点实验室也提上了议事日程；全国哲学社会科学数据标准化建设、国家哲学社会科学学术期刊数据库建设等工作已经启动。上述工作，既是科研手段、科研方法创新，也是理论学术传播平台的重要建设，对全国哲学社会科学繁荣发展具有重要带动意义和导向作用。在建设中国哲学社会科学高端人才基地方面，社科院实施了"学部委员创新工程计划"，完成了学部委员和荣誉学部委员的增选；推出"长城学者资助计划"，遴选出首批13名"长城学者"给予专项资助。在建设"走出去"战略学术窗口方面，打造了"中国社会科学论坛"，资助出版学术期刊"走出去"，扩大了学术话语权和传播力。

第五，创新条件更加优化，创新发展的政策支撑环境得到进一步改善。在创新工程启动和推进过程中，院党组非常重视与有关部门的沟通协调，取得了一系列重大的政策突破和实践进展，得到中央领导同志和国家有关部门的高度评价和大力支持，也得到了全院干部群众的拥护和认可。财政部、审计署、国家税务总局对中国社科院创新工程给予了全程关注和重要指导，认为"社科院创新工程层次高"，"制度方案亮点很多"，"开前门堵后门"，"赞成社科院先行先试"。中央编办表示在机构设置和编制方面"给予大力支持"。中央领导的认可和有关部门的大力支持，为社科院创新工程营造了更好的创新和发展环境。

当前，全院正在按照党组的部署和创新工程实施方案的规划，一步一个脚印地向前迈进。总的来说，创新工程给社科院带来了积极变化，增强了全院上下抓机遇、谋发展的使命感和紧迫感，调动了科研人员和管理人员投身哲学社会科学事业的积极性和主动性，实现了科研和管理体制机制的转变，改善了科研条件、办公条件和基本生活条件，解放和发展了科研生产力。全院同志有信心在党组的坚强领导下，进一步统一思想、鼓足干劲，把创新工程推向一个新的阶段。

五 院直属单位工作

中国社会科学院研究生院

（一）人员、机构等基本情况

截至 2012 年年底，研究生院共有在职人员 141 人。其中，正高级职称人员 15 人，副高级职称人员 17 人，中级职称人员 32 人；高、中级职称人员占全体在职人员总数的 45%。

研究生院设有：院办公室、校友会办公室、党委办公室/人事处、教务处、网络中心、招生与就业处、研究生工作处、财务处、学位办公室、外事处、总务处、保卫处、基建处、图书馆、学报编辑部、马克思主义理论与基础课教学部、外语教研室、政府政策系与公共管理系、综合协调办公室、工商管理硕士（MBA）教育中心、公共管理硕士（MPA）教育中心、社会工作硕士（MSW）教育中心、税务硕士（MT）教育中心、金融硕士（MF）教育中心、文物与博物馆硕士（MCHM）教育中心、法律硕士教育中心、继续教育学院、国际文化教育中心、研苑物业服务中心、深圳研究院。

研究生院现有在校生 3106 人。其中，中国内地博士研究生 1061 人，硕士研究生 1634 人，另有课程研究生 311 人；港澳台地区博士生 49 人，硕士生 3 人。外国留学生 48 人，其中，博士生 36 人，硕士生 10 人，进修生 2 人。

（二）研究生招生与教学管理工作

1. 招生录取工作

2012 年，研究生院共录取博士 346 人，其中，港澳台学生 18 人，留学生 7 人。录取硕士 715 人，其中，科学学位硕士 175 人（含留学生 2 人），专业硕士 540 人：法律硕士（非法学）106 人、法律硕士（法学）50 人、工商管理硕士 160 人、社会工作硕士 40 人、公共管理硕士 44 人、金融硕士 55 人、税务硕士 42 人、文物与博物馆硕士 43 人。

2. 教学与教学管理工作

2012 年，在研究生院院内共组织开设 64 门课程。其中，公共课 18 门，学部专业基础课 11 门，选修课 35 门。各教学系开设的专业基础课和专业课共 546 门。

2012 年,完成了 39 个教学系和专业学位课程教学大纲的审核工作,共编辑、审核课程教学大纲 330 门,其中科学学位 289 门,专业学位 41 门;编辑整理《学术讲座荟萃》69 ~ 77 辑,并在校园网上登载,供教师和学生学习、交流,并从中筛选出 125 份讲稿收录进《社科大讲堂》(第 2 辑)。

通过学生问卷调查、院领导听课、学术秘书听课、学生座谈会等方式,对研究生院院内开设的公共课、专业基础课和选修课进行了教学质量评估,共评估了近 70 门课程、285 位老师。评选出了 2011 ~ 2012 学年教学突出贡献奖和优秀教学奖,共有 3 位教师获得教学突出贡献奖、3 位教师获得优秀教学奖。

研究生重点教材的编写出版工作于 2005 年正式启动,到 2012 年,已有 43 部教材由中国社会科学出版社出版,有 8 部正在编辑校对过程中,即将出版,另有 44 部正在编写过程中。

为推动中国社会科学院研究生院 2012 年科学道德和学风建设宣讲教育工作顺利开展实施,切实落实研究生院《科学道德和学风建设宣讲教育工作方案》,研究生院于 2012 年 10 月 25 日组织了中国社会科学院研究生院加强科学道德和学风建设宣讲会、签名宣誓等系列活动。宣讲会上,全国科学道德和学风建设宣讲教育领导小组组长张勤,全国科学道德和学风建设宣讲教育领导小组副组长晋保平分别作了重要讲话。中国社会科学院学部委员、博士生导师张海鹏,中国社会科学院知识产权中心主任、博士生导师李明德分别作了题为《学术与学风》和《学术创作和著作权保护》的主题报告,研究生院院长刘迎秋教授作报告点评和简要小结。

3. 学位授予与学科专业设置工作

经 2012 年 6 月研究生院学位评定委员会第九届三次会议审议决定,授予 264 人博士学位,授予 251 人硕士学位,授予 60 人以同等学力申请硕士学位,授予 544 人专业硕士学位。至此,研究生院共授予博士学位 3574 人、硕士学位 5174 人、硕士专业学位 1398 人。

在学科建设方面,研究生院设置了 6 个学科门类,15 个博士学位一级学科、17 个硕士学位一级学科,103 个博士学位二级学科(含 13 个自主设置的博士学位二级学科)、109 个硕士学位二级学科(含 13 个自主设置的硕士学位二级学科)。

研究生院于 2012 年 11 月 6 日发布了《中国社会科学院研究生院学位论文学术规范检测暂行办法》,对于规范研究生院论文撰写、提升学生学术道德发挥了重要的指引作用。

4. 优秀博士学位论文评选工作

2012 年,研究生院评选表彰了 8 篇"2012 年研究生院优秀博士学位论文"的作者、导师及相关教学系。"研究生院优秀博士学位论文"评选工作始于 2004 年,9 年来共有 55 篇博士学位论文被评为"研究生院优秀博士学位论文"。

考古系 2010 届博士毕业生吕鹏撰写的《广西邕江流域贝丘遗址的动物考古学研究》获

2012 年全国优秀博士论文奖,指导教师为考古系袁靖教授。另有两篇论文获得 2012 年全国优秀博士学位论文提名,它们是:语言系 2010 届博士毕业生王霞的《英语韵律习得——基于大规模中介英语料库的语言学研究》,指导教师为语言系麦耘教授;历史系 2010 届博士毕业生李艳玲的《公元前 2 世纪至公元 7 世纪前期西域绿洲农业研究》,指导教师为历史系李锦绣教授。

(三) 研究生教育管理工作

1. 日常教育及社团管理工作

2012 年,研究生院进一步抓好研究生党、团组织建设,健全、完善管理制度,建立研究生院奖助学体系,加强对研究生会工作的领导,开展团员评优等丰富多彩的主题活动。2012 年,研究生院举办了"社科大师大讲堂""当代科技大讲堂""校友论坛""学问有道"系列讲座及马克思主义经典著作青年读书班等一系列高端学术讲座。同时还组织了校园歌手大赛、"雷锋榜样进校园"宣讲、"新生杯"系列体育活动、元旦联欢晚会、毕业生送别晚会、青年参加红歌赛等各类学生活动。

研究生院在研究生社团管理工作中坚持"大力扶持理论学习型社团、热情鼓励学术科技型社团、积极倡导志愿服务型社团、正确引导兴趣爱好型社团"的原则,支持求实学会、国际问题沙龙、经济前沿问题沙龙、辩论社、桥牌协会、舞蹈协会、排球协会、瑜伽协会、武术协会、青年志愿者协会等 19 个社团开展各类学生活动。

2. 研究生就业指导工作

研究生院积极发挥学校就业信息主渠道的作用,组织"就业指导活动月"系列活动,共举办简历制作、面试技巧、求职英语、职业 office 等就业指导讲座 6 场,毕业政策宣讲会 1 场,并开展"公务员考试辅导培训班""毕业生就业进展情况调查""毕业生就业经验座谈会""模拟面试大赛"等多项活动,为毕业生提供就业政策、就业知识、就业技巧等方面的指导咨询,积极开拓毕业生就业市场,鼓励毕业生面向基层就业。2012 年,研究生院毕业生总体就业率为 85.88%。

(四) 继续教育及专业硕士学位教育工作

1. 继续教育工作

2012 年,研究生院继续保持与北京师范大学等数十所高等院校的友好合作关系,积极组织、参加各类学术交流活动,如北京高教学会研究生教育研究会专业学位专题研讨会、全国第九届学位与研究生教育评估学术会议征文活动、第八届优秀高等教育论文评奖活动、2012 中国民营企业峰会等。2012 年,研究生院继续大力推进继续教育工作,颁布施行了《中国社会科学院研究生院专业学位全日制硕士研究生管理规定》《中国社会科学院研究生院专业学位全日制硕士研究生学籍管理细则》《中国社会科学院研究生院专业学位例会制度》,有效地保障了本院继续教育工作的规范有序开展。

2. 专业硕士学位教育

（1）公共管理硕士（MPA）教育工作。2012年是公共管理硕士（MPA）教育具有里程碑意义的一年。4月，研究生院MPA中心以第一名的优异成绩通过了国务院学位办举办的教学合格评估。MPA的学科建设以提高教学质量为目标，以案例建设为突破口，兼顾教学成果出版、论坛学术交流。MPA中心成立了学科建设部，配备了2位专职工作人员，在教学案例编写、优秀论文集出版方面初见成效。

2012年4月，中国社会科学院研究生院2011级MPA研究生（春季班）开学典礼在北京举行。

（2）工商管理硕士（MBA）教育工作。工商管理硕士（MBA）教育中心从多个环节入手，勇于创新，积极探索，取得了骄人的成绩。招生工作全新改革，通过"提前面试锁定金牌导师"的策略吸引了大批优质生源，出色地完成了招生任务。在学生管理方面，成立了首届MBA分会，组织了各种丰富多彩的活动。在合作办学方面，成功开展了与台湾地区的交换生项目，并与曼彻斯特大学商学院签署了战略合作协议。

（3）社会工作硕士（MSW）教育工作。社会工作硕士（MSW）教育中心修订了《社会工作教育中心研究生手册》，进一步完善教学、学位、实习等相关制度文件。主要取得了如下成绩：成功举办了"社会工作与创新社会管理"高级研修班，全国16个省市高校及相关部门的69名学员参加学习；聘任法国BUC资源中心主任博乐（Christian Breul）为特邀教授，担任中心导师；接待美国罗格斯大学访问团、法国社会工作专家、芬兰坦佩雷大学社工服务与社会政策专家及美国芝加哥大学社会工作学院教授来访，并举办了高质量的学术讲座，建立合作交流关系；与国内其他高校联合承办"第四届中国社会福利论坛"。

（4）金融硕士（MF）教育工作。金融硕士（MF）教育中心现有理论导师42名，实践导师48名，协议实习基地7家，为金融硕士教育的长足发展奠定了扎实的基础。

（5）税务硕士（MT）教育工作。税务硕士（MT）教育中心编制了《2012级税务硕士（MT）专业学位研究生培养方案（试行）》。12月24日举行了税务硕士导师聘任暨实习基地授牌仪式，聘请全国涉税领域的多名专家为研究生指导教师，国家税务总局督查内审司、房山区地税局、中汇税务师事务所、致通振业税务师事务所、中财讯财税筹划研究院等多家税务机关和专业机构成为本院首批税务硕士签约实践基地。

(6) 文物与博物馆硕士(MCHM)教育工作。在完善教学管理、教师管理、学生管理以及内部管理等各项制度建设后,文物与博物馆硕士(MCHM)教育中心第一次招生,共招收研究生42名,其中文物鉴定与修复方向21名,博物馆管理方向10名,故宫学方向11名。

(五)科研工作

1. 科研成果统计

2012年,研究生院共完成专著5种,152.2万字;学术论文24篇,217.9万字;研究报告4篇,78.9万字;论文集1部,46万字;教材2种,94万字。

2. 科研课题

(1) 新立项课题。2012年,研究生院共有新立项课题3项。其中,社科院国情调研项目2项:"前苏联援华'156项工程'的历史沿革及其对中俄战略合作的启示"(重大项目,黄晓勇主持),"民营企业劳资分配关系调研"(国情考察项目,杨燕主持);其他部门与地方委托课题1项:民政部委托课题"社会工作和志愿者服务在民生与社会中功能作用研究"(赵一红主持)。

(2) 结项课题。2012年,研究生院共有结项课题24项。其中,国家社科基金课题2项:"中国节能的市场机制与政策体系研究"(黄晓勇主持),"促进教育公平的政府责任与财政制度安排研究"(张菀洺主持);院青年科研启动基金课题3项:"中国旅行社业的制度变迁及政府角色"(任朝旺主持),"中小高新技术企业成长阶段技术学习战略研究"(杨小科主持),"冷战后美国国际危机管理的新变化及其应对之道"(周永瑞主持);研究生院后期资助重点课题18项:"汉英公共标示语翻译探究与示范"(王晓明主持),"社会主义核心价值观略论"(黄晓勇、任朝旺主持),"明确属性、稳定政策、推动发展"(刘迎秋主持),"公务员对我国行政改革的认知状况调查——基于对浙江省公务员群体的调查"(董礼胜主持),"当代中国文化的'魂''体''用'关系"(方克立主持),"从方以智哲学看中国哲学创新"(周勤勤主持),"基于社会系统论的视角:社会工作三大方法的整合运用——以社区社会工作模式为例"(赵一红主持),"国家核心价值的优先选择与学理基础"(张菀洺主持),"隐私权的限制与公共利益"(张初霞主持),"重复建设的严峻现实与历史分析——以中国电信业为例"(王鸥主持),"中国学者关于俄国古典欧亚主义问题的研究状况"(粟瑞雪主持),"专业图书馆的立足之本:建立以用户需求为导向的采访工作机制"(蔡曙光主持),"企业家需求、企业社会责任和我国民营企业社会工作的发展"(何辉主持),"CAF-SIAL:一个概念聚合框架和关联数据发现系统"(李楠主持),"水到渠成——略论1905年中国同盟会的建立"(刘强主持),"马克思、恩格斯、列宁、斯大林论妇女解放"(吕静主持),"孔子晚年的遁世思想"(栾贵川主持），"当前经济运行中的突出问题及应对"（刘迎秋主持）；其他部门与地方委托课题1项：民政部委托课题"社会工作在提升党执政能力、夯实党执政基础中的作用研究"（赵一红主持）。

（3）延续在研课题。2012年，研究生院共有延续在研课题7项。其中，国家社科基金课题4项："抓住和用好本世纪第二个10年我国发展重要战略机遇期的若干重大问题研究——面向未来的我国大国经济发展战略"（重大招标项目，刘迎秋主持），"国家电子政务网络建设与提升政府公共服务和管理能力研究"（重点项目，董礼胜主持），"私募股权基金监管制度研究"（一般项目，文学国主持），"我国民间组织与公共服务供给的实证研究"（青年项目，蔡礼强主持）；院重点课题2项："民间组织与公共治理模式转型"（蔡礼强、潘晨光主持），"民间组织与深化行政管理体制改革"（黄晓勇主持）；院青年科研基金启动课题1项："我国就业中的性别歧视——从女性主义的视角来分析"（延缘主持）。

3. 获奖优秀科研成果

2012年，研究生院共获奖5项。其中，获"中国社会科学院财经战略研究院优秀科研成果奖"专著类一等奖1项：刘迎秋等主持的《浙江经验与中国发展——科学发展观与和谐社会建设在浙江》（社会科学文献出版社2007年版，署名：中国社会科学院浙江经验与中国发展研究课题组）；获农村发展研究所优秀科研成果奖论文类三等奖1项：张菀洺的《政府公共服务供给效率的经济学分析》；获"中国社会科学院2011年优秀对策信息奖"对策研究类三等奖3项：黄晓勇、任朝旺的《中东北非政治变局对我国能源安全战略的警示》，张南、陈其广的《中药产业发展中的主要问题及管理重点》，童晋的《债务危机中的希腊共产党》。

（六）学术交流与合作

2012年，研究生院继续加强国家和地区之间的学术交流与合作，共出访24批46人次（其中学生11批16人次，教职13批30人次）；接待来访7批次；开展了包括援外培训、国家留学基金委（含中美富布莱特项目）等在内的18个项目；举办发展中国家农业发展与小额信贷官员研修班、几内亚农村发展研修班、顺义第二批战略后备人才境内外培训项目等三期援外培训班。自2009年下半年始，研究生院已经成功举办7期援外培训班，取得了良好的外交、政治和宣传效果。

2012年12月，研究生院还与杜兰大学合作，启动了金融管理硕士项目，通过引进国外高校研究生学位制度，研究生院实现了"不出国的留学"，全面使用最新的教学理念、最先进的培养模式、最权威的实用教材，让学生深入了解国际金融业发展现状、学术前沿及变化趋势，全面掌握当前国际金融运行中的基本规则和先进技术，大幅度提高金融人才的国际化视野和综合素质。

（七）研究生院图书馆概况

研究生院图书馆建筑面积 10700 平方米，馆藏总量约为 34 万册，其中，中文图书 25 万册，外文图书 4 万多册，中外文过刊 3.7 万册，形成了以人文和社会科学文献为主体，兼有自然科学技术文献等多种类型、多种载体的综合性馆藏体系。2012 年，全年中外文新书入藏数量为 18800 册，其中中文图书 18206 册，外文图书 594 册。订购中文报刊 1062 种，外文期刊 119 种，数据库 4 个。全年共接待读者 142467 人次，全年借还书总量为 118491 册次。

2012 年，数字图书馆基本建成，建立了新的数字图书馆核心系统，实现了馆内无线网络信号全覆盖，并在此基础上构建了集打印、复印、扫描、借还、寄存、缴纳逾期罚款、研讨室预约及门禁管理等多种服务于一体的自助服务体系。此外，研究生院图书馆在完善阅览环境的基础上，重点加强了研讨区、演讲厅和多媒体视听区等特色功能区的建设。

（八）学术期刊

《中国社会科学院研究生院学报》（双月刊），主编文学国。

2012 年，该刊共出 6 期。刊发的有代表性的文章有：方克立的《当代中国文化的"魂""体""用"关系》，张炯的《马克思主义与中国新文艺（下）》，叶秀山的《一以贯之的康德哲学——我这几年学习康德哲学的一些体会》，杜志雄、肖卫东的《农村中小企业技术创新绩效影响因素的实证分析》，董礼胜、李玉耘的《中央政府"大部门体制"改革评估与对策建议》，李存山的《忠恕之道与中国近现代的对外关系》，王国成的《基于 Agent 真实行为解释社会经济复杂之谜——集成建模与计算实验的实现途径》，黄晓勇、张莞洺的《专业学位研究生的教学与培养模式研究——以金融专业硕士为例》，李慎明的《人为什么而活着？——2012 年 9 月 7 日在中国社会科学院研究生院 2012 级新生开学典礼上的讲话》，刘作翔的《关于中国宪政问题的几点思考》。

（九）会议综述

2012 年度研究生院系秘书工作会议

2012 年 4 月 24 日，研究生院召开 2012 年度系秘书工作会议，研究生院党委书记黄晓勇、院长刘迎秋出席会议并讲话。

会议由刘迎秋主持。在讲话中，刘院长简要介绍了过去一年研究生院的主要工作情况。他指出，研究生院整体搬迁至良乡后，学生人数尤其是专业学位学生大幅增加，我们必须及时调整工作方式，努力适应学校的发展现状。刘迎秋院长对下一阶段的主要工作提出了明确要求。首先，进一步加强和改进马克思主义理论教育。其次，研究生重点教材工程争取年内有所突破。再次，改进教学方法，提倡教学方式灵活多样，提高学生参与课堂教学的积极性。同时，加强课堂纪律管理、校园与网站管理，维护学校的安全和稳定。

黄晓勇在讲话中对系秘书工作提出了几点希望。第一，提高研究生的培养质量。第二，认真学习高等教育的有关政策文件，提高教学管理业务水平。第三，各系系主任及各系导师是学生的直接培养人，是提高学生培养质量、办好学校的基础与主要依靠力量。第四，各系积极以教学系的组织形式带动学生开展科研项目和国情调研等活动。第五，研究生院和各系系秘书的工作要相互配合，共同把研究生培养工作做好，力争培养出更多更好的优秀人才。

研究生院有关职能处室详细通报了2012年各部门工作情况。

（周兴君）

加强科学道德和学风建设宣讲活动

2012年10月25日，研究生院组织了加强科学道德和学风建设宣讲活动。上午，研究生院副院长文学国向全国科学道德和学风建设宣讲教育领导小组和中国社会科学院有关领导汇报了研究生院科学道德和学风建设宣讲教育工作情况。下午，中国社会科学院研究生院"科学道德和学风建设宣讲教育大会"在行政楼阶梯教室举行。会上，全国科学道德和学风建设宣讲教育领导小组组长张勤，中国社会科学院副秘书长、科研局局长、全国科学道德和学风建设宣讲教育领导小组副组长晋保平分别作了重要讲话。中国社会科学院学部委员、博士生导师张海鹏，中国社会科学院

2012年10月，"中国社会科学院研究生院加强科学道德和学风建设宣讲大会"在北京举行。

知识产权中心主任、博士生导师李明德分别作主题报告。研究生院院长刘迎秋教授作报告点评。

张勤指出，在科研机构和各高校做好科学研究以及倡导学术道德规范是一项重要工作。在学生和年轻教师中开展学术道德教育有利于学术界做到诚信、讲真话、不抄袭、实事求是，真正落实中央领导对于宣讲活动提出的"全覆盖""制度化""重实效"目标。

晋保平传达了教育部长袁仁贵在全国科学道德和学风建设大会上的讲话精神，并结合社科

院研究生院实际情况，就如何做好科学道德和学风建设提出三点建议，即努力工作，后来居上；联系研究生院实际，突出特点，发挥优势；宣讲会要体现创新精神，争取做到科研强院、人才强院、管理强院。

张海鹏教授作了题为《学术与学风》的专题报告，阐述了关于治学与学风的几点感想。他告诫年轻人做学问还是要花时间去读书，花工夫去查证原始资料，确保研究资料的准确性。李明德教授的报告题目是《学术创作和著作权保护》。他以自己的亲身经历和现实生活中学术剽窃现象为引言，对著作权和作品从法律的层面进行了详细的阐述。

最后，刘迎秋院长总结了此次宣讲报告。他指出，研究生院将继续加强科学道德和学风建设宣讲教育工作，从道德和学风两个方面加强高素质人才的培养。

宣讲大会开始之前，研究生院还在行政楼一层组织开展了"中国社会科学院加强科学道德和学风建设签名宣誓行动"，承诺"坚持学术诚信，恪守学术道德，抵制学术造假，捍卫学术尊严"。

（周兴君）

中国社会科学院图书馆 （文献信息中心）

（一）人员、机构等基本情况

截至 2012 年年底，院图书馆（文献信息中心）共有在职人员 104 人。其中，正高级职称人员 8 人，副高级职称人员 30 人，中级职称人员 42 人，高、中级职称人员占全体在职人员总数的 77%。

院图书馆设有：采编部、典藏部、期刊部、古籍特藏部、参考咨询部、网络系统部、音像部、国际书刊交流部、文献计量学研究室、办公室、科研业务处、人事处（党办）。

另外，院图书馆（文献信息中心）设有两个非实体研究中心：中国社会科学院互联网发展研究中心、中国社会科学院文献计量与科学评价研究中心。

（二）图书馆工作

1. 深化全院图书馆工作体制机制改革

（1）继续推进"总馆—分馆—所馆（资料室）"三级保障体制建设。中国社会科学院自 2008 年开始实行图书馆总分馆改革，已组建完成法学分馆、民族学与人类学研究分馆、研究生院分馆。2012 年 6 月 11 日，中国社会科学院图书馆国际研究分馆揭牌仪式在俄罗斯东欧中亚研究所举行。院领导王伟光、武寅出席仪式并为分馆揭牌。图书馆党委书记庄前生、馆长杨沛超、副馆长蒋颖、美国所党委书记孙海泉、欧亚所党委书记李进峰出席仪式。国际研究分馆由俄罗斯东欧中亚研究所、美国研究所、日本研究所、拉丁美洲研究所、西亚非洲研究所和亚洲太平洋研究所的 6 个图书馆整合而成，依托俄罗斯东欧中亚研究所统一管理。社科院计划组建 5 个图书分馆，除已组建完成的 4 个分馆外，现已启动了经济研究分馆的组建筹备工作。

（2）逐步完善图书采购总代理制。图书采购总代理制是社科院图书采购制度的一项变革，

2012 年 6 月，中国社会科学院图书馆国际研究分馆揭牌仪式在北京举行。

为了逐步完善它，使其更好地为科研工作服务，为管理工作服务，院图书馆与人文公司建立了有效的沟通机制，积极进行沟通，多次召开座谈会，及时解决了图书采购总代理制在实际工作中遇到的各种问题。此外，在 2012 年 9 月召开的全院图书馆馆长联席会上，院图书馆、人文公司和各研究所图书馆馆长交换意见，统一认识，研究探讨进一步完善图书采购总代理制的思路和措施，取得了良好效果。

2. 继续推进信息资源建设工作

（1）引进了以色列的 Aleph 图书馆自动化系统。由于韩国 ECO 图书馆自动化开发商在 2011 年 10 月退出中国市场，导致社科院使用的 ECO 图书馆自动化系统今后的维护工作受到影响。院图书馆一方面采取一系列应急措施，维持旧系统短时间内的运行，一方面调研其他图书馆的自动化系统使用情况。经院里批准，引进了以色列的 Aleph 图书馆自动化系统。经过与以色列艾利贝斯公司的谈判、采购、安装、调试、人员培训，新系统于 2012 年 6 月 1 日正式启用，保证了图书馆业务工作有序进行。

为熟悉 Aleph 图书馆自动化系统的性能、使用及日常维护，院图书馆组织网络系统部、采编部、国际书刊交流部到国家图书馆等单位调研。院图书馆组建了社科院自动化项目实施 QQ 群，院图书馆各部门工作人员、艾利贝斯公司的技术人员与部分研究所图书馆的工作人员利用网络平台，积极交流经验，及时解决问题，有效地保证了新系统在全院图书馆中的使用。

（2）引进 Primo 资源发现与服务系统。2012 年，院图书馆在引进 Aleph 图书馆自动化系统的同时，还引进了 Primo 资源发现与服务系统。2012 年 4 月，院图书馆与艾利贝斯公司共同搭建了资源发现系统测试平台。网络系统部为顺利推进该系统的实施，在院内组织开展了多次培训，积极到清华大学、中国科学院高能物理研究所等其他用户单位校验。先后汇总了中国社科院资源列表，激活了有关全文数据库，生成了电子期刊导航，创建了中国社会科学院图书馆的 Primo institution，并激活了 Primo Central Index，配置了缺省的中文版 Primo 读者界面、Primo 的管理界面。2012 年 6 月进行了数据准备、初步数据分析及导入工作。截至 2012 年年底，该项目已完成部分前期配置和设置工作，实现了部分资源的检索和发现。

（3）做好信息安全管理工作。2012 年，较好地完成院图书馆网络及计算机安全防护工作，继续加强网络与信息系统安全管理和技术防护，促进院图书馆安全防护能力和水平的提升，预防和减少信息安全事件的发生，切实保障了院图书馆的网络安全环境不被破坏，客户端电脑信息不被窃取。具体工作包括：定期检查网络数据包信息，主动寻找问题并解决问题；定期走访各部门，了解客户端电脑使用情况；不定期推出网络安全公告，介绍相关防病毒情况等。

3. 推进文献资源建设，提高资源利用率

2012 年，全院图书馆文献资源购置经费 2500 万元，院图书馆为 1423 万元（含电子信息资源购置经费 500 万元）。全年采集中文普通图书 13653 册，地方志 3406 册，学位论文约 32000 册，外文图书 6378 种 6884 册，工具书 1005 册，中文期刊 1456 种，外文期刊 881 种，中文报纸 122 种。此外，接受中文赠书 700 多册，外文赠书 300 多册。

2012 年，结合社科院科研人员对电子资源的青睐，院图书馆加大了对电子信息资源建设经费的投入力度。为了提高采购经费使用效益，更好地为全院科研人员服务，院图书馆加强了对电子信息资源的调研，把握电子信息资源发展趋势，分别与 SAGE 出版社、PALGRAVE 出版社、TAYLOR 出版社、DOWSON 图书公司等机构座谈，了解电子书产品情况及公司发展战略，调整电子信息资源采购方案。此外，院图书馆注重科研人员对电子信息资源的试用、使用反馈情况，将其作为电子信息资源采购的重要依据。2012 年，院图书馆组织进行了 60 多个数据库（含中东欧语期刊数据库、朝鲜语报刊数据库等）的试用。根据科研工作人员的试用反馈，购买了社会科学引文索引（SSCI）、典藏期刊在线数据库（PAO）、ProQuest 博士论文全文数据库、EBSCO 专题数据库等。

2012 年，为了解科研人员对文献信息的需求，宣传图书馆文献资源建设情况和使用方法，院图书馆采取培训班等多种形式，加强与科研人员的联系和互动，如为全院博士后科研人员专门举办了数据库使用方法培训，举行了"Web of Science 数据库在科研中的价值与应用"大型讲座，进行了不列颠百科全书的在线培训等。

2012 年 1～11 月期间，中国期刊全文数据库下载全文 219247 次，中国博士学位论文全文数据库下载全文 35513 次，中国优秀硕士学位论文全文数据库下载 63940 次，中国年鉴网络出版总库下载全文 8960 次，中国统计年鉴下载 15481 次，方正知识服务平台——数字期刊下载 93272 次，学位论文下载 36088 次，中国资讯行下载 39996 次。JSTOR 数据库全文下载 83093 篇，ELSEVIER 数据库全文下载 44630 篇，WILEY 数据库全文下载 11873 篇，EMERALD 数据库全文下载 10133 篇。

4. 增强服务意识，拓展服务水平

2012 年，图书馆书目检索中心共接待读者 4575 人次，有效检索图书 1947 册。读者服务中心接待读者 1067 人次，办理充值、退卡 486 笔，印制发放读者卡 930 人次，办理离馆退卡 61 人次，录入读者数据 1828 条。典藏阅览室接待读者 31237 人次，借还图书 77920 册，其中借书 38618 册，还书 39302 册；工具书阅览室接待读者 3623 人次；期刊阅览室接待读者 2706 人次；电子阅览室接待读者 2700 人次，利用电子邮件答复读者电子资源使用咨询达 2000 余件；参考咨询部提供读者参考咨询服务 1481 人次，专题咨讯 2 件，提供外馆文献传递 48 篇，完成本院读者馆际互借 42 件。

院图书馆以为全院广大科研人员服务为宗旨和目标，积极、耐心、主动地为读者服务，不断增强服务意识和服务水平。2012 年年初，典藏流通部召开读者代表座谈会，感谢读者对图书馆工作的支持，并向龙年第一位到馆读者赠送吉祥物，增进了图书馆与读者间的情感交流。2012 年 3 月，典藏流通部为配合深入开展学雷锋活动，整理、编辑了院图书馆藏有关雷锋的专题书目，供广大读者检索和利用。采编部积极与国内外出版商联系，收集书目信息，加强与各研究所选书专家的联系，及时传送回收选书目录，尽量满足科研人员急需用书的需求。院图书馆工作人员不断强化服务意识，不断提升服务水平，受到了科研人员的好评。

5. 以社科院创新工程为契机，组织申报"中国社会科学院古籍整理保护暨数字化"和"人文社会科学评价研究与服务"两个创新项目

（1）认真组织创新项目申报工作。社科院于 2011 年启动创新工程。馆党委和领导班子结合图书馆的实际情况，于 2012 年提出了"中国社会科学院古籍整理保护暨数字化"和"人文社会科学评价研究与服务"两个创新项目。2012 年下半年，馆党委组织图书馆有关部门对创新工程项目的申报材料进行了反复论证和补充修改，正式提交院务会议审议。

（2）图书馆党委和领导班子高度重视两个创新工程项目的申报准备工作。2012 年 5 月 17 日，院长办公会决定在全院实施古籍工程，并成立了领导小组、专家咨询组和工作小组。2012 年 7 月 4 日，全院古籍整理保护暨数字化工作会议召开。副院长、古籍普查暨数字化工程领导小组组长武寅在会上强调，院里决定将古籍的整理保护与数字化作为院级的重大专项工程，由院图书馆牵头实施，以院馆古籍特藏部、网络系统部为依托实体，联合全院 13 个古籍收藏单位共同参加。古籍工程可申请院级创新工程重大项目，以更好地推动古籍工程的进展。2012 年 6~7 月，院图书馆举办了两期古籍普查工作学习班，培训院内古籍收藏单位工作人员 80 余人。截至 2012 年 11 月底，已有 8 家单位完成普查工作，上交数据 3800 条。通过普查登记，进一步摸清了善本数量及古籍破损情况，为下一步开展古籍保护和数字化工作创造了条件。

图书馆文献计量学研究室是社科院确定的重点研究室之一，中国人文社会科学引文数据库是院图书馆拥有自主知识产权的大型数据库，一直以来都是文献计量学研究室的重点项目。该数据库经过 10 多年的建设发展，已经在国内相关领域具有重要地位和深远影响。2012 年，图

书馆党委及时调整该室干部配备，解决了数据库建设经费困难，加大督促力度，2012 年下半年完成了 2010 年和 2011 年两年的数据加工，扭转了该室长期的被动局面，为该室申请创新工程项目创造了条件。

（三）科研工作

1. 科研成果统计

2012 年，中国社会科学院图书馆共发表学术论文 23 篇，15.94 万字；完成研究报告 7 份，39.2 万字；发表学术资料 16 篇，2.8 万字；出版工具书 2 部，206 万字；编写教材 1 部（总字数 33 万字，编写 4.4 万字）。

2. 科研课题

（1）新立项课题。2012 年，院图书馆共有新立项课题 17 项。其中，院重点课题 2 项："人文社科核心期刊的统计与分析"（姜晓辉主持），"我国社会科学基金产出论文及影响力分析报告（1999～2009 年）"（周霞主持）；院青年科研启动基金课题 2 项："美国革命时期效忠派的组成与动机"（孙洁琼主持），"中国古代方志舆图研究"（高文娟主持）；院国情考察项目 2 项："广西壮族自治区公共图书馆事业发展现状"（杨沛超、李胜北主持），"吉林省公共图书馆'总分馆'体系考察"（杜玉梅主持）；所级课题 11 项："院图书馆岗位设置及考核办法研究"（赵慧主持），"人文社会科学评审专家遴选方法"（任全娥主持），"图书馆参考咨询服务创新研究"（顾红主持），"图书馆危机管理研究"（魏进主持），"院图书馆国际资源交换平台构建与应用模式研究"（多家喻主持），"中华信息科学论坛"（杨雁斌主持），"基于信息技术的图书馆创新服务研究"（王玉巧主持），"图书馆外文主要文种古旧图书与民国图书调查统计与整理保护研究"（杜玉梅主持），"网络环境下过刊收藏原则及对策"（张杰主持），"新编目规则 RDA 标准与理念对图书馆编目工作的影响及对策"（杨华主持），"论图书馆行政管理规章制度的建设"（王清君主持）。

（2）结项课题。2012 年，院图书馆共有结项课题 18 项。院重大课题 1 项："人文社会科学领域文献计量学的理论与应用"（蒋颖主持）；院重点课题 2 项："中国人文社会科学国际论文统计分析——基于 SSCI 和 A&HCI 数据（2005～2009）"（郑海燕主持），"我国人文社会科学成果评价研究"（任全娥主持）；院国情考察项目 2 项："广西壮族自治区公共图书馆事业发展现状"（杨沛超、李胜北主持），"吉林省公共图书馆'总分馆'体系考察"（杜玉梅主持）；院青年科研启动基金课题 3 项："网络环境下图书馆编目信息资源的合理组织与揭示"（郭哲敏主持），"我国科研合作地域倾向研究——基于空间计量的实证分析"（苏金燕主持），"'下载量'指标在国内外科技期刊评价中的应用研究"（余倩主持）；所重点课题 10 项："美国欧盟智库研究比较"（褚鸣主持），"CASHL 文献传递服务在社科院的发展状况研究"（陈涛主持），"院内研究人员对图书馆的需求调查"（王秀玲主持），"中国社会科学院学部委员著作要目概览"（陈文婷主持），"院图书馆网站构建与应用模式研究"（杨齐主持），"院图书馆学科化服务体系建设研究"（赵以安主持），"基于开源软件的图书馆 2.0 服务构建"（张佶烨主持），"中国社科院图书馆系统用户集成管理与服务模式研究"（刘颖主持），"近五年我国人文社会科学各学科期刊论文核心作者群研究"（郝若扬主持），"中国社会科学院学术论文产出力和影响力统计分析"（马冉主持）。

（3）延续在研课题。院图书馆共有延续在研课题 14 项。其中，国家社科基金青年项目 2 项："人文社会科学成果评价体系设计与实证分析"（任全娥主持），"我国科学院系统图书馆数字资源利用状况与发展趋势研究"（苏金燕主持）；院长委托课题 1 项："汉英新词语词典"（黄长著主持）；院重大课题 2 项："世界语言大辞典"（黄长著主持），"数字图书馆理论、实践与中国社会科学院数字图书馆建设"（杨沛超主持）；院 B 类课题 1 项："中国人文社科计量指标的统计与分析"（尹国其主持）；院基础课题 1 项："亚太地区图书情报网络发展面临的主要问题"（刘振喜主持）；院科研管理课题 2 项："引文在社会科学评价中的作用"（刘振喜主持），"中国社会科学院图书馆科研业务处的功能与定位"（李广立主持）；所重点课题 5 项："中文电子书发展现状与馆藏收藏策略"（黄丽婷主持），"西文电子期刊与纸本期刊的馆藏建设研究"（包凌主持），"国内外文献计量学理论研究与应用现状的比较分析"（耿海英主持），"中国社科院图书馆利用 GOOGLE 的方案构想"（于力主持），"'走出去'战略与我院学者国际论文统计分析"（刘振喜主持）。

3. 获奖优秀科研成果

2012 年，院图书馆组织了所级优秀科研成果评选工作。黄长著的论文《全球化背景下的世界诸语言：使用及分布格局的变化》被评为院图书馆优秀科研成果一等奖；蒋颖、顾红、彭绪庶合著的《苏南基层图书馆的创新与发展》被评为院图书馆优秀科研成果优秀奖。此外，周霞等的论文《国家社会科学基金论文产出研究——基于 CHSSCD 计量》获得中国社会科学情报学会 2012 年学术年会优秀论文一等奖；包凌的论文《近 10 年来国际情报学研究热点分析——基于 CitespaceII》、魏进的论文《试论微博及其在国内图书馆的应用》获得中国社会科学情报学会 2012 年学术年会优秀论文二等奖；杨翠英的论文《中国社会科学院图书馆彝学图书特色分析》获得中国图书馆学会 2012 年征文优秀论文二等奖；任宁宁的论文《社科院图书馆泛在化服务机制创新》、张丽康的论文《少数民族地区图书馆珍贵文献保护及文化传承经验——以新疆部分公共图书馆为例》、王霞的论文《试析图书情报事业在建构国家文化软实力中的作用及挑战》获得中国社会科学情报学会 2012 年学术年会优秀论文三等奖。

（四）学术交流活动

1. 学术活动

2012 年，院图书馆举办的比较重要的学术活动有：

（1）2012年1月9日，图书馆学（社会科学数字资源建设与服务）重点学科学术研讨会召开。副馆长、重点学科负责人蒋颖主持会议。馆长杨沛超介绍了2011年12月参加全国第六次图书馆学基础理论会议的情况。网络系统部馆员赵以安介绍了2011年12月参加清华大学学术资源发现系统研讨会暨"水木搜索"开通仪式的情况。蒋颖结合市场上主要的资源发现产品、可能存在的问题及发展前景以及公共图书馆界理论研究的现状、专业图书馆理论研究的走向等问题组织了提问和讨论，并作了发言点评和会议总结。重点学科课题组成员及其他图书馆工作人员近20余人参加了会议。

（2）2012年6月26～29日，中国社会科学院古籍普查及数字化培训研讨班在密云栗林山庄培训基地举办。馆长助理刘振喜主持开班仪式并转达了庄前生书记对举办本次培训研讨班的几点意见。馆长杨沛超作了开班动员，并作了题为《中国社会科学院古籍整理保护暨数字化工程实施方案（草案）》的专题报告。院历史所研究员李世愉作了《常用文史哲工具书的使用方法》讲座。院馆古籍特藏部主任、研究馆员赵嘉朱作了题为《中国社会科学院古籍普查与编目著录规则》的报告。会议期间，与会人员就如何认识社科院实施古籍工程的重要意义，对古籍工程实施有何意见和建议等问题进行分组讨论。院图书馆的部分工作人员，经济研究所、哲学研究所、社科杂志社、民族学与人类学研究所、历史研究所、法学研究所、近代史研究所、世界宗教研究所、语言研究所、当代中国研究所、考古研究所、中国边疆史地研究中心、文学研究所和研究生院的相关人员共40余人参加了培训。

（3）2012年8月23日，由图书馆参考咨询部主办的"图书馆学科化服务理论与实践学术研讨会"召开。副馆长蒋颖出席会议。经济研究所图书馆馆长王砚峰、世界历史研究所图书馆馆长孟庆龙在会上分别就两所图书馆建立学科联系人制度和开展为科研人员服务等问题作了经验介绍。院图书馆参考咨询部馆员孙洁琼就国内图书馆学科化服务的理论、做法和发展现状作了发言。与会同志就如何在全院开展图书馆学科化服务创新工程的问题进行了研讨和意见交换。院图书馆参考咨询部全体同志参加了会议。

（4）2012年8月31日，图书馆学（社会科学数字资源建设与服务）重点学科举行学术报告会，馆长杨沛超作了题为《国际图书馆学研究热点述评》的主题报告。杨沛超介绍了IFLA及其机构设置情况以及第78届国际图联大会、拉托维亚卫星会议的情况，并对本届IFLA大会发言者的观点、热门话题等进行述评。副馆长、重点学科负责人蒋颖主持报告会。重点学科课题组成员参加了会议。

（5）2012年11月12日，图书馆文献计量学研究室主办的"人文社会科学评价论坛学术研讨会"召开。文献计量学研究室的苏金燕、耿海英、余倩分别作了题为《核心作者筛选方法研究》《国内外文献计量学研究进展》《"下载量"评价指标研究现状初探》的专题报告。文献计量学研究室其他成员交流了参加"第七届科学计量学与大学评价国际研讨会"的情况与心得体会。该室副主任任全娥主持会议，文献计量学研究室全体人员及信息情报院部分同志参加了会议。

2. 国际与地区学术交流和合作

2012 年，院图书馆共派遣出访 8 批 10 人次；接待来访 1 批 6 人次。重要出访和来访项目有：

（1）2012 年 5 月 22 日，韩国庆北大学书展开幕仪式在社科院隆重召开。副秘书长晋保平出席并致辞。院图书馆馆长杨沛超、韩国庆北大学图书馆馆长文成学分别讲话，副馆长蒋颖主持仪式。馆长助理刘振喜、国际合作局局长助理周云帆等出席开幕式。此届书展持续 7 天，共计展出图书 600 余册，涵盖了韩国的政治、哲学、历史、经济、文化、外交等人文社会科学领域的最新研究成果。

（2）2012 年 5 月 25 日至 6 月 2 日，党委书记庄前生赴墨西哥都市自治大学参加"国家、市场、大众与 21 世纪的人类发展——世界政治经济学学会第 7 届论坛"。此届论坛举行了两场主题报告会，16 位专家作了主题报告。论坛还组织了 13 场分会研讨。来自中国、墨西哥、美国、日本、德国、法国、韩国、巴西等 30 多个国家的 120 多位专家学者出席论坛。

（3）2012 年 8 月 7 ~ 16 日，馆长杨沛超赴拉脱维亚、芬兰参加第 78 届国际图联大会。8 月 6 ~ 10 日在拉托维亚首都里加召开主题为"提高公民素质的信息服务"的卫星会议。8 月 11 ~ 16 日，此届国际图联 2012 年年会在芬兰首都赫尔辛基召开，主题为"图书馆行动起来——鼓舞、惊喜、给力"。来自 100 多个国家和地区的图书馆专业工作人员、图书馆情报学专家 3000 余人参加了本届大会。

（4）2012 年 9 月 16 ~ 26 日，党委书记庄前生率领中国社会科学院图书馆代表团赴乌克兰和乌兹别克斯坦共和国进行友好访问。代表团成员有馆长助理刘振喜、国际书刊交流部主任多家喻、国际合作局欧亚处副处长金哲、国务院新闻办公室项目官员李新。代表团出席了在乌克兰国家科学院举办的首届中国社会科学图书展览开幕式，访问了乌克兰国家科学院图书馆（维尔南兹基国家图书馆）及乌兹别克斯坦世界经济与外交大学图书馆、东方语言文学系等机构，就扩大合作，加强文献交流，特别是合作建立专门收藏中国出版物的"中国馆"事项交换了意见，并取得了积极的成果。

（五）学术社团

中国社会科学情报学会，理事长黄长著。

中国社会科学情报学会于 2012 年 9 月 11 ~ 15 日在安徽省合肥市召开了主题为"知识·服务·创新——社会主义文化大繁荣大发展背景下社科情报事业及学科发展：机遇与挑战"的学术年会。中国社会科学院副秘书长谭家林，安徽省委宣传部副部长、省社会科学院党组书记、院长陆勤毅，中国社会科学情报学会理事长、学部委员黄长著，学会副理事长、中央党校图书馆馆长陈高桐，学会副理事长、解放军南京政治学院训练部部长戴维民，学会秘书长刘振喜，安徽省委党校副校长赵湘冰出席会议开幕式并讲话。会议期间，学会副理事长、中央党校图书馆馆长陈高桐，华中师范大学信息管理系教授王伟军，解放军南京政治学院上海分院军事情报系主任周军，南京大学信息管理学院教授朱学芳，《情报资料工作》编辑部主任徐亚男以及超星集团公司负责人先后在会上作了学术报告。会议期间，还举行了 2012 年学术征文颁奖仪式。图书馆文献计量学研究室周霞作为获奖论文代表，在会上宣读论文。本届学术年会由中共安徽省委党校承办，会议共收到论文 148 篇。

（六）会议综述

2012 人文社会科学期刊发展与评价论坛

2012 年 12 月 27 日，中国社会科学院文献计量与科学评价研究中心和调查与数据信息中心在京举办了"2012 人文社会科学期刊发展与评价论坛"。会议主题是学习十八大精神，促进学术期刊建设与科学评价的创新与繁荣；面对新形势，讨论学术期刊建设和科学评价工作如何应对新的问题与挑战。中国社会科学院党组成员、副院长武寅，全国社科规划办副主任杨庆存，中国社会科学院科研局副局长朝克，教育部社科司期刊处处长田敬诚，国家新闻出版总署报刊处处长董毅敏等出席开幕式并讲话。中国社科院图书馆党委书记庄前生主持开幕式。

武寅在讲话中指出，学术期刊的发展必须坚持正确的政治导向，要认真学习领会十八大精神，要有政治意识、阵地意识和大局意识，要像十八大报告强调的那样，做到理论自信、道路自信、制度自信，正确处理好学术自由、学术民主与坚持中国特色社会主义道路的关系。学术期刊发展必须把握正确的学术导向，提高原始创新、集成创新和引进消化吸收再创新能力。创新应当成为哲学社会科学进一步繁荣发展的核心。学术期刊在哲学社会科学创新体系建设中应当发挥积极的推动作用。学术期刊要有责任意识和精品意识，准确把握和围绕学科发展的重大前沿问题设置栏目，组织稿件。要充分利用期刊的发稿权，推出那些有创新意义的精品之作，拒绝那些粗制滥造的平庸之作，保持并不断提高自己刊物的学术档次和品位。要充分利用期刊编辑权，引导作者遵从正确的学术规范，树立正确的学风和治学态度。

杨庆存在讲话中强调，期刊的发展是学术界共同关心的问题，同时也是党和国家关心、关注和关切的问题。特别是在当前世界发展变化的大背景下，在我国改革开放攻坚克难的新形势下，我们来讨论期刊的发展与评价有很重要的现实意义。期刊的发展最重要的是自身的水平和质量，它是期刊的生命和灵魂。十八大报告中提到的文化发展战略，为学术期刊发展作了政策保证，提供了非常有利的条件，营造了非常有利的氛围。我们应该抓住这个机遇，用好这个机遇，推动学术期刊的发展。在理论引导、学风建设、文化传承和人才培育等方面发挥积极作用。实际上，期刊本身就是一种评价标准，许多评定职称甚至学位点的确定是依据期刊发表的成果评定的，所以，期刊承担的责任和发挥的作用不容小觑。期刊界要有充分的自信，认识到我们工作的意义和作用。我们强调的是发展有思想性的学术，首先要求参与期刊工作的人，要像古代学者那样，德、才、学、识、胆，五个方面兼备。所谓道德文章，就是要把道德和做人放在首位。当前，我国学术期刊的发展也面临着专业化、集约化、数字化带来的严峻挑战，期刊同仁要勇于直面，共同担当。全国哲学社会科学规划领导小组对期刊的发展十分关注，2012 年全国规划办重要工作内容之一就是抓期刊工作：一是资助了 200 种学术期刊；二是进行公益性的学术期刊数据库建设，2012 年国家投入了 12 亿元，以后每年递增 2 亿元，"十二五"达到 20 亿元，这将为学术发展创造更多的机会，多做实事、好事，这需要我们共同努力办好。

与会专家学者围绕期刊单位转企改制、期刊经营管理创新改革、内容推陈出新、如何促进学术期刊建设与评价工作的科学化发展等问题展开了讨论交流。《新华文摘》《文学评论》《清华大学学报》等期刊主编介绍了近年来的办刊经验。来自国内哲学社会科学领域的权威期刊和优秀期刊编辑代表近百人参加。

（任全娥）

图书馆、情报与文献学名词审定委员会全体会议

2012 年 4 月 16～18 日，图书馆、情报与文献学名词审定委员会全体会议在湖北省武汉市召开，听取各成员单位撰稿工作进展，研究名词审定中遇到的问题，布置下阶段工作。社科院学部委员、名词审定委员会主任黄长著，全国科学技术名词审定委员会项目负责人王琪出席会议并讲话。武汉大学信息管理学院院长、名词审定委员会副主任陈传夫，社科院图书馆馆长助理、名词审定委员会秘书长刘振喜分别主持了会议。

学部委员、名词审定委员会主任黄长著首先代表名词审定委员会向承办此次会议的武汉大学信息管理学院表示感谢。武汉大学信息管理学院领导对这次会议非常重视，不仅为会议做了周到细致的准备，而且还提供了经费上的支持。黄长著简要回顾了名词审定委员会成立以来开展的工作。他强调，在下一阶段的词条撰写和审定工作中，一定要把握好以下四个原则，即重要概念不遗漏，重要解释无失误（关键性解释不允许有失误），外文翻译无笑话，体例风格要统一。

全国科学技术名词审定委员会项目负责人王琪在讲话中充分肯定了图书馆、情报与文献学学科名词审定工作的进展情况。她指出，与其他学科相比，图书馆、情报与文献学名词审定工作进展较快，是唯一在名词解释中标注了参考文献的学科，体现了委员会各位专家严谨的工作作风。她期待该学科术语能够成为继语言学之后的样本学科名词术语。王琪介绍了全国名词委

正在组织编写名词撰写工作手册的情况，表示将尽快把该手册的电子版发给各位专家，以便在词条撰写时对照参考。她还建议将本学科审定过程中发现的问题及解决办法整理成文章，作为工作交流提供给《中国科技术语》发表。

图书馆副馆长蒋颖代表课题组汇报了前一阶段工作的进展情况。会议认真研究了各单位提出的问题，交流了经验，同时就下一步工作计划提出了建议，制定了完成任务的时间表。

（郭哲敏　任全娥）

中国社会科学出版社

2012 年，中国社会科学出版社抢抓机遇，深化改革，加强管理，团结一致，凝聚力量，奋发有为。在哲学社会科学专业出版的道路上，在量与质、经济效益与社会效益相统一的发展道路上，社科出版社迈出了可喜的步伐，呈现出良好的发展势头。

（一）认真学习贯彻党的十八大精神以及十七届六中全会精神，始终把握正确的出版方向，提高全社干部职工的思想政治素质和业务素质

2012 年，社科出版社坚持正确的政治方向，及时传达学习中央会议精神和中宣部、新闻出版总署及社科院有关出版工作的一系列指示和会议精神，真正做到讲政治、重业务。2012 年初，深入学习贯彻党的十七届六中全会通过的《决定》。通过学习，深刻认识在我国文化大发展大繁荣背景下，哲学社会科学出版工作正面临前所未有的机遇与挑战。"十八大"召开后，社机关党委三次召开不同层次的机关党委中心组学习扩大会，对本单位学习宣传贯彻"十八大"精神的方案作研究部署，并组织全体党员干部深入学习。通过学习，深刻认识到哲学社会科学出版事业在文化强国中的责任，进一步增强了对中国特色社会主义的道路自信、理论自信和制度自信。通过学习，全社干部职工开阔了视野，提高了认识，统一了思想，增强了凝聚力，更加坚定了走专业学术出版发展道路的决心和信心，进一步认清了出版工作者在文化强国中的使命与责任。

（二）践行科学发展观，理清发展思路，明确提出"六个坚持"的发展战略

通过综合分析业内外的形势，以及社科出版社的品牌、历史与现状，经过反复思考、锤炼，确立"六个坚持"的发展思路与战略。一是坚持走哲学社会科学专业出版的发展道路；二是坚持"社会效益与经济效益、数量增长与品牌提升、职工利益与社科社长远发展相统一"的发展理念；三是坚持"一体两翼"的发展格局；四是坚持"提升品牌，增长补贴，开拓市场，创新业态"的发展路径；五是坚持牢牢立足社科院，面向中外学术界的发展视野；六是坚

持努力成为展示中国社科院学术成果的重要窗口，全国哲学社会科学优秀成果的出版重镇，中外人文学术文化的重要交流平台的发展目标。"六个坚持"明确了社科出版社的发展定位和发展方向，解决了出版社发展的一些前提性问题，对出版社发展具有重要指导意义。

（三）深化管理体制机制改革，实现制度创新

根据"三个统一"的发展理念和"一体两翼"的发展格局，深化体制机制改革，实现制度创新。成立了七大专业出版中心和大众分社、数字出版中心，七大出版中心是：马克思主义理论出版中心（编译中心）、哲学宗教与社会学出版中心、历史与考古出版中心、文学艺术与新闻传播出版中心、政治与法律出版中心、经济与管理出版中心、国际问题出版中心。在调整编辑部机构设置的基础上，科学设置新的编辑部考核方案，在已有方案的基础上继续完善编辑绩效考核机制，考核方案主要突出了四个考核指标：专业选题、重大重点选题、社科院的选题、经济效益好的选题，以调控编辑的策划出版方向，调整和优化图书结构。

同时，完善各种管理制度，主要有：加强学术出版规范建设，在充分了解国内外学术出版规范的基础上，进一步修订完善社科出版社出版规范。制定和完善图书质量检查通报制度，加强对图书编校质量的及时跟踪和通报，对编辑出版工作中存在的问题，及时梳理和解决。制定并实施了《关于加强图书生产管理的补充规定》，进一步细化图书生产管理。制定《中国社会科学出版社排版技术标准规范》，对图书内文、版权页的排版标准进行明确规定。

（四）生产经营状况

2012 年，社科出版社的选题数量、出书数量、产值规模、总收入大幅增长，好书比例增加，学术影响力和社会影响力进一步增强。全社立项选题（按云因系统统计）共 2235 个，比上年增加 38.9%，其中重点选题占比达 33.6%；全年签约合同 1664 个，比上年增加 29.8%，占总选题量的 74.1%；全年实际出书 1442 种，比上年增加 48.4%；全年使用书号 1583 个，比上年增加 55.8%；全年生产码洋达 20797 万元，突破 2 亿，比上年增加 173%；图书发货码洋比上年增加 33.6%；图书回款实洋比上年增加 58.62%；全社总收入比上年增加 56%。

（五）各项工作业绩

1. 高度重视专业学术出版，下大力气抓重大出版项目；重点图书、优秀图书比例明显增加

2012 年，出版社在申报策划重点项目上取得优异成绩。承担国家新闻出版总署"十二五"时期国家重点图书出版规划 32 项；申报国家新闻出版总署"国家重点出版工程项目"41 项，其中 3 项入选。申报 2012 年度"国家哲学社会科学优秀成果文库"，有 9 项入选；申报"国家社科基金后期资助项目"（两批），有 22 项入选。2012 年，申报院创新工程大型出版项目 17 项，积极推动、落实所承担的院创新工程学术出版资助项目及时出版（2012 年第一批 23 种、

第二批 14 种、第三批 31 种）。

大力推进自主策划的重大出版项目，剑桥古代史、中世纪史翻译工程，"中国哲学社会科学学科发展报告"、"中国社会科学院学部委员专题文集"（190 卷）、"社科学术文库"（第二批）、"理解中国"丛书、台湾方志项目、院"马工程"项目、"中国社会科学博士论文文库"和"中国社会科学博士后文库"等顺利推进。

2012 年 3 月，"我国伦理道德与大众意识形态调研报告发布会暨《中国伦理道德报告》《中国大众意识形态报告》出版座谈会"在北京举行。

除了上述重大项目外，出版社组织策划了很多国家社科基金项目成果以及全国重点高校的优秀成果。经过统计，各类重点选题达 740 多个，占全年总选题量的 33.6%。

2012 年，出版社出版的图书获得社会和学界好评。历史研究所组织编写的《简明中国历史读本》入选 2012 年度"大众喜爱的 50 种图书"，发行 10 万余册。《中国伦理道德报告》《中国大众意识形态报告》得到中央领导同志的重要批示。《中国经学思想史》获第四届中华优秀出版物奖图书奖。《孔子与 20 世纪中国》《新中国成立以来中国共产党思想理论教育历史研究》《马克思主义哲学范畴研究》获第六届吴玉章人文社会科学优秀奖。此外，有 70 多种图书获得省部级各种图书奖项。

2. 启动"两翼"：大力推动大众分社和数字出版工作

2012 年，有序推动大众分社工作，加强其与社外优质文化公司合作，合理配置资源，实行优势互补，扩大了出版规模。2012 年分社上报选题 316 个，出版图书 241 种。其中，公务员考试辅导教材项目赢利 450 多万元。

2012 年，数字出版在以下四方面取得显著成绩：（1）推动手机移动阅读，赢利约 95 万元。（2）推动社科出版社名牌产品的数字加工，推向市场，与多看公司签约，推进电子书上网项目的合作。（3）配合院调查与数据中心，成立《社科智讯》编辑部，组织编辑《社科智讯》。（4）改进和支持社内办公环境的电子化。配合总编室完成出版社 2000～2012 年图书出版合同的数字化工作，配合总编室和印制部门完成图书封面、图书排版文件的收集和审核归档工作，完成社网站的技术保障工作等。

3. 图书引进规模稳定，狠抓图书"走出去"工作

2012 年，与国外出版社达成版权引进意向的图书达 130 多种，已签订合同的图书 75 种，续约图书11种，单签或还在洽谈中的图书项目有47项。

大力推进图书"走出去"工作，在北京国际图书博览会期间，举办版权推介与国际合作招待酒会，邀请国外出版机构参加。2012年，"走出去"工作实现重大突破，与国外出版社签约20个合作出版项目。其中，1项获国家规划办"中华外译"项目资助，另有7个项目获院创新工程"走出去"资助，共获翻译费资助98万元。

4. 加强重点图书及出版社整体形象的宣传

2012年，营销策划部加强重点图书及出版社整体形象的宣传，策划主办、协办发布会等营销活动20项。其中，《简明中国历史读本》《中国伦理道德报告》《中国大众意识形态报告》等重点图书的相关信息在各类媒体上报道转载达上百万条，还引起中央领导同志的关注并作了相关批示，产生了很大的影响。此外，对近50种新书、重点书作了不同程度的宣传推广，在《新华文摘》《读书》《文汇读书周报》等杂志作了广告宣传。

（六）领导班子和队伍建设工作

2012年，在领导班子建设上做了很多工作。根据有关规定，按照公开竞聘程序，聘任一位副总编辑。编辑部门提拔了一批副主任，形成了较为合理的干部梯队。

针对生产任务激增问题，三次招聘编校人员，而且将招聘工作常态化。全年共引进编辑、校对等各类人员16人；同时引进有丰富编辑、出版经验的成熟的管理人才，从社外调入4名中层以上管理干部。重视对年轻职工的培养。一方面，对新入职员工进行培训，让他们尽快熟悉编校业务，尽快成长；另一方面，提拔了一批主任助理，给年轻人压担子，锻炼和培养他们。

此外，经过与院人事教育局多次协商，解决8位"老人"的退休事业编制及职务待遇。

在加强企业党建和文化建设、丰富职工文体生活等方面，提出并大力倡导"认真、负责、规范、高效"的工作作风，提高全体职工的责任心和工作效率，增强全体职工的凝聚力和向心力。2012年，积极参加院羽毛球、乒乓球、网球比赛，充实职工的文化生活。青年工作方面，除了加强培训和培养，还组织一系列党情国情教育活动，如参观复兴之路展览等。

高度重视老干部工作。领导班子集体参加老干部的活动，及时向他们通报出版社的情况。同时，随着出版社的发展，尽量给他们提高福利。提高慰问品发放标准，增加"三八"节、重阳节慰问。

梳理完善规章制度，加强监督，堵塞漏洞，杜绝腐败和违法乱纪。严格执行财务报销制度，制止不合理开支与报销。重视对基层党支部的调研，为加强党员队伍建设和基层党支部建设打下坚实基础。

中国社会科学杂志社

（一）人员、机构等基本情况

截至 2012 年年底，中国社会科学杂志社共有编制内在职人员 56 人。其中，正高级职称人员 10 人，副高级职称人员 13 人，中级职称人员 24 人；高、中级职称人员约占全社编制内在职人员总数的 84.7%。另有聘用制人员 161 人。

中国社会科学杂志社设有：马克思主义部、哲学社会科学部、史学部、文学部、国际部、《中国社会科学报》新闻中心、《中国社会科学报》编辑中心、研究室、总编室、办公室、财务资产部、战略合作部、网络部、事业发展中心。《中国社会科学报》设有驻院记者站、上海记者站、广东记者站、陕西记者站、湖北记者站、江苏记者站、吉林记者站、青海记者站、四川记者站、山东记者站、北美报道中心。

（二）报刊编辑工作

1. 《中国社会科学报》（周一、三、五刊），总编辑高翔

2012 年，《中国社会科学报》由周二刊改为周三刊，全年共出版 148 期，每周 44 个版，每月 99.5 万字。

2012 年，《中国社会科学报》对部分版面进行了调整和充实。推出了"十年中国"大型系列"特别策划"，包括"十年中国：法治理念与实践""十年中国：以民主政治建设推进科学发展""十年中国：文化自觉引领文化发展""十年中国：经济腾飞与跨越式发展""十年中国：学科建设与学术繁荣""十年中国：生态文明建设""十年中国：社会建设""十年中国：外交盘点"。共计 8 期 32 个版，刊发了包括美国前副国务卿理查德·库帕等在内的 70 多位国内外知名学者的文章。在增加的资讯中，又以国际学术资讯为突出特色，这使得该报在同类报纸中独树一帜。

2012 年 11 月 30 日，《中国社会科学报》推出"十八大精神与中国特色社会主义学术"特别策划，用 4 个版面刊发了李捷、孙谦、江必新、卫建林、黄宏、韩庆祥、朱光磊等学者的学习文章。

2. 《中国社会科学》（月刊），总编辑高翔

2012 年起，《中国社会科学》由双月刊改为月刊，全年共出版 12 期，约 314 万字，总发稿 129 篇。其中，经济学文章 21 篇，哲学文章 21 篇，法学文章 20 篇，马克思主义文章 18 篇，社会学文章 15 篇，历史学文章 13 篇，文学文章 12 篇，国际关系文章 4 篇，语言学文章一组 3 篇，公共管理学文章 2 篇。

该刊 2012 年刊载的有代表性的文章有：姜安的《毛泽东"三个世界划分"理论的政治考量与时代价值》，牟成文的《马克思的群众观及其哲学变革》，叶险明的《世界历史的"双重结构"与当代中国的全球发展路径》，陈亚军的《"世界"的失而复得——新实用主义三大家的理论主题转换》，林伯强等人的《资源税改革——以煤炭为例的资源经济学分析》，梁晨、李中清等的《无声的革命：北京大学与苏州大学学生社会来源研究（1952～2002）》，管建强的《国际法视角下的中日钓鱼岛领土主权纷争》，李凭的《黄帝历史形象的塑造》等。

3.《历史研究》（双月刊），主编高翔

2012 年，《历史研究》共出版 6 期，约 183 万字，总发稿 71 篇。其中，"专题论文" 52 篇，"讨论与评议""书评"各 1 篇，"学术述评" 4 篇，"读史札记" 11 篇，"理论与方法" 2 篇。

该刊 2012 年刊载的有代表性的文章有：陈明的《"法出波斯"："三勒浆"源流考》，魏斌的《单名与双名：汉晋南方人名的变迁及其意义》，姜良芹、朱继光的《南京大屠杀期间市民财产损失的调查与统计——基于国内现存档案资料的分析》，武寅的《天皇制的起源及结构特征》，亨利·J. M. 克莱森著、郭子林译的《从临时首领到最高酋长：社会—政治组织的演化》，晏绍祥的《古典历史的基础：从国之大事到普通百姓的生活》，李金铮的《中国近代乡村经济史研究的十大论争》等。

4.《中国社会科学文摘》（月刊），主编高翔

2012 年，《中国社会科学文摘》共出版 12 期，共计 325 万字，总发稿 1248 篇。其中，一般文章 883 篇，论点摘要 365 篇。

该刊 2012 年刊载的有代表性的文章有：罗伊·普罗斯特曼等的《中国农民土地权利状况调查》，葛红兵、宋桂林的《"有声音的小说"：以地方性知识和语言为视角》，袁贵仁、杨耕的《苏东马克思主义哲学教学体系的形成与演变》，高翔的《学术期刊数字化建设势在必行》，常建华的《生活的意义——中国社会生活史研究》，段忠桥的《政治哲学视野中的分配正义三题》，刘军强的《从经济到社会：社会政策调整趋势》，李政涛的《中国社会发展的"教育尺度"与教育基础》，谭世贵的《中国司法权的调整与优化》，郭庆旺、赵旭杰的《地方政府投资竞争与经济周期波动》，胡翼青、吴雷的《谁是"批判学派"：对传播研究范式的批判》，戴庆厦的《"濒危语言热"二十年》。

5.《中国社会科学内部文稿》（双月刊），主编孙麾

2012 年，《中国社会科学内部文稿》共出版 6 期，总发稿 84 篇。其中，问题研究 16 篇，国情调研 3 篇，对策研究 9 篇，学术评论 4 篇，学者视野 24 篇，理论探讨 13 篇，学术参考 7 篇，调研报告 6 篇，前沿报告 1 篇，学术争论 1 篇。

该刊 2012 年刊载的有代表性的文章有：李慎明的《苏联亡党亡国 20 年祭——俄罗斯人在诉说（六集版解说词）》，李秋芳、孙壮志、申恩威、蒋来用的《我国事业单位腐败特点与防

治对策》，涂成林的《群体性事件的发生机制及政府对策研究——以广州市新塘"6·11事件"为例》，赵华荃的《关于公有制主体地位的量化分析和评价》，任建明的《廉政风险管理科学化的重要标志》，周裕琼的《中国社会网络谣言的主要特征及应对策略》，中国社会科学院"全面推进党的建设"课题组的《关于新形势下党的建设和执政安全的调研报告》，陈学明的《为什么我们还需要马克思主义——回答关于马克思主义的十个疑问》，汪行福的《2011年国外马克思主义报告》，黄范章的《要"政府主导"，但政府要"瘦身"——兼论重塑国资委和成立国家资源委员会》。

6. ***Social Sciences in China***（《中国社会科学》英文版，季刊），主编高翔

2012年，*Social Sciences in China* 共发表论文50篇。其中单篇论文27篇，专题论文23篇。该刊2012年刊载的有代表性的文章有：Luo Haocai and Song Gongde，"Balance and Imbalance in Human Rights Law"，Zhou Guanghui，"The Reform and Development of the Decision-making System in Contemporary China"，Wang Jin and Zhong Xiaohan，"Has the Lewis Turning Point Arrived in China? —Theoretical Analysis and International Experience"，Sheng Bin and Lü Yue，"Impact of Foreign Direct Investment on China's Environment：An Empirical Study Based on Industrial Panel Data"，Guo Qingwang，"The Incentive Effects of the Institutional Arrangements of China's Fiscal System and Their Influence on Finance and Economics"，Wang Zhenzhong，"Indicators of State Formation：With a Discussion of the State Theory Based on the Fourtiered Settlement Hierarchy"，Ren Ping，"Systematic Innovation，Comprehensive Development and Going Global：Some Thoughts on the Construction of an Innovation System for Philosophy and Social Sciences in China During the 12th Five-year Plan Period"等。

7. 《国际社会科学杂志》（中文版，季刊），主编王利民

2012年，《国际社会科学杂志》（中文版）共出版4期，共计48.9万字。该刊2012年围绕"全球政治人类学"（Ⅰ、Ⅱ）、"社会记忆与超现代性"（Ⅰ、Ⅱ）等主题编译稿件34篇。该刊2012年刊载的有代表性的文章有：S. 罗密·穆克尔吉的《碎片与裂变：迈向全球政治人类学》，杰西·加西亚·鲁伊斯、帕特里克·米歇尔的《拉丁美洲的新五旬节主义：对全球化的政治人类学的贡献》，帕斯卡·雷伊的《地方性与全球性：地方权力与全球化》，埃米里奥·马丁内斯、古铁雷斯的《无场所的记忆》，苏珊·库希勒的《知识时代的社会记忆》，布鲁诺·佩基尼奥的《集体记忆与新记忆的产生》等。

8. 获奖情况

中国社会科学杂志社编辑出版的期刊《中国社会科学》《历史研究》2012年获国家社科基金资助。2012年，《中国社会科学》《历史研究》刊登的文章，共获得各种省部级以上奖项47项。

（三）科研工作

1. 科研成果统计

2012 年，中国社会科学杂志社共完成专著 4 种，116 万字；学术论文 42 篇，49.96 万字；研究报告 4 篇，73 万字；学术资料 1 种，150 万字；译著 2 种，92 万字；一般文章 8 篇，34 万字。

2. 科研课题

（1）新立项课题。2012 年，中国社会科学杂志社共有新立项课题 12 项。其中，院青年启动基金课题 1 项："建构主义哲学与德国当代哲学思潮"（莫斌主持）；院国情考察课题 1 项："内蒙古牧区生态文明建设"（高翔主持）；社重点集体课题 10 项："当代中国史学（1949～2014）"（李红岩主持），"中国学术的思想高度——基于马克思主义的视角"（孙麾主持），"1949 年以来我国启蒙问题学术史梳理及专题研究"（柯锦华主持），"新时期以来文学研究的理论与方法"（王兆胜主持），"新兴大国合作及其对全球治理结构变革的影响"（林跃勤主持），"中国国际关系学科发展现状及方向"（范勇鹏主持），"主流报纸与当代中国学术发展（1978～2012）"（祝晓风主持），"民国以来中国社会学的思想传统"（刘亚秋主持），"中国社会科学杂志社工作手册（2012 年版）"（魏长宝主持），"中国社会科学杂志社'一报五刊'学术评价报告"（郑成宏主持）。

（2）结项课题。2012 年，中国社会科学杂志社共完成课题结项 8 项。其中，院国情考察课题 1 项："川陕革命根据地的历史与现状"（高翔主持）；院重点课题 1 项："马克思主义中国化的学术范式与文化积淀"（孙麾主持）；国家社科基金课题 1 项："近代中国西南边疆纷争的历史与现状——以中印边界东段为中心的研究"（张永攀主持）；院青年启动基金课题 5 项："《汉书·地理志》研究"（周群主持），"马克思恩格斯正义观的批判向度与当代价值"（王广主持），"非法证据排除规则适用范围研究"（郭烁主持），"福柯的权力思想"（袁华杰主持），"帝国主义的新变化及其对社会主义的影响"（李潇潇主持）。

（3）延续在研课题。2012 年，中国社会科学杂志社共有延续在研课题 11 项。其中，国家社科基金课题 2 项："历史唯物主义世界观的当代阐释"（王海锋主持），"近代外国在华直接投资与中外竞争"（梁华主持）；交办委托课题 1 项："上山下乡运动与知青共同体研究"（高翔主持）；院青年启动基金课题 8 项："中国古代英雄传奇故事类型研究"（李琳主持），"从赛义德的思想来源试析后马克思思潮的理论定位"（郑飞主持），"族群冲突的理性主义解释"（焦兵主持），"新时期先秦史的跨学科研究"（晁天义主持），"欧洲学术期刊数字化出版现状"（褚国飞主持），"绿色政治谱系中的民主理论"（刘倩主持），"《资本论》与历史唯物主义"（王海锋主持），"系统论视角下的民间外交——以中苏友好协会为例的研究"（张萍主持）。

3. 创新工程的实施和科研管理新举措

（1）中国社会科学杂志社创新工程的主要措施和工作安排。①2011 年 7 月 1 日，中国社会科学杂志社有 153 人进入 2012 年创新工程，其中编制内人员 51 人（占编制内人员总数的 80%），聘用制人员 102 人（占聘用制人员的 70%）。②2012 年创新工程项目为《中国社会科学报》（含《中国社会科学》），首席管理高翔。③推进以建立"大部制"为主线的机构改革，调整和优化部门设置，加强采编力量和采编流程。推行以编制内外一体化和绩效考核、优胜劣汰为基础的用人机制改革，建立能上能下、能进能出的人才管理体制。实施以报刊编辑一体化、编辑工作无纸化为中心的编辑体制改革，提高工作效率，确保采编质量。④创新平台机构设置。杂志社于 2011 年实施"大部制"改革，2012 年进一步深化"大部制"改革后，在总人数基本稳定的情况下，《中国社会科学》改月刊、《中国社会科学报》改周三刊等创新工程项目进展顺利。

（2）为加强学科建设和人才梯队建设，2012 年，杂志社开始设立社重点集体课题，全年资助社重点集体课题 10 项，受到资助的人员达 81 人。此举措对提高杂志社人才队伍的学术素养起到了积极作用。

（3）2012 年 6 月，中国社会科学杂志社通过《报纸编前会安排》，进一步强化报纸编辑工作。

（4）2012 年 8 月，中国社会科学杂志社修订《〈中国社会科学报〉新闻采访审批程序》，规范新闻采访审批工作。

（5）2012 年 8 月，中国社会科学杂志社通过《关于完善〈中国社会科学〉审稿流程的补充规定》，进一步规范《中国社会科学》审稿流程。

（6）2012 年 8 月，中国社会科学杂志社修订通过《关于〈中国社会科学〉编辑档案版上网实施办法》，《中国社会科学》编辑意见、外审意见等实现网上发布，在学界引起较大反响。

（7）2012 年 9 月，中国社会科学杂志社通过《关于调整报纸采编流程的通知》，根据新情况、新变化，对报纸采编流程进行了调整。

（四）学术交流活动

1. 学术会议

2012 年，中国社会科学杂志社主办的学术会议主要有：

（1）2012 年 1 月 7～8 日，中国社会科学杂志社和吉林大学哲学基础理论研究中心、吉林大学哲学社会学院联合主办的"哲学与社会学跨学科高端对话会"在吉林省长春市召开。

（2）2012 年 3 月 27 日，中国社会科学杂志社主办，中共中央编译局《马克思主义与现实》杂志社承办的"思想史与现实中的马克思"期刊联席会在北京召开。

（3）2012 年 4 月 12 日，中国社会科学杂志社哲学社会科学部、国家自然科学基金重点项目"兼顾效率与公平的中国城镇化"课题组联合举办的"中国城市化与城市经济学研讨会"在中国社会科学杂志社召开。

（4）2012年4月18日，由中国社会科学杂志社主办，《中国社会科学报》驻广东记者站、《中国社会科学报·人文岭南》编辑部、南方网、暨南大学承办的第一期"人文岭南·学术圆桌"论坛在广东省广州市召开。

（5）2012年5月11～14日，中国社会科学杂志社、《哲学研究》编辑部、《马克思主义与现实》杂志社、《中国人民大学学报》编辑部与复旦大学马克思主义研究院共同主办的"思想史与现实双重维度的马克思主义研究学术研讨会"在上海召开。

（6）2012年6月21日，中国社会科学杂志社、深圳大学共同主办，深圳大学移民文化研究所、深圳大学青年社科工作者联谊会、南方网、《中国社会科学报》驻广东记者站承办的第二期"人文岭南·学术圆桌"论坛在广东省深圳市举行。

（7）2012年7月11日，由中国社会科学杂志社国际一部主办，清华大学承办的"沟通比较政治学和国际关系学研讨会"在北京召开。

（8）2012年9月14日，由中国社会科学杂志社、辽宁社会科学院联合主办，《社会科学辑刊》编辑部承办的"首届全国人文社会科学期刊高层论坛"在辽宁省沈阳市举行。会议的主题为"学术期刊与学术生态建设"。

（9）2012年9月21～23日，由中国社会科学杂志社主办、华中师范大学马克思主义学院承办的"第12届马克思哲学论坛"在湖北省武汉市召开。

（10）2012年9月22～23日，由中国社会科学杂志社、浙江大学人文学院哲学系共同主办的"我们时代的哲学与心灵学术研讨会"在浙江省杭州市召开。

（11）2012年10月1日，由中国社会科学杂志社主办，俄罗斯联邦政府财经大学、俄罗斯科学院远东研究所承办的"中国社会科学论坛（2012）——世界华文学术名刊高层论坛"在莫斯科召开。

（12）2012年10月24～26日，由中国社会科学杂志社、江苏师范大学共同主办的"第六届中国社会科学前沿论坛：走向世界的中国学术"在江苏省徐州市召开。

（13）2012年10月26日，由中国社会科学杂志社、广东商学院共同主办，《中国社会科学报》驻广东记者站、广东商学院社会科学界联合会、南方网联合承办的第三期"人文岭南·学术圆桌"论坛在广东省广州市举行。

（14）2012年11月3日，由中国社会科学杂志社哲学社会科学部、《法律和社会科学》编辑部、上海大学法学院联合主办的"法律和社会科学2012年年会暨法律实证研究的进展及法学研究方法的反思学术研讨会"在上海召开。

（15）2012年11月3～4日，由中国社会科学杂志社哲学社会科学部与上海大学社会学院共同主办的"中国社会变迁与社会学前沿：社会学的历史视野学术研讨会"在上海大学召开。

（16）2012 年 11 月 7～8 日，由中国社会科学杂志社、中国社会科学院拉丁美洲研究所与巴西圣保罗州立大学、圣保罗拉丁美洲纪念馆合办的"首届中国、拉美学术高层论坛"在巴西圣保罗举行，会议主题是"未来 20 年的中国和拉美——行为主体及其角色"。

（17）2012 年 11 月 15～16 日，由北京外国语大学、中国社会科学杂志社、澳门基金会、澳门大学联合举办的"第三届澳门学国际学术研讨会"在北京外国语大学召开。

（18）2012 年 11 月 23 日，由中国社会科学杂志社举办的"十八大精神与中国特色社会主义学术研讨会"在北京召开。

（19）2012 年 12 月 1 日，由中国社会科学杂志社《历史研究》编辑部主办，上海师范大学人文学院、中国近代社会研究中心承办的"第六届历史学前沿论坛"在上海召开，会议主题为"天人之际：史学视阈下的自然与社会"。

（20）2012 年 12 月 5～7 日，由中国社会科学杂志社主办，苏州大学承办的"全球化进程中的国家认同研讨会"在江苏省苏州市召开。

（21）2012 年 12 月 14 日，由中国社会科学杂志社、中共广州市委宣传部、中共广州市荔湾区委区政府、广州大学主办，《中国社会科学报》驻广东记者站、广州大学十三行研究中心、南方网承办的第四期"人文岭南·学术圆桌"论坛在广东省广州市举行。

2. 国际学术交流与合作

2012 年，中国社会科学杂志社共进行国际学术交流活动 18 次。与中国社会科学杂志社开展学术交流的国家有美国、日本、德国、加拿大、奥地利、法国、韩国、俄罗斯、澳大利亚、巴西、智利、阿根廷、秘鲁、墨西哥。

（1）2012 年 1 月 31 日至 2 月 12 日，中国社会科学杂志社青年编辑褚国飞赴智利、阿根廷、秘鲁，参加中拉互利发展基金会主办的研讨会。

（2）2012 年 2 月 26 日至 3 月 3 日，中国社会科学杂志社青年编辑冯建华参加第六批中国社会科学院青年学者访日团访问日本。

（3）2012 年 3 月 5 日，日本大和总研株式会社专务理事川村雄介（《中国社会科学报》特约海外经济学家）、调查本部长打越俊一、长崎大学经济系准教授薛军（《中国社会科学报》特约海外经济学家）一行到中国社会科学杂志社访问。

（4）2012 年 3 月 28 日，中国社会科学杂志社邀请俄罗斯科学院院士、社会学所所长米哈伊尔·戈尔什科夫到杂志社举办题为"当前俄罗斯社会发展问题、研究状况及新普京时代社会政策走向"的讲座。

（5）2012 年 5 月 11 日，秘鲁圣马科斯大学国际经济学教授 Carlos Aquino Rodriguez 教授访问中国社会科学杂志社，总编辑高翔、副总编辑余新华参加会谈。

（6）2012 年 5 月 15 日，德国波恩应用政治研究院院长 Bodo Hombach 及首席执行官 Boris Berger 博士访问杂志社，王利民副总编辑会见。双方约定轮流举办中德学术高层论坛。

（7）2012 年 5 月 15 日，加拿大西安大略大学经济系教授徐滇庆到中国社会科学杂志社举办题为"贸易顺差与汇率"的学术讲座，王利民副总编辑主持。

（8）2012 年 5 月 18 日，德国对外关系研究所秘书长 Ronald Grätz 访问中国社会科学杂志社，副总编辑王利民会见。双方介绍了各自机构的情况，并就共同举办研讨会、出版研究成果等达成初步意向。

（9）2012 年 5 月 25 日，巴西联邦政府体育部国际事务助理主任、巴西利亚大学教授 Carlos Cardim 大使，巴西联邦政府体育部国际事务助理、圣保罗州立大学孔子学院巴方院长 Luis Paulino，巴西联邦体育部国际事务助理 Ana Prestes 一行访问杂志社，并就中巴学术论坛各项事宜举行会谈，参加会谈的还有拉美所巴西研究中心秘书长周志伟等，中国社会科学杂志社总编辑高翔、副总编辑王利民出席会谈。

（10）2012 年 5 月 31 日，泰勒·弗朗西斯出版集团亚太区期刊出版人 Lyndsey Dixon、人文社会科学期刊编辑主任 Edwina Quek 访问杂志社，作了《中国社会科学》（英文版）2011 年度工作报告，并向全社作题为《同行评审的重要性及现状》的报告。

（11）2012 年 7 月 22～29 日，中国社会科学杂志社青年编辑刘鹏参加第七批中国社会科学院青年学者访日团访问日本。

（12）2012 年 8 月 13～23 日，中国社会科学杂志社代表团一行 5 人访问美国。代表团首先在华盛顿社科杂志社首个驻外记者站——北美报道中心，举办了首次学术新闻研讨交流会，随后访问了哈佛大学费正清研究中心、洛杉矶圣玛丽学院等学术机构。

（13）2012 年 8 月 26 日至 9 月 7 日，中国社会科学院副秘书长、中国社会科学杂志社总编辑高翔一行访问奥地利及法国，分别与奥地利科学院、维也纳大学、国际跨文化研究所、法国远东学院和法国国家图书中心等机构进行学术交流。

（14）2012 年 9 月 17～22 日，中国社会科学杂志社副总编辑王利民、新闻中心主任王广赴韩国参加由国际期刊联盟、韩国期刊协会联合主办的第三届亚太数字期刊大会。会议主题为"期刊：数字化变革"。

（15）2012 年 9 月 30 日至 10 月 7 日，高翔率中国社会科学杂志社代表团一行 7 人赴俄罗斯，参加由中国社会科学杂志社主办，俄罗斯联邦政府财经大学、俄罗斯科学院远东研究所承办的"中国社会科学论坛（2012）——世界华文学术名刊高层论坛"。

（16）2012 年 10 月 30 日至 11 月 13 日，中国社会科学杂志社副总编辑王利民及林跃勤、焦兵等人赴巴西参加由中国社会科学杂志社、拉丁美洲研究所与巴西圣保罗州立大学、圣保罗拉丁美洲纪念馆合办的"首届中国—拉美学术高层论坛"。会议主题为"未来 20 年的中国和拉美：行为主体及其角色"。受墨中经济文化交流中心邀请及会议主办方安排，代表团还访问了墨西哥墨中经济文化交流中心等学术机构。

（17）2012 年 11 月 15～16 日，中国社会科学院副秘书长、中国社会科学杂志社总编辑高翔,《中国社会科学报》编辑部主任李红岩,及路育松、焦兵等人在北京参加由北京外国语大学、中国社会科学杂志社、澳门大学、澳门基金会联合举办的"第三届澳门学国际学术研讨会"。会议主题为"全球视野下的知识建构与学术成长——以澳门学为例"。

(18) 2012 年 11 月 27 日至 12 月 17 日,中国社会科学杂志社编辑中心副主任原正军参加由新闻出版总署组织的赴澳大利亚悉尼科技大学的新闻媒体与手机平台结合及实时新闻培训班。

3. 与中国香港、澳门特别行政区和中国台湾开展的学术交流

(1) 2012 年 2 月 19 日至 2 月 25 日,中国社会科学杂志社副总编辑王利民赴澳门,参加澳门理工学院《澳门理工学报》编委会全体会议。

(2) 2012 年 6 月 27 日至 7 月 5 日,中国社会科学杂志社事业发展中心副主任麻秋平、文学部副主任聂双赴中国台湾地区,参加由中国期刊协会和台北市杂志商业同业公会共同举办的"第二届两岸期刊研讨会暨优秀期刊展"。

(五)会议综述

第六届中国社会科学前沿论坛——走向世界的中国学术

2012 年 10 月 24 ~ 26 日,由中国社会科学杂志社和江苏师范大学联合举办的"第六届中国社会科学前沿论坛——走向世界的中国学术"在江苏省徐州市召开。

论坛开幕式由中国社会科学院副秘书长、中国社会科学杂志社总编辑高翔主持。中国社会科学院党组副书记、常务副院长王伟光出席论坛并作主题讲话。江苏省委宣传部副部长周琪,江苏省教育厅副厅长殷翔文,江苏师范大学校长任平,徐州市委常委、宣传部部长张彤致辞。来自中国人民大学、吉林大学、中山大学、浙江大学、南开大学、东南大学、华中科技大学、安徽省社会科

2012 年 10 月,"第六届中国社会科学前沿论坛——走向世界的中国学术"在江苏省徐州市举行。

学院、湖南省社会科学院和湖北省社会科学院等全国 40 余所高校与科研机构的主要负责人和

学科带头人参加论坛。

王伟光代表中国社会科学院党组，代表全国政协副主席、中国社会科学院党组书记、院长陈奎元向论坛的召开表示祝贺。他指出，中国特色社会主义伟大实践不断激发着理论创新、学术创造的活力，为哲学社会科学打开了世界性的宏阔视野，奠定了中国学术走向世界的理论与现实根基。当前，中国哲学社会科学事业正处于前所未有的快速发展中，这为中国学术走向世界、争夺"话语权"、占据"思想高地"积累了宝贵经验，创造了积极条件，奠定了坚实基础。他认为，推动中国学术走向世界，提升中国学术的世界影响力和国际话语权，是哲学社会科学界深入贯彻党中央统筹国内国际两个大局、发展中国特色社会主义、实现中国现代化战略思想的重大举措。

周琪代表江苏省委宣传部向论坛的成功举办表示祝贺。他介绍，江苏省委、省政府历来高度重视繁荣发展哲学社会科学事业，提出了要在"两个率先"进程中建设社科强省的战略目标。当前，江苏省正组织有关部门加紧制定《社科强省建设实施意见》，以进一步提升江苏哲学社会科学的创造力、影响力，更好地为实现"两个率先"目标提供思想引领和精神支持。

中国社会科学杂志社副总编辑余新华向记者介绍，在中国社会科学院党组的直接领导下，中国社会科学杂志社近几年来不断研究和总结世界报刊发展和传播规律，创新和深化办报办刊工作体制机制，努力通过打造学术理论传媒集团，助推中国学术走向世界。

与会专家从哲学、经济学、历史学、政治学、法学和语言学等不同的学科视角，对中国学术如何走向世界进行了深入的交流探讨。东南大学党委书记郭广银认为，经过 30 多年的改革开放，我国在物质文明上逐渐赶上了世界，成为经济总量居全球第二的国家，随之而来的是一个文化大国的崛起，及其与之伴随的必要的文化自觉和文明担当。

黑龙江大学校长张政文对记者表示，改革开放 30 多年来，中国哲学社会科学事业实现了巨大发展，在这一历史进程中，中国社会科学前沿论坛发挥了特殊的、不可取代的重要作用。

湖南省社会科学院院长朱有志提出，让中国学术走向世界是我们这一代社会科学工作者的特殊使命。我们欣逢中国经济在世界国际格局中的地位快速提升的大好时机，因之也历史性地承担着让中国学术走向世界的新任务，这也是推动中国可持续发展、增强中国国际竞争力的必然要求。

与会代表一致通过了《中国社会科学前沿论坛徐州倡议》，进一步推动论坛的建设与发展，推动论坛产生更大的学术影响和社会影响。

（郑　飞）

中国社会科学论坛（2012）——世界华文学术名刊高层论坛

2012 年 10 月 1 日，由中国社会科学杂志社主办，俄罗斯联邦政府财经大学、俄罗斯科学院远东研究所承办的"中国社会科学论坛（2012）——世界华文学术名刊高层论坛"在莫斯科举行。来自中国大陆和香港、澳门特别行政区，加拿大、新加坡等国家和地区的华文学术名刊代表，以及中国社会科学院国际合作局、俄罗斯联邦政府财经大学、俄罗斯科学院远东研究所的专家，共计 50 余人齐聚俄罗斯首都莫斯科，围绕"知识传播与文明对话"的主题进行交流研讨。中国社会科学院副秘书长、中国社会科学杂志社总编辑高翔，中国社会科学院国际合作局原副局长张友云，欧亚处处长杨建国，俄罗斯联邦政府财经大学科研副校长、俄罗斯联邦功勋经济学家玛丽娜·阿列克谢耶芙娜·费多托娃出席会议。

高翔在致辞中指出，此次论坛将主题定为"走向世界的华文学术期刊：知识传播与文明对话"，是我们基于当今世界的发展趋势和华人世界的日益崛起而提出的学术命题。冷战结束后，"9·11"事件的发生、美国发动的"十字军东征"式的反恐战争以及全球反美主义浪潮，似乎为"文明冲突论"作了最好的注解。然而，在"文明冲突"表象的背后，隐藏着国际资本瓜分世界的贪婪诉求，潜藏着某些"文明"唯我独尊、狂妄自是、不能平等对待其他文明的霸权心理。当今时代所谓"文明冲突"的频发，恰恰说明了推动不同文明之间平等对话的必要性和紧迫性。为促进知识传播与文明对话，世界各地的华文学术期刊要联合起来，努力为中华学术与其他学术的交流与对话、为人类文明的提升作出应有的贡献。费多托娃指出，中俄两国在很多方面都有相似点：两国都面向世界，都是金砖国家，都有话可说。俄罗斯期刊也面临国际化的重要问题，希望中俄两国期刊界加强交流，合作出版对方的优秀学术论文。

与会的华文学术名刊负责人与俄罗斯联邦政府财经大学、俄罗斯科学院远东研究所的专家学者，就学术名刊建设、文明的冲突与对话，以及中国在推动世界文明对话方面取得的经验，进行了深入交流和研讨。

俄罗斯联邦政府财经大学的有关负责人还详细介绍了俄罗斯学术期刊的发展情况。俄罗斯联邦政府财经大学财经管理系主任、俄罗斯自然科学院院士伊格尔·雅罗斯拉沃维奇·卢卡谢维奇说，俄罗斯曾经在一段时间内追求自由化，出现了一些有质量、有需求、有读者、有发行量的学术期刊，但也产生了一大批没有价值的学术期刊。这种情况要求把太多的自由收回来，即只有在属于名单范围内的杂志上发表论文，才可用于申请学位；同时，应在科学的不同领域，根据引用次数、引用率确定互联网期刊的评级和学术水平。

此次论坛上，《中国社会科学》《华人研究国际学报》《九州学林》《澳门研究》等期刊代表，就华文学术期刊推动知识传播与文明对话达成共识，共同签署了《莫斯科宣言》，即《实现华文学术期刊全球联合 促进知识传播与文明对话》。

（刘 鹏）

第六届历史学前沿论坛

2012年12月1日，由中国社会科学杂志社《历史研究》编辑部主办，上海师范大学人文学院、中国近代社会研究中心承办的"第六届历史学前沿论坛"在上海开幕，主题为"天人之际：史学视阈下的自然与社会"。中国社会科学院副秘书长、中国社会科学杂志社总编辑高翔，上海师范大学校长张民选，上海师范大学中国近代社会研究中心主任唐力行出席论坛并致辞。来自武汉大学、华南师范大学、南开大学、南京大学、上海师范大学、北京大学、中国人民大学、复旦大学、澳门大学、西北大学、厦门大学、辽宁大学、福建师范大学、江西师范大学、西南大学等近30家高等院校和学术机构的近50位专家学者出席。论坛开幕式由上海师范大学社科处处长陈恒主持。

高翔在致辞中指出，中国史学具有悠久的会通与经世传统，因此，当代中国史学研究要涵盖"一个主题、两个原则、三个观点"。"一个主题"即为"经世"，史学从其诞生起就肩负着自己的使命，承担着总结社会规律，为社会发展提供历史借鉴和科学化建议的责任。"两个原则"分别是求真和求是，求真就是讲实证，史学必须靠事实、材料说话；求是则是在对材料进行正确鉴别的基础上，努力探求历史变迁的内在逻辑与规律。"三个观点"，一是长时段研究的观点，研究者要将研究对象放入长时段的发展历程中进行透彻的考察；二是全面的观点，不仅要对研究对象进行完整准确的把握，而且要将其置于当时特定的历史环境中考察；三是发展的观点，历史现象总是处于不断的发展变化中，史学研究始终要推陈出新，以体现史学的最新趋势、最新方法、最新问题。本次历史学前沿论坛的主题，恰好体现了我们对于"究天人之际，通古今之变"的贯通与融会，中国历史学者的创新将反映人类社会历史的整体视野。

本届论坛共收到论文近40篇，其中颇多佳篇力作。与会学者认为，"自然与社会"是一个恒久弥新的话题，在历史学的视野下，以新的视角、新的方法加以研究，不仅具有重要的学术意义，而且具有现实价值。本届论坛的论文视野开阔，内容广泛，论述深入，跨学科特点非常突出，将我国的生态文明史、环境史研究推进到了一个新的阶段，从而为落实十八大提出的五大建设提供了史学界的智慧。

(李文珍)

社会科学文献出版社

2012年，社会科学文献出版社在院党组和主管院领导的正确领导下，在新闻出版总署和院属有关部门的悉心指导与帮助下，以党的十七届六中全会和十八大会议精神为指导，坚持正确的出版方向和为院科研服务的宗旨，抓住院实施创新工程的发展机遇，切实加强学术出版能力建设，团结进取，不断创新，最终圆满完成各项任务指标。

（一）2012 年经营概况

1. 生产经营各项指标保持较快增长

2012 年，社科文献出版社延续了近年来平稳快速的发展态势，全年共出版图书 1236 种，其中新书 1086 种，再版重印 150 种，分别比 2011 年增长 10.65%、10.48% 和 11.94%；发排总字数 4.64 亿字，增长 15.77%；造货码洋 2.26 亿元，增长 8.74%；总印数 402.2381 万册，同比增长 6%。出版皮书 230 种，同比增长 15.58%；承印社科院期刊 16 种（85 期）。全年发货总码洋 1.83 亿元，同比增长 15.8%；退货总码洋 2557 万元，较上年增长 38.6%；库存总码洋 2.22 亿元。全年总收入 14249 万元，增长 12%；实现利税 3505 万元，增长 23.5%，其中利润 1658 万元，增长 5.3%，综合效益显著提升。

2. 国有资产实现快速增值

2012 年新增固定资产 1005 万元，其中新增购买及租用办公用房 1340 平方米，办公用房面积达到 6040 平方米；新增台式电脑 73 台，笔记本电脑 13 台，服务器 2 台，打印传真一体机 7 台；更新公务车 3 辆。净资产增值 35%，创历年新高。

3. 人力资源结构不断优化

社科文献出版社通过专业网站、微博、内部推荐和实习转正等多渠道发布招聘信息，全年共引进人才 66 人，其中硕士生以上人员占 52%，博士 5 人，海归 4 人；具备相关工作经验人员占入职人员的 76%。截至 2012 年 12 月，社科文献出版社员工总人数共计 277 人，较 2011 年增长 19%，其中，男职工 103 人（37%），女职工 174 人（63%）；本科以上学历占 82%，全社平均年龄 33 岁。

（二）2012 年主要工作及业绩

2012 年，全社工作以五大出版能力建设为中心，加强体制机制创新，实施人力资源建设工程，取得了较好的成果。

1. 学术出版资源整合能力不断提升，成绩突出

（1）2012 年成功增补 11 项"十二五"重点出版规划项目。2012 年底，社科文献出版社共有 27 个项目入选国家"十二五"规划，其中，"皮书系列"出版 199 种，"中国史话"出版 200 种，"移民研究文库"已出版 4 种，"中国发展道路系列"已出版 3 种，"新疆研究丛书"已出版 3 种。

（2）皮书的编辑出版和品牌建设工作再上新台阶。"第十三次全国皮书年会（2012）：皮书内容创新与学术规范"成功召开，中国社会科学院常务副院长王伟光、全国哲学社会科学规划办副主任赵川东等领导首次出席年会，《中国社会科学院皮书资助规定（试行）》发布实施，

皮书研创、出版、评价机制更加完善，影响力进一步扩大。

（3）学术集刊规划工作取得阶段性成果。2012 年 10 月，社科文献出版社颁布了《关于规范发展学术集刊的若干意见》，成立了集刊管理委员会。12 月，社科文献出版社联合广东省社会科学院召开首届人文社会科学集刊年会，年会以"学术集刊与中国学术发展"为主题。来自全国社科院、高校以及科研院所的数十名专家学者参加了此次年会，并就集刊发展达成了若干共识。此次年会对于扩展社科文献出版社的学术品牌，推动学术集刊发展起到了重要作用。

（4）院学术期刊"统一印制、统一发行"工作顺利推进。根据《中国社会科学院创新工程学术期刊试点实施办法》，社科文献出版社负责院学术期刊的统一印制与统一发行工作。社科文献出版社成立了期刊运营中心，全力推进这项工作，共签约期刊 67 种。这些期刊不仅仅是社科文献出版社产品的一个组成部分，而且会成为重要的资源整合平台和营销平台，提升社科文献出版社的品牌影响力。

（5）院创新工程成果丰富。2012 年 8 月，社科文献出版社发布《社会科学文献出版社关于与院创新工程对接机制的决定》，从制度上保障与院创新工程对接工作，在院创新工程的平台上挖掘出版资源、整合出版资源。2012 年度，社科文献出版社共出版院内图书 330 余种，并有 117 种图书入选院创新工程学术出版资助项目，由陈奎元院长担任编委会主任的国家"十二五"重点出版项目"中国史话"首批 200 种已经正式出版发行，并在业内产生了重大影响。"列国志"修订工作全面启动，计划两年内完成，目前各项工作进展顺利。

（6）学术出版资源整合成绩突出。27 种系列图书入选国家"十二五"重点出版规划；2 种系列图书入选新闻出版总署"十二五"少数民族文字出版规划；完成 1 项国家出版基金资助；5 种图书获得国家出版基金资助；1 种图书入选中宣部"第七批党员干部学习推荐书目"；2 种图书入选中组部党员培训精品教材；2 种图书入选新闻出版总署"迎接党的十八大重点图书"；3 种图书入选"社会主义核心价值体系建设'双百'出版工程"；3 种系列丛书列入新闻出版总署"2010～2020 古籍出版规划"；1 种图书列入"团中央向青少年推荐优秀文化产品"；9 种图书入选国家社科规划办"国家哲学社会科学成果文库"（占总数的七分之一）；11 种图书入选"国家社科基金后期资助项目"。

2. 学术产品生产能力更加规范、高效

（1）修订完成《社会科学文献出版社学术著作出版规范》，按照新的学术著作出版规范组织编辑出版。2012 年 10 月 31 日，新闻出版总署召开加强学术著作出版规范座谈会，社科文献出版社代表 50 多家出版社发起实施学术著作出版规范的倡议，谢寿光社长宣读倡议书，为学术著作出版规范的实施创造了良好的社会氛围，并参加新闻出版总署学术著作规范国家标准的起草工作。

（2）优化流程，提高效率，提升质量，切实保障生产加工能力。2012 年特别加强了对重点产品的保障力度，包括前期设计、制作样书、现场盯印等各个环节。同时积极进行新材料新工艺的探索和运用，优化版式，尝试推进按需印刷（POD）。2012 年，新闻出版总署组织图书印制质量检查，社科文献出版社 100 多个受检品种全部合格。

3. 国际学术出版成绩骄人，国际出版与交流网络初步形成

（1）2012 年，社科文献出版社国际出版项目达 60 余种，与美国、英国、法国、荷兰、芬兰、俄罗斯、日本、韩国、澳大利亚、新加坡等 20 余家学术出版机构建立了外文版图书合作关系。其中，14 种图书获"中华学术外译"项目资助；12 种图书入选中国图书对外推广计划和中国文化著作翻译出版工程；2 种图书入选"经典中国国际出版工程"；18 种图书获中国社会科学院哲学社会科学创新工程学术著作翻译资助。2012 年，获院和国家有关部委"走出去"项目资助超过 700 万元，为顺利推进国际出版业务提供了经费保障。

（2）国际交流形式多样，助力中国学者和中国学术"走出去"。2012 年，社科文献出版社在伦敦书展"市场焦点"中国主宾国活动期间，成功举办了"全球经济失衡与中国发展"学术研讨活动，受到了新闻出版总署的表彰。李扬副院长出席并作主题演讲。作为伦敦书展的后续活动，王伟光常务副院长出席在荷兰莱顿大学举办的"当代中国研讨会"并作开幕致辞。活动期间，社科院李培林、周弘等著名学者作了精彩的学术报告。2012 年 10 月，社科文献出版社国际分社自主组团参加法兰克福书展，并邀请国内学者参加。通过这一活动，为中外学者搭建了一个国际学术推广的平台，进一步扩大了我国专家学者及学术成果的国际话语权和影响力。

（3）按照社科文献出版社国际出版业务发展规划，与荷兰 BRILL 出版社、SPRINGER 出版社等国际著名学术出版机构建立了更密切的合作关系，合作领域也进一步拓宽。2012 年 12 月，国际出版分社被北京市新闻出版局授予"出版与版权工作先进集体"称号。

4. 数字出版保持增长态势，信息化水平不断提高

（1）2012 年，社科文献出版社进一步加大数字出版投入，实施内容资源数字化管理平台建设，初步形成了社科文献出版社完整的数字出版平台架构。启动"列国志"数据库建设，围绕"城市竞争力""中国田野调查""社会工作教材系列""大学生就业"等专题开展数字产品策划，初步形成具有社科文献特色的学术数字产品系列。启动社科文献出版社网站群建设工程，中国集刊网基本完成。同时，"协同编辑平台建设"项目入选"2012 年新闻出版改革发展项目库"，为社科文献出版社数字出版发展提供了强有力支撑。

（2）信息化建设向纵深推进。启动数据标准统一工程，加快推动信息标准化，启动社内各系统及内容资源数字化管理平台对接工作。远程访问内部系统的 VPN 系统正式投入使用，为提升社科文献出版社办公效率提供新的方式。ERP 系统及 OA 系统中相关工作流程及功能版块进行了改进和升级，如社科文献出版社新考勤系统的建设、消息提醒版块的升级、出版部与印厂对接系统的建设、财务报销管理系统的完善等，内部运行管理系统的进一步完善，提升了社科文献出版社信息化水平。

5. 市场营销转型不断深入，学术产品营销能力明显提升

自 2011 年正式组建市场营销中心以来，社科文献出版社不断整合市场营销业务，梳理市场营销流程。2012 年，市场营销中心把门店营销、网店营销、馆配营销、机场营销、终端营销等渠道营销与区域市场营销结合起来，为市场营销的转型和市场营销体系的创新打下了坚实的基础。发行销售收入不断突破，全年实现销售实洋 4600 万元，再创新高。

新组建的客户服务部业绩明显，运作顺畅，初步建成了比较完善、使用便捷、包含 7000 多种图书信息的产品数据库；初步建成了总数 10.47 万个，核心数据 6 万多条、可深度挖掘使用的客户数据库，在终端客户营销方面积累了丰富的经验。图书馆服务工作不断深入，连续 2 年获得馆配行业十佳出版社称号。

宣传推广力度不断加强，品牌影响力进一步提升。全年举办各类图书发布会、座谈会、学术沙龙近百场，组织会议营销近 100 场，最大限度地推广与传播了哲学社会科学优秀成果。出版社作为"人文社会科学高端学术出版机构和内容资源供应商"这一定位日益凸显，品牌影响力在学术界以及出版界不断提升。

6. 强化内部管理，创新体制机制建设

进一步完善企业法人治理结构，完善董事会、监事会、经营管理委员会运行规则，提升出版社经营管理水平；创新内部管理机制，分社制稳步推进，改革编辑业务部门考核方式，以人均毛利考核取代书号考核，使社科文献出版社从规模发展型向效益发展型转变，进一步推动了社科文献出版社内涵式发展进程；薪酬福利体系进一步完善，制定员工工资结构调整方案及增长计划，全社员工收入普遍增长 10% 以上；积极开展提升服务质量与服务效率工作，年底对公服岗位开展岗位评估及员工满意度调查，成效突出，进一步保障图书生产顺利进行。

（三）会议综述

"全球经济失衡与中国经济发展"主题图书发布暨学术报告会

为助力中国学者和中国学术"走出去"，搭建国际学术推广的平台，2012 年 4 月伦敦书展中国主宾国活动期间，社科文献出版社成功举办了"全球经济失衡与中国经济发展"主题图书发布暨学术报告会，受到了新闻出版总署的表彰。新闻出版总署副署长邬书林、中国社会科学院副院长李扬出席会议，并与相关机构代表就"全球经济失衡与中国经济发展"问题进行了深入探讨。李扬副院长发表了题为《全球经济失衡与中国经济发展》的演讲。

作为伦敦书展的后续活动，中国社会科学院常务副院长王伟光出席了社科文献出版社与荷兰 BRILL 出版公司在荷兰莱顿大学联合举办的"当代中国研讨会"并作开幕致辞，中国社会科学院学部委员周弘、李培林现场作了精彩的英文学术演讲。

会上，社会科学文献出版社还与外方出版社联合发布了《中国金融发展报告》《应对气候变化报告》《中国社会》《金砖国家与经济转型》《全球政治与安全》《碳预算》等 10 种英文版图书。

（蔡继辉）

第十三次全国皮书年会（2012）：皮书内容创新与学术规范

2012 年 9 月 21～22 日，由中国社会科学院主办，社会科学文献出版社和江西省社会科学院共同承办的"第十三次全国皮书年会（2012）：皮书内容创新与学术规范"在江西省南昌市隆重举行。中国社会科学院常务副院长王伟光，江西省委常委、常务副省长凌成兴，中国社会科学院副院长李扬，全国哲学社会科学规划办副主任赵川东，江西省社会科学院院长汪玉奇，中国社会科学院学部委员、社会学研究所所长李培林，社会科学文献出版社社长谢寿光等有关领导出席并发

2012 年 9 月，"第十三次全国皮书年会（2012）：皮书内容创新与学术规范"在江西省南昌市举行。

表讲话。来自中国社会科学院部分研究所、全国各地部分社会科学院以及各高校、研究院所的近 300 名皮书课题组主编、代表和媒体记者出席了会议。

会议围绕"皮书内容创新与学术规范"的主题，开展学术报告、主题论坛、圆桌会议等系列活动。课题组代表和皮书作者就皮书的内容创新、结构优化、学术规范、分类管理等问题群策群力，展开深入研讨，为皮书研创出版注入新的活力。会议颁发了"第三届优秀皮书奖·报告奖"。经过第二届皮书专家委员会匿名投票，33 篇报告脱颖而出，其中，《加速转型中的中国城镇化与城市发展》《欧盟"中国观"的变化》《中国基督教入户问卷调查报告》等 11 篇报告荣获一等奖，《中国的低生育水平及有关认识问题》《西部经济十年发展报告及 2009 年经济形势预测》《北京律师履行社会责任的调查和分析》等 22 篇报告荣获二等奖。

大会开幕式及"第三届优秀皮书奖·报告奖"颁奖仪式后，是学术报告。中国社会科学院学部委员、副院长李扬，中国社会科学院学部委员、社会学研究所所长李培林分别以"中国金融改革与发展：实体经济发展提出的命题"和"2012～2013 年：经济增长趋缓中的社会形

势"为题，就当前中国经济和社会问题与形势进行了分析与预测。

此次会议达成了三项成果：第一，对皮书的性质、价值认知有了新的提高，皮书品牌意识得以加强。第二，在皮书创新着力点、主攻方向方面，有了更为清晰的思路和模板。第三，对皮书规范、评价标准、宣传推广方式形成了共识。在社科文献出版社的推动下，《中国社会科学院皮书资助规定（试行）》发布实施，皮书研创、出版、评价机制更加完善，影响力进一步扩大。

（蔡继辉）

首届人文社会科学集刊年会

2012 年 12 月，社科文献出版社联合广东省社会科学院召开首届人文社会科学集刊年会，年会以"学术集刊与中国学术发展"为主题，来自全国社科院、高校以及科研院所的数百名专家学者参加了此次年会。开幕式由社科文献出版社总编辑杨群主持。广东省社科院副院长刘小敏致欢迎词，社科文献出版社社长谢寿光致开幕词，广州大学副校长徐俊忠、中国社会科学院科研局成果处处长薛增朝、新闻出版总署图书处苏建国先后发言。

会上，新闻出版总署出版管理司相关人员在指出现有的学术集刊具有研究领域专门化、形式灵活多样、注重自身学术品牌与学术流派的形成等优势的同时，也指出集刊存在着体例不规范、征集稿件周期长、出版周期不固定等问题。希望社会科学文献出版社利用现有优势，积极促成学术刊物和集刊的国际化出版，扩大集刊的影响力，通过与学界的密切合作，推进集刊出版规范化。社科文献出版社社长谢寿光说，就学术研究而言，学术著作以及一些特殊类型的学术出版物的发布必须置于规范化的框架下，而集刊更应该在主编方、作者方、出版方以及管理方之间形成规范。

（蔡继辉）

计算机网络中心

（一）网络中心

2012 年，网络中心深入贯彻落实党的十七届六中全会和十八大精神，以加强哲学社会科学信息化建设为宗旨，以加快推进哲学社会科学创新体系建设为主导，加强管理，深化改革，在推进名网名库建设、创新工程信息化项目建设、信息化规章制度建设等方面，达到年初制定的工作目标。

1. 履行院信息化工作协调会议办公室职能，加强对全院信息化工作总体指导与宏观调控

2011 年底，社科院决定建立院信息化工作协调会议机制。2012 年 2 月 21 日，院党组副书记、常务副院长王伟光在多媒体会议室主持召开院信息化工作协调会议第一次会议。院党组成员副院长武寅、李扬，院党组成员秘书长黄浩涛出席会议。副秘书长兼科研局局长晋保平，办公厅、人事教育局、监察局、财务基建计划局和图书馆、网络中心、中国社科网、调查与数据信息中心、人文公司负责人参加会议。

会议讨论有关贯彻"五统一"原则的制度安排问题，对加强社科院信息化建设的宏观指导和跨部门统筹协调达成一致认识。2012 年 5 月 24 日，《中国社会科学院信息化工作协调会议第一次会议纪要及任务落实情况》印发院属各单位。同日，由王伟光同志亲自审定的《院计算机网络中心、中国社会科学网、院调查与数据信息中心统一管理办法》印发院职能局及相关直属单位。

2. 完成党委、纪委组建，强化领导班子建设和党组织建设

2012 年 3 月，遵照院党组决定，网络中心启动党委选举程序。经过党员反复酝酿，直属机关党委考察确定人选，3 月 2 日召开党员大会，选举产生网络中心党委、纪委委员，张新鹰任党委书记、周世禄任纪委书记。5 月 3 日，院党组批复同意网络中心两委选举结果。经网络中心党委会议研究决定，成立四个党支部，分别为：网络中心第一党支部（由办公室和信息安全处党员组成）、网络中心第二党支部（由规划处和网络处党员组成）、中国社科网党支部（由中国社科网党员组成）、调查与数据信息中心党支部（由调查与数据信息中心党员组成）。7 月完成支部选举，选举结果报直属机关党委备案。

3. 推进创新工程信息化项目建设，保持信息化建设经费向研究所适当倾斜

2012 年 3 月 15 日和 6 月 13 日，分别组织 2012 年、2013 年社科院创新工程信息化项目专家评审，评审立项意见上报院创新办。

5 月，划拨 2012 年信息化工作经费 410 万元、2012 年创新工程信息化项目一期款 240.6 万元；6 月，划拨 2011 年立项的院属单位信息化项目二期款及 2012 年立项的院属单位信息化项目一期款 196 万元。

4. 完善基础设施建设，升级院所应用系统

配合院基建办，开通 5 号楼、6 号楼搬迁办公新址的网络环境；为美国研究所、财经院、社会发展院、法学研究所、方志出版社、栗林山庄、中冶大厦等单位办公地点恢复网络、开通链路。

实现邮件系统升级换代及双链路改造；院 3 号机房项目接近竣工；协调合作单位，努力推进多媒体演播室项目和社科网新平台项目，年度计划基本完成。

5. 建立网络信息安全保障体系

2012 年，在美国研究所、网络中心及国际合作局试用 IEL – A3 终端安全防护系统，成效受到中央国家机关工委关注。

2012 年 7~9 月，开展院网络与信息安全自查工作，重点检查电子邮件系统、中国社科网发布系统、数据中心中国社科智讯发布系统、图书馆门户网站系统，检查结果上报工业和信息化部；10 月，配合院保密办完成网络信息安全检查工作。

采取严密措施，确保十八大期间院网络运行畅通，网站发布信息安全。

6. 启动院科研管理系统平台项目，做好内网建设

为推动社科院办公自动化及电子院务建设，经院长办公会议审议，原则通过关于搭建社科院综合管理系统平台框架意见；根据相关院领导意图，修订平台系统一期试点方案。

继续对内网网站进行信息发布和维护。

7. 结合落实"走转改"部署，加强国情考察调研

"走基层、转作风、改文风"活动与国情考察和下所调研活动相结合，考察浙江社科院信息化建设情况；到信息情报院、财经战略院、社会发展战略院、亚太与全球战略院和当代中国所等单位调研，积极解决实际问题。通过加强与地方社科院及社科院研究院所的沟通，起到交流信息、了解需求、解疑释惑、相互促进的作用。

8. 推进网络运维服务社会化工作，探索信息化建设经费使用改革

扩大外包人文公司网络运维服务范围，除网络值班外，将院部及院部外若干学科片的网络运维纳入服务范围。

通过实施院 3 号机房、多媒体演播室、社科网新平台等项目，积累经验，继续探索执行信息化建设经费使用改革办法。

9. 强化专业人才建设，举办全院网络信息化培训

2012 年 10 月 31 日至 11 月 2 日，在密云栗林山庄举办院 2012 年网络信息化工作培训班。院属单位负责信息化工作的所局领导及网管人员，网络中心、中国社科网、调查与数据信息中心工作人员约 160 人参加。会上，网络中心主任张新鹰、网络中心副主任兼中国社科网总编周溯源、网络中心副主任兼调查与数据信息中心主任何涛分别汇报 2012 年信息化工作情况。有关专家就国家信息化安全战略、"十二五"信息化发展展望及虚拟化与云计算技术作专题讲座。

（二）调查与数据信息中心

截至 2012 年年底，调查与数据信息中心（以下简称数据中心）下设调查组织室、数据库建设室、技术标准室、成果发布室、内务管理室等部门，共有工作人员 85 人，其中正式在编人员 3 名，聘用 82 人，其中 6 人于 2012 年初经过竞聘，进入创新岗位。

根据数据中心 2012 年创新工程方案，数据中心圆满完成了各个创新项目，在国家哲学社会科学学术期刊数据库项目、调查平台建设、实验室建设、院内数据库建设及标准化建设等方面取得了一定的成绩，概括如下：

（1）圆满完成国家哲学社会科学学术期刊数据库建设第一期任务。2012年3月，数据中心承接了全国哲学社会科学办公室国家社会科学基金成立有史以来资助力度最大的特别委托项目——国家哲学社会科学学术期刊数据库建设。该数据库建设的目标和任务是：为了逐步扭转学术期刊数据库渐趋商业化的趋势，实现学术期刊数据资源的开放共享，发挥网络传播作用，实现信息互通互联，为党和国家制定政策方针提供咨询服务，提升中国学术国际话语权。到2012年底，该项目已顺利完成第一期目标。

完成了数据库总体规划与顶层设计。通过中央政府采购网，遴选了三家公司"背靠背"进行规划设计，并相继在2012年6月完成数据库建设规划设计方案的编制和修订工作。8月，经专家评审，选定以其中一家公司方案为主，结合另外两家公司方案中的长处，完成数据库建设三年总体规划设计方案。

建立数据库建设标准化体系。邀请来自中国科学院、社科院、教育部、中国标准化研究院、国家图书馆和北京大学等单位包括期刊评价、图书分类、统计分析、信息化工程、标准化研究等领域的专家，成立学术期刊数据库标准化研究课题组。完成了《国家哲学社会科学学术期刊分类编码原则和应用指南（ZTF）》《国家哲学社会科学学术期刊代码表（ZTF）》《期刊数据加工元数据属性表》等标准文件，为数据库建设标准化体系奠定了坚实的学理基础。

加强期刊数据资源整合。截至2012年12月28日，数据中心在完成社科院79种学术期刊数据整合入库的基础上，共完成301份作品使用协议的签订及社科院内五统一授权委托书67份。同时，还整理、完善了842家编辑部信息，4287名专家、学者信息。

开展需求调研和对比分析。数据中心收集整理、分类统计816种影响力较大的学术期刊基础信息，了解学术期刊的发展现状及编辑部对数据库建设的需求。对社科院内43家编辑部及社科院外29家编辑部进行深入访谈调研，了解编辑部需求与问题。针对国内外13家同类型数据库进行系统对比分析，明确了数据库建设的主要方向、准确定位与战略发展，争取后发优势。完成了《国内外同类型数据库调研分析报告》《中国社会科学院学术期刊影响力分析报告》《国内哲学社会科学学术期刊综述报告》《"开放存取"调研分析报告》等10余份调研分析报告。

加强制度建设和法律工作。2012年，数据中心初步建立起一整套项目管理工作机构，划分为顾问组、专家组、质量监控组和项目执行组，形成了纵向管理指导、横向监督互助的组织架构。制定了《国家哲学社会科学学术期刊数据库作品使用协议》《国家哲学社会科学学术期刊数据库法律声明》《作者作品使用费资助方案》《员工保密协议》等相关法律文件。

（2）打造统一的"调查平台"。为了规范院内创新工程调查项目的立项审批和管理工作，数据中心先后制定了《院创新工程社会调查项目立项审批程序》《院2013年调查项目方案评估标准》《院创新工程2013年调查项目申报指南》等文件。同时，通过2012年调查项目执行，探索形成了面访调查标准化流程等规范。

完成了全国居民调查网络建设的研究设计。

2012年4月，数据中心委托社会学研究所进行"全国居民调查网络建设"的研究和设计，包括居民调查抽样框设计和调查执行队伍建设设计两项内容。

数据中心与院内外研究单位合作，先后完成了中国经济社会状况及廉政建设调查、中国公民政治文化调查、党政建设引领社会管理创新、意识形态安全问题调研、高校在校生和毕业生生活状况追踪调查、中国社区建设与基层群众自治调查、海淀区卫生系统职工和服务对象满意度调查等7个调查项目。

建设调查执行队伍，采用先进的调查技术手段并获得涉外调查许可证。2012年起，数据中心先后与31个省、市、自治区的50个高校、社科院、社工协会、调查机构等建立了联系，形成了覆盖全国的调查执行网络。

2012年10月，数据中心向国家统计局提出涉外调查许可证的申请，并积极参加相关培训，按要求准备各种相关证明材料。国家统计局经过严格审核，向数据中心颁发了涉外调查许可证，使数据中心开展国际性的调查合作和学术交流成为可能。

（3）建设"全院一库"

启动信息资源标准体系建设并初步形成。为组织和主持全院数据库标准体系建设，数据中心和标准专家共同组成了标准工作小组，就院标准体系结构、各种应用技术进行充分的交流与研讨，先后形成了《中国社会科学院信息资源标准体系报告》《哲学社会科学信息化术语（征求意见稿）》《哲学社会科学信息资源 分类与代码（征求意见稿）》等一系列标准文件，对数据库建设起了重要的指导作用。

完成国际研究数据库的设计。结合国际研究既是我院特色的研究领域又对数据共享有迫切需求的实际情况，数据中心首先启动"全院一库"首个试点项目——国际研究数据库建设，并委托欧洲研究所、亚太与全球战略研究院两个单位分别进行该数据库的内容框架设计。

采集与整合各种学术资源。2012年以来，数据中心加强了我院自有学术资源采集与整合工作，先后与20多个院研究单位建立了良好的合作关系。2012年，共采集多媒体学术资源1021小时32分26秒，采集院内23个研究单位学术讲座156讲共计411小时32分26秒，影响力比较大的学术论坛、学术会议48个；加工学术资源53讲100多小时，学术论坛、学术会议视频资料21个。

（4）推进实验室建设

到2012年底，共建设院级实验室27个，包括本级实验室1个，所级实验室26个。2012年共新建7个实验室，包括第一个本级实验室——社会保障实验室。

2012年2月9日，数据中心组织召开了中国社会科学院实验室2011～2012年度工作会议，总结了2011年度实验室工作，确定了社科院实验室的六大要件和两个层次（院级、国家级），明晰了实验室的建设目标。

2012 年，各个实验室共产出文献类研究成果 200 多篇，其他形式成果 11 个，包括中国历代作家年度研究指数系统、中国贸易环境监测指数、司法透明度指数、政府透明度指数、43 部方言地图集、国史五年本体原型系统、中国循环经济发展报告（2009～2010）、中国公共财政建设 2011（地方版）、中国养老金报告（2011）、中国国家资产负债表、宏观经济季度模型等。在上述成果产出的同时，数据中心还收集了部分实验室相关的研究数据，为建设统一数据库作准备。

（5）推广"中国社科智讯"

2012 年以来，数据中心依托"中国社科智讯"平台，优化媒介，多元开发科研成果传播渠道，建立了以中央电视台、新华社、中国新闻社、《光明日报》、人民网、《经济日报》、《中国青年报》、中央人民广播电台等 8 家央级媒体为核心，包括 14 家央级媒体、全国 31 家地方卫视，新浪、搜狐、网易、腾讯等 8 家网络新媒体，北京交通广播、《京华时报》等 10 余家地方媒体的媒体资源。"中国社科智讯"进入百度搜索风云榜首页第一栏"实时热点搜索"排行榜前 50 位。

（三）中国社会科学网

1. 创新工程的主要措施和工作安排

中国社会科学网于 2011 年 7 月首批进入创新工程。2012 年，社科网进入创新工程的共 49 人，其中首席岗位 8 人，分别是：周溯源、陈智愚、周杏坤、刘济华、张吉明、张广照、丁志德和孟育建。

2012 年社科网在创新工程方面实施的新机制、新举措主要有——

在内容创新方面：办好"本网首发"，着力打造网络版核心期刊；开辟"贡院论坛"，叫响"文建国"品牌；开办学术经典库，力图建成便民精品工程；做好"特别关注"栏目，构建持续吸引社科工作者眼球的亮丽风景线；改进"六大建设"板块，使之成为深度观察社会的权威学术窗口；创办"专家访谈"栏目。对知名专家学者、院内学科带头人专访，形成了品牌。

在推介与策划创新方面：采取各种措施，加大宣传力度，在推介中国社会科学院学部委员方面有新思路。策划一些有价值的专题、征文和研讨活动，在引领社会思潮、服务党和政府决策方面有新举措。

在渠道创新与技术创新方面：大力推进英文频道建设；积极筹备法文频道；举办"社会科学网络传播国际论坛"；推进新网络平台建设；建设多媒体演播室；开发手机报；建设媒资库；实现外网视频直播。

2. 开展学习、宣传、贯彻党的十八大和社会主义核心价值观概述语征文活动

2012 年 11 月，社科网为认真学习、宣传、贯彻党的十八大精神，制作了十八大专题，反

映科学发展的辉煌成果和全国人民喜迎十八大召开的精神风貌。

2012 年 3 月 ~ 10 月，为了推进社会主义核心价值观研究，社科网组织了社会主义核心价值观概述语征文活动，出版了《社会主义核心价值观概述语选集》一书。11 月 26 日，社科网召开了"社会主义核心价值观概述语征文"颁奖大会，受到了《光明日报》、光明网、中国网、求是理论网、《中国新闻出版报》、《北京日报》等多家媒体关注。

3. 建设多媒体演播室

2012 年 9 月，社科网多媒体演播室正式开工，计划建成集节目录制、影视编导、图片编辑、光盘制作、后期合成等多功能于一体的高标准现代化的演播平台。目前，演播室已建设完毕并正式启用。

4. 召开社科网编委会第三次会议

2012 年 9 月 27 日，中国社会科学网召开了"中国社会科学网编委会第三次会议"。会上，周溯源总编辑向各位编委汇报了社科网的工作情况以及需要院领导帮助解决的一些问题；王伟光常务副院长、武寅副院长、黄浩涛秘书长发表了重要讲话；编委们对社科网的发展予以肯定并提出了很好的建议。

5. 加强同各院、所、局的合作

2012 年 7 月、12 月，社科网先后两次与各院、所、局签署合作协议。通过合作，整合了各院、所、局的学术资源优势与社科网的传播优势，基本形成了集全院之力合作办网的格局。

6. 2012 年获奖情况

2012 年 9 月，社科网被北大、清华、人大等 10 所顶级大学的新闻与传播学院评为"2011 ~ 2012 中国最具品牌创新力媒体"。周溯源总编辑获得"2011 ~ 2012 中国品牌媒体贡献人物"荣誉。

7. 重要会议报道及人物专访

2012 年，社科网共进行了 400 多场院内外新闻、学术活动的报道工作。据统计，2012 年各类会议报道、学术新闻和人物专访共 552 篇，计 80 万余字；发布照片 3000 余张，视频近百个；大型会议直播 4 次，并实现了外网直播，增强了报道的时效性；就全年发生的众多热点问题对院内外领导、专家进行独家采访，共发布人物专访 127 篇，百万余字。

8. 开发手机报

2012 年 5 月始，社科网对各大网站的手机报进行调研，撰写手机报调研报告，召开手机报专家论证会。11 月底，正式委托光明网进行手机报的开发。12 月，推出 IOS、Android 和 Windowsphone 三个系统手机报软件。目前开设了"社科要闻""学者观点""学术动态""治学名言""图书推荐"等 5 个栏目。

9. 亮相中国互联网大会

2012 年 9 月 11 ~ 13 日，社科网被"中国互联网大会·2012"官方指定为社会科学类合作媒体，亮相 2012 年中国互联网大会，受到了中国互联网协会、中央媒体及知名互联网企业的普遍关注，并获得学习取经、宣传推广、品牌提升、交流合作等多方面的机会。

10. 举办社会科学网络传播国际论坛

2013 年 12 月 9 日，社科网承办了"中国社会科学论坛（2012·网络传播）：融合·创新·繁荣——社会科学网络传播国际论坛"。论坛邀请美国联邦通信委员会原办公室主任 Edward P. Lazarus 作了题目为《互联网在美国的发展》的大会发言，武寅副院长出席并致辞。此次论坛加强了中外社会科学界的沟通与合作，对于中国社会科学走向世界、扩大影响发挥了重要作用。

服务局　（服务中心）

2012 年，服务局在院党组的领导下，紧紧围绕我院中心工作，以管理为基础、以服务为核心、以保障为目标，强化服务意识、完善管理机制、巩固改革成果、建立健全规章制度，不断提高管理、服务、保障水平，取得了显著成绩，为我院科研和创新工程提供了良好的后勤服务保障。

（一）人员、机构等基本情况

截至 2012 年年底，服务局共有在职职工 144 人，其中专业技术人员 13 人、管理人员 69 人、工人 62 人。

根据 2011 年 11 月 10 日院长办公会议的决定，国际研究学部（东城区张自忠路 3 号东院）行政处整体划转至服务局。2012 年 5 月 7 日，完成了接收工作。

调整后服务局内设机构增加了行政管理处，目前有办公室、党务人事处、业务管理处、综合管理处、行政管理处、物业管理中心、交通服务中心、服务保障中心（机关食堂、会议服务部、社科文印部、医务室）和服务监管中心共 9 个部门和单位。

（二）2012 年工作情况

1. 紧紧抓住"服务"这个工作主线，集中精力做好各项服务保障工作

（1）严密组织，高标准，严要求。配合院有关部门完成了院迎新春团拜会、院老领导团拜会、院"两会"、中组部责成我院组织的"走基层 转作风 改文风"活动报告会、院北戴河暑期工作会、院所局领导干部学习班等重大活动的服务保障工作。

（2）物业管理中心扩大了服务范围，相继接收了国际研究学部办公区和法学研究所办公区物业服务工作。全年提供维修服务达 5100 次，维修服务满意率达 100%；在院部满意度调查中，客户对服务工作的满意率达到了 98.06%，小区满意度调查中住户对服务工作的满意率达

99.3%；有效回访131次，回访满意率达100%；全年收到表扬信35封。

（3）交通服务中心始终按照"内强素质，外树形象"的要求，认真落实经费总承包改革方案。全年共出车4万余台次，行驶130多万公里，做到了安全无重大责任事故，圆满完成了院重大活动的交通服务工作。

（4）较好地完成了餐饮服务保障工作。全年共接待就餐人员60万人次。为院老领导迎新春团拜会、院"两会"等重要会议用餐以及重大节日伙食改善提供满意服务。

（5）会议服务部严格按照"快、高、精、细、严"的基本要求，强化服务意识，提高服务技能，完善各项制度，规范服务标准。全年接待会议2010个（比去年多191个），参会人员75280人次（比去年多7500人次），做到了会议服务安全无差错。

（6）医务室搬到图书大楼后，医疗条件和环境受到很大限制，但仍积极开展医疗服务，加强疾病防控工作，较好地完成了各项医疗保健工作。全年门诊15531人次，抢救急诊病人5人次，院各类会议医疗保障14次，未发生医疗事故及差错。3月为全院4500人进行体检，收录体检资料2649份。

（7）社科文印部克服人员少、设备旧、工作环境差的困难，领导班子因地制宜，制定适合现状的管理办法，严格质量管理，提高服务质量，顺利完成了印刷服务任务。特别是厂房搬迁过程中，方案完善，组织严密，按时完成设备搬迁安装，保证了正常印刷服务。

（8）综合管理处实行科学管理，落实责任制，加强培训，努力提高综合管理水平，完成了消防监控、植树、大院绿化美化、爱国卫生、院领导办公室保洁，以及城乡手拉手、共建文明新村等各项任务。组织召开了中国社科院纪念全国爱国卫生运动60周年暨2012年爱国卫生工作会议；组织院领导和所局领导260人参加植树活动，植树800余棵；在重大节日、重大活动以及党的十八大召开期间在大院插彩旗、摆花坛，营造喜庆气氛。

（9）接管国际片行政管理工作后，行政管理处建章立制，先后出台安全防火等八项管理规定、三项应急预案；组织了一次消防演练；积极争取院有关部门的支持，更换、增配了400个灭火器、5个手推式灭火器、2套消防箱、3套消防栓以及其他办公设备。努力提高服务意识，积极与国际片各所沟通、交流，认真做好收、发工作、户口管理和社会协调工作等，受到国际片各所的好评。

2. 完善改革方案，巩固改革成果，完成改革任务

（1）遵照院领导提出的"落实好改革方案"的工作要求，坚持"小管理、大服务、社会化"的改革方向，机关食堂、会议服务部、社科文印部等单位，修订、完善了后勤服务改革方案。

（2）落实院领导关于"办好院部机关食堂"的指示，加强机关食堂管理，严格成本核算并落实到每个班组和个人，精打细算，勤俭节约，降低了成本。在物价上涨和用工成本提高的前提下，保持了服务水平和饭菜质量不降低。

（3）按照院长办公会议的决定，5月7日，完成了接管国际片行政管理和办公区物业服务工作。为做好这项工作，局领导和有关人员多次到国际片进行调研，制定接管工作方案，组建国际片行政管理处和办公区物业工作站。

（4）按照院领导指示精神和《关于加强全院后勤服务工作的意见》，制定了《举办全院后勤管理干部培训班工作方案》

2012年6月，中国社会科学院后勤管理干部培训班在北京举办。

和《召开全院后勤服务工作会议工作方案》。6月4～7日，在北戴河培训中心与院财计局共同举办了中国社科院后勤管理干部培训班。效果良好，达到了培训目的。12月24日，组织召开了全院2012年后勤服务工作会议。

（5）围绕推进社科院哲学社会科学创新工程，积极开展工勤岗位调研。局主要领导带领有关人员到新华社调研，并向院相关领导作了汇报。党务人事处制定了《中国社会科学院服务局工勤岗位创新工程方案》和《中国社会科学院服务局工勤岗位技能人员进入创新工程实施方案》。

（6）落实院管理体制改革的决定，2012年3月，与人文公司签订了社科博源宾馆、密云绿化基地、北戴河培训中心交接协议书。完成了"三地"移交工作。

（7）受院财计局委托，第一季度完成了"三项搬迁工程"建设任务。同时，配合院里有关部门做好西配楼和5号楼、6号楼的拆除工作。按照院里的要求按时完成了局机关办公用房搬迁，以及在6号楼办公的社科文印部、医务室、物业管理中心、交通服务中心等单位的搬迁工作。

（三）完成了各项管理工作

（1）认真抓好指纹考勤工作，按照院《关于院职能部门及有关直属单位严格考勤制度的规定》，指定专人负责，党务人事处及时督促和反馈情况，解决存在的问题。

（2）按照院办公厅的统一要求，加强公文管理和档案管理。服务局呈报的文件格式和办文程序比较规范，达到了要求。

（3）认真落实督办工作制度。办公室及时向院办公厅督查处报告服务局落实院"三会"决定事项情况和完成《2012年院工作要点》服务局部分的情况。根据局长办公会要求和年度工作计划，向局属各单位下达督办通知单，督促工作落实。

（4）重视安全工作。上半年，调整了服务局安全工作领导小组成员；2012 年召开 4 次安全工作会议；做到了有布置、有措施、有检查、有讲评，每次检查都有记录、有交待、有督促；把安全工作落到实处，确保了全年安全无事故。

（5）加强规章制度建设。对服务局 21 个规章制度进行了修订和完善，印发了《服务局规章制度选编》，为加强后勤管理工作和提高服务质量提供了制度保障。

（6）做好财务工作。对局属 10 个单位近 30 年的会计档案十几万册会计凭证单和账簿进行集中管理；协助 8 个单位查阅会计档案 358 册；发放住房补贴 50 余万元。

（7）加强干部和职工队伍建设，认真执行聘用制政策，积极稳妥地解决出现的问题。2012 年，共有 9 名干部的职务得到晋升。其中，副局级 1 名、正处级 1 名、副处长 2 名、副处级 5 名。

（8）完成了资产管理工作。按时进行资产报废处置，完成了服务局 2011 年资产管理决算工作。全年购置固定资产 174 件，总价值 286 万元，处置资产 177 件，总价值约 232 万元。

（9）加强服务监管工作。制定了《服务局服务监管制度汇编》，服务监管中心开展了满意度调查和服务质量检查，在院网和机关食堂公告了投诉受理电话。有力推进了后勤服务规范化、制度化和标准化建设。

人才交流培训中心

由于社科院对人才交流培训中心机构的调整，为了保留人力资源服务许可证的资质，人才中心与国家人社部相关部门就社科院开展人事代理工作的一些具体问题进行了多次沟通，并办理了人事代理资格年审等事务。在 2013 年 1~7 月人才交流培训中心与院创新工程综合协调办公室机构进行合并之前，人才中心主要完成了以下几项工作：

第一，加强与其他人才交流机构分会等单位的横向协作关系。主要目的是为继续理顺档案的接、转、续，建立和保持多渠道合作，以此确保社科院人事代理的有关人事档案的流转拥有一个顺畅的通道。为院属单位努力设法激活有历史遗留问题的人事档案，化解一些历史遗留问题；积极为需要接转人事档案的流动人员办理社会保险提供信息、渠道。

第二，积极开展人事代理业务，向社科院一些所局单位提供各方面的政策咨询服务，解决了一些政策性的疑难或遗留问题。积极为职工及其家属人事档案转接的实际问题创造有利条件，解决院属单位现聘用的编制外人员人事档案材料补充、健全事宜，并解决职工家属人事档案的接收问题。根据国家及社科院流动人员人事档案管理的有关规定，做好个人委托的流动人员人事档案管理工作，其所涉及的管理对象包括：（1）社科院在站博士后委托存档的人事档案；（2）需要协助解决的院属单位辞职、辞退等人员的人事档案；（3）需要接转的经国家人社部正式批准，单位引进人才、调入人员家属的人事档案；（4）需要协助解决的过去院属单位遗留的一些引进人才或调入人员家属的人事档案；（5）需要协助处理的院属各单位原聘用人员的人事档案（包括材料补充等事宜）；（6）需要管理的其他流动人员的人事档案。这些档案的管理工作具体细项有：①基础资料建设工作，涉及存档人员的基本信息采集和录入；②按照有关政策规定进行档案材料收集；③为委托代理人员保留原有身份、计算工龄、调整档案工资、接转党团员组织关系、办理出国（境）政审手续、出具以档案材料为依据的有关证明；④办理在职拟流动人员的人事关系接转手续；⑤根据单位工作需要，为聘用人员接转人事关系，为合同期满流动人员办理人事关系转出手续，等等。

第三，2013 年共接受财务基建计划局、社会科学文献出版社等 14 家院属或相关单位的委托为其聘用的部分编制外人员实施人事代理。按照有关流动人员人事档案管理的相关规定，现管理流动人员人事档案 700 多份。

六　院直属公司工作

中国人文科学发展公司

截至 2012 年年底，中国人文科学发展公司（简称人文公司）的管理部门设有办公室、财务部、资产运营管理部、物业地产开发管理部、信息开发与管理部 5 个部门；业务部门设有图书采购中心（包括进口图书部、电子资源部、中文图书部），北京双业科兴物业管理中心，北京社科玉泉营建材市场有限公司，北京社科光大经贸公司，北京安信捷办公用品销售中心，北京人文科工系统集成技术有限公司，北京社科博源宾馆有限公司，中国社会科学院密云绿化基地，中国社会科学院北戴河培训中心，中国经济技术研究咨询有限公司 9 个业务单位。2012 年，人文公司设立了中国社会科学院社会科学成果开发中心。

2012 年，人文公司在院党组和分管院领导的指导下，坚持"管理服务、经营创收"定位，按照"建立现代化企业管理制度，实施市场化运作机制，实现社会化服务保障功能"要求，紧密围绕社科院创新工程和管理强院战略创造性地开展工作，比较圆满地完成了院"三会"和创新工程安排的各项工作任务。

（一）努力保障科研工作，图书采购总代理改革工作日益规范，制度建设更加完善

（1）人文公司积极和院馆及各所馆密切配合，顺利完成了全年图书 3000 万元经费的代理和采购任务。

（2）按照国家审计署的相关要求，结合社科院的实际，与院图书馆续签了新的三年图书总代理协议。同时补签了采购条款，理顺和完善了图书采购代理制度，使这项工作走向了正常化、规范化、科学化的轨道。

（3）总结经验，探索图书采购工作规律，扩展了新的发展空间。启动了代理地方志采购图书的业务，对图书出口业务工作进行了调研论证等。

（4）利用获批成为全国具有数字资源进口资质的 7 家单位之一的有利条件，在推进数据资源采购和进口方面获得了较大的资金支持力度。同时，在利用信息技术和网络现代化手段推进

图书采购代理工作方面进行了探索，进一步扩大了采购规模，提高了工作效率和服务保障水平。

（5）创造条件，顺利通过财政部、新闻出版总署对图书采购总代理业务的考核和各项自查报告。

（二）信息化项目建设改革顺利推进，"三大项目"建设基本完成，网络服务保障水平有较大提高

（1）人文公司和网络中心密切配合，承担并基本完成了院长办公会确定的信息化建设三大项目，即社科网发布平台、社科网演播室和网络中心三号机房等项目的建设，负责的设备采购和各个具体项目已基本完成，并取得了较好的效益。

（2）承担并完成了院指纹考勤系统二期工程的开发和运行以及中冶大厦、财经研究院、院网双链路改造、法学研究所网络工程等若干项目，同时扩大了对网络中心各项业务进行服务的范围，提高了服务保障水平。

（3）继续推进院信息化项目改革的进程，与院网络中心建立了双方接受、科学合理的项目例会制度，在项目建设上如何保证质量、降低成本、合规合法和逐项论证等方面取得了一致，产生了较好的协调效果。

（三）所属企业强化内涵管理，提高服务水平，社会效益和经济效益取得了双丰收

（1）双业科兴在望京研究生院校区的物业管理实现了规范化和科学化，既保障了入住企业等单位的需求，又满足了院创新工程有关单位的特殊服务要求；按期完成了社科网办公区电力改造；积极协调、顺利实现了社科网的搬迁和服务；望京食堂服务标准化，菜品档次多样化；积极做好老干部的有关服务工作；加强制度建设，建立了得力的管理团队等。

（2）玉泉营建材市场公司以及社科光大经贸公司在宏观调控背景下行业受到严重冲击、经营面临困境的情况下，对内进一步规范经营管理，对外协调关系，取得明显成效。主动协调周边单位、当地政府部门和院部各单位，为正常经营提供了保障；管理制度进一步完善和细化；经营环境标准不断提升，依然保持了经济效益的稳定增长。

（3）安信捷办公用品销售中心服务工作进一步规范，2012年突出的特点是为院属各单位创新工程的产品采购做了大量工作，获得了较好的评价。

（四）社科博源宾馆、北戴河培训中心和密云绿化基地等地实现了正常经营，为社科院提供了较大规模的服务保障，取得了较好的效益

（1）社科博源宾馆经营管理基本得到了理顺，并在年初实行试营业，客房和餐饮的服务保障水平和效益明显提高；餐饮经营顺利开展；客房管理制度化、精细化。

（2）北戴河培训中心克服困难，组建管理团队，在"五一"前后实现了正常开业，圆满完成了院暑期工作会议、多期重要会议和其他政治接待任务。

（3）密云绿化基地组建管理团队，积极主动修缮设备设施、恢复整治内部环境，在4月实现了试运营并在"五一"前实现了正常开业。和北戴河一样，也圆满完成了多期服务和政治接待任务。

（五）积极寻找新的发展点，拓展公司发展空间，新设立的社会科学成果开发中心业务开始启动

（1）加强院地合作，探索人文公司新的发展平台。实施了院级重大课题的带动思路。以社会科学成果开发中心名义申请的"我国经济发展方式转变——以山东省滕州市为例"课题，被确定为中国社会科学院2012年10项重大国情调研课题之一。与科技部合作的南非开发咨询研究课题取得阶段性成果。与山东茌平县等地的合作课题正在推进。同时还探索了在有特色的地区建立社会科学成果转化基地的思路。

（2）强化院企合作，认真研究，积极探索，与香港中国3D数码公司、上海富派投资管理公司等签署了有关影视项目等合作协议，并开始启动有关项目。

（六）积极参与院创新工程涉及的科研仪器设备等的采购和服务，拓展了公司的业务范围，取得了较好的效果

（1）按照《中国社会科学院哲学社会科学创新工程购置科研仪器设备等实施细则》的有关规定，人文公司围绕院里的各项中心工作，为各创新单位提供设备购置保障，取得了成效。

（2）图书采购中心与创新工程步调一致，为社科院考古研究所、语言研究所、近代史研究所、世界历史研究所和社会学研究所等创新工程单位代理采购了大量科研仪器设备、珍贵图书资料等，并办理了免税手续，降低了采购成本。

（3）人文科工代理了院图书馆创新工程——古籍图书整理涉及的电子化仪器设备采购，取得较好效益。利用其技术和装备等优势条件为院工作会议和院各所其他多项会议视频转播工作提供了可靠保障。

（4）其他单位也为创新工程单位做了大量的服务保障工作。双业科兴物业管理中心和安信捷办公用品公司为入驻的创新工程单位和院属各单位的服务更加及时和规范，北戴河培训中心和密云绿化基地等为院暑期工作会议和所局长培训班等的顺利完成作出了贡献。

（七）认真落实院长办公会议安排的燕郊、北戴河和密云等地的建设项目工程任务，并取得阶段性成果

（1）燕郊"中国学者之家"建设项目协议签署事宜有待近期完成。人文公司做了大量的前期准备工作，制定了"中国学者之家"开发框架建议方案，按照院长办公会议确定的"产

权归我、委托建设、共同经营"的开发原则，根据项目定位和操作模式，组建管理团队、聘请项目法律顾问，外出对合作伙伴进行考察，积极与河北省三河市政府和社会知名投资机构协调，并就合作协议达成共识。

（2）积极承担院密云绿化基地、北戴河培训中心"翻改建"工程。落实院长办公会议精神，认真准备方案，促成了由院领导和职能部门负责人参加的两次重要的协调会议，解决了工程所涉及的院工程领导小组的建立、管理方式、资金拨付方式与管理、工程规划和招投标程序以及安全和质量等事宜，为工程的推进打下了良好的基础。人文公司也成立了基本建设领导小组，并组建了两地的基建团队。经过和当地政府的积极协调以及院内的沟通汇报，北戴河翻改建工程的规划已经审批，正在准备施工单位的招标。密云的规划已经同意，建委部门已经开始对工程进行公开招标。

（八）健全和完善公司管理制度，文化建设、党建和督查协调工作取得新的进展

（1）结合人文公司自身的特点，探索和完善公司各项管理制度。院党组确立人文公司新定位后，不断为人文公司配置资产、资源，下达新的工作任务，公司规模迅速扩展、业务范围扩大、行业和员工身份多元、工作区域分散。在此复杂条件下，如何更好地"建立现代企业管理模式，实施市场化运作机制，实现社会化服务保障功能"，公司在制度建设方面进行了研究和探索。

（2）认真研究，推出了各项人事管理制度。加强人才队伍制度建设，制定了公司三年人才发展规划；建立能进能出的现代企业人才管理制度，制定了《聘用人员续聘管理办法》《高校毕业生任职定级及晋升试行办法》《聘用人员档案管理办法》等制度。初步制定了社科院与人文公司、人文公司与所属企业的劳务协议。

（3）按照院里的统一要求，对收入分配制度以及涉及员工的福利待遇等进行了研究，并向院里作了申报，维护了公司员工的经济利益。从稳定和发展的角度，认真研究、落实员工福利待遇，规范在编人员津补贴项目和标准，促成院里批准了人文公司在编人员第一步先参照服务局同级同类人员发放津补贴的建议；同时，按照聘用岗位兑现有关人员的津补贴标准；注重关心聘用人员的利益，积极研究起草聘用人员正常薪级和标准调整办法，按时办理和发放聘用人员社保卡、医保存折、住房公积金联名卡；协调院有关部门，重新核定在编人员住房公积金标准，所有在编人员的公积金数额均有很大的提高；积极协调解决落实了有关人员无房补贴事宜。

（4）加强和推进党建工作。公司党总支以加强院基层组织建设年为契机，认真做好党支部分类定级考核工作；及时制定学习计划，组织党员干部学习党的十七届六中全会和十八大会议精神；加强组织建设，在密云绿化基地扩建了党支部，使公司党支部的总数达到了6个，在

远离院部的地方开始发挥党支部的战斗堡垒作用。

加强了督查和协调工作。规范督查工作运转机制和工作程序，督促检查公司重要工作的落实情况，建立并坚持执行公司各业务口每周工作计划报告制度。

七 院代管单位工作

中国地方志指导小组办公室

（一）人员、机构等基本情况

截至 2012 年年底，中国地方志指导小组办公室共有在职人员 46 人。其中，36 人为专业人员，10 人为行政人员。

中国地方志指导小组办公室为参照公务员法管理的事业单位，下设秘书处、联络处、年鉴处（《中国地方志年鉴》编辑部）、方志理论研究室、方志期刊指导处（《中国地方志》编辑部）、人事处等 6 个处室和一个直属事业单位——方志出版社。

（二）组织召开的重要工作会议

（1）全国省级方志工作机构主任会议。2012 年 4 月 19～20 日，2012 年全国省级方志工作机构主任会议在湖北省宜昌市召开。中国社会科学院原副院长、中国地方志指导小组常务副组长朱佳木出席会议并作题为《不断增强依法修志的能力，推动地方志事业大发展大繁荣》的讲话，中国地方志指导小组成员、办公室党组书记田嘉作题为《认真学习十七届六中全会精神，为加快方志文化建设作出新贡献》的讲话，中国地方志指导小组秘书长兼办公室主任李富强作总结讲话。来自全国 31 个省（自治区、直辖市）、新疆生产建设兵团以及解放军、武警部队、15 个副省级城市方志工作机构的主要负责人等共 140 余人参加会议。会议总结交流了2011 年全国地方志工作，研究部署了 2012 年工作，并就如何开发利用地方志资源和提高方志工作机构服务经济社会发展的能力进行研讨、交流。

（2）中国地方志指导小组四届三次会议。2012 年 7 月 13 日，中国地方志指导小组四届三次会议在北京召开。中国地方志指导小组常务副组长朱佳木受全国政协副主席、中国社会科学院院长、中国地方志指导小组组长陈奎元委托，主持会议并讲话。会议听取了中国地方志指导小组成员、办公室党组书记田嘉关于近两年来指导小组办公室主要工作情况和下一阶段工作安排的汇报，中国地方志指导小组秘书长兼办公室主任李富强关于地方综合年鉴编纂规范性文件起草工作情况的汇报，中国地方志指导小组办公室副主任刘玉宏关于《方志百科全书》编纂工作情况的汇报，中国地方志指导小组办公室副主任邱新立关于《汶川特大地震抗震救灾志》编纂工作情况的汇报。

与会人员肯定了指导小组办公室近两年来所做的工作，审议并原则通过《地方综合年鉴编纂出版规定（试行）》；会议强调，《汶川特大地震抗震救灾志》是国务院交办的一项重要任务，目前已接近最终定稿，要再接再厉，做好审稿、出版、宣传、总结等工作，高质量按计划完成任务；会议指出，《方志百科全书》对于促进方志学学科体系的建立具有重要意义，在吸收专家学者参加编纂的同时，要充分考虑读者需要，多向不同的读者群征求意见。

（三）学术研讨

（1）中国地方志协会年鉴工作专业委员会第二届学术研讨会。2012年8月21~23日，中国地方志协会年鉴工作专业委员会第二届学术研讨会在新疆维吾尔自治区乌鲁木齐市召开。研讨会的主题是"年鉴研究的回顾与总结"。中国地方志协会年鉴工作专业委员会常务理事、理事、论文作者及会议特邀代表近百人参加会议。与会人员对年鉴研究状况进行了回顾与总结。

（2）中国地方志学会城市区志专业委员会2012年学术年会。2012年9月25~26日，中国地方志学会城市区志专业委员会2012年学术年会在山西省太原市召开。会议由中国地方志学会城市区志专业委员会主办，山西省地方志办公室承办，来自17个省（自治区、直辖市）与新疆生产建设兵团方志工作机构的60余人参加会议。与会人员就不同类型区志编纂如何突出特色问题进行研讨。

（3）第二届中国地方志学术年会。2012年10月16~19日，主题为"第二轮市县志编纂及其理论问题"的第二届中国地方志学术年会在江苏省南通市召开。会议由中国地方志指导小组办公室和中国地方志学会主办，江苏省地方志办公室及南通市地方志办公室承办。中国地方志指导小组常务副组长、中国地方志学会会长朱佳木发表题为《关于当前加强方志学研究的几个问题》的讲话。会议采取大会发言和分组交流相结合的形式，小组主持人向大会汇报分组讨论情况。全国方志工作机构和学术研究机构的专门工作者、专家学者共110余人参加会议。与会人员围绕年会主题，就方志学学科建设、方志功能、市县志编纂组织、志书总纂、方志编纂体例、方志资料、方志记述内容、方志编纂原则与方法等进行了交流和研讨。

（四）培训工作

（1）中华人民共和国史高级研修班。2012年7月16~21日，中国地方志指导小组办公室与中华人民共和国国史学会在北京联合举办第三期中华人民共和国史高级研修班。来自全国15个省（自治区、直辖市）、新疆生产建设兵团，以及部分高校和国家有关单位的国史、党史和地方志的学术骨干近130人参加。研修班共安排了8场专题讲授。中国社会科学院副院长、当代中国研究所所长、国史学会副会长李捷，中国地方志指导小组常务副组长、国史学会常务副会长朱佳木，中央党史研究室原副主任、国史学会顾问沙健孙，中央党史研究室原副主任、国史学会副会长张启华，军事科学院战争理论与战略研究部副部长曲爱国，中国社会科学院经济研究所研究员董志凯，中央党校国际战略研究所所长官力，当代中国研究所副所长、国史学会秘书长张星星，分别以《关于改革开放新时期的历史发展脉络》《关于中国当代史研究的几个理论问题》《准确把握国史的主题和主线、主流和本质》《用历史唯物主义观点指导国史研究》《新中国成立后我军现代化建设历史的回顾与思考》《中国现代经济史研究中的若干问题》《新中国外交与国际关系》《近年来国史研究中的热点问题探析》等为题，作了专题讲授。研修班期间，学员们还就"中华人民共和国史研究应当怎样坚持正确的立场观点方法""如何认识国史研究与地方志编纂的关系"等问题进行了分组讨论。

（2）2012年全国第二轮修志主编培训班。2012年10月22～27日，2012年全国第二轮修志主编培训班在云南省昆明市举办，来自全国各省（自治区、直辖市）地方志编委会（办公室）、新疆生产建设兵团志办公室、全军军事志指导小组办公室、武警部队编研办公室，以及市县、省直和市直等有关修志单位的主编、主笔、修志业务骨干约110人参加了培训班。本次培训班由中国地方志指导小组办公室主办、云南省地方志办公室承办。中国地方志指导小组秘书长兼办公室主任李富强出席开班仪式并讲话。李富强强调了举办修志主编培训班的重要性，并对此次培训提出了要求。培训班共邀请了6位专家授课。

（3）全国地方志工作机构新任负责人培训班。2012年11月16～22日，全国地方志工作机构新任负责人培训班在河北省秦皇岛市举办，来自全国各省（自治区、直辖市）的50多位新任负责人参加培训。中国地方志指导小组成员、中国地方志指导小组办公室党组书记田嘉出席开班式并讲话，人社部失业保险司副司长宋汝冰致辞。此次培训课程分设管理知识板块和地方志业务知识板块，邀请了人社部、国家公务员局、北京市地方志办公室、中国社会科学院的领导专家，以及地方志系统的知名专家为学员授课。这是中国地方志指导小组办公室首次针对方志工作机构新任负责人举办培训班。

（五）统计和联络工作

为进一步全面、准确地掌握全国新编地方志工作成果和地方志资源的新进展、新情况，在以往统计工作的基础上，中国地方志指导小组办公室开展2011年度全国地方志系统统计工作。从汇总数据分析，第二轮省市县志书出版速度增长较快，2009年底出版约700部，2010年底出版910部，2011年出版1095部（含西藏，其中省级志书158部，市级志书84部，县级志书853部）；截至2011年底，年鉴累计出版2560种17200部；全国地方志系统网站、网页建设稳步推进，截至2011年底，省级网站23个，地市级166个，县级376个，合计565个；建成并投入使用的省级方志馆13个。

2012年6月25～30日，为进一步规范全国地方志系统的统计工作，全国地方志系统统计联络员和《中国方志通讯》联络员工作会议在黑龙江省哈尔滨市召开。来自全国28个省、市、自治区及新疆生产建设兵团、武警部队代表共 87 人参加。会议采取专题讲座、大会交流和分组讨论的方式，围绕会议主题开展深入交流。与会人员就统计和通讯的实际情况、问题难点、发展方向等进行研讨。

（六）经验交流

（1）志鉴编纂出版经验交流座谈会。2012 年 2 月 17 日，志鉴编纂出版经验交流座谈会在北京召开。座谈会由中国地方志指导小组办公室主办，来自国务院有关部委局及行业史志、年鉴编纂机构的代表 60 余人参加。与会代表介绍本部门的史志、年鉴编纂情况以及工作中的经验和体会，并围绕当前工作中遇到的新问题，对今后工作提出有针对性的意见和建议。

（2）2012 年全国第二轮修志试点工作经验交流会。2012 年 4 月 25～29 日，为总结第二轮修志试点工作经验，进一步推动第二轮修志工作健康有序开展，2012 年全国第二轮修志试点工作经验交流会在海南省海口市召开，来自全国第二轮修志试点单位及试点单位所在省市方志工作机构代表共 70 余人参加。会上，中国地方志指导小组成员、指导小组办公室党组书记田嘉作了题为《巩固成果，开拓创新，继续做好第二轮修志试点工作》的讲话，总结了 2008 年 7 月全国第二轮修志试点单位工作经验交流会以来全国第二轮修志试点工作的进展情况，肯定了成绩，明确了今后的工作方向。中国地方志指导小组秘书长兼办公室主任李富强出席会议并作总结讲话，对今后的试点工作提出了要求。与会代表充分交流试点工作经验，并对志书编修理论问题进行研讨。

（3）2012 年全国方志期刊工作座谈会。2012 年 7 月 2～6 日，由中国地方志指导小组办公室主办、济南市史志办公室承办的 2012 年全国方志期刊工作座谈会在山东省济南市召开。中国地方志指导小组秘书长兼办公室主任李富强出席会议并作题为《与时俱进，不断开创方志期刊工作新局面》的讲话。全国省市县三级方志期刊主编、编辑 60 余人参加会议，7 名省级方志期刊主编或负责人作主题发言，与会代表就方志期刊数字化等问题进行研讨。

（七）《中国地方志》工作

（1）学术名刊建设。2012 年，《中国地方志》编辑出版 12 期，150 余万字。出版增刊 1 期《2011 年新方志论坛专号》，编印《方志期刊信息》5 期。该刊继续实施"学术名刊建设"，为方志理论研究提供平台：一是研究和优化期刊全年方志理论研究选题；二是加强重点栏目建设；三是加强人物访谈和方志口述历史等采编工作；四是召开了全国方志期刊工作座谈会，交流办刊经验，加强方志期刊数字化建设。《中国地方志》2012 年还开设"学习贯彻十七届六中全会精神专题"栏目，刊登有关方志文化建设研讨系列文章。

（2）《〈中国地方志〉优秀论文选编》专家评审会。2012 年 6 月 18～22 日，《〈中国地方志〉优秀论文选编》专家评审会在北京召开，共有被邀请的 14 名专家及有关人员 20 余人参加会议。本次评审会对新方志编纂理论与实践、方志评论、旧志整理、年鉴编纂、方志管理、基础理论等部分共 1197 篇论文进行了评审，有 659 篇优秀论文入选。至此，《〈中国地方志〉优秀论文选编》课题已完成复审工作，即将进入终审。

（3）《中国地方志》创刊始末座谈会。2012 年 9 月 18 日，《中国地方志》编辑部在北京召开《中国地方志》创刊始末座谈会，邀请了中国地方志指导小组原副秘书长兼办公室主任、《中国地方志》原主编孔令士，《中国地方志》原主编诸葛计，《中国地方志》原编委、中国地方志协会原学术委员傅能华，中国地方志协会原副秘书长、学术委员、《中国地方志》原编委欧阳发参加。四位老同志针对《中国地方志》创刊初期的情况进行全面回顾，并对当前《中国地方志》开展方志理论研究和加强期刊的学术性等提出建设性意见。

（八）《中国地方志年鉴》工作

（1）《中国地方志年鉴》先进组稿单位、先进撰稿单位和优秀撰稿人评选表彰活动。中国地方志指导小组办公室在《中国地方志年鉴》创刊 10 周年之际，开展了《中国地方志年鉴》先进组稿单位、先进撰稿单位和优秀撰稿人评选活动。在各供稿单位自荐、推荐的基础上，经过评选表彰工作领导小组办公室初审，评选表彰工作领导小组最终审定，评选出一批先进单位和优秀个人。2012 年 11 月 26 日，中国地方志指导小组办公室发出文件（中指办字〔2012〕30 号），对《中国地方志年鉴》先进组稿单位、先进撰稿单位和优秀撰稿人发文表彰，并寄发了荣誉证书和纪念品。

（2）《中国地方志年鉴（2012）》出版。12 月，中国地方志指导小组办公室主办、《中国地方志年鉴》编辑部编纂的《中国地方志年鉴（2012）》出版。该年鉴设"特载""特辑""大事记""中国地方志指导小组及其办公室工作""地方志工作概况""志书编纂与出版""旧志整理与出版""年鉴编纂与出版""地方志资源开发利用""信息化与方志馆建设""学会活动与期刊出版""理论研究""法规条例与政策指导""工作会议与编纂编委会议""研讨交流与评稿会议""专业培训与考察交流""机构队伍""志鉴人物""文献"等栏目，栏目下设分目，分目下设条目，以条目为主体，客观翔实地记述了 2012 年全国及各省（自治区、直辖市）、市（地、州、盟）、县（市、区、旗）三级地方志编纂委员会（办公室）以及新疆生产建设兵团志办公室、武警部队编研办公室、国务院有关部委局史志机构等地区、部门（行业）地方志工作的基本情况。卷末编有索引，便于读者查阅。

（九）《汶川特大地震抗震救灾志》编纂工作

2012 年，中国地方志指导小组办公室承编的《汶川特大地震抗震救灾志》之《大事记》《附录》《总述》分卷按照既定规划，有序开展编纂工作。《大事记》《附录》分卷于 2011 年 12 月通过初审后，编纂工作进入后期总纂阶段。2012 年 5 月，两个分卷与《总述》分卷一并送各承编单位征求意见。7 月，3 个分卷同时召开复审会，原则通过复审。12 月底，3 个分卷形成终审稿，《总述》约 28 万字，《大事记》约 36 万字，《附录》约 60 万字。此外，中国地方志指导小组办公室认真履行《汶川特大地震抗震救灾志》编委会办公室职责，推动其他 8 个分卷的编纂工作，已经基本完成《地震灾害志》《抢险救灾志》《灾区生活志》《灾区医疗防疫志》《社会赈灾志》分卷的排版、清样和校核工作，全力保证记述准确无误；《图志》《灾后重建志》《英模人物志》均完成复审工作。全年编发《编纂工作通讯》11 期。

（十）《方志百科全书》编纂研讨活动

（1）《方志百科全书》编纂研讨会。2012 年 3 月 28～29 日，《方志百科全书》编纂研讨会在北京召开，《方志百科全书》主编段柄仁，副主编李富强、王樵裕出席会议并讲话。《方志百科全书》专家组成员、编辑人员以及来自全国各省（自治区、直辖市）、新疆生产建设兵团、解放军、武警部队的撰稿人员 60 多人参加研讨会。王樵裕汇报了一年来全书编纂进展情况和近期工作设想，专家组成员对各类条目的撰写提出意见和建议，撰稿人员介绍本地本部门条目编写工作进展情况以及编写中遇到的各种业务问题。段柄仁总结归纳研讨会取得的成果，阐述了《方志百科全书》读者定位，全书内容、体例以及条目要素等问题。会议结束时，李富强对下一步的编纂工作提出了要求。他指出，各位专家以及各供稿单位已经提交了数量不等的稿件，全书编纂已经到了关键时期，工作任务非常繁重。各撰稿人要及时向本单位主要领导汇报会议精神和要求，各单位应努力为撰稿人员提供更好的工作条件；要进一步加强对全书内容、体例、写法的研究，边编边学，将方志内容与百科形式完美结合；撰稿人员要进一步加强与编辑室的业务联系，加强信息沟通和交流，保证问题得到及时有效的解决。

（2）《方志百科全书》编写研讨会。2012 年 10 月 10～11 日，《方志百科全书》编写研讨会在北京召开，与会者听取了关于编纂情况的汇报，讨论"方志总论"分支的编写。来自方志界、史学界、百科全书界及相关领域的专家学者共 30 多人参加会议。

（3）《方志学学科建设三年规划（2014～2016）》研讨会。2012 年 12 月 25～26 日，由中国地方志指导小组办公室主办的《方志学学科建设三年规划（2014～2016）》研讨会在北京召开。在这次研讨会上，与会专家就制定规划的重要意义、规划的时限与名称、规划的内容等进行研讨。会议认为，制定方志学学科建设规划，对于加强方志学学科建设、推动方志理论研究、进一步提升地方志事业发展水平等具有重要意义。从国家层面制定一份中长期规划，谋划方志学学科建设的方向与内容，规范和引导开展方志理论研究，更符合方志学学科建设与地方志事业持续发展的实际需要。会议认为，方志学学科建设规划的主要内容包括研究基础、指导思想与基本原则、总体目标与阶段性目标、工作任务和保障措施等，并建议将规划的下限节点定为 2020 年。

（十一）对外学术交流工作

（1）2012 年 9 月 11～23 日，中国地方志指导小组办公室组成中国地方志专业考察团，赴新西兰、澳大利亚进行学术访问和交流，对新西兰奥克兰大学图书馆亚洲馆藏部、澳大利亚墨尔本大学贝留图书馆东亚馆藏部、澳大利亚国立图书馆中文部、澳大利亚国立大学图书馆亚太馆作了专门考察。中国地方志指导小组成员、指导小组办公室党组书记、高级经济师田嘉参加考察团。考察团所到之处，与有关单位进行座谈交流。考察团不仅介绍了中国新编地方志的发展现状，而且了解了新、澳两国文献收藏机构、研究机构在收藏管理方面好的做法。通过这次学术访问和交流，进一步了解了新西兰、澳大利亚主要公共图书馆和大学图书馆在收藏保护、开发利用中国地方志以及年鉴与地方文献方面的经验，对外宣传介绍了中国地方志文化的发展，加强了学术沟通与交流。

（2）2012 年 12 月 6~19 日，以中国地方志指导小组秘书长兼办公室主任李富强为团长的中国地方志专业考察团赴美国、加拿大进行专业考察访问。考察团先后造访美国加州大学洛杉矶分校理查德·鲁道夫东亚图书馆、犹他家谱学会、哈佛燕京图书馆、哥伦比亚大学东亚图书馆、美国国会图书馆以及加拿大多伦多大学郑裕彤东亚图书馆等多家方志收藏、研究机构。通过此次考察和交流，对北美主要大学图书馆和专业机构收藏中国历代地方志、新编地方志、年鉴和地方文献的基本情况有了进一步了解，对几家知名图书馆的经营、管理情况特别是对其管理经验和运作模式有了进一步认识，从中获得不少启示。

（十二）信息化建设工作

2012 年，中国地方志指导小组办公室通过调研和召开办公室内部人员座谈会，研究并制定了中国地方志指导小组办公室门户网站和《中国地方志》期刊网站信息发布制度（试行），对网站信息的收集、整理、审核、发布、奖惩等问题进行规定；对中国地方志指导小组办公室门户网站的栏目进行适当调整，内容进行一定的充实。同时，进一步加强《中国地方志》期刊网站建设：一是启动省级方志期刊优秀方志学术作品加入《中国地方志》期刊网站工作，努力通过网站建设为方志理论研究和学科建设搭建平台；二是更新网站首页页面，增加"方志论坛""方志人园地"等栏目；三是日常网站内容上传及维护工作；四是洽谈期刊网站升级改造事宜。此外，通过确定一名通讯员，加强中国地方志指导小组办公室与中国社会科学网的沟通与联系。

（十三）中国地方志学会工作

（1）协会更名。根据民政部 2012 年 6 月 4 日《关于中国地方志协会正式更名为中国地方志学会的批复》（民函〔2012〕179 号），中国地方志协会正式更名为中国地方志学会。

（2）中国地方志协会五届二次常务理事会议。4 月 18 日，中国地方志协会五届二次常务理事会议在湖北省宜昌市召开，总结第五届中国地方志协会自 2009 年 7 月成立以来的工作情况，部署 2012 年工作。

（十四）国家方志馆建设及志书征集工作

2012 年，在各方面的全力配合下，国家方志馆的装修改造工程已近尾声，根据实际需要对一些设施进行必要的改造，待整体完工验收合格后组织入驻工作。国家方志馆陈列项目已组织召开三次项目研讨会，分别形成两个展览的《展览大纲》，得到有关领导及专家的肯定，并在不断完善中。

同时，部分省级方志工作机构继续向国家方志馆捐赠志书，进一步丰富国家方志馆馆藏。9 月 27～28 日，北京、河北、山西、安徽、湖北、广西、四川、青海等 8 个省（自治区、直辖市）方志工作机构向国家方志馆捐赠志书仪式在北京举行，共捐赠图书 3261 册。另外，还有辽宁省捐赠 389 册、福建省捐赠 268 册。

（十五）党建工作

2012 年，中国地方志指导小组办公室党组共组织召开 7 次会议，研究办公室工作，落实上级的各项部署；8 月 14～17 日，举办主题为"回顾党的光辉历史，体验改革开放成果"的主题党日活动，组织全办人员参观中国共产党一大、二大会址，组织重温入党誓词、考察上海市的改革开放成果等活动；加强支部建设，充分发挥支部的战斗堡垒作用；结合年终考核工作，开展创先争优评选活动，评选出 5 名优秀党员、1 个优秀党支部。

（十六）方志出版社工作

2012 年，方志出版社认真落实年度选题计划，积极推进精品志书工程的落实工作；落实重点图书和系列项目图书的出版工作；全面开展《汶川特大地震抗震救灾志》的编审工作；做好地情类、方志理论类、旧志整理类以及社科类图书的出版工作。

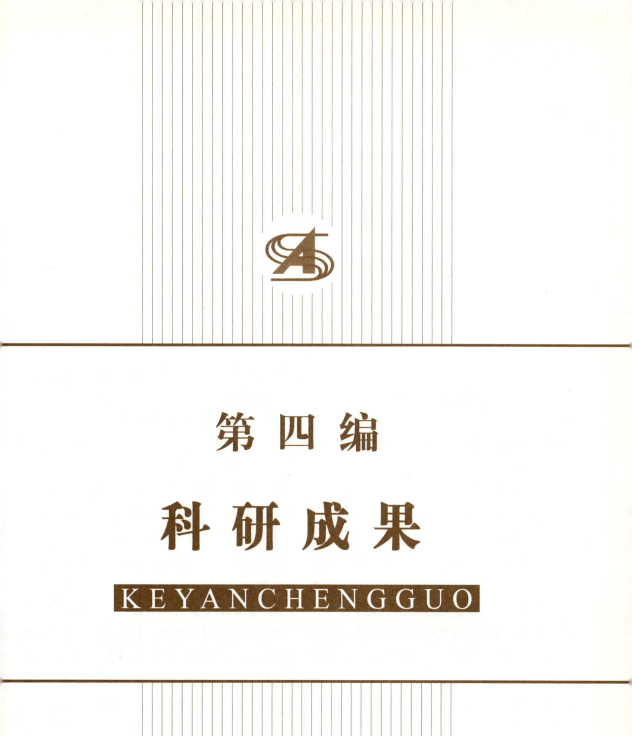

第四编

科研成果

KEYANCHENGGUO

2012年主要科研成果

文学哲学学部

文学研究所

《中国艺术中的表现性动作：从书法到绘画》

（英汉对照）

高建平（研究员）

专著 430千字

安徽教育出版社 2012年7月

该书旨在概要叙述一种存在于绝大多数中国古代绘画批评文献之中的美学观念。该书作者关注的主要是这些著作中关于作为一门艺术的绘画的一般思想及其间蕴含的理论内涵。该书共计七章，主要内容包括：线的特性；线条之间的关系；绘画的动作之一：表演、表现和力量；绘画的动作之二：势、韵律和时间等。

《秦汉文学地理与文人分布》

刘跃进（研究员）

专著 500千字

中国社会科学出版社 2012年3月

该书分为上下两编。上编是秦汉文学地理，主要探讨秦汉时期八个区域的文学流变及其特色。下编是秦汉文人分布。通过对这一课题的研究，该书作者跳出传统的秦汉文学研究的既有格局，从时空的观念对秦汉文学的发展源流作出全新的论述。其一，运用自然地理学与历史地理学的方法研究文学，拓宽了秦汉文学研究领域，并借助文化区域的划分，使秦汉文学地理有了更直观的体现，从而使研究取得了突破性进展。其二，运用历史发展观念，使文学地理研究既呈现出一定的地域特征，同时又能充分注意特定地域文学兴衰更替的历史轨迹，使研究鲜明地表现出时空交融的特色。其三，以《汉书·地理志》所载103郡国为单位，以《汉书》《后汉书》所载作家籍贯为依据，运用文献统计方法，对秦汉文人分布进行"系地"文献整理工作，从而使下编"秦汉文人分布"与绪论"秦汉区域文化的划分及其意义"及上编"秦汉文学地理"相呼应，基本上反映了八大文化区域文人分布情况，为文学地理的"系地"工作及文人分布研究提供了范例。

该书为2011年度《国家哲学社会科学成果文库》之一种。

《清代诗学史》（第1卷）

蒋寅（研究员）

专著 832千字

中国社会科学出版社 2012年4月

　　清代诗学依托于学术色彩浓厚的思想史背景，对整个古典诗学作了历史性的总结和梳理，是古典诗学的集大成和总结时期。该书作为《清代诗学史》的第一卷，内容包括鸟瞰整个清代诗学文化性格和历史特征的导言以及论述顺治、康熙、雍正三朝诗学的六章正文，既有历史进程的整体观照，也有具体诗论家的细致评析。相比前人以单一的观念史视角考察清代诗学的批评史、诗学史著作，该书的研究首先立足于诗学文献的细致梳理，融观念史、批评史、学术史于一体，在更广阔的学术视野下，对清初诗学的历史进程、现实指向、理论品格及对后期诗学的影响作了充分的论述。该书论述的另一条主线则是地域，作者将清初三朝的诗学划分为江南诗学、关中诗学、浙江诗学和山东诗学四章依次论述，只有王夫之单独成章，名为"远离诗坛的理论独白"。这种建构，不但将众多的诗论家还原到清初的历史语境中，而且进一步将他们还原到具体的生活场域中去理解，是对清初诗学前所未有的有力概括和论述。全书展现的丰富的诗学现象和理论内容，有助于改变学界有关中国诗学的文化特征及理论品格的一些成见，反思当代文学理论研究的问题，为建设本土化的文学理论提供一些有价值的参考和借鉴。

　　该书为《中国社会科学院文库》之一种。

《春蚕与止酒——互文性视域下的陶渊明诗》

范子烨（研究员）

专著 362千字

社会科学文献出版社 2012年6月

　　该书是运用"互文性"理论研究陶渊明诗的学术专著。所谓"互文性"理论由法国学者在当代西方后现代主义文化思潮中首倡，即任何一种文学文本都不是自给自足的，任何文本都是一种互文，都是对其他文本的吸收和转化，是在吸纳前人以及同时代人所创造的文学文本的基础上产生的。该书从这一特殊的理论视域出发，重点破解了《拟古》九首的文学密码，指出作品主要采取著名诗人曹植自我回顾的方式展开历史叙事，曹植的人生低谷与精神高原由此展现无遗，而曹氏家族骨肉相残之悲剧也得到诗性的展演。《拟古》九首是诗人对诗人的解读，是诗人对诗人的揭示，成为曹植和陶潜两位伟大诗人对汉魏变迁之际的政治问题与人性问题的历史沉思录。该书在纵、横两个方向上深入阐发了这组诗的文本生成机制，驱散了古往今来笼罩在这组诗上的迷雾。该书对《止酒》诗的阐发，昭示了《止酒》诗在艺术形式上的艺术渊源和深远影响，表明了"《止酒》体"与中国古代文人"止酒情结"的生成关系。通过对这些经典陶渊明诗的深入研究，弥补了西方"互文性"理论重内容轻形式的缺陷，阐明了艺术形式的"互文性"对于文学建构的重要意义。

《唐宋诗学与诗教》

刘宁（副研究员）

专著 367千字

中国社会科学出版社　2012 年 8 月

该书立足诗歌史与思想史的内在联系，从诗体源流、诗学的古今转型及中外交融等多重视角，反思唐宋诗学，探讨其与"诗教"的复杂关系。集中讨论了杜甫、李白、白居易、欧阳修、朱熹、李退溪等在"诗教"发展史上具有代表性的人物，剖析了情志论、文质论、诗教与政教、风雅观以及性理思想与"诗教"之关系等问题。该书立足诗体的源流演变，观察唐宋诗史的独特轨迹，从诗学的古今转型与中外交融等角度，反思唐宋诗学的核心问题，以期在深入唐宋诗大家内在脉络的基础上，以更多元的视野，观察唐宋诗歌与其文化语境的互动，理解"诗教"的复杂样态，反思这一观念在新时代的命运。

《梦醒三国——明清小说新论》

夏薇（助理研究员）

专著　250 千字

社会科学文献出版社　2012 年 8 月

该书以古典名著《红楼梦》《三国演义》和《醒世姻缘传》为主要研究对象，从版本、作者、文本等角度对这三本大家最熟悉和感兴趣的古代小说进行了深入的探讨。红学界对著名红学家俞平伯先生的临终"红学"遗言争议颇多，但谁也没有意识到这种转变到底是怎么发生的，它又意味着什么。该书从该问题入手，以俞平伯先生1986 年讲话为契机，对《红楼梦》后 40回的作者问题、版本问题等提出较新的看法。

《东汉社会变迁与文学演进》

陈君（助理研究员）

专著　372 千字

中国社会科学出版社　2012 年 8 月

该书是对东汉文学的系统研究，从政局变化、艺文机构、学术思想、地理分布等多个角度，认真梳理了东汉文学的发展脉络，清晰描绘了东汉文学的历史图景。该书认为，东汉明、章之世是汉代文学发展的黄金时代，它与西汉武、宣之世一起构成了汉代文学的两个高峰。和帝以后，东汉文学的发展趋势主要表现在两个方面：一是文学重心的东移，即逐步由关中向关东地区转移；二是文学重心的下移，即由宫廷下移至家族，由中央下移至郡国。

《曾有西风半点香：敦煌艺术名物丛考》

扬之水（研究员）

专著　120 千字

三联书店　2012 年 1 月

该书是作者敦煌名物研究的集成之作。该书的考证大多涉及东西文化交流。由于敦煌地处丝绸之路的要塞，其中多有东西往来遗迹，无论是莫高窟壁画反映的艺术品，还是藏经洞文书提及的器具构件，抑或敦煌附近出土的文物，大多曾经西风的沐浴。这是第一本关于敦煌艺术品的名物考证，是东西交流背景之下的名物考证，比之作者之前的《诗经名物考证》和《古诗文名物新证》等名物背景更广，涉猎更宽，考证也更难。

《翻译的现代性——晚清到五四的翻译研究》

赵稀方（研究员）

专著　200 千字

台湾秀威公司　2012 年 10 月

　　该书认为，中国的翻译研究，一直以语言研究为主．时下已有愈来愈多的人意识到翻译研究的文化意义。新的翻译观念打破了传统意义上的语言转换的透明性，将汉语译本与外国文学区分开来，着眼于两者之间的转换过程，研究中国历史语境对于翻译的制约、挪用过程，并将翻译看作形塑中国文化主体身份的重要手段。翻译文学是"跨语际实践"的结果，而其重点应在中国文化场域。该书的创新之处，一是着重翻译与文化建构的关系，不是简单地介绍翻译史实、翻译家等，而是着重讨论翻译作为一种文化建构的手段，在 19～20 世纪之交中国历史进程中的功能；二是鉴于以往断代的写法只能平面地揭示某一时段的面貌，却难以展示历史的过程，该书力图将思潮更迭和语种文学结合起来，从而较为完整、生动地体现了纵向的历史发展变化的线索。

《中国现代文学的"民族国家"问题》

张中良（研究员）

专著　170 千字

台湾花木兰文化出版社　2012 年 9 月

　　近年来，"民族国家"成为中国现代文学研究中的时髦概念，然而，细加考察，就会发现，这一概念的运用往往背离了中国历史与现代文学的实情。该书从这一概念的误用切入，追溯其影响源，回到中国数千年历史与现代文学的语境中认识"民族国家"问题，对于澄清迷雾与准确把握现代文学提供了新的可能。

现代文学在民国史的时空中发生发展，但以往的研究对这一背景多有忽略，因而导致了不应有的隔膜与遮蔽。该书从民国史的视角出发，认真考察辛亥革命的文学反响与审美映象，系统分析民国文学的生态环境、生态系统与其呈现出来的民国风貌，第一次梳理五四文学的国家话语表现，重新审视 30 年代民族主义文学的评价问题，深入剖析现代史诗《宝马》的国家问题背景与丰富内涵，深入考察作家与正面战场的血脉联系。

《中日现代演剧交流图史》

刘平（研究员）

专著　300 千字

三联书店　2012 年 2 月

　　该书是对中国与日本现代演剧交流历史的研究，时间跨度为 1907 年至 1945 年。该书所涉及的内容包括以下几方面：在中日现代演剧交流过程中作出过贡献的人物、演出的剧目以及在演出过程中发生的各种各样的事件；在中日现代演剧交流过程中产生的相互影响的人和事、剧目及创作思想；中国话剧接受日本现代演剧影响的时代背景及其创作追求。

　　该书收录了大量史料，包括各种人物照、剧照和书刊封面等照片 300 余幅，其中有不少是第一次在国内发表，颇为珍贵。

《东瀛过客》

李兆忠（研究员）

专著　130 千字

九州出版社　2012 年 1 月

　　该书用幽默诙谐的笔调、精雕细琢的文

字，生动刻画了日本人彬彬有礼、笑意盈盈面具下的真实状态，直击日本文化性格最深处。这些来源于真实生活，又高于世俗生活的故事，不同于一般作品空洞的叙述，给人以深层次的感悟。使读者对这个变化多端的国度有了超越普通人的视角与认识。

《民国了》

杨早（助理研究员）

专著 190 千字

新星出版社 2012 年 8 月

该书从武昌举义写到民国成立。作者以新颖的角度、平实的叙述展示富有画面感的"采访报道"，使读者仿佛置身当时的场景中。书中深入各省革命之细节，对那些被主流历史遗忘的历史的描写，提醒读者不单只是从宏观角度去观望，更要学会从历史支流中凝视历史。

《21 世纪新媒体与文学发展》

王绯（研究员）

专著 355 千字

社会科学文献出版社 2012 年 7 月

该书以百年中国文学—文化变迁史为大背景，追踪新的技术与新的介质对文学发展的规律性影响。作者从"新媒体"是一个不断变化的概念出发，沿循第一到第五媒体的递进脉络，以第三媒体（电视）、第四媒体（网络）、第五媒体（手机）为重点，对"新媒体"之于 21 世纪文学发展作出了种种深入的研究和探索，通过揭示"跟进小说"之谜、娱乐经济的"伪语境"，以及对网络小说的文本造访和类型探究，在探究其中发展

规律、趋向的同时，体现出作者的个人研究特色与独家见解。

《金枝玉叶：比较神话学的中国视野》

叶舒宪（研究员）

专著 250 千字

复旦大学出版社 2012 年 10 月

该书参照西方学界泰斗级著作《金枝》的比较研究范式，从中国视角进入，针对中国上古神话和华夏文化的核心价值观展开探讨，突出"玉器时代"和"玉石之路"在建构东亚文明过程中的文化基因作用。全书分"神话历史的编码与解码""玉器时代与玉石神话""文学人类学与文化再启蒙"三编。

《"同文"的现代转换——日语借词中的思想与文学》

董炳月（研究员）

专著 290 千字

昆仑出版社 2012 年 4 月

汉字文化在 19 世纪下半叶受到西方的冲击开始重建。为了翻译西方著作，为了表达新事物、新思想和新观念，大量新的汉字词汇被创造出来。这类词汇流行于明治时代的日本，形成了"新词洪水"。"新词洪水"从日本涌入清末民初的中国，因此，汉语中出现了大量日语汉字词汇，即日语借词。中国现代话语活动在很大程度上是借助日语借词进行的。该书主要以"国语""国民""个人""革命"这四个词汇以及关联词汇为对象，探讨与日语借词进入汉语的过程相关联的思想与文学问题。这四个词汇均具有主体性、功能性和生产性，构成了中国现代历史、

思想、文化的基本内容，统括了近现代语言、文学方面的基本问题，多见于黄遵宪、梁启超、胡适、鲁迅、周作人等人以及20世纪20年代革命文学倡导者的著述，更多涉及旅日、留日中国人的话语行为及其语言文本。日语汉字词汇向现代汉语词汇的转换，是发生在汉字文化圈内部的"'同文'的现代转换"。通过这种转换，中日两国在重建同文关系的基础上，共建并且共有了以汉字词汇为媒介的知识空间。

《孔丛子研究》

孙少华（助理研究员）

专著　540千字

中国社会科学出版社　2011年11月

该书共分上、下两编。上编四章，第一章为《孔丛子》成书研究，认定确有先秦材料来源。第二章为《孔丛子》文本研究，全书材料性质有"撰述"、有"编纂"，也有流传中的材料变化。作为编纂类文献，体现了先秦时期"丛""林"文献的基本特色；而撰述类文献，则体现了作为"传""记"体的特色。第三章，《孔丛子》一书文本变化，对人名、地名并无很大改变。这些人名、地名，大多符合先秦两汉史书记载，基本可以作为研究先秦两汉历史文化的依据。第四章，考察《孔丛子》的版本与流传，说明此书在流传中发生的篇卷分合与版本差异。下编是综合性研究，包括《孔丛子》中的家学、文学与学术文化问题。《孔丛子》与孔氏家学的关系最为密切。该书涉及孔氏家法、家风与家学等思想观念，体现了孔氏家学历史发展的曲折历程。孔氏子孙的学术思想自有传

承，且与思、孟、荀及稷下学术有关。其中的典章制度，与先秦两汉典籍记载不悖，可以作为研究先秦典制的参考资料。

《中国史话·散文史话》

郑永晓（研究员）

专著　114千字

社会科学文献出版社　2012年5月

该书介绍了中国散文从萌芽阶段——殷商甲骨文开始至新中国成立以前的发展概貌，阐明中国散文的性质、发端、体制、流变和影响等问题，展示了散文发展的脉络。书中既有对散文各发展阶段特点、艺术成就及总体风貌的介绍，又有名篇佳作赏析，帮助读者把握散文发展的规律、本质。

《在书山和瀚海之间》

杨镰（研究员）

专著　164千字

上海东方出版中心　2012年1月

该书是作者个人读书、治学研究以及人生经历的真实记录和全面总结，蕴含了丰富的治学经验和人生智慧。重要章节为："新疆探险与发现""文献与辨伪""元代双语文学现象研究""'新疆绿洲文明'国情调研""元诗文献研究"。

《海外华文文学知识谱系的诗学考辨》

杨匡汉（研究员）　　庄伟杰（教授）

专著　339千字

中国社会科学出版社　2012年7月

该书以近百年来海外华文文学为整体观察对象，以理性反思和诗学考辩进入华文文

学的知识谱系，超越常见的"直观与知觉"的思路，也超越目前大量相关批评中的"流散状态"，提取基础性、本源性、规律性的内容，以知识范型接近对象真相的把握。鉴于海外华文文学的特殊性和"时空交叉"的复杂性，该书侧重于以"问题"带动研究，以"知识回环"去检视创作实践与理论探索的互训互动，进而对华文文学的主要概念、重点话语进行开放性的阐释，并在解读过程中力求呈现问题的特点与起源、发展与流变，以展示问题的生成语境和知识图景，上升至跨地域、跨文化的交流与对话。

《中国社会科学院文学研究所学刊（2010）》

中国社会科学院文学研究所

论文集　241 千字

中国社会科学出版社　2012 年 3 月

该书收录了以中国社会科学院文学研究所研究人员为主撰写的论文 11 篇。古代文学研究方面有蒋寅的《王渔洋对诗歌理论与批评的贡献及影响》、许继起与王小盾的《论〈汉书·艺文志〉所载汉代歌诗的渊源》、张晖的《真与悲——明遗民钱澄之诗论诠说》、孙少华的《〈孔丛子〉中的"孔子论〈诗〉"与先秦南北文学的传播》、陈君的《环绕班固〈典引〉的诸问题》、高晓成的《郑樵〈诗经〉学简论》；文艺学、比较文学与现当代文学研究方面，有毛崇杰的《文艺学学科合法性与人文的科学性》、程麻的《从中国文化视角看"历史终结"论与"文明冲突"论》、董炳月的《"日本鲁迅"的另一面相——霜川远志的〈戏剧·鲁迅传〉及其周边》、赵稀方的《从政治小说到虚无党小

说》、程凯的《从"复兴"到"扬弃"——1925 年前后北京新文化言论界重造"思想革命"的契机、路径、矛盾与张力》。这些论文，在选题范围、研究深度、文献辨析、理论探索等方面，都有一定的创新。

民族文学研究所

《藏族神话与史诗》（藏文）

诺布旺丹（副研究员）

专著　420 千字

民族出版社　2012 年 5 月

该书从思想史的角度系统论述了藏族史诗格萨尔从原始神话（或民间故事）演变发展的历史轨迹。认为"仲"（神话）、"第乌"（谜语）和"苯教"（藏族土著原始宗教）是古代藏族文明的三大家底，它们对于推动远古藏族社会和文明的进步发展发挥了不可替代的作用。格萨尔史诗作为藏族口头文化的集大成，正是从远古"仲"的文化体系中衍变而来，继承了仲（神话）的诸多功能和特点，同时它也是远古藏族的诗性智慧的结晶。"隐喻"和"类概念"等藏族原初思维等便是仲（神话）得以产生和衍化的滥觞，也是格萨尔文化得以衍生的思维基础。从"仲"（神话）到"史诗"（格萨尔）的演变过程中，曾出现过两次重要的思想阶段。第一阶段是第一位藏王聂赤赞布的神话，尽管这一神话具有史诗所应该具备的宏大叙事的特点，但由于它作为历史，后被神话化，继而又复归历史，最终未能衍变成为史诗。第二阶段便是作为历史人物的格萨尔，他的传说发展轨迹与前者不同，他也是起初被作为历史人

物,后被神话化,而后又将神话艺术化,才导致了格萨尔史诗的产生。

格萨尔史诗又是藏族牧业文明的代名词,牧业文化最重要的特点之一则是口头传统和集体记忆。与藏传佛教的某些理论和方法相结合,逐渐产生了当下流行的诸多的艺人类型,如:顿悟艺人、托梦艺人、圆光艺人、掘藏艺人和智态化艺人等。作者根据长期田野研究所获得的成果,对这些艺人成长的社会语境、文本特点等进行了深入的阐述。

《电影史话》

孙立峰(助理研究员)

专著 130 千字

社会科学文献出版社 2012 年 7 月

该书是"中国史话"系列之一。

电影又称映画。从技术手段上看,电影是根据"视觉暂留"原理,运用照相和录音手段,把自然事物及客观环境的影像和声音摄录在胶片上,然后通过相应的放映和还原技术,使之在银幕上形成活动影像和声画对位,用来表现一定画页内容的现代技术。中国电影创作问世于 1905 年,经历了从无声到有声、从黑白到彩色、从传统到现代、从萌芽到拓荒、从起步到发展等演化变革的历史面貌。

《中国少数民族人类起源神话研究》

王宪昭(研究员)

专著 430 千字

中国社会科学出版社 2012 年 4 月

人类起源神话指以探索人的产生为主要目的的神话。该书以我国少数民族人类起源神话为主要研究对象,以类型研究和母题研究为切入点,从宏观和微观两个方面进行解析和阐释。该书阐述了人类起源神话的界定、生成、特征以及与之相关氏族、部落、民族、母题等基本问题。认为"母题"是神话叙事过程中最自然的基本元素,它们可以在神话的各种传承渠道中独立存在,也能在其他文体或文化产品中得以再现或重新组合。母题是各民族神话进行定量和定性分析的特定单位,具有明显的方法功能。根据我国少数民族人类起源神话母题统计数据和目前国内外相关研究成果,该书对神或神性人物造人、孕生人、化生人、变形为人、婚配生人、感生人和人类再生等七大类型进行了系统分析和重点解读,探讨了每一种神话类型的产生、主要特征、母题分布情况等,并对其基本类型体系和典型现象作出分析。人类起源神话母题具有流变性,特别是口头传承的母题,具有渠道多元和形态多样的特点,包括新母题的出现、母题的变化、母题的消失以及母题链的重组等情况。各民族人类起源神话母题具有丰富的个性和复杂的共性,一方面,同一类型神话在不同的民族中表现出不同的母题,有些母题会存在区域性差异;另一方面,同一个母题又可以出现在不同民族神话的叙事中,表现出相同或相近的创作特征或文化心理。神话母题的共性与个性相伴相生,在一定条件下可以相互转化。人类起源神话研究意义深远。许多神话母题对后世的文化观念、生产生活习俗和文化创作产生了积极影响,也会成为当今共建多民族文化和谐的重要参考和文化依据。

《申遗成功后〈格萨尔〉史诗的保护与研究》

李连荣（副研究员）

论文　8千字

《中国藏学》　2012年第1期

2009年9月，我国政府申报的"格萨（斯）尔史诗传统"被联合国教科文组织列入其《非物质文化遗产代表作名录》。"申遗"成功后，我国政府、研究机构和民间层面开展了多角度、多层次的《格萨尔》史诗的保护工作。整体上，保护工作呈现出了上下左右相互合作、积极配合的良好形势，开拓了一个崭新的保护《格萨尔》史诗的新局面。"申遗"成功后，我国《格萨尔》史诗的研究工作也出现了一个繁荣的局面，各地"研究中心"逐渐形成，出版著作得到更多资助，研究领域逐渐拓宽，实地调查与保护工作成为研究热点，等等。总之，这是我国《格萨尔》史诗工作自20世纪80年代开启《格萨尔》抢救、保护热潮以来，在21世纪又迎来的一次难得机遇。

《文化涵化与文化误读：谈少数民族过端午的文化现象》

宋颖（助理研究员）

论文　18千字

《彰显与重塑》

浙江古籍出版社　2012年6月

该文借助少数民族的田野调查资料，在对端午节"核心元素"和"变动元素"的细分基础上，剖析了26个少数民族过端午的情形。针对多民族民俗事象的"文化间性"，揭示了存在的"文化涵化"过程。根据涵化程度的深浅不同分为：第一，居住在汉族地区或多民族杂居地区，受汉文化的影响，确实吸收了汉族端午习俗的诸多元素，尤其是节日的"核心元素"，其节日的本质呈现与汉族的端午一样或非常接近，如满族的端午习俗。第二，在文化接触与交流的过程中，被接受或表现的少量汉族端午元素成为该民族过节时较为突出且重要的方式。各民族依据自身的文化特点，自由创造出繁复各异的"变动元素"。因摒弃和吸收的元素不同，又可以细分成两种：其一是吸收了某些"核心元素"和主要的"变动元素"，如通过采草药和饮食习俗来祛病强身，同时还保存有当地民族的特色活动，如彝族、毛南族、仫佬族、纳西族等的端午习俗。其二以竞技活动为主，有浓厚的娱乐色彩，涵化程度更浅，以蒙古族的猎日事象为代表。而有些少数民族保留着独特的过节方式，其节日的实质主要是歌舞交往等，但长期被看作是端午节，使得少数民族五月节的再现与表述多少受到了一定程度的折射甚或扭曲，是明显的"文化误读"。

《新媒体时代的多民族文学——从格萨尔王谈起》

刘大先（副研究员）

论文　11千字

《南方文坛》　2012年第1期

该文从当下藏族小说创作对传统口头史诗的改写入手，引发对少数民族文学"多媒体转向"的探析，进而切入现实政治、经济、技术、社会、文化的结构性变迁讨论，认为新媒体时代的中国多民族文学的书写与现实中的少数民族人口迁徙流动、生活方式转变、网络隐形社群形成构成互文。网络的隐形社群作为一种认同的空间，给虚拟主体与想象主体提供了生存的处所。该文提出，我们应当走向一种"多民族文学史观"的研究路向，在民族、国家、主体、情感在新媒体语境中发生变化的现实中，重新发掘少数民族文学所提供的具有生产性的世界观和认识论。

《文化认同·代际转换·文学生态——现代台湾少数民族文学的动态发展历程》

周翔（助理研究员）

论文　12 千字

《徐州师范大学学报》（哲社版）　2012 年第 5 期

该文认为，现代台湾少数民族文学 50 年来的发展历程走过了萌芽诞生、蛰伏沉寂、发展壮大、繁荣兴盛等阶段。当我们尝试着对现代台湾少数民族文学作一个大致的阶段划分时，"文化认同""代际转换""文学生态"这些关键词成为参考的重要标志。20 世纪 60 年代至 70 年代可以看作是现代台湾少数民族文学的萌芽诞生阶段，陈英雄、曾月娥等作家以汉语为载体，为少数民族开启了书面文学的自我"发声"时代。进入 20 世纪 80 年代，以拓拔斯塔玛匹玛、莫那能、瓦历斯诺干、孙大川等为代表的一批少数民族作家相继发表大量作品，迎来了文学创作最为繁荣的时期。20 世纪 90 年代中后期，重返部落，回归传统，文化寻根成为一批少数民族知识分子的郑重选择，代表作家有夏曼·蓝波安、亚荣隆·撒可努等。进入 21 世纪，少数民族文学的创作队伍又增添了一批新生力量。《山海文化》杂志对台湾少数民族文学的发展、壮大起到了重要的作用。网络文学的出现则为少数民族文学的发展开辟了一个全新的书写空间，更日益成为新生代作家一个重要的创作阵地。

《言辞中的城邦——卢梭与莫尔、培根的理想政制》

黄群（助理研究员）

论文　10 千字

《中国人民大学学报》　2012 年第 5 期

该文认为，西方思想史上提出理想政制设计的哲人不少，从古希腊的柏拉图、亚里士多德直至近代的莫尔、培根乃至卢梭，隐然有一条或明或暗的问题线索。身处 18 世纪启蒙大潮之中的卢梭，一方面承继了古典政治理念，与启蒙智识人阵营针锋相对；另一方面，他又悄然背离了古典哲人的政治教导，为启蒙时代的欧洲设计出与古典原则相异的理想政制，对这一古典原则的背离始于 16 世纪莫尔的《乌托邦》、17 世纪培根的《新大西岛》，但尚有存续，及至卢梭，则彻底背离并推进了现代性的进程。解读卢梭思想的两面性以及他对启蒙复杂而暧昧的态度，正是研究者重新反思 18 世纪启蒙运动的最佳门径，由此进入西方思想史上的重大问题：理想政制是否可能。

《青海蒙古口传〈格斯尔〉与北京木刻本〈格斯尔〉比较研究》

斯钦巴图（研究员）

论文　8 千字

《民族文学研究》　2012 年第 10 期

该文认为，青海蒙古口传《格斯尔》在

故事情节上既与北京木刻本发生关联，又保持着与之独立的口传传统，它们之间的共性产生于北京木刻本问世之前的口传时代，而其不同之处则发生于《格斯尔》在青海蒙古民间口传历史的整个过程中。

《满族说部"窝车库乌勒本"研究——从天庭秩序到人间秩序的确立》

高荷红（副研究员）

论文　12 千字

《东北史地》　2012 年第 3 期

　　该文认为，《乌布西奔妈妈》《天宫大战》《恩切布库》和《西林安班玛发》在满族说部的分类体系中属于"窝车库乌勒本"。这些文本中描绘了多位女神的形象，这些女神分属不同的层级，形成了一个完整的体系；她们经过与男神的斗争，奠定了天庭和人间的秩序；对女神乃至于对女性的尊重、敬仰一直延续在满族文化中，也存在于当今的满族生活中。

外国文学研究所

《普里什文面面观》

刘文飞（研究员）等

专著　256 千字

中国社会科学出版社　2012 年 3 月

　　该书系中国社会科学院重点研究项目"普里什文研究"的最终成果。

　　米哈伊尔·普里什文是 20 世纪俄语文学中最重要的作家之一，他所记录的"大自然日历"，所践行的"自然保护"理念，所坚持的"第三条道路"以及所创建的"普里什

文风格"等，均属 20 世纪俄语文学的重大收获。普里什文早在 20 世纪 30 年代即被介绍到中国，到目前为止，他的汉译作品已有 20 余种，在我国很有影响。该书是国内第一部关于普里什文的研究专著，分为"普里什文的文学道路"、"普里什文作品论"和"普里什文创作诸题"三编，作者试图将传记研究、文本分析和理论探讨融为一体，从不同角度解读普里什文，给出一幅关于普里什文创作世界的全景图。该书还附有普里什文研究文献、普里什文生平和创作年表、普里什文研究资料目录等。

《跨文化视界中的文学文本／作品理论——当代欧陆文论与斯拉夫文论的一个轴心》

周启超（研究员）

专著　463 千字

中国社会科学出版社　2012 年 10 月

　　该书以比较诗学的视界，进入当代国外文学文本、作品理论资源的系统勘察。作者聚焦于近 50 年来欧陆文论界与斯拉夫文论界在文学文本、作品理论的建树上最为突出的七位大家——翁贝尔托·埃科、米哈伊尔·巴赫金、尤里·洛特曼、沃尔夫冈·伊瑟尔、茱莉娅·克里斯特瓦、罗兰·巴尔特、热拉尔·热奈的文学文本观、文学作品观，并展开细致、精微的梳理和辨析，清晰地呈现出"作品大于文本""作品小于文本"的不同景观，并解析其成因，阐释了文学作品理论、文学文本理论追求自立、获得自主、向外扩张，由"小写的文本"变成"大写的文本"的转变轨迹。针对偏执与"偏食"所导致的理论生态失衡的现实，作者追求对国外文学

理论资源的多方位吸纳；针对域外文论借鉴中的"线性进化"思维，作者追求对国外文学理论的深度发掘。

《德国学理论初探——以中国现代学术建构为框架》

叶隽（研究员）

专著 184千字

上海外语教育出版社 2012年1月

本书在探讨中国现代学术史与德国学研究历程的整体视野中，立足于中国现代文化史、大学史、学术史的整体变迁，从"德国学"这一特定角度进行把握，提出国学概念的成立、总结及其核心内容，探讨学术资源，复归之于现代中国思想建构的基本立场。

《中国现代留欧学人与外交官、华工群的互动》

叶隽（研究员）

专著 243千字

福建教育出版社 2012年5月

在近代中国走向世界的历史进程中，虽然外交官、留学生与华工群这三个群体在最初走出国门时的身份有着天壤之别，但是，空前剧烈的中西交汇大潮却在一定程度上消融了横亘在他们之间的阶层壁垒。该书把上述三个群体置于中西交汇的宏大背景之下，作为一个整体，梳理他们各自的谱系传承和发展轨迹，考察他们在异国的相互交往、相互影响、角色变迁，进而探讨这种交往、影响、变迁对他们自身和中国现代化所具有的意义，深化了近代中国走向世界这一主题的研究。

《崔曙海小说研究》（韩文）

金成玉（助理研究员）

专著 210千字

（韩国）知识与教养出版社 2012年10月

崔曙海（1901~1932）是韩国无产阶级文学初创时期出现的著名作家，大部分研究者都认为其文学成果是韩国现实主义文学的成就。但是，这仅仅肯定了其基于自身经历而写就的小说的意义，却忽略了其表现的真实性。该书运用米克·巴尔等的现代叙事学理论，从叙事学的角度全面深入地研究了崔曙海的小说。

首先，该书探讨了崔曙海初期关心的书信体小说；其次，该书探讨了"人物叙述者"的作品；再次，该书探讨了"外在式叙述者"的作品。

总之，该书认为，崔曙海的小说由于叙述者的公众位置和叙述方法的独创性，将个人的体验上升为全社会的层次，同时通过聚焦方法执著地追求了小说的真实性，通过叙述者的作用和小说的多种要素的结合，小说形成了有机的统一体，构成了复合性的叙事结构，实现了小说的美学升华。

《基于梵汉对勘的〈法华经〉语法研究》

姜南（助理研究员）

专著 300千字

商务印书馆 2012年8月

该书的主要目的在于厘清译文与原典在语法上的联系，揭示汉译《法华经》特殊语法现象的来源和性质，并在此基础上讨论译经语法与汉语语法发展的可能关系。该书通过对《法华经》1~10品进行全面细致的梵汉对勘和同经异译的比较，从名词格范畴、动词时体范畴、特殊构式、复句与句法关联词以及篇章衔接策略等诸多层面展示汉译《法华经》语言的语法面貌；并在与中土重要传世文献的对比中发掘中古译经的语法特点，分析探源，厘清哪些成分是汉语固有的，哪些成分是受原典语言影响新产生的，新产生的成分是仅仅出现在汉译佛典中，还是逐步融入汉语全民语的表达系统中。

《一切文学都是当代文学——从马克思的"全球化"视野说起》

陈众议（研究员）

论文　20 千字

《马克思主义文学观与外国文学研究》

北京大学出版社　2012 年 6 月

　　该文从"全球化"跨国资本主义的本质入手，认为价值观是最大的软实力，而文学是价值观的重要载体，进而以克罗齐所言"一切历史都是当代历史"而推出"一切文学都是当代文学"的主题思想。作者指出，当下文学应该调整偏颇，从而多一些创新，多重视东学，多注意宏观把握，多进行规律性探讨，多进行分析批判，从而加强学术史研究，即研究之研究。

《竹林名士的生存方式与精神世界》

党圣元（研究员）

论文　15 千字

《中国社会科学院研究生院学报》　2012 年第 2 期

　　该文认为，嵇康与阮籍崇尚自然，追求自由，以放任狂诞的人格姿态反抗虚伪礼法对人性的戕害。相比之下，嵇康洁身自好、愤世嫉俗，而阮籍则随波逐流、和光同尘。将两人合观，我们可以对庄学"自然"范畴在主体性层面的内涵的二重性上获得一个较为完整的理解。

《俄罗斯文化思潮对外交政策的影响》

董晓阳（研究员）

论文　5 千字

《东北亚研究》　2012 年第 3 期

　　该文认为，俄罗斯的社会转型发生在 20 世纪末和 21 世纪初。转型时期，俄罗斯的发展脉络有着相当大的变化，受到民族文化包括民族政治文化的约束：俄罗斯社会转型是急风暴雨式的变革；俄罗斯的变革依赖平地而起的寡头；俄罗斯向自由资本主义过渡的道路充满艰难和曲折；俄罗斯向市场经济的转型有其特殊性；俄罗斯民族的自我意识植根于本土文化土壤。

《略论列宁文艺思想的当代启迪意义》

吴晓都（研究员）

论文　12 千字

《马克思主义文学观与外国文学研究》（前言）

北京大学出版社　2012 年 6 月

　　该文分析了列宁文艺思想与俄罗斯文学的相关性，指出：列宁关于社会主义文艺的主题思想之核心是"文艺为人民服务"，文学艺术创作与出版的重心是向工农文化普及倾斜；"理解和提高"民众的审美趣味和文化品位是一个有机的文化建构统一体；列宁文艺思想的一个重要内涵是在民族文化的基石上发展社会主义文学艺术；我们要尊重文学艺术本身的存在与发展特殊规律，辩证地历史地把握传统与创新。

《表象与实质——荷马史诗里人物认知观的哲学暨美学解读》

陈中梅（研究员）

论文 36千字

《外国美学》 2012年第20期

该文认为，在人间，神经常以改头换面的形貌出现，他们的逼真"模仿"惟妙惟肖，当然会给凡人造成认知上的困难。误识不仅是可能的，而且在所难免。其实，许多例子中都包含误释的问题，只是我们在阐述中采用了"不识"和"难以辨识"的角度，有意暂时避开了误识的叙事取向。潘达罗斯不识雅典娜的幻变，把她当作安忒诺耳之子劳多科斯，此事既是不识，也是误释；同样的思路也适用于对伊多墨纽斯之把波塞冬当作索阿斯等一批实例的解析。潘达罗斯不知对方是雅典娜，这是不识；他把雅典娜的变形当作"事实"来接受，以为她是劳多科斯，这是误识。不识和误识共存于潘达罗斯的那次辨识之中。由此可见，我们把误识单独辟为一节，主要目的还是为了能够提供更多的篇幅，划分出一个新的叙事空间，以便在容纳更多实例的同时，通过切入角度的变换形成重叠和"综合"的解析态势。

在荷马史诗里，神不误识。误识乃由人的认知局限所致，只与人的认知活动相关。神族成员内部不讲究改变形貌，神与神之间从不以变形相欺。误识是一个地地道道的凡人现象。史诗人物经常因为对真情无所知晓而被假象亦即神明变取的形象所欺骗。潘达罗斯如此，伊多墨纽斯也一样。阿基琉斯曾被变取阿格诺耳形貌的阿波罗诓骗，徒劳无益地紧紧追赶，到头来还被对方讽刺挖苦了一番。赫克托耳的命运更惨，如果说阿基琉斯的被骗只是伤了自尊心，赫克托耳的认知错误则导致了性命的丢失。

《新中国六十年奥斯丁研究之考察与分析》

黄梅（研究员）

论文 8千字

《浙江大学学报》 2012年第3期

该文认为，国内对简·奥斯丁的译介和评述始于20世纪20年代。新中国成立初期，由于当时的主流思想强调文学的政治批判功能，奥斯丁基本被边缘化。"文化大革命"期间，奥斯丁研究完全处于停滞状态，直到1977年，奥斯丁才重新在学界得到重视。1989年之后的20年是中国奥斯丁研究发展最快、成果最多的时期。这一时期的学术研讨渐渐与国外接轨，主要体现出如下特点：从形式技巧角度切入的论文大大增加；在新的起点上展开了思想、伦理、政治、历史等方面的评论；女性主义或性别研究"应者"众多；文化研究前景广阔；除了专业论文以外，还有不少以随笔形式评介奥斯丁的文章。60年来，我国奥斯丁研究取得了很大进展，但在深度和广度上仍有不足，也存在粗制滥造甚至剽窃抄袭的问题。

《叶芝在中国：译介与研究》

傅浩（研究员）

论文 12千字

《外国文学》 2012 年第 4 期

该文认为，爱尔兰大诗人叶芝虽然早在 20 世纪 20 年代前后就已被介绍到中国，但在 80 年代之前，国内仅有其作品的零星汉译问世，相伴随的也只有一些介绍性文章，真正的学术性研究论著可以说寥寥无几。改革开放以来，叶芝才重新得到译介，其作品迄今已有多种汉译本，相关研究也逐渐深入。但总体看来，成绩还很浅薄。问题在于，我们对叶芝的了解还远不够全面、深入。

语言研究所

《现代汉语词典》（第 6 版）

中国社会科学院语言研究所词典编辑室

工具书 3000 千字

商务印书馆 2012 年 6 月

作为我国首部现代汉语规范型语文词典，《现代汉语词典》自编写之初至今，已经走过了 56 年的历程。数十年来，这部久享盛誉的汉语辞书为全社会的语文应用和国家的文化事业作出了重要贡献。先后荣获国家图书奖、国家辞书奖、中国出版政府奖和中国社会科学院优秀科研成果奖。

该书遵循促进现代汉语规范化的一贯宗旨，全面贯彻国家有关语言文字和科学技术等方面的规范和标准，力求反映近些年来词汇发展的新面貌和相关研究的新成果。

该书依照规范标准审慎确定字形、字音；对字头的简繁、正异关系进行了梳理；增加单字 600 多个（以地名、姓氏人名及科技用字为主），共收各类单字 13000 个；增收新词

语和其他词语近 3000 条，增补新义 400 多项，删除少量陈旧的词语和词义，共收条目 69000 余条。

《安徽歙县（向杲）方言》

沈明（研究员）

专著 190 千字

方志出版社 2012 年 10 月

该书是中国社会科学院国情调研项目"徽语调查"的成果之一。

安徽歙县（向杲）方言属于徽语，是汉语方言中最为复杂难懂的方言之一。该书在实地调查的基础上，详细记录并描写了歙县（向杲）方言的语音系统（包括音系、连读变调和小称音变）、常用词汇 4000 多条，能反映语法特点的例句 100 多条和长篇标音语料 150 项，并系统研究了语音演变规律和结构规律。

《江西浮梁（旧城村）方言》

谢留文（副研究员）

专著 148 千字

方志出版社 2012 年 10 月

该书是中国社会科学院国情调研项目"徽语调查"的成果之一。作者对江西省浮梁（旧城村）的语音、词汇和语法进行了详细的记录和描写，包括方言的声韵调、连读变调、儿化、儿尾、单字音表、同音字汇、语音演变特点、方言与中古音比较等，收录 3000 条左右词汇、100 条语法例句以及一些长篇语料。

Phonetic and phonological Analysis of Focus in Standard Chinese (《普通话焦点的语音实现和音系分析》)

贾媛（助理研究员）

专著 273千字

中国社会科学出版社 2012年10月

该书主要考察普通话语调结构、韵律结构以及焦点的关系，研究普通话不同类别以及不同数量焦点的韵律特征以及音系实质。该书内容主要涉及以下几方面：（1）焦点成分的声学特征，如疑问词引导的述位焦点和主位焦点、句法标记的焦点（"是"和"连"标记的焦点）的韵律特征；（2）不同类别焦点的交互作用（"是"和"连"标记的焦点与疑问词引导的焦点）在韵律上的表现；（3）不同类别焦点对应的重音实现方式和音系实质；（4）不同数量焦点所传达的重音的层级和音系特征；（5）普通话语调模式的音系表征；（6）焦点和重音对应关系的理论解释；（7）制约重音类型和分布位置的底层原因。通过对焦点和重音的分析，指出普通话焦点和重音问题展示出跨语言的共性和差异性特征。

《汉语连—介词的来源及其语法化的路径和类型》

江蓝生（研究员）

论文 30千字

《中国语文》 2012年第4期

该文揭示了汉语中兼做并列连词的介词的四个来源：（1）伴随义动词"和、跟、同"等；（2）使役义动词"唤、教"；（3）给予义动词"与、给"；（4）同位结构"我两个"中的数量词"两个"。该文描述了这四类连—介词语法化的动因和路径，归纳了其语法化的三种类型，并对相关的语言现象作了具体的考证和解释，对语法化的普遍规律进行了一些概括和说明。

《"零句"和"流水句"——为赵元任先生诞辰120周年而作》

沈家煊（研究员）

论文 21千字

《中国语文》 2012年第5期

该文高度评价赵元任先生的"零句说"，认为它是从整体和根本上揭示汉语语法特点的重要学说。"零句说"包含三个互相联系的要点：（1）整句由零句组成；（2）零句是根本；（3）零句可以独立。从"零句说"可以引申出关于主语和谓语的两个重要观点：汉语的主语就是话题，汉语的谓语不宜按名词和动词区分类型。"零句说"能解释为什么汉语多"流水句"，对"零句说"理解不透彻是流水句的研究不能深入的原因。该文在零句说的基础上阐述了流水句的"并置性"和"指称性"，指出这两个特性对语法理论中句法递归性和名动分立的普适性提出了挑战。

《西北方言特殊语法现象与汉语史中语言接触引发的语法改变——以"格"范畴为例》

曹广顺（研究员）

论文 10千字

《历史语言学研究》 第5辑

商务印书馆 2012年12月

该文探讨了一些现代汉语西北方言、元

白话和中古译经都出现过的使用格助词表达格范畴的现象，指出这些现象是因语言接触造成的语法错误，由于汉语同阿尔泰语、梵文的格范畴的表达存在显著的差异，在母语干扰下同样的错误在汉语历史上反复出现，社会历史背景的不同也造成错误出现方式的差异。

《汉语的若干显赫范畴：语言库藏类型学视角》

刘丹青（研究员）

论文　21 千字

《世界汉语教学》　2012 年第 3 期

该文以语言库藏类型学为框架，探讨现代汉语普通话及部分方言中的若干显赫范畴。作者首先给出了显赫范畴的定义及其 5 个关键点，然后据此考察汉语的显赫范畴。通过句法论证和跨语言比较，说明词类中的动词、量词，短语中的连动结构，复句中的主次复句，由语用成分语法化而来的话题结构等语类都可以归入汉语的显赫范畴。通过分析这些范畴的用法可以发现，显赫范畴不但本身语法化程度高、句法功能强、使用频率高，而且有一个共同的特点：它们除了用于该范畴本身的原型功能之外，还被用来表达其他相邻的甚至有一定距离的语义语用范畴，即扩展范畴或边缘范畴，这些扩展或边缘范畴在很多其他语言里甚至大部分语言里是由属于其他范畴的语法手段来表达的。

《双音化的名词性效应》

张伯江（研究员）

论文　12 千字

《中国语文》　2012 年第 4 期

"名动包含"说和"新动单名双"说对现代汉语的词类面貌有很强的解释力。现代汉语有一大批双音节的动词通过语义的"转指"形成了同形的双音节名词，其中有一些还发生了内部结构的"重新分析"。该文分别描写和讨论了这些现象，认为这都是现代汉语共时系统里"名动包含"和"动单名双"这两个基本事实导致的语法效应，尤其是一些原来为"状中"结构的动词变成"定中"结构的名词，难以用语法关系来解释，双音词名词性的吸引力才是根本解释。

Approaching Chinese Power in Situated Discourse: From Experience to Modellin（《现场即席话语里中国人的权力体验与模拟》）

顾曰国（研究员）

论文　25 千字

Chinese Discourse and Interaction（《中国人的话语互动研究》）潘玉林、[匈牙利] 丹尼尔·柯达编

[伦敦] 春分出版社　2012 年 8 月

西方社会学家 Lenski（1993）指出："在所有的社会学概念中，没有一个比权力这个概念更令人糊涂，其误解最多。"近年来，西方语言学界从批评话语的视角也参与了话语与权力之间的关系的研究。在主流的研究范式中，权力一般都与政治权力、行政权力、阶级权力等挂钩。该文首先指出了这样的权力观的局限性，比如普通老百姓之间的互动谈不上政治权力、行政权力或阶级权力（"文化大革命"除外）。该文指出，对于普

通人来说，权力本质上是一种关系，权力的大小取决于互动者之间的依赖程度。每个人都拥有一定的资源，因此都具备相应的权力潜能。一旦这些权力潜能能为他人所求，就变为权力运作了。该文用 Gu（2009）提出的面向角色的建模语言对一现场会议录像进行了权力建模，以演示该文提出的权力概念可用于分析真实生活中权力关系。

《南京方言不是明代官话的基础》

麦耘（研究员） 朱晓农（教授）

论文 35 千字

《语言科学》 2012 年第 4 期

有些学者主张明代的官话是以属于江淮方言的南京话为基础方言，主要是根据一些文史资料。该文认为，这一观点难以经受历史比较的检验，也难以解释另一些文史资料，同时，该文还对某些关键的文史资料作了重新解释。该文认为，当时具有全国声望的官话是河洛话。南京官话在当时确有较高声望，但仅限于南方某些地域，且南京官话是中原书音在南方的地域变体，而不同于南京方言，主张"南京话为明代官话基础"是混淆了作为书音一支的南京官话与作为江淮方言一种的南京方言。要解决官话基础问题，不能单凭文史资料作判断，而要靠语言本体研究，尤其是历史比较研究。

The emergence of a definite article in Beijing Mandarin：The evolution of the proximal demonstrative zhè（《定冠词在北京话里的浮现——近指词"这"的演变》）

方梅（研究员）

论文 15 千字

The Newest Trends in the Study of Grammaticalization and Lexicalization in Chinese，*Trend in Linguistics Studies*：*Studies And Monographs 236*，ed. by Janet Zhiqun Xing，De Gruyter Mouton，2012

该文以口语材料为考察对象，通过对北京口语里指示词"这"和"那"的对比分析，说明北京话指示词"这"已经产生了定冠词的用法。"这"作为定冠词使用，这个新语法功能的浮现与单音节指示词的语法特点和"这"自身的篇章功能特点密切关联，是"这"作为名词修饰成分的"认同用"进一步虚化的结果。北京话里指示词"这"作为定冠词使用并非孤立现象，与之相应呈现的是北京话数词"一"的不定冠词用法。该文描写了指示词"这"和"那"在当代北京话的虚化现象、虚化的篇章条件以及系统性背景，指出这种新的语法现象是"从篇章用法到句法范畴"的演变。

Successive Addition Boundary Tone in Chinese Disgust Intonation（《汉语厌恶语调的后续叠加边界调》）

李爱军（研究员） 方强（助理研究员）

贾媛（助理研究员） 党建武（教授）

论文 5 千字

第三届语言的声调问题国际研讨会 南京 2012 年 5 月

20 世纪初，赵元任先生按照语调的功能和声学表现，提出了 40 种表情语调，并指出了声调和语调的叠加形式至少有同时叠加和后续叠加两种。在情感语调分析中，我们可以看到生气和厌恶语调的四声边界调后面出现了一个下降的尾巴，高兴和惊讶的边界调后面出现了一个上扬的、上升的尾巴，这正是赵元任先生提出的后续叠加边界调。后续叠加情感边界调的构成模式为：词调＋情感调。词调表示该音节的声调类型，情感调具有情感表达的功能。

该文对厌恶语调的后续下降叠加边界调进行详细的声学分析，包括后续降调的斜率 k，其时长与整个边界调长的比 d/D。结果显示，后续下降的叠加边界调的声学表现与边界调的声调类型相关，后续叠加边界调并没有增加整个边界调的时长。

《语序选择与语序创新——汉语语序演变的观察和断想》

吴福祥（研究员）

论文　18 千字

《中国语文》　2012 年第 4 期

该文将传统所说的语序演变区分为"语序选择"和"语序创新（语序演变）"，指出，以往所揭示的汉语语序演变多为语序选择，汉语史上严格意义的语序创新殊为罕见。造成这种情形的主要动因可能是标准语或官话方言语法结构的扩散，以及北方非汉语对汉语的影响。

《同源词语音关系答问》

孟蓬生（研究员）

论文　29 千字

《民俗典籍文字研究》　第 8 辑

商务印书馆　2011 年 12 月

该文针对同源词的语音关系提出如下观点：（1）同源词是指发生学上有共同来源因而在音义两方面都互相关联的词，不能保证同源词一定是语音相近的词。（2）研究同源词应该区分音转现象、音转条例和音转规律。（3）既要看到同源词语音关系的聚合性，又不可抹杀同源词语音关系的游离性。（4）研究同源词语音关系要处理好局部与整体、声音与意义、声转与韵转、历时与共时、通语与方言、正例与变例、可能与实在、描写和判定等八个方面的关系。（5）了解音变规律可以帮助我们对同源词进行有限推源。（6）应注意从音转现象中归纳前人没有发现或重视不够的音转条例，并将其应用于同源词的考证中。

《目的构式"VP 去"与 SOV 语序的关联》

杨永龙（研究员）

论文　18 千字

《中国语文》　2012 年第 6 期

该文指出，汉语目的构式"VP 去"与 SOV 语序存在若干关联，如"VP 去"最早见于汉译佛经，其后也多见于和佛经有关或受阿尔泰语影响的历时文献；"VP 去"往往与"D＋去"同现，在金代女真语、《元朝秘史》及现代涉汉混合语中，相关的语序也是"D＋QU（去义动词）"、"VP＋QU"，"去＋VP＋去"是两种语序类型的目的构式混合的结果。

《古本〈老乞大〉的特指问句和是非问句》

赵长才（研究员）

论文　16 千字

《历史语言学研究》　第 4 辑

商务印书馆 2011 年 12 月

该文全面调查了古本《老乞大》的特指疑问句和是非疑问句,详细描写了这两类疑问句的使用情况。通过考察发现,该书个别疑问代词的用法显然是语言接触过程中特有的产物。但总的来看,古本《老乞大》的特指疑问句和是非疑问句的面貌与元明时期其他典型的汉语文献差别并不太大,而且与现代汉语也具有较高的一致性。

哲学研究所

《中国特色社会主义的哲学基础》

李景源(研究员)

论文集 198 千字

合肥工业大学出版社、人民出版社联合出版 2012 年 9 月

该书收录了与"中国特色社会主义的哲学基础"这一主题联系比较紧密的 18 篇文章,主要分为三类:一类是有关思想路线和思想方法方面的,一类是从唯物史观角度探讨中国特色社会主义的哲学基础方面的,一类是有关马克思主义中国化方面的。选取的文章都发表于 20 世纪 90 年代以后,体现出作者理论思想的重心从论到史(从认识论到近现代哲学史,再到当代哲学问题)、从经典马克思主义到当代中国马克思主义的转变过程。该书立足于马克思主义哲学的唯物史观阐释,深入剖析了中国特色社会主义的理论内涵及其哲学基础,体现了作者对马克思主义哲学中国化的深刻理解,以及对中国道路的深刻理解。该书作者认为,马克思主义哲学的基础和核心是历史唯物主义,研究马克思主义哲学的中国化应该主要研究唯物史观的中国化;建构中国特色社会主义哲学原理,必须坚持以研究实际问题为中心的原则,以实事求是为根本的研究方法,要自觉地把马克思主义的精神实质转变为研究范式。

《"一切哲学的入门"——论康德的〈判断力批判〉》

叶秀山(研究员)

论文 16 千字

《云南大学学报》(社会科学版) 2012 年第 1 期

该文指出,理论理性与实践理性有各自独立的立法领域,这就是"自然"与"自由(意志)",相对而言,判断力则没有自己独立于这两个领域的第三个立法领域,但是,这并非意味着判断力不"立法"。虽然判断力没有自己独立的立法领域,但是,它却通过"合目的性"原则把"自然"与"自由"这两个分裂的领域协调、统一为一个整体,并使对这个整体领域里的事物的(审美)判断具有先天的根据。在这个意义上,判断力也具有立法的功能——使对这个整体世界里的特殊事物作出审美判断具有合法性。

《哲学名著导读》

谢地坤(研究员)主编

论文集 332 千字

学习出版社 2012 年 9 月

该书选编了 34 部经典著作的导读:在中国哲学方面,既注意到先秦诸子百家的开山之功,也考虑了全面代表中华文化的儒释道三家;在西方哲学方面,既注意到西方文明

的起源，也兼顾了欧美各国的平衡，更集中展现了当代哲学的现状及趋向。该书作者均为中国社会科学院哲学研究所的研究人员，他们对所介绍的著作都有较深入的研究。

《朱陆、孔佛、现代思想：佛学与晚明以来中国思想的现代转换》

张志强（副研究员）

专著 325 千字

中国社会科学出版社 2012 年 12 月

该书以佛学为切入点来研究晚明以来中国思想现代转换的关系，将晚明以来的思想史发展置于阳明学的基盘之上加以考察，从成德之学的发展、教化重心的重塑、礼治秩序的再编成等问题出发，来理解现代思想形成与发展的历史。该书提出了"源流互质"与"务持终始"的方法论，以"疏源浚流"的方式，一方面避免"起源即正统"的观念，另一方面则修正从后设性的立场评断历史的态度，从而建立起一种传统和现代之相互充实的可能性，突破现代思想史诠释中的自由、保守与激进的三分法。

《马克思历史辩证法研究——历史唯物主义的辩证法阐释》

李西祥（助理研究员）

专著 296 千字

中国社会科学出版社 2012 年 10 月

该书试图对传统马克思主义哲学即历史唯物主义进行一种以辩证法为核心概念、以现实活动的人类为主体和本体的新解读，把历史唯物主义解读为以人类实践活动为枢纽、对社会历史发展进程进行理解的辩证世界观。

也就是说，历史唯物主义不是一种既定的理论，不是一种对历史的所谓的"不依人的意志为转移"的发展过程的描述，不是一种僵死的必然性、规律性，而恰恰是人在其中起着核心作用与枢纽作用的辩证法。

《示教千则》

孙晶（研究员）

译著 420 千字

商务印书馆 2012 年 6 月

该书通过翻译加注释的方式对商羯罗思想进行了研究。该书共分为两部分，前一部分为韵文篇，后一部分为散文篇。在韵文篇中，商羯罗比较集中地讲述了他的哲学观点，可以把这一部分看作是他所写就的哲学教科书。在韵文篇中，商羯罗以激烈的语句对包括顺世论、佛教、数论等其他派别加以批判和排斥，可见他哲学的原则性是非常强的。散文篇中，商羯罗采用的是温和的平易近人的师生对话的形式，以导师自己的亲身体验来回答弟子的提问。译者在对韵文篇进行翻译时采用了"七言"的形式，并对每一颂都进行注释；散文篇则使用了现代文体，由于现代文体易懂，故一般就不加以解释，仅作了一些必要的注释。

《〈黑格尔全集历史考证版〉第 17 卷：宗教哲学手稿 I（1816～1831）》

梁志学（研究员）　　李理（研究员）

译著 320 千字

商务印书馆 2012 年 6 月

该书收入的是黑格尔在 1821 年夏季学期在柏林大学第一次讲授"宗教哲学"这门课

程时写的手稿。该手稿给黑格尔1824年、1827年和1831年讲授这门课程奠定了理论基础，制定了基本框架，对于理解他的学生们记录的这三次演讲在观点和结构方面的变化具有重要意义。作为附录收入该卷的14件散篇是黑格尔在第一次讲授宗教哲学时以提纲挈领的方式补写的，对于准确把握他的宗教哲学也有参考价值。该书中文版的出版第一次系统完整地翻译了黑格尔宗教哲学。

《一种对存在不惑的形而上学》

赵汀阳（研究员）

论文 13千字

《哲学研究》 2012年第1期

该文认为，唯心论即使超越了怀疑论，那些似乎绝对可靠的哲学原理仍然对真实世界无所言说，而中国的形而上学是一种与存在的困惑无关的形而上学，一种求道的形而上学。这种形而上学的思想结构不是反思性的，不是自相关的，而是校正性的，即以天为准而校正人。在道的形而上学中，人与自然没有形成对立，生活与存在不曾被离间，它处理的是关于相处的一般理论——与物相处和与人相处。

《气论对于中国哲学的重要意义》

李存山（研究员）

论文 15千字

《哲学研究》 2012年第3期

该文认为，中国古代的气论思想内容非常广泛，可谓"一气涵五理"，即"气"概念中包含着哲理、物理、生理、心理和伦理等方面的内容。从气论在哲理上的意义而言，

它是中国哲学自然观的主要形态。该文认为，气论与儒家的仁学、道家的道论等共同构成了中国哲学的基本倾向或特质；就儒家哲学而言，气论主要表征了这个世界的实在性，而仁学就是要在这个实在的世界中高扬仁义的道德理想。

《拼容·接触·剥离》

尚杰（研究员）

论文 20千字

《中国社会科学院研究生院学报》 2012年第3期

该文认为，四维和多维空间观念是在科学与哲学问题上古典与现代的分水岭，它的发现为现代艺术对古典艺术的颠覆提供了自然科学与哲学根源，改变着自然科学乃至哲学与艺术的面貌。以物理学革命为先锋的自然科学—哲学—艺术的巨大变化的根本原因，在于非欧几何的诞生，它同时也影响了以毕加索的立体派现代绘画为代表的现代艺术。现代艺术是一种具有强烈哲学内涵的观念艺术。

《罗素悖论研究进展》

杜国平（研究员）

论文 9千字

《湖北大学学报》（哲学社会科学版） 2012年第5期

该文认为，罗素悖论发现之后，包括罗素本人在内的众多学界精英都投入到了解决悖论的研究之中，产生了众多的解决悖论的方案。这种研究一直持续到21世纪的今天。即使在当下，关于罗素悖论的研究仍然是逻

辑学界日久弥新的问题之一。从形式结构上看，罗素悖论涉及两个关键的因素，即循环和否定。寇里悖论、沈有鼎悖论和等值悖论等给出了集合论悖论的不同形式结构，从而说明，循环和否定都不是构成集合论悖论的必要条件。莫绍揆、郑毓信、杜国平等人的研究结果证明，在保留概括原则和集合论基本定义的前提下，尝试通过修改经典二值逻辑系统、配以其他多值逻辑系统作为推理工具来避免悖论的方案是不可行的。这也恰恰可以说明，导致悖论的原因不在于逻辑系统，问题可能出在概括原则或者集合论的基本定义上。

《悲剧净化说的渊源与反思》

王柯平（研究员）

论文　15 千字

《哲学研究》　2012 年第 5 期

该文运用新材料指出，亚里斯多德的悲剧净化说具有自己的理论渊源，即从毕达哥拉斯的净化说，经由柏拉图的净化说，再到亚里士多德的净化说，以一个承前启后的理论进程来重新解读悲剧问题。该文还使用了新方法对此进行综合研究，一是借用古典语文学的研究方法，认为，亚里士多德的悲剧净化说借助"导泻"这一医学术语，喻示出"情感宣泄""审美满足"与"道德净化"等三层含义。二是运用综合性的新历史方法，从古希腊的文艺观、人生观、地缘政治、悲剧意识、剧场文化传统与悲剧心理学等方面入手，对悲剧净化说涉及的"恐惧与怜悯"等情感问题进行了扼要的批评反思和有效论证。

《道德冲突与伦理应用》

甘绍平（研究员）

论文　20 千字

《哲学研究》　2012 年第 6 期

该文提出了一个解决道德冲突困境的新框架。该文认为，伦理理论的应用往往是由诸多理论构成的一个整体框架式的应用。不同的伦理学理论综合成为一个融贯的体系，形成一个框架，可以分为三个层级：义务论所论证的个体价值的原则奠定了伦理理论的应用中全部道德论证活动的基石；功利主义的原则则被排在上述融贯体系层级中的第二位；第三层级是一些更具体的应对道德冲突的策略和方式，如德性论的中庸原则、契约主义的无知之幕的方法以及妥协与双重效用原则。

世界宗教研究所

《印度教概论》

邱永辉（研究员）

专著　463 千字

社会科学文献出版社　2012 年 4 月

该书对印度教的定义、历史的发展演变以及印度教的理论和实践等方面的内容进行了全面、系统、生动的概述和介绍。该书并非一般性地介绍印度教，而是对印度国内外有关印度教研究的争议性的观点进行了探讨，并提出了自己的见解，包括一些创新性的学术观点。出于对印度教现状的考察，该书还对当代印度教民族主义者的一些极端主义的观点进行了深刻剖析。

该书充分利用了汉译印度教的传统经典

文献和最新研究资料，填补了国内系统研究印度教的空白。

《中国南传佛教研究》

郑筱筠（研究员）

专著　338 千字

中国社会科学出版社　2012 年 9 月

该书作者广泛搜集历史文献资料并长期深入民族地区进行田野调查，在翔实可靠的第一手资料基础上，运用历史唯物主义观点，跨学科研究的理论方法，对错综复杂的宗教现象进行研究，系统梳理了中国南传佛教的历史，探讨了南传佛教的经典和教义、教派的形成和演变、寺院经济、僧阶制度、僧团管理模式、寺院教育、宗教艺术、南传佛教的社会功能和现实意义等诸多问题，提出了观点鲜明的独特见解，填补了这一研究领域的空白。

《尼采的启示——尼采哲学宗教研究》

赵广明（研究员）

专著　355 千字

社会科学文献出版社　2012 年 10 月

该书认为，尼采的教诲，并不是像通常宗教那样，认为人是有罪和迷途的，而是认为，离弃了自己的人才是有罪和迷途的。

作为哲学家，尼采始终不渝地坚守着希腊哲学和近代启蒙哲学的理智主义传统，但他还坚守着比这传统更本源、更多的东西，这些东西就隐含在狄俄尼索斯隐喻中。作为生命无穷生殖力和创造力象征的狄俄尼索斯，意味着比理性主义传统更本能、更强力、更性爱、更丰沛、更整全、更自然的东西，意味着更高的理性与自己，这理性已不只是自我的主体理性，还是自己的自然理性。

在作为未来哲学的狄俄尼索斯哲学以及这种哲学所导致的狄俄尼索斯信仰中，一切都曾存在，一切都正存在，一切都将存在，一切永恒回复，一切都被肯定，一切都很重要，而一切之中更重要的，是精神与力量。

《使徒保罗和他的世界》

张晓梅（副研究员）

专著　340 千字

社会科学文献出版社　2012 年 4 月

在过去的 30 余年的时间里，保罗研究以及新约研究的面貌发生了巨大的变化，由"保罗新视角"思潮开启的对传统神学的反思和纠偏，冲击着人们对保罗以及早期基督教的传统认知；而在犹太学术界，学者们也越来越意识到保罗宗教和神学思想的犹太特征。这些新的思想和学术动向提示我们重新思考对保罗书信文本性质的理解，也就是对保罗思想之属性的重新理解，因而也就是对其神学的重新理解。该书认为，保罗并非一个纯思想的灵性造物，他首先是一个有其具体生活境遇的人。他的神学不是某次"皈依"经验一次塑成的产品，而是他内心的思想世界与他身外的生活世界相遭遇而渐渐形成的。保罗不是一个思辨型的神学家，我们若欲理解其所思所言，必须了解他的生活经历，以及各篇文字的成文背景与意图。在一种较为夸张的意义上，我们甚至可以说，他的宗教和神学等于他全部经历的总和。

《苏非之道——伊斯兰教神秘主义研究》

周燮藩（研究员）　　王俊荣（研究员）　　沙

秋真（助理研究员）

专著　480千字

中国社会科学出版社　2012年6月

　　苏非主义是伊斯兰教的神秘主义。苏非精神修炼的目标，是通过道德升华、精神明澈、灵魂净化以达到人的完美，并视穆罕默德为功德最高的"完人"，发展"接近真主的精神旅程"或"心灵道路"，形成"证至圣而认真主"的道乘。该书全面论述了苏非主义的起源和发展、修持的道路和方法、苏非教团和思辨体系的演变，以及在各地的传播及衰落，说明其不仅在历史上为伊斯兰教的传承注入精神活力，而且也对近代以来伊斯兰教的思潮和运动有持久影响力。

《宗教人类学》（第3辑）

金泽（研究员）　陈进国（副研究员）

论文集　481千字

社会科学文献出版社　2012年5月

　　该书是中国社会科学院世界宗教研究所主办的学科建设平台，刊发与宗教人类学或宗教实证研究相关的田野报告、学术论文、思想评论、学术书评、译稿、综述等。该书包括以下几方面内容：关于阿拉伯世界伊斯兰的人类学研究——日本的研究动向介绍；日本的中国穆斯林研究——以1980年后的回族研究为中心；葛兰言宗教研究的三个特点——以《中国人的宗教》等。

《宗教蓝皮书：中国宗教报告（2012）》

金泽（研究员）　邱永辉（研究员）主编

论文集　318千字

社会科学文献出版社　2012年9月

　　该书重点讨论了建构"中国话语"的问题，并总结了中国各大宗教在2011年积极健康的发展态势，就2011年度中国各大宗教发展的状况与面临的挑战进行了详细的阐述，讨论了各大宗教面临的一些问题，并从学术的角度提出了自己的建议。此外，该书关注中国宗教与中国的对外战略问题；以甘肃为例，深入探讨了多元宗教生态平衡、民族团结与宗教和谐问题。

《宗教与哲学》（第1辑）

金泽（研究员）　赵广明（研究员）主编

论文集　490千字

社会科学文献出版社　2012年6月

　　宗教与哲学的关系成为人类关注的话题，是从哲学被人类"自觉地"认识到其独立于宗教时便开始了。它既是哲学的一个老问题，也是贯穿宗教学100多年发展进程的一个重大问题。从学科上说，宗教学与哲学是可以分立的两个领域，但是它们之间的密切关联，可以说自苏格拉底和老子等思想家为代表的"轴心时代"以来的2500多年中，总是处于"剪不断，理还乱"的纠结中，时而合作，时而冲突。该书认为，在新的世纪里，当关注这方面研究的学者们从宗教学的角度推动宗教与哲学的相关研究时，如何看待宗教与哲学的关系，依然是绕不开的问题之一。然而，宗教与哲学的关系问题毕竟是一个十分复杂的学术问题，不是用"谁取代谁"就可以解决的。

《马克思主义宗教观前沿报告（2010年）》

曾传辉（研究员）　黄奎（副研究员）

研究报告 30千字

《马克思主义理论学科前沿研究报告（2010）》

中国社会科学出版社 2012年3月

该报告既反映了马克思主义宗教观学科最新的研究成果，又反映了马克思主义宗教观学科领域的重大理论争鸣和学术进展，并突出问题意识，反映了实践中提出的重大理论问题和现实问题。

《论恩格斯〈路德维希·费尔巴哈和德国古典哲学的终结〉的宗教观》

卓新平（研究员）

论文 10千字

《世界宗教研究》 2012年12月

恩格斯的《路德维希·费尔巴哈和德国古典哲学的终结》是马克思主义基本理论历史唯物主义奠立的标志性著作之一，也是马克思主义宗教观成熟表述的重要代表作。该文以系统阅读原著的方式对这部著作中的宗教观加以阐述，探讨马克思主义经典作家对宗教与社会、政治、经济等方面关系的分析研究，旨在弄清马克思主义宗教观的基本理论及其社会历史关联。

《"另类的尴尬"与"玻璃口袋"——当代宗教慈善公益的"中国式困境"》

郑筱筠（研究员）

论文 10千字

《世界宗教文化》 2012年2月

作为慈善公益组织中的一名"老资格"成员，宗教慈善组织的主体身份认同问题和宗教慈善组织的管理问题始终是当代宗教慈善活动的"中国式困境"。该文认为，在宗教慈善组织主体身份认同方面，可以从宗教慈善的实践模式和文化模式角度来建构宗教性慈善组织的身份认同模式；而增强公信力，形成"玻璃口袋"效应是宗教慈善公益组织最具优势的发展动力。

历史学部

考古研究所

《科技考古的方法与应用》

中国社会科学院考古研究所著 袁靖（研究员）主编

专著 280千字

文物出版社 2012年6月

该书是一部顺应中国考古学发展需要、填补空白的创新之作。该书阐述了如何通过考古勘探、年代测定、环境考古、人骨研究、动物考古、植物考古、食性分析、古DNA研究、物质成分结构分析与工艺研究等，科学地再现考古学文化的绝对年代，当时的自然环境状况、演变及人类与之相适应的互动关系，居住在不同地区的人群的体质特征和健康状况，各个时期人类的食物种类，人类采集、狩猎、种植、养殖等一系列获取食物资源方式的演变过程以及进行随葬和祭祀活动时使用各种动植物的特征，人类制作各种器物的方法、原料及发展过程，文化与文化之间一些特殊因素的交流等。

《殷墟小屯村中村南甲骨》

中国社会科学院考古研究所著　刘一曼（研究员）主编

专著　140千字

云南人民出版社　2012年4月

　　该书是一部大型的甲骨文专著。全书分上、下二册。上册刊载1986~2004年殷墟小屯村中、村南发掘出土的刻辞甲骨500多片，在附录中，又刊载了殷墟其他遗址近期出土的甲骨17片，共计发表刻辞甲骨531片。下册刊载了531片甲骨文的彩色照片、甲骨释文、字词索引及甲骨反面的凿钻形态等。

　　该书甲骨刻辞内容相当丰富，涉及商代的政治、经济、军事、社会生活等方面，为甲骨文与商代史的研究增添了资料。

《新疆史前晚期社会的考古学研究》

郭物（副研究员）

专著　570千字

上海古籍出版社　2012年3月

　　该书研究的对象是新疆史前晚期的古代文化遗存，主要是青铜时代至早期铁器时代，约为公元前2000年至前100年，重点是青铜时代末期至早期铁器时代，约为公元前13世纪至前2世纪。该书全面收集了新疆一个多世纪以来的调查、发掘资料和研究论文，对新疆史前晚期考古学文化的年代、类型、分期、源流和相互关系等问题进行了探讨，并

运用这些考古材料，对这个时期社会从畜牧—农耕经济的社会变迁为北疆草原游牧行国和南疆绿洲城郭国家的历史过程进行了探讨。根据考古发现的实物资料，初步复原了汉武帝开通丝绸之路、经营西域之前新疆的历史。

《善自约束：古代带钩与带扣》

王仁湘（研究员）

专著　232千字

上海古籍出版社　2012年4月

　　该书是关于带钩与带扣的系统全面研究，也是第一部相关内容的著作。该书以梳理考古材料为基础，利用考古学方法对带钩和带扣的起源、分类与演变进行分析，并结合文献探讨了带钩与带扣的古代名称，同时根据带钩的出土位置，壁画及陶俑等人物佩戴带钩带扣的图像，分析了带钩和带扣的使用方法等。

《西安唐大明宫遗址考古新收获》

中国社会科学院考古研究所陕西第一工作队

研究报告　6千字

《考古》　2012年第11期

　　2007~2010年，中国社会科学院考古研究所完成了大明宫遗址区三分之二面积的考古勘探工作，并利用全站仪对发现的各遗迹进行了GPS定点定位测量，数据纳入城市坐标体系，为遗址整体乃至各具体遗迹单位的保护提供了准确的考古资料依据。同时，中国社会科学院考古研究所对遗址进行了局部的表面清理，获得了许多新的发现，丰富和补充了以前考古工作成果。该报告重点报道

了大明宫宫墙及北夹城、含元殿南水渠、道路过水涵洞、宫廷膳食灰坑、宫城东北角墩台基址的考古新收获。

《河北临漳县邺城遗址北吴庄佛教造像埋藏坑的发现与发掘》

中国社会科学院考古研究所 河北文物研究所 邺城考古队

研究报告 6千字

《考古》 2012年第4期

2012年春节期间，邺城考古队在河北省临漳县邺城遗址东部抢救发掘了一处佛教造像埋藏坑遗迹，这批佛教造像时代早至北魏，晚迄唐代，但大量造像时代为东魏北齐时期。

北吴庄佛教造像埋藏坑的发掘，是中国佛教考古最重要的收获之一，其意义重大。其一，该埋藏坑位于邺南城外郭城内，为今后研究东魏北齐邺城的都城制度、佛寺与都城关系等提供了重要线索。其二，出土佛教造像数量多达到2895件（块），是目前所知新中国成立以来出土数量最多的佛教造像埋藏坑。其三，出土佛教造像工艺精湛、造型精美、类型多样，充分显示了北朝晚期邺城作为中原北方地区佛学中心和文化艺术中心的历史地位，成为研究北朝晚期至隋唐时期佛教造像类型、题材重要的年代标尺。

《陕西长安县沣西新旺村西周遗址1982年发掘简报》

中国社会科学院考古研究所沣西发掘队

研究报告 15千字

《考古》 2012年第5期

1982年初，陕西省长安县沣西新旺村的村民发现西周窖藏铜鼎2件。而后，中国社会科学院考古研究所沣西发掘队分两次发掘了416平方米，分析了窖藏的形制和层位关系，同时还发现有房址、窖穴、烧坑、井、灰坑、墓葬等遗迹，出土有陶器、石器、骨器、铜器、蚌器等遗物。通过对发现的遗迹和出土遗物的分析，断定该遗址为一处居住遗址，年代为西周晚期。相对于其他遗迹，窖藏的年代比较晚。

《灵泉寺北齐娄睿〈华严经碑〉研究》

李裕群（研究员）

论文 20千字

《考古学报》 2012年第1期

河南安阳宝山灵泉寺是北朝隋唐时期邺城地区著名的佛教寺院。该寺为东魏武定四年（546）道凭法师所创建。北齐时，由东安王娄睿出资，道凭弟子著名地论师灵裕重加营构。现寺内保存的北齐司徒公娄睿华严经碑和华严八会碑两块刻经碑是清代后期被重新发现的，为研究灵泉寺的历史、灵裕的思想以及北朝晚期邺城地区佛教提供了极为重要的实物资料。

根据刻经碑中娄睿所具官衔及与灵裕的关系，可以确定该碑的镌刻年代在河清三年（564）正月至三月间。经该文作者考证，刻经碑的内容除了以前所知的《华严经·菩萨明难品》和《华严八会说》外，还有《法华经》类经典、《四分律》经典以及与护法思想有关的内容。这些经典内容的出现，集中表现了灵裕的佛教思想。娄睿除了镌刻经碑外，现存灵泉寺大留圣窟内三尊的精美佛像，也可能与他有关。

《〈郑子家丧〉与〈铎式微〉》

冯时（研究员）

研究报告　12 千字

《考古》　2012 年第 2 期

　　竹书《郑子家丧》是一篇战国时期的《春秋》学佚籍。全篇记述楚、晋邲之战的原因与经过，弘扬了楚庄王的霸业。其文本脱胎于《左传》，应属楚威王傅铎椒所作之《铎氏微》。该书见载于《汉书·艺文志》，久已失传，今复重见，具有重要的文献学价值。该报告对竹书内容进行考释，并就其文本属于《铎氏微》提出证据。

《试论偏翼镞的用途——史前人类是否认知光的折射?》

王鹏（助理研究员）

论文　7 千字

《人类学学报》　2012 年第 3 期

　　该文初步搜集了我国各时期遗址中出土的偏翼镞，并根据偏翼镞多与鱼镖、鱼钩、网坠等捕鱼工具共出于同一遗址或遗迹的现象，以及光的折射的原理，提出偏翼镞用于渔射的假设。作者通过模拟实验对假设加以检验，结果表明，偏翼镞飞行后的落点较对称形镞偏下，有可能专门用于渔射。这说明在史前时期，人类已经对光的折射的现象有了一定的认识。

历史研究所

《简明中国历史读本》

中国社会科学院历史研究所《简明中国历史读本》编写组

专著　400 千字

中国社会科学出版社　2012 年 6 月

　　该书是一部为党员领导干部和全社会编写的一本简明通史，旨在坚持正确的历史观，传播科学历史知识。

　　该书简明扼要地叙说上自中国境内远古人类与文明起源，下迄 1911 年辛亥革命爆发、中国最后一个封建王朝清朝灭亡的中国历史。著者从文明起源到中国历史上不同社会形态的演进及其经济基础、社会阶级属性，统一的多民族国家的形成与发展，封建专制主义、中央集权与官僚制度三位一体政治体制模式的利弊得失等方面，高度概括地阐明了古代至近代的中国历史的发展道路。该书指出，中国历史的发展道路既有不同于其他国家的鲜明特色，但又没有脱离全人类历史发展的基本规律，将历史的统一性寓于历史的多样性之中。该书以中国历史发展脉络为线索，以马克思主义唯物史观为指导，以归纳和分析中国历史自身道路特点为己任，站在当前中华民族伟大复兴的高度，多层次、多视角地回顾和总结历史经验，传播科学翔实的历史知识，宣传正确的历史观、价值观，弘扬中华民族优秀传统文化，增强民族自信心与凝聚力，增强爱国主义精神和忧患意识，从而更深刻地理解我们坚持走社会主义道路，坚持建设有中国特色社会主义选择的历史必然性。

《清代学术源流》

陈祖武（研究员）

专著　528 千字

北京师范大学出版社　2012 年 3 月

该书入选 2011 年国家哲学社会科学成果文库。该书分清初学术、乾嘉学派与乾嘉学术、晚清学术三个阶段，对有清一代的学术演进进行了系统性的宏观把握和整体研究。该书认为，就一代学术思想发展而言，清初80 年，是一个承前启后、开拓路径的重要阶段，在中国古代学术史上，足以同先秦时代的百家争鸣媲美。清初学术发展的基本趋势，即以经世思潮为主干，从对明亡的沉痛反思入手，在广阔的学术领域去虚就实，后逐渐向"以经学济理学之穷"的方向过渡，最终走向经学的复兴和对传统学术的全面总结和整理。有关乾嘉学派与乾嘉学术，该书认为，清代乾隆、嘉庆两朝，迄于道光中叶的百余年间，经史考证，朴学大兴，故在学术史上有乾嘉学派之谓。该学派整理、总结中国数千年学术的卓著业绩和实事求是的为学风尚，是中华民族一份极其宝贵的历史文化遗产。晚清 70 年间，先是今文经学复兴同经世思潮崛起合流，从而揭开晚清学术史的序幕。继而洋务思潮兴起，新旧体用之争，一度呈席卷朝野之势。而与此同时，会通汉宋，假《公羊》以议政之风也愈演愈烈，最终形成戊戌维新思想的狂飙。晚清的最后一二十年间，"以礼代理"之说蔚成风气，"以经学济理学之穷"的学术潮流，历时近 300 年，亦随世运变迁而向会通汉宋以求新的方向演进。该书体现了目前清代学术研究的最新成就，揭示了有清一代学术发展的嬗变轨迹和内在逻辑，对学术演进与世运变迁、政治文化导向等之间的密切关系，给予了关注和阐释。

《明代遗民思想研究》

汪学群（研究员）

专著　620 千字

中国社会科学出版社　2012 年 10 月

该书在有关明代遗民思想研究方面有所突破：第一，界定了"明代遗民思想"的概念。"明代遗民"主要指生活在清初包括顺治、康熙前期的明末遗老，他们的政治立场及价值取向属于明代，入清以后不仕清廷，其本身具有强烈的遗民意识；其"思想"指的是他们有关自然、人生、社会伦理、政治等方面的思想。第二，明确明代遗民思想来源于晚明思想。晚明思想则以王学为主，朱子学、经学也参与其中并得以复兴和辉煌，而晚明以来的社会动荡，导致关心世道人心及评说时政等经世思想的出现，也对明代遗民思想产生了直接的影响。第三，多角度阐释明代遗民思想。明代遗民处于明清之际的社会转型期，这时清朝虽然初步确立统治，农民军和明朝旧势力却依然存在且活跃，各种政治势力相互博弈，社会动荡，人心不稳，其思想必然是多角度的。第四，总结了明代遗民思想的基本特征：从信仰及价值层面上看，明代遗民早期接受明代教育，世界观形成于明末。清兵入关后不仕清廷，而以著书立说、总结明亡的教训为己任，试图为后起者提供龟鉴。从学理层面上看，明代遗民思想的内涵在于反思、修正、批判晚明以来的思想空疏，趋向于务实，关注形而下的日用伦常，倡导躬行实践；其外延则不拘一格、不限门户、多角度构建自己的思想体系。该书弥补了明清思想史研究的薄弱环节，探讨了转型期的思想，对把握中国思想史发展与流变，对了解宋明理学向清代经学的转变具有重要的学术价值。

《明代九边长城军镇史——中国边疆假说视野下的长城制度史研究》

赵现海（副研究员）

专著　805 千字

中国社会科学出版社　2012 年 11 月

该书提出"长城制度史"的研究模式，实现了长城研究从墙体本身到长城制度的转变。该书从军事能力、政治结构、政治文化、国家财政等角度入手，对长城制度进行了"活"的制度史或"动态制度史"的研究，并从长城与北疆地理的关系出发，系统考察了明长城修筑的原因、过程及其历史作用，揭示了明长城由最初的攻防兼备的军事体系逐渐转变为一种纯粹的防御体系的全过程。该书还从区域社会史的角度出发，考察了明长城与北疆社会的互动关系。该书还提出了"中国边疆假说"理论。在坚持从中心看历史、看边疆的基础上，从边疆看历史、看中心，实现两种不同视角的互动，勾画出平等、均衡的历史图景，是"中国边疆假说"的核心宗旨。该书对明代九边长城军镇史的系统梳理和对明长城史料的广泛挖掘，为当前明长城研究与保护提供了丰富的知识与视角。

《空间与形态——三至七世纪中国历史城市地理研究》

成一农（副研究员）

专著　320 千字

兰州大学出版社　2012 年 1 月

该书使用要素研究法，利用地理信息系统，复原、分析出公元七世纪末只有大约三分之一的城市来源于汉代及其之前，而且新建城市并未集中在长江中下游及以南地区。而这一时期，北方也新建和迁建了大量城市。此外，该书认为，"坊"在这一时期出现于地方城市中，带有一定的偶然性，其最初主要用来指称北魏平城和洛阳城中规整、修建有墙的院落，只是具有空间概念，并无具体职能。直至隋代才出现了正式的坊名，可能晚至唐代才出现了管理坊的坊正。就功能而言，坊正的职能远远小于里正，并且坊可能在地方城市中并未普及。对于都城的研究方法，该书认为，由于都城的数量极少，受到偶然因素的影响很大，因此，以往将都城城市布局的演变作为一种前后相继的"发展史"，在研究方法上可能是不成立的，且判断都城相似性的方法在逻辑上也存在问题。该书不仅对地方城市的研究方法进行了探索，还对以往都城城市布局和城市形态的研究方法等进行了反思，对今后中国古代城市形态研究方法的发展具有借鉴和指导意义。

《清前期宫廷礼乐研究》

邱源媛（助理研究员）

专著　350 千字

社会科学文献出版社　2012 年 3 月

中国古代的"礼""乐"文化，密不可分，但当前学界对"礼"的关注却远远高于"乐"。该书将"礼"与"乐"并行考察，通过"礼""乐"相辅论述的方式，展现清前期国家典礼仪式的变化脉络。该书认为，清代帝王在近 300 年的统治期内，汲取了汉与非汉的多种源泉，创造了多元化的统治文化体系，并在清宫音乐中得到了具体的体现，即在传承中原儒家的礼乐制度的同时，融入大量少数民族音乐，形成了独特的礼乐制度。该书通过考察礼乐制度的演变，分析了不同时期清代帝王对满、汉两种文化所采取的不同态度，进而探讨了清统治者如何吸收汉文化、保留满洲文化，如何选择协调满汉两种统治模式、如何利用宫廷礼乐制度来塑造满蒙民族帝王的形象以及清代统治政策和治政倾向如何转变等问题。该书还重点从礼仪所涵盖的文化意义及相关问题出发，探讨了清前期（努尔哈赤至乾隆时期）宫廷礼乐的建立、沿革及其所反映出的政治文化意义、典礼与国家统治之间的关系等。

《元朝与高丽关系研究》

乌云高娃（副研究员）

专著　200 千字

兰州大学出版社　2012 年 1 月

　　该书运用文书、金石碑刻等新资料与史籍文献互证的方法，对元朝与高丽百余年纷繁复杂的关系进行了剖析。该书认为，自1231 年至 1259 年间，蒙古对高丽发动了多达 7 次的征服战争，这一时期，蒙古与高丽的关系主要以征服战争和抵抗的关系为主。忽必烈继位之后，对高丽采取了怀柔政策，使蒙古与高丽的关系开始好转。忽必烈与高丽世子倎的会见结束了蒙古与高丽多年的战争局面，从此，蒙古与高丽之间再未出现过争战、断绝来往的现象。元朝公主下嫁高丽王室是中朝关系史上的特殊现象，高丽与元朝的世代通婚使高丽在元朝的地位有所提高，这对两国关系的平稳发展起到了决定性作用，

也使高丽在政治、军事、社会生活、风俗等诸多方面深受蒙古的影响。此外，该书还对蒙古与高丽交涉中的译者问题进行了分析。

《混同与重构：元代文人画学研究》

刘中玉（助理研究员）

专著　246 千字

人民出版社　2012 年 6 月

　　该书是一部研究元代文人画学思想的著作。该书通过历史、文学、艺术相结合的研究方式，观察、分析在多元融会的社会生态情境下，艺术在士人精神重构进程中所发挥的功能、所扮演的角色，从中厘清个体创作思路与时移世易的关联和影响。该书索隐元代文人画家"自内而生"的心性之画学，从元代大一统背景下的国家文化建设层面，对在北方蒙古压力催生下的金末文变、南方遗民的文化省思、元中后期南方士人离心力、元末文艺思潮转捩的加剧、元末文人绘画中的纵逸思想以及宋元文艺的创作观等关键性问题进行了阐论，并深入探讨元代宽平治下士人的交际脉络和南北文化混同下比拟晋唐的思潮，然后对以刘因为代表的正统画学思想、以钱选为代表的陶情养性的画学思想、以赵孟頫为代表的恢张士气的画学思想、以黄公望为代表的宗教境界的画学思想等个案进行了细致深入的剖析。

《论商代复合制国家结构》

王震中（研究员）

论文　14 千字

《中国史研究》　2012 年第 3 期

　　该文提出，商代的国家结构和形态既非

一般所说的"统一的中央集权制国家",亦非所谓"邦国联盟",而是一种"复合制"国家结构,它由"内服"与"外服"组成。内服即王邦之地,有在朝的百官贵族;外服有诸侯和其他从属于商王的属邦。内、外服关系亦即甲骨文中"商"与"四土四方"并贞所构成的结构关系,且维系内、外服"复合制"结构的是商的王权及其"天下共主"的地位。商的王权既直接统治着王邦即王国,也间接支配着服属于它的若干邦国。王邦(王国)对于其他属邦就是"国上之国",其他属邦则属于王朝中的"国中之国",这是一种以王为天下共主、以王国为中央、以主权不完全独立的诸侯国即普通的属邦为周边(外服)的复合型国家结构。

《陈梦雷二次被流放及其相关问题》

杨珍(研究员)

论文　20 千字

《故宫博物院院刊》　2011 年第 6 期

陈梦雷是清代康熙年间的著名学者,且以编纂《古今图书集成》(初名《汇编》)而闻名于后世。雍正元年(1723),他第二次获罪后被发遣边外,死于流放地卜魁(今黑龙江省齐齐哈尔市)。关于此次获罪原因,以往学界大都认同孟森先生的看法,即"世宗于继位后追理梦雷前罪,实为与允祉为难,非圣祖怜才宥过意也"。事实上,这种认识既源于清人传记与雍正谕旨的误导,也同有关陈梦雷案原始材料的缺失有关。该文以清代档案为依据,结合陈梦雷诗文等史料,对康熙三十七年(1698)陈梦雷赦还京师后 20 多年间的心路历程进行了梳理分析。该文认

为,发生在康雍之交的陈梦雷案,是以康熙朝后期储位之争为缘起,以案主杜撰天降"大位之牌"神话,偕术士进行祈禳、镇魇等活动为主要内容,又因案主将供奉"大位之牌"事通达雍正帝而发露。陈梦雷二次获罪原因的澄清,也为考察清前期统治集团内部极其残酷的利益之争提供了一个新视角。

《明代徽州宗族墓地与祠庙之诉讼探析》

阿风(研究员)

论文　45 千字

中国台湾《明史研究》　2011 年第 17 期

明代中后期,徽州发生了一系列围绕着宗族墓地、祠庙及其附属墓产、祀产的诉讼纷争,在现存的明代徽州诉讼文书、家谱等史料中存有大量的相关资料。这些资料的内容、数量与时代差异在很大程度上与明代徽州宗族的变迁息息相关,具有极高的史料价值。该文利用这些珍贵的资料,考察了明代徽州宗族纷争的内容与时代特点,并以茗洲吴氏、呈坎罗氏、柳山方氏、珰溪金氏等宗族墓地、祠庙诉讼纷争为个案,探讨了文书、家谱、方志等公私文凭在解决宗族纷争中的作用。该文认为,这些诉讼纷争的发生与民众祭祀观念的变化、国家的政策调整之间有着密切关系。所谓明代徽州的"健讼",实际上就是宗族寻求国家认同的过程。也正是由于明代中后期频繁的诉讼纷争,人们才意识到,各种与土地、人户有关的土地文书、赋役册籍以及诉讼文书等在确认产权方面具有重要的意义,并开始整理、抄录、收藏这些资料。我们今天能够看到大量的明代徽州

文书，在很大程度上与宗族的重视有着密切关系。

《商代的帝与一神教的起源》

徐义华（研究员）

论文　30 千字

《南方文物》　2012 年第 2 期

商代形成了上帝、自然神与祖先神组成的神灵系统。上帝是至上神，其下有一个由自然神和祖先神组成的下属神灵组织，影响上帝和执行上帝的决断。自然神包括社神、河神、山神等，具有地域性；祖先神包括商王祖先和贵族祖先等，具有族群性。自然神和祖先神都限定于特定的空间和人群，导致理论上有无限权能的上帝在实际中的权能是有限的，最终无法产生超越一切的至上神。而一神教的起源是由于古代两河流域地域狭小而文明发达，土地很早就被较早发展起来的民族占领，每个地域和族群都有自己的地域神和族群神。犹太人到达西亚地区时，土地资源已经划分完毕，为了重新分配和获取生存资源，犹太人发展了一种超越地域和族群的至上神，它是一切的来源，具备拥有和支配一切资源的权能。古代的无土、无依的历史现实，促成了唯一、万能且至高无上的上帝的出现。该文在讨论上帝权能的基础上，结合社神与祖先神的特性，提出上帝权能在人群和地域上的局限性，是关于古代上帝信仰的新认识。而关于古代一神教起源的讨论，该文则注重犹太人的历史事实，从全新的视角为一神教的起源这一重要问题提供了可信的解释。

《关于近年来中国史学史发展趋势的思考》

杨艳秋（研究员）

论文　4 千字

《史学月刊》　2012 年第 4 期

该文认为，近年来，中国史学史的研究进入了一个系统而全面发展的新阶段，其中有两个值得注意的发展趋势：一是出现了史学史与史学理论融会贯通的新局面，二是史学史学科走向成熟。该文从"基础研究与深入拓展""中国特色与世界眼光""史学视阈与哲学视阈""史学方法论与史学史专科方法论"等四个方面对史学史学科的发展提出思考，认为在中国史学史研究不断深化的同时，更要注意学科的基础建设。该文指出，在把西方的某种历史观或历史学理论置于对中国历史的考察的同时，应当对其进行重新思考和检验，一味地盲目应用，最终会导致中国史学自我历史意识的缺失；应当将中国史学置于世界史学的发展背景下进行考察，立足于中国史学产生和发展的土壤，通过中外比较来发掘其自身的特色；探索中国史学的对外影响，让世界了解中国史学。该文还指出，探索史学视阈与哲学视阈的重合之处，应有助于认识中国史学的价值取向和发展路径。

《汉初爵制结构的演变与官、民爵的形成》

凌文超（助理研究员）

论文　15 千字

《中国史研究》　2012 年第 1 期

秦汉二十等爵之高、低爵是如何形成的，又为何在公乘和五大夫之间形成官、民爵的分界？张家山汉简《二年律令》中的相关内容为探索这一发展演变过程提供了宝贵的材料。汉初二十等爵制的公、卿、大夫、士的分层大体上承续了秦军功爵制的分层。然而秦汉之际，因功拜爵和普遍赐爵的频繁，导致大夫爵层与卿、士爵层间的界限日趋模糊。五大夫、大夫虽然仍是卿爵层、大夫爵层和士爵层三者之间的分界爵级，但其权益呈现出上从下靠的状态，所具备的分界意义随之消减，二十等爵制四分层的有效性也随之降低。汉帝国建立后，在治理官、民的过程中，利用大夫爵层业已分化的事实，将那些不断低落的"大夫级爵"（五大夫除外）连同士级爵都归为低爵，促使高、低爵的新剖分。同时，因功拜爵和赐爵的频繁，推动了高爵的限止爵级的不断上移，由公大夫而公乘、而五大夫。帝国管理者为了不让高爵一味提升，将爵级顺从于秩级，通过相对稳定的秩级分界来确定高、低爵之分界。变动中的高、低爵与相对稳定的以六百石为界标的上、下秩级相结合，促使了官、民爵的形成。该文认为，官、民爵之分适应了由乱世转入治世，实施官、民分途治理的趋势，对汉晋官僚贵族化和吏民同质化产生了影响。

郭沫若纪念馆

《郭沫若研究年鉴 2011 卷》

蔡震（研究员） 李晓虹（研究员）主编
年鉴 397 千字
人民出版社 2012 年 10 月

　　该书精选 2011 年度内所发表的郭沫若研究成果，辑录郭沫若文献史料，汇集有关郭沫若研究的学术会议综述、学术动态、出版动态、文化活动报道等各个方面的信息。分为"史料辩证""论文选粹""文摘""学术会议""资讯·动态"等专题，并附录年度"郭沫若研究论著目录索引"等栏目。"论文选粹"精选 2011 年度海内外公开发表的优秀论文；"文摘"辑录 2011 年度公开发表的论文或正式出版的研究专著的摘要；"学术会议""资讯·动态"汇集 2011 年度国内外郭沫若研究学术会议、学术活动、出版以及相关的文化活动的述评、报道、动态等信息。

《中国能源发展报告 2012》

崔民选（研究员）等主编
学术报告 394 千字
社会科学文献出版社 2012 年 7 月

　　后金融危机时代，全球经济危机的影响依然存在。在此背景下，中国经济稳中有进，但也面临一系列重大挑战，引发了全球的关注和讨论，而作为经济发展主要动力源的中国能源业依旧是各界关注的焦点。2011 年，中国能源行业出现了一系列大变革。在新的经济形势下，能源的市场化改革、新兴能源的发展等成为我国能源结构战略性调整的主旋律，中国能源业开始走向稳定的转型期，但深层次的变革需求仍然存在。中国能源的可持续发展仍是我们不懈研究的命题。该报告立足客观翔实的数据，紧密结合国内外经济形势的变化，对当前我国能源各主要行业的运行态势进行科学分析；针对合同能源管理、能源资本化、能源利益平台搭建、能源运输体系建设等热点问题，进行深入探讨并提出切实可行的对策和建议。

《中学国文教科书研究（1912～1949）》

李斌（助理研究员）

专著　230千字

台湾花木兰文化出版社　2012年9月

　　该书以1912～1949年间中学国文教科书的内容及效果为研究对象，通过对相关资料的搜集、整理、归纳、分析，描述了1912～1949年间中学国文教科书的复杂面貌，提出了其发展演变的主要矛盾，并试图回应近年来关于确定"语文教学内容"的探讨。思想道德教育、知识灌输、文学教学、技能训练相互冲突、缠绕和斗争，构成了1912～1949年间中学国文教科书发展演变的主要矛盾。新文化运动前，这一主要矛盾表现为"古文作法"、保存国粹、"厉行明史"的并置和冲突。1920～1939年间的初中国文教科书分思想道德教育、文学教学和文章作法三种，后者逐渐占据了主导，但其内容多为系统的文章知识。1922～1939年间的高中国文教科书以经史子集等传统文献为主，近人学术论著为辅，突出国故知识。20世纪40年代，国民政府编出《初中国文甲编》，推行"党化教育"；与此不同，通过总结经验教训，叶圣陶主编的4套中学国文教科书以读写能力训练为主。

《从版本变化看郭沫若心中的王阳明》

李晓虹（研究员）

论文　6千字

《郭沫若学刊》　2012年第3期

　　该文认为，明代思想家王阳明在郭沫若的人生历程和思想发展中产生过重要作用，他曾经多次予以"礼赞"，在《伟大的精神生活者王阳明》一文中更是给予高度评价。但由于王阳明思想的丰富性和郭沫若自身的观念冲突及其社会背景的复杂原因，称誉王阳明的文章在不同版本中反复增删取舍，从这一过程中可以窥见郭沫若的内心矛盾。

《郭沫若心中的〈女神〉》

李斌（助理研究员）

论文　11千字

《郭沫若学刊》　2012年第1期

　　该文认为，《女神》发表后，受到批评家们的高度肯定，但不同的批评家也从各自独特的意识形态立场和新诗观念出发，就《女神》的思想立场和写作技巧提出各种看法，对郭沫若的新诗创作提出箴规和告诫。面对外部批评——不论这些批评是来自同一阵营，还是来自立场不同的其他批评家——郭沫若都不会轻易改变自己的看法，他始终认定《女神》为其新诗代表作，尊重《女神》时代的思想意识，坚持新诗是"写"出来而非"做"出来的观点，但对于认可的意见，他也会认真接纳和吸收。郭沫若先后四次集中修改过《女神》，有抗争，有对同行意见的善意采纳，其动因比较复杂，不能简单认为是迫于外部压力或"媚俗"。

近代史研究所

《中华史纲》

蔡美彪（研究员）

专著　300千字

社会科学文献出版社　2012年6月

　　该书从原始社会写起。特别写了从公元

前841年有明确的历史纪年以后至清朝覆亡间近3000年的历史。该书对历史的叙述重点在政治制度、农民起义、经济发展、民族冲突与融合、与外国关系、文化思想等方面，尤其关注历代治乱兴衰，关注历代施政措施，注意结合历史背景总结历史经验。对于历代政治制度的演变、农民起义的频发、民族的冲突与融合等方面，该书努力铺陈。

《学林旧事》

蔡美彪（研究员）

专著 200 千字

中华书局 2012 年 6 月

该书分别从缅怀故老、往事寻踪、读书治史三部分，回忆了南开，缅怀故老，追思王襄老师和范老论学四则，学习范老，发扬近代史所的治学传统等。该书作者 70 年来，与众多学术界前辈交往密切，亲历诸多重要学术事件，掌故旧闻在当年都曾形成文章发表。

《中国近代史》（上下册）

《中国近代史》编写组

教材 590 千字

高等教育出版社、人民出版社 2012 年 11 月

该书是我国大学历史系专业课教材。该书起自 1840 年鸦片战争，止于 1949 年 10 月中华人民共和国成立，围绕中国近代史学科对象，叙述了中国近代史的基本线索、中国近代史的社会性质和主要矛盾，阐述了中国近代历史的全部过程。

《台湾史稿》

张海鹏（研究员） 陶文钊（研究员）主编

专著 1080 千字

凤凰出版社 2012 年 12 月

该书分成两卷，叙述了台湾的古代和近现代史，从远古一直写到 2010 年。该书通过对台湾历史，特别是百年历史进程的追踪，总结台湾的历史特征，阐明台湾社会历史发展的规律，把握台湾史的发展脉络，为更加深刻地了解台湾社会的发展过程与未来走向，为早日和平解决台湾问题，提供历史学的依据。

《张海鹏自选集》

张海鹏（研究员）

专著 405 千字

学习出版社 2012 年 12 月

该书是从张海鹏个人撰写的 300 多篇文章中精选出 49 篇带有理论性思考的文章汇集而成，分成中国历史学的宏观思考、中国近代史的宏观思考、中国近代史的学科体系、中国近代史研究评论、孙中山研究、对学术大师的评论、两岸关系以及台湾史研究、港澳历史研究、中日关系历史研究等九个部分，反映了作者的学术兴趣和研究范围。

《胡适年谱》

耿云志（研究员）

专著 344 千字

福建教育出版社 2012 年 8 月

该书作者大量参考了胡适本人的著述和已刊未刊日记、信电、手稿、1949 年以前一些主要报刊和台湾出版的部分书刊，以及胡

适同时代人的著述、回忆等，对原始材料进行了审慎的考订和精心的剪裁。该书对胡适思想的形成、活动的主要线索，个人与家庭、与朋友、与社会的关系和他的影响，以及他人对他的评论，都有比较全面的反映和相当连贯的记述，再现了一个政治上有主张、思想上有信仰、感情上有悲欢、内心中有矛盾的一个比较丰满的真实的历史人物。

《地方督抚与清末新政——晚清权力格局再研究》

李细珠（研究员）

专著 538千字

社会科学文献出版社 2012年11月

该书系统探讨督抚制度在晚清演变的基本态势，以及清末新政时期督抚群体结构与人事变迁的基本特征及其与新政的关系；具体探讨地方督抚在清末新政过程中的思想与活动；深入探讨在清末新政过程中地方督抚权力的演变及其与清廷中央集权的关系。

《戊戌政变的台前幕后》

马勇（研究员）

专著 440千字

江苏凤凰出版集团、江苏人民出版社 2012年6月

该书对若干重要的历史悬案，如究竟是谁走漏了政变消息，日本、英国、俄国人在这场政变中究竟扮演了什么样的角色，谭嗣同为何"坐以待毙"，张之洞为何救杨锐，荣禄为何救林旭，特别是李鸿章为何出面保护政治对手张荫桓，袁世凯究竟有没有泄密，翁同龢究竟是被谁罢免的等关键问题进行了与传统说法不同的解读。

《大变革时代：1895～1915年的中国》

马勇（研究员）

专著 250千字

经济科学出版社 2012年12月

该书以现代化的理念探讨1895～1915年间的中国思想史，获得许多具有启发意义的结论。甲午战争是近代中国历史的转折点，此前的中国在经历了鸦片战争及其之后的短暂困难，至19世纪60年代洋务运动兴起，中国已基本上步入近代化的轨道，中国在政治、经济、文化尤其是军事实力方面已经获得长足的发展，然而甲午战争的失败，使中国人尤其是精英阶层产生"世纪末"的恐慌，中国向何处去一时间成为新的热点话题。各种新思潮蜂拥而至，在政治层面则先后爆发戊戌维新及袁世凯帝制自为等一系列运动。

《面对现代性挑战：清王朝的应对》

雷颐（研究员）

专著 205千字

社会科学文献出版社 2012年1月

该书从现代性角度，从思想观念与经济、社会、政治制度这几个层面，对鸦片战争以来清王朝的政策作了探讨。该书第一部分认为，从观念层面上说，清王朝与中国社会在鸦片战争后的相当长一段时间，仍坚持传统的"中国中心观"，仍以"天朝上国"自居，严守"夷夏之辨"，拒绝变革。第二部分分析了在严酷的现实面前洋务运动的艰难推进，现代自然科学知识从"西学"到"通艺"再

到"科学"的名词之变，反映出国人视这些知识为"地方性知识"到"普适性知识"的转变。第三部分梳理了近代中国国家观念的演变，指出，国家观是统治者的"合法性"基础，传统中国国家观念中"国"是家的扩展，是一种"伦理型"国家观，近代以来西方契约型国家观念一点点传入中国，使中国思想界的国家观发生了从"伦理型"到"契约型"转变。第四部分分析了清王朝经济、政治制度的被动应对，指出，正是它的制度导致了它的社会基础，绅商最后背离了它。士绅的态度，才是辛亥革命成败的关键所在。

《晚清驻日使团与甲午战前的中日关系（1876～1894）》

戴东阳（研究员）

专著　476 千字

社会科学文献出版社　2012 年 8 月

该书以晚清驻日使团为切入点，梳理和剖析了中日甲午战争以前的中日外交关系。其中，正文部分以琉球问题、朝鲜问题和修约问题为核心，按照首届何如璋使团、第二届黎庶昌使团、第三届徐承祖使团、第四届黎庶昌使团、第五届李经方使团和第六届汪凤藻使团先后顺序进行论述；"导言"和"代结语"部分介绍了使团在晚清对日外交体制中的地位、职掌、出使的直接原因、与相关部门的职能运行关系、与国内联系的方式、人事结构特点以及使团对日本国情政情的考察、清政府对其出使成效的评价和使团人员的去就等。

《闻一多》

闻黎明（研究员）

专著　320 千字

群言出版社　2012 年 1 月

该书是 1992 年人民出版社出版的《闻一多传》的再版。该书利用了包括报纸、刊物、访问记录、历史档案等第一手资料，完整、客观记述了闻一多求学成长、社会交往、文学探索、学术研究、政治活动等方面的情况，反映了闻一多作为诗人、学者、民主斗士的一生。同时，该书还以闻一多生平经历为主线，记录了大量与谱主相关的重要事件、社团活动、社会变迁、人物关系等，填补了闻一多历史的许多空白。

《抗日战争时期中国人口损失问题研究（1937～1945）》

卞修跃（编审）

专著　440 千字

华龄出版社　2012 年 10 月

该书系统考察了民国时期中国人口发展状况、抗战时期中国人口所面临的严酷的存在环境、战时和战后国民政府及解放区对中国抗战人口损失调查的组织与实施等，对国民政府辖区和解放区等区域中国抗战人口损失情况分别进行了考察、分析、核算，构建了中国抗战直接人口损失总体估计最低限数的数据基础，得出有关中国抗战时期人口损失的初步研究结论。该书是第一部结合、利用历史学与人口统计学的相关理论和方法，全面研究抗日战争时期中国人口损失问题的专著。

《战后日本人的战争责任认识研究》

徐志民（副编审）

专著 351 千字

社会科学文献出版社 2012 年 9 月

该书以战后日本政府、天皇、保守派、进步派、普通民众的战争责任认识的连续性为"经"，以其因应国内外时局的阶段性为"纬"，分四个阶段阐述日本人战争责任认识的变迁，客观、全面地介绍战后日本人的战争责任认识的历史与现状，探寻战后日本人的战争责任认识的规律性与特殊性，分析日本人的战争责任认识与中日历史认识问题的症结关系。

《赫德与晚清中英外交》

张志勇（副研究员）

专著 270 千字

上海书店出版社 2012 年 10 月

该书是以赫德及其在晚清担任中国海关总税务司数十年时所参与的近代中国外交事务为研究对象，在广泛收集中英文档案资料，特别是充分利用了还未整理出版的赫德日记手稿的基础上，对赫德以不同身份参与的中英交涉作了系统全面的论述。该书还在赫德与中国驻外使馆的建立、赫德的外交原则、外交策略及其成败的原因等方面，揭示了一些鲜为人知的史实，并提出了与以往研究者不同的看法。

《近代中国的不平等条约：关于评判标准的讨论》

侯中军（副研究员）

专著 550 千字

上海书店出版社 2012 年 7 月

该书探讨了研究近代中国的不平等条约需要厘清的问题。该书根据国际法关于条约的定义，对近代的"约章"作了全局性考察，然后对不平等概念详加探讨。在区别"条约"与"非条约"的基础上，将不属于条约的涉外文件予以排除，继而对所有已确立的条约文件一一分析，作出平等与否的性质判定，最终得出不平等条约的数量。该书在全面考察近代约章的基础上所提出的评判标准，可以为学界继续深入探讨提供一个可资借鉴的基础；其所提出的近代不平等条约的个数，也是第一次以实证的视角提出的统计数据。

《晚清海关再研究——以二元体制为中心》

任智勇（副研究员）

专著 172 千字

中国人民大学出版社 2012 年 10 月

该书梳理了第一次鸦片战争前的粤海关十三行及其后各口岸的领事担保制、小刀会起义后的江海关三国税务委员会、《天津特约》后的外籍税务司之间的连续性关系，指出，在清代财税一体的海关体制中存在着海关监督与税务司并立的二元体制，即税务司掌握估税权，海关监督掌握税款收纳、保管和分配权。这种体制在维持中外贸易稳定发展的同时，也埋下了祸根。辛亥革命爆发后，税务司的活动使其成为一个独立于中国政府之外的机构，而海关监督的权力也被剥夺殆尽。在传统的解释体系中，清政府对外来力量只有或抗拒或屈从两种选择。该书的探讨则为中国现代化路程提供了一种新的面相：

清政府半主动地将与其制度格格不入的税务司纳入到自己的体系之中，并比较平稳地维持了半个多世纪。

《现代律师的生成与境遇——以民国时期北京律师群体为中心的研究》

邱志红（副研究员）

专著　300千字

社会科学文献出版社　2012年6月

该书从社会史和观念史的角度重新审视律师制度的建立以及律师群体的生成，将律师制度的建设、律师团体的建立与活动以及法学教育体制与特色等问题有机融合的同时，重点关注北京律师群体本身呈现的群体特征、职业定位、角色期待、执业境遇以及政治参与困境，凸显律师制度建立完善过程中律师群体与社会二者之间的互动。该书以大量翔实的民国时期北京律师公会、朝阳大学档案为基础，结合民国报刊、个人文集、回忆录、法律判例等史料，对民国时期北京律师群体的整体构成、北京律师公会的社会功能、北京律师的养成和执业活动以及律师群体的生存境遇等，作了系统的讨论。

《二二八事件研究》

褚静涛（研究员）

专著　600千字

社会科学文献出版社　2012年3月

"二二八"事件对台湾社会影响深远。该书分析了1947年在台湾发生的"二二八"事件的前因、经过与后果，从政治、经济、文化、社会、军事等多个角度，探讨了台湾光复初期社会的剧烈变迁。陈仪治理台湾，有其成功的一面，也给台湾人民带来不适，使社会矛盾激化，最终导致了"二二八"事件，国民党政权被迫调整对台政策，以缓和民怨。该书以社会冲突论作指导，探讨"二二八"事件的若干细节，深化了对"二二八"事件的研究。

世界历史研究所

《经济全球化和文化》

于沛（研究员）

专著　460千字

中国社会科学出版社　2012年5月

该书从经济全球化的产生与发展、马克思世界历史理论与经济全球化、全球化意识形态、世界历史进程中的文化、全球化和文化帝国主义、全球化和文化发展战略、经济全球化与中国文化安全、当代中国的文化选择和中国道路等，对"经济全球化与文化"的诸多理论问题和前沿问题，进行了较深入的探讨。该书认为，研究经济全球化和文化，不能脱离马克思主义学说的理论指导，不能脱离开中国的历史与现实，不能脱离对当代中国和世界一系列复杂问题的深刻理解。

《当代中国世界历史学研究》

于沛（研究员）

专著　548千字

中国社会科学出版社　2012年8月

该书将新中国成立60年来的我国世界史研究，分为"新中国成立后17年""文化大革命""改革开放以来"三个阶段，并大体上勾勒出新中国的世界史学科建设的发展轨迹,努力揭示中国世界历史研究的某些规律性内容和内在联系。事实表明,世界史研究是中国历史科学的重要组成部分,随着研究队伍的成长、壮大以及一系列标志性成果的问世,其地位和影响日渐扩大。今天中国的世界历史研究,无论在通史、断代史、地区史、国别史还是在专门史、历史人物、历史文献的研究上,都可谓硕果累累。该书认为,中国史学史从来只字不提世界史研究的那种让人费解的状况,应该结束了。

《美国公民权利观念的发展》

刘军(研究员)

专著 420 千字

中国社会科学出版社 2012 年 12 月

公民权利在 20 世纪以前是西方文明特有的现象,其中美国公民权利的发展历程最为独特。美国是世界历史上第一个以成文法形式宣告公民权利的国家,对世界政治思想史乃至当代世界各国政治制度和思想都有极为重要的影响。公民权利是衡量一个国家政治法律制度合理性、一种社会秩序能否长期稳定和经济是否可持续发展的重要尺度之一。

该书回答了美国公民权利观念何以形成,其本质是什么,影响其发展变化的社会原因是什么,它的社会历史作用如何等问题。公民权利观念不仅是对宪法文字的认识和理解,更是社会生活的产物,并且随社会发展而发展。美国的经验表明,公民权利的发展与政治制度稳定、经济可持续发展以及社会和谐有密切的内在联系。追寻美国公民权利观念及其实践的发展历程,有助于把握美国社会的本质和特点,为我们的公民文化和政治文

明建设提供有益的经验。

《世纪之交的西方史学》

姜芃(研究员)主编

专著 431 千字

社会科学文献出版社 2012 年 9 月

世纪之交,西方史学发生了两次重要转折。一次是 20 世纪 70 年代以后后现代主义思潮的出场,催生了新史学分支学科和新研究视角的出现。90 年代前后,冷战的结束、苏联的解体、全球化在经济和移民方面给世界带来的变化、种族冲突和恐怖主义等,使西方史学发生了又一次转折,再次调整了史学的研究视角,重新把政治和经济因素的重要性以及世界宏观的发展格局提上历史研究的日程,从而催生了文明史、全球史、新文化史和跨文化的比较研究等。该书从多个角度反映了世纪之交西方史学发生的这些变化。

《激进环保运动在美国的兴起及其影响——以地球优先组织为中心》

高国荣(副研究员)

论文 12 千字

《求是学刊》 2012 年第 5 期

该文是中国社会科学院重大课题"美国环保运动与环境政策研究"的阶段性成果。该文以地球优先组织为例,探讨了激进环保组织在美国的兴起背景、环保实践及其是非得失。激进环保组织配合并支持了主流环保组织的斗争,但其过激言行不利于环保运动的整体发展。该文认为,激进环保组织在未来的发展会受到多方面限制。

《日本古代国家形成史についての諸問題》
（《日本古代国家形成史研究中的诸问题》）

徐建新（研究员）

论文　12 千字

《日本古代の王権と東アジア》（《日本古代
的王权与东亚》）　吉川弘文館　2012 年

　　古代国家形成的基本前提至少有两点：
一是古代国家都是建立在已拥有相当规模的
生产性经济的社会之上的。二是古代国家是
从社会资源被不平等占有的社会中产生的，
从这个意义上讲，古代国家就是一种在必要
时用强制力维护对于基本资源的不平等占有
的政治组织。该文讨论了日本古代国家形成
史上的几个问题，如中国正史中提到的弥生
时代"百余国"的性质、原始官制的产生、
中国王朝与邪马台国倭女王的关系、4 世纪
以后的西日本统一王国、古代日本律令制国
家的政体性质等。该文指出，日本古代国家
是相对独立地由生活在日本列岛上的人们建
立起来的；日本古代国家是在东亚世界历史
发展的大背景下形成的，外部因素对日本国
家的形成起了极大的作用；与东亚大陆上的
原生国家相比，日本古代国家的形成过程是
很短暂的。

《文明交往、国家构建与埃及发展》

毕健康（研究员）

论文　13 千字

《西亚非洲》　2012 年第 1 期

　　该文从中东变局尤其是穆巴拉克政权迅
速倾覆的现实出发，力图"超越变局看变
局"，从长时段、大历史视野审视埃及数千
年的历史，考察埃及与地中海文明、伊斯兰

文明和资本主义文明的历史性交往，研究埃
及国家构建与发展问题。联结欧洲、亚洲和
非洲的地中海地区，是文明碰撞、文明交往
最典型的区域，孕育出古埃及文明、古希腊
文明和古罗马文明。埃及是地中海世界和地
中海文明的重要组成部分，自古以来具有大
开放的特征。10 世纪前后完成伊斯兰化和阿
拉伯化，埃及发展成为伊斯兰教文明的三大
中心之一，在中古时代亦曾辉煌一时。然而，
在地中海北岸资本主义文明兴起以后，主要
由于伊斯兰教没有进行与时俱进的改革，埃
及在吸纳资本主义文明上遭遇困难，在国家
构建与发展上面临严峻挑战。展望未来，埃
及必须恢复大开放的传统，构建现代世俗国
家，这就是：现代为道，民生为本，民主
为体。

《近代日本内阁首相产生机制研究》

张艳茹（助理研究员）

论文　18 千字

《日本问题研究》　2012 年第 1 期

　　近代日本明治宪法体制下，内阁首相通
过奏荐机制产生。宪法虽规定天皇拥有首相
任命权，但实际历次内阁更迭，天皇都就首
相人选咨询于元老等，元老等合议后将人选
上奏天皇，再由天皇降旨命其组阁。

　　该文分析了参与奏荐的元老、以内大臣
为首的宫中、重臣等势力的构成及性质；依
据不同时期参与奏荐的主体的演变，将奏荐
的历史过程分为几个阶段进行了阐述。该文
认为，这种奏荐机制没有法律依据，是一种
政治惯例，明治宪法体制自身的缺陷使该机
制能够产生和存在。该机制的存在，破坏了

内阁的独立，体现了超宪法的特殊势力对宪法内机关的操控和干预，给各种政治势力组阁提供了机会。

研究这一奏荐机制，有助于深入认识近代日本天皇制，深入理解何以近代日本在同一政体下会出现藩阀内阁、中间内阁、政党内阁、军部内阁等截然不同的内阁形态。

《白人政府干预政策与南非劳动力市场供求结构的变化》

刘兰（副研究员）

论文 12千字

《西亚非洲》 2012年第4期

该文通过考察南非白人政府的干预政策与劳动力市场供求结构变化之间的关系，认为，白人政府在推行保留地制度和流动劳工制度，扩大非洲人劳动力供给的同时，支持资本密集型产业发展模式，减少对非洲人劳动力的需求，导致南非劳动力市场供求结构发生变化：从供不应求转变为供过于求。

《评英国历史学家里格比对唯物史观的解读》

吴英（副研究员）

论文 12千字

《史学理论研究》 2012年第4期

里格比的《马克思主义与历史学》较为准确地概括了由学科分野所产生的两种不同研究路径的特点，而这两种不同的研究路径也成为里格比教授全书论述的主线。他论证的目的就是要证明，历史学家所作的理解更具合理性，更适合指导历史研究的需要。该书首先较为详尽地介绍了马克思主义哲学家所主张的持生产力决定论的马克思；然后，逐条对生产力决定论的解释作出反驳，并展示出历史学家所主张的持生产关系决定论的马克思；最后，对经济基础和上层建筑概念以及两者之间的关系作出重新诠释。可以说，里格比的研究涵盖了唯物史观基本原理的全部内容，即生产力和生产关系、经济基础和上层建筑、存在和意识，以及它们之间的相互关系。里格比对唯物史观的重新解读有以下几点值得我们借鉴：一是里格比从有利于深化历史研究的视角对唯物史观给出积极评价；二是里格比对唯物史观作出了同我们传统解释非常不同的解释；三是里格比对唯物史观的解释从方法论上看有值得借鉴之处。当然，里格比所提出的解释体系也存在许多可商榷之处。

《中亚现代化的困境》

侯艾君（副研究员）

论文 4千字

РОССИЙСКАЯ ИСТОРИЯ（《俄罗斯史》） 2012年第3期

该文以吉尔吉斯共和国经验探讨中亚现代化进程中面临的问题和困境。中亚至今未能完成现代化进程，尤其是未能实现人的现代化。其存在的问题包括四个方面：其一，是政治文化和政治体制的分离与脱节（政治体制是西方式的，但是政治文化是传统的）。其二，现代化进程伴随着革命、动乱、族际冲突、政治谋杀等政治暴力，"革命"导致政权成为弱政。其三，伊斯兰文明属性对于中亚现代化进程具有重大的意义，既带来了机遇，也带来巨大挑战。其四，现代化进程与民族国家建设进程同步。而实践表明，吉尔吉斯共和国的现代民族国家建设历史很短暂，也就导致其现代化进程短暂，甚至由于革命和族际冲突而导致国家组织被消解，开始了民族国家建设的"逆进程"，当然也影响到其现代化进程。

该文对中亚国家的现代化进程中的一些重大问题进行深入探讨，从不同角度对其历史和现实的根源及实质进行了阐释。

《亚述帝国的"拉科苏"士兵探析》

国洪更（副研究员）

论文　24.8千字

《世界历史》　2012年第1期

亚述帝国的"拉科苏"士兵是宦官长麾下国王卫队的精锐。尽管"拉科苏"士兵主要由被征服地区的人员组成，但是他们享受免赋役的特权。公元前9世纪末和公元前8世纪初，实力雄厚的亚述高官企图挑战国王的权威，国王依靠宦官长及其统帅的国王卫队保住了王位。国王论功行赏，擢升宦官长，豁免其麾下忠勇士兵的赋役，"拉科苏"士兵于是应运而生。随着大量俘虏的收编，国王卫队的规模不断扩大，进而发展成为亚述帝国的常备军，并在对外扩张中大显身手。国王奖赏常备军中表现卓越的士兵，"拉科苏"士兵不时出现。该文研究表明，亚述帝国末期，实力膨胀的宦官长觊觎王位，国王的近卫军可能是其谋逆的帮凶，"拉科苏"士兵或卷入其中。"拉科苏"士兵的出现及其功能的异化与亚述政局的变化密切相关。

中国边疆史地研究中心

《俄罗斯亚太战略和政策的新变化》

邢广程（研究员）

论文　8.3千字

《国际问题研究》　2012年第5期

该文认为，在一系列国内外重要因素的促成下，普京提出了"新亚洲"的概念，俄罗斯对亚洲的态度变得更加积极，其外交战略也出现了一些新的具有战略性变化的动向。俄罗斯在亚太地区的基本战略布局是多层面的，它参加了多个亚太地区国际组织，构建了基于本国利益的多边外交网络。中国是俄罗斯面向亚太地区的同路人和伙伴国，因而俄罗斯越来越重视中国在亚太的作用，并积极发展与中国的战略伙伴关系。需要指出的是，俄罗斯区域发展存在不平衡现象，其欧亚外交走向也存在不平衡特征。俄罗斯如何在欧亚空间真正起到平衡和桥梁作用，还是一个难以破解的战略问题。

《日本"国购"钓鱼岛纯属无理行径》

李国强（研究员）

论文　2.4千字

《光明日报》　2012年9月12日第4版

该文认为，日本政府置中国钓鱼岛主权于不顾，公然作出"国有化"购买钓鱼岛的决定，导致中日关系再度陷入僵局。日本"国购"钓鱼岛纯属无理行径，是对中国钓鱼岛主权的严重侵犯，是对中国人民感情的严重伤害。钓鱼岛是中国的固有领土，而日本在钓鱼岛主权问题上没有任何历史依据和法理依据。

《多民族国家构建视野下的土司制度》

李大龙（编审）

论文 3千字

《云南师范大学学报》 2012年第6期

土司制度是多民族国家中国构建过程中出现的一种特殊的政治体制，也是中国边疆史地研究的重要内容，尽管以往学者们从历代王朝边疆治理或不同土司的个体层面已经有过很多研究，但该文认为在宏观理论层面还是有些问题需要进一步深入研究。该文从郡县制下的特殊统治方式、土司制度也是羁縻统治方式的一种、改土归流是多民族国家建构的必然趋势三个方面进行了论述。

《清乾嘉道时期新疆的内地移民社会研究》

贾建飞（副研究员）

专著 210千字

社会科学文献出版社 2012年5月

该书主要论述了乾隆中期清朝统一新疆后至道光时期，内地人口向新疆的流动、清朝对人口流动的认识和管理政策、内地人口在新疆的社会经济活动，以及内地文化随人口流动在新疆的发展等问题。

《清末边疆建省研究》

阿地力（助理研究员）

专著 190千字

黑龙江教育出版社 2012年11月

该书试图把始自19世纪80年代中期前后，清政府对边疆地区统治方式的根本性变化作为一个重要的转折点，探讨清政府是如何将边疆地区纳入同质性、排他性的"中国"秩序之中的，即以清末边疆地区建省为主轴，分析探讨清政府如何通过一系列的政策措施将其版图逐渐整合到一元化的国家里，如何将传统前近代国家改变为近代主权国家以及这种转变所产生的深远影响。

《先秦西南民族史论》

翟国强（副研究员）

专著 340千字

黑龙江教育出版社 2012年12月

该书试图在前人研究成果的基础上，依托一个具体的地区民族发展史即中国西南民族历史发展过程，研究其在中华民族凝聚力形成、发展中的地位和作用，从而丰富和发展中华民族多元一体格局的理论，并对中华民族凝聚力形成的诸因素及其发展的内在规律有一个比较清楚的认识，这在西南民族史研究上是一次开拓性的创新。

台湾研究所

《台湾研究论文集》（第25辑）

余克礼（研究员）主编

朱卫东（研究员） 张冠华（研究员） 谢 郁（研究员）副主编

论文集 437千字

台海出版社 2012年9月

该书收集了2011年度中国社会科学院台湾研究所研究人员的部分代表性学术成果共计51篇。该书具有"紧扣两岸关系和平发展思想、务实探究台湾局势演变、客观认识岛内民意走向"等特点：一是围绕建构两岸关系和平发展框架等重大现实问题展开综合性研究；二是全面分析了 ECFA 签署后两岸关系和平发展新格局；三是围绕 2012 年台湾"二合一"选举展开深入研究。该书对理解大陆对台政策、把握岛内政局和两岸关系走向、深化对台学术研究具有参考价值。

《增进一中框架共同认知　巩固深化政治互信基础》

余克礼（研究员）

论文　9 千字

《台湾研究》　2012 年第 6 期

该文认为，两岸关系发展的历史反复证明，巩固与扩大政治认同与互信基础是两岸关系和平、稳定发展的根本保证与前提。两岸在政治认同和互信上的既有立场与基础主要体现在：一是坚持一个中国原则，反对"两个中国""一中一台""台湾独立"，谋求国家统一，是海峡两岸一致的政治立场与主张；二是"两岸同属一中"亦曾经是海峡两岸均认同的对一个中国原则的概括表达语言；三是"九二共识"是两岸第一次公开达成的有文件为依据的政治认同。两岸双方应切实增进维护一个中国框架的共同认知，具体应在以下几个方面有所作为：第一，两岸都应为巩固深化两岸关系和平发展，共创双赢展现出更大的诚意；第二，两岸应巩固并深化一个中国原则和政治互信的基础；第三，两岸都应正视与面对政治议题，将探讨国家尚未统一情况下的政治关系摆上工作日程。

《对进一步增进两岸政治互信的战略思考》

朱卫东（研究员）

论文　9 千字

《台湾研究》　2012 年第 5 期

该文认为，应审慎地对今后一个时期如何进一步加强两岸政治互信进行前期战略思考和设计。第一，要始终将增进两岸政治互信摆在两岸关系发展的突出位置上；第二，要认同和维护"两岸同属一国"这一双方政治互信的基石；第三，要以自信、尊重、包容、双赢的思维，积极善意稳妥地增进两岸互信；第四，要在政治互信基础上，稳步建立包括军事互信在内的两岸战略互信；第五，要加强制度化建设，努力构建两岸全方位的战略互信机制。该文指出，在两岸关系发展跨入巩固深化的新阶段，不断增进两岸战略互信是两岸双方的必然选择，只有通过不断增进两岸政治互信，才能巩固和扩大两岸关系发展的成果，两岸之间共识越多，分歧就越少，机会就越大，前景就越光明。

《两岸经济合作框架协议的成效及后续推动策略》

张冠华（研究员）

论文　12 千字

《全球化》　2012 年第 6 期

该文认为，两岸经济合作框架协议（ECFA）的正式签署，是两岸关系进入和平发展时期以来取得的最重要成果，这一协议的达成有重要意义：ECFA 进程是推进两岸关系和平发展的重要凭借，是现有两岸互动架构下的合理选择，是构建两岸关系和平发展框架过程中的重要制度创新，为两岸妥善解决两岸政经互动难题积累了重要经验。该文总结了两岸经济合作框架协议实施的成效与存在的问题，认为，ECFA 早期收获项目取得明显成效，后续协商总体进展顺利，但当前后续协商与落实逐步进入深水区，未来落实与推动面临诸多不确定因素：一是政治因素影响；二是两岸互信仍然不足；三是两岸各自不同利益群体以及两岸之间利益分配存在复杂性；四是 ECFA 后续落实如何与各自的政策、体制相衔接，也关系到能否真正实现 ECFA 应有的积极效应。文章最后表示，应从产业整合入手，加快两岸新兴战略产业合作，尤其要以大陆"十二五规划"提出的七大战略性新兴产业及台湾六大新兴产业合作为重点，推动两岸经济整合，迈向两岸关系发展新局面。

《海峡两岸南海政策主张与合作问题探讨》

王建民（研究员）

论文　9 千字

《中国评论》　2012 年第 8 期

　　该文认为，近年来，南海形势出现重大变化，美国在重返亚太战略下强势介入，日本与印度染指南海，南海形势变得错综复杂，两岸共同拥有的南海主权与权益受到严重挑战。该文详细分析了两岸在南海问题上的政策主张及变化，认为两岸在南海合作问题上面临着一定机遇：一是两岸政治互信初步建立，两岸关系和平发展形势为两岸在南海问题上的合作提供了政治大环境；二是拓展新的合作领域已成为海峡两岸的重要共识；三是两岸在南海问题上合作有重要的经济需要；四是两岸民间呼吁两岸应加强南海合作的呼声日益高涨。该文提出了几点思考与建议：第一，两岸需要继续共同强化中国对南海主权的话语权，增进两岸海洋维权共识；第二，两岸在共同维护南海主权与权益问题上可以分步骤、分层次、分部门展开合作；第三，海峡两岸在南海合作策略上要处理好维护主权与争取经济利益的关系；第四，将两岸军事协防合作作为建立两岸军事互信的突破口。

经济学部

经济研究所

《广东经验：跨越"中等收入陷阱"——迈向 2020 年的发展战略转移、发展方式转变和发展动力重构》

李扬（研究员）　裴长洪（研究员）

专著　300 千字

社会科学文献出版社　2012 年 3 月

　　广东是中国特色社会主义市场经济发展道路的探索者，其经济增长 30 余年来一直在全国名列前茅。广东经济发展的突出特征是放手打破传统体制，激发基层微观经济主体的无限活力，通过积极引进和"干中学"，推动经济高速发展。国内理论界通常将此概括为"基层推进、非均衡增长"的广东发展模式。现在看来,这种模式得之微观活力无限,但往往失之宏观多重失衡。这种状况,使得迈向未来 10 年的广东经济社会发展在经济增长动力结构、经济体制结构、经济发展方式、城乡关系、区域关系、社会发展与经济发展关系、硬环境与软环境关系等许多重要方面面临较严重的失衡状态。

作为改革开放的排头兵,广东省委和省政府较早认识到,广东目前正处于转型升级、科学发展的重要战略机遇期,同时又处于社会矛盾、社会问题凸显期。因此,尽管广东过去 30 年取得了令人瞩目的成就,但只有进一步全面深化改革开放,推动科学发展,促进社会和谐,才能有效地越过"中等收入陷阱",迈上新的台阶。基于这种清醒的认识,广东在国内较早开始了对新发展道路的积极探索。经过几年的摸索,广东已经初步形成了面向新时期的新的发展战略以及创新领域。

深入分析广东面临的全面失衡状态及其产生原因便不难看出,传统上的广东发展模式事实上比较集中地体现了我国过去 30 年发展的实践,即以"摸着石头过河"为基本路径的改革发展模式的所有主要特征,而如今广东对未来发展模式的新探索,也正是在有意识地解决这些问题。正因如此,广东的新探索便有了一定的全局性意义。

《新中国经济学史纲》

张卓元(研究员)

专著　728 千字

中国社会科学出版社　2012 年 8 月

1949 年新中国成立到现在,已 60 多年。这 60 多年大概可以分为两大阶段,一是从

1949 年到 1978 年建立社会主义制度和探索社会主义建设的阶段,即改革开放前阶段;二是从 1979 年到现在建设中国特色社会主义阶段,即改革开放阶段。新中国经济学研究就是在上述经济社会建设实践基础上开展并取得一个又一个重大进展的。新中国经济学研究也可以分为两大阶段,即改革前后两个阶段。改革开放前,实行的是传统的社会主义经济体制,经济学领域占主流地位的是传统的社会主义经济理论。与此同时,也有不少标新立异的观点,对传统的社会主义经济理论发起挑战,如计划与市场关系问题、价值规律作用问题、所有权与经营权分离问题、物质利益原则问题、生产价格问题等,都贡献了具有远见卓识的观点和主张。这说明改革开放前中国经济学界亦有理论创新。改革开放后,中国经济学界真正迎来了百家争鸣和理论创新的春天。中国经济学家在马克思主义指导下,在党的解放思想、实事求是思想路线指引下,做出了一系列富有理论价值和实践意义的研究成果,并逐渐形成中国特色社会主义经济理论体系。

该书的目的在于系统梳理新中国 60 多年经济学研究的进展与成果,展现新中国成立后随着经济建设的腾飞取得的让世人瞩目的成就。

《西方经济思想史导论》

郭冠清(副研究员)

专著　188 千字

中国民主法制出版社　2012 年 9 月

该书从大约公元 1500 年野蛮的伊利亚人征服世界开始,在第一章里对斯密以前的经

济学进行了介绍。在第二章，作者对斯密进行了介绍，对斯密革命进行了分析，对《国富论》进行了重新解读。

对边际革命本身，该书进行了高度概括，对门格尔与德国新历史学派的"方法论之争"和一般均衡体系进行了重点介绍。在边际革命后，马歇尔将边际革命的理论创见与古典主义深邃的思想结合起来，重构了经济学体系；克拉克则将边际革命的思想应用到了分配领域。在瓦尔拉斯和马歇尔完成了"无形之手"的论证和新古典经济学体系的建立之后，费雪和威克塞尔建立了新古典货币理论。新古典经济学吸取古典学派和边际学派的"精华"，搭建价格由供给和需求"均衡"决定、收入按照"边际生产力"分配等"智慧"，几乎征服了19世纪末到20世纪20年代的所有经济学家。

由亚当·斯密建立起来的经济自由主义体系，经过李嘉图、萨伊、约翰·穆勒的综合和论证，边际革命的修正和挽救，奥地利学派和马歇尔的提炼、发展，克拉克、费雪、威克塞尔的补充和完善，到20世纪20年代，已经成为一个具有完全"话语权"的学说。

该书以斯密理论为逻辑基点，以斯密革命、边际革命和凯恩斯革命三次革命为核心，以对三次革命理论的补充、完善、挑战或反对为脉络，以人物而不是学派为主线，对经济学说进行了比较全面和系统的介绍。

《劳动力结构转换与居民收入差距》

杨新铭（副研究员）

专著 230千字

经济科学出版社 2012年5月

该书对我国劳动力质量结构进行了整体测算与分析。结果表明，城镇与农村内部无论哪个指标所揭示的劳动力结构变化过程都是一致的，即都经历了先上升后下降的过程。显然，我国劳动力质量结构正处于转换过程中。

劳动力结构转换过程会影响居民收入差距的变化，但与成熟经济体不同，处于转型过程中的我国经济与劳动力结构和居民收入差距的关系无疑更加复杂。因此，该书结合我国二元经济结构现状，依托劳动力异质假设，将劳动力划分为非技能、半技能与技能三种类型，构建了劳动力结构转换与收入差距之间相互影响的理论模型。其中，人力资本投资与劳动力流动是促成城乡劳动力结构转换的主要途径。该书认为，劳动力结构转换导致收入差距变化的内在机理是，劳动力结构转换改变不同质量劳动力稀缺程度，引起劳动力价格的变化，从而导致居民收入差距的变化。

运用分省面板数据对农村内部、城乡之间以及城乡加总收入差距与劳动力结构转换的相互关系的实证分析表明，收入差距与人力资本关系的理论和实证分析基本吻合，人力资本与收入差距呈现出相互作用的关系，劳动力结构的负向转换会导致收入差距扩大，正向转换会缩小收入差距，收入差距的增加则有利于人力资本差距的缩小与劳动力结构的进一步正向转换。

为此，作者指出，要促进经济发展、提高居民收入、缩小收入差距的政策着力点应该是合理利用收入差距，促进人力资本投资与劳动力结构正向转换；合理分摊人力资本投资成本，促进人力资本形成模式的创新；合理构建创新体系，促进与要素禀赋匹配的技术进步。

《促进就业为取向的宏观调控政策体系研究》

王诚（研究员）

专著　310千字

中国社会科学出版社　2012年11月

　　该书认为，由于中国经济处于转型时期的特殊背景，中国经济中的"无就业增长"与西方发达经济中此类现象有所不同。在城市中，就业微观基础的转变，并没有随着大规模国有企业改制从行政安置性就业转变为市场竞争性就业，而是转变为就业创造能力日益衰减的"改制扭曲性就业"。在农村，尽管通过政府的一系列强农惠农政策和"以工补农""以城补乡"措施的实施，农村就业得到程度不同的增强，农村劳动力就业的选择面也大为扩宽，但是从总体上看，中国农村就业的微观基础仍然非常脆弱，甚至难以短期支撑占中国劳动力人口一半的农村劳动力就业。

　　如何建立促进就业的宏观调控政策体系呢？该书认为，在财政政策方面，一是完善公共支出，二是健全税收政策。在货币政策方面，推动贷款抵押担保方式创新，信贷产品创新，鼓励政策性银行、商业银行积极开展对各类教育和培训机构开展融资活动；对自主创业和灵活就业的劳动者开展融资服务；对符合条件的各类社会就业服务机构开展融资。在产业政策方面，关键是要寻找劳动密集型产业、资本密集型产业及技术密集型产业之间的最佳平衡点，以充分发挥中国经济在就业机会创造方面的比较优势和后发优势，促进就业量的增长和就业品质的提升。在人力政策方面，人力政策主要从劳动力的供给调节方面采取政策措施。人力政策需要着力解决当前劳动力市场上具体存在的失业与空位的并存、就业和空位信息不易获得、劳动力价格具有调整刚性、劳动力流动比资金流动的成本高、劳动力的闲置即失业问题加重等新问题。在社会保障政策方面，需要强调失业保险政策在促进就业上的作用。在对外经济贸易政策方面，需要充分利用世界经济的全球化就业对中国经济和就业的拉动作用。要防止世界金融危机对中国进出口形势的不利影响，积极争取资源产品、高科技和专利产品及服务的进口，同时积极促进劳动密集、非"两高一资"的并且附加值更高的产品的出口。

《我国制成品出口规模的理论分析：1985～2030》

裴长洪（研究员）　郑文（副研究员）

论文　20千字

《经济研究》　2012年第11期

　　现有国际贸易理论主要探讨了国际贸易的发生机制，但没有给出一国商品出口总量决定的有效方法。该文认为，研究商品出口必须注意区分商品结构，鉴于制成品出口在全球商品出口中占据最主要的地位，文章以制成品出口为研究对象，构建了衡量一国制成品出口规模的理论框架与实证模型，经大样本检验，得出结论：一国制成品出口的全球占比主要由人口规模、人口密集度、人口年龄结构、资本形成能力、经济发展模式、贸易成本比较与收益转换等六大因素共同决定。该文运用上述理论与模型，对中国 1985 ~ 2010 年制成品出口的规模形成进行了理论解释，并通过六种情景模拟出了中国 2010 ~ 2030 年的制成品出口增长态势，作出了如下预测：2010 ~ 2020 年仍将是我国制成品出口快速增长的时期，2020 ~ 2030 年期间我国制成品出口的全球占比将达到 25% 左右的历史峰值，并进入高位持续期；其后，主要受制于人口抚养比的大幅激升，我国制成品出口全球占比的长期增长趋势将终结，由此进入下降阶段，这将是一个历史性的转变。

《"结构性"减速下的中国宏观政策和制度机制选择》

张平（研究员）

论文　12 千字

《经济学动态》　2012 年第 10 期

该文讨论了当前的经济减速，认为：经济减速呈现出一种"周期性"特征，即受到自身政策调整或外部冲击导致的短期总量周期性波动；还有着明显的"结构性"特征，即由于经济结构原因导致潜在增长率下降。该文第一部分回答了这次减速的特征是结构性，分析了中国潜在增长率下降的原因，认为"结构性"减速带来的宏观不稳已经是不可回避的问题。

该文第二部分进一步探索了"结构性"减速引起的实体经济的通缩。

该文第三部分讨论了中国式资产购买，梳理了中国进行资产购买的丰富经验。

该文最后探讨了改革和政策取向。认为，城市化和服务业的发展将开启经济"稳速增长"的第二增长阶段，以持续效率改进并促进结构进一步优化是本阶段的主要特征。

《试论我国海运事业的发展和变迁（1949 ~ 2010）》

彤新春（副研究员）

论文　15 千字

《中国经济史研究》　2012 年第 2 期

该文指出，海运业是国际贸易的桥梁和纽带，目前全球商品贸易货运量的 90% 以上是通过海运完成的，海洋运输是国际贸易中主要的运输方式，在国际贸易货物运输中占有极其重要的地位。

在经济全球化的今天，海上贸易和运输日益成为一国经济增长的生命线，海运格局的变迁佐证了各国经济地位的更迭。

新中国成立后，我国海运事业的发展大致可以分为三个阶段：1949 ~ 1978 年，我国海运事业在面临经济封锁的情况下缓慢发展；1978 ~ 2000 年，随着改革开放的逐步走向深入，中国海运事业得到了长足发展，海运大国地位渐趋形成；2001 年至今，随着中国加入世贸组织，中国逐步成为世界制造业基地，经济融入全球化的同时，中国经济快速增长，我国海运事业也面临着深刻变革，从海运大国向海运强国转变。

随着世界贸易中心向亚洲转移，高速增长的中国经济对航运需求巨大，中国海外航运业务发展迅速。每年新增的海运量中，超过 60% 是中国的进出口货物，中国由海运大国向海运强国转换的时机已经成熟。

在世界海运历史上，很多国家为了赢得或保证海运大国、强国的地位，都曾出台过不少政策和措施，从制度上进行保驾护航。因此，该文认为，我国必须形成一整套海运立法体系。只有这样，中国才能有望在 2020 年实现水运业的现代化，实现我国由海洋大国、航运大国向航运强国的转变。

《对马歇尔和庞巴维克价值决定理论的比较研究》

王瑶（助理研究员）

论文　21 千字

《经济学动态》　2012 年第 8 期

该文澄清了经济思想史上的两种认识误区：一是将杰文斯和门格尔作为边际革命的发起者，简单地将这二者作为边际价值理论的独立发现者归为一类；二是当把庞巴维克表转换成马歇尔图示后，因主观价值函数呈现出阶梯形供求曲线形状而极易误导人们产生新古典主义和奥地利学派价格理论"本质雷同"的错误认识。

第一种误区的消除立足于杰文斯和门格尔二者所处国度的宗教传统差异以及他们各自作品的着眼点不同。英国的新教传统使杰文斯的劳动供给理论成为他对主流新古典经济学的最重要贡献，这一思想也直接影响了其后继者马歇尔。

第二种误区的消除在于细致区分马歇尔和庞巴维克在哲学预设和研究方法两个层面的分歧。研究结果表明，马歇尔的均衡价格理论是通过寻找两种内在一致的不变价值尺度分别作为需求和供给的测量单位并借助于均衡分析而得出的预先价格决定论。庞巴维克的主观价值理论是通过异质性的买方和卖方进入和退出交易领域的双边竞争并借助于

边际对偶而得出的因果价格生成论。

《中国主权资产负债表及其风险评估》

李扬（研究员）　张晓晶（研究员）　常欣（研究员）　汤铎铎（副研究员）　李成（助理研究员）

论文　46 千字

《经济研究》　2012 年第 6 期、第 7 期

该文从国民资产负债表的基本框架入手，初步编制了 2000～2010 年的中国主权资产负债表。结果显示：按宽口径匡算，2010 年中国主权资产净值接近 70 万亿；按窄口径匡算，同年中国主权资产净值在 20 万亿左右。各年主权资产净额均为正且呈上升趋势。这表明，政府拥有足够的主权资产来清理主权负债，几无发生主权债务危机的可能。

中国的国民资产负债表呈快速扩张之势。对外资产、基础设施以及房地产资产迅速积累，构成资产扩张的主导因素。这记载了出口导向发展战略之下中国工业化与城镇化加速发展的历史进程。在负债方，各级政府以及国有企业的负债以高于私人部门的增长率扩张。这凸显了政府主导经济活动的体制特征。

对总债务水平与全社会杠杆（即总债务/GDP）的分析显示，中国的全社会杠杆率虽高于金砖国家，但远低于所有的发达经济体，总体上处在温和、可控的区间和阶段。但是，近年来该杠杆率的提高速度很快，必须引起关注。分部门的分析显示，居民负债率较低和企业负债率（占 GDP 比重）很高，构成中国资产负债表的显著特色。特别是，中国企业部门债务占 GDP 比重已逾 100%，

超过了 OECD 国家 90% 的阈值，值得高度警惕。

中国主权资产负债表近期的风险点主要体现在房地产信贷与地方债务上，中长期风险则更多集中在对外资产负债表、企业债务与社保资金欠账上。这些风险大都是或有负债风险，且与过去的发展方式密切相关。因此，转变经济发展方式，保持经济可持续增长，是应对主权债务风险的根本途径。

工业经济研究所

《工业大国国情与工业强国战略》

陈佳贵（研究员）　黄群慧（研究员）等

专著　370 千字

社会科学文献出版社　2012 年 8 月

改革开放以来，中国国情发生了怎样的变化？现在中国工业化进程处于什么样的阶段？中国实现了工业现代化了吗？该书试图从基本国情高度和国家战略层面回答中国经济发展中的这一系列重大问题。该书认为，中国已经进入工业化中期的后半阶段，中国的工业现代化水平只达到了国外先进水平的 40% 左右。这意味着中国的基本经济国情已经发生了重大变化，实现了从农业大国向工业大国的转变，但中国还不是一个工业强国，中国进一步的经济现代化战略是实施工业强国战略，从而实现从工业大国向工业强国的转变。

《中国产业政策变动趋势实证研究（2000～2010)》

赵英（研究员）　倪月菊（研究员）等

专著　460 千字

经济管理出版社　2012 年 9 月

该书是第一本对中国加入世界贸易组织后的产业政策进行全面、系统总结与研究的专著。作者在对中国 20 世纪 90 年代产业政策研究成果的基础上，分析了中国产业政策在 21 世纪前 10 年的演变趋势和特点，构成了对中国产业政策长达 20 年的持续跟踪研究；对中国政府在钢铁、汽车、船舶、轻工、机械、军工等重要领域的产业政策进行了深入分析。该书从理论层面对产业政策在中国政府宏观经济调控中的作用和机理进行分析，并有创见；该书还从公共政策的角度对产业政策在中国的存在形态及改进路径进行研究，提出了新看法。

《日本的技术创新机制》

刘湘丽（研究员）

专著　278 千字

经济管理出版社　2011 年 12 月

政府和企业对自主技术的高度重视，是日本技术创新机制的特点。自主技术，在国家这个政治形式依然存在的世界上，意味着获得了技术领域的主权和自由。尽管技术的主权与土地、海洋和天空的主权有很大区别，但在不受任何外力制约、自由使用这个意义上，它们有着共同之处。同时，在知识产权保护制度覆盖面越来越广的今天，自主技术也是企业在公正竞争中获胜的必要手段。

该书从政府和企业层面对日本技术创新机制进行了介绍和评析，内容包括日本从技术引进向技术输出演变的历史进程、国家科学技术政策的制定与实施、技术战略图的内容与使用、国家研究开发经费的分配与管理、国家项目的评价机制、企业研究开发的现状与危机、中小企业的技术创新、企业管理技术创新、技术人才培养政策、构建合作创新的集群政策等。

《民营家族企业制度变革研究》

沈志渔（研究员）　刘兴国（副研究员）
专著　230 千字
经济管理出版社　2012 年 6 月

改革开放以来，我国民营家族企业规模快速扩张，经营效益持续增长，在国民经济体系中的地位显著上升，已经发展成为我国国民经济的一支重要力量。尽管我国民营家族企业的经济地位在提高，对我国经济和社会的贡献在增加，但是我国民营家族企业的管理水平却没有取得与经济地位相对应的提升，其管理水平依然停留在 20 世纪末的传统经验管理阶段，这使得我们有必要更多地关注和研究我国民营家族企业的管理提升问题，而其中一个非常关键的问题，就是我国民营家族企业的制度变革。该书试图通过对民营家族企业制度变革进行研究，总结优秀企业的成功经验，寻找民营家族企业制度变革的科学道路，为我国民营家族企业整体的制度变革提供科学引导，进一步推动我国民营家族企业顺利完成企业制度变革。

《中国企业品牌竞争力指数报告（2011 ~ 2012)》

张世贤（研究员）　杨世伟（编审）　赵宏大（教授）

专著　460 千字
经济管理出版社　2012 年 4 月

该书重点展示了包括房地产行业、金融行业、汽车行业、IT 行业等 16 个有代表性的行业品牌竞争力指数研究报告。行业报告共包含四部分内容：（1）各行业品牌竞争力指数总报告；（2）2011 年度各行业品牌竞争力区域报告；（3）2011 年度各行业品牌竞争力指数分项报告；（4）各行业品牌竞争力提升策略专题研究。在各行业品牌竞争力指数总报告中，作者分别对各行业企业间的总体竞争态势、企业品牌竞争力指数排名、品牌竞争力指数评级以及品牌价值排名等有关问题进行了研究。在 2011 年度各行业品牌竞争力区域报告中，作者对各行业的企业分别按照区域和省（市）经济分区进行了分析。在 2011 年度各行业品牌竞争力指数分项报告中，以品牌财务表现力分指数、市场竞争表现力分指数、品牌发展潜力分指数和消费者支持力分指数四个一级指标对各行业进行了分析。在各行业品牌竞争力提升策略专题研究中，该书对各行业的宏观经济与政策作出分析，并从宏观、中观和微观的层面对各行业的企业品牌竞争力进行总体述评，进而为不同行业的企业提升品牌竞争力提供策略建议。

《检验认证的经济学性质及其行业监管——基于对中国检验认证机构的考察》

金碚（研究员）　王燕梅（副研究员）　陈晓东（副研究员）

论文　15 千字
《经济管理》　2012 年第 1 期

检验认证活动起源于信息不对称的经济

现实，是为了使交易活动顺利进行而积极提供信息的活动，是经济有效运行所必须的"润滑剂"。检验认证活动本质上是对市场缺陷（信息不对称）的一种弥补，而且是通过检验认证活动本身的市场化，在社会和政府的一定监管制度下，对市场体制的完善。监管与检验认证行业的发展与检验认证活动所要反映的经济社会活动形成天然的不可分割的联系。目前，中国政府在检验认证行业中处于主导地位，对检验认证机构的监督管理处于"强"监管状态。面对这样一个快速走向市场化、机构众多而又业务范围极广的信息服务行业，政府角色应当随行业的发展进程而不断调整，逐步建立起市场经济条件下的基于第三方检验认证机构的检验认证监督管理体制。

《中国的工业大国国情与工业强国战略》

黄群慧（研究员）

论文 22 千字

《中国工业经济》 2012 年第 3 期

对于一个处于工业化中期后半阶段的发展中大国而言，将工业发展问题仅仅从产业战略层面来认识是不够的，我国缺乏的是从基本国情高度和国家战略层面认识工业发展问题。该文认为，中国的现实基本经济国情是"工业大国"，正处于从"工业大国"向"工业强国"转变的阶段。基于这样的国情认识，该文描述了世界工业强国的特征和指标，论述了我国经济发展战略应该是以建立工业强国为目标的工业强国战略，研究了工业强国战略的必要性、目标、重点任务和政策导向。该文判断，中国将在 2020 年前后初步建成世界工业强国，在 2040 年前后全面建成世界工业强国。

《中国废弃物温室气体排放及其峰值测算》

渠慎宁（博士） 杨丹辉（研究员）

论文 15 千字

《中国工业经济》 2011 年第 11 期

作为温室气体的主要排放源之一，废弃物处置过程中会产生甲烷、二氧化碳、氧化亚氮等温室气体。近年来，随着经济高速增长与城市化进程的加快，我国废弃物生成量及其排放的温室气体不断增多。该文采用《IPCC2006 年指南》建议的一阶衰减法，对我国废弃物的碳排放进行了系统测算，预测废弃物碳排放峰值及出现时间。结果显示，1981～2009 年，我国废弃物的碳排放处于快速上升状态，并将于 2024 年达到峰值。比较发达国家的废弃物排放情况发现，我国废弃物处置仍有较大提升空间，推进产业转型升级、完善废弃物处置管理体系有助于减少废弃物生成，加快废弃物排放达峰，进而降低我国温室气体排放总量。

《运输费用、需求分布与产业转移——基于区位论的模型分析》

郑鑫（博士） 陈耀（研究员）

论文 19 千字

《中国工业经济》 2012 年第 2 期

产业转移的理论基础是注重生产成本分析的雁阵模型和产品生命周期理论，但这两类理论并没有考虑空间因素的影响。该文在现有产业转移理论的基础上，使用"分散式转移"和"集中式转移"的阶段划分来描述产业转移的一般过程，并引入运输费用、需求分布等空间变量，构建了基于区位论思想的两地区模型。在规模报酬不变和规模报酬递增的假定下，该文分别讨论了产业转移的实现条件和形式，发现地区生产成本的相对变化并不必然导致产业转移的发生。该文使用该模型分析中国现实，发现，集中式转移对于促进区域协调发展的作用要大于分散式转移；而运输费用的下降和内需的扩大将提高集中式转移的动力；地方保护主义阻碍了集中式转移，但助推了分散式转移。

《技术范式变革环境下组织的战略适应性》

罗仲伟（研究员）　　卢彬彬（博士）

论文　15 千字

《经济管理》　2011 年第 12 期

该文认为，技术范式作为组织的外部环境因素之一，是推动组织战略变革的重要因素。在技术变革加速的时代，把握行业技术范式的变革对组织的生存和发展具有重要战略意义。技术范式变革会引起组织外部竞争环境的变化，因此，认识技术范式变革的动力机制以及演化规律，了解技术范式"技术性"和"竞争性"的双重含义，对于组织如何调整其目标市场、组织能力、组织制度和组织边界，制定与外部环境相适应的发展战略，具有重要的现实意义。

农村发展研究所

《均衡之路——中国县域发展的寿光经验》

李周（研究员）　　朱钢（研究员）　　王小映（研究员）

专著　330 千字

人民出版社　2012 年 11 月

该书将寿光经验概括为六条：以全域规划为指导，优化发展布局；以产业升级为主线，加快阶段跃迁；以城乡统筹为方法，引领整体提升；以生态文明为理念，提高发展质量；以人民福祉为根本，促进社会和谐；以党的建设为保障，增强执政能力。该书认为，寿光模式对其他县市发展的启示是：谨慎扬弃，保障发展；强化创新，保持优势；加快转型，实现跨越。保持强政府、发育强社会；把握大机会，实现大发展；健全管理机制，增强执行能力；健全程序，完善过程；多元一体，和谐共生；全域发展，均衡共享。

《中国农村民间金融研究——信用、利率与市场均衡》

张元红（研究员）　　张军（研究员）　　李静（研究员）等

专著　300 千字

社会科学文献出版社　2012 年 11 月

该书是中国社会科学院重大课题"中国农村民间金融研究"的最终研究报告。

该书对中国农村民间金融进行了系统性的阐述和分析，包括民间金融的形式和结构，民间金融的信用机制、利率决定、市场边界与市场均衡，民间金融与正规金融之间的关系等内容。该书认为，农户借贷中民间金融多于正规金融，民间金融正由互助性向商业性转变，民间金融与正规金融在信用机制和市场定位方面有明显区别，两者之间互竞互补。这些研究对把握农村民间金融的基本特点和机制，并将相应的经验应用到中国农村金融部门的改革和发展方面具有积极意义。

《新型农村社会养老保险制度适应性的实证研究》

崔红志（副研究员）等

专著 319 千字

社会科学文献出版社 2012 年 12 月

该书从农民可接受性的视角，探讨了新农保制度的适应性问题。该书认为，目前的新农保制度在总体上能够促进农民参保缴费，但不能支撑高参保率，也不足以促使农民长期缴费、连续缴费和选择更高档次的缴费标准。提高新农保制度适应性的核心举措是在坚持农民自愿参保的基础上进一步实行退保自由，以便克服农民对政府的信任程度低、农民地域流动和身份转换与社会养老保险关系转移接续困难等外部环境约束。

《中国的农地制度、农地流转和农地投资》

黄季焜（研究员）　邵亮亮（助理研究员）

冀县卿（教授）

专著 220 千字

格致出版社、上海三联书店、上海人民出版社 2012 年 11 月

该书是国家自然科学基金青年项目的研究成果。综观新中国农业发展的 60 多年，每一时期的发展都与土地制度和政策紧密相关。该书以 2000 年和 2008 年两轮追踪调查的面板数据为基础，首先，系统地梳理了改革 30 多年来中国农村土地使用权政策的演变，分析农地使用权的实际情况与政策差异；其次，阐述了农地流转的趋势、现状和特点，并建立计量模型分析流转管制、农业补贴、非农就业等对农地流转的影响；再次，实证分析农户农地使用权预期、农地确权、农地流转和农地产权及演变等对农户投资的影响；最后，在以上实证分析的基础上提出政策建议。

《中国农村经济形势分析与预测（2011～2012)》

中国社会科学院农村发展研究所、国家统计局农村社会经济调查司

研究报告 298 千字

社会科学文献出版社 2012 年 4 月

该书为中国社会科学院农村发展研究所重点课题成果，自 1993 年以来每年出版一卷。

该书包括以下内容：全面、系统地描述和分析了 2011 年中国农村经济运行状况、特点、存在的问题等；对 2012 年中国农村经济走势作出基本判断和预测；围绕农业科技问题展开专题讨论。

《"入世"十年：中国农业发展的回顾与展望》

张晓山（研究员）

论文 13 千字

《学习与探索》 2012 年第 1 期

该文系统回顾了中国"入世" 10 年来农产品国际贸易的演进历程以及中国现代农业的发展状况，探讨了中国农户参与全球农产品价值链的进展情况和存在的问题，认为，中国已经由过去的农产品净出口国变为农产品需求存在缺口的国家。该文同时指出，中

国农产品供给必须首先立足于本国，提高本国农业资源的利用率，确保中国粮食安全的任务不能有丝毫放松。

该文分析和总结了农业经营模式在理论上不同观点的争鸣和实践上的不同做法，认为：中国以农户为基本经营单位的农业基本经营制度仍然有旺盛的生命力，中国发展现代农业要在稳定完善家庭承包经营的基础上进行；在鼓励土地向专业农户集中的同时，要防止一些工商企业以发展现代农业为名，圈占农民土地，损害农民利益；中国农业要应对全球化的挑战，必须深化经济体制和政治体制改革，要采取综合配套措施来促进农业生产和增加农民收入。

《中国主要农产品种子进出口贸易状况及分析》

杜志雄（研究员）　　詹琳（博士生）

论文　9千字

《国际贸易》　2012年第6期

该文是中国社会科学院农村发展研究所创新工程"中国农产品安全战略研究"阶段性成果之一。

该文在对2004~2011年中国向世界种子年会所提交的种子进出口报告以及《中国海关统计年鉴》的相关数据进行分析的基础上，对中国种子进出口贸易历程、现状进行了分析和概括，指出了中国主要农产品种子进出口贸易规模小、竞争力不强、结构单一等特征，并提出了加快国内种业市场化改革与产业结构升级等促进种子对外贸易健康持续发展的政策建议。

《农户民间借贷的利率及其影响因素分析》

张元红（研究员）　　李静（研究员）　　张军（研究员）　等

论文　8千字

《农村经济》　2012年第9期

该文是中国社会科学院重大课题"中国农村民间金融研究"的阶段性研究成果。

该文依据中国8省份近2000个农户样本调查数据，分析了农户层面民间金融的利率状况。该文认为，大多数农户民间借贷名义上是无息借款，但实际上放贷人会得到除利息之外的其他收益，同时，有利率的民间借贷出现了商业化、正规化的趋势。影响民间金融利率的因素主要是市场资金可得性、交易者之间的关系、借贷人的资产信用、借款额度和用途等。该文认为，民间借贷对农户融资十分重要，应该充分肯定其积极作用，并采取区别化的对策。

《中国农民专业合作社：数据背后的解读》

潘劲（研究员）

论文　17千字

《中国农村观察》　2011年第6期

该文为中国社会科学院重大课题"农民专业合作社与现代农业经营组织创新研究"成果之一。

该文运用制度经济学理论，通过对合作社发展数据背后所隐含问题的解析，提出以下观点：对合作社的发展数据应有理性判断，不要放大合作社对农民的实际带动能力；激励与监管并重的合作社发展政策才能取得政策的正效应；持有股份是合作社成员身份的重要标志，也是成员行使民主权利的基础；

合作社的未来走向取决于政府导向和合作社相关主体之间的利益博弈。

《对完善新型农村社会养老保险制度若干问题的探讨》

崔红志（副研究员）

论文　12 千字

《经济研究参考》　2012 年第 45 期

　　该文基于对我国 5 个新农保试点县（市）的农户问卷调查、深度访谈和座谈，就目前新农保制度建设中理论界和决策层较为关注的 6 个方面的内容进行了探讨。该文认为：完善新农保制度应始终坚持农民自愿参保原则，并取消老年农民直接享受基础养老金与子女参保缴费挂钩的捆绑；把新农保的不能退保修改为自愿退保，以便克服农民对政府的信任程度低、农民地域流动和身份转换与社会养老保险关系转移接续困难等外部环境对农民参保缴费的抑制；建立基础养老金水平的自然增长机制；更加清晰地界定各级政府在新农保筹资中的责任；在对服务类型进行分类的基础上，实施政府购买服务，重构新农保经办服务体系，把宣传发动工作下沉到村，由政府向村级组织和各类社会组织购买服务。

《国外农业经济研究轨迹：自组织机构变迁观察》

胡冰川（副研究员）　檀学文（副研究员）

论文　20 千字

《改革》　2012 年第 9 期

　　该文以中国国外农业经济研究会研讨会为基础，结合 2000 年以来中国国外农业经济学研究的历史和中国国外农业经济学研究会组织机构变迁，梳理了中国国外农业经济学研究的主要变迁轨迹，并对当前国外农业经济学的最新研究进行了述评，主要内容覆盖全球粮食安全、国际农产品市场、国别农业政策，同时也涉及相关的研究演化及衍生问题。

《防治生态系统退化的对策研究》

包晓斌（副研究员）

论文　5 千字

《环境保护》　2012 年第 20 期

　　该文在对防治生态系统退化的外部性、产权问题及其与区域产业结构改进的关系问题进行辨识和诊断的基础上，指明，应从完善政策、严格执法、创新制度、发展科技、扩大参与等方面着手，加强生态系统退化防治的途径；生态系统退化地区的经济发展要以资源的可持续利用和生态环境的不断改善为前提，防治生态系统退化则应注重优化资源配置，提高资源利用效率，使区域具有可持续增长的能力。该文对于开展区域生态系统退化防治的实践探索，具有指导意义。

《湖南省碳源与碳汇变化的时序分析》

陈秋红（助理研究员）

论文　8 千字

《长江流域资源与环境》　2012 年第 6 期

　　该文为国家重点基础研究发展计划项目和中国社会科学院青年科研启动基金项目的研究成果。

　　该文从能源消费、主要工业产品工艺过程、土地利用变化与牲畜管理、固体废弃物处理与废水 4 个方面综合分析了湖南省碳源与碳汇的变化情况。该文认为，1995～2008年，湖南省温室气体排放总量增长了61.18%，年均增长 3.74%；碳汇总量增长了 36.07%，年均增长约 2.40%；净碳汇增长了 31.94%，年均增长 2.15%，能源消费与农业部门、林地分别是湖南省温室气体和碳汇的主要来源。

财经战略研究院

《中国节能发电调度研究》

史丹（研究员）　　杨宏亮（博士）
专著　204 千字
经济管理出版社　2012 年 10 月

该书是国内第一部系统总结分析节能发电调度对促进电力行业节能减排、提高能源利用效率的专著。该书综合分析了我国南方五省节能发电调试点的实践经验和做法、取得的初步成效与存在的问题；介绍了节能发电调度的电力系统建设的基本构成和主要内容，从电力市场建设、定价机制、环境保护、挖掘节能潜力四个方面深入研究了完善节能发电调度的途径，针对我国当前节能发电调度存在的问题提出了政策建议。该书的主要亮点是在总结我国节能发电调度的基础上，提出了推进电力市场改革的一些基础工作、突破点和改革重点的政策建议：加强能源统计，加大节能发电调度的信息公开力度和监管力度；建立与节能发电调度相协调的市场机制，以节能发电调度为契机，加快电力市场平台建设，建立大区域综合电力交易中心；运用经济手段促进节能发电调度的发展，完善经济补偿办法；运用财税等政策工具，促进电力工业节能减排，理顺电价形成机制，加快推进电价改革。

《中国宏观经济运行报告　2012》

刘迎秋（研究员）　　吕风勇（助理研究员）
研究报告　323 千字
社科文献出版社　2012 年 11 月

该报告是中国社会科学院财经战略研究院宏观经济课题组的年度研究报告，专注于对中国宏观经济运行状况的跟踪研究，探讨一定时期影响经济运行的主要矛盾和问题，并在此基础上，对中国经济未来趋势进行分析和预测。根据宏观经济运行的理论逻辑关系，该报告分为五个部分，即形势与展望、增长与结构、要素与价格、分工与需求、政策与调控，通过定量和定性分析相结合、长期和短期分析相结合的方法，分别对中国经济增长、物价走势、需求波动、宏观调控等重要方面进行了较为全面而深入的研究，并据此对中国经济的未来走势作出了预测。2012 年，中国经济增速经历了一个明显的下滑过程，该报告认为，外部需求不振等外生冲击、产能过剩和转型困境等结构因素以及政策体制的滞后调整是引起并放大这次经济波动的主要原因。不过，由于宏观调控力度的增强和内生复苏力量的积聚，2013 年，中国经济增长速度将温和回升，居民消费价格指数涨幅则会略有回落。

《中国财税改革战略思路选择研究》

杨志勇（研究员）
论文　10 千字

《财贸经济》　2012 年第 12 期

该文认为：1994 年以来中国财税改革基本上是零敲碎打式的，不利于形成改革合力；中国亟需一次根本性的财税改革，这一财税改革需在认清改革的历史使命的基础之上全方位推进；改革应设定时限，理想的做法应是用 10 年左右的时间，建立起与成熟市场经济体制相适应的财税体制；改革目标实现后，政府与市场关系应真正规范化，政府内部的资源配置应进一步优化，公共财政制度从此进入稳定期；全方位改革不等于激进式改革，它所强调的是改革的联动性，改革一旦条件成熟就应推行；改革必须适应经济全球化的要求，促进全球经济治理和社会发展；改革应有利于合理的国民收入分配格局的形成；财税改革新共识的形成，将有助于改革的顺利推进。

《市场信息效率理论的新进展》

吴忠群（教授）　张群群（研究员）

论文　12 千字

《经济学动态》　2012 年第 5 期

该文对市场信息效率理论近年来的最新成果及其发展趋势，作出了系统的梳理和评述，认为，现有文献均从某一特定角度对市场信息效率进行探讨，所得出的结论只具有特设性，缺乏一般性。尽管影响市场信息效率的因素十分复杂，但基本可归纳为交易规则、信息形态、交易者结构、产品结构和学习模式这几个类别。归类处理不仅能够刻画出信息效率理论的概貌，而且可以对该理论发展的脉络作出更清晰的洞察。虽然已有的文献都是从一个很具体的问题或

角度入手对信息效率有所揭示，还没有建构市场效率的整体模型，但这些工作已经为系统评价市场效率作出了必要准备，在此基础上更具现实性的资产定价理论有望被建立起来。

《我国商贸流通服务业战略问题前沿报告》

宋则（研究员）

研究报告　65 千字

财政部《经济研究参考》　第 32 期（2012 年 6 月 6 日）

该报告是中国社会科学院财经战略研究院创新项目"服务业深度参与经济结构战略调整研究"的阶段成果，同时是中国社会科学院财经战略研究院《中国流通领域战略问题高层论坛》重大成果发布会的专题报告。

该报告提出六大趋势性的新发现：（1）商贸流通服务业综合影响力日益增强的新趋势；（2）新世纪"经济节奏较量加剧"的新趋势；（3）互联网技术电子商务呈井喷式发展的新趋势；（4）商品生产采购销售与提供服务相互融合的新趋势；（5）供应链向金融与商贸融合主导型转变的新趋势；（6）商品流通成本绝对上升和相对上升的新趋势。

该报告提出十大战略要点的新主张：（1）商贸流通服务业深度参与"转方式、调结构"战略；（2）政府机构改革、职能转变先导战略；（3）商贸流通服务业新思路促消费战略；（4）商贸流通服务业公共财政支持战略；（5）走出"中等规模陷阱"大型企业成长战略；（6）零售业主营业务回归战略；（7）批发业微观基础转型升级战略；（8）现代物流业健康发展战略；（9）商贸流通能力

向海外延伸战略；（10）农产品市场反周期调控战略。

《中国外贸战略》

冯雷（研究员）

研究报告　27 千字

社会科学文献出版社　2012 年 6 月

该书以马克思国际贸易基本理论为指导，系统回顾了我国自改革开放以来外贸发展的阶段性特征。该书认为，外贸发展战略的基本依托在于我国劳动力的比较优势，劳动生产力的解放是发挥我国劳动力成本优势的关键。该书通过区域比较，显示出劳动力成本层级依次在东中西地区的分布及动态推进，为我国外贸发展战略的基础存在空间提供了理论及实证依据。

该书指出，多元生产关系的并存结构诱发出多元经济主体的共同发展，多元市场主体带动了经济机构的改变，带动了城镇就业结构的变化，构成了多元经济主体在货物贸易中的多元定位，是推进我国货物贸易迅猛发展的制度因素。

该书认为，互利共赢在我国外贸战略中包括了两个层次的内涵，一是在国际分工的基础上发挥比较优势，凸显国际分工中各方利益的契合点；二是在国际交换中遵循等价交换的原则，不附加任何条件，"中国威胁论"没有市场。

该书指出，进口贸易的科学发展是我国从贸易大国走向贸易强国的关键因素，是外贸战略调整的重要领域，是经济发展方式和贸易发展方式实现战略转型的重要契机。进口贸易政策的调整关键在于实现进口在贸易强国中的经济定位与功能。

《新能源技术转让需要强健的知识产权保护》

夏先良（研究员）

论文　7 千字

《中国能源》　2012 年第 10 期

该文认为：新能源产业是世界大国竞相争夺的战略性新兴产业，我国是新能源技术应用、出口和引进大国；新能源技术转让是我国获取新能源技术的重要渠道，是促进产业转型升级、提高产业竞争力和促进节能减排、缓解气候变化的关键；新能源技术知识产权已经成为国际新能源战略博弈的焦点，知识产权政策是影响技术转让的基础性制度；我国从国际市场上获得新能源技术转让面临着知识产权纠结；我国知识产权法律及政策虽然经历多次修订和完善，但仍不能适应日益增加外国新能源技术转让的需要，我国需要强健的知识产权保护环境，有必要继续完善知识产权政策，以促进我国新能源产业发展和技术转让。

《我国超市通道费问题研究》

依绍华（副研究员）

论文　8 千字

《价格理论与实践》　2012 年第 4 期

长期以来，以超市为代表的零售企业，凭借自身渠道优势，经常根据自身偏好和供应商市场地位来收取包括"通道费"在内的各种费用，以获取尽可能多的收益。目前，超市收取"通道费"已成为一种盈利模式，很多超市过度依赖渠道费，加剧了与供应商之间的矛盾，严重影响了我国商贸服务业的健康发展。该文分析了超市收费现状，运用博弈论剖析其深层次原因，指出，由于制造业和零售业各自在很多领域处于同质化竞争阶段，而且消费领域中制造商在供应链条上受制于零售企业，超市为提高利润往往会将不合理费用转嫁给中小型企业。该文在分析研究的基础上探讨了超市盈利模式，并提出相应对策建议。

《当前结构性减税进展缓慢的原因及对策》

何代欣（副研究员）

研究报告　6千字

《中国社会科学院要报》　第 171 期（2012年9月26日）

党中央国务院高度关注的结构性减税，在进入 2012 年下半年后，步伐日趋艰难，诸多棘手的深层次问题逐一暴露。这些问题源自财政超收惯性的影响、中央与地方财税关系的失衡、稳定经济增长的需要以及宏观调控布局的制约。归根结底，大多数问题反映了财税改革的不充分与经济转型的不到位。该文提出，有步骤地推进结构性减税，首先要全面明确结构性减税的总体目标与实施路线图；其次要尽快启动新一轮财税体制改革；再次要做实做细促进经济增长目标下的结构性减税；最后要建立结构性减税与收入分配调节的同步关系。

《现阶段中国服务贸易与货物贸易相互促进发展研究》

于立新（研究员）

论文　10千字

《国际贸易》　2012 年第 3 期

该文从我国服务贸易与货物贸易相互促进发展的现状着手，指出中国服务贸易与货物贸易发展虽然呈现高度相关性，即服务贸易与货物贸易增长趋势一致，且二者呈相互促进发展态势，但是，服务贸易整体竞争力不高，难以有效支撑货物贸易向深层次发展。而金融危机使我国服务贸易与货物贸易发展模式弊端凸显，如服务贸易与货物贸易相互促进作用不显著；货物贸易对服务贸易发展的带动作用尚未充分发挥；服务贸易与货物贸易地区发展不平衡，不利于二者相互促进发展；服务贸易发展战略指导思想及政策存在不足，政策倾斜力度不够等。该文提出：要通过夯实服务产业基础，促进货物贸易与服务贸易的协调发展；同时，建立适合服务贸易和货物贸易协调发展的机制和政策措施，并以生产性服务业、服务外包、文化创意服务贸易为突破口，促进服务贸易整体发展；此外，还需建设综合配套的服务贸易与货物贸易相互促进发展试验区，最终实现服务贸易与货物贸易协调互动发展。

《服务创新的理论演进、方法及前瞻》

王朝阳（副研究员）

论文　11千字

《经济管理》　2012 年第 9 期

该文认为，服务创新理论的演进与服务业的发展壮大相伴随但又相对滞后于实践。自 20 世纪 70 年代起步以来，服务创新理论大致经历了技术与互动性研究、批判和改进、知识与创新系统研究三个阶段。服务创新的研究方法大都基于案例分析和调查研究，且通常是基于某个具体行业或部门，借助制造业常用的分析工具进行调查。未来研究的重点在于服务（业）的概念、分类和方法论问题；知识（智力）在服务生产、创新、消费及交易中所扮演的角色以及相应的社会组织；服务业发展中信息与通讯技术的角色以及服务生产和创新过程的合理性；制造业与服务业融合发展环境下的服务增强和服务创新问题。

金融研究所

《是一级市场抑价，还是二级市场溢价：关于我国新股高抑价的一种检验和一个解释》

刘煜辉（研究员）　　沈可挺（副教授）

论文　14千字

《金融研究》　　2011年第11期

　　该文采用随机前沿分析法验证IPO抑价是否造成中国新股上市首日超额收益的主要影响因素及其影响程度。该文把全部样本划分为若干热销和非热销时段的子样本，考察全样本及各子样本的新股发行是否存在发行价格被压低现象。研究结果表明，我国IPO定价总体上不存在发行价格被压低的现象，但其中一个非热销期子样本的发行价格较IPO潜在最大价格存在一定程度的系统性低估。由于中国特殊的制度环境，上市资源的稀缺性所造就的拟上市公司的盈余粉饰行为，使得通过随机前沿分析得到的IPO潜在最大价格可能高于新股真实内在价值，因此不能保证实际发行价格必定低于反映其内在价值的真实前沿面，而只能说明该阶段可能存在发行价格被压低的现象。

《粘性信息经济学：宏观经济学最新发展的一个文献综述》

彭兴韵（研究员）

论文　15千字

《经济研究》　　2011年第12期

　　该文对近10年来新兴不完全信息理论之一——粘性信息理论的发展和应用进行了梳理和总结。该文认为，与粘性价格和工资理论不同，粘性信息强调了信息成本对人们的决策行为进而对宏观经济动态变化及货币政策的影响。它假定由于信息的获取、吸收和处理成本，一些人仍会根据原有信息作出经济决策，信息的传播缓慢导致名义刚性，而且在粘性信息模型中，重视过去对当期经济环境的预期。这无疑比暗含假定更接近于人们真实的经济决策状态，因此，不失为近年来经济学家们对经济理论进行的全新探索。但粘性信息理论对现实经济活动的刻画仍然是高度简化的。粘性信息理论中，由于信息成本，人们会像交错调整价格模型中那样交错更新信息，以及一旦更新了信息便是完全理性预期且信息处理能力是充分的假定，无疑容易被质疑。

《中国货币政策调控工具的操作机理：2001～2010》

王国刚（研究员）

论文　18千字

《中国社会科学》　　2012年第4期

　　该文回顾和分析了21世纪前10年的中国货币政策调控历程、内在机理及其效用。该文详细阐述了几个机理：一是调整法定存款准备金率的机理；二是发行人行债券以调剂对冲头寸的机理；三是调整存贷款基准利率的机理；四是运用行政机制管控新增贷款的机理。该文认为，提高法定存款准备金率和发行人行债券在整体上并无紧缩效应，提高存贷款利率有着信贷扩张效应，与这些政策手段相比，调控新增贷款规模的有效性最高。最后，该文指出了中国货币政策调控的难点，并给出了对策建议。

《人口拐点、刘易斯拐点和储蓄/投资拐点：关于中国经济前景的讨论》

殷剑峰（研究员）

论文 19 千字

《金融评论》 2012 年第 4 期

该文认为，中国经济 30 多年的高速增长造就了过度乐观和过度悲观两种情绪。一方面，许多人认为中国经济还会有若干个 10 年的高速增长；另一方面，也有不少人将人口老龄化和刘易斯拐点看成是中国经济陷入低速增长甚至停滞的前兆。该文首先基于人口转变的视角回顾了中国经济高速增长的基本机制，接着，作者关注到在人口转变进入到人口再生产的第三个阶段的中、后期时，我国经济快速增长的势头可能会因为老龄化而面临快速下降的局面，于是，该文在一个简单的索洛模型框架下界定了人口拐点、刘易斯拐点和储蓄/投资拐点，指出，单一的人口拐点或刘易斯拐点并不值得担忧，刘易斯（第二）拐点之后同时发生的人口拐点和储蓄/投资拐点才是经济减速甚至人均产出水平下降的推手。

《货币增长是否导致了通货膨胀：基于因果关系的动态视角》

费兆奇（助理研究员）

论文 9 千字

《国际金融研究》 2012 年第 7 期

该文在动态格兰杰因果关系的基础上，通过构造"GF"统计量，检验了我国 2001 年以后货币增长与通货膨胀的动态因果关系；而且，通过设计"格兰杰—F"检验和构造"格兰杰—F"统计量，考察了经济增长在货币增长与通货膨胀传导关系中所扮演的角色。具体讲，作者旨在解决以下问题：该格兰杰因果关系在既定的显著性水平上是否稳定，是否会随着时间而发生变化；是什么因素导致了该格兰杰因果关系的发生，即导致货币增长引起物价水平变化的因素是什么；货币增长引起的通货膨胀是否影响了经济增长。

《中国金融发展报告（2012）》

李扬（研究员） 王国刚（研究员）主编

研究报告 249 千字

社会科学文献出版社 2012 年 5 月

该书是中国社会科学院金融研究所组织编写的年度性研究报告，旨在对 2011 年中国金融发展和运行中的各方面主要情况进行概括和分析，对所发生的一些主要金融事件进行研讨和评论。

与往年的《中国金融发展报告》相比，该书在结构、内容和篇幅等方面有了重大调整，主要成因有三：一是中国社会科学院对出版蓝皮书有了新的要求，提出了更高的标准，"精炼、精作、精品"成为其中的应有之意。鉴于此，作者将过去《中国金融发展报告》中"宏观经济运行分析"部分和"专题分析"部分舍去，集中对金融运行情况进行分析，使得该书的内容更加突出。二是该书的出版者从读者的需求出发，要求全书尽可能压缩，既方便读者阅读，也适应读者的支付能力。三是通过多年编写，作者感到，皮书系列已向专业化方向发展，有关问题已有专门的皮书予以分析了，因此，该书的编写不必面面俱到，只需专心于分析中国的金融运行情况。

《中国金融监管报告（2012）》

胡滨（研究员）主编

研究报告　263千字

社会科学文献出版社　2012年5月

　　该书作为中国社会科学院金融法律与金融监管研究基地系列年度报告，秉持"记载事实""客观评论"以及"金融和法律交叉研究"的理念，集中、系统、全面、持续地反映中国金融监管的现状、发展和改革进程。

　　该书主要由"总报告""分报告"和"专题研究"三部分组成。"总报告"为两篇：第一篇为《中国金融监管发展道路：1949～2011》，该篇将中国金融监管置于全球金融危机的背景下，系统总结60年来中国金融监管的发展进程、基本特征、理念以及存在的问题，并对中国金融监管的发展提出了相应的对策。第二篇为《中国金融监管：年度进展》，该篇对2011年度中国金融监管进行了系统的总结、分析和评论，并对2012年中国金融监管发展态势进行了预测。"分报告"为分行业的监管年度报告，具体剖析了2011年度中国银行业、证券业、保险业以及

外汇领域监管的年度进展，并且对国际金融监管动态进行扫描，呈现给读者一幅中国金融监管全景路线图。"专题研究"部分是对当前中国金融监管领域重大问题的深度分析，主要涉及宏观审慎政策、影子银行体系的监管、中国版巴塞尔新资本协议的实施以及理财产品监管等，同时对中国金融监管的理论进展也进行了系统梳理。

《历史演进、制度变迁与效率考量：中国证券市场的近代化之路》

尹振涛（副研究员）

专著　280千字

商务印书馆　2011年11月

　　该书是我国目前唯一一部对中国近代证券市场的发展情况进行史料考证和理论研究的学术著作。研究近代中国证券市场是力求在总结前人成败得失的基础上吸取经验教训，给予我国现阶段证券市场发展以启示。该书主要以新制度经济学为分析框架，对近代中国证券市场进行全面系统的分析，试图清晰地勾勒出市场发展的历史轨迹、制度框架与运行状况，以期还原历史本貌。

《中国货币法制史概论》

石俊志（研究员）

专著　280千字

中国金融出版社　2012年8月

　　该书借助货币学、法学、史学学科交叉的方式，深入探讨货币理论，包括货币起源、货币本质、货币演变以及法律在货币发展过程中起到的重要作用。该书通过对中国古代各王朝货币法制状况的分析，总结各王朝采

取的货币法规和货币政策所产生的政治、经济影响，探索各王朝盛衰兴替的经济原因。该书研究、考证了中国古代货币法制的建立、发展和演变的全过程，指出铜钱是中国古代货币法制的主要对象。中国古代货币法律赋予铜钱一定程度的信用货币性质。基于这种性质，各王朝通过铸行减重铜钱和铸行虚币大钱的方式，扩大铜钱流通总量，实施货币政策，实现国民收入的再分配。作为法定称量货币的黄金和白银，由于依靠本身的价值承担货币职能，因此不能被朝廷用来调节货币流通总量，所以不能作为实施货币政策的手段。

数量经济与技术经济研究所

《中国住户生产核算的方法论体系》

李金华（研究员）等

专著　388千字

中国社会科学出版社　2012年4月

　　该书是国家社会科学基金课题"中国住户生产核算的理论与方法研究"的最终成果。

　　该书以住户生产核算的理论基础、关键概念、重要范畴、核算原则为切入点，较系统深入地研究了中国住户生产核算的主体、准则、核算工具、核算方法，探讨了住户生产核算数据的采集、住户正规生产核算、住户无偿服务与未观测生产核算、住户生产效益与资源要素核算、住户生产综合与延伸核算、住户生产核算与国民经济核算体系等方法或理论，构建了中国住户生产核算的较为完整的方法论体系。

《行为—制度—增长：基于博弈模型的分析框架及应用》

王国成（研究员）

专著　386千字

中国社会科学出版社　2012年5月

　　该书是中国社会科学院重大课题"经济增长与制度之间内在关系的建模及应用研究"的最终成果。

　　该书以主体行为分析为理论基点和逻辑主线，吸纳新制度经济学及相关学科的研究范式与内容，以博弈模型为基础，借助形式化语言，构建和形成探讨制度与增长内在关系的理论分析框架，重点研究关键影响因素和问题，分门别类、相对集中地探讨制度与增长之间复杂的联系方式和传导机理，并进行组合实证。其核心观点认为，主体行为多样化是制度存在的前提，制度的主要功能是协调个体与群体的行为关系，通过放松基本行为假设、引入行为分析与构建博弈模型，并辅以组合实证方法。探究行为、制度与增长的共生演化关系，既能更深入规范地在更广泛意义上研究制度与增长的内在关系，又表明如此的方法选择是必要的、适宜和有效的。

《中国金融安全的多向度解析》

何德旭（研究员）　张军洲（高级经济师）

张雪兰（教授）

专著　430千字

中国社会科学出版社　2012年11月

　　该书是国家社会科学基金项目"构建金融稳定的长效机制——基于美国金融危机的经济学分析"的最终成果之一。

该书以理论脉络和知识发展方式为依凭，从两个向度展开对中国金融稳定及安全问题的思考：在国际向度上，以经济学人的视角，探析此次金融危机的成因及演进历程，基于对历次金融危机的比较反思，描摹西方国家政府为应对金融危机而在金融监管体系、货币政策、政府职能重构等方面作出的种种努力，挖掘其蕴含的改革理念与研究思潮；在国内向度上，根植中国现实，在构建及测度中国金融稳定与安全指数的基础上，从宏观审慎管理制度、货币政策选择、金融安全网设计、金融市场结构、政府职能及行为诸方面，探讨如何在由西方主导的全球化进程和世界秩序中捍卫中国的金融稳定与安全。

《科研资助的激励机制分析》

张昕竹（研究员）　赵京兴（研究员）　张晓（研究员）

专著　172千字

中国社会科学出版社　2012年10月

该书是中国社会科学院重大A类课题的研究成果。

该书内容主要包括三个方面：一是利用激励理论和分析方法，对科研这种特殊的生产活动进行经济学分析，详细刻画了不对称信息的影响，描述了科研资助面临的激励相容约束和道德风险约束，并比较分析了不同科研资助激励机制的性质；二是详细介绍了包括美国、加拿大、英国、德国等国家科研资助制度安排，分析介绍了同行评议、项目审批、奖励制度等管理手段，并对照我国的科研资助情况进行了分析；三是利用问卷方法，对国家社科基金和其他非国家基金进行了实证分析，分析了不同项目资助机制的性质和效果。

《二元结构下的投资膨胀及要素驱动》

蔡跃洲（副研究员）

专著　292千字

中国社会科学出版社　2012年4月

该书从收入分配的角度分析了要素驱动的成因。全书将投资消费失衡、收入分配差距以及资源要素约束等问题之间的联系有机地纳入到一个统一框架下，行文和分析自成体系，为解读当前中国宏观经济面临的结构性矛盾提供了一种新的视角。书中提出的多项主张也很有新意，比如，从资源要素配置环节和初次分配环节扭曲来解释所谓"再分配失灵"现象；从投资膨胀和重工业自循环角度来解释投资结构重化；提出未来宏观政策应引导投资向财富积累方向转移等。

《人力价值管理计量研究》

张国初（研究员）

专著　192千字

社会科学文献出版社　2012年10月

该书是中国社会科学院重点课题"企业人力价值管理研究"的最终成果。

该书从理论上阐述了21世纪企业人力资源管理的理念及其定位，主要内容包括：从价值理论、企业人力资源价值理论、企业和企业人力资源工作的价值驱动因素等方面来研究组织变革中人力资源工作理论的变化和企业价值及企业人力价值取向等方面的问题；提出了评估企业个体和群体人力资本价值的一般性数学模型；结合现代财务会计和管理会计理论，研究了在企业的经营和管理活动中，如何确认、计量和披露人力资本价值贡献；探讨了如何根据人力资本价值贡献设计相应的激励分配机制；分析了企业人力资源活动对于企业价值创造的作用机制；研究了如何计量评价人力资源管理的价值创造效果。作者在已有的理论和方法论的基础上，进行了两个案例研究和两个实证研究。

《新文明论概论》

姜奇平（副研究员）

专著 620 千字

商务印书馆 2012 年 9 月

该书是第一部系统、全面并具有中国特色的解读当下文明转型的理论著作。该书指出，以互联网为代表的新技术革命引起了文明存在方式的转变，新文明不仅意味着技术层面、产业层面、媒体层面的一般性变化，而且意味着文明基本范式的转移，意味着启蒙理性导向的物化世界，向生命意义导向的生活世界的转变。以基本价值范式的转变为契机，文明发生着中心与外围位置的偏转。以中国为代表的新兴国家的复兴恰好与这一过程相合，欧美不再是世界绝对的中心，不再具有普世价值的独家解释权。这好比文明论中地心说向日心说的转变。新文明论是对这一历史转变的解释，也是这种对历史转变的理论准备。

《中国环境与发展评论（第五卷）：中国农村生态环境安全》

张晓（研究员）主编

论文集 262 千字

中国社会科学出版社 2012 年 8 月

该论文集是中国社会科学院重点学科建设"经济政策与模拟研究室"项目的中间成果。

该书针对中国环境与发展的"短板"——中国农村生态环境问题展开。在问题层面，针对水、土壤、草原、碳排放、畜产品、化肥、农业科技等，进行了独立的分析讨论。为了揭示农村环境问题背后深刻的国情特点以及国际农业发展脉络，该书评论拓展了背景分析研究，除了一如既往的宏观视角，还特别给出了具有鲜明微观特色的典型案例研究，这些研究都具有正面积极意义，而不是单纯的评论。

《预期寿命与中国家庭储蓄》

刘生龙（助理研究员）　王亚华（副教授）

胡鞍钢（教授）

论文 19 千字

《经济研究》 2012 年第 8 期

该文在生命周期模型的基础上，引入了预期寿命，就预期寿命对中国家庭储蓄率的影响进行了理论分析和实证检验。通过收集中国 1990~2009 年 31 个省份的省级面板数据，该文的实证研究结果表明，人口预期寿命对中国家庭储蓄率产生了显著的正向影响。样本期间内，由人口平均预期寿命增加导致的中国家庭储蓄率增加了共计 4.2 个百分点，对中国家庭储蓄率增长的贡献度达到了42.9%。其实证研究结果还表明，预期未来的收入增长率对家庭储蓄率产生微弱的负面影响，而预期未来的收入不确定以及人口抚养比对中国家庭储蓄率的影响没有通过显著性检验。

《基于经济利益的产业间环境责任分配》

张友国（副研究员）

论文 16 千字

《中国工业经济》 2012 年第 7 期

该文基于投入产出模型提出了七种产业环境责任指标，并分别采用这些指标对各个产业的环境责任进行了评价。这些指标都具有各自的理论基础，并且能够避免环境影响的重复计算问题。由于这些指标考虑问题的出发点不同，是基于不同的环境责任分配机制构建的，因而它们具有不同的政策含义。该文认为，应当在环境责任分配中着重考虑共担责任原则及其政策主张。这意味着政府有必要重视研究和采取适当的政策措施引导消费和需求，将它们与生产的政策措施结合使用，同时调动具有产业关联性的经济主体相互督促对方提高环境绩效，从而真正从源头上遏制高耗能、高污染行业的非理性扩张。当然，实际环境责任指标的选取有赖于具体情形和决策部门的政策取向。

《超额工资、过剩流动性、进口价格与中国通货膨胀因素的量化分析》

张延群（副研究员）

论文 12 千字

《金融研究》 2012 年第 9 期

该文从超额货币供给、超额工资增长和外部因素等三个来源对我国的通胀进行了量化分析。该文认为，1994 年之后特别是 2009 年以来，超额工资对 CPI 的变动起到重要作用，超额货币供给对通胀的影响是显著的，与超额工资相比其影响程度相对较弱。进口价格上涨在短期内对通胀的影响是显著的。文章最后特别指出，2010～2011 年的高通胀虽然有超额货币供给和进口价格增长过快的原因，但主要原因之一还在于出现了较大程度的超额工资增长。在未来几年，来自超额工资增长的因素对通胀的压力会有所增大。努力加强供给管理，减少工资成本推动型的通胀应当成为下一阶段控制过高通胀率的政策重点之一。

《进入退出、竞争与中国工业部门的生产率——开放竞争作为一个效率增进过程》

李平（研究员）　简泽（副教授）　江飞涛（副研究员）

论文 21 千字

《数量经济技术经济研究》 2012 年第 9 期

该文基于大规模的微观数据集，考察了经济转轨与市场开放过程中大规模的进入退出、市场竞争与工业部门全要素生产率增长之间的内在关系。研究结果表明，市场开放激发了以非国有企业为主体的大规模的进入退出和动态竞争过程；通过竞争的激励效应，进入退出促进了企业层面全要素生产率的增长；通过跨企业的资源再配置效应，进入退出促进了总量层面全要素生产率的增长。该文认为，在政府干预较多的资本密集型行业，在位企业之间跨企业的资源配置效率仍然较低。继续推进开放竞争对于工业部门生产率的进一步增长具有重要意义。

《中国粮食生产及其价格变动的传导机制研究——基于动态随机一般均衡（DSGE）模型实证分析》

娄峰（副研究员）　张涛（研究员）

论文　10 千字

《数量经济技术经济研究》　2012 年第 7 期

该文根据动态随机一般均衡基本原理，结合我国农户行为特征，分别构造了农户生产行为函数和农户消费需求行为函数，并结合相关约束条件，利用随机离散动态规划理论，推导出农户消费需求和生产行为的贝尔曼方程，进而求解出用于分析中国粮食价格传导机制的 DSGE 模型。实证结论表明，从短期来看，农户外出务工工资上调会对粮食生产造成负面影响，并使得粮食价格面临上涨压力；但是从中长期来看，上调农户外出务工工资使得农户总体收入增加，从而有利于粮食生产的固定资产投资增加，最终使得粮食产量供给增加和粮食价格下降。增加政府对农民的转移支付，可使粮食总产量上升、粮食价格下降；同时使农户的自产粮食消费需求、非粮食消费需求和农户消闲时间均增加，从而提高农户消费效用。

《国家创新体系视角下的国家创新能力测度述评——理论方法、数据基础及中国实践》

蔡跃洲（副研究员）

论文　18 千字

《求是学刊》　2012 年第 1 期

该文从国家创新体系角度，对创新能力测度相关的理论基础、方法工具、科技统计调查及中国的研究与实践进行全面梳理和分析。国家创新能力测度的发展与实践表明：国家创新体系理论（NIS 理论）以系统论为指导，全面考察创新活动的发生机制，为准确测度国家创新能力提供了有力支撑；不同时期形成的创新能力测度方法与当时占主流地位的创新理论密切相关；当前占主导地位的测度方法可分为建模计量法、综合指标法和 DEA 效率评价法三类，这三类方法都是以 NIS 理论为支撑的；规范的科技统计调查是准确测度创新能力的前提，OECD 是这方面的典范，其经验为发展中国家提供了参考依据；中国学者在测度方法的探索上有诸多独到之处，但国内科技统计调查工作仍有待进一步规范。

人口与劳动经济研究所

《中国人口与劳动问题报告（No13）——人口转变与中国经济再平衡》

蔡昉（研究员）主编

专著　207 千字

社会科学文献出版社　2012 年 10 月

该书主要关注人口转变后的中国经济转型问题。该书共分为三个专题。首先，该书根据最近人口普查结果研究分析了中国人口转变及未来发展趋势。认为，中国的人口老龄化正在加速，快速迈向老龄社会的大势已定、无法逆转。决定未来人口变化的关键是设法提升稳定了 20 年之久的低生育水平，否则极有可能掉入"低生育水平的陷阱"。其次，该书对中国所面对的结构性挑战提出了经济再平衡的概念性和政策性框架，并针对人口红利消失后的经济可持续增长提出了政策建议。该书指出，未来的经济增长会更加依赖于全要素生产率和劳动参与率的提高以及人力资本的积累和总量的增加。第三个专题是对就业与收入分配中存在的问题进行研究分析。研究分析表明，越是低收入的劳动者工资增长速度越慢，而越是高收入的劳动者工资收入增长越快，劳动力市场上工资收入出现了"两极化"现象。该书认为，如何实现低收入劳动者工资的合理增长是改善收入分配状况的关键所在。

《当代农村代际关系研究——冀东农村的考察》

王跃生（研究员）　吴海霞（副研究员）

专著　277 千字

中国社会科学出版社　2011 年 11 月

该书以冀东一个村庄为考察对象，从多个视角认识代际关系的当代表现。它力图通过家庭成员居住方式、多代家庭户主和主事之人代位、亲子分爨和兄弟分产方式、老年人赡养和轮养规则、亲子关系中的交换行为、亲代在子代婚事操办中的贡献等方面来揭示农村代际关系的状态和变动，对其中存在的问题有所把握。代际关系中的问题多与养老有关。第一，随着社会转型，代际之间经济资源支配能力发生逆转，老年亲代所掌握的经济资源较中青年子代为低，这直接制约了其在家庭中的地位。第二，养老方式的单一性影响老年亲代的生存质量。绝大多数老年人没有社会养老保险金，家庭赡养是其唯一依赖；生活不能自理后的起居照料也由家庭成员负担。一些子代视此为负担，虽不会推

诿，但却不够尽心。

《城镇基本养老保险制度的再分配效应》

侯慧丽（副研究员）

专著　163 千字

社会科学文献出版社　2011 年 12 月

该书通过对国家统计局 2009 年城市住户调查数据分析发现，现行我国城镇基本养老保险制度在制度范围内的再分配抑制了收入差距的扩大，但对缩小收入差距、降低收入不平等的作用非常有限。比较显著的再分配效应发生在代际和性别之间：年青一代是利益受损者，年老一代是收益者，代际间的再分配加大了年青一代的负担。性别间的再分配主要是由于女性预期寿命长于男性且退休年龄早于男性而产生的男性向女性的再分配。不同收入水平之间、不同所有制单位之间、不同行业和职业之间，养老金所产生的再分配效应都不明显，也就是对收入分配而言，既没有扩大收入差距，也没有减小收入差距。

《中国是否跨越了刘易斯转折点》

蔡昉（研究员）等主编

论文集　288 千字

社会科学文献出版社　2012 年 3 月

该书主要关注以下几方面问题：中国是否跨越了刘易斯转折点；刘易斯转折点对于中国经济增长意味着什么；中国经济应该如何应对；刘易斯理论是否适用于中国。该书收录了 12 篇经济学论文，反映了 26 位中外经济学家围绕这些问题进行的激烈辩论。尽管作者的观点不尽相同，甚至是针锋相对的，但无一不是运用了经济学的规范研究方法，

强调理性思考和经验证明。本书为读者带来的并不是刘易斯转折点是否已经到来的结论，而是让读者对中国经济发展面临的挑战及其应对之策有更深刻的理解。

《中国如何应对潜在增长率的降低》

蔡昉（研究员）

论文 13千字

《比较》 2012年第4期

该文引用若干关于潜在增长率的估计结果，说明其降低的必然性；论证出追求一种超过潜在增长率的实际增长速度，必然要采取扭曲性政策手段，造成宏观经济的不稳定性，加剧经济增长中的不平衡，妨碍经济发展方式的转变。根据国际经验，这样做的结果，就保持经济持续快速增长的愿望来说，必然是欲速则不达。该文认为，潜在增长率并非不可以改变。通过必要的制度建设和公共政策，可以从生产要素供给、要素生产率和全要素生产率等诸多方面提高潜在增长率，从而支撑更高的实际增长率。

《未富先老与中国经济增长的可持续性》

蔡昉（研究员）

论文 13千字

《国际经济评论》 2012年第1期

中国的快速人口转变形成了"未富先老"特征，因而在应对老龄化问题时，面临第一次人口红利过早消失、第二次人口红利开发困难和养老资源不足等挑战。该文旨在揭示，中国面临的挑战不仅是人口问题，更是保持经济增长可持续性的问题。只有正视经济发展的阶段性规律，才可能找到保持经

济持续增长的正确途径。该文归纳相关国际经验和教训，提出提高劳动者素质以开发第二次人口红利、通过制度调整提高养老能力和未来储蓄率的可持续性、建立完善的养老保险制度等政策建议。

Labor Migration and Income Inequality in China（《中国的劳动力流动和收入不平等》）

都阳（研究员） 薛进军（教授）

论文 18千字

The Economic Science（《经济科学》） 2012年第1期

从劳动力市场看，扩大就业和不同群体之间工资的趋同，是缩小不同群体之间收入分配差距的积极手段。虽然从总体上看，中国的劳动力市场仍然未能实现劳动力完全自由的流动，但在过去30年里，劳动力市场的改革是充分有效的。该文认为，劳动力市场的改革和劳动力流动规模的增加，无疑是缩小收入差距的积极手段。因此，在现阶段，至少可以说劳动力市场发育带来的就业扩大效应以及劳动力流动所产生的工资收敛，正在对缩小收入差距发挥积极的作用。我们也有理由相信，在刘易斯转折点之后，主要的劳动力市场结果会向更有利于收入分配改善的方向转化，与库兹涅茨转折点的会合也会加速。

《"单独"育龄妇女总量、结构及变动趋势研究》

王广州（研究员）

论文 14千字

《中国人口科学》 2012 年第 3 期

该文以"单独"育龄妇女为研究对象，通过建立随机微观人口仿真模型，研究"单独"育龄妇女总量、结构和变动趋势，结果表明，如果现行生育政策不变，"单独"育龄妇女总量在未来三四十年内持续增长的趋势不可逆转，且增长速度很快，年均增长速度在 10‰以上，2050 年，"单独"育龄妇女占育龄妇女的比例将达到 50% 以上，总量超过 1.2 亿。如果放开"单独"二孩政策，2050 年，"单独"育龄妇女占育龄妇女的比例将在 50% 以下，总量仍超过 1 亿。如果全面放开二孩政策，2050 年，"单独"育龄妇女占育龄妇女的比例将在 30% 以上，总量在 1 亿以内。

《从同姓不婚、同宗不婚到近亲不婚———一个制度分析视角》

王跃生（研究员）

论文 18 千字

《社会科学》 2012 年第 7 期

该文认为，血缘亲属分为同姓、同宗和近亲。同姓不婚制度建立在维持男系血统传承秩序不紊乱基础之上，优生并非其基本出发点，但它在客观上降低了来自同一祖先者通婚的概率，对优生具有积极作用；同宗不婚完全是出于伦理考虑作出的安排；近亲不婚则在此基础上更进一步。从民间实践看，同宗不婚的落实效果最好，这是宗族内部有效的自律和约束使然。近亲不婚制度在有服宗亲中便于落实，而一些地区姑舅和两姨姐妹子女在父母的安排下则形成与法律要求不一致的结姻偏好。可见，近代之前中国民众

对近亲结婚危害的认识是有限的。

《到底能生多少孩子？——中国人的政策生育潜力估计》

王广州（研究员） 张丽萍（副研究员）

论文 18 千字

《社会学研究》 2012 年第 5 期

该文以 1985 年以来全国大型人口抽样调查数据为基础，分析生育水平、生育意愿与生育潜力的基本状况和主要特点，对育龄妇女生育意愿与生育潜力的变化范围进行估计，结果表明，目前中国育龄妇女的生育意愿低于更替水平，二孩生育目标占绝对优势，潜在二孩生育的比例不到 50%。在此基础上，该文通过随机微观人口仿真模型研究放开"单独"二孩政策和全面放开二孩政策对出生人口规模的影响，认为放开"单独"二孩政策也不会引起很大的出生人口堆积。

《地区差异的新视角：人口与产业分布不匹配研究》

蔡翼飞（助理研究员） 张车伟（研究员）

论文 18 千字

《中国工业经济》 2012 年第 5 期

地区差距从空间上看表现为人口与产业分布的不匹配，因此，研究人口与产业分布的不匹配是审视地区差距的一个新视角。该文通过构造测度不匹配程度的指数，描绘了我国人口与产业不匹配程度的现状与变化趋势，并在分析不匹配形成机理的基础上，提出了三个可能导致其扩大的研究假设。通过实证分析，该文发现人口与产业不匹配程度会随着经济发展呈现出先升后降的变化趋势，

在此过程中，人口迁移壁垒、资本边际产出变动差异对不匹配扩大起到了推动作用，而国家区域协调发展战略在阻止其扩大方面发挥了一定的作用。

《从开放宏观的视角看环境污染问题：一个综述》

陆旸（助理研究员）

论文 20 千字

《经济研究》 2012 年第 2 期

　　该文将环境与增长、环境与贸易、环境与就业、环境与人口迁移等研究文献纳入到一个宏观分析框架中，发现国际分工使"南—北"之间存在了多纬度的"环境不平等"：首先，由于国际分工模式的差异，使发展中国家成为发达国家的"污染储藏地"。其次，在国际分工背景下，环境保护是否有利于发展中国家的整体就业还存在着争议。再次，环境恶化已经导致一些国家出现了"环境难民"以及随之而来的人口迁移。然而，穷国与富国的环境压力和迁移能力却不尽相同，从某种程度上说，这也是国际分工产生的间接影响。但是，关于这一问题的研究还十分有限。

《农村地区外出务工潮对义务教育阶段辍学的影响》

牛建林（助理研究员）

论文 10 千字

《中国人口科学》 2012 年第 4 期

　　该文利用中国综合社会调查数据与县级主要社会经济统计资料，分析了 20 世纪 80 年代以来中国农村地区外出务工现象对义务教育阶段在校学生辍学的影响。该文认为，农村地区同龄人外出务工现象对义务教育阶段在校学生辍学具有吸引与示范作用。一个区县同龄人外出务工的比例越高，在校学生义务教育阶段辍学的可能性越高；与完成义务教育者相比，初中辍学者更有可能外出务工。与同龄人外出的影响不同，家人外出有助于降低农村中小学生辍学的风险，促进其接受较高的教育。

《衡量劳动市场供求状况的另一个指标：求人倍率》

王新梅（助理研究员）

论文 9 千字

《统计研究》 2012 年第 29 卷第 2 期

　　该文整理分析了我国政府分别公布的劳动力市场和人才市场两套求人倍率统计的特点，分析了求人倍率与失业率的区别，比较了我国的求人倍率统计与部分发达国家求人倍率统计的异同点；根据我国求人倍率的数据分析了我国劳动力市场的供求状况，其中一个重要特征是低学历劳动者的供求压力比高学历劳动者小得多；最后，该文给出了我国求人倍率的明确定义，提出了今后完善这项统计的注意事项。

城市发展与环境研究所

《低碳城市：经济学方法、应用与案例研究》

潘家华（研究员）　　庄贵阳（研究员）　　朱守先（副研究员）

专著 363 千字

社会科学文献出版社 2012 年 8 月

该书包括理论篇、方法篇、评价篇和规划篇四部分内容。主要思路是在低碳发展国际大背景下对低碳经济和低碳城市概念作出界定的基础上，建立一套行之有效的低碳经济（城市）评价指标体系（方法学），并用于国内城市案例研究之中。通过对案例城市进行评价，制定案例城市的低碳发展规划，开发一套行之有效并符合中国国情的低碳城市经济学评价方法，指导中国低碳城市建设。

低碳经济是指碳生产力和人文发展均达到一定水平的一种经济形态，旨在实现控制温室气体排放的全球共同愿景（Shared vision）。低碳经济包含四个核心要素：发展阶段、低碳技术、消费模式、资源禀赋。低碳经济发展水平综合评价指标体系需要从四个层面构建：（1）低碳产出指标；（2）低碳消费指标；（3）低碳资源指标；（4）低碳政策指标。低碳城市规划理论和方法主要在于：构建适合中国国情的低碳城市规划研究的理论框架，揭示中国低碳城市规划建设、低碳城市生活方式、低碳城市运行系统之间的耦合关系，解释低碳城市、低碳社会、全球气候变化之间的科学问题联结，为国家建立应对和减缓快速城市化过程对全球变化影响的政策体系及实施机制提供科学依据和技术支撑。

《中国区域协调发展研究》

魏后凯（研究员）等

专著 483 千字

中国社会科学出版社 2012 年 10 月

当前，中国区域发展已经进入一个重要的转型时期，区域协调发展的内涵将更加丰富。该书着重从科学发展观的视角，围绕区域全面可持续协调发展这一主线，在深入分析中国区域发展态势基础上，考察了新时期区域协调发展的内涵、判断标准和新型机制，提出了促进区域协调发展的战略思路和政策措施。在此基础上，该书分章节深入分析了对外开放、制度变迁、地区专业化、人口流动、社会资本、人力资本等因素对区域协调发展的影响，研究了农村居民收入的地区差异、能源效率的区域差异、区域碳排放、基本公共服务均等化等区域协调发展问题，探讨了中国关键问题区域的差别化国家援助政策。

《中部崛起战略评估与政策调整——对江西的实地调研》

魏后凯（研究员） 麻智辉（研究员） 王业强（副研究员）

研究报告 323 千字

经济管理出版社 2012 年 7 月

近年来，在国家政策的支持下，中部六省发展速度明显加快，但仍面临着诸多制约，如承接产业转移与生态环境、问题区域发展限制多等一系列发展的硬约束。为更有针对性地出台中部地区政策，该书以江西为例进行了深入调查研究，从中部崛起的层面系统梳理了中央出台的关于中部崛起战略与政策，认为，尽管国家有关部门先后制定实施了一系列中部崛起的相关政策，但原则性的较多而具体可操作的政策措施相对较少，经济发展中的深层次矛盾未能真正解决，要实现经济长期可持续发展仍然困难重重。中部要崛起，就必须跨越、赶超，但这种跨越赶超必须与转变发展方式有机结合起来，实行"转赶"结合，促进经济发展与生态环境保护有机融合，走跨越式绿色发展之路。

《情景分析理论与方法》

娄伟（副研究员）

专著　689千字

社会科学文献出版社　2012年9月

近年来，情景分析方法在国内外都得到了广泛的应用，并成为国际学者及研究团队对话的重要平台。国内学者在应用情景分析法的过程中，普遍存在方法不当、情景构建粗糙等问题，导致这一问题的主要原因是由于国内缺少对情景分析理论与方法的深入研究。

该书在大量分析国际上知名及最新研究成果的基础上，系统构建了情景分析理论与方法体系。在理论方面，主要研究情景分析法的发展历程、理论体系、知名学者或团队的代表性理论等；在方法论方面，全面研究了情景分析法的主要流派、一般性步骤、代表性知名情景分析法等。该书主要篇章都附有典型案例，读者依据书中介绍的内容，就可熟练掌握情景分析的理论及方法。

《中国农民工市民化研究》

单菁菁（研究员）

专著　245千字

社会科学文献出版社　2012年11月

当前及未来10~20年是我国城市化快速发展的时期，同时也是城市化过程中各种问题和矛盾集中爆发的时期。能否妥善解决这些问题和矛盾，推动农民工顺利融入城市、完成其市民化过程，不但关系到这一庞大社会群体的自身发展与福利，更直接关系到我国城市化进程能否顺利进行及社会主义和谐社会能否真正建立。该书通过对一些典型城市的调查，从经济层面、社会层面和文化心理层面对进城农民工的市民化状况、主要障碍进行了深入调查与研究，提出了促进农业转移人口市民化的政策建议。

《中央扶持民族地区发展政策研究》

魏后凯（研究员）　成艾华（教授）　张冬梅（副教授）

论文　15千字

《中南民族大学学报》（人文社会科学版）

2012年第1期

中央根据民族地区的实际情况，制定和实施了一系列特殊的帮扶政策措施，帮助少数民族地区发展经济，取得了显著的成效。但由于受自然、历史、人口分布等多方面因素的影响，与全国相比，民族地区社会经济发展水平仍较低下。在新时期，中央扶持民族地区发展政策需要进行战略调整。首先，要加大财税支持力度，努力帮助民族地区加快发展步伐。其次，要积极扶持民族地区产业发展，加快对外对内开放步伐，建立健全区域生态补偿机制，着力提升民族地区的自我发展能力，培育形成自我发展机制。再次，针对民族地区的特殊性，进一步完善新时期的特殊扶持政策，如实施特困民族地区扶持政策，进一步完善对口支援和民族人口发展政策，帮助民族地区加快发展。

《适应型城市：将适应气候变化与气候风险管理纳入城市规划》

郑艳（助理研究员）

论文　7 千字

《城市发展研究》　2012 年第 1 期

　　气候变化带来的不确定风险，对于城市灾害风险管理提出了新的挑战，对此，城市管理者需要一个学习和重新适应的过程。在中国城市化提升阶段，城市发展迫切需要加强气候风险管理的意识和能力，构建适应型城市，即：通过政策、机制设计和人财物等资源配置，能够更加灵活地应对气候变化、管理气候风险。基于国外城市的实践与经验，该文提出几个政策要点：（1）建立灵活应对、广泛参与的城市气候风险治理机制。（2）将气候风险评估作为制定城市发展规划的科学依据。（3）用法律、资金、技术等手段保障城市的气候防护能力。（4）城市规划设计中协同考虑防灾减灾与生态保护。（5）将城市规划、应对气候变化与城市可持续发展目标相结合。

《倒"U"型城市规模效率曲线及其政策含义》

王业强（副研究员）

论文　11 千字

《财贸经济》　2012 年第 11 期

　　进入 21 世纪，中国工业化、城镇化加速发展，城市人口规模不断扩大，各大都市圈在空间上不断扩张，城镇化逐渐成为推动中国经济持续增长的重要力量。但是，随着城市规模的日益增大，城市交通、教育、医疗、养老、环境污染等问题逐渐凸显。关于城镇化道路的选择，尤其是城市规模问题，不可避免地成为中国城镇化过程中迫切需要解决的现实问题。各种理论观点争论的焦点在于，是否存在一个潜在的最大城市规模。通过对中国城市规模效率进行测算发现，地级市及以上城市的经济、社会和环境规模效率与城市规模之间具有倒 U 型曲线关系，其顶点对应的城市规模在 352～932 万人之间，西部地区城市规模上升的空间较大，而东北地区相对较小。

社会政法学部

法学研究所

《新中国人权保障发展 60 年》

刘海年（研究员）

专著　507 千字

中国社会科学出版社　2012 年 1 月

　　该书以马克思主义为指导，通过专论和报告等形式，系统阐释了新中国 60 年来，在以往的基础上人权理论研究、人权建设实践以及人权对外交流的发展。其中既肯定了我国人权保障的巨大成就，也指出了尚待解决的问题和对解决相关问题提出的意见建议。全书分"综论篇""分论篇""国际交流篇"三个部分。

Competition Law in China《中国竞争法》

王晓晔（研究员）　苏华（博士）

专著　90千字

荷兰威科出版集团　2012年1月

　　该书是著名的"威科国际法律大百科全书·竞争法"系列中国卷单行本（英文版）。该书梳理了中国反垄断法的重要组成内容，包括垄断协议、滥用支配地位、经营者集中、违法行为的认定、申报义务、行政执法机构调查权和执法程序、私人诉讼等。该书对相关理论与实务问题提供了系统、客观、实用的解释，从不同层面适应反垄断执法机构、学界和实务界的需求，为从事国际和比较法研究的学者以及从事跨国交易法律服务的律师提供了参考。

《中国法治发展报告No.10（2012）》

李林（研究员）主编　田禾（研究员）执行

　　主编

研究报告集　476千字

社会科学文献出版社　2012年3月

　　该书分析了2011年中国法治发展取得的成就和存在的问题，并对2012年中国法治发展形势进行了预测。该书的专题报告分析了2011年犯罪形势、残疾人权利保障状况、微博管制的法律问题、房产税改革、民间借贷的法律规制、中国海外投资保护问题、反垄断执法等中国法制建设中的重要内容，同时评述了《婚姻法司法解释（三）》以及《刑事诉讼法》《民事诉讼法》修改中存在的争议与问题。该书还继续重磅推出多篇法治国情调研报告，如《中国政府透明度年度报告（2011）》《中国司法透明度年度报告（2011）》《"裸官"监管调研报告》等。该书还特别围绕中国地方法制建设，推出了多篇国情调研报告，从不同角度展现了地方法治的风采。

《法学学位论文写作方法》（第二版）

梁慧星（研究员）

专著　109千字

法律出版社　2012年3月

　　该书是著名民法学家梁慧星关于法学学位论文写作方法的一本方法论著作，初版于2006年。该书从学位论文的选题、学位论文的资料、学位论文的结构、研究方法、学术见解、优秀范文、社会责任等几个方面，深入浅出地讲解了如何写好法学专业学位论文，对于法学专业学生来说具有方法论指导意义。

《法律与历史：体系化法史学与法律历史社会学》

谢鸿飞（副研究员）

专著　348千字

北京大学出版社　2012年3月

　　该书是作者承担的国家社会科学基金课题"历史法学派与德国民法"的最终成果。

　　该书主要研究了三个方面的问题：一是作为一种法学流派的历史法学派到底是什么；二是历史法学派与自然法学、理性法学、潘德克顿法学—概念法学相互之间的关系；三是历史法学派与德国法学派之间的关系。该书最重要的论点是，历史法学派提出的启示并非简单的"历史法学"，而是法律历史社会学。该书尝试建构当前法律与历史尤其是部门法中法律与历史的一般性理论。该书的理论意义主要在于深入解释了历史法学派的核心观念与方法，从思想史与法理学的角度讨论这一流派的意义及其局限。同时，该书拓展了中国民法学对外国法的研究，对中国民法学界习以为常的一些概念进行一些谱系学的考察。该书在实践上的意义主要在于为中国未来民法典的制定提供了必要的参考。

《环境法治：参与和见证——环境资源法学论文选集》

马骧聪（研究员）

论文集　556 千字

中国社会科学出版社　2012 年 9 月

　　中国社会科学院荣誉学部委员马骧聪是我国著名环境资源法学家，新中国环境资源法学科的开创者之一。他参加了近 20 项集体成果的研究，参加了我国第一部环境保护法以及现行《环境保护法》《海洋环境保护法》等多部法律起草和数十项法律法规论证，可谓参与和见证了我国环境法制建设及环境资源法学学科的发展历程，对我国环境资源法学的建立和发展作出了贡献。该书总结了马骧聪 30 多年从事环境资源法学研究的成果，见证了中国环境资源法学从无到有的全部过程。该书收录的论文既包括对环境资源法基本理论问题的论述，也包括对我国环境立法、执法、司法、守法等环境法制问题的研究，还有对外国环境法和国际环境法的阐述，以及对环境法学理论的探讨。

《〈著作权法〉专家建议稿说明》

李明德（研究员）　管育鹰（副研究员）

唐广良（副研究员）

专著　518 千字

法律出版社　2012 年 10 月

　　该书是在中国社会科学院知识产权中心受国家版权局委托提交的《著作权法》第三次修订专家建议稿的基础上完成的。该书以面向实务、解决问题为基本思路，提出了我国《著作权法》第三次修订的一些重要建议，包括废除《计算机软件保护条例》、明确规定作品的定义、重新梳理著作权的权利体系、突出规定相关权、强化著作权和相关权保护以及删除法人作品和录像制品、增加合理使用的规定、以专门章节规定著作权和相关权合同等。该书进一步阐释了我国著作权法的立法理念，论证了如何建构著作权法的制度体系才能更为有效地促进我国的文化繁荣和学术进步，如何通过著作权范畴的合理权利配置以实现文化生活中的利益平衡，如何完善著作权法上的法律责任机制以充分保障著作权的充分实现。

《中国宪法三十年（1982～2012）》（上、中、下卷）

李林（研究员）莫纪宏（研究员）主编

论文集　2354 千字

社会科学文献出版社　2012 年 10 月

　　宪法作为国家根本法，对国家经济、社会、法治、文化等方方面面产生重大影响，宪法确立了中国特色社会主义道路，指导中国的改革开放取得了巨大成就。2012 年是 1982 年宪法即现行宪法颁布 30 周年。30 年来，我国宪法实践中出现了许多新现象和新问题，宪法学理论工作者围绕现行宪法发展撰写了大量的优秀研究成果，对于推进理论创新、提高社会各界维护和遵守宪法的意识、维护宪法权威产生了积极的影响。为总结现行宪法实施以来我国宪法制度的发展，展现我国宪法学理论研究的成果，中国社会科学院法学研究所编者在梳理了关于宪法起草过程的立法资料及背景的基础上，约请我国众多法学家撰稿，评述现行宪法实施中的成就与作用，记录 30 年来中国宪法发展的历程，并探讨今后的完善路径。该书上卷着重介绍了中国宪法学和中国宪法 30 年来的发展状况和取得的成绩，中卷主要将"依法治国""依宪治国"作为论述的主题，下卷主要是"技术性"研究。该书大致上反映了 30 年来我国宪法学和宪法制度发展的线索和状况。

《司法解释的建构理念分析——以商事司法解释为例》

陈甦（研究员）

论文　28 千字

《法学研究》　2012 年第 2 期

该文认为，在当前的司法解释形成过程中，存在一些值得注意的制度建构理念与方式，如过多地基于推理启动具体的司法解释形成过程，先创设"立法政策"然后顺此制定司法解释，试图通过司法解释实现社会利益一般调整却超越其本身的权限与能力等。这些做法影响具体司法解释的制度生长趋向与内容选择，并导致司法解释的定位逾矩与功能紊乱。为完善司法解释形成机制以确保司法解释优化质量，须强调基于审判经验启动具体的司法解释的形成过程，以顺应立法政策作为具体司法解释的政策取向原则，以实现法律的技术完善作为具体司法解释的建构重心。

《中国法治的人文道路》

胡水君（副研究员）

论文　33 千字

《法学研究》　2012 年第 3 期

该文认为，现时代需要一种融合中西人文主义之精髓、兼济人的认知理性与道德理性的新人文主义。从人文主义的视角看，道德人文维度与民主政治维度是构建中国法治需要着力加强的两个方面。在法治发展道路上，中国需要协调好法治的道德、功利、政治与行政四个层面，沿着自身的文化传统，打造政治和社会的理性与道德基础，开拓一种具有厚重人文底蕴的"道德的民主法治"，实现仁义道德与自然权利、民主法治在现代的历史衔接。

《宪法实施状况的评价方法及其影响》

莫纪宏（研究员）

论文　20 千字

《中国法学》　2012 年第 4 期

该文从全面和系统地分析目前国内外宪法学界对宪法实施的研究状况出发，指出当下宪法实施理论研究方面存在的问题主要在于没有准确地界定宪法实施概念的性质，没有对宪法实施建立起一套科学和合理的分析系统。作者认为，从理论来看，宪法实施是使静态宪法变成动态宪法，宪法实施概念所要解决的主要理论问题是"行动中的宪法"，但是宪法实施是一个集主观评价与客观实践于一体的复杂现象，必须要在认真分析宪法实施对象的特征，并在此基础上作出分门别类研究，对实施可能性作出区别对待的基础上，才能进行科学的分析；从实践来看，宪法实施概念具有很强的目的性，需要解决特定的宪法问题，因此，离开了具体目的性的指引，纯粹的抽象意义上的宪法实施，在实践中不仅不利于树立宪法本身的权威形象，相反还会严重影响宪法作为根本法自身所具有的科学性和规范性。

《我国民法立法的体系化与科学化问题》

孙宪忠（研究员）

论文　12千字

《清华法学》　2012年第6期

　　该文通过分析我国目前民法立法中的碎片化以及法律之间存在冲突等问题，指出我国民法立法应当通过体系化设置，进一步实现科学化。该文认为，虽然我国最高立法机关宣布已经建成了社会主义市场经济法律体系，但是从"体系"的角度看，民法立法还存在体系化和科学化方面的重大缺陷，这些问题十分明显并亟待改正。我国现行民法均以单行法律法规呈现，这些法律制定的时间跨越期限很长，一些重要的法律制度是改革开放初期制定的，没有体现民法社会的基本精神；一些在不同时期制定的法律制度相互不衔接甚至矛盾；一些法律法规制定时并未考虑既有法律法规的存在，也未考虑民法知识体系的科学性，只考虑单一的单行法规自成一统，结果使得民法整体出现立法碎片化的现象。现行建成的所谓"体系"并没有表

现民法典整合的趋势，也不符合民法科学化和体系化的内在逻辑。为保障市场经济发展和人民权利，民法立法体系化科学化的任务必须旗帜鲜明地提出来，尽快实现民法现行立法的整合，并且尽快出台中国民法典。

《历代珍稀司法文献》

杨一凡（研究员）主编

古籍整理　6213千字

社会科学文献出版社　2012年1月

　　多年来，司法研究一直是法史研究的薄弱环节。以往论述古代司法的著述，多是依据立法方面的资料静态地描述古代司法制度，而对司法运作和实证资料考察不够。为了进一步开拓古代司法制度史的研究，给学界提供有关古代司法指导原则、办案要略和司法运作方面的资料，编著者选编和整理了此套丛书。该丛书收入唐、宋、元、明、清代表性的司法指南性文献72种。第1～3册收入唐至清代办案要略和操作规则类文献31种，第4～8册收入明、清两代3部著名的折狱经典，第9～10册收入古代司法检验文献12种，第11～12册收入讼师秘笈8种，第13～15册收入清代秋审条款文献18种。司法指南性文献的整理与研究，对于实事求是地阐述中国古代的司法制度、推动法律史学研究走向科学具有重要意义。

《法律实施的理论与实践研究》

刘作翔（研究员）主编　冉井富（副研究员）执行主编

论文集　464千字

社会科学文献出版社　2012年10月

该书是"法律与社会论丛"系列之一。全书征集和组编了 8 篇论文。这些论文均面向中国法治现实，或者较为宏观地讨论法律实施在我国法治国家建设和法学研究中的战略地位；或者针对不同的制度或规则，考察法律实施的实际运行。其中既有描述、分析和解释，也有规范性的议论。各篇文章侧重不同，但又互为犄角，共同构成了深入、系统、科学考察中国法律实施状况的成功尝试。

国际法研究所

《刑事诉讼法修改建议稿与论证：以人权保障为视角》

陈泽宪（研究员）主编

专著　520 千字

中国社会科学出版社　2012 年 3 月

该书是中国社会科学院法学研究所"刑事诉讼法修改与人权保障"项目第二阶段研究的重要成果。研究重点放在刑事被追诉者的权利保障上。结合《公民权利和政治权利国际公约》第 14 条的相关规定以及中国刑事立法和司法实践的现实需要，该书选择了以下四个研究议题：《律师法》与《刑事诉讼法》的协调、搜查和扣押的法治化、被告人上诉权的保障和再审程序的完善（涉及禁止双重危险原则的确立）。在研究方法上，主要采取比较研究与实证研究方法。首先是对刑事司法国际准则中的相关要求进行梳理；其次是比较若干法治发达国家和地区有借鉴意义的规定及实践；再次是总结中国刑事诉讼法学界现有的研究成果；最后是通过问卷调查、深度访谈、互动研讨、案卷分析等方法收集第一手实证研究数据，并结合相关的统计资料，提出作者的立法修改建议。在此基础上，对所设计的相关法律条文进行了具体的阐释和说明。

《变化中的国际法：热点与前沿》

朱晓青（研究员）主编

专著　638 千字

中国社会科学出版社　2012 年 9 月

该书以第二次世界大战结束后国际法的发展和变化为研究对象，并打破国际公法、国际私法和国际经济法三个专业间的传统界限，围绕一条主线，从三个视角，着力探讨国际法的变化和发展趋势，分析导致国际法变化和发展的深层原因。该书在"变化中的国际法"的标题之下，分为国际公法、国际私法和国际经济法三篇，分别探寻了国际公法的变革与发展、国际私法领域传统理论和实践的突破，以及国际经济法面临的挑战与诸多理论的重塑问题。其中所论及的问题或是当今国际法三大领域颇为关注的热点或焦点问题，或是需要更深入地探析的前沿问题。该书竭力对这些没有现成答案的问题进行分析和探询。同时，该书也为国际法学界的探讨与争鸣提供了不同以往的切入点。

《〈公民及政治权利国际公约〉缔约国的义务》

孙世彦（副研究员）

专著　491 千字

社会科学文献出版社　2012 年 10 月

该书以《公民及政治权利国际公约》这

一联合国核心人权公约规定的缔约国义务为研究对象，利用大量的实证性和学术性资料对《公约》缔约国的义务进行了全面、深入的分析。全书正文包括导论和六章。导论介绍研究目的、研究内容以及研究方法和资料；第一章介绍《公约》的形成过程和缔约情况、《公约》中的权利和义务的基本情况以及《公约》的国际监督机制；第二章探讨《公约》缔约国承担的尊重义务、保护义务、促进和实现义务以及救济义务；第三章探讨《公约》所规定义务的消极性与积极性、即时性和逐渐性、普遍性和包容性、行为性和结果性；第四章和第五章探讨《公约》缔约国承担的义务的属事、属时、属人和属地范围；第六章探讨缔约国义务国内履行的重要性、《公约》与国内法的关系、《公约》缔约国实践的总体情况、纳入与不纳入《公约》的实践和问题，并对这些方面进行分析和总结。

《国际货币金融体制改革法律问题研究》

廖凡（副研究员）

专著　270千字

社会科学文献出版社　2012年7月

　　该书以后危机时代国际货币金融体制的改革为研究对象，深入探讨其间涉及的若干法律问题。作者选择国际货币体制和国际金融监管这两个与危机关系最为密切，各种讨论、争议和举措也最为密集的领域，就相关改革及其所涉法律问题进行专题分析，获得更加细致深入、更具理论和实践价值的研究成果。全书分为上下两篇。上篇为国际货币体制改革的法律问题，分别讨论国际货币基金组织改革、国际储备体系改革、东亚货币合作以及人民币汇率问题；下篇为国际金融监管改革的法律问题，分别讨论国际金融监管的新发展、英国金融监管改革、美国金融监管改革以及欧盟金融监管改革问题。该书致力于分析国际金融危机的爆发和迅速蔓延所凸显出的国际货币金融体制的内在缺陷，揭示建立在传统政治格局与管治经验基础之上的现有体制在应对国际金融新发展与新趋势方面的不足，并以此为依据，探讨所需进行的必要改革。与此同时，尝试对中国在国际货币金融体制改革中所应扮演的角色作出恰当定位。

《海运承运人责任制度研究》

张文广（助理研究员）

专著　310千字

社会科学文献出版社　2012年10月

　　该书认为，承运人责任制度是各国海商法和海上货物运输公约的核心。该书以生效的海运公约和主要航运大国的海上货物运输法为背景，重点探讨了承运人责任制度的历史演变、承运人的识别、责任基础和无单放货等前沿性问题。在系统比较海运公约和主要航运大国国内法的基础上，该书指出，海运承运人不完全过失责任制可能是不公平的，但却是有效率的、成本最低的制度。海运公约不应成为衡量一国海商法是否先进的标准。中国虽然全程参与了《鹿特丹规则》的制定，但是中国的根本诉求在公约中没有得到体现。就中国而言，维持现有的国际海运规则更符合我国的国家利益。我国应该谨慎对待《鹿特丹规则》，适时启动

《海商法》的修改，通过完善国内法来促进我国海运业的发展和当事人合法权益的保护。

《软法与人权和社会建设》

柳华文（研究员）

论文 8千字

《人权》 2012年第2期

该文认为，依法治国是我国基本的治国方略，而如何理解当代法治的新特征和新趋势，需要对法的概念和特征，特别是新时期立法与执法工作的重点和难点问题进行分析。在21世纪，国际法和国内法的融合与相互影响更加明显了，这无疑是法治发展的一个新的因素。国际法上的软法概念由来已久。因为达成条约比较困难等原因，现在国际法出现了软法盛行的现象，在填补国际法空白、解释并使既有条约更具操作性等方面发挥了重要作用。国内法学界也开始热议软法概念。随着我国经济与社会的发展，在科学发展观的指导下，社会建设与经济建设、政治建设、文化建设一样，备受重视。社会立法获得加强，而法律的实施、法治的实现更需要社会机制的建立、社会工作的配合。全面立法需要全面的法律实施相对应，中央政府通过的人权等领域的行动计划等具有新的软法或者软规则特征，具有重要意义。软法之治揭示的是法制建设特别是人权保障事业的新特征、新趋势。

《金融消费者的概念和范围：一个比较法的视角》

廖凡（副研究员）

论文 18千字

《环球法律评论》 2012年第4期

该文认为，传统消费者概念适用于金融领域时存在的不确定性以及现有金融行业立法在保护性方面的不足，使得在我国构建金融消费者概念具有现实必要性。代表性的国外立法实践表明，金融消费者的概念和范围主要是实践塑造而非理论推演的产物，与金融监管模式和监管体制有着不可分割的内在联系。就确定金融消费者的概念和范围而言，从我国现实情况出发，较为可行的做法是对金融消费者进行宽松的界定，使其涵盖整个金融服务领域，但在消费者保护制度方面则遵循最低限度协调原则，只作出总体性、原则性的规定，由行业监管部门基于行业特点和监管需要制定实施细则。与此同时，保留和延续既有的证券投资者概念和投资者保护制度，实现金融消费者和投资者这两个概念、两套制度的并存和并用。

《消除农民土地开发权宪法障碍的路径选择》

曲相霏（副研究员）

论文 10千字

《法学》 2012年第6期

该文认为，土地开发权是农民应该获得的一项财产性权利。我国《宪法》第10条第1款规定"城市的土地属于国家所有"，但是"城市"缺乏清晰的界定，"属于国家所有"是形式所有还是实质所有也引发疑问。在现实中，根据《宪法》第10条形成的城镇化土地征收链条使农民丧失了大量土地财产收益。《宪法》第10条成为农民享有土地开发权的法律障碍。消除该障碍有两个路径可供选择：一是修改《宪法》第 10 条，保障农民在集体土地上进行城市建设的权利；二是维持《宪法》第 10 条，但明确"城市"的含义，同时虚化国家的土地所有权，实化农民的土地使用权，包括在城乡规划范围内进行城市建设的权利。这两个路径对现行体制都有较大的触动。比较而言，前一个路径制度成本更小，引发的问题更少，因而更具有可行性。

《国际海底沉船文物打捞争议的解决路径》

谢新胜（副研究员）

论文　12 千字

《环球法律评论》　2012 年第 3 期

　　该文认为，长臂管辖与推定管辖是美国法院行使国际海底打捞对物诉讼管辖权的依据，但由于奥德赛公司打捞的沉船为西班牙军舰，美国法院适用《外国主权豁免法》，认为不仅军舰本身，而且军舰所载私人货物也享有豁免。因此，美国法院的对物诉讼管辖权被国家豁免排除，未进行实体审理即直接驳回奥德赛公司的诉讼请求。假若进行实体审理，美国法院不但不应支持奥德赛公司的财产权请求，而且对其因擅自打捞行为而主张的打捞费用和报偿也不应支持。

《中国的条约缔结程序与缔约权》

谢新胜（副研究员）

论文　13 千字

《华东政法大学学报》　2012 年第 1 期

　　该文认为，中国《缔结条约程序法》有关"条约"的概念与分类使用较为混乱。受制于《宪法》的规定，《缔结条约程序法》

未规定中国国家主席的主动缔约权，由此造成了立法与实践的脱节。同时，由于中国《宪法》和《缔结条约程序法》中有关全国人大和全国人大常委会在批准条约方面的权力存在错位，进而导致条约与国内法关系难以厘清。因此，完善《缔结条约程序法》，应构造以《宪法》为核心的国际法立法与国内法立法体系，使两个法律体系在立法程序上实现良好衔接。

《美国〈外国人侵权法令〉介评》

李庆明（助理研究员）

论文　30 千字

《月旦民商法杂志》　2012 年第 3 期

　　该文指出，美国《外国人侵权法令》诉讼的提起必须同时满足如下要件：第一，原告是外国人；第二，存在违反万国法或者美国缔结的条约的事项；第三，提起的是侵权民事诉讼。即使如此，仍然面临着不方便法院原则、主权豁免、国家行为原则、国际礼让、政治问题原则等方面的抗辩与障碍。此外，判决作出后，其承认与执行也仍然是个问题。该文认为，《外国人侵权法令》诉讼之所以能在美国出现并繁荣，根源在于美国独特的法律文化、管辖权规则、诉讼发起方式、具体民事程序规则等的影响，难以为其他国家所借鉴。《外国人侵权法令》的实践固然存在很多问题，面临很多批评，但在人权保护上还是有一定的积极作用的。

《国家豁免与诉诸法院之权利——以欧洲人权法院的实践为中心》

李庆明（助理研究员）

论文　20 千字

《环球法律评论》　2012 年第 6 期

　　该文认为，诉诸法院之权利系由欧洲人权法院根据《欧洲人权公约》第 6 条第 1 款发展而来。该权利可以予以限制，只要限制的目的合法且符合比例原则，并且经综合评估后没有侵犯诉诸法院之权利的核心。就国家豁免对诉诸法院之权利的限制而言，授予外国国家以豁免符合国际法，即目的合法。就比例原则而言，《联合国国家豁免公约》中的限制豁免规则正起着越来越大的作用，尤其是在涉及雇佣合同、人身伤害等事项时，应保护申诉人诉诸法院之权利，限制国家援引国家豁免。欧洲人权法院的判决深刻地影响了各缔约国的国内法和相关实践，同时也受到缔约国实践的影响。在强行法与国家豁免的关系上，欧洲人权法院倾向于认为外国国家在缔约国法院享有国家豁免并不违反《欧洲人权公约》第 6 条第 1 款。

《从 IMF 总裁卡恩案看国际组织的豁免权》

李赞（助理研究员）

论文　13.51 千字

《时代法学》　2012 年第 1 期

　　该文认为，国际组织豁免是国际法上自成体系的法律制度，虽然与外交豁免有一定的渊源和联系，但却是两类完全不同性质的豁免。国际组织豁免是职能性豁免，只有当国际组织及其职员在履行职能从事公务性质的行为时，才享有豁免权，而国际组织职员的私人行为，则不受豁免权的保护。因此，美国当局拘捕卡恩并以"强奸未遂"等罪名提起刑事指控的行为是符合国际法的。卡恩在纽约的所作所为完全是私人行为，不代表国际货币基金组织，并不构成对基金组织职能的履行。该组织的执行董事会讨论了卡恩的案件并发表声明，证明卡恩在该案中的行为纯属私人事务，与公务职能无关。因此，卡恩不享有《国际货币基金组织协定》和《联合国专门机构特权与豁免公约》所规定的豁免权的保护。国际组织职员一旦失去豁免权的保护，便与其他私主体一样，不得不面对国内法院的司法审判。虽然卡恩最终被宣布无罪释放，但并不影响对其豁免权的讨论。

《论国际组织豁免与主权豁免的关系》

李赞（助理研究员）

论文　13 千字

《云南大学学报》（法学版）　2012 年第 5 期

　　该文认为，国际法上的豁免制度有三种，即国家豁免、外交豁免和国际组织豁免。可以将国家豁免和外交豁免视为主权豁免的两种不同形式。在一些司法实践和学者论述中，经常将国际组织豁免与主权豁免混为一谈。将外交豁免适用于国际组织的职员，或者将国家豁免的概念移用于国际组织，都会产生一系列的问题。国际组织豁免与主权豁免的差异主要表现在发展历史与成熟程度、理论依据、豁免的性质和目的等诸多方面。国际组织的实践和有关司法判例也越来越多地支持国际组织豁免与主权豁免相区分的观点。正确认识国际组织豁免与主权豁免的关系，有助于国际组织豁免制度的完善和相关法律编纂工作的重新开展。

政治学研究所

《新中国行政体制沿革》

杨海蛟（研究员）主编

专著 330千字

世界知识出版社 2012年4月

　　该书认为，新中国成立60年来经济建设成就举世瞩目，科技日趋进步，文化更加繁荣，综合国力、国际地位迅速提升，人民的生活水平极大提高，民主政治不断发展，法治日益完备。在影响和制约经济社会发展的诸要素中，行政体制具有极其重要的地位和作用。行政体制作为政治体制的一个有机组成部分，对我国的经济社会发展发挥着不可替代的作用。由于行政体制具有政治和管理的双重性特征，所以行政体制改革也往往成为政治体制改革的先声，并以此推动政治体制改革的顺利进行。正是通过行政体制的不断调整和改革，为国家经济社会的发展提供了强有力的制度和组织支撑。该书从理论与实践的结合上，较为全面、系统地回顾和总结了新中国建立以来，行政体制不断演进和变革的历史轨迹，取得的辉煌成就，积累的基本经验和运行规律，分析和论述了目前中国行政体制面临的挑战与进一步推进改革的具体思路。

《社会政治决策中的选择偏差研究——"信息的选择性接触"视角》

郑建君（助理研究员）

专著 393千字

中国社会科学出版社 2012年10月

　　该书从"信息的选择性接触视角"对社会政治决策领域选择偏差问题开展实证性研究。从政治心理学的研究视角切入，在对信息选择性接触的相关内容进行系统总结与分析的基础上，针对中国被试群体设计和开展了一系列实验研究：分别对信息的选择性接触行为的普遍性及发生条件进行了检验；考察了信息呈现方式、个体的聚焦类型、决策与个体的关联性程度、决策坚持性、态度强度与防御自信等对信息选择性接触的影响效应；同时，模拟危机决策情景，系统分析了情绪类型、情绪调节、决策框架以及决策坚持性、决策效能和认知闭合需要对信息选择性接触的作用机制；最后，对公众的价值判定引入研究，分析了个体价值取向与信息选择性接触行为之间的关系。

《中国政治参与报告（2012）》

房宁（研究员）主编

研究报告 310千字

社会科学文献出版社 2012年7月

　　中国社会科学院政治学研究所与中国社会科学院调查与数据中心合作，于2011年下半年进行了一次全国性的"中国公民政策参与"问卷调查。该报告主要反映了该项调查的情况。该报告认为，中国公民政策参与客观状况并不乐观，全体被试的得分处于中等偏下水平，尤其是在实际政策参与方面得分较低。在政策参与主观状况方面，则显示出政策参与意愿和政策参与效能的得分处于中等水平，政策参与满意度处于中等偏下水平。政策参与客观状况与主观状况之间的关系，也依据调查数据作了初步解释。

《民主制度与民主机制之辨》

杨海蛟（笔名郑慧）（研究员）

论文　16 千字

《社会科学战线》　2012 年第 2 期

　　该文认为，在整个民主系统中，民主制度与民主机制是既有区别又有联系的两个范畴。民主制度规定民主的本质属性、基本原则，限定民主机制的发展空间、实现程度和运行状况。特定国家、特定历史时期的民主制度是基于基本国情、社会结构建立起来的，它不可能被简单地复制和移植，它是区别于其他社会的重要标志。民主机制作为民主制度的实现形式，服从、服务于民主制度，为民主制度的实现提供途径和方法。无论何种性质的民主制度，都需要与其相适应的民主机制，以此体现民主制度的本质要求和主要内容。同时，任何民主机制并不是毫无价值的摆设和纯粹操作性的器物性工具，从积极的意义上讲，民主机制以实现民主制度为宗旨而开辟各种途径，影响民主发挥作用的实际效果，超越其产生、作用的具体时空，服务于不同的民主制度。加强中国特色社会主义民主建设，既要坚持和完善民主制度，也应当建立和健全民主机制。

《东亚民主生成的历史逻辑——一个理论性解释架构》

周少来（研究员）

论文　14 千字

《青海社会科学》　2012 年第 6 期

　　东亚民主的生成经历了坎坷而艰难的历程。该文认为：东亚民主是后发型民主，有着自身独特的生成条件和路径特征；东亚民主有着多样化的生成路径和制度模式，但具有共同的基本民主原则和制度要素；东亚现代化内在地要求民主，但民主并不是政治发展的唯一价值目标；东亚现代化历史逻辑要求发展逻辑与民主逻辑、手段性民主与价值性民主协调共进；民主生成需要一定的社会基础条件，但更需要政治主体的主动努力建构；执政党与反对党的战略互动和理性选择，对民主转型的时机和路径有着决定性的影响；民主转型后，民主体系的运转和巩固依赖于政党及其制度的稳定和健全；从民主转型到民主巩固和民主社会的成熟，东亚还有一段漫长的路要走；东亚各国民主生成的路径特征、制度体系和成熟程度存在差异，并不存在统一模式的"东亚民主"。

《关于"富人治村"的辩证理解及其思考》

赵秀玲（研究员）

论文　11 千字

《山东师范大学学报》　2012 年第 5 期

　　该文认为，随着中国改革开放的发展和深入，先富起来的一部分人越来越显示出自己的经济实力，与此同时，他们的政治诉求也日益增长，于是，"富人参政"尤其是"富人治村"便成为一个非常突出的社会现象。对于"富人治村"，有以下几点需要思考：一是要充分发挥"富人治村"的能动性，但又不能将之作为一个模式进行普及和推广，更不能将它看成中国乡村治理的必由之路。这是因为，经商和为政毕竟属于不同的领域、性质和思维方式，经济利益驱动易造成贿选及其他腐败问题，"经济至上"往往容易导致无知、无畏、无德、无情式的乡村治理。二是在中国乡村治理中，确实要充分调动富有阶层的积极性、创造性和巨大潜能，但也不是无条件地随意而为，而是要强调政府对"富人治村"的有效管理和制约。总之，对于"富人治村"，党和政府要把握好"放"和"管"的辩证关系，研究和出台一系列具有针对性、行之有效的规章制度甚至法律规章，以应对和解决"富人治村"出现的各种问题和腐败难题。三是要避免"富人治村"绑架民意的情况，诸如有意和无意地绑架民意，这在贿选、专断作风上表现得最为明显。

《90 年来中国共产党自身建设的成就与经验》

田改伟（副研究员）

论文　15 千字

《政治学研究》　2011 年第 6 期

中国共产党成立 90 年来，在领导中国革命、建设和改革的波澜壮阔的历史进程中，党的自身在党员队伍、干部队伍、理论建设、制度建设以及党与群众关系等方面都发生了深刻的变化，取得了巨大的成就。党在推进马克思主义中国化，不断提高全党运用科学理论指导实践的能力方面；在坚定不移地围绕党在不同历史时期的政治路线来加强党的建设，增强全党执行和维护党的政治路线的自觉性、坚定性，为完成执政使命提供根本的政治保证方面；在坚定不移地发展党内民主，加强以民主集中建设和主要内容的党内制度建设方面；在继承和发扬党的优良传统

作风，保持党同广大人民群众的血肉联系方面；在坚持党要管党，从严治党方面，都取得了宝贵的历史经验，值得我们永远珍惜和践行。

《马克思主义政治学若干基本概念研究》

王炳权（副研究员）

论文　23 千字

《马克思主义理论学科前沿报告》

中国社会科学出版社　2012 年 3 月

该文深入分析了马克思主义政治学若干基本范畴研究中存在的偏差，强调研究马克思主义政治学的基本范畴，不能"以偏概全"，更不能把非马克思主义的甚至是反马克思主义的东西强加于马克思主义，强加于经典作家头上。在"专政"问题上，该文强调无产阶级专政是民主与专政的统一，这是马克思主义的基本观点，是基本的理论常识，不能割裂。人民民主专政，在本质上是无产阶级专政，富有鲜明的中国特色。在"政党"问题上，该文强调正确看待"革命党"与"执政党"的关系，不能将西方政党制度预设为执政党"现代化"的目标，这是对中国政党制度的否定。把革命和建设相割裂，渲染"告别革命"，既否定了中国革命，也否定了中国共产党。在"市民社会"问题上，该文强调马克思恩格斯所论述的成熟的"市民社会"是已经确立了资本主义生产方式的资本主义社会。以马克思主义市民社会思想来说明建立"社会主义市民社会"并"对抗"国家，是对马克思主义市民社会思想的严重误解。在"分配"问题上，该文强调不同的生产关系决定不同要素所有者之间

的分配方式和分配关系。在社会主义初级阶段，私人资本获得的合法收益，是按要素分配所得，不是按劳分配所得。

《马克思主义经典作家关于政党学说的基本思想》

林立公（副研究员）

论文 13 千字

《政治学研究》 2011 年第 6 期

马克思主义经典作家认为，政党是阶级斗争的产物，政党的本质特征是阶级性，政党由本阶级先进成员组成，政党的任务是领导本阶级的政治斗争，掌握政权，实现本阶级的根本利益。政党具有政治纲领，由其领袖集团来领导，具有组织纪律。暴力革命是工人阶级推翻资产阶级统治、进入新社会的基本道路和方法，同时，根据具体历史条件，工人阶级可以利用资本主义政党政治这一形式展开合法的议会斗争。工人阶级必须建立自己的政党才能卓有成效地开展政治斗争、夺取政权。马克思主义政党是新型的工人阶级政党，是工人阶级的先锋队，以民主集中制为根本组织原则。在革命和建设的各个阶段，马克思主义工人阶级政党始终要掌握领导权，实现政党纲领。保持工人阶级的先进性及其同广大工人农民群众的密切联系，是马克思主义政党长期执政的根本条件。该文指出，在建设社会主义市场经济的历史条件下，中国共产党需要更加注重巩固阶级基础、扩大群众基础，加强以先进性和执政能力建设为主线的党的建设，完成无产阶级专政的历史使命。

《原则与方法：马克思主义比较政治学对苏联解体的阐释》

徐海燕（副研究员）

论文 16 千字

《理论月刊》 2012 年第 3 期

该文认为，个人还是制度是研究苏联解体问题的学者的对立观点。由此衍生出了四个观点：即苏联解体是否具有命中注定的必然性；苏联解体是否是苏联人民的选择；苏联解体是否是戈尔巴乔夫改革的结果；中国的改革开放是否是"去苏联化"的结果。对此，东西方比较政治学理论有着不同的解释，而正确评价苏联解体的原因是推进中国特色社会主义改革的前提，涉及对中国改革开放和社会主义道路的评价。对此，社会科学工作者应具有阶级属性，以马克思比较政治学的视角来解读这一重大的历史问题。

《政治稳定与政治参与——以俄罗斯选举为视角》

徐海燕（副研究员）

论文 10 千字

《中国社会科学院研究生院学报》 2012 年第 4 期

该文认为，现代政治的发展目标是既要提高公民的政治参与，又要维护政治体系的稳定有序。在政治参与进程中要保持政治稳定，需要来自公民、制度和文化三个层面的配合，要解决好广泛的政治参与与政治稳定的关系、政治文化与政治稳定的关系、政治制度与政治稳定的关系。为了解决好政治系统的有效性与政治稳定的关系，在现代社会保持政治稳定的同时，从各个层面考察公民的政治参与状况具有积极的意义。俄罗斯公民政治参与状况受制于历史传统、现实国情以及时代使命等具体条件，在不同时期有不同的特点，其参与状况基本上处于较低水平，有庞大的不参与群体存在，具有明显的政府主导特征，但基本上能够满足俄罗斯目前维护稳定的需要。俄罗斯公民政治参与的潜力能否得以发展，依然需要政治体系内部和外部诸政治要素之间的合理配置。一个健康有效的政治参与格局将为俄罗斯的政治稳定奠定一个更为坚实的基础。

《继续推进行政体制改革的四个重点》

孙彩红（助理研究员）
论文　6.2 千字
《政府体制改革研究》
团结出版社　2012 年 3 月

该文认为，进一步深化行政体制改革，就要针对目前存在的诸多现实问题和制约因素，抓好四个重点领域。第一，在科学发展观的指导下深入推进以人民群众为中心的行政改革，这是中国特色社会主义行政管理体制的根本原则要求；第二，根据经济社会发展的新问题和新需要，按照不同的政府层级继续优化、调整职能，着重解决市场监管和社会管理职能，同时改革财政体制；第三，在管理方式上，推进行政公开，尤其是财政、预算等重要信息的公开，以及公民参与的科学民主决策；第四，在运行机制上，坚持依法行政和强化责任追究机制，实现建设法治政府的目标。只有在这些重点领域真正改革到位，才可能逐步建立起比较完善的中国特色社会主义行政管理体制。

《中国比较政治学的现实需求和学科道路》

郭静（助理研究员）
论文　12 千字
《政治学研究》　2012 年第 1 期

该文分析了中国比较政治学科的发展状况、主要任务和发展路径，提出中国的比较政治研究总体上仍处于吸收借鉴西方理论和研究方法的阶段，取得满足中国政治实践需要的比较政治研究成果，是中国比较政治学科建设亟待解决的基本任务。近年来，中国现实政治实践的理论需要和中国学者的自觉，推动了中国比较政治研究呈现出自主探索的积极态势。中国比较政治研究的任务是，运用跨国比较政治现象的方法，认识政治活动的经验和规律，为我国政治实践服务，为我国政治学的发展服务。中国政治实践的需求决定，中国学者开展比较政治研究，应当坚持马克思主义的认识论，尊重并努力准确认识客观事实。中国政治建设面临的任务，迫切需要准确认识和正确借鉴其他国家的经验教训，亟须我国比较政治学者大力开展对政治现象的静态和动态的观察分析。能否突破传统的以学者个人为主体的学术研究方式，采用跨学科的团队研究方式，是中国比较政治研究实现质的突破的前提条件。

《西方国家高赤字发展模式是社会福利惹的祸吗——从财政和税收的视角看》

樊鹏（助理研究员）
论文　14 千字
《政治学研究》　2012 年第 2 期

该文通过对西方主要发达国家政治发展的经验分析，揭示出西方民主体制对福利体系的贡献能力正在下滑，社会福利并非高赤字形成的关键。从历史发展的角度来看，西方民主体制并非在所有时期都推高了社会福利。"二战"后至 20 世纪 70 年代末，是西方资本主义国家福利体系的上升期。但是自 80 年代以来，西方资本主义国家的福利体系和政策都发生了很大变化，全球化、技术革新、金融解放、国家监管结构的变化以及经济衰退等因素的出现，使西方国家在处理福利政策方面面临的挑战和压力远超前一个历史时期。在这一阶段，全球化与金融解放弱化了西方国家的财税和再分配能力，这与自由化政策影响下持续扩大的社会分化以及民众日益上升的福利保障需求形成了一对深刻矛盾。高赤字与债务危机的形成，本质上是放纵的市场经济、全面金融解放以及由此产生的放松管制和自由化政策的结果。

民族学与人类学研究所

《社会保障绿皮书：中国社会保障发展报告（2012）No. 5——社会保障与收入再分配》

王延中（研究员）主编
研究报告 356 千字
社会科学文献出版社 2012 年 9 月

该书全面评述了 2010 年以来我国以养老、医疗为代表的社会保险分为机关事业单位人员、企业职工、城镇居民、农村居民等多种制度亟须整合管理体制，增强社保在实践操作中的公平性与效率性以及中国教育发展中公共教育投入偏低等当前中国社会保障

的热点话题。

该书认为，未来中国社会保障制度改革需从以下几方面着手：第一，针对目前社会保障制度碎片化的现状，要加强社会保障制度的整合与衔接；第二，要建立和完善城乡统筹的社会保障制度，以解决目前我国社会保障制度城乡分割与城乡差距较大的问题；第三，完善社会保障制度的筹资机制，加大社会统筹的成分，适当降低个人账户的缴费比例，增强社会保障的互助共济功能，并探索"累进"缴费方式；第四，要建立科学的社会保障待遇补偿机制，筹资机制只有与科学的待遇补偿机制有效联动，才能较好地发挥调节收入分配的作用；第五，完善社会保障待遇调整机制。

《20 世纪的中国民族问题》

王希恩（研究员）主编
专著 730 千字
中国社会科学出版社 2012 年 3 月

该书为中国社会科学院重大课题"20 世纪中国民族问题报告"的完成稿。

该书以马克思主义为指导，以宏观的视角和丰富的史料对 20 世纪中国民族问题的主要内容、重要事件及过程作了全景式描述。作者把民族问题置于中国社会历史发展的大背景来进行考察，从中华民族与国外列强的民族矛盾、国内的民族关系、民族分裂主义问题、少数民族和民族地区发展问题、解决民族问题的政策和体制问题、民族主义和民族凝聚力问题等方面分别作出探讨。该书坚持以不同时期的主要社会矛盾来统揽民族问题的认识，提出了一系列重要论点，澄清了

一些具体史实。该书完成了对中国 20 世纪百年来民族问题的通览性研究，这对人们全面认识民族方面的国情，了解中国特色解决民族问题道路的形成，正确理解民族问题现状及发展趋势，自觉维护民族团结和做好民族工作提供了一个较全面的读本。

《问题与和谐——中国民族问题寻解》

王希恩（研究员）

专著　350 千字

中国社会科学出版社　2012 年 2 月

该书分为"因果篇""求解篇"和"反思篇"三部分，分别意在揭示、说明当代中国民族问题的现状，提出解决、处理中国民族问题的门径，突出民族问题的理论反思和回顾。该书内容涉及中国当前民族意识和中华民族凝聚力的现状、民族区域自治的性质、中国民族识别的评价、当代中国民族问题的主要矛盾、中国共产党处理民族问题的经验总结、民族问题与阶级因素的关系等专题，有一般的正面论述，也有与不同观点的争鸣，比较全面地展示了作者在当前中国民族问题和民族政策研究上的基本观点。

《中国语言生活状况报告（2012）》

周庆生（研究员）　　侯敏（教授）主编

研究报告　560 千字

商务印书馆　2012 年 10 月

该书是继 2005 年首部《中国语言生活状况报告》出版以来的第七部年度报告。该报告分工作篇、专题篇、热点篇、数据篇、港澳台篇、参考篇 6 篇，反映了 2011 年度中国生机勃勃、健康多彩的语言生活状况，总体

表现为：中央政府高度重视语言文字事业；国家语言文字工作的视野和领域进一步拓展；大力推广和规范使用国家通用语言文字、科学保护各民族语言文字稳步推进，亮点突出；残障人士的语言文字权利得到切实保障；社会大众广泛关注语言生活；国际化、市场化进程中的语言文字问题受到关注；海峡两岸语言文字学术交流活跃；媒体、教材等的用字用语情况稳定。

《藏文识别原理与应用》

江荻（研究员）等

专著　290 千字

商务印书馆　2012 年 6 月

该书从藏文文字特点入手，把英汉文字识别技术引入藏文文字识别研究领域，成系统地研究了藏文文字识别的基本特点、处理策略。全书比较全面地介绍了藏文的字符分类和各类字形的特征，叙述了藏文的识别过程中不同阶段的处理技术；阐述了藏文识别过程中的预处理、识别处理和后处理等各个阶段的特点，并介绍了中国社会科学院民族学与人类学研究所计算语言学室的藏文文字识别实验系统和清华大学开发的 TH－OCR2007 多文种文字识别系统。该书是我国出版的第一本有关藏文识别的专著，将推动我国民族文字分析、识别、处理研究的进一步深入。

《西部农村少数民族劳动力转移问题研究——基于民族地区农村微观数据》

丁赛（副研究员）

专著　260 千字

中国社会科学出版社　2012年8月

该书对西部农村少数民族劳动力转移的研究主要基于两套微观数据：一是来自中国社会科学院经济研究所2002年对全国23个省、自治区、直辖市的农村住户调查数据；二是2007年该书课题组委托国家统计局宁夏调查总队对宁夏回族自治区农村和城市的住户调查数据。全书在对西部农村少数民族劳动力转移进行概括阐述的基础上，利用微观数据比较了汉族同壮族、回族、维吾尔族、彝族、苗族、满族这6个中国最大的少数民族劳动力转移状况的异同，并探究了不同少数民族劳动力转移的决定因素。同时也分析了不同族别的收入、暂时贫困和长期贫困的差异和动因。最后，着重对宁夏回族农村劳动力转移及非农就业特征、劳动力转移决定因素和形成机制等具体内容进行了分析研究，并提出了政策建议。

《清代西藏与布鲁克巴》

扎洛（副研究员）

专著　330千字

中国社会科学出版社　2012年8月

中国西藏与不丹（清代称"布鲁克巴"）的历史关系是西藏历史研究领域的重要内容，继承和发展这种关系对于未来中国的地缘政治利益具有重要的战略地位。该书利用丰富的汉文、藏文、满文、英文文献，特别是大量鲜为人知的档案文献和藏文史料，系统梳理了清代西藏与布鲁克巴之间复杂而曲折的关系演变过程，深入分析了清代中央王朝的宗藩体制是如何移植、运用到喜马拉雅山地区，以及在面临英国殖民势力挑战时所进行

的自我调整和应对行动。该书提出"清代的喜马拉雅山宗藩关系模式"的概念，认为在清朝整体性的宗藩关系框架下还存在地区性的次级系统，并揭示了清朝治理藩部政策的灵活性、复杂性。

《草根非政府组织扶助弱势群体功能探究》

杜倩萍（副研究员）

专著　320千字

社会科学文献出版社　2012年9月

自20世纪90年代末以来，关于非政府组织和弱势群体的问题，一直是相关学术界的热门话题。以往的研究，大多是宏观上的论述，真正深入非政府组织特别是草根非政府组织及其公益服务对象内部进行参与式调查的实证性成果并不多。该书以北京瓷娃娃罕见病关爱中心（原瓷娃娃关怀协会）及成骨不全症患者（瓷娃娃）为主要案例，从人类学、社会学等角度，采取文献研究、实地调查、比较分析等方法，以理想及实际文化模式为主线，运用社会结构分层、公民社会、参与式发展等相关理论，结合国情实例，借鉴国内外成功经验，对草根非政府组织扶助弱势群体之功能的各个方面进行了深入探讨。

《民族共治——民族政治学的新命题》

朱伦（研究员）

专著　385千字

中国社会科学出版社　2012年10月

西方民族主义理论所言的nation和nationality，族类学所言的ethnos和ethnic group，以及历史学所说的people，汉语都译释为"民族"，是中国学界对"民族"概念

缺乏起码共识的原因所在，这也影响到民族政治理论体系的建构和国际交流。该书建议，对上述各种概念应分别赋予不同的汉译，同时对汉语"民族"一词进行概念抽象，并译为 ethnic-national community。关于当代多民族国家的民族问题治理，应摆脱传统的同质化"民族—国家"观和"民族自治"观的束缚，这两种观念都是浪漫主义和唯心主义哲学的产物，没有充分认识到民族关系的复杂性，也没有预想到民族关系的现代化发展，常常导致人们陷入民族分离主义与民族同化主义之两极化思想对立、尊重民族差别与保障公民平等之两难性实际选择之中。对当代多民族国家的民族政治生活准则，该书提出了"民族共治"这一兼具思想性和工具性的新命题，认为这是多民族国家合法存在之基，是民族关系善治之法，是各民族和睦相处之道，它可有效疏解民族差异政治与国家主权统一建设之间的张力，也可有效协调公民个人权利保障和民族集体权益保护之间的矛盾。由此，该书试图论证"共治权"是基本的民族政治权利，因而应成为民族政治理论研究或民族政治学的核心概念。

《北方民族语言变迁研究》

朝克（研究员）　曹道巴特尔（研究员）等
专著　325 千字
中国社会科学出版社　2012 年 5 月

　　该书是语言接触和语言变迁方面的学术著作。全书由绪论、维吾尔语变迁研究、蒙古语变迁研究、满—通古斯语变迁研究、结语等五个部分组成。该书不仅反映了我国北方民族主要代表性语言从古至今的变迁脉络，同时也反映了汉语对北方诸民族语言变迁的重要的历史作用；不仅反映了北方民族语言的历史变迁，同时也反映了变迁的现状。

《中国少数民族经济史概论》

刘晓春（副研究员）
专著　430 千字
知识产权出版社　2012 年 6 月

　　该书对中国少数民族经济史的整体构架、历史分期、研究内容、研究角度、研究资料以及发展脉络等方面进行了较为宏观的整合、梳理和描述。该书是第一部相对系统介绍中国少数民族经济史轮廓的学术著作，涉及从远古的先秦到近代的民国，一直到新中国建立以后的民主改革、社会主义改造、人民公社化，以及 1980 年以来的经济体制转轨和改革开放。该书从中国经济发展的大的历史背景切入，聚焦中国少数民族经济发展史及其对中国民族关系的影响，让人们看到少数民族在中国现代化进程中面临的命运和挑战。

《中国少数民族干部队伍建设的理论与实践》

孙懿（副研究员）
专著　268 千字
社会科学文献出版社　2012 年 9 月

　　该书从新中国成立前中国共产党民族干部培养和使用思想的形成与发展入手，梳理了新中国成立至新时期，中国共产党培养使用少数民族干部政策措施的实践、变迁、社会效果及存在的问题。具体的研究内容以时间为主轴分五个大的时间段观察，即新中国成立前、新中国成立至改革开放、改革开放至 20 世纪 90 年代、20 世纪 90 年代至 21 世纪初期、新时期。从中我们可以看到少数民族干部从人数极少到队伍不断扩大，民族干部政策从政策形成、确立、调整到制度化、法制化这样一个民族干部政策的发展历程。

社会学研究所

《2012 年社会蓝皮书：中国社会形势分析与预测》

汝信（研究员）　陆学艺（研究员）　李培林（研究员）主编

研究报告　355 千字

社会科学文献出版社　2012 年 1 月

　　该书是中国社会科学院"社会形势分析与预测"课题组撰写的第 21 本年度社会蓝皮书。该书荟萃了国内主要学术单位的多名社会学学者的原创成果。2012 年的社会蓝皮书从人民生活、人口、就业、社会保障、收入分配、教育、医疗、社会治安、生态环境等诸多方面，深入分析了中国目前的社会形势和热点问题。该书是中国社会科学院出版的精品图书之一，在国内外具有重要影响。

《信息化改变社区——中国社区信息化研究》

王颖（研究员）等

专著　410 千字

社会科学文献出版社　2012 年 4 月

　　该书主要内容是：随着国民经济的持续发展，社会信息化建设的重要性日益凸显出来，以社区为基础的信息化建设渐渐成为国家信息化工作中的一个热点和亮点。全书结

构为：（1）社区信息化的理论探索；（2）社区信息化的整体发展状况；（3）信息时代的社区参与式民主；（4）信息化支撑下的社区居家养老；（5）信息联通型的社区医疗卫生；（6）贴近百姓的社区商业信息化；（7）社区网站的发展状况分析。

《社会现代化：太仓实践（理论篇）》

陆学艺（研究员）等主编

专著　317 千字

社会科学文献出版社　2012 年 6 月

　　该书从宏观、中观和微观三个层面去分析和解读太仓社会现代化进程，并从行动策略角度深入剖析这个进程的具体机制，从中找到中国作为一个后发国家在实现现代化过程中所具有的政治、经济、社会乃至文化条件及其利用条件而积累的经验，不仅丰富了现代化理论内涵，而且为全国其他地方的现代化提供了一个重要的本土案例，也为太仓继续推进现代化找到了前进的方向和路径。

《政策与农民权益》

樊平（研究员）等

专著　251 千字

社会科学文献出版社　2012 年 7 月

　　该书是中国社会科学院社会学研究所"农地政策与农民权益"研究团队分工合作多年来倾心研究当代中国农村农民和土地关系的心得与总结。该书认为，调整社会结构，协调阶层关系，与社会的基本资源配置密切相关。农村土地引发的问题，已成为当今社会矛盾的一个主要方面。土地已经成为衡量现阶段中国经济社会发展的一个综合性指标，

由土地占用规模、速度，可以判定中国 GDP 发展水平。可以说，土地是一个经济指标，也是一个社会指标；是一个宏观指标，也是一个微观指标；是一个结构指标，也是一个行动指标。土地权益问题成为影响农村社会关系和社会秩序的核心问题，由土地权益引发的乡村社会矛盾数量增加，冲突规模扩大，协调和解决难度加大。土地使用中工业与农业、城市与农村争地矛盾十分突出，耕地保护形势十分严峻。然而，土地管理中存在着用途管制不严、违法违规用地经常发生、土地利用规划约束力不强、土地征占用过程中纠纷频发、农村土地利用效率不高、浪费严重等现象。土地管理中出现的新问题，需要尽快采取对策加以解决。

《现代性与虚拟社区》

赵联飞（副研究员）

专著 256 千字

社会科学文献出版社 2012 年 11 月

该书回顾了虚拟社区在中国 10 余年的发展历程，用扎根研究的方式对虚拟社区交往和表达行为进行了类型学划分，并以个人现代性和个人传统性为观照，分析了虚拟社区内的各种交往和表达现象。同时，作者结合城市社区的变迁，分析了虚拟社区发展的宏观社会背景，探讨了网络流行语的出现、在线政治参与、在线民族主义、公共空间与自媒体等问题。此外，该书还从技术和社会双向互动的角度出发，展望了虚拟社区在中国发展的未来，指出了移动互联网的出现和互联网实名制实施力度的加大对虚拟社区未来可能产生的影响。

社会发展战略研究院

《中国社会发展年度报告（2012）》

李汉林（主编）

专著 300 千字

中国社会科学出版社 2012 年 12 月

2012 年，中国社会科学院社会发展战略研究院根据社会管理与社会建设重大问题研究的要求，组织开展了关于社会态度与社会发展的社会调查。通过随机抽样，从 31 个省、市、自治区中抽出了 60 个市、县、区、旗和 540 个社区委员会和居委会。在此次调查的数据基础上，撰写并出版了该书。该书包括 7 份专题研究报告：《中国社会景气研究报告（2012）》《中国城市公共服务状况研究报告（2012）》《中国社会管理绩效评估报告（2012）》《中国政府社会责任研究报告（2012）》《中国公众参与状况研究报告（2012）》《中国社会包容与社会保护状况研究报告（2012）》《中国城市居民生活质量研究报告（2012）》。

《自由与教育》

渠敬东（研究员）　王楠（博士）

专著 250 千字

三联书店 2012 年 9 月

洛克和卢梭是西方现代思想的两大奠基人，该书旨在通过文本解读的方式从总体上把握这两位思想家的教育哲学思想。上篇在对洛克的《教育思议》和《论指导理解力》细读的基础上，试图对洛克的教育思想加以整体性的阐述；下篇解读《爱弥儿》，卢梭坚信人的教育始终要围绕着自然本身的限制而展开，自然的消极作用恰恰是人获得自由的保证。从洛克和卢梭的思想状况来看，他们在处理现代人性、政治、社会、文化等诸关键问题时，都清楚地意识到，教育之所以成为现代问题的核心，是因为若要实现理想的政治制度，现代人必须能够充分运用理性、懂得自由的价值，也必须从信仰、知识和生活上成为能够运用自由的公民。而塑造这样的公民，则必须通过恰当的教育方式。

《国家建设与政府行为》

周雪光（教授）　刘世定（教授）　折晓叶（研究员）

专著　450千字

中国社会科学出版社　2012年6月

　　该书分"国家建设与治理模式""国家建设与资源配置""国家建设与社会管理"三个单元对中国近现代的国家治理与政府行为进行了探讨。全书的11篇专题论文均在经验资料分析、理论思路开拓、概念工具形成方面作出努力，试图在积累学术知识方面作出贡献。每个单元还邀请了在学术上颇有见地的学者进行了深入的评论。

《企业社会责任蓝皮书：中国企业社会责任研究报告（2012）》

陈佳贵（研究员）　黄群慧（研究员）　彭华岗（教授）　钟宏武（副研究员）

专著　300千字

社会科学文献出版社　2012年11月

　　该书由中国社会科学院经济学部企业社会责任研究中心（简称"中心"）编写，中心的重要使命之一是以系统、科学的评价推动中国企业履行社会责任。该书总论和指数篇以中国国有企业100强、民营企业100强和外资企业100强为评价对象，呈现了各个企业的社会责任管理与社会责任信息披露水平，从宏观层面剖析了中国企业社会责任在2011～2012年度的最新发展特征；行业篇对电力等14个行业的企业社会责任发展水平进行了分析和评价，从中观层面呈现了企业健全社会责任管理体系、披露社会责任信息的阶段性特征；案例篇介绍了中国南方电网公司、广百集团、中国民生银行、中国三星4家企业践行社会责任的经验，从微观层面呈现了企业履行社会责任的具体实践。

《中国企业社会责任报告白皮书（2012）》

钟宏武（副研究员）　张蒽（助理研究员）

专著　300字

经济管理出版社　2012年12月

　　该书是中国社会科学院经济学部企业社会责任研究中心在全面分析在华企业2011年社会责任报告的基础上形成的科研成果。该书以《中国企业社会责任报告编写指南（CASS－CSR2.0）》和《中国企业社会责任报告评级标准》为评价依据，以企业社会责任报告的完整性、实质性、可比性、可读性、平衡性和创新性六大指标为评价维度，对885份报告进行逐一评价、打分并划分星级与阶段，从而得出了中国企业社会责任报告的得分、排名及企业社会责任报告发展阶段性特征。

《哲学讲稿》

渠敬东（研究员）　　杜月（博士）译
（［法］爱弥尔·涂尔干著）

译著　210千字

商务印书馆　2012年4月

《哲学讲稿》是法国爱弥尔·涂尔干在桑斯中学教授哲学时，由其学生安德鲁·拉朗德所作的听课笔记整理而成。尽管《哲学讲稿》是针对中学哲学教育所作的讲授内容，但从这些内容中我们还可以窥见到当时法国社会思想纷争和现实状况以及由此课程所反映出来的第三共和国的政治理想。从涂尔干研究来看，《哲学讲稿》还是我们研究涂尔干早期思想形态，包括其理论渊源、基本问题和内在张力等一系列问题的关键。

《图腾制度》

渠敬东（研究员）译　　（［法］列维·斯特劳斯著）

译著　120千字

商务印书馆　2012年12月

该书作者列维·斯特劳斯是20世纪最有影响和最具争议性的人类学家之一，是法国结构主义的鼻祖。该书是其作品中最具人类学特点的著作，其主题是通过对图腾制度的考察来讨论人类的思维活动类型。该书作者认为，通过图腾制度，动物物种为人类提供了一种区分系统或曰符号系统，动物的区分系列成为社会区分系列的图示。

相关学者认为，在社会层面上，体系的形态是图腾制度的必要条件。这也是图腾制度为何把爱斯基摩人排除在外的原因，因为爱斯基摩人的社会组织是非体系化的，图腾制度必须以单系继嗣为前提，因为单单这一点就是结构性的。

《发展中的相对剥夺感》

李汉林（研究员）

论文　20千字

《社会发展研究》　2012年第1期

该文试图从理论和经验的结合上分析相对剥夺感在一个社会的发展过程中形成的条件以及对人们行为的影响。利用1987年、1994年、1996年、2001年、2007年、2012年6次调查的数据，该文试图具体探讨何种群体在何种情况下为什么会比较强烈地感觉到被相对剥夺。该文试图说明，当社会变动剧烈、各种资源在不同群体中的分配呈现巨大差异的时候，人们在各个不同方面的相对剥夺感就会变得异常强烈。相对剥夺感一方面反映出人们对追求社会公平正义的渴望，另一方面，通过量表的测量与检验，可以显示出社会在实践公平正义方面存在的现实差距问题，从而为政府解决这些问题以及通过特定的制度安排来缩小这方面的差距，提供一个社会事实的基础。

《关于组织中的社会团结——一种实证的分析》

李汉林（研究员）

论文　20千字

《社会科学管理与评论》　2012年第4期

该文试图使对组织团结的测量操作化。该文应用2002年的调查数据，从两个维度和6个方面来测量与评估一个组织社会团结的水平与质量。这两个观察与评估的维度是凝聚力和脆弱性。在组织的凝聚力维度上，该文主要试图从社会支持、垂直整合以及组织认同的方面来考察；而组织的脆弱性则主要是从不满意度、相对剥夺感以及失范的方面来研究。数据分析的结果试图说明在什么样的条件下组织行为的趋同与差异以及这种趋同与差异对组织中社会团结的意义。

《准确把握科学发展观的指导意义》

李汉林（研究员）

论文 5千字

《经济日报》 2012年11月6日第15版

该文认为，科学发展观是我国经济社会发展的重要指导方针，是发展中国特色社会主义必须坚持和贯彻的重大战略思想。在新的发展阶段，结合我国改革发展的实际，准确把握科学发展观的重大意义和实践要求，进一步增强贯彻落实科学发展观的自觉性和坚定性，对于全面建设小康社会、发展中国特色社会主义，真正把科学发展观转化为推动经济社会又好又快发展的强大力量，具有重要的现实作用。

《项目制：一种新的国家治理体制》

渠敬东（研究员）

论文 20千字

《中国社会科学》 2012年第5期

该文认为，以项目制为核心确立的新的国家治理体制形成了中央与地方政府之间的分级治理机制，并对基层社会产生了诸多意外后果。项目制引起的基层集体债务、部门利益化以及体制的系统风险，对于可持续社会发展将产生重要影响。这种从项目制的角度对中国社会结构的分析以及对中国社会运行机制的研究，会给社会结构与社会运行机制研究提供新的视角，形成新的突破。

《石门坎文化对苗区社会发展的启迪》

沈红（研究员）

论文 11千字

《教育文化论坛》 2012年第3期

石门坎是贫困社区和贫困族群谋求"跨越式发展"的早期实验区，其特殊的发展路径和变迁历程，为探讨中国西部发展提供了另类思路和多项借鉴。作为经济社区，石门坎是云贵高原乌蒙山腹地的穷乡僻壤，长期处于深度贫困之中；作为文化社区，石门坎在"蛮荒"之地崛起为西南苗族文化中心；作为教育社区，石门坎大花苗人从一个汉字文盲、汉语语盲和数字数盲的族群，引领苗族和周边少数民族勃兴乡村教育。石门坎文化教育体系帮助苗区普及基础教育，帮助苗民子弟借助现代教育的阶梯向上流动，这个最贫困族群一度成为乌蒙山区多个少数民族的"引领民族"。该文对石门坎文化对苗区社会发展的启迪和引领作用作了分析与研究。

《我国社会工作制度：变迁中的建构》

葛道顺（副研究员）

论文 14千字

《东岳论丛》 2012年第10期

该文运用制度变迁和社会政策转型理论建构了社会工作制度变迁的模型，并指出社会工作制度正由剩余式向普惠式转移，从应对性服务向预防性工作转变。该文指出，我国社会工作制度的建构应当对社会变迁作出反应：现阶段需要遵循社会工作制度模式变迁的方向，将社会工作制度的建构理念聚焦到社会保护这个核心之上，将社会工作的服务人群扩大到全体公民。同时，在策略上整合强制性制度变迁和诱致性变迁的效应，强调专业性社会工作制度的构建和嵌入。

《社会工作制度建构：内涵、设置与嵌入》

葛道顺（副研究员）

论文　14 千字

《学习与实践》　2012 年第 10 期

该文论述了我国社会工作制度的内涵、设置环境以及建构完善的社会工作制度需要重视的制度嵌入性。指出，我国社会工作制度具有社会工作专业制度所具有的一般内涵和设置环境要素，但作为强制性制度变迁的类型，我国社会工作制度的建构要注重社会管理体制的创新和社会工作制度的嵌入，尤其要推动党的群团工作的转型和基层街居管理方式的变革。

《代际收入关系中的社会公平：测量与解释》

高勇（副研究员）

论文　11 千字

《甘肃行政学院院报》　2012 年第 2 期

收入代际关联是对社会中经济机会配置公平度的一种测量，在国外的研究中已经有了大量文献积累。该文利用调查数据估计了城镇代际收入弹性，发现中国城市中代际收入弹性处于中等水平，但是曲率大于其他国家，高收入者的代际继承性更强。结合中国的制度变迁背景，该文认为，影响收入代际关联的最重要的两个因素是：贫困家庭中人力资本投资不充分和在劳动力市场上受到阻碍。如果要增强经济机会的开放度和流动性，那么，公共开支就应当加大对贫困家庭的人力资本投资力度，破除劳动力市场中的种种阻碍。

《当代阶层意识的流变》

高勇（副研究员）

论文　6 千字

《文化纵横》　2012 年第 6 期

该文考察了当代中国阶层意识构建过程中的两个侧面：一方面，不同阶层的意识会因身处不同的生产关系位置、不同的生活经历领域而产生分殊；另一方面，不同阶层的意识也会因同处一个社会共同体中而有共通之处，或者社会整合的需求迫使我们要构建起共同文化或共同意识来。在分殊方面，首先且最为显著的现象就是社会精英与非精英因为具有不同的生活机会而产生的差异与割裂，其次是中国工人阶层中因不同的社会关系体验而在国企工人、乡镇企业工人、城市农民工中间产生的意识分殊。如果没有积极有效的制度建设，分殊的阶层意识，往往会给社会整合带来负面效果。社会整合的需求要求我们以"公民权"的平等与阶层间的不平等相制约，在分裂的阶层意识基础上打造出共同文化和共同意识。

《中国电力企业社会责任》

钟宏武（副研究员）　崔灿（博士）

论文　5 千字

《中国电力企业管理》　2012 年 11 期

该文根据"三重底线"（Triple Bottom Line）和利益相关方理论（Stakeholders Theory）等经典的社会责任理论构建出一个责任管理、经济责任、社会责任、环境责任"四位一体"的理论模型，通过分析国际社会责任指数、国内社会责任倡议文件和世界500强企业社会责任报告构建出分行业的社会责任评价指标体系，以企业社会责任报告、企业年报、企业官方网站为信息来源，评价中国100强企业的社会责任管理体系建设现状和责任信息披露水平。评价结果显示：（1）约三分之二的企业责任管理落后、责任信息披露不足；（2）企业责任管理显著落后于责任实践；（3）社会责任指数的企业性质差异明显，中央企业和国有金融企业的社会责任指数远远领先于民营企业、其他国有企业和外资企业；（4）企业规模与社会责任指数成正比，企业规模越大，社会责任指数越高；（5）社会责任指数的行业间差异明显，电网、电力行业处于领先者地位，多数行业处于参与者的阶段。

《公租房准入与退出的政策匹配：北京例证》

陈俊华（讲师）　　吴莹（副研究员）

论文　8.9千字

《改革》　2012年第1期

大力发展公共租赁住房是"十二五"期间保障性住房建设的主要任务，但如何确保保障性住房资源分配的公平有效，尤其是合理的准入门槛和退出办法，仍然存在不少困难。该文梳理了北京市公租房的配租流程，发现其准入退出机制存在的困难和问题，并通过借鉴国内外相关政策经验，对公租房准入与退出机制的完善发展提出政策建议。

《中国城市基本公共服务均等化评估研究》

吴莹（副研究员）

论文　22千字

《社会发展研究》　2012年第1期

一定发展水平和均等化程度的基本公共服务对于维护经济社会的稳定和发展、保障公民的基本生存和发展权利、实现社会公平与正义具有重要意义。该文基于2012年中国社会科学院社会发展战略研究院主持开展的"中国社会发展与社会态度调查"的8070份数据，对我国当前的基本公共现状和问题进行了分析。该文认为，我国城市基本公共服务的供给存在地区性差异，尤其是医疗卫生方面的不均等最为突出。同时，制度性区隔不仅表现在不同的户籍类型之间，在户籍属地、城市空间上的不均衡也比较突出。另外，基本公共服务在体制内外、不同教育程度、不同年龄段、不同就业类型的人群之间呈现一定的群际性差异。

《香港经验对我国保障性住房准入退出机制的启示》

吴莹（副研究员）

论文　4千字

《中国住房》　2012年第2期

"十二五"规划纲要进一步强调保障性住房的建设，为使该制度能够切实发挥对中低收入家庭的住房保障作用，就必须确保相关资源得到合理有效的分配。该文通过考察香港公营房屋在保障性住房资源的分配和后续管理方面的经验，针对我国保障性住房分配中存在的主要问题，提出可资借鉴的建议。

《十六世纪车里宣慰使的婚礼——对西南边疆联姻与土司制度的历史人类学考察》

杨清媚（助理研究员）

论文　16千字

《云南师范大学学报》　2012年第2期

　　该文通过16世纪车里宣慰使刀应猛迎娶缅甸孃呵钪公主这一事件，考察在中缅双重封建影响下，当地土司制度"天朝为父，缅朝为母"的特点。通过对婚礼的仪式过程、礼物、交换和朝贡的细节，结合缅甸—云南这一区域的宗教史背景，该文试图对车里土司制度和心态的双重性作出较为充分的说明。这一双重性形塑了西双版纳的王权，也形塑了当地的社会。与过去的土司制度研究有所不同的是，该文不再从单纯纵向的朝贡的角度来分析这个联姻，而是试图从中缅双方与西双版纳地方的相互关系中，展示其在历史场景下的多重对话。

《体制转型背景下的本土组织领导模式变迁》

沈毅（助理研究员）

论文　40千字

《管理世界》　2012年第12期

　　在华人组织研究中，文化取向的"关系"及"差序格局"日益成为重要的分析性概念，但已有的跨文化视角与本土化视角均相对忽略了华人组织中"关系"运行的体制性背景，拟亲缘的"差序格局"在不同体制背景下的组织领导实践中有可能发展出不同性质的私人"关系"及其结构形态。该文通过某国有改制企业30年发展历程的拓展个案分析，在把握其从"派系结构"到"关系共同体"的组织结构转型的基础上，揭示出组织领导与骨干下属间的"关系"形态呈现为"主从关系"—"人缘关系"—"朋友关系"的渐次转型，在组织领导模式方面则相应呈现出"集权式领导"—"人缘式领导"—"人心式领导"的类型转换，分别暗含了不同体制背景之下法、道、儒等文化传统实践的选择适应性。无论如何，组织领导的私人"关系"实践始终构成了对规范组织制度的某种实质性替代，即使是积极性的"关系共同体"中所潜藏的个人"关系"领导也难以转向长远发展的企业科层制度，这可能正是本土组织"关系"理论区别于组织社会资本理论而得以拓展的重要依据。

新闻与传播研究所

《文明传播的哲学视野》

杨瑞明（副研究员）　　张丹（副研究员）

　季燕京（高级编辑）　　毛峰（教授）

专著　400千字

社会科学文献出版社　2012年5月

　　该书首次以"传播"为视角展开大跨度的多学科和跨学科研究，提出了文明传播的范畴，论域涉及哲学、法学、经济学、文学、历史学、文化学、社会学等学科，内容论及文明史和现实的文化问题、文明传播、文明对话及其方法论问题、文明传播对实践真问题的关注、重新理解中华文明的传播，亦即中华文明的创立与普世、传承与创新、认同与建构等。

　　该书主要研究内容为：（1）文明传播的研究语境问题；（2）传播、文明与文明传播的概念界定问题；（3）传播语境中的文明与文化及其价值观问题；（4）传播形态中的文明与文化及其和谐表征问题；（5）对话与和谐传播问题；（6）文明传播的伦理学悖论：科技文明传播和生态文明传播问题；（7）文明传播的经济学悖论：商业文明的传播问题；（8）文明传播的文化学悖论：文明的失落与崛起及其中国的国家形象问题。

《新媒体时代我国版权保护制度的优化研究——基于新制度经济学视角》

朱鸿军（副研究员）

专著 162千字

苏州大学出版社 2012年10月

该书在借助新制度经济学相关理论分析新媒体时代的我国版权保护制度的基础上，提出了优化我国版权保护制度的发展思路，指出我国完全能自主设计一套既适合新媒体时代要求又符合国情的版权保护制度。

如何设计一套既适合新媒体特征又符合我国国情的版权保护制度，是当下迫切希望攻克的难题。以新制度经济学为研究视角，既有利于借助新制度经济学的相关理论丰富现有的版权理论，又有利于以版权制度为分析对象，完善新制度经济学相关理论。

《实践的逻辑》

孙五三（研究员）

论文集 200千字

中国社会科学出版社 2012年9月

该论文集中有关农村电视的论文系统梳理了中国农村有线广播、县乡电视台及其机构和非法卫星天线的发展历史，同时以河北等五省20多个县乡镇调查为基础，将中央政府的"政策"制定与地方电视台的政策"实践"建立起联系，创新性地审视了制度的制定和执行主体之间的关系，并探讨了当前制度下政策文本和实践之间差异形成的原因及其性质。

该论文集中关于媒介与价值观变迁的研究对媒介中的价值观性质进行了辨析，提出媒介报道中的价值观并非报道对象的价值观，而是媒介建构的社会价值观；媒介建构"成就价值观"的特征，即媒介对成就的认定隐含着阶级偏见，表现为"较高社会等级是成就的标志之一"，"向高社会等级流动是成就的基础"。

《略论中国特色社会主义的新闻传播理念》

宋小卫（研究员） 唐绪军（研究员）（执笔：辛闻）

一般文章 5千字

《光明日报》 2012年10月23日第2版

该文提出，从中国特色社会主义思想体系的角度阐释当代中国的主流新闻理念，可将其核心的关切与诉求概述为：（1）坚持"以人为本"；（2）按照新闻传播规律办事，讲究新闻传播艺术；（3）执政党为新闻传播事业健康、有序发展提供有效的政治保证和组织保障；（4）新闻媒体和新闻工作者对新闻报道的客观真实公正负有专业性的关注义务与核实责任；（5）把握正确的舆论导向是新闻媒体首要的政治责任；（6）新闻媒体各职能的相互协调与统一。

该文概括了中国特色社会主义的新闻传播理念，其中有关中国执政党和各级国家机关"发展新闻传播事业，满足人民获享新闻传播之需求"的宪法义务和责任的阐释,将法治精神作为中国新闻传播理念的一种核心要素,具有新意。

《儿童权利、新闻与公众参与——关于2011年度儿童新闻事件的讨论》

卜卫(研究员)

论文　30千字

《当代传播》　2012年第2期、第3期

　　该文以联合国《儿童权利公约》(中国政府1990年签署1992年实施)、《中华人民共和国未成年人保护法》以及2011年颁布的新《中国儿童发展纲要》为基本框架,分析和讨论了2011年度十大儿童权利事件。如促进公众参与保护儿童权利最有影响的年度事件——"微博随手拍照解救乞讨儿童";上学的路有多远——甘肃正宁校车事件;为什么我们如此恐惧——小悦悦被碾压事件;"用公益弥合社会割裂"——"免费午餐"事件;是"激励"还是"儿童歧视"?——"绿领巾"事件;并非中西方教育之争——"虎妈""狼爸"式教育;残障儿童照料者不应是孤军奋战——溺死脑瘫儿事件;教师权力与针对儿童的暴力——谈"小学教导主任上课时猥亵12名女童被捕"等。就每个事件,作者讨论了其所涉及的儿童权利议题以及新闻报道的伦理和社会意义。在一些事件中,新闻报道引发了公民行动,公民行动也改变了新闻报道,同时改变了社会。特别是国家层面的政策回应使我们看到了新闻的力量,它"不仅记录历史,更重要的是影响了今天"。

《量化 VS. 质化是非七辨》

孙五三(研究员)　刘晓红(副研究员)

论文　7.5千字

《新闻与传播研究》　2012年第4期

　　该文分析了有关质化和量化研究方法的七个认识误区,如质化方法不科学不客观,量化方法科学客观;质化深刻,量化简单;量化结果可以推论总体,质化研究没有代表性;量化多服务于维持现存秩序,质化则研究边缘群体等。该文认为,这些说法的特征是将量化方法和质化方法分别与不同的方法论、不同的推理逻辑、不同的操作技术强行绑定在一起。该文通过一些研究案例说明,这些绑定关系是缺乏逻辑和实证基础的,不利于发现和解决问题,不利于推动科学进步。

　　该文指出了生成这些误区的方法论和价值观问题,以及对技术的误读。该文的分析及结论,有利于打破这种对质化量化研究方法间关系的不合逻辑的限定,有利于解放被这些限定固化的研究思路,有利于形成以问题为导向的研究方法运用的思维习惯。

《借势传播:华人的关系交往取向》

王怡红(研究员)

论文　21.2千字

《华人传播想像》　2012年1月

　　该文所探讨的"借势传播"是发生在中国社会关系交往价值体系中的,用来透视中国人交往行为动机、行动策略和交往方式的一个重要概念。作者提出和论证了"借势传播"这一本土概念。所谓"借势传播"是指"关系交往者通过向关系网络中借取'势'的信息资源,以达到使用关系为目的的一种互动方式或变通增效的传播策略"。其概念研究框架是由关系交往中的审势增效取向，人情交往中的借势增效取向，面子交往中的顺势增效取向，权力交往中的造势增效取向和退隐交往中的蓄势增效取向五个方面构成的。

该文提出的"借势传播"是一个本土概念，既可以解释中国人日常关系交往的主要方式，概括中国人关系交往行为的一般取向，而且还可以用来批判性地分析这种关系交往的定式对形成和发展健康的人际关系所产生的不同作用以及负面影响等。

《中国传播研究的三次浪潮——纪念施拉姆访华三十周年暨后施拉姆时代中国的传播研究》

姜飞（研究员）

论文 16千字

《新闻与传播研究》 2012年第4期

该文认为，中国的传播研究历经三次大潮：第一次是施拉姆访华之前传播学已经由不同渠道进入中国，新闻学界可谓"暗潮汹涌"；第二次是施拉姆1982年访华之行，起到了破碎中国传播研究汹涌"暗潮"表层之"冰盖"的作用（此谓"破冰之旅"），之后，更多的国外学者来访及文献引入，使得中国传播学界的活动"波涛滚滚"；如今，第三次大潮的冲击已然临岸，即来自港台和海外华裔传播学者再次登陆，对30年来大陆的传播学研究作多维度的"惊涛拍岸"。施拉姆访华距今整整30年，中国学界在回眸之时，是否可以借由对施拉姆的回忆，更清晰地呈现中国传播研究的脉

络，更清楚地辨析中国传播研究的问题和方向？该文即作此尝试。

《新媒体传播转型视阈下的意识形态建构》

刘瑞生（副研究员）

论文 8千字

《苏州大学学报》（社科版） 2011年第6期

该文指出，大众传媒和意识形态建构有着密切的关系，而近年来勃兴的新媒体在传播属性发生了根本性改变，表现在网络化、全球化、社会化与个体化四个层面，基于此，该文探讨了新媒体的传播"转型"与意识形态构建的关系，提出了新媒体对主流意识形态的内容、构建主体、构建方式、构建效果产生了颠覆性的影响，解析了当前中国意识形态安全问题及对策。

《传媒转型中的互联网新特征与治理之道》

刘瑞生（副研究员） 王有涛（高级编辑）

论文 5千字

《新闻与写作》 2012年第5期

互联网之所以能对社会发展产生广泛而深刻的变革，甚至成为影响政治层面和社会稳定的重要因素，这主要在于其迅猛的发展态势和革命性的传播功能。该文提出了当前互联网全新的传播特征，即全球化、全民化、融合化、移动化和社会化的五大特征，并基于此探讨了互联网治理的全球策略与中国经验。

《"多对一"非均衡形态节目热播与创新分析》

冷淞（副研究员）

论文　6 千字

《当代电视》　2012 年第 2 期

该文将视线对准了"非字号"节目持续热播并引起广泛关注的现实状况，非均衡类的电视节目形态以其"多对一"的"围攻"效果产生了震撼性、悬念性、简单性、话题性等一系列特点，并引发观众"围观"。该文从非均衡形态的电视节目特点、时空表现、内在结构以及制作流程等角度出发，分析此类节目引发的思考，对此节目火爆的社会深层原因加以分析，对节目特点加以总结，探寻此类节目未来发展的走向。

《构建科学和有效的互联网法治管理体系》

张化冰（助理研究员）

论文　11 千字

《法治新闻传播》　2011 年第 5 期

西方发达国家在立法规制互联网层面均处于摸索阶段，但却各有特色，更主要的是与本国固有的法律体系及传统息息相关。该文认为，当前我国互联网立法中存在一些问题，比如法律法规数量众多，但法律效力和位阶普遍较低；科学健全的立法体系尚未形成，法律法规兼容性差等。因此，网络立法应立足于现有法律，充分利用已有的立法资源，在一些基本法中补充相关规定；针对一些特殊问题出台特别法或专门法，加快与国际接轨步伐；加大网络规制执法力度，构建科学的执法体系等。该文从比较研究视角切入，对当前欧美国家的互联网法治状况进行了研究，同时结合我国国情、针对相关问题提出具有可行性的对策建议。

《我国互联网音视频传播的发展及其规制变迁》

杨斌艳（助理研究员）

论文　6 千字

《新闻与传播研究》　2012 年第 5 期

该文系统地梳理和分析了我国互联网音视频传播自诞生以来近 10 年的发展和变化。作者对我国互联网音视频传播的发展历程、传播格局、发展特点进行了剖析和总结，勾勒出互联网音视频传播的整体图像；回顾和分析了广电总局对互联网音视频传播的所有规制，提炼并剖析其规制的重点与核心；考察和分析了规制所带来的现实传播的变化，并通过社会学的描述来展现此变迁过程中政府与企业的对话与协商。

互联网规制是各国政府都非常关注的问题，也是各国政府摸索和探寻的实践，互联网音视频领域的发展及其规制变迁在我国互联网发展中具有代表性，从某个子领域的剖析来思考和探索中国互联网的规制是有意义的可行之路。

《西方广告自由法制原则的被解构——以美国为例》

王凤翔（助理研究员）

论文　10 千字

《新闻与传播研究》　2012 年第 1 期

该文以美国为例，从广告批评视角看西方传媒业发展对广告自由法制原则的解构。媒体为利润在传播内容中为大广告主服务，大广告主通过媒介的所有权垄断与利益关联，使媒体成为其喉舌，通过游说构建符合自己利益诉求的法律，解构了西方广告自由法制原则，解构了广告对自由传播、公信力与社会责任的文明诉求。这种解构不是对广告法及其具体规定的一种明显违背与直接违反，而是对广告法治精神的一种解构。

从美国广告自由法制原则的被解构与媒介发展历史看，客观上似乎是工具理性与价值理性的历史构建，实际上是"社会秩序和社会控制的范式及其过程的力量在特定行为者所使用的逻辑，这种逻辑使特定的行为方式介入时间的和空间的秩序之中"。广告自由法制原则的被解构在本质上是大广告主的一种霸权民主与控制范式，是垄断大资本广告话语权的集中表现。所谓"自由媒体"所诉求的广告法制追求与新闻自由等意识形态在广告主那里只是一种攫取利益的工具和向外进行利益扩展的手段，其历时性发展构建了美国的核心国家利益。

国际研究学部

世界经济与政治研究所

《2012 年世界经济形势分析与预测》

王洛林（研究员） 张宇燕（研究员）主编
孙杰（研究员）副主编
专著 435 千字
社会科学文献出版社 2012 年 1 月

该书作为年度形势报告，其主旨是为读者了解过去一年的世界经济形势和把握未来一年世界经济的发展趋势提供分析和参考。2012 年度的形势报告分为以下四部分：（1）"总论"部分：概述全球经济一年走势的特点。（2）"国别与地区"报告部分：深入解析各国别、地区的经济发展态势。（3）"专题研究"报告部分：传统专题注重对本年度国际贸易形势、国际金融市场、国际投资形势和国际大宗商品市场形势的回顾与展望；新专题重点研究全球经济发展中的热点问题。

（4）"世界经济统计与预测"部分：提供了翔实而又有价值的经济统计材料，方便读者动态地了解世界经济的发展趋势。

《全球政治与安全报告》（2012）

李慎明（研究员） 张宇燕（研究员）主编
李少军（研究员）副主编
专著 340 千字
社会科学文献出版社 2012 年 1 月

作为国际政治领域的形势报告，该书的宗旨是根据形势发展，以专题的形式阐述一年来国际政治与安全的现状，进行原因解释并提出预测。该书所涉及的方面包括形势总论、大国关系与周边环境、国际安全局势、全球问题、国际组织与政党等。除了对国际形势的分析，该书还包括有关国际关系理论研究现状的年度综述。该书通过对事实和统计数据的观察与归纳，分析了形势发展的基本特点，判断了趋势的演进，并提出了具有一定前瞻性的结论。

《走进经典：马克思主义经典著作解析》

刘国平（研究员）

专著　883 千字

社会科学文献出版社　2012 年 8 月

　　该书的价值在于：引导读者特别是青年读者径直走进马克思主义经典著作，从而走进马克思主义基本原理和马克思主义思想发展史，并从深层次上理解中国特色社会主义理论体系。该书按照马克思主义发展史的历史逻辑，对马克思和恩格斯 1835～1895 年间对人类历史发展所产生重大影响的代表作进行解析，将其分为马克思主义的产生、确立、成熟和补充完善四个时期，加《资本论》共五编，对每部著作的基本内容都作了比较完整、系统的分析和解读，涵盖了马克思主义哲学、政治经济学和科学社会主义各个方面。

《国际体系：理论解释、经验事实与战略启示》

李少军（研究员）等

专著　592 千字

中国社会科学出版社　2012 年 8 月

　　该书是中国社会科学院重大课题的最终研究成果。该书第一部分是理论篇，诠释了国际体系的基本概念，并分别解释了权力体系、制度体系与文化体系的基本概念、互动结构与影响机制，建立了完整的国际体系的理论框架；第二部分是事实篇，分别阐释了主权国家体系、联合国体系、国际经济体系、国际军事体系和国际政治文化体系，说明了体系的现实存在形态；第三部分是战略篇，从中国的对外战略选择的角度，阐释了中国的身份与利益，国际环境对中国复杂的影响机制，以及中国的战略应对。该书认为，中国参与国际体系的不同互动，只有利用体系的系统效应趋利避害，适宜地开展实力外交、制度外交与公共外交，才能更好地实现国家的战略目标。

《理解中国对外贸易》

田丰（副研究员）

专著　280 千字

人民出版社　2012 年 10 月

　　对外贸易是中国经济增长的重要引擎。当前，中国的对外贸易处于转型的重要关口。如何认识全球金融危机后中国对外贸易的新形势、新问题和新挑战？中国对外贸易战略转型的方向何在？中国出口的潜力如何？扩大进口对于中国经济增长有何意义？出口退税与减税到底哪一种更有利于中国经济的增长？如何认识人民币在中国对外贸易跨境结算中的使用？中国为什么会成为 WTO 争端的积极参与者？该书从上述方面对中国的对外贸易发展过程中出现的几个关键性问题进行了探讨，提出了自己的见解。

《透视新北约——从军事联盟走向安全—政治联盟》

高华（副研究员）

专著　550 千字

世界知识出版社　2012 年 10 月

　　20 世纪 90 年代，随着冷战的结束，北约组织通过改革促进转型，从一个区域性的军事联盟，向美国主导下的全球安全—政治联盟转变，并在世界政治舞台上扮演着举足轻重的角色。该书对北约发生巨大变化的原因和对全球安全格局的影响，进行了客观、深入的剖析；对北约转型的理论依据、北约与美国、北约与联合国、北约与俄罗斯、北约与欧洲安全、北约与中国、北约面临的挑战及发展趋势等作了全景式扫描，勾勒出北约演变的大致轨迹，是一部系统论述北约的学术专著。

《国际社会中的国家利益》

袁正清（研究员）译（［美］玛莎·芬尼莫尔著）

译著 136 千字

上海人民出版社 2012 年 2 月

该书把国家置于国际社会之中，以独特的视角、鲜明的观点、实证的考察和理论的反思，脉络分明地为我们展示了国家利益形成的轨迹，提供了一个分析国家利益的社会学新视角。该书以联合国教科文组织、红十字会和世界银行为案例，分别探讨了国际组织是如何使国家社会化，让它们去接受新的政治目标和社会价值的方式，以及对国家结构本身、战争行为、国际政治经济运行所产生的持久影响。

《国际经济研究中的多边分析方法与应用》

黄薇（副研究员）　郑海涛（副教授）　任若恩（教授）

专著 230 千字

科学出版社 2012 年 2 月

为了解决目前盘桓在国际经济研究中的研究手段问题，该书从多边研究方法论入手，以国际价格为主要研究领域，对主要的多边研究方法给出了具体的使用范例。该书不仅系统地介绍了目前在国际经济金融问题中的多边分析方法，而且书中所体现的研究本身也具有较强的学术参考价值。该书在国际价格竞争力多边比较、多边事实汇率制度研究等方面的研究具有一定的影响力。

《外商直接投资对中国收入分配差距的影响》

刘仕国（副研究员）

专著 252 千字

社会科学文献出版社 2012 年 4 月

该书基于严谨的经济学理论，从外资的生产过程着手，探究了外资影响东道国收入分配的理论机制，以企业为分析单位，运用动态面板计量方法，从实证上评估了这种影响，最后利用统计分解方法测度了外资对中国收入分配的贡献。

《全球生产体系下的中国经贸发展》

马涛（助理研究员）

专著 237 千字

社会科学文献出版社 2012 年 10 月

该书从全球化视角研究了中国参与垂直一体化分工对贸易边际、劳动力市场和环境等方面的影响。中国正是抓住国际生产分割的契机，借助垂直专业化融入新型国际生产体系中，并通过离岸外包和直接投资等途径，不断进行贸易结构调整和产业升级。在此过程中，中间产品贸易和垂直型跨国投资迅猛增长，进一步扩大了我国的贸易失衡。此外，新型国际生产体系也使产品内贸易对劳动力的需求弹性提高，从而加大了我国制造业的就业风险；同时，这种共享型贸易降低了出口贸易中的碳排放强度，有利于贸易结构优化。

《春秋时期"尊王攘夷"战略的效用分析》

徐进（副研究员）

论文　15 千字

《国际政治科学》　2012 年第 2 期

　　该文认为，春秋时期的"尊王攘夷"是霸主树立权威、团结盟友、打击对手的两种战略，但是这两种战略有各自的效用边界。它们的效用大小取决于其所针对的对象的价值。当战略对象的价值高时，战略的效用就大，反之亦然。该文的学术价值和政策意义在于：（1）现代战略学研究通常注重战略的制定、内容和运用，但对战略的效用边界、战略与环境的配合以及战略与战略对象的关系等问题关注甚少，该文的发现对此有一定的补充作用；（2）如果把华夷之别视为两类具有不同政治制度（意识形态）的国家集团之间的竞争，那么，我们就可能更好地理解和预期当代国际政治中的一些现象与事件；（3）当未来中国持续崛起，以中美关系为重中之重的战略效用会随之下降。

《中国投资者是否是美国国债市场上的价格稳定者》

张明（副研究员）

论文　15 千字

《世界经济》　2012 年第 5 期

　　中国投资者已成为美国国债市场的最大国际投资者。一方面，美国国债的价格走势与美元汇率变动会影响到中国投资者的资产安全，另一方面，中国投资者的投资行为也会对美国国债的价格与美元汇率产生显著影响。该文首先对美国国债市场的结构、中国投资者投资美国金融资产的概况进行了细致梳理，之后，通过建立一个 VECM 模型来分析中国投资者的投资行为与美国国债价格及美元汇率之间的互动。该文认为，尽管中国投资者试图在美国国债市场与外汇市场同时扮演价格稳定者的角色，但中国投资者增持美国国债的行为难以扭转美国国债收益率的上升，因而会导致美元贬值。这意味着中国投资者的确是外汇市场上美元价格的稳定者，但并非是美国国债市场上的价格稳定者。

Joint Non-OPEC Carbon Taxes and the Transfer of OPEC Monopoly Rents （《非OPEC 国家的联合碳税及 OPEC 的垄断利润转移》）

东艳（副研究员）等

论文　10 千字

Journal of Policy Modeling 43（2012）（《政策建模杂志》2012 年第 43 卷）

　　该文探讨了部分国家采用联合碳税的经济影响，指出非 OPEC 国家的联合碳税可以降低 OPEC 的垄断利润。该文采用能源供给内生的多国一般均衡模型，在此类模型中，排放和能源价格内生决定。模拟分析的结果表明，碳税除了可以降低全球的温室气体的排放水平，还是消减 OPEC 垄断利润的有效手段。中国、美国、欧盟的联合碳税可以降低 OPEC 国家的福利水平，并提高非OPEC 国家的福利水平。该文研究了碳税在全球福利分配中的作用，具有一定的创新性。

《中国崛起的政治文化变迁与启示》

王雷（助理研究员）

论文　25 千字

《世界经济与政治》　2012 年第 7 期

　　该文运用政治文化变量对中国崛起的性质、内涵、演进动力、历史进程进行了重新诠释；深入探讨了中国崛起与政治文化变迁的互动关系，以及二者之间的宏观演进逻辑和政治文化内在变迁的运作机理。相对以往的单一研究视野和方法，该文运用了体系和单位研究视野的结合，并侧重于相关问题的哲理思考和大历史视角的解读，提出了较具创新性的观点，如中国崛起与政治文化变迁的互动为彼此的演进创造了必要条件，进化主义、变革主义、民族主义、特殊主义四种价值取向组成了中国政治文化内在变迁的核心线索等。

《人民币汇率对 CPI 的传递效应分析》

徐奇渊（副研究员）

论文　10 千字

《管理世界》　2012 年第 1 期

　　汇率对国内物价水平的传递效应，是国际经济学理论研究的重要问题之一，对宏观经济政策也有重要参考价值。关于人民币汇率到国内 CPI 指数的传递效应，已有主要文献均认为该效应微弱，甚至根本不显著。该文认为，由于各地区的开放程度不同，以及国家在不同时期的区域经济政策侧重点有所不同，实际上，各地区受到的内、外部冲击是非对称的。在加总获得全国 CPI 指数的过程中，上述信息遭受严重损失，这会对汇率传递效应分析造成误导。考虑到这一干扰因素，该文认为，人民币汇率对 CPI 的传递效应是显著的。

俄罗斯东欧中亚研究所

《国际共产主义运动史》

吴恩远（研究员）主持

教材　500 千字

人民出版社　高等教育出版社　2012 年 5 月

　　该书对世界各国共产党（工人党）领导的工人运动和社会主义革命、建设作了介绍和分析，回顾了国际共产主义运动的历史，总结了国际共产主义运动中的经验和教训，对世界各主要国家共产党（工人党）的发展历程、功过得失作了客观评价。在时代主题发生重大变化的背景下，该书对国际共产主义运动的前景作了展望，论述了坚持马克思主义、发展马克思主义的必要性，为我国建设中国特色社会主义提供了一部重要的理论教材。

《俄罗斯发展报告（2012 年）》

李永全（研究员）

研究报告　365 千字

社会科学文献出版社　2012 年 9 月

　　该报告认为，2011 年是俄罗斯大选之年，政治、经济和社会等因素再次引爆沉寂多年的社会政治热潮，各派政治力量高调登场；"梅普组合"精心设计国家杜马选举和总统选举棋局；俄经济继续增长，加入世界贸易组织、加快独联体一体化进程和关于现代化之路的争论成为俄经济领域关心的主要问题；俄继续推行强势外交，美、欧方向难有突破，独联体一体化成就明显。

《上海合作组织发展报告（2012 年）》

李进峰（研究员）主编

研究报告　378 千字

社会科学文献出版社　2012 年 7 月

　　该报告分析了当前上海合作组织所面临的国际和地区形势以及复杂的地缘政治经济格局变化，解读了地区热点问题和重大事件对上海合作组织发展的影响，梳理分析了上海合作组织在安全、军事、经济、交通、教育和文化等领域的合作现状及取得的积极进展，对成员国与观察员国发展现状及其与上海合作组织关系进行了系统客观的描述。

《中亚国家发展报告（2012 年）》

孙立（研究员）主编

研究报告　405 千字

社会科学文献出版社　2012 年 6 月

　　该书涉及的对象为我国西部五个邻国或近邻，即哈萨克斯坦、乌兹别克斯坦、吉尔吉斯斯坦、塔吉克斯坦、土库曼斯坦。这五个国家于 2011 年底刚刚庆祝独立 20 周年，2012 年则为与我国建交 20 周年纪念。该书从宏观和微观的角度对 2011 年以来中亚地区形势、热点问题、重大事件以及各国基本国情进行了分析。鉴于国内对中亚国家的情况介绍得较少，该书在某些板块中也收录了有关中亚国家独立 20 年变化的文章，以便使广大读者能对中亚国家的全貌有较全面的了解。

《制衡威胁——大国联盟战略的决策行为》

肖斌（助理研究员）

专著　203 千字

世界图书出版社　2012 年 3 月

　　联盟理论一直是国际关系学者关注的问题，并取得了许多开创性的成果，其中现实主义在联盟理论中占主导地位。但由于大多数联盟理论建立在预期效用的基础上，因此，都存在解释力不足的问题。社会科学理论的新发现为弥补这些问题提供了新的研究路径，尤其为在不确定情势下解释国家联盟的决策行为提供了科学的、较完整的知识体系。为此，该书在蹈袭前人研究的基础上，通过结合不确定性决策理论和联盟理论中的威胁制衡论，分析了大国联盟战略的决策行为。

《中国资本国际化与欧亚投资》

朱红根（副研究员）

专著　210 千字

中国社会科学出版社　2012 年 8 月

　　中国企业对欧亚国家的投资，是对外投资中的重要区域之一，同时具有重要的经济与战略意义。该书对中国企业的对外投资进行考察，并探讨中国企业对欧亚转轨国家的投资。作者从概念入手，对国际投资的主要理论进行了梳理，然后考察中国资本国际化的历史发展，并从资本国际化视角、开放的宏观经济均衡视角、产业视角、微观主体视角、战略视角，对中国企业的对外投资及对欧亚转轨国家的投资进行考察，并提出了相关政策建议。

《斯大林与大同盟（1941~1946年）——基于新解密档案的研究》

梁强（助理研究员）

专著　500千字

中国社会科学出版社　2012年8月

　　该书以新解密的档案文献资料为基础，参考了俄文、英文两方面的相关著述，梳理和论述了从"二战"到冷战的苏英美关系基本史实。作者利用到目前为止尚未被国内学术界引用和收录的俄罗斯新解密档案以及美国和英国涉及对苏政策的解密文件，对这一时期苏联对外政策中的敏感和争议问题以及已引起国际学术界关注但尚未得到中国学者重视的史实作出较为全面的论述，对苏英美大同盟关系的研究提出新的角度和观点。

《大学与政府》

李莉（助理研究员）

专著　350千字

社会科学文献出版社　2012年8月

　　该书从分析俄罗斯大学与政府关系的发展脉络、特点和规律入手，从法律层面、学术权力结构以及行政管理措施等几个方面，分析和探讨了政治、社会文化变迁过程中的教育。该书认为，俄罗斯大学的诞生不是基于认识论基础的源发性生成，而是国家上层权力的强行降生，国家是大学兴起的动力因素，国家"欧化"之路产生了对高等教育的需求；国家现代化与教育现代化相互作用，国家也是大学发展的动力因素，俄罗斯历次大学的改革几乎都是由政府发起的，目的在于服务和服从于国家利益；大学不仅是追求高深学问的象牙之塔，更是国家富强的最为重要的依托和希望；从大学的发展道路来看，大学与政府关系具有"国家主义"范式的特点，东正教传统和村社文化也为这种模式奠定了思想基础，这种制度传统在过去和现在都对俄罗斯政治稳定产生了影响，因其潜移默化的作用，也必将在未来产生影响。

《普京新政与中俄合作》

李建民（研究员）

论文　8千字

《国际经济评论》　2012年第3期

　　普京在上一个8年总统任期内确立了以威权政治与强人政治为核心的国家治理模式和以追求经济利益为核心的务实外交策略。2013年5月，普京第三次出任总统之后，致力于打造强有力的经济、强有力的国家政权、强有力的国家军队。

　　该文指出，国内民众的政治经济需求与国际形势的变化，使得俄罗斯固有的国家治理模式和外交策略面临着考验和挑战。在新的任期内，普京必然会对内政方针和外交方向进行改革或调整。该文探讨的是新普京时代俄罗斯政治、经济与外交改革或调整方向，其具体表现为三个方向：第一，政治方面的改革。在坚持以国家为中心的治理模式上，稳健推进政治体制改革，减轻和杜绝腐败问题，提高政治活力。第二，经济领域的改革。在确保经济持续增长的前提下，转变增长方式，实现经济多元化，推动政府主导下的创新经济。第三，外交方面的调整。延续务实外交与平衡外交策略，继续以经济利益作为外交活动的核心，但会将更多的注意力倾斜到亚太地区，尤其是重视巩固与深化俄中外交关系发展。

《试析赫鲁晓夫在古巴部署核导弹的动机与决策——写在古巴导弹危机爆发 50 周年之际》

张盛发（研究员）

论文　27 千字

《俄罗斯东欧中亚研究》　2012 年第 6 期

　　该文认为，赫鲁晓夫在古巴部署苏联核导弹是出于意识形态和地缘政治方面的两种动机：捍卫革命的古巴并使其成为拉丁美洲其他国家的革命榜样；缩小同美国在战略导弹方面的差距。出于维护赫鲁晓夫在国际共产主义运动中领导地位的考虑，苏联同美国在欧洲的争夺也对赫鲁晓夫的最后决策产生了不同程度的影响。共产党人的世界观和世界革命的理念则是赫鲁晓夫一切外交行动及其动机的基础和根源。赫鲁晓夫在古巴部署导弹的决策过程，缺乏充分的讨论和科学的论证，是没有根据和脱离现实的主观主义的产物。

《冷战后中国与中东欧国家关系》

朱晓中（研究员）

论文　11 千字

《俄罗斯学刊》　2012 年第 1 期

　　1989 年东欧国家政局发生剧变后，中国与中东欧国家关系从以相同社会制度和价值观念为基础的双边关系，转变为不同社会制度和价值观国家之间的新型双边关系。在布达佩斯原则指导下，中国和中东欧国家关系的发展稳中有升。但是，中国与中东欧关系的发展，还存在政治和经济关系不对称、不同价值观阻碍双边政治关系平稳发展等问题。

《中俄政治发展道路比较分析》

庞大鹏（研究员）

论文　11 千字

《俄罗斯学刊》　2012 年第 3 期

　　中俄政治发展道路具有互相影响的独特性。意识形态作为政治发展道路观念与原则的体现，一直是两国关系发展进程中有别于一般双边关系的特有因素。在崛起背景下，中俄两国领导人提倡政治发展道路的经验互鉴，表明两国精英阶层认为双方发展道路的内核趋向一致。就国家权力结构与权威资源的关系而言，中俄均强调国家控制能力的重要性，但权力结构的政治设计与运作机制有原则性区别。就国家与社会的关系而言，中俄面临的挑战相似，都需要妥善处理权力和社会因素的作用，协调效率、公平和稳定的关系，但两国在该问题上的历史背景和现实问题有所差异。

《俄美新冷战还是中美新冷战》

韩克敌（副研究员）

论文　15 千字

《国际热点问题报告》

中国社会科学出版社　2012 年 6 月

　　2011 年 5 月 2 日拉登被美军击毙，标志着 2011 年 "9·11 事件" 以来美国反恐战争的实际结束，美国外交迎来了转折时期，其外交和安全策略由非正常状态转向正常状态。在新的国际形势下，美国将关注的重点转向亚太，使得与俄罗斯、中国之间的矛盾有激化的趋势。在此基础上，该文探讨了美俄、美中之间爆发新冷战的可能性，一旦爆发二者先后顺序如何，以及中国对美中新冷战可能性的应对措施。

欧洲研究所

《欧洲发展报告（2011～2012）》

周弘（研究员）

专著 412千字

社会科学文献出版社 2012年4月

该书认为，对于欧盟来说，2011年是欧元开始流通的第十个年头，在这一年里，欧元经历了生死抉择。欧洲长期积累的财政和债务问题，终于在世界金融危机的冲击之下转变成主权债务危机。为应对危机，欧盟还提出一系列覆盖面广泛的经济治理方案，以求从根本上解决欧洲长期积累的财政和经济结构问题。无论欧债危机如何度过，欧洲国家在其一体化的进程中必定在诸多方面需要变革。

利比亚战争是以法国和英国为首的欧盟国家为了应对形势变化，试图直接用武力改变周边环境的一次具有战略意义的军事行动。这场战争为欧盟实施其"南下"战略，进而提升其国际地位扫除了重要障碍。无论利比亚的未来前途如何，欧洲国家已经从它们行为方式的改变中得到了利益。

《欧盟产业政策研究》

孙彦红（副研究员）

专著 249千字

社会科学文献出版社 2012年4月

产业政策是一个定义仍未获学术界共识的概念。但是，产业政策的实践早已存在，且形式多样。该书以产业政策实践形成较早发展、较为成熟的欧盟为研究对象，对欧盟产业政策从概念界定、发展历程与动向、主要内容、运行机制等方面进行了归纳分析，并以信息通信产业、纺织服装业和汽车业等三大具有代表性的产业为例，对欧盟的产业政策进行了案例研究和分析。最后，从基本理念价值、重视技术的创新与应用、以产品质量取胜、注重制造业发展的环境可持续性等方面总结了欧盟产业政策对中国的启示。

《德国马克与经济增长》

周弘（研究员） 朱民（研究员）等主编

专著 450千字

社会科学文献出版社 2012年4月

该书梳理了第二次世界大战后德国马克国际化的进程，以及在这个进程中德国货币政策与经济增长之间的多层复杂关系。在不同的历史阶段——固定汇率时期（1952～1973年）和浮动汇率时期（1973～2000年），德国货币管理当局面对各种挑战，在制定货币政策时坚持独立与稳健的理念，为德国重新崛起成为世界领先的工业国，并在20世纪70年代中期后适应全球化浪潮的发展奠定了基础。该书涉及的内容为中国读者提供了从不同角度思考经济均衡问题的参考。

《发达国家电子治理》

董礼胜（研究员） 刘作奎（副研究员）

专著 250千字

社会科学文献出版社 2012年5月

该书以新制度主义理论为分析工具，对发

达国家电子治理进行了创新性分析，通过对联邦制的美国与德国、单一制的英国与法国、城市国家新加坡以及区域治理的代表——欧盟的电子治理问题进行比较研究，表明制度对于电子治理的发展具有决定性的影响。这种影响不仅存在于不同政治体制的国家之间，表现为电子治理的差异、面临的挑战、对行政管理体制改革的不同作用，还存在于同一政治体制的国家之间，表现在不同国家的政治制度会形成不同的电子治理策略和运行模式。在超国家层面，电子治理模式也受到现实政治制度的决定性影响。各模式的共同点证明电子治理正是在制度的双向作用力下，对政府目标实现的效能施加影响。该书借鉴发达国家的经验、教训，提出了我国未来电子治理发展的战略思路。

《欧洲政治文化研究》

马胜利（研究员）　邝杨（研究员）

专著　333 千字

社会科学文献出版社　2012 年 11 月

该书由两部分组成：一部分是国别或地区的政治文化研究，这些国家或地区包括英国、法国、德国、西班牙以及北欧地区；另一部分为两篇专题性的政治文化研究，即关于欧洲现代重要政治观念兴起的探讨，以及对欧盟价值共同体的探讨。在对欧洲政治文化的研究中，该书力图突出两个学术上的关注点：第一是从历史的角度来看政治文化，不仅在历史背景之中来理解政治文化传统，也注意到政治文化本身的演化问题；第二是从关联的角度来看政治文化，既关心政治态度、政治观念、政治意识形态这些政治文化

的相关内容，也注意到这些内容与政治制度或政治运动的关系。

《欧洲为何推动和参与新国际干预》

程卫东（研究员）

论文　15 千字

《国际热点问题报告》

中国社会科学出版社　2012 年 6 月

该文从观察欧洲冷战以来国际干预实践，特别是 2011 年欧洲部分国家积极推动并参与对利比亚的军事打击为出发点，分析以欧盟为代表的欧洲在新国际干预实践上的特点、在新国际干预实践发展方面的作用及其成因。通过历史与现实的分析，判断欧洲在新国际干预方面的未来走向，认为，欧洲新国际干预实践是西方国家冷战后应对新的国际形势并试图发挥西方国家在国际事务中主导作用的一个组成部分，既与整个国际局势的发展、变化息息相关，同时，在每个具体的案例中，欧洲干预的动因也各不相同，是各种因素综合作用的结果。未来欧洲将会进一步强化其国际干预，而且其国际干预能力将进一步加强。该文有助于理解欧洲在一体化不断深入的背景下其未来在国际法、国际关系领域的实践转型与发展问题。

《中东欧经济转型的成就与挑战》

孔田平（研究员）

论文　12 千字

《经济社会体制比较研究》　2012 年第 2 期

该文在对经济转型历史进行回顾的基础上，指出了中东欧经济转型的特点；在探讨中东欧经济转型的成就时，不仅分析了中东

欧国家经济体制的变化，而且聚焦转型后的经济实绩。该文认为，经济实绩不仅涉及经济增长，而且包含生活水平、劳动生产率和福利的改进。该文指出了中东欧经济转型面临的挑战，认为，遭受全球金融危机冲击的中东欧国家也面临着许多挑战，需要推动许多领域特别是社会领域的改革。

《金融危机背景下的英国社会改革》

田德文（研究员）

论文　12 千字

《当代世界与社会主义》　2012 年第 5 期

　　该文将研究主题放在更加重大的概念框架下进行研究，以中国社会科学院欧洲研究所创新工程项目的核心概念"欧洲转型"为出发点，比较完整地阐述英国福利国家制度自 20 世纪 80 年代以来的转型过程，在此基础上，对当前金融危机背景下英国的社会改革进行分析。该文认为，金融危机发生后，已经实现"现代化"的英国社会政策体系遭遇财政危机，根本原因是国际金融危机打击了英国社会政策的经济基础。该文从公共财政结构分析的视角对 30 年来英国的社会改革进程进行整体性分析，以期在纷繁复杂、头绪众多的英国社会改革中抓住国家转型的主线。

《欧债危机：治理困境和应对举措》

陈新（研究员）

论文　17 千字

《欧洲研究》　2012 年第 3 期

　　该文分析了欧债危机的三个发展阶段，同时对欧元区治理方面存在的缺陷进行了剖析。该文探讨了欧债危机久拖不决的原因，即在利益多元化、政治体制复杂化以及法律框架僵化等因素的影响下，难以实施迅速有效的反危机措施。该文对欧盟国家如何走出危机提出了若干政策建议：短期内建立防火墙，控制危机大蔓延，同时大力削减公共财政赤字，尽快恢复市场信心；中期则需改进欧元区的治理结构，加强财政协调和监督；最重要的是要提高经济竞争力，促进经济增长，促进公共财政走入良性循环。

《英国欧洲政策的特殊性》

李靖堃（副研究员）

论文　10 千字

《欧洲研究》　2012 年第 5 期

　　该文在欧洲主权债务危机的背景下论述英国欧洲政策的新特点及其原因。作者从英国的外交传统、议会主权观念、自由主义经济理念以及现实利益等四个方面，客观地分析了造成英国欧洲政策"特殊性"的根本原因，而不是一味站在"批评"英国的立场上。该文认为，英国尽管并没有全心全意地投入欧洲一体化，也采取了一些与欧盟其他国家不同的政策，但它对欧洲一体化也作出了贡献。

《欧洲文化多元主义：理念与反思》

张金岭（副研究员）

论文　12 千字

《欧洲研究》　2012 年第 4 期

　　自 2010 年以来，文化多元主义在欧洲多个国家"被宣告"失败，这深刻反映了欧洲社会在文化多样性问题上厚此薄彼的态度——积极支持欧洲本土文化的多样性，却消极对待以移民群体为代表的非欧洲文化的存在。该文认为，文化纠结是当代欧洲文化多元主义实践中的一种真实心态，折射出其在国家与民族认同层面上的价值诉求；欧洲国家不应当仍旧把持"单一民族"国家的观念去治理和应对一个实际上已经"多民族化"国家的现实，"多元一体"应当成为未来国家与民族建构的指向。

《试析近年来意大利产业区的转型与创新》

孙彦红（副研究员）

论文　19 千字

《欧洲研究》　2012 年第 5 期

作为意大利制造业经济的"硬核"，产业区及其发展变化不失为把握意大利实体经济现状与前景的一个重要视角。该文旨在对近年来意大利产业区的转型与创新进行分析与评价。分析表明，自 20 世纪 90 年代初遇到困难以来，意大利产业区一直在进行转型与创新的努力，内部企业的集团化、生产网络的外向化与国际化、坚持"专注于产品"战略及"绿色经济"的兴起等都是产业区模式正在发生的深刻变化。即便在"国家体系"长期低效的情况下，意大利产业区的转型与创新仍取得了不少值得关注的成绩，突出表现在企业规模变化、国际化水平、创新能力、出口等方面。作为巩固乃至复兴意大利经济的支柱，产业区的未来取决于能否在经历经济危机的洗礼后，进一步调整自身，及时抓住全球价值链重组与国内外市场变化的机遇。

《中美欧全球治理观比较研究初探》

赵晨（副研究员）

论文　20 千字

《国际政治研究》　2012 年第 3 期

该文认为，全球化的深化和扩展增加了全球治理的迫切性，今天世界主要地区对全球治理应当遵守什么样的规范，不存在一种压倒性的权威意见或者说"国际标准"。相反，主要国家在其外交、经济和社会政策中却处处展现出不同的关于全球治理的看法和主张。以中美欧三个主要国家或地区为例，它们对全球治理各类行为体的重视程度、全球治理的方式以及它们的全球治理的价值观，都有很大差异。从外交角度来看，欧盟、美国和中国的全球治理观可以分别归纳为人权基础上的宪政主义、带有霸权色彩的自由主义以及主权基础上的平等主义。

《欧洲对外行动署的法律定位与机构设计》

叶斌（助理研究员）

论文　14 千字

《欧洲研究》　2012 年第 4 期

欧洲对外行动署是《里斯本条约》在对外关系领域中的重要机构创新之一。该文从欧盟法的角度对欧洲对外行动署进行剖析，讨论不同利益相关方在欧盟外交行动一体化中所处的立场和角色，体现这种新的一体化的复杂性和难度。文章首先探究欧洲对外行动署的诞生过程，以期反映欧盟机构与成员国对该机构设置的不同立场和观点；而后分析欧洲对外行动署"功能自治特征"，比较它与欧盟其他机构的区别，探讨它在欧盟机构平衡中所处的位置；最后讨论欧洲对外行动署的权力范围，分析它在哪些领域发挥作用。该文认为，要达成欧盟对外关系领域中的一致性目标，还需要在成员国意愿的支持下作进一步的机构创新。

《从文化共同体到后古典民族国家：德国民族国家演进浅析》

杨解朴（副研究员）

论文　16 千字

《欧洲研究》　2012 年第 2 期

该文认为，长期封建割据造成德国民族国家的形成晚于英、法等传统西方国家。其建立民族国家的路径是先有民族，后有国家。德国民族国家建立在由血缘、历史、语言、文化等要素构成的"文化共同体"的基础上，这一文化共同体同时也构成了德国民族认同的核心要素。受到历史和地缘政治因素的影响，德国民族国家的发展道路较为特殊，这也决定了其融入西方过程的曲折与漫长。20 世纪 90 年代，两德重新统一后，德国与其他欧盟成员国一样进入后古典民族国家形态，将主权部分地让渡给超国家共同体。德国民族国家目前需要解决的是欧盟治理结构中的"新德国问题"。

西亚非洲研究所

《中东发展报告 No. 14（2011 ~ 2012）：中东政局动荡的原因和影响》

杨光（研究员）主编

年度报告　256 千字

社会科学文献出版社　2012 年 10 月

该书是一部中东形势的年度报告。书中

的"主报告"和 8 篇"专题报告"分析了 2010 年以来阿拉伯国家局势动荡的原因和国际影响。"市场走向"部分介绍了局势动荡中的中东经济发展问题、贸易和建筑工程承包市场状况以及金融业对华合作的情况。"资料数据"部分提供了中国对中东研究的最新进展、中东形势发展的大事记以及中东国家的主要经济指标。

Secure Oil and Alternative Energy（《保障石油和替代能源安全》）

杨光（研究员）主编　　Mehdi Amineh（教授）

专著　489 页

荷兰 Brill 出版社　2012 年

该书是作者 2010 年发表的《能源全球化》（英文版）的续集。该书重点探讨了地缘政治与中国和欧盟的能源安全问题。该书认为，由于中国与欧盟都是世界主要能源消费者，而全球探明的石油天然气资源大量分布在中国和欧盟以外地区，而且在可以预见的将来，中国和许多欧盟国家都面临能源进口的地缘政治挑战，因此，中国与欧盟在能源安全和可持续发展方面，大有加强合作的必要和空间。

《区域国别商务环境研究系列丛书·西亚北非卷》

杨光（研究员）　　杨言洪（教授）主编

工具书　680 千字

对外经济贸易大学出版社　2012 年 8 月

该书是一部研究西亚北非国家商务环境的著作。该书导论部分从总体上分析了该地区国家经济发展的趋势、贸易和投资政策的变化以及中国投资和出口的前景，提出了油价升高、结构调整和区域经济集团化三大因素推动地区经济好转以及最大发展障碍是地区冲突等观点。国别部分对该地区14个主要国家的贸易环境、投资环境和金融环境进行了详细介绍。

《郑和与非洲》

李新烽（研究员）

专著　498千字

中国社会科学出版社　2012年9月

　　该书是我国研究郑和下西洋与非洲关系的一部内容翔实、有新意的专著。作者全方位、宽领域、多角度、深层次论述了郑和下西洋与非洲的关系以及郑和舟师在非洲的影响，并在此基础上，将非洲华人移民史提前了二三百年。该书分析了郑和船队严密的组织纪律和科学的联络系统，对郑和本人是否访问过非洲给予肯定回答；在探讨明代先进造船科技的基础上，提出了"海上丝瓷之路"的新概念，论述了重走郑和路的必要性和可行性；对肯尼亚帕泰岛"中国村"村名之来源作出新解释，在提前华人移民非洲史的基础上，将触角延伸至新中国的对非政策，彰显郑和研究的现实意义。

《国际发展合作与非洲——中国与西方援助非洲比较研究》

张永蓬（研究员）

专著　297千字

社会科学文献出版社　2012年10月

　　该书旨在通过对中国与西方国家对非洲援助进行比较研究，从国际援助理论及其对国际援非的影响入手，对中国与西方援助非洲的历史、政策理念、援助实力、机构及管理体系、援助方式、援助侧重领域、援助效果等多方面进行分析和比较，找出中国与西方援助非洲具体方面的相同点和不同点、成效与问题以及发展方向等，在此基础上探讨未来国际援助非洲的方向，总结中国与西方援非经验和教训，并探讨对中国援非战略的启示性意义。

《中国和世界主要经济体与非洲经贸合作研究》

张宏明（研究员）主编

专著　700余千字

世界知识出版社　2012年7月

　　该书由"国别研究"和"国际比较"两大部分构成："国别研究"旨在通过对世界主要经济体与非洲经贸合作的基本事实和统计数据的分析，纵向梳理其在21世纪第一个10年与非洲经贸合作的发展状况，内容涉及这些国家的对非合作政策、合作领域、合作方式、效果评估、经验教训及其对中国的启示等；"国际比较"意在通过横向比较上述国家对非经贸合作在政策、方式、效果等方面的异同点，以达到借鉴、吸纳他国有益经验，丰富、优化中国自身对非经贸合作内涵、方式之目的。此外，该书对新兴国家特别是发达国家与中国在非洲的利益关系、攻防态势进行了全新的描述，并提出随着中国发展对非关系的国际环境的变化，中非合作在国际体系层次呈现出的新变化、新问题或新特点。

《非洲发展报告 No.14（2011～2012 年）：新
　　世纪中非合作关系的回顾与展望》
张宏明（研究员）主编
研究报告　387 千字
社会科学文献出版社　2012 年 7 月
　　该书是由中国社会科学院西亚非洲研究
所组织编撰的非洲年度发展报告。该书由主
题报告、专题报告、地区形势、热点问题、
市场走向和文献资料六部分构成。为配合
2012 年 7 月在北京召开的中非合作论坛第五
届部长级会议，该书编者特将"中非合作关
系的回顾与展望"确定为专题报告的主题，
并首次特邀相关政府职能部门和实际部门的
领导、专家撰文，分别就论坛机制启动以来
中非关系在政治、经济、文化、教育、党际
等领域的发展情况及其未来走势阐述权威部
门的观点。

《中国与西方国家对非援助比较及我国援外
　　（援非）国际合作战略》
张宏明（研究员）　张永蓬（研究员）
研究报告　50 千字
世界知识出版社　2012 年 6 月
　　该研究报告由两部分构成，旨在回应我
国对非援助在实践中遇到的新问题及探讨解
决问题的新思路、新办法。第一部分通过对
中国与西方国家的援助理念、管理模式、援
助主体、援助方式、援助领域、援款结构以
及政策目标、援助效果等方面的比较研究，
揭示了各自在对非援助方面的同异与优劣，
就如何借鉴西方国家的经验教训，探讨我国
对非援助的发展路径，并提出诸多对策建议。
第二部分在分析我国援外（援非）国际合

作所面临的环境，权衡我国开展援外（援
非）国际合作利弊得失的基础上，提出了
我国开展援外国际合作的战略构想。这些对
策建议涉及援外国际合作在我国对外援助中
的定位、所应遵循的原则及欲达到的目标等
诸多问题。

《伊斯兰文化与社会现实问题的考察》
刘月琴（研究员）
专著　289 千字
中国社会科学出版社　2012 年 8 月
　　该书选择伊斯兰文化作为切入点，拓宽
了以往中东研究的视野，尤其是在理论上搞
清了伊斯兰文化与国际政治和国际关系的关
系，不仅具有学术价值，而且还有学科跟踪
意义，在理论上有所突破。伊斯兰文化理论
皆由伊斯兰宗教理论发展延伸而来，它完全
遵循了伊斯兰教的精髓，理解伊斯兰文化须
从了解伊斯兰宗教基础理论开始。该书作者
通过在阿拉伯国家实地考察所得到的切身感
悟，剖析了伊斯兰现实社会所涵盖的诸多问
题，挖掘它们与社会之间的关系，展示了穆
斯林大众的生存现状，为人们提供了一个真
实、可靠的认识伊斯兰社会的基础性视角。

《中国、非洲与世界工厂》
李智彪（研究员）
论文　17 千字
《西亚非洲》　2012 年第 3 期
　　该文主要研究中国实现经济发展方式转
变的海外路径。该文认为，资源短缺、劳动
力成本上升、环境承载能力超限等问题使中
国越来越难以维系世界工厂地位，并对现有

经济发展方式构成挑战。中国要实现经济发展方式转变，必须将世界工厂外移，而资源丰富的非洲大陆是中国外移世界工厂的最佳目的地。大力发展工业化、向新的世界工厂迈进是非洲彻底改变单一经济结构、真正摆脱贫穷落后状况的最有效途径。非洲国家可以依据各自的区位特点和优势，促使单一经济向更加专业化、精深化的方向发展，最终引导非洲实现真正的经济独立和多元化。中国和非洲在世界工厂角色转换进程中具有更广阔的合作空间，非洲取代中国成为新的世界工厂也将有助于中国解决中非经贸关系发展进程中存在的一些问题。

《"土耳其模式"的新变化及其影响》

王林聪（研究员）

论文 15 千字

《西亚非洲》 2012 年第 2 期

该文认为，凯末尔时代的"土耳其模式"是世俗权威政治的产物，其内涵是以现代化为目标的激进世俗主义、民族主义和西方化；而埃尔多安时代新版的"土耳其模式"是土耳其教俗力量较量的产物，具有一定的民主政治属性，强调尊重宗教传统价值观，奉行消极世俗主义、民主化、市场经济和对外自主性。新版土耳其模式显示了土耳其伊斯兰主义温和化以及伊斯兰与民主可以相容的发展趋势，表明伊斯兰教与政治现代化之间既存在张力，又有其相容性的一面。该文区分了两种不同内涵和性质的土耳其模式，即凯末尔时代的土耳其模式与埃尔多安时代的土耳其模式，并分析了新版土耳其模式之所以在中东地区产生示范效应的原因，

指出这一"模式"是该国独特历史发展的产物，它本身尚未定型，有其局限性和过渡性，是难以被阿拉伯国家复制的。

《冷战后联合国在非洲危机和冲突处理中的作用》

袁武（副研究员）

论文 10 千字

《西方新国际干预的理论与现实》

社会科学文献出版社 2012 年 6 月

该文通过对冷战后联合国参与非洲冲突解决的回顾，认为，联合国在冷战后通过不断的理论和制度创新在解决非洲冲突中发挥着日益重要的作用。冷战结束后，联合国为了应对世界和平与安全领域不断出现的新挑战和新问题，开始了新的理论和制度创新。冷战结束，联合国在解决非洲冲突方面经历了从强制和平到建设和平再到"保护的责任"等不断的创新和尝试，并对非洲冲突解决产生了重要的影响。该文认为，联合国作为一个组织机构，有着自身的机构利益，即维护自己在全球范围的地位和权威。冷战之初，联合国在应对和平与安全方面出现了一些不足，并受到了一些全球治理机构的挑战，其权威遭到削弱，因此急于重塑自我的权威。在这一进程中，非洲等发展中国家应参与到其中，以维护自身利益。

《美国中东政策的战略支点——土耳其》

冯基华（副研究员）

论文 10 千字

《亚非纵横》 2012 年第 4 期

该文研究对象是美国与土耳其的战略合

作关系，作者提出了土耳其是美国中东政策战略支点的新观点，并以此为切入点，深入剖析美土关系。作者指出，"二战"后，土耳其成为美国在中东地区实施扩张势力范围和遏制苏联政策的重要"战略支点"之一。美国中东战略中许多重要举措都是通过土耳其这个"支点"展开的。尽管土耳其在21世纪调整外交战略"向东看"，但我们要认识到，无论是所谓向西还是向东的外交战略，从本质上来讲，土耳其始终是在维护自身基本利益的前提下根据国际关系格局和国际形势的变化来调整外交方略。所谓"向东看"，仅仅是"站在西方看东方"，而决不是离开西方转向东方，土耳其仍然是北约成员、美国的亲密盟友，而与东方国家的关系远没有可能达到这种层次。

《"联邦特征"原则与尼日利亚民族国家构建》

李文刚（副研究员）

论文 12千字

《西亚非洲》 2012年第1期

该文认为，尼日利亚民族国家构建的困境源于英国殖民统治的影响和独立运动的缺陷，民族宗教问题及外部影响又给其添加了不少变数，使得地方民族主义比民族一体化在尼日利亚更有市场。"联邦特征"原则作为消除地方民族主义、促进民族统一的一项基本原则，对主体民族"三足鼎立"、少数民族众多的尼日利亚有诸多积极意义，其核心思想以宪法条文或不成文规定的形式影响着尼日利亚的政治发展，在某些方面推动着民族国家构建。由于该原则的缺陷和民族国

家构建自身的复杂性，其有效性有待实践的进一步检验，尼日利亚民族国家构建亦需其他力量的推动。

《非洲基督教会政治立场转变原因分析》

郭佳（助理研究员）

论文 12千字

《西亚非洲》 2012年第5期

该文认为，截至20世纪70年代末，非洲基督教会在国家政治生活中的作用并不明显，出于生存的考虑，教会采取与政府"妥协"甚或"合作"的态度。但是进入80年代以后，非洲基督教会在政治上逐渐趋于活跃，并在非洲政治民主化浪潮中扮演了举足轻重的角色。引起这一变化的原因是多方面的，除了内部因素，诸如非洲国家政治经济状况恶化、政教关系发生变化、教会自身实力增强外，同时也受到国际政治气候和国际教会组织等外部因素的影响。

《中国与海合会货物贸易的发展现状、问题及其应对》

刘冬（助理研究员）

论文 13千字

《阿拉伯世界研究》 2012年第1期

该文主要对2000年以后，中国与海合会国家货物进出口贸易的发展情况、存在的问题作出分析，并在此基础上提出促进中国与海合会国家货物贸易深入发展的政策建议。该文提出，由于我国对海货物出口仍过于依赖资源和劳动密集型商品，中等技术含量投资类商品缺乏竞争力，消费类商品缺少品牌效应，因而导致我国对海货物出口价格

极为敏感。2008 年以后，受人民币升值影响，我国对海货物出口贸易也开始进入瓶颈期。因此，我国政府、出口企业以及其他相关部门应当采取必要措施，提高消费类商品的品牌效应和中等技术含量工业品的竞争力，从而促进我国对海货物贸易的健康发展。该项研究对于我国相关部门制定对海合会国家货物贸易政策具有一定的指导意义。

拉丁美洲研究所

《拉美经济增长方式转变与现代化进程的曲折性》

苏振兴（研究员）　　张勇（助理研究员）

论文　14 千字

《拉丁美洲研究》　2011 年第 5 期

经济增长方式的转变是现代化步入更高阶段的客观要求，若适时转变，则会加速现代化步伐，否则将会延缓现代化进程。该文通过考察拉丁美洲地区 60 年的经济增长发现，由于在某些阶段拉丁美洲国家错失经济增长方式转变的良机，造成一系列结构性失衡，最终以债务危机的形式消化失衡后果，进而导致现代化进程一路曲折。21 世纪以来，拉丁美洲国家通过发展战略、经济政策和局部结构的调整，在促进经济增长方面取得一定成效，使其平稳、顺利地度过了 2009 年国际金融危机的冲击。该文指出，应对未来挑战，拉丁美洲国家在转变经济增长方式上仍有很长的路要走，如促进出口多元化，提高出口产品的国际竞争力，加强与亚太国家的产业内贸易；通过产业政策促进产业结构有序升级；加强人力资本投资和技术研发，等等。

《公民社会与拉美国家的政治转型研究》

杨建民（副研究员）

论文　11 千字

《拉丁美洲研究》　2012 年第 3 期

该文认为，公民社会在拉丁美洲国家的政治转型过程中发挥了重要作用：圣保罗论坛和世界社会论坛已成为拉丁美洲政治左转的思想高地；天主教会仍是最能影响和控制人的思想和行为的公民社会组织，其在历次政治转型中发挥的作用不可低估，尤其在"还政于民"过程中的推动作用不可忽视；土著人组织通过其政治参与使国家政权更具包容性，民主参与机制更为广泛，是拉丁美洲政治转型的直接推动力之一；社会运动、妇女、学生等其他弱势群体也是拉丁美洲政治改革和转型的积极推动者。此外，公民社会还包括个人和家庭等社会细胞，其经济和教育水平的提高为拉丁美洲国家的政治转型提供了社会基础。

《拉美的"过度不平等"及其对中产阶级的影响》

郭存海（助理研究员）

论文　11 千字

《拉丁美洲研究》　2012 年第 4 期

长期以来，收入不平等一直是困扰拉丁美洲国家的一个焦点问题。拉丁美洲的收入不平等本质上是最高收入阶层同其他收入阶层之间的"过度不平等"，这正是拉丁美洲社会收入分配结构的最典型特征。这种特色的"过度不平等"正是长期阻碍拉丁美洲中产阶级发展壮大的关键性因素。该文首先分析了收入不平等和中产阶级之间的关系，接着从再分配政策、税收政策、公共支出政策以及教育政策等视角考察了 1980～2002 年造成拉丁美洲国家收入"过度不平等"的政策性根源。该文最后认为，中产阶级的成长诚然要靠个人的力争上游，但同时更需要国家政策的扶持、保护和培育。新兴市场国家，尤其要重视通过社会政策降低收入不平等、增强社会流动性和扩大中产阶级，以建立橄榄形的现代社会结构。

《巴西现代化进程与国际战略选择》

贺双荣（研究员）

论文 21 千字

《拉丁美洲研究》 2011 年第 5 期

该文认为，国际战略在巴西现代化发展进程中起着至关重要的作用。从 20 世纪 30 年代至今，巴西各届政府根据现代化发展不同阶段面临的不同战略需求、国际环境、自身实力等因素，实施了四种战略：半自主战略、依附战略、自主战略、相对自主战略。每种战略都是基于巴西的国家利益，但却受制于多种因素。巴西国际战略选择的经验和教训是，像巴西这样的大国，虽然实施自主战略是一种必然的战略选择，但是在现代化发展的初期以及中期，应始终将经济发展作为优先目标，不要过早地追求权力及国际地位，而应尽可能地与中心霸权国保持合作，或者说保持非对抗性关系以及经济上的相互依存关系。在全球化不断深化的时代背景下，国际多边机制应成为提升国际地位、谋求国家政治经济利益的重要外交舞台，推动地区一体化应成为维持自主战略、谋求独立的战略空间及伙伴关系的必要条件。

《拉美油气资源与中拉油气合作》

孙洪波（副研究员）

论文 35 千字

《中国的能源外交与国际能源合作（1949～
　2009）》

中国社会科学出版社 2011 年 11 月

该文认为，当前拉丁美洲石油市场格局正经历深刻变化，从石油储量、产量和贸易量看，可形成墨西哥、委内瑞拉和巴西三个石油生产和贸易输出中心。中国石油公司已融入拉丁美洲，开始向战略经营、业务成长期转型，但资产、管理整合能力将面临考验。拉丁美洲石油政治风险因国别而异，风险特征是政策多变，投资环境不确定性增多，但资源国的政策调整的"法治化"程度较高，政策变化并非无章可循。签署投资保护协定不能被看作是确保企业"走出去"投资安全的制度保障，对资源国的风险判断，关键是综合分析资源国的国家风险性质和信用程度。拉丁美洲对中国的石油供应安全保障可以是中国参与扩大拉丁美洲原油产量，直接扩大进口；也可以考虑到拉丁美洲的原油质量、运输成本、地缘风险等因素，利用中国公司在拉丁美洲获得的份额油、投资盈利、转手贸易等多个手段间接保障中国的石油安全。

《中等收入陷阱：来自拉丁美洲的案例研究》

郑秉文（研究员）主编

专著　380 千字

当代世界出版社　2012 年 5 月

　　该书分别从经济学、政治学、历史学、制度比较研究、拉丁美洲区域专门研究等视角，对"中等收入陷阱"进行了规范性和实证性研究，在拉丁美洲研究领域和"中等收入陷阱"研究中站在了前沿。

《拉丁美洲和加勒比发展报告（2011~2012）》

吴白乙（研究员）主编

专著　419 千字

社会科学文献出版社　2012 年 5 月

　　该书对 2011 年拉丁美洲和加勒比地区诸国的政治、经济、社会、外交等方面的发展情况作了系统介绍，对该地区相关国家的热点及焦点问题进行了总结和分析，并在此基础上对 2012 年的发展前景作出预测。

《巴西崛起与世界格局》

周志伟（副研究员）

专著　315 千字

社会科学文献出版社　2012 年 7 月

　　该书从巴西的资源优势、经济实力、科技创新文化体系及技术优势、军事实力和巴西的国际战略安排、巴西崛起的环境及发展规划、巴西崛起的世界意义以及巴西崛起对中巴战略伙伴关系的影响等方面论述了巴西崛起所具备的各方面条件和限制因素，并分析了巴西崛起对地区乃至全球政治经济格局的影响。

《马克思恩格斯列宁斯大林论拉丁美洲》

郑秉文（研究员）　蔡同昌（副编审）

专著　140 千字

中国社会科学出版社　2012 年 4 月

　　该书摘编的内容为马克思、恩格斯、列宁、斯大林在不同历史时期对拉丁美洲的基本看法，设"论古代美洲社会""论殖民主义对拉丁美洲的奴役和掠夺""论帝国主义对拉丁美洲的侵略和干涉""论拉丁美洲人民的反帝、反殖斗争"等四个重大主题，反映了马克思、恩格斯、列宁、斯大林在上述方面的主要思想和理论贡献。

China-Latin America Relations：Review and Analysis（**《中拉关系：回顾与分析》**）

贺双荣（研究员）主编

论文集（英文）　220 千字

社会科学文献出版社和（英国）帕斯国际出版社　2012 年 7 月

　　该书收录了中国社会科学院拉丁美洲研究所学者及其他中国学术机构的学者近年撰写或发表的有关中拉关系的论文共 12 篇，内容涉及中国与拉美国家外交关系 60 年的回顾与展望、中美拉三角关系、中国学者对拉美左翼政府的政策分析、中拉经贸关系的发展及金融危机背景下中拉经贸关系面临的机遇挑战和政策选择、拉美华人社会在中拉关系发展中的作用、中国和拉丁美洲科技合作等。

《全球拉美研究智库概览》

拉丁美洲研究所编

工具书　670 千字

当代世界出版社　2012 年 4 月

　　该书分为上下两册，上册介绍了国际组织和地区组织、拉丁美洲和加勒比地区，下册介绍了北美洲地区、欧洲地区、大洋洲地区、非洲地区、亚洲地区。

《拉美国家现代化进程及其启示》

苏振兴（研究员）主编

论文集 446 千字

知识产权出版社 2012 年 12 月

该书从政治、经济、社会、文化、对外关系、历史、资源环境等多学科的角度，对拉美国家现代化的发展进程进行了比较深入、全面的探讨，从总体上体现出历史研究与现状研究相结合、地区性整体研究与国别案例研究相结合、分析拉美国家的自身特点与对我国可能提供的启示相结合，是国内拉美研究界近年来对拉美现代化问题研究成果的一次比较集中的展示。

亚太与全球战略研究院

《亚太地区经济结构变迁研究》

周小兵（研究员）

专著 409 千字

社会科学文献出版社 2012 年 5 月

该书是中国社会科学院重大课题的最终研究成果。该书分析了 60 年间亚洲太平洋地区的产业、投资、贸易等三个主要经济结构和生产与市场（消费）、政府与市场、市场与市场（各经济体之间）等三对主要经济关系的发展变迁，以及中国与亚太三个主要经济结构之间关系的互动发展，是全面考察研究亚太区域经济关系整体运行机制及其发展趋向的专著。

《东亚秩序：观念、制度与战略》

周方银（研究员）

专著 300 千字

社会科学文献出版社 2012 年 3 月

随着中国崛起，东亚秩序的模式选择以及中国在未来东亚秩序形成和发展过程中的作用受到越来越广泛的关注。该书对"亚洲"概念的起源和演变、"天下体系"对当今世界政治和世界秩序的启示、以费正清为代表的朝贡理论的缺失、中国视野中的朝贡体系、朝贡体系的内在稳定性和变迁、欧美两种不同区域合作模式、冷战后东亚秩序的演变以及中国与当前国际秩序的关系等问题进行了深入、系统的探讨。

《朝核问题与中国角色：多元背景下的共同管理》

王俊生（助理研究员）

专著 260 千字

世界知识出版社 2012 年 12 月

该书通过中国在朝核问题上的外交行为研讨了两个议题：中国角色与朝核问题解决模式。作者把朝核问题放到东亚国际关系和世界政治背景下，从自愿合作国家、合作动力、合作机制三个层面展开。通过论证，作者指出，相对于多边主义和安全合作理论视角，"多元背景下的共同管理"更适合解释中国行为模式与朝核问题解决模式。其一，对于国际和地区热点问题，中国已从无条件强调所谓"和平、外交、协商"三原则向优先与国际社会协调的外交方向转变；其二，朝核问题共同管理是各国利益与实力博弈的产物，只要博弈结构存在，问题的解决只能通过共同管理模式；其三，中美等国愿意采取共同管理模式，而非战争模式，和平与发展的世界主题没有发生变化。

《卢布信用危机与苏联解体》

富景筠（副研究员）

专著 247千字

社会科学文献出版社 2012年10月

苏联这个超级大国何以在短短几年内迅速崩溃，至今仍为学界热议。该书在细致梳理中外文献的基础上，发现卢布信用危机与苏联实体经济崩溃、苏联政权式微存在较强的相关性。据此，该书从货币因素这一重要视角探究了苏联解体的原因。该书认为，货币因素是加速苏联解体进程的催化剂。一方面，卢布的去功能化对苏联末期的社会生产造成了致命性打击。另一方面，卢布的急剧贬值也对各加盟共和国由来已久的离心倾向产生了强烈的刺激作用。卢布信用危机不仅是苏联解体的主要内容，更是加速这一历史进程的重要因素。该书提供了研究苏联解体原因的新视角。

《跨太平洋伙伴关系协定：中国崛起过程中的重大挑战》

李向阳（研究员）

论文 13千字

《国际经济评论》 2012年第2期

该文认为，跨太平洋伙伴关系协定（TPP）是美国"回归亚太"战略的重要组成部分，其动机既有经济又有政治方面的考虑，其中遏制中国崛起是一个不容否认的目标。以2011年亚太经合组织（APEC）峰会为标志，TPP已进入实质性谈判阶段。其未来的发展前景很大程度上将取决于日本及其他东亚国家的立场，至于美国所宣称的亚太自由贸易区协定（FTAAP），现阶段基本上是一个没有实际意义的符号。一旦TPP成为现实，APEC首当其冲将可能会被架空。对中国而言，被排除在TPP之外不仅意味着将受到"排他性效应"的冲击，而且过去10年中国所致力推动的东亚区域经济合作进程有可能因此而发生逆转，这将是中国崛起过程中面临的一次重大挑战。

《新兴市场国家与主权债务危机的出路》

李向阳（研究员）

论文 4千字

《求是》 2012年第4期

该文认为，面对发达国家的主权债务危机与经济低迷，中国、印度和巴西等新兴市场国家被看作全球经济的希望所在。2011年11月召开的二十国集团领导人第六次峰会，寄希望于新兴市场国家救助陷入困境的欧洲债务国，采取扩张性经济政策，继续拉动全球经济复苏。从制度层面来看，摆脱和避免债务危机迫切需要加强金融监管，推动国际金融体制的改革，这当然离不开新兴市场国家的参与。因而，国际金融危机发生后，新兴市场国家在全球经济中发挥着越来越大的作用，但是对潜在的风险决不可掉以轻心。

《松散等级体系下的合法性崛起——春秋时期"尊王"争霸策略分析》

周方银（研究员）

论文 30千字

《世界经济与政治》 2012 年第 6 期

该文对春秋时期诸侯以"尊王"方式进行的争霸行为进行了分析,认为"尊王"是一种间接路线的争霸,主要通过以下几方面机制起作用:第一,通过"尊王"占据道义制高点,减小来自体系的阻力。第二,"尊王"的做法有助于对周王室和其他诸侯进行安抚,它意味着争霸行为在不改变等级秩序的前提下进行,更易被王室和其他诸侯接受。第三,"尊王"有助于孤立其他竞争性大国。在体系逐步走向松散化的过程中,"尊王"的价值有一个先上升、然后下降的过程。争霸诸侯"尊王"的最高点出现在体系由严格等级体系转向松散等级体系的前期阶段。这样的研究,有助于避免只是从欧洲或西方的经验理解大国崛起和争霸行为,对于理解未来东亚秩序的发展演变,具有启发意义。

《东北亚多边安全机制:进展与出路》

王俊生(助理研究员)

论文 28 千字

《世界经济与政治》 2012 年第 12 期

该文以东北亚多边安全机制的发展现状为研究对象,通过国家利益的视角,从收益与风险两个层面分析与论证东北亚多边安全机制构建所存在的结构性问题以及下一步的选择。通过论证,该文认为,面对共同面临的安全问题,迎难而上构筑该地区的正式多边安全机制既不现实,对于客观增进各国利益也意义不大。各国应转变观念,从目前聚焦于机制建设的各种争论中切实转向并继续推进聚焦于具体议题的专门安排上,同时也

指出了能源议题在其中的价值。

《民主选举与社会分裂——东亚民主转型国家与地区的政治与政局》

李文(研究员)

论文 24 千字

《当代亚太》 2012 年第 2 期

该文认为,东亚民主转型国家和地区发生的社会分裂与其实行的民主制度之间存在较强的关联性。在经济发展不平衡、贫富差距大、民族国家意识淡泊及选举文化有欠成熟的情况下,参与选举的政治势力和社会群体倾向于将投票及相关活动视为扩大自身利益、削弱对方力量的机会,导致不同政治势力和社会群体之间的对立与冲突超出可控范围。

《南亚安全架构:结构性失衡与断裂性融合》

杨晓萍(助理研究员)

论文 17 千字

《世界经济与政治》 2012 年第 2 期

该文以南亚地区统领性的安全架构为主要研究对象,探讨其是什么、有什么特点及形成原因。该文认为,南亚存在着以政治、经济等传统型结构要素失衡为特征,以印巴为首的地区对峙结构。这种安全架构具有其自身封闭性和内在稳定性。在开放条件下,外部影响可以从非传统安全领域渗入南亚地区结构,其影响力有可能促进地区的轻度合作,但不足以从根本上纠正地区传统安全要素失衡的结构。这在一定程度上挑战了"通过经济、社会层面合作促进安全"的常识,具有一定的理论意义。在政策含义上,该文

认为，从长远看，南亚纠正机制的决定力量仍将更多依赖于南亚的核心力量，虽然在中短期外界的积极政策可以在客观上起到某些纠正效果。

《国内政治与南海问题的制度化——以中越、中菲双边南海政策协调为例》

钟飞腾（副研究员）

论文 20 千字

《当代亚太》 2012 年第 3 期

该文对中越、中菲南海政策协调问题进行比较研究，发现三方在功能性问题上存在着极强的合作可能性。但在主权归属不明确的情形下，担心资源开发的收益分配不公平使得深化合作的政治基础并不牢固。该文指出，越南、菲律宾人地资源矛盾突出，对海洋资源的渴求显著强于中国，两国的南海政策极容易获得国内的高度支持，不会在主权归属上轻易让步。中越在南海问题上的双边制度化程度要高于中菲，其原因在于中越之间存在更紧密、更深入的关系，多个议题制度化的成果及经验外溢到南海问题领域，使双方高层在战略上容易达成共识，并对两国的国内决策和执行具有强大的约束力。理解越南、菲律宾南海政策的差异，还需要挖掘两国更多的国内政治经济因素。

《跨太平洋伙伴关系协议（TPP）的成本收益分析：中国的视角》

沈铭辉（副研究员）

论文 20 千字

《当代亚太》 2012 年第 1 期

该文通过研究跨太平洋伙伴关系协议（TPP）的可能条款、基于 CGE 模型（一般均衡模型）的福利分析以及成本收益分析发现，经济小国或许能够从 TPP 中获益，但是对大国而言，TPP 基本没有经济价值，TPP 只能是美国应对东亚合作，获得非传统经济利益的工具。从中国角度看，长期内扩大内需是克服 TPP 负面影响的根本途径；中期内中国需要与日本共同推动东亚合作，确保中国在整个 TPP 博弈中获得次优结果。

《区域公共产品供求关系与地区秩序及其变迁——以东亚秩序的演化路径为案例》

高程（副研究员）

论文 24 千字

《世界经济与政治》 2012 年第 11 期

该文主要讨论了区域公共产品供求关系及其动态变化对地区秩序形成与变迁的影响，并试图通过这一视角来阐释东亚秩序的演化路径。根据区域公共产品供给水平的高低和需求程度的强弱组合，文章将地区秩序形态区分为"紧密合作秩序""松散合作秩序""无合作冲突"与"无合作秩序"四种理想类型，并就内部权力结构和外部力量对区域公共产品供求的影响、地区秩序形态的稳定性与相互转化路径、和平的地区秩序与区域合作形成及维系的条件提出逻辑假说。进而，该文通过阐释东亚秩序及其演化过程，对这些假说进行了检验。该文认为，成员国长期对于区域公共产品的弱需求和低水平供给使得古代东亚朝贡体系形成相对稳定的"无合作秩序"，其特点是该地区关系总体和谐，但缺乏形成内生合作的基础。条约体系和世界经济体系打破了东亚"无合作秩序"的均衡状态，区域公共产品的需求和供给竞争以不平衡和不稳定的速度与力度在东亚地区同时上升。东亚秩序演化路径向何种秩序形态发展，取决于区域公共产品供求关系的变化，而中国在未来地区秩序构建中的战略选择会直接影响这种供求关系的动态变化过程和趋势。

《一体化次序视角下的东亚合作》

富景筠（副研究员）

论文　13 千字

《世界经济与政治》　2012 年第 6 期

该文认为，东亚目前已成为继欧盟、北美自贸区之后又一引人注目的一体化地区。尽管东亚事实上的一体化沿循着"贸易先行"的传统范式，但法理上的一体化则形成了"货币先行、贸易跟进"的次序模式。这种事实上与法理上一体化的不同步性成为东亚合作迥异于欧盟和北美自贸区的独有特征。作为外生变量的经济危机改变了东亚一体化进程的政策环境，促使东亚一体化的性质从"市场主导"转向"制度主导"，而东亚对货币合作机制的探索先于其对贸易一体化安排的推进。就一体化次序的模式选择而言，东亚自贸区前景的不确定性意味着东亚货币合作不能像传统的欧洲一体化那样从贸易制度安排中获得动力支撑，而东亚高层次货币合作对贸易一体化的内生性，又使得东亚率先实现货币同盟，进而推进东亚自贸区建设的可能性微乎其微。由此可见，东亚合作的症结在于事实上与法理上的一体化之间缺乏有力的互动关系。东亚合作有必要回归传统的欧洲一体化次序模式，通过培育制度内生的一体化环境，改变目前区域合作进程的外部依赖性。

《什么因素影响韩国民众在中美之间的立场》

王晓玲（副研究员）

论文　15 千字

《世界经济与政治》　2012 年第 8 期

该文以韩国民意调查结果为基础，通过回归分析，对可能影响韩国民众在中美之间立场选择的各种因素进行了检验，发现以下几种因素在很大程度上决定着韩国民众是选择强化韩美同盟还是在中美之间中立：第一，冷战思维影响着被访者对韩美同盟的认识，影响其在中美之间的立场选择。具体表现为年龄层越低，对韩美同盟的热情越低，而越是警戒中朝友好，对韩美同盟的热情越高。第二，反美感情影响着被访者在中美之间的立场选择，对美国的好感度越低，对韩美同盟的热情越低，更倾向于在中美之间中立。第三，中国崛起使韩国民众更多地选择在中美之间中立。具体表现为被访者越是认为中国是 20 年后的世界最强国，越倾向于选择在中美之间中立。第四，被访者越认为中韩经贸交流有益于韩国，越倾向于选择在中美之间中立。中韩之间的政治体制差异、文化亲缘性、历史争端以及人员交流等也是影响中韩关系的重要因素，但统计分析显示，这些因素不影响韩国民众在中美之间的立场选择。

美国研究所

《"冷战"结束后美国如何维持其霸权地位?》

黄平（研究员）　何兴强（副研究员）

论文　6.5 千字

《美国问题研究报告（2012）美国全球及亚
洲战略调整》

社会科学文献出版社　2012 年 7 月

　　美国教育、科技、经济、军事"四维一体"的互动关系是美国综合国力的重要源泉。该文描述和分析了"冷战"结束以来，美国在政策和投入两个层面如何维护或提升这四个因素并使之相互结合，从而继续维持其综合国力和世界霸权地位的过程。该文指出，从 20 世纪美国崛起以来的发展轨迹来看，持续的科技创新为美国经济的发展提供了持续而强大的动力。这种以竞争为动力的创新体制，根源于美国多年来形成的学、研、产、军"四维一体"的结合，也得益于"冷战"后历届美国政府对这种创新的引导和协调。一旦上述四个关联因素中的某个因素受到严重损害，或者不能做到"四维一体"式的相互结合，那么，其综合实力和霸权地位将受到损害。如果当前美国政府能够以能源和环境技术为突破，做到"四维一体"的结合，引领新一轮技术和产业创新，发展成为一个引导全世界经济发展的引擎，美国将可能再次引领新的经济发展势头，维持其霸权地位。另外一种可能是，自 2008 年以来金融风暴所引发的经济危机持续影响，而目前美国的实体经济的空心化趋势持续下去，那将对其教育、科技和政治、军事都产生极其深刻的影响，也会对其综合实力和世界霸权地位带来极大的冲击。

《美国"重返"亚洲及其评估》

倪峰（研究员）

论文　10 千字

《美国战略研究简报》　2012 年第 1 期

　　该文对三年来美国"重返"亚洲的政策进行了全面系统的梳理，归纳出此次"重返"的三个显著特征：首先，此次所谓"重返"表现出前所未有的整体性，在政治外交、经济和安全三个方面全面铺开，齐头并进。其次，此次"重返"，美国在充分挖掘这一地区的"存量"资源（加强传统盟友关系）的同时，还在扩大"增量"方面下足了功夫，这其中包括改善与东盟国家的关系、进一步加强与印度的战略合作，并推动美国—缅甸关系实现突破，表现出前所未有的多维性。再次，此次"重返"在实施的过程中，美国充分地施展所谓的"巧实力"，在手段上推陈出新，其中包括充分利用中国与周边国家之间存在的问题，介入争端把水搅浑；利用 TPP 消解中国在地区经济一体化中的影响与作用等。该文得出了一个重要的判断，即，随着"重返"政策的推出，亚太地区首次成为美国全球战略的主攻方向。同时，该文还着重对美国"重返"亚洲所面临的内外牵制因素进行了深入分析。

《美国制造业"复兴"的前景》

王荣军（研究员）

论文　10 千字

《美国问题研究报告（2012）美国全球及亚
洲战略调整》

社会科学文献出版社　2012 年 7 月

　　该文认为，当前美国制造业"复兴"与 20 世纪 80 年代有相似的背景，但有不同的表现和方向。从产出、贸易、就业和劳动生产率等主要指标来看，美国制造业在进入 21

世纪后无论在国内还是在国际上的地位都是相对稳定的。与其他传统的发达经济体中的制造业大国相比，美国制造业的国际竞争力在许多领域都有相对优势。目前，美国制造业最明显的"复兴"迹象，就是近两年来制造业产出和就业的增长明显优于其他产业，然而，这是周期性复苏还是结构性改善，目前还难下定论。即使把政府政策因素考虑在内，当前美国制造业"复苏"的前景依然有很多不确定性。中美两国制造业产出总额和在世界制造业总产出中所占份额领先于世界其他主要制造国，两国位次即使发生变化，两国制造业总量的差距也不会太大。奥巴马政府将中国视为制造业的竞争对手，并对中国的商业和政策行为多加指责。许多人担心美国的制造业"复兴"目标会对双边贸易和投资关系带来较大冲击，但这种可能性并不大。中国在制造业对美国形成的竞争仍主要停留在总量上，如果两国分工和供应链不发生重大变化，双方因政策目标相近而发生的摩擦依然可控。

《塑造与被塑造——中美在国际多边机制下的互动》

袁征（研究员）

论文　11 千字

《和平与发展》　2012 年第 2 期

　　该文阐明了中美在国际机制下"塑造和被塑造"的机理。该文指出，在全球化的大背景下，中美相互依赖加深，利益交汇点增多。中美两国的战略抉择为双方在国际多边机制下的互动提供了必要的空间。双方利益交融和结构性矛盾并存，导致中美多边互动

既合作又竞争，甚至是斗争。中美在国际多边机制下的互动，既塑造了对方，也塑造了未来。推动国际多边机制的变革，将是一个从量变到质变的漫长过程。

《美国能源安全政策与美国对外战略》

周琪（研究员）主编

专著　500 千字

中国社会科学出版社　2012 年 6 月

　　该书从国际关系和对外战略的视角揭示了美国的对外战略与美国能源安全政策之间的关联。作者对"二战"结束以来，特别是1973 年第一次石油危机到 20 世纪 90 年代末的美国能源安全政策的演变及其原因进行了分析，预测了其未来动向，揭示了美国能源安全政策与美国对中东、俄罗斯、中亚、美洲产油国、非洲以及中国的外交战略的关联，考察了美国的能源安全政策的制定过程和影响美国能源安全政策制定的各种因素，包括行政部门中的不同机构、国会以及参众两院的相关委员会、政党、利益集团等，探讨了应如何应对中美两国在能源领域里的竞争以及两国在这一领域中合作的可能性。

《美国问题研究报告（2012）美国全球及亚洲战略调整》

黄平（研究员）　倪峰（研究员）主编

专著　374 千字

社会科学文献出版社　2012 年 5 月

　　2012 年是世界大选年，在金融危机的背景下凭借变革承诺而历史性当选的奥巴马将面临巨大的连任挑战，美国政治也将迎来新一轮洗牌。因此，2012 年的美国大选可

以说是观察美国最重要的看点。该书的总论以此大选为切入点，对 2011 年以来，美国内政、外交以及中美关系方方面面的情况、进展、问题进行了全面的梳理、分析和预测。该书认为，奥巴马在连任之路上面临着经济的挑战、社会问题的挑战和国际挑战这三大挑战。

日本研究所

《当代中国的日本研究》

李薇（研究员）

专著　545 千字

中国社会科学出版社　2012 年 11 月

　　该书是为纪念中国社会科学院日本研究所成立 30 周年而撰写的。综述通过对 1981～2011 年 30 年间中国大陆学者对日本政治、经济、社会、外交、人文学科的研究状况的梳理，以期达到夯实学科基础、训练学术规范、提升学术意识、发现学术人才的目的。

《日美金融危机比较研究》

李薇（研究员）　余永定（研究员）

专著　320 千字

中国社会科学出版社　2012 年 9 月

　　该书以日美金融危机比较为研究重点，通过对泡沫经济崩溃后日本金融危机的全面回顾，从起因、传导机制、救助措施、效果等视角，与目前的世界金融危机进行系统性比较和专题性分析，判断美国金融危机的发展阶段及趋势，预测世界金融危机前景。该书旨在分析美国金融危机对中国的影响传导机制，明确中国在此次危机中面临的挑战，从而提出中国有效应对危机的政策建议，为中国金融安全与经济的可持续发展提供参考。

《日本蓝皮书：日本发展报告（2012）》

李薇（研究员）

专著　281 千字

社会科学文献出版社　2012 年 5 月

　　该书以东日本大地震为中心，对 2011 年日本大地震对日本的政党政治、经济、产业、财政、社会意识、日美关系、中日关系的影响作了回顾、分析与展望，并收录了该年度日本大事记。

《日本经济蓝皮书》

王洛林（研究员）　张季风（研究员）

专著　400 千字

社会科学文献出版社　2012 年 5 月

　　该书以"总报告"为基础，以分析现状与发展趋势为起点，以东日本大地震的经济影响、日本防灾减灾体制的经验与教训为重点，同时兼顾日本财政风险、日本对外经济战略与中日经济合作等内容，以中国借鉴日本经验为目的，对日本经济以及中日经济合作的最新动态进行了全方位的分析。作者认为，尽管东日本大地震的发生也暴露了日本在防范海啸、核电站安全方面的一些漏洞，但总体来看，日本的防震减灾经验是值得借鉴的。特别是日本提出的"创造性复兴"与"共生思想"的理念很值得关注。

《日本中小企业研究》

丁敏（副研究员）　　井如鹏

专著　300千字

世界知识出版社　2012年10月

　　该书系统研究了战后日本中小企业发展及相关问题，主要包括中小企业与经济发展的相互关系、中小企业与大企业的关系、中小企业与地域社会、中小企业的科技创新、中小企业的金融问题、日本中小企业政策、日本中小企业与经济全球化及与亚洲乃至与中国经济的关系。该书还探讨了日本企业与中国产业政策的关系，对日本中小企业的21世纪前景进行了探讨式研究。

《中江兆民》

唐永亮（副研究员）

专著　100千字

云南教育出版社　2012年3月

　　中江兆民是日本明治时期重要的思想家、评论家和政治家，他的思想和言行对日本近代国家建设和日本国民的心理产生了巨大而深远的影响。该书共分为13章，分别从年少时代的中江兆民、中江兆民在法国、为官时代的中江兆民、中江兆民与自由民权运动、中江兆民与大同团结运动、议员时代的中江兆民、作为实业者的中江兆民、中江兆民与国民党、中江兆民之死、中江兆民的唯物论、中江兆民的政治思想、中江兆民的外交思想、中江兆民思想的影响等角度对中江兆民的政治思想、经济思想、外交思想、哲学思想及其影响作了较为深刻的分析。

《杂志视点：中国日本研究的深化及其与世界的链接》

林昶（副编审）

专著　270千字

世界知识出版社　2012年10月

　　该书从学术杂志的视点，反映了中国日本研究杂志及相关国际问题研究杂志发展经纬、办刊特色、基本观点和来自编辑实践的真知灼见。书中既有总揽中国内地和香港、台湾日本研究杂志学术前沿的文章，也有基于编研一线体验的对学术杂志与学术研究共生关系思考的学理性论文。

《野田内阁面临的挑战与选择》

李薇（研究员）　　高洪（研究员）等

论文　3千字

《日本学刊》　2012年第2期

　　2011年9月2日，野田佳彦内阁诞生于东日本大地震后内外纷扰此伏彼起的"多难之秋"。在经历了2012年1月13日的内阁改组后，仍面临诸多难题。为此，2012年1月，《日本学刊》特约李薇等七位在京日本研究学者就野田内阁所面临的挑战及其采取的对策撰写了该文。

马克思主义研究学部

马克思主义研究院

《38位著名学者纵论马列主义经典著作》

中国社会科学院马克思主义研究学部

论文集　561千字

中国社会科学出版社　2012年12月

　　该文集是中国社会科学院马克思主义研究学部以弘扬研读《马克思恩格斯文集》和《列宁专题文集》等经典、服务中国特色社会主义伟大实践为主题，邀请国内38位著名专家撰写的一部论文集。全书分为"文集专题篇""综合研究篇""现实研究篇"三个部分，汇集文章38篇。所收论文具有很高的思想性、理论性与可读性。

　　在2008年以来的西方金融危机、债务危机和整个世界经济危机引发世界思想与行动"裂变"，资本主义现行制度不断遭遇全球反思和讨伐，马克思主义、社会主义再一次成为人们自觉的、理性的"聚焦点""热词"的大背景下，该书的出版，对于更好地理解马克思主义经典原著，更好地推动马克思主义中国化、大众化、时代化，具有重大的理论意义与现实意义。

　　全书38篇论文涉及政治、经济、文化、生态、军事等研究领域。

《社会主义共同富裕的理论解读和实践剖析》

程恩富（教授）

论文　10千字

《马克思主义研究》　2012年第6期

　　该文基于马列主义及其中国化理论，从社会主义的发展目标及其内涵出发，分析了实现共同富裕对于巩固社会主义制度的重要作用和意义。文章指出，共同富裕思想在本质内涵上，一方面是作为社会主义价值标准而存在，另一方面则作为社会主义实践的具体道路而确立，批判了将邓小平"先富""共富"思想从时间和空间上割裂的两种典型误读，论证了共同富裕是增强社会主义国家的国民凝聚力和巩固社会主义制度的必然选择。在此基础上，该文进一步梳理了中外收入分配理论，对各国贫富差距现象，特别是当前西方发达资本主义国家内部及发达国家和发展中国家之间的贫富差距进行了现实比较，全面阐述了实现共同富裕、消除贫富分化的衡量标准，指出财产占有的差距是造成两极分化现实的主要根源，批驳了西方经济学关于收入的基尼系数和家庭收入五等份分组指标的荒谬性和误导性，澄清了关于缩小财富收入差距的若干理论观点。最后，该文剖析了我国经济发展过程中贫富差距、收入差距、城乡差距和地区差距的现象及其负面影响，从坚持"国民共进，做强做优做大公有制经济"，"确立以民生建设为导向的发展模式，使政府的投入和政策向普惠型转变"等两个方面，提出了提升共同富裕的政策选择。

《从"根本成就"上把握中国特色社会主义》

侯惠勤（教授）

论文　5千字

《红旗文稿》　2012年第22期

　　党的十八大报告明确指出："中国特色社会主义道路，中国特色社会主义理论体系，中国特色社会主义制度，是党和人民九十多年奋斗、创造、积累的根本成就，必须倍加珍惜、始终坚持、不断发展。"这是我们需要深刻领会并加以阐发的。该文从以下方面对此进行了深度阐发：第一，深刻认识中国特色社会主义来之不易，要倍加珍惜；第二，既不走僵化封闭的老路，也不走改旗易帜的邪路；第三，坚守中国特色社会主义的共同信念。

《论坚持和完善我国现阶段的基本经济制度》

李崇富（研究员）

论文　14千字

《北京联合大学学报》（人文社会科学版）

　2012年第4期

　　该文指出，我们必须始终毫不动摇地坚持和完善我国现阶段的基本经济制度，这是关系到中国特色社会主义的前途命运，即关系我国生产力能否长远发展，共同富裕能否逐步实现，社会主义经济基础及其社会形态的性质能否得到维护、巩固和发展的一个原则性和根本性的问题。从促进社会生产力发展看，坚持和完善我国法定的基本经济制度有着客观必然性；从坚持走共同富裕道路看，我国坚持生产资料公有制为主体有着极端重要性；从维护我国社会主义社会形态看，坚持生产资料公有制为主体有着绝对必要性。

《社会主义：一个总体性认识》

胡乐明（教授）

论文　15千字

《马克思主义研究》　2012年第6期

　　总体性原则是马克思考察人类社会及其发展历史的基本方法，也是科学理解科学社会主义及其发展历史的基本方法。该文指出，运用总体性原则考察人类社会及其发展历史必须坚持"时间""结构""空间"三个维度的有机统一，把人类社会理解为一个"历史性总体""结构性总体""世界性总体"，只有拒绝对于人类社会及其发展历史的"断裂式""碎片化""特殊主义""阅读"，才能科学阐释人类社会历史发展的一般规律与具体道路，准确理解社会主义替代资本主义的自然历史过程，正确把握历史由资本主义世界历史时代转向社会主义世界历史时代的客观发展趋势。运用总体性原则考察科学社会主义及其发展历史也必须坚持"时间""结构""空间"三个维度的有机统一，拒绝本本主义、经验主义、实用主义等各种错误态度，科学地坚持和发展科学社会主义。

《两种异质文化的特殊融合——中国化马克思主义的缘起、发展与实践》

金民卿（研究员）

论文　15千字

《人民论坛·学术前沿》　2012年第14期

　　该文认为，马克思主义和中国文化是两种异质性的文化，产生于不同时代背景和社会基础，具有不同的文化内容和文化性质，发挥着不同的社会功能，都有存在的价值和立足的空间，既不可能用马克思主义取代中国文化，也不可能用中国文化取代马克思主义。两种异质性的文化不能相互取代，但能够在相互借鉴的过程中相互融合，并通过融合实现双重再生、转化和升级。中国马克思主义者们在领导中国人民革命和发展的实践中，将马克思主义理论同中国具体实践和传统文化有机结合，使马克思主义在民族文化中找到自己的立足点，深入到民族文化、民族心理的深处，实现马克思主义的民族化；同时将马克思主义的科学真理注入中国文化当中，实现中国传统优秀文化的现代转型，实现民族文化的马克思主义化；在双重转化的基础上实现融合发展，创造性地形成了中国化马克思主义——异质融合下再生形态的马克思主义理论：以马克思主义为主导、以中国文化为基础、反映中国具体实际、体现时代特征的新型的文化形态。它既不是原生态的马克思主义，也不是原生态的中国文化，而是扎根于中国文化土壤的中国化了的再生形态的马克思主义，同时又是以马克思主义为根本指导的现代化了的中国文化。

《牢固树立和践行人民主体观》

罗文东（研究员）

论文　12千字

《中国社会科学院研究生院学报》　2011年
　　第6期

　　该文主要论述了马克思主义创始人不仅继承了历史上关于人的主体性思想的优秀成果，而且在辩证的、历史的唯物主义和科学社会主义的基础上，进一步揭示了人的主体性的科学内涵、现实条件和正确道路，实现了主体观的根本变革，为无产阶级革命和社会主义建设提供了锐利的理论武器。该文认为，树立人民主体观，实现人民主体性既是社会主义社会生存发展的必然要求，也是共产主义社会最终实现的崇高理想。以毛泽东为代表的中国共产党人对人民主体思想进行了艰辛的探索。正因为我们党将马克思主义关于人民群众是历史创造者的基本原理系统地运用于党领导人民的全部活动中，形成了指导党的一切工作的人民主体思想和党的群众观点、群众路线，才取得了中国革命的伟大胜利。树立和践行人民主体观是发展中国特色社会主义的必然要求。人民主体观揭示了人民群众与共产党之间、人民群众和社会主义国家之间内在的、必然的联系，解答了建设中国特色社会主义的出发点和落脚点、力量源泉和根本原则等一系列重大问题，丰富和发展了马克思主义的世界观、历史观、价值观和方法论。树立人民主体观，对于发挥社会主义制度的优越性、保持党的先进性、增强经济社会发展的科学性具有决定性的意义。

《"北欧福利国家及其批判"论析》

吕薇洲（研究员）

论文　18千字

《政治学研究》　2012年第2期

　　该文对"北欧福利国家"的发展脉络、基本特征及其在发展中遭遇的危机、为走出困境采取的政策措施等进行了较深入的考察，在此基础上，系统梳理和评析了国内外学者对之所作的批判，以期全面客观地认识"北欧福利国家"，有针对性地回应那种盲目迷信民主社会主义尤其是一味推崇北欧社会民主党推行的"福利国家"的现象。

该文指出，曾一度因高经济增长、低失业率以及广泛的社会保障而备受世界各国推崇的"北欧福利国家"，在全球化和欧洲一体化进程中，出现了一系列经济社会问题，呈现出难以为继的状况，并因此遭到了国内外各界的批评。批评的声音不仅来自奉行自由主义的右翼，而且也出现在诸多马克思主义和左翼学者之中。国外各界对"北欧福利国家"的质疑，大都指向了其有效性、合法性、合理性及其适用范围等，国内各界对于"北欧福利国家"的批评，主要是从其自身存在的诸多弊端以及其适用性和改良主义性质入手的。该文指出："北欧福利国家"建立的覆盖面广、保障水平高的社会保障制度，为我国社会保障制度的构建提供了可资借鉴的经验。但是，中国与北欧国家在制度和国情两个层面都存在巨大差别，中国不能简单模仿、盲目照搬"北欧福利国家"，而应从自己的历史文化传统和经济社会现实出发，自主构建适合中国国情、独具中国特色、覆盖城乡居民的社会保障体系。

《国外政党现代化的观察与思考》

于海青（副研究员）

论文 10 千字

《山东社会科学》 2012 年第 1 期

政党现代化是指政党在一定的社会历史条件下基于自身发展和治国理政的现实需要，对思想观念、组织结构、组织基础、制度规范和活动方式等政党要素进行的调整、转变或转型。政党现代化是当今世界各国政党的普遍选择，是政党政治科学发展的关键变量

与核心驱动。与经济社会现代化发展并行，国外政党率先开启了政党现代化的历史进程。国外政党现代化实践形式多样，历史经验丰富，面临的新情况新问题突出。该文在分析国外政党现代化发生背景的基础上，系统总结了国外政党现代化在发展走向和趋势上的共同特点及其面临的一些新情况和新问题。该文认为，从政党基本理论的角度思考和认识这些问题，并从政党政治发展规律的高度加以把握，有利于在理论上不断深化社会主义政党政治在中国发展的规律性认识，有利于在实践上不断提高中国共产党自身建设的科学化水平。

《科学发展观与中国经济改革和开放》

程恩富（教授）主编

专著 710 千字

上海财经大学出版社 2012 年 8 月

该书是国家社会科学基金重大项目的最终研究成果，是新闻出版总署迎接党的十八大主题出版重点出版物，是"十一五"国家重点图书。

该书较为系统地梳理了中国特色社会主义理论体系的发展脉络，深刻地分析了以胡锦涛同志为总书记的党中央提出科学发展观重大战略思想的时代背景和理论内涵，阐述了新时期我国社会主义经济改革、开放和经济社会发展的内在规律和本质要求，全面体现了十六大以来中央领导集体关于中国特色社会主义理论的最新探索。该书立足于方法论、理论梳理和实证分析等多重视角，从中国经济发展、中国经济改革和中国经济开放三个方面，系统分析了科学发展观对中国特

色社会主义理论的新探索和新发展，着重阐述了科学发展观关于共享发展成果改革导向与共同富裕改革目标的关系、完善基本经济制度与创新体制机制的关系、收入分配制度中促进公平与提高效率的关系、完善市场体系与健全国家调控的关系、推进城镇化与建设社会主义新农村的关系、建设开放型经济体系与坚持自主创新的关系、建设物质文明和实现生态文明的关系等内容，深刻揭示了科学发展观在突破现成的经验和模式、探寻和创建符合中国实际的发展模式方面的历史贡献。

《中国特色社会主义理论最新成果——深入学习党的十八大精神100题》

邓纯东（编审）主编

专著　254千字

中共中央党校出版社　2012年11月

党的十八大是在建设有中国特色社会主义伟大事业的关键时期召开的重要会议。这次会议全面总结了新时期以来特别是党的十六大以来党领导人民进行改革和建设的基本经验，全面、科学地规划了我国全面建成小康社会、基本实现社会主义现代化的宏伟目标，提出了全党全国人民实现这一宏伟目标必须进行政治、经济、文化、社会、生态文明建设方面的任务和一系列方针、政策与路径。这不仅对于我国今后的经济社会健康发展和全面进步具有重要意义，而且极大地创新、丰富了有中国特色社会主义理论，是中国特色社会主义理论发展史上重要的里程牌。十八大报告既全面体现和贯穿了马克思主义特别是中国特色社会主义的一系列理论，同

时，也把这个理论推向新的高度，是中国特色社会主义理论即马克思主义中国化的最新成果。

为了帮助广大党员干部特别是基层干部、党员学习、理解十八大精神，中国社会科学院马克思主义研究院的部分研究工作人员把自己的学习成果按具体专门问题的形式汇集成册，写成此书，帮助大家理解十八大精神，学好中国特色社会主义理论的最新成果。

《什么是中国特色社会主义》

赵智奎（研究员）

专著　180千字

湖南人民出版社　2012年9月

该书通俗、生动地阐述了什么是中国特色社会主义，认为中国特色社会主义是中国共产党坚持马克思主义一般原理和中国的具体实践相结合，进行社会主义革命、建设和改革所选择的道路、模式和方法；中国特色社会主义是科学社会主义新的理论形态；中国特色社会主义是马克思主义中国化的伟大成果。

《中国文化建设的理论与实践》

张小平（研究员）

专著　300千字

社会科学文献出版社　2012年11月

该书以马克思主义文化观作为立场、观点和方法，以当前文化领域重大理论与现实问题作为切入点，以重大理论问题、现实问题、热点问题作为线索，深入阐发十六大以来社会主义先进文化建设取得的实践经验、遇到的理论与现实困境，深入研究社会主

先进文化与科学发展观、和谐社会、社会主义市场经济的相互关系，深入考察当前存在的国学热、宗教热、文化遗产热等重大文化现象，对当前中国的先进文化建设以及意识形态建设提出鲜明的对策性建议，为文化强国战略提供智力支持。

《葛兰西文化领导权思想研究》

潘西华（助理研究员）

专著 200 千字

社会科学文献出版社 2012 年 8 月

文化领导权思想是葛兰西政治思想与意识形态学说的核心，是葛兰西作为列宁逝世后最有独创性的马克思主义理论家之一对马克思主义发展作出的杰出贡献，也是葛兰西对后世产生重大影响的思想之一。该书以文化领导权与无产阶级政权合法性的关系为切入点，系统地考察了文化领导权及其相关的哲学思想、政治思想，同时力求在哲学、政治学、伦理学、文学、人学等多重视域下对这一思想重新审视和阐释。

《日本马克思主义经济学派史》

谭晓军（研究员）

专著 188 千字

中国社会科学出版社 2012 年 10 月

该书从日本马克思主义经济学各学派的形成、发展及现状三个方面介绍了各学派的历史，并详尽地介绍了各学派在不同阶段所处的日本资本主义发展的历史环境，对应其所处的历史背景，阐述各学派形成的原因、所提观点的理由以及各学派特点的形成。

当代中国研究所

《中华人民共和国史稿》

当代中国研究所

专著 1520 千字

人民出版社 当代中国出版社 2012 年 9 月

该书是中央赋予当代中国研究所的基本编纂任务，整个编写、修改、审定过程历时 20 年，凝聚着几代国史工作者的心血和智慧，是研究新中国历史的重要成果。

全书共五卷，其中序卷主要阐述古代中国为人类进步作出的巨大贡献，近代中国沦为半殖民地半封建社会的惨痛教训，中国共产党团结和带领全国各族人民建立人民当家做主新中国的革命历程；第一卷主要记述从 1949 年 10 月新中国成立到 1956 年基本完成对生产资料私有制的社会主义改造，顺利实现由新民主主义到社会主义的转变，确立社会主义基本制度、迅速恢复国民经济并展开有计划经济建设的历程；第二卷主要记述从 1956 年 4 月《论十大关系》发表到 1966 年 4 月"文化大革命"前夜，开始全面建设社会主义，为探索中国的社会主义建设道路奠定物质基础、提供宝贵经验、进行理论准备的曲折发展历程；第三卷主要记述从 1966 年 5 月到 1976 年 10 月"文化大革命"时期的历史，在根本否定"文化大革命"、批评毛泽东晚年错误的同时，客观记写了 10 年期间经济建设、外交工作等方面取得的重要成就；第四卷主要记述从 1976 年 10 月粉碎"四人帮"到 1984 年 10 月中共十二届三中全会通过《关于经济体制改革的决定》，实现伟大历史转折，逐步推进改革开放，初步开创中国特色社会主义道路的光辉历程。

《毛泽东著作辞典》

李捷（研究员）主编

工具书　1050 千字

浙江出版联合集团　浙江人民出版社　2011
　年 12 月

该书共收入词条 1234 条，均依毛泽东著作的篇幅多少及其重要程度而定。该书全面反映毛泽东各个历史时期公开发表的重要著作的时代背景、思想内容和版本沿革等方面的情况；系统反映不同时期编辑出版的毛泽东著作集的基本内容和编辑出版情况；扼要反映国内外学术团体、研究机构和学者对毛泽东著作的编辑、翻译、研究等方面的情况；同时还增加了有关毛泽东思想的综合条目 20 余条，以便读者全面掌握毛泽东思想的科学体系和基本内容。

《中国发展道路》

武力（研究员）　彤新春（副研究员）　隋
　福民（副研究员）

专著　1200 千字

湖南人民出版社　2012 年 8 月

该书从近代以来中国目标追求和路径选择的视角，从思想、主张、方案、政策及实施等方面，论述了 1840 年至今中国现代化道路的探求历程，深刻揭示出最终走上中国特色社会主义现代化道路的必然性与正确性。

该书作为国家社会科学基金重大委托课题"中国发展道路中的价值理念及国际传播研究"的子课题成果、国家新闻出版总署

"十二五"出版规划的重点图书，被列入国家新闻出版总署 2012 年出版资助项目和湖南人民出版社向十八大的献礼图书。

《当代中国医疗保障制度史论》

姚力（研究员）

专著　218 千字

中国社会科学出版社　2012 年 9 月

该书以新中国医疗保障制度的发生和发展为线索，意在呈现其历史演进脉络的同时，为一些存在争议的问题正本清源，为解答医改这一"世界级难题"探寻中国本土经验。在借鉴多学科研究成果和查阅档案资料的基础上，该书首先追溯了我国医疗保障制度形成劳保医疗、公费医疗、合作医疗"三足鼎立"格局的历史源头。在对史料的钩沉中，研究着重解释了"文化大革命"中农村合作医疗红遍大江南北，改革开放之初又迅速瓦解的原因。结合田野调查，在对城镇职工医疗保障制度改革的回顾中，不仅对"单位自保"的保障模式给予了历史分析和评价，重温了"摸着石头过河"的探索过程，而且分析了"三险一助"的发展状况，也解释了医改"基本不成功"的历史缘由及其未来发展走势，强调在医疗改革的进程中，要始终坚持中国特色社会主义医疗保障制度：以基本医疗保障制度为核心，建立政府主导、多层次、广覆盖的医疗保障体系；秉持公平正义的社会保障原则；"把医疗卫生工作的重点放到农村去"，解决农民医疗保障问题是实现"人人享有卫生保健"的关键。

《当代北京的对外交往研究》

郑珺（副编审）

专著　250千字

经济科学出版社　2012年9月

　　该书主要研究新中国成立以来北京开展的对外交往及其所取得的伟大成就。新中国成立后，北京以世界各国首都和大城市为主要对象，本着平等互利、互相尊重、增进了解、友好合作的原则，同这些城市发展友好关系，开展友好往来和交流。改革开放以来，北京市与世界各国、各地区的交流日益加强，形成了全方位、多层次、宽领域的对外开放格局，展示了北京建设国际化城市的成果，树立了改革开放、充满活力的对外形象。以往史学界关于对外交往的研究大多是基于国家或执政党层面，鲜有专论某个城市的对外交往，该书是第一部全面系统地研究当代北京对外交往的专著。

《国家智慧——新中国外交风云档案》

丁明（研究员）主编　罗燕明（研究员）副主编

专著210千字

当代中国出版社　2012年4月

　　新中国外交走过了60多年辉煌的道路。当我们回顾这个波澜壮阔的历程时，可以看到，它贯穿着许多值得纪念、值得大书特书并留给后人的动人往事。该书涵盖了新中国建国伊始直至改革开放以来发生在外交领域的重要内容，涉及建交、出访、事件、人物、援外、谈判等，内容广泛，情节曲折。

《坚定不移走中国特色社会主义道路》

李捷（研究员）

论文　8千字

《光明日报》　2012年9月3日第1版

　　该文从中国近现代发展史的视角回答了中国特色社会主义的起源，并指出，中国特色社会主义道路是以新中国成立以后的30年发展及其成就为基础、为起点的，是在此基础上的创新发展。该文从指导思想上的一脉相承、与时俱进，对社会主义初级阶段的认识，对社会主义初级阶段基本路线的概括，现代化建设三步走战略部署的提出，关于社会主义本质的科学论断，中国特色社会主义经济、政治、文化、社会建设纲领的概括提出和完善，中国特色社会主义建设总体布局的形成和新时期党的建设总体布局的形成，以及保持党的先进性和纯洁性的提出等八大阶段性特征概括了中国特色社会主义道路的丰富内涵。文章最后从深入贯彻落实科学发展观的角度深入分析了新世纪新阶段坚持和发展中国特色社会主义道路的必然性和基本要求。

《新世纪以来中华人民共和国史研究的发展和成熟》

张星星（教授）

论文　15千字

《当代中国史研究》　2012年第3期

　　该文系统梳理了21世纪以来中华人民共和国史研究取得的显著进步，着重从国史学科基本问题研究逐渐明晰化，具有通史性国史著作的出版或修订再版，《中华人民共和国史编年》在国史编纂学上的创新，国史各领域、各时期和各重大事件的专史性著作对国史研究视野的拓展，国史研究中重点和难点问题研究的进一步深化，制度化学术交流平台和学术交流活动愈益活跃等方面，论证了国史作为一门新兴历史学科的发展和成熟，强调要坚持以马克思主义中国化理论成果为指导，进一步明确国史学科定位，切实加强国史学科建设，努力拓宽国史研究视野，深入挖掘国史档案文献，继续推进国史研究的发展和创新。

《邓小平与中共八大的筹备》

张金才（研究员）

论文 9.6千字

《党的文献》 2012年第2期

该文指出，在中共八大筹备期间，邓小平做了大量工作：一是具体负责八大的筹备组织工作，为大会顺利召开作了充分准备；二是主持修改党章和起草修改党章报告，提出在全国执政情况下加强党的建设的主要方针；三是参与八大政治报告的起草、讨论和修改工作，建议报告要突出经济建设，对八大正确路线的制定发挥了积极作用。该文发表前，很少有文章专门考察邓小平与八大的筹备，多是在研究邓小平与八大关系时，把该问题作为文章一部分进行简要交代或概括论述。

《历史与现实结合视角的三线建设评价——基于四川、重庆三线建设的调研》

郑有贵（研究员） 陈东林（研究员） 段娟（副研究员）

论文 12千字

《中国经济史研究》 2012年第3期

该文根据对四川、重庆三线建设项目的调研，将三线建设项目分为发展壮大型、搬迁和转产型、废弃型、交通设施型等四种类型，并在客观陈述所调研项目的历史与现状的基础上，指出，从生产力区域布局的战略构想、促进西部大开发和区域经济社会协调发展的实际绩效看，对三线建设应当予以积极肯定。至于三线建设项目当期效率低下和搬迁、转产乃至废弃的问题，既有三线建设自身的问题，也有整个国家经济社会背景及制度变化的问题。该文基于对三线建设重点地区四川、重庆的调研，从历史与现实结合的视角，对长期争论未果的三线建设评价进行了新探讨。

《"中国模式"研究之新动向与再认识》

王丹莉（副研究员）

论文 1.8万字

《中国经济史研究》 2012年第2期

该文对"中国模式"研究中表现出的新趋势进行了分析和评述。该文指出，近年来关于"中国模式"的讨论可分为三个层面：第一个层面侧重于探讨"中国模式"的内涵，力图解决"中国模式"是什么；第二个层面侧重于方法论，关注我们应当以何种方法和视角去审视"中国模式"；而第三个层面则着眼于反省当下中国人对于自我文明、文化的认知态度。这三个层面的研究缺一不可，只有如此，才能将"中国模式"的探讨真正推向深入。

《深刻认识中国文化改革发展面临的新形势新挑战》

刘国新（研究员）

论文　5千字

《当代中国史研究》　2012年第1期

该文认为，新形势下我国文化改革发展面临的主要问题是：第一，文化产品的数量、质量难以满足人民的需求，成为国民经济各个领域中少数几个总供给不能满足总需求的领域之一。第二，文化的体制机制与社会主义市场经济深入发展不相适应，而市场经济带来的道德滑坡，使一些领域道德失范，诚信缺失，一些社会成员人生观、价值观扭曲。第三，在经济全球化的背景下，在吸收外来文化有益成果的同时，应注意民族优秀文化空间被挤压、舞台被占领、主流影响被削弱的问题，要切实维护国家的文化安全，提升中国的文化影响力和软实力的空间。第四，如何利用好基于数字、网络、3D、4D、高清、多媒体、虚拟展示、激光显示等多种高新技术应用的新型文化表现形式及其产品的开发应用，服务社会，服务群众，培养健康向上的网络文化。

《毛泽东对中国特色社会主义文化发展道路的探索与贡献》

欧阳雪梅（研究员）

论文　10千字

《湖南社会科学》　2012年第2期

该文认为，毛泽东在中国新文化建设中表现了高度的文化自觉与文化自信，坚持以马克思主义为指导，把荡涤封建文化、建设民族的科学的大众的新文化作为文化纲领，明确了中国新文化的指导思想和基本特征，并总结文化发展的经验教训，提出了繁荣发展社会主义文化的"双百"方针，确定了文化为人民服务的发展目标，坚持了文化发展的正确方向，对中国文化事业尤其是先进文化建设中带有方向性、根本性、战略性的重大问题进行了积极的探索，深刻地影响了中国新文化建设的实践，成为中国特色社会主义文化发展道路探索的历史起点。毛泽东关于文化建设思想，对文化强国目标的追求以及繁荣文化的举措，有着重要指导与借鉴意义。该成果为国家社科基金重点课题"中国社会主义道路探索与毛泽东思想发展研究"项目的阶段性研究成果之一。

《新时期、新阶段社会保障事业发展的回顾与展望》

李文（研究员）

论文　12千字

《当代中国史研究》　2012年第5期

该文认为，以中共十六大为界，新时期前一个阶段是以社会保险为主的社会保障重建和形成阶段，后一个阶段是以统筹城乡为目标的社会保障创新和发展阶段。通过这些年的努力，我国已初步建成了以社会保险、社会救助、社会福利为基础，以基本养老、基本医疗、最低生活保障制度为重点的项目齐全、覆盖全面的社会保障体系框架，建立了世界上最大的社会保障计划。"十二五"时期，是全面建成小康社会的关键时期，也是社会保障领域深化改革和在关键环节上实现突破的重要时期。文章专节讲述了新时期特别是中共十六大以来的住房保障体系建设，指出，住房保障是一个国家社会保障或者社会福利体系中的一个不可或缺的重要组成部分，但中国的住房保障体系建设严重滞后于社会保障体系建设的其他部分。

《推动构建和谐世界 谱写中国外交新篇章》

黄庆（研究员）

论文 8千字

《当代中国史研究》 2012年第5期

该文全面论述了中共十六大以来中国构建和谐世界理念、践行和谐世界理念的基本情况，指出了和谐世界理念是马克思主义关于世界发展理论的重要组成部分，也是对中国长期一贯奉行的独立自主和平外交政策的继承和发展，更是党的第四代中央领导集体关于中国外交思想的重大理论创新。中国不仅是和谐世界的倡导者，也是和谐世界的践行者，在构建和谐世界理念的引领下，中国外交取得了举世瞩目的成就。

《新中国历史上的"和平赎买"》

宋月红 4.2千字

《光明日报》 2012年6月27日

在对资本主义工商业的社会主义改造以及西藏的民主改革中，中国共产党对民族资产阶级和未参加叛乱的封建农奴主创造性地实行了"和平赎买"政策。该文指出，这两种"和平赎买"有着不可分割的历史联系，但它们的性质是不同的，集中表现在它们所发生的经济社会基础、赎买的阶级对象和实现的所有制变革，都是不同的。两种和平赎买，一方面保护和发展了社会生产力，另一方面也使生产关系顺利变革，将对企业和土地制度的改革与人的改造相结合，政治措施与经济措施并举。两种和平赎买的实现，是中国共产党根据中国的具体实际，结合民族地区情况，对马克思主义经典作家提出的赎买设想的创造性实践。

信息情报研究院

《国际共产主义运动史》

《国际共产主义运动史》编写组

姜辉（研究员） 张树华（研究员）等参编

专著 411千字

人民出版社、高等教育出版社 2012年5月

该书深入研究了全世界无产阶级及广大人民群众在马克思主义指导下，在无产阶级政党领导下，进行无产阶级革命和社会主义建设，并为最终实现共产主义而奋斗的伟大实践，总结了国际共产主义运动的历史进程、基本经验和基本规律。该书通过介绍和分析世界各国共产党（工人党）领导的工人运动和社会主义革命与建设，回顾了国际共产主义运动的历史，总结了国际共产主义运动中的经验和教训，对世界各主要国家共产党（工人党）的发展历程、功过得失作了客观评价。在时代主题发生重大变化的背景下，该书对国际共产主义运动的前景作了展望，论述了坚持马克思主义、发展马克思主义的必要性。

《西方世界中的社会主义思潮》

姜辉（研究员） 于海青（副研究员）

专著 52千字

社会科学文献出版社 2012年7月

社会主义、共产主义思想及其力量最先从西方资本主义社会诞生和发展起来，虽然其中历经波折起伏，特别是在苏东剧变之后进入低潮时期，但是经过共产党及其他社会主义力量的不懈探索和斗争，又重新焕发了生机和活力。该书对作为世界社会主义力量一部分的西方社会主义作出全景式论述，总结了西方社会主义主要关注和探索的问题，西方国家共产党作出的理论创建和实践探索，西方社会主义思潮和流派，西方社会主义及左翼力量开展的联合活动与斗争，西方社会主义的历史地位、意义及发展趋势。

《亲历苏联解体：二十年后的回忆与反思》

张树华（研究员）等译（李慎明主编）

译文集 338千字

社会科学文献出版社 2012年5月

苏联解体20年来，俄罗斯社会没有停止对20世纪80年代中后期所发生的那些重大事件的追问与反思。该书着力收集了苏联解体前后起重要作用的政治人物近两三年陆续发表的回忆录、亲历者的访谈录、解密的档案资料、学者著述、影像记录等新材料，在此基础上筛选并翻译了最具代表性的30篇辑录成册。该书力图还原20年前那场历史性"悲剧"的真实细节和本来面貌，以期有助于读者更好地把握苏共蜕化、苏联演变的历史脉络，准确地厘清苏共失败、苏联瓦解的逻辑，汲取其中的教训并得出相应的历史结论。

《后现代资本主义——社会学批判纲要》

贺慧玲（助理研究员）　马胜利（研究员）

译著 260千字

社会科学文献出版社 2012年1月

该书旨在对资本主义的新进展进行思考。在对新现代与后现代之争进行理论上的重新归纳后，该书分析了资本主义现代化的地位、形式和表征，认为，过去这些年，由统治力量实施的弹性现代化战略彻底改变了战后的经济和社会性：新的经济调节规则建立起来；市场被誉为民主制度的关键因素；资本主义竞争实现全球化；集体的价值和态度"衰落"，而竞争性的个人主义上升。上述战略的主要赌注是巩固阶级统治的新型历史集团，与福特主义时代实行决裂。它力图促进新的弹性经济，平息社会对抗，归化资本主义关系的后现代重建。工薪阶层处于这一旋涡的中心。危机导致了重新发牌，刺激了竞争，再次调整了敌对力量间的平衡和妥协。旧秩序无法重现，而新秩序尚未确定。挑战摆在面前，缺陷令人担忧。世界资本主义现代化是不可避免的吗？重提社会解放计划总是容许的吗？该书作者对后现代资本主义的批判旨在从方法上揭示被统治者的斗争存在新的潜在性。

《资本主义"危"在何处》

姜辉（研究员）

论文 8千字

《思想理论教育导刊》 2012年第7期

该文认为，经济危机是观察和研究资本主义的一个非常重要的途径和方式。当前正在发展的资本主义危机，以一种新的方式深刻暴露了资本主义无法祛除的"魔咒"，不愿承认的"绝症"，将对资本主义的历史命运产生深远的影响。该文认为,资本主义危机更突出地表明资本主义生产方式在逐渐丧失历史合理性,资本主义正逐渐失去自我调节创新的能力和空间,正逐渐失去发展的多样性。

《普京道路与俄罗斯政治的未来》

张树华(研究员)

论文 12.3 千字

《俄罗斯研究》 2012 年第 6 期

该文认为,普京第三次当选俄罗斯总统后,俄罗斯政治未来的发展前景受到世界各国学者的普遍关注。苏联解体之后,俄罗斯在戈尔巴乔夫和叶利钦时代遭遇了严重的政治衰退,陷入了危险的民主化陷阱。普京就任总统之后,以务实的精神确立了团结、稳定和"主权民主"等具有特色的发展理念,探索俄罗斯式的国家发展道路。在未来的发展过程中,虽然确立了现代化的发展方向,但从外部而言,普京将面对西方国家在民主模式、发展道路等问题上施加的巨大压力。在俄罗斯国内,自由派的挑战和官僚体系都会对俄罗斯未来的发展形成制约,发展目标与实施手段之间也存在着矛盾。未来俄罗斯很可能在维护稳定与竞争性改革的选择过程中不断摇摆,发展道路曲折而漫长。

《文化的误读——泰勒文化概念和文化科学的重新解读》

萧俊明(研究员)

论文 22 千字

《国外社会科学》 2012 年第 3 期

该文认为,泰勒关于文化的定义在西方学界一直被视为第一个具有现代意义和权威性的文化定义,在我国学者当中对泰勒文化定义的接受和引用带有相当程度的盲目性,但是这个定义是不无问题的。首先,将泰勒的定义列为第一个具有现代意义的文化定义是令人质疑的。从泰勒本人的学术生涯和成果来看,古斯塔夫·克莱姆对他的影响是不容忽略的。他将德国人命名的文化概念作为一种核心组织概念提供给英语世界。

其次,"复合整体"是泰勒的一个核心概念,但是泰勒的复合整体却不是整体论意义上的整体,泰勒的"复合整体"其实是一个虚构,而它的构成要素却是实在的,于是就形成了一种你可以经验它的各个要素却无从知晓这个整体究竟为何物的"悖论"。

《文化选择论与摹媒论》

萧俊明(研究员)

论文 30 千字

《社会—文化遗传基因学说》 漓江出版社 2012 年 4 月

100 多年来,达尔文的思想在西方特别是在英美人类学、社会学、社会心理学领域始终产生着不可否认的影响,尤其是近几十年来,随着现代遗传学、分子生物学等学科取得的一系列高科技成果,对于达尔文思想的认识和理解又有所深化,文化选择论也出现了若干新的版本,其中搞得沸沸扬扬的莫过于摹媒论。所谓摹媒论(memetics 或 meme theory 或译模因论),其实就是以摹媒(meme)概念为基础而形成的一种研究文化进化的新达尔文主义进路。不过,摹媒带来的是纠缠不清的争论。该文主要是对由摹媒引起的争论作一番梳理和澄清，其中以道金斯与布莱克摩尔的摹媒理论为着重点，从以下三个方面展开探讨：（1）摹媒的由来及语义溯源；（2）摹媒的理论基础与生存条件；（3）布莱克摩尔的贡献。摹媒论在国外虽然走红一时，但终因自身的理论缺陷而渐渐衰落，其他一些与之相关的文化基因理论也同样因为自身的原因而陷入困境。

The Cultural Implications of the Korean Wave：Its Cultural Origin and Impacts on Chinese Lifestyle in Modern Society （《韩流的文化启示》）

朴光海（副研究员）

王文娥（副译审）

论文 10 千字

《韩中言语文化研究》第 28 辑 2012 年 2 月

自 20 世纪 90 年代末开始在中国兴起的韩流，对一部分人的生活方式产生了一定的影响，以至于韩流成为他们生活方式的一种载体。韩流之所以能够影响进而成为人们的一种生活方式，主要是因为韩流中蕴含的传统文化因素容易被中国人认同和接受。另外，韩流中蕴含的现代、时尚元素也是吸引人的一个重要因素。追溯韩流形成的文化根源，我们发现，韩流文化是由以儒家文化为代表的东亚传统文化和以基督教文化为代表的西方现代文化构成，其基础是东亚传统文化，同时吸收融合了西方现代文化。因此可以说，韩流是传统文化和西方现代文化相融合的产物。韩流的成功经验表明，传统性与现代性不是必然对立的关系，它们的融合能够迸发出更加巨大的力量，从而创造出一种更新、更符合时代潮流的文化。

《中国智库研究的文献计量学分析》

杨丹（研究员）

论文 17 千字

《图书馆、情报与文献学研究的新视野（6）》（中国社会科学情报学会编） 2012 年 6 月

当今中国社会的繁荣使智库的咨询作用日益凸显，因而也给智库研究带来了机遇和需求。该文以"智库""思想库"两个在智库研究中常用的关键词，对中国知网数据库的论文进行搜索，并利用文献计量学方法对数据进行分析，从中可以看出中国智库研究的发展状况。该文认为，中国的智库研究起于 20 世纪 80 年代，2000 年之后发展迅速，未来发展趋势良好。早期的智库研究是从对美国智库组织的介绍开始，之后关注问题研究。社会科学院系统发挥了良好的智库功能。未来中国的智库研究应加强对世界发达国家智库的研究，社会科学院应该物化知识产品，充分发挥智囊团的作用。

《人文科学的未来：当下的人文科学与公共人文科学》

王文娥（副译审）译 （［美］凯瑟琳·伍德沃德著）

译文 7 千字

《国外社会科学》 2012 年第 6 期

什么是公共学术？从事公共学术者如何描述自己的作用和称呼自己？该文认为，公共人文科学的切身利益在于一种学术和研究的形式，一种教育和学习的形式。它有着明

确具体的存在，能拉近大学与生活之间的距离，能提供所有人可以参与其中的公民教育，并能展现当前的公共人文科学及其广阔前景。

Balance and Imbalance in Human Rights Law（《人权法的失衡与平衡》）

王文娥　（副译审）译（罗豪才等著）

译文　9.8 千字

《中国社会科学》英文版　2012 年第 1 期

该文认为，在公共治理场域中生成和行动的人权法，应当是能够促成和谐人权保障关系的平衡法，它在机制上表现为人权保障目标与制度安排的匹配性，在内容上反映为公民权利设定的合乎理性，在形式上表现为人权法规范体系的协调一致，在行动上体现为人权保障过程基于商谈形成共识，在结果上表现为人权保障绩效的最大化。由于不同人权之间往往存在着张力，加上人权保障具有跨部门法性，再加上国际人权法依赖于国内法转化或衔接等原因，因此，人权法容易失衡，制约着国家尊重和保障人权目标的全面实现。要解决人权法失衡问题，应当选择开放性的公私商谈模式、遵循理性的衡量标准对人权入法进行审慎权衡。

《人文社会科学中的知识转移：公共研究机构中的非正式联系》

梁俊兰（研究员）译（［西］埃伦娜·科斯特罗—马丁内斯等著）

译文　12 千字

《国外社会科学》　2012 年第 6 期

该文分析了西班牙科学研究理事会（CSIC）人文社会科学知识转移的特点。CSIC 是西班牙最大的公共部门研究机构，开展全国性人文社会科学方面的系列研究活动。该文对知识转移领域中受益于 CSIC 研究成果的用户类型及其成果使用的形式进行了分析；明确了知识转移的过程以及涉及的范围；讨论了不同的知识转移形式为机构及其研究带来的挑战。该文认为，研究小组成员与潜在的非学术受益人具有某种联系，并探讨加强这种联系的方法。各种知识转移过程表明，为支持有效的知识转移，政策和知识转移管理流程必须根据人文社会科学知识生产和利用的特殊性而量身订制，区别对待。

《欧洲的文化政策——从国家视角到城市视角》

贺慧玲　（助理研究员）译（［法］皮埃尔—米歇尔·门格著）

译文　9.6 千字

《国外社会科学》　2012 年第 3 期

欧洲文化政策模式深深植根于过去半个世纪盛行的福利国家学说。文化政策是与教育政策、社会政策和医疗政策同步实施的。该文将欧洲文化政策的发展概括为四个阶段，最后一部分的研究视角将从国家转移到作为文化生成性孵化器的城市，讨论关于文化发展的以城市为中心的方法如何挑战以国家为中心的文化政策理论。

《知识危机的挑战——跨学科性的回归与前景》

贺慧玲（助理研究员）译　　（［法］阿卜杜勒—拉赫曼·马苏迪著）

译文　6.4 千字

《国外社会科学》　2012 年第 6 期

对知识进行重构、对危机进行处理的要求日趋明显，当前跨学科视角的一个主要目的即是回应这种要求。该文通过比较当前时期与启蒙时期，通过讨论危机概念等，阐明了知识危机和跨学科视角所面临的挑战。作者指出，知识重构的一个表现是文学与哲学开展结盟，二者之间的结盟体现了思想的探索特征。

《软实力时代的人文科学》

朴光海（副研究员）译（［韩］金光亿著）

译文　9 千字

《国外社会科学》　2012 年第 5 期

该文认为，软实力的核心是文化，在谈及"软实力论"时，应该尤为重视文化能力。从本质上来说，所有人文科学都应该具有超越国界的普世价值。文化并无主权或所有权可言，而是全人类共同的财富。软实力不应成为个别国家或民族确保利益的工具，而应该超越国界，克服地区主义，成为探求人类社会普遍真理的有效手段。

《在现在中书写过去：一个盎格鲁—撒克逊视角》

萧俊明（研究员）译　（［英］斯蒂芬·伯杰著）

译文　2.3 千字

《第欧根尼》　2012 年第 1 期

该文回顾了历史研究领域自 20 世纪 70 年代以来的某些重大发展。该文认为，这些发展大多是效仿叙事或语言转向，福柯思想对历史研究领域的新走向影响很大。该文审视了性别史、底层史以及记忆史的发展，评述了叙事或语言转向对传统历史写作领域的不同影响。特别是新文化史自 20 世纪 80 年代的崛起与语言转向有着很深的关联，并且产生了视觉转向，开辟了新的研究领域，其中向物质文化的转向在过去 10 年中尤其具有重要意义。最后，该文讨论了历史写作的跨学科性和互文性趋势，以及跨国史的普及，其中世界史和全球史尤其令人关注。

《知识状况与人文科学的新走向》

萧俊明（研究员）译（［韩］郑大铉著）

译文　9 千字

《第欧根尼》　2012 年第 2 期

一种新的语言观对于产生关于知识和人文科学的新理解可以发挥重要的作用。该文认为，语言之所以产生多元论，不仅是因为不同的言语语言迫使我们从不同的角度看待世界，而且是因为任何人类可以感知的或可以进行数字处理的对象都需要解释。因此，我们的知识观必须是共体的而非绝对论的，并且我们对于当代人类困境的回应必须祈求于积极的而非消极的自由。这两个条件似乎表明了在学术界的人文科学与文化市场的人文科学之间建造一座桥梁的可能性。

其 他 单 位

研究生院

《民营企业发展新论》

刘迎秋（教授）

专著　503 千字

中国社会科学出版社　2012 年 3 月

　　该书以加入 WTO 后我国改革开放和经济发展遇到的新情况、出现的新问题为出发点，通过对民营企业发展面临的社会环境、市场环境和政策环境的分析，进一步阐明了促进民营企业发展所需要解决的问题，包括民营企业自身治理结构改进和制度建设、技术创新与升级以及走出去谋求更大发展等问题，着力于探索和阐明在我国制度转型、体制转轨进入新攻坚阶段这样一个新的历史条件下，民营企业如何实现产业升级及其继续持续健康较快发展的逻辑与规律。

《汉英公共标示语翻译探究与示范》

王晓明（教授）　　周之南（教授）

专著　170 千字

世界知识出版社　2011 年 11 月

　　该书分析了目前我国公示语的种类、几种典型英文翻译的错误和导致错误的主要原因，通过讲解汉英公示语的翻译基本原则和主要方法，对常用的公示语进行翻译示范和举例。作者并根据自身公示语翻译的实践经验和近年来汉英翻译的教学、科研经历，以及所作的大量调查研究，总结出公示语翻译的"五项基本原则"：读者第一、宁简勿繁、宁易勿难、正确保真、讲究礼貌，以期为从事公示语翻译的人员和英语爱好者总结一些规律，提供一些翻译的方法和模式，减少错误。

《中国电信业的历史发展与体制变迁》

王鸥（副教授）

专著　250 千字

天津古籍出版社　2011 年 12 月

　　该书概述了百余年来电信发展与体制变革的历史，同时借鉴了市场国家电信发展与体制变革的经验与启示，在此基础上考察了政府进行市场干预的基本理论与实践。在中国通信发展 50 年的历史变迁中，政府一直是业内发展的主体，并在政策制定和体制演变中始终起着主导作用。因此，对产业发展与体制变迁的研究，实际上就是对政府自身的研究。该书力求从中央政府、地方政府和相关工业主管部门的相互关系出发，对这些政府组织，特别是相关工业主管部门的基本性质、行为方式及其变化等方面进行深入分析，试图找出中国产业发展与管理体制矛盾的症结所在，找出中国电信体制改革大大落后于世界潮流的主要原因，并在此基础上提出可资借鉴的政策性建议。

《社会主义核心价值观略论》

黄晓勇（教授）　　任朝旺（副教授）

论文 8 千字

《社会主义核心价值观概述语征文选集》

中国社会科学出版社 2012 年 9 月

  自党的十六届六中全会首次明确提出建设社会主义核心价值体系这个重要命题和战略任务以来，不同学科领域的专家学者一直致力于提炼能够被广为接受的社会主义核心价值观，但迄今尚未达成一致。该文认为，要想凝练出统一的社会主义核心价值观，应当遵循以下四个基本原则：凸显中华民族特色与坚持社会主义本质相结合，借鉴西方政治赋义与坚持马克思主义价值追求相结合，追求价值表达的全面性与坚持核心价值观的主导性相结合，强调核心价值观的引领作用与坚持人民群众的自觉选择相结合。在此基础上，作者将社会主义核心价值观简要表述为以下四组词 16 个字：和平发展，民主公正，和谐自由，平等共富。其中，和平发展是前提条件，民主公正是有力保障，和谐自由是具体体现，平等共富是追求目标。

《明确属性、稳定政策、推动发展》

刘迎秋（教授）

论文 8 千字

《工业技术经济》 2012 第 7 期

  该文运用实证分析的方法，正面分析和说明了我国现阶段民营经济的本质属性及其对我国国民经济持续健康发展和从大国走向强国的重要意义。该文有助于纠正一部分人对这个问题在认识上存在的模糊性和盲目性，有助于增强广大民众坚持中国特色社会主义的理论自觉和自信，有助于进一步发展和完善我国基本经济制度，有助于促进我国经济社会持续健康发展。

  具体内容：第一，必须明确民营企业的中国特色社会主义属性。第二，必须正确处理政府与市场的关系，避免政府过度干预，充分发挥市场配置资源的基础作用。第三，必须把反垄断放在一个突出位置，全面贯彻落实各类企业平等进入、平等竞争、平等使用各种经济和社会资源的各项政策，推动我国经济迅速从大国迈向强国。

《当代中国文化的"魂"、"体"、"用"关系》

方克立（教授）

论文 8 千字

《中国社会科学院研究生院学报》 2012 年
 第 1 期

  该文认为，社会主义核心价值体系是中国特色社会主义文化之"魂"。一切文化载体和传播形态，一切文化产品，一切文化活动，都要体现社会主义核心价值体系的内容和要求。只有强"魂"健"体"，"魂""体"相依才能充分发挥社会主义先进文化引领风尚、教育人民、服务社会、推动发展的作用。这就是当代中国文化"魂""体""用"三者统一的辩证法。作者对中国文化建设、文化发展模式提出了新的思路，对文化之"魂""体""用"三者的辩证关系进行了论证，开辟了认识文化的新视野。

《从方以智哲学看中国哲学创新》

周勤勤（教授）

论文 11 千字

《哲学研究》 2012 第 10 期

方以智不仅对哲学观念、范畴有所继承与创新，在方法论上也有突破。论文分析了方以智"三为约法"对中国传统文化的继承与创新，这是以往学界很少涉及的。该文指出，"三为约法"既是一种"运数比类"——"极数通变"的思维途径，又是一种分析、解决问题的操作方法，也是对《周易》象数思维的继承和利用。从而，作者提出了方以智的哲学对中国哲学创新的启示：创新离不开继承。该文认为，借鉴和利用最新的成果，对启发新的哲学思维和取得新的哲学成果都很重要，方以智在哲学等方面取得的成就与他借鉴和利用最新的成果有很大关系。

《马克思、恩格斯、列宁、斯大林论妇女解放》

吕静（教授）

论文 20千字

《当代国外马克思主义评论 9》

人民出版社 2011年12月

马克思、恩格斯、列宁、斯大林十分重视妇女问题，他们深入地研究了妇女及妇女解放的历史过程、革命作用、天然尺度、权利和义务、解放途径等若干问题，揭示了妇女解放的实质、特征、条件及其发展规律，创立了妇女及妇女解放理论，成为马克思主义理论的重要组成部分，为世界各国妇女解放运动提供了科学的世界观和方法论。该文研究和梳理了领袖人物关于妇女及妇女解放的相关经典，这一理论对妇女及妇女解放运动具有重要的理论价值和现实意义。

《基于社会系统论的视角：社会工作三大方法的整合运用——以社区社会工作模式为例》

赵一红（教授）

论文 10千字

《中国社会科学院研究生院学报》 2012年第3期

该文以社会系统理论作为分析视角，以社会工作三大方法即社会个案工作、社会小组工作、社区工作的关联性为切入点，指出，整体性原则是系统方法的核心，系统方法的整体性原则是从整体目标出发，研究各组成部分相互联系和相互制约的规律，从而达到整体最优化。而社会工作三大方法在实践中的具体运用恰恰表现出这种整体性原则，并从三大方法之间的相同处和关联性表现出来。作者以波普罗社区系统理论与社区工作模式为例，对社区社会工作案例加以分析和论证，指出，社区社会工作从方法上讲是三大方法并用的过程，从实务模式上看又是综合使用各种模式的过程。因此，社区工作若干模式的运用是与社会工作三大方法交织在一起共同产生结果。

《国家核心价值的优先选择与学理基础——基于教育公平的研究视角》

张菀洺（副教授）

论文 12千字

《社会科学战线》 2012年第10期

该文指出，教育公平是从社会公平衍生出来的价值品格，由于教育能够显著地改善人的生存状态和身份特征，可以提供突破结构性社会差异的机会，因此，教育公平作为社会公正的基础需要给予优先地位。西方国家对教育公平的研究最早起源于政治哲学和社会伦理学，并将其视为一项社会权利。教育公平不仅是一种"美好社会"的理想，更是现代国家核心价值的体现及政府必须承载的责任。由于教育公平可以使社会成员改善个人的人力资本状况进而可以转变其所在的社会阶层，因此，教育公平在一定程度上奠定了社会公平的基础，对社会公平具有重要意义。这对于解决当前我国教育资源分配严重不均衡、改善收入分配差距过大等现实问题提供了学理基础，具有重要的理论与实践价值。

《隐私权的限制与公共利益》

张初霞（讲师）

论文　12千字

《中国社会科学院研究生院学报》　2012年第3期

公共利益在理论上一直是个备受争议的概念，常被用来作为支持决策行为合理性的依据。该文首先从法律上对"公共利益"的含义作出解读。接着，作者指出，由于代表公共利益的公权力常常处于强势地位，在维护公共利益而限制隐私权的同时，要避免借口保护公共利益的需要而肆无忌惮地侵害公民隐私权行为的发生，更应当避免假借公共利益而"绕道"实现商业或个人利益，损害国家和人民利益。因此，在为公共利益考虑而限制公民的隐私权时，需要把握好"公共利益"的合理确定标准，要遵循价值衡量原则、合法性原则和非任意性原则。最后，作者指出，当公共利益涉及两个方面的问题时，

需要对隐私权加以限制：一是公共利益涉及国家利益、公共安全、国防利益、公共管理、环境保护、舆论监督等；二是市场经济发展的需要。

《中国民间组织报告（2011—2012年）》

黄晓勇（教授）

研究报告　350千字

社会科学文献出版社　2012年3月

该书指出，随着社会管理及其创新工作的深入推进，长期制约和束缚民间组织发展的双重管理体制在指导思想和具体实践上已经被全面突破，在点面结合、上下互动的改革策略下，民间组织管理迈出了从单项推进到整体突破的重大改革步伐，已经实质上步入了全面发展的新阶段。"专题研究篇"中《非营利组织孵化器研究》一文是国内第一篇深入系统研究非营利组织孵化器发展情况的专题报告，另外两篇报告则研究了广受关注的中介组织腐败治理和农村民间组织发展问题。"地方发展篇"选择了中部的河北与西部的重庆作为分析个案。"域外镜鉴篇"详细分析了德国和法国两个发达国家以及东南亚诸多发展中国家的民间组织发展情况。

监察局/直属机关纪委

《当前中亚五国政治形势及未来走向》

孙壮志（研究员）

论文　10千字

《新疆师范大学学报》（哲学社会科学版）2012年第3期

该文认为，中亚国家政治局势基本保持

稳定，但也出现了一系列比较复杂的问题，如突发的群体性事件和恐怖事件依旧困扰着各国政府。中亚国家坚持世俗化的政治制度，而下层则出现了伊斯兰教迅速复兴的状况，极端势力对中亚国家来说是现政权的最大敌人。尽管领导人的稳定对政局的稳定是有利的，但这种稳定如果没有社会公平、和睦作为支撑，就是比较脆弱的。虽然政治领域中的不稳定因素尚存，但中亚国家得到了喘息的机会，能否在后危机时期积极解决民生问题，避免极端势力和社会矛盾破坏稳定大局，成为未来的重要任务。论文认为，中亚五国在近期内政治局势将继续保持基本稳定，但面临的政治风险将会进一步增大。

《上合组织新发展与我国对外经济合作的新机遇》

孙壮志（研究员）

论文　8千字

《海外投资与出口信贷》　2012年第5期

该文认为，上海合作组织成立以来，安全、政治等领域的合作进展顺利，成员国共同探索多边合作的新模式，睦邻友好关系达到了前所未有的水平。随着上合组织进入第二个10年，合作领域持续扩大，机制建设更加成熟，法律基础不断完善，经济合作受到更多关注，融资机制、交通便利化、一批基础设施和跨境合作项目有望落实。上合组织所在地区，战略资源丰富，成员国在经济上各具优势，具有较强的互补性和开展合作的巨大潜力。中国与俄罗斯、中亚国家在多边基础上深化经贸合作，不仅有利于中国企业"走出去"和双边贸易水平的提升，还可以

与这些国家在真正意义上实现相互促进、共享繁荣。

《构建具有中国特色的预防腐败理论体系》

蒋来用（助理研究员）

论文　10千字

《预防职务犯罪研究》　2012年第2期

构建中国特色预防腐败理论体系意义重大，但十分复杂和困难。该文通过分析腐败产生的机理，概括提出了预防腐败的内涵和特征，认为预防腐败理论研究应重点围绕保护和推动改革，从解决制约和束缚政治、经济、文化发展的深层次问题入手，减少腐败机会，遏制腐败动机，提高腐败成本，形成系统理论。

《走出腐败高发期——大国兴亡的三个样本》

高波（助理研究员）

专著　350千字

新华出版社　2012年1月

该书剖析了腐败高发期的特征、类型，展现了西方主要国家在实现工业化、现代化进程中所遇到的腐败与反腐败问题，提出了治理腐败的路径。

院图书馆

Evaluation index system for academic papers of humanities and social sciences

任全娥（副研究员）　龚雪媚（博士）

论文　9千字

Scientometrics，2012（v.93）：3

该文构建了以人文社会科学论文的学术

价值、社会影响、创新与规范为评价标准，以被引指数、下载指数、期刊指数、转载指数、网络社会反响为二级指标的评价体系，并以中国社会科学院第 6 届获奖论文作为分析样本，进行实证研究。该评价体系首次提出"学科被引指数/下载指数"论文评价指标，也称"论文的学科影响因子"（Paper Impact Factor，PIF）。这是一个数值标准化指标，计算过程较为复杂，涉及学科篇均被引和篇均下载的计算。根据文献被引量的偏态分布特征，论文专门探索了三种计算方法的合理性。经反复验证，选用 30% 的学科核心区计算出"学科被引指数/下载指数"论文评价指标值。最后，从学科、机构、总体等多方面对排序结果进行分析，得到了一些有价值的研究发现与结论。

《基于文献引证关系的人文社会科学论文评价》

任全娥（副研究馆员） 郝若扬（馆员）

论文 11 千字

《大学图书馆学报》 2012 年第 3 期

该文认为，由于学科的特殊性与发展规律的差异，为评价自然科学发展起来的文献计量评价方法，如果不经过审慎研究与反复测试，是不宜在大多数社会科学与人文科学中使用的。该文从地域性、成果形式多样性和理论发展步伐缓慢性分析了人文社会科学的学科特殊性，提出了基于文献引证关系的人文社会科学论文评价新思路，构建了引用认同评价、引证图像评价与复合层次评价三层次综合评价体系，并针对上述学科特性，统计出引证图像评价的成果类型限制与评价

时段限制的经验值，设计了核心论文、高被引论文、经典论文、优秀论文、获奖论文的评价指标和评价方法。

《图书馆统一资源发现系统的比较研究》

包凌（馆员） 蒋颖（研究馆员）

论文 11 千字

《情报资料工作》 2012 年第 5 期

统一资源发现系统可以实现对纸本、电子资源的一站式检索，为用户带来简单、易用、高效的检索体验。随着数字资源的日益丰富，统一资源发现系统成为图书馆关注的热点问题之一。中国社会科学院图书馆于 2011 年底引进了以色列艾利贝斯公司的 Primo 系统，是国内较早引进该类系统的图书馆之一。该文结合实际工作，梳理了统一资源发现系统的产生原因、工作原理，比较分析了几款主流产品（Summon、Primo、EDS、Worldcat Local 和 Encore）的功能和特点，指出图书馆可以通过系统后端庞大的知识库，开展馆藏研究，提高资源管理水平，并对图书馆探索以知识服务切入点，为科研提供切实有效的服务进行了思考。该文对社科院图书馆开展 Primo 系统的实施、二次开发以及后续工作具有实际意义。

《数字化学术期刊的产业链分析与共赢模式构想——由"独家授权协议"引起的思考》

任全娥（副研究馆员）

论文 12 千字

《情报资料工作》 2012 年第 3 期

学术期刊的数字化生产、传播与利用，

在我国形成了日益复杂的产业链条与利益主体。由"独家授权"问题带来的争议，促使我们重新梳理数字化学术期刊的产业链条，探索合作各方的共赢模式。该文认为，内容提供商、服务提供商、技术提供商构成了产业链的主要节点，制度供给模式、技术实现模式、个性化服务模式配套实施，才可能实现产业链上各个节点之间的合作共赢。

《国外图书馆战略中的信息技术》

赵以安（馆员）

论文 11千字

《图书馆学研究》 2012年第20期

如何应对快速发展的信息技术及其带来的信息环境的变化，成为图书馆发展面临的重要问题。该文利用内容分析法对国外重点图书馆发展战略中有关信息技术的内容进行了分析和梳理，指出，信息技术对图书馆的影响主要是带来社会信息环境的变革，带来新的用户信息需求和期望以及信息行为的变化，给图书馆带来挑战的同时也带来机遇。当前及未来一段时间内，信息技术在图书馆的应用主要集中在资源建设、资源访问与获取、数字资源长期保存、支持学习和研究、支持物理空间改造等几个主要方面。而图书馆应对信息技术发展的主要策略包括及时跟踪、广泛合作、加强教育、做好宣传、增加与优化资金使用等。

《泛在图书馆与社科院图书馆的服务创新》

任宁宁（副研究馆员）

论文 9千字

《情报资料工作》 2012年第4期

该文从泛在图书馆的概念、特征入手，列举国内外泛在化图书馆的成功实例，剖析泛在化服务发展的制约因素，并阐述适合于社科院系统图书馆创建泛在图书馆的思路和策略，以实现图书馆提高服务效率和提升服务质量的目的。

《文摘期刊对论文的评价作用》

王力力（副研究馆员） 郝若扬（馆员）

论文 5千字

《社会科学管理与评论》 2012年第4期

文摘期刊在经历了一个为处在海量信息时代的人们提供检索途径的时期后，于20世纪后期开始步入索引与评价并存阶段。作为二次文献的文摘期刊，其择优推荐的选文特点与编辑属性使其具备了一定的评价功能，目前文摘指标时常被我国科研管理部门用来进行论文评价。该文在肯定文摘期刊评价作用的同时，也分析了它的局限性，并利用"人文社会科学论文摘转指标数据库"数据进行实证统计分析，指出，文摘期刊在评价学术论文时，不可过于笼统地加以判定，需要区别对待。

中国社会科学杂志社

《在历史的深处》

高翔（研究员）

论文集 448千字

中国社会科学出版社 2012年1月

该书分史学理论与史学史、明清史专题研究、人物研究三个部分。作者长期以来致力于明清史和史学理论研究，对明清以来观念文化变迁和政治史有深入而独到的分析和思考，发表了一批重要的研究成果。该书所收录的未刊稿《晚明时代》《满汉文化冲突与清初社会重建》和《关于中国近代化问题的思考》则代表了作者近年来的更深层思考。

《中国古代政治的三大传统》

高翔（研究员）

论文　3.9千字

《光明日报》　2012年4月5日

　　中华民族在漫长的历史长河中，形成了极其深厚的政治传统。该文认为，中国近代政治历时甚短，新传统尚未定型，而古代政治传统则相对凝重，影响深远，其中最值得研究的，主要有三。一是"大一统"的传统。"大一统"是中国源远流长的政治追求和古代政治文化的重要核心价值。在政治实践中，特别是明清两朝，它集中体现为三个方面的内容：中央集权、君主专制、国家统一。二是官僚政治的传统。三是文治的传统。中国古代政治的三大传统，都是特定时代的产物，都有其历史的合理性，也有其严重的弊端。当历史进入19世纪中叶以后，尤其是20世纪世界文明的大道愈来愈清晰地呈现在中国人面前以后，中国古代政治传统愈来愈表现出它的落后性、腐朽性甚至反动性。然而，人类对传统的改造，从来都是一个充满艰辛而且复杂的系统工程，对积淀异常深厚、内容异常庞杂、影响异常深远的中国古代政治传统，更是如此。

《中国道路》

李红岩（研究员）等

专著　120千字

黄山书社　2012年1月

　　该书以中国特色社会主义理论体系为指导，简要而系统地展示了鸦片战争以来中国人民在屈辱和苦难中奋起抗争，为实现民族复兴上下求索，特别是中国共产党领导各族人民争取民族独立、人民解放、国家富强、人民幸福的奋斗历程，用史实阐明，只有中国共产党才能救中国，只有中国特色社会主义道路才是最适合中国人民的发展道路。

　　该书注意从整体上把握和揭示中国特色社会主义道路形成和发展的历史必然性，反映、体现了我国学术界关于中国近现代史和中国道路问题之梳理和阐释、研究和总结的主流意见及基本共识。

《理论自觉自信：中国学术新的思想高度》

孙麾（编审）

论文　8千字

《红旗文稿》　2012年第18期

　　中国现代崛起的"春天的故事"改写了"历史的终结"的理论叙事，在21世纪的世界历史进程中显示了中国道路独特的行进轨迹，在经济全球化趋势中展示了中国现代性生成的思想路径与制度安排。改革开放的实践效应，前所未有地激发出中国发展的巨大动能，也揭示了中国社会历史深处的复杂矛盾。面对重大的历史变局，中国学术何以重建"中国立场"和"中国视野"，何以从原来依附于各种政治的和西方的话语体系中解放出来，从各种学究式的玄妙的自我意识中走向理论自觉，批判性地审视既往关于中国历史和现实的理论思考，从一种策略性话语真正转变为一种主体性话语，从理论议题的应对模式转变为自主建构模式，转变为具有中国内涵的概念生成和思想创造体系，已构成当代中国学术的核心议题。

《后海的记忆》

姚玉民（编审）

论文集 292 千字

中国社会科学出版社 2012 年 11 月

该书是中国社会科学杂志社学者文库中的一部，所收录的文章是作者的学术研究成果，包括参加和承担的院、社重点课题的科研成果。由于长期从事编辑工作的原因，文章的题材比较广泛，分为专题论文、学术综述、书评、书稿……等等。选取原则仍是与作者的学术专业领域相关，基本是日本历史、日本经济贸易和税收，以及东亚国际关系。作者对近代以来日本政治的走向和发展路径多有论述（参见《明治宪法体制简论》《战后初期的日本右翼》等），有关日本的经济贸易以及东亚国际关系的论述可参见其他相关文章。作者的这些研究心得，希望能给学界同仁一点启迪和参考。

《金质玉润总关情——吴克敬散文创作略论》

王兆胜（编审）

论文 10 千字

《当代作家评论》 2012 年第 2 期

该文认为，吴克敬散文有骨力、有风采、有情致、有道德，是属于被大光照临、如沐春风、通体光润那一类。吹尽黄沙始见金，吴克敬最善于拨开历史尘封，关注小人物的命运，尤其是他们金子般的心。然而，吴克敬的散文又时时闪动着"玉润"的色泽，给人以超凡脱俗的圣洁之美和诗意境界。在灵魂深处，吴克敬散文以"情"之一字而动人心魂，这是一种由亲情、爱情、友情、师生情和博爱之情连缀起来的珠子，从而给人以精神的提升、心灵的愉悦和美感的享受。如果要指出吴克敬散文的不足，那就是有不少作品写得过于随意，开拓得不深，还需进入形而上的思考尤其是天地道心的境界中去。

《社会中介组织腐败预防与规范治理：基于行业协会的视角》

林跃勤（副研究员）

论文 17 千字

《社会科学战线》 2012 年第 1 期

作为政府与社会沟通桥梁的各类行业协会等社会中介组织，以自身的多样化服务为促进行业规划与经济社会发展、改善社会宏观管理和公共服务等作出了巨大贡献。但在转型期，一些行业协会利用其残留的行政权力及与行政部门有着千丝万缕的关系，在其提供带有准行政性质的公共服务过程中，以种种公开或隐蔽的手段，向服务对象违规谋取不合法利益，形成实质上的寻租腐败，与国家赋予社会中介组织降低行政官僚主义和寻租腐败、增强公共服务透明度和效率性的职能要求相违背，并造成了较为恶劣的经济社会影响，加重了反腐防腐的难度。因此，分析研究这类腐败产生的根源、传导机制与社会影响，探索预防、治理这一腐败的长效机制，是当前反腐防腐的重要方向和基本内容。斩断中介组织这一腐败平台和链条，可以极大地提升腐败治理的效能。

《重新发现社会：现代社会理论的诞生》

舒建军（副编审）

论文 13 千字

《北京青年政治学院学报》 2012 年第 4 期

该文认为，中国现代社会的转型是从农村土地承包制度开始的，这绝非历史的偶然。当今中国社会结构和社会关系的断裂与重构都与现代社会的整体转型理论、历史和实践相关。中国社会理论丢掉了现代性起源环节，直接坐实到工业化、城市化与现代化的社会理论，是直接承接西方"二战"后的社会学理论，也是西方历经政治革命、社会革命而完成现代社会重建的理论。中国的现代社会理论存在缺失的原因固然与社会研究被学科专业化分割相关，但忽视现代社会理论的核心命题恐怕至为关键。这一核心命题是劳动分工的整体社会转型，其中劳动的社会存在形式直接造成人的生存悖论。古典社会思想家均切入这一命题，但未有客观的行动纲领，盖因劳动社会分工牵涉整体社会改造，包括后来的政治革命和社会革命。但这些理论阐释构成近代以来全球各国现代社会建设的前提。

第 五 编

学 术 人 物

XUESHURENWU

一 中国社会科学院博士学位研究生指导教师（2012～2013）

系别	学科专业	姓　名	出生年月	主要研究方向
哲学教学研究部马克思主义研究系	国外马克思主义研究	冯颜利	1963.08	国外马克思主义研究中的公正思想
	科学社会主义与国际共产主义运动	吕薇洲	1970.06	国外马克思主义与社会思潮研究
	马克思主义基本原理	余　斌	1969.04	马克思主义经济学原理
	科学社会主义与国际共产主义运动	冷　溶	1953.08	中国特色社会主义
	科学社会主义与国际共产主义运动	李崇富	1943.09	科学社会主义、马克思主义哲学
	马克思主义发展史	李慎明	1949.10	民主政治
	马克思主义中国化研究	辛向阳	1965.03	中国特色社会主义理论
	马克思主义发展史	罗文东	1967.12	中国特色社会主义理论、当代资本主义理论与世界社会主义运动
	国外马克思主义研究	郑一明	1962.10	西方马克思主义、马克思主义哲学史
	马克思主义发展史	侯惠勤	1949.02	马克思主义发展史、当代意识形态研究
	科学社会主义与国际共产主义运动	姜　辉	1969.11	国外马克思主义
	马克思主义基本原理	胡乐明	1965.10	马克思主义经济理论、现代西方经济理论
	马克思主义中国化	赵智奎	1950.01	邓小平理论、马克思主义哲学

续表

系别	学科专业	姓　名	出生年月	主要研究方向
	马克思主义中国化研究	夏春涛	1963.11	马克思主义中国化发展历史、当代中国马克思主义理论前沿问题研究
	马克思主义基本原理	程恩富	1950.07	中外马克思主义经济学、中外社会主义市场经济理论与政策
哲学教学研究部哲学系	中国哲学	方克立	1938.06	宋明理学、中国哲学史
	马克思主义哲学	王伟光	1950.02	历史唯物主义
	科学技术哲学	王延光	1955.09	医学哲学与生命伦理学
	美学	王柯平	1955.05	美学与诗学
	中国哲学	王葆玹	1946.11	经学、魏晋玄学、道家哲学
	外国哲学	叶秀山	1935.06	欧洲哲学史
	伦理学	甘绍平	1959.08	应用伦理学、西方伦理学
	逻辑学	刘培育	1940.04	逻辑因明学
	马克思主义哲学	孙伟平	1966.01	价值论研究、马哲中国化
	外国哲学	孙　晶	1954.01	东方哲学
	科学技术哲学	朱葆伟	1949.01	科学技术的价值论与伦理学问题
	外国哲学	江　怡	1961.05	语言哲学
	伦理学	余　涌	1961.10	应用伦理学
	外国哲学	张　慎	1954.12	德国近现代哲学
	中国哲学	李存山	1951.05	儒家哲学及中国现当代哲学
	外国哲学	李　河	1958.08	解释学、文化批判理论
	马克思主义哲学	李景源	1945.07	认识论与历史观
	外国哲学	李甦平	1946.10	东亚比较哲学、中日韩儒学比较
	逻辑学	杜国平	1965.10	现代逻辑，应用逻辑与逻辑应用
	伦理学	杨通进	1964.02	环境伦理学
	外国哲学	杨　深	1952.02	现代法国哲学、西欧文明史、外国文明理论
	逻辑学	邹崇理	1953.07	现代逻辑
	中国哲学	陈　静	1954.09	汉唐哲学、老庄哲学
	中国哲学	陈　霞	1966.04	道家与道教文化研究
	外国哲学	周晓亮	1949.10	16～18世纪西方哲学

系别	学科专业	姓名	出生年月	主要研究方向
	外国哲学	尚 杰	1955.09	法国当代哲学
	中国哲学	胡孚琛	1945.12	中国哲学、道家与道教文化
	伦理学	赵汀阳	1961.06	中西伦理学比较
	美学	章建刚	1952.12	美学原理、艺术史、伦理学
	外国哲学	谢地坤	1956.12	欧洲大陆哲学、德国哲学
	马克思主义哲学	魏小萍	1955.12	马克思主义哲学史、当代国外马克思主义哲学
哲学教学研究部世界宗教研究系	宗教学	王 卡	1956.12	道教学、中国哲学
	中国哲学	卢国龙	1959.11	中国哲学
	宗教学	何劲松	1962.08	汉传佛教及佛教艺术
	宗教学	卓新平	1955.03	基督宗教、西方宗教学、中西宗教文化比较
	宗教学	郑筱筠	1969.08	南传佛教
	宗教学	金 泽	1954.05	宗教学、宗教人类学
	宗教学	魏道儒	1955.10	佛教
经济学教学研究部经济系	西方经济学	王红领	1952.09	技术创新
	经济思想史	王 诚	1955.10	外国经济思想史、宏观经济理论
	政治经济学	王振中	1949.06	政治经济学、国际投资与贸易、转型经济
	经济史	史志宏	1949.04	明清农业史、财政史、人口史、近代财政史
	经济思想史	叶 坦	1956.10	中国经济思想史、东亚经济思想比较研究
	西方经济学	左大培	1952.08	西方经济学理论、经济模型分析
	西方经济学	刘小玄	1953.01	微观经济学、产业组织理论
	经济史	刘兰兮	1954.06	中国商业史、中国近代企业史
	西方经济学	刘树成	1945.10	数量经济学、宏观经济学
	西方经济学	刘霞辉	1962.10	经济增长理论、中国经济增长问题
	西方经济学	朱恒鹏	1969.09	微观经济学
	发展经济学	朱 玲	1951.12	收入分配、贫困问题和乡村发展、

续表

系别	学科专业	姓　名	出生年月	主要研究方向
				发展经济学
	政治经济学	闫　坤	1964.08	宏观经济与财政政策
	政治经济学	张　平	1964.07	中国经济增长、收入分配、资本市场理论
	经济思想史	杨春学	1962.11	当代西方经济学说、新制度经济学与公共选择理论
	政治经济学	胡家勇	1962.11	社会主义市场经济理论
	西方经济学	赵志君	1962.02	经济增长理论、宏观经济政策
	经济史	赵学军	1968.07	中华人民共和国经济史
	西方经济学	剧锦文	1959.10	现代产权与企业理论、资本市场理论
	经济史	徐建生	1966.05	中国近代经济史
	西方经济学	袁钢明	1953.09	宏观经济学、企业理论
	经济史	董志凯	1944.08	中华人民共和国经济史
	西方经济学	韩朝华	1953.09	微观经济学、企业制度
	政治经济学	裴小革	1956.10	马克思主义经济学基本理论、中国经济改革与发展
	发展经济学	魏　众	1968.03	劳动力市场、收入分配研究
	经济思想史	魏明孔	1956.09	区域经济史
经济学教学研究部工业经济系	产业经济学	刘戒骄	1963.03	产业组织理论与政策
	产业经济学	吕　政	1945.07	工业发展理论与政策
	产业经济学	吕　铁	1962.12	产业成长与产业政策
	产业经济学	张世贤	1956.04	工业投资与融资
	产业经济学	张其仔	1965.05	产业竞争力
	企业管理	张承耀	1947.05	企业管理
	产业经济学	李海舰	1963.09	工业利用外资
	会计学	杜莹芬	1964.09	公司理财、企业并购
	企业管理	沈志渔	1954.06	企业制度、企业改革
	企业管理	陈佳贵	1944.10	企业管理、企业发展理论
	区域经济学	陈　耀	1958.05	区域经济与政策

续表

系别	学科专业	姓 名	出生年月	主要研究方向
	企业管理	周绍朋	1946.11	企业改革与企业管理
	企业管理	罗仲伟	1955.10	企业战略管理
	产业经济学	金 碚	1951.04	产业组织
	产业经济学	赵 英	1952.09	产业政策与技术创新、国家经济安全
	产业经济学	郭克莎	1955.07	产业经济学、经济增长
	产业经济学	曹建海	1967.12	投资与消费的关系
	企业管理	黄速建	1955.11	企业管理、公司理财
	企业管理	黄群慧	1966.08	企业理论与战略管理、管理理论与管理学方法论
经济学教学研究部农村发展系	农业经济管理	王小映	1966.10	土地资源管理
	农业经济管理	邓英淘	1952.09	农村宏观经济管理
	农业经济管理	任常青	1965.06	农村金融
	农业经济管理	朱 钢	1958.11	农村财政
	农业经济管理	吴国宝	1963.12	贫困与发展
	农业经济管理	张元红	1964.02	农村产业经济
	农业经济管理	张晓山	1947.10	农村组织与制度
	农业经济管理	李成贵	1966.09	农村发展理论与政策
	农业经济管理	李 周	1952.09	资源与环境经济、农村发展理论与政策
	农业经济管理	李国祥	1963.08	农产品市场与贸易
	农业经济管理	李 静	1966.03	农村金融
	农业经济管理	杜志雄	1963.02	农村发展融资
	农业经济管理	苑 鹏	1962.08	农村组织与制度
	农业经济管理	胡必亮	1961.09	农村金融
	农业经济管理	党国英	1957.06	农村发展理论与政策
	农业经济管理	韩 俊	1963.11	农村发展理论与政策
	农业经济管理	谭秋成	1965.08	中国农村工业化与城市化
	林业经济管理	潘晨光	1954.09	林业经济

系别	学科专业	姓　名	出生年月	主要研究方向
经济学教学研究部财政与贸易经济系	旅游管理	王诚庆	1958.08	城市发展与旅游经济
	国际贸易学	王洛林	1938.06	国际投资
	国际贸易学	冯 雷	1954.06	国际投资
	产业经济学	史 丹	1961.04	能源经济、工业发展
	国际贸易学	申恩威	1957.01	国际贸易与跨国公司
	国际贸易学	江小涓	1957.06	国际投资
	金融学	何德旭	1962.09	金融理论与政策
	产业经济学	宋 则	1951.12	市场理论与流通创新
	产业经济学	张群群	1970.10	市场组织与价格制度
	国际贸易学	杨圣明	1937.07	国际服务贸易
	财政学	杨志勇	1973.08	财税理论与政策
	产业经济学	荆林波	1966.04	信息服务与供应链
	国际贸易学	赵 瑾	1965.03	WTO 与中国外经贸发展
	金融学	倪鹏飞	1964.03	城市房地产金融
	国际贸易学	夏先良	1963.06	国际知识产权
	财政学	夏杰长	1964.03	财税政策与服务经济
	财政学	高培勇	1959.01	财税理论与政策
	金融学	裴长洪	1954.05	国际金融与投资
经济学教学研究部金融系	金融学	王 力	1959.09	区域金融、资本市场
	金融学	王松奇	1952.03	国际金融理论与政策
	金融学	李 扬	1951.09	货币理论与货币政策
	金融学	周茂清	1954.03	金融市场
	金融学	胡 滨	1971.05	金融监管与金融法律
	金融学	殷剑峰	1969.12	宏观金融与政策
	金融学	郭金龙	1965.04	现代金融体系和保险、保险与社会保障
	金融学	彭兴韵	1972.04	宏观经济与货币政策

续表

系别	学科专业	姓 名	出生年月	主要研究方向
经济学教学研究部数量经济与技术经济系	技术经济及管理	王宏伟	1970.11	技术创新与经济增长
	数量经济学	王国成	1956.11	博弈论
	技术经济及管理	齐建国	1957.06	技术创新、知识经济
	会计学	张国初	1942.06	会计、技术经济与管理
	数量经济学	张昕竹	1964.05	管制经济学与管制政策、激励理论与应用
	技术经济及管理	张 晓	1957.03	环境与发展的经济分析
	数量经济学	张 涛	1973.08	经济模型与经济预测
	技术经济及管理	李 平	1959.06	技术创新、能源经济
	数量经济学	李 军	1963.04	经济数量分析方法及应用
	技术经济及管理	李京文	1933.11	技术经济学理论与方法、宏观经济预测
	会计学	李金华	1962.11	国民经济核算、经济统计理论与方法
	技术经济及管理	李 青	1964.09	区域经济学
	数量经济学	李雪松	1970.09	经济模型理论与应用
	数量经济学	李 群	1961.12	人力资源与经济发展
	技术经济及管理	杨敏英	1950.08	能源经济、技术经济
	数量经济学	汪同三	1948.07	经济模型与经济预测
	技术经济及管理	汪向东	1954.03	信息化理论与实践、互联网经济与应用
	数量经济学	沈利生	1946.04	数量经济学、经济模型、经济预测
	数量经济学	郑玉歆	1945.11	生产率研究
	数量经济学	樊明太	1963.11	数量经济学与政策模拟
经济学教学研究部投资经济系	国民经济学	王一鸣	1959.08	宏观经济、区域经济
	国民经济学	刘立峰	1965.05	公共部门投资
	国民经济学	刘福垣	1944.09	发展、运行、调控
	国民经济学	张长春	1962.11	政府投资、宏观经济政策
	国民经济学	张汉亚	1945.12	经济预测的方法与应用、投资宏观管理理论和方法

续表

系别	学科专业	姓　名	出生年月	主要研究方向
	国民经济学	杨　萍	1965.09	宏观经济、资本市场
	国民经济学	肖金成	1955.09	投资经济、区域经济
	国民经济学	陈东琪	1956.08	政治经济学、宏观经济分析、资本市场与投资
	国民经济学	罗云毅	1949.05	宏观经济与投资
	国民经济学	曹玉书	1948.09	投资理论与实践、产业经济发展
	国民经济学	臧跃茹	1964.11	经济体制改革
经济学教学研究部政府政策与公共管理系	国民经济学	马建堂	1958.04	产业结构调整、宏观经济
	国民经济学	文学国	1966.04	反垄断与竞争政策
	国民经济学	厉无畏	1942.11	产业经济、创意经济
	国民经济学	刘迎秋	1950.08	宏观经济运行与发展
	国民经济学	何家成	1956.05	国民经济发展与政策
	国民经济学	张承惠	1957.05	国民经济发展与政策
	国民经济学	李连仲	1949.10	社会主义市场经济理论
	国民经济学	李剑阁	1949.12	宏观经济、金融证券、社会保障
	国民经济学	李晓西	1949.03	宏观经济、价格与通货膨胀
	国民经济学	杨建龙	1969.02	国民经济发展与政策
	国民经济学	邹东涛	1949.11	制度经济学
	国民经济学	岳福斌	1953.01	产权理论
	国民经济学	郑秉文	1955.01	比较经济体制
	国民经济学	曾培炎	1938.12	宏观经济管理
	国民经济学	谢伏瞻	1954.08	国民经济发展与政策
	国民经济学	谢朝斌	1963.04	国民经济发展与政策
	国民经济学	辜胜阻	1956.01	国民经济发展与政策
经济学教学研究部人口与劳动经济系	人口学	王广州	1965.10	人口分析技术与应用
	劳动经济学	王美艳	1975.07	劳动力市场与劳动关系
	人口学	王跃生	1959.12	人口与社会变迁
	人口学	田雪原	1938.08	人口理论
	劳动经济学	吴要武	1968.11	城镇劳动力市场
	劳动经济学	张车伟	1964.10	就业与收入分配

续表

系别	学科专业	姓名	出生年月	主要研究方向
	人口学	张展新	1955.07	社会分层
	人口学	郑真真	1954.12	人口统计
	劳动经济学	都 阳	1971.04	中国劳动力市场
	人口、资源与环境经济学	蔡 昉	1956.09	人口、资源与环境经济学
经济学教学研究部城乡建设经济系	区域经济学	仇保兴	1953.11	城市发展
	区域经济学	陈 淮	1952.02	城市化理论、房地产经济
经济学教学研究部城市发展与环境研究系	可持续发展经济学	庄贵阳	1969.09	低碳经济、气候变化政策
	城市经济学	宋迎昌	1969.11	城市与区域发展
	城市经济学	李景国	1957.01	区域与城镇规划
	可持续发展经济学	潘家华	1957.06	资源与环境经济学
	城市经济学	魏后凯	1963.12	城市与区域经济、产业集群
法学教学研究部法学系	国际法学	王可菊	1933.11	国际公法
	民商法学	王家福	1931.02	民法总论、物权法
	经济法学	王晓晔	1948.10	经济法、竞争法
	诉讼法学	王敏远	1959.11	刑事诉讼法学
	宪法学与行政法学	冯 军	1965.12	行政法、传媒法
	刑法学	刘仁文	1967.09	中国刑法学、外国刑法学
	法学理论	刘作翔	1956.09	法律文化理论、法理学、法治理论
	国际法学	刘楠来	1933.05	国际海洋法、国际人权法
	民商法学	孙宪忠	1957.01	民法总论、物权法、债券法、侵权行为法
	国际法学	朱晓青	1955.09	国际公法
	法学理论	吴玉章	1955.09	法律学、西方法理学
	宪法学与行政法学	吴新平	1951.10	宪法基本理论
	民商法学	张广兴	1954.03	债权法
	宪法学与行政法学	张明杰	1962.03	信息公开法

续表

系别	学科专业	姓 名	出生年月	主要研究方向
	法学理论	李步云	1933.08	马克思主义的法律理论
	知识产权法学	李明德	1956.03	知识产权法
	宪法学与行政法学	李 林	1955.11	宪政民主理论、立法学、人权理论
	经济法学	李顺德	1948.04	知识产权法
	法律史	杨一凡	1944.04	中国法律史
	国际法学	沈 涓	1962.08	国际私法
	民商法学	邹海林	1963.08	保险法、破产法、民法债权、担保法
	宪法学与行政法学	陈云生	1942.05	权利相对论、宪法哲学
	刑法学	陈泽宪	1954.07	国际刑法、中国刑法
	经济法学	陈 甦	1957.12	公司法、证券法
	宪法学与行政法学	周汉华	1964.01	行政法学、政府管制
	刑法学	屈学武	1949.07	中国刑法学、国际刑法学
	法学理论	信春鹰	1956.10	法理学、港澳台法学
	国际法学	赵建文	1956.01	国际法基本制度
	法学理论	夏 勇	1961.11	法理学、人权、大众传媒法
	法律史	徐立志	1951.06	中国近现代法制史
	国际法学	莫纪宏	1965.05	宪政、国际人权法
	国际法学	陶正华	1942.05	国际公法、国际经济法
	经济法学	崔勤之	1944.02	公司法
	民商法学	梁慧星	1944.01	民法总论、民法债权和法学方法论
	诉讼法学	熊秋红	1965.10	刑事诉讼法学
	诉讼法学	冀祥德	1964.02	刑事诉讼法学、司法制度
法学教学研究部政治学系	政治学理论	史卫民	1952.10	比较政府体制、政府理论
	政治学理论	白 钢	1940.01	中国政治制度史
	政治学理论	张树华	1966.09	比较政治、政治比较与国别政治
	政治学理论	杨海蛟	1955.03	政治学理论与当代中国政治建设
	政治学理论	陈红太	1957.10	比较政府体制、政府理论、中国政治
	政治学理论	董礼胜	1955.03	行政管理

续表

系别	学科专业	姓　名	出生年月	主要研究方向
法学教学研究部社会学系	社会学	王延中	1963.04	社会保障
	社会学	王春光	1964.03	农村社会学
	社会学	张　翼	1964.12	社会保障
	社会学	李春玲	1963.01	社会分层
	社会学	李培林	1955.05	企业组织与社会发展
	社会学	李银河	1952.02	家庭社会学
	社会学	杨宜音	1955.12	社会心态
	社会学	苏国勋	1942.02	社会理论
	社会学	陈光金	1962.05	社会结构与变迁、农村社会学、社会发展
	社会学	陈婴婴	1952.06	社会调查、社会分层
	社会学	罗红光	1957.01	社会人类学
	社会学	赵一红	1963.09	发展社会学
	社会学	夏传玲	1964.02	组织社会学
	社会学	景天魁	1943.04	发展社会学
法学教学研究部民族学系	中国少数民族史	乌　兰	1954.04	古代蒙古史及蒙古文文献
	民族学	王希恩	1954.06	民族理论、民族问题
	专门史	史金波	1939.09	西夏学、中国民族史、中国民族古文字学
	中国少数民族语言文学	孙伯君	1966.03	梵汉对音、西夏学、契丹文献学、女真文献学
	中国少数民族语言文学	江　荻	1954.10	藏族计算语言学、汉藏语理论
	人类学	色　音	1963.07	人类学、民俗学
	人类学	何星亮	1956.08	宗教人类学、中国少数民族文化
	中国少数民族语言文学	周庆生	1952.04	社会语言学、语言政策、语言人类学
	民族学	孟慧英	1953.03	民族宗教文化、萨满教、宗教人类学
	民族学	郝时远	1952.08	民族理论、民族学、民族史、海外华人

系别	学科专业	姓　名	出生年月	主要研究方向
	中国少数民族语言文学	徐世璇	1954.01	藏缅语族语言研究
	专门史	聂鸿音	1954.11	西夏学、民族古典文献学
	中国少数民族语言文学	黄　行	1952.06	汉藏语研究
	民族学	曾少聪	1962.12	世界民族研究
	中国少数民族语言文学	朝　克	1957.09	东北亚诸民族语言以及阿尔泰语系诸民族语言文化关系
法学教学研究部社会发展系	社会学	折晓叶	1950.01	社会组织与制度变迁
	社会学	李汉林	1953.11	社会结构与社会组织
	社会学	沈　红	1965.05	发展社会学
	社会学	渠敬东	1970.01	社会理论
文学教学研究部文学系	比较文学与世界文学	叶舒宪	1954.09	文学人类学
	中国古典文献学	刘跃进	1958.11	中国古典文献（先秦至唐）
	中国民间文学	吕　微	1952.01	中国民间文学史
	比较文学与世界文学	孙　歌	1955.05	中日比较文化研究、东亚文化研究
	中国民间文学	安德明	1968.10	口头艺术的民族志研究
	中国古代文学	吴光兴	1963.09	魏晋南北朝隋唐五代文学
	中国现当代文学	张中良	1955.02	中国现代文学
	中国古代文学	李　玫	1957.01	中国古代戏曲史
	中国现当代文学	杨　义	1946.08	中国现代文学
	中国古典文献学	杨　镰	1947.02	中国古典文献（宋元明清）
	比较文学与世界文学	陆建德	1954.02	英国文学
	中国古代文学	范子烨	1964.05	魏晋南北朝文学
	文艺学	金惠敏	1961.11	文学理论与当代文化思潮
	中国古代文学	胡　明	1947.08	中国文学批评史
	中国现当代文学	赵　园	1945.02	中国现代小说
	中国现当代文学	赵京华	1957.11	中国现代文学研究
	中国现当代文学	赵稀方	1964.01	中国现代文学
	文艺学	党圣元	1955.09	中国古代文论

系别	学科专业	姓　名	出生年月	主要研究方向
	文艺学	高建平	1955.03	比较美学
	文艺学	彭亚非	1955.04	中国古代美学
	比较文学与世界文学	董炳月	1960.09	近现代中日文学关系、现代日本思想文化
	中国古代文学	蒋　寅	1959.06	中国诗学
	中国现当代文学	黎湘萍	1958.08	中国当代文学（台港文学）
文学教学研究部外国文学系	比较文学与世界文学	叶　隽	1973.07	德语文学
	比较文学与世界文学	史忠义	1951.07	中西比较诗学、中西比较文学
	俄语语言文学	刘文飞	1959.11	俄罗斯文学与文化
	法语语言文学	余中先	1954.08	法国当代文学
	比较文学与世界文学	李永平	1956.05	德语文学
	欧洲语言文学	陈中梅	1954.01	古希腊文学
	比较文学与世界文学	陈众议	1957.10	西班牙语文学
	俄语语言文学	周启超	1959.04	俄罗斯文论、比较诗学
	英语语言文学	黄　梅	1950.02	英国小说
	英语语言文学	傅　浩	1963.04	英语诗歌及诗论、文学翻译
	英语语言文学	程　巍	1966.05	英美文学
文学教学研究部少数民族文学系	民俗学	尹虎彬	1960.05	民俗学
	民俗学	巴莫曲布嫫	1964.04	口头传统
	中国少数民族语言文学	扎拉嘎	1946.11	蒙古古典文学、蒙古近代文学、蒙汉文学关系
	中国少数民族语言文学	刘亚虎	1949.06	南方民族文学、汉族与周边族群文学关系
	中国少数民族语言文学	张春植	1959.02	朝鲜族移民文学、朝鲜族现当代文学
	中国少数民族语言文学	阿地里·居玛吐尔地	1964.02	突厥与民族文学，口头史诗理论
	中国少数民族语言文学	斯钦孟和	1954.07	蒙古文学
	民俗学	朝戈金	1958.08	民间文艺学、史诗学

系别	学科专业	姓　名	出生年月	主要研究方向
文学教学研究部新闻学与传播学系	新闻学	卜　卫	1957.03	信息传播的影响
	新闻学	尹韵公	1956.10	新闻史、新闻理论
	新闻学	宋小卫	1958.03	新闻理论、媒介消费保障与受众权益理论
	新闻学	唐绪军	1959.02	媒介经济学
文学教学研究部语言学系	汉语言文字学	方　梅	1961.04	语法学
	语言学及应用语言学	李爱军	1966.09	声学语音学
	汉语言文字学	李　蓝	1957.11	方言学
	语言学及应用语言学	胡建华	1962.11	句法学与语义学、儿童语言获得、理论语言学
	语言学及应用语言学	顾曰国	1956.10	语用学、话语分析、修辞学、语料库语言学
	语言学及应用语言学	曹广顺	1952.03	中古、近代汉语语法史
	汉语言文字学	程　荣	1952.09	词典学
	汉语言文字学	董　琨	1946.10	汉语文字学、汉语史
	汉语言文字学	刘丹青	1958.08	语言类型学、汉语语法学、汉语方言学
	汉语言文字学	吴福祥	1959.10	汉语历史语法
	汉语言文字学	张伯江	1962.11	句法语义学
	汉语言文字学	张国宪	1954.11	现代汉语语法
	汉语言文字学	杨永龙	1962.07	汉语历史语法
	汉语言文字学	沈家煊	1946.03	英汉对比语法、现代汉语语法、语义和语用研究、口误的心理研究
	汉语言文字学	麦　耘	1953.08	方言学、汉语历史音韵学
	汉语言文字学	孟蓬生	1961.02	文字与训诂学
	汉语言文字学	谭景春	1958.04	词典学
文学教学研究部语言文字应用系	语言学及应用语言学	李宇明	1955.06	应用语言学、语言理论
	语言学及应用语言学	苏金智	1954.02	社会语言学
	媒体语言学	姚喜双	1957.01	广播电视语言

系别	学科专业	姓 名	出生年月	主要研究方向
历史学教学研究部历史系	历史文献学	卜宪群	1962.11	秦汉史
	中国古代史	万 明	1953.03	明史
	专门史	王育成	1950.12	中国道教文化史、中日文化交流史
	中国古代史	王震中	1957.01	先秦史（史前与夏商）
	中国古代史	孙 晓	1963.09	秦汉史、经学史
	专门史	余太山	1945.07	中外关系史、中亚史、内陆欧亚史
	历史文献学	吴玉贵	1957.11	历史文献学、隋唐史
	历史文献学	宋镇豪	1949.01	古文字学、中国上古史、甲骨文献学
	专门史	张广保	1964.06	道教思想史、经学思想史
	专门史	李锦绣	1965.09	唐代西域史
	中国古代史	杨 珍	1955.06	清代政治史
	中国古代史	杨振红	1963.12	战国秦汉史，简帛学
	中国古代史	陈高华	1938.03	元史、中亚史、绘画史、海外交通史
	专门史	定宜庄	1948.12	清史、社会史
	中国古代史	林甘泉	1931.11	秦汉史、中国封建社会经济史、史学理论
	中国古代史	高 翔	1963.10	清代政治史、清代社会文化史
	中国古代史	黄正建	1954.07	唐史
	史学理论及史学史	彭 卫	1959.02	史学理论与中国古代史学史、秦汉史
历史学教学研究部近代史系	中国近现代史	于化民	1958.03	中国革命史、中国现代政治史
	中国现代化史	马 勇	1955.12	中国现代化史
	中外关系史	王建朗	1956.11	中国外交史
	中国近现代史	左玉河	1964.10	中国近代思想文化史
	中国近现代史	刘小萌	1952.03	清史
	中国近现代史	张海鹏	1939.05	中国近代政治史、台湾史
	中国近现代史	李长莉	1958.02	中国近代社会文化史
	中国近现代史	李细珠	1967.06	中国近代政治史

系别	学科专业	姓　名	出生年月	主要研究方向
	中国近现代史	汪朝光	1958.10	中华民国史
	中国近现代史	罗检秋	1962.07	中国近代思想文化史
	中国近现代史	郑大华	1956.08	中国近代思想史、中国近代文化史
	中国近现代史	金以林	1967.12	中华民国史
	中国近现代史	姜　涛	1949.07	中国近代社会史、中国近代政治史
	中国近现代史	闻黎明	1950.09	中国现代政治史
	中国近现代史	耿云志	1938.12	中国近代思想史、文化史、政治史
	中国近现代史	崔志海	1963.12	晚清政治史、中国近代思想史
	中国现代化史	虞和平	1948.09	中国现代化史、现代化理论、中国近代社会经济史
历史学教学研究部世界历史系	世界史	毕健康	1967.06	中东近现代史
	世界史	吴必康	1954.05	西欧近现代史
	世界史	张顺洪	1955.02	英帝国史
	国际政治	周荣耀	1946.04	欧洲国际关系
	世界史	易建平	1957.12	古代政治制度比较研究、文明与国家起源比较研究
	世界史	武　寅	1950.03	日本史
	世界史	俞金尧	1962.05	近现代西方经济社会史
	世界史	赵文洪	1958.03	西欧中世纪和近代早期史
	世界史	徐建新	1953.06	日本古代史
	世界史	郭　方	1947.11	古代中世纪史
	世界史	黄立莆	1951.09	苏联政治理论社会史
历史学教学研究部考古系	考古学及博物馆学	王　巍	1954.05	夏商周考古、东亚考古
	考古学及博物馆学	冯　时	1958.10	古文字学
	考古学及博物馆学	白云翔	1955.12	秦汉考古
	考古学及博物馆学	刘庆柱	1943.08	秦汉考古
	考古学及博物馆学	安家瑶	1947.08	隋唐考古
	考古学及博物馆学	张雪莲	1957.12	碳十四考古年代学、古人类食物结构研究
	考古学及博物馆学	李裕群	1957.09	佛教考古

系别	学科专业	姓　名	出生年月	主要研究方向
	考古学及博物馆学	杨　泓	1935.12	汉魏南北朝考古学、中国美术考古
	考古学及博物馆学	陈星灿	1964.12	中国史前考古，考古学的历史、理论与方法
	考古学及博物馆学	孟凡人	1939.08	汉唐考古、新疆考古
	考古学及博物馆学	赵志军	1956.05	植物考古学
	考古学及博物馆学	袁　靖	1952.10	动物考古
历史学教学研究部中华人民共和国国史系	中国当代史	王瑞芳	1963.04	中国当代经济史、中国当代农业经济史
	中共党史	刘国新	1950.12	中共党史
	中国当代史	朱佳木	1946.06	中华人民共和国史
	中国当代史	张星星	1955.04	中国当代政治史
	中国当代史	李正华	1964.06	中国当代史
	中国当代史	武　力	1956.11	中国当代经济史
历史学教学研究部中国边疆历史系	中国边疆史地	于逢春	1960.04	中国疆域史
	中国边疆史地	厉　声	1949.08	中国边疆史、西域史
	中国边疆史地	邢广程	1961.10	周边国家政治与中国边疆
	专门史	李　方	1955.01	中国西北边疆史
	中国边疆史地	李国强	1963.01	中国海洋疆域、西南边疆历史与现状
国际教学研究部世界经济与政治系	世界经济	孙　杰	1962.10	国际金融
	世界经济	何　帆	1971.04	中国宏观经济、国际金融
	世界经济	何新华	1962.03	世界经济统计
	世界经济	余永定	1948.11	宏观经济学
	世界经济	宋　泓	1965.07	国际贸易
	世界经济	张宇燕	1960.09	国际政治经济学
	世界经济	张　斌	1975.10	宏观经济分析
	国际关系	李少军	1950.10	国际关系理论
	国际关系	李东燕	1960.09	当代全球政治
	世界经济	姚枝仲	1975.06	国际贸易与投资、宏观经济

续表

系别	学科专业	姓　名	出生年月	主要研究方向
	世界经济	涂　勤	1966.03	国际金融
	国际关系	袁正清	1966.10	国际关系理论、国际组织
	世界经济	高海红	1964.04	国际金融
	世界经济	鲁　桐	1961.12	国际商务
国际教学研究部俄罗斯东欧中亚研究系	国际政治	孙壮志	1966.05	中亚地区社会政治
	国际政治	朱晓中	1957.03	中东欧国家对外关系
	国际政治	吴　伟	1957.10	国际政治与国家关系
	国际政治	吴恩远	1948.04	俄罗斯现代史
	国际政治	张盛发	1957.01	国际关系史、苏联政治和苏联外交
	国际政治	李建民	1953.04	俄罗斯、独联体经济
	国际政治	李静杰	1941.10	国际政治、国际关系
	国际政治	郑　羽	1956.08	俄罗斯外交与中俄关系
	国际政治	姜　毅	1963.01	俄罗斯外交
国际教学研究部欧洲研究系	国际政治	孔田平	1965.08	转轨经济比较研究、中东欧经济
	世界经济	王　鹤	1948.11	欧洲经济、欧洲经济一体化
	国际政治	田德文	1964.12	欧洲社会文化
	世界经济	江时学	1956.09	拉丁美洲经济
	国际关系	吴　弦	1952.04	欧洲一体化、欧盟成员国关系
	国际政治	周　弘	1952.10	国际政治、国际问题研究
	国际政治	程卫东	1968.10	欧盟宪政、欧洲市场一体化法律制度
	世界经济	裘元伦	1938.05	欧洲经济
国际教学研究部西亚非洲研究系	国际政治	王林聪	1965.05	中东政治发展、中东社会发展
	国际政治	张宏明	1959.02	非洲政治
	国际关系	李智彪	1961.09	非洲国际关系
	国际政治	李新烽	1960.07	非洲政治
	世界经济	杨　光	1955.03	西亚非洲经济发展
	国际关系	贺文萍	1966.10	非洲政治发展

续表

系别	学科专业	姓 名	出生年月	主要研究方向
国际教学研究部拉丁美洲研究系	国际政治	刘纪新	1951.02	拉丁美洲政治
	国际政治	吴白乙	1959.01	拉丁美洲政治
	世界经济	吴国平	1952.09	拉丁美洲经济
	世界经济	宋晓平	1952.08	拉丁美洲经济、区域经济合作
	国际政治	张 凡	1961.06	拉丁美洲政治、拉丁美洲国际关系
	国际政治	徐世澄	1942.05	拉丁美洲政治、拉丁美洲国际关系
	国际政治	袁东振	1963.10	拉丁美洲政治
国际教学研究部亚洲太平洋研究系	世界经济	朴光姬	1963.03	亚太经济、能源
	国际关系	朴键一	1962.01	东北亚国际关系
	世界经济	张蕴岭	1945.05	国际经济关系、区域一体化
	国际政治	李 文	1957.01	亚太政治
	世界经济	李向阳	1962.12	世界经济理论
	世界经济	赵江林	1968.08	亚太经济
	世界经济	黄晓勇	1956.11	亚太地区经济合作
国际教学研究部美国研究系	世界经济	王孜弘	1960.07	美国经济
	国际关系	周 琪	1952.11	国际关系
	世界经济	胡国成	1949.02	美国经济史、当代美国经济
	国际关系	赵 梅	1962.10	美国文化
	国际关系	倪 峰	1963.02	美国政治
	国际关系	黄 平	1958.02	美国经济社会
国际教学研究部日本研究系	国际关系	吕耀东	1965.07	日本外交
	世界经济	张淑英	1954.12	日本经济
	国际政治	李 薇	1954.04	日本政法、日本民商法
	国际政治	高 洪	1955.02	日本政治
	国际政治	崔世广	1956.06	日本政治文化、当代日本文化与社会思潮

二　2012年度晋升正高级专业技术职务人员

李建军（1963 年 5 月~　）　陕西富县人，研究员。1983 年 9 月至 1986 年 7 月在延安大学中文系学习，获文艺学学士学位；1986 年 9 月至 1988 年 7 月、1996 年 9 月至 1999 年 7 月在中国人民大学中文系学习，先后获文艺学硕士学位、文艺学博士学位。1988 年 7 月至 1995 年 5 月在陕西教育学院中文系任教；1995 年 5 月至 1996 年 9 月在陕西师范大学中文系任教；1999 年 9 月至 2007 年 7 月在人民文学出版社当代文学编辑室工作，任编辑。2007 年 8 月至今在中国社会科学院文学研究所工作，任副研究员。

现从事当代文学研究，主要学术专长是当代小说研究及小说修辞和小说伦理问题研究。主要代表作有：《小说修辞研究》（专著）；《小说伦理与"去作者化"问题》（论文）；《必要的反对》（专著）；《小说的纪律：基本理念与当代经验》（专著）；《文学因何而伟大——论经典的条件与大师的修养》（专著）。

刘　宁（1969 年 10 月~　）　女，江苏江阴人，研究员。1987 年 9 月至 1997 年 7 月在北京大学中文系学习，先后获文学学士学位、文学硕士学位、文学博士学位。1997 年 7 月至 1999 年 7 月在北京师范大学文学院从事博士后研究，任讲师；1999 年 7 月至 2009 年 7 月在北京师范大学文学院工作，历任讲师、副教授；2009 年 7 月至今在中国社会科学院文学研究所工作，任副研究员（其间，2001 年 3 月至 2002 年 2 月在韩国高丽大学中文学科做交换教授，2006 年 9 月至 2007 年 8 月在中美富布莱特、美国哈佛大学做访问学者）。兼任韩愈研究会副会长。

现从事中国古代文学研究，主要学术专长是唐宋文学研究。主要代表作有：《唐宋之际诗歌演变研究》（专著）；《"论"体文与中国思想的阐述形式》（论文）；《汉语思想的文体形式》（专著）；《唐宋诗学与诗教》（专著）；《杜甫五古的艺术格局与杜诗"诗史"品质》（论文）。

马银琴（1972 年 5 月~　）　女，宁夏隆德人，研究员。1990 年 9 月至 1994 年 7 月在宁夏大学中文系学习，获文学学士学位；1994 年 9 月至 1997 年 7 月在湖北大学中文系学习，获文学硕士学位；1997 年 9 月至 2000 年 12 月在扬州大学中国文化研究所学习，获文学博士学位。2000 年 12 月至 2002 年 10 月在上海师范大学人文学院从事博士后研究，历任助理研究员、副研究员；2002 年 11 月至今在中国社会科学院文学研究所工作，任副研究员，现任古代文学研究室副主任。

现从事中国古代文学研究，主要学术专长是先秦文学研究。主要代表作有：《两周诗史》（专著）；《周秦时代秦国儒学的生存空间——兼论〈诗〉在秦国的传播》（论文）；《周秦时代〈诗〉的传播史》（专著）；《春秋时代赋引风气下〈诗〉的传播与特点》（论文）；《论孔子的诗教主张及其思想渊源》（论文）。

严　平（1953 年 10 月~　　） 女，北京人，编审。1997 年 9 月至 1999 年 6 月在中国社会科学院研究生院宪法与行政法研究生班在职学习。1969 年 10 月至 1970 年 12 月在内蒙古生产建设兵团服役；1971 年 1 月至 1977 年 9 月在武汉军区司令部服役；1977 年 10 月至今在中国社会科学院文学研究所工作，历任助理研究员、副编审。

现从事编辑工作，主要学术专长是现代文学编辑。主要代表作有：《1938：青春与战争同在》（专著）；《全球化与文学》（论文集，主编）；《全球化与中国人文建设调查报告》（研究报告，合著）；《与朱寨先生最后的对话》（学术资料，主编）；《从"复兴"到"扬弃"——1925 年前后北京新文化言论界重造"思想革命"的契机、路径、矛盾与张力》（论文，责任编辑）。

范智红（1967 年 1 月~　　） 女，湖南隆回人，编审。1985 年 9 月至 1989 年 7 月在武汉大学中文系中国语言文学专业学习，获

文学学士学位；1990 年 9 月至 1993 年 7 月在北京大学中文系中国现代文学专业学习，获文学硕士学位；1993 年 9 月至 1996 年 7 月在北京大学中文系中国现代文学专业学习，获文学博士学位。1989 年 9 月至 1990 年 7 月在北京市青云仪器厂工作；1996 年 7 月至今在中国社会科学院文学研究所工作，历任研究实习员、助理研究员、副研究员、副编审。

现从事编辑工作，主要学术专长是中国现代文学编辑。主要代表作有：《世变缘常——四十年代小说论》（专著）；《小说艺术的多样开拓与探索》（论文，合著）；《明治时代的"吃人"言说与鲁迅的〈狂人日记〉》（论文，责任编辑）；《论台湾传统文人社团"行动力"的兴微与变迁》（论文，责任编辑）；《不忍远去成绝响——张长弓、张一弓父子的"开封书写"》（论文，责任编辑）。

黄中祥（1957 年 11 月~　　） 河南鄢陵人，研究员。1976 年 9 月至 1979 年 7 月在新疆伊犁哈萨克自治州委员会党校学习；1988 年 8 月至 1991 年 6 月在新疆大学少数民族语言文学专业学习，获文学硕士学位；1997 年 9 月至 2000 年 7 月在中央民族大学少数民族语言文学专业学习，获文学博士学位。1979 年 7 月至 1988 年 8 月在政协新疆伊犁哈萨克自治州委员会工作，历任助理翻译、翻译；1991 年 6 月至 1997 年 9 月在新疆大学阿尔泰学研究所工作，任讲师；2000 年 7 月至今在中国社会科学院民族文学研究所工作，任副研究员。

现从事少数民族语言文学研究，主要学术专长是哈萨克等突厥语民族语言文学研究。

主要代表作有：《哈萨克英雄史诗与草原文化》（专著）；《哈萨克族巴克斯的演唱职能》（论文）；《传承方式与演唱传统·哈萨克族民间演唱艺人调查研究》（专著）；《哈萨克族叙事诗〈阔孜库尔佩西与芭艳苏露〉版本比较研究》（专著）；《哈萨克词汇与文化》（汉、哈萨克两种文版）（专著）。

王宪昭（1966 年 7 月~　　）　山东冠县人，研究员。1982 年 7 月至 1985 年 7 月在山东省冠县师范学校学习；1985 年 9 月至 1987 年 7 月在聊城师范学院中文系学习；1991 年 9 月至 1994 年 7 月在曲阜师范大学中文系学习，获文学硕士学位；2003 年 9 月至 2006 年 6 月在中央民族大学少数民族语言文学学院在职学习，获文学博士学位。1987 年 7 月至 1991 年 9 月在山东省冠县第一中学工作，任教研组长；1994 年 7 月至 2009 年 3 月在山东省委党校工作，历任讲师、副教授（其间，2006 年 6 月至 2009 年 2 月在中国社会科学院民族文学研究所从事博士后研究）；2009 年 3 月至今在中国社会科学院民族文学研究所工作，任副研究员，现任研究资料中心主任。兼任中国少数民族文学学会副秘书长。

现从事民族文学研究，主要学术专长是少数民族神话研究。主要代表作有：《中国民族神话母题研究》（专著）；《中国北方民族神话人兽婚母题探微》（论文）；《中国各民族人类起源神话母题概览》（专著）；《中国少数民族人类起源神话研究》（专著）；《中国各民族神话传说典型母题分类型统计》（专著）。

涂卫群（1963 年 9 月~　　）　女，湖北黄陂人，研究员。1981 年 9 月至 1988 年 7 月在北京大学西语系法国语言文学专业学习，先后获学士学位、北京大学和法国新索邦巴黎第三大学双硕士学位；1993 年 8 月至 1996 年 9 月在美国纽约州立大学布法罗分校现代语言文学系学习，获博士学位。1988 年 7 月至 1993 年 7 月在清华大学外语系工作，历任助教、讲师；1998 年 1 月至今在中国社会科学院外国文学研究所工作，历任助理研究员、副研究员，现任东南欧拉美室副主任。

现从事法国文学、比较文学研究，主要学术专长是 19 世纪法国诗歌研究、20 世纪法国小说研究。主要代表作有：《文学杰作的永恒生命——关于〈追忆似水年华〉的两个中译本》（论文）；《新中国 60 年普鲁斯特小说研究之考察与分析》（论文）；《普鲁斯特〈追寻逝去的时光〉中"可见"与"不可见"的主题》（论文）；《〈红楼梦〉与〈追寻逝去的时光〉中的爱情描写》（论文）；《小说之境：曹雪芹的风月宝鉴与马塞尔·普鲁斯特的视觉工具》（论文）。

钟志清（1964 年 11 月~　　）　女，湖南桃江人，研究员。1986 年 9 月至 1991 年 6 月在北京师范大学中文系学习，先后获文学学士学位、文学硕士学位；2001 年 2 月至 2005 年 4 月在以色列本—古里安大学希伯来文学专业在职学习，获文学博士学位。1991 年 7 月至今在中国社会科学院外国文学研究所工作，历任助理编辑、编辑、副编审、副研究员（其间，1995 年 10 月至 1997 年 9 月在以色列特拉维夫大学做访问学者，2011 年

8 月至 2012 年 7 月在美国哈佛燕京学社做访问学者)。兼任中国外国文学学会东方文学分会副秘书长。

现从事东方文学、比较文学研究,主要学术专长是希伯来文学、中犹文化与文学比较研究。主要代表作有:《当代以色列作家研究》(专著);《身份与记忆:论希伯来语大屠杀文学中的英雄主义》(论文);《希伯来语复兴与犹太民族国家建立》 (论文);《希伯来语大屠杀文学与幸存者作家》(论文);《"把手指放在伤口上":阅读希伯来文学与文化》(论文、文章集)。

谢留文(1968 年 2 月~) 江西南昌人,研究员。1985 年 9 月至 1989 年 7 月在北京大学中文系学习,获文学学士学位;1999 年 9 月至 2002 年 7 月在中国社会科学院研究生院语言系在职学习,获文学博士学位。1989 年 8 月至今在中国社会科学院语言研究所工作,历任研究实习员、助理研究员、副研究员(其间,2001 年 1 月至 2001 年 12 月在香港科技大学做访问学者,2004 年 4 月至 2006 年 3 月在北京大学中文系从事博士后研究)。

现从事汉语方言研究,主要学术专长是汉语方言调查与研究。主要代表作有:《客家方言语音研究》(专著);《赣语"公鸡"的本字及其反映的读音层次》(论文);《历史层次分析法与汉语方言研究》 (论文);《江西和湖南客家话的重新划分》 (论文);《江西浮梁(旧城村)方言》(专著)。

王灿龙(1962 年 5 月~) 安徽贵池人,研究员。1978 年 10 月至 1981 年 7 月在安徽省贵池县师范学校学习;1990 年 9 月至 1993 年 7 月在安徽师范大学语言研究所学习,获文学硕士学位;1996 年 9 月至 1999 年 7 月在中国社会科学院研究生院学习,获文学博士学位。1981 年 8 月至 1984 年 8 月在安徽省贵池县唐田乡中心小学工作;1984 年 9 月至 1990 年 8 月在安徽省贵池县殷汇中学工作;1993 年 8 月至 1996 年 8 月在安徽省池州师范专科学校工作,任讲师;1999 年 7 月至今在中国社会科学院语言研究所工作,任副研究员(其间,2001 年 8 月至 2001 年 12 月在香港理工大学进行合作研究)。

现从事汉语言文字学研究,主要学术专长是现代汉语语法研究。主要代表作有:《试论"不"与"没(有)"语法表现的相对同一性》(论文);《词汇化二例——兼谈词汇化和语法化的关系》(论文);《说"VP之前"与"没(有)VP之前"》 (论文);《新异黏合语的生成机制分析》 (论文);《"非 VP 不可"句式中"不可"的隐现——兼谈"非"的虚化》(论文)。

王 齐(1968 年 8 月~) 女,浙江黄岩人,研究员。1986 年 9 月至 1993 年 7 月在西北大学中文系学习,先后获文学学士学位、文学硕士学位;1993 年 9 月至 1996 年 7 月在中国社会科学院研究生院哲学系学习,获哲学博士学位。1996 年 7 月至今在中国社会科学院哲学研究所工作,历任助理研究员、副研究员(其间,1999 年 8 月至 2001 年 8 月在丹麦哥本哈根大学克尔凯郭尔研究中心从事博士后研究),现任西方哲学史研究室副主任。兼任中华全国外国哲学史学会副秘书长。

现从事西方哲学史研究，主要学术专长是克尔凯郭尔研究、存在哲学研究等。主要代表作有：《生命与信仰：克尔凯郭尔假名写作时期基督教哲学思想研究》（专著）；《面对基督教：克尔凯郭尔和尼采的不同取向——兼论尼采对克尔凯郭尔的批判》（论文）；《康德对克尔凯郭尔的影响》（论文）；《信仰之不可证明及不确定性——从克尔凯郭尔的〈哲学片段〉和〈附言〉谈起》（论文）；《西方哲学史·学术版·第3卷：中世纪哲学》（合著）。

成建华（1964年1月~　　） 江苏南通人，研究员。1982年9月至1986年7月在中国佛学院学习；1986年11月至1990年1月在斯里兰卡克拉尼亚大学佛教专业学习，获学士学位；1990年1月至1994年10月在斯里兰卡克拉尼亚大学佛教与巴利语研究生院学习，获文学硕士学位、哲学硕士学位；2000年9月至2003年7月在中国社会科学院研究生院外国哲学专业在职学习，获哲学博士学位。1994年11月至1998年5月在中国佛教文化研究所工作，任助理研究员；1998年5月至今在中国社会科学院哲学研究所工作，历任助理研究员、副研究员（其间，2005年8月至2007年2月在美国哈佛大学燕京学社做访问学者）。

现从事佛教哲学研究，主要学术专长是南传佛教哲学、中观佛教哲学研究。主要代表作有：《佛学义理研究》（专著）；《龙树哲学思想探源》（论文）；《三论宗思想渊源及其特质》（论文）；《佛教的护国利民思想及其现实意义》（论文）；《龙树中观哲学的发展和演变》（论文）。

张志强（1969年10月~　　） 内蒙古呼和浩特人，研究员。1987年9月至1991年7月在兰州大学历史系学习，获历史学学士学位；1991年9月至1997年7月在北京大学哲学系学习，先后获哲学硕士、哲学博士学位。1997年7月至今在中国社会科学院哲学研究所工作，历任助理研究员、副研究员（其间，2000年8月至2001年8月在韩国国立首尔大学哲学研究所做访问学者，2011年9月至2012年3月在台湾交通大学社会与文化研究所做客座教授），现任中国哲学研究室主任。兼任《中国哲学史》杂志编辑部主任。

现从事中国哲学与中国佛教研究，主要学术专长是中国佛教。主要代表作有：《朱陆·孔佛·现代思想——佛学与晚明以来中国思想的现代转换》（专著）；《圆测唯识思想研究——以〈成唯识论疏〉与〈成唯识论〉参糅问题为中心》（论文）；《法相与唯识何以分宗？——试论唯识法相分宗说在欧阳竟无佛学思想中的奠基作用》（论文）；《经、史、儒关系的重构与批判儒学的建立：以〈儒学五论〉为中心试论蒙文通"儒学"观念的特质》（论文）；《"理学别派"与士人佛学：由明清思想史的主题演进论近代唯识学的思想特质》（论文）。

李　理（1958年1月~　　） 女，上海人，译审（资格）。1978年10月至1982年7

月在北京外国语大学德语系学习，获文学学
士学位；1987 年 7 月至 1995 年 2 月在德国慕
尼黑大学哲学系在职学习，获哲学硕士学位。
1977 年 1 月至 1978 年 10 月、1982 年 7 月至
1984 年 7 月在北京军区某部队服役；1984 年
7 月至今在中国社会科学院哲学研究所工作，
历任助理翻译、翻译、副研究员、副译审。

现从事西方哲学编辑、翻译工作，学术
专长为德国哲学翻译、编辑。主要代表作有：
《黑格尔全集第 17 卷讲演手稿 I（1816 ~
1831）》（德译中，译著，第二译者）；《对德
意志民族的演讲》（德译中，译著，合译）；
《克尔凯郭尔：审美对象的建构》（译著）；
《伦理学体系》（译著，第二译著）；《费希特
著作选集》（第 5 卷）（译著，合译）。

张雅平（1953 年 12 月 ~　）　女，山
西定襄人，研究员。1974 年 9 月至 1978 年 1
月在北京第二外国语学院东欧语系学习。
1969 年 9 月至 1974 年 8 月在黑龙江生产建设
兵团 5 师 51 团 8 连担任文书；1978 年 3 月至
今在中国社会科学院世界宗教研究所工作，
历任助理翻译、助理研究员、副研究员（其
间，1979 年 9 月至 1980 年 12 月在中国社会
科学院研究生院脱产进修，1989 年 8 月至
1990 年 10 月在苏联莫斯科历史档案学院留
学）。

现从事宗教学研究，主要学术专长是苏
联、俄罗斯宗教问题研究。主要代表作有：
《东正教与俄罗斯社会》（专著）；《苏联时代
的宗教理论、政策、实践与反思》（论文）；
《俄国宗教史》（专著，合著）；《20 世纪东
正教会在俄罗斯的变迁与发展》（论文）；

《历史的意义》（译著）。

赵广明（1968 年 10 月 ~　）　回族，
山东东明人，研究员。1985 年 9 月至 1989 年
7 月在山东大学哲学系学习，获哲学学士学
位；1998 年 9 月至 2001 年 7 月在中国社会科
学院研究生院外国哲学专业学习，获哲学博
士学位。1989 年 7 月至 1991 年 5 月在济南历
下汽车大修厂工作；1991 年 5 月至 1998 年 9
月在山东宏泰房地产有限责任公司工作；
2001 年 7 月至今在中国社会科学院世界宗教
研究所工作，历任助理研究员、副研究员。

现从事宗教哲学研究，主要学术专长是
哲学、宗教哲学研究。主要代表作有：《康
德的信仰——康德的自由、自然和上帝理念
批判》（专著）；《论康德批判哲学的根基与
归宿》（论文）；《尼采的启示——尼采哲学
宗教研究》（专著）；《〈纯粹理性批判〉的形
而上学考量》（论文）；《爱留根纳的神学美
学》（论文）。

董江阳（1966 年 3 月 ~　）　河北柏乡
人，研究员。1984 年 9 月至 1988 年 8 月在武
汉大学图书情报学院学习，获文学学士学位；
1988 年 9 月至 1991 年 7 月在四川大学宗教学
研究所学习，获哲学硕士学位；1998 年 9 月
至 2001 年 7 月在中国社会科学院研究生院宗
教学专业学习，获哲学博士学位。1991 年 7
月至 1998 年 8 月在湖南省社会科学院发展研
究中心工作，历任研究实习员、助理研究员；
2001 年 7 月至今在中国社会科学院世界宗教
研究所工作，任副研究员（其间，2002 年 9
月至 2003 年 7 月在美国耶鲁大学做访问学

者，2008 年 9 月至 2009 年 8 月在美国芝加哥大学做高级访问学者）。

现从事宗教学研究，主要学术专长是基督教研究。主要代表作有：《预定与自由意志——基督教阿米尼乌主义及其流变》（专著）；《哪种基督教？哪类基督徒？——试析现代基督教内部的阵营分组与分野》（论文）；《复兴神学家爱德华兹》（上、下册）（译著）；《关于政教关系的理解：四个易于忽略的初始处境条件》（论文）；《中国基督教研究的新趋势》（论文）。

赵春燕（1963 年 12 月~　）　女，吉林长春人，研究员。1979 年 7 月至 1983 年 7 月在吉林大学化学系学习，获理学学士学位；1991 年 9 月至 1994 年 8 月在吉林大学材料科学系在职学习，获理学硕士学位；1994 年 9 月至 1997 年 7 月在吉林大学研究生院学习，获理学博士学位。1983 年 9 月至 1991 年 8 月在长春市高等医学专科学校工作；1997 年 8 月至 1999 年 7 月在中国社会科学院历史学博士后流动站从事博士后研究；1999 年 8 月至今在中国社会科学院考古研究所工作，任副研究员。

现从事考古学研究，主要学术专长是科技考古研究。主要代表作有：《山西省襄汾县陶寺遗址出土动物牙釉质的锶同位素比值分析》（论文，第一作者）；《二里头遗址出土部分动物牙釉质的锶同位素比值分析》（英文论文，第一作者）；《瓦店遗址出土动物牙釉质的锶同位素比值分析》（论文，第一作者）；《二里头遗址出土动物的来源初探——根据出土动物牙釉质的锶同位素比值

分析》（论文，第一作者）；《河南省禹州市瓦店遗址出土部分动物的栖息地及迁移活动的初步研究》（论文，第一作者）。

青格力（1963 年 6 月~　）　蒙古族，青海乌兰人，研究员。1981 年 9 月至 1985 年 7 月在中央民族学院少数民族语言文学系学习，获文学学士学位；1989 年 9 月至 1992 年 7 月在中央民族大学文艺研究所在职学习，获文学硕士学位；1997 年 4 月至 2004 年 7 月在日本早稻田大学文学研究科学习，获文学博士学位。1985 年 7 月至 1994 年 10 月在中央民族学院少数民族语言文学系工作，历任助教、讲师；2004 年 12 月至今在中国社会科学院历史研究所工作，历任助理研究员、副研究员。兼任中国社会科学院历史研究所内陆欧亚研究中心副主任。

现从事专门史研究，主要学术专长是蒙古史研究。主要代表作有：《四卫拉特联盟的形成》（论文）；《蒙元时期蒙古文书中的"威慑语"》（论文）；《青海卫拉特联盟法典》（专著）；《十七世纪卫拉特南迁原因再探讨——兼论游牧社会"集中与分散"机制》（论文）；《四卫拉特史的形成》（论文）。

杨　英（1972 年 11 月~　）　女，江苏丹阳人，研究员。1989 年 9 月至 1993 年 7 月在苏州大学历史系学习，获历史学学士学位；1993 年 9 月至 1996 年 7 月在华东师范大学中国史学研究所学习，获历史学硕士学位；1998 年 9 月至 2001 年 7 月在北京大学历史系学习，获历史学博士学位。1996 年 9 月至

1998年7月在徐州师范大学（现江苏师范大学）历史系中国古代史教研室工作；2001年7月至今在中国社会科学院历史研究所工作，历任助理研究员、副研究员。

现从事中国古代史研究，主要学术专长是政治制度研究、古代宗教研究。主要代表作有：《祈望和谐——周秦两汉王朝祭礼的演进及其规律》（专著）；《战国至汉初儒家对古典礼乐的传承考述》（论文）；《中国文明》（译著）；《秦始皇》（译著）；《银雀山汉简〈阴阳时令占候类〉中的纳音术初探》（论文）。

徐义华（1972年3月~　）　山东临朐人，研究员。1994年9月至1996年7月在山东省教育学院历史专业在职学习，获本科学历；1996年9月至1999年7月在中国社会科学院研究生院历史系学习，获历史学硕士学位；2003年9月至2006年7月在中国社会科学院研究生院历史文献学专业在职学习，获历史学博士学位。1993年7月至1994年9月在山东省临朐县第九高级中学工作；1999年7月至今在中国社会科学院历史研究所工作，历任研究实习员、助理研究员、副研究员。兼任中国殷商文化学会秘书长。

现从事中国古代史研究，主要学术专长是先秦史研究。主要代表作有：《新出〈五年琱生尊〉与琱生器铭试析》（论文）；《商代的帝与一神教的起源》（论文）；《商代史卷4：商代国家与社会》（专著，第二作者）；《商代史卷11：殷遗与殷鉴》（专著，第二作者）。

雷闻（1972年1月~　）　陕西旬阳人，研究员。1989年9月至1993年7月在陕西师范大学历史系学习，获历史学学士学位；1994年9月至1997年7月，1999年9月至2002年7月在北京大学历史系学习，先后获历史学硕士学位、历史学博士学位。1993年7月至1994年8月在陕西省旬阳中学工作，任教师；1997年7月至1999年9月在文化部港澳台司工作，任副主任科员；2002年7月至2003年6月在文化部外联局工作，任主任科员；2003年7月至今在中国社会科学院历史研究所工作，历任助理研究员、副研究员（其间，2007年8月至2008年8月在美国哈佛大学哈佛燕京学社做访问学者）。

现从事中国古代史研究，主要学术专长是隋唐史研究。主要代表作有：《郊庙之外——隋唐国家祭祀与宗教》（专著）；《唐代帖文的形态与运作》（论文）；《关文与唐代地方政府内部的行政运作——以新获吐鲁番文书为中心》（论文）；《唐长安太清观与〈一切道经音义〉的编纂》（论文）；《碑志所见的麻姑山邓氏——一个唐代道士世家的初步考察》（论文）。

贺渊（1961年6月~　）　女，浙江杭州人，研究员。1979年9月至1983年6月在杭州大学历史系学习，获历史学学士学位；1986年9月至1992年6月在中国人民大学中共党史系学习，先后获法学硕士学位、法学博士学位。1983年8月至1986年8月在杭州大学马列主义教研室工作，任教师；1992年8月至今在中国社会科学院近代史研究所工作，历任助理研究员、副研究员。

现从事中国国民党史研究，主要学术专长是民国政治史及政治思想史研究。主要代表作有：《社会史论战的先声——〈新生命〉杂志对中国社会结构的探讨》（论文）；《新生命研究》（专著）；《陈仪全传》（专著，第一作者）；《中国近代社会思潮（1840—1949）》（专著，第三作者）；《中华民国史（第7卷）》（专著，第三作者）。

贾　维（1954年12月~　）　湖北阳新人，研究员。1979年1月至1982年9月在安徽大学哲学系学习，获哲学学士学位；1985年9月至1988年8月在中国社会科学院研究生院近代史系学习，获历史学硕士学位；1997年7月至2000年8月在中国人民大学清史研究所在职学习，获历史学博士学位。1971年10月至1975年12月在安徽宣城夏渡公社插队；1976年1月至1978年12月在安徽马鞍山市石棉瓦厂工作；1982年10月至1985年8月在安徽皖南农学院马列教研室任教；1988年9月至1990年1月在中国社会科学院近代史研究所民国史研究室工作，任助理研究员；1990年2月至1994年6月在北京国际汉字研究会《汉字文化》杂志社工作，任编辑；1994年7月至今在中国社会科学院近代史研究所工作，历任助理研究员、副研究员（其间，2002年1月至2002年7月在美国加州大学洛杉矶分校中国问题研究中心做访问学者）。

现从事中国近代史研究，主要学术专长是民国史、清史研究。主要代表作有：《谭嗣同与盛宣怀》（论文）；《三民主义青年团史稿》（专著）；《谭嗣同与晚清士人交往研究》（专著）；《谭嗣同研究著作述要》（专著）；《十年内战史话》（学术普及读物）。

赵晓阳（1964年8月~　）　女，河南新野人，研究员。1980年9月至1983年2月在陕西工商学院英语专业专科学习；1992年9月至1995年7月在陕西师范大学历史系学习，获历史学硕士学位；2007年9月至2012年6月在中国人民大学清史研究所在职学习，获历史学博士学位（其间，1999年10月至2001年8月在美国哈佛大学进修）。1983年4月至1992年8月在陕西省西安市第二中学任教；1995年7月至1999年8月在民政部地名研究所工作，历任研究实习员、助理研究员；2002年1月至今在中国社会科学院近代史研究所工作，历任助理研究员、副研究员，现任经济史研究室副主任。

现从事历史学研究，主要学术专长是中国基督教史、近代社会经济史研究。主要代表作有：《译介再生中的本土文化和异域宗教：以天主、上帝的汉语译名为视角》（论文）；《基督教青年会在中国：本土和现代的探索》（专著）；《革命之火的洗礼：美国社会福音和中国基督教青年会》（译著）；《北美基督教中国学生会及其与中共的关系》（论文）；《二马圣经译本与白日升圣经译本关系考辨》（论文）。

杜继东（1966年2月~　）　甘肃永昌人，编审。1982年9月至1986年7月在兰州大学历史系中国史专业学习，获历史学学士学位；1986年9月至1989年7月在中国社会科学院研究生院近代史系近代中外关系史专业学习，获历史学硕士学位；2004 年 9 月至 2007 年 7 月在中国社会科学院研究生院近代史系台湾史专业在职学习，获历史学博士学位。1989 年 7 月至今在中国社会科学院近代史研究所工作，历任研究实习员、助理研究员、编辑、副编审。

现从事编辑工作，主要学术专长是中国近代史编辑。主要代表作有：《美国对台湾地区援助研究（1950～1965）》（专著）；《古德诺与民初宪政问题研究》（审读报告，责任编辑）；《纪念五四运动九十周年国际学术研讨会论文集》（论文集，主编）；《中国社会科学院近代史研究所青年学术论坛·2010 年卷》（论文集，主编）；《中国的世界秩序——传统中国的对外关系》（译著）。

秦海波（1953 年 7 月～　）　安徽庐江人，研究员（资格）。1974 年 9 月至 1978 年 2 月在北京第二外国语学院西欧系学习。1969 年 9 月至 1974 年 9 月在黑龙江生产建设兵团 6 师 57 团工作；1978 年 2 月至今在中国社会科学院世界历史研究所工作，历任研究实习员、编辑、副编审、副研究员（其间，1980 年 8 月至 1986 年 12 月在《外国史知识》月刊编辑组工作，任责任编辑；1985 年 10 月至 1991 年 7 月在中央党史研究室主办的《中华英烈》双月刊兼职工作，任特约编辑、编委；1987 年 1 月至 1994 年 7 月在《世界史研究动态》月刊编辑组工作）。

现从事西班牙史研究，主要学术专长是西班牙近现代史。主要代表作有：《论西班牙 1975～1986 年改革》（论文）；《从西班牙历史看"民族国家"的形成与界定》（论

文）；《西班牙民族的统一和近代化问题》（论文）；《加泰罗尼亚地方民族主义历史考察》（论文）；《西班牙语基本词汇》（工具书）。

胡怀国（1971 年 3 月～　）　山东莒南人，研究员。1989 年 9 月至 1993 年 7 月在山东纺织工学院经济管理系管理工程专业学习，获工学学士学位；1993 年 9 月至 1996 年 7 月在天津财经学院经济研究所涉外管理专业学习，获经济学硕士学位；1996 年 9 月至 1999 年 7 月在北京大学经济学院经济思想史专业学习，获经济学博士学位。1999 年 7 月至今在中国社会科学院经济研究所工作，历任助理研究员、副研究员、编辑部副主任（其间，2001 年 8 月至 2002 年 8 月在韩国产业研究院做访问学者）。

现从事当代西方经济理论研究，学术专长为当代西方经济理论、经济思想史研究。主要代表作有：《亚当·斯密的思想渊源：一种被忽略的学术传统》（论文）；《内生增长理论的产生、发展与争论》（论文）；《〈国富论〉导读》（专著）；《赫尔普曼对新贸易理论和新增长理论的贡献》（论文）；《内生增长理论与韩国长期经济增长》（论文）。

姚战琪（1971 年 5 月～　）　陕西眉县人，研究员。1989 年 9 月至 1993 年 7 月在陕西财经学院金融系学习，获经济学学士学位；1996 年 9 月至 1999 年 7 月在陕西财经学院金融系在职学习，获经济学硕士学位；2000 年 9 月至 2003 年 7 月在中国社会科学院研究生院国际贸易专业学习，获经济学博士学位。

1993 年 7 月至 2000 年 8 月在陕西财经学院金融系工作，任讲师；2003 年 7 月至今在中国社会科学院财政与贸易经济研究所（现财经战略研究院）工作，历任助理研究员、副研究员。

现从事产业经济研究，学术专长为服务经济研究。主要代表作有：《生产率增长与要素再配置效应：中国的经验研究》（论文）；《工业和服务外包对中国工业生产率的影响》（论文）；《全球化条件下中国服务业发展与竞争力提升》（专著）；《不同外国资本跨国公司在华投资的动机、行为与表现》（论文）；《服务全球化条件下中国服务业的竞争力：问题和对策》（论文）。

戴学锋（1963 年 5 月~　　） 北京人，研究员。1981 年 9 月至 1986 年 7 月在杭州商学院（现浙江工商大学）食品系、国民经济系学习，获经济学学士学位。1986 年 7 月至 1988 年 10 月在北京商业学院计划统计系工作，任助教；1988 年 10 月至 1994 年 1 月在北京市旅游局研究室工作；1994 年 1 月至 1994 年 12 月在新疆友谊宾馆工作，任副总经理；1995 年 1 月至 1998 年 2 月在北京市旅游局研究室工作；1998 年 2 月至 2003 年 8 月在首都旅游集团研发小组工作，历任副组长、高级经济师；2003 年 8 月至今在中国社会科学院财政经济与贸易经济研究所（现财经战略研究院）工作，历任副主任、副研究员。兼任中国社会科学院旅游研究中心副主任、北京旅游学会副会长。

现从事旅游管理研究，学术专长为旅游经济、旅游规划研究。主要代表作有：《基于国际比较的中国出境旅游超前发展初探》（论文）；《我国国际旅游业已成为逆差迅速扩大的产业》（论文）；《论出境旅游在扩展中国国际影响力中的作用》（论文）；《从外汇储备构成和性质看我国出境旅游发展政策》（论文）；《中国出境旅游超前发展研究》（论文）。

石俊志（1953 年 6 月~　　） 河北丰润人，研究员。1978 年 9 月至 1982 年 9 月在天津财经学院国际金融专业学习，获经济学学士学位；1985 年 9 月至 1987 年 9 月在中国人民银行总行研究生部国际金融专业学习，1988 年 11 月获经济学硕士学位；1995 年 9 月至 2000 年 9 月，2001 年 9 月至 2005 年 1 月，2003 年 9 月至 2009 年 7 月，分别在中国人民银行总行研究生部国际金融专业、中国人民大学法学院民商法学专业及北京师范大学历史学院中国古代社会史专业在职学习，分获经济学、法学、史学博士学位。1982 年 9 月至 1985 年 9 月，1987 年 9 月至 1997 年 12 月在中国银行工作，任副总经理；1997 年 12 月至 2001 年 12 月在招商银行总行工作；2001 年 12 月至 2005 年 12 月在中国东方资产管理公司工作，任副总裁；2005 年 12 月至 2007 年 7 月在渤海银行总行工作，任副行长；2007 年 8 月至今在中国社会科学院金融研究所工作，任副研究员。兼任北京法学会民商法学研究会常务理事。

现从事银行股权改制研究，学术专长为中国货币法制史研究。主要代表作有：《中国货币法制史概论》（专著）；《中国古代铜钱减重对重量单位值的影响》（论文）；《试论战国秦汉黄金衡制的演变》（论文）；《半两钱制度研究》（专著）；《五铢钱制度研究》（专著）。

高文书（1974 年 6 月~　）　安徽颍上人，研究员。1993 年 9 月至 1997 年 9 月在安徽师范大学物理系学习，获理学学士学位；1997 年 9 月至 2000 年 9 月在内蒙古大学经济学院学习，获经济学硕士学位；2000 年 9 月至 2003 年 9 月在中国社会科学院研究生院财贸系学习，获经济学博士学位。2003 年 7 月至今在中国社会科学院人口与劳动经济研究所工作，历任助理研究员、副研究员（其间，2008 年 12 月至 2009 年 12 月在澳大利亚莫纳什大学做访问学者）。

现从事应用经济学研究，学术专长为劳动经济学研究。主要代表作有：《健康人力资本投资、身高与工资报酬——对 12 城市住户调查数据的实证研究》（论文）；《中国进城农民工的迁移动力：预期与流动人口的生活满意度》（英文论文，第一作者）；《中国城镇非正规就业：规模、特征与收入差距》（论文，第二作者）；《社会保障对收入分配差距的调节效应——对宝鸡住户调查数据的实证分析》（论文）；《新型农村社会养老保险参保影响因素研究——基于成都市的实地调查研究》（论文）。

单菁菁（1970 年 5 月~　）　女，江苏阜宁人，研究员。1989 年 9 月至 1993 年 7 月在北京经济学院（现首都经济贸易大学）经济系学习，获经济学学士学位；2000 年 9 月至 2003 年 7 月在中国社会科学院研究生院社会学系在职学习，获社会学博士学位。1993 年 8 月至 1995 年 4 月在中国社会科学院欧洲研究所工作，任研究实习员；1995 年至今在中国社会科学院城市发展与环境研究所工作，历任助理研究员、副研究员（其间，2004 年 9 月至 2006 年 7 月在中国社会科学院金融所从事博士后研究）。

现从事城市经济学研究，学术专长为城市经济研究、城市规划研究。主要代表作有：《中国农民工市民化研究》（专著）；《社区归属感与社区满意度》（论文）；《农民工融入城市社会研究》（研究报告）；《金融危机对中国城市经济的影响及其应对》（论文）；《居住空间分异及贫困阶层聚居的影响对策》（论文）。

谢鸿飞（1973 年 12 月~　）　四川金堂人，研究员。1991 年 9 月至 1995 年 7 月在四川大学法学院学习，获学士学位；1996 年 9 月至 1999 年 7 月在北京大学法学院学习，获硕士学位；1999 年 9 月至 2002 年 7 月在中国社会科学院研究生院学习，获博士学位。1995 年 9 月至 1996 年 7 月在四川成都蜀香丝绸厂工作，任法律顾问；2002 年 7 月至今在中国社会科学院法学研究所工作，历任助理研究员、副研究员。兼任中国法学会民法学研究会常务副秘书长。

现从事民法学研究，学术专长为民法总论研究、物权法研究等。主要代表作有：《法律与历史：体系化法史学与法律历史社会学》（专著）；《论法律行为生效的"适法规范"——公法对法律行为效力的影响及其限度》（论文）；《追寻历史中的"活法"》

（论文）；《法律行为生效的合法性规范》（英文论文）；《论创设法律关系的意图：法律介入社会生活的限度》（论文）。

陈　洁（1970 年 4 月～　　）　女，福建连江人，研究员。1988 年 9 月至 1992 年 7 月在华东政法大学学习，获法学学士学位；1996 年 9 月至 1999 年 7 月在北京大学法学院学习，获法学硕士学位；1999 年 9 月至 2002 年 7 月在北京大学法学院学习，获法学博士学位。1992 年 7 月至 1996 年 9 月在福建省高级人民法院工作，任书记员；2002 年 9 月至 2004 年 9 月在中国社会科学院法学所从事博士后研究；2004 年 9 月至今在中国社会科学院法学研究所工作，历任助理研究员、副研究员、研究室副主任。

现从事商法研究，学术专长为证券法研究、公司法研究。主要代表作有：《证券法的变革与走向》（专著）；《投资者到金融消费者的角色嬗变》（论文）；《论保荐机构的担保责任》（论文）；《证券法的功效分析与重构思路》（论文）；《证券法》（专著）。

陈欣新（1969 年 6 月～　　）　河北固安人，研究员。1988 年 9 月至 1992 年 7 月在天津大学电子工程系学习，获工学学士学位；1992 年 9 月至 1994 年 7 月在中国人民大学法学院学习，获法学第二学士学位；1996 年 9 月至 1999 年 7 月在中国人民大学法学院学习，获法学博士学位。1994 年 7 月至 1996 年 9 月在中国农业大学法律系工作，任教师；1999 年 7 月至今在中国社会科学院法学研究所工作，历任助理研究员、副研究员，传媒法与信息法研究室副主任、主任，图书馆馆长。

现从事法学研究，学术专长为法理学研究、传媒法学研究。主要代表作有：《信息自由与信息安全》（专著）；《表达自由的法律涵义》（论文）；《宪政之鉴》（专著）；《结社自由的司法保障》（论文）；《新闻出版自由的制度保障》（论文）。

孙世彦（1969 年 6 月～　　）　朝鲜族，辽宁铁岭人，研究员。1987 年 9 月至 1991 年 7 月在吉林大学法学院学习，获法学学士学位；1991 年 9 月至 1994 年 7 月在吉林大学法学院学习，获法学硕士学位（其间，1992 年 9 月至 1993 年 6 月在南京大学—约翰斯·霍普金斯大学中美研究中心进修；1996 年 9 月至 1999 年 7 月在中国社会科学院研究生院法学系在职学习，获法学博士学位）。1994 年 7 月至 2005 年 12 月在吉林大学法学院工作，历任助教、讲师、副教授（其间，1997 年 12 月至 1998 年 12 月在荷兰乌特勒支大学荷兰人权研究所做访问学者，2003 年 1 月至 2004 年 3 月在瑞典隆德大学罗尔·瓦伦堡人权和人道法研究所做访问教授）；2006 年 1 月至今在中国社会科学院国际法研究所工作，历任副研究员、国际公法研究室主任。

现从事国际法研究，学术专长为国际人权法研究。主要代表作有：《〈公民及政治权利国际公约〉缔约国的义务》（专著）；《〈公民及政治权利国际公约〉的两份中文本：问题、比较和出路》（论文）；《中国的国际法学：问题与思考》（论文）；《〈公民及政治权利国际公约〉的域外适用——人权事务委员会对"在其领土内和受其管辖的一切个人"的解释》（论文）；《人权法研究：问题与方法简论》（论文）。

廖旸（1972年8月~　）　女，四川江安人，研究员。1989年10月至1994年7月在北京大学信息管理系学习，获理学学士学位；1995年9月至1998年7月在中央美术学院美术史系学习，获文学硕士学位；1998年9月至2001年7月在中央美术学院美术史系学习，获文学博士学位。1994年8月至1995年8月在四川省电力建设二公司工作，任助理翻译；2001年7月至今在中国社会科学院民族学与人类学研究所工作，历任助理研究员、副研究员。

现从事佛教美术史研究，学术专长为佛教美术史研究。主要代表作有：《克孜尔石窟壁画年代学研究》（专著）；《藏传佛教艺术中的狮柱塔及其演变》（论文）；《明清时代的三铺孔雀明王壁画——兼及对图像配置的探讨》（论文）；《藏文文献中的西天高僧室利沙事迹辑考》（论文）；《南京弘觉寺塔地宫出土金铜尊胜塔像新考》（论文）。

易华（1963年3月~　）　湖南涟源人，研究员。1980年9月至1985年7月在北京农业大学兽医学系学习；1987年9月至1990年7月在中国科学院研究生院学习，获理学硕士学位；1997年9月至2000年7月在中国社会科学院研究生院在职学习，获史学博士学位。1985年8月至1987年7月在湖南农学院兽医系工作，任教师；1990年12月至今在中国社会科学院民族学与人类学研究

所工作，任副研究员（其间，2006年8月至2007年8月在韩国忠南大学作访问研究）。

现从事民族史研究，学术专长为游牧及民族关系史研究。主要代表作有：《夷夏先后说》（专著）；《从万里长城到避暑山庄——中央王朝与游牧民族关系模式的转换》（论文）；《青铜之路：上古西东文化文流概说》（论文）；《联豫论：西藏问题的由来》（论文）；《蒙古族源的人类学透视》（论文）。

樊平（1957年1月~　）　山西运城人，研究员。1978年2月至1982年1月在北京大学哲学系学习，获哲学学士学位；1984年9月至1987年7月在中国社会科学院研究生院哲学系学习，获哲学硕士学位。1982年8月至1983年8月在中国民主同盟中央委员会工作；1983年8月至1984年8月在中国青年杂志社工作，任实习记者；1987年8月至今在中国社会科学院社会学研究所工作，历任研究实习员、助理研究员、副研究员。

现从事农村社会学研究，学术专长为农村社会发展研究。主要代表作有：《农地政策与农民权益》（合著，第一作者）；《阶层结构与区域差距》（论文）；《中国乡村社会和农民》（论文）；《多维视角下的农民问题》（专著）；《当代中国阶层关系的新特点》（论文）。

孙五三（1953年9月~　）　女，安徽寿县人，研究员。1979年10月至1983年7月在中国人民大学新闻系学习，获法学学士学位；1983年9月至1986年7月在中国人民大学研究生院新闻系学习，获法学硕士学位。

1969 年 8 月至 1971 年 4 月在黑龙江建设兵团工作；1971 年 5 月至 1979 年 9 月在北京东方红汽车制造厂工作；1986 年 8 月至今在中国社会科学院新闻与传播研究所工作，历任研究实习员、编辑、副主编、副研审、副研究员（其间，1990 年 9 月至 1991 年 7 月在中国社会科学院研究生院英语培训中心学习）。

现从事传播学研究，学术专长为传播与社会发展研究。主要代表作有：《基层"村村通"建设中的目标置换》（论文）；《实践的逻辑：实践中的农村广播电视政策法规研究》（论文集）；《上有政策下有对策》（英文论文）；《政府媒介机构和新闻工作者的共谋与策略：中国舆论监督描述》（英文论文）；《一个镇电视台的生存战争——新的制度安排是怎样产生的》（论文）。

孟 威（1971 年 3 月~ ） 女，辽宁沈阳人，研究员。1989 年 8 月至 1993 年 7 月在辽宁大学中文系学习，获文学学士学位；1996 年 8 月至 1999 年 7 月在中国社会科学院研究生院新闻系学习，获文学硕士学位；1999 年 8 月至 2002 年 7 月在中国社会科学院研究生院新闻系学习，获文学博士学位。1993 年 7 月至 1996 年 7 月在沈阳日报报业集团、辽宁电视台工作，历任助理记者、编辑；2002 年 7 月至今在中国社会科学院新闻与传播研究所工作，历任助理研究员、副研究员、研究室副主任、研究室主任（其间，2009 年 4 月至 2010 年 5 月在美国加州大学洛杉矶分校做访问学者）。

现从事新闻传播学研究，学术专长为网络新媒体传播研究、媒介伦理研究。主要代表作有：《媒介伦理的道德论据》（专著）；《从"英国骚乱"看新媒体的自由与监管》（论文）；《新媒体与美国政治传播走向》（论文）；《互联网络：热力蔓延憧憬无限》（一般文章）；《网络文化走势与和谐社会人文精神的传播》（论文）。

殷 乐（1972 年 11 月~ ） 女，安徽安庆人，研究员。1990 年 7 月至 1994 年 7 月在华中科技大学新闻系学习，获文学学士学位；1996 年 7 月至 1999 年 7 月在中国传媒大学电视与新闻学院学习，获文学硕士学位；1999 年 7 月至 2002 年 6 月在中国传媒大学电视与新闻学院学习，获文学博士学位。1994 年 7 月至 1996 年 7 月在安徽省安庆市《安庆日报》社工作，任记者；2002 年 7 月至今在中国社会科学院新闻与传播研究所工作，历任助理研究员、副研究员（其间，2004 年 8 月至 2005 年 8 月在韩国国立汉城大学言论情报研究所做访问学者，2010 年 1 月至 2011 年 1 月在美国普渡大学传播系做访问学者）。

现从事新闻传播学研究，学术专长为广播电视研究。主要代表作有：《电视娱乐：传播形态及社会影响研究》（专著）；《"八卦新闻"之流变及传播解析》（论文）；《媒介融合环境下欧美受众研究的范式转换》（论文）；《奇幻与世俗交织的新民间故事：韩剧的形态学分析》（论文）；《数字环境下的新闻信息传播变革》（论文）。

田 丰（1975 年 6 月~ ） 女，河北邯郸人，研究员。1993 年 9 月至 1997 年 7 月在湖南财经学院国际金融专业学习，获经济学学士学位；1999 年 9 月至 2002 年 8 月在中国社会科学院研究生院世界经济与政治系世界经济专业学习，获经济学硕士学位；2002 年 9 月至 2005 年 7 月在中国社会科学院研究生院财政与贸易系国际贸易专业学习，获经济学博士学位。1997 年 7 月至 1999 年 8 月在湖南五一文实业股份有限公司人力资源部工作；2005 年 7 月至今在中国社会科学院世界经济与政治研究所工作，历任助理研究员、副研究员、研究室副主任（其间，2010 年 9 月至 2011 年 8 月在美国麻省理工大学做访问学者）。

现从事应用经济学研究，主要学术专长是国际贸易学研究。主要代表作有：《理解中国对外贸易》（专著）；《中国与世界贸易组织争端解决机制：评估和展望》（论文）；《出口的收入弹性与价格弹性》（论文，合著）；《全球失衡的内在根源：一个文献综述》（论文，合著）；《关于建立新兴经济体（E11）协调机制的建议》（研究报告，合著）。

刘仕国（1972 年 11 月~   ）　四川资中人，研究员。1991 年 9 月至 1995 年 8 月在中国人民大学统计学系统计学专业学习，获经济学学士学位；1995 年 9 月至 1998 年 8 月在中国人民大学统计学系统计学专业学习，获经济学硕士学位；2003 年 9 月至 2009 年 6 月在中国人民大学统计学院在职学习，获经济学博士学位。1998 年 6 月至今在中国社会科学院世界经济与政治研究所工作，历任研究实习员、助理研究员、副研究员、研究室副主任（其间，2004 年 8 月至 2005 年 8 月

在美国加州大学伯克莱分校做访问学者）。

现从事世界经济学研究，主要学术专长是世界经济统计研究。主要代表作有：《外商直接投资对中国收入分配的影响——基于 1998~2006 年工业企业面板数据的动态计量分析》（专著）；《应高度关注美国再工业化战略及对中国的影响》（论文）；《产品内分工下中国进口结构与增长的二元性——基于引力模型的动态面板分析》（论文，合著）；《经济全球化存在的证据》（论文，合著）；《收入差距对中国经济增长的效应》（英文论文，合著）。

张金杰（1960 年 9 月~   ）　河北定兴人，研究员。1980 年 9 月至 1984 年 7 月在中国人民大学第一分校国民经济计划专业学习，获经济学学士学位。1984 年 8 月至 1986 年 8 月在北京棉纺织印染工业公司工作；1986 年 8 月至今在中国社会科学院世界经济与政治研究所工作，历任助理馆员、馆员、助理研究员、副研究员、研究室副主任。

现从事世界经济学研究，主要学术专长是国际投资学研究。主要代表作有：《外资在华并购与中国经济安全》（专著）；《国家风险的形成、评估与中国对策》（论文）；《国际直接投资形式回顾与展望》（论文，合著）；《全球并购形势与预测》（论文，合著）；《经济全球化中的国际资本流动》（专著）。

庞大鹏（1976 年 2 月~   ）　山东泰安人，研究员。1993 年 9 月至 1995 年 7 月在烟台大学外语学院俄语专业专科学习，1995 年

9月至1997年7月在山东师范大学外语学院俄语专业学习；1997年9月至2000年7月山东大学外语学院俄语语言国情专业学习，获文学硕士学位；2000年9月至2003年7月在中国社会科学院研究生院国际政治专业学习，获法学博士学位。2003年7月至今在中国社会科学院俄罗斯东欧中亚研究所工作，历任助理研究员、副研究员（其间，2004年9月至2006年6月在中国人民大学国际关系学院从事博士后研究）。

现从事国际政治研究，主要学术专长是俄罗斯政治研究。主要代表作有：《观念与制度：苏联解体后的俄罗斯国家治理（1991~2010）》（专著）；《俄罗斯的发展道路》（论文）；《普京八年：俄罗斯复兴之路·政治卷》（专著，主编）；《俄罗斯的新政治战略》（论文）；《俄罗斯的政治转轨》（论文）。

邝　杨（1953年2月~　）　广东开平人，研究员。1978年2月至1982年1月在贵州师范大学地理学专业学习，获理学学士学位；1982年2月至1985年8月在中国科学院研究生院生态学专业学习，获理学硕士学位。1972年4月至1978年1月在贵州省贵阳市遵义路饭店工作；1985年9月至1988年12月在中国社会科学院农村发展研究所工作，任助理研究员；1989年1月至今在中国社会科学院欧洲研究所工作，任副研究员。

现从事欧洲社会与文化研究，主要学术专长是社会学、环境学研究。主要代表作有：《欧洲观念的变迁：1492~1992》（论文）；《欧洲现代政治观念的兴起》（论文）；《欧共体对外援助的演化与特征》（论文）；《欧洲认同研究》（论文集，主编）；《欧洲政治文化研究》（论文集，主编）。

陈　新（1966年9月~　）　江苏宝应人，研究员。1984年9月至1989年7月在北京外国语大学东欧语系匈牙利语专业学习，获文学学士学位；1987年3月至1989年1月在匈牙利佩奇大学匈牙利语证书课程学习；1995年9月至1998年7月在中国社会科学院研究生院国际政治专业在职学习，获法学博士学位。1989年7月至1999年7月在中国社会科学院苏联东欧研究所（现俄罗斯东欧中亚研究所）工作，历任研究实习员、助理研究员；1999年8月至今在中国社会科学院欧洲研究所工作，历任副研究员、经济研究室主任。

现从事欧洲经济研究，主要学术专长是欧洲经济一体化研究、中欧经贸关系研究。主要代表作有：《欧债危机：治理困境和应对举措》（论文）；《欧洲债务危机及其应对举措》（论文）；《2011年欧盟在华投资企业商业景气调研报告》（调研报告，合著）；《欧洲能否走出债务危机》（论文）；《欧洲一体化：方法与经济分析》（译著，合译）。

张永蓬（1962年4月~　）　山西交口人，研究员。1980年9月至1984年7月在山西师范大学外语系英语专业学习，获英国语言文学学士学位；1998年9月至2001年7月在北京大学国际关系学院国际政治专业学习，获法学硕士学位；2006年9月至2011年7月在中国社会科学院研究生院国际政治专业在职学习，获法学博士学位。1984 年 7 月至 1989 年 9 月在山西省孝义中学工作，任中学二级教师；1989 年 9 月至 1998 年 9 月在山西吕梁教育学院工作，任讲师；2001 年 7 月至今在中国社会科学院西亚非洲研究所工作，历任助理研究员、副研究员。

现从事非洲政治研究，主要学术专长是非洲国际关系研究。主要代表作有：《国际发展合作与非洲——中国与西方援助非洲比较研究》（专著）；《大国对非战略新特点与中国对非外交战略思考》（论文）；《论新国际环境与制定中国对非洲战略》（论文）；《非洲国家的资源贸易与收益管理》（论文）；《当代中非关系发展阶段划分之我见》（论文）。

杨志敏（1971 年 10 月~　）　蒙古族，内蒙古通辽人，研究员。1991 年 9 月至 1995 年 7 月在内蒙古农业大学经济管理系经济管理专业学习，获经济学学士学位；1995 年 9 月至 1998 年 7 月在中国社会科学院研究生院农村发展系农业经济专业学习，获经济学硕士学位；2003 年 9 月至 2006 年 7 月在中国社会科学院研究生院拉丁美洲系在职学习，获经济学博士学位。1998 年 7 月至今在中国社会科学院拉丁美洲研究所工作，历任研究实习员、助理研究员、副研究员、副主任（其间，2010 年 3 月至 2011 年 1 月在墨西哥国立自治大学经济系中国墨西哥研究中心做访问学者）。

现从事拉美经济研究，主要学术专长是国际贸易研究、拉美经济研究。主要代表作有：《地区发展不平衡及其治理——巴西案

例研究》（论文）；《中拉经贸合作面临的新形势与政策选择》（论文）；《从战略高度提升中墨经贸合作关系水平》（西班牙文论文）；《从拉美国家发展中经历的生态问题看建设生态文明社会的重要意义》（论文）；《列国志·洪都拉斯、哥斯达黎加》（专著，合著）。

岳云霞（1977 年 1 月~　）　女，山西晋城人，研究员。1994 年 9 月至 1998 年 7 月在南开大学国际经济贸易系国际贸易专业学习，获经济学学士学位；1998 年 9 月至 2001 年 7 月在对外经济贸易大学国际经贸学院国际贸易专业学习，获经济学硕士学位；2001 年 9 月至 2005 年 7 月在对外经济贸易大学国际经贸学院国际贸易专业学习，获经济学博士学位。2005 年 7 月至今在中国社会科学院拉丁美洲研究所工作，历任助理研究员、副研究员、副主任（其间，2010 年 8 月至 2011 年 9 月在美国加州大学圣迭戈分校做访问学者）。

现从事国际经济研究，主要学术专长是拉美经济、国际贸易与投资研究。主要代表作有：《拉美发展模式转型的经济与社会效果》（论文）；《中墨经贸竞争力比较研究》（论文）；《中国与拉美关系 60 年：总结与思考》（论文，合著）；《中拉贸易摩擦分析》（论文）；《"中国—哥伦比亚自由贸易协定"研究》（论文，合著）。

周方银（1971 年 2 月~　）　湖北仙桃人，研究员。1988 年 9 月至 1992 年 9 月在华中理工大学（现华中科技大学）经济学系学

习，获经济学学士学位；1995 年 9 月至 1998 年 4 月在国际关系学院学习，获法学硕士学位；2002 年 9 月至 2006 年 7 月在清华大学国际问题研究所学习，获法学博士学位。1992 年 9 月至 1995 年 9 月在武汉建武熔接器材有限公司工作；1998 年 4 月至 2002 年 8 月在中国现代国际关系研究所（现中国现代国际关系研究院）工作，任助理研究员；2006 年 7 月至今在中国社会科学院亚洲太平洋研究所（现亚太与全球战略研究院）工作，历任助理研究员、副研究员。

现从事国际关系研究，主要学术专长是中国外交、国际战略研究。主要代表作有：《中国崛起、东亚格局变迁与东亚秩序的发展方向》（论文）；《朝贡体制的均衡分析》（论文）；《松散等级体系下的合法性崛起——春秋时期"尊王"争霸策略分析》（论文）；《三大主义式论文可以休矣——论国际关系理论的运用与综合》（论文，合著）；《消耗战博弈与媾和时机的选择》（论文）。

刘得手（1967 年 12 月~　　）　女，黑龙江桦南人，研究员。1988 年 9 月至 1992 年 7 月在牡丹江师范学院政教系政治教育专业学习，获法学学士学位；1992 年 9 月至 1995 年 7 月在黑龙江省社会科学院研究生部科学社会主义专业学习，获法学硕士学位；1997 年 9 月至 2000 年 7 月在南京大学历史系国际关系史专业学习，获史学博士学位。1995 年 7 月至 1997 年 7 月在黑龙江省社会科学院工作，任实习研究员；2000 年 7 月至今在中国社会科学院美国研究所工作，历任助理研究员、副研究员（其间，2007 年 1 月至 2007

年 12 月在美国霍普金斯大学高级国际问题研究院跨大西洋关系研究中心做访问学者）。

现从事国际关系研究，主要学术专长是美国外交研究。主要代表作有：《柏林危机（1958~1963）与美欧同盟》（专著）；《美欧"跨大西洋对话"及其对中国的影响》（论文）；《美欧在对华人权政策上的协调》（论文）；《奥巴马政府对利比亚危机的政策》（论文）；《奥巴马政府上台后美欧关系的新发展》（论文）。

张小平（1964 年 11 月~　　）　女，山西保德人，研究员。1983 年 9 月至 1987 年 7 月在山西大学哲学系马克思主义哲学专业学习，获哲学学士学位；1988 年 9 月至 1991 年 7 月在山西大学哲学系中国哲学专业学习，获哲学硕士学位；1997 年 9 月至 2000 年 7 月在中国社会科学院研究生院哲学系中国哲学专业学习，获哲学博士学位。1987 年 7 月至 1988 年 8 月在山西吕梁地委党校哲学教研室工作，任助教；1991 年 7 月至 1993 年 8 月在山西大学政治系工作，任助教；1993 年 8 月至 1996 年 8 月在山西大学哲学系工作，任讲师；1996 年 9 月至 1997 年 7 月在中国人民大学哲学系做访问学者；2000 年 7 月至今在中国社会科学院马克思列宁主义毛泽东思想研究所（现马克思主义研究院）工作，任副研究员。

现从事马克思主义发展史研究，主要学术专长是文化与意识形态建设研究。主要代表作有：《关于中国现代化问题的文化反思》（论文）；《中国文化建设的理论与实践》（专著）；《当前中国文化安全问题研究》（专著，合著);《和谐文化的理论与实践》(专著,主编);《毛泽东对中国传统文化的批判与改造》(论文)。

谭晓军(1968 年 9 月~) 女,湖南衡东人,研究员。1987 年 9 月至 1991 年 7 月在东北财经大学计统系国民经济计划专业学习,获经济学学士学位;1995 年 9 月至 1999年 3 月在日本东京都立大学大学院社会科学研究科学习,获管理学经济学硕士学位;2001 年 9 月至 2004 年 3 月在东北大学文法学院行政管理专业在职学习,获管理学硕士学位;2005 年 4 月至 2008 年 3 月在日本首都大学东京大学院社会科学研究科在职学习,获经营学博士学位。1991 年 8 月至 1995 年 9 月在沈阳出版社工作,任编辑;1999 年 6 月至2003 年 12 月在辽宁省人才中心国际部工作;2004 年 1 月至 2010 年 7 月在东北大学文法学院经济学系工作,任副教授;2010 年 7 月至今在中国社会科学院马克思主义研究院工作,历任副教授、副研究员。

现从事经济学研究,主要学术专长是马克思主义政治经济学研究。主要代表作有:《论新自由主义经济政策倾向对日本贫富差距扩大的影响》(论文,合著);《现代中国第三产业的研究——服务业及军需产业的理论考察》(日文专著);《消费服务业科学发展的社会再生产图式分析》(论文);《日本马克思主义经济学派史》(专著);《研究日本马克思主义经济学的意义》(论文)。

黄永光(1964 年 9 月~) 广西桂平人,编审。1981 年 9 月至 1985 年 7 月在厦门大学历史系学习,获历史学学士学位;1989年 10 月至 1991 年 1 月在北京大学国际政治系研究生班学习。1985 年 7 月至 1989 年 9 月在北京机械工业学院马列室(社科部)工作,任助教;1991 年 1 月至 1991 年 12 月在北京机械工业学院社科部工作,任助教;1992 年 1 月至 2010 年 12 月在中国社会科学院办公厅工作,历任编辑、副编审、正处级调研员;2011 年 9 月至今在中国社会科学院信息情报研究院工作。

现从事编辑工作,主要学术专长是国际政治编辑。主要代表作有:《东亚地区制度化进程中的问题与中国的选择》(论文);《应从国家层面筹划和推进对侵华日军 731 部队细菌战罪证遗址的保护与开发利用》(研究报告);《关于我国应对气候变化挑战的战略》(综述);《全球气候变化与国际气候制度的的演进》(综述);《维护我国海洋权益的对策与建议——〈联合国海洋法公约〉生效后我国面临的挑战及对策建议(下)》(综述,责任编辑)。

王 鸥(1953 年 6 月~) 北京人,教授。1989 年 9 月至 1991 年 9 月在美国加州大学洛杉矶分校与社科院英语中心共同举办的英语语言学教学硕士研究生班在职学习;1996 年 9 月至 2001 年 6 月在中国社会科学院经济研究所在职学习,获经济学博士学位。1969 年 9 月至 1974 年 5 月在黑龙江生产建设兵团工作;1974 年 5 月至 1976 年 6 月在家待业;1976 年 6 月至 1978 年 10 月在中国人民解放军 1201 工厂工作;1978 年 10 月至今在中国社会科学院研究生院工作,历任助教、讲师、副教授。

现从事英语教学与研究、经济学研究，学术专长为英语语言学、经济史和通讯产业研究。主要代表作有：《重复建设的严峻现实与历史分析——以中国通信业为例》（论文）；《中国电信业的历史发展与体制变迁》（专著）；《博士学位英语入学考试的个案分析》（论文）；《中国社会科学院研究生院博士研究生英语入学考试历年真题解析及模拟试题（2005～2009）》（教材，合著）；《中国社会科学院研究生院博士研究生入学考试英语试题及解析（2000～2006）》（教材，合著）。

赵 芮（1967 年 11 月～ ） 重庆人，教授。1986 年 9 月至 1990 年 7 月，1992 年 9 月至 1995 年 7 月在四川大学国民经济管理系学习，先后获经济学学士学位、经济学硕士学位；1999 年 9 月至 2002 年 7 月在中国社会科学院研究生院人口学专业在职学习，获法学博士学位。1990 年 9 月至 1992 年 9 月在兰州大学学生工作部工作，任助教；1995 年 7 月至 1996 年 7 月在中国社会科学院研究生院研究生工作处工作，任助教；1996 年 10 月至 2000 年 9 月在中国社会科学院团委工作，历任助理研究员、副书记；2000 年 9 月至 2007 年 9 月在中国社会科学院研究生院继续教育学院工作，历任讲师、副教授、继续教育学院院长；2007 年 7 月至今在中国社会科学院研究生院工作，历任院长助理、副院长。兼任中国社会科学院人力资源研究中心副秘书长。

现从事应用经济学、公共管理学研究，学术专长为人力资源管理研究。主要代表作有：《高管—员工薪酬差距与企业绩效——基于中国制造业上市公司面板数据的实证研究》（论文）；《高管薪酬和团队特征对企业绩效的影响机制研究》（论文）；《制度经济学（上下）》（译著）；《继续教育的改革与发展》（论文，第一作者）；《中国继续教育发展的方向》（英文论文）。

庄前生（1955 年 12 月～ ） 江苏连云港人，研究员。1988 年 7 月至 1991 年 7 月在中共中央党校哲学专业学习，获哲学硕士学位。1973 年 6 月至 1988 年 7 月在江苏省石湖农科站工作，任站长；1991 年 7 月至 2001 年 11 月在中宣部理论局工作，历任主任科员、处长；2001 年 12 月至 2002 年 12 月在中国社会科学院马列研究所工作，历任副书记、副所长；2002 年 12 月至 2005 年 12 月在中国社会科学院科研局工作，历任副研究员、党总支书记、副局长；2005 年 12 月至 2007 年 1 月在中国社会科学院马列研究所（现马克思主义研究院）工作，任党委副书记、副所长；2007 年 1 月至 2012 年 2 月在中国社会科学院新闻与传播研究所工作，任党委书记、副所长；2012 年 2 月至今在中国社会科学院图书馆工作，任党委书记、副馆长。

现从事马克思主义理论研究，主要学术专长是中国马克思主义研究。主要代表作有：《论毛泽东的价值观》（论文）；《关于中国特色社会主义理论体系创新的若干构想》（论文）；《马克思主义经典文献的出版和传播研究》（专著，合著）；《马克思主义经典文献研究著作名录集》（学术资料，主编）；《马克思主义经典文献研究论问题录集》（学术资料，主编）。

任宁宁（1957 年 1 月 ~   ）　女，江苏无锡人，研究馆员。1978 年 10 月至 1982 年 7 月在南京师范大学政教系学习，获法学学士学位。1976 年 11 月至 1978 年 10 月在南京塑料四厂工作；1982 年 9 月至 1986 年 3 月在南京市航空学院附中工作；1986 年 3 月至 2004 年 9 月在南京市人民中学工作，历任一级教师、高级教师；2004 年 10 月至今在中国社会科学院图书馆工作，任副研究馆员。

现从事图书馆学研究，主要学术专长是西文图书管理研究。主要代表作有：《数字图书馆版权利益平衡机制研究》（专著）；《实施知识管理模式　构建高层次交流体系——谈中国社科院图书馆在繁荣发展哲学社会科学中服务模式的转换》（论文）；《解读数字参考咨询服务》（专著，第二主编）；《泛在图书馆与社科院图书馆的服务创新》（论文）；《全球图书馆信息化建设新动向》（论文，合著）。

田　文（1967 年 2 月 ~   ）　女，河南嵩县人，编审（资格）。1984 年 9 月至 1988 年 6 月在武汉大学图书馆学专业学习，获文学学士学位。1988 年 7 月至今在中国社会科学出版社工作，历任编辑、副编审、编辑室副主任。

现从事编辑工作，主要学术专长是中国马克思主义理论编辑。主要代表作有：《建设中国马克思主义理论研究成果出版的主阵地》（论文，合著）；《透明领导力》（译著）；《利益论》（专著，编辑）；《马克思主义中国化史》（专著，策划编辑）；《社会矛盾论——我国社会主义现阶段阶级、阶层和利益群体的分析》（专著，责任编辑）。

张芝梅（1968 年 6 月 ~   ）　女，福建仙游人，编审。1985 年 9 月至 1989 年 7 月在华东师范大学哲学系哲学专业学习，获哲学学士学位；1992 年 9 月至 1995 年 7 月在复旦大学哲学系逻辑学专业学习，获哲学硕士学位；2001 年 9 月至 2004 年 6 月在北京大学法学院法律史专业在职学习，获法学博士学位。1989 年 9 月至 1992 年 7 月在华侨大学社科部工作，任助教；1995 年 7 月至 2006 年 6 月在福建师范大学经济法律学院工作，历任讲师、副教授（其间，2004 年 7 月至 2006 年 7 月在中国人民大学法学院从事博士后研究）；2006 年 7 月至今在中国社会科学杂志社工作，任副编审。

现从事编辑工作，主要学术专长是西方法律史编辑。主要代表作有：《美国的法律实用主义》（专著）；《法律如何解决政治性问题——波斯纳的反思》（论文）；《法律中逻辑推理的作用》（论文）；《消除法律中的道德迷思》（论文）；《中国诉讼分流的数据分析》（论文，责任编辑）。

李建军（1972 年 10 月 ~   ）　安徽砀山人，编审（资格）。1991 年 9 月至 1995 年 7 月在安徽大学历史学系历史学专业学习，获历史学学士学位；1995 年 9 月至 1998 年 7 月在南开大学历史学系历史学专业学习，获历史学硕士学位；1998 年 9 月至 2001 年 7 月在南京大学历史学系历史学专业学习，获历史学博士学位。2001 年 7 月至 2007 年 11 月在中华书局工作，历任编辑、副编审；2007 年 11 月至 2010 年 5 月在外语教学与研究出版社工作，任副编审；2010 年 6 月至今在社会科学文献出版社工作，历任副编审、文史编辑室副主任。

现从事编辑工作，主要学术专长是中华民国史编辑。主要代表作有：《新思潮新势力的勃兴》（论文，第一作者）；《逐逐东邻亦幻亦真——读戴季陶〈日本论〉》（论文）；《开拓者的心灵旅程——读容闳的〈西学东渐记〉》（论文）；《"多党民主"与"国民党自有分化"——胡适的"大胆假设"与"小心求证"》（论文）；《各方致孙中山函电汇编》（学术资料，责任编辑）。

张青松（1971 年 8 月~　　）　黑龙江密山人，译审（资格）。1990 年 9 月至 1994 年 7 月在黑龙江大学日语系学习，获日本语言文学学士学位；1994 年 9 月至 1997 年 4 月在北京外国语大学日本学研究中心学习，获文学硕士学位；2002 年 9 月至 2005 年 6 月在中国社会科学院研究生院财贸经济系在职学习，获经济学博士学位。1997 年 4 月至今在中国社会科学院国际合作局工作，历任翻译、副译审、副处长（其间，2000 年 6 月至 2001 年 6 月在日本文部省日本学术振兴会进修）。

现从事对外学术交流工作，学术专长为日本语言文学、国际贸易研究。主要代表作有：《国际经营：日本企业的国际化及对东亚的投资》（译著，日译中）；《日本地方自治》（译著，日译中）；《日本对华直接投资研究》（专著）；《中日友好交流三十年（1978~2008）·经济卷》（专著，合著）；《中日交流关系史 1978~2008》（译著，合译）。

季为民（1970 年 1 月~　　）　山东梁山人，研究员（资格）。1989 年 9 月至 1993 年 7 月在曲阜师范大学学习，获理学学士学位；2001 年 9 月至 2004 年 7 月在中国社会科学院研究生院新闻系学习，获文学硕士学位；2008 年 9 月至今在武汉大学新闻与传播学院在职学习。1993 年 7 月至 1995 年 1 月在山东工会管理干部学院工作，任助教；1995 年 1 月至 2001 年 9 月在山东工人报社工作，任编辑；2004 年 7 月至 2005 年 8 月在中国社会科学院新闻与传播研究所工作，任助理研究员；2005 年 8 月至今在中国社会科学院直属机关党委青年处工作，历任副处长、处长、副研究员（资格）。兼任中国社会科学院青年人文社会科学研究中心副秘书长、中国青少年研究会常务理事。

现从事新闻学研究，学术专长为新闻理论研究、传播理论研究。主要代表作有：《舆论监督给隐性采访营造了什么样的空间——隐性采访能够成立的条件论证》（论文，第一作者）；《传媒伦理学：应对新闻道德悖论》（论文）；《维基解密的新闻传播学解读》（论文，第一作者）；《灾难报道的新闻职业规范——以四川汶川大地震的新闻报道为例》（论文）；《应进一步加强农村党员发展工作》（研究报告，合著）。

第 六 编

规 章 制 度

GUIZHANGZHIDU

一　关于在实施中国社会科学院哲学社会科学创新工程中充分发挥学部作用的若干意见

社科研字〔2012〕49 号

根据《中国社会科学院哲学社会科学创新工程实施意见》关于在实施创新工程中"加强学部建设，充分发挥学部的学术引领和科研协调作用"精神，现就在实施创新工程中充分发挥学部的作用提出如下意见：

（一）学部制度是我院科研体制创新的产物，是实施创新工程科研组织方式的重要学术平台，是创新型研究所（研究院、跨学科研究中心）不断发展的重要支持力量，是贯彻我院创新工程指导思想和实现创新目标的重要保障。在我院实施创新工程的进程中，学部要进一步在制定科研发展规划、推动学术研究向前发展、加强学科建设等方面发挥指导、协调和咨询作用，通过组织协调跨学科和多学科研究，为国家决策提供学术咨询和智力支持。

（二）根据院党组对学部建设的要求，在实施创新工程中要不断完善我院的学部制度，在制定和修订学部制度、完善学部主席团工作机制、规范学部工作、管理和使用学部经费、宣传推介学部委员、出版学部委员文集、扩大学部在国内外的学术影响等方面建立规范的运作机制。

（三）在实施创新工程中，根据《中国社会科学院学部章程》的规定，学部接受院委托组织重要的全国性和国际性学术活动，组织或承担重大的理论和现实问题研究任务，参与学术评审、职称评审等方面工作。

（四）按照我院实施创新工程的要求，由学部主席团主持组建学部委员创新工程评审委员会，在研究所科研组织创新、研究院建设、跨学科研究中心组建、创新工程规划、创新项目指南制定、创新项目（长城学者）立项评审等方面充分发挥其指导、协调和咨询作用。

（五）学部除承接院交办、委托的创新工程项目外，不以学部的名义组织申请创新工程项目，学部委员可以根据相关规定承担创新工程任务。

（六）设立中国社会科学院哲学社会科学创新工程"学部委员创新岗位"，根据《中国社会科学院创新工程人事管理办法》制定相应的实施细则和年度考核办法。

（七）为扩大我院学部制度在国内外的学术影响，以学部主席团名义修订我院《关于印发授予外籍人士〈中国社会科学院荣誉学部委员〉称号的条例》（社科国际字［2008］11 号）。

（八）为完善学部制度，在实施创新工程中要陆续制定《中国社会科学院学部工作规则》《中国社会科学院学部委员学术道德准则》《中国社会科学院学部委员纪念性活动规定》等。在制定各类相关具体规定的基础上，由学部主席团主持对《中国社会科学院学部章程》进行修订。

注：本意见于 2012 年 3 月 15 日经院长办公会议审议通过。

二 中国社会科学院公开招聘 研究所所长办法（试行）

社科人字〔2012〕35 号

为进一步落实人才强院战略，完善领导干部选拔任用机制，拓宽选人用人渠道，根据《党政领导干部选拔任用工作条例》和《公开选拔党政领导干部工作暂行规定》，制定本办法。

一 指导思想

以邓小平理论和"三个代表"重要思想为指导，深入贯彻落实科学发展观，围绕中央对我院提出的"马克思主义的坚强阵地、我国哲学社会科学研究的最高殿堂、党中央国务院重要的思想库和智囊团"的三个定位及构建哲学社会科学创新体系的目标要求，为哲学社会科学事业发展提供有力的人才保证。

二 基本条件

1. 热爱祖国，拥护党的路线方针政策，遵守国家法律法规，具有履行岗位职责所需要的政治理论水平。坚持以马克思主义为指导，坚持正确的政治方向、理论方向和学术方向。

2. 有组织重大课题研究、推动学术发展的能力。在学术界有较高的学术地位和影响力，有较强的组织管理能力和创新能力。

3. 具有强烈的事业心和责任感，良好的学术道德修养和职业操守。有全局观念，团结协作，廉洁自律。能够履行《中国社会科学院研究所所长工作条例》规定的职责。

4. 正局级或在副局级岗位工作两年以上（或具备相当资历），正高级专业技术职务，一般应具有博士学位。

5. 年龄一般不超过 50 周岁，身体健康。

三 招聘程序

（一）前期准备

1. 院党组研究确定公开招聘所长岗位。

2. 组建招聘委员会。招聘委员会由院人才工作领导小组和相关专家组成。专家成员由人事教育局商科研局推荐。

3. 人事教育局起草招聘启事，在《光明日报》《中国社会科学报》和中国社科网上刊登。

4. 招聘委员会下设办公室，受理应聘人员的申请，对资格条件进行审查。

5. 通过资格审查的人员，一般按照不低于招聘职位1∶3的比例进入面试答辩。

（二）面试答辩

1. 应聘人员参加招聘委员会组织的面试答辩。

2. 报告内容主要包括：①个人基本情况（学习和工作简历）；②主要学术成就和工作业绩；③对竞聘岗位职责的理解与认识；④治所理念与战略思考；⑤自身优势与不足。

3. 招聘委员会根据面试答辩情况，一般按照招聘岗位1∶2的比例，提出拟聘人选。

（三）考察任用

1. 人事教育局对拟聘人选进行考察。

2. 召开党组会议，听取考察情况汇报，集体讨论决定聘任事项。

3. 在全院范围和拟聘人员原单位进行公示。

4. 向上级组织部门备案。

5. 办理任职手续。

6. 实行任职试用期制度，试用期一年，期满考核合格的，正式任命。

四 组织领导

1. 招聘工作在院党组的领导下，由人事教育局组织实施。

2. 招聘委员会办公室设在人事教育局，负责招聘具体工作，协调有关事宜。

3. 院纪检监察部门全程参与监督。

五 有关待遇

1. 聘至专业技术二级岗位，并按照有关规定核定工资，享受相应的福利待遇。

2. 京外人员在京无住房的，提供人才引进周转用房，如有经济适用房房源，同等条件下，优先购买。

3. 京外人员按有关规定办理家属的户口进京手续。其配偶符合调入我院条件的，可安排在适合的岗位工作。

4. 子女上学需要给予帮助的，到与我院建立合作关系的学校按规定推荐入学就读。

六　附　则

1. 本办法由院人事教育局负责解释。
2. 本办法自正式印发之日起执行。

注：本办法于 2012 年 6 月 7 日经院务会议审议通过。

三 中国社会科学院创新工程研究项目招标投标实施办法

社科研字〔2012〕16 号

为加强创新工程研究项目立项的监督和管理，优化科研资源配置，提高研究经费使用效率，制定本办法。

一 总 则

第一条 院创新工程重大项目、研究所创新工程项目的立项实行公开招标。

第二条 创新工程研究项目招标投标遵循公开、择优和信用的原则。

二 招 标

第三条 院创新工程重大项目由院主持招标，研究所创新工程项目由研究所主持招标。

第四条 院科研局定期发布下一年度创新工程研究项目招标公告和《研究项目指南》（包括院创新工程重大研究项目指南和创新工程研究所研究项目指南），启动项目立项招标工作。

第五条 院按照《院创新工程重大研究项目指南》，在全院范围内招标，完成立项。

研究所根据《创新工程研究所研究项目指南》，自主设计本单位创新工程研究项目招标选题，在本单位范围内招标，完成立项。

第六条 招标公告包括以下内容：

（一）招标主持部门；

（二）招标对象；

（三）招标选题；

（四）招标的数量和资助强度；

（五）投标资格要求；

（六）投标课题要求；

（七）投标纪律要求；

（八）具体时间安排。

三　投　标

第七条　院创新工程重大项目经投标人所在单位学术委员会审核同意以项目组名义投标。研究所创新工程项目以项目组名义投标。

提倡所内外、院内外合作联合投标，鼓励高学术水准低资助竞标。

第八条　院创新工程重大项目、研究所创新工程项目首席专家应符合《中国社会科学院创新工程研究单位创新岗位聘用办法》的要求。

第九条　投标人应按招标公告的要求编制投标书，在截止日期前将《中国社会科学院创新工程研究项目投标书》送达招标主持部门。超过截止日期，不予受理。

四　评标与中标

第十条　项目招标主持部门按照招标公告的要求，对投标人进行资格审查。符合条件者，进入评标阶段。

对于只有一个投标人参加竞标的项目，投标人资格审查通过后，亦可进入评标阶段。

第十一条　院按学部设置重大研究项目学科评审委员会，以会议方式对院创新工程重大项目进行评标。

研究所学术委员会以会议方式，对研究所创新工程项目进行评标。

第十二条　院创新工程重大项目评标中标的基本程序

（一）投标项目首席专家论证答辩。

（二）学科评审委员会评议，提出资助数额建议。评审标准为：

1. 项目设计与论证是否符合招标公告的要求；

2. 是否提出明确的创新目标和具体任务，跨年度的项目是否有可供评价的阶段性目标；

3. 学术观点、研究方法是否有创新；

4. 首席专家的科研成就与学术潜力；

5. 能否为今后的相关研究提供、积累资料；

6. 项目组的知识结构；

7. 经费用途与预算数额是否合理。

（三）以无记名投票方式对所有投标书进行表决，获得三分之二赞成票为通过。

（四）科研局与财务基建计划局对重大项目资助建议进行复核，提出资助方案。

（五）中标项目公示 15 天，在公示期间如无异议，报院长办公会议审批。

（六）院下达立项通知书，与中标项目首席专家签订《中国社会科学院创新工程研究项目任务书》，拨付项目经费。

第十三条 研究所创新工程项目评标中标的基本程序：

（一）投标项目首席专家论证答辩。

（二）研究所学术委员会评议，提出资助数额建议。评审标准为：

1. 项目设计与论证是否符合招标公告的要求；

2. 是否提出明确的创新目标和具体任务，跨年度的项目是否有可供评价的阶段性目标；

3. 学术观点、研究方法是否有创新；

4. 首席专家是否适于主持该项目；

5. 项目组的成员是否合适；

6. 先期研究基础是否扎实，资料积累是否充分；

7. 经费预算是否合理。

（三）以无记名投票方式对所有投标书进行表决，获得三分之二赞成票为通过。

（四）中标项目在本单位公示 7 天，在公示期间如无异议，报院备案。

（五）研究所与中标项目首席专家签订《中国社会科学院创新工程研究项目任务书》，拨付项目经费。

五 附 则

第十四条 国情调研重大项目招标投标参照此办法中的院创新工程重大项目执行。

第十五条 本办法由科研局负责解释。

第十六条 本办法经院长办公会议批准后自 2013 年 1 月 1 日起施行。

注：本办法于 2012 年 7 月 19 日经院长办公会议审议通过。

四 中国社会科学院创新工程重大研究项目管理办法

社科研字〔2012〕17号

为更好地组织开展国家经济社会发展重大战略问题研究，充分发挥我院多学科综合研究优势，根据院创新工程总体要求和《中国社会科学院哲学社会科学创新工程项目评价管理办法》，制定本办法。

第一章 总 则

第一条 院创新工程重大研究项目，指由院直接组织实施的国家经济社会发展前瞻性、战略性、综合性重大理论和现实问题研究项目。

第二条 创新工程重大研究项目立项评审、中期评价和结项鉴定工作由院科研局负责，项目日常管理工作由主持人所在单位负责。

第三条 院设立创新工程重大研究项目专项经费，经费额度根据当年立项任务需要和在研项目执行情况核定。

第四条 创新工程重大研究项目每年立项15项左右，研究经费逐年拨付，单项年度资助经费一般在20万元左右，有特殊经费需求的单独审核。

第五条 创新工程重大研究项目经费管理，按照《中国社会科学院哲学社会科学创新工程研究经费管理办法》及实施细则执行。

第二章 发布指南

第六条 建立院重大研究项目选题征集制度。广泛征求中央部委、院各学部和研究单位意见，建立《创新工程重大研究项目选题库》。《选题库》采取动态管理方式，定期更新。

第七条 以《选题库》为基础，定期编制年度《中国社会科学院创新工程重大研究项目指南》，经院务会议批准后向全院发布。

第八条　院定期发布下一年度创新工程研究项目招标公告和《中国社会科学院创新工程重大研究项目指南》，启动立项招标工作。

第三章　申报投标

第九条　院属各研究单位按照创新工程重大研究项目指南组织科研人员投标申报。提倡所内外、院内外合作组建项目组，鼓励高学术水准低资助竞标。

第十条　项目投标人应根据重大研究项目指南设计与论证具体研究项目，填写《中国社会科学院创新工程重大研究项目投标书》。

第十一条　投标项目为跨年度完成的，投标人需制定具体、明确的年度研究任务和阶段性成果目标。

第十二条　创新工程重大研究项目投标人资格：

（一）应具有正高级专业职务，副高级专业职务者需有两位具有正高级专业职务的同行专家书面推荐；

（二）须是项目真正组织者和指导者，并在项目研究中担负实质性任务；

（三）一人不得同时申报两个以上（含两个）创新工程重大研究项目；

（四）未按期结项的院级课题主持人和主要参加者不得申报创新工程重大研究项目。

第四章　招标评审

第十三条　创新工程重大研究项目招标评审，按《中国社会科学院创新工程研究项目招标投标实施办法》执行，一般于每年10月完成下一年度立项评审工作。

第十四条　创新工程重大研究项目招标评审的基本程序为：研究所学术委员会评议推荐、院学科评审委员会招标评审、院务会议审批。

第十五条　院党组、院务会议或院长办公会议可采取直接委托方式落实重大研究项目，并直接指定项目主持人、组建项目组。

第十六条　研究所学术委员会应对本领域的投标项目进行认真评议，并以无记名投票方式表决，获得三分之二赞成票为通过。经所学术委员会评议通过的投标项目送科研局，经形式审查合格后，提交院学科评审委员会评审。

第十七条　院按学部设置重大研究项目学科评审委员会，由院相应的专业技术职务评审委员会代行其职。院可根据需要，设立临时性的专门评审委员会。

第十八条　院学科评审委员会以会议方式进行重大研究项目投标评审工作，并提出资助数额建议。评审结果以无记名投票方式表决，获得三分之二赞成票为通过。

第十九条　院学科评审委员会评审、研究所学术委员会评议，应使用《中国社会科学院创新工程研究项目立项评审指标体系》进行评价。

第二十条　研究所学术委员或院学科评审委员为投标项目主持人的，在讨论和表决该项目时应回避。

第二十一条　科研局与财务基建计划局对院学科评审委员会评审通过的重大研究项目资助建议进行复核，提出资助方案，报院务会议审批。

第二十二条　经院审批立项的创新工程重大研究项目，由主持人与院签订《中国社会科学院创新工程重大研究项目任务书》。

第五章　创新岗位配置

第二十三条　创新工程重大研究项目主持人进入创新岗位，项目组其他成员进岗按创新岗位竞聘的有关规定执行，占整体进入创新工程所级单位限额。

第二十四条　院属各研究单位在配置创新岗位时，应优先满足创新工程重大研究项目岗位需求。

第六章　中期评价

第二十五条　院每年以年度检查的方式对创新工程重大研究项目进行中期评价。中期评价结果分为合格、不合格两个等级。

第二十六条　创新工程重大研究项目主持人每年 9 月底前提交《中国社会科学院创新工程重大研究项目年度检查报告》，经研究所审核后报科研局。对无正当理由不提交报告的项目，停止拨付经费。

第二十七条　《中国社会科学院创新工程重大研究项目年度检查报告》的内容包括：项目进度、目标和具体任务实现程度、成果产出、经费使用、存在问题和改进措施等。

第二十八条　创新工程重大研究项目年度检查结果，作为项目组成员年度考核和下年度项目续拨款的重要依据。

第二十九条　项目执行过程中确有必要对研究内容、完成时间、成果形式等作调整、变更，或要求终止项目的，须由项目主持人提交书面报告，申明理由，经研究所审核同意后报科研局审批。

第七章　结项评价

第三十条　创新工程重大研究项目完成后，主持人应提交《中国社会科学院创新工程重大研究项目结项申请书》，并提供成果样本及相关材料供结项评价使用。

第三十一条　创新工程重大研究项目结项评价（包括长期滚动实施项目的阶段评价）工作，由科研局主持，并与研究所共同组织实施。院有关职能部门按照分工参与结项评价工作。

第三十二条　结项评价一般分为项目成果评价和结项总评价。评价经费由院支付。

第三十三条　项目成果评价由5名同行专家组进行，其中院外专家一般不少于3名。项目成果评价结果分为优秀、合格、不合格三个等级。

第三十四条　项目结项总评价由同行专家以及科研、人事、财务等方面的管理专家进行。评审组组长由院职能部门负责人担任。结项总评价结果分为优秀、合格、不合格三个等级。

第三十五条　项目成果评价和结项总评价采取会议方式。结项总评价专家列席成果评价会议。评审会议的基本程序为：

（一）项目主持人向所在研究所申请召开项目结项报告会，经研究所同意后报科研局组织举办；

（二）项目组在报告会上汇报项目完成情况，介绍主要研究成果；

（三）项目组成员接受质询，解答与会人员提出的问题；

（四）同行专家对成果进行评议，写出书面评审意见，并采用院颁布的成果评价指标体系评估打分；

（五）成果评价专家组组长、项目总评价评审组组长分别综合各位专家意见，形成评价结论；

（六）科研局根据专家评估分数和评价结论核定项目成果最终等级和结项总评价等级。

第三十六条　评价等级标准：

（一）优秀：（1）平均分在90分以上（含90分）；（2）5名专家打分均在85分以上；（3）不少于五分之四的专家划等为"优秀"。

（二）合格：（1）达不到优秀等级，但平均分在60分以上（含60分）；（2）不少于五分之四的专家打分在60分以上；（3）不少于五分之四的专家划等为"合格"。

（三）不合格：低于合格标准的。

第三十七条　项目成果评价结果为不合格的，主持人应在限期内进行修改。修改完毕进行第二次成果评价，专家组成员不变。第二次成果评价只就成果合格或不合格作出结论，评价费用由项目组承担。

第三十八条　科研局定期在院公示栏、院网公示创新工程重大研究项目成果评价等级和项目总评价等级（包括长期滚动实施项目的阶段评价），公示期 3 个月。公示结果报院审批。

第三十九条　对公示项目有异议者，应当向科研局提供书面材料和必要的证明材料。异议内容：

（一）成果存在政治立场或理论导向问题；

（二）成果存在知识产权争议；

（三）成果不符合公认的学术规范；

（四）成果的论证方法不当；

（五）成果评价环节不符合规定程序；

（六）评价等级与成果学术水平明显不符；

（七）其他严重问题。

第四十条　项目结项评价和公示结果经院批准后，科研局向项目主持人颁发院创新工程重大研究项目结项证书或项目终止通知书。

第八章　绩效考评

第四十一条　创新工程重大研究项目年度评价为"合格"的，继续执行下一年度计划。结项评价等级"优秀"的，项目组成员优先续聘创新岗位。

第四十二条　项目结项评价为"不合格"的，项目组成员退出创新岗位；主要责任人 3 年内不得申报创新工程项目；取消项目组成员年度考核评优资格。

第九章　附　则

第四十三条　本办法由院科研局负责解释。

第四十四条　本办法经院长办公会议批准后自 2013 年 1 月 1 日起施行。

注：本办法于 2012 年 7 月 19 日经院长办公会议审议通过。

五 中国社会科学院皮书资助规定

社科研字〔2012〕127 号

为进一步提高皮书的学术水平和出版质量，制定本规定。

第一条 本规定所称皮书是指院属单位组织编撰、我院学者担任主编，具有相对固定的研创人员，对中国与世界发展状况和热点问题进行年度分析和预测的连续性公开出版物。

第二条 获资助皮书必须坚持正确的政治方向；研创内容是某一领域、门类或地域的最新研究报告，具有原创性、实证性、前瞻性、权威性、时效性；能够体现我院学术水平。

第三条 皮书资助由研究经费和后期资助二部分组成，原则上每个单位每年资助 1~2 种。

第四条 研究经费每种皮书资助 10 万元/每年（各别皮书研究经费需求较大时，可单独申报），从院科研专项业务经费中列支。经费支出标准按照院创新工程经费管理的有关规定执行。

皮书研究经费由责任单位申请、科研局审核、主管院领导审阅、院长办公会议批准后拨付皮书责任单位。

第五条 后期资助是对获得"优秀皮书奖"或综合评价排名前 50 位的皮书给予的出版资助，从院创新工程学术出版资助经费中列支。

资助标准为：获得"优秀皮书奖"的皮书每种资助 8 万元／每年；综合评价排名前 30 位的皮书每种资助 6 万元／每年；综合评价排名前 50 位的皮书每种资助 4 万元／每年。

皮书后期资助由出版社选择优秀皮书提出申请、科研局审核、院创新工程学术出版资助管理委员会审议、院长办公会议批准后拨付出版社。

第六条 获得院资助的皮书，一般应在年内完成撰写并出版。逾期未出版的皮书，停拨下一年度经费并收回已拨的剩余经费。

第七条 皮书责任单位对获得资助皮书的政治导向、学术水平、数据准确、完成时限负责。

第八条 出版社依据《出版管理条例》对皮书图书质量、出版时限负责。

第九条 本规定由科研局负责解释。

第十条 本规定自院长办公会议通过之日起施行。

注：本规定于 2012 年 10 月 31 日经院长办公会议审议通过。

六　中国社会科学院工作人员考核办法

社科办字〔2012〕29 号

为科学、准确评价我院工作人员的德才表现和工作实绩，规范考核工作，根据中央和国家的有关规定，结合我院创新工程的目标任务要求，制定本办法。

第一章　总　则

第一条　本办法所称的工作人员为院属各单位在职工作人员，包括创新岗位人员与未进入创新岗位人员。

第二条　考核坚持民主、客观、公正、科学和注重实绩的原则。

第三条　考核实行统一领导，分级管理，对所局级领导干部（含首席管理）的考核由院负责，其他人员的考核由院属各单位负责。

第四条　考核采取领导评价与群众评议相结合、定性分析与定量分析相结合、实绩分析与综合评定相结合的方式方法进行。

第五条　考核包括年度考核和聘期考核。年度考核一般在年底进行，聘期考核在聘期结束前一个月进行。

第二章　考核内容

第六条　考核应当按照各类型岗位的不同特点以及各等级岗位的不同要求，根据聘用合同约定的岗位职责任务及工作进行。

第七条　年度考核基本内容包括德、能、勤、绩、廉。德，是指思想政治素质及社会公德、职业道德、个人品德、家庭美德等方面的表现；能，是指履行职责的业务素质和能力；勤，是指责任心、工作态度、工作作风等方面的表现；绩，是指完成工作的数量、质量、效率和所产生的效益；廉，是指廉洁自律等方面的表现。重点考核工作实绩。

第八条 所局级领导干部（含首席管理）年度考核，主要考核政治方向、党性修养、学风作风、领导能力、管理水平、进取精神、工作投入、任务实施、履职成效、党风廉政建设和廉洁自律。

第九条 首席岗人员（含首席研究员、首席教授、总编辑、主任馆员、业务主管、项目总管、总工程师、总会计师、高级岗等）的年度考核，重点考核任务完成、素质展示、组织管理、团队建设、人才培养、经费使用等情况；其他人员重点考核尽职尽责、团结协作、服从管理等情况。

第十条 考核实绩时，创新岗位人员重点考核创新任务及项目完成情况，未进入创新岗位人员重点考核年度任务及项目完成情况。

第十一条 聘期考核以年度考核为基础，重点考核聘用合同规定的聘期任务完成情况或聘期目标的实现情况。

第三章　考核等次及标准

第十二条 年度考核结果分为优秀、合格、基本合格、不合格四个等次。聘期考核的结果分为合格、不合格两个等次。

第十三条 年度考核被确定为优秀等次的人数比例，不超过本单位参加年度考核的工作人员人数的16%。首席管理考核等次由院里评定，优秀比例不超过全院首席管理人数的16%。

第十四条 工作人员考核各等次的基本标准：

优秀：贯彻党的路线、方针、政策，模范遵守国家法律法规及各项规章制度和职业道德，工作责任心强，勤奋敬业，业务能力强，成果或工作有创新，工作成绩突出。

合格：贯彻党的路线、方针、政策，自觉遵守国家法律法规及各项规章制度和职业道德，工作负责，业务熟练，能够履行岗位职责，完成工作任务。

基本合格：政治、业务素质一般，能基本完成本职工作，但积极性和主动性不够，完成工作的质量和效率不高，或在工作中有失误。

不合格：政治、业务素质较低，组织纪律较差，难以适应工作要求；或工作责任心不强，履行岗位职责差，不能完成工作任务；或在工作中出现严重失误。

第十五条 本年度内存在下列情况之一的，年度考核为不合格：

（一）违反政治纪律；

（二）存在学术不端行为；

（三）无正当理由未完成计划任务；

（四）对创新项目被评为不合格负有主要责任；

（五）其他严重问题。

第十六条 创新单位年度综合评价结果为不合格，取消首席管理考核评优资格。

第十七条 创新项目中期评价为不合格，取消首席岗人员年度考核评优资格；创新项目连续两次中期评价为不合格，取消创新项目组成员年度考核评优资格。创新项目结项评价为不合格，取消项目组全体成员年度考核评优资格。

第十八条 受到党纪处分工作人员的年度考核，按照《关于受党纪处分的党政机关工作人员年度考核有关问题的意见》的规定执行。

第十九条 受到行政处分工作人员的年度考核，按照《事业单位工作人员处分暂行规定》有关条例执行。

第二十条 聘期内年度考核有不合格等次或有两次及以上为基本合格等次，聘期考核为不合格。

第四章 考核程序与方法

第二十一条 所局级领导干部年度考核实行百分制。

进行年度综合考核评价的单位，领导干部考核采取民主测评和实绩考核相结合的方式进行，实绩考核以单位年度综合考核评价结果为主要依据。

第二十二条 所局级领导干部年度考核的基本程序：

（一）撰写个人述职报告，填写《中国社会科学院工作人员考核表》。述职要全面报告德、能、勤、绩和廉五方面内容，同时突出本年度的特点。

（二）民主测评。

（三）所在单位党委综合各种情况提出考核等次建议。其中，首席管理考核等次建议由人事教育局提出。

（四）院里对考核结果予以确认。

（五）公示拟定优秀等次人员名单。

（六）考核结果通知被考核人。

第二十三条 针对首席管理的民主测评，含单位内部测评、职能部门测评和院领导测评三部分，权重比例为4:3:3。未聘为首席管理的所局级领导干部只进行单位内部民主测评。

（一）单位内部民主测评。各单位召开由中层以上干部参加的民主测评会议，首席管理作个人总结，与会人员对其进行测评。

（二）院领导和职能部门测评。院领导和各职能局负责人根据首席管理个人总结，对其进行测评。

（三）计算测评得分。测评得分 = 单位自评分×40% + 职能局评议分×30% + 院领导评议分×30%。

第二十四条　一般工作人员年度考核的基本程序：

（一）被考核人按照岗位职责和有关要求进行总结，填写《中国社会科学院工作人员考核表》，并在一定范围内述职。述职内容包括本人履行岗位职责的情况、主要工作完成情况和工作实绩；自我评价；存在的问题和改进措施等。

（二）被考核人员的分管领导在听取群众和工作人员本人意见的基础上，根据个人总结或者述职以及具体工作表现写出评语，提出考核等次建议。

（三）考核小组对考核等次建议进行审议。

（四）各单位党委集体研究确定考核等次。

（五）公示拟定优秀等次人员名单。

（六）将考核结果通知被考核人。

第二十五条　其他工作人员的考核：

（一）当年调入的人员，参加考核，并在年度考核中确定等次，其来院前的有关情况，由原单位提供；对军队转业干部，其转业前的情况，可参考干部转业时的鉴定。

（二）挂职（锻炼）人员，在挂职（锻炼）单位工作一年以上的，由挂职（锻炼）单位进行考核，并确定等次；不足一年的，由挂职（锻炼）单位提供有关情况，原单位进行考核。

（三）单位派出（包括国内外）学习、培训、进修的人员，由原工作单位进行考核，主要根据学习、培训表现确定等次。其学习、培训、进修的有关情况，由所在学习、培训、进修单位提供。

（四）非单位派出（包括国内外）学习、进修的人员，超过考核年度半年以上的，不参加考核。

因病、事假累计超过半年以上的人员，不参加考核。

第二十六条　首个聘期的高校毕业生，第一年参加年度考核，不定等次，考核情况作为今后任职、定级的依据。

第二十七条　被考核人如对考核结果有异议，可以在接到考核结果通知之日起，10个工作日内向本单位考核小组申请复核。考核小组应在10个工作日内提出复核意见，经单位负责人批准后以书面形式通知本人。如被考核人员对复核意见仍有异议，可向院评价考核委员会提出申诉。

第二十八条　公示期一般为一周，公示期间如对优秀等次的人员有异议，可向本单位考核小组反映，考核小组应认真调查核实并进行反馈。

第五章　考核结果使用

第二十九条　被确定为合格等次的，按照下列规定办理：

（一）正常增加一级薪级工资；

（二）发放目标报偿；

（三）本年度计算为竞聘更高等级岗位的任职年限。

第三十条　被确定为优秀等次的，除执行合格等次的规定外，还执行以下规定：

（一）未进入创新岗位人员，奖励一个月的创新报偿；

（二）创新岗位人员，奖励一个月的智力报偿；

（三）优先续聘。

第三十一条　工作人员不参加年度考核，或者被确定为基本合格和不合格等次的，按照下列规定办理：

（一）不能正常增加薪级工资。

（二）扣发当年目标报偿，已经发放的过程报偿，按当年标准从下年度的过程报偿中扣除。

（三）本年度不计算为竞聘更高等级岗位的任职年限。

（四）被确定为基本合格等次的，对其诫勉谈话，限期改进；连续两次被确定为基本合格等次的，可调整其岗位或者安排其离岗接受必要的培训后调整岗位。

（五）被确定为不合格等次的，可调整其岗位或者安排其离岗接受必要的培训后调整岗位。

第三十二条　聘期考核被确定为合格等次且岗位存续的，如工作人员提出续签聘用合同，单位应当与其续签。

聘期考核被确定为不合格等次的，单位可不与其续签聘用合同。

第三十三条　年度考核结果应作为各单位评选先进、开展奖励表彰工作的重要参考条件。

第六章　组织管理

第三十四条　院成立评价考核委员会，由院领导及相关职能部门负责人组成，负责全院评价考核工作的领导。人事教育局负责院属各单位年度考核工作的业务指导和管理监督。

第三十五条　院属各单位考核工作由单位主要负责人负责，必要时主要负责人可以授权副职负责考核工作。在年度考核时，须成立考核小组，考核小组由单位党委和行政领导成员、纪委委员、学术委员会代表和各类人员代表组成。

第三十六条　考核小组的职责：

（一）依据有关规定制定本单位年度考核实施细则；

（二）组织、指导、监督本单位年度考核工作；

（三）审核首席岗人员或部门主管领导写出的考核评语和考核等次意见；

（四）受理对考核结果有异议的申诉。

第三十七条　在考核中有弄虚作假、徇私舞弊、打击报复行为的，一经查实，按照有关规定予以严肃处理。

第三十八条　建立健全考核工作审核备案制度。年度考核工作结束后，各单位将考核工作总结、所局级领导干部《中国社会科学院工作人员考核表》《各类人员考核情况汇总表》按要求报人事教育局审核备案。《中国社会科学院工作人员考核表》存入本人档案。

第七章　附　则

第三十九条　院属各单位按照管理权限，可结合本单位实际，根据岗位特点，进一步细化和完善具体的考核标准，制定实施细则。非在编人员的考核参照本办法执行。

第四十条　本办法由人事教育局负责解释。

第四十一条　本办法自院长办公会议批准之日起施行。

注：本办法于 2012 年 11 月 16 日经院长办公会议审议通过。

第七编

统 计 资 料

TONGJIZILIAO

一　中国社会科学院2012年在职各类人员情况

人数\项目\单位	合计	专业人员						管理人员	工勤人员
		小计	正高级	副高级	中级	初级	未定级		
总计	3884	3052	787	909	1008	181	167	691	141
文学研究所	122	111	33	37	32	1	8	11	0
民族文学研究所	47	43	10	12	15	3	3	4	0
外国文学研究所	89	81	24	28	24	3	2	8	0
语言研究所	79	72	25	24	21	2	0	3	4
哲学研究所	132	119	44	42	24	6	3	9	4
世界宗教研究所	73	69	19	24	21	3	2	4	0
考古研究所	150	132	40	41	43	5	3	13	5
历史研究所（含郭沫若纪念馆）	144	130	37	41	42	6	4	13	1
近代史研究所	126	110	30	37	38	5	0	10	6
世界历史研究所	88	79	22	24	26	2	5	9	0
中国边疆史地研究中心	37	35	11	8	11	1	4	2	0
经济研究所	131	108	40	36	24	4	4	14	9
工业经济研究所	90	83	23	22	28	6	4	7	0
农村发展研究所	79	72	23	22	22	5	0	6	1
财经战略研究院	82	78	18	20	28	5	7	4	0
金融研究所	43	43	13	13	16	0	1	0	0
数量经济与技术经济研究所	73	64	24	20	16	3	1	9	0

续表

项目 人数 单位	合计	专 业 人 员						管理 人员	工勤 人员
		小计	正高级	副高级	中级	初级	未定级		
人口与劳动经济研究所	48	46	11	13	19	1	2	2	0
城市发展与环境研究所	37	35	11	7	11	0	6	2	0
法学研究所	100	91	28	31	27	2	3	9	0
国际法研究所	32	31	5	11	10	2	3	1	0
政治学研究所	42	41	8	12	18	3	0	1	0
民族学与人类学研究所	154	142	40	45	49	5	3	12	0
社会学研究所	76	71	15	22	28	3	3	5	0
社会发展战略研究院	11	8	4	2	2	0	0	3	0
新闻与传播研究所	43	39	7	11	15	2	4	3	1
世界经济与政治研究所	114	104	25	34	35	8	2	7	3
俄罗斯东欧中亚研究所	85	75	25	25	19	4	2	8	2
欧洲研究所	51	43	11	12	18	2	0	8	0
西亚非洲研究所	54	47	12	18	14	2	1	7	0
拉丁美洲研究所	55	48	10	17	13	5	3	7	0
亚太与全球战略研究院	53	50	10	15	23	1	1	3	0
美国研究所	56	51	13	15	21	0	2	5	0
日本研究所	48	44	12	14	13	3	2	4	0
马克思主义研究院	138	130	27	35	59	4	5	8	0
当代中国研究所	97	72	11	17	18	3	23	18	7
信息情报研究院	35	34	10	9	11	3	1	1	0
办公厅	49	1	1	0	0	0	0	48	0
科研局/学部工作局	34	0	0	0	0	0	0	34	0
人事教育局	34	0	0	0	0	0	0	34	0
国际合作局	41	0	0	0	0	0	0	39	2
财务基建计划局	37	2	0	0	1	1	0	33	2

人数＼项目＼单位	合计	专业人员						管理人员	工勤人员
		小计	正高级	副高级	中级	初级	未定级		
老干部工作局	21	1	0	1	0	0	0	20	0
直属机关党委	20	0	0	0	0	0	0	20	0
创新办	3	0	0	0	0	0	0	3	0
纪检组、监察局	20	0	0	0	0	0	0	20	0
研究生院	141	92	15	17	32	19	9	34	15
院图书馆（文献信息中心）	106	96	7	30	44	13	2	10	0
中国社会科学出版社	88	66	12	13	14	11	16	10	12
中国社会科学杂志社	56	49	10	13	24	2	0	6	1
社会科学文献出版社	39	34	7	7	12	5	3	4	1
计算机网络中心	27	24	1	5	12	4	2	3	0
服务中心	144	13	0	1	4	6	2	69	62
人才交流培训中心	6	2	0	0	1	1	0	4	0
人文公司	28	5	0	0	3	1	1	20	3
中国地方志指导小组办公室	46	36	3	6	7	5	15	10	0
院领导	15	0	0	0	0	0	0	15	0
基建办公室	15	0	0	0	0	0	0	15	0
1. 研究单位	2960	2667	734	822	861	118	132	250	43
2. 院直属单位	635	381	52	86	146	62	35	160	94
3. 院直机关	289	4	1	1	1	1	0	281	4
4. 女职工	1580	1360	205	405	534	137	79	192	28

二 中国社会科学院2012年 在职人员年龄结构

人数 项目 单位	合计	25岁及以下	26～30岁	31～35岁	36～40岁	41～45岁	46～50岁	51～55岁	56～60岁	女	60岁以上
总计	3884	51	258	543	578	582	702	505	568	132	97
文学研究所	122	0	3	21	15	15	22	18	25	9	3
民族文学研究所	47	0	6	9	7	2	9	9	5	1	0
语言研究所	79	0	0	6	13	16	16	13	13	4	2
哲学研究所	132	1	7	12	18	20	29	14	24	7	7
世界宗教研究所	73	0	0	10	9	16	14	13	11	2	0
考古研究所	150	0	9	14	31	24	31	23	16	1	2
历史研究所（含郭沫若纪念馆）	144	2	5	23	25	22	24	21	17	6	5
近代史研究所	126	4	2	21	20	15	28	18	14	2	4
世界历史研究所	88	2	7	10	18	14	13	5	14	4	5
中国边疆史地研究中心	37	0	1	8	6	3	7	7	4	1	1
经济研究所	131	3	7	14	17	16	23	14	34	7	3
工业经济研究所	90	1	2	17	11	14	19	12	11	0	3
农村发展研究所	79	0	1	9	5	9	23	16	15	1	1
财经战略研究院	82	2	9	16	14	9	10	9	10	3	3
金融研究所	43	0	1	8	13	12	2	3	4	0	0
数量经济与技术经济研究所	73	1	2	3	11	14	16	11	9	3	6

续表

人数＼项目　　单位	年龄结构										
	合计	25岁及以下	26～30岁	31～35岁	36～40岁	41～45岁	46～50岁	51～55岁	56～60岁	女	60岁以上
人口与劳动经济研究所	48	0	2	12	9	4	9	4	7	1	1
城市发展与环境研究所	37	0	1	3	7	9	11	3	3	2	0
法学研究所	100	0	6	16	15	15	18	12	14	1	4
国际法研究中心	32	1	3	5	11	5	3	0	4	2	0
政治学研究所	42	0	1	8	5	10	8	5	5	0	0
民族学与人类学研究所	154	0	3	15	24	36	38	11	26	7	1
社会学研究所	76	0	6	17	11	8	15	4	14	7	1
社会发展战略研究院	11	1	1	2	1	1	2	1	1	0	1
新闻与传播研究所	43	1	2	12	2	9	6	5	6	2	0
世界经济与政治研究所	114	0	12	12	25	14	19	17	13	6	2
俄罗斯东欧中亚研究所	85	0	4	7	17	19	12	12	12	6	2
欧洲研究所	51	1	1	11	10	7	7	6	7	2	1
西亚非洲研究所	54	0	1	6	11	5	17	5	9	3	0
拉丁美洲研究所	55	2	5	6	15	8	7	4	7	2	1
亚太与全球战略研究院	53	0	3	12	13	7	9	4	3	1	2
美国研究所	56	0	4	6	12	9	14	6	4	2	1
日本研究所	48	1	2	3	7	10	7	8	10	5	0
马克思主义研究院	138	0	6	33	31	29	11	10	13	4	5
当代中国研究所	97	1	5	9	15	24	22	9	11	0	1
信息情报研究院	35	0	1	11	4	4	6	4	3	1	2
办公厅	49	1	3	5	7	3	10	12	7	0	1
科研局	34	0	4	9	1	6	5	6	3	1	0
人事教育局	34	3	10	6	4	3	5	3	0	0	0

续表

人数＼项目＼单位	年 龄 结 构										
	合计	25岁及以下	26～30岁	31～35岁	36～40岁	41～45岁	46～50岁	51～55岁	56～60岁	女	60岁以上
国际合作局	41	0	4	4	2	9	9	4	8	1	1
财务基建计划局	37	2	6	2	1	7	8	7	4	2	0
直属机关党委	20	1	3	4	1	3	5	1	1	0	1
创新办	3	0	0	1	1	1	0	0	0	0	0
老干部工作局	21	1	5	1	1	3	2	4	3	1	1
纪检组/监察局	20	0	5	3	3	3	2	2	2	1	0
研究生院	141	5	26	18	14	14	17	20	24	3	3
院图书馆（文献信息中心）	106	2	14	15	6	9	21	17	21	8	1
中国社会科学出版社	88	2	10	11	8	15	15	14	12	2	1
社会科学文献出版社	39	0	6	7	3	2	7	5	8	2	1
计算机网络中心	27	0	2	11	4	2	1	2	4	0	1
服务中心	144	5	5	6	7	14	24	43	39	1	1
人才交流中心	6	0	0	1	1	0	1	2	1	0	0
人文公司	28	1	2	0	1	4	5	7	6	0	2
中国地方志指导小组办公室	46	3	10	8	2	6	9	3	5	0	0
院领导	15	0	0	0	0	0	0	1	5	1	9
基建办公室	15	0	2	3	2	2	2	3	1	0	0
1. 研究单位	2960	27	148	424	496	473	553	349	417	109	73
2. 院直属单位	635	16	68	81	59	69	101	113	117	16	11
3. 院直机关	289	8	42	38	23	40	48	43	34	7	13
4. 女职工	1580	34	147	270	261	260	283	183	132	132	10

三　中国社会科学院2012年在职各类专业人员学历结构

人数 项目 类别	专业人员总数	学历结构							
		研究生	博士	硕士	大学	大专	中专	高中	初中及以下
总计	3052	2184	1330	843	627	196	9	23	13
其中：正高级	787	630	394	230	152	3	0	0	2
副高级	909	701	477	238	163	43	1	1	0
中级	1008	700	384	299	189	103	2	10	4
初级	181	47	0	45	79	37	5	11	2
未定级	167	106	75	31	44	10	1	1	5
1. 研究人员	2118	1811	1204	593	277	19	0	2	9
研究员	654	542	364	176	109	1	0	0	2
副研究员	678	597	429	161	77	4	0	0	0
助理研究员	652	571	348	218	65	12	0	2	2
研究实习员	37	22	0	22	13	1	0	0	1
研究未定职	97	79	63	16	13	1	0	0	4
2. 编辑人员	394	241	86	143	106	43	1	2	1
编审	97	65	22	41	31	1	0	0	0
副编审	117	71	23	41	33	13	0	0	0
编辑	121	75	30	42	24	21	0	0	1
助理编辑	21	7	0	7	5	6	1	2	0
编辑未定职	38	23	11	12	13	2	0	0	0
3. 翻译人员	41	24	3	17	16	1	0	0	0

续表

人数　　　项目 类别	专业人员总数	学 历 结 构							
		研究生	博士	硕士	大学	大专	中专	高中	初中及以下
译审	8	5	0	3	3	0	0	0	0
副译审	14	9	3	6	5	0	0	0	0
翻译	13	7	0	5	5	1	0	0	0
助理翻译	6	3	0	3	3	0	0	0	0
翻译未定职	0	0	0	0	0	0	0	0	0
4. 教学人员	76	57	21	36	15	4	0	0	0
教授	21	15	7	8	6	0	0	0	0
副教授	18	15	9	6	2	1	0	0	0
讲师	23	20	4	16	3	0	0	0	0
助教	8	5	0	5	3	0	0	0	0
教学未定职	6	2	1	1	1	3	0	0	0
5. 工程技术人员	46	8	0	7	32	5	1	0	0
高级工程师	6	1	0	1	4	0	1	0	0
工程师	23	5	0	4	15	3	0	0	0
助理工程师、技术员	17	2	0	2	13	2	0	0	0
工程未定职	0	0	0	0	0	0	0	0	0
6. 图书、文博、资料人员	275	37	5	27	131	88	4	13	2
研究馆员	7	3	1	2	3	1	0	0	0
副研究馆员	68	6	2	4	39	22	0	1	0
馆员	140	20	2	14	60	52	1	6	1
助理馆员、管理员	48	6	0	5	24	10	2	5	1
图书未定职	12	2	0	2	5	3	1	1	0
7. 会计人员	79	1	0	0	42	28	2	5	1
高级会计师	3	0	0	0	2	1	0	0	0

续表

人数 \ 项目 \ 类别	专业人员总数	学 历 结 构							
		研究生	博士	硕士	大学	大专	中专	高中	初中及以下
会计师	27	0	0	0	14	11	0	2	0
助理会计师、会计员	35	1	0	0	14	15	2	3	0
会计未定职	14	0	0	0	12	1	0	0	1
8. 经济人员	13	3	1	0	4	5	0	1	0
高级经济师	2	1	1	0	0	1	0	0	0
经济师	5	2	0	0	1	2	0	0	0
助理经济师、经济员	6	0	0	0	3	2	0	1	0
经济未定职	0	0	0	0	0	0	0	0	0
9. 统计人员	1	0	0	0	1	0	0	0	0
高级统计师	0	0	0	0	0	0	0	0	0
统计师	1	0	0	0	1	0	0	0	0
助理统计师、统计员	0	0	0	0	0	0	0	0	0
统计未定职	0	0	0	0	0	0	0	0	0
10. 卫生技术人员	9	2	0	2	3	3	1	0	0
主任医师	0	0	0	0	0	0	0	0	0
副主任医师	3	1	0	1	1	1	0	0	0
主治医师	3	0	0	0	1	1	1	0	0
医师、医士	3	1	0	1	1	1	0	0	0
卫生未定职	0	0	0	0	0	0	0	0	0

注：本统计资料含地方志指导小组办公室和当代中国研究所。

四　中国社会科学院2012年在职各类专业人员年龄结构

类别	合计	25岁及以下	26~30岁	31~35岁	36~40岁	41~45岁	46~50岁	51~55岁	56~60岁	女	60岁以上
总计	3052	25	166	464	485	498	567	351	421	125	75
其中：正高级	787	0	0	0	17	82	229	141	244	71	74
副高级	909	0	0	57	184	250	218	83	116	54	1
中级	1008	0	76	325	254	130	87	88	48	0	0
初级	181	14	56	36	7	10	18	32	8	0	0
未定级	167	11	34	46	23	26	15	7	5	0	0
1. 研究人员	2118	7	89	331	403	393	380	189	267	74	59
研究员	654	0	0	0	15	75	185	120	200	57	59
副研究员	678	0	0	53	162	213	153	47	50	17	0
助理研究员	652	0	55	238	206	89	31	19	14	0	0
研究实习员	37	3	17	9	2	2	2	1	1	0	0
研究未定职	97	4	17	31	18	14	9	2	2	0	0
2. 编辑人员	394	7	27	53	40	46	84	49	79	23	9
编审	97	0	0	0	1	6	30	17	35	12	8
副编审	117	0	0	4	15	21	38	15	23	11	1
编辑	121	0	9	36	22	14	12	13	15	0	0
助理编辑	21	2	5	3	1	1	1	4	4	0	0
编辑未定职	38	5	13	10	1	4	3	0	2	0	0

续表

人数　　　项目　　　类别	年　龄　结　构									
	合计	25岁及以下	26～30岁	31～35岁	36～40岁	41～45岁	46～50岁	51～55岁	56～60岁	女	60岁以上
3. 翻译人员	41	0	3	6	2	7	12	3	7	2	1
译审	8	0	0	0	0	0	3	2	2	0	1
副译审	14	0	0	0	1	4	5	1	3	2	0
翻译	13	1	1	3	1	2	3	1	1	0	0
助理翻译	6	0	1	5	0	0	0	0	0	0	0
翻译未定职	0	0	0	0	0	0	0	0	0	0	0
4. 教学人员	76	1	9	7	14	11	12	5	11	1	6
教授	21	0	0	0	1	0	7	2	5	1	6
副教授	18	0	0	0	4	4	5	2	3	0	0
讲师	23	0	4	5	8	5	0	0	1	0	0
助教	8	1	4	2	0	0	0	0	1	0	0
教学未定职	6	0	1	0	1	2	0	1	1	0	0
5. 工程技术人员	46	1	8	13	4	5	6	4	5	1	0
高级工程师	6	0	0	0	0	3	0	0	3	1	0
工程师	23	0	1	7	4	1	5	3	2	0	0
助理工程师、技术员	17	1	7	6	0	1	1	1	0	0	0
工程未定职	0	0	0	0	0	0	0	0	0	0	0
6. 图书、文博、资料人员	275	6	21	39	15	20	55	74	45	20	0
研究馆员	7	0	0	0	0	1	4	0	2	1	0
副研究馆员	68	0	0	0	2	5	16	16	29	19	0
馆员	140	0	4	33	10	10	26	44	13	0	0
助理馆员、管理员	48	6	15	5	1	2	7	11	1	0	0
图书未定职	12	0	2	1	2	2	2	3	0	0	0

续表

人数　　项目 类别	合计	25岁及以下	26~30岁	31~35岁	36~40岁	41~45岁	46~50岁	51~55岁	56~60岁	女	60岁以上
7. 会计人员	79	3	8	11	5	14	13	21	4	2	0
高级会计师	3	0	0	0	0	0	0	0	3	2	0
会计师	27	0	1	3	3	7	7	6	0	0	0
助理会计师、会计员	35	1	6	4	1	3	5	14	1	0	0
会计未定职	14	2	1	4	1	4	1	1	0	0	0
8. 经济人员	13	0	1	1	1	2	2	5	1	0	0
高级经济师	2	0	0	0	0	0	0	2	0	0	0
经济师	5	0	0	0	0	1	1	2	1	0	0
助理经济师、经济员	6	0	1	1	1	1	1	1	0	0	0
经济未定职	0	0	0	0	0	0	0	0	0	0	0
9. 统计人员	1	0	0	0	0	0	0	1	0	0	0
高级统计师	0	0	0	0	0	0	0	0	0	0	0
统计师	1	0	0	0	0	0	0	1	0	0	0
助理统计师、统计员	0	0	0	0	0	0	0	0	0	0	0
统计未定职	0	0	0	0	0	0	0	0	0	0	0
10. 卫生技术人员	9	0	0	3	1	0	3	0	2	2	0
主任医师	0	0	0	0	0	0	0	0	0	0	0
副主任医师	3	0	0	0	0	0	1	0	2	2	0
主治医师	3	0	0	2	0	0	1	0	0	0	0
医师、医士	3	0	0	1	1	0	1	0	0	0	0
卫生未定职	0	0	0	0	0	0	0	0	0	0	0
其中：女	1348	15	113	246	236	218	239	146	125	125	10

注：本统计资料含地方志指导小组办公室和当代中国研究所。

五　中国社会科学院2012年科学事业经费预决算情况

单位：万元

项　目 单　位	预　算	决　算　支　出				决算为预算的%
		合　计	基本合计	工　资	项目支出	
文学研究所	3334.06	3745.70	2438.48	632.40	1307.22	112
民族文学研究所	1422.43	1606.97	775.12	203.78	831.85	113
外国文学研究所	2347.83	2540.01	1589.72	392.79	950.29	108
语言研究所	2625.10	6927.81	5352.52	431.72	1575.29	264
哲学研究所	4019.37	4283.92	2820.01	664.01	1463.91	107
世界宗教研究所	2065.01	2597.45	1260.51	357.96	1336.94	126
考古研究所	7421.12	7745.91	2276.78	825.32	5469.13	104
历史研究所	3360.62	3798.34	2298.14	596.43	1500.20	113
近代史研究所	3469.73	4145.98	2192.32	604.98	1953.66	119
世界历史研究所	2385.45	2572.40	1490.54	406.13	1081.86	108
中国边疆史地研究中心	690.36	1155.98	787.94	170.87	368.04	167
经济研究所	3651.82	4448.50	2837.96	640.73	1610.54	122
工业经济研究所	1963.75	3877.62	2993.10	761.47	884.52	197
农村发展研究所	1946.85	2147.86	1146.45	359.69	1001.41	110
财经战略研究院	2456.49	4592.05	3135.53	321.18	1456.51	187
金融研究所	986.10	5204.07	4589.44	294.99	614.63	528
数量经济与技术经济研究所	1596.76	3078.63	2258.06	404.78	820.58	193

续表

项目 单位	预 算	决 算 支 出				决算为 预算的%
		合 计	基本合计	工 资	项目支出	
人口与劳动经济研究所	1029.78	1545.35	1072.84	158.71	472.51	150
城市发展与环境研究所	733.85	3394.58	2925.53	146.62	469.05	463
法学研究所	2583.42	4732.81	3450.24	806.39	1282.57	183
国际法研究所	576.58	731.20	376.25	213.85	354.95	127
政治学研究所	1091.78	1237.52	615.40	193.66	622.12	113
民族学与人类学研究所	3320.52	4125.89	2743.14	743.18	1382.75	124
社会学研究所	2197.10	2750.11	1449.57	371.91	1300.55	125
新闻与传播研究所	986.08	1163.13	764.28	199.18	398.85	118
社会发展研究所	469.11	661.25	297.63	56.21	363.61	141
世界经济与政治研究所	2974.10	3883.83	2473.09	426.75	1410.74	131
俄罗斯东欧中亚研究所	2402.68	2709.29	1768.70	418.38	940.59	113
欧洲研究所	1210.98	1415.40	709.52	265.04	705.88	117
西亚非洲研究所	1377.69	1483.89	772.52	249.17	711.37	108
拉丁美洲研究所	1481.24	1666.51	1001.29	208.70	665.22	113
亚太与全球战略研究院	1747.49	1944.13	932.95	237.46	1011.18	111
美国研究所	1292.71	1338.65	697.80	277.40	640.85	104
日本研究所	988.06	1058.68	602.71	246.30	455.97	107
马克思主义研究院	2931.21	3525.80	2005.73	584.44	1520.06	120
当代中国研究所	3023.55	3351.10	1669.21	591.10	1681.89	111
郭沫若纪念馆	520.80	795.96	328.94	102.75	467.02	153
中国社会科学院研究生院	11344.84	24882.49	10217.40	1831.15	14665.10	219
院图书馆（文献信息中心）	6773.49	6978.06	1791.57	599.76	5186.49	103

项 目 \ 单 位	预 算	决 算 支 出				决算为预算的%
		合 计	基本合计	工 资	项目支出	
中国社会科学出版社	1173.95	1253.49	941.96	0.00	311.53	107
中国社会科学杂志社	5342.79	6114.33	1473.15	432.21	4641.18	114
服务局	2521.71	6482.86	6166.09	1952.92	316.77	257
中国社会科学院（本级）	39240.06	64990.05	13271.70	2099.42	51718.35	166
中国地方志指导小组办公室	2645.94	3964.48	651.72	257.93	3312.76	150
合计	114583.26	181529.55	78131.44	16453.46	103398.11	158

六　中国社会科学院2012年邀请来访人员统计

表1　　　中国社会科学院2012年邀请来访人员按交流学科划分统计

国际合作局 交流学科	总　计		亚非处		美大处		欧洲、欧亚处		国际处		联络处	
	批次	人次	批次	人次	批次	人次	批次	人次	批次	人次	批次	人次
法学	5	15	0	0	1	1	3	6	1	8	0	0
国际问题	21	102	6	31	2	16	8	33	4	21	1	1
经济学	34	115	4	5	6	14	17	56	7	40	0	0
马克思主义	0	0	0	0	0	0	0	0	0	0	0	0
民族学	4	26	0	0	0	0	1	1	3	25	0	0
社会学	13	38	1	1	3	7	8	24	1	6	0	0
史学	14	17	2	3	0	0	11	13	0	0	1	1
图书资料	1	6	1	6	0	0	0	0	0	0	0	0
文学	9	43	1	2	2	2	3	5	2	33	1	1
语言学	9	10	3	3	2	2	4	5	0	0	0	0
哲学	4	14	1	1	0	0	3	13	0	0	0	0
政治学	6	12	0	0	0	0	4	5	2	7	0	0
宗教学	2	33	0	0	0	0	0	0	2	33	0	0
新闻出版	1	1	1	1	0	0	0	0	0	0	0	0
综合	8	42	4	29	0	0	1	1	3	12	0	0
其他	3	4	0	0	2	2	1	2	0	0	0	0
总计	134	478	24	82	18	44	64	164	25	185	3	3

表 2　　　**中国社会科学院 2012 年邀请来访人员按交流方式划分统计**

交流方式	总　计		亚非处		美大处		欧洲、欧亚处		国际处		联络处	
	批次	人次	批次	人次	批次	人次	批次	人次	批次	人次	批次	人次
学术访问	87	171	17	30	13	17	52	85	3	37	2	2
工作访问	5	11	1	7	2	2	2	2	0	0	0	0
国际会议	28	211	3	40	2	24	2	5	21	142	0	0
双边会议	7	51	1	2	0	0	5	43	1	6	0	0
合作研究	4	26	2	3	0	0	2	23	0	0	0	0
讲学	1	6	0	0	0	0	1	6	0	0	0	0
进修	1	1	0	0	0	0	0	0	0	0	1	1
其他	1	1	0	0	1	1	0	0	0	0	0	0
总计	134	478	24	82	18	44	64	164	25	185	3	3

七 中国社会科学院2012年派遣出访人员统计

表1 中国社会科学院2012年派遣出访人员按交流学科划分统计

国际合作局 交流学科	总计		亚非处		美大处		欧洲、欧亚处		国际处		联络处	
	批次	人次	批次	人次	批次	人次	批次	人次	批次	人次	批次	人次
法学	45	76	8	8	8	11	16	39	2	4	11	14
国际问题	205	301	91	129	49	64	50	89	3	3	12	16
经济学	306	419	102	150	61	82	100	127	13	15	30	45
马克思主义	18	31	8	18	4	6	4	4	0	0	2	3
民族学	19	40	5	8	4	6	5	6	2	4	3	16
社会学	60	86	23	34	6	7	12	16	4	10	15	19
史学	185	304	66	104	23	34	43	86	2	4	51	76
图书资料	8	16	0	0	0	0	7	15	0	0	1	1
文学	75	101	19	27	6	6	21	26	2	2	27	40
语言学	35	50	8	8	7	15	9	10	0	0	11	17
哲学	20	35	5	11	1	1	7	14	0	0	7	9
政治学	15	23	6	13	1	2	3	3	0	0	5	5
宗教学	40	65	4	4	4	7	5	11	0	0	27	43
新闻出版	33	77	4	4	5	6	10	37	0	0	14	30
综合	68	430	16	295	8	26	30	75	2	2	12	32
其他	6	11	1	1	2	2	3	8	0	0	0	0
总计	1138	2065	366	814	189	275	325	566	30	44	228	366

表 2　　　　　**中国社会科学院 2012 年派遣出访人员按交流方式划分统计**

国际合作局 交流方式	总 计		亚非处		美大处		欧洲、欧亚处		国际处		联络处	
	批次	人次	批次	人次	批次	人次	批次	人次	批次	人次	批次	人次
学术访问	500	1027	133	379	85	139	164	327	4	4	114	178
工作访问	46	196	11	118	8	14	13	37	0	0	14	27
国际会议	420	543	178	227	63	76	109	141	25	33	45	66
双边会议	101	208	32	77	14	27	20	40	1	7	34	57
合作研究	28	41	7	7	2	2	12	14	0	0	7	18
讲学	20	22	3	4	3	3	3	3	0	0	11	12
进修	23	28	2	2	14	14	4	4	0	0	3	8
总计	1138	2065	366	814	189	275	325	566	30	44	228	366

八 中国社会科学院图书馆系统2012年藏书情况

项　目 单　位	合　计 （万册）	新购图书（册）		新购期刊（种）	
		中文	外文	中文	外文
院图书馆（文献信息中心）	185.96	11986	7701	1456	881
法学分馆	23.92	9120	121	118	62
民族分馆	45.06	2384	647	191	58
国际研究分馆	22.14	607	1846	585	519
研究生院分馆	33.88	18206	594	1060	119
经济研究所	70.43	2780	1538	377	106
考古研究所	29.89	2709	238	169	140
历史研究所	60.2	2070	20	374	0
近代史研究所	60.66	1298	530	289	61
世界历史研究所	10.99	27	1133	105	96
中国社会科学出版社	3	0	0	1	0
中国社会科学杂志社	5.59	1210	0	372	12
中国边疆史地研究中心	1.77	160	0	75	0
当代中国研究所	8.47	2132	0	191	4
总计	561.96	54689	14368	5363	2058

九 中国社会科学院各出版社 2012年图书出版情况

表1　　　　中国社会科学出版社 2012 年图书出版情况

项　目 分　类	本版图书种数（种）		总印数 （万册）	总印张 （千印张）	定价总金额 （万元）
	合　计	其中：新出			
图书总计	1347	1311	406.89	83400.29	19041.59
使用"中国标准书号"部分合计	1347	1311	406.89	83400.29	19041.59
马克思列宁主义、毛泽东思想	18	18	2.40	664.45	167.31
哲学	141	138	22.22	5001.44	1233.43
社会科学总论	44	42	8.50	1898.54	440.71
政治、法律	407	384	276.31	56991.96	12147.05
军事	4	3	0.40	92	26.40
经济	210	206	26.44	4681.59	1309.40
文化、科学、教育、体育	117	115	14.89	2839.77	51.84
语言、文字	60	60	6.06	1150.24	352.71
文学	162	161	20.06	3551.34	962.19
艺术	26	26	4.11	740.73	210.52
历史、地理	115	115	19.19	4657.06	1159.34
自然科学总论	6	6	0.75	137.38	38.10
数理科学和化学	1	1	0.08	7.40	3.04
天文学、地理科学	1	1	0.10	1.60	4.80
生物科学	7	7	0.98	191.93	55.02
医药、卫生	11	11	1.74	270.40	69.38
农业科学	1	1	0.10	17.75	3.50
工业技术	6	6	0.78	112.40	3.50
环境科学	8	8	1.48	287.40	75.90
综合性图书	2	2	0.30	105	27.45

表 2 　　　　　**社会科学文献出版社 2012 年图书出版情况**

项　目 分　类	本版图书种数（种）		总印数 （万册）	总印张 （千印张）	定价总金额 （万元）
	合　计	其中：新出			
图书总计	1230	1081	424.35	40533.33	22474.76
使用"中国标准书号"部分合计	1230	1081	424.35	40533.33	22474.76
马克思主义	80	74	40.09	2833.42	1664.15
哲学宗教	13	11	2.40	380.65	214.62
社会科学总论	244	222	63.77	7350.87	4179.37
政治、法律	213	204	55.05	6742.93	4383.34
经济	259	244	65.90	4830.75	4721.73
文化、科学、教育、体育	39	28	10.78	1183.38	672.71
语言、文字	79	76	22	2197.14	1266.22
文学	38	26	15.28	2970.78	746.55
艺术	227	188	88.88	9299.23	3962.45
历史、地理	12	8	3.98	372.13	167.33
医药卫生	0	0	0	0	0
工业技术	0	0	0	0	0
环境科学	0	0	0	0	0
综合性图书	26	0	56.22	2372.05	496.29

表 3　　　　　　　　　　**经济管理出版社 2012 年图书出版情况**

项　目 分　类	本版图书种数（种）		总印数 （万册）	总印张 （千印张）	定价总金额 （万元）
	合　计	其中：新出			
图书总计	567	507	160.95	24564	7347.06
使用"中国标准书号"部分合计	567	507	160.95	24564	7347.06
哲学	16	16	5.80	778	190.14
社会科学总论	22	16	6.40	1060	250.64
政治、法律	23	22	6.70	1019	330.30
军事	2	2	0.40	39	15.60
经济	403	363	109.25	17006	5156.28
文化、科学、教育、体育	45	38	17.30	2734	855.60
语言、文字	5	4	1.90	271	65.30
文学	7	7	2.43	127	6.50
艺术	3	3	0.90	132	41.10
历史、地理	10	8	2.70	302	96.30
数理科学、化学	1	1	0.20	14	7.60
天文学、地球科学	1	1	0.20	36	13.60
医药、卫生	2	2	0.40	77	21.20
农业科学	1	1	0.20	28	9.80
工业技术	20	17	3.30	419	133.10
交通运输	2	2	0.40	49	17.20
环境科学	4	4	2.50	287	66.80

十 中国社会科学院2012年期刊一览表

序号	名 称	主办单位	主 编	地 址	邮 编
1	《经济研究》（月刊）	经济研究所	裴长洪	北京西城区阜外月坛北小街2号	100836
2	《中国经济史研究》（季刊）	经济研究所	刘兰兮	北京西城区阜外月坛北小街2号	100836
3	《经济学动态》（月刊）	经济研究所	杨春学	北京西城区阜外月坛北小街2号	100836
4	《财智生活》（月刊）	经济研究所	裴长洪	北京西城区阜外月坛北小街2号	100836
5	《中国城市年鉴》（英文版）（年刊）	经济研究所	程安东	北京东城区东四南大街演乐胡同116号	100010
6	《中国城市年鉴》（年刊）	经济研究所	程安东	北京东城区东四南大街演乐胡同116号	100010
7	《中国城市经济》（月刊）	经济研究所	杨重光	北京朝阳区望京西路48号金隅国际D座	100102
8	《经济管理》（月刊）	工业经济研究所	金 碚	北京西城区阜外月坛北小街2号	100836
9	《中国工业经济》（月刊）	工业经济研究所	金 碚	北京西城区阜外月坛北小街2号	100836
10	《中国经营报》（周双）	工业经济研究所	李佩钰	北京海淀区西四环北路6号院1号楼	100097
11	《精品购物指南》（周双）	工业经济研究所	张书新	北京海淀区民族学院南路甲19号	100086

续表

序号	名　称	主办单位	主　编	地　址	邮　编
12	《商学院》（月刊）	工业经济研究所	王立鹏	北京海淀区西四环北路6号院1号楼	100097
13	《职场》（月刊）	工业经济研究所	王立鹏	北京海淀区西四环北路6号院1号楼	100097
14	*China Economist*（双月刊）	工业经济研究所	金　碚	北京西城区阜外月坛北小街2号	100836
15	《风尚志》（半月刊）	工业经济研究所	王月新	北京东城区东四七条19号	100007
16	《中国农村经济》（月刊）	农村发展研究所	李　周	北京东城区建内大街5号	100732
17	《中国农村观察》（双月刊）	农村发展研究所	李　周	北京东城区建内大街5号	100732
18	《财贸经济》（月刊）	财经战略研究院	高培勇	北京西城区三里河东路5号中商大厦	100836
19	《数量经济技术经济研究》（月刊）	数量经济与技术经济研究所	李　平	北京东城区建内大街5号	100732
20	《中国人口科学》（双月刊）	人口与劳动经济研究所	蔡　昉	北京朝阳区曙光西里28号中冶大厦	100028
21	《劳动经济学》（双月刊）	人口与劳动经济研究所	蔡　昉	北京朝阳区曙光西里28号中冶大厦	100028
22	《金融评论》（双月刊）	金融研究所	王国刚	北京朝阳区曙光西里28号中冶大厦	100028
23	《哲学研究》（月刊）	哲学研究所	谢地坤	北京东城区建内大街5号	100732
24	《哲学动态》（月刊）	哲学研究所	余　涌	北京东城区建内大街5号	100732

序号	名　称	主办单位	主　编	地　址	邮　编
25	《中国哲学年鉴》（年刊）	哲学研究所	谢地坤	北京东城区建内大街5号	100732
26	《世界哲学》（双月刊）	哲学研究所	周晓亮	北京东城区建内大街5号	100732
27	《中国哲学史》（季刊）	哲学研究所	李存山	北京东城区建内大街5号	100732
28	《马克思主义研究》（月刊）	马克思主义研究院	程恩富	北京东城区建内大街5号	100732
29	《科学与无神论》（双月刊）	马克思主义研究院	杜继文	北京东城区建内大街5号	100732
30	《世界宗教文化》（双月刊）	世界宗教研究所	金　泽	北京东城区建内大街5号	100732
31	《世界宗教研究》（双月刊）	世界宗教研究所	卓新平	北京东城区建内大街5号	100732
32	《考古》（月刊）	考古研究所	王　巍	北京区东城王府井大街27号	100710
33	《考古学报》（季刊）	考古研究所	刘庆柱	北京区东城王府井大街27号	100710
34	《中国史研究》（季刊）	历史研究所	彭　卫	北京东城区建内大街5号	100732
35	《中国史研究动态》（月刊）	历史研究所	刘洪波	北京东城区建内大街5号	100732
36	《近代史研究》（双月刊）	近代史研究所	徐秀丽	北京东城区王府井大街东厂胡同1号	100006
37	《抗日战争研究》（季刊）	近代史研究所	高士华	北京东城区王府井大街东厂胡同1号	100006

续表

序号	名　称	主办单位	主　编	地　址	邮　编
38	《世界历史》（双月刊）	世界历史研究所	张顺洪	北京东城区王府井大街东厂胡同1号	100006
39	《史学理论研究》（季刊）	世界历史研究所	于　沛	北京东城区王府井大街东厂胡同1号	100006
40	《中国地方志》（月刊）	中国地方志指导小组办公室	于伟平	北京朝阳区潘家园东里9号	100021
41	《中国地方志年鉴》（年刊）	中国地方志指导小组办公室	田　嘉	北京朝阳区潘家园东里9号	100021
42	《中国边疆史地研究》（季刊）	中国边疆史地研究中心	李大龙	北京东城区建内大街先晓胡同10号	100005
43	《文学评论》（双月刊）	文学研究所	陆建德	北京东城区建内大街5号	100732
44	《文学遗产》（双月刊）	文学研究所	刘跃进	北京东城区建内大街5号	100732
45	《中国文学年鉴》（年刊）	文学研究所	杨　义	北京东城区建内大街5号	100732
46	《民族文学研究》（季刊）	民族文学研究所	汤晓青	北京东城区建内大街5号	100732
47	《外国文学评论》（季刊）	外国文学研究所	陈众议	北京东城区建内大街5号	100732
48	《世界文学》（双月刊）	外国文学研究所	余中先	北京东城区建内大街5号	100732
49	《外国文学动态》（双月刊）	外国文学研究所	苏　玲	北京东城区建内大街5号	100732
50	《中国语文》（双月刊）	语言研究所	沈家煊	北京东城区建内大街5号	100732

序号	名 称	主办单位	主编	地 址	邮 编
51	《当代语言学》（季刊）	语言研究所	沈家煊 顾曰国	北京东城区建内大街5号	100732
52	《方言》（季刊）	语言研究所	麦 耘	北京东城区建内大街5号	100732
53	《政治学研究》（双月刊）	政治学研究所	王一程	北京朝阳区曙光西里28号中冶大厦	100028
54	《法学研究》（双月刊）	法学研究所	梁慧星	北京东城区沙滩北街15号	100720
55	《环球法律评论》（双月刊）	法学研究所	刘作翔	北京东城区沙滩北街15号	100720
56	《民族语文》（双月刊）	民族学与人类学研究所	黄 行	北京海淀区中关村南大街27号民族大学内6号楼	100081
57	《民族研究》（双月刊）	民族学与人类学研究所	郝时远	北京海淀区中关村南大街27号民族大学内6号楼	100081
58	《世界民族》（双月刊）	民族学与人类学研究所	王延中	北京海淀区中关村南大街27号民族大学内6号楼	100081
59	《社会学研究》（双月刊）	社会学研究所	李培林	北京东城区建内大街5号	100732
60	《青年研究》（双月刊）	社会学研究所	单光鼐	北京东城区建内大街5号	100732
61	《新闻与传播研究》（月刊）	新闻与传播研究所	唐绪军	北京朝阳区光华路15号院1号楼泰达时代中心	100026

续表

序号	名　称	主办单位	主　编	地　址	邮　编
62	《中国新闻年鉴》（年刊）	新闻与传播研究所	钱莲生	北京朝阳区光华路15号院1号楼泰达时代中心	100026
63	《世界经济》（月刊）	世界经济与政治研究所	张宇燕	北京东城区建内大街5号	100732
64	《世界经济与政治》（月刊）	世界经济与政治研究所	张宇燕	北京东城区建内大街5号	100732
65	《中国与世界经济》（英文版）（双月刊）	世界经济与政治研究所	余永定	北京东城区建内大街5号	100732
66	《世界经济年鉴》（年刊）	世界经济与政治研究所	陈国平	北京东城区建内大街5号	100732
67	《国际经济评论》（双月刊）	世界经济与政治研究所	张宇燕	北京东城区建内大街5号	100732
68	《美国研究》（季刊）	美国研究所	黄　平	北京西城区鼓楼西大街甲158号东楼	100720
69	《商业评论》（月刊）	美国研究所	黄　平	北京西城区鼓楼西大街甲158号东楼	100720
70	《俄罗斯东欧中亚研究》（双月刊）	俄罗斯东欧中亚研究所	常　玢	北京东城区张自忠路3号东院	100007
71	《俄罗斯东欧中亚市场》（月刊）	俄罗斯东欧中亚研究所	常　玢	北京东城区张自忠路3号东院	100007
72	《日本学刊》（双月刊）	日本研究所	李　薇	北京东城区张自忠路3号东院	100007
73	《欧洲研究》（双月刊）	欧洲研究所	周　弘	北京东城区建内大街5号	100732
74	《西亚非洲》（双月刊）	西亚非洲研究所	杨　光	北京东城区张自忠路3号东院	100007

序号	名　称	主办单位	主　编	地　址	邮　编
75	《拉丁美洲研究》（双月刊）	拉丁美洲研究所	郑秉文	北京东城区张自忠路3号东院	100007
76	《当代亚太》（双月刊）	亚太与全球战略研究院	李向阳	北京东城区张自忠路3号东院	100007
77	《南亚研究》（季刊）	亚太与全球战略研究院	李向阳	北京东城区张自忠路3号东院	100007
78	《台湾研究》（双月刊）	台湾研究所	余克礼	北京海淀区中关村东路21号	100091
79	《当代中国史研究》（双月刊）	当代中国研究所	张星星	北京西城区地安门西大街旌勇里8号	100009
80	《今日中国论坛》（月刊）	政治学研究所	蔡华	北京东城区沙滩北街2号	100727
81	《中国社会科学院研究生院学报》（双月刊）	中国社会科学院研究生院	文学国	北京房山区良乡高教园区中国社会科学院研究生院	102488
82	《环球市场信息导报》（月刊）	中国社会科学院图书馆	杨沛超	北京东城区建内大街5号	100732
83	《国外社会科学》（双月刊）	中国社会科学院信息情报研究院	张树华	北京东城区建内大街5号	100732
84	《第欧根尼》（半年刊）	中国社会科学院信息情报研究院	肖俊明	北京东城区建内大街5号	100732
85	《程序员》（半月刊）	中国社会科学院图书馆	黄长著	北京东城区建内大街5号	100732
86	《当代韩国》（季刊）	社会科学文献出版社	汝信	北京西城区北三环中路甲29号院3号楼	100029

续表

序号	名　称	主办单位	主　编	地　址	邮　编
87	《中国社会科学》（月刊）	中国社会科学杂志社	高　翔	北京朝阳区光华路15号院1号楼泰达时代中心	100026
88	《历史研究》（双月刊）	中国社会科学杂志社	高　翔	北京朝阳区光华路15号院1号楼泰达时代中心	100026
89	《中国社会科学》（英文版）（季刊）	中国社会科学杂志社	高　翔	北京朝阳区光华路15号院1号楼泰达时代中心	100026
90	《中国社会科学文摘》（月刊）	中国社会科学杂志社	高　翔	北京朝阳区光华路15号院1号楼泰达时代中心	100026
91	《国际社会科学》（季刊）	中国社会科学杂志社	王利民	北京朝阳区光华路15号院1号楼泰达时代中心	100026
92	《中国社会科学报》（周双）	中国社会科学杂志社	高　翔	北京朝阳区光华路15号院1号楼泰达时代中心	100026
93	《社会科学管理与评论》（季刊）	科研局/学部工作局	晋保平	北京东城区建内大街5号	100732
94	《中国社会科学院年鉴》（年刊）	办公厅	王伟光 黄浩涛	北京东城区建内大街5号	100732

十一　中国社会科学院2012年主管学术社团一览表

序号	名　　称	负责人	挂 靠 单 位	成立时间
1	中国经济史学会	董志凯	经济研究所	1986
2	中国经济思想史学会	钱　津	经济研究所	1980
3	中国《资本论》研究会	裴小革	经济研究所	1981
4	中国比较经济学研究会	余大章	经济研究所	1986
5	孙冶方经济科学基金会	李建阁	经济研究所	1983
6	中国城市发展研究会	旷建伟	经济研究所	1984
7	中国工业经济学会	吕　政	工业经济研究所	1979
8	中国区域经济学会	金　碚	工业经济研究所	1990
9	中国企业管理研究会	黄速建	工业经济研究所	1981
10	中国生态经济学会	黄浩涛	农村发展研究所	1984
11	中国林牧渔业经济学会	李　周	农村发展研究所	1979
12	中国县镇经济交流促进会	权兆能	农村发展研究所	1992
13	中国国外农业经济研究会	杜志雄	农村发展研究所	1978
14	中国城郊经济研究会	谢　扬	农村发展研究所	1986
15	中国西部开发促进会	赵　霖	农村发展研究所	2006
16	中国成本研究会	揣振宇	财政战略研究院	1980
17	中国市场学会	荆林波	财政战略研究院	1991
18	中国数量经济学会	李　平	数量经济与技术经济研究所	1979
19	中国考古学会	张忠培	考古研究所	1979
20	中国明史学会	商　传	历史研究所	1989
21	中国殷商文化学会	王震中	历史研究所	1989

续表

序号	名　　称	负责人	挂靠单位	成立时间
22	中国中外关系史学会	耿　昇	历史研究所	1981
23	中国魏晋南北朝史学会	李　凭	历史研究所	1984
24	中国先秦史研究会	宋镇豪	历史研究所	1982
25	中国秦汉史研究会	王子今	历史研究所	1983
26	中国孙中山研究会	张海鹏	近代史研究所	1984
27	中国现代文化学会	耿云志	近代史研究所	1989
28	中国抗日战争史学会	步　平	近代史研究所	1991
29	中国中俄关系史研究会	李静杰	近代史研究所	1979
30	中国史学会	张海鹏	近代史研究所	1949
31	中国国际文化书院	张顺洪	世界历史研究所	1989
32	中国中日关系史学会	徐启新	世界历史研究所	1984
33	中国非洲史研究会	毕健康	世界历史研究所	1980
34	中国拉丁美洲史学会	王文仙	世界历史研究所	1979
35	中国日本史学会	汤重南	世界历史研究所	1980
36	中国美国史研究会	孟庆龙	世界历史研究所	1979
37	中国英国史研究会	吴必康	世界历史研究所	1980
38	中国第二次世界大战史研究会	张晓华	世界历史研究所	1980
39	中国世界古代中世纪史研究会	徐建新	世界历史研究所	1991
40	中国世界近现代史研究会	俞金尧	世界历史研究所	1991
41	中国朝鲜史研究会	孙　泓	世界历史研究所	1979
42	中国苏联东欧史研究会	黄立茀	世界历史研究所	1985
43	中国法国史研究会	端木美	世界历史研究所	1979
44	中国德国史研究会	邸　文	世界历史研究所	1980
45	中国近代文学学会	王　飚	文学研究所	1988
46	中华文学史料学学会	刘跃进	文学研究所	1990
47	中国中外文艺理论学会	高建平	文学研究所	1994

序号	名　称	负责人	挂靠单位	成立时间
48	中国鲁迅研究会	赵京华	文学研究所	1979
49	中国当代文学研究会	白　烨	文学研究所	1978
50	中国现代文学研究会	张中良	文学研究所	1979
51	中国少数民族文学学会	朝戈金	民族文学研究所	1979
52	中国维吾尔历史文化研究会	塔瓦库力	民族文学研究所	1996
53	中国蒙古文学学会	吴团英	民族文学研究所	1989
54	中国江格尔研究学会	朝戈金	民族文学研究所	1991
55	中国外国文学学会	陈众议	外国文学研究所	1979
56	中国语言学会	沈家煊	语言研究所	1980
57	全国汉语方言学会	李　蓝	语言研究所	1981
58	中国历史唯物主义学会	李崇富	马克思主义研究院	1981
59	中华外国经济学说研究会	程恩富	马克思主义研究院	1979
60	中国无神论学会	习五一	马克思主义研究院	1978
61	中国逻辑学会	邹崇理	哲学研究所	1979
62	中国辩证唯物主义研究会	孙伟平	哲学研究所	1982
63	中国哲学史学会	李存山	哲学研究所	1979
64	中国马克思主义哲学史学会	魏小萍	哲学研究所	1979
65	中华美学学会	徐碧辉	哲学研究所	1980
66	中国伦理学会	孙春晨	哲学研究所	1980
67	国际易学联合会	李惠国	哲学研究所	2004
68	中华全国外国哲学史学会	谢地坤	哲学研究所	1980
69	中国现代外国哲学学会	江　怡	哲学研究所	1979
70	中国宗教学会	卓新平	世界宗教研究所	1989
71	中国法律史学会	杨一凡	法学研究所	1979
72	中国政治学会	李慎明	政治学研究所	1980
73	中国政策科学研究会	陈炎兵	政治学研究所	1994

续表

序号	名　　称	负责人	挂　靠　单　位	成立时间
74	中国民族研究团体联合会	郝时远	民族学与人类学研究所	1979
75	中国世界民族学会	郝时远	民族学与人类学研究所	1979
76	中国民族史学会	郝时远	民族学与人类学研究所	1983
77	中国突厥语研究会	黄　行	民族学与人类学研究所	1980
78	中国民族理论学会	陈改户	民族学与人类学研究所	1980
79	中国民族学学会	郝时远	民族学与人类学研究所	1980
80	中国民族语言学会	黄　行	民族学与人类学研究所	1979
81	中国民族古文字研究会	揣振宇	民族学与人类学研究所	1980
82	中国西南民族研究会	何耀华	民族学与人类学研究所	1989
83	中国社会学会	李培林	社会学研究所	1979
84	中国社会心理学会	杨宜音	社会学研究所	1982
85	中国世界经济学会	张宇燕	世界经济与政治研究所	1980
86	中国新兴经济体研究会	张宇燕	世界经济与政治研究所	1978
87	中国俄罗斯东欧中亚学会	李静杰	俄罗斯东欧中亚研究所	1981
88	中国欧洲学会	周　弘	欧洲研究所	1984
89	中国亚非学会	张宏明	西亚非洲研究所	1962
90	中国中东学会	杨　光	西亚非洲研究所	1982
91	中国拉丁美洲学会	宋晓平	拉丁美洲研究所	1984
92	中华美国学会	胡国成	美国研究所	1988
93	中国亚洲太平洋学会	张蕴岭	亚洲太平洋研究所	1994
94	中国南亚学会	孙士海	亚洲太平洋研究所	1978
95	中华日本学会	武　寅	日本研究所	1990
96	全国日本经济学会	黄晓勇	日本研究所	1978
97	中国社会科学情报学会	黄长著	中国社会科学院图书馆	1986
98	中国郭沫若研究会	蔡　震	郭沫若纪念馆	1983
99	中国地方志学会	李富强	中国地方志指导小组办公室	1981

序号	名　　称	负责人	挂靠单位	成立时间
100	中华人民共和国国史学会	朱佳木	当代中国研究所	1992
101	中国红色文化研究会	刘润为	政治学研究所	1985
102	全国台湾研究会	许世铨	台湾研究所	1988
103	中国城市经济学会	王振中	（暂缺）	1986

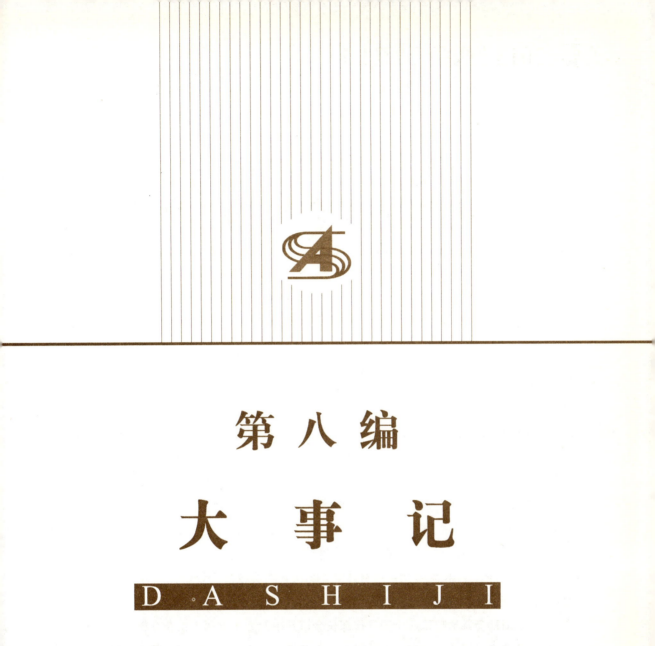

第八编

大 事 记

DASHIJI

中国社会科学院2012年大事记

一　月

1月1日　全国政协副主席、院党组书记、院长陈奎元在政协礼堂出席全国政协2012年新年茶话会。

1月5日　中国社会科学院中国廉政研究中心山西调研基地揭牌仪式在山西省太原市举行。中央纪委驻院纪检组组长李秋芳出席揭牌仪式并讲话。

1月6日　由中国社会科学院主办、人口与劳动经济研究所承办的"中国社会科学论坛（2011/2012·经济学）：新时期中国收入分配"在京举行。副院长武寅出席论坛并致辞。

1月8日　全国政协副主席、院党组书记、院长陈奎元看望著名文学家、翻译家杨绛先生。秘书长黄浩涛及院有关单位负责同志陪同看望。

1月9日　党组书记、院长陈奎元主持召开第245次党组会议。会议研究部署了落实中央重大交办调研课题和学习贯彻全国宣传部长会议精神等有关事宜。

1月11日　中国社会科学院传达全国宣传部长会议及中纪委十七届七次全会精神会议举行。

1月12日　党组副书记王伟光主持召开第246次党组会议。会议研究了干部人事工作。

　　　　△常务副院长王伟光主持召开2012年度第1次院长办公会议。会议审议了《关于在实施创新工程中充分发挥学部作用的若干意见和设立学部委员创新岗位实施细则》《2012年长城学者增补方案》等事项。

1月16日　党组副书记王伟光主持召开第247次党组会议。会议传达学习了有关文件，讨论意见以专题报告形式上报中央。会议听取了关于中国社会科学院出席党的十八大代表和中央国家机关党代会会议代表推荐提名情况的报告。

　　　　△常务副院长王伟光，副院长高全立、武寅会见到访的陕西省社会科学院院长任宗哲一行。

　　　　△副院长李扬会见到访的德国驻华大使一行。

1月17日　中国社会科学院2012年春节团拜会举行。

△中国社会科学院 2012 年春节老领导团拜会举行。

1 月 18 日　中共中央政治局常委李长春，中共中央政治局委员、中央书记处书记、中宣部部
长刘云山看望了著名文学家、翻译家杨绛先生，向她致以新春问候。常务副院长王伟光和
秘书长黄浩涛陪同看望。

△中共中央政治局委员、国务委员刘延东看望了著名文学家、翻译家杨绛先生，向她
致以新春问候。常务副院长王伟光和国务院副秘书长江小涓陪同看望。

△中国社会科学院 2012 年创新工程试点单位第一批签约仪式举行。常务副院长王伟
光，副院长高全立、武寅，中央纪委驻院纪检组组长李秋芳，秘书长黄浩涛出席，王伟光
与历史研究所等 2012 年第一批创新工程试点单位及首席管理签约并讲话。李秋芳作有关
问题说明。黄浩涛主持仪式。

△常务副院长王伟光主持召开 2012 年度第 2 次院长办公会议。李慎明在会上通报了
以中国社会科学院中国特色社会主义理论体系研究中心名义在中央级报刊发表理论文章的
有关情况。会议听取了人事教育局关于 2011 年度创新单位及创新岗位考核情况的汇报，
科研局关于 2011 年若干专项检查存在问题处理情况的汇报和办公厅等单位关于 2011 年第
四季度相关工作落实情况汇报。会议对院属各单位贯彻落实 2011 年报刊出版馆网库名优
建设经验交流会工作措施汇总情况进行了审议。

1 月 20 日　中国社会科学院党组新春团拜会举行。

二　月

2 月 1 日　中国社会科学院创新工程第一批签约单位工作汇报会举行。常务副院长王伟光、副
院长武寅、秘书长黄浩涛出席会议。

2 月 2 日　常务副院长王伟光主持召开 2012 年度第 1 次院务会议。会议听取了关于中国社会科
学院第八届院级专业技术资格评审委员会换届工作的汇报。会议通过了第八届院级专业技
术资格评委会组成人员名单。

△常务副院长王伟光主持召开 2012 年度第 3 次院长办公会议。会议审议了《关于中
国社会科学院与云南省人民政府签订战略合作框架协议的请示》《关于设立院交通安全委
员会及其办事机构的说明》等事项，听取了科研局《关于近期中国社会科学院部分研究机
构发布研究成果引起社会不同反响的情况报告》。

△德国总理默克尔在中国社会科学院就中德关系、国际经济和金融问题等发表了演
讲。常务副院长王伟光致欢迎词，副院长李扬主持演讲会。

2月6日　党组副书记王伟光主持召开第248次党组会议。会议对有关文件进行了讨论。

2月7日　由中国社会科学院当代中国研究所和中华人民共和国国史学会联合举办的"纪念七千人大会召开50周年座谈会"举行。副院长、当代中国研究所所长、中华人民共和国国史学会常务副会长朱佳木出席并致辞。

2月8日　中国社会科学院创新工程工作情况汇报会举行。常务副院长王伟光、副院长武寅、秘书长黄浩涛出席会议，财经战略研究院、亚太与全球战略研究院、社会发展战略研究院、信息情报研究院和外国文学研究所、西亚非洲研究所汇报了有关工作。

2月9日　中国社会科学院与中国科学院交流创新工程经验体会座谈会举行。中央驻院纪检组组长李秋芳、秘书长黄浩涛出席会议。

2月15日　中国社会科学院妇女研究中心举办的"制定家庭暴力防治法可行性研讨会"举行。副院长武寅、中央纪委驻院纪检组组长李秋芳出席研讨会。

2月16日　常务副院长王伟光主持召开2012年度第4次院长办公会议。会议审议了《2012年度院工作会议和反腐倡廉建设工作会议筹备工作方案》《创新工程2011年度学术出版资助系列"文库"第二批资助方案》等事项，听取了办公厅、人事教育局、创新工程综合管理办公室近期工作情况的汇报。

2月17~18日　由中国社会科学院经济学部、科研局共同主办的"中国社会科学院经济学部2012年经济形势座谈会——2011年回顾与2012年展望"在京举行。副院长高全立、武寅、李扬，中央纪委驻院纪检组组长李秋芳，秘书长黄浩涛出席会议。

2月18日　由中国社会科学院科研局与中国社会科学出版社联合举办的"《剑桥古代史、新编剑桥中世纪史》翻译工程2012年工作会议"在京举行。副院长武寅出席会议并讲话。

2月20日　党组书记、院长陈奎元主持召开第249次党组会议。会议专题学习了中央领导同志近期对《中国社会科学院关于哲学社会科学创新工程进展情况的报告》作出的重要批示，并研究了贯彻落实批示精神的有关工作。

2月21日　由中国社会科学院当代中国研究所主办的"坚持党的基本路线不动摇——纪念邓小平同志南方谈话发表20周年学术座谈会"在京举行。副院长朱佳木出席会议并致辞。

2月22~23日　中国社会科学院召开2012年度工作会议。党组书记、院长陈奎元，常务副院长王伟光，副院长李慎明、朱佳木、高全立、武寅、李扬，中央纪委驻院纪检组组长李秋芳，秘书长黄浩涛出席会议。常务副院长王伟光代表院党组作题为《积极推进哲学社会科学创新工程 加快建设中国特色、中国风格、中国气派的哲学社会科学》的工作报告。

2月23日　中国社会科学院2012年第二批创新工程试点单位签约仪式举行。常务副院长王伟光，副院长武寅，中央纪委驻院纪检组组长李秋芳，秘书长黄浩涛出席会议。

　　△副院长朱佳木会见到访的古巴共产党中央政治局委员、古巴部长会议副主席兼落实和发展纲要常设委员会主席马里诺·穆利略一行。

2月24日　中国社会科学院召开2012年反腐倡廉建设工作会议。党组副书记王伟光、李慎明，党组成员朱佳木、高全立、李扬、李秋芳、黄浩涛，国家预防腐败局副局长崔海容出席会议。王伟光代表院党组作工作报告。李秋芳、崔海容分别发表讲话。会议由李慎明主持。

2月27日　中国社会科学院全国人大代表、全国政协委员座谈会举行。党组副书记王伟光出席会议并发表讲话。党组成员高全立、武寅、李扬、李秋芳、黄浩涛出席会议。高全立主持会议。院20余位全国人大代表、全国政协委员参加了座谈会。

2月29日　党组书记、院长陈奎元主持召开第250次党组会议暨党员领导干部民主生活会。与会党组成员按照中央纪委、中央组织部《关于以"坚持以人为本执政为民理念　发扬密切联系群众优良作风"为主题开好2011年度县以上党和国家机关党员领导干部民主生活会的通知》要求，总结了过去一年自己的思想和工作情况，认真查找存在的问题和不足，并提出今后努力的方向。中纪委、中组部、中宣部、中央国家机关工委有关同志出席党组民主生活会。

　　△中国社会科学院与云南省人民政府战略合作框架协议签字仪式在京举行。常务副院长王伟光、云南省省长李纪恒分别代表中国社会科学院与云南省人民政府在战略合作框架协议上签字并致辞。副院长武寅，秘书长黄浩涛，云南省政协主席、常务副省长罗正富，云南省副省长高峰出席签字仪式。签字仪式由云南省委常委、宣传部长赵金主持。

　　△常务副院长王伟光会见日本驻华大使馆垂秀夫公使一行。

三　月

3月1日　常务副院长王伟光主持召开2012年度第5次院长办公会议。会议审议了《2012年度院工作会议文件修改印发方案》《中国社会科学院交办委托课题管理办法（2012年修订）》《关于提高全院党支部建设经费额度的请示》等事项，听取了科研局、欧洲研究所、院创新工程综合管理办公室工作情况的汇报。

　　△中国社会科学院2012年度离退休干部工作会议举行。常务副院长王伟光、副院长高全立、秘书长黄浩涛出席会议。

　　△中国社会科学院创新工程试点单位2012年度续签及首次签约仪式举行。常务副院长王伟光代表院与考古研究所等9家续约单位和财经战略研究院等3家新成立研究院签署协议。

3月2日　全国政协副主席、院党组书记、院长陈奎元在人民大会堂出席学习雷锋活动座谈会。

3月5日　常务副院长王伟光在中央党校为中组部、中宣部、中央党校、教育部、财政部、总政治部联合举办的哲学社会科学教学科研骨干研修班作关于坚持中国特色社会主义理论体系的报告。

3月7日　中国社会科学院2012年度妇女工作会议暨"巾帼建新功、岗位争优秀"表彰大会举行。常务副院长王伟光、中央纪委驻院纪检组组长李秋芳、秘书长黄浩涛出席会议。李秋芳作题为《凝聚力量 积极作为 在创新工程中寻求新发展》的报告。

3月8日　常务副院长王伟光主持召开2012年度第6次院长办公会议。会议审议了《中国社会科学院交办委托课题管理办法（2012年修订）》《关于举办科研成果发布活动的若干规定》等事项，研究了中国特色社会主义理论体系研究中心的有关工作。

3月9日　中国社会科学院"雷锋精神与社会主义核心价值体系建设理论研讨会"举行。常务副院长王伟光、副院长高全立、秘书长黄浩涛出席研讨会，高全立主持会议。

3月15日　常务副院长王伟光主持召开2012年度第7次院长办公会议。会议研究了关于组织"走基层、转作风、改文风"活动报告团为马克思主义理论研究和建设工程专家学者、在京高校思想政治课教师作报告事宜。高全立就有关情况作了说明。会议审议了《关于在实施创新工程中充分发挥学部作用的若干意见》《创新工程"学部委员创新岗位"实施细则（试行）》等事项，听取了科研局关于参加"全国科学道德和学风建设宣讲教育领导小组2012年第一次工作会议"有关情况的汇报、直属机关党委关于2011年度院职能部门和有关单位作风评议情况的报告。

3月16日　副院长李扬会见到访的德国驻华大使施明贤与德国著名经济学家彼得·荣根一行。

3月19日　副院长李慎明会见到访的越南驻华大使阮文诗一行。

　　　　△副院长李扬会见到访的意大利环境、领土和海洋部部长科拉多·克里尼教授一行。

3月22日　全国政协副主席、院党组书记、院长陈奎元在人民大会堂出席中华书局成立100周年庆祝大会。

　　　　△党组副书记王伟光主持召开第251次党组会议。王伟光传达了中央领导同志在近期召开的有关会议上的重要讲话精神，与会党组成员对讲话精神进行了认真学习和讨论。会议提出，要把会议精神贯彻到全院各项工作中去，按照中央要求，始终保持党的纯洁性，进一步加强院党组班子及院属单位党委班子建设。

　　　　△常务副院长王伟光主持召开2012年度第8次院长办公会议。会议审议了《创新工程追加单列研究经费管理办法（试行）》，审议并原则通过了《创新工程资助大中型学术会议管理细则（修订稿）》《2012年度院属单位人才引进需求计划》等方案。会议听取了调查与数据信息中心关于对2012年创新工程信息化项目中数据项目初审结果的汇报。

3月23日　中国社会科学院哲学社会科学创新工程首批"长城学者资助计划"项目聘书颁发仪式举行。常务副院长王伟光、副院长武寅出席仪式，武寅致辞并宣读首批13位"长城学者资助计划"项目获得者名单。王伟光为首批"长城学者资助计划"项目获得者颁发聘任证书。

3月24日　全国政协副主席、院党组书记、院长陈奎元在京出席全国哲学社会科学规划领导小组会议。

　　　　△由中国社会科学院、辽宁省政府共同举办的"低收入居民住区发展模式探索——中国辽宁棚户区改造经验研讨会"在辽宁省沈阳市举行。常务副院长王伟光出席会议。

3月25日　由中国社会科学院财经战略研究院主办的"中国社会科学院财经战略研究院重大成果发布会暨中国商贸流通战略问题研讨会"举行。副院长李扬出席会议并致辞。

3月26日　中国社会科学院传达学习十一届全国人大第五次会议、全国政协十一届第五次会议精神大会举行。副院长李慎明、朱佳木、高全立、武寅，中央纪委驻院纪检组组长李秋芳出席大会，李慎明、朱佳木分别传达了"两会"有关文件。高全立主持会议。

　　　　△副院长李慎明会见到访的伊朗前外长卡迈勒·哈拉齐率领的访华代表团一行。

3月27日　中国社会科学院2012年度院重点课题评审工作会议举行。副院长李慎明、朱佳木、李扬分别出席马克思主义研究学科、经济学科评审会。

3月28日　中国社会科学院马克思主义理论学科建设与理论研究2012年度工作会议举行。常务副院长王伟光，副院长李慎明、朱佳木、高全立、武寅，秘书长黄浩涛出席会议。李慎明作题为《突出重点 加强管理 创新机制 把马克思主义理论学科建设与理论研究作为一项"长期工程、长远工程、基础工程、战略工程"抓好抓实》的工作报告。武寅主持会议并讲话。

3月29日　常务副院长王伟光主持召开2012年度第9次院长办公会议。会议审议了《2012年度国情调研项目资助方案》《关于国情调研优秀成果评奖工作的请示》等事项，听取了副秘书长、基建工作办公室主任谭家林关于研究生院绿化工作的汇报以及研究生院《关于研究生院加强和改进马克思主义理论课程》的报告、图书馆"关于图书馆国际分馆建设推进情况"的汇报。

　　　　△常务副院长、学部主席团主席王伟光主持召开学部主席团2012年度工作会议。副院长李扬、原副院长江蓝生出席会议。王伟光作会议总结。院副秘书长、学部主席团秘书长郝时远通报有关情况。会议讨论了创新工程中发挥学部作用和设立学部委员创新岗位等相关文件，并就下一步学部主要工作进行了部署。

3月30日　常务副院长王伟光出席2012年院博士后管委会第一次工作会议并讲话。副院长李扬主持会议并宣布新一届院博士后管委会组成人员名单。会议审议了《院2011年至2012年第一季度博士后工作报告》《院2012年博士后工作要点》《新增及调整博士后合作导师方案》《2012年院博士后招收计划》。会议就如何进一步推动博士后工作，为中国社会科学院创新工程服务展开了讨论。

△中国社会科学院创新工程 2013 年试点单位申报动员部署工作会议举行。中央纪委驻院纪检组组长李秋芳出席会议并讲话。会议由秘书长黄浩涛主持。会议对 2013 年试点申报单位创新方案编制工作进行了部署，并对申报工作中的相关问题进行了解答。

3 月 31 日　副院长李慎明在中宣部主办的全国出版单位总编辑培训班上作题为《文化发展繁荣与国内外机遇及挑战》的主题报告。

四　月

4 月 5 日　常务副院长王伟光在中央党校为中组部、中宣部、中央党校、教育部、财政部、总政治部举办的哲学社会科学教学科研骨干研修班作关于坚持中国特色社会主义理论体系的报告。

4 月 6 日　常务副院长王伟光，副院长李慎明、高全立、武寅，秘书长黄浩涛在研究生院参加"力行身边增绿，共建绿色校园"义务植树活动。

4 月 9 日　党组书记、院长陈奎元主持召开第 252 次党组会议。党组副书记、常务副院长王伟光宣读了中共中央关于批准李捷同志任中国社会科学院副院长、当代中国研究所所长和免去朱佳木同志的中国社会科学院副院长、当代中国研究所所长职务的通知，国务院关于任命李捷同志为中国社会科学院副院长、当代中国研究所所长和免去朱佳木同志的中国社会科学院副院长、当代中国研究所所长职务的通知，中央组织部关于李捷同志任中国社会科学院党组成员和免去朱佳木同志的中国社会科学院党组成员职务的通知。

△全国政协副主席、院长陈奎元会见到访的越南社会科学院院长阮春胜一行。

4 月 10 日　副院长李捷会见到访的越南社会科学院院长阮春胜一行。

4 月 11 日　院世界社会主义研究中心召开《居安思危之三：苏联亡党亡国 20 年祭——俄罗斯人在诉说》教育参考片成果汇报会。副院长李慎明、武寅，中央纪委驻院纪检组组长李秋芳，秘书长黄浩涛，原副院长龙永枢出席会议。

4 月 12 日　常务副院长王伟光主持召开 2012 年度第 10 次院长办公会议。会议审议了《亚太与全球战略研究院关于立项承办"中国—环印度洋国家智库对话"会议的请示》《研究生院 2012 年预算安排方案》等事项，听取了办公厅、直属机关党委、马克思主义研究院、图书馆等单位工作情况的汇报。与会单位汇报了 2012 年第一季度相关工作落实情况。

4 月 14 日　由解放军总后勤部司令部与中国社会科学院中国第二次世界大战史研究会共同承办的"第二次世界大战史研究与现代后勤建设主题年会"在京举行。副院长李慎明、武寅出席会议，武寅致开幕词。

4月16~24日 副院长李扬率中国社会科学院代表团在英国、美国访问。

4月17日 中国社会科学院古籍善本书数字化实施方案座谈会举行。常务副院长王伟光、副院长武寅、秘书长黄浩涛出席会议。

　　△副院长李慎明为浙江省委"浙江论坛"作题为《保持党的纯洁性，为建设中国特色社会主义而奋斗》的报告。浙江省委书记、省人大常委会主任赵洪祝，省政协主席乔传秀，省委副书记李强等省委理论学习中心组成员出席报告会。省委常委、宣传部长茅临生主持报告会。

4月17~28日 中央纪委驻院纪检组组长李秋芳率中国社会科学院代表团在南非、突尼斯和阿尔及利亚访问。

4月18日 由中国社会科学院农村发展研究所与社会科学文献出版社共同举办的"2012年《农村经济绿皮书》新闻发布会暨中国农村经济形势分析与预测研讨会"在京举行。副院长武寅出席会议并致辞。

4月18~30日 常务副院长王伟光率中国社会科学院代表团在荷兰、奥地利、芬兰等国访问。

4月19日 副院长武寅会见贵州社会科学院院长吴大华一行。

4月23日 由中国社会科学院拉丁美洲研究所举办的"美洲玻利瓦尔联盟——人民贸易协定：起源、发展与前景"报告会在京举行。副院长李慎明出席会议并致辞。玻利维亚、古巴、厄瓜多尔、委内瑞拉四国驻华大使出席会议并发表演讲。

4月25日 全国政协副主席、院党组书记、院长陈奎元在京出席2012年度国家社科基金项目评审工作会议，副院长李慎明、李扬参加会议。

4月27日 中国社会科学院马克思主义经典著作青年读书班总结汇报会在京举行。副院长高全立出席并讲话。

五　月

5月2日 中国社会科学院与青海省委、省政府战略合作框架协议签字仪式在京举行。青海省委书记强卫、中国社会科学院常务副院长王伟光出席签字仪式并致辞。青海省常务副省长徐福顺和副院长武寅、秘书长黄浩涛出席仪式。青海省委宣传部长吉狄马加主持签字仪式。强卫、王伟光分别代表双方互赠礼品。徐福顺与武寅签署《中国社会科学院—青海省委、省政府战略合作框架协议》。

5月3日 党组书记、院长陈奎元主持召开第253次党组会议。会议研究决定了中国社会科学院参加党的十八大代表候选人的推荐人选；研究部署了中央考察组来中国社会科学院进行

"两委"考察及领导班子和领导班子成员考核测评等相关事宜。

5月4日　全国政协副主席、院党组书记、院长陈奎元在京出席全国大学生《五月的鲜花——永远跟党走》校园文艺会演活动。

5月6~9日　常务副院长王伟光，副院长李捷、李扬，中央纪委驻院纪检组组长李秋芳，秘书长黄浩涛，院部分学部委员、荣誉学部委员在上海市开展学术考察活动。

5月8日　全国政协副主席、院党组书记、院长陈奎元在全国政协出席长城保护情况调研座谈会。

　　△由中国社会科学院主办，拉丁美洲研究所和CAF—拉丁美洲开发银行承办的"中国社会科学论坛（2012年·国际问题）——变化中的世界经济：中国和拉美及加勒比的选择"在京举行。全国人大常委会原副委员长、中国拉美及加勒比友好协会会长成思危，社科院副院长高全立以及外交部、中联部、国务院发展研究中心等部门的有关负责人出席会议并致辞。CAF—拉丁美洲开发银行执行主席恩里克·加西亚率团出席会议。

5月9日　由中国社会科学院主办，上海社会科学院、上海市金融服务办公室协办，中国社会科学院陆家嘴研究基地承办的"创新驱动 转型发展——上海的实践"主题论坛在上海举行。常务副院长王伟光和中共上海市委副书记、市长韩正出席论坛开幕式并讲话。副院长李捷、李扬，中央纪委驻院纪检组组长李秋芳，秘书长黄浩涛出席开幕式。

5月10日　中组部考察组来中国社会科学院进行"两委"人选考察和院领导班子考核测评。全国政协副主席、院党组书记、院长陈奎元出席会议并作动员讲话。会议由党组副书记王伟光主持。考察组组长张柏林传达了中央有关精神。副组长郭汝琢就具体事项作了说明。党组副书记李慎明，党组成员高全立、李捷、武寅、李扬、李秋芳、黄浩涛，原副院长江蓝生出席会议。

5月11日　中国社会科学院离退休人员"老有所为风采展"开展仪式举行。

5月12~22日　全国政协副主席、院党组书记、院长陈奎元率全国政协考察团在宁夏、内蒙古开展长城保护情况考察调研。

5月14日　副院长李慎明在山西省太原市为山西省委中心学习组作题为《保持党的纯洁性，为建设中国特色社会主义而奋斗》的专题报告。山西省委中心学习组成员参加报告会。

5月14~15日　由中国社会科学院、共青团中央委员会、解放军总政治部、求是杂志社、光明日报社、中共湖南省委共同主办的2012年"雷锋精神论坛"在湖南省长沙市举行。常务副院长王伟光出席论坛并作题为《持久地践行雷锋精神，筑牢中国特色社会主义的思想道德基础》的主题演讲。中共湖南省委书记、省人大常委会主任周强出席大会并致辞。

5月17日　常务副院长王伟光主持召开2012年度第11次院长办公会议。会议审议了《古籍整理保护暨数字化工程会议纪要》《关于中国红色文化国际交流促进会商请中国社会科学院作为主管单位的答复意见》等事项，听取了办公厅关于院属单位报送2012年工作要点情况的汇报。

　　△中国社会科学院与宁波市战略合作2012年度工作会议在京举行。副院长李慎明出席会议并致辞。

5月17~18日　由中国社会科学院主办，浙江工商大学和浙江省人文社会科学金融学重点研究基地联合承办的"《中国经济学年鉴2011》出版发布会暨深化经济体制改革研讨会"在浙江省杭州市举行。副院长高全立出席会议并致辞。

5月21~22日　常务副院长王伟光、副院长高全立在京出席由中央组织部、中央宣传部主办的全国创先争优理论研讨会。王伟光代表中国社会科学院党组在会上作了题为《论创先争优的实践意义和理论意义》的发言。

5月21~25日　中国社会科学院举办第一期所局级领导干部马克思主义经典著作读书班。党组副书记王伟光、李慎明，党组成员高全立、李捷、武寅、李秋芳、黄浩涛出席。本次读书班由院党组主办，直属机关党委、办公厅、人事教育局承办，服务中心、中国人文科学发展公司协办。

5月23日　全国政协副主席、院党组书记、院长陈奎元，院党组副书记、常务副院长王伟光在京出席中央"纪念毛泽东同志《在延安文艺座谈会上的讲话》发表70周年座谈会"。之后，一同出席了"为人民放歌——纪念毛泽东同志《在延安文艺座谈会上的讲话》发表70周年"大型文艺晚会。

5月24日　中国社会科学院财经战略研究院、社会发展战略研究院新办公地址进驻仪式和创新工程实施情况汇报会在京举行。常务副院长王伟光，副院长高全立、李扬出席。王伟光、高全立为新址启用剪彩。王伟光、李扬在会上讲话。

5月26日~6月6日　副院长李慎明率中国社会科学院代表团在以色列、匈牙利、波兰访问。

5月28日　全国政协副主席、院党组书记、院长陈奎元主持召开《简明中国历史读本》出版工作会议。秘书长黄浩涛出席会议。

5月28日~6月1日　中国社会科学院举办第二期所局级领导干部马克思主义经典著作读书班。党组副书记、常务副院长王伟光，党组成员副院长高全立、李扬参加。本次读书班由院党组主办，直属机关党委、办公厅、人事教育局承办，服务中心、中国人文科学发展公司协办。

六　月

6月1日　由中国社会科学院和中宣部共同举办的"纪念胡乔木同志诞辰100周年座谈会"在

京举行。中共中央政治局常委李长春出席座谈会。中共中央政治局委员、中央书记处书记、中宣部部长刘云山在座谈会上讲话。中共中央政治局委员、国务委员刘延东出席座谈会。全国政协副主席、院党组书记、院长陈奎元主持座谈会。中央文献研究室主任冷溶、中央党史研究室主任欧阳淞、常务副院长王伟光、江苏省委书记罗志军在会上发言。副院长李捷、武寅，秘书长黄浩涛，有关方面负责同志和胡乔木同志亲属、生前友好、身边工作人员出席座谈会。

6月2~3日　全国政协副主席、院党组书记、院长陈奎元，常务副院长王伟光，副院长李捷在京出席马克思主义理论研究和建设工程工作会议。

6月6日　第四届郭沫若中国历史学奖评审会议举行。常务副院长王伟光，副院长武寅，秘书长黄浩涛出席会议。王伟光首先回顾和高度评价了前三届史学奖的评奖工作，并代表评委会名誉主任陈奎元院长向参会的评委表示感谢。黄浩涛介绍了本届评奖工作的安排。

6月7日　党组书记、院长陈奎元主持召开第254次党组会议。会议传达了中组部关于中国社会科学院党组成员排序问题的答复意见；通报了中央国家机关参加党的十八大代表的选举情况；研究了有关干部工作；审议了《中国社会科学院公开招聘研究所所长管理办法》和《中国社会科学院院属出版社领导人员管理办法》。

　　△党组书记、院长陈奎元主持召开2012年度第2次院务会议。会议听取了关于2011年度中国社会科学院专业技术职务评审工作的汇报；审议并通过了84人的专业技术职务；听取了关于中国社会科学院2012年享受政府特殊津贴人员选拔工作情况的汇报；审议了中国社会科学院2012年科学事业费预算安排方案。

　　△中国社会科学院人才工作领导小组会议举行。常务副院长王伟光，副院长李慎明、高全立、武寅，秘书长黄浩涛出席会议。会议研究了研究生院博士生导师遴选和院属企业进人问题等事宜。院人才工作领导小组成员参加。

　　△常务副院长王伟光主持召开2012年度第12次院长办公会议。会议研究了2012年暑期工作会议议程；听取了专项督办任务落实情况的汇报、回收朝阳职教大厦执行款问题的汇报、创新工程综合协调办公室对财经战略研究院单独申请重大创新项目等的答复意见；审议了创新工程2012年第一批（2012年1月至3月）学术出版项目的请示、中国社会科学院2013年度科研项目指南、内蒙古自治区人民政府关于邀请中国社会科学院参与相关国际会议的报告、中国社会科学院人才引进专家评审办法、中国社会科学院人才引进评审专家库人员名册、关于调整中国社会科学院职能部门和有关直属单位考勤工作管理办法（试行）、促进家庭发展研究课题计划。

6月11日　常务副院长王伟光、副院长武寅在俄罗斯东欧中亚研究所出席中国社会科学院图书馆国际研究分馆正式挂牌仪式并为国际研究分馆揭牌。武寅代表院党组成员对分馆的成立表示祝贺并讲话。

6月14日　常务副院长王伟光主持召开2012年度第13次院长办公会议。会议听取了人事教育局关于中国社会科学院专业技术人员首次分级微调工作有关情况的汇报。会议审议了《关于扩大老年科研基金资助范围的补充规定（试行）》《中国社会科学院创新工程学者（研究）资助计划实施方案》《中国社会科学院非创新岗位在编人员研究成果后期资助实施办法（试行）》《关于创新工程近期有关问题的请示》《专业技术二级人员院级评审工作方案》和《中国社会科学院与山西省人民政府合作开展陶寺遗址保护工作框架协议》。

△副院长李扬在上海应邀为上海市委中心学习组作题为《上海转型发展研究》的专题报告。

△中国社会科学院所局现职领导干部大会举行。中央纪委驻院纪检组组长李秋芳、秘书长黄浩涛出席会议。李秋芳传达中央有关文件精神并布置相关工作。黄浩涛主持会议。

6月18日　中国社会科学院当代中国研究所荣获"首都文明单位"揭牌仪式举行。常务副院长王伟光，副院长高全立、李捷，中央国家机关精神文明建设协调领导小组办公室主任杨宝琴、首都精神文明建设委员会办公室尹学龙出席会议。王伟光、李捷在仪式上讲话，并与杨宝琴、尹学龙等共同揭牌。高全立主持仪式。

6月19日　副院长李扬接受新华社《财经国家周刊》关于经济转型发展的专访。

6月20日　中国社会科学院财经战略研究院《财经论坛》出刊100期座谈会在京举行。常务副院长王伟光、秘书长黄浩涛出席会议。

6月21日　常务副院长王伟光主持召开2012年度第14次院长办公会议。会议听取了人事教育局关于院属单位图书资料、网络机构及岗位设置调研情况的汇报。会议审议了《中国社会科学院与国家审计署战略合作框架协议》《关于创新工程研究经费用于对外学术交流的若干办法》等事项。

6月25～29日　由中国社会科学院当代中国研究所、新疆维吾尔自治区党委党史研究室、开发银行新疆分行、乌鲁木齐市委、陈云故居纪念馆和国史学会共同举办的"陈云与中国特色社会主义道路的探索——第六届陈云与当代中国学术研讨会"在新疆维吾尔自治区乌鲁木齐市举行。副院长李捷出席会议并讲话。

6月26日　副院长李扬在安徽省合肥市为安徽省委中心组学习作专题报告。安徽省委常委、省直机关负责人60余人参加报告会。

6月27日　中国社会科学院召开庆祝中国共产党成立91周年暨2012年党的工作会议。党组书记、院长陈奎元，党组副书记王伟光，党组成员高全立、武寅、李秋芳、黄浩涛出席会议。党组副书记李慎明主持会议。王伟光作了题为《切实加强党的先进性和纯洁性建设，进一步繁荣发展哲学社会科学事业》的讲话。高全立作全院党的工作报告。武寅宣读《中国社会科学院关于表彰创先争优先进基层党支部和优秀共产党员的决定》。

6月27～28日　由中国社会科学院主办，财经战略研究院承办的"中国社会科学论坛（2012·

经济学）——第十届全球城市竞争力国际会议"在京举行。常务副院长王伟光、副院长李扬，辽宁省常务副省长许卫国，《求是》杂志副主编夏伟东，《经济日报》副总编丁士，GUCP 主席美国巴特内耳大学彼得·克拉索教授出席会议。来自政府部门、科研机构和中国社会科学院相关单位的专家学者 100 余人参加会议。

6 月 28 日　中国社会科学院哲学社会科学创新工程 2012 年扩大试点单位签约仪式举行。常务副院长王伟光代表院党组与语言研究所、文学研究所、哲学研究所签订了责任协议书，与 2012 年创新工程扩大试点单位的首席管理签订了聘任书。副院长高全立、李扬出席签约仪式。中央纪委驻院纪检组组长李秋芳就创新工程 2012 年扩大试点单位的工作提出要求。签约仪式由院秘书长黄浩涛主持。

　　△常务副院长王伟光主持召开 2012 年度第 15 次院长办公会议。会议审议了《院档案及科研附属楼修改方案》《关于调整创新报偿发放办法的意见》。听取了科研局关于中国社会科学院与河南省合作研究问题和计算机网络中心、中国人文科学发展公司关于网络中心 3 号机房及社科网演播室项目操作方案的汇报。

　　△中国社会科学院与伊斯兰合作组织下属的伊斯兰历史、文化和艺术中心联合举办的"中国与伊斯兰文明国际学术研讨会"开幕式在京举行。常务副院长王伟光出席开幕式并致辞。副院长李扬，伊斯兰合作组织秘书长艾克迈勒丁·伊赫桑奥卢，外交部副部长翟隽出席开幕式。

6 月 29 日　全国政协副主席、院党组书记、院长陈奎元，常务副院长王伟光，副院长李捷在京出席《辩证看、务实办》编写出版工作座谈会。

七　月

7 月 3 日　党组书记、院长陈奎元主持召开第 255 次党组会议。会议研究讨论了有关人事问题。

　　△党组书记、院长陈奎元主持召开 2012 年度第 3 次院务会议。会议听取了研究生院关于 2012 年博士生指导教师遴选工作情况的汇报，审议并通过了 58 人的新增博导名单。

7 月 5 日　常务副院长王伟光主持召开 2012 年度第 16 次院长办公会议。会议审议了《暑期专题研讨会会议方案》《关于审定中国社会科学院学者受邀担任新华社"特约观察员"的请示》等事项。办公厅、国际合作局等单位分别汇报了第二季度有关工作情况。

7 月 6 日　副院长李扬会见到访的德意志银行副行长罗腾苏拉格与德国金融监管局总裁霍尼格一行。

7 月 6~12 日　全国政协副主席、院党组书记、院长陈奎元率全国政协文史和学习委员会"长城保护情况"调研组在甘肃省调研。

7月7日 "第17届全国社科院系统中国特色社会主义理论研究中心年会暨理论研讨会"在山西省太原市举行。常务副院长王伟光出席会议并讲话。本次会议的主题是"社会主义文化建设与转型发展"。来自全国31个省市社会科学院的100多位代表参加了会议。

7月10日 中国社会科学院研究生院2012届研究生毕业典礼在京举行。副院长李慎明、高全立、李扬出席典礼,研究生院党委书记主持典礼。院有关系(所)领导、各教学系导师代表、全体毕业生及其部分亲属代表参加典礼。

　　△副院长李扬会见到访的朝鲜社会科学院副院长池承哲一行。

7月11日 中国社会科学院举办2012年纪委书记培训班。党组成员、中央纪委驻院纪检组组长李秋芳出席开班式并作动员报告。监察局、文学研究所、金融研究所、研究生院等单位代表作交流发言。院各单位纪检书记、委员近110人参加培训班。

7月12日 常务副院长王伟光主持召开2012年度第17次院长办公会议。会议听取了创新工程综合协调办公室"关于2012年暑期专题会议交流材料准备情况的汇报"。会议审议了《关于广州市委邀请中国社会科学院作为2012年广州论坛主办单位的报告》《关于2012年度院青年科研启动基金申报工作的请示》等事项。

　　△中国社会科学院与国家审计署在京举行"关于中国社会科学院财经战略研究院共建项目协议"签字仪式。常务副院长王伟光、副院长武寅、中央纪委驻院纪检组组长李秋芳、秘书长黄浩涛出席签字仪式,王伟光和国家审计署审计长刘家义分别代表双方签字。办公厅、人事教育局、科研局、财经战略研究院以及国家审计署有关负责人参加。

7月16~18日 副院长武寅在青海省西宁市出席"格萨尔与世界史诗国际学术论坛"并致辞。

7月18日 常务副院长王伟光主持召开院长专题会议。副院长李扬、中央纪委驻院纪检组组长李秋芳、秘书长黄浩涛出席会议。会议主要研究了创新工程科研管理相关文件修改完善问题。

7月19日 常务副院长王伟光主持召开2012年度第18次院长办公会议。会议审议了《中国社会科学院交办委托课题管理办法(2012年第二次修订)》《中国社会科学院创新工程重大研究项目管理办法(试行)》等事项。会议听取了人事教育局关于开展2012年度首次人才引进专家评审工作情况汇报。

　　△中国社会科学院欢送2011~2012年西部之光等访问学者座谈会举行。副院长高全立出席会议并讲话。

7月20日 中国社会科学院2012年"走转改"活动经验交流会举行。常务副院长王伟光,副院长李慎明、高全立、李捷、武寅,秘书长黄浩涛出席会议。李慎明作工作报告。高全立主持会议。会上,世界历史研究所、经济研究所、社会学研究所、研究生院的有关代表分别以自己在"走基层、转作风、改文风"活动中的亲身经历和切身感受,与大家交流了国情调研中的收获和体会。院"走转改"活动领导小组和国情调研领导小组成员、院属各单位所局负责人及 2012 年度立项的国情调研重大项目负责人 100 余人参加会议。

△《中国社会科学报》创刊三周年庆祝晚会在京举行。常务副院长王伟光，副院长高全立、李捷、武寅、李扬，中央纪委驻院纪检组组长李秋芳，秘书长黄浩涛出席晚会。

7 月 23 日　全国政协副主席、院党组书记、院长陈奎元，常务副院长王伟光，副院长李捷在京西宾馆出席省部级主要领导干部专题研讨班。

7 月 24～27 日　中国社会科学院在北戴河培训中心召开 2012 年创新工程工作交流会议。常务副院长王伟光，副院长李慎明、高全立、李捷、武寅、李扬，中央纪委驻院纪检组组长李秋芳，秘书长黄浩涛出席会议。国家审计署科学工程审计局李捷、财政部教科文司宋秋铃等应邀出席会议。25 日上午，中国社会科学院 2012 年创新工程工作交流会开幕。王伟光作动员讲话。李慎明主持会议。考古研究所等 18 家创新试点单位在会上介绍了本单位实施创新工程的具体做法和相关经验。会议期间，李扬、李秋芳就有关问题作报告，科研局、人事教育局、财务基建计划局、社会科学文献出版社的负责人分别就创新工程中的科研、人事、财务、期刊统一印制发行等方面的制度改革作说明，解答大家普遍关心的问题。围绕创新工程中的成绩、经验和做法，下一步的工作任务和工作重点，会议代表进行了两次分组讨论。27 日，召开闭幕大会。王伟光作会议总结和工作部署。李慎明主持会议。高全立、李捷、武寅、李扬、李秋芳、黄浩涛出席会议。4 个小组代表汇报各小组讨论情况。院属单位负责人 100 余人参加会议。

7 月 25 日　党组副书记王伟光在北戴河主持召开第 256 次党组会议。会议研究讨论了有关文件；传达学习了胡锦涛总书记 7 月 23 日在省部级主要领导干部专题研讨班开班式上的重要讲话，并对全院贯彻落实胡锦涛总书记重要讲话精神作出部署。

△常务副院长王伟光在北戴河主持召开 2012 年度第 19 次院长办公会议。会议审议了《关于 2012 年度创新工程大型学术出版资助项目的请示》《关于郭沫若诞辰 120 周年纪念活动方案审核意见的请示》《关于创新报偿调整过程中的若干审核意见》。

7 月 26 日　全国政协副主席、院党组书记、院长陈奎元在人民大会堂出席三联书店创建 80 周年庆祝大会。

7 月 30 日　中国社会科学院在京举行《简明中国历史读本》和《中华史纲》出版座谈会。中共中央政治局委员、中央书记处书记、中宣部部长刘云山出席会议并讲话。全国政协副主席、院党组书记、院长陈奎元主持座谈会。常务副院长王伟光，新闻出版总署署长柳斌杰，中央文献研究室原副主任金冲及，中国人民大学原校长李文海，作者代表、历史研究所所长卜宪群和学部委员张海鹏在座谈会上发言。副院长李慎明、高全立、武寅、李扬，秘书长黄浩涛，中央和国家机关有关部门负责人，部分社科研究单位、高等院校专家学者参加座谈会。

八 月

8月1日　副院长李扬在京为商务部党组中心学习组作专题报告。商务部党组成员、司局级以上领导参加报告会。

8月2日　党组副书记王伟光主持召开第257次党组会议。会议研究了干部人事问题。

　　　　△常务副院长王伟光主持召开2012年度第20次院长办公会议。会议研究了全院贯彻创新工程工作交流会精神的部署，听取了人事教育局有关工作情况的汇报和院创新工程综合协调办公室下阶段工作安排的汇报。会议审议了《关于调整老龄长征基金补助范围和标准的意见（试行）》《关于加强老年科研基金管理有关事宜的请示》等事项。

8月14～15日　中国社会科学院中国廉政研究中心永州调研基地授牌仪式暨"党政正职监督"理论研讨会在湖南省永州市举行。中央纪委驻院纪检组组长李秋芳出席会议。

8月15～21日　中国社会科学院科研局组织召开的"第12届史学理论研讨会"在新疆维吾尔自治区博尔塔拉州举行。副院长武寅出席会议并讲话。会议主题为"文化大发展下的历史学研究"。历史学部的学部委员、相关研究所所长及相关职能局同志参加会议。

8月16日　常务副院长王伟光主持召开2012年度第21次院长办公会议。黄浩涛介绍了有关文件起草工作安排。会议审议了《关于梅益同志诞辰百年纪念活动有关问题的请示》《关于向博士后管理办移交30套单身公寓的请示》。会议听取了监察局、中国人文科学发展公司有关工作情况的汇报。

8月17日　副院长李慎明在北京市委作题为《沿着中国特色社会主义道路奋勇前进——学习胡锦涛同志7·23讲话的体会》的报告。北京市委市政府理论学习中心组（扩大）全体成员，北京市各部、委、办、局正职领导约150人参加报告会。16个区县党委、人大、政府、政协正职及区县委理论学习中心组成员通过电视电话会议的形式在分会场学习。

　　　　△中国社会科学院关于实施《调整老龄长征基金补助范围和标准》工作部署会议在京举行。副院长高全立出席会议并讲话。

8月22日　中国社会科学院金融研究所十周年庆典暨"中国金融理论与实践：十年回眸论坛"在京举行。党组书记、院长陈奎元为金融研究所十周年庆典题词："洞悉货币本能，善解金融神通；瞩目市场规矩，咨议国计民生。"常务副院长王伟光，中国人民银行行长周小川，中国银监会副主席周慕冰，中国保监会副主席陈文辉，中国证监会主席助理姜洋，中国人民大学校长陈雨露出席会议并致辞。副院长李扬主持庆典活动，并在论坛上作题为《近年来若干重大经济金融问题》的主题报告。秘书长黄浩涛出席庆典。金融监管部门有关负责人及金融业界、理论界有关人士参加相关活动。

8月23日 党组书记、院长陈奎元主持召开第258次党组会议。会议学习讨论了中央有关文件精神。

8月26日 由中国社会科学院与清华大学联合主办,《经济研究》杂志社与清华大学政治经济学研究中心承办的中国社会科学论坛系列"马克思主义经济学发展与创新国际论坛"举行。副院长李慎明、李扬出席论坛并分别作主题演讲。来自政府部门、科研机构和高校的200余名代表参加。

8月29日 全国政协副主席、院党组书记、院长陈奎元在北京中国国际展览中心新馆出席第19届北京国际图书博览会开幕式。

　　△ 由中国社会科学院主办的"2012中国社会科学院论坛——纪念中日邦交正常化40周年国际学术研讨会"召开。原国务委员、中日友好协会会长唐家璇,常务副院长王伟光,副院长、中华日本学会会长武寅,原常务副院长、全国日本经济学会会长王洛林,文化部原副部长、中华日本学会名誉会长刘德有,以及日本国驻华大使丹羽宇一郎,驻华公使垂秀夫,原驻华大使谷野作太郎,原内阁官房副长官助理柳泽协二,日本原文化厅长官青木保等出席会议。来自中日双方各研究机构、高校的嘉宾和专家学者近200人参加会议。

　　△ 副院长李扬在京会见到访的台湾"中研院"副院长王汎森一行。院长助理郝时远及有关单位负责人陪同会见。

8月30日 常务副院长王伟光主持召开2012年度第22次院长办公会议。会议审议了《关于进一步加强对院职能局正职领导离京、出国(境)管理的通知》《关于创新工程2013年数据库建设项目第一次专家评审会结果的报告》等事项。听取了办公厅有关工作的汇报。

　　△ "中国的历史属于世界——中国社会科学出版社图书版权推介会"在京举行。秘书长黄浩涛出席会议并讲话。

九　月

9月2日 中国社会科学院与北京市人民政府共建首都经济贸易大学特大城市社会经济发展研究院协议签字仪式在京举行。常务副院长王伟光,副院长武寅,秘书长黄浩涛,教育部副部长李卫红,北京市委常委、市委秘书长、市教工委书记赵凤桐,副市长洪峰,全国哲学社会科学规划办公室副主任姜培茂出席会议。王伟光、赵凤桐、李卫红分别讲话。武寅与洪峰分别代表中国社会科学院、北京市人民政府签署框架协议。中国社会科学院和教育部、北京市有关部门及首都经济贸易大学负责人等100余人参加签字仪式。

9月3日 全国政协副主席、院党组书记、院长陈奎元出席吉林省延边朝鲜族自治州成立60周年庆祝大会。

　　△ 常务副院长王伟光在中央党校为中组部、中宣部、中央党校、教育部、财政部、中国人民解放军总政治部共同举办的哲学社会科学教学科研骨干研修班作关于坚持中国特色社会主义理论体系的报告。

9月4日 副院长李捷在北京市委党校为北京市委干部作学习胡锦涛总书记"7.23"重要讲话的专题辅导报告。

　　△ 副院长武寅在中央电视台出席录制《至高荣耀》2012年度全国教书育人楷模颁奖特别节目活动。

9月6日 常务副院长王伟光主持召开2012年度第23次院长办公会议。副院长高全立、李捷、武寅、李扬，中央纪委驻院纪检组组长李秋芳，秘书长黄浩涛出席会议。会议审议了《中国社会科学院道德建设论坛第一期工作方案》，听取了关于创新报偿调整有关事宜的汇报。

9月10日 党组书记、院长陈奎元主持召开第259次党组会议。会议讨论了中央有关文件，相关意见和建议以专题报告形式上报中央。

9月12日 全国政协副主席、院党组书记、院长陈奎元在中国国家博物馆出席"中国当代著名画家中原行作品展"开幕式。

　　△ 副院长李扬会见老挝社会科学院院长通沙立·芒诺梅一行。

9月17日 创新单位年度综合评价指标体系专题会议举行。常务副院长王伟光、中央纪委驻院纪检组组长李秋芳、秘书长黄浩涛出席会议。会议讨论了创新单位年度综合评价指标体系及实施办法。

9月18日 中国社会科学院与台湾中华经济研究院共同主办的"两岸经济论坛——海峡两岸财税制度与经济发展策略研讨会"在四川省成都市举行。副院长李扬出席会议并致辞。来自海峡两岸的科研机构、高校和企业代表等参加论坛。

9月20日 常务副院长王伟光主持召开2012年度第24次院长办公会议。会议审议了《关于2012年创新工程第二批（4月至6月）学术出版项目的请示》《创新工程考核评价体系及相关实施办法》《创新报偿、智力报偿发放调整方案》。会议听取了创新工程协调办公室关于图书馆所属两研究室率先进入创新工程情况报告和监察局关于职教中心退款有关问题、图书馆关于古籍整理保护及数字化工程进度情况汇报。

　　△ 中国社会科学院2012年度创新报偿和智力报偿规范工作说明会举行。中央纪委驻院纪检组组长李秋芳出席会议并讲话。秘书长黄浩涛主持。院属各单位有关负责人参加会议。

9月21日 中国社会科学院主办的"第十三次全国皮书年会（2012）"在江西省南昌市举行。

常务副院长王伟光、副院长李扬出席会议。李扬在会上作专题报告。来自政府部门、科研机构和高校的 300 余名代表参加会议。

9月23日　由中国社会科学院、全国博士后管理委员会和中国博士后科学基金会共同主办的"第七届中国社会学博士后论坛（2012）——社会体制改革：理论与实践"在京举行。副院长李扬出席论坛并致辞。来自政府部门、科研机构和高校 110 余名代表参加论坛。

9月24日　全国政协副主席、院党组书记、院长陈奎元，常务副院长王伟光在京出席"第十二届精神文明建设'五个一工程'颁奖晚会"。

9月25日　全国政协副主席、院党组书记、院长陈奎元，常务副院长王伟光在京出席"第十二届精神文明建设'五个一工程'表彰座谈会"。

9月26日　全国政协副主席、院党组书记、院长陈奎元，常务副院长王伟光、副院长武寅在京出席全国文化体制改革工作表彰大会。

　　△副院长武寅会见广东省社会科学院副院长一行。

9月27日　常务副院长王伟光主持召开 2012 年度第 25 次院长办公会议。会议审议了《"城市发展·广州论坛"战略合作框架协议》《创新工程绩效支出中智力报偿、创新报偿管理办法（试行）》等事项。会议听取了基建工作办公室关于中心档案馆建设情况的汇报。

9月28日　中国社会科学院机关党委举办"秋韵芬芳"中秋茶话会。常务副院长王伟光、副院长武寅、中央纪委驻院纪检组组长李秋芳出席茶话会并讲话。秘书长黄浩涛出席会议。

　　△中国社会科学院新任局级领导干部廉政谈话会举行。中央纪委驻院纪检组组长李秋芳出席会议并对新任局级领导干部提出了六点要求。院 20 位新任局级领导干部参加会议并签署《廉政承诺书》。会议向与会新任局级领导干部赠送了廉政书籍《从政提醒——党员干部不能做的 150 件事》。

9月29日　全国政协副主席、院党组书记、院长陈奎元在人民大会堂出席 2012 年国庆招待会。

　　△中国社会科学院举行副处以上领导干部大会，传达中央有关文件精神。常务副院长王伟光，副院长武寅、李扬，秘书长黄浩涛出席会议。院属单位副局、职能部门副处长以上领导干部参加会议。

　　△常务副院长王伟光、副院长高全立、秘书长黄浩涛送中央纪委驻院纪检组组长李秋芳到广电总局履新。

十　月

10月8~10日　全国政协副主席、院党组书记、院长陈奎元陪同中共中央政治局常委李长春在河北省张家口市进行调研。

10月10日 光明日报社理论部与中国社会科学院世界社会主义研究中心联合举办的《居安思危·世界社会主义小丛书》出版新闻发布会举行。常务副院长王伟光、副院长李慎明出席会议并讲话。会上，宣读了中组部原部长张全景和副院长李捷的书面发言。秘书长黄浩涛出席会议。中央顾问委员会原秘书长李力安、国防大学原政委赵可铭、中央编译局副局长王学东、中央政法委副秘书长姜伟等在会上发言。中国社会科学院和在京有关科研院所、高校的专家学者数十人参加会议。

　　△副院长武寅陪同全国人大常委会副委员长、中俄友好、和平与发展委员会中方主席华建敏在钓鱼台国宾馆会见了以俄罗斯科学院全球问题与国际关系学部主任邓金院士为首的俄罗斯智库代表团一行。国际合作局、世界经济与政治研究所、俄罗斯东欧中亚研究所等单位的有关负责人参加会见。

10月11日 常务副院长王伟光主持召开2012年度第26次院长办公会议。会议传达了中央有关意识形态工作的文件，并对传达落实工作作出了部署。会议审议了《创新单位年度综合评价指标体系》《关于梅益同志诞辰百年纪念活动方案的请示》等事项。会议听取了人事教育局、图书馆、研究生院、中国人文科学发展公司有关工作进展情况的汇报，听取了办公厅、国际合作局、财务基建计划局、基建工作办公室、服务中心关于2012年第三季度相关工作落实情况的汇报。

　　△副院长李扬会见到访的安徽省社会科学院院长陆勤毅一行。

10月11~12日 中国社会科学院荣誉学部委员、历史研究所研究员刘起釪先生遗体告别仪式在江苏省南京市举行。刘起釪先生于10月6日6时在南京去世，享年95岁。副院长高全立参加遗体告别仪式，离退休干部工作局、历史研究所有关负责人陪同前往。

10月16日 中国社会科学院首期道德建设论坛举行。常务副院长王伟光，副院长高全立、李捷、武寅，秘书长黄浩涛出席论坛。王伟光就加强全院道德建设工作讲话。高全立主持论坛并作总结。院属各单位主要负责人，青年中心常务理事、团委委员，单位职工代表100余人参加论坛。

　　△由商业部和中国社会科学院研究生院共同举办的几内亚农村发展研修班开学典礼举行。副院长高全立出席典礼并致辞。来自几内亚农业部、畜牧部的20名司处级官员、工程师参加研修班。

　　△"中国企业榜样"丛书首发式暨"红豆道路"研讨会在北京举行。副院长李扬出席会议并讲话。全国政协常委、经济委员会副主任胡德平作总结讲话。研讨会由中国社会科学院民营经济研究中心与社会科学文献出版社主办。全国政协、国务院新闻办、全国工商联有关领导和专家学者、知名企业家以及新闻媒体的代表100余人参加。

10月17日 常务副院长王伟光、副院长武寅，新华社社长李从军、总编辑何平、副社长周树春在京会见新华社第二届中国社会科学院特约观察员，并出席聘任仪式。中国社会科学院学者高培勇、王国刚、李林、张宇燕、周弘、杨光、高洪等 25 人被聘任为特约观察员。办公厅、科研局和新华社有关部门负责人参加聘任仪式。

10 月 17～18 日　由中国社会学学会、中国社会科学院社会学研究所、光明日报社、吴江市人民政府等单位联合举办的首届"费孝通学术成就奖"颁奖仪式在江苏省苏州市吴江举行。秘书长黄浩涛出席会议。

10 月 18 日　常务副院长王伟光主持召开 2012 年度第 27 次院长办公会议。会议审议了《关于加强中国社会科学院档案工作的意见》《中国社会科学院档案管理规定》等事项。会议听取了人事教育局、创新工程综合协调办公室有关情况的汇报。

10 月 19 日　常务副院长王伟光，副院长李慎明、武寅等分别会见到访的浙江省社会科学院党组书记张伟斌、院长迟全华一行。

　　　△由中国社会科学院、全国博士后管理委员会、中国博士后科学基金会与中国史学会共同主办的"首届历史学博士后论坛"在京举行。副院长李扬出席论坛并致辞。来自政府部门、科研机构和高等院校 140 余名代表参加论坛。

10 月 20 日　中国社会科学院当代中国研究所与上海社会科学院历史研究所合作建立的当代中国研究所国情调研（上海）基地揭牌仪式在上海举行。副院长李捷出席揭牌仪式。

10 月 23 日　副院长李扬在京会见古巴驻华大使白诗德一行。

10 月 24 日　常务副院长王伟光、副院长武寅分别会见云南省社会科学院党组书记李涛、院长任佳一行。

10 月 25 日　中国社会科学杂志社主办的中国社会科学前沿论坛在江苏省徐州市举行。常务副院长王伟光出席论坛并作主题讲话。院副秘书长兼中国社会科学杂志社总编辑高翔主持会议。江苏省委宣传部、省教育厅、徐州市委宣传部有关负责人出席会议并致辞。来自全国 40 余所高等院校与科研机构的主要负责人、学科带头人参加论坛。

　　　△首届中国工业发展论坛开幕式举行。副院长李扬出席开幕式并致辞。全国政协常委、经济委员会副主任、国家能源委员会专家咨询委员会主任张国宝，国务院发展研究中心副主任卢中原分别以《我国重大装备发展与创新》《宏观经济形势下中国工业发展的机遇与挑战》为题发表演讲。论坛由工业经济研究所主办，发布了《中国工业发展报告（2012）》《中国工业化进程报告》《中国工业经济运行景气指数》等多项成果。来自政府部门、理论界、产业界及高等院校的专家学者近 100 人参加研讨。

10 月 26 日　全国政协副主席、院党组书记、院长陈奎元在京出席"科学发展、成就辉煌"大型图片展览开幕式。

　　　△全国政协副主席、院党组书记、院长陈奎元在京出席第 22 届中国新闻奖、第 12 届长江韬奋奖颁奖报告会。

　　△由中国社会科学院、全国博士后管理委员会、中国博士后科学基金会共同主办的"第二届中国文学博士后论坛"在京举行。副院长、博士后管理委员会主任李扬出席会议并致辞。来自政府部门、科研机构和高等院校的 200 余名代表参加论坛。

10 月 28 日~11 月 8 日　副院长武寅率中国社会科学院学术代表团在法国、德国、意大利访问。

10 月 30 日　由中国社会科学院主办，中国社会科学院亚太与全球战略研究院承办的"大国的亚太战略国际学术研讨会"在北京举行。常务副院长王伟光出席会议并致辞。社科院有关研究所，国内高等院校、科研机构以及俄罗斯科学院远东分院历史民族研究所、日本明治大学的专家学者参加论坛并发言。论坛开幕式由亚太与全球战略研究院院长主持。

　　△中国社会科学院"社科杯"第 10 届乒乓球男女单打比赛开幕式在社科院举行。常务副院长王伟光出席开幕式并为比赛开球。

10 月 31 日　常务副院长王伟光主持召开 2012 年度第 28 次院长办公会议。会上，李扬对审议并原则通过的《中国社会科学院因公出国（境）人员审批管理实施办法》作了情况说明。会议审议了《中国社会科学院与海南省政府合作开展海南考古框架协议》《中国社会科学院关于 2012 年度专业技术职务评审工作的实施意见》等事项。会议听取了人事教育局"我院职称评审工作有关问题处理情况""我院近期机构和编制调整有关情况"的汇报和创新工程综合协调办公室"关于第四季度创新工程需推进落实的工作安排"的汇报。

　　△中国社会科学院和韩国经济·人文社会研究会主办，财经战略研究院承办的"第五届中韩国际学术研讨会"在韩国举行。副院长李扬，韩国经济·人文社会研究会理事长朴振根出席会议并致辞。来自中国社会科学院和韩国的专家学者的 60 多人参加研讨会。

十一月

11 月 1~4 日　全国政协副主席、院党组书记、院长陈奎元，常务副院长王伟光在京出席中共十七届七中全会。

11 月 6 日　中国社会科学院创新工程学术期刊试点工作会议举行。常务副院长王伟光、副院长李扬、中央纪委驻院纪检组组长李秋芳、秘书长黄浩涛出席会议。王伟光对学术期刊进入创新工程试点工作提出了具体要求。李扬就整体工作的推进进行了部署和动员。会议由黄浩涛主持。院属各单位党委书记、所长、科研处长 200 人参加会议。

　　△副院长李扬会见到访的以色列特拉维夫大学副校长谢爱伦以及以色列驻华大使马腾一行。

11 月 8 ~ 14 日　全国政协副主席、院党组书记、院长陈奎元，常务副院长王伟光，秘书长黄浩涛出席中国共产党第十八次全国代表大会。中央纪委驻院纪检组组长李秋芳列席中国共产党第十八次全国代表大会。

11 月 9 日　常务副院长王伟光出席"中国共产党的理论创新"集体采访活动，接受境内外记者集体采访。

11 月 15 日　常务副院长王伟光在京出席中国共产党第十八届中央委员会第一次全体会议。中央纪委驻院纪检组组长李秋芳列席中国共产党第十八届中央委员会第一次全体会议。

11 月 16 日　中国社会科学院召开传达党的十八大精神会议。中国共产党第十八届中央委员会委员、党组副书记、常务副院长王伟光宣讲党的十八大精神。十八大代表、党组成员、秘书长黄浩涛介绍了党的十八大会议概况。中国共产党第十八届中央委员会候补委员、中国社会科学院社会学研究所所长李培林，十八大代表、人口与劳动经济研究所所长蔡昉，十八大代表、世界经济与政治研究所所长张宇燕分别介绍学习党的十八大精神的体会。党组成员、副院长高全立就全院学习贯彻党的十八大精神作出部署。会议由党组副书记、副院长李慎明主持。党组成员副院长李捷、武寅、李扬出席会议。院所局领导干部百余人参加会议。

　　△常务副院长王伟光主持召开 2012 年度第 29 次院长办公会议。会议研究讨论了 2012 年度创新工程评价考核文件准备、评价考核工作动员会议筹备、综合考核检查等事宜，原则通过了提交会议审议的文件。会议审议了有关文件，听取了有关单位工作汇报。

11 月 17 日　由中国社会科学院主办，国际合作局与民族文学研究所联合承办的"中国社会科学论坛（2012·文学）——史诗研究国际峰会"在京举行。副院长李扬出席论坛并致辞。来自国内外史诗研究领域的专家学者 120 余人参加论坛。

11 月 19 日　常务副院长王伟光在人民大会堂小礼堂为中央国家机关学习宣传贯彻党的十八大精神动员部署会作辅导报告。副院长高全立参加会议。

11 月 20 日　常务副院长王伟光在海关总署作关于深入学习贯彻党的十八大精神的辅导报告。

　　△中国社会科学院国际研究学部、欧洲研究所、中国欧洲学会德国研究分会和中德合作中心主办的"回顾与展望：纪念中德建交 40 周年学术研讨会暨中国欧洲学会德国研究分会第 14 届年会"举行。副院长李扬，中国欧洲学会德国研究分会名誉会长、中国前驻德国大使梅兆荣出席会议并致辞。德国驻华大使施明贤等作主题演讲。欧洲研究所所长、中国欧洲学会会长主持开幕式。来自中德两国的专家学者、媒体记者百余人参加研讨会。

11 月 21 日　常务副院长王伟光在交通部作关于深入学习贯彻党的十八大精神的辅导报告。

　　△中国社会科学院召开 2012 年创新工程综合评价考核和年度考核工作动员会。常务副院长王伟光作动员讲话。副院长李慎明主持会议。副院长高全立、李捷、武寅、李扬，中央纪委驻院纪检组组长李秋芳，秘书长黄浩涛出席会议。

△副院长李慎明在中国核工业集团公司作关于深入学习贯彻党的十八大精神的辅导报告。

11月22日 李长春同志看望中国社会科学院干部职工。全国政协副主席、院党组书记、院长陈奎元，常务副院长王伟光，副院长李慎明、高全立、武寅、李扬，秘书长黄浩涛出席活动。李长春同志与我院党组成员座谈并合影留念，会见了我院专家学者、干部职工、离退休干部和研究生代表。

△全国政协副主席、院党组书记、院长陈奎元，常务副院长王伟光在京出席中宣部学习贯彻党的十八大精神中央宣讲团动员会议。

△党组书记、院长陈奎元主持召开第260次党组会议。

△常务副院长王伟光主持召开2012年度第30次院长办公会议。会议听取了关于举办中国社会科学院所局主要领导干部党的十八大精神专题学习班情况汇报，通过了专题学习班工作方案。会议审议了《关于创新工程学术期刊试点有关问题的请示》，研究了2013年度院工作会议有关事宜。

11月27日 常务副院长王伟光为财政部党员领导干部作学习宣传贯彻党的十八大精神的辅导报告。

△副院长李慎明在广州市为广东省委作学习贯彻党的十八大精神的辅导报告。

△由中国社会科学院、中国科学院、中国文联、中国对外友好协会主办，郭沫若纪念馆承办的"纪念郭沫若诞辰120周年全国书画展"在京开幕。副院长高全立出席开幕式并致辞。

△第六届胡绳青年学术奖颁奖仪式举行。副院长武寅，原副院长汝信、丁伟志、江蓝生出席颁奖仪式并为获奖者颁奖。本届胡绳青年学术奖评选出获奖作品5项、提名奖作品6项。来自高等院校和研究机构的专家学者及历届获奖者近百人参加会议。

11月27日~12月10日 全国政协副主席、院长陈奎元，副院长李扬率中国社会科学院代表团出访古巴、希腊和西班牙。

11月28日 常务副院长王伟光在京为人力资源和社会保障部党员领导干部作深入学习宣传贯彻党的十八大精神的辅导报告。

△副院长李慎明在京为国务院机关事务管理局干部作深入学习党的十八大精神的辅导报告。

11月28~30日 中国社会科学院举办所局主要领导干部学习贯彻党的十八大精神专题学习班。常务副院长王伟光，副院长李慎明、高全立、李捷、武寅，秘书长黄浩涛出席会议。王伟光作重要讲话，对全院学习贯彻十八大精神，做好各项工作提出了要求；李慎明作关于新修订的《中国共产党章程》的专题辅导报告；高全立传达习近平同志在十八届中央政治局会议上的讲话并作学习班总结讲话。院属各单位81名所局主要领导干部参加了学习。

11 月 30 日　常务副院长王伟光为卫生部党员领导干部作学习党的十八大精神的辅导报告。

十二月

12 月 6 日　常务副院长王伟光主持召开 2012 年度第 31 次院长办公会议。会议审议了关于编辑部人员进入创新岗位应把握的几个要点。审议通过了《中国社会科学院年鉴管理暂行办法》《关于〈中国社会科学院哲学社会科学创新工程创新单位聘用编制外人员暂行规定〉的补充意见》。会议听取了有关单位的工作汇报。

　　△中国社会科学网与中国社会科学院 28 家所局单位签订战略合作协议签约仪式举行。副院长武寅出席签约仪式并讲话。中国社会科学网总编辑与 28 家所局单位领导（代表）签署了《中国社会科学网与各院所（局）合作协议》。中国社会科学院计算机网络中心主任主持签约仪式。

12 月 9 日　由中国社会科学院主办，中国社会科学网承办的"中国社会科学论坛（2012·网络传播）：融合·创新·繁荣——社会科学网络传播国际论坛"举行。副院长武寅出席并致辞。

12 月 11 日　副院长李慎明在宁夏回族自治区为自治区委全体机关干部作学习党的十八大精神的辅导报告。

12 月 12 日　党组书记、院长陈奎元主持召开第 261 次党组会议。会议主要研究了中国社会科学院参加第十二届全国人民代表大会和政协第十二届全国委员会推荐人选名单。

12 月 14 日　党组书记、院长陈奎元主持召开第 262 次党组会议。会议研究确定了中国社会科学院参加第十二届全国人民代表大会和政协第十二届全国委员会推荐人选名单。

12 月 18 日　党组书记、院长陈奎元主持召开第 263 次党组会议。会议全文传达学习了习近平同志、温家宝同志、李克强同志在中央经济工作会议上的重要讲话，并就中国社会科学院学习贯彻会议和讲话精神作出部署。

　　△由中国社会科学院和中国科学院、中国文学艺术界联合会、中国人民对外友好协会联合主办，郭沫若纪念馆承办的郭沫若诞辰 120 周年纪念会暨第四届中国历史学奖颁奖仪式在人民大会堂举行。常务副院长王伟光，中国科学院党组副书记方新，中国文联党组副书记、副主席覃志刚，中国人民对外友好协会秘书长林怡等出席会议并讲话。会议由副院长武寅主持。秘书长、第四届郭沫若中国历史学奖评奖委员会秘书长黄浩涛介绍奖项并宣布第四届郭沫若中国历史学奖获奖著作和作者名单。出席会议的相关领导为获奖代表颁发荣誉证书。

12 月 19 日　党组书记、院长陈奎元主持召开第 264 次党组会议。会议全文传达学习了习近平同志在十八届中央政治局常委会、中央政治局第一次会议上的重要讲话，习近平同志在中央政治局会议上关于改进工作作风、密切联系群众的重要讲话，传达学习了《十八届中央政治局关于改进工作作风、密切联系群众的八项规定》《贯彻落实〈十八届中央政治局关于改进工作作风、密切联系群众的八项规定〉实施细则》，并就中国社会科学院贯彻落实文件精神作出部署。

　　△中国社会科学院第二部反腐倡廉建设蓝皮书发布会暨第六届廉政研究论坛在京举行。常务副院长、中国廉政研究中心名誉理事长王伟光出席论坛并致辞。监察部副部长于春生出席论坛并讲话。中央纪委驻院纪检组组长、院中国廉政研究中心理事长李秋芳主持论坛。论坛由院中国廉政研究中心主办，办公厅、科研局、监察局、社会科学文献出版社承办。

12 月 20 日　常务副院长王伟光主持召开 2012 年度第 32 次院长办公会议。会议根据党组书记、院长陈奎元在第 263、264 次党组会议上的讲话精神，讨论了落实中央经济工作会议和中央领导同志重要讲话精神的具体措施。审议了贯彻党的十八大精神创新工程重大研究项目选题，创新工程相关工作推进时间表，《中国社会科学院学科集刊资助办法（试行）》等事项。会议听取了服务中心、科研局、调查与数据信息中心有关工作情况的汇报。

　　△"新型城市·广州论坛"战略合作框架协议签约仪式在京举行。常务副院长王伟光、副院长武寅出席。王伟光，国务院参事室主任陈进玉，广东省委常委、广州市委书记万庆良，中山大学党委书记郑德涛在仪式上致辞并在协议上签字。

12 月 24 日　纪念中国社会科学博士后制度实施 20 周年会议暨《中国社会科学博士后文库》首发仪式举行。常务副院长、学部主席团主席王伟光，人力资源和社会保障部副部长、全国博士后管理委员会主任王晓初出席会议并致辞。副院长高全立、武寅，秘书长黄浩涛出席会议。副院长、院博士后管理委员会主任李扬主持会议。

12 月 27 日　常务副院长王伟光主持召开 2012 年度第 33 次院长办公会议。会议审议了中国社会科学院贯彻落实中央八项规定的具体措施，"学部委员创新岗位"评审结果和《中国社会科学院学科集刊经费资助办法》。会议听取了办公厅关于年底各项工作完成情况的汇报和人事教育局关于中国社会科学院第五次规范津补贴检查情况的汇报。

12 月 28 日　中国社会科学院创新工程试点单位专题汇报会举行。常务副院长王伟光、秘书长黄浩涛出席会议。文学研究所等 12 个创新工程试点单位汇报了近期创新工程进展情况。

12 月 31 日　中国社会科学院召开会议，传达落实中央关于改进工作作风、密切联系群众的八项规定以及中央经济工作会议精神和中央领导同志的重要讲话。党组副书记王伟光、李慎明，党组成员高全立、李捷、武寅、李扬、黄浩涛出席会议。院老领导，院长助理、副秘书长，各研究所、直属单位党委书记、所长（主任），院职能部门正处长以上领导干部，老干部党支部书记代表参加会议。